中国科学院科技翻译工作者协会
力学研究所分会
中国科学院力学研究所
上海交通大学
编

钱学森文集

COLLECTED WORKS OF HSUE-SHEN TSIEN

1938～1956 海外学术文献

（中文版）

李　佩　主编

上海交通大学出版社

内容简介

本书编录科学大师钱学森在美国学习和工作期间(1938～1956)公开发表的论文。那时正值航空从低速走向高速和航天技术从无到有的阶段。钱学森解决了其中一系列关键问题,包括空气动力学、壳体稳定性、火箭弹道和发动机分析等。

1946年开始,钱学森以战略高度发表了不少开创性的著作,包括喷气推进、工程控制论、物理力学和工程科学等,深刻反映出20世纪自然科学的基本规律被转化为可解决复杂条件下工程问题的科学理论,从而使人类实现航空航天梦,进入数字信息的新时代。从本文集可以看到钱学森对此的贡献。

正因为工程科学是引领新产业前进的源泉和先导,本文集将对广大读者学习和理解这位大师的科学贡献、重要思想以及治学精神有所裨益。

图书在版编目(CIP)数据

钱学森文集:1938～1956海外学术文献:中文版/钱学森著;李佩主编. —上海:上海交通大学出版社,2011(2024重印)
ISBN 978-7-313-06829-3

Ⅰ.①钱… Ⅱ.①钱… ②李… Ⅲ.①钱学森(1911～2009)—文集②物理学—文集 Ⅳ.①04-53

中国版本图书馆CIP数据核字(2010)第185431号

钱学森文集 1938～1956 海外学术文献(中文版)
QIANXUESEN WENJI 1938～1956 HAIWAI XUESHU WENXIAN (ZHONGWENBAN)

主　　编:李　佩
出版发行:上海交通大学出版社　　地　　址:上海市番禺路951号
邮政编码:200030　　电　　话:021-64071208
印　　制:上海颛辉印刷厂有限公司　　经　　销:全国新华书店
开　　本:787 mm×1092 mm　1/16　　印　　张:43.5　　插　　页:4
字　　数:1075千字
版　　次:2011年10月第1版　　印　　次:2024年1月第3次印刷
书　　号:ISBN 978-7-313-06829-3
定　　价:398.00元

钱学森在中国科学院力学所办公室

（一九五六年）

《钱学森文集》(1938～1956 海外学术文献)

中文版编译委员会

主　编：李　佩

成　员：(以下按姓氏汉语拼音为序)

陈允明　崔季平　戴汝为　戴世强　韩建民　呼和敖德

贾　复　金　和　李家春　李　佩　李伟格　李要建

林贞彬　凌国灿　柳春图　牛家玉　沈　青　盛宏至

孙晓茗　谈庆明　王克仁　吴应湘　吴永礼　张天蔚

詹运昌　赵士达　郑哲敏　周显初　朱照宣

校订组

组　长：李　佩

组　员：谈庆明　戴世强　王克仁　金　和　李伟格　徐文洁

序

郑哲敏

《钱学森文集(1938～1956 海外学术文献)》中、英文版(下称《文集》)由上海交通大学出版社出版。《文集》英文版是在王寿云(1938～1997)编的《钱学森文集 1938～1956》(科学出版社,1991)基础上修订的;中文版部分则是首次与读者见面。

《文集》出版是为了纪念钱学森先生一百周年诞辰,同时让广大读者可以直接和完整地阅读并研究这位时代科学大师在美国学习和工作期间公开发表的论文,便于对他的科学研究和贡献、重要思想以及治学精神有全面的领会。

中文版部分是在著名英语教授、应用语言学创始人、中国科学院科技翻译工作者协会创始人李佩先生策划和精心主持下,由中国科学院一批既具备力学专业知识又擅于英语翻译的专家们经反复推敲完成的,做到了在文字和精神上忠于原著。上海交通大学出版社为《文集》出版投入了很大的力量。因此,就翻译和出版的质量而言,无疑它是一部高水平的出版物。

为便于力学专业之外的读者阅读,仅就我个人的体会,尝试对本书的内容做一概括的介绍:

钱学森先生留美时期正值航空工业从低速走向高速和航天工业起步的阶段,需要解决众多极具挑战性的科学问题。钱先生在这些相关领域内,提出和解决了一系列关键问题。《文集》刊载的论文既是这个进程的记录也是客观的见证。

飞机以及更广泛意义上的飞行器,从低速向高速发展首先遇到的是空气可压缩性对气动力的影响问题,即可压缩流体动力学问题。1939～1946 年间,他发表的研究成果主要属于亚声速领域。同一时期他的研究还包括弹性力学中的壳体稳定性问题。

在流体力学领域,他的重要贡献有三个方面。首先,他研究了可压缩性带来的两个最基本的效应,即热效应和波阻效应,给出了波阻与摩阻的比例,指出这个比例会随马赫数的增大而增大;另外还给出了气流从对飞行体冷却转化为加热的判据。第二方面是他根据导师 von Kármán 的建议,研究了在较低马赫数条件下,可压缩性对机翼升力的影响。他所得到的用来对机翼升力作出修正的公式,后来被称为著名的 Kármán-Tsien 公式,它在当时直接对飞机的设计起了重要作用。第三,他在前人研究的基础上,研究并证实了,在轴对称和一般条件下,理想流体流动的局部超声速无旋流场中出现极限线后，必然出现激波，使全局性连续无旋流场不能继续存在。这时的来流马赫数被定义为上临界马赫数，以表明这是可能存在连续无旋流场的最高马赫数。之后在与郭永怀先生合作的论文里，提出了理想可压缩流体绕流流场的严格解法，定量地求得了上临界马赫数。流场中一旦出现激波，机翼的阻力马上就增加，上临界马赫数是与最小阻力相对应的，因此不论在理论上还是在工程师设计的理念中都是一个重要的概念。

壳体结构是减轻飞行器的有效途径。在20世纪30年代，一个困扰航空结构工程师的严重问题是带曲率薄壳结构的稳定性，因为当时所有理论预测的失稳临界值都远大于实验值，这使工程师们陷于没有理论可遵循的困难境地。作为空气动力学的专家，在取得博士学位后，钱先生便把注意力转向这个弹性力学方面的难题，算是他出师后第一项独立的工作。在一连串论文中，他和 von Kármán 首先确认这是一个具有多个平衡位形的非线性问题，建立了相应的方程；结合实验观测，第一次用能量法得出了接近实验值的临界判据。由于对这类非线性失稳现象所做的深刻分析和计算方法的实用性，这一系列研究成果对当时的力学界和航空界产生了很大的影响。

上述研究成果为钱先生在国际力学界和航空界赢得很高的声誉。

同一时段，在1939年，钱先生与 Malina 发表了他在火箭方面的第一篇论文。这是1937年他参加加州理工学院古根汉姆航空实验室火箭小组后从事研究工作的一个组成部分。文章讨论了探空火箭的飞行弹道问题，特别联系到一种利用固体燃料以脉冲方式驱动的发动机，因为这是当时火箭小组实验所采用的方案。文章根据所得的数据指出，探空火箭所能达到的理论高度远高于当时实际已经达到的高度，因此，还有很大的潜力。文章的价值首先在于它对这个问题作了深入和全面的力学分析，包括重力场变化和气动阻力的影响，它对将当时尚属初创阶段的火箭技术置于科学基础之上起到了重要的示范和引领作用。脉冲驱动当然不是本质因素，因为只要脉冲的间隙足够短，它与连续驱动并无区别，正如文章指出的那样，重要的是燃料的比冲。

细心的读者会注意到，从1946年开始，《文集》中钱先生的著作在风格上有了引人注意的变化。钱先生除了继续在许多方面进行专题性质的前沿研究之外，站在更高的层次，以更广阔视野，极富前瞻性、战略性、开创性和预见性地发表了一系列论文。这包括：原子能(1946)、超级空气动力学：稀薄空气动力学(1946)、工程和工程科学(1948)、火箭和喷气推进(1950)、古根汉姆喷气推进中心的教学与科研(1950)、物理力学、工程科学的新领域(1953)以及一系列有关火箭控制和导航方面的论文，关于控制和导航的一批论文便是随后发表的著名专著《工程控制论》(1954)的前奏。

每一篇综合性论文不仅包含钱先生独立的研究成果，而且与其相呼应，《文集》中还另有相应领域的专题研究论文。在空气动力学方面，钱先生着重于研究真实气体在低密度、高温、高压条件下的物理特性并将其作为新的因素，体现和应用于空气动力学问题，推动了空气动力学向新领域的开拓。他系统地提出了火箭和喷气推进技术面临的科学问题，其中有些见解是十分独到的。例如，为了解决火箭发动机耐高温的问题，他提出，在发动机工作时间短的条件下，可以舍弃传统的弹性力学方法而改用流变体力学的方法；他还提出，为了实现远程和洲际火箭航行，可以设想在火箭上安装翅膀。我们知道，这种设想后来在美国航天飞机上得到了完全的实现，航天飞机正是利用这个道理实现了重返地球的长距离滑翔，克服回地所面临的热障问题。他深刻地体会到，为了解决高温、高压和高应力状态所带来的问题，传统的实验手段遇到了新的挑战，必须借助原子、分子和凝聚态物质的微观理论，因此，为力学提出了一个超越经典力学的新领域，那就是物理力学。历史的发展表明：他这种思想是很超前的，如今不仅在力学，在物质的微观理论与工程技术研究相结合的方面，并且在其他众多领域已经被普遍采用。

这些综合性论文始终体现一种指导思想，那就是钱先生所倡导的工程科学思想。这既是他对导师 von Kármán 所主张的现代应用力学精神的继承和发扬，也是他自己科研和教学实践经验的总结。概括地说，钱先生认为科学包含两个部分，即自然科学和工程科学，前者是后者的基础，后者是科学与工程之间的桥梁；两者的任务不同，前者的目标是发现和建立自然界的基本规律，后者的目标是建立将自然科学的基本规律转化为工程师们可以用来解决复杂条件下工程问题的科学理论。两者既有分工又相互依存。工程科学不能满足于帮助解决产业界和工程师（以及其他应用领域）当前所面临的任务，更为主要的是要有预见性和超前性，为产业的发展开辟道路。要能做到这一点，一个从事工程科学研究的专家必须掌握数学、自然科学理论和工程方面相关的知识。钱先生作为工程科学家，十分重视自然科学的基础理论和工程实践的经验，因为它们都是源泉，因此，他在多篇文章里详细地解释工程科学与自然科学的差别和联系。

钱先生提出这些新的科学研究领域和工程科学（即技术科学），除了有导师和加州理工学院的优良环境外，还有更深刻的时代背景。20 世纪上半叶是飞机从螺旋桨转向喷气推进的时代，是火箭技术从科幻走向科学，努力实现航天梦的时代，是利用电子技术实现数字计算机的时代，是成功研制原子武器和实现原子能利用的时代，是自然科学基础研究展现价值的时代，是大批科学家通过战时定向、有组织、有计划的工程研究获得丰富经验而重返校园的时代，也是美国科学和工程教育酝酿革新的时代。钱先生也是这个队伍中的一员。另外，钱先生是欧洲战事行将结束，对德国航空和火箭发展状况进行全面、实地考察的美国军方代表团的成员，随即又参与为美国空军提供的报告《迈向新高度》（Toward New Horizons）的撰写。这份多达 12 卷的巨著，被认为对战后美国战略空军的发展具有重要价值。这些经历无疑也对钱先生形成工程科学思想以及从总体把握和判断发展方向与重点的能力具有重要作用。

我相信不仅力学工作者可以从阅读《文集》中获益，其他领域的科学家、相关领域的工程师、教育家、科学史和工程技术史专家、科学和技术管理专家等也都可以从中得到有益的知识。

2011 年 7 月

目　录

可压缩流边界层

Th. von Kármán　钱学森

(California Institute of Technology)

摘要　本文第一部分讲述可压缩层流边界层理论，利用逐步近似法将不可压缩流的已知解推广到大马赫数的情形。讨论了可压缩性对表面摩阻的影响，并应用所得结果估算了弹体和火箭的波阻与摩阻之比。第二部分讨论了热流体与冷表面以及冷流体与热表面之间的传热问题，还推导了由于摩阻产生的热量而使冷壁不再起冷却作用的极限情况下的一般关系。

流体密度可变的流动问题一般来说很难求解，因此对于可压缩流问题，如果能求得运动方程的精确解或近似解，都具有重要的理论意义。一些作者已经注意到，层流边界层理论可以推广到任意高速流动的可压缩流体而不会遇到不可克服的数学困难。Busemann[1]建立了这样的方程并针对某个速度比计算出了速度剖面（速度比应理解为气体速度与声速之比）。Frankl[2]也分析了同样的问题，但其结果较复杂且依赖若干武断的近似。本文的第一作者[3]也曾求得一个一级近似，运用的方法很简单但似乎不够准确。因此，本文的第一部分将致力于导出一个更适合于求解上述问题的方法。

高速边界层理论并非没有实际意义。首先，人们往往在有关火箭及类似的高速装置的技术或半技术文献上看到这样的论述：随着速度的提高表面摩阻变得越来越不重要了。当然大家都知道，表面摩阻系数会随着雷诺数的提高而下降，也即与波阻或激波阻力相比表面摩阻会变得相对很小。但由于高速飞行往往在空气密度很低的高空进行，因此运动黏性系数很大，尽管速度很高但雷诺数仍然较小。

可压缩流边界层理论的另一个有意义之处是问题的热力学层面。低速时边界层中产生的热能的影响，无论在阻力或传热的计算中都可以忽略不计。但在高速情况下，边界层中产生的热量不仅不能忽略，而且它还决定了热流的方向。本文的第二部分讨论了边界层中热量传递的几个简单例子。

本文的大部分内容有必要假设流动是层流，之所以必要是因为目前缺乏对可压缩流体在高速流动时出现的湍流的认识。这个假设由于下述事实得到部分支持：正如前面说的，可以应用本文结果的许多问题中雷诺数相对较小，因此，边界层的相当大一部分实际上仍可能是层流。Ackeret[4]提醒我们注意，超声速流的稳定条件可能与低速流的很不相同。作者也相信，Tollmien 等人得出的稳定判据不加修改就不能用于高速流。最后，本文的有些结果也能应用

1938 年 1 月 26 日在美国航空科学院第六届年会空气动力学分会上宣读。原载 Journal of the Aeronautical Sciences，1938，Vol. 5，pp. 227 - 232。

于湍流，下面将会具体指出。有些情况，例如层流假设下计算的阻力，至少给出了阻力的下限。

I

x 轴取在平板上，方向与来流相同，y 轴垂直于平板(见图 1)，u 和 v 分别是任一点上沿 x 和 y 方向的速度分量，于是边界层简化后的运动方程为

$$\rho u\frac{\partial u}{\partial x}+\rho v\frac{\partial u}{\partial y}=\frac{\partial}{\partial y}\left(\mu\frac{\partial u}{\partial y}\right) \tag{1}$$

式中：密度 ρ 和黏性系数 μ 都是变量。

连续性方程是

$$\frac{\partial}{\partial x}(\rho u)+\frac{\partial}{\partial y}(\rho v)=0 \tag{2}$$

第三个方程是黏性耗散产生的热与热传导和热对流之间的能量平衡方程。在方程(1)、方程(2)的同样简化下，可以表为

$$\rho u\frac{\partial}{\partial x}(c_pT)+\rho v\frac{\partial}{\partial y}(c_pT)=\frac{\partial}{\partial y}\left(\lambda\frac{\partial T}{\partial y}\right)+\mu\left(\frac{\partial u}{\partial y}\right)^2 \tag{3}$$

式中：c_p 是比定压热容；λ 是热导率。如果假设 Prandtl 数 $c_p\mu/\lambda$ 等于 1，则容易证明方程(1)和方程(3)可以同时满足，只要令温度 T 等于速度 u 的某个抛物函数。这个关系式是

$$\frac{T}{T_0}=\frac{T_w}{T_0}-\left(\frac{T_w}{T_0}-1\right)\frac{u}{U}+\frac{\kappa-1}{2}M^2\frac{u}{U}\left(1-\frac{u}{U}\right) \tag{4}$$

式中：U 为来流速度；M 为速度比，或来流马赫数；T_0 为来流温度；T_w 为平板壁的温度。

对方程(4)求导，得到

$$\frac{1}{T_0}\left(\frac{\partial T}{\partial y}\right)_w=\frac{1}{U}\left[\frac{\kappa-1}{2}M^2-\left(\frac{T_w}{T_0}-1\right)\right]\left(\frac{\partial u}{\partial y}\right)_w \tag{5}$$

式中：下标 w 表示平板表面。因为$(\partial u/\partial y)_w$ 永远大于零，故若$[(\kappa-1)/2]M^2>(T_w/T_0)-1$，热量由流体传入平板；若$[(\kappa-1)/2]M^2=(T_w/T_0)-1$，平板和流体之间没有热量交换；若$[(\kappa-1)/2]M^2<(T_w/T_0)-1$，热量由平板传入流体。如果没有热交换，单位质量的热能$(u^2/2)+c_pT$ 在整个边界层内是一个常数[5,6]。

因为压力不变，ρ 与 T 之间的关系是

$$\rho=\rho_0\frac{T_0}{T} \tag{6}$$

根据气体动理论，黏性系数的表达式为

$$\mu=\mu_0(T/T_0)^{1/2} \tag{7}$$

然而，下述公式更符合实验数据：

$$\mu=\mu_0(T/T_0)^{0.76} \tag{7a}$$

Busemann[1]利用方程(7)计算了$[(\kappa-1)/2]M^2=(T_w/T_0)-1$ 的极限情况。他发现对于高马赫数，速度剖面近似于一条直线。本文的第一作者[3]利用线性速度剖面、摩擦阻力与动量之间的积分关系以及方程(7)推出了

$$C_f=\frac{\text{单位宽度平板上的摩擦阻力}}{(\rho_0U^2/2)\times\text{平板长度}}=\Theta\sqrt{\frac{\mu_0}{\rho_0Ux}}\left(1+\frac{\kappa-1}{2}M^2\right)^{-1/4} \tag{8}$$

表 1 中的无量纲量 Θ 只是马赫数的函数。然而，如果应用方程(7a)，那么

$$C_f=\Theta\sqrt{\frac{\mu_0}{\rho_0 Ux}}\left(1+\frac{\kappa-1}{2}M^2\right)^{-0.12} \tag{8a}$$

显然，对于小马赫数这个线性近似不能令人满意。当 $M=0$ 时，结果与不可压缩流体的 Blasius 解[7]相同，其中 Θ 为 1.328。

表 1

M	0	1	2	5	10	∞
Θ	1.16	1.20	1.25	1.39	1.50	1.57

为了更严格地求解，必须回到方程(1) 和(2)，引入流函数 ψ，其定义为

$$\frac{\rho}{\rho_0}u=\frac{\partial\psi}{\partial y},\quad -\frac{\rho}{\rho_0}v=\frac{\partial\psi}{\partial x}$$

连续性方程(2) 自动满足。现在把 ψ 引入方程(1) 作为自变量，就像 von Mises[8] 简化不可压缩流边界层方程时所做的那样，而且所有变量都无量纲化，得到

$$\frac{\partial u^*}{\partial n^*}=\frac{\partial}{\partial\psi^*}\left(u^*\rho^*\mu^*\frac{\partial u^*}{\partial\psi^*}\right) \tag{9}$$

式中：

$$u^*=u/U,n^*=n/L,\psi^*=[\psi/(UL)]\sqrt{\rho_0 UL/\mu_0},\rho^*=\rho/\rho_0,\mu^*=\mu/\mu_0 \tag{9a}$$

而 L 是某个长度，例如平板长度。

可以引入新的自变量 $\zeta=\psi^*/\sqrt{n^*}$，而让方程(9) 进一步简化：

$$-\frac{\zeta}{2}\frac{\mathrm{d}u^*}{\mathrm{d}\zeta}=\frac{\mathrm{d}}{\mathrm{d}\zeta}\left(u^*\rho^*\mu^*\frac{\mathrm{d}u^*}{\mathrm{d}\zeta}\right) \tag{10}$$

这个方程可以利用逐步近似来求解。因为如方程(6) 和方程(7) 或(7a) 所示，ρ^* 和 μ^* 都只是温度的函数，而温度是 u^* 的函数。从已知的 Blasius 解[6] 出发，方程(10) 的右端可以用 ζ 来表示，于是有

$$u^*\rho^*\mu^*=f(\zeta)$$

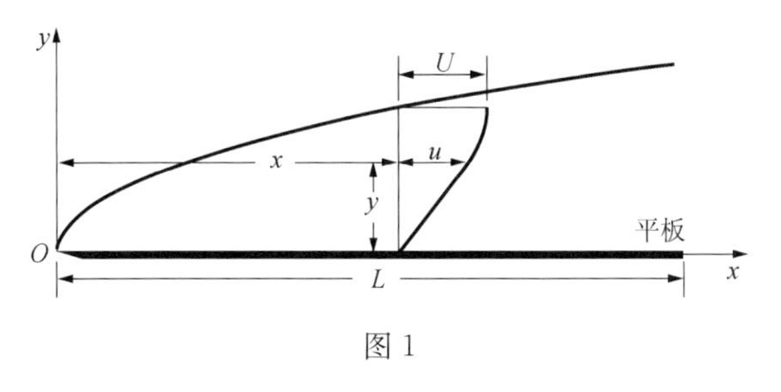

图 1

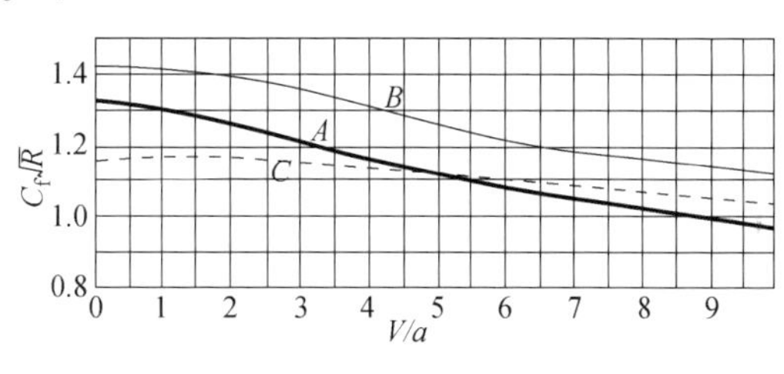

图 2　表面摩阻系数

A—与壁面无传热；B—壁面温度为来流温度的$\frac{1}{4}$；C—von Kármán 一级近似

因此，方程(10) 的解为

$$u^*=C\int_0^\zeta\frac{F}{f}\,\mathrm{d}\zeta \tag{11}$$

其中：

$$F=\exp\left(-\int_0^\zeta \frac{\zeta \mathrm{d}\zeta}{f}\right)$$

而 C 可由边界条件来确定：

$$\frac{1}{C}=\int_0^\infty \frac{F}{f}\,\mathrm{d}\zeta \tag{11a}$$

基于由方程(11)得到的 u^* 可以求得二级近似。可发现，就目前这个算例来说，三级或四级近似就能给出足够的精度了。

$$y\sqrt{U\rho_0/(\mu_0 x)}=\int_0^\zeta \mathrm{d}\zeta/(\rho^* u^*) \tag{12}$$

表面摩阻系数可由动量定理计算：

$$C_\mathrm{f}=\frac{F}{\rho_0 U^2 L/2}=2\int_0^\infty (1-u^*)\,\mathrm{d}\zeta\Big/\sqrt{R} \tag{13}$$

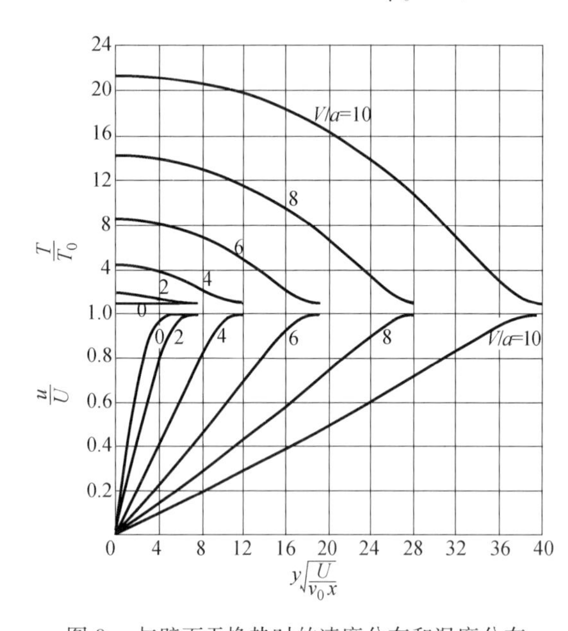

图 3 与壁面无换热时的速度分布和温度分布

利用黏性系数的近似关系式(7a)，对于 $[(\kappa-1)/2]M^2=(T_\mathrm{w}/T_0)-1$ 情况计算了不同的马赫数下的速度剖面、温度分布以及摩阻系数，如图 2、图 3 所示。高速情况下速度剖面很接近于一条直线，但可以看出大马赫数时壁温非常高。若来流温度为 40℉，马赫数为 4，6，8 和 10 的时候壁温将分别达到 1 600℉，3 620℉，6 540℉ 和 10 170℉。无疑，此时式(7a)所表达的黏性规律将不再适用。如此高的温度下热辐射也将不可忽略。因此，极高马赫数的结果仅仅是定性的。

常数 $C_\mathrm{f}\sqrt{R}$ 的变化也是明显的，虽然不算大。它从 $M=0$ 时的 1.328 下降为 $M=10$ 时的 0.975，大约下降 30%。然而，当 $0<M<3$ 时其变化很小。

图 2 还表明，在很高的马赫数下，利用线性近似得到的方程(8a)仍然相当准确。

作为例子，先考虑一个炮弹然后再讨论一个无翼探空火箭。设炮弹直径为 6 in，长 24 in，速度 1 500 ft/s，飞行高度 32 800 ft(10 km)，那么基于总长的雷诺数为 7.86×10^6，速度比为 1.52。由图 2 可见表面摩阻系数

$$C_\mathrm{f}=(1.286\times10^{-3})/\sqrt{7.86}=0.000\,459$$

将表面摩阻系数(基于表面积)换算为阻力系数(基于最大截面积)，得到

$$C_{D_\mathrm{f}}=0.005\,5$$

根据 Kent 的实验结果[8]，波阻的阻力系数

$$C_{D_\mathrm{w}}=0.190$$

因此，表面摩阻与波阻之比为 0.005 5/0.190 = 0.029。

然而，对于火箭来说，这个比值将有很大变化。设火箭直径为 9 in，长 8 ft，飞行高度为

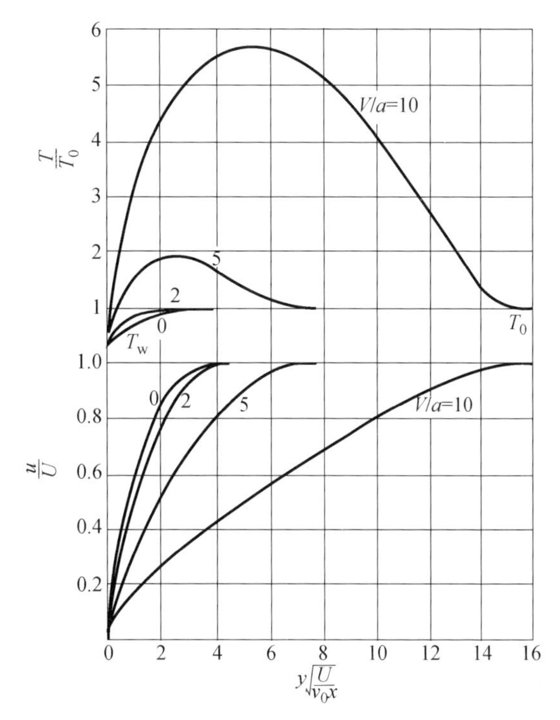

图 4　当壁温等于来流温度的$\frac{1}{4}$时的速度分布和温度分布

50 km①(164 000 ft)，速度3 400 ft/s。该飞行高度处的密度比为 0.000 67，温度为 25℃(按大气数据导出)，雷诺数为 6.14×10^5，速度比为 3.00。由图 2 可见表面摩阻系数

$$C_f=(1.213\times10^{-2})/\sqrt{11.4}=0.003\,60$$

于是

$$C_{D_f}=0.123$$

根据 Kent 的实验结果[9]，波阻的阻力系数

$$C_{D_w}=0.100$$

因此，表面摩阻与波阻之比为 0.123/0.100 =1.23。若部分边界层为湍流边界层，那么这个比值甚至更大。这清楚表明了细长体以极高的速度在很稀薄的空气中飞行时表面摩阻的重要性。它还驳斥了对于超声速飞行的任何物体波阻总是总阻力的主要部分的观点。其原因很容易理解，只要回想物体的波阻近似地与速度成正比，而表面摩阻则正比于速度的 1.5 到 2 次方。因此表面摩阻与波阻之比随着速度而增长。在极高的速度和很大的运动黏性系数下，波阻甚至会变为总阻力中可以忽略的部分。

Ⅱ

为了突出问题的热力学层面，考虑两种情况：一种是热流体流过温度为常数但低于流体温度的表面；另一种是冷流体流过热表面。L. Crocco[5,6] 曾在两篇重要的论文中讨论过这两个问题，尤其是漂亮地处理了极高速度(“Hyperaviation”)下的冷却问题。但相信本文比 Crocco 的文章更一般、更具普遍性。

利用 Prandtl 数(也即 $c_p\mu/\lambda$) 等于 1 的假设可以得到表面传热和摩阻之间的一个有趣的一般关系式。这个假设也曾在过去的计算中用到过。值得注意的是，这个关系式对于层流和湍流同样适用。单位时间内通过单位表面积的热流为

$$q=\lambda_w(\partial T/\partial y)_w$$

单位表面积的摩阻

$$\tau=\mu_w(\partial u/\partial y)_w$$

利用方程(4)，比值 q/τ 可以通过下述关系式计算：

$$\frac{q}{\tau}=\frac{\lambda_w}{\mu_w}\frac{T_0}{U}\left[\left(1-\frac{T_w}{T_0}\right)+\frac{\kappa-1}{2}M^2\right] \tag{14}$$

---

① 作者注：只要分子自由程与边界层厚度相比甚小，流体动力学方程就有效。驻点处的边界层厚度为零，然而，离开驻点 1/4 火箭长度的地方，边界层厚度就达到了 3.2 cm。而在这个高度，分子自由程的计算值为 1.1×10^{-2} cm。因此即使在这种情况下本理论似乎仍可应用。这个结论也得到了 H. Ebert 的实验结果的支持，参看“Darstellung der Strömungsvorgange von Gasen bei neidrigen Drucken mittels Reynoldsscher Zahlen”(Zeitschrift für Physik, Bd 85, S. 561 - 564, 1933)。

式中：T_0 为来流热力学温度；U 为来流速度；T_w 为壁面热力学温度；λ_w 和 μ_w 分别为壁面温度下流体的热导率和动力黏性系数；M 为马赫数。将 $M=0$ 代入方程(14)得到

$$\frac{q}{\tau}=\frac{\lambda_w}{\mu_w}\frac{T_0-T_w}{U}=\frac{c_p(T_0-T_w)}{\rho_w U} \tag{15}$$

这是已知的 Prandtl 公式或 G. I. Taylor 公式，但首先导出此公式的是 O. Reynolds。方程(14)给出了该公式的可压缩性修正。

在 $T_0>T_w$ 的情况下，也即当表面温度比来流温度更低的时候，可压缩性效应是增加向壁面的传热。然而，如果把这解释为重要的冷却作用那就错了，因为高速时边界层内产生的热量与向壁面的传热量是同一量级的。为了确定冷却作用的有效性，必须考虑总的热量平衡。方程(14)并不能给出这方面的充分信息，必须计算边界层内的速度分布和温度分布。下面将在特定假设 $T_w=T_0/4$ 下，也即壁面热力学温度保持不变并等于热流体的温度的四分之一的条件下进行这种计算。对于 μ 的变化，采用与第一部分同样的假设。计算结果示于图 2 和图 4。$C_f\sqrt{R}$ 随 M 的变化类似于壁面无传热的情况。同样，极高马赫数下边界层内的最高温度也非常高，但温度达到峰值的位置离壁面有一段距离。

通过边界层向壁面的传热可如下计算：

速度剖面的初始斜率等于

$$\left(\frac{\partial u}{\partial y}\right)_w=\frac{U\sqrt{R}}{L\sqrt{n^*}}\left(\frac{\mu_0}{\mu_w}\right)\frac{C_f\sqrt{R}}{4} \tag{16}$$

对方程(4)取微分，可以得到速度斜率与温度梯度之间的关系。利用式(7a)并将方程(16)代入方程(5)，得到

$$(\partial T/\partial y)_w=K\left[T_0\sqrt{R}/(4L\sqrt{n^*})\right] \tag{17}$$

式中：

$$K=(4^{0.76}/2)\{0.75+[(\kappa-1)/2]M^2\}\sqrt{R}C_f$$

因此，单位时间内通过长度为 L 的单位宽度的壁面条带的传热量

$$Q=\int_0^L\left(\lambda\frac{\partial T}{\partial y}\right)_w dx=\frac{K\lambda_w T_0\sqrt{R}}{2L}\int_0^L\frac{dx}{\sqrt{n^*}}$$

或近似为

$$Q\approx K\lambda_w T_0\sqrt{R} \tag{18}$$

式中的 K 在表 2 中给出。

表 2

M	K
0	1.53
1	1.93
2	3.12
5	10.53
10	33.98

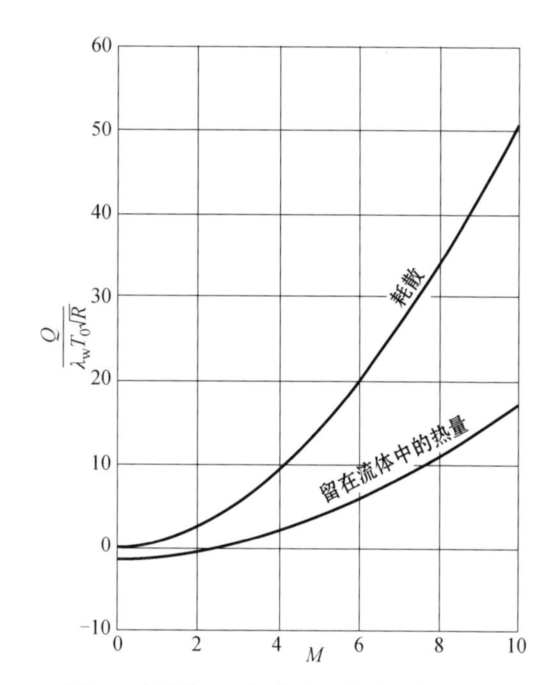

图 5　壁温等于 1/4 来流温度时的热量平衡

图 5 是总的热量平衡图。无量纲耗散曲线代表单位时间内由于单位宽度壁面摩阻所产生的热量；下面的曲线表示单位时间单位宽度的热含量的增加(减少)；这两条曲线纵坐标之差就相应于通过边界层的传热。可以看到，当 $M<2.6$ 时流体得到冷却。超过这个上限的话，摩擦产生的热量要大于传向壁面的热量，其结果是流体反而被加热了。

对于 $T_w>T_0$ 的情况，也即壁面比流体更热的情况，传热与摩阻之比随着马赫数的增加而减少，参见图 6，其中纵坐标代表可压缩 q/τ(方程(14))与不可压缩 q/τ(方程(15))之比。计算中气体温度取为－55 ℉，而壁面温度取为 180 ℉和 300 ℉。可以看到，在壁面温度为 180 ℉且 $M=1.69$ 时以及壁面温度为 300 ℉且 $M=2.08$ 时，冷却作用就消失了。然而，即使在马赫数比这些值低很多的情况下冷却效率就已经明显下降。这个事实强调了降低冷却气流的速度的好处以及直接利用高速气流来冷却壁面的效率之低。图 6 的曲线根据方程(14)画出，既可应用于层流，也可应用于湍流。

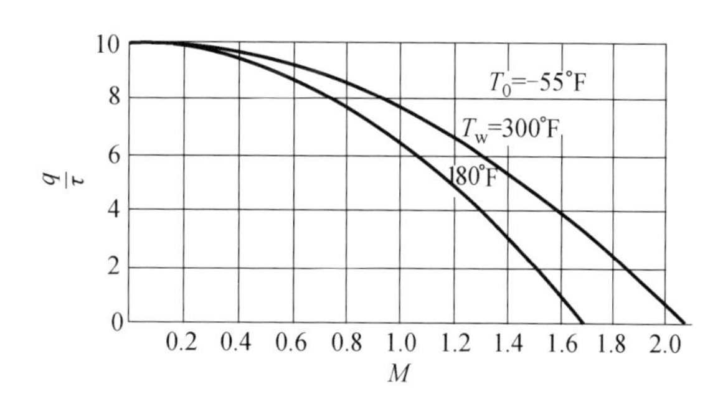

图 6　高速对冷却效率的影响

(陈允明　译，　周显初　校)

参考文献

[1] Busemann A. Gas-strömung mit laminaren Grenzschicht entlang einer Platte [J]. Z. A. M. M., 1935, 15:23.

[2] Frankl. Laminar Boundary Layer of Compressible Fluids [M]. Trans. of the Joukowsky Central Aero-Hydrodynamical Institute, Moscow, 1934, (Russian).

[3] von Kármán Th. The Problem of Resistance in Compressible Fluids [M]. V. Convengo della Foundazione Alessandro Volta (Tema: Le Alte Velocita in Aviazione), Reale Accademia D'Italia, Rome.

[4] Ackeret J. Über Luftkraft bei sehr grossen Geschwindigkeiten insbesondere bei ebenen Strömungen [J]. Helvetica Physica Acta, 1928, 1: 301－322.

[5] Crocco L. Su di un valore massimo del coefficiente di transmissione del calore da una lamina piana a un

fluido scorrente [J]. Rendiconti R. Accademia dei Lincei, 1931, 14:490 - 496.

[6] Crocco L. Sulla Transmissione del calore da una lamina piana un fluido scorrente ad alta velocita [J]. L'Aerotecnica, 1932, 12: 181 - 197.

[7] Blasius H. Grenzschichten in Flüssigkeiten mit kleiner Reibung [J]. *Zeit.* F. Math. u. Phys., 1908, 56: 1.

[8] von Mises. Bemerkung zur Hydrodynamik [J]. Z. A. M. M., 1927, 7: 425.

[9] Kent R. H. The Role of Model Experiment in Projectile Design [J]. Mechanical Engineering, 1932, 54, 641 - 646.

有攻角旋转体的超声速绕流

钱学森

(California Institute of Technology)

摘要 本文由可压缩流的线性化方程出发,求得了超声速流动中有攻角旋转体的侧向力或升力的一级近似解。证明了任意马赫数下的升力与旋转体的攻角成正比。本文对于锥体进行了详细计算,并利用按步式偶极子分布给出了尖头抛射体的通用解法。

作用于抛射体的空气动力可分为三个组成部分:轴向阻力,垂直于轴向的升力以及由于物体旋转而产生的力(Magnus 效应)。当然,第一个组成部分——阻力最重要,因为它决定了抛射体的射程。但实际的抛射体总是带有倾角和旋转的,因此如果不考虑空气动力的后两个组成部分,也即升力和旋转产生的力,就不可能准确计算抛射体的射程。von Kármán[2]认为,他所提出的细长旋转体轴对称绕流[1]的线性化流体力学方程的点源法,也能推广用于与飞行路径之间有倾角的抛射体。这就是本文的工作。由于物体引起的二阶扰动量都被略去了,严格说来,本文的结果只适用于很细长的、与飞行路径之间有微小倾角的抛射体。然而,对于顶角小于 40°的轴对称锥体绕流,von Kármán-Moore[1]的一级近似与 Taylor-Maccoll[3]的精确解相差非常小。因此,预期本文得到的升力的一级近似解也能相当不错地应用于尖头抛射体(见图1)。这个观点也得到了本文最后部分的算例的支持。

设 φ 为轴对称体引起的小扰动速度的位势,且物体轴线沿 x 轴方向,那么柱坐标 x, r 和 θ 下的可压缩流线性化运动方程是

$$\left(1-\frac{V^2}{c^2}\right)\frac{\partial^2\varphi}{\partial x^2}+\frac{1}{r}\frac{\partial\varphi}{\partial r}+\frac{\partial^2\varphi}{\partial r^2}+\frac{1}{r^2}\frac{\partial^2\varphi}{\partial\theta^2}=0 \tag{1}$$

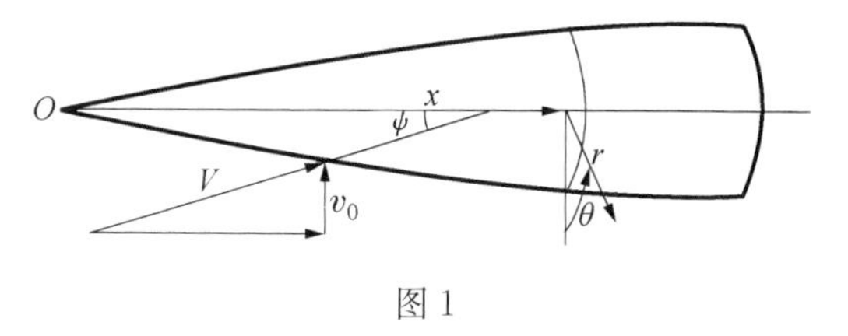

图 1

式中:V 为未扰来流的速度,声速为 c。若未扰流的方向与物体轴线的方向一致,则 φ 与 θ 无关,且方程(1)简化为

$$\left(1-\frac{V^2}{c^2}\right)\frac{\partial^2\varphi}{\partial x^2}+\frac{1}{r}\frac{\partial\varphi}{\partial r}+\frac{\partial^2\varphi}{\partial r^2}=0 \tag{2}$$

若未扰来流的速度大于声速,则该方程的解与由中心向外扩散的二维波动解相同,后者已分别由 Levi Civita[4]和 H. Lamb[5]得出。von Kármán 和 Moore[1]将其结果应用于轴对称绕流,证明绕流解可表为由下述位势给出的源分布:

1938 年 5 月 27 日收到。原载 Journal of the Aeronautical Sciences, 1938, Vol. 5, pp. 480 - 483。

$$\varphi_1 = \int_{\operatorname{arcosh}[x/(\alpha r)]}^{0} f_1(x-\alpha r\cosh u)\mathrm{d}u \tag{3}$$

式中：$\alpha=\sqrt{(V/c)^2-1}$。它与不可压缩绕流之间的相似让我们预期，方程(1)的解可表为由下述位势给出的偶极子分布：

$$\varphi_2 = -\alpha\cos\theta\int_{\operatorname{arcosh}[x/(\alpha r)]}^{0} f(x-\alpha r\cosh u)\cosh u\,\mathrm{d}u \tag{4}$$

不难证明，情况恰如所料。因为，若将方程(1)的解表为

$$\varphi_2 = \cos\theta F(x,r)$$

则方程(1)简化为

$$\left(1-\frac{V^2}{c^2}\right)\frac{\partial^2 F}{\partial x^2}+\frac{1}{r}\frac{\partial F}{\partial r}+\frac{\partial^2 F}{\partial r^2}-\frac{F}{r^2}=0 \tag{1a}$$

方程(2)对 r 求导，得到

$$\left(1-\frac{V^2}{c^2}\right)\frac{\partial^2}{\partial x^2}\left(\frac{\partial\varphi}{\partial r}\right)+\frac{1}{r}\frac{\partial}{\partial r}\left(\frac{\partial\varphi}{\partial r}\right)+\frac{\partial^2}{\partial r^2}\left(\frac{\partial\varphi}{\partial r}\right)-\frac{1}{r^2}\left(\frac{\partial\varphi}{\partial r}\right)=0 \tag{2a}$$

比较方程(1a)与(2a)，不难看出式(4)是方程(1)的解。函数 f 应由下述边界条件确定：

$$v_0=\frac{1}{\cos\theta}\left(\frac{\partial\varphi}{\partial r}\right)_{r=R}=-\alpha^2\int_{\operatorname{arcosh}[x/(\alpha r)]}^{0} f'(x-\alpha R\cosh u)\cosh^2 u\,\mathrm{d}u \tag{5}$$

式中：v_0 是未扰来流速度 V 的法向分量；R 是旋转体的半径。

于是，有攻角旋转体绕流的完全解可通过轴对称绕流和横向绕流的解的叠加来得到，也即 $\varphi=\varphi_1+\varphi_2$。C. Ferrari[6] 也独立提出过这种解。

从速度势 φ 可算出沿物体的压力分布并由此计算空气动力。但因理论的基础是线性化方程，压力计算中可以忽略 φ_1 和 φ_2 的导数项的乘积。于是可得到下述简化结果：阻力可由轴向流的计算单独得出，升力可由横向绕流的计算独立得出。因为阻力的计算结果[1]已经有了，下面只考虑升力。仅保留一阶项，垂直于轴线方向的升力和绕抛射体顶端的力矩分别为

$$\left.\begin{aligned}
L &= \int_0^{\pi}\int_0^{\infty}\Delta p r\,\mathrm{d}\theta\cos\theta\,\mathrm{d}x\\
&\approx 2\rho V\int_0^{\pi}\int_0^{\infty}\frac{\partial\varphi_2}{\partial x}r\cos\theta\,\mathrm{d}\theta\,\mathrm{d}x\\
M &= \int_0^{\pi}\int_0^{\infty}\Delta p r\,\mathrm{d}\theta\cos\theta\, x\,\mathrm{d}x\\
&\approx 2\rho V\int_0^{\pi}\int_0^{\infty}\frac{\partial\varphi_2}{\partial x}xr\cos\theta\,\mathrm{d}\theta\,\mathrm{d}x
\end{aligned}\right\} \tag{6}$$

式中：Δp 是作用于物体上的压力与未扰流中压力之差；ρ 是未扰流的流体密度。

方程(5)是 f 的非齐次线性积分方程，没有简单形式的通解。有趣的是考察方程(5)在物体半径趋于零的极限情况下如何简化。更方便的是用 $\xi=x-\alpha r\cosh u$ 作为自变量，于是方程(5)化为

$$v_0=\frac{1}{R^2}\int_0^{x-\alpha R}\frac{f'(\xi)(x-\xi)^2\mathrm{d}\xi}{\sqrt{(x-\xi)^2-\alpha^2R^2}}$$

$$\approx \frac{1}{R^2}\int_0^{x-\alpha R} f'(\xi)(x-\xi)\mathrm{d}\xi = \frac{1}{R^2}\int_0^x f(x)\mathrm{d}x \tag{5a}$$

式中：令 $f(0)$ 等于零，并假设它是尖头抛射体。因为旋转体横截面的面积为 $S=\pi R^2$，由方程(5a)可得

$$f(x) = (v_0/\pi)(\mathrm{d}S/\mathrm{d}x) \tag{7}$$

将它代入方程(6)，可得出升力

$$L = 2\rho V\int_0^{\pi}\int_0^{\infty} \frac{v_0\cos^2\theta}{\pi}\frac{\mathrm{d}S}{\mathrm{d}x}\mathrm{d}\theta\mathrm{d}x = \rho v_0 V A_b$$

式中：A_b 为物体底部的面积。因此升力系数可表为

$$C_L = \frac{L}{\rho V^2 A_b/2} = 2\frac{v_0}{V} \approx 2\psi \tag{8}$$

式中：ψ 为物体的攻角。

力臂 d，也即升力作用点与顶点之间的距离，可通过由式(6)给出的力矩除以升力来计算：

$$d = [(A_b - A_m)/A_b]l \tag{9}$$

式中：A_m 为物体的平均截面面积，也即物体体积除以长度 l。

式(8)与式(9)的结果与 Munk[7] 的飞艇理论的结果相同。乍一看来未免令人惊讶。然而，若物体半径按假设趋于零，横向流动图案将等同于无限长柱体沿垂直于轴线方向运动的图案。因此，在每一个垂直于物体轴线的平面上，可认为流动是二维的，也即与变量 x 无关。因此方程(1)简化为

$$\frac{\partial^2\varphi}{\partial r^2} + \frac{1}{r}\frac{\partial\varphi}{\partial r} + \frac{1}{r^2}\frac{\partial^2\varphi}{\partial\theta^2} = 0 \tag{1b}$$

不难看出它就是二维不可压缩流的运动方程，而这正是 Munk 理论的基础。

由于流动的二维特性，偶极子的分布不受马赫数变化的影响，仅与自变量 x 有关。因此升力系数和力臂也与马赫数无关，正如式(8)和式(9)所示。这一点也可由下述事实看出：当 r 趋于零时，变量 $\xi=(x-\alpha r\cosh u)\rightarrow x$，于是 α 的影响(它是马赫数的函数)消失了。要研究马赫数对升力的影响，必须回到方程(5)。为了避免解积分方程的困难，可采用“间接解法”，也即先取某个函数，再去求符合这个函数的物体形状。

考虑最简单的情况

$$f(x-\alpha r\cosh u) = K(x-\alpha r\cosh u)$$

式中：K 为某个常数。于是

$$\begin{aligned}\varphi_2 &= -K\alpha\cos\theta\int_{\operatorname{arcosh}[x/(\alpha r)]}^{0}(x-\alpha r\cosh u)\cosh u\,\mathrm{d}u \\ &= K\alpha\cos\theta\left\{\frac{x}{2}\sqrt{\left(\frac{x}{\alpha r}\right)^2-1} - \frac{\alpha r}{2}\operatorname{arcosh}\frac{x}{\alpha r}\right\}\end{aligned} \tag{4a}$$

边界条件化为

$$v_0 = \frac{K\alpha^2}{2}\left\{\frac{x}{\alpha R}\sqrt{\left(\frac{x}{\alpha R}\right)^2-1} + \operatorname{arcosh}\frac{x}{\alpha R}\right\}$$

因此，若设 $\cot\varepsilon = x/R$，方程(4a)给出的解显然是半顶角为 ε 的圆锥情形的解。令 $(\cot\varepsilon)/\alpha = \zeta$，边界条件可写为

$$v_0 = (\alpha^2 K/2)\{\zeta\sqrt{\zeta^2 - 1} + \operatorname{arcosh}\zeta\} \tag{5b}$$

对于给定的顶角和马赫数，可由方程(5b)得出相应的 K 值，然后可利用方程(6)计算升力系数。于是得到

$$C_L = K_1 \psi \tag{10}$$

式中：$K_1 = 2\zeta\sqrt{\zeta^2-1}/(\zeta\sqrt{\zeta^2-1} + \operatorname{arcosh}\zeta)$。在 ε 趋于零的极限情况下，$K_1 \to 2$，与式(8)一致。同样，由式(6)得出的力矩系数

$$C_M = \frac{\text{对顶点的力矩}}{\rho V^2 A_b l/2} = \frac{2}{3} K_1 \psi \tag{11}$$

它满足方程(9)。

式(8)和式(10)都表明，在给定马赫数下升力正比于物体的攻角。这是物体无分离绕流的一般特征。如果流动脱离物体在背风面形成一个“死水区”，那么如 W. Bollay[8] 所指出的，升力将正比于物体攻角的二次方。究竟流动是否分离，只能由实验来判断。根据现有的实验数据[9]，流动似乎是连续而无分离的，因此升力与物体的攻角成正比。

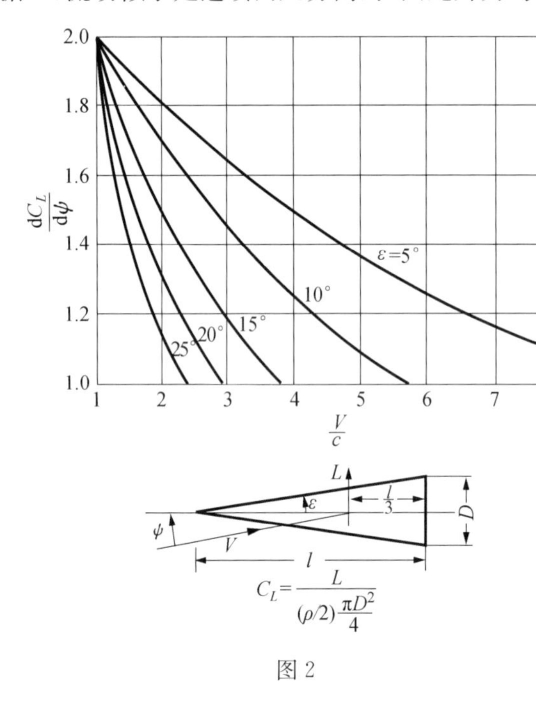

图 2

图 2 是按式(10)进行计算的结果。计算是在 $K_1 \geqslant 1$ 的情况下进行的。因为 $K_1 = 1$ 相应于 $\varepsilon = \beta$，其中 β 是激波角；当 $K_1 < 1$ 时，$\beta < \varepsilon$，意味着激波角小于顶角。这当然是不可能的，因此 $K_1 = 1$ 给出了这个解成立的极限条件。其实在 K_1 接近于 1 的时候也应当认为这只是个定性解，因为这时物面对激波的影响是不可忽略的。

现在将这个尖角无限长旋转体的解加以推广，最简单的方法是采用按步式偶极子分布。考虑沿物体子午线的点 P_1，P_2，…，P_n，…，P_N，它们的坐标分别为 x_1，R_1；x_2，R_2；…；x_n，R_n；…；x_N，R_N，相应的 $x - \alpha R$ 值记为 ξ_1，ξ_2，…，ξ_n，…，ξ_N。于是方程(5)的边界条件可表为

$$v_0 = -\frac{\alpha^2}{2}\sum_{i=1}^{n} K_i \left\{ \left(\operatorname{arcosh}\frac{x_n - \xi_{i-1}}{\alpha R_n} - \operatorname{arcosh}\frac{x_n - \xi_i}{\alpha R_n} \right) + \left[\frac{x_n - \xi_{i-1}}{\alpha R_n}\sqrt{\left(\frac{x_n - \xi_{i-1}}{\alpha R_n}\right)^2 - 1} - \frac{x_n - \xi_i}{\alpha R_n}\sqrt{\left(\frac{x_n - \xi_i}{\alpha R_n}\right)^2 - 1} \right] \right\} \tag{5c}$$

这个条件给出了确定 N 个未知常数 K_i 的 N 个方程。该方程组很容易求解，因为方程 i 所包含的未知数中只多出一个在方程 1，…，$i-1$ 中未出现的未知数。确定了 K_i 之后，升力可由式(6)计算。于是升力系数和力矩系数分别为

$$C_L=\frac{2\psi}{\alpha}\sum_{n=0}^{N}\frac{(x_{n+1}-x_n)}{R_N}\left(\frac{R_{n+1}+R_n}{R_N}\right)\left\{\sum_{i=0}^{n}K_i\left[\sqrt{\left(\frac{x_n-\xi_{i-1}}{\alpha R_n}\right)^2-1}-\sqrt{\left(\frac{x_n-\xi_i}{\alpha R_n}\right)^2-1}\right]\right\}$$

$$C_M=\frac{2\psi}{\alpha l}\sum_{n=0}^{N}\left\{\frac{x_{n+1}+2x_n}{3}+\frac{(x_{n+1}-x_n)}{3}\left(\frac{R_{n+1}}{R_{n+1}+R_n}\right)\right\}\frac{(x_{n+1}-x_n)}{R_n}\left(\frac{R_{n+1}+R_n}{R_N}\right)\cdot$$
$$\left\{\sum_{i=0}^{n}K_i\left[\sqrt{\left(\frac{x_n-\xi_{i-1}}{\alpha R_n}\right)^2-1}-\sqrt{\left(\frac{x_n-\xi_i}{\alpha R_n}\right)^2-1}\right]\right\} \tag{12}$$

式中：P_N 是子午线上最后的一个点；R_N 是底部半径；l 是物体长度。

图 3 是按式(12)进行计算的结果，该旋转体拥有"口径为 6 的头部"，总长度为 4.8 个口径，速度为声速的 2.69 倍 ($\alpha=2.5$)。其升力系数远大于同样马赫数、同样攻角下的圆锥升力系数，这显然是来自后面柱体部分的贡献。图中也给出了升力的作用点。如前所述，一阶近似下的升力和阻力是相互独立的。可将计算出的升力与采自实验的阻力结合起来，以便给出有关合力的大小和方向的某些信息。图 4 是本文计算的抛射体升力系数与 Kent 实验[10]的阻力系数相结合的结果。

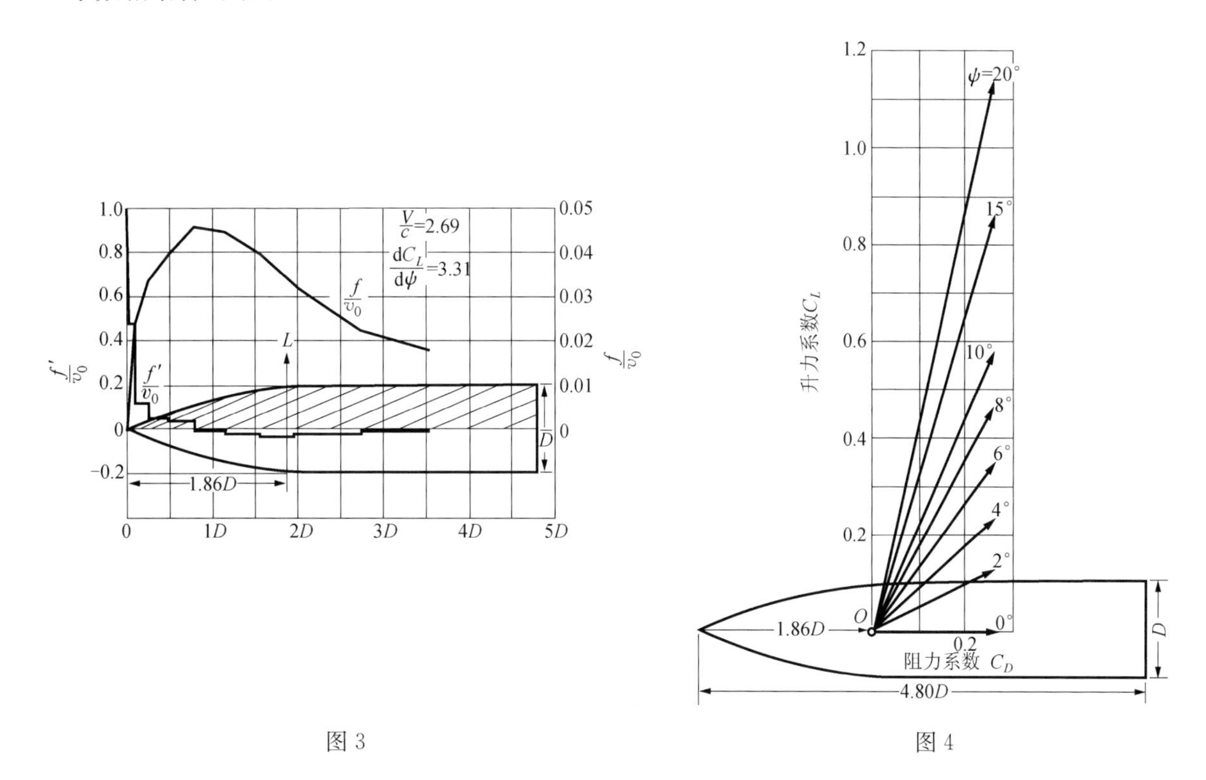

图 3　　图 4

若抛射体长度是直径的 4.34 倍而不是 4.8 倍，头部形状也相同，其重心位于顶点后面 2.68 倍直径处，那么绕重心的力矩可表为 $M=\rho V^2R_N^3\psi f(V/c)$。当 $V/c=2.69$ 的时候 $f(V/c)=9.35$，接近于由 R. H. Fowler 的实验[9]外推到相同比例抛射体的值 $f(V/c)=10.7$。这说明本文的理论可以应用于抛射体，其准确度还不错。

本研究课题来自 Th. von Kármán 教授的建议，工作中也经常得到他的帮助，作者在此向他表示谢忱。

(陈允明 译，　戴世强 校)

参考文献

[1] von Kármán Th, Moore N B. The Resistance of Slender Bodies Moving with Supersonic Velocities with Special Reference to Projectiles [J]. Trans. A. S. M. E. 1932, 54: 303 - 310.

[2] von Kármán Th. The Problem of Resistance in Compressible Fluids, Atti dei V Convegno "Volta": Le alte velocita in aviazione [C]. Reale Accademia d'Italia, Rome. 1936: 267.

[3] Taylor G I, Maccoll J W. The Air Pressure on a Cone Moving at High Speeds [J]. Proc. Royal Society (A), 1933, 139: 278 - 298. Maccoll J W. The Conical Shock Wave Formed by a Cone Moving at a High Speed, Proc. Royal Society (A), 1937, 159: 459 - 472. The comparison was mentioned in a paper by Taylor G I. Well Established Problems in High Speed Flow, Atti dei V Convegno "Volta": 198 - 214.

[4] Levi-Civita, Nuovo Cimento (4) [J]. 1897, 6.

[5] Lamb H. On Wave-Propagation in Two Dimensions [J]. Proc. London Math. Society (1), 1902, 35: 141. //See also Lamb H. Hydrodynamics, 6th Ed., Cambridge, 1932, 298.

[6] Ferrari C. Campi di corrente ipersonora attorno a solidi di rivoluzione [J]. L'Aerotecnica, 1937, 17, 507 - 518.

[7] Munk M M. The Aerodynamic Forces on Airship Hulls [R]. NACA Technical Report, 1923: 184.

[8] Bollay W. A Theory for Rectangular Wings of Small Aspect Ratio [J]. Journal Aeronautical Sciences, 1937, 4: 294 - 296.

[9] Fowler R H, Gallop E G, Lock C N H, Richmond H W. The Aerodynamics of a Spinning Shell [J]. Philosophical Trans. of Royal Society of London (A), 1921, 221: 295 - 389.

[10] Kent R H. The Rôle of Model Experiments in Projectile Design [J]. Mechanical Engineering, 1932, 54: 641 - 646.

可压缩流体的流动以及反作用力推进

钱学森

为部分履行哲学博士学位要求而提交的论文

California Institute of Technology
Pasadena California

1938

致　谢

作者首先要深切感谢 Theodore von Kármán 博士，不仅本论文前三个研究课题来自他的建议，而且这些研究的完成也离不开他持续不断的指导和帮助。他的鼓舞和热情关怀赢得了作者的尊敬和挚爱。

关于第四部分，作者还要就与 Harry Bateman 博士的讨论及他在级数求和上的帮助表示感谢。与 Frank J. Malina 的频繁讨论也使作者获益匪浅，他还在数值计算和图表方面提供了无私的帮助。

内　容

第一部分
可压缩流边界层

流体密度可变的流动问题一般来说很难求解，因此，对于可压缩流问题来说，如果能求得其运动方程的精确解或近似解，都具有重要的理论意义。一些作者已经注意到，层流边界层理论可以推广到任意高速流动的可压缩流体而不会遇到不可克服的数学困难。Busemann[1]建立了这样的方程并针对某个速度比（速度比应理解为气体速度与声速之比）计算出了速度剖面。Frankl[2]也分析了同样的问题，但其结果较复杂且依赖若干武断的近似。von Kármán[3]也曾求得一个一级近似，运用的方法很简单但似乎不够准确。因此，第一节将致力于导出一个更适合于求解可压缩边界层的方法。

高速边界层理论并非没有实际意义。首先，人们往往在有关火箭及类似的高速装置的技术或半技术文献上看到这样的论述，随着速度的提高，表面摩阻变得越来越不重要了。当然大家都知道，表面摩阻系数会随着雷诺数的提高而下降，也即与波阻或激波阻力相比表面摩阻会变得相对很小。然而，因为高速飞行往往在空气密度很低的高空进行，因此，运动黏性系数很大，尽管速度很高但雷诺数仍然较小。

可压缩流边界层理论的另一个有意义之处是问题的热力学层面。低速时边界层中产生的热能的影响，无论在阻力或传热的计算中都可以忽略不计。但在高速情况下，边界层中产生的热量不仅不能忽略，而且它还决定了热流的方向。我们将在第二节讨论通过边界层的热流的几个简单例子。

在这一分析的大部分内容中，有必要假设流动是层流，之所以必要是因为目前缺乏对可压缩流体在高速流动时出现的湍流的认识。这个假设由于下述事实得到部分支持：正如前面说的，在可以应用本文结果的许多问题中雷诺数相对较小，因此边界层相当大的部分实际上仍可能是层流。Ackeret[4]提醒我们注意，超声速流的稳定条件可能与低速流的很不相同。

最近 Küchemann[5]研究了正弦形小扰动下靠近壁面的线性速度剖面的稳定性，结果表明，当速度比（即马赫数——译者注）增加时在较大波长的扰动下流动会变得不稳定。但他假定了气体无黏而且声速是常数。这两个假定，特别是后一个假定，限制了该理论的用途。因为声速是常数意味着气体温度是常数，而对于完全气体这远非事实，如本节后面的计算所示。尽管有这些不确定之处，本节的有些结果也能应用于湍流，后面将会具体指出。其他情况，例如在层流假设下计算的阻力，至少给出了阻力的下限。

第一节

x 轴取在平板上，方向与来流相同，y 轴垂直于平板（见图 1.1），u 和 v 分别是任一点上沿 x 和 y 方向的速度分量，于是边界层简化后的运动方程为

$$\rho u \frac{\partial u}{\partial x} + \rho v \frac{\partial u}{\partial y} = \frac{\partial}{\partial y}\left(\mu \frac{\partial u}{\partial y}\right) \tag{1.1}$$

式中：密度 ρ 和黏度 μ 都是变量。

连续性方程是

$$\frac{\partial}{\partial x}(\rho u)+\frac{\partial}{\partial y}(\rho v)=0 \tag{1.2}$$

第三个方程是黏性耗散产生的热与热传导和热对流之间的能量平衡方程。在与方程(1.1)和方程(1.2)同样的简化下，可以表为

$$\rho u\frac{\partial}{\partial x}(c_pT)+\rho v\frac{\partial}{\partial y}(c_pT)=\frac{\partial}{\partial y}\left(\lambda\frac{\partial T}{\partial y}\right)+\mu\left(\frac{\partial u}{\partial y}\right)^2 \tag{1.3}$$

式中：c_p 是比定压热容；λ 是热导率。若假设 Prandtl 数 $c_p\mu/\lambda$ 等于 1，容易证明，只要令温度 T 等于速度 u 的某个抛物函数，方程(1.1)和方程(1.3)可以同时满足。确实，将 $c_pT=f(u)$ 代入方程(1.3)并用 $c_p\mu$ 代替 λ，得到

$$\left(\rho u\frac{\partial u}{\partial x}+\rho v\frac{\partial u}{\partial y}\right)f'(u)=\frac{\partial}{\partial y}\left(\mu\frac{\partial u}{\partial y}\right)f'(u)+\mu[f''(u)+1]\left(\frac{\partial u}{\partial y}\right)^2$$

因此，若 $f''(u)=-1$，或者

$$c_pT=C_1+C_2u-\frac{u^2}{2}$$

式中：C_1 和 C_2 是常数，则方程(1.3)简化为方程(1.1)。用 T_w 来表示壁温($u=0$)，记得当 $u=U$ 时 $T=T_0$(式中 U 是来流速度)，C_1 和 C_2 可以用 T_w 和 T_0 来表示，于是

$$\frac{T}{T_0}=\frac{T_w}{T_0}-\left(\frac{T_w}{T_0}-1\right)\frac{u}{U}+\frac{\gamma-1}{2}M^2\frac{u}{U}\left(1-\frac{u}{U}\right) \tag{1.4}$$

$$\frac{1}{T_0}\left(\frac{\partial T}{\partial y}\right)_w=\frac{1}{U}\left[\frac{\gamma-1}{2}M^2-\left(\frac{T_w}{T_0}-1\right)\right]\left(\frac{\partial u}{\partial y}\right)_w \tag{1.5}$$

式中：下标 w 表示平板表面。因为 $(\partial u/\partial y)_w$ 永远大于零，若 $[(\gamma-1)/2]M^2>(T_w/T_0)-1$，热量由流体传入平板；若 $[(\gamma-1)/2]M^2=(T_w/T_0)-1$，平板和流体之间没有热量交换；若 $[(\gamma-1)/2]M^2<(T_w/T_0)-1$，热量由平板传入流体。如果没有热交换，单位质量的热能 $(u^2/2)+c_pT$ 在整个边界层内是一个常数[6]。

因为压力不变，ρ 与 T 之间的关系是

$$\rho=\rho_0\frac{T_0}{T} \tag{1.6}$$

根据气体动理论，黏度的表达式为

$$\mu=\mu_0(T/T_0)^{1/2} \tag{1.7}$$

然而，下述公式更符合实验数据：

$$\mu=\mu_0(T/T_0)^{0.76} \tag{1.7a}$$

Busemann[1]利用方程(1.7)计算了 $[(\gamma-1)/2]M^2=(T_w/T_0)-1$ 的极限情况。他发现高马赫数下速度剖面近似于一条直线。von Kármán[3]利用线性速度剖面、摩擦阻力与动量之间的积分关系以及方程(1.7)推出了

$$C_f=\frac{\text{单位宽度平板上的摩擦阻力}}{(\rho_0U^2/2)\times\text{平板长度}}$$

$$=\Theta\sqrt{\frac{\mu_0}{\rho_0Ux}}\left(1+\frac{\gamma-1}{2}M^2\right)^{-1/4} \tag{1.8}$$

表 1.1 中的无量纲量 Θ 只是马赫数的函数。然而,如果应用方程(1.7a),那么

$$C_{\mathrm{f}}=\Theta\sqrt{\frac{\mu_0}{\rho_0 Ux}}\left(1+\frac{\gamma-1}{2}M^2\right)^{-0.12} \tag{1.8a}$$

表 1.1

M	0	1	2	5	10	∞
Θ	1.16	1.20	1.25	1.39	1.50	1.57

显然,小马赫数时这个线性近似不能令人满意。当 $M=0$ 时,情况与不可压缩流体的 Blasius 的解[7]相同,其中 Θ 为 1.328。

为了更严格地求解,必须求助于方程(1.1)和(1.2),引入流函数 ψ,其定义为

$$\frac{\rho}{\rho_0}u=\frac{\partial\psi}{\partial y},\quad -\frac{\rho}{\rho_0}v=\frac{\partial\psi}{\partial x}$$

连续方程(1.2)自动满足。现在把 ψ 引入方程(1.1)作为自变量,就像 von Mises[8] 简化不可压缩流边界层方程时所做的那样,我们得到

$$\frac{\partial}{\partial y}=\frac{\rho}{\rho_0}u\frac{\partial}{\partial\psi},\quad \frac{\partial}{\partial x}=\frac{\partial}{\partial n}-\frac{\rho}{\rho_0}v\frac{\partial}{\partial\psi}$$

式中:n 是一个垂直于坐标 ψ 的坐标。利用这些新坐标可得下述关系式:

$$\rho u\frac{\partial u}{\partial x}+\rho v\frac{\partial u}{\partial y}=\rho u\frac{\partial u}{\partial n}$$

而且

$$\mu\frac{\partial u}{\partial y}=\frac{\mu\rho u}{\rho_0}\frac{\partial u}{\partial\psi}$$

因此,方程(1.1)可表达为

$$\frac{\partial u}{\partial n}=\frac{\partial}{\partial\psi}\left[\mu\frac{\rho}{\rho_0}u\frac{\partial u}{\partial\psi}\right] \tag{1.9a}$$

可以引入下面一组新的变量而使方程(1.9a)无量纲化:

$$\left.\begin{aligned}
u^* &= u/U\\
n^* &= n/L\\
\psi^* &= [\psi/(UL)]\sqrt{\rho_0 UL/\mu_0}=[\psi/(UL)]\sqrt{R}\\
\rho^* &= \rho/\rho_0\\
\mu^* &= \mu/\mu_0
\end{aligned}\right\} \tag{1.9b}$$

式中:L 是某个长度,例如平板长度;R 是相应的雷诺数。于是方程(1.9a)变为

$$\frac{\partial u^*}{\partial n^*}=\frac{\partial}{\partial\psi^*}\left(u^*\rho^*\mu^*\frac{\partial u^*}{\partial\psi^*}\right) \tag{1.9}$$

引入新的变量 $\zeta=\psi^*/\sqrt{n^*}$,可将方程(1.9a)进一步简化为

$$-\frac{\zeta}{2}\frac{\mathrm{d}u^*}{\mathrm{d}\zeta}=\frac{\mathrm{d}}{\mathrm{d}\zeta}\left(u^*\rho^*\mu^*\frac{\mathrm{d}u^*}{\mathrm{d}\zeta}\right) \tag{1.10}$$

这个方程可以利用逐步近似来求解。如方程(1.6)和方程(1.7)或(1.7a)所示,ρ^* 和 μ^* 都

只是温度的函数，而温度是u^*的函数，于是可以从已知的Blasius解[7]出发，方程(10)的右端可以用ζ来表示，于是有$u^*\rho^*\mu^*=f(\zeta)$，方程(1.10)变为$-\frac{\zeta}{2}\frac{\mathrm{d}u^*}{\mathrm{d}\zeta}=\frac{\mathrm{d}}{\mathrm{d}\zeta}\left[f(\zeta)\frac{\mathrm{d}u^*}{\mathrm{d}\zeta}\right]$。因此方程(1.10)的解是

$$u^*=C\int_0^{\zeta}\frac{F}{f}\,\mathrm{d}\zeta \tag{1.11}$$

式中：

$$F=\exp\left(-\int_0^{\zeta}\frac{\zeta\mathrm{d}\zeta}{f}\right)$$

而C由下述边界条件确定：在$\zeta=\infty$处，

$$u^*=1,\quad \frac{1}{C}=\int_0^{\infty}\frac{F}{f}\,\mathrm{d}\zeta \tag{1.11a}$$

实际计算方程(1.11)和(1.11a)中的积分时用了两种方法。对于很小的ζ，$\zeta<0.2$，将u^*和$f(\zeta)$展开为ζ的幂级数。对于非常小的ζ，幂级数是一致收敛的，积分可逐项计算。当$\zeta>0.2$的时候利用数值积分。

基于由方程(1.11)得到的u^*可以求得二级近似。研究发现，如果从较小的马赫数时的速度剖面出发计算较大的马赫数时的速度剖面，三级或四级近似就能给出足够的精度了。

一旦算出了最终的u^*，可以通过下述方法计算与u^*对应的y值：

由方程(1.9b)可知

$$\zeta=\frac{\psi^*}{\sqrt{n^*}}=\frac{\sqrt{R}\,\frac{\psi}{UL}}{\sqrt{n^*}}$$

根据ψ的定义，有

$$\frac{\partial\zeta}{\partial y^*}=\frac{\sqrt{R}}{\sqrt{n^*}}\rho^*u^*$$

然而，由于流线的斜率很小，

$$\frac{\partial\zeta}{\partial y^*}\approx\frac{\mathrm{d}\zeta}{\mathrm{d}y^*}$$

于是

$$\mathrm{d}y^*=\frac{\sqrt{n^*}}{\sqrt{R}}\frac{\mathrm{d}\zeta}{\rho^*u^*} \tag{1.12a}$$

或者

$$\frac{\sqrt{R}}{\sqrt{n^*}}y^*=\frac{y}{\sqrt{\frac{x\mu_0}{U\rho_0}}}=\int_0^{\zeta}\frac{\mathrm{d}\zeta}{\rho^*u^*} \tag{1.12}$$

由于被积函数在$\zeta=0$有奇点，对于很小的ζ将ρ^*u^*展为幂级数的方法很有用。

表面摩阻可由动量定理计算，即

$$\text{表面摩阻 } D=\left[\int_0^{\infty}\rho u(U-u)\mathrm{d}y\right]_{x=L}$$

利用方程(1.12a)，有

$$dy = L dy^* = \frac{\sqrt{n^*} L d\zeta}{\sqrt{R}\rho^* u^*}$$

于是

$$D = \left\{ L\rho_0 U^2 \frac{\sqrt{n^*}}{\sqrt{R}} \right\}_{x=L} \int_0^\infty (1-u^*) d\zeta$$

但 $n^* = n/L \approx x/L$，因此

$$\{n^*\}_{x=L} \approx 1$$

于是

$$D = \frac{L\rho_0 U^2}{\sqrt{R}} \int_0^\infty (1-u^*) d\zeta$$

可得到表面摩阻系数

$$C_f = \frac{D}{\rho_0 U^2 L/2} = 2\int_0^\infty (1-u^*) d\zeta \Big/ \sqrt{R} \tag{1.13}$$

利用近似黏度式(1.7a)，对于$[(\gamma-1)/2]M^2 = (T_w/T_0) - 1$情况计算了不同的马赫数下的速度剖面、温度分布以及摩阻系数，如图 1.2、图 1.3 所示。高速情况下速度剖面很接近于一条直线，但可以看出大马赫数时壁温非常高。若来流温度为 40℉，马赫数为 4,6,8 和 10 的时候壁温将达到 1 600℉,3 620℉,6 540℉和 10 170℉。无疑，此时式(1.7a)所表达的黏性规律不再适用。如此高的温度下热辐射也将不可忽略。辐射效应使气体温度均衡化。在完全平衡的极端情况下，温度将在整个边界层内是一个常数，由于压力在整个流场内也假设为常数，气体的密度和黏度也将在整个流场内保持为常数，于是速度剖面将是 Blasius 对不可压缩流体计算出的剖面。根据这个推理，辐射不可忽略的大马赫数时的速度剖面将在 Blasius 剖面和图 1.3 给出的剖面之间。

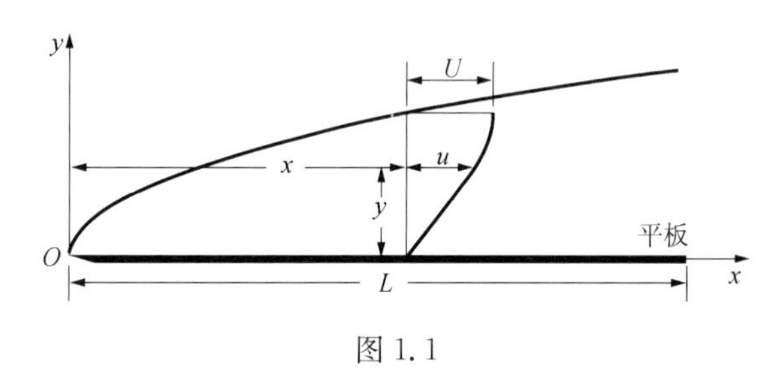

图 1.1

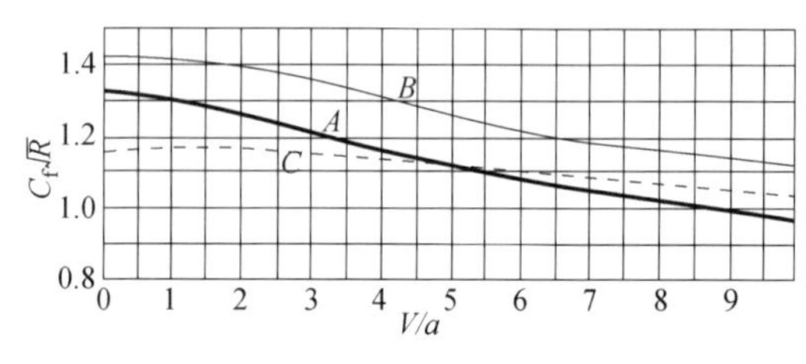

图 1.2 表面摩阻系数

A—与壁面无传热； B—壁面温度为来流温度的$\frac{1}{4}$；

C—von Kármán 的一级近似

常数 $C_f\sqrt{R}$ 的变化也是明显的，虽然不算大。它从 $M=0$ 时的 1.328 下降为 $M=10$ 时的 0.975，大约下降 30%。然而，当 $0< M<3$ 时其变化很小。

图 1.2 还表明，在很高的马赫数下，利用线性近似得到的方程(1.8a)仍然相当准确。

作为例子，先考虑一个炮弹然后再讨论一个无翼探空火箭。设炮弹直径为 6 in，长24 in，速度为 1 500 ft/s，飞行高度为 32 800 ft(10 km)，那么基于总长的雷诺数为 7.86×10^6，速度比为 1.52。由图 1.2 可见，表面摩阻系数

$$C_f = (1.286\times10^{-3})/\sqrt{7.86} = 0.000\,459$$

将表面摩阻系数(基于表面积)换算为阻力系数(基于最大截面积),得到

$$C_{D_f} = 0.0055$$

根据 Kent 的实验结果[9],波阻的阻力系数

$$C_{D_w} = 0.190$$

因此,表面摩阻与波阻之比为 0.005 5/0.190=0.029。

然而,对于火箭来说,这个比值将有很大的变化。设火箭直径为 9 in,长 8 ft,飞行高度为 50 km(164 000 ft,参看附录),速度为 3 400 ft/s。该飞行高度的密度比为 0.000 67、温度为 25℃(按大气数据导出),于是雷诺数为 6.14×10^5,速度比为 3.00。由图 1.2 可见表面摩阻系数

$$C_f = (1.213 \times 10^{-2})/\sqrt{11.4} = 0.00360$$

于是

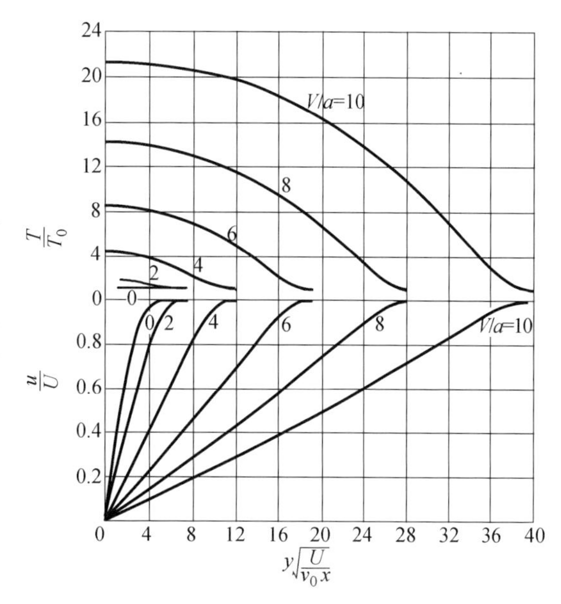

图 1.3 当壁面无传热时的速度分布和温度分布

$$C_{D_f} = 0.123$$

根据 Kent 的实验结果[9],波阻的阻力系数

$$C_{D_w} = 0.100$$

因此,表面摩阻与波阻之比为 0.123/0.100=1.23。若部分边界层为湍流边界层,那么这个比值甚至更大。这清楚表明,细长体以极高的速度在很稀薄的空气中飞行时表面摩阻的重要性。它还驳斥了对于超声速飞行的任何物体波阻总是总阻力的主要部分的观点。其原因很容易理解,只要回想物体的波阻近似与速度成正比,而表面摩阻则正比于速度的 1.5 到 2 次方。因此表面摩阻与波阻之比会随着速度而增长。在极高的速度和很大的运动黏性系数下,波阻甚至会变为总阻力中可以忽略的部分。

第二节

为了突出问题的热力学层面,考虑两种情况,一种是热流体流过温度为常数但低于流体温度的表面,另一种是冷流体流过热表面。L. Crocco[6] 曾在两篇重要的论文中讨论过这两个问题,尤其是精美地处理了“极高速度”(Hyperaviation)下的冷却问题。但作者相信本文比 Crocco 的文章更一般、更具普遍性。

利用 Prandtl 数(也即 $c_p\mu/\lambda$)等于 1 的假设可以得到表面传热和摩阻之间的一个有趣的一般关系式。这个假设也曾在过去的计算中用到过。值得注意的是,这个关系式对于层流和湍流同样适用。单位时间内通过单位表面积的热流为

$$q = \lambda_w (\partial T/\partial y)_w$$

单位表面积的摩阻

$$\tau = \mu_w (\partial u/\partial y)_w$$

利用方程(1.4),比值 q/τ 可以通过下述关系式计算:

$$\frac{q}{\tau}=\frac{\lambda_w}{\mu_w}\frac{T_0}{U}\left[\left(1-\frac{T_w}{T_0}\right)+\frac{\gamma-1}{2}M^2\right] \tag{1.14}$$

式中：T_0 是来流绝对温度；U 是来流速度；T_w 是壁面绝对温度；λ_w 和 μ_w 是壁面温度下流体的热导率和黏度；M 为马赫数。将 $M=0$ 代入，由方程(1.14)得到

$$\frac{q}{\tau}=\frac{\lambda_w}{\mu_w}\frac{T_0-T_w}{U}=\frac{c_p(T_0-T_w)}{U} \tag{1.15}$$

这是已知的 Prandtl 公式或 G. I. Taylor 公式，但首先导出此公式的是雷诺。方程(1.14)给出了该公式的可压缩性修正。

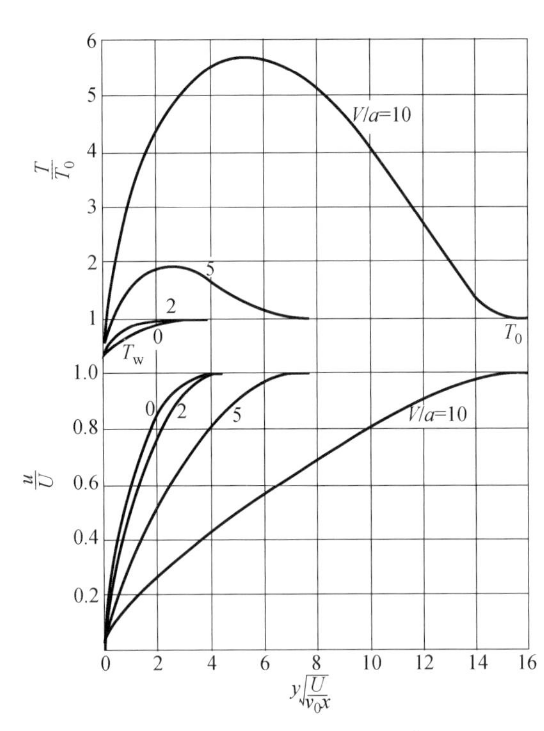

图 1.4　当壁温等于来流温度的$\frac{1}{4}$时的速度分布和温度分布

在 $T_0>T_w$ 的情况，也即当表面温度比来流温度更低的时候，可压缩性效应是增加向壁面的传热。然而，如果把这解释为冷却作用的一种改善那就错了，因为高速时边界层内产生的热量与向壁面的传热量是同一量级的。为了确定冷却作用的效率，必须考虑总的热量平衡。方程(1.14)并不能给出这方面的充分信息，必须计算边界层内的速度分布和温度分布。下面将在特定假设 $T_w=T_0/4$ 下，也即壁面绝对温度保持不变并等于热流体来流绝对温度的$\frac{1}{4}$的条件下进行这种计算。对于 μ 的变化，采用与第一节同样的假设。计算结果示于图(1.2)和图(1.4)。$C_f\sqrt{R}$ 随 M 的变化类似于壁面无传热的情形。同样，极高马赫数下边界层内的最高温度也非常高，但温度达到峰值的位置离壁面有一段距离。

通过边界层向壁面的传热可如下计算：利用方程(1.12a)有

$$\frac{\partial u}{\partial y}=\frac{U}{L}\frac{\partial u^*}{\partial y^*}=\frac{U}{L}\frac{\mathrm{d}u^*}{\mathrm{d}\zeta}\frac{\mathrm{d}\zeta}{\mathrm{d}y^*}=\frac{U\sqrt{R}}{L\sqrt{n^*}}(\rho^*u^*)\frac{\mathrm{d}u^*}{\mathrm{d}\zeta}$$

因此

$$\begin{aligned}C_f&=\frac{D}{\rho_0U^2L/2}=\frac{1}{\rho_0U^2L/2}\int_0^L\mu_w\left(\frac{\partial u}{\partial y}\right)_{y=0}\mathrm{d}x\\&=\frac{1}{\rho_0U^2L/2}\frac{U\sqrt{R}\mu_0}{\sqrt{L}}\frac{\rho_w}{\rho_0}\frac{\mu_w}{\mu_0}\left(u^*\frac{\mathrm{d}u^*}{\mathrm{d}\zeta}\right)_w\int_0^L\frac{\mathrm{d}x}{\sqrt{x}}=\frac{4}{\sqrt{R}}\frac{\rho_w}{\rho_0}\frac{\mu_w}{\mu_0}\left(u^*\frac{\mathrm{d}u^*}{\mathrm{d}\zeta}\right)_w\end{aligned}$$

结合上述两个方程，得到

$$\left(\frac{\partial u}{\partial y}\right)_w=\frac{U\sqrt{R}}{L\sqrt{n^*}}\left(\frac{\mu_0}{\mu_w}\right)\frac{C_f\sqrt{R}}{4} \tag{1.16}$$

利用公式(1.7a)并将方程(1.16)代入方程(1.5)，得到

$$(\partial T/\partial y)_{\mathrm{w}} = K_1\left[T_0\sqrt{R}/(2L\sqrt{n^*})\right] \tag{1.17}$$

式中：

$$K_1 = (4^{0.76}/2)\{0.75 + [(\gamma-1)/2]M^2\}\sqrt{R}C_{\mathrm{f}}$$

如表 1.2 所示。因此，单位时间内通过长度为 L 的单位宽度的壁面条带的传热量

$$Q_1 = \int_0^L\left(\lambda\frac{\partial T}{\partial y}\right)_{\mathrm{w}}\mathrm{d}x \approx \frac{K_1\lambda_{\mathrm{w}}T_0\sqrt{R}}{2\sqrt{L}}\int_0^L\frac{\mathrm{d}x}{\sqrt{x}} = K_1\lambda_{\mathrm{w}}T_0\sqrt{R} \tag{1.18}$$

表 1.2

M	K_1
0	1.53
1	1.93
2	3.12
5	10.53
10	33.98

气体从 $x=0$ 流到 $x=L$，其热能在单位时间内的增长为

$$Q_2 = \int_0^\infty[\rho uc_p(T_0-T)\mathrm{d}y]_{x=L} = \rho_0Uc_pT_0\sqrt{\frac{\mu_0L}{U\rho_0}}\int_0^\infty(1-T^*)\mathrm{d}\zeta$$

$$= \lambda_0T_0\sqrt{R}\int_0^\infty(1-T^*)\mathrm{d}\zeta$$

$$= \lambda_{\mathrm{w}}\left(\frac{\lambda_0}{\lambda_{\mathrm{w}}}\right)T_0\sqrt{R}\int_0^\infty(1-T^*)\mathrm{d}\zeta$$

$$= \lambda_{\mathrm{w}}\left(\frac{\mu_0}{\mu_{\mathrm{w}}}\right)T_0\sqrt{R}\int_0^\infty(1-T^*)\mathrm{d}\zeta = K_2\lambda_{\mathrm{w}}T_0\sqrt{R} \tag{1.19}$$

于是，单位时间内单位宽度平板上边界层内气体的黏性耗散为

$$Q = Q_1 + Q_2 \tag{1.20}$$

图 1.5 是不同的马赫数情况下的总的热量平衡。无量纲耗散曲线代表单位时间内由于单位宽度壁面摩阻所产生的热量；下面的曲线表示单位时间单位宽度的热含量的增加(减少)；这两条曲线纵坐标之差就相应于通过壁面的传热。可以看到当 $M<2.6$ 时流体得到冷却。超过这个上限的话，摩擦产生的热量要大于传向壁面的热量，结果流体反而被加热了。

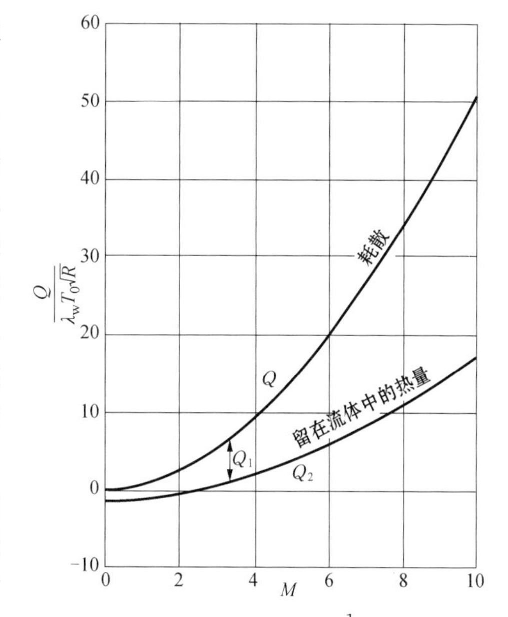

图 1.5　当壁温等于来流温度的 $\frac{1}{4}$ 时的热量平衡

在 $T_{\mathrm{w}} > T_0$ 的情况，也即壁面比来流更热的情况，传热与摩阻之比随着马赫数的增加而减少，参见图 1.6，其中纵坐标代表可压缩 q/τ（方程(1.14)）与不可压缩 q/τ（方程(1.15)）之比。

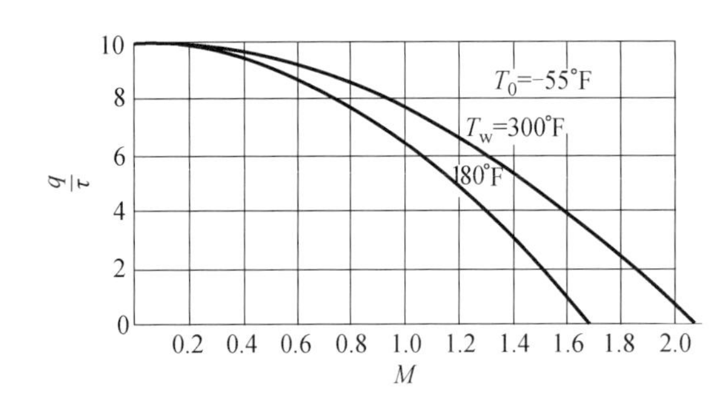

图 1.6 高流速对于冷却效率的影响

计算中气体温度取为－55℉，而壁面温度取为 180℉和 300℉。可以看到，180℉的情况下 $M>1.69$ 的时候以及 300℉的情况下 $M>2.08$ 的时候冷却作用就消失了。然而，即使在速度比这低很多的情况下冷却效率就已经明显下降。这个事实强调了降低冷却空气流的速度的好处以及直接暴露在高速气流中的表面被冷却的效率是相对低的。图 1.6 的曲线根据方程(1.14)导出，既可应用于层流，也可应用于湍流。

第一部分的附录　稀薄空气中本理论的有效性

只要分子自由程与边界层厚度相比甚小，流体动力学方程就有效。驻点处的边界层厚度为零，然而，离开驻点 1/4 火箭长度的地方，边界层厚度就达到了 3.2 cm。而在本文讨论的高度，分子自由程的计算值为 1.1×10^{-2} cm。因此，即使在这种情况下本理论看来仍可应用。这个结论也得到了 H. Ebert 论文中实验结果的支持："Darstellung der Strömungsvorgange von Gasen bei neidrigen Drucken mittels Reynoldsscher Zahlen"(Zeitschrift für Physik, Bd. 85, S. 561－564, 1933)。

(陈允明 译， 谈庆明 校)

第一部分的参考文献

[1] Busemann A. Gas-strömung mit laminaren Grenzschicht entlang einer Platte [J]. Z. A. M. M., 1935, 15: 23.

[2] Frankl. Laminar Boundary Layer of Compressible Fluids [M]. Trans. of the Joukowsky Central Aero-Hydrodynamical Institute, Moscow, 1934, (Russian).

[3] von Kármán Th. The Problem of Resistance in Compressible Fluids [C]. V. Convengo della Foundazione Alessandro Volta (Tema: Le Alte Velocita in Aviazione), Reale Accademia D'Italia, Rome.

[4] Ackeret J. Über Luftkraft bei sehr grossen Geschwindigkeiten insbesondere bei ebenen Strömungen [J]. Helvetica Physica Acta, 1928,1: 301－322.

[5] Küchemann D. Störungsbewegungen in einer Gasströmung mit Grenzschicht [J]. Z. A. M. M., 1938, 18, S: 207－222.

[6] Crocco L. Su di un valore massimo del coefficient di transmissione del calore da una lamina piana a un fluido scorrente [J]. Rendiconti R. Accademia dei Lincei, 1931,14: 490－496. //Crocco, L., Sulla Transmissione del calore da una lamina piana un fluido scorrente ad alta velocita, L'Aerotecnica, 1932, 12:181－197.

[7] Blasius H. Grenzschichten in Flüssigkeiten mit kleiner Reibung [J]. Zeit. F. Math. u. Phys., 1908, 56: 1.

[8] von Mises. Bemerkung zur Hydrodynamik [J]. Z. A. M. M., 1927,7: 425.

[9] Kent R H. The Rôle of Model Experiment in Projectile Design, Mechanical Engineering [J]. 1932,54: 641－646.

第二部分
有攻角旋转体的超声速绕流

作用于抛射体的空气动力可分为三个组成部分：轴向阻力，垂直于轴向的升力以及由于物体旋转而产生的力(Magnus 效应)。当然，第一个组成部分(阻力)最重要，因为它是确定抛射体的射程的决定性因素。但实际的抛射体总是带有倾角和旋转的，因此如果不考虑空气动力的后两个组成部分，也即升力和旋转产生的力，就不可能准确计算抛射体的射程。研究发现 von Kármán 和 Moore[1] 所提出的细长旋转体轴对称绕流的线性化流体力学方程的解法，也很容易推广用于与飞行路径之间有倾角的抛射体。由于物体引起的二级扰动量都被略去了，严格说来，本文的结果只适用于很细长的、与飞行路径之间有微小倾角的抛射体。然而，对于顶角小于 40°的轴对称锥体绕流，von Kármán-Moore[1] 的一级近似与 Taylor-Maccoll[2] 的精确解相差非常小。因此，预期本文得到的升力的一级近似解也能相当不错地应用于尖头抛射体。

设 φ 为轴对称体引起的小扰动速度的位势，且物体轴线沿 x 轴方向，那么柱坐标 x，r 和 θ 下的可压缩流体的线性化运动方程是

$$\left(1-\frac{V^2}{c^2}\right)\frac{\partial^2\varphi}{\partial x^2}+\frac{1}{r}\frac{\partial\varphi}{\partial r}+\frac{\partial^2\varphi}{\partial r^2}+\frac{1}{r^2}\frac{\partial^2\varphi}{\partial\theta^2}=0 \tag{2.1}$$

式中：V 为未扰来流的速度，声速为 c。

若未扰流的方向与物体轴线的方向一致，则 φ 与 θ 无关，且方程(2.1)简化为

$$\left(1-\frac{V^2}{c^2}\right)\frac{\partial^2\varphi}{\partial x^2}+\frac{1}{r}\frac{\partial\varphi}{\partial r}+\frac{\partial^2\varphi}{\partial r^2}=0 \tag{2.2}$$

若未扰来流的速度大于声速，该方程的解与由中心向外扩散的二维波动解相同，后者已分别由 Levi Civita[3] 和 H. Lamb[4] 得出。von Kármán 和 Moore[1] 将其结果应用于轴对称绕流，证明绕流解可表为由下述位势给出的某个源分布：

$$\varphi_1=\int_{\operatorname{arcosh}[x/(\alpha r)]}^{0} f_1(x-\alpha r\cosh u)\,\mathrm{d}u \tag{2.3}$$

式中：$\alpha=\sqrt{(V/c)^2-1}$。它与不可压缩类似绕流之间的相似让我们预期，方程(2.1)的解可表为由下述位势给出的某个偶极子分布：

$$\varphi_2=-\alpha\cos\theta\int_{\operatorname{arcosh}[x/(\alpha r)]}^{0} f(x-\alpha r\cosh u)\cosh u\,\mathrm{d}u \tag{2.4}$$

不难证明，情况恰如所料，因为若将方程(2.1)的解表为

$$\varphi_2=\cos\theta F(x,r)$$

则方程(2.1)简化为

$$\left(1-\frac{V^2}{c^2}\right)\frac{\partial^2 F}{\partial x^2}+\frac{1}{r}\frac{\partial F}{\partial r}+\frac{\partial^2 F}{\partial r^2}-\frac{F}{r^2}=0 \tag{2.1a}$$

方程(2.1)对 r 微分，得到

$$\left(1-\frac{V^2}{c^2}\right)\frac{\partial^2}{\partial x^2}\left(\frac{\partial\varphi}{\partial r}\right)+\frac{1}{r}\frac{\partial}{\partial r}\left(\frac{\partial\varphi}{\partial r}\right)+\frac{\partial^2}{\partial r^2}\left(\frac{\partial\varphi}{\partial r}\right)-\frac{1}{r^2}\left(\frac{\partial\varphi}{\partial r}\right)=0 \tag{2.2a}$$

比较方程(2.1a)与(2.2a),不难看出式(2.4)是方程(2.1)的一个解。函数 f 应由下述边界条件确定:

$$v_0=\frac{1}{\cos\theta}\left(\frac{\partial\varphi_2}{\partial r}\right)_{r=R}=-\alpha^2\int_{\operatorname{arcosh}[x/(\alpha R)]}^{0}f'(x-\alpha R\cosh u)\cosh^2 u\,\mathrm{d}u \tag{2.5}$$

式中:v_0 是未扰流速度 V 的法向分量;R 是旋转体的半径。

于是,有攻角旋转体绕流的完全解可通过轴向绕流和横向绕流的解的叠加来得到,也即 $\varphi=\varphi_1+\varphi_2$。C. Ferrari[5]也独立提出过这种解。

从速度势 φ 可算出沿物体的压力分布并由此计算空气动力。但因理论的基础是线性化方程,压力计算中可以忽略 φ_1 和 φ_2 的导数的乘积。于是可得到下述简化结果:阻力可由轴向流的计算单独得出,升力可由横向流的计算独立得出。因为阻力的计算结果已经有了[1],下面只考虑升力。垂直于轴线方向的升力和绕顶端的力矩分别为:

$$\left.\begin{aligned}L&=\int_0^{\pi}\int_0^{\infty}\Delta p r\,\mathrm{d}\theta\cos\theta\,\mathrm{d}x\approx 2\rho V\int_0^{\pi}\int_0^{\infty}\frac{\partial\varphi_2}{\partial x}r\cos\theta\,\mathrm{d}\theta\,\mathrm{d}x\\M&=\int_0^{\pi}\int_0^{\infty}\Delta p r\,\mathrm{d}\theta\cos\theta x\,\mathrm{d}x\approx 2\rho V\int_0^{\pi}\int_0^{\infty}\frac{\partial\varphi_2}{\partial x}xr\cos\theta\,\mathrm{d}\theta\,\mathrm{d}x\end{aligned}\right\} \tag{2.6}$$

式中:Δp 是作用于物体上的压力与未扰流中压力之差;ρ 是未扰流的流体密度。

方程(2.5)是 f 的线性非齐次积分方程,没有简单形式的通解。有意义的是考察方程(2.5)在物体半径趋于零的极限情况下如何简化。更方便的是用 $\xi=x-\alpha r\cosh u$ 作为自变量,于是方程(2.5)变为

$$v_0=\frac{1}{R^2}\int_0^{x-\alpha R}\frac{f'(\xi)(x-\xi)^2\,\mathrm{d}\xi}{\sqrt{(x-\xi)^2-\alpha^2R^2}}\approx\frac{1}{R^2}\int_0^{x-\alpha R}f'(\xi)(x-\xi)\,\mathrm{d}\xi$$

分部积分,得到

$$v_0\approx\frac{1}{R^2}\left\{\left[f(\xi)(x-\xi)\right]_0^{x-\alpha R}+\int_0^{x-\alpha R}f(\xi)\,\mathrm{d}\xi\right\}$$

若抛射体的头部是尖的,在尖头处 $x=0$,偶极子的强度应为零,于是 $f(0)=0$。我们令 $R\to 0$,并用 x 来代替被积函数中的 ξ,上述方程简化为

$$v_0\approx\frac{1}{R^2}\int_0^x f(x)\,\mathrm{d}x \tag{2.5a}$$

因为旋转体横截面的面积为 $S=\pi R^2$,方程(2.5a)可表为

$$v_0=\frac{\pi}{S}\int_0^x f(x)\,\mathrm{d}x$$

或者

$$\int_0^x f(x)\,\mathrm{d}x=\frac{v_0}{\pi}S$$

微分之,得到

$$f(x)=\frac{v_0}{\pi}\frac{\mathrm{d}S}{\mathrm{d}x} \tag{2.7}$$

为了计算升力,我们必须首先求出扰动速度的轴向分量。于是

$$\left(\frac{\partial\varphi_2}{\partial x}\right)_{r=R}=-\alpha\cos\theta\int_{\operatorname{arccosh}\frac{x}{\alpha R}}^{0}f'(x-\alpha R\cosh u)\cosh u\,\mathrm{d}u$$

$$=\frac{\cos\theta}{R}\int_0^{x-\alpha R}\frac{f'(\xi)(x-\xi)\mathrm{d}\xi}{\sqrt{(x-\xi)^2-\alpha^2R^2}}\approx\frac{\cos\theta}{R}\int_0^x f'(\xi)\mathrm{d}\xi$$

$$=\frac{\cos\theta}{R}f(x)=\frac{v_0\cos\theta}{\pi R}\frac{\mathrm{d}S}{\mathrm{d}x}$$

将它代入方程(2.6),可得出升力

$$L=2\rho V\int_0^{\pi}\int_0^{\infty}\frac{v_0\cos^2\theta}{\pi}\frac{\mathrm{d}S}{\mathrm{d}x}\mathrm{d}\theta\mathrm{d}x=\rho Vv_0A_{\mathrm{b}}$$

式中:A_{b} 为物体底部的面积。因此升力系数可表为

$$C_L=\frac{L}{\rho V^2A_{\mathrm{b}}/2}=2\frac{v_0}{V}\approx2\psi \quad (2.8)$$

式中:ψ 为物体的攻角(见图 2.1)。

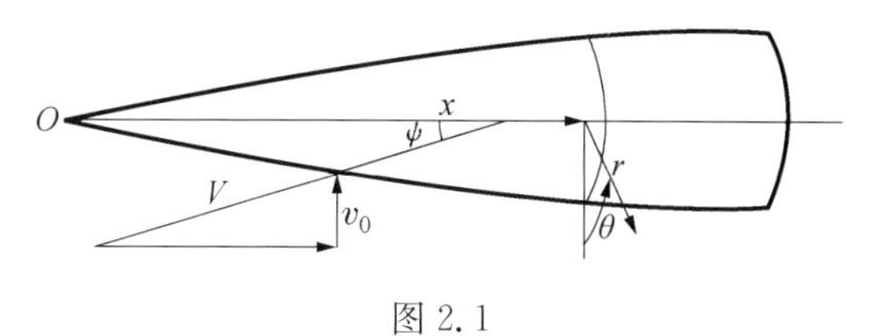

图 2.1

力臂 d,也即升力作用点与顶点之间的距离,可通过由方程(2.6)给出的力矩除以升力来计算:

$$d=[(A_{\mathrm{b}}-A_{\mathrm{m}})/A_{\mathrm{b}}]l \tag{2.9}$$

式中:A_{m} 为物体的平均截面面积,也即物体体积除以长度 l。

方程(2.8)与方程(2.9)的结果与 Munk[6] 的飞艇理论的结果相同。乍一看未免令人惊讶。然而,若物体半径按假设趋于零,横向流动图案将等同于无限长柱体沿垂直于轴线方向运动的图案。因此,在每一个垂直于物体轴线的平面上,可认为流动是二维的,也即与变量 x 无关。因此方程(2.1)简化为

$$\frac{\partial^2\varphi}{\partial r^2}+\frac{1}{r}\frac{\partial\varphi}{\partial r}+\frac{1}{r^2}\frac{\partial^2\varphi}{\partial\theta^2}=0 \tag{2.1b}$$

不难看出它就是二维不可压缩流的运动方程,而这正是 Munk 理论的基础。

由于流动的二维性,偶极子的分布不受马赫数变化的影响,仅与自变量 x 有关。因此升力系数和力臂也与马赫数无关,正如方程(2.8)和方程(2.9)所示。这点也可由下述事实看出:当 r 趋于零时,变量 $\xi=x-\alpha r\cosh u\rightarrow x$,于是 α 的影响(它是马赫数的函数)消失了。要研究马赫数对升力的影响,必须回到方程(2.5)。为了避免解积分方程的困难,可采用“间接解法”,也即先取某个函数 f,再去求符合这个函数 f 的物体形状。

考虑最简单的情况

$$f(x-\alpha r\cosh u)=K(x-\alpha r\cosh u)$$

式中:K 为某个常数。于是

$$\varphi_2=-K\alpha\cos\theta\int_{\operatorname{arcosh}[x/(\alpha r)]}^{0}(x-\alpha r\cosh u)\cosh u\,\mathrm{d}u$$

$$=K\alpha\cos\theta\left[\frac{x}{2}\sqrt{\left(\frac{x}{\alpha r}\right)^2-1}-\frac{\alpha r}{2}\operatorname{arcosh}\frac{x}{\alpha r}\right]$$

边界条件简化为

$$v_0=\frac{K\alpha^2}{2}\left[\frac{x}{\alpha R}\sqrt{\left(\frac{x}{\alpha R}\right)^2-1}+\operatorname{arcosh}\frac{x}{\alpha R}\right]$$

因此，若设 $\cot\varepsilon = x/R$，方程(2.4a)给出的显然是半顶角为 ε 的圆锥的解。令 $\frac{\cot\varepsilon}{\alpha} = \zeta$，边界条件可写为

$$v_0 = (\alpha^2 K/2)\left(\zeta\sqrt{\zeta^2-1} + \operatorname{arcosh}\zeta\right) \tag{2.5b}$$

对于给定的顶角和马赫数，可由方程(2.5b)得出相应的 K 值。

为了计算升力必须首先求得扰动速度的轴向分量，由方程(2.4a)

$$\left(\frac{\partial\varphi_2}{\partial x}\right)_{r=R} = \frac{\alpha K\cos\theta}{2}\left[\sqrt{\left(\frac{x}{\alpha R}\right)^2-1} + \frac{\left(\frac{x}{\alpha R}\right)^2}{\sqrt{\left(\frac{x}{\alpha R}\right)^2-1}} - \frac{1}{\sqrt{\left(\frac{x}{\alpha R}\right)^2-1}}\right] = \alpha K\cos\theta\sqrt{\zeta^2-1}$$

将它代入方程(2.6)可求得升力

$$L = 2\rho V v_0\int_0^{\pi}\int_0^{\infty}\frac{\partial\varphi_2}{\partial x}r\cos\theta\mathrm{d}\theta\mathrm{d}x = \frac{\alpha K\sqrt{\zeta^2-1}\rho V}{2}\int_0^{\infty}2\pi r\mathrm{d}x = \frac{\alpha K\sqrt{\zeta^2-1}\rho V\cos\varepsilon}{2}S$$

式中：S=圆锥的侧面面积，于是

$$C_L = \frac{2L}{\rho V^2 A_{\mathrm{b}}} = \frac{\alpha k\sqrt{\zeta^2-1}}{v_0}\cot\varepsilon\psi$$

但由方程(2.5b)，k 为

$$k = \frac{2v_0}{\alpha^2\left[\zeta\sqrt{\zeta^2-1} + \operatorname{arcosh}\zeta\right]}$$

因此

$$C_L = K_1\psi \tag{2.10}$$

式中：$K_1 = 2\zeta\sqrt{\zeta^2-1}/\left(\zeta\sqrt{\zeta^2-1} + \operatorname{arcosh}\zeta\right)$。在 ε 趋于零的极限情况下，$K_1 \to 2$，与方程(2.8)一致。同样，由方程(2.6)得出的力矩系数

$$C_M = \frac{\text{对顶点的力矩}}{\rho V^2 A_{\mathrm{b}} l/2} = \frac{2}{3}K_1\psi \tag{2.11}$$

它满足方程(2.9)。

方程(2.8)和方程(2.10)都表明，在给定马赫数下升力正比于物体的攻角。这是物体无分离绕流的一般特征。如果流动脱离物体在背风面形成一个“死水区”，那么如W. Bollay[7]所指出的，升力将正比于物体攻角的二次方。究竟流动是否分离，只能由实验来判断。根据现有的实验数据[8]，流动似乎是连续而无分离的，因此升力与物体的攻角成正比。

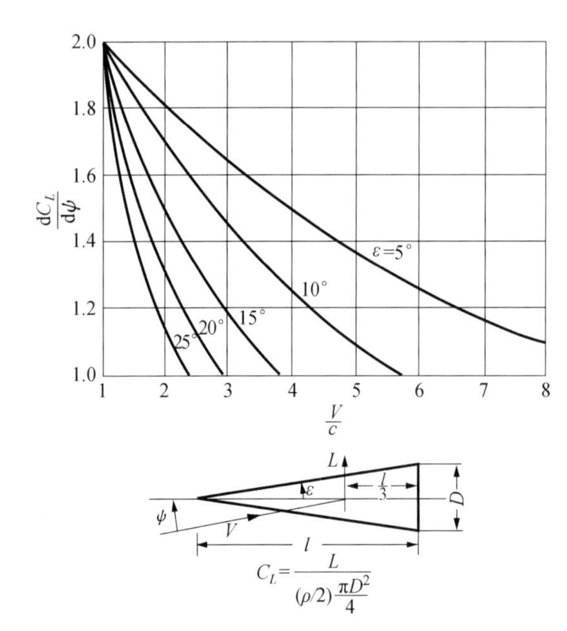

图 2.2

图 2.2 是方程(2.10)的计算结果。计算是在 $K_1 \geqslant 1$ 的情况下进行的。因为 $K_1 = 1$ 相应于 $\varepsilon = \beta$，其中 β 是激波角；当 $K_1 < 1$ 时，$\beta < \varepsilon$，意味着激波角小于顶角。

这当然是不可能的，因此 $K_1 = 1$ 给出了这个解成立的极限条件。其实在 K_1 接近于 1 的时候也应当认为这只是个定性解，因为这时物面对激波的影响是不可忽略的。

现在将这个尖角点在原点的无限长旋转体的解加以推广，最简单的方法是采用步进式偶极子分布。考虑沿物体子午线的点 P_1，P_2，…，P_n，…，P_N，它们的坐标分别为 x_1，R_1；x_2，R_2；…；x_n，R_n；…；x_N，R_N，相应的 $x-\alpha R$ 值记为 ξ_1，ξ_2，…，ξ_n，…，ξ_N。于是方程(2.5)的边界条件可表为

$$v_0 = -\frac{\alpha^2}{2}\sum_{i=1}^{n}K_i\left\{\left(\operatorname{arcosh}\frac{x_n-\xi_{i-1}}{\alpha R_n}-\operatorname{arcosh}\frac{x_n-\xi_i}{\alpha R_n}\right)+\left[\frac{x_n-\xi_{i-1}}{\alpha R_n}\sqrt{\left(\frac{x_n-\xi_{i-1}}{\alpha R_n}\right)^2-1}-\frac{x_n-\xi_i}{\alpha R_n}\sqrt{\left(\frac{x_n-\xi_i}{\alpha R_n}\right)^2-1}\right]\right\} \tag{2.5c}$$

这个条件给出了确定 N 个未知常数 K_i 的 N 个方程。该方程组很容易求解，因为方程 i 所包含的未知数中只多出一个在方程 $1,\cdots,i-1$ 中未出现的未知数。确定了 K_i 之后，升力可由方程(2.6)计算。压力在每一段圆锥面上都是常数，于是升力系数和力矩系数分别为

$$\left.\begin{aligned}
C_L &= \frac{2\psi}{\alpha}\sum_{n=0}^{N}\frac{(x_{n+1}-x_n)}{R_N}\left(\frac{R_{n+1}+R_n}{R_N}\right)\left\{\sum_{i=1}^{n}K_i\left[\sqrt{\left(\frac{x_n-\xi_{i-1}}{\alpha R_n}\right)^2-1}-\sqrt{\left(\frac{x_n-\xi_i}{\alpha R_n}\right)^2-1}\right]\right\}\\
C_M &= \frac{2\psi}{\alpha l}\sum_{n=0}^{N}\left[\frac{x_{n+1}+2x_n}{3}+\frac{(x_{n+1}-x_n)}{3}\left(\frac{R_{n+1}}{R_{n+1}+R_n}\right)\right]\frac{(x_{n+1}-x_n)}{R_N}\left(\frac{R_{n+1}+R_n}{R_N}\right)\cdot\\
&\quad\left\{\sum_{i=0}^{n}K_i\left[\sqrt{\left(\frac{x_n-\xi_{i-1}}{\alpha R_n}\right)^2-1}-\sqrt{\left(\frac{x_n-\xi_i}{\alpha R_n}\right)^2-1}\right]\right\}
\end{aligned}\right\} \tag{2.12}$$

式中：P_N 是子午线上最后的一个点；R_N 是底部半径；l 是物体长度。

图 2.3 是方程(2.12)的计算结果，该旋转体拥有"口径为 6 的头部"，总长度为 4.8 倍口径，速度为声速的 2.69 倍（$\alpha = 2.5$）。其升力系数比同样马赫数、同样攻角下的圆锥升力系数大得多，这显然是来自后面柱体部分的贡献。图中也给出了升力的作用点。如前所述，一阶近似下的升力和阻力是相互独立的。可将计算出的升力与采自实验的阻力结合起来，以便给出有关合力的大小和方向的某些信息。图 2.4 是本文计算的抛射体升力系数与 Kent 实验[9]的阻力系数相结合的结果。

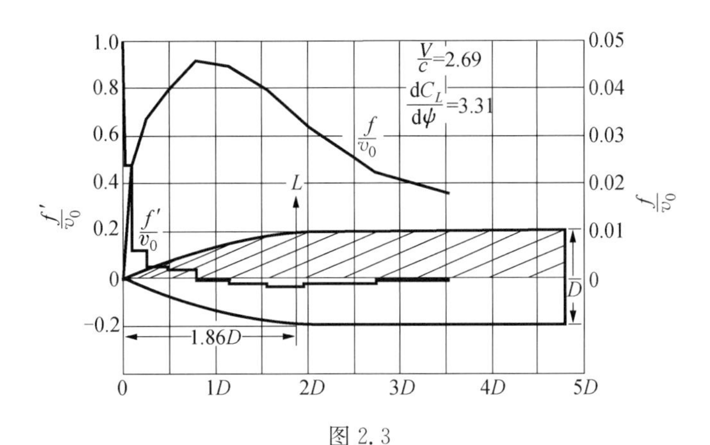

图 2.3

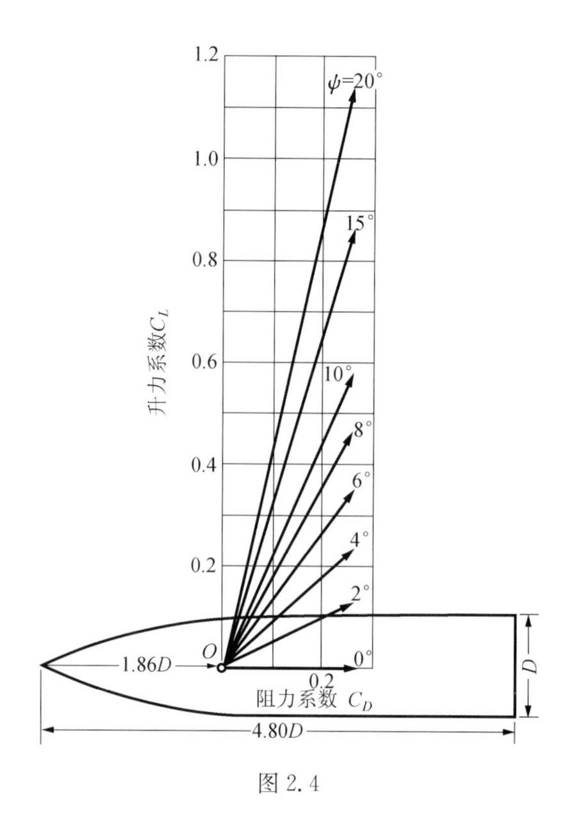

图 2.4

若抛射体长度是直径的 4.34 倍而不是 4.8 倍，头部形状也相同，其重心位于顶点后面 2.68 倍直径处，那么绕重心的力矩可表示为 $M = \rho V^2 R_N^3 \psi f(V/c)$。当 $V/c = 2.69$ 的时候 $f(V/c) = 9.35$，接近于由 R. H. Fowler 的实验[8]外推到相同比例抛射体的值 $f(V/c) = 10.7$。这说明本文的理论可以应用于抛射体，其准确度还不错。

（陈允明 译， 谈庆明 校）

第二部分的参考文献

[1] von Kármán Th. Moore N B. The Resistance of Slender Bodies Moving with Supersonic Velocities with Special Reference to Projectiles [J]. Trans. A. S. M. E. 1932,54: 303 - 310.

[2] Taylor G I, Maccoll J W, The Air Pressure on a Cone Moving at High Speeds [J]. Proc. Royal Society (A), 1933,159: 278 - 298. //Maccoll J W. : "The Conical, Shock Wave Formed by a Cone Moving at a High Speed", Proc. Royal Society (A), 1937, 159: 459 - 472. The comparison was mentioned in a paper by Taylor G I. : Well Established Problems in High Speed Flow; Atti dei V Convegno "Volta," 1936,198 - 214. Reale Accademia d'Italia, Rome.

[3] Levi-Civita. Nuouo Cimento (4) [J]. 1897, 6.

[4] Lamb H. On Wave-Propagation in Two Dimensions [J]. Proc, London Math. Society (I), 1902,35, 141. //See also Lamb H. : Hydrodynamics, 1932, 6th Ed: 298. Cambridge.

[5] Ferrari C. Campi di corrente ipersonora attorno a solidi di rivoluzione [J]. L'Aerotecnica, 1937, 17, 507 - 518.

[6] Munk M M. The Aerodynamic Forces on Airship Hulls [R]. NACA Technical Report No. 184, 1934.

[7] Bollay W. A Theory for Rectangular Wings of Small Aspect Ratio [J]. Jour. Aeronautical Sciences,

1937, 4:294 - 296.

[8] Fowler R H, Gallop E G, Lock C N H, Richmond H W. The Aerodynamics of a Spinning Shell [J]. Philosophical Trans. of Royal Society of London (A), 1921,221: 295 - 389.

[9] Kent K M. The Rôle of Model Experiments in Projectile Design [J]. Mechanical Engineering, 1932, 54:641 - 646.

第三部分
将 Tschapligin 变换应用于二维亚声速流动

假设压力仅仅是密度的单值函数，可压缩流体的二维无旋运动方程组可简化为速度势的单个非线性方程。超声速情况下，Prandtl，Meyer 和 Busemann 利用特征线方法解决了问题。问题的实质性困难在亚声速情况，特别是当速度接近声速的时候。合乎逻辑的第一步是处理物体对于平行流的扰动很小的情形，这时速度势微分方程的二阶及高阶项能够忽略，于是方程能线性化。这种方法的一个例子就是众所周知的 Prandtl-Glauert 薄翼理论。但在翼型头部存在驻点，这使人怀疑线性化理论是否能实际应用，至少怀疑在驻点附近的实用性，因为在那里物体的扰动已不再是小扰动。同样，对于物体横向尺寸与纵向尺寸相比并不小的情形，该理论也失效。另一种方法的起源可追溯到 Janzen 和 Rayleigh，他们利用逐步近似的方法来解方程，但这种方法相当冗长，而且当速度接近声速的时候收敛非常慢。

Molenbroek [1] 和 Tschapligin[2] 建议利用速度的幅值和速度与 x 轴之间的倾角作为自变量，并由此得到了速度势的线性方程。Tschapligin 求出了这个方程的解[2]；F. Clauser 和 M. Clauser[3] 近来还将这个方程表为更便于应用的形式。这个解本质上是一个级数，每一项都是超几何函数和三角函数的乘积。实际应用中的主要困难是怎样得出变换平面或速度平面上的合适的边界条件。

Tschapligin[2] 还证明了，如果气体的比热比等于－1 的话，速度图平面上的方程能得到极大的简化。这时方程变为最小曲面的方程，而其解是众所周知的。但首先，比热比的假设值(所有真实气体的比热比都在 1.00 和 2.00 之间)使人怀疑 Tschapligin 理论是否能实际应用。Demtchenko[4] 和 Busemann[5] 澄清了比热比等于－1 的意义，他们发现这实际上是把压力-体积曲线的切线作为曲线本身的一个近似。但他们局限于利用在静止气体状态处的切线，故而他们的理论只能用于速度不超过一半声速的绕流问题。本论文的这一部分将推广这个理论，利用在代表未扰平行流的气体状态处的切线；这样一来，理论的应用范围将能大大拓宽。第一节致力于理论的推广。第二节将这个理论应用于攻角为零的对称 Joukowsky 翼型的绕流。

第一节

若 p 是压力，$1/v$ 是气体密度，绝热关系式表为 p-v 平面上的一条曲线(如图 3.1 所示)，那么 p_1，v_1 点附近的条件可近似地由曲线在该点的切线来代表。该点的切线方程为

$$p_1 - p = C(v_1 - v) = C(\rho_1^{-1} - \rho^{-1}) \tag{3.1}$$

式中：ρ 是流体密度。斜率 C 必须等于曲线在 p_1，v_1 点的斜率，

$$C = \left(\frac{\mathrm{d}p}{\mathrm{d}v}\right)_1 = \left(\frac{\mathrm{d}p}{\mathrm{d}\rho}\frac{\mathrm{d}\rho}{\mathrm{d}v}\right)_1 = -\left(\frac{\mathrm{d}p}{\mathrm{d}\rho}\right)_1 \rho_1^2 = -a_1^2\rho_1^2$$

因此，$C = -a_1^2\rho_1^2$。于是 p_1，ρ_1 点附近的近似 p-ρ 关系式可表为

$$p_1 - p = a_1^2\rho_1^2(\rho^{-1} - \rho_1^{-1}) \tag{3.2}$$

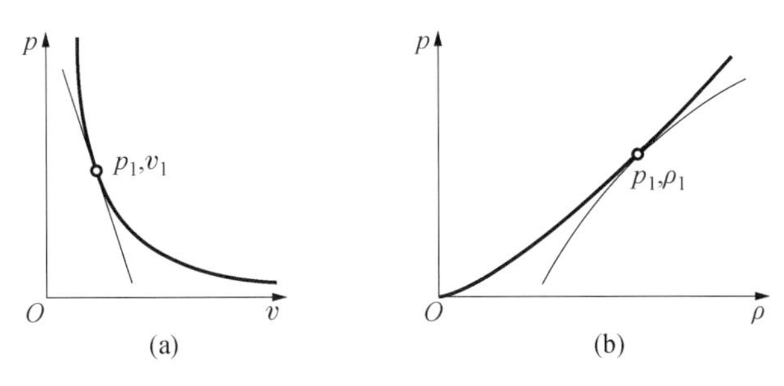

图 3.1 利用切线来近似代表绝热曲线

可压缩流体的广义 Bernoulli 定理是

$$\frac{1}{2}w_2^2-\frac{1}{2}w_3^2=\int_2^3 \mathrm{d}p/\rho \tag{3.3}$$

式中：w 是气体速度；下标 2 和 3 表示流体的两个不同状态。但由方程(3.2)，p 可表为 ρ 的函数，于是

$$\mathrm{d}p=\frac{a_1^2\rho_1^2}{\rho^2}\mathrm{d}\rho \tag{3.4}$$

代入方程(3.3)并积分之，得到

$$\frac{1}{2}w_2^2-\frac{1}{2}w_3^2=\frac{1}{2}a_1^2\rho_1^2(\rho_3^{-2}-\rho_2^{-2})$$

若 $w_3=0$，$w_2=w$，$\rho_3=\rho_0$，$\rho_2=\rho$，则

$$\frac{a_1^2\rho_1^2}{\rho_0^2}+w^2=\frac{a_1^2\rho_1^2}{\rho^2} \tag{3.5}$$

式中：下标 0 表示气体的静止状态。若将声速平方 a^2 定义为压力 p 对密度 ρ 的导数，由方程(3.4)得出

$$\rho^2\mathrm{d}p/\mathrm{d}\rho=a^2\rho^2=a_1^2\rho_1^2=\text{const.} \tag{3.6}$$

因此，方程(3.5)可表为

$$(\rho/\rho_0)^2=1-(w/a)^2$$

或者

$$(\rho/\rho_0)=\sqrt{1-(w/a)^2} \tag{3.7}$$

根据方程(3.6)，$\rho_1^2a_1^2=\rho_0^2a_0^2$，于是式(3.7)也可表为

$$(\rho_0/\rho)=\sqrt{1+(w/a_0)^2} \tag{3.8}$$

目前值得注意的是，根据方程(3.8)，密度会随着速度的增加而下降，这是可以预料的。因此，方程(3.7)表示声速会随着速度的增加而增加，而这与真实气体正相反。因为众所周知，在绝热流动中温度随着速度的增加是下降的，因此声速也应当下降。然而，根据方程(3.7)，比值 w/a，也即马赫数，仍是随着速度的增加而增加的。但当 $w=\infty$，或根据方程(3.8)，当 $\rho=0$ 的时候，该比值仅增加到 1。由此可见，整个流动范畴是亚声速的，其速度势的微分方程总是椭圆型的。这就是为什么速度势和流函数的复数表示法可以应用到各种情形的原因。然而我们应当明白，能够近似表示真实绝热关系式的只限于位于第一象限的切线部分。因此，本理论能付诸实际应用的速度上限出现在 $p=0$ 处。根据方程(3.2)，(3.7)和(3.8)，这个速度上限是

$$\left(\frac{w}{w_1}\right)_{\max} = \frac{1}{(w_1/a_1)}\sqrt{\left(\frac{p_1}{a_1^2\rho_1}+1\right)^2 - \left[1-\left(\frac{w_1}{a_1}\right)^2\right]}$$

或者，令 $a_1^2 = \gamma \frac{p_1}{\rho_1}$，上述方程简化为

$$\left(\frac{w}{w_1}\right)_{\max} = \frac{1}{(w_1/a_1)}\sqrt{(\gamma+1)^2 - \left[1-\left(\frac{w_1}{a_1}\right)^2\right]}$$

相应于不同的 $\frac{w_1}{a_1}$ 值的 $\left(\frac{w}{w_1}\right)_{\max}$ 列于表 3.1 中。

表 3.1

w_1/a_1	$(w/w_1)_{\max}$	$(w/a_1)_{\max}$
0	∞	2.186
0.2	10.91	2.195
0.4	5.56	2.225
0.6	3.78	2.265
0.8	2.92	2.335
1.0	2.405	2.405

可见对于这一理论的大多数应用来说，p 仍保持正值。但由于对较大的 w/w_1，切线与真实的绝热曲线有较大的偏差，也许有必要将 w/w_1 的最大值限制为 2。

如果流动是无旋的，那么存在一个速度势 φ，它满足

$$\partial\varphi/\partial x = u, \quad \partial\varphi/\partial y = v \tag{3.9}$$

式中：u 和 v 相应是 x 和 y 方向上的速度分量。为了满足连续性方程，引入流函数 ψ。流函数的定义是

$$(\rho/\rho_0)u = \partial\psi/\partial y, \quad (\rho/\rho_0)v = -\partial\psi/\partial x \tag{3.10}$$

将速度 w 与 x 轴之间的夹角记为 β，由方程(3.9)和(3.10)得出

$$\left.\begin{aligned} d\varphi &= w\cos\beta dx + w\sin\beta dy \\ d\psi &= -w(\rho/\rho_0)\sin\beta dx + w(\rho/\rho_0)\cos\beta dy \end{aligned}\right\} \tag{3.11}$$

由此求解 dx 和 dy，

$$\left.\begin{aligned} dx &= \frac{\cos\beta}{w}d\varphi - \frac{\sin\beta}{w}\frac{\rho_0}{\rho}d\psi \\ dy &= \frac{\sin\beta}{w}d\varphi + \frac{\cos\beta}{w}\frac{\rho_0}{\rho}d\psi \end{aligned}\right\} \tag{3.12}$$

只要物理平面与速度图平面之间是一一对应关系，或数学上 $\partial(x, y)/\partial(u, v) \neq 0$，那么 x，y 总可以表为 w，β 的函数，φ，ψ 也总可以表为 w，β 的函数。于是

$$\left.\begin{aligned} d\varphi &= \varphi'_w dw + \varphi'_\beta d\beta \\ d\psi &= \psi'_w dw + \psi'_\beta d\beta \end{aligned}\right\} \tag{3.13}$$

式中：撇号表示对于由下标表示的自变量的导数。将方程(3.13)代入方程(3.12)，得到 dx 和 dy 的下述表达式：

$$\left.\begin{aligned}\mathrm{d}x &= \left(\frac{\cos\beta}{w}\varphi'_w - \frac{\sin\beta}{w}\frac{\rho_0}{\rho}\psi'_w\right)\mathrm{d}w + \left(\frac{\cos\beta}{w}\varphi'_\beta - \frac{\sin\beta}{w}\frac{\rho_0}{\rho}\psi'_\beta\right)\mathrm{d}\beta \\ \mathrm{d}y &= \left(\frac{\sin\beta}{w}\varphi'_w + \frac{\cos\beta}{w}\frac{\rho_0}{\rho}\psi'_w\right)\mathrm{d}w + \left(\frac{\sin\beta}{w}\varphi'_\beta + \frac{\cos\beta}{w}\frac{\rho_0}{\rho}\psi'_\beta\right)\mathrm{d}\beta\end{aligned}\right\} \tag{3.14}$$

因为方程(3.14)的左端是全微分,可应用互易关系,于是

$$\left.\begin{aligned}\frac{\partial}{\partial\beta}\left(\frac{\cos\beta}{w}\varphi'_w - \frac{\sin\beta}{w}\frac{\rho_0}{\rho}\psi'_w\right) &= \frac{\partial}{\partial w}\left(\frac{\cos\beta}{w}\varphi'_\beta - \frac{\sin\beta}{w}\frac{\rho_0}{\rho}\psi'_\beta\right) \\ \frac{\partial}{\partial\beta}\left(\frac{\sin\beta}{w}\varphi'_w + \frac{\cos\beta}{w}\frac{\rho_0}{\rho}\psi'_w\right) &= \frac{\partial}{\partial w}\left(\frac{\sin\beta}{w}\varphi'_\beta + \frac{\cos\beta}{w}\frac{\rho_0}{\rho}\psi'_\beta\right)\end{aligned}\right\} \tag{3.15}$$

完成微分并消去左右端的相同项,得到

$$\left.\begin{aligned}-\frac{\sin\beta}{w}\varphi'_w - \frac{\cos\beta}{w}\frac{\rho_0}{\rho}\psi'_w &= -\frac{\cos\beta}{w^2}\varphi'_\beta + \frac{\sin\beta}{w^2}\frac{\rho_0}{\rho}\left(1 - \frac{w^2}{a^2}\right)\psi'_\beta \\ \frac{\cos\beta}{w}\varphi'_w - \frac{\sin\beta}{w}\frac{\rho_0}{\rho}\psi'_w &= -\frac{\sin\beta}{w^2}\varphi'_\beta - \frac{\cos\beta}{w^2}\frac{\rho_0}{\rho}\left(1 - \frac{w^2}{a^2}\right)\psi'_\beta\end{aligned}\right\} \tag{3.16}$$

利用方程(3.7),则方程(3.16)简化为

$$\left.\begin{aligned}-\frac{\sin\beta}{w}\varphi'_w - \frac{\cos\beta}{w}\frac{\rho_0}{\rho}\psi'_w &= -\frac{\cos\beta}{w^2}\varphi'_\beta + \frac{\sin\beta}{w^2}\frac{\rho}{\rho_0}\psi'_\beta \\ \frac{\cos\beta}{w}\varphi'_w - \frac{\sin\beta}{w}\frac{\rho_0}{\rho}\psi'_w &= -\frac{\sin\beta}{w^2}\varphi'_\beta - \frac{\cos\beta}{w^2}\frac{\rho}{\rho_0}\psi'_\beta\end{aligned}\right\} \tag{3.17}$$

因为两个方程中 φ'_w, ψ'_w 与 φ'_β, ψ'_β 之间由一个比例因子所联系,可由此求得

$$\left.\begin{aligned}\varphi'_w &= -\frac{\rho}{\rho_0}\frac{1}{w}\psi'_\beta \\ \varphi'_\beta &= \frac{\rho_0}{\rho}w\psi'_w\end{aligned}\right\} \tag{3.18}$$

引入新变量 ω, 其定义为

$$\mathrm{d}\omega = \frac{\rho}{\rho_0}\frac{\mathrm{d}w}{w} \tag{3.19}$$

于是方程(3.18)可进一步简化为

$$\varphi'_\omega = -\psi'_\beta, \quad \varphi'_\beta = \psi'_\omega \tag{3.20}$$

这就是我们的理论的基本方程组。不难认出这就是 Cauchy-Riemann 微分方程,于是 $\varphi + \mathrm{i}\psi$ 必然是变量 $\beta + \mathrm{i}\omega$ 的解析函数。但为了数值计算的方便我们引进新的自变量 W 来代替 ω;其中

$$W = a_0 \mathrm{e}^\omega \tag{3.21a}$$

或者,对方程(3.19)做积分,

$$W = 2a_0 w/(\sqrt{a_0^2 + w^2} + a_0) \tag{3.21}$$

反过来求 w 可得

$$w = 4a_0^2 W/(4a_0^2 - W^2) \tag{3.22}$$

代入方程(3.8)得到

$$\rho_0/\rho = (4a_0^2 + W^2)/(4a_0^2 - W^2) \tag{3.23}$$

若引入新的自变量 $U = W\cos\beta, V = W\sin\beta$, 我们有

$$\left.\begin{aligned}\frac{\partial}{\partial\omega}&=\frac{\partial U}{\partial\omega}\frac{\partial}{\partial U}+\frac{\partial V}{\partial\omega}\frac{\partial}{\partial V}=W\Big(\cos\beta\frac{\partial}{\partial U}+\sin\beta\frac{\partial}{\partial V}\Big)\\ \frac{\partial}{\partial\beta}&=\frac{\partial U}{\partial\beta}\frac{\partial}{\partial U}+\frac{\partial V}{\partial\beta}\frac{\partial}{\partial V}=W\Big(-\sin\beta\frac{\partial}{\partial U}+\cos\beta\frac{\partial}{\partial V}\Big)\end{aligned}\right\}\tag{3.24}$$

利用方程(3.24)，方程(3.20)可简化为

$$\cos\beta\frac{\partial\varphi}{\partial U}+\sin\beta\frac{\partial\varphi}{\partial V}=\sin\beta\frac{\partial\psi}{\partial U}-\cos\beta\frac{\partial\psi}{\partial V}$$

$$-\sin\beta\frac{\partial\varphi}{\partial U}+\cos\beta\frac{\partial\varphi}{\partial V}=\cos\beta\frac{\partial\psi}{\partial U}+\sin\beta\frac{\partial\psi}{\partial V}$$

这些方程可以由

$$\frac{\partial\varphi}{\partial U}=\frac{\partial\psi}{\partial(-V)},\qquad\frac{\partial\varphi}{\partial(-V)}=-\frac{\partial\psi}{\partial U}\tag{3.25}$$

而得到满足。这正是 Cauchy-Riemann 方程,因此复位势 $F=\varphi+\mathrm{i}\psi$ 是 $U-\mathrm{i}V=\overline{W}$ 的函数,也即

$$\left.\begin{aligned}\varphi+\mathrm{i}\psi&=F(U-\mathrm{i}V)=F(\overline{W})\\ \varphi-\mathrm{i}\psi&=\bar{F}(U+\mathrm{i}V)=\bar{F}(W)\end{aligned}\right\}\tag{3.26}$$

为了从速度图平面转换回物理平面,必须求出以 U,V 表达 x, y 的关系式。利用方程(3.22)和(3.23),方程(3.12)可写为

$$\mathrm{d}x=\frac{U\mathrm{d}\varphi}{W^2}\Big(1-\frac{W^2}{4a_0^2}\Big)-\frac{V\mathrm{d}\psi}{W^2}\Big(1+\frac{W^2}{4a_0^2}\Big)$$

$$\mathrm{d}y=\frac{V\mathrm{d}\varphi}{W^2}\Big(1-\frac{W^2}{4a_0^2}\Big)+\frac{U\mathrm{d}\psi}{W^2}\Big(1+\frac{W^2}{4a_0^2}\Big)$$

式中：$W^2=U^2+V^2$。利用方程(3.26)可将这些方程组合为一个方程。于是

$$\mathrm{d}z=\mathrm{d}x+\mathrm{i}\mathrm{d}y=\frac{\mathrm{d}F}{\overline{W}}-\frac{W\mathrm{d}\bar{F}}{4a_0^2}\tag{3.27}$$

将此理论实际应用于绕流计算,可分为如下几个步骤:(1) 求出不可压缩流体绕该物体流动的复位势,例如

$$w_1G(\xi+\mathrm{i}\eta)=w_1G(\zeta)$$

式中：w_1 是平行未扰流的速度；ξ 和 η 是物理平面的坐标。(2) 令 $F=W_1G(\zeta)$，其中 W_1 是变换后的未扰来流速度,其解释见方程(3.21),但复变量 ζ 并无物理意义。(3) 利用上述 F 将方程(3.27)改写为

$$\mathrm{d}z=\mathrm{d}\zeta-\frac{1}{4}\Big(\frac{W_1}{a_0}\Big)^2[\mathrm{d}\bar{F}/\mathrm{d}\bar{\zeta}]^2\mathrm{d}\bar{\zeta}$$

积分得

$$z=\zeta-\frac{1}{4}\Big(\frac{W_1}{a_0}\Big)^2\int[\mathrm{d}\bar{F}/\mathrm{d}\bar{\zeta}]^2\mathrm{d}\bar{\zeta}\tag{3.28}$$

由此可见,可压缩流物理平面的复坐标等于不可压缩流物理平面的复坐标加上一个修正项。积分前的因子仅仅与未扰来流的马赫数有关。由方程(3.7),(3.8)和(3.21)可得到

$$\frac{1}{4}\Big(\frac{W_1}{a_0}\Big)^2=\frac{(w_1/a_1)^2}{\left[1+\sqrt{1-(w_1/a_1)^2}\right]^2}\tag{3.29}$$

方程(3.28)中积分的积分常数并不重要,因为它只代表整个 z 平面的一个平移。(4) z 平面

上的速度 w 的计算方法如下：

$$\overline{W} = \mathrm{d}F/\mathrm{d}\zeta = W_1 \mathrm{d}G/\mathrm{d}\zeta = U - \mathrm{i}V$$

利用方程(3.29)可得

$$\frac{w}{w_1} = \frac{|W|/W_1}{(w_1/W_1)[1-(W_1/a_0)^2(|W|/W_1)^2/4]}$$

令 $w = w_1$，我们得到

$$\frac{w_1}{W_1} = \frac{1}{1-\frac{1}{4}\left(\frac{W_1}{a_0}\right)^2}$$

于是

$$\frac{w}{w_1} = \left[1-\frac{1}{4}\left(\frac{W_1}{a_0}\right)^2\right]\frac{|W|/W_1}{1-(W_1/a_0)^2(|W|/W_1)^2/4} \tag{3.30}$$

有了方程(3.29)和(3.30)，计算比值 w/w_1 就很容易了。(5) 为了计算作用于物体上的压力，必须利用方程(3.2)。经过一些计算可求得下述关系式：

$$\frac{p-p_1}{\rho_1 w_1^2/2} = \frac{2}{(w_1/a_1)^2}\left[1-\frac{\rho_0}{\rho}\left(\frac{\rho_1}{\rho_0}\right)\right] = \frac{2}{(w_1/a_1)^2}\left[1-\sqrt{1-(w_1/a_1)^2}\,\frac{\rho_0}{\rho}\right]$$

但

$$\frac{\rho_0}{\rho} = \sqrt{1+\left(\frac{w}{w_1}\right)^2\left(\frac{w_1}{a_0}\right)^2} = \sqrt{1+\left(\frac{w}{w_1}\right)^2\left[\frac{(w_1/a_1)^2}{1-(w_1/a_1)^2}\right]} \tag{3.31}$$

因此

$$\frac{p-p_1}{\rho_1 w_1^2/2} = \frac{2}{(w_1/a_1)^2}\left\{1-\sqrt{1+(w_1/a_1)^2\left[\left(\frac{w}{w_1}\right)^2-1\right]}\right\} \tag{3.32}$$

第二节

现在应用上节发展的一般理论来计算绕零攻角对称 Joukowsky 翼型的流动。已知圆平面(参看图 3.2)上的复位势为

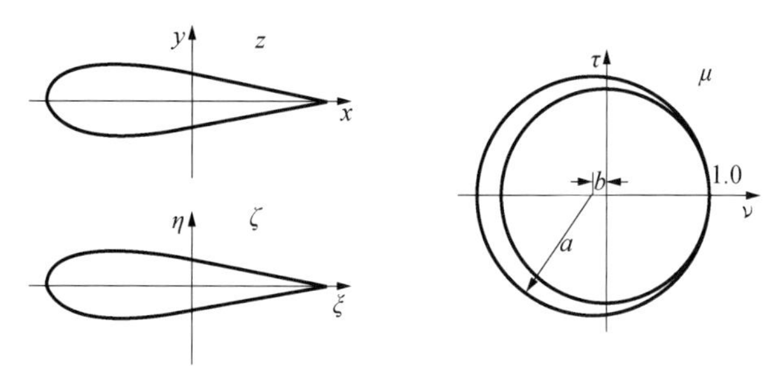

图 3.2

$$w_1\left[(\mu-b)+\frac{a^2}{\mu-b}\right] \tag{3.33}$$

式中：a 是变换到机翼翼型的圆的半径；b 是该翼型圆的偏心度。翼型平面与圆平面之间的关系是著名的 Joukowsky 变换(设变换圆的半径是 1)

$$\zeta = \mu + \frac{1}{\mu} \tag{3.34}$$

计算的出发点是求函数

$$W\mathrm{d}\bar{F}=\frac{\mathrm{d}\bar{F}}{\mathrm{d}\zeta}\frac{\mathrm{d}\bar{F}}{\mathrm{d}\bar{\mu}}\mathrm{d}\bar{\mu}=\frac{(\mathrm{d}\bar{F}/\mathrm{d}\bar{\mu})^2}{\mathrm{d}\zeta/\mathrm{d}\bar{\mu}}\mathrm{d}\bar{\mu}$$

因此

$$W\mathrm{d}\bar{F}=W_1^2\left[1-\frac{a^2}{(\bar{\mu}-b)^2}\right]^2\left[1+\frac{1}{2}\left(\frac{1}{\bar{\mu}-1}-\frac{1}{\bar{\mu}+1}\right)\right]$$

于是方程(3.28)中的修正项为

$$\frac{1}{4a_0^2}\int W\mathrm{d}F=\frac{1}{4}\left(\frac{W_1}{a_0}\right)^2[I_1+I_2-I_3] \tag{3.35}$$

式中：

$$I_1=\int\left[1-\frac{2a^2}{(\bar{\mu}-b)^2}+\frac{a^4}{(\bar{\mu}-b)^4}\right]\mathrm{d}\bar{\mu}$$

$$I_2=\frac{1}{2}\int\left[1-\frac{2a^2}{(\bar{\mu}-b)^2}+\frac{a^4}{(\bar{\mu}-b)^4}\right]\frac{\mathrm{d}\bar{\mu}}{\bar{\mu}-1}$$

$$I_3=\frac{1}{2}\int\left[1-\frac{2a^2}{(\bar{\mu}-b)^2}+\frac{a^4}{(\bar{\mu}-b)^4}\right]\frac{\mathrm{d}\bar{\mu}}{\bar{\mu}+1}$$

注意到 $a-b=1$，这些积分很容易计算和化简。若设 $(\bar{\mu}-b)=a\mathrm{e}^{\mathrm{i}\theta}$，$\lambda=a/(1-b)$，则有

$$\left.\begin{aligned}
I_1&=a\left[\mathrm{e}^{\mathrm{i}\theta}+2\mathrm{e}^{-\mathrm{i}\theta}-\frac{1}{3}\mathrm{e}^{-3\mathrm{i}\theta}\right]\\
I_2&=\frac{1}{2}\left[\frac{1}{6}-\mathrm{e}^{-\mathrm{i}\theta}+\frac{1}{2}\mathrm{e}^{-2\mathrm{i}\theta}+\frac{1}{3}\mathrm{e}^{-3\mathrm{i}\theta}+\ln(a\mathrm{e}^{\mathrm{i}\theta})\right]\\
I_3&=\frac{1}{2}\Big[(1-\lambda^2)^2\ln a\left(\mathrm{e}^{\mathrm{i}\theta}+\frac{1}{\lambda}\right)+\lambda^2(2-\lambda^2)\ln(a\mathrm{e}^{\mathrm{i}\theta})+\\
&\quad\lambda(1-\lambda^2)\mathrm{e}^{-\mathrm{i}\theta}+\frac{\lambda^2}{2}\mathrm{e}^{-2\mathrm{i}\theta}-\frac{\lambda}{3}\mathrm{e}^{-3\mathrm{i}\theta}\Big]
\end{aligned}\right\} \tag{3.36}$$

分离实部和虚部再相加，

$$\left.\begin{aligned}
\mathrm{Re}(I_1+I_2-I_3)&=a(3\cos\theta-\frac{1}{3}\cos 3\theta)+\frac{1}{2}\Big[\frac{(1-\lambda^2)^2}{2}\ln\left(1+\frac{1}{\lambda^2}+\frac{2\cos\theta}{\lambda}\right)+\\
&\quad(\lambda^3-2\lambda-1)\cos\theta+\frac{1}{2}(1-\lambda^2)\cos 2\theta+\frac{1}{3}(1+\lambda)\cos 3\theta\Big]\\
\mathrm{Im}(I_1+I_2-I_3)&=a(-\sin\theta+\frac{1}{3}\sin 3\theta)+\frac{1}{2}\Big[(1+2\lambda-\lambda^3)\sin\theta-\\
&\quad\frac{1}{2}(1-\lambda^2)\sin 2\theta-\frac{1}{3}(1+\lambda)\sin 3\theta-(1-\lambda^2)^2\cdot\\
&\quad\arctan\frac{\sin\theta}{\cos\theta+1/\lambda}+(1-\lambda^2)^2\theta\Big]
\end{aligned}\right\} \tag{3.37}$$

由此就能得出 x，y 坐标的修正项。

利用图解法不难求出变换后的翼型表面的绕流速度 W[6]。然后可利用方程(3.22)和(3.32)求得真实的速度和压力。

图 3.3 给出了 $a=1.20$，$w_1/a_1=0.550$ 时的计算结果。由于变换到可压缩流情况，翼型的前缘变得略微更圆一些。而压力梯度则如预期的那样会变得更陡峭一些。这种计算的主要缺点是，随着不可压缩流变换为可压缩流，物体的形状也有所改变。为了单独讨论

可压缩效应，有必要恢复到物体原来的形状。可以这样做，首先将原来的Joukowsky翼型略作变形，以使经过可压缩修正后的最终剖面形状与原来的Joukowsky翼型完全相同。变形的具体数值可以基于原来的Joukowsky翼型来计算修正项。这是因为变形对于方程(3.28)修正项的影响很小，可以忽略。因为忽略的是二阶小量，这样做是可行的。

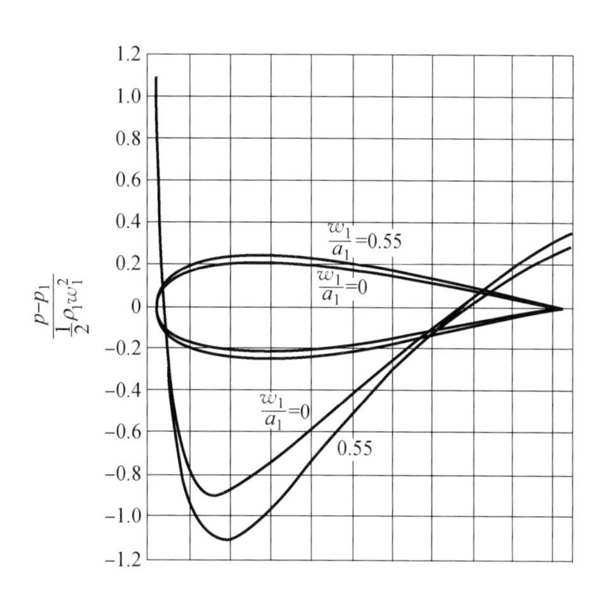

图 3.3　变换对于Joukowsky翼型的影响

$b=0.20, w_1/a_1=0.55$

可以利用von Kármán和Trefftz的方法[7]来计算Joukowsky翼型的变形。然而，根据某些实际理由，我们对Kármán-Trefftz方法做了如下一些改变。

图3.4a绘出了两个具有相同弦长的翼型，一个是所希望的Joukowsky翼型，另一个是经过第一步计算后的翼型。现在对此图应用Joukowsky变换，Joukowsky翼型将变为一个圆 C_1，另一个翼型变为近似于圆的形状 C，如图3.4b所示。所希望得到的变了形的Joukowsky翼型将是图中的 C_2。C_2 与 C_1 之间的差别和 C_1 与 C 之间的差别，大小相等但方向相反。将 C_2 表为 $\zeta_2 = re^{i\theta}$，显然

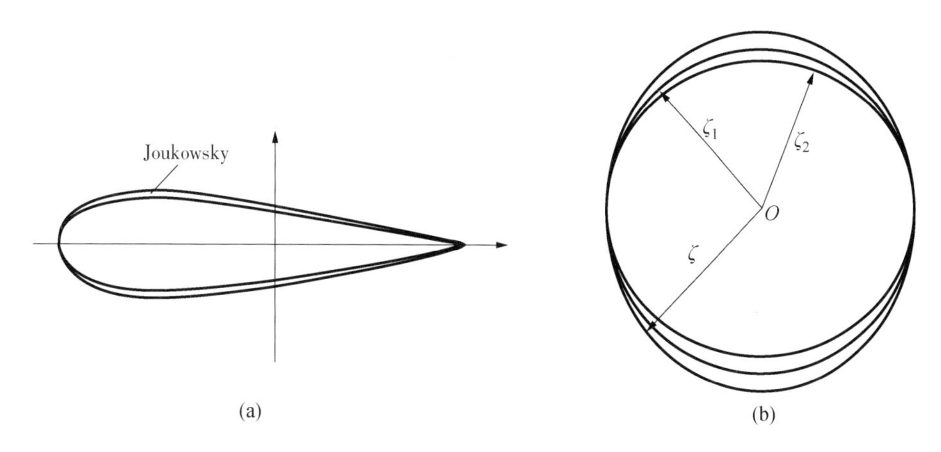

图 3.4

$$r = 1 + g(\theta) \tag{3.38}$$

式中：$g(\theta)$ 远小于1。将 C_2 的外部区域保角变换为 C_1 的外部区域的函数可表为

$$\zeta_1 = \zeta_2[1 + f(\zeta_2)] \tag{3.39}$$

式中：ζ_1 和 ζ_2 的原点都位于中心，而 $f(\zeta_2)$ 的绝对值远小于1。已经证明[7]，

$$g(\theta) + \text{Re}[f(\zeta_2)] = 0 \tag{3.40}$$

为了计算 $f(\zeta_2)$，将 $g(\theta)$ 展为傅里叶级数：

$$g(\theta)=\sum_{0}^{\infty}a_n\cos n\theta \tag{3.41}$$

因为翼型是对称的，级数中只出现余弦项。另一方面，对于 $|\zeta_2|>1$，复函数 $f(\zeta_2)$ 有如下形式：

$$f(\zeta_2)=\sum_{0}^{\infty}\frac{c_n}{\zeta_2^n} \tag{3.42}$$

令 $\zeta_2\approx \mathrm{e}^{\mathrm{i}\theta}$，则方程(3.40)可以由 $c_n=-a_n$ 得到满足。于是

$$f(\zeta_2)=-\sum_{0}^{\infty}\frac{a_n}{\zeta_2^n} \tag{3.43}$$

不难看出，绕变形 Joukowsky 翼型的流动的速度可以按下式计算：

$$w=w_{\mathrm{J}}\left|\frac{\mathrm{d}\zeta_1}{\mathrm{d}\zeta_2}\right| \tag{3.44}$$

式中：w_{J} 是绕 Joukowsky 翼型的流动的速度。由方程(3.39)和(3.43)可得

$$\frac{\mathrm{d}\zeta_1}{\mathrm{d}\zeta_2}=1-\sum_{0}^{\infty}\frac{a_n}{\zeta_2^n}+\sum_{0}^{\infty}\frac{na_n}{\zeta_2^n}=\left[1+\sum_{0}^{\infty}(n-1)a_n\cos n\theta\right]-\mathrm{i}\sum_{0}^{\infty}(n-1)a_n\sin n\theta$$

忽略二阶小量，再参考方程(3.41)可得

$$\begin{aligned}\left|\frac{\mathrm{d}\zeta_1}{\mathrm{d}\zeta_2}\right|&=1+\sum_{0}^{\infty}(n-1)a_n\cos n\theta=1+\sum_{0}^{\infty}na_n\cos n\theta-\sum_{0}^{\infty}a_n\cos n\theta\\&=1+\frac{\mathrm{d}}{\mathrm{d}\theta}\sum_{1}^{\infty}a_n\sin n\theta-g(\theta)\end{aligned} \tag{3.45}$$

试算表明系数 a_n 的收敛性并不好。因此我们必须避免直接计算方程(3.45)中的傅里叶级数。数学家都知道 $-\sum_{0}^{\infty}a_n\sin n\theta$ 是 $\sum_{0}^{\infty}a_n\cos n\theta$ 的共轭级数，还知道[8]：既然 $g(\theta)=\sum_{0}^{\infty}a_n\cos n\theta$，那么

$$-\sum_{1}^{\infty}a_n\sin n\theta=\frac{1}{2\pi}\int_{0}^{\pi}\frac{g(\theta+\xi)-g(\theta-\xi)}{\tan(\xi/2)}\mathrm{d}\xi$$

因此

$$\frac{\mathrm{d}}{\mathrm{d}\theta}\sum_{1}^{\infty}a_n\sin n\theta=-\frac{1}{2\pi}\int_{0}^{\pi}\frac{g'(\theta+\xi)-g'(\theta-\xi)}{\tan(\xi/2)}\mathrm{d}\xi$$

分部积分，

$$\begin{aligned}&-\frac{1}{2\pi}\left\{\left[\frac{g(\theta+\xi)+g(\theta-\xi)}{\tan(\xi/2)}\right]_{0}^{\pi}+\frac{1}{2}\int_{0}^{\pi}\frac{g(\theta+\xi)+g(\theta-\xi)}{\sin^2(\xi/2)}\mathrm{d}\xi\right\}\\&=-\frac{1}{2\pi}\int_{0}^{\pi}\frac{[g(\theta+\xi)-g(\theta)]+[g(\theta-\xi)-g(\theta)]}{1-\cos\xi}\mathrm{d}\xi\end{aligned}$$

于是，方程(3.45)可改写为

$$\left|\frac{\mathrm{d}\zeta_1}{\mathrm{d}\zeta_2}\right|=1-\frac{1}{2\pi}\int_{0}^{\pi}\frac{[g(\theta+\xi)-g(\theta)]+[g(\theta-\xi)-g(\theta)]}{1-\cos\xi}\mathrm{d}\xi-g(\theta) \tag{3.46}$$

显然，对于任何连续规则函数 $g(\theta)$，该积分都是收敛的，因为被积函数处处有限。可以通过

数值积分给出其值。

图 3.5 是某个 Joukowsky 翼型的计算结果，其厚度参数为 $b=0.20$，参考速度 (w_1/a_1) 取了两个，分别为 0.450 和 0.550。对于较大的速度，负压峰值要高得多。同样，随着速度的增加，压力峰值点向下游移动。这两个结论都与 J. Stack[9] 的实验结果一致。当 $(w_1/a_1)=0.450$ 和 $(w_1/a_1)=0.550$ 的时候，在空气的局部速度达到局部声速的地方，压力系数 $(p-p_1)/(\rho_1 w_1^2/2)$ 分别等于 -1.653 和 -2.755。可见即使在流速处处都尚未达到声速的时候，可压缩性对于压力分布的影响已经相当大了。但也必须记住，对于升力系数的影响不会像对压力分布的影响那样大，因为作用在翼型上的合力是作用在翼型两侧的力的代数和(差)。

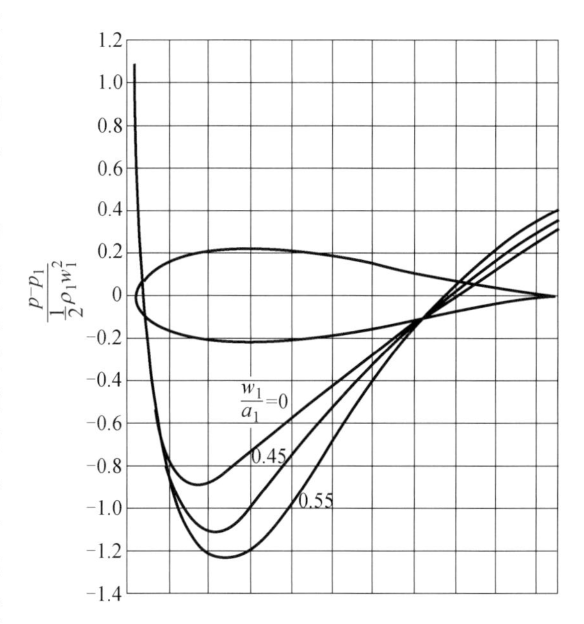

图 3.5 可压缩性对 Joukowsky 翼型压力分布的影响，$b=0.20$

第三部分的附录
与其他方法的比较

为了检验第三部分理论的准确性，研究了对于垂直于来流方向的有限圆柱体的绕流，利用了在第二节中阐述的修正物体形状的方法。下面是在圆柱最高点的速度以及与 E. Pistolesi 所收集的其他方法所得结果[10]的比较。

$(w_1/a_1)=0.40$

方　　法	在圆柱最高点的 (w/w_1)
本文第三部分	2.268
Rayleigh	2.206
Poggi	2.194
Taylor 的电比拟法	2.188
不可压缩流	2.000

因此，本方法给出的数值较大。但圆柱绕流是个较极端的例子，由于要计算的速度与未扰来流速度的差别相当大，因此这个近似方法的误差较大。

(陈允明 译， 谈庆明 校)

第三部分的参考文献

[1] Molenbroek P. Über einige Bewegungen eines Gases bei Annahme eines Geschwindigkeitspotentials [J]. Arch d. Mathem. u. Phys., Grunert Hoppe (1890), Reihe 2, 9, 157.

[2] Tschapligin A. Scientific Memoirs of the Univ. Moscow. [C]. (In Russian) (1902).

[3] Clauser F, Clauser M. New Methods of Solving the Equations for the Flow of a Compressible Fluid [D]. Unpublished Ph. D. Thesis at C. I. T. 1937.

[4] Demtchenko B. Sur les mouvements lents des fluides compressibles [J]. Comptes Rendus, 1932,194: 1218. //Also, Variation de la résistance aux faibles vitesses sous l'influence de la compressibilité, Comptes Rendus, 194: 1720 (1932).

[5] Busemann A. Die Expansionsberichtigung der Kontraktionsziffer von Blenden [J]. Forschung 1933, 4, S. 186-187. //Also, Hodographenmethode der Gasdynamik, Z. A. M. M. 1937,12,73-79.

[6] Durand W F. Aerodynamic Theory 1st Ed. [M]. Julius Springer, Berlin 1935. 2: 71-74.

[7] von Kármán Th. , Trefftz E. Potentialströmung dem gegebene Tragflachenquerschnitte [J]. Z. F. M. 1918,9:111. //Also, W. F. Durand: Aerodynamic Theory [M]. 1935,2:80-83.

[8] Hardy G H, Littlewood J E. The Allied Series of a Fourier Series [J]. Proc. of London Math. Soc. (2), 1925,24, 211-246.

[9] Stack J. The Compressibility Burble [R]. NACA Technical Note No. 543,1935.

[10] Pistolesi E. La portanza alle alte velocita inferiori a quella del suono [C]. Atti dei V. Convengo "Volta", fasc 300, (1936) Reale Accademie. d'Italia, Rome.

第四部分
以连续脉冲方式推进的探空火箭的飞行分析

引　言

R. H. Goddard[1]于1919年发表了具历史意义的重要文献，建议利用硝基纤维素火药作为推进剂将探空火箭推升到比探空气球更高的高度。进行了一系列的实验以确定该推进剂的可用性，实验发现如果让火药在设计良好的腔体内爆燃，可以获得50%的热效率，而且所产生的气体能以很高的速度通过扩张喷管排出。1931年，R. Tilling利用氯酸钾与萘球的混合物作为推进剂，推进到了6 600 ft的高度。后来L. Damblanc[2]对缓慢燃烧的黑色火药做了静态测试，并由此估计利用两级装置可以达到10 000 ft的高度。迄今为止的研究结果激励我们做进一步的分析。

A. Bartocci[3]考虑过重力加速度的降低对于火箭所能达到的最大高度的影响，但他假设了火箭在动力飞行中具有不变的加速度。L. Breguet和R. Devillers[4]也考虑了重力加速度变化的影响。为了简化分析，他们假设火箭的加速度等于重力加速度乘以一个常数。由于探空火箭实际上将受到几乎不变的推力或受到均匀的连续脉冲的推进，我们将在第二节根据这种推进模式重新研究上述问题。

探空火箭是在空气中升空，所达到最大高度小于在真空中飞行所达到的最大高度。W. Ley和H. Schaefer[5]以及F. J. Malina和A. M. O. Smith[6]近来对此进行了研究，我们将以后者为基础从一般的性能方程中分离出了一组新的性能参数，并在第三节中予以讨论。

符号

本文采用下列符号，可参看图4.1：

w＝每个脉冲期间被抛出的推进剂及其容器的重量和，单位为磅力，lbf。

k＝每个脉冲期间被抛出的推进剂容器重量与推进剂及其容器重量和之比。

$\lambda = 1 - k$。

W_0＝火箭的初始重量，单位为磅力，lbf。

M_0＝火箭的初始质量，单位为slug。

W_p＝火箭的即时重量，单位为磅力，lbf。

ζ＝恒定推力火箭的推进剂初始重量与火箭初始总重量之比。

ζ_1＝连续脉冲推进火箭的推进剂初始重量与火箭初始总重量之比。

$\zeta_1' = \zeta_1 / \lambda$。

n＝每秒的脉冲数。

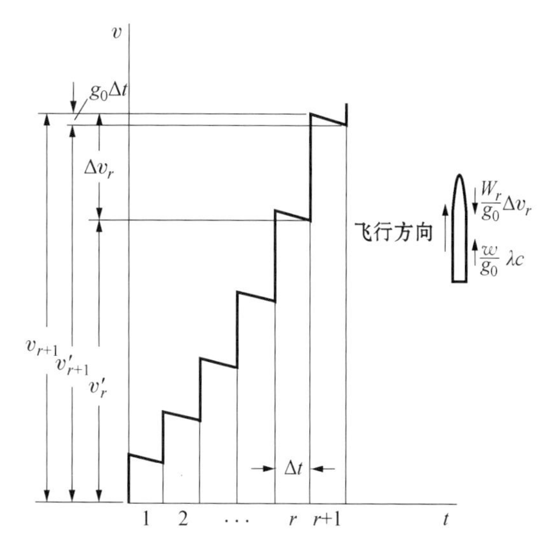

图4.1

N =动力飞行期间总的脉冲数。

t =时间，单位为秒，s。

Δt =两次脉冲之间的时间间隔，单位为秒，s。

a_0 =给予火箭的初始加速度，单位为英尺/秒平方，ft/s^2。

g_0 =起飞时的重力加速度，单位为英尺/秒平方，ft/s^2。

g =起飞后的重力加速度，单位为英尺/秒平方，ft/s^2。

c =火箭抛出推进剂的有效排气速度，单位为英尺/秒，ft/s。

v =瞬时速度，单位为英尺/秒，ft/s。

Δv_r = 第 r 次脉冲给予火箭的速度，单位为英尺/秒，ft/s。

v'_r =第 r 次脉冲期末的火箭速度，单位为英尺/秒，ft/s。

v_{s_0} =起飞处局部大气条件下的声速，单位为英尺/秒，ft/s。

v_s = t 时刻火箭所达到的高度的局部大气条件下的声速，单位为英尺/秒，ft/s。

B =马赫数= v/v_s。

V_{max} =开始滑行时火箭的速度，单位为英尺/秒，ft/s。

V_{max_0} =若重力加速度等于常数 g_0 时，火箭开始滑行时的速度，单位为英尺/秒，ft/s。

h =海拔高度，单位为英尺，ft。

h_r =第 r 次脉冲开始时火箭达到的高度，单位为英尺，ft。

h'_r =第 r 次脉冲结束时火箭达到的高度，单位为英尺，ft。

H_P =动力飞行期间爬升的高度，单位为英尺，ft。

H_{P_0} =若重力加速度等于常数 g_0 时，动力飞行期间爬升的高度，单位为英尺，ft。

H_C =滑行爬升的高度，单位为英尺，ft。

H_{C_0} =若重力加速度等于常数 g_0 时，滑行爬升的高度，单位为英尺，ft。

H_{max} =动力飞行以及滑行期间爬升的总高度，单位为英尺，ft。

H_{max_0} =若重力加速度等于常数 g_0 时，动力飞行以及滑行期间爬升的总高度，单位为英尺，ft。

R =地球半径，2.088×10^8 英尺，ft。

D =空气给予火箭的阻力，单位为磅力，lbf。

C_D =火箭的阻力系数。

C_D^* =火箭以声速运动时的阻力系数。

Λ =阻力-重量因子(在有关空气阻力的影响的章节中讨论)。

ρ_0 =起飞处的空气质量密度，单位为 slug/立方英尺，$slug/ft^3$。

σ =飞行途中即时空气质量密度与起飞处的空气质量密度之比。

T = t 时刻火箭所达到高度处空气的绝对温度，单位为°F。

T_0 =起飞处空气的绝对温度，单位为°F。

A =火箭外壳的最大横截面面积，单位为平方英尺，ft^2。

d =火箭外壳的最大直径，单位为英尺，ft。

l =火箭外壳的长度，单位为英尺，ft。

第一节

R. H. Goddard[1]曾提出由火药推进的火箭所能达到的最大高度的近似计算公式。为了简化，假设质量在不断减少，问题是至少要多少推进剂才能将一磅质量送到指定的高度。如果利用的是高能火药，燃烧速率是如此快速，推进作用是瞬时完成的。因此火箭受到的是一个脉冲而不是一个恒定推力。

因此,在下面的分析中我们假设推力是脉冲力,也即力的作用时间如此之短,其间火箭的位置没有变化,尽管其速度和动量发生了有限的变化。如果推进剂的燃烧过程发生在不变的体积内,那么这个假设是合理的。而且,一项轻武器内弹道研究表明,从火药点燃到子弹到达2 ft 枪膛末端的时间是 1.4×10^{-5} s 的量级。对于火箭发动机,气体没有受到约束,它们通过燃烧室和喷管的距离也短得多,预期作用的持续时间要更短得多。

假设推进力是脉冲力,火箭的运动可以利用下述牛顿第三定律来计算:两物体之间的冲量作用大小相等,方向相反。因此,令排出气体的动量等于赋予火箭的动量,利用在符号一览表中的定义并参看图 4.1,可列出描述真空中飞行的下述关系式:

$$(\lambda w/g_0)c = (W_r/g_0)\Delta v_r \tag{4.1}$$

式中:

$$\lambda = 1-k, \quad W_r = W_0 - rw \tag{4.2}$$

或者

$$\Delta v_r = \frac{w\lambda c}{W_0 - rw} = \frac{\zeta'_1\lambda c}{N}\left(\frac{1}{1-r\zeta'_1/N}\right) \tag{4.3}$$

式中:

$$\zeta'_1 = wN/W_0 = \zeta_1/\lambda$$

在两脉冲的间隔 Δt 期间,火箭速度由于重力而有所下降,因此,在第 r 个间隔期末火箭速度

$$v'_r = v_r - g_0\Delta t = v'_{r-1} + \Delta v_r - g_0\Delta t \tag{4.4}$$

因此

$$v'_r = \sum_{s=1}^{s=r}\Delta v_s - rg_0\Delta t \tag{4.5}$$

将方程(4.3)中的 Δv_s(即 Δv_r)代入得

$$v'_r = \frac{\zeta'_1\lambda c}{N}\sum_{s=1}^{s=r}\frac{1}{1-s(\zeta'_1/N)} - rg_0\Delta t \tag{4.6}$$

或

$$v'_r = \frac{\zeta'_1\lambda c}{N}S_1 - rg_0\Delta t$$

式中:

$$S_1 = \sum_{s=1}^{s=r}\frac{1}{1-s(\zeta'_1/N)}$$

每个间隔期间所增加的高度可表为速度曲线在该间隔期间所围成的面积,或

$$h'_r - h_r = v'_r\Delta t + (1/2)g_0(\Delta t)^2 \tag{4.7}$$

因此,在第 N 个间隔期末,也即在动力飞行期末所达到的高度

$$H_{P_0} = \sum_{r=1}^{r=N}v'_r\Delta t + (N/2)g_0(\Delta t)^2$$

将方程(4.6)中的 v'_r 代入得

$$H_{P_0} = \sum_{r=1}^{r=N}\Delta t\left[\frac{\zeta'_1\lambda c}{N}\sum_{s=1}^{s=r}\frac{1}{1-s(\zeta'_1/N)} - rg_0\Delta t\right] + (N/2)g_0(\Delta t)^2$$

$$= \frac{\zeta'_1\lambda c}{N}\Delta t\sum_{r=1}^{r=N}\frac{N+1-r}{1-r(\zeta'_1/N)} - g_0(\Delta t)^2\sum_{r=1}^{r=N}(r-1/2) = \frac{\zeta'_1\lambda c}{N}\Delta t S_2 - \frac{N^2}{2}g_0(\Delta t)^2 \tag{4.8}$$

式中：

$$S_2=\sum_{r=1}^{r=N}\frac{N+1-r}{1-r(\zeta_1'/N)}$$

所达到的最大高度是动力飞行终了时达到的高度加上滑行所爬升的高度，也即：

$$H_{\max_0}=H_{P_0}+H_{C_0}=H_{P_0}+V_{\max_0}^2/(2g_0) \tag{4.9}$$

为了计算最大高度，必须首先计算和值 S_1 和 S_2。注意到

$$\frac{1}{1-s(\zeta_1'/N)}=\int_0^\infty \exp\{-x[1-s(\zeta_1'/N)]\}\mathrm{d}x$$

S_1 可表述为

$$S_1=\int_0^\infty \mathrm{e}^{-x}\sum_{s=1}^{s=r}(\mathrm{e}^{x\zeta_1'/N})^s\mathrm{d}x=\int_0^\infty \mathrm{e}^{-x}\frac{\mathrm{e}^{x\zeta_1'/N}-\mathrm{e}^{(r+1)\zeta_1'/N}}{1-\mathrm{e}^{x\zeta_1'/N}}\mathrm{d}x$$

令 $x=Ny/\zeta_1'$，上述积分变为

$$S_1=-\frac{N}{\zeta_1'}\int_0^\infty \mathrm{e}^{-Ny/\zeta_1'}\left(\frac{1-\mathrm{e}^{ry}}{1-\mathrm{e}^{-y}}\right)\mathrm{d}y=\frac{N}{\zeta_1'}\left[\psi\left(\frac{N}{\zeta_1'}\right)-\psi\left(\frac{N}{\zeta_1'}-r\right)\right] \tag{4.10}$$

式中：$\psi(z)=(\mathrm{d}/\mathrm{d}z)\{\ln\Gamma(z)\}$，即所谓 ψ 函数（请参看文献[7]和[8]）。

类似地，S_2 也可求和为

$$S_2=\frac{N}{\zeta_1'}\left\{N-\left[\frac{N}{\zeta_1'}-(N+1)\right]\cdot\left[\psi\left(\frac{N}{\zeta_1'}\right)-\psi\left(\frac{N}{\zeta_1'}-N\right)\right]\right\} \tag{4.11}$$

将方程(4.10)和(4.11)代入方程(4.6)和(4.8)，再代入方程(4.9)得

$$H_{\max_0}=\frac{\lambda^2c^2}{2g_0}\Psi^2-\frac{\lambda c}{n}\left\{\left(\frac{N}{\zeta_1'}-1\right)\Psi-N\right\} \tag{4.12}$$

式中：$n=1/\Delta t$，$\Psi=\psi(N/\zeta_1')-\psi[(N/\zeta_1')-N]$。

为了计算方便，图 4.2 中画出了不同的 ζ_1' 值下 Ψ 随 N 而变化的曲线。

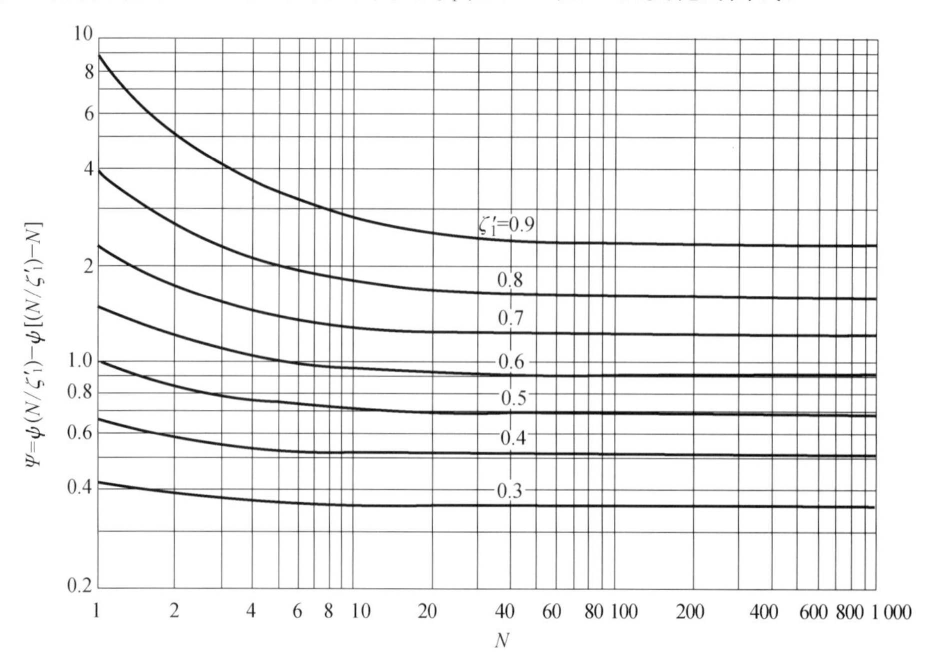

图 4.2

容易证明当 $N=1$ 的时候

$$\Psi=\zeta_1'/(1-\zeta_1')$$

因此方程(4.12)简化为

$$H_{\max_0}=\frac{\lambda^2c^2}{2g_0}\left(\frac{\zeta_1'}{1-\zeta_1'}\right)^2 \tag{4.12a}$$

同样,由于 $N\to\infty$ 时,$\Psi\to-\ln(1-\zeta_1')$,于是方程(4.12)简化为

$$H_{\max_0}=\frac{\lambda^2c^2}{2g_0}\left\{[\ln(1-\zeta_1')]^2+\frac{\zeta_1'+\ln(1-\zeta_1')}{(a_0/g_0)+1}\right\} \tag{4.12b}$$

式中:

$$a_0=\frac{\zeta_1'}{N}n\lambda c-g_0=\frac{nw\lambda c}{W_0}-g_0 \tag{4.12c}$$

若 $N\to\infty$,可把 a_0 考虑为火箭的初始加速度。有趣的是,正如预期的那样,方程(4.12b)是Malina 和 Smith[6] 为计算恒定推力火箭的最大高度所得出的公式。

图 4.3 表示在不同的 ζ_1' 值和四种 N 值下 $H_{\max_0}g_0/(\lambda^2c^2)$ 随 $n\lambda c/g_0$ 的变化。这些曲线表明若脉冲总数 N 超过了 100,再增加脉冲次数的话,火箭所达到的最大高度的增加微不足道。

此处有必要讨论在连续脉冲推进的火箭与恒定推力推进的火箭之间的相似性。前者不仅减小了装药的推进剂质量,而且减小了装药的容器的质量。在对火箭的影响上,推进剂与容器的区别在于,推进剂以有效速度 c 被排出,而被丢弃的容器只有很小的速度。如果把整个装药,也即推进剂及其容器,作为一个整体考虑为推进剂,那么推进作用仍然可以保持不变,只要让它以较低的等效速度 λc 离开发动机。恒定推力推进的火箭减小的只是所携带的推进剂质量,因此可以说,它等价于一个连续脉冲推进火箭,只要其排气速度和推进剂总质量相应等于后者的较低的等效速度以及推进剂加容器的总质量。换句话说,c 等于 λc,ζ 等于 ζ_1'。

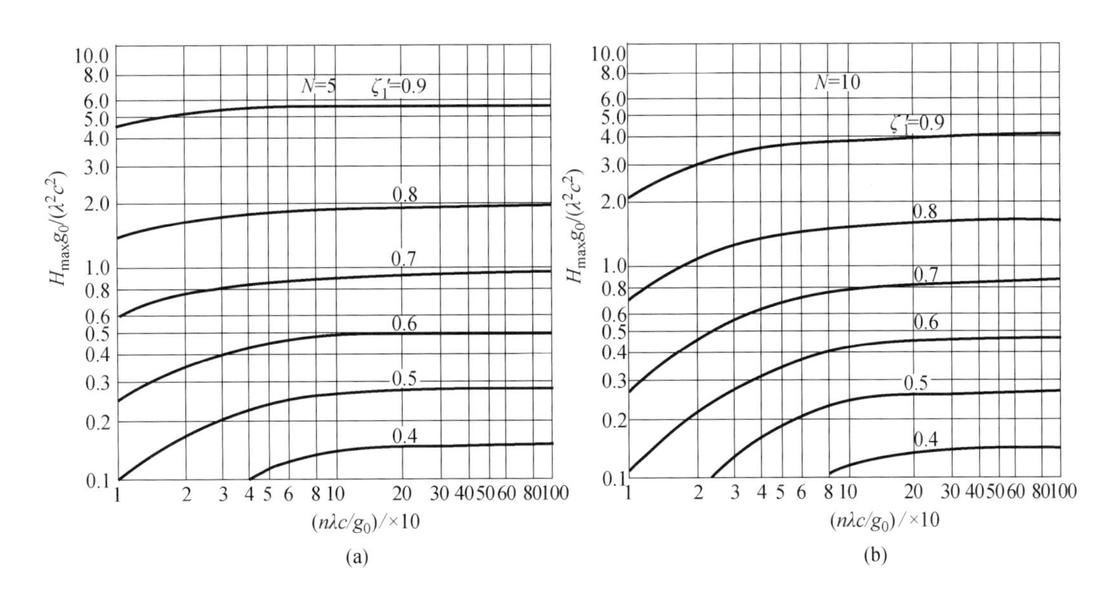

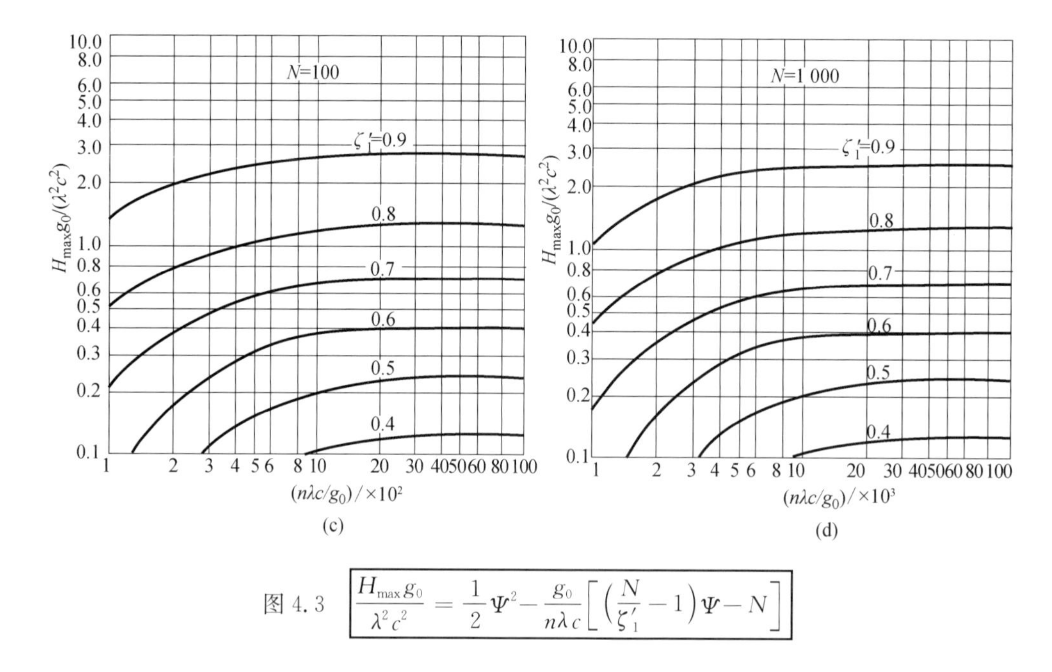

图 4.3 $\boxed{\dfrac{H_{\max}g_0}{\lambda^2c^2}=\dfrac{1}{2}\Psi^2-\dfrac{g_0}{n\lambda c}\left[\left(\dfrac{N}{\zeta_1'}-1\right)\Psi-N\right]}$

表 4.1 计算了四种情况下达到的高度以显示排气速度和脉冲总数的影响，火箭的重量比 ζ_1' 设为 0.70。请注意，对于真空中的飞行，较少的脉冲总数就能达到更高的高度。表 4.1 的下半部分给出了这四种情况下等价的恒定推力火箭所达到的高度，其初始加速度也同样由方程(4.12c)给出。脉冲总数超过 100 的连续脉冲推进所达到的最大高度非常接近恒定推力所达到的最大高度，这使计及重力加速度随海拔高度而变化的问题得以简化，并能以恒定推力火箭的已知结果为基础来预测考虑空气阻力的飞行(参看文献[6])。这些问题将在以下各节一一讨论。

表 4.1

连续脉冲

$$H_{\max_0}=\frac{\lambda^2c^2}{g_0}\left\{\frac{1}{2}\Psi^2-\frac{g_0}{n\lambda c}\left[\left(\frac{N}{\zeta_1'}-1\right)\Psi-N\right]\right\}$$

情　况	λc/(ft/s)	ζ_1'	N	n/(脉冲数/s)	$H_{\max_0}$/ft
1	10 000	0.70	326	3	1 472 000
2	10 000	0.70	10	0.092	1 686 000
3	7 000	0.70	326	3	560 000
4	7 000	0.70	10	0.092	676 000

恒定推力

$$H_{\max_0}=\frac{c^2}{g_0}\left\{\frac{1}{2}[\ln(1-\zeta)]^2+\frac{1}{a_0/g_0+1}[\ln(1-\zeta)+\zeta]\right\}$$

情　况	c/(ft/s)	ζ	a_0	$H_{\max_0}$/ft
1	10 000	0.70	32.2	1 468 000
2	10 000	0.70	32.2	1 468 000
3	7 000	0.70	12.9	555 000
4	7 000	0.70	12.9	555 000

第二节

众所周知,重力加速度随海拔高度的变化由下列公式给出:

$$g = g_0[R/(R+h)]^2 \tag{4.13}$$

在 1 000 mile 高空的重力加速度只是海平面重力加速度的 0.64 倍。因此,对于如此高空的飞行,重力加速度 g 是常数的假设不再有效。Malina 和 Smith[6] 证明过理论上三级火箭就能达到这种高度。因此,考察重力加速度 g 随海拔高度而减小将如何增加火箭所达到的最大高度是有意义的。

首先,考虑真空中的动力飞行,然后考虑真空中的滑行。对于动力飞行的分析基于恒定推力的假设。但正如前面所证明的,只要脉冲总数 N 超过 100,这个结果能应用于连续脉冲推进的火箭。

与连续脉冲推进等价的恒定推力火箭的每秒气流质量为

$$wn/g_0 = m \tag{4.14}$$

假设火箭由静止从海平面起飞,真空中的运动方程为

$$\frac{d^2h}{dt^2} = -g_0\left(1+\frac{h}{R}\right)^{-2} + \frac{mc/M_0}{1-(m/M_0)t} \tag{4.15}$$

这是个非线性微分方程,无法用普通的方法求解。但实际的动力飞行中比值 h/R 总是远小于 1,因此只需保留展开式中 h/R 的一次项。这个近似将方程线性化,于是

$$\frac{d^2h}{dt^2} = g_0\left(\frac{2h}{R}-1\right) + \frac{mc/M_0}{1-(m/M_0)t} \tag{4.16}$$

若初始条件为 $t=0$ 时 $h=0$, $dh/dt=0$, 此方程的解为

$$h = \frac{R}{2}\left(1-\cosh\sqrt{\frac{2g_0}{R}}t\right) + \frac{c}{2\sqrt{2g_0/R}}\left(e^{\xi u}\int_{\xi}^{\xi u}\frac{e^{-x}dx}{x} - e^{-\xi u}\int_{\xi}^{\xi u}\frac{e^{x}dx}{x}\right) \tag{4.17}$$

式中: $\xi=\sqrt{2g_0/R}M_0/m$, $u=1-(m/M_0)t$。动力飞行结束的时间

$$t = t_P = M_0\zeta/m \tag{4.18}$$

因此,动力飞行结束时火箭所爬升的高度

$$H_P = \frac{R}{2}\left(1-\cosh\sqrt{\frac{2g_0}{R}}\frac{M_0\zeta}{m}\right) + \frac{c}{2}\sqrt{\frac{R}{2g_0}}\left[e^{\xi(1-\zeta)}\int_{\xi}^{\xi(1-\zeta)}\frac{e^{-x}dx}{x} - e^{-\xi(1-\zeta)}\int_{\xi}^{\xi(1-\zeta)}\frac{e^{x}dx}{x}\right] \tag{4.19}$$

将双曲余弦函数和积分作级数展开;与方程(4.15)的线性化相一致,只保留 $1/R$ 的一阶项,于是方程简化为

$$\begin{aligned} H_P &= -\left[\frac{\zeta^2 g_0}{2}\left(\frac{W_0}{w}\right)^2 + \frac{\zeta^4 g_0^2}{12R}\left(\frac{W_0}{w}\right)^4\right] + c\frac{W_0}{w}[(1-\zeta)\ln(1-\zeta)+\zeta] + \\ &\quad \frac{cg_0}{18R}\left(\frac{W_0}{w}\right)^3[6(1-\zeta)^3\ln(1-\zeta)+\zeta(11\zeta^2-15\zeta+6)] \\ &= H_{P_0} + \frac{g_0}{6R}\left(\frac{W_0}{w}\right)^3\left\{\frac{c}{3}[6(1-\zeta)^3\ln(1-\zeta)+\zeta(11\zeta^2- \right. \\ &\quad \left. 15\zeta+6)] - \frac{\zeta^4 g_0}{2}\left(\frac{W_0}{w}\right)\right\} \end{aligned} \tag{4.20}$$

对方程(4.17)做微分,并将方程(4.18)代入,则动力飞行结束时的最大速度

$$V_{\max}=-\sqrt{\frac{Rg_0}{2}}\sinh\sqrt{\frac{2g_0}{R}}\frac{M_0\zeta}{m}-\frac{c}{2}\left\{e^{\xi(1-\zeta)}\int_{\xi}^{\xi(1-\zeta)}\frac{e^{-x}\,dx}{x}-e^{-\xi(1-\zeta)}\int_{\xi}^{\xi(1-\zeta)}\frac{e^{x}\,dx}{x}\right\}\quad(4.21)$$

同样做级数展开并只保留 $1/R$ 的一阶项,方程(4.21)简化为:

$$\begin{aligned}V_{\max}&=-\left[\left(\frac{W_0}{w}\right)\zeta+\frac{1}{3}\frac{\zeta^3g_0^2}{R}\left(\frac{W_0}{w}\right)^3\right]-\\&\quad\left\{c\ln(1-\zeta)+\frac{cg_0}{2R}\left(\frac{W_0}{w}\right)^3\left[2(1-\zeta)^2\ln(1-\zeta)+2\zeta-3\zeta^2\right]\right\}\\&=V_{\max_0}-\frac{g_0\left(\frac{W_0}{w}\right)^2}{R}\left\{\frac{\zeta^3g_0\left(\frac{W_0}{w}\right)}{3}+\frac{c}{2}\left[2(1-\zeta)^2\ln(1-\zeta)+2\zeta-3\zeta^2\right]\right\}\end{aligned}\quad(4.22)$$

不难看出,方程(4.20)和(4.22)的第二项是用于 H_{P_0} 和 $V_{\max}$ 的修正项,用来考虑重力加速度随海拔的变化。由于两者都只是一阶近似,即使在脉冲总数小于100的情况,预期它们也可以近似用于连续脉冲推进的火箭。

令滑行阶段增加的势能等于动力飞行结束时的动能,可以得到火箭由于动力飞行结束时的速度而在滑行阶段爬升的高度。于是

$$\frac{1}{2}V_{\max}^2=g_0\int_{H_P}^{H_P+H_C}\frac{dh}{\left[1+\left(\frac{h}{R}\right)\right]^2}$$

或者

$$H_C=(H_P+R)\left(\frac{1}{1-\dfrac{V_{\max}^2}{2g_0\left(\dfrac{R}{H_P+R}\right)^2(H_P+R)}}-1\right)\quad(4.23)$$

令 $V_{\max}^2/\{2g_0[R/(H_P+R)]^2\}=H_{C_0}$,这是假设重力加速度为常数且等于滑行起始点 H_C 处的重力加速度的情况下的滑行爬升高度。于是方程(4.23)可写为

$$H_C=(H_P+R)\left[\frac{1}{1-H_{C_0}/(H_P+R)}-1\right]$$

展开第二项,此方程简化为

$$H_C=H_{C_0}\left\{1+\left(\frac{H_{C_0}}{H_P+R}\right)+\left(\frac{H_{C_0}}{H_P+R}\right)^2+\left(\frac{H_{C_0}}{H_P+R}\right)^3+\cdots\right\}\quad(4.24)$$

此方程表明,如果滑行起始于海平面,而且达到的最大高度为1 000 mile左右,那么由于重力加速度的降低将增加不少高度,相对增长将超过25%。

第三节

若探空火箭是穿过空气而不是在真空中起飞,空气阻力将起作用,降低火箭的加速度,并由此而降低它所达到的最大高度。因为空气阻力随着空气密度以及飞行速度平方的增加而增大,所以希望火箭在密度较大的低层大气中的飞行不要太快。因此最佳的初始加速度不再是方程(4.12b)所示的无限大。对于恒定推力,Malina 和 Smith[6] 发现最佳初始加速度大约为 30 ft/s^2。而脉冲总数超过100的连续脉冲推进与恒定推力推进之间的差别又很小,因此我们

可以预期上述最佳初始加速度对于两种推进都能适用。

若想达到较好的精确度，可利用逐步积分的方法来计算由于空气阻力而减少的爬升高度的实际值。可利用垂直飞行火箭的基本方程来做逐步积分，该方程已在文献[6]中给出，也即

$$\frac{\mathrm{d}^2 h}{\mathrm{d}t^2}=a=-g+\frac{a_0+g_0}{1-\dfrac{t(a_0+g_0)}{c}}-\frac{g_0\rho_0\sigma v^2}{2\left[1-\dfrac{t(a_0+g_0)}{c}\right]}\frac{C_D A}{W_0} \tag{4.25}$$

文献[6]中已讨论了比值 $C_D A/W_0$ 的重要性。如果把上述方程转换为无量纲形式，其中各项的意义可以表现得更为突出。

$$\frac{a}{g_0}=-\frac{g}{g_0}+\frac{\dfrac{a_0}{g_0}+1}{1-\dfrac{g_0 t}{c}\left(\dfrac{a_0}{g_0}+1\right)}-\frac{\left(\sigma\dfrac{T}{T_0}\right)\left(\dfrac{C_D}{C_D^*}B^2\right)\Lambda}{1-\dfrac{g_0 t}{c}\left(\dfrac{a_0}{g_0}+1\right)} \tag{4.26}$$

式中：

$$\Lambda=\frac{\dfrac{\rho_0}{2}C_D^* A v_{s_0}^2}{W_0}$$

在方程(4.26)中有两类重要的变量。第一类可称为“因子”，对于给定的火箭类型它们是个常数。第二类可称为“参数”，其中一个刻画了所属的火箭类型且其数值在飞行途中不断变化，另一个依赖大气的物理性质。于是我们共有下述几个因子：

a_0/g_0 ＝初始加速度与 g_0 之比：“初始加速度因子”，刻画发动机的特征之一。

c ＝排气速度，单位为 ft/s：“排气速度因子”，刻画发动机的特征之一。

Λ ＝“阻力-重量因子”。

ζ ＝可燃物的重量与火箭初始总重量之比：“载荷因子”。

前两个因子，也即“初始加速度因子”和“排气速度因子”，决定了所给类型火箭的推进性能，而“阻力-重量因子”和“载荷因子”则决定了火箭的物理尺度。“阻力-重量因子”是火箭在海平面以声速飞行时的阻力与火箭初始重量之比。因为对于给定的火箭外形类型来说，该因子中可以改变的量只有最大横截面 A 以及初始重量 W_0，显然，如果初始重量增加一倍，那么最大横截面也必须增加一倍才能使该因子保持不变。“载荷因子”需要详细讨论，因为它没有直接出现在方程(4.26)中。方程(4.26)是一个描述飞行轨迹的微分方程，在飞行轨迹的每一点上都得到满足。仅当方程被积分而且将积分上下限都代入之后才出现载荷因子 ζ。例如考虑其性能因子和参数几乎完全相同的两个火箭，唯一的区别在于一个火箭的 ζ 为 0.90，另一个的 ζ 为 0.50。直到火箭初始重量的一半已作为燃料而用去为止，它们的飞行轨迹完全相同。然后，ζ 为 0.50 的火箭开始减速，而另一个 ζ 为 0.90 的火箭将继续加速直到燃料用尽。因此可以认为 ζ 的值控制了所能达到的最大高度。

两个性能参数是

$\sigma T/T_0$：大气的物理性质，称为“大气参数”。

C_D/C_D^*：火箭外壳的空气动力学性质，称为“形状参数”。

对于所有火箭来说，地球大气层的“大气参数”当然都是一样的，如果取标准大气条件，那么其值仅仅依赖火箭起飞后所抵达的高度。“形状参数”取决于 C_D 随 B 变化的曲线形状。该曲线的变化主要取决于火箭外壳的几何形状，虽然也受到因雷诺数变化引起的表面摩阻系数

变化的一些影响。只要火箭属于具有同样几何外形的某个火箭类型，也即具有同样的头部形状和同样的比值 l/d（外壳长度与最大直径之比），可以认为“形状参数”保持不变。

可以看出，对于典型火箭计算出的性能曲线也适用于由典型火箭的因子和参数的值所确定的整个一类火箭，于是怎样设计火箭以满足所提要求的问题就变得大为简化了。而且，在 B 值不变的条件下，好的火箭设计中形状参数 $\frac{C_D}{C_D^*}B^2$ 的变化是很小的。此外，大气条件也不会偏离标准条件很远。考虑到虽不精确但也相当准确的恒定推力的基本假设，在各种情况下对于这两个参数取同样的数据也是合理的。于是性能问题得到进一步的简化，它仅仅依赖 4 个性能因子：a_0/g_0，c，Λ 和 ζ。

结　论

本文的研究结果表明，只要推进单元的排气速度大于或等于 7 000 ft/s，由连续脉冲推进的探空火箭理论上能达到足够的高度，足以获得关于大气结构以及地外现象的数据。

获得这种速度的可能性依赖两个因素：第一个因素是发动机将燃料的热能高效转化为排气动能的能力；第二个因素是燃料能释放出的热能总额。对于火药装药在燃烧室内点燃并在体积不变的情况下燃烧的实际的发动机，燃烧压力与外界压力之比从膨胀开始时的最大值下降到过程终了时的零。喷管也不可能设计得让燃烧产物在整个过程中平稳膨胀。因此其效率必然低于相应的“定压”发动机，即燃料（例如汽油和液氧）混合物在恒定压力（等于“定容”发动机的最大压力）下连续不断输入燃烧室的发动机。但“定容”发动机的燃烧室压力可以做到很高（高达 60 000 $\mathrm{lbf/in^2}$），而由于燃料注入的困难，“定压”发动机的燃烧室压力要低得多。因此这两种发动机的效率不会相差很大。至于单位质量燃料释放出的热能，目前用于“定容”发动机的燃料，例如硝基纤维素火药，它能释放出的热能要大大低于用于“定压”发动机的液体燃料，例如汽油和液氧，所释放出的热能。

这些讨论说明连续脉冲推进的“定容”发动机所能达到的排气速度可能要低于提供恒定推力的“定压”发动机的排气速度。这就是为什么许多实验者放弃“定容”发动机而转向“定压”发动机，所谓液体燃料发动机的缘故。理论上，利用较少的脉冲总数可以补偿“定容”发动机的这种缺点（参看图 4.3）。然而，利用很少几次脉冲的实际价值是值得怀疑的，因为所产生的极大的加速度有害于所携带的仪器，于是会导致更重的火箭结构。

但即使是利用排气速度较低的“定容”发动机，本文的分析也表明，鉴于排气速度能达到 R. H. Goddard[1] 在实验中所做到的 7 000 ft/s，制造可以爬升到 100 000 ft 高空的固体燃料火箭应当是可行的。因此作者认为，连续脉冲推进的火箭具有应用前景，值得进行进一步的实验研究。

（陈允明 译， 谈庆明 校）

第四部分的参考文献

[1] Goddard R H. A Method of Reaching Extreme Altitudes, Smithsonian Miscellaneous Collections [J]. 1919, 71(2).

[2] Damblenc L. Les fusées autopropulsives a explosifs, L'Aerophile [J]. 1935, 43: 205 - 209, 241 - 247.

[3] Bartocci A. Le éscursioni in altezza col motore a reazione [J]. L'Aerotecnica, 1933, 13:1646 - 1666.

[4] Breguet L, Devillers R. L'Aviation superatmosphérique les aérodynes propulsées par reaction directe [J]. La Science Aerienne, 1936,5: 183 - 222.
[5] Ley W, Schaefer H. Les fusées volantes météorologiqus [J]. L'Aérophile, 1936,44:228 - 232.
[6] Malina. F J, Smith A M O. Analysis of the Sounding Rocket [J]. Journal of the Aeronautical Sciences, 1938, 5: 199 - 202.
[7] Whittaker, Watson. Modern Analysis [M]. Cambridge, 4th Edition, 1927: 246 - 247.
[8] Davis H T. Tables of the Higher Mathematical Functions [M]. Principia Press, 1st Edition, 1933: 277 - 364.

以连续脉冲方式推进的探空火箭的飞行分析

钱学森　Frank J. Malina

(California Institute of Technology)

摘要　本文第一节给出了由连续脉冲推进的物体在垂直飞行中所能达到的高度的精确解。由此得出结论:由连续脉冲(例如由快速燃烧火药所产生的脉冲)推进的火箭所能达到的高度,在理论上比探空气球要高得多,因此值得进行进一步的实验研究。本文第二节分析了重力加速度随海拔高度的变化对于探空火箭性能的影响。对于爬升 1 000 英里的探空火箭,重力的下降使得火箭所能达到的最大高度,与假设重力加速度为常数的计算结果相比增加了 25%。本文第三节给出了描述探空火箭在空气中的飞行性能的基本方程。最后,本文第四节应用前述理论分析了连续脉冲推进的探空火箭,其连续脉冲由反复充填型固体燃料火箭发动机提供。

引　言

R. H. Goddard[1] 于 1919 年发表了具历史意义的重要文献,建议利用硝基纤维素火药作为推进剂将探空火箭推升到比探空气球更高的高度。进行了一系列的实验以确定该推进剂的可行性,实验发现如果让火药在设计良好的腔体内爆炸,可以获得 50%的热效率,而且所产生的气体能以很高的速度通过扩张喷管排出。1931 年,R. Tilling 利用氯酸钾与萘球的混合物作为推进剂,推进到了 6 600 英尺的高度。后来 L. Damblanc[2] 对缓慢燃烧的黑色火药做了静态测试,并由此估计利用两级装置可以达到 10 000 英尺的高度。迄今为止的研究结果激励我们做进一步的分析。

通过反复装填机构在火箭发动机中利用药包获得的推进,本文称为连续脉冲式推进。这种推进本质上不同于可燃混合物在恒定压力下连续燃烧的火箭发动机所提供的推进。后者的推力近乎恒定,而前者由于药包的快速燃烧,其推进由一系列的均匀脉冲推力所组成。

A. Bartocci[3] 考虑过重力加速度的降低对于火箭所能达到的最大高度的影响,但他假设了火箭在动力飞行中具有不变的加速度。L. Breguet 和 R. Devillers[4] 也考虑了重力加速度 g 变化的影响。为了简化分析,他们假设火箭的加速度等于重力加速度 g 乘以一个常数。由于探空火箭将受到几乎不变的推力或受到均匀的连续脉冲的推进,我们将在第二节根据这种推进模式重新研究重力加速度变化的影响。

1938 年 7 月收到。原载 Journal of the Aeronautical Sciences,1939, Vol. 6,pp. 50 -58。

探空火箭是在空气中升空，所达到最大高度小于在真空中飞行所达到的最大高度。W. Ley和 H. Schaefer[5]以及 F. J. Malina 和 A. M. O. Smith[6]近来对此进行了研究，我们以此为基础从一般的性能方程中分离出了一组新的性能参数，并在第三节予以讨论。

符号

本文采用下列符号，可参看图 1：

w =每个脉冲期间被抛出的推进剂及其容器的重量和，单位为磅力，lbf。

k =每个脉冲期间被抛出的推进剂容器重量与推进剂及其容器重量和之比。

$\lambda = 1 - k$。

W_0 =火箭的初始重量，单位为磅力，lbf。

M_0 =火箭的初始质量，单位为 slug。

W_r =火箭的即时重量，单位为磅力，lbf。

ζ =恒定推力火箭的推进剂初始重量与火箭初始总重量之比。

ζ_1 =连续脉冲推进火箭的推进剂初始重量与火箭初始总重量之比。

$\zeta'_1 = \zeta_1/\lambda$。

n =每秒的脉冲数。

N =动力飞行期间总的脉冲数。

t =时间，单位为秒，s。

Δt =两次脉冲之间的时间间隔，单位为秒，s。

a_0 =给予火箭的初始加速度，单位为英尺/秒平方，ft/s^2。

g_0 =起飞时的重力加速度，单位为英尺/秒平方，ft/s^2。

g =起飞后的重力加速度，单位为英尺/秒平方，ft/s^2。

c =火箭抛出推进剂的有效排气速度，单位为英尺/秒，ft/s。

v =瞬时速度，单位为英尺/秒，ft/s。

Δv_r =第 r 次脉冲给予火箭的速度，单位为英尺/秒，ft/s。

v'_r =第 r 次脉冲期末的火箭速度，单位为英尺/秒，ft/s。

v_{s_0} =起飞处局部大气条件下的声速，单位为英尺/秒，ft/s。

v_s = t 时刻火箭所达到的高度的局部大气条件下的声速，单位为英尺/秒，ft/s。

B =马赫数= v/v_s。

$V_{\max}$ =开始惯性飞行时火箭的速度，单位为英尺/秒，ft/s。

$V_{\max_0}$ =若重力加速度等于常数 g_0，开始惯性飞行时火箭的速度，单位为英尺/秒，ft/s。

h =海拔高度，单位为英尺，ft。

h_r =第 r 次脉冲开始时火箭达到的高度，单位为英尺，ft。

h'_r =第 r 次脉冲结束时火箭达到的高度，单位为英尺，ft。

H_{P} =动力飞行期间爬升的高度，单位为英尺，ft。

H_{P_0} =若重力加速度等于常数 g_0，动力飞行期间爬升的高度，单位为英尺，ft。

H_{C} =惯性飞行爬升的高度，单位为英尺，ft。

H_{C_0} =若重力加速度 g 等于常数 g_0，惯性飞行爬升的高度，单位为英尺，ft。

$H_{\max}$ =动力飞行以及惯性飞行期间爬升的总高度，单位为英尺，ft。

$H_{\max_0}$ =若重力加速度 g 等于常数 g_0，动力飞行以及惯性飞行期间爬升的总高度，单位为英尺，ft。

R =地球半径，2.088×10^8 英尺(ft)。

D =空气给予火箭的阻力，单位为磅力，lbf。

C_D =火箭的阻力系数。

C_D^* =火箭以声速运动时的阻力系数。

Λ =阻力-重量因子(在有关空气阻力的影响的章节中讨论)。

ρ_0 =起飞处的空气质量密度,单位为 slug/立方英尺,slug/ft^3。

σ =飞行途中即时空气质量密度与起飞处的空气质量密度之比。

T = t 时刻火箭所达到高度处空气的绝对温度,单位为°F。

T_0 =起飞处空气的绝对温度,单位为°F。

A =火箭外壳的最大横截面面积,单位为平方英尺,ft^2。

d =火箭外壳的最大直径,单位为英尺,ft。

l =火箭外壳的长度,单位为英尺,ft。

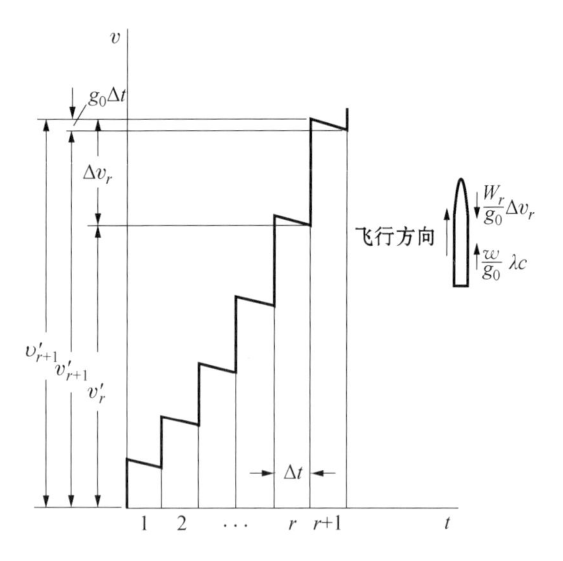

图 1　飞行速度随时间的变化

第一节

R. H. Goddard[1] 曾提出固体燃料火箭所能达到的最大高度的近似计算公式。为了简化,假设质量在不断减少,问题是至少要多少推进剂才能将一磅质量送到指定的高度。如果利用的是高能火药,燃烧速率是如此快速,推进作用是瞬时完成的。因此火箭受到的是一个脉冲,而不是一个恒定推力。

因此,在下面的分析中我们假设推力是脉冲力,也即力的作用时间如此之短,期间火箭的位置没有变化,尽管其速度和动量发生了有限的变化。如果推进剂的燃烧过程发生在不变的体积内,那么这个假设是合理的。而且,一项轻武器内弹道研究表明,从药包触发到子弹到达两英尺枪膛末端的时间是一秒的万分之十四的量级。对于火箭发动机,气体没有受到约束,它们通过燃烧室和喷管的距离也短得多,预期作用的持续时间要更短得多。

假设推进力是脉冲,火箭的运动可以利用下述牛顿第三定律来计算:两物体之间的作用力大小相等,方向相反。因此,令排出气体的动量等于赋予火箭的动量,利用在符号一览表中的定义并参看图 1,可列出下列描述真空中飞行的关系式:

$$(\lambda w/g_0)c = (W_r/g_0)\Delta v_r \tag{1}$$

式中:

$$\lambda = 1-k,\quad W_r = W_0 - rw \tag{2}$$

或者

$$\Delta v_r = \frac{w\lambda c}{W_0 - rw} = \frac{\zeta'_1 \lambda c}{N}\left(\frac{1}{1-r\zeta'_1/N}\right) \tag{3}$$

式中:

$$\zeta'_1 = wN/W_0 = \zeta_1/\lambda$$

在两脉冲的间隔 Δt 期间,火箭速度由于重力而有所下降,因此,在第 r 个间隔期末火箭速度为

$$v'_r = v_r - g_0\Delta t = v'_{r-1} + \Delta v_r - g_0\Delta t \tag{4}$$

因此

$$v'_r = \sum_{s=1}^{s=r} \Delta v_s - r g_0 \Delta t \tag{5}$$

将方程(3)中 Δv_r 的值代入，得到

$$v'_r = \frac{\zeta'_1 \lambda c}{N} \sum_{s=1}^{s=r} \frac{1}{1 - s(\zeta'_1/N)} - r g_0 \Delta t \tag{6}$$

或

$$v'_r = \frac{\zeta'_1 \lambda c}{N} S_1 - r g_0 \Delta t$$

式中：

$$S_1 = \sum_{s=1}^{s=r} \frac{1}{1 - s(\zeta'_1/N)}$$

每个间隔期间所增加的高度可表为速度曲线在该间隔期间所围成的面积，或

$$h'_r - h_r = v'_r \Delta t + (1/2) g_0 (\Delta t)^2 \tag{7}$$

因此，在第 N 个间隔期末，也即在动力飞行期末所达到的高度

$$H_{P_0} = \sum_{r=1}^{r=N} v'_r \Delta t + (N/2) g_0 (\Delta t)^2$$

将方程(6)中的 v'_r 代入，得到

$$\begin{aligned} H_{P_0} &= \sum_{r=1}^{r=N} \Delta t \left[\frac{\zeta'_1 \lambda c}{N} \sum_{s=1}^{s=r} \frac{1}{1 - s(\zeta'_1/N)} - r g_0 \Delta t \right] + \frac{N}{2} g_0 (\Delta t)^2 \\ &= \frac{\zeta'_1 \lambda c}{N} \Delta t \sum_{r=1}^{r=N} \frac{N + 1 - r}{1 - r(\zeta'_1/N)} - g_0 (\Delta t)^2 \sum_{r=1}^{r=N} \left(r - \frac{1}{2} \right) \\ &= \frac{\zeta'_1 \lambda c}{N} \Delta t S_2 - \frac{N^2}{2} g_0 (\Delta t)^2 \end{aligned} \tag{8}$$

式中：

$$S_2 = \sum_{r=1}^{r=N} \frac{N + 1 - r}{1 - r(\zeta'_1/N)}$$

所达到的最大高度是动力飞行终了时达到的高度加上惯性飞行所爬升的高度，也即：

$$H_{\max_0} = H_{P_0} + H_{C_0} = H_{P_0} + V^2_{\max_0}/(2g_0) \tag{9}$$

为了计算最大高度，必须首先计算和值 S_1 和 S_2(作者感谢 H. Bateman 教授向我们建议这种求和方法)。注意到

$$\frac{1}{1 - s(\zeta'_1/N)} = \int_0^\infty \exp\{-x[1 - s(\zeta'_1/N)]\} \mathrm{d}x$$

S_1 可表述为

$$S_1 = \int_0^\infty \mathrm{e}^{-x} \sum_{s=1}^{s=r} (\mathrm{e}^{x\zeta'_1/N})^s \mathrm{d}x = \int_0^\infty \mathrm{e}^{-x} \frac{\mathrm{e}^{x\zeta'_1/N} - \mathrm{e}^{(r+1)\zeta'_1/N}}{1 - \mathrm{e}^{x\zeta'_1/N}} \mathrm{d}x$$

令 $x = Ny/\zeta'_1$，上述积分变为

$$S_1 = -\frac{N}{\zeta'_1} \int_0^\infty \mathrm{e}^{-Ny/\zeta'_1} \left(\frac{1 - \mathrm{e}^{ry}}{1 - \mathrm{e}^{-y}} \right) \mathrm{d}y = \frac{N}{\zeta'_1} \left\{ \psi\left(\frac{N}{\zeta'_1}\right) - \psi\left(\frac{N}{\zeta'_1} - r\right) \right\} \tag{10}$$

式中：$\psi(z) = (\mathrm{d}/\mathrm{d}z)\{\ln\Gamma(z)\}$(关于该函数的详情，可参看文献[7]和[8])。类似地，S_2 也可

求和为

$$S_2 = \frac{N}{\zeta'_1}\left\{N - \left[\frac{N}{\zeta'_1} - (N+1)\right]\cdot\left[\psi\left(\frac{N}{\zeta'_1}\right) - \psi\left(\frac{N}{\zeta'_1} - N\right)\right]\right\} \tag{11}$$

将方程(10)和(11)代入方程(6)和(8)，再代入方程(9)

$$H_{\max_0} = \frac{\lambda^2 c^2}{2g_0}\Psi^2 - \frac{\lambda c}{n}\left[\left(\frac{N}{\zeta'_1} - 1\right)\Psi - N\right] \tag{12}$$

式中：$n = 1/\Delta t$，$\Psi = \psi(N/\zeta'_1) - \psi[(N/\zeta'_1) - N]$。

为了计算方便，图 2 中画出了不同的 ζ'_1 值下 Ψ 随 N 而变化的曲线。

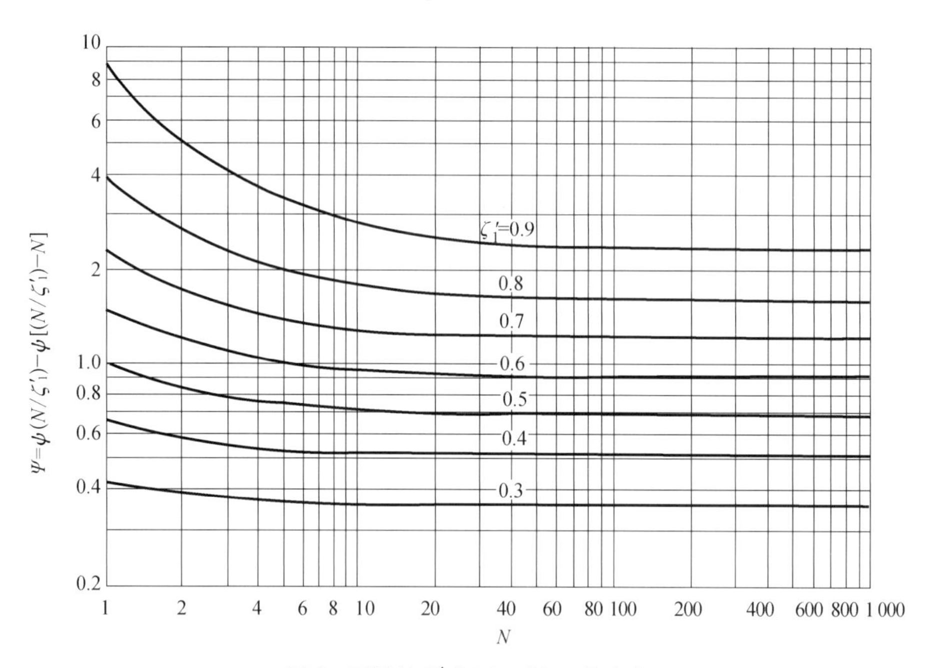

图 2　不同的 ζ'_1 值下 Ψ 随 N 的变化

容易证明当 $N=1$ 的时候

$$\Psi = \zeta'_1/(1-\zeta'_1)$$

因此方程(12)简化为

$$H_{\max_0} = \frac{\lambda^2 c^2}{2g_0}\left(\frac{\zeta'_1}{1-\zeta'_1}\right)^2 \tag{12a}$$

同样，由于 $N\to\infty$ 时，$\Psi\to-\ln(1-\zeta'_1)$，于是方程(12)简化为

$$H_{\max_0} = \frac{\lambda^2 c^2}{g_0}\left\{\frac{[\ln(1-\zeta'_1)]^2}{2} + \frac{\zeta'_1 + \ln(1-\zeta'_1)}{(a_0/g_0)+1}\right\} \tag{12b}$$

式中：

$$a_0 = \frac{\zeta'_1}{N}n\lambda c - g_0 = \frac{nw\lambda c}{W_0} - g_0 \tag{12c}$$

若 $N\to\infty$，可把 a_0 考虑为火箭的初始加速度。有趣的是，正如预期的那样，方程(12b)是 Malina 和 Smith[6] 为计算恒定推力火箭的最大高度所得出的公式。

图 3 表示在不同的 ζ'_1 值和 4 种 N 值下 $H_{\max_0} g_0/(\lambda^2 c^2)$ 随 $n\lambda c/g_0$ 的变化。这些曲线表明若脉冲总数 N 超过了 100，再增加脉冲次数的话，火箭所达到的最大高度的增加微不足道。

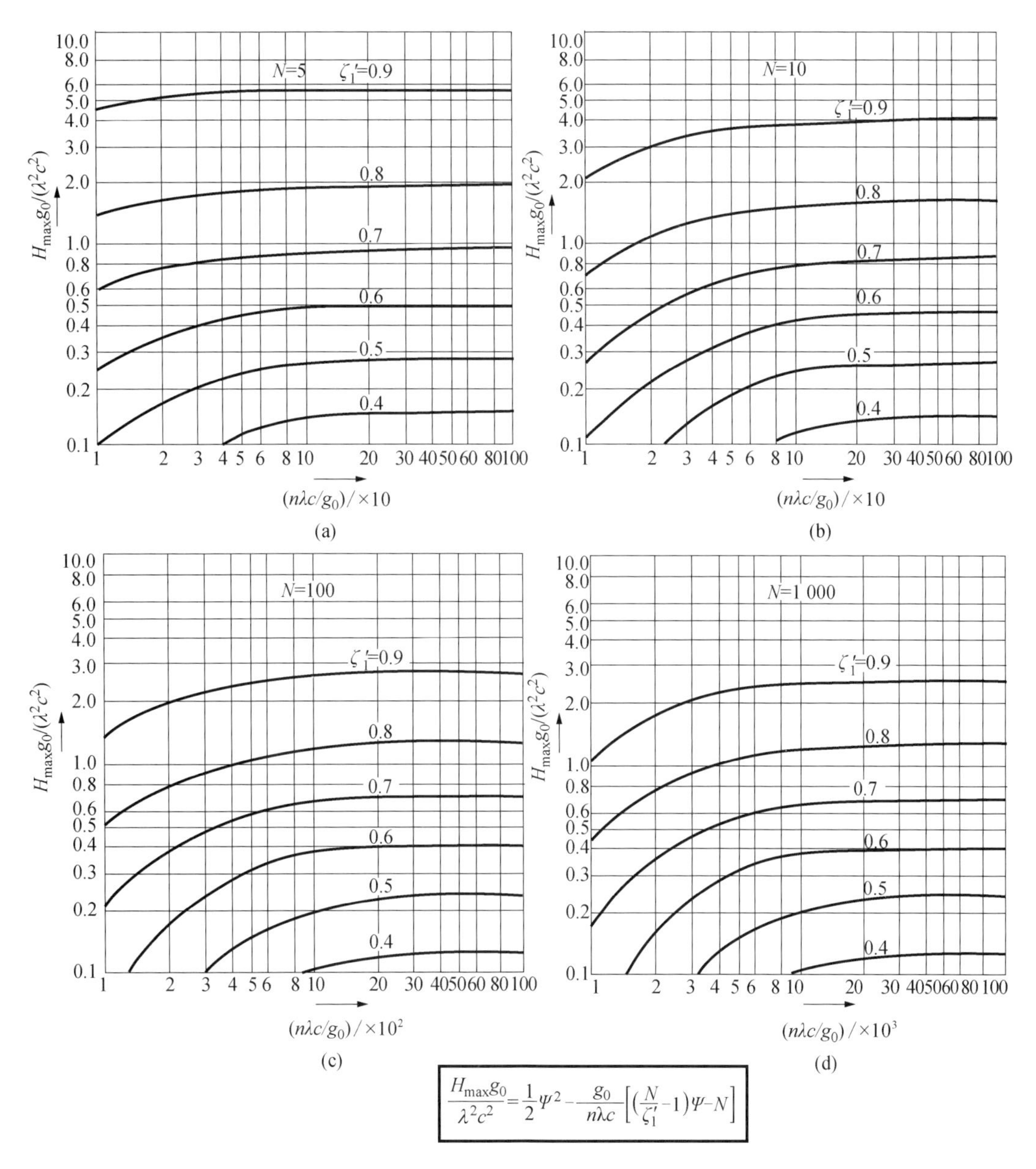

图 3　不同的 ζ_1' 值下 $H_{\max_0} g_0/(\lambda^2 c^2)$ 随 nc/g_0 的变化

此处有必要讨论在连续脉冲推进的火箭与恒定推力推进的火箭之间的相似性。前者不仅减少了推进剂质量，而且减小了各个装药的容器的质量。在对火箭的影响上，推进剂与容器的区别在于：推进剂以很高的速度 c 被排出，而被丢弃的容器只有很小的速度。如果把整个药包，也即推进剂及其容器，作为一个整体考虑为推进剂，那么推进作用仍然可以保持不变，只要让它以较低的等效速度 λc 离开发动机。恒定推力推进的火箭减小的只是所携带的推进剂质量，因此可以说，它等价于一个连续脉冲推进火箭，只要其排气速度和推进剂总质量相应等于后者的等效速度以及推进剂加容器的总质量。换句话说，c 等于 λc ，ζ 等于 ζ_1'。

表 1 计算了四种情况下达到的高度以显示排气速度和脉冲总数的影响，火箭的重量比 ζ'_1 设为 0.70。请注意，对于真空中的飞行，较少的脉冲总数就能达到更高的高度。表 1 的下半部分给出了这四种情况下等价的恒定推力火箭所达到的高度，其初始加速度也同样由方程(12c)给出。脉冲总数超过 100 的连续脉冲推进所达到的最大高度非常接近恒定推力所达到的最大高度。这使计及重力加速度随海拔高度而变化的问题得以简化，并能以恒定推力火箭的已知结果为基础来预测考虑空气阻力的飞行(参看文献[6])。这些问题将在以下各节一一讨论。

表 1

连续脉冲

$$H_{\max_0} = \frac{\lambda^2 c^2}{g_0}\left\{\frac{1}{2}\Psi^2 - \frac{g_0}{n\lambda c}\left[\left(\frac{N}{\zeta'_1} - 1\right)\Psi - N\right]\right\}$$

情　况	λc /(ft/s)	ζ'_1	N	n/(脉冲数/s)	$H_{\max_0}$ / ft
1	10 000	0.70	326	3	1 472 000
2	10 000	0.70	10	0.092	1 686 000
3	7 000	0.70	326	3	560 000
4	7 000	0.70	10	0.092	676 000

恒定推力

$$H_{\max_0} = \frac{c^2}{g_0}\left\{\frac{1}{2}[\ln(1-\zeta)]^2 + \frac{1}{(a_0/g_0)+1}[\ln(1-\zeta)+\zeta]\right\}$$

情况	C/(ft/s)	ζ	a_0	$H_{\max_0}$ /ft
1	10 000	0.70	32.2	1 468 000
2	10 000	0.70	32.2	1 468 000
3	7 000	0.70	12.9	555 000
4	7 000	0.70	12.9	555 000

第二节

众所周知，重力加速度按下列公式而随海拔高度变化：

$$g = g_0[R/(R+h)]^2 \tag{13}$$

在 1 000 英里高空的重力加速度只是海平面重力加速度的 0.64 倍。因此，对于如此高空的飞行，重力加速度是常数的假设不再有效。Malina 和 Smith 证明过理论上三级火箭就能达到这种高度。因此，考察重力加速度随海拔高度而减少将如何增加火箭所达到的最大高度是有意义的。

首先考虑真空中的动力飞行，然后考虑真空中的惯性飞行。对于动力飞行的分析基于恒定推力的假设。但正如前面所证明的，只要脉冲总数 N 超过 100，这个结果能应用于连续脉冲推进的火箭。

与连续脉冲推进等价的恒定推力火箭的每秒气流质量为

$$wn/g_0 = m \tag{14}$$

假设火箭由静止从海平面起飞，真空中的运动方程为

$$\frac{\mathrm{d}^2 h}{\mathrm{d}t^2}=-g_0\left(1+\frac{h}{R}\right)^{-2}+\frac{mc/M_0}{1-(m/M_0)t} \tag{15}$$

这是非线性微分方程，无法用常规方法解决。但实际的动力飞行中比值 h/R 总是远小于1，因此只需保留展开式中 h/R 的一阶项。这个近似将方程线性化，于是

$$\frac{\mathrm{d}^2 h}{\mathrm{d}t^2}=g_0\left(\frac{2h}{R}-1\right)+\frac{mc/M_0}{1-(m/M_0)t} \tag{16}$$

若初始条件为 $t=0$ 时 $h=0$，$\mathrm{d}h/\mathrm{d}t=0$，此方程的解为

$$h=\frac{R}{2}\left(1-\cosh\sqrt{\frac{2g_0}{R}}t\right)+\frac{c}{2\sqrt{2g_0/R}}\left(\mathrm{e}^{\xi u}\int_{\xi}^{\xi u}\frac{\mathrm{e}^{-x}\mathrm{d}x}{x}-\mathrm{e}^{-\xi u}\int_{\xi}^{\xi u}\frac{\mathrm{e}^{x}\mathrm{d}x}{x}\right) \tag{17}$$

式中：$\xi=\sqrt{2g_0/R}M_0/m$，$u=1-(m/M_0)t$。动力飞行结束的时间是

$$t=t_{\mathrm{P}}=M_0\zeta/m \tag{18}$$

因此，动力飞行结束时火箭所爬升的高度是

$$H_{\mathrm{P}}=\frac{R}{2}\left(1-\cosh\sqrt{\frac{2g_0}{R}}\frac{M_0\zeta}{m}\right)+\frac{c}{2}\sqrt{\frac{R}{2g_0}}\left(\mathrm{e}^{\xi(1-\zeta)}\int_{\xi}^{\xi(1-\zeta)}\frac{\mathrm{e}^{-x}\mathrm{d}x}{x}-\mathrm{e}^{-\xi(1-\zeta)}\int_{\xi}^{\xi(1-\zeta)}\frac{\mathrm{e}^{x}\mathrm{d}x}{x}\right) \tag{19}$$

将双曲余弦函数和积分作级数展开；与方程(15)的线性化相一致，只保留 $1/R$ 的一阶项，于是方程简化为

$$\begin{aligned}H_{\mathrm{P}}=&-\left[\frac{\zeta^2 g_0}{2}\left(\frac{W_0}{w}\right)^2+\frac{\zeta^4 g_0^2}{12R}\left(\frac{W_0}{w}\right)^4\right]+c\frac{W_0}{w}[(1-\zeta)\ln(1-\zeta)+\zeta]+\\&\frac{cg_0}{18R}\left(\frac{W_0}{w}\right)^3[6(1-\zeta)^3\ln(1-\zeta)+\zeta(11\zeta^2-15\zeta+6)]\\=&H_{\mathrm{P}_0}+\frac{g_0}{6R}\left(\frac{W_0}{w}\right)^3\left\{\frac{c}{3}[6(1-\zeta)^3\ln(1-\zeta)+\zeta(11\zeta^2-15\zeta+6)]-\frac{\zeta^4 g_0}{2}\left(\frac{W_0}{w}\right)\right\}\end{aligned} \tag{20}$$

对方程(17)进行求导，并将方程(18)代入，动力飞行结束时的最大速度为

$$V_{\max}=-\sqrt{\frac{Rg_0}{2}}\sinh\sqrt{\frac{2g_0}{R}}\frac{M_0\zeta}{m}-\frac{c}{2}\left[\mathrm{e}^{\xi(1-\zeta)}\int_{\xi}^{\xi(1-\zeta)}\frac{\mathrm{e}^{-x}\mathrm{d}x}{x}+\mathrm{e}^{-\xi(1-\zeta)}\int_{\xi}^{\xi(1-\zeta)}\frac{\mathrm{e}^{x}\mathrm{d}x}{x}\right\} \tag{21}$$

同样做级数展开并只保留 $1/R$ 的一阶项，方程(21)简化为

$$\begin{aligned}V_{\max}=&-\left[\left(\frac{W_0}{w}\right)\zeta+\frac{1}{3}\frac{\zeta^3 g_0^2}{R}\left(\frac{W_0}{w}\right)^3\right]-\\&\left\{c\ln(1-\zeta)+\frac{cg_0}{2R}\left(\frac{W_0}{w}\right)^3[2(1-\zeta)^2\ln(1-\zeta)+2\zeta-3\zeta^2]\right\}\\=&V_{\max_0}-\frac{g_0(W_0/w)^2}{R}\left\{\frac{\zeta^3 g_0(W_0/w)}{3}+\frac{c}{2}[2(1-\zeta)^2\ln(1-\zeta)+2\zeta-3\zeta^2]\right\}\end{aligned} \tag{22}$$

不难看出，方程(20)和(22)的第二项是考虑了重力加速度随海拔而变化的修正项。由于两者都只是一阶近似，即使在脉冲总数小于100的情况，预期它们也可以近似用于连续脉冲推进的火箭。

令惯性飞行阶段增加的势能等于动力飞行结束时的动能，可以得到火箭由于动力飞行结

束时的速度而在惯性飞行阶段爬升的高度。于是

$$\frac{1}{2}V_{\max}^{2}=g_{0}\int_{H_{\mathrm{P}}}^{H_{\mathrm{P}}+H_{\mathrm{C}}}\frac{\mathrm{d}h}{[1+(h/R)]^{2}}$$

或

$$H_{\mathrm{C}}=(H_{\mathrm{P}}+R)\left[\frac{1}{1-\dfrac{V_{\max}^{2}}{2g_{0}[R/(H_{\mathrm{P}}+R)]^{2}(H_{\mathrm{P}}+R)}}-1\right] \tag{23}$$

令 $V_{\max}^{2}/\{2g_{0}[R/(H_{\mathrm{P}}+R)]^{2}\}=H_{\mathrm{C}_0}$，这是假设重力加速度为常数且等于惯性飞行起始点 H_{P} 处的重力加速度的情况下的惯性飞行爬升高度。于是方程(23)可写为

$$H_{\mathrm{C}}=(H_{\mathrm{P}}+R)\left[\frac{1}{1-H_{\mathrm{C}_0}/(H_{\mathrm{P}}+R)}-1\right]$$

展开第二项，此方程简化为

$$H_{\mathrm{C}}=H_{\mathrm{C}_0}\left\{1+\left(\frac{H_{\mathrm{C}_0}}{H_{\mathrm{P}}+R}\right)+\left(\frac{H_{\mathrm{C}_0}}{H_{\mathrm{P}}+R}\right)^{2}+\left(\frac{H_{\mathrm{C}_0}}{H_{\mathrm{P}}+R}\right)^{3}+\cdots\right\} \tag{24}$$

此方程表明，如果惯性飞行起始于海平面，而且达到的最大高度为 1 000 mile(英里)左右，那么由于重力加速度 g 的降低将增加不少高度，相对增长将超过 25%。

第三节

若探空火箭是穿过空气而不是在真空中起飞，空气阻力将起作用，降低火箭的加速度，并由此而降低它所达到的最大高度。因为空气阻力随着空气密度以及飞行速度平方的增加而增大，所以希望火箭在密度较大的低层大气中的飞行不要太快。因此最佳的初始加速度不再是方程(12b)所示的无限大。对于恒定推力，Malina 和 Smith[6] 发现最佳初始加速度大约为 30 英尺/秒平方。而脉冲总数超过 100 的连续脉冲推进与恒定推力推进之间的差别又很小，因此我们可以预期上述最佳初始加速度对于两种情况都能适用。

若想提高精确度，可利用逐步积分的方法来计算由于空气阻力而减少的爬升高度的实际值。可从垂直飞行火箭的基本方程出发进行积分，该方程已在文献[6]中给出如下：

$$\frac{\mathrm{d}^{2}h}{\mathrm{d}t^{2}}=a=-g+\frac{a_{0}+g_{0}}{1-t(a_{0}+g_{0})/c}-\frac{g_{0}\rho_{0}\sigma v^{2}}{2\left[1-\dfrac{t(a_{0}+g_{0})}{c}\right]}\frac{C_{D}A}{W_{0}} \tag{25}$$

文献[6]中已讨论了比值 $C_{D}A/W_{0}$ 的重要性。如果把上式转换为无量纲形式，其中各项的意义可以表现得更为突出。

$$\frac{a}{g_{0}}=-\frac{g}{g_{0}}+\frac{\dfrac{a_{0}}{g_{0}}+1}{1-\dfrac{g_{0}t}{c}\left(\dfrac{a_{0}}{g_{0}}+1\right)}-\frac{\left(\sigma\dfrac{T}{T_{0}}\right)\left(\dfrac{C_{D}}{C_{D}^{*}}B^{2}\right)\Lambda}{1-\dfrac{g_{0}t}{c}\left(\dfrac{a_{0}}{g_{0}}+1\right)} \tag{26}$$

式中：

$$\Lambda=\frac{\dfrac{\rho_{0}}{2}C_{D}^{*}Av_{s_{0}}^{2}}{W_{0}}$$

在方程(26)中有两类重要的变量。第一类可称为“因子”，对于给定的火箭类型它们是个

常数。第二类可称为“参数”，其中一个刻画了所属的火箭类型且其数值在飞行途中不断变化，另一个依赖于大气的物理性质。于是我们共有下述几个因子：

a_0/g_0 =初始加速度与 g_0 之比：“初始加速度因子”，刻画发动机的因子之一。

c =排气速度，单位为英尺/秒：“排气速度因子”，刻画发动机的因子之一。

Λ =“阻力-重量因子”。

ζ =可燃物的重量与火箭初始总重量之比：“载荷因子”。

前两个因子，也即“初始加速度因子”和“排气速度因子”，决定了所给类型火箭的推进性能，而“阻力-重量因子”和“载荷因子”则决定了火箭的物理尺寸。“阻力-重量因子”是火箭在海平面以声速飞行时的阻力与火箭初始重量之比。因为对于给定的火箭外形类型来说，该因子中可以改变的量只有最大横截面 A 以及初始重量 W_0，显然，如果初始重量增加一倍，那么最大横截面也必须增加一倍才能使该因子保持不变。“载荷因子”需要详细讨论，因为它没有直接出现在方程(26)中。方程(26)是一个描述飞行轨迹的微分方程，在飞行轨迹的每一点上都得到满足。仅当方程被积分而且将积分上下限都代入之后才出现载荷因子 ζ。例如考虑性能因子和参数几乎完全相同的两个火箭，唯一的区别在于一个火箭的 ζ 为 0.90，另一个的 ζ 为 0.50。直到火箭初始重量的一半已作为燃料而用去为止，它们的飞行轨迹完全相同。然后，ζ 为 0.50 的火箭开始减速，而另一个 ζ 为 0.90 的火箭将继续加速直到燃料用尽。因此可以认为 ζ 的值控制了所能达到的最大高度。

两个性能参数是

$\sigma T/T_0$：大气的物理性质，称为“大气参数”。

C_D/C_D^*：火箭的空气动力学性质，称为“形状参数”。

对于所有火箭来说，地球大气层的“大气参数”当然都是一样的，如果取为标准大气条件，那么其值仅仅依赖起飞后所抵达的高度。“形状参数”取决于 C_D 随 B 变化的曲线形状。该曲线的变化主要取决于火箭外壳的几何形状，虽然也受到因雷诺数变化引起的表面摩阻系数变化的一些影响。只要火箭属于具有同样几何外形的某个火箭类型，也即具有同样的头部形状和同样的比值 l/d（外壳长度与最大直径之比），可以认为“形状参数”保持不变。

不难看出，对于典型火箭计算出的性能曲线也适用于由典型火箭的因子和参数的值所确定的整整一类火箭，于是怎样设计火箭以满足所提要求的问题就变得大为简化了。而且，在 B 值不变的条件下，好的火箭设计中形状参数 C_D/C_D^* 的变化是很小的。此外，大气条件也不会偏离标准条件很远。考虑到虽不精确但也相当准确的恒定推力的基本假设，在各种情况下对于这两个参数取同样的数据也是合理的。于是性能问题得到进一步的简化，它仅仅依赖四个性能因子 a_0/g_0，c，Λ 和 ζ。

第四节

本节将计算连续脉冲推进的火箭（即固体燃料火箭）的性能以阐明怎样应用本文前面各节所得出的解析结果。可以根据等价的恒定推力火箭的结果来预测固体燃料火箭的性能，只要后者的脉冲总数超过 100。

在应用两种推进方式之间的等价关系时，本文第一、第三节中讨论过的下述变量必须相等：初始加速度因子 a_0/g_0；恒定推力的排气速度因子 c 与连续脉冲推进的排气速度因子 λc（应当相等）；阻力-重量因子 Λ；恒定推力的载荷因子 ζ 与连续脉冲推进的载荷因子 ζ_1'（应当相等)；大气参数 $\sigma T/T_0$；形状参数 C_D/C_D^* 以及细长比 l/d。

对于算例中的固体燃料火箭，假设其各项变量取值如下：

固体燃料火箭

$W_0 = 85$ lbf。

$\zeta_1 = 0.658$。

用于每次发射的火药的重量＝0.108 lbf。

火药匣的重量＝0.007 lbf。

$w = 0.115$ lbf/每发火药。

$k = 0.06$。

$\lambda = 1 - k = 0.94$。

$n = 7$。

$N = 518$。

$c = 7\,000$ ft/s。

$\lambda c = 6\,580$ ft/s。

$\zeta'_1 = \zeta_1/\lambda = 0.70$。

$d = 0.75$ ft。

$\Lambda = 3.34$。

C_D/C_D^*：参考文献[6]中的图 3。

$l/d = 10.68$。

$\sigma T/T_0$：标准大气，起飞点为海平面。

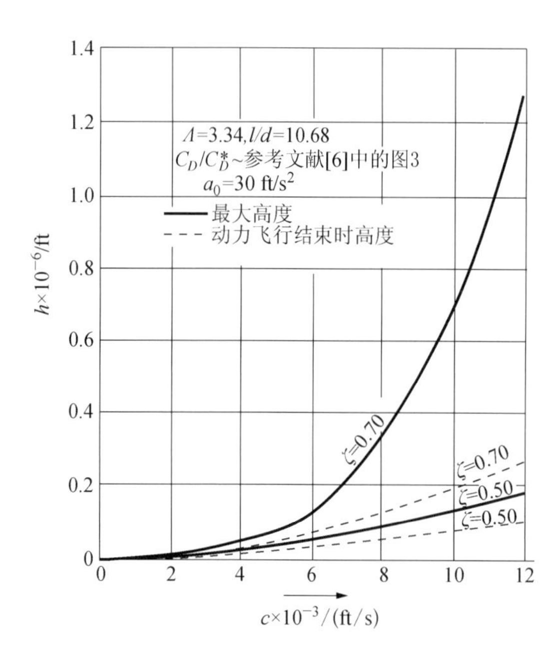

图 4　火箭在空气中动力飞行结束时所达到的高度及它所达到的最大高度与排气速度 c 的关系，ζ 的值为 0.50 和 0.70

等价的恒定推力火箭

$W_0 = 85$ lbf。

$\zeta = 0.70$。

$c = 6\,580$ ft/s。

$a_0 = (\zeta'_1 n\lambda c/N) - g_0 = 30.0$ ft/s^2。

$d = 0.75$ ft。

$\Lambda = 3.34$。

C_D/C_D^*：参考文献[6]中的图 3。

$l/d = 10.68$。

$\sigma T/T_0$：标准大气，起飞点为海平面。

于是，等价火箭的各项数据也齐备了，由图 4 可见 $H_{\max_0} = 162\,000$ ft。

这是在重力加速度不随高度变化的假设下火箭所达到的最大高度。上节的结果表明，这个假设在最大高度不超过800 000 ft的情况下是有效的。

由于动力飞行结束时探空火箭尚未达到重力加速度有明显下降的高度，Malina 和 Smiths[6]所计算的高度可用于此处。火箭在空气阻力作用下动力飞行结束时所达到的高度与排气速度 c 的关系展示于图 4 中，其中 ζ 的值为 0.50 和 0.70。将最大高度减去动力飞行结束时所达到的高度，就得到了惯性爬升的高度。这个高度可能受到重力加速度下降的明显影响。利用方程(24)可以计算出修正后的惯性爬升高度。对于恒定推力的探空火箭，其他参数同上，但排气速度改为12 000 ft/s，由图 4 可得：

$$H_{\max_0} = 1\,270\,000 \text{ ft}$$

和

$$H_{\mathrm{P}} = 265\,000 \text{ ft}$$

因此

$$H_{\mathrm{C}_0} = H_{\max_0} - H_{\mathrm{P}} = 1\,005\,000 \text{ ft}$$

利用方程(24)得到修正后的惯性爬升高度

$$H_{\mathrm{C}} = 1\,005\,000\left[1 + \frac{1\,005\,000}{2.098 \times 10^8}\right] = 1\,010\,000 \text{ ft}$$

因此，考虑重力加速度有所下降而修正了惯性爬升高度后的最大高度

$$H_{\max} = H_{\mathrm{P}} + H_{\mathrm{C}} = 265\,000 + 1\,010\,000 = 1\,275\,000 \text{ ft}$$

结　论

本文的研究结果表明，只要推进单元的排气速度大于或等于 7 000 ft/s，由连续脉冲推进的探空火箭理论上能达到足够的高度，足以获得关于大气结构以及地外现象的数据。

获得这种排气速度的可能性依赖两个因素：第一个因素是发动机将燃料的热能高效转化为排气动能的能力；第二个因素是燃料能释放出的热能总额。对于药包在燃烧室内点燃并在体积不变的情况下燃烧的实际的发动机，燃烧压力与外界压力之比从膨胀开始时的最大值下降到过程终了时的零。喷管也不可能设计得让燃烧产物在整个过程中平稳膨胀。因此其效率必然低于相应的"定压"发动机，即燃料(例如汽油和液氧)混合物在恒定压力(等于"定容"发动机的最大压力)下连续不断输入燃烧室的发动机。但"定容"发动机的燃烧室压力可以做到很高(高达 60 000 $\mathrm{lbf/in^2}$)，而由于燃料输送的困难，"定压"发动机的燃烧室压力要低得多。因此这两种发动机的效率不会相差很大。至于单位质量燃料释放出的热能，目前用于"定容"发动机的燃料，例如硝基纤维素火药，它能释放出的热能要大大低于用于"定压"发动机的液体燃料，例如汽油和液氧，所释放出的热能。

这说明连续脉冲推进的"定容"发动机所能达到的排气速度可能要低于提供恒定推力的"定压"发动机的排气速度。这就是为什么许多实验者放弃"定容"发动机而转向"定压"发动机，所谓液体燃料发动机的缘故。理论上，利用较少的脉冲总数可以补偿"定容"发动机的这种缺点(参看图 3)。然而，利用少量脉冲的实际价值是值得怀疑的，因为所产生的极大的加速度有害于所携带的仪器，于是会导致更重的火箭结构。

但即使是利用排气速度较低的"定容"发动机，本文的分析也表明，由于排气速度能达到 R. H. Goddard[1] 在实验中所做到的 7 000 ft/s，制造可以爬升到 100 000 ft 高空的固体燃料火箭应当是可行的。因此作者认为，连续脉冲推进的火箭具有应用前景，值得进行进一步的实验研究。

（陈允明 译，　周显初 校）

参考文献

[1] Goddard R H. A Method of Reaching Extreme Altitudes [J]. Smithsonian Miscellaneous Collections, 1919,71(2).

[2] Damblanc L. Les fusées autopropulsives a explosifs [J]. L'Aérophile, 1935,43: 205 - 209, 241 - 247.

[3] Bartocci A. Le éscursioni in altezza col motor a reazione [J]. L'Aerotecnica, 1933, 13: 1646 - 1666.

[4] Breguet L, Devillers R. L' Aviation superatmosphérique les aérodynes propulsées par reaction directe [J]. La Science Aérienne, 1936,5: 183 - 222.

[5] Ley W, Schaefer H. Les fusées volantes météorologiqus [J]. L'Aérophile, 1936,44: 228 - 232.

[6] Malina F J, Smith A M O. Analysis of the Sounding Rocket [J]. Journal of the Aeronautical Sciences, 1938,5: 199 - 202.

[7] Whittaker, Watson. Modern Analysis [M]. 4th Edition, Cambridge, 1927: 246 - 247.

[8] Davis H T. Tables of the Higher Mathematical Functions [M]. Principia Press, 1st Edition, 1933: 277 - 364.

可压缩流体的二维亚声速流动

钱学森

(California Institute of Technology)

摘要 本文的基本概念是用压力-体积绝热曲线的切线作为曲线本身的近似。首先指出了这种流体的一般特性。第一部分发展了可应用于流速接近声速的绕流问题的理论，Demtchenko 和 Busemann 所提出的近似理论只能应用于流速不超过一半声速的情形。von Kármán 和作者求解这个问题的共同设想是把用切线来近似绝热曲线的方法进行推广。该理论的框架是这样的，一旦知道了不可压缩流体对某个物体的绕流解，那就可以计算可压缩流体对另一个类似物体的绕流。然后，我们将本理论应用于椭圆柱体的绕流。第二部分将 H. Bateman 的研究结果应用于近似绝热的流体，得到了与第一部分本质上相同的结果。

序　言

假设压力仅仅是密度的单值函数，可压缩流体的二维无旋运动方程组可简化为速度势的单个非线性方程。超声速情况下，也即当流速处处大于局部声速时，Meyer，Prandtl 和 Busemann 利用特征线方法解决了问题。问题的实质性困难在亚声速情况，也即当流速处处小于但接近于局部声速的时候。因为特征线方法这时无法应用。Glauert 和 Prandtl[1] 处理了物体对于平行流的扰动很小的情形，小扰动使他们能将速度势微分方程线性化，得到了与不可压缩流非常相似的方程。但在物体表面或流场中通常会有驻点存在，那里的扰动不再是小扰动。因此，线性化理论是否能用于驻点附近是值得怀疑的。同样，对于物体的横向尺寸与平行于流动的纵向尺寸相比并不小的情形，该理论也无效。

为了处理这种问题，Janzen 和 Rayleigh 发展了逐步近似的方法，Poggi 和 Walther 把它改进得更便于应用。Kaplan[2] 近来利用 Poggi 的方法处理了 Joukowsky 翼型和椭圆柱体的绕流问题。但这种方法相当冗长，而且当速度接近局部声速的时候收敛非常慢。

Molenbroek 和 Tschapligin 建议利用速度的幅值 w 和速度与选定轴之间的倾角 β 作为自变量，并由此把速度势的方程化简为线性方程。Tschapligin 求出了这个方程的解，这个解是一个级数，每一项都是 w 的超几何函数和 β 的三角函数的乘积。该解在实际应用中的困难是怎样得出 w，β 平面上的合适的边界条件以及怎样将这个解表示为封闭的形式。

Tschapligin 还证明了，如果气体的比热比等于 -1 的话，速度图平面上的方程能得到极

1939 年 3 月 28 日收到，原载 Journal of the Aeronautical Sciences，1939，Vol. 6，pp. 399 - 407。

大的简化。因为所有真实气体的比热比都在 1 和 2 之间,数值 −1 似乎缺乏实际意义。Demtchenko[3] 和 Busemann[4] 澄清了比热比等于 −1 的意义,他们发现这实际上是把压力-体积曲线的切线作为曲线本身的一个近似。但他们局限于利用在代表驻点气体状态处的切线,故而他们的理论只能用于速度不超过一半声速的绕流问题。在最近的一次讨论中,von Kármán 建议作者推广这个理论,利用在表示未扰平行流的气体状态处的切线,这样一来,理论的应用范围将能大大拓宽。这就是本文第一部分的工作。基于 Demtchenko 和 Busemann 工作的这个理论随即应用于椭圆柱体的绕流,并将结果与 Hooker[5] 的和 Kaplan[2] 的结果做了比较。此外,我们还列入了 Glauert-Prandtl 的线性化理论结果以便比较。

最近,Bateman[6] 演示了一个值得注意的互易关系,利用一个点与点之间的变换,将两种流体的两个流动联系起来。本文第二部分证明了,不可压缩流与利用压力-体积绝热曲线的切线来近似的可压缩流,它们之间的关系可以解释为这种点与点之间的变换。于是,一旦知道了某个不可压缩流体绕流解,我们就能得到可压缩流体的相应解。然而我们发现,这种从不可压缩流到可压缩流的变换,实质上等同于我们基于 Demtchenko 和 Busemann 工作所发展的理论。

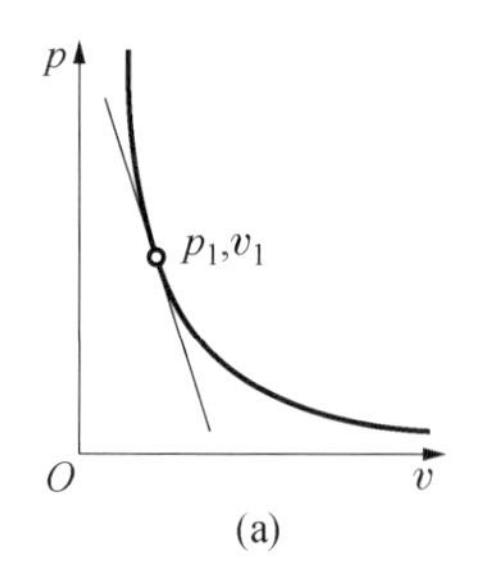

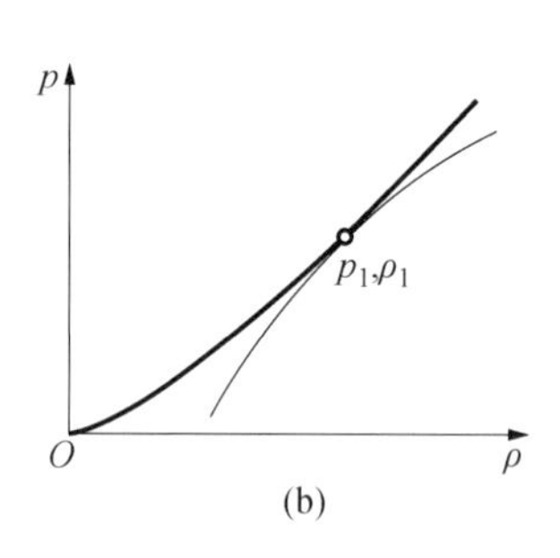

图 1 利用切线来近似表示绝热 $p-v$ 关系式

绝热关系式的近似

p 是压力,v 是比体积,γ 是气体的比热比,绝热关系式 $pv^{\gamma}=$ 常数是 $p-v$ 平面上的一条曲线,如图 1(a)所示。设 p_1, v_1 点相应于未扰流,则该点附近的条件可近似地由曲线在该点的切线来表示。该点的切线方程为

$$p_1-p=C(v_1-v)=C(\rho_1^{-1}-\rho^{-1}) \tag{1}$$

式中:C 是切线的斜率;ρ 是流体密度。斜率 C 必须等于曲线在 p_1, v_1 点的斜率。因此

$$C=\left(\frac{\mathrm{d}p}{\mathrm{d}v}\right)_1=\left(\frac{\mathrm{d}p}{\mathrm{d}\rho}\frac{\mathrm{d}\rho}{\mathrm{d}v}\right)_1=-\left(\frac{\mathrm{d}p}{\mathrm{d}\rho}\right)_1\rho_1^2=-a_1^2\rho_1^2$$

式中:a_1 是 p_1, v_1 条件下的声速。于是方程可写为

$$p_1-p=a_1^2\rho_1^2(\rho^{-1}-\rho_1^{-1}) \tag{2}$$

这是实际的压力-密度绝热关系式的一个近似,图 1(b)同时展示了近似的与实际的绝热关系式。

可压缩流体的广义 Bernoulli 定理是

$$w_2^2-w_3^2=2\int_2^3\mathrm{d}p/\rho \tag{3}$$

式中:w 是气体速度,下标 2 和 3 表示流体的两个不同状态。将方程(2)代入方程(3),得到

$$w_2^2-w_3^2=a_1^2\rho_1^2(\rho_2^{-2}-\rho_3^{-2}) \tag{4}$$

若 $w_3=0$, $w_2=w$, $\rho_3=\rho_0$, $\rho_2=\rho$, 其中下标 0 表示流动的驻点状态,则由方程(4)得出

$$\frac{a_1^2\rho_1^2}{\rho_0^2}+w^2=\frac{a_1^2\rho_1^2}{\rho^2} \tag{5}$$

若像通常那样将声速平方 a^2 定义为压力 p 对密度 ρ 的导数，由方程(2)得出

$$a^2\rho^2 = \rho^2 \mathrm{d}p/\mathrm{d}\rho = a_1^2\rho_1^2 = \text{const.} \tag{6}$$

因此方程(5)可表为

$$(\rho/\rho_0)^2 = 1-(w/a)^2 \tag{7}$$

类似地

$$(\rho_0/\rho)^2 = 1+(w/a_0)^2 \tag{8}$$

值得注意的是，根据方程(8)，密度会随着速度的增加而下降，这是可以预料的。因此，方程(6)表示局部声速随着速度的增加而增加，而这与真实气体正相反。因为众所周知，在真实气体的绝热流中随着速度的增加温度是下降的，因此正比于温度平方根的局部声速也应当下降。然而，在我们这个近似理论中，比值 w/a，也即马赫数，仍是随着速度的增加而增加的，如方程(7)所示。但当 $\rho=0$ 或根据方程(8)当 $w=\infty$ 的时候，该比值仅增加到 1。由此可见，整个流动范畴是亚声速的，其速度势的微分方程总是椭圆型的，也即它与不可压缩流速度势的微分方程总是类型相同的，正如我们在下一节指出的那样。这就是为什么速度势和流函数的复数表示法可以应用到各种情况的原因。然而我们应当明白，能够近似表示绝热关系式的只限于切线位于第一象限的部分。因此，本理论能付诸实际应用的速度上限出现在 $p=0$ 处。根据方程(7)和(8)，这个速度上限是

$$\left(\frac{w}{w_1}\right)_{\max} = \frac{1}{(w_1/a)}\sqrt{\left(\frac{p_1}{a_1^2\rho_1}+1\right)^2-\left[1-\left(\frac{w_1}{a_1}\right)^2\right]} \tag{9}$$

因为点 p_1，ρ_1 是实际绝热曲线的切点，它也在绝热曲线上，对于实际绝热曲线 $p\rho^{-\gamma}=\text{const.}$ 有效的关系式 $a_1^2=\gamma p_1/\rho_1$ 也应当成立，于是方程(9)简化为

$$\left(\frac{w}{w_1}\right)_{\max} = \frac{1}{(w_1/a_1)}\sqrt{\left(\frac{1}{\gamma}+1\right)^2-\left[1-\left(\frac{w_1}{a_1}\right)^2\right]} \tag{10}$$

图 2 画出了这个关系式，式中 $\gamma=1.405$。因为对于大部分实际问题，比值 (w/w_1) 不会比 2 大很多，p 仍会保持为正数，本理论仍足以给出一个近似解。

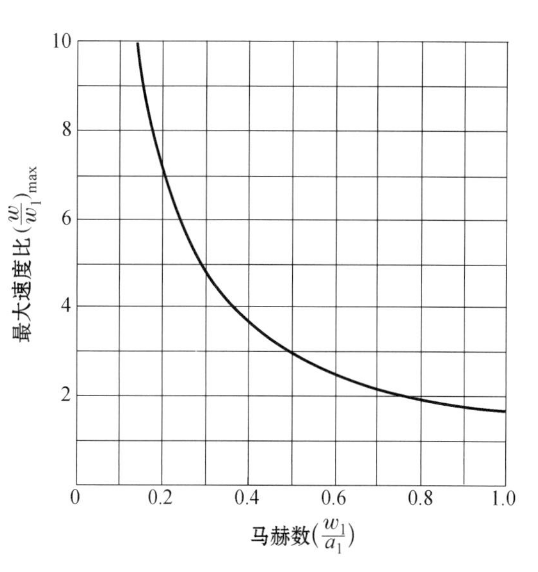

图 2　最大速度比 $(w/w_1)_{\max}$（压力为零时的速度比）与马赫数 (w_1/a_1) 之间的关系

第一部分

1. 速度图法

如果流动是无旋的，那么存在一个速度势 φ，它满足

$$\partial\varphi/\partial x = u,\quad \partial\varphi/\partial y = v \tag{11}$$

式中：u 和 v 相应是 w 在 x 和 y 方向上的速度分量。可以引入流函数以使连续性方程

$$\frac{\partial}{\partial x}\left(\frac{\rho}{\rho_0}u\right)+\frac{\partial}{\partial y}\left(\frac{\rho}{\rho_0}v\right)=0$$

自动满足。流函数 ψ 的定义是

$$u\rho/\rho_0 = \partial\psi/\partial y, \quad -v\rho/\rho_0 = \partial\psi/\partial x \tag{12}$$

将速度 w 与 x 轴之间的夹角记为 β，由方程(11)和(12)得出

$$\left.\begin{aligned} d\varphi &= w\cos\beta dx + w\sin\beta dy \\ d\psi &= -w(\rho/\rho_0)\sin\beta dx + w(\rho/\rho_0)\cos\beta dy \end{aligned}\right\} \tag{13}$$

由此求解

$$\left.\begin{aligned} dx &= \frac{\cos\beta}{w}d\varphi - \frac{\sin\beta}{w}\frac{\rho_0}{\rho}d\psi \\ dy &= \frac{\sin\beta}{w}d\varphi + \frac{\cos\beta}{w}\frac{\rho_0}{\rho}d\psi \end{aligned}\right\} \tag{14}$$

只要物理平面与速度图平面之间是一一对应关系，或数学上 $\partial(x, y)/\partial(u, v) \neq 0$，那么 x，y 总可以表示为 w，β 的函数，φ，ψ 也总可以表示为 w，β 的函数。于是

$$\left.\begin{aligned} d\varphi &= \varphi'_w dw + \varphi'_\beta d\beta \\ d\psi &= \psi'_w dw + \psi'_\beta d\beta \end{aligned}\right\} \tag{15}$$

式中:撇号表示对于由下标表示的自变量的导数。将方程(15)代入方程(14)，得到

$$\left.\begin{aligned} dx &= \left(\frac{\cos\beta}{w}\varphi'_w - \frac{\sin\beta}{w}\frac{\rho_0}{\rho}\psi'_w\right)dw + \left(\frac{\cos\beta}{w}\varphi'_\beta - \frac{\sin\beta}{w}\frac{\rho_0}{\rho}\psi'_\beta\right)d\beta \\ dy &= \left(\frac{\sin\beta}{w}\varphi'_w + \frac{\cos\beta}{w}\frac{\rho_0}{\rho}\psi'_w\right)dw + \left(\frac{\sin\beta}{w}\varphi'_\beta + \frac{\cos\beta}{w}\frac{\rho_0}{\rho}\psi'_\beta\right)d\beta \end{aligned}\right\} \tag{16}$$

因为，方程(16)的左端是全微分，可应用互易关系，于是

$$\left.\begin{aligned} \frac{\partial}{\partial\beta}\left(\frac{\cos\beta}{w}\varphi'_w - \frac{\sin\beta}{w}\frac{\rho_0}{\rho}\psi'_w\right) &= \frac{\partial}{\partial w}\left(\frac{\cos\beta}{w}\varphi'_\beta - \frac{\sin\beta}{w}\frac{\rho_0}{\rho}\psi'_\beta\right) \\ \frac{\partial}{\partial\beta}\left(\frac{\sin\beta}{w}\varphi'_w + \frac{\cos\beta}{w}\frac{\rho_0}{\rho}\psi'_w\right) &= \frac{\partial}{\partial w}\left(\frac{\sin\beta}{w}\varphi'_\beta + \frac{\cos\beta}{w}\frac{\rho_0}{\rho}\psi'_\beta\right) \end{aligned}\right\} \tag{17}$$

完成微分后利用方程(7)和(27)进行简化，

$$\left.\begin{aligned} -\frac{\sin\beta}{w}\varphi'_w - \frac{\cos\beta}{w}\frac{\rho_0}{\rho}\psi'_w &= -\frac{\cos\beta}{w^2}\varphi'_\beta + \frac{\sin\beta}{w^2}\frac{\rho}{\rho_0}\psi'_\beta \\ \frac{\cos\beta}{w}\varphi'_w - \frac{\sin\beta}{w}\frac{\rho_0}{\rho}\psi'_w &= -\frac{\sin\beta}{w^2}\varphi'_\beta - \frac{\cos\beta}{w^2}\frac{\rho}{\rho_0}\psi'_\beta \end{aligned}\right\} \tag{18}$$

由此求解 φ'_w 和 φ'_β

$$\left.\begin{aligned} \varphi'_w &= -\frac{\rho}{\rho_0}\frac{1}{w}\psi'_\beta \\ \varphi'_\beta &= \frac{\rho_0}{\rho}w\psi'_w \end{aligned}\right\} \tag{19}$$

引入新变量 ω，它满足

$$d\omega = \frac{\rho}{\rho_0}\frac{dw}{w} \tag{20}$$

于是方程(19)可以进一步简化为

$$\varphi'_\omega = -\psi'_\beta, \quad \varphi'_\beta = \psi'_\omega \tag{21}$$

不难认出这就是 Cauchy-Riemann 微分方程，于是 $\varphi+\mathrm{i}\psi$ 必然是变量 $\omega-\mathrm{i}\beta$ 的解析函数。但为了计算方便我们引进另一组自变量 $U=W\cos\beta$, $V=W\sin\beta$；式中 $W=a_0\mathrm{e}^{\omega}$。于是方程(21)可写为

$$\left.\begin{aligned}\partial\varphi/\partial U&=\partial\psi/\partial(-V)\\ \partial\varphi/\partial(-V)&=-\partial\psi/\partial U\end{aligned}\right\}\tag{22}$$

对方程(20)进行积分得

$$W=2a_0w/(\sqrt{a_0^2+w^2}+a_0)\tag{23}$$

而且

$$w=4a_0^2W/(4a_0^2-W^2)\tag{24}$$

代入方程(8)，得到密度比

$$\rho_0/\rho=(4a_0^2+W^2)/(4a_0^2-W^2)\tag{25}$$

方程(22)，(23)，(24)和(25)是本理论的基本方程组。方程(22)是 Cauchy-Riemann 条件，由此复速度势 $F=\varphi+\mathrm{i}\psi$ 必然是 $\overline{W}=U-\mathrm{i}V$ 的解析函数，也即

$$\left.\begin{aligned}\varphi+\mathrm{i}\psi&=F(U-\mathrm{i}V)=F(\overline{W})\\ \varphi-\mathrm{i}\psi&=\bar{F}(U+\mathrm{i}V)=\bar{F}(W)\end{aligned}\right\}\tag{26}$$

式中：$\overline{W}$ 和 $\bar{F}$ 是 W 和 F 的复共轭。

现在必须找出与给定 U,V 值对应的 x，y 值，也即求出从速度图平面到物理平面的转换关系。利用方程(24)和(25)，方程(14)可写为

$$\left.\begin{aligned}\mathrm{d}x&=\frac{U\mathrm{d}\varphi}{W^2}\left(1-\frac{W^2}{4a_0^2}\right)-\frac{V\mathrm{d}\psi}{W^2}\left(1+\frac{W^2}{4a_0^2}\right)\\ \mathrm{d}y&=\frac{V\mathrm{d}\varphi}{W^2}\left(1-\frac{W^2}{4a_0^2}\right)+\frac{U\mathrm{d}\psi}{W^2}\left(1+\frac{W^2}{4a_0^2}\right)\end{aligned}\right\}\tag{27}$$

式中：$W^2=U^2+V^2$。利用方程(26)可将这些方程组合为一个方程。于是

$$\mathrm{d}z=\mathrm{d}x+\mathrm{i}\mathrm{d}y=\frac{\mathrm{d}F}{\overline{W}}-\frac{W\mathrm{d}\bar{F}}{4a_0^2}\tag{28}$$

因此，若解析函数 $F(\overline{W})$ 对于每个 W 值都有定义，那么可利用方程(24)计算出相应的真实速度 w，而出现这个速度的物理点的坐标可通过方程(28)的积分来计算。该点的压力由方程(2)给出。但这个方法不可能预知由所选择的函数 $F(\overline{W})$ 是否能得出希望得到的物体形状和流动图形。换句话说，这个方法与所有的速度图法一样，仍会遇到边界条件方面的困难。

2. 不可压缩流到可压缩流的变换

然而，利用方程(28)的简单关系，可以近似判断将得到的物体形状，由下述函数出发：

$$F(\overline{W})=\varphi+\mathrm{i}\psi=W_1G(\zeta)\tag{29}$$

式中：W_1 是由方程(23)表示的变换后的未扰速度，而 ζ 是复坐标 $\xi+\mathrm{i}\eta$。这个函数是这样选择的：在 ξ，η 坐标下它给出了不可压缩流体绕所研究的物体的流动。ζ 平面上不可压缩流的真实速度解释为可压缩流体在速度图平面上的变换后的速度 W。已知

$$\overline{W}=W_1\mathrm{d}G(\zeta)/\mathrm{d}\zeta\tag{30}$$

于是，

$$W=W_1\mathrm{d}\overline{G}(\bar{\zeta})/\mathrm{d}\bar{\zeta}\tag{31}$$

式中：$\overline{G}$ 和 $\bar{\zeta}$ 相应是 G 和 ζ 的复共轭。根据方程(30)和(31)，由方程(28)可得

$$dz = d\zeta - \lambda[d\bar{G}/d\bar{\zeta}]^2 d\bar{\zeta}$$

式中：$\lambda = (W_1/a_0)^2/4$。积分之，得到

$$z = \zeta - \lambda\int [d\bar{G}/d\bar{\zeta}]^2 \, d\bar{\zeta} \tag{32}$$

因此，可压缩流物理平面的复坐标等于不可压缩流物理平面的复坐标加上一个修正项。因为这个修正项通常很小，所以最终的物体形状与不可压缩流中绕流物体的形状很相似。修正项的因子 λ 仅与未扰流的马赫数有关。这点可凭借方程(7)，(8)和(23)来证明。由这些方程可得到

$$\lambda = \frac{1}{4}\left(\frac{W_1}{a_0}\right)^2 = \frac{(w_1/a_1)^2}{\left[1+\sqrt{1-(w_1/a_1)^2}\right]^2} \tag{33}$$

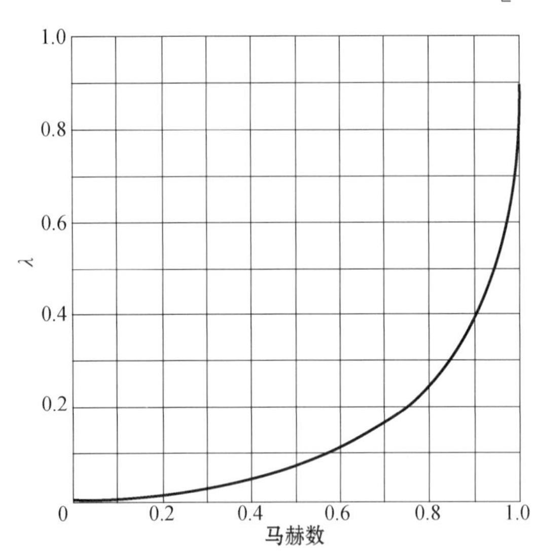

图 3　将不可压缩流变换到可压缩流的参数 λ 随马赫数 (w_1/a_1) 的变化

式中：w_1/a_1 是未扰流的马赫数。图 3 给出了相应于不同马赫数 $\frac{w_1}{a_1}$ 的 λ 值。

为了计算物理平面上的速度，首先从方程(30)得出 $\overline{W}$，然后由方程(23)可得

$$\frac{w}{w_1} = \frac{|W|}{W_1}\,\frac{1-\lambda}{1-\lambda(|W|/W_1)^2} \tag{34}$$

若将任意点上的压力系数定义为 $\tilde{\omega} = (p-p_0)/[(1/2)\rho_1 w_1^2]$，则可利用方程(2)得到

$$\tilde{\omega} = (1+\lambda)\frac{1-(|W|/W_1)^2}{1-\lambda(|W|/W_1)^2} \tag{35}$$

3. 椭圆柱体绕流

现在应用本理论来计算零攻角椭圆柱体的绕流。在复坐标 ζ 中不可压缩流体绕椭圆柱体的流动可利用 Joukowsky 变换以及绕圆柱体的流动得到，其中圆柱体中心位于 ζ' 复平面的原点。因此函数 $F(\overline{W})$ 或 $W_1 G(\zeta)$ 可写为

$$\left.\begin{aligned} F &= W_1(\zeta' + b^2/\zeta) \\ \bar{F} &= W_1(\bar{\zeta}' + b^2/\bar{\zeta}') \end{aligned}\right\} \tag{36}$$

式中：b 是 ζ' 平面中圆柱的半径。Joukowsky 变换是

$$\zeta = \zeta' + 1/\zeta' \tag{37}$$

利用 ζ' 坐标来计算是更方便的，因此方程(32)改写为

$$z = \left(\zeta' + \frac{1}{\zeta'}\right) - \lambda\int \left(\frac{d\bar{G}}{d\bar{\zeta}'}\right)^2 \frac{d\bar{\zeta}'}{d\bar{\zeta}/d\bar{\zeta}'} \tag{38}$$

若关心的只是椭圆柱的表面条件，那么

$$\zeta' = be^{i\theta},\ \bar{\zeta}' = be^{-i\theta} \tag{39}$$

式中：θ 是图 4 所示的幅角，b 是 ζ' 平面上的圆柱半径，它决定了 ζ 平面上椭圆柱体的厚度比。将方程(36)，(37)和(39)代入方程(38)，然后积分并将实部与虚部分开，就得到了相应于 ζ' 的

x，y 坐标的表达式：

$$\left.\begin{aligned}x &= \left(b+\frac{1}{b}\right)\cos\theta-\lambda\left[b(1+b^2)\cos\theta+\frac{(b^2-1)^2}{4}\ln\frac{(b^2-1)^2+4b^2\sin^2\theta}{(b^2+2b\cos\theta+1)}\right]\\ y &= \left(b-\frac{1}{b}\right)\sin\theta+\lambda\left[b(1-b^2)\sin\theta+\frac{(b^2-1)^2}{2}\arctan\frac{2b\sin\theta}{b^2-1}\right]\end{aligned}\right\} \tag{40}$$

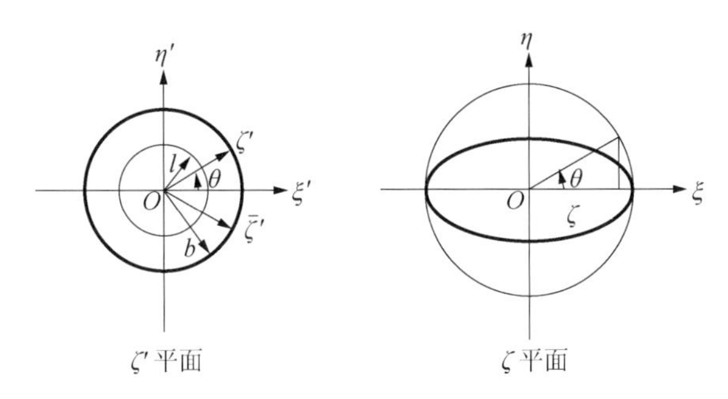

图 4　计算椭圆柱体绕流时所用的符号

将 $\theta=0$ 和 $\theta=\pi/2$ 分别代入方程(40)，即可得到近似椭圆截面的水平和垂直方向上的半轴。于是可得到厚度比

$$\delta=\left(\frac{b^2-1}{b^2+1}\right)\frac{1+\lambda\left[-b^2+\dfrac{b(b^2-1)}{2}\arctan\dfrac{2b}{b^2-1}\right]}{1-\lambda\left[b^2+\dfrac{b(b^2-1)}{2}\left(\dfrac{b^2-1}{b^2+1}\right)\ln\left(\dfrac{b-1}{b+1}\right)\right]} \tag{41}$$

对于给定的厚度比和未扰流马赫数，首先，利用方程(33)计算 λ，然后可利用图解法由方程(41)求出 b。

求得 b 之后，可对每个 θ 值利用方程(40)算出坐标 x，y。幸而这样得出的 x，y 值非常接近真实的椭圆截面。因此，可以认为由方程(34)和(35)求出的就是真实椭圆截面上的速度分布和压力分布。

我们对两个厚度比 $\delta=0.5$ 和 $\delta=0.1$ 进行了计算，结果示于图 5 和图 6 中，同时列出的还有 Kaplan[2] 的结果。Hooker[5] 的结果与 Kaplan 的非常接近。我们还利用更简单的 Glauert-Prandtl[1] 理论进行了计算，结果也列于图 5 和图 6 中以便与 Kaplan 的和本文的结果作比较。

各种理论的差别在于为了简化所做的近似假设。Glauert-Prandtl 假设物体对平行流的扰动很小。换句话说，他们处理的是绕厚度比很小的物体的流动。另一方面，Kaplan 和 Hooker 假设的是未扰流马赫数很小，因此马赫数的三阶项以及更高阶的项都可忽略。本文实质上是 Glauert-Prandtl 理论的改进，对于平行流的大扰动已经近似地考虑进去了。因此，对于高马赫数下绕薄物体的流动，本文的结果应当与 Glauert-Prandtl 的符合得很好，特别在不太靠近驻点的地方。由于是二级近似，Kaplan 和 Hooker 的结果所反映出的压缩性效应应当稍小一些。对于低马赫数下绕较厚的物体的流动，情况正相反。这时本文结果应当更符合 Kaplan 和 Hooker 的结果，与 Glauert-Prandtl 的结果符合得要差一些。上述推理得到图 5 与图 6 的证实。

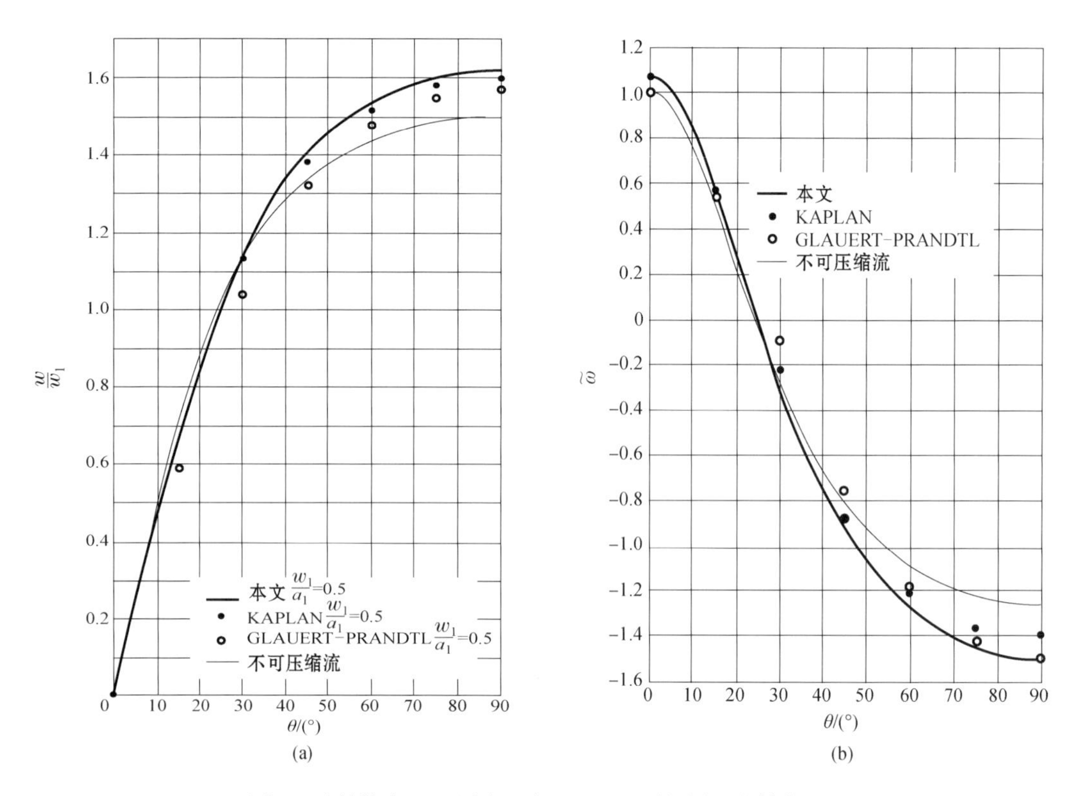

图 5　马赫数为 0.5、厚度比为 $\delta=0.5$ 时的椭圆柱体绕流
(a) 速度分布；(b) 压力分布

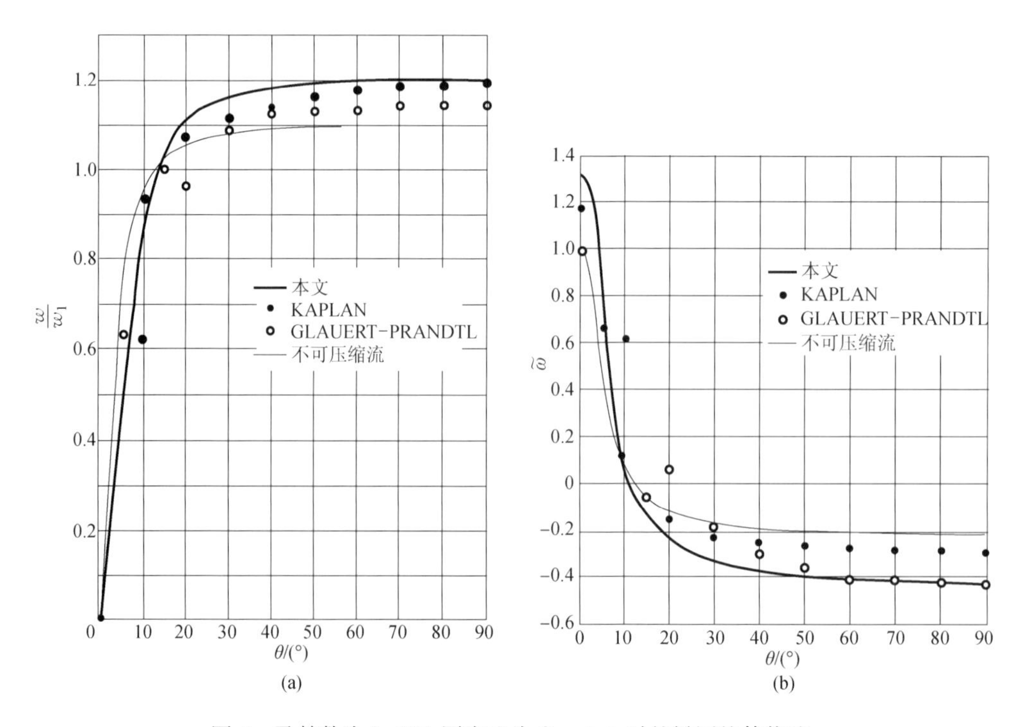

图 6　马赫数为 0.857，厚度比为 $\delta=0.1$ 时的椭圆柱体绕流
(a) 速度分布；(b) 压力分布

4. 椭圆柱体绕流的临界速度

若绕物体流动的速度是逐渐增加的，那么流场中的最大局部速度也在逐渐增加。一旦最大局部速度达到局部声速，激波将出现，而且物体阻力也将突然增大。因此，从事实际工作的工程师对于这个速度很感兴趣，一般把它称为物体的临界速度。Kaplan[2] 和其他人证明了，在这种临界条件下在流场的最大速度 w_{max} 与未扰流速度 w_1 的比值与未扰流马赫数 w_1/a_1 之间存在下述关系：

$$\frac{w_{max}}{w_1}=\left[\frac{2}{\gamma+1}\frac{1}{(w_1/a_1)^2}+\frac{\gamma-1}{\gamma+1}\right]^{1/2} \tag{42}$$

零攻角椭圆柱体绕流的 w_{max} 出现在柱体顶端。利用方程(33)和(34)可得到

$$\frac{w_{max}}{w_1}=\frac{2b^2/(b^2+1)}{1+\dfrac{\left[1-\left(\dfrac{2b^2}{b^2+1}\right)^2\right]\left(\dfrac{w_1}{a_1}\right)^2}{2\left[1+\sqrt{1-\left(\dfrac{w_1}{a_1}\right)^2}\right]\sqrt{1-\left(\dfrac{w_1}{a_1}\right)^2}}} \tag{43}$$

令方程(42)与方程(43)相等，可得到相应于每个 b 值的计算未扰流临界马赫数 (w_1/a_1) 的方程

$$\left[\frac{2}{\gamma+1}\frac{1}{(w_1/a_1)_{crit}}+\frac{\gamma-1}{\gamma+1}\right]^{1/2}=\frac{2b^2/(b^2+1)}{1+\dfrac{\left[1-\left(\dfrac{2b^2}{b^2+1}\right)^2\right]\left(\dfrac{w_1}{a_1}\right)^2_{crit}}{2\left[1+\sqrt{1-\left(\dfrac{w_1}{a_1}\right)^2_{crit}}\right]\sqrt{1-\left(\dfrac{w_1}{a_1}\right)^2_{crit}}}} \tag{44}$$

若相应于每个 b 值的 $(w_1/a_1)_{crit}$ 确定了，相应的 δ 值也能通过方程(34)和(41)计算出来。图7给出了计算结果，同时列出的还有 Kaplan 的结果以便于比较。由图可见，我们的临界马赫数小于 Kaplan 的结果。较小的临界马赫数说明流体压缩性的影响更为显著，这与图5和图6所示的结果是一致的。

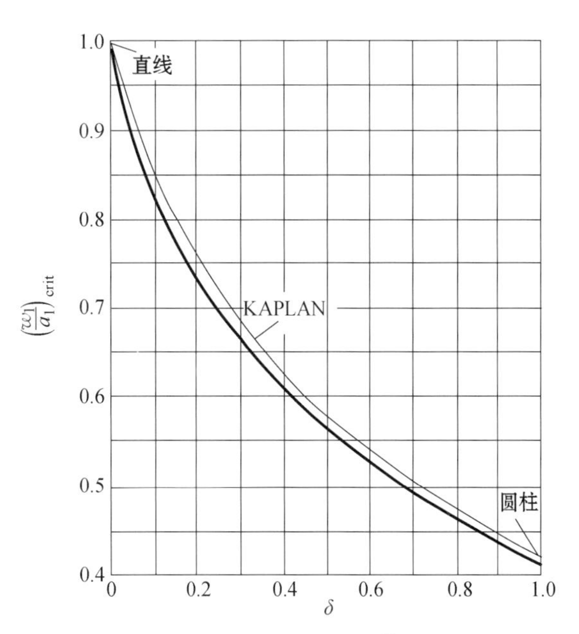

图7　厚度比为 δ 的椭圆柱体绕流的临界马赫数 $(w_1/a_1)_{crit}$

第二部分

1. 升力函数和阻力函数的利用

现在定义如下两个新函数：

$$\left.\begin{aligned}p_0\mathrm{d}X&=p\mathrm{d}y+\rho_0 u\mathrm{d}\psi\\ p_0\mathrm{d}Y&=\rho_0 v\mathrm{d}\psi-p\mathrm{d}x\end{aligned}\right\} \tag{45}$$

假设流动是无旋的，可利用方程(11)和(12)证明下式成立：

$$\left.\begin{aligned}p_0\mathrm{d}X &= (p+\rho u^2)\mathrm{d}y-\rho uv\mathrm{d}x = (p+\rho w^2)\mathrm{d}y-\rho v\mathrm{d}\varphi\\ p_0\mathrm{d}Y &= \rho uv\mathrm{d}y-(p+\rho v^2)\mathrm{d}x = \rho u\,\mathrm{d}\varphi-(p+\rho w^2)\mathrm{d}x\end{aligned}\right\}\tag{46}$$

由此可见，沿着任意闭合曲线对方程(46)做积分，将得到作用于该边界的压力的合力以及流出该边界的流体动量的增长率。如果在该边界内是一固体，那么这个积分将给出作用于该物体的升力和阻力。因此，有时将函数 X，Y 称为阻力函数和升力函数，由方程(46)可推出下述关系式：

$$p_1(v\mathrm{d}X-u\mathrm{d}y) = p\mathrm{d}\varphi\tag{47}$$

$$p_0(\rho/\rho_0)(u\mathrm{d}X+v\mathrm{d}Y) = (p+\rho w^2)\mathrm{d}\psi\tag{48}$$

利用 $\partial\varphi/\partial X = R$，$\partial\varphi/\partial Y = S$，由方程(47)可得

$$R = \frac{\partial\varphi}{\partial X} = \frac{p_0}{p}v,\quad S = \frac{\partial\varphi}{\partial Y} = -\frac{p_0}{p}u\tag{49}$$

变量 R，S 具有速度的量纲，可以认为它们是以 X，Y 为坐标的平面上的新的速度的分量。图 8 画出了 x，y 平面与 X，Y 平面之间的关系。可见，如果 x，y 平面上的未扰流的方向是沿着 x 的正方向，那么 X，Y 平面上的未扰流的方向就是沿着 Y 的负方向。此外，若定义 σ 为

$$\sigma/\sigma_0 = p\rho/[\rho_0(p+\rho w^2)]\tag{50}$$

方程(48)给出

$$\left.\begin{aligned}\frac{\sigma}{\sigma_0}R &= -\frac{\partial\psi}{\partial X} = -\frac{u\rho/\rho_0}{(p+\rho w^2)/p_0}\\ \frac{\sigma}{\sigma_0}S &= \frac{\partial\psi}{\partial Y} = \frac{v\rho/\rho_0}{(p+\rho w^2)/p_0}\end{aligned}\right\}\tag{51}$$

比较方程(51)和(12)，显然可把 σ 考虑为 X，Y 平面上某种流体的密度。因此，正如 Bateman[6] 证明的那样，在 x，y 平面与 X，Y 平面之间存在着完整的一一对应关系。

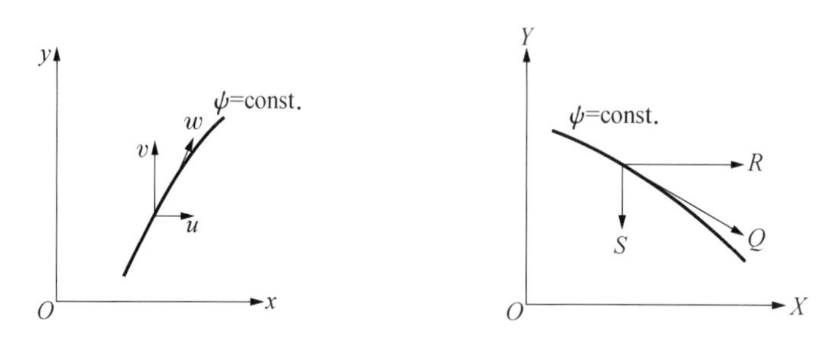

图 8　x，y 平面上的速度分量和 X，Y 平面上的速度分量之间的关系

2. 从不可压缩流出发的变换

迄今所得的关系式都是普遍性的，也即可应用于任何性质的流体。但只有不可压缩流体是众所周知的，那么 x，y 平面上的不可压缩流变换到 X，Y 平面的流动应具有怎样的流体性质呢，这是个值得探讨的问题。既然 x，y 平面上是不可压缩流，那么 $\rho/\rho_0 = 1$，Bernoulli 定理给出，

$$(p+\rho w^2/2)/p_0 = 1\tag{52}$$

用 P 来表示 X，Y 平面上的压力，而且令 $Q^2 = R^2+S^2$，由广义 Bernoulli 定理方程(3)可得

$$Q^2/2+\int\mathrm{d}p/\sigma = \mathrm{const.}\tag{53}$$

考虑到方程(49),(50)和(52),方程(53)可表为下述形式:

$$\frac{1}{\sigma_0}\int \frac{\mathrm{d}\left(\frac{\sigma}{\sigma_0}\right)}{\left(\frac{\sigma}{\sigma_0}\right)} \frac{\mathrm{d}P}{\mathrm{d}\left(\frac{\sigma}{\sigma_0}\right)} + \frac{p_0}{\rho_0}\left(\frac{1}{4\frac{\sigma^2}{\sigma_0^2}} - \frac{1}{4}\right) = \text{const.} \tag{54}$$

方程(54)对 σ/σ_0 微分,再乘以 σ/σ_0,然后再对 σ/σ_0 做积分。最后得到将 X,Y 平面上的流体的压力 P 和密度 σ 联系起来的下述关系式:

$$P = C - \frac{1}{2}\frac{p_0}{\rho_0}\sigma_0^2\frac{1}{\sigma} \tag{55}$$

式中:C 是积分常数。比较方程(55)和近似绝热关系方程(2)并参考方程(6),显然方程(55)和方程(2)是完全相同的,只要令

$$\frac{1}{2}\frac{p_2}{\rho_0} = A_0^2 = A_1^2\left[1 - \left(\frac{Q_1}{A_1}\right)^2\right] \tag{56}$$

$$C = P_1 + \frac{1}{2}\frac{p_0}{\rho_0}\sigma_0^2\frac{1}{\sigma_1}$$

即可。方程(56)中的 A 是 X,Y 平面上的声速,下标 1 表示未扰流的条件,因此,Q_1/A_1 是未扰流的马赫数。

利用方程(52)和(49),X,Y 平面上的速度分量可表示为

$$\left.\begin{aligned} \frac{R}{Q_1} &= -\frac{v}{w_1}\frac{1 - \frac{1}{2}\frac{\rho_0}{p_0}w_1^2}{1 - \frac{1}{2}\frac{\rho_0}{p_0}w_1^2\left(\frac{w}{w_1}\right)^2} \\ \frac{S}{Q_1} &= \frac{u}{w_1}\frac{1 - \frac{1}{2}\frac{\rho_0}{p_0}w_1^2}{1 - \frac{1}{2}\frac{\rho_0}{p_0}w_1^2\left(\frac{w}{w_1}\right)^2} \end{aligned}\right\} \tag{57}$$

因此,

$$\frac{Q}{Q_1} = \frac{w}{w_1}\frac{1 - \frac{1}{2}\frac{\rho_0}{p_0}w_1^2}{1 - \frac{1}{2}\frac{\rho_0}{p_0}w_1^2\left(\frac{w}{w_1}\right)^2} \tag{58}$$

可从方程(56)和(57)得到 w_1 和 Q_1 之间的关系式:

$$\frac{1}{2}\frac{\rho_0}{p_0}w_1^2 = \frac{(Q_1/A_1)^2}{\left[1 + \sqrt{1 - (Q_1/A_1)^2}\right]^2} = \lambda \tag{59}$$

于是方程(58)可改写为

$$\frac{Q}{Q_1} = \frac{w}{w_1}\frac{1 - \lambda}{1 - \lambda(w/w_1)^2} \tag{60}$$

利用方程(55),(56)和(50),X,Y 平面上的压力系数 Π,其定义为 $\Pi = (P - P_1)/[(1/2)\sigma_1 Q_1^2]$,可表示为

$$\Pi = \left(1 + \frac{1}{2}\frac{p_0}{\rho_0}w_1^2\right)\frac{1 - (w/w_1)^2}{1 - \frac{1}{2}\frac{\rho_0}{p_0}w_1^2(w/w_1)^2}$$

将方程(59)中的 λ 值代入上式，我们得到

$$\Pi = (1+\lambda)\frac{1-(w/w_1)^2}{1-\lambda(w/w_1)^2} \tag{61}$$

要想用 x，y 来表达 X，Y 坐标，必须对方程(46)做积分。这时方便的做法是利用 x，y 平面上的不可压缩流的复速度势。若

$$\varphi + \mathrm{i}\psi = w_1 G(x+\mathrm{i}y) = w_1 G(z) \tag{62}$$

可以利用方程(52)证明

$$\bar{Z} = X - \mathrm{i}Y = \mathrm{i}\,\bar{z} - \frac{1}{2}\frac{\rho_0}{p_0}w_1^2\mathrm{i}\int\left(\frac{\mathrm{d}G}{\mathrm{d}z}\right)^2\mathrm{d}z$$

式中：$\bar{z}$ 是 z 的复共轭。或者用 $\bar{Z}$ 和 G 的复共轭 Z 和 $\bar{G}$ 来表达

$$\mathrm{e}^{\mathrm{i}\pi/2}Z = z - \lambda\int\left(\frac{\mathrm{d}\bar{G}}{\mathrm{d}\bar{z}}\right)^2\mathrm{d}\bar{z} \tag{63}$$

式中：$\mathrm{e}^{\mathrm{i}\pi/2}$ 是在 Z 平面上旋转 $\pi/2$ 的角度，以使 Z 平面上的未扰流方向与 z 平面上的未扰流方向一致。

比较方程组(59)，(60)，(61)和(63)与前面的方程组(33)，(34)，(35)和(32)，显然它们是完全等同的，只是标记方法不同而已。因此，Bateman 的变换并不能给出任何新的结果，它们导出的表达式与前面速度图法的结果相同。

结　论

本文的第一和第二部分证明了，由任意一个不可压缩绕流解出发，可以计算绕另一个类似物体的近似绝热可压缩流动。从不可压缩流到可压缩流的变换使物体的形状稍有改变，形状修正由方程(32)和(63)给出。因此，要研究绕流同一物体的可压缩效应，对于不同的马赫数必须应用不同的函数 $G(z)$，就像本文第一部分的例子所做的那样。这就使计算变得有些复杂，但增加的工作量要大大小于 Janzen，Rayleigh，Poggi 和 Walther 所提出的逐步近似法，在高马赫数下更是如此。

应用本文方法的主要困难是涉及环流的绕流问题，例如升力机翼的绕流。如果用的是原来不可压缩绕流的复势函数 $G(z)$，方程(32)和(63)中的修正项不再是单值函数，也即自变量 z 的幅角增加 2π 之后函数不能回到原来的值。换句话说，可压缩流中的物体边界不再是封闭曲线。要研究这类问题，必须选取这样的函数 $G(z)$，虽然它不能给出不可压缩流中的封闭边界，但在添加了修正项以后，它却能给出可压缩流中的封闭的物体边界。因此问题变得更加困难了，需要做进一步的研究。

本研究课题来自 Th. von Kármán 教授的建议，在工作中也得到了他友善的评论，作者在此表示感谢。

（陈允明 译， 周显初 校）

参考文献

[1] Glauert H. The Effect of Compressibility on the Lift of an Airfoil [J]. Proc. Roy. Soc. (A), 118: 113, 1928; also. Reports and Memoranda No. 1135, British A. R. C., 1928.

[2] Kaplan C. Two-Dimensional Subsonic Compressible Flow Past Elliptic Cylinders [R]. N. A. C. A.

Technical Report No. 624, 1938.

[3] Demtchenko B. Sur les mouvements lents des fluides compressibles [J]. Comptes Rendus, 1932,194: 1218. //Variation de la résistance aux faibles vitesses sous l'influence de la compressibilite. Comptes Rendus, 1932,194: 1720.

[4] Busemann A. Die Expansionsberichtigung der Kontraktionsziffer von Blenken [J]. Forschung, 1933,4, 186 - 187. Hodographenmethode der Gasdynamik, Z. A. M. M. , 1937,12: 73 - 79.

[5] Hooker S G. The Two-Dimensional Flow of Compressible Fluids at Subsonic Speeds Past Elliptic Cylinders [R]. Reports and Memoranda No. 1684, British A. R. C. , 1936.

[6] Bateman H. The Lift and Drag Functions for an Elastic Fluid in Two-Dimensional Irrotational Flow [J]. Proc. Nat. Acad. Sci. , 1938, 24: 246 - 251.

球壳在外压下的屈曲[①]

Th. von Kármán　钱学森
(California Institute of Technology)

一、总的考虑

薄壳的一般理论是 A. E. H. Love 提出的。他假定小挠度，从而在能量表达式中略去了所有高于二次的项，得到了确定壳体在给定外载作用下平衡位置的线性微分方程式。薄壳的屈曲理论本质上也基于 Love 的方程。等厚度圆柱壳在均匀外压下的屈曲载荷为下列作者计算过：R. Lorentz，R. V. Southwell，S. Timoshenko，W. Flügge，L. H. Donnell 等。同一问题，很多作者用实验研究过，特别是：E. E. Lundquist 和 L. H. Donnell。不幸的是，计算和实验得到的屈曲载荷有系统性的不符合；理论值要比实验得到的结果高 3～4 倍之多。作为解释，W. Flügge[1]首次提出，圆柱壳假定的边界条件与实验室中实现的有偏差。但是，这种偏差不足以说明屈曲值的如此之大的不符合。边界条件能影响的距离大约为$\sqrt{Rt}$，其中 R 为壳的半径，t 为壳的厚度。实验所用的圆柱壳的长度通常要较此值大很多。而且，根据 W. Flügge 的分析，屈曲波形的幅度是逐渐增加的，一直到发生塑性变形；而实验表明，圆柱壳在外压作用下发生的破坏并不是一个逐渐的过程，而是非常快的。

为了降低理论的屈曲载荷，W. Flügge[1]以及随后 L. H. Donnell[2]作出的另一种解释是：要考虑壳体在未受力之前形状与精确的圆柱形之间的偏离，即原始缺陷。根据他们的假定，屈曲载荷或更正确地说破坏载荷取决于材料的塑性破坏。这解释有如下缺点：首先，为了得到实验中取得的那样低的屈曲载荷，必须假定原始缺陷的大小要为壳体厚度的 10 倍之多。试样形状有如此之大的偏差，肉眼就应该很容易察觉。经验也未证实这样的偏差存在。第二，圆柱壳的破坏并不一定是塑性破坏（屈服），特别当壳体很薄时更是如此。在很多情况下，人们观察到，当卸载后，屈曲波形就完全消失了。因此，这样的屈曲过程一定是完全弹性的，而非如 L. H. Donnell 的分析所假定的是塑性的。而且，有原始缺陷的壳体在破坏前的变形是逐渐增加的，这也与实验所观察到的不符。

球壳在均匀外压下的屈曲也存在类似的问题：实验与理论不符。R. Zoelly，E. Schwerin 和 A. van der Neut[3]根据 A. E. H. Love 的方程式计算得到了理论的屈曲载荷。假定屈曲应力 σ_{cr} 由下式定义：

1939 年 10 月 30 日收到，原载 Journal of the Aeronautical Sciences，1939，Vol. 7，No. 2，pp. 43 - 50。

① 本文的理论研究是作者在完成美国民航局适航性研究部资助的研究项目“加筋金属圆柱壳稳定性的一般准则”时进行的。

$$\sigma_{cr} = \frac{p_{cr}R}{2t} \tag{1}$$

式中：p_{cr}是屈曲外压；t 为壳体厚度；R 是圆壳半径。于是，理论解为：

$$\sigma_{cr} = \frac{Et/R}{\sqrt{3(1-\nu^2)}} \tag{2}$$

式中：ν 是泊松比；E 为杨氏弹性模量。对此问题至少据作者所知尚无系统的实验结果。E. E. Sechler 和 W. Bollay 在加州理工学院所作的一些实验表明，实验测得的屈曲载荷仅为理论值的 1/4。

不但理论和实验得到的屈曲载荷有这样大的差别，理论预测的屈曲波形也与实验所观察到的不同。根据理论计算，同一屈曲载荷产生的屈曲可以向里也可以向外；而实验结果明显地倾向于向里。对于球壳的情况，屈曲波形局限在一个立体角约为 16°的微凹区域。而线性理论预测的屈曲波形是展开在整个球面之上的。

理论预测与实验结果为何有这些差别呢？不大可能是因为弹性力学的基本方程式的误差。例如，对于平板来说，弹性力学的基本方程式不但很准确地预测了屈曲载荷，而且得到的屈曲后的变形也与实际很符合。因此，平板与有曲率的壳体的屈曲的物理过程一定有本质的、先前理论所不能解释的区别。H. L. Cox[4] 近来在皇家航空学会所作的一个报告也表达了同样的看法。

本文提出一个曲板破坏的新机制。

首先讨论在均匀外压下的球壳是有好处的，因其几何的对称性使计算大为简化。

考虑非常薄的球壳的一个切面，如图 1 所示。假定其弯曲刚度（与 t^3 成正比）可以完全忽略。在此假定下，其应变能仅涉及壳体的拉伸或其中面的压缩。如图 1 所示，若在初始位置①时的应变能为零，则其在其翻过来的位置③的应变能也为零。换言之，在略去弯曲刚度的条件下，壳体在镜对称的位置③下也是处于平衡的，无需外压的作用。

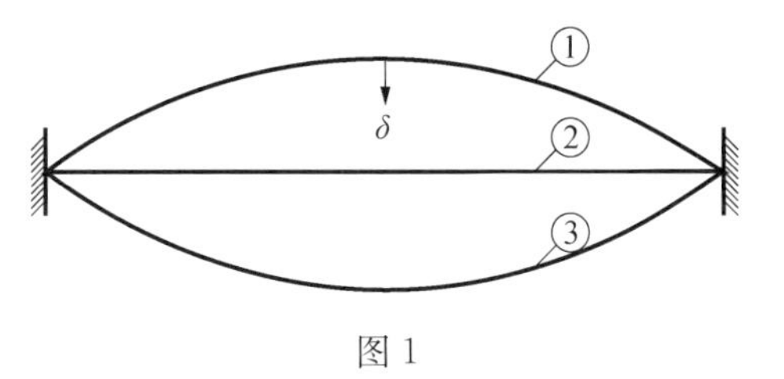

图 1

另一方面，对于①和③之间的中间位置，涉及壳体单元的压缩变形，需外压作用才能维持平衡。在位置②，壳体各点处在同一平面内，同样也无需外压就可以维持平衡。对于②和③之间的位置，则需负的外压才能使之处于平衡，因为受压的壳单元有使壳体回到平衡位置③的倾向。假定圆壳中心的挠度为 δ，则在忽略弯曲刚度的条件下，外压 p 和 δ 之间就有如图 2(a)那样的关系。

弯曲刚度的作用是增加使壳体平衡所需的外压。如果假定边界固支，增加弯曲刚度，则 p 和 δ 曲线就会从①变为②或③等等，如图 2(b)所示。

下面要讨论的是使壳体实际破坏的外压值。图 2(b)的曲线上 A_1B_1，A_2B_2 等段的点所代表的平衡是极为不稳定的；因此，当外压达到最高点 A（该点由壳体的刚度决定），就很快会降低到 B 点所代表的压力值。应该说，顶点 A 点的纵坐标以及顶部的曲线形状对壳体的原始缺陷和振动等因素都很敏感。而且，图 2(b)中的曲线是基于各点挠度是对称的假定得到的；如其为反对称的，也就是说，壳体一部分向里变形；另一部分向外变形，曲线顶点的位置会下降。最近，K. Marguerre[5] 研究了曲杆在集中力作用下稳定性，与这里讨论的问题很相似；他指出，

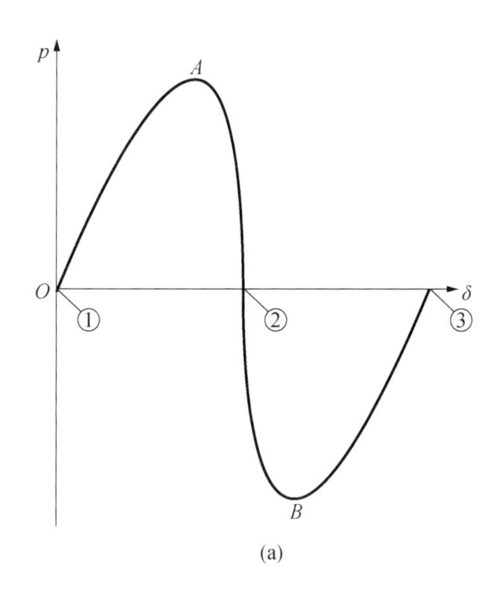

(a)

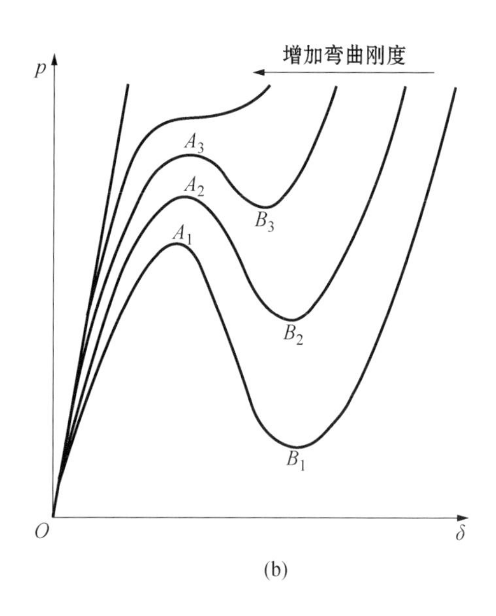

(b)

图 2

图 1所示的过程，用德语来说是 Durchschlag①，是由反对称的变形形式所促成。由此看来，如非特别小心地增加外压（无振动，无其他干扰）使之达到最高点 A，实验室观察到的壳体破坏的载荷应该对应于最低载荷 B 点。

我们相信，上面简单的考虑有助于阐明有曲率的壳体的屈曲问题。例如，我们可以研究一个在均匀外压作用下的完全的球壳。经典理论的下述说法是正确的：在根据经典理论得到的屈曲载荷达到之前，壳体形状的任何对球形的无限小的偏离，都使其势能增加，从而球形是稳定的。但是，同一经典理论并不能告诉我们，在离球形不远（译者注：但非无限小邻域）可能有这样的构形，其相应的势能是更低的，因此，壳体在实际上就会跳到这样的构形。上面的讨论清楚地指明，这样的构形是存在的。例如，我们假定，球壳有一个立体角为 2β 的区域发生变形，成为相应于极小载荷 B 点的构形，而壳体的其他部分仍为球形。如果我们能证明：B 点相应的载荷低于根据经典理论得到的屈曲载荷，那么上述的经典理论预测的破坏载荷与实验观察到的结果之间的差别就得到了解释。问题是要确定给出最小的极小载荷 p_B 的立体角 2β。

上面指出的构形并非壳体精确的平衡位置，因为变形和不变形的交界处的曲率不连续，换言之，夹紧边界上的反作用弯矩并未考虑。该反作用弯矩必须为壳体的其他部分承受。在本文最后一节（球壳破坏载荷的计算）中，该反作用弯矩所做的功是忽略不计的。很难估计这样的忽略会对破坏载荷值有什么影响。因此，十分需要更准确的计算。

本文计算的是球壳。在轴向压缩载荷作用下的圆柱壳的屈曲问题，也为作者用类似方法进行研究，但研究尚未完成。

二、部分球壳在均匀外压下的能量表达式和平衡方程式

为了准确计算部分球壳在均匀外压下的载荷-挠度曲线，要在平衡方程式中加入非线性的

① 原注：对此过程需有一个英语说法，就作者所知，人们最熟悉的说法是：oil canning（译者注：德语 Durchschlag，英文 oil canning 以及现在通用的说法 snap-through，都含“突然的弹跳”之意，有的文献上称之为“跳跃”）。

项，这是十分复杂的①。因此，我们作如下简化假定：

(1) 部分球壳包含的立体角很小；

(2) 挠度对于通过壳中心垂直于壳体的轴线来说，是轴对称的；

(3) 壳体的挠度平行于上述轴线；

(4) 横向收缩(或拉伸)可略去不计，即假定泊松比为零。

假定(3)应该会使求到的破坏载荷偏高，因为我们下面计算用的是变分法，而变分法的特点是，如假定的形状偏离真实的平衡时的形状，则会提高载荷值②。假定(4)大概不会明显改变结果的大小。作此假定仅为减少计算量。

图 3 给出了下面计算中要用的记号。我们采用子午线的倾角 θ 作为因变量对于简化方程式是至关重要的。从图 3 可以看到，由于假定的壳体的垂直方向的位移，壳体的伸长或压缩仅发生在子午线方向。在子午线上的一个微元原长为 $dr/\cos\alpha$，在发生位移后变为 $dr/\cos\theta$。从而得如下应变：

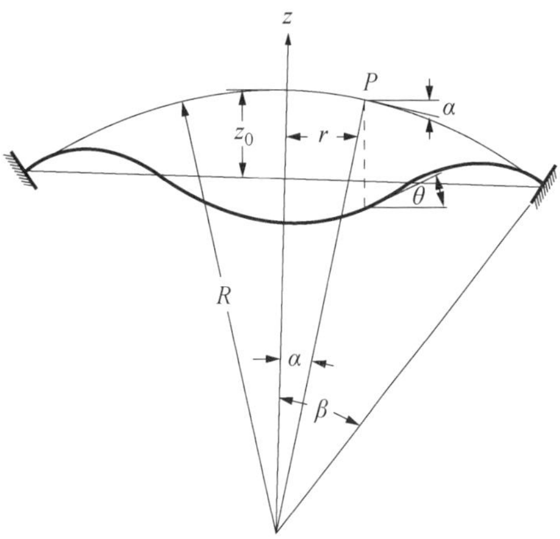

$$\varepsilon=\frac{\dfrac{dr}{\cos\theta}-\dfrac{dr}{\cos\alpha}}{\dfrac{dr}{\cos\alpha}}=\frac{\cos\alpha}{\cos\theta}-1$$

图 3

因此，由于壳体微元伸长或缩短引起的应变能为：

$$W_1=\frac{Et}{2}\int_0^{\beta}\left(\frac{\cos\alpha}{\cos\theta}-1\right)^2 2\pi r\frac{dr}{\cos\alpha}$$

用 $r=R\sin\alpha$ 和 $dr=R\cos\alpha d\alpha$ 代入，得：

$$W_1=\frac{ER^3}{2}\left(\frac{t}{R}\right)2\pi\int_0^{\beta}\left(\frac{\cos\alpha}{\cos\theta}-1\right)^2\sin\alpha\, d\alpha \tag{3}$$

在壳体任意一点 P，在变形前的曲率的两个分量均为 $1/R$。变形后，在子午面上的曲率为：

$$\frac{d\theta}{ds}=\frac{d\theta/d\alpha}{ds/d\alpha}=\frac{d\theta/d\alpha}{R\cos\alpha/\cos\theta}$$

因此，在子午截面上曲率的改变为：

$$\frac{d\theta/d\alpha}{R\cos\alpha/\cos\theta}-\frac{1}{R}=\frac{1}{R}\left[\frac{\cos\theta}{\cos\alpha}\frac{d\theta}{d\alpha}-1\right]$$

类似地，与子午面垂直的截面上的曲率为：$\frac{1}{R}\left[\frac{\sin\theta}{\sin\alpha}-1\right]$。因此，由于壳体弯曲引起的应变能

$$\begin{aligned}W_2&=\frac{Et^3}{24}\int_0^{\beta}2\pi R^2\sin\alpha\, d\alpha\frac{1}{R^2}\left[\left(\frac{\cos\theta}{\cos\alpha}\frac{d\theta}{d\alpha}-1\right)^2+\left(\frac{\sin\theta}{\sin\alpha}-1\right)^2\right]\\&=\frac{ER^3}{2}\left(\frac{t}{R}\right)^3\frac{2\pi}{12}\int_0^{\beta}\sin\alpha\left[\left(\frac{\cos\theta}{\cos\alpha}\frac{d\theta}{d\alpha}-1\right)^2+\left(\frac{\sin\theta}{\sin\alpha}-1\right)^2\right]d\alpha\end{aligned} \tag{4}$$

---

① C. B. Biezeno[6] 计算过小曲率球壳在集中力作用下的“Durchschlag”(跳跃)问题。译者注：小曲率，即大曲率半径，这是与壳体所占尺寸相比的结果，这里即指立体角较小的部分球壳。

② 译者注：即如果假定的形状中不包含真实的形状，如同增加了约束条件，使结构更“坚固”，从而会提高载荷值。

外压所做的功所相应的势能等于压力 p 乘以壳体的初始表面和变形后表面之间的体积。变形后表面与其圆形边界所在平面之间的体积为：

$$\int_0^\beta 2\pi r z \mathrm{d}r = \left[2\pi \frac{r^2}{2} z\right]_0^\beta - \int_0^\beta \pi r^2 \frac{\mathrm{d}z}{\mathrm{d}r}\mathrm{d}r = \pi\int_0^\beta R^2 \sin^2\alpha \tan\theta R\cos\alpha \mathrm{d}\alpha = R^3\pi\int_0^\beta \sin^2\alpha\tan\theta\cos\alpha \mathrm{d}\alpha$$

壳体的初始表面与圆形边界所在平面之间的体积为 $R^3\pi\int_0^\beta \sin^3\alpha \mathrm{d}\alpha$。因此，外压所做的功所相应的势能等于

$$W_3 = R^3\pi\int_0^\beta \sin^2\alpha(\tan\theta - \tan\alpha)\cos\alpha \mathrm{d}\alpha \tag{5}$$

系统的总势能 W 等于应变能加上外压所做的功所相应的势能之和。由式(3)，(4)和(5)可得：

$$\frac{W}{R^3\pi} = E\left(\frac{t}{R}\right)\int_0^\beta \left(\frac{\cos\alpha}{\cos\theta} - 1\right)^2 \sin\alpha \mathrm{d}\alpha + \frac{E\left(\frac{t}{R}\right)^3}{12}\int_0^\beta \left[\left(\frac{\cos\theta}{\cos\alpha}\frac{\mathrm{d}\theta}{\mathrm{d}\alpha} - 1\right)^2 + \left(\frac{\sin\theta}{\sin\alpha} - 1\right)^2\right]\sin\alpha \mathrm{d}\alpha + p\int_0^\beta \sin^2\alpha\cos\alpha(\tan\theta - \tan\alpha)\mathrm{d}\alpha \tag{6}$$

总势能在平衡位置上应为极小，因此，根据使式(6)的积分达到最小值的条件可得 θ 和 α 要满足的平衡方程式。应用变分法的法则，可得下列方程式：

$$2E\left(\frac{t}{R}\right)\left[\frac{\sin\alpha\cos\alpha}{\cos\theta}\tan\theta\left(\frac{\cos\alpha}{\cos\theta} - 1\right)\right] + \frac{E\left(\frac{t}{R}\right)^3}{6}\left[\cos\theta\left(\frac{\sin\theta}{\sin\alpha} + \tan^2\alpha\right) - \frac{\cos^2\theta}{\cos\alpha}(2\tan^2\alpha + 1)\frac{\mathrm{d}\theta}{\mathrm{d}\alpha} + \frac{\sin\theta\cos\theta\tan\alpha}{\cos\alpha}\left(\frac{\mathrm{d}\theta}{\mathrm{d}\alpha}\right)^2 - \frac{\cos^2\theta\tan\alpha}{\cos\alpha}\frac{\mathrm{d}^2\theta}{\mathrm{d}\alpha^2}\right] + p\sin^2\alpha\cos\alpha\sec^2\theta = 0 \tag{7}$$

该方程的边界条件为：

$$\text{在 } \alpha = 0 \text{ 处：} \theta = 0;\quad \text{在 } \alpha = \beta \text{ 处：} \theta = \beta \tag{8}$$

式(6)，(7)处理起来很不方便。但是，如壳体包含的立体角 β 很小时，两式就可以大为简化。将式中的三角函数展成有关变量的幂级数，略去 α，θ 和 θ 的导数的三次以上的项，式(6)，(7)就成：

$$\frac{W}{R^3\pi} = \frac{E\left(\frac{t}{R}\right)}{4}\int_0^\beta (\theta^2 - \alpha^2)^2\alpha \mathrm{d}\alpha + \frac{E\left(\frac{t}{R}\right)^3}{12}\int_0^\beta \left[\left(\frac{\mathrm{d}\theta}{\mathrm{d}\alpha} - 1\right)^2 + \left(\frac{\theta}{\alpha} - 1\right)^2\right]\alpha \mathrm{d}\alpha + p\int_0^\beta \alpha^2(\theta - \alpha)\mathrm{d}\alpha \tag{9}$$

和

$$\alpha\frac{\mathrm{d}^2\theta}{\mathrm{d}\alpha^2} + \frac{\mathrm{d}\theta}{\mathrm{d}\alpha} - \frac{\theta}{\alpha} = \frac{6}{(t/R)^2}\alpha\theta(\theta^2 - \alpha^2) + \frac{6p}{E(t/R)^3}\alpha^2 \tag{10}$$

式(9)，(10)分别是简化后的能量表达式和平衡方程。可以看出，式(10)的左端对于 θ 和 θ 的导数是线性的，与通常的理论一样。其右端第一项代表有限挠度的影响。

为了计算壳体中心点的最大挠度 δ，我们首先得计算中心点的纵坐标 z_0(见图 3)。根据 $\alpha=\beta$ 处 $z=0$ 的边界条件，可得下面的关系式：

$$z_0 + \int_0^\beta (\mathrm{d}z/\mathrm{d}r)\mathrm{d}r = 0$$

或

$$z_0 = R\int_0^\beta \tan\theta\cos\alpha\,\mathrm{d}\alpha \tag{11}$$

在发生变形之前，中心点的纵坐标为：$R(1-\cos\beta)$，因此，中心点的挠度 δ 为：

$$\delta = R\int_0^\beta (\tan\alpha - \tan\theta)\cos\alpha\,\mathrm{d}\alpha \tag{12}$$

在 β 很小的条件下，式(12)简化为：

$$\delta = R\int_0^\beta (\alpha - \theta)\,\mathrm{d}\alpha \tag{13}$$

三、采用 Rayleigh-Ritz 方法得到的近似解

我们可以通过求解微分方程式(10)或直接用 Rayleigh-Ritz 法使积分式(9)达到极小值来计算载荷-挠度曲线。由于微分方程式(10)是非线性的，求其解析解即便有可能性，也是十分困难的。因此本文采用 Rayleigh - Ritz 法。为此，首先要找出一个满足边界条件的可能的挠度的形式。

考虑到已假定挠度的对称的，因此，θ 应为的 α 奇函数。满足边界条件的最简单的函数形式为：

$$\theta = \alpha[1 - K(1 - \alpha^2/\beta^2)] \tag{14}$$

式中：K 为待定参数。将式(14)代入式(13)，可得如下参数 K 和中心点挠度 δ 之间的关系式：

$$K = 4\delta/(R\beta^2) \tag{15}$$

在能量表达式(9)中应用式(14)，积分之，总能量就可以表示为：

$$\frac{W}{R^3\pi} = \frac{Et}{60R}\beta^6\left(K^2 - \frac{K^3}{2} + \frac{K^4}{14}\right) + \frac{Et^3}{18R^3}\beta^2K^2 - \frac{p\beta^4}{12}K = 0 \tag{16}$$

令 $\partial W/\partial K = 0$，即

$$\frac{1}{R^3\pi}\frac{\partial W}{\partial K} = \frac{Et}{60R}\beta^6\left(2K - \frac{3K^2}{2} + \frac{2K^3}{7}\right) + \frac{Et^3}{9R^3}\beta^2K - \frac{p\beta^4}{12} = 0 \tag{17}$$

由此可得外压 p 与挠度之间的平衡条件。设 σ 为外压 p 下在小挠度假定下壳体内的均匀压应力，即 $\sigma = pR/2t$，注意到式(14)，有：

$$\frac{\sigma}{E} = \frac{\beta^2}{5}\left(K - \frac{3}{4}K^2 + \frac{1}{7}K^3\right) + \frac{2}{3}\left(\frac{t}{R}\right)^2\frac{K}{\beta^2} \tag{18}$$

用式(15)，将式中 K 用中心点挠度 δ 代替，式(18)可写成如下形式：

$$\frac{\sigma}{E} = \frac{4}{5}\left(\frac{\delta}{R} - 3\frac{\delta^2}{R^2\beta^2} + \frac{16}{7}\frac{\delta^3}{R^3\beta^4}\right) + \frac{8}{3}\frac{t^2\delta}{R^3\beta^4} \tag{19}$$

如果我们以 δ/R 为自变量，画 σ/E 的函数曲线，可以发现，当满足如下条件时：

$$\frac{t}{R} < \frac{1}{4}\sqrt{\frac{3}{2}}\beta^2 \tag{20}$$

可以得到图 2 那样形式的载荷-挠度曲线。如 t/R 的值大于不等式(20)右端的值，载荷随挠度的增加单调上升，而无极大值和极小值；如 $\frac{t}{R} = \frac{1}{4}\sqrt{\frac{3}{2}}\beta^2$，载荷挠度曲线有一个拐点，其切线在水平方向。

为了求得函数 $\sigma/E = f(\delta/R)$ 的极小值之最小值，先变化 β，确定在给定 δ/R 值下的 $(\sigma/E)_{\min}$。将式(19)对 β^2 进行微分，我们得到使 σ/E 取极小值的 β^2 值，其为：

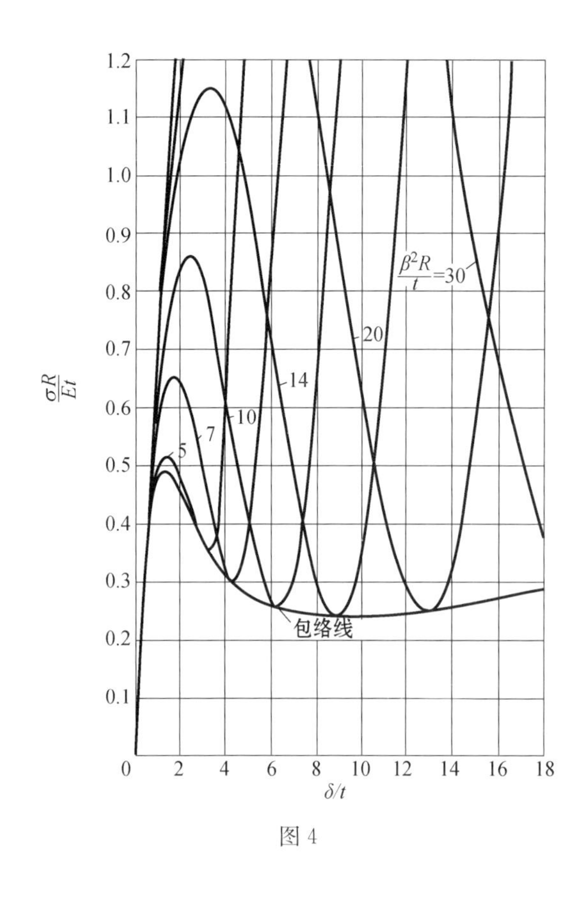

图 4

$$\beta^2 = \frac{32}{21}\frac{\delta}{R} + \frac{20}{9}\frac{t^2}{\delta R} \tag{21}$$

此式代入式(19),得

$$\frac{\sigma}{E} = \frac{4}{5}\frac{\delta}{R}\frac{1+\frac{3}{280}\left(\frac{\delta}{t}\right)^2}{1+\frac{24}{35}\left(\frac{\delta}{t}\right)^2} \tag{22}$$

或

$$\frac{\sigma R}{Et} = \frac{4}{5}\frac{\delta}{t}\frac{1+\frac{3}{280}\left(\frac{\delta}{t}\right)^2}{1+\frac{24}{35}\left(\frac{\delta}{t}\right)^2} \tag{23}$$

因此,$\sigma R/(Et)$只是δ/t的函数。在图4中,式(23)的函数关系是用"Envelope(包络线)"标出的曲线。该曲线的物理意义可说明如下:对于曲线底下相应的$\sigma R/(Et)$和δ/t值,无论壳体包含的立体角2β是多少,没有可能的平衡位置。这一点我们可以看得特别清楚,只要将式(19)改写为如下形式:

$$\frac{\sigma R}{Et} = \frac{4}{105}\left(\frac{\delta}{t}\right)\left[21 - 63\left(\frac{\delta}{t}\right)\frac{t/R}{\beta^2} + \left(48\frac{\delta^2}{t^2}+70\right)\frac{(t/R)^2}{\beta^4}\right]$$

以$\beta^2/(t/R)$为参数,得到一组代表$\sigma R/(Et)$和δ/t之间关系的曲线(图4),而式(23)所给出的关系代表该组曲线的包络线。由此,该包络线的极大值为$\sigma=0.4908Et/R$,此值即为壳体破坏前载荷要通过的峰值的最小值,这里假定壳体有准确的球面形状,而且变形是严格轴对称的。值得注意的是,该极大值对应的挠度厚度比很小,为:$\delta/t=1.248$。能使壳体保持变形状态的载荷的极小值所相应的挠度厚度比为:$\delta/t=9.349$,此时$\sigma R/(Et)=0.2377$,或

$$\sigma = 0.2377E\left(\frac{t}{R}\right) \tag{24}$$

四、应用于屈曲问题,与实验结果的比较

上节的结果表明,如考虑有限变形,在较低的载荷下,即比起经典的线性理论给出的屈曲载荷来要低得多的情况下,存在一些平衡位置。要将此方法用来讨论球壳在外压下的屈曲问题,我们得修改能量表达式(9),加入球壳在屈曲前的均匀压缩引起的应变。总能量可写成如下形式:

$$\frac{W}{R^3\pi} = \frac{Et}{R}\int_0^\beta\left[\frac{1}{2}(\theta^2-\alpha^2) - \frac{pR}{2Et}\right]^2\alpha\mathrm{d}\alpha + \frac{Et^3}{12R^3}\int_0^\beta\left[\left(\frac{\mathrm{d}\theta}{\mathrm{d}\alpha}-1\right)^2 + \left(\frac{\theta}{\alpha}-1\right)^2\right]\alpha\mathrm{d}\alpha + p\int_0^\beta\alpha^2(\theta-\alpha)\mathrm{d}\alpha \tag{25}$$

同样用θ的表达式(14)以及平衡条件$\partial W/\partial K=0$,得到

$$\frac{\sigma}{E}=\frac{1}{70}\beta^2[28-21K+4K^2]+\frac{4}{3}\left(\frac{t}{R}\right)^2\frac{1}{\beta^2} \tag{26}$$

用式(15)中的 K 的表达式代入,式(26)成:

$$\frac{\sigma}{E}=\frac{2}{5}\beta^2-\frac{6}{5}\frac{\delta}{R}+\left(\frac{32}{35}\frac{\delta^2}{R^2}+\frac{4}{3}\frac{t^2}{R^2}\right)\frac{1}{\beta^2} \tag{27}$$

变化 β^2,确定在给定的 δ/R 值下的 σ/E 的极小值,得

$$\beta^2=\sqrt{\frac{16}{7}\left(\frac{\delta}{R}\right)^2+\frac{10}{3}\left(\frac{t}{R}\right)^2}$$

以及

$$\frac{\sigma R}{Et}=\frac{4}{5}\left\{\sqrt{\frac{16}{7}\left(\frac{\delta}{t}\right)^2+\frac{10}{3}}-\frac{3}{2}\left(\frac{\delta}{t}\right)\right\} \tag{28}$$

上面的关系画在图5上。当 $\delta/t=0$ 时,得

$$\sigma=1.4606Et/R \tag{29}$$

当然,上面的屈曲应力比起线性理论给出的值要高多了。这是可以预料到的,因为我们假定的屈曲形状与线性理论得到的形状相去甚远。也就是说,这是在小变形条件下"很不会发生的"形状。$\sigma R/(Et)$ 的极小值为 0.18258,也就是说,为使壳体保持在该特定的屈曲形状,最小的载荷为

$$\sigma_{\min}=0.18258Et/R \tag{30}$$

换言之,我们假定的屈曲形状对于有限的变形倒是"很会发生的"。

相应于 $\sigma_{\min}$ 的 β 值为:

$$\beta=3.8218\sqrt{t/R} \tag{31}$$

对于式(29)给出的 σ 值,其相应的 β 值为:$\beta=1.8257\sqrt{t/R}$。相应于 $\sigma_{\min}$ 的挠度值为壳厚的10倍左右。

E. E. Sechler 和 W. Bollay 在实验中用了半径为 18 in 的薄铜半球壳,加上液体外压,得到的屈曲应力为

$$\sigma=2480\ \mathrm{lbf/in^2}$$

以 $E=14.5\times10^6\ \mathrm{lbf/in^2}$ 和 $t=0.020$ in,即 $R/t=900$ 代入,上述屈曲应力相当于:

$$\sigma=0.154Et/R \tag{32}$$

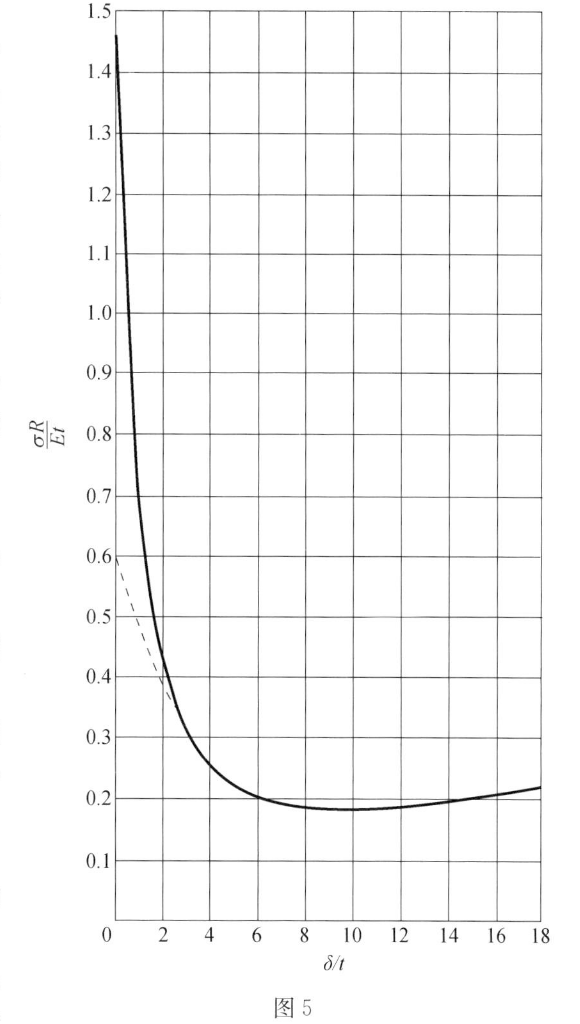

图5

实验结果与式(30)的理论值相当吻合。实验得到的 β 和 δ 值为:$\beta=8^\circ$,$\delta\approx0.25$ in。即,$\delta/t\approx12.5$。而由本文的理论得到的值为:$\beta=7.4^\circ$,比较式(31),$\delta/t\approx10$。由此可知,理论相当好地复制了物理过程。线性理论,比较式(2),给出:$\sigma=0.606Et/R$;根据线性理论,相应于第一条节线,β 值应为 3.3°,而 δ/t 则是不确

定的。

在我们看来,对于有曲率的壳体,有必要引进"上"屈曲载荷和"下"屈曲载荷的概念;前者由经典理论给出,后者等于使壳体在有限变形的某屈曲形状下保持平衡的最低载荷。在图5中,虚线给出联系"上""下"屈曲载荷的可能的载荷挠度曲线。本文提出的理论的最本质的特点是它提出的较低的屈曲载荷并不依赖于试样或载荷安排的缺陷;而先前的计及有限变形计算破坏载荷的方法都与试样的缺陷或不对称性的假定有关,而这样的假定是有随意性的。看来,为了在实验中达到上屈曲载荷只有当制造试样和进行试验时特别小心才行。由于在工程实际中总是允许有一定的缺陷的,因此,得到的屈曲载荷总是接近下屈曲载荷,从而该较低的值应定为设计的标准。

新的理论也揭示了平板屈曲和曲板屈曲的本质区别。屈曲平板的有限变形有多人计算过,包括:S. Timoshenko[7], H. L. Cox[8], M. Yamamoto 和 K. Kondo[9] 以及 K. Margruerre[10]。因为引进了不同的简化假定,他们的结果并不完全一致,但是,都表明,在屈曲发生之后,必须增加载荷才能增加挠度,这一点他们是一致的。仅当超过弹性极限之后,载荷才可能下降。本文第一作者曾指出[11],对于直梁的类似的情况,当屈曲发生在塑性范围时,由于载荷要下降,实验结果的分散度比屈曲发生在弹性范围的情况要大得多。本文揭示的有曲度的壳体在屈曲之后载荷的迅速下降则完全是弹性的现象,因此就有曲度的壳体而言,它改变了屈曲问题的理论提法和实际应用。

(王克仁 译, 柳春图 校)

参考文献

[1] Flügge W. Die Stabalität der Kreiszylinderschale [J]. Ingenieur Archiv, 1932, 3: 463-506.

[2] Donnell L H. A New Theory for the Buckling of Thin Cylinders Under Axial Compression and Bending [J]. Transactions A. S. M. E., 1934,56:795-806.

[3] Timoshenko S. Theory of Elastic Stability [M]. McGraw-Hill, New York, 1936: 491-497.(这里含球壳在均匀外压下的屈曲的经典理论的简要介绍以及有关文献。)

[4] Cox H L. Stress Analysis of Thin Metal Construction [G]. Preprint of Royal Aeronautical Society, 1939.

[5] Marguerre K. Die Durchschlagskraft eines schwach gekrümmten Balkens [J]. Sitzungsberichte der Berliner Mathematischen Gesellschaft, 1938, 37:22-40.

[6] Biezeno C B. Über die Bestimmung der Durchschlagkraft einer schwach gekrümmten kreisförmigen Platte [J]. Z. A. M. M., 1938, 15: 13-30.

[7] Timoshenko S. Theory of Elastic Stability [M]. McGraw-Hill, New York, 1936: 390-393.

[8] Cox H L. The Buckling of Thin Plates in Compression [C]. British A. R. C. Reports and Memoranda, No. 1554, 1933.

[9] Yamamoto M. Kondo K. Buckling and Failure of Thin Rectangular Plates in Compression [R]. Rep. of Aero. Res. Inst., Tokyo, No. 119, 1935.

[10] Marguerre K. Die mittragende Breite der gedrückten Platte [J]. Luftfahrtforschung, 1937, 14: 121-128.

[11] von Kármán Th. Untersuchungen über Knickfestigkeit [G]. Forschungsarbeiten, Berlin, 1910: 81.

曲率对结构屈曲特性的影响

Th. von Kármán　Louis G. Dunn　钱学森
(California Institute of Technology)

对于有单曲率或双曲率的薄壳结构，预测其屈曲载荷，或者更确切地说，破坏载荷，是应用弹性力学领域中最令人困惑的问题之一。任何对此问题有所接触的人都注意到理论与实验结果的巨大差别。但是对于设计师们来讲，不管弹性理论能否对他们提出的问题给出正确的答案，他们的工作还得进行下去。因此，就上述薄壳结构而言，设计师们不得不依靠实验方法所测定的经验公式。但是，采用这种没有坚实物理基础的经验公式去处理复杂的问题是有一定局限性的。因此，对于确定破坏载荷的各种相互影响因素和破坏过程的机制给出正确的描述，总是于设计师们有用的。

作者在本文提出的不是一个新的理论，而是作者认为能显示问题症结的一些考虑。在第一节，比较了有曲率和无曲率的一维和二维结构的屈曲。在第二节，评述了圆柱壳屈曲的经典理论与实验观察结果之间的差别，以及能揭示破坏机制真实特点的一些研究结果。第三节，根据前两节提出的观点，讨论在实验室里观察到的、不同结构的屈曲现象。

第一节

直　柱

均匀直柱受轴压是较早提出的应用弹性力学问题之一，通常称之为欧拉(Euler)问题。欧拉在 1744 年首先对该问题进行了研究，此后吸引了很多研究者的兴趣。其精确解需要求解一个非线性微分方程，由此可得直柱中心线变形后的形状。采用直角坐标系 x，y，x 轴与轴力作用线一致，这样，y 方向的挠度 w 服从下列微分方程：

$$\frac{\mathrm{d}^2 w}{\mathrm{d}x^2}+\frac{Pw}{EI}\left[1+\left(\frac{\mathrm{d}w}{\mathrm{d}x}\right)^2\right]^{3/2}=0 \tag{1}$$

假定小挠度，略去方括号内的二次项$\left(\frac{\mathrm{d}w}{\mathrm{d}x}\right)^2$，很容易得到其近似解。由此，上述方程简化为下列简单的二阶线性微分方程：

$$\frac{\mathrm{d}^2 w}{\mathrm{d}x^2}+\frac{P}{EI}w=0 \tag{2}$$

柱两端的简支边界条件为：在 $x=0$ 和 $x=l$ 处 $w=0$，式中 l 为柱的长度。式(2)的解可以写成

本文于 1940年 1 月在航空科学研究所第 8 次年会的结构分会上宣读。

如下形式：

$$w = A\sin\sqrt{P/(EI)}\,x \tag{3}$$

它已满足 $x=0$ 处的边界条件。为了满足 $x=l$ 处的边界条件，$\sqrt{P/(EI)}\,l$ 必须等于 $n\pi$，式中 n 为整数。于是就得到了 P 的“临界”值：

$$P_n = n^2\pi^2 EI/l^2 \quad (n = 1,\ 2,\ 3,\ \cdots) \tag{4}$$

因此，当压力等于 P 的任意一个临界值时，就存在挠度不为零的平衡位置，其挠度由下式给定：

$$w = A_n \sin n\pi x/l \tag{5}$$

可以看出，挠度的幅值仍是不定的。当 $n=1$ 时，得第一个临界值，此即“欧拉屈曲载荷”。

如 $P\neq P_n$，线性理论给出的唯一的平衡形状是 $w=0$。如要得到压力达到第一屈曲载荷 P_E 之后的力与挠度之间的关系，我们得对非线性的方程(1)进行积分。该方程式的积分可由椭圆积分得到，这是众所周知的。这里仅给出最后结果。压力 P 与中心点的挠度 δ 之间的关系可以表示为如下参数形式：

$$Pl^2/(EI) = 4[K(\sin\alpha/2)]^2 \tag{6}$$

$$\frac{\delta}{l} = \frac{\sin\alpha/2}{K(\sin\alpha/2)} \tag{7}$$

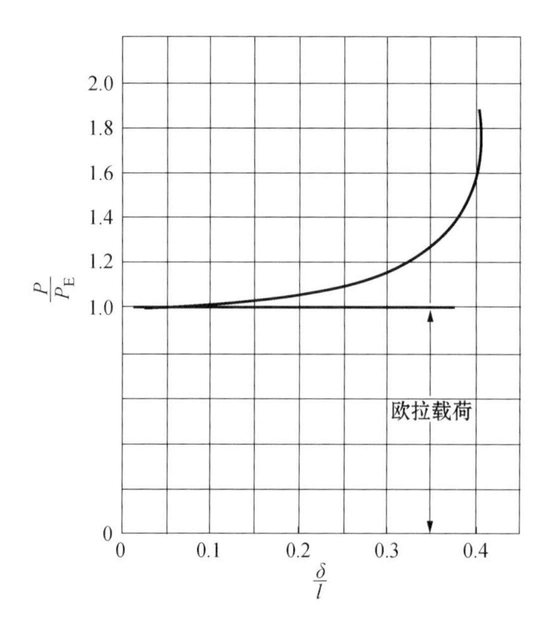

图 1　细柱的载荷-挠度理论曲线

式中：$K(\sin\alpha/2)$ 是第一类完全椭圆积分，其模为 $\sin\alpha/2$，其中 α 为压力作用线与柱体中心线在端点的切线的交角。由式(6)，(7)不难得到 P 与 δ 的关系，如图 1 所示。从图上可以看出，随着压力的增加，挠度 δ 先是随之增加，然后缓慢减小。根据图 2 所描绘的物理过程，我们很容易理解为何挠度会减小。当柱体两端点靠在一起时，挠度增加到其极大值；两端点碰头后继续前进，挠度就开始减小。上面的讨论，一般称之为纯弹性杆理论(The theory of the “Elastica”)，我们当然已假定不会产生塑性变形。这仅适用于很细的柱体。

上面讨论的问题还有另外一个有趣的方面，它对讲求实际的工程师们来说特别有吸引，这就是微小的原始不规则性的影响。我们只要加上很小的初始曲率或弯矩就行。如假定挠度都很小，原始曲率或弯矩的影响可以在式(2)加一附加项来实现，方程仍是线性的。该方程式的实际意义在于其解中的 δ 是以显式表示出来的，即：

$$\frac{P}{P_E} = \frac{1}{1+a_1/\delta} \tag{8}$$

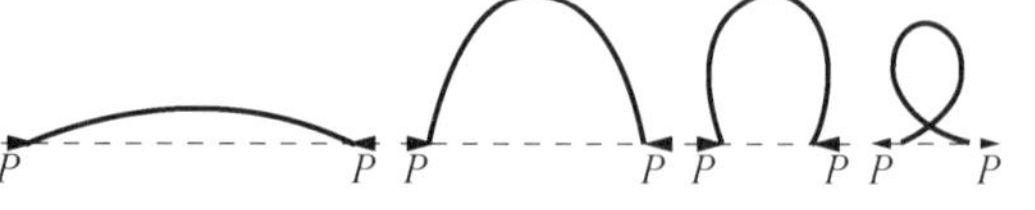

图 2　纯弹性压杆的几个变形的阶段

式中：P 为作用在柱体上的载荷；P_E 是欧拉屈曲载荷；a_1 为与初始挠度成正比的常数。由此可清楚看出，当 δ 比起 a_1 大很多时，载荷 P 就接近欧拉载荷，如图 3 中的曲线 A 所示。

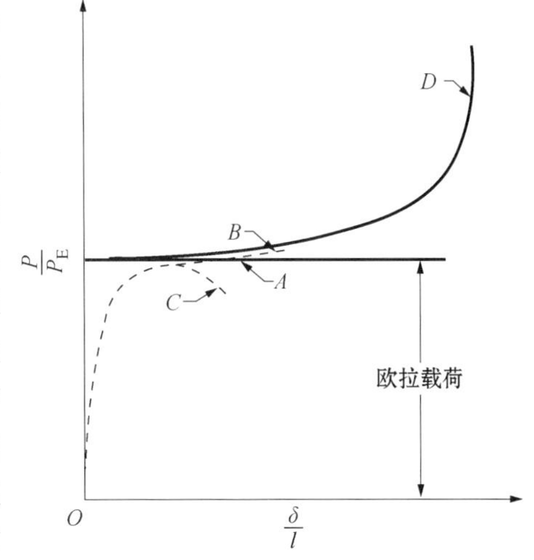

图 3　细柱的实际的载荷-挠度曲线

就工程实际而言，通常认为上面的近似解已足以描写细柱的破坏过程。仔细的分析表明事实大致如此。上面已表明，对于具有微小初始位移的柱体，根据线性理论，其压力 P 渐近地趋向于代表欧拉载荷的水平线。该问题的精确解是图 3 上的曲线 B，它与代表直柱解的曲线 D 有大致相同的走向。换言之，挠度增加的同时也得不断增加外加的压力。但是，我们还要考虑材料力学性能的影响。柱体出现挠度后，就受到压应力和弯曲应力的联合作用。因为之后一开始，挠度 δ 的增加比起 P 的增加来要快得多，弯曲应力是主要的。对于细长的柱体，压应力远低于屈服应力，因此可以断言，这时的加载过程会沿着曲线 B，一直到压应力和弯曲应力的合应力达到屈服应力为止。屈服点一般很接近欧拉载荷点。在达到该点后，挠度曲线会沿着类似 C 的曲线走。因此我们可以说，对于压应力远低于屈服应力的细长的柱体，破坏载荷总是很接近欧拉载荷。

但是，对于短柱来说，如其屈曲应力非常接近屈服应力，则在屈曲一开始，塑性变形的影响马上就表现出来了。如图 4 所示的载荷挠度曲线就会下降。本文第一作者在 1909 年就指出这种现象[1]。该情况与细长柱体的情况之间的本质不同之处在于初始的挠度会使短柱的破坏载荷大大低于欧拉载荷(参见图 4)。

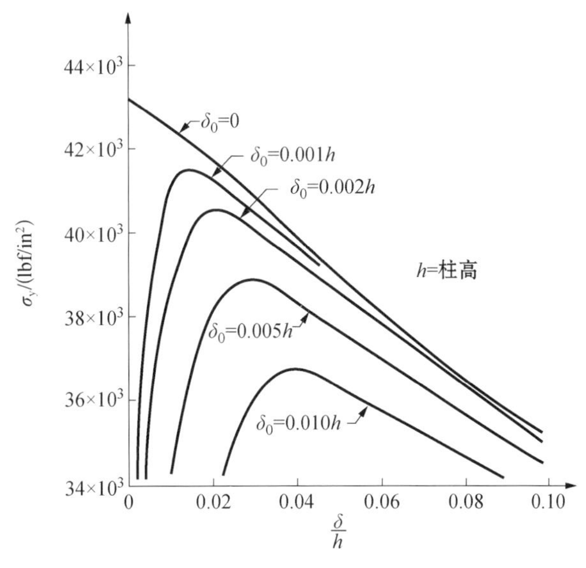

图 4　短柱($l/\rho = 75$)在不同的初始挠度下计算得到的载荷-挠度曲线。其材料为屈服应力 $= 45\,000\ \mathrm{lbf/in^2}$ 的软钢(参见 von Kármán[1])

平　板

在上一节我们已指出，对于直柱而言，由线性理论算出来的屈曲载荷一般说来已足以确定柱体的破坏载荷。但是，在很多场合下，屈曲载荷还不能完全作为设计准则。例如，在设计半硬壳式飞机结构时，要充分利用下面的事实：蒙在机翼和机身上的金属薄板，虽然在很低的载荷下就会屈曲，但是其极限强度或承载能力有时可以是屈曲载荷的许多倍。设计师在进行一个高效的设计时必须相当准确地估算，除了纵向加筋部件承受的载荷之外，金属蒙皮还有多少承载能力。

在分析中，纵向加筋部件之间的金属薄板可视为平板。这问题比起类似“纯弹性杆(Elastica)”的问题来说，要复杂得多。因为对于后者，在任意截面上的正应力的合力可以通过静力平衡用端点的压力 P 表示出来；而对于金属薄板，在板中面作用的合应力取决于垂直方向的挠度的分布。

问题的精确解很困难，因为幅值是端点压力的非线性函数，波形随挠度的增加而变化。对于端部的应力比起屈曲应力来还不是大很多的情况，S. Timoshenko[2]，K. Marguerre[3]，E. Trefftz[4]，H. L. Cox[5]，以及 M. Yamamoto 和 K. Kondo[6] 给出了近似解。他们假定一个很接近屈曲波形的波形，或假定一个平均的伸长应变，以简化微分方程式。前一假定排除了板的端部出现多个波的可能性；后一假定过分简化了弯曲刚度与拉伸刚度之间的关系。因此，这两个假定限制了其结果用于端部应力较高的情况。对于远高于屈曲载荷的情况，本文第一作者[7]提出了一个近似方法，其基本的思路如下：如两端自由的矩形板在两刚性板间受压(译者注：两刚性板可视为两纵向加强条，限制其挠度的发生)，其内的应力分布在屈曲发生之前应是均匀的。近一步的压缩使板横向除固定边之外发生屈曲。当继续压缩时，固定边上的应力会增至屈曲应力的数倍之多，而在板中心处，应力仍保持为屈曲应力的同一数量级。

为使计算简化，假定在接近破坏时，全部载荷为自由边附近两窄条所承担。在此简化假定下的分析可以得到一个板承受的总载荷的简单方便的表达式，即：

$$P = C\sqrt{E\sigma}t^2 \tag{9}$$

此方程仅适用于达到弹性极限之前；在超过弹性极限之后，对 E 值要作修正。另一方面，σ 如代之以屈服极限 σ_y，最后得到的 P 值会与 P 的最大值稍有不同。因此，为了计算板能承受的最大载荷，式(9)应代之以：

$$P_{max} = C\sqrt{E\sigma_y}t^2 \tag{10}$$

式中：E＝杨氏模量，单位 lbf/in^2；

σ_y＝屈服应力，单位 lbf/in^2；

t ＝板厚，单位 in。

这里的常数可根据假定计算得到，或由实验确定。

下面情况是很有意思的，即图 5 所示的有两纵向加强条的板的载荷-挠度的实验曲线，其在弹性部分与“纯弹性杆”很相似。图上的曲线已无量纲化，纵坐标是所加载荷与屈曲载荷之比，横坐标是最大的幅值与半波长之比。当板的一部分进入塑性时，曲线开始平坦，一直到最后，随着挠度的增加，载荷反而减小。也就是说，板承受的载荷是端部应力的非线性函数，设计师对于板的这种特性有清楚的了解是极端重要的。图 6 的实验曲线清楚地表明了这一非线性特性。

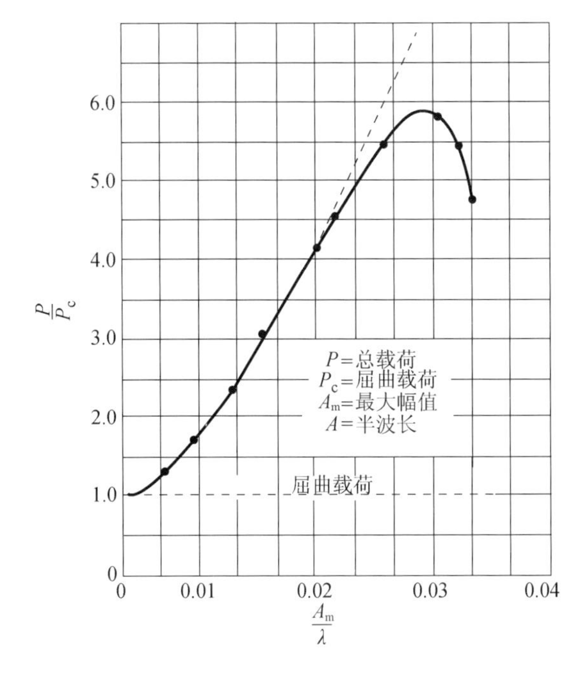

图 5　有强加筋($I_{st}=0.0094\ \mathrm{in}^4$)铆接的硬铝合金薄板($t=0.025$ in, $b=5$ in)的载荷-挠度曲线

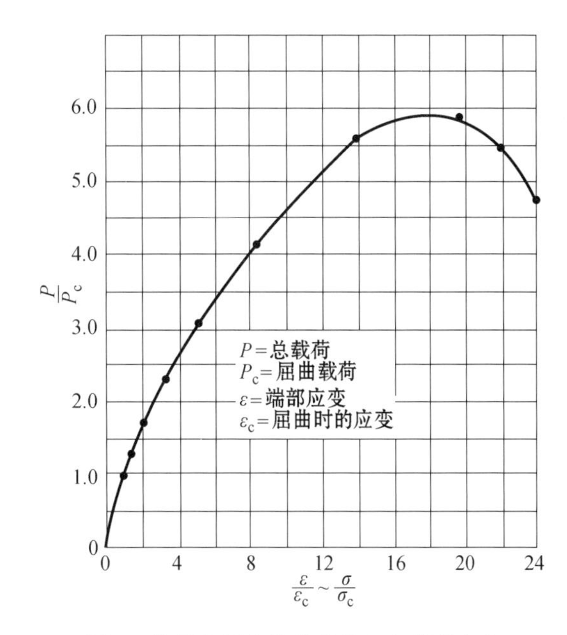

图 6　作用在板上的总载荷 P 与端部应变 ε 的关系(与图 5 所示同一试样)

曲　杆

上面讨论的结构在变形之前均无曲率。如果结构在未变形之前就有曲率，情形会大不相同。由此而发生的新的现象将是本文的中心议题。

为了使问题简化，我们先讨论在中心处作用单一集中载荷 P 的曲杆的情况(图 7)。曲杆的两端假定不得有横向位移。从无变形的位置开始，逐步增加载荷 P。先考虑对称变形。加载的初始阶段，曲杆变形与直杆类似，即，载荷 P 随着中心点的挠度 δ 的增加而增加。但是，随着挠度的增加，由于两端固定的条件，使曲杆的中心线缩短，于是压应力增加。这与直杆的情况正好相反，后者在固定两端的条件下，挠度引起的是拉应力。众所周知，两端受压的杆比起不受压的情况来，承受横向载荷的能力要弱得多。事实上，两端受压的直杆，在达到欧拉载荷时，就失去了任何承受横向载荷的能力。这种杆的一般特性也可应用于所考虑的曲杆。因此，随着中心点挠度 δ 的增加，曲杆承受横向载荷 P 的有效刚度是逐渐减小的。换言之，随着 δ 的增加，$P-\delta$ 曲线的斜率是逐渐减小的。当 P 增加到某一点时，该斜率会减小到零，此即为最大的 P。

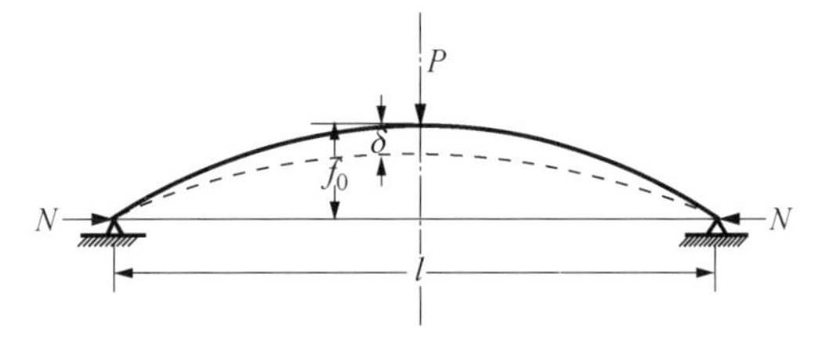

图 7　在中心点作用集中载荷 P 的曲杆

在超过该点之后，载荷 P 随挠度 δ 的增加而减小。也就是说，$P-\delta$ 曲线的这一部分是非常不稳定的。这种不稳定性要保持到曲杆的曲率在相反方向达到未变形时的值为止。换言之，如杆在未变形时是向下弯的，一直要到曲杆的变形使之向上弯，载荷 P 下降的过程才会停止。之后，挠度 δ 如继续增加，则载荷 P 开始重新增加。这现象同样可以用杆端部的压力加

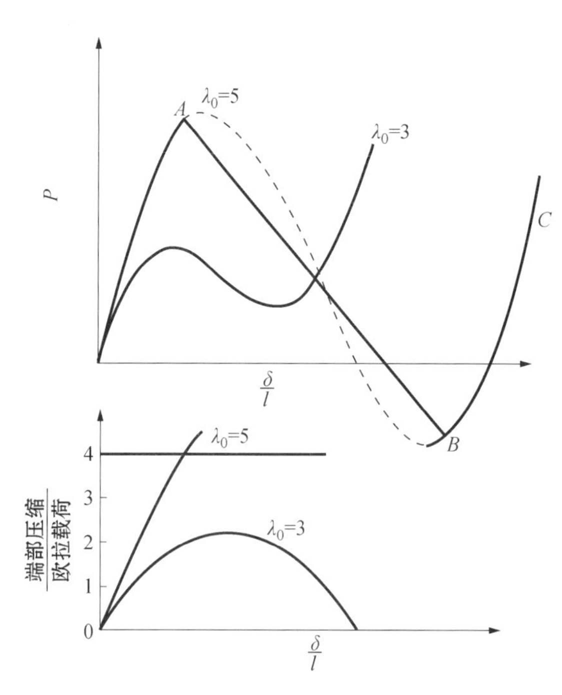

图 8 曲杆的载荷-挠度关系($\lambda_0 = f_0/\rho$, 其中 ρ= 杆的回转半径,参见图 7)(见文献[8])

以解释。一旦杆的曲率发生反转,挠度的增加会使杆内的压应变减小,如图 8 所示。杆端部压力的减小当然会增加杆的承受横向载荷的能力。最后,杆内的压应变转变为拉应变,随着挠度 δ 的进一步增加,拉应变的值也进一步增加。这样,挠度 δ 的增加将进一步增加杆的承受横向载荷 P 的能力,也就是说,$P-\delta$ 曲线的斜率随着挠度 δ 的增加而增加。

上面描写的过程可以用 K. Marguerre[8] 提出的数学方法加以解释。图 8 即采自 K. Marguerre 的论文。

但是,上面我们仅考虑了对称分布的挠度。事实上,对于细杆而言,还可能出现反对称分布的挠度,它使情况进一步复杂化了。K. Marguerre 表明,当杆端部的压力达到欧拉载荷的 4 倍时,除了出现上面所讨论的对称分布的挠度之外,还将出现反对称分布的挠度。这新的挠度成分使 $P-\delta$ 曲线呈图 8 所示的虚线的形状。很明显,实际的加载从曲线的原点开始,挠度是对称分布的;一直到 A 点。之后,挠度的反对称分量加入进来,沿着虚线走;一直到 B 点。之后,杆的挠度又呈对称形式,随着载荷的增加,挠度又沿着实线变化。在试验机前,我们就会看到杆的变形从 A 点"跳"到了 C 点,并由于弹性位能的突然释放,发生剧烈的振动。C 点的位置则取决于试验机的刚度。

由此可见,对于有横向约束、中心处作用载荷的曲杆,其载荷挠度曲线是非线性的,情况非常复杂。而且,我们讨论的现象还完全发生在弹性范围内。因此,我们从线性的应力应变关系,得到了非线性的载荷挠度曲线,该曲线还包括载荷随挠度的增加而减小的一段。这现象不同于欧拉杆的塑性屈曲,因为这里的情况是完全弹性的。它也不同于平板的情况,因为这里随着挠度的增加载荷会减小。

球　壳

在均布外压下球壳的屈曲与上面讨论的曲杆很相似。考虑如图 9 所示的一块很薄的球壳。其弯曲刚度与 l^3 成正比,我们假定可以完全忽略。由此,其应变能仅含壳中面拉压而引起的位能。在图 9 中,如假定在无挠度的位置③时的应

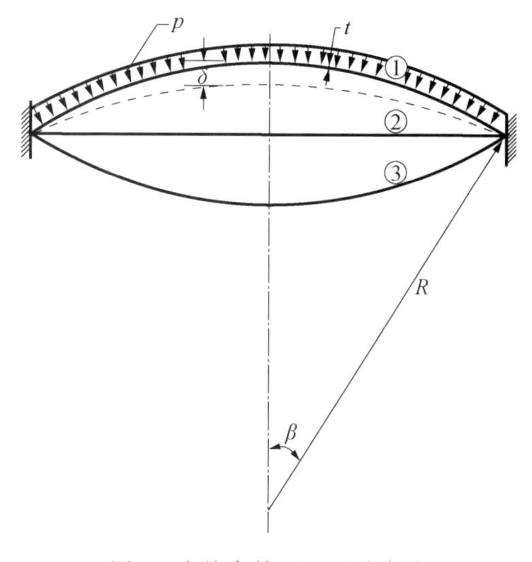

图 9 在均布外压 p 下球壳块

变能为零，则在有挠度的位置③时的应变能也为零。于是很明显，在位置③无需外压的作用，壳体将处于平衡。

另一方面，对于①和③之间的中间位置，壳中面有压应变，从而必须在外压下才能维持平衡。但是，与曲杆的情况一样，壳体内的压应变减小其承受压力的能力(译者注：对曲杆而言，压应力减小其承受横向载荷的能力；对球壳而言，压力是横向载荷)。因此，如我们仅考虑轴对称的挠度分布形式，外压 p 和最大挠度 δ 的曲线的开始部分随着 δ 的增加斜率逐渐减小。当壳的挠度 δ 增加到位置②以下，和位置③以上时，须加上反方向的外压，才能维持平衡，因为壳体内的压应变有使壳体达到平衡位置③的倾向。在忽略弯曲刚度和挠度呈对称分部的假定下，压力和挠度的曲线就如图 10 的 A_1。

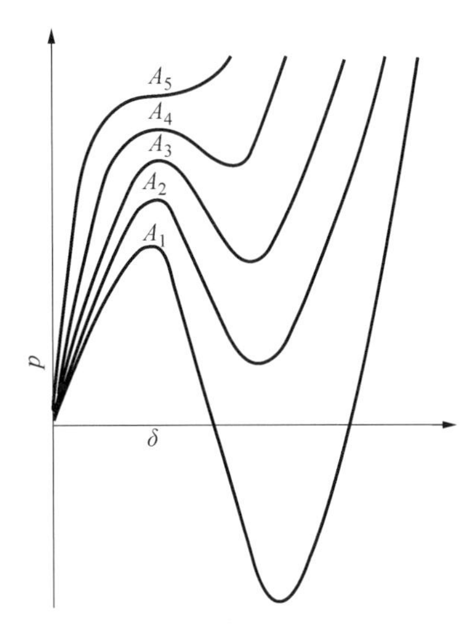

图 10　球壳块在厚度增加时的压力-挠度曲线(A_1, A_2, A_3,…)(参见图 9)

弯曲刚度的影响在于增加维持壳体平衡所需的外压。换言之，当弯曲刚度增加时，压力-挠度曲线具有图 10 所示的 A_2, A_3, …形式。

本文的两位作者[9]对于均布外压下球壳块在固支和限制横向位移的条件下的屈曲进行了计算。其中作了若干简化假定。图 11 是文中给出的一条曲线。但是应该指出的是，得到的载荷挠度曲线并未考虑到我们在讨论曲杆时提到的反对称形式的挠度。因此，由于反对称形式的挠度，有可能在 A 点达到之前就发生失稳(图 11)，与曲杆情况相类似。

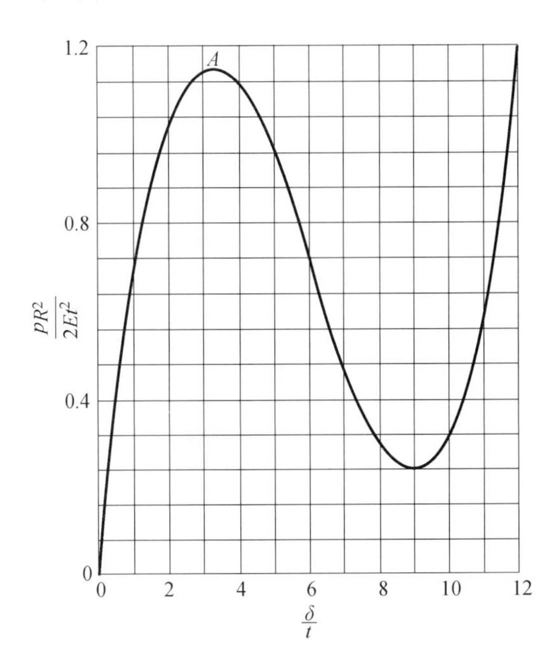

图 11　均布外压下球壳块在固支和限制横向位移的条件下计算得到的载荷挠度曲线。$\beta^2 R/t = 14$，其中 β 为球壳块的半顶角(参见图 9)

由此可见，均布外压下球壳块与横向载荷下的曲杆相类似。它们的载荷挠度都不是一条直线；在弹性范围之内含有不稳定的部分。

由于球壳块的载荷挠度之间的非线性关系，球壳的屈曲问题一般来说完全不同于经典的屈曲问题。经典理论假定壳体屈曲后出现幅度为无限小的轴对称的波形，外压的临界值为：

$$pR/(2t) = 0.606E(t/R) \qquad (11)$$

因为该值要比实验中取得的值要高得多，于是进行了如下计算。假定挠度仅发生于球壳的一小块，其顶角的大小不定。对于不同的顶角值，计算载荷挠度曲线。根据由此得到的载荷的极小值，可以画出图 12 所示的包络线。该包络线的含义是给出能使壳体处于平衡的最小的压力值与挠度的关系。如挠度很小，它得到的并非是最低载荷值，因为计算时

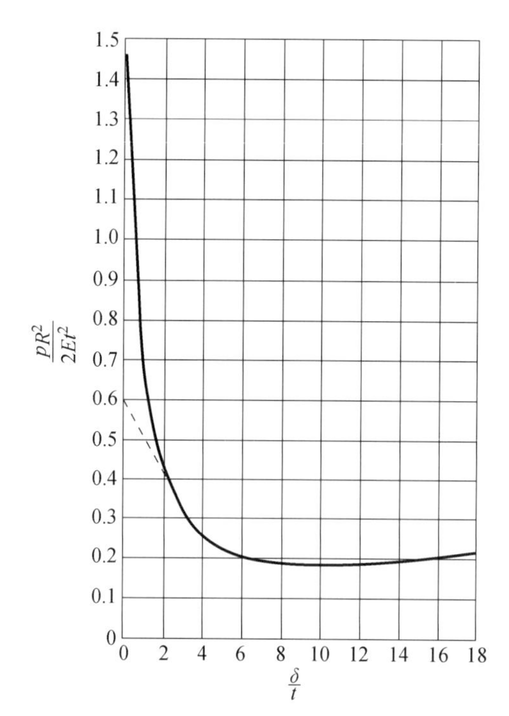

图 12　计算得到的均布外压 p 下球壳在屈曲时的载荷-挠度曲线

对挠度的形式已作了假定。式(11)给出包络线与纵坐标轴($\delta/t=0$)交点的正确位置。因此，在 δ/t 值很小的情况下，包络线的正确位置应如图 12 虚线所示。这项研究得到的最重要的结论是，壳体一旦发生屈曲，维持壳体平衡所需的外压就会减小。这是因为当壳体的挠度增加时，其有效刚度减小了，就像上面讨论的曲杆的情况一样。我们提出的新的非线性理论所给出的屈曲载荷将称为“最小屈曲载荷”；而平衡曲线与纵坐标轴的交点给出的经典理论的值，将称之为“初始屈曲载荷”。

从表面上来看，屈曲后载荷的下降无异于短柱的情况(参见图 4)。但是，两者之间有本质差别：对于短柱来说，屈曲后载荷的下降是由于材料的塑性屈服；而对于球壳来说，屈曲后载荷的下降完全是在弹性范围内发生的。

球壳屈曲的实验数据，就作者所知，仅有 E. E. Sechler 和 W. Bollar 的工作得到的，半径为 18 in，厚度为 0.02 in 的半球铜壳的数据。下表中将他们的结果与理论值作比较。

	σ	最大挠度	屈曲角度
实验值	$0.154E(t/R)$	$\approx 12.5t$	16°
最小屈曲载荷(理论值)	$0.1826E(t/R)$	$\approx 10t$	14.8°
初始屈曲载荷(理论值)	$0.606E(t/R)$		6.6°(第一条节线)

由表中可见，“最小屈曲载荷”与实验值符合得很好；而“初始屈曲载荷”与实验值符合得不好。因此，壳体在实际上没有达到经典的屈曲载荷，而是“跳”到了载荷要低得多、有很大挠度的一个平衡位置。

第二节

柱壳经典理论的不足之处

从上一节的结果可以看出，基于小挠度的薄壳的屈曲理论只能给出“初始的”屈曲载荷，并不能解释对于实际应用重要得多的、实验得到的壳体的破坏载荷。小挠度理论的不足之处的一个例子是圆柱壳屈曲的经典解法。

R. Lorentz，R. V. Southwell，S. Timoshenko，W. Flügge，L. H. Donnell 等人推导了基于经典理论的圆柱壳的轴压下的屈曲载荷。他们的结果可用下式表示：

$$\sigma_{cr}=0.606E(t/R) \tag{12}$$

很多作者对于该问题进行了实验研究,特别是 E. E. Lundquist[10] 和 L. H. Donnell[11] 的工作。理论结果与实验结果比较发现,理论值比实验值高 3～5 倍之多,如图 13 所示。为了对此情况进行补救,W. Flügge[12] 首次考虑了圆柱壳假定的端部条件与实验室里实现的差别。但是正像我们在前一篇论文[9] 中指出的,这一效果以及 W. Flügge[12] 首次提出,后来 L. H. Donnell[11] 采用的初始偏离的假定,都不足以解释理论与实验之间如此大的差异。

经典理论同时给出了屈曲的波形,它也不同于实验观察到的波形。根据理论,屈曲后产生的是一系列矩形波,其节线分别与圆柱轴线平行和垂直,向外和向内的波幅相等。但是实验观察到的波形不是矩形的而是菱形的,如图 13 所示。而且其向外的径向位移比起向内的位移要小得多。换言之,壳体更倾向于向内屈曲。

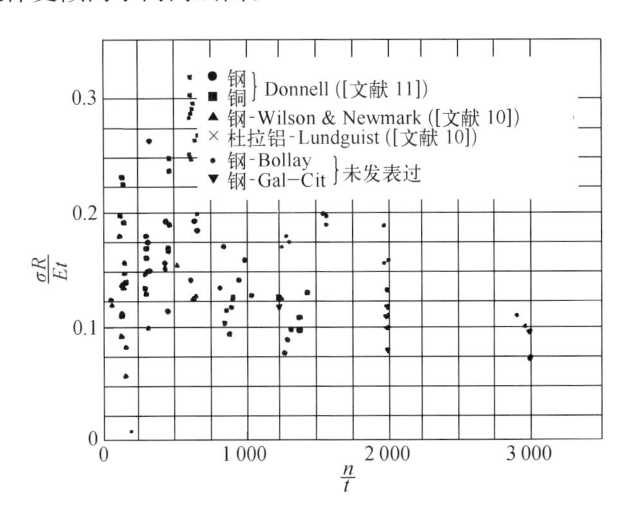

图 13　对于不同半径厚度比 R/t 的圆柱壳,
实验测定的屈曲应力 $\sigma(L/R>1.5)$

如果式(12)中(t/R)的指数是正确的,那么,以 (R/t)为横坐标,$\sigma_{cr}R/(Et)$为纵坐标,如图 13 那样,实验点应落在一水平直线之上。结果显然并非如此。我们将实验得到的屈曲应力和(t/R)画在双对数坐标上,发现下面的式子更符合实际:

$$\sigma_{cr} = 常数 \times E(t/R)^{1.4} \tag{13}$$

将壳体看成由很多欧拉柱所组成,我们应有:

$$\sigma_{cr} = 常数 \times E(t/l)^2$$

式中:l 是欧拉柱的半波长。此式与式(12)比较,下式应成立:

$$l/t = 常数 \times (R/t)^{1/2} \tag{14}$$

采用 L. H. Donnell[11] 的实验数据,得到:

$$l/t = 常数 \times (R/t)^{0.7} \tag{15}$$

此式与式(13)一致,但与经典理论得到的式(14)不符。圆柱壳在轴向的一小条可视为横向有弹性支撑的柱体,弹性支撑来自壳的周向应力。众所周知,对于这样的柱体,其波长随着弹性支撑力的增加而缩短;也就是说,弹性支撑愈强,波长就愈短。因此,比较式(14)和式(15),我们可以清楚地看出,当(R/t)值很大时,经典理论将周边的弹性支撑的强度估计过高,从而得到了较高的屈曲载荷。

如圆柱的总长度 L 与波长为同一数量级,或更小,可以预期,该长度对于屈曲载荷是有影

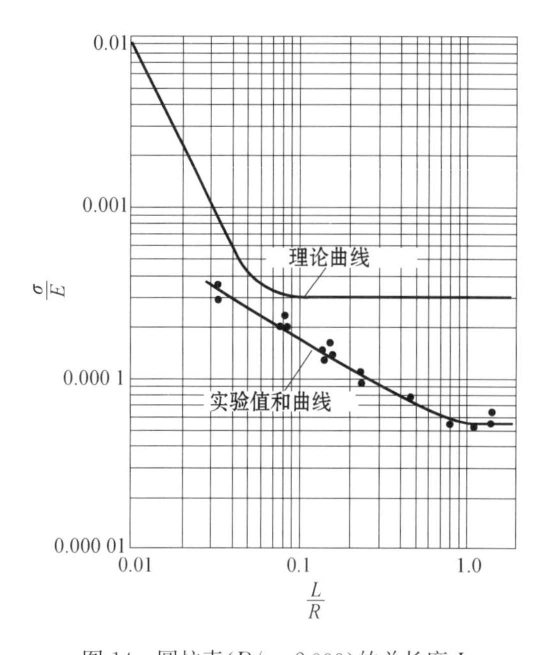

图 14　圆柱壳(R/t=2 000)的总长度 L 对屈曲应力的影响

响的。这时波的自然扩展受到圆柱壳长度的限制，屈曲载荷随该长度的减小而增加。上节的讨论表明，经典理论对于自然波长估计过短，因此推论，柱体长度的影响在(L/R)值较大时就可忽略不计，而实验表明，(L/R)值要较之大很多时，这种影响才可忽略。N. Nojima 和 S. Kanemitsu 在 E. E. Sechler 的指导下，在加州理工学院所作的试验证实了上面的说法。图 14 给出他们的试验结果以及基于小挠度的理论值。由图可知，当 $L/R \approx 0.1$ 时，经典理论就预测，柱体长度的影响就可以忽略；而试验结果表明，当 L/R 的比值为其 15 倍时，屈曲载荷还在随其减小而增加。由此可见，经典理论对于自然波长估计过短。但是，理论曲线和试验曲线在斜率上的差异(见图 14)还未完全解释，因为由于试验的加载装置的缘故，对于大多数短的试样，在破坏时总有绕圆柱轴的转动。这类破坏的形式，经典理论是未加考虑的。

圆柱壳屈曲的可视化研究

为了更好了解薄圆柱壳破坏的机制，看来应该确定试验时出现在圆柱壳表面的波形的正确形状。这一点可由对加载机构加上约束来实现，这样屈曲的每一阶段都可以保持足够长的时间(此项工作由 N. Nojima 和 S. Kanemitsu 在 E. E. Sechler 的指导下，在加州理工学院完成)。在此时间内，可以照相记录屈曲的中间过程。

试验装置如图 15 和图 16 所示。装置上部有 3 组螺杆以调节加载头，置于一 3/4 in 厚的板上，后者又为置于底板之上的 3 个 1/2 in 的螺杆所支持。这 3 个 1/2 in 的螺杆为一齿轮系统所控制，使之根据需要升降上面的 3/4 in 厚的板。两英寸的中心小齿轮可在外部进行操作，使之转动 3 个 5 in 的齿轮。这样，加载头可在加载试样的过程中停止在任何需要的位置之上。试样长 9 in，壁厚 0.003 4 in，半径 6.375 in，两端为板夹住。

图 15 和图 16 对圆柱壳屈曲作可视研究而设计的加载机构

在图 17 中给出了各阶段的波型和波图案。我们看到，波型与理论解所假定的并不相符，并非是均匀的矩形。初始的波形是椭圆形式，随机出现在试样的各处。当载荷增加时，波形开始变成菱形，较为均匀地分布在试样之上。波形的改变，可以认为表明是试样拉伸刚度和弯曲刚度之间的不同的相互作用。如果我们将壳看成由一些有横向支撑的长条（柱）所组成，波长的增加表明随着挠度的增加，弹性支撑的强度是减小的。

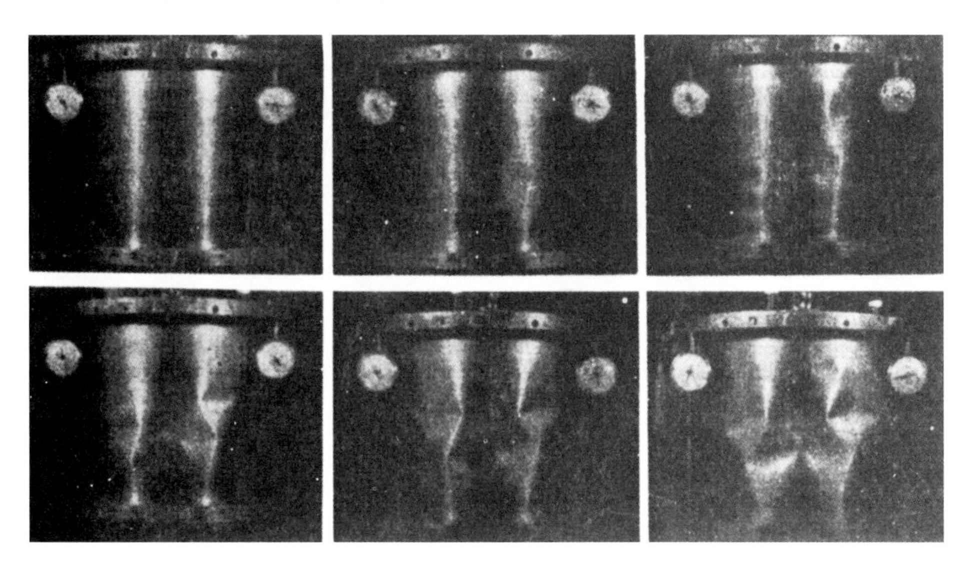

图 17 在轴压下，圆柱壳屈曲的不同阶段（$R/t = 1\,875$）

非线性弹性支撑的柱

在上面对圆柱壳屈曲的讨论中，我们曾提出，圆柱壳可看成由一些有横向支撑的长条（柱）所组成。但是从第一节讨论的物理因素看，或从上面对于不同阶段的波形来看，这种支撑不可能是线性的。因此，圆柱壳屈曲载荷的理论值与实验值之间巨大差异一定可以从这种非线性的弹性支撑的特性中找到解释。

H. Zimmerman 讨论过横向支撑是集中力的情况下的柱体屈曲；F. Engesser 等讨论过支撑是分布力的情况[13]。在所有情况下，这些作者都限于考虑力和挠度呈线性关系的弹性支撑。

因此，研究者们会对于横向非线性支撑对于柱体的载荷挠度曲线的影响这样的问题感兴趣。环是在结构设计中常用的元件，其具有所需的非线性特性。因此，我们采用图 18 所示的钢制半圆细环提示横向弹性支撑。我们最好先对半圆环的弹性特性作一研究。命径向载荷为 P，相应的径向挠度为 δ，图 19 给出关于其弹性常数 P/δ 的曲线。由图可知，当载荷径向朝内时，P/δ 值随挠度的增加而减小；当载荷径向朝外时，P/δ 值随挠度的增加而增加。很显然，如一未受载前直的柱体横向受（一个或多个）

图 18 半圆环支撑的柱体屈曲试验装置

这样的元件的支撑，其会倾向于朝 P/δ 值减小的方向屈曲，或者，如初始的变形是在 P/δ 值增加的方向，那么，屈曲开始时 P/δ 值增加，当挠度达到一定值时，会发生向 P/δ 值减小方向的“跳跃”。

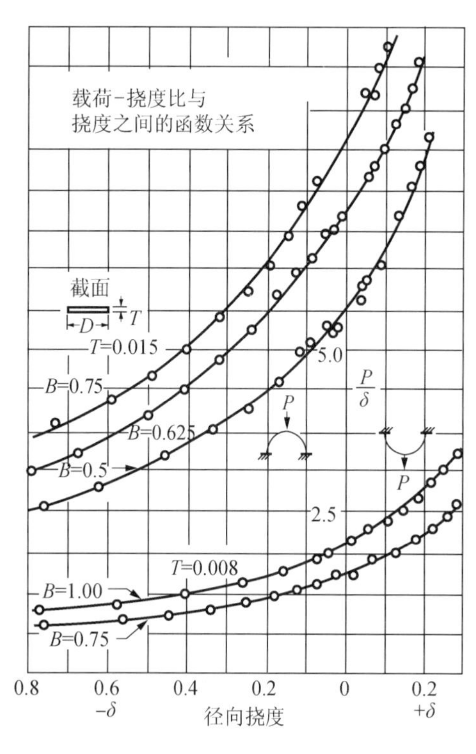

图 19　对于半圆环，载荷挠度比 P/δ 和挠度之间的函数关系

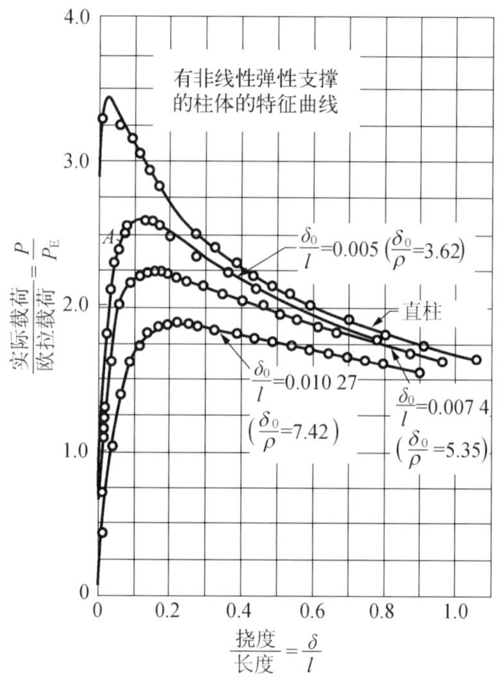

图 20　有非线性横向弹性支撑（参见图 18）和不同初始挠度的柱体的特征曲线

试验中采用的柱体是 0.090 in 厚，0.375 in 宽，19 in 长，它们由 24SRT Alclad 铝合金板材切割而成。作为支撑的钢环直径均为 8 in，厚度为 0.008 in 和 0.015 in；宽度在 1/2 in 和 1 in之间变化。试验装置和试验方法见图 18。

试验结果示于图 20 和图 21。图上的纵坐标是作用在柱上的载荷与欧拉载荷之比；横坐标是柱体中心点的横向挠度 δ 与柱长 l 之比。

首先我们来看图 20 的结果。从图上可以看到，横向的弹性支撑可使“直”柱的屈曲载荷增加到欧拉载荷的 3.5 倍之多（最上面的曲线）。达到该载荷时的挠度相对来说很小。之后，当挠度 δ 增加时，载荷下降，开始下降得很快，随着挠度的增加，曲线变得平坦起来，在挠度很大时，可能达到极小值。但事实上，由于钢环和柱体都会因塑性变形而破坏，不可能达到很大的挠度。图中下面的曲线代表初始挠度的影响；在加载前，直柱近似地呈半正弦波形状，最大的初始挠度记为 δ_0。由这些曲线可知，随着初始挠度的增加，最大载荷是减小的，而且是在愈来愈大的挠度下达到最大载荷。不管初始挠度是多少，柱体在很大的挠度下都趋于相同的、其最后能承受的载荷，也就是“直”柱的“最小载荷”。因此，在有非线性支撑的情况下，直柱的任何初始挠度都会明显地降低屈曲载荷。为了研究线性支撑与非线性支撑之间的异同之处，我们用同样的直柱，但加上线弹性支撑（螺形弹簧）进行了一系列试验。从图 22 给出的曲线可知，在不同的初始挠度下，最后都达到“直”柱的最大载荷。

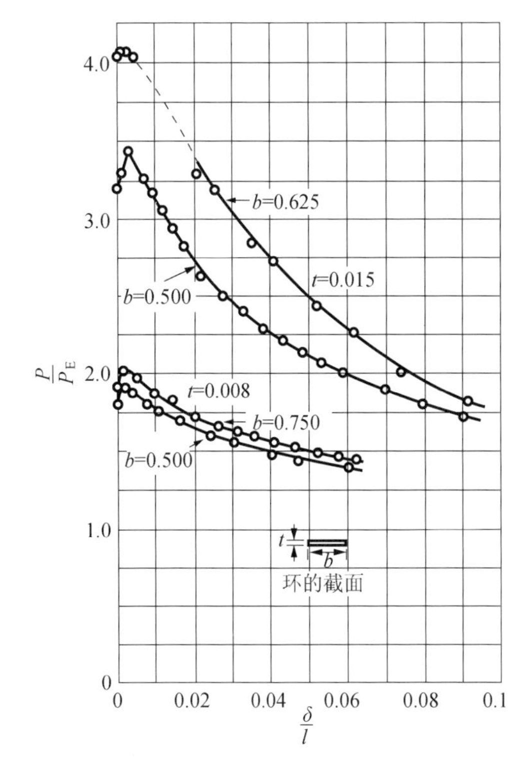

图 21　有不同刚度的非线性横向弹性支撑的柱体的特征曲线

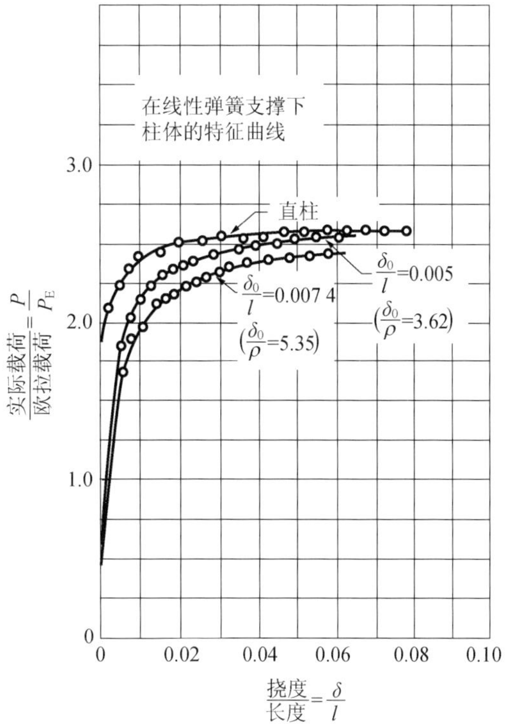

在线性弹簧支撑下柱体的特征曲线

直柱

$\frac{\delta_0}{l}$=0.005 ($\frac{\delta_0}{\rho}$=3.62)

$\frac{\delta_0}{l}$=0.007 4 ($\frac{\delta_0}{\rho}$=5.35)

$\frac{实际载荷}{欧拉载荷}=\frac{P}{P_E}$

$\frac{挠度}{长度}=\frac{\delta}{l}$

图 22　有不同初始挠度、在线性弹簧支撑下的柱体的特征曲线

我们将钢环宽度和厚度加以改变，试验结果在图 21 中给出。正如我们所期待的，随着钢环刚度的增加，最大载荷也增加，同时，随着钢环刚度的增加，在大挠度下的载荷的减少量也相应地变大。

在非线性弹簧支撑下的柱体，有如下最明显的特征：首先，当挠度增加时，载荷会减小；其次，在同一载荷下有两个或三个可能的平衡状态，其中一个相应于 $\delta=0$ 的情况，而另外的平衡状态相应于 $\delta>0$ 或 $\delta<0$。在这种情况下，载荷随挠度的增加而减少的情况与本文第一节谈到的短柱塑性状态下的特性表面上有相似之处。但是，对于这里讨论的非线性弹簧支撑下的柱体，变形完全处于弹性范围。

我们试验的目的是研究有非线性弹性元件的结构的屈曲特性。我们所用实验装置的设计要求对应于任何挠度值 δ 的载荷 P 可以用解析的办法算出来。由于曲板和圆柱壳屈曲现象极其复杂，本文作者未能给出完全严格的理论分析。但是在下一节，我们将借助于上面的实验结果来讨论曲板和圆柱壳屈曲现象。

第三节

曲　板

作为第一步，我们可将曲板视为介于平版和圆柱壳之间的结构。从上面的讨论我们可以期待，对于曲率很小的曲板来说，在屈曲之后，载荷还会增加；而对于曲率很大的曲板来说，在屈曲之后，载荷则会减小。W. A. Wenzek[14]的实验研究证明了这一点。图 23 给出了他的结果，其中纵坐标是加在试样上的实际载荷与测得的屈曲载荷之比，横坐标为试样的轴向缩短量与屈曲时的缩短量之比。他的研究表明，当曲板的宽度与曲率半径之比 b/R 等于 0.4 时，曲板屈曲后曲板的承载保持为常数。由此可知，比值 b/R 小于 0.4 的曲板可归为平板的范畴，即屈曲后载荷是增加的；比值 b/R 大于 0.4 的曲板则要归为曲板的范畴，即屈曲后载荷是减小的。从而比值 $b/R = 0.4$ 可视为一分界线，将这两类屈曲现象分开来。

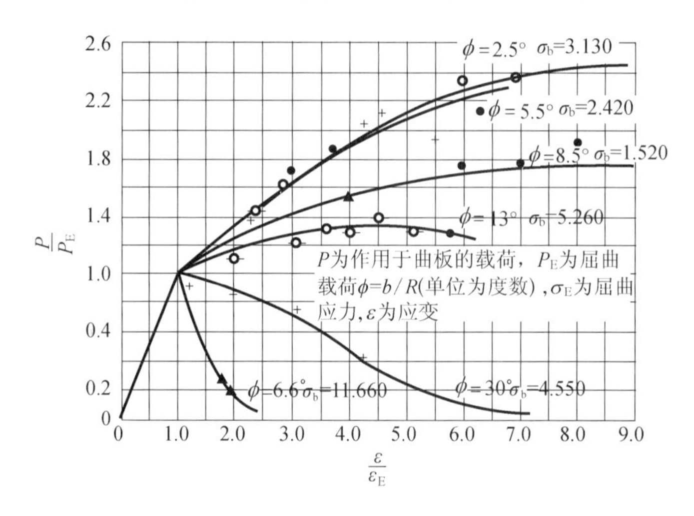

图 23 对于宽度为 b 曲率半径为 R 的曲板，总载荷 P 和端点应变 ε 之间的关系

但是，我们要利用在本文第二节所提出的有横向弹性支撑的柱体的概念，更深一步探讨这种曲板屈曲的现象。我们发现，屈曲后承载的增加或减小完全取决于支撑元件的特性。因此，如果我们将曲板的曲率的轴向的基本板条视为有横向弹性支撑的柱体，这样的弹性支撑由平行于轴线的周围的板条提供，我们就可以认为，曲板屈曲后的特性完全取决于这些支撑板条的载荷-挠度特性。当然，支撑板条和基本板条都可以视为曲杆。如果板条是平的，并无曲率，由此取得的弹性支撑随挠度的增加而增加。换言之，加在基本板条上的弹性支撑随波幅的增加而增加。我们就得到了上升的载荷-挠度曲线。随着曲板曲率的增加，支撑曲杆的曲率当然也增加，于是这些杆的承载能力就降低，从而它们提供的弹性支撑也减小。所以，曲板屈曲后的承受的载荷的增加速率要减小。这就说明，曲板曲率的增加，会减小其屈曲后的承载能力。因此，我们如果增加曲板的曲率，到了一定程度，曲板在屈曲后不再能保持承受的载荷，曲率的进一步增加会使曲板承受的载荷下降，就像我们在第二节讨论的有钢环支撑的柱体的情况一样。这时曲板就不再属平板的范畴，而进入有曲率的壳体的范畴。

加筋壳结构

在金属造的飞机结构中的加筋壳可以分为三个功能不同的部分，即蒙皮、纵向筋条和框架或隔板。这类结构如受平行于圆柱轴线的压缩载荷，会发生下面四种不同形式的破坏，即材料破坏、局部破坏、曲板破坏和整体失稳。

设计师们对前三类破坏是熟知的，是当代飞机分析的对象。不管飞机尺寸是大是小，这三类破坏都会发生。但是，定义为纵向筋条和框架同时发生屈曲的整体失稳，它取决于结构作为一个总体的刚度。对于小飞机,框架的尺寸是由实际考虑确定的,而并非根据稳定性的观点。幸好这种实际的考虑已要求框架有足够的刚度,从而整体失稳的危险很小。一般说来,大飞机更可能发生整体失稳,因为照例在增加飞机的总尺寸时,其框架的尺寸几乎不变。加州理工学院目前开展的关于加筋圆柱壳的研究就是为了确定何时发生整体失稳①。

目前对整体失稳还知之甚少。如将壳体整体来看,很明显,它是各向异性的,要确定其不同部件之间的相互影响非常困难。关于整体失稳的最基本的概念大概是有连续或集中弹性支撑的柱体,加筋壳的纵向筋条可视为柱体,蒙皮提供连续的弹性支撑,框架提供集中的弹性支撑。因为框架和蒙皮具有非线性弹性支撑的特点,我们可以期待,纵向筋条受压时,其特性与我们在第二节讨论的在横向非线性弹性支撑下的柱体的情况相类似。图 24 所示的结果表明,这种期待是有根据的。其横坐标是纵向筋条与框架的交界处径向作用的集中载荷 P 所引起的挠度 δ,而纵坐标即为引起该挠度的载荷 P。很明显,当载荷径向作用指向内部时,加筋壳的刚度较载荷指向外部时的刚度要小得多。而且,当向内的挠度增加时,壳体的刚度在减小。在这个具体的例子中,当 $\delta/R=-0.010$ 时的 P-δ 曲线的斜率仅为当 $\delta/R=0$ 时斜率的1/3。因此,加筋壳的屈曲特性一定与在横向非线性弹性支撑下的柱体的屈曲相类似。任何基于小挠度假定的理论一定给出较实际为高的屈曲载荷。这可以说明,为何 D. D. Dschou[15],J. L. Taylor[16] 等提出的理论不会尽如人意。E. I. Ryder[17] 提出的解决困难的办法是采用经验系数以求与实验结果符合。

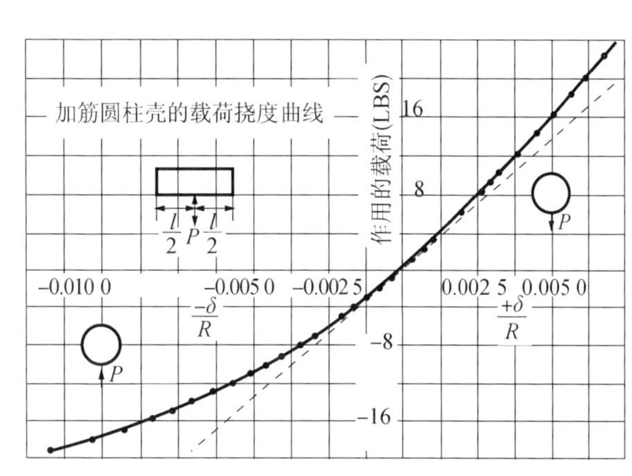

图 24　加筋圆柱壳的载荷-挠度曲线

结　论

在本文第一节,我们指出,对于无曲率的薄壁结构,在屈曲后,作用的载荷是增加的;而对于有曲率的薄壁结构,在屈曲后,作用的载荷却是减小的。在第二节,我们用横向非线性弹性支撑的柱体的实验来证明这一点。很明显,对于有曲率结构的屈曲问题,有两个重要的载荷值。第一个是经典线性理论给出的"初始"或"上"屈曲载荷;另一个是"最小的"或"下"屈曲载荷,它等于使壳体维持在有限变形的屈曲位置之上所需的最小载荷。如果试样在几何上是无缺陷的,那么,要达到"初始"屈曲载荷时,试样才发生屈曲。一旦屈曲发生,载荷随挠度的增加而减小。这样释放的弹性应变能将加速屈曲过程,一直达到"最小的"屈曲载荷。实际上,挠度的增加非常之快,因此壳体看起来像是"跳"到了大挠度的位置。挠度的迅速增加引起的动能使壳体在相应于"最小的"屈曲载荷的平衡位置附近振动起来。由于材料固有的摩擦力和试验机作用的力,这样的振动会迅速衰减。

在工程中,通常记录结构能承受的最大载荷,将此作为结构的破坏载荷。因此,对于在几

① 此项研究因取得民航局的资助而成为可能。本文讨论内容相当程度上与此研究计划有关。

何上是无缺陷的结构来说,“初始”屈曲载荷是其破坏载荷。但是,与我们在第二节讨论的横向非线性弹性支撑的柱体相类似,壳体能承受的最大载荷对于壳体的初始挠度的大小很敏感。其偏离理想的几何形状愈远,则最大载荷下降得愈多,但对“最小的”屈曲载荷可能影响不大。因此,除非我们在制备试样和进行试验时特别小心,我们得到的载荷总是低于经典的线性理论所给出的最大值。但是,这样也表明,只要我们使试样的几何形状尽可能达到完美,如某些研究者所做的,我们有可能得到比通常取得的为高的破坏载荷,作为上限,趋近经典理论给出的值。所以,试样的破坏载荷的具体数值取决于试样几何形状的完美程度。这大概是为何图 13 所示的实验数据点如此分散的原因之一。但是,其下限好像趋近于“最小的”屈曲载荷。

本文对于经典理论和实验中得到的破坏载荷之间的巨大差异所作的解释,与 Donnell 的圆柱壳薄理论[11]有类似之处,都将初始挠度作为控制因素确定破坏载荷。但是要明确指出的是:Donnel 假定破坏是因材料进入塑性引起的;而我们的解释则是基于结构某些元素的非线性特点,但是还处于弹性极限之内。

除了初始挠度对于薄壳的破坏载荷有影响之外,还应考虑试验过程中周围环境发生振动的影响。如果将一初始缺陷不大的试样加载到相当高的水平,例如图 20 中的 A 点,周围环境的振动就会将给试样一定量的动能,而这附加的动能会转化为位能,帮助试样穿过载荷-挠度曲线的“驼峰”达到破坏。但是,试验机所记录的破坏载荷仅是相当于 A 点的载荷,而非最大载荷。因此,对于有曲率的壳来说,不光有初始挠度的影响,试验环境的振动也会进一步降低破坏载荷。

(王克仁 译, 柳春图 校)

参考文献

[1] von Kármán Th. Untersuchungen über Knickfestigkeit [G]. Forschungsarbeiten, Berlin, 1910: 81.

[2] Timoshenko S. Theory of Elastic Stability [M]. McGraw-Hill, New York, 1936: 390 - 393.

[3] Marguerre K. Die mittragende Breite der gedrückten Platte [J]. Luftfahrtforschung, 1937, 14: 121 - 128.

[4] Marguerre K, Trefftz E. Über die Tragfähigkeit eines Plattenstreifens nach Überschreiten der Beullast [J]. Z. A. M. M., 1937,17: 85 - 100.

[5] Cox H L. The Buckling of Thin Plates in Compression [R]. British A. R. C. Reports and Memoranda, No. 1554, 1933.

[6] Yamamoto M, Kondo K. Buckling and Failure of Thin Rectangular Plates in Compression [R]. Rep. of Aero. Res. Inst., Tokyo, No. 119, 1935.

[7] von Kármán Th, Sechler E E, Donnell L H. The Strength of Thin Plates in Compression [J]. Transactions A. S. M. E., 1932,54: 53 - 57.

[8] Marguerre K. Die Durchschlagskraft eines schwach gekrümmten Balkens [J]. Sitzungsberichte der Berliner Mathematiscben Gesellschaft, 1938, 37: 22 - 40. 同时见同一作者的 Über die Anwendung der energetischen Methode auf Stabilitätsprobleme, Jahrbuch der Deutschen Versuchsanstalt für Luftfahrt, 1938: 252 - 262.

[9] von Kármán Th, Tsien Hsue-Shen. The Buckling of Spherical Shells by External Pressure [J]. Journal of the Aeronautical Sciences, 1939,7: 43 - 50.

[10] Lundquist E E. Strength Tests of Thin-Walled Duralumin Cylinders in Compression [R]. N. A. C. A. Technical Report, No. 473. 1933.

[11] Donnell L H. A New Theory for the Buckling of Thin Cylinders Under Axial Compression and Bending [J]. Transactions A. S. M. E. , 1934,56: 795 - 806.

[12] Flügge W. Die Stabilität der Kreiszylinderschale [J]. Ingenieur Archiv, 1932,3: 463 - 506.

[13] Timoshenko S. Theory of Elastic Stability [M]. McGraw-Hill, New York, 1936:100 - 112.(此书含这些研究工作的一个综述以及有关文献。)

[14] Wenzek W A. Die Mittragende Breite nach dem Ausknicken bei krummen Blechen [J]. Luftfahrtforschung, 1938,15: 340 - 344.

[15] Dschou D D. Die Druckfestigkeit versteifter sydindrischer Schalen [J]. Luftfahrtforschung, 1935, 11: 223 - 234.

[16] Taylor J L. Stability of a Monocoque in Compression [R]. British A. R. C. Reports and Memoranda, No. 1679, 1935.

[17] Ryder E I. General Instability of Semi-monocoque Cylinders [J]. Air Comm. Bulletin, 1938, 9: 241 - 246.

高速气流突变之测定

钱学森

1940年12月7日

原文中文摘要 由高速风洞试验之结果，知"压缩性气流"中，若流速渐次增加达"临界速度"，则发生"突变"现象。是时经过某物体之最大流速，与该处之音速相近；该物体所受的阻力，骤增甚巨。执此以观，知飞机各部之临界速度，对于高速飞机之设计，甚关重要。

上述之速度，因可由试验直接量定之，但此必须具备一高速风洞，始克奏效，其需费甚巨。今吾人若能获一可靠之方法，所需之速度，可由理论计算得之，或可由寻常低速风洞之结果，加以推算而测定之，则节省非鲜。本文内容，即为此种方法之一。

文内之计算，系以"绝热曲线"之切线，代替该曲线。换言之，即取此曲线，为该曲线之近似值是也。

以前诸法，或假设欠准，或解答艰繁，其计算结果，辄与试验结果，不甚符合。但此法所测定之值，据最近高速风洞试验之结果，较前诸法，得值最近，故似最为可靠。

摘要 在本报告第一部分中，采用绝热的压力-比容曲线的切线作为曲线本身的近似，发展了一种计算二维亚声速可压缩流动的方法。在第二部分中，将这一方法应用于圆柱体的绕流问题，该圆柱的轴线与未扰流动的方向相垂直，计算结果和用摄动法求得的解作了比较。在第三部分中，利用第一和第二部分得到的结论，发展了一种能够从空气的低速流动的试验数据来预报可压缩性突变现象的方法；然后把这一方法的结果和用 Jacobs 法算得的结果以及实验数据进行了比较，发现利用新方法所预报的性态与实验符合得非常好。

引　言

从高速风洞得到的实验数据表明，当流过某一固体的流体的最大速度近似达到当地声速时，物体所受的阻力突然增加，这一现象一般称为可压缩性突变，发生可压缩性突变的速度则称为物体的临界速度。因此，关于一个飞机的不同部件的临界速度的信息对于近代高速飞机的设计人员来说是十分有用的。不幸的是，用实验来决定一个物体的临界速度需要昂贵的高速风洞，因此期望有一种可靠的方法，或者从理论，或者从通常的低速风洞得到的实验数据计算出这种临界速度。

原载航空研究所研究报告，第二号，中国成都，1941年。

临界速度的计算当然需要有绕过给定物体的可压缩流动问题的解答。人们已知，为此目的而提出的方法有

(1) Glauert-Prandtl 法；

(2) 摄动法；

(3) 速度图法。

Glauert-Prandtl 法的理论所根据的假设是，置于平行流中的物体产生的是小扰动，于是该法就能将速度位势所满足的偏微分方程进行线性化，并且得到一个很简单的解答。显然，该理论只能应用于很薄的机翼或很细的物体，因为只有这样的物体才产生小的扰动。但是，即使在这样的情况，理论在驻点附近的区域内也不适用。对于航空工程中常用的物体，这种方法给出的临界速度比实验观测值要高。换句话说，Glauert-Prandtl 理论不是保守的理论。

摄动法是由 Lord Rayleigh, O. Janzen, L. Poggi 以及其他人发展起来的。它在本质上是将速度势展开成 M_1^2 的幂次递增的一个级数，其中 M_1 是未扰平行流的速度与相应的声速的比值，一般称为马赫数。假如级数收敛，这一方法理论上说来是精确的。然而，在实用中，即使对于形状简单的物体，要得到高于一级的近似解(包含 M_1^2 项在内)，计算工作也非常繁琐。

速度图法最早是由 Molenbroek 和 Chaplygin 提出的。在这一方法中，采用速度矢量相对于固定坐标线的倾斜度与速度的大小作为自变量，它是 Legendre 的紧致变换的一类特殊应用。这一方法的主要缺点是难以确定要利用边界条件的解答。所以，这种方法虽然精确和紧凑，但是至今还只是应用于很少几个个别的情况。

本报告中所使用的方法最早是由 Th. von Kármán 博士建议的。它的一般理论在前一篇文章[1]中作了讨论。下面将首先对这一理论作一个回顾。

第一部分

众所周知，如果流体中的压力能够表示为只是流体密度的函数，那么无黏可压缩流体的流动是无旋的。如果流动是二维的，旋度为零的条件能表为

$$\frac{\partial u}{\partial y}-\frac{\partial v}{\partial x}=0 \tag{1}$$

式中：u 和 v 是 x 和 y 方向上的速度分量。于是存在有一个速度势 φ，它由下式定义：

$$\mathrm{d}\varphi=u\,\mathrm{d}x+v\,\mathrm{d}y \tag{2}$$

质量守恒条件由连续性方程表示，在定常二维运动的情况下有

$$\frac{\partial(\rho u)}{\partial x}+\frac{\partial(\rho v)}{\partial y}=0 \tag{3}$$

式中：ρ 是流体的密度。

引进一个称之为流函数的 ψ，方程(3)就能自动满足，ψ 由下式定义：

$$\mathrm{d}\psi=-\frac{\rho}{\rho_0}v\,\mathrm{d}x+\frac{\rho}{\rho_0}u\,\mathrm{d}y \tag{4}$$

式中：ρ_0 表示 $u=v=0$ 处的密度值。

这里引进了速度势 φ 和流函数 ψ，以满足流场的运动学性质。在无旋定常流动的这一特殊情况下，流场的动力学关系则由推广了的 Bernoulli 方程所表示：

$$\frac{1}{2}w^2+\int_{p_0}^{p}\frac{\mathrm{d}p}{\rho}=0 \tag{5}$$

式中：$w^2=u^2+v^2$；p_0 是 $w=0$ 处的压力，即驻点压力。

方程(1)，(3)和(5)实际包含 5 个未知量 u, v, p, ρ 和 T，其中 T 是流体的温度。所以为了完成问题的求解，还必需其他两个方程，它们是状态方程和能量守恒方程。对于理想气体来说，状态方程是：

$$\frac{p}{\rho}=RT \tag{6}$$

式中：R 是气体常数。如果对整个流场来说，没有加进或取走热量，那么能量守恒条件能用压力-密度的绝热关系来表示：

$$\frac{p}{\rho^{\gamma}}=\text{const.} \tag{7}$$

式中：γ 是流体的比定压热容 c_p 和比定容热容 c_V 的比值，即

$$\gamma=\frac{c_p}{c_V} \tag{8}$$

譬如空气这样一类双原子气体的 γ 值是 1.405。

现在假设已经求得了上述方程组的解，那么产生这样一个问题，是否能利用这一已知解来构作另外一个满足(1)，(3)和(5)3 个方程，而状态方程或能量方程却不同的一组方程的解？状态方程之间和能量方程之间的区别，只是说明这两种解中的流体具有不同的性质。为了研究这一问题，引进两个新函数 X 和 Y，由下式表示：

$$\left.\begin{aligned}-p_0\mathrm{d}X&=\rho_0 v\mathrm{d}\psi-p\mathrm{d}x\\ p_0\mathrm{d}Y&=p\mathrm{d}y+\rho_0 u\mathrm{d}\psi\end{aligned}\right\} \tag{9}$$

将方程(4)代入方程(9)，得到以下关系：

$$\left.\begin{aligned}-p_0\mathrm{d}X&=\rho uv\mathrm{d}y-(p+\rho v^2)\mathrm{d}x\\ &=\rho u(v\mathrm{d}y+u\mathrm{d}x)-(p+\rho w^2)\mathrm{d}x\\ p_0\mathrm{d}Y&=(p+\rho u^2)\mathrm{d}y-\rho uv\mathrm{d}x\\ &=(p+\rho w^2)\mathrm{d}y-\rho v(v\mathrm{d}y+u\mathrm{d}x)\end{aligned}\right\} \tag{10}$$

为表明 $\mathrm{d}X$ 确实是一个微分，以下关系必须成立：

$$\frac{\partial(\rho uv)}{\partial x}=-\frac{\partial(p+\rho v^2)}{\partial y} \tag{11}$$

然而，

$$\begin{aligned}\frac{\partial(\rho uv)}{\partial x}+\frac{\partial(p+\rho v^2)}{\partial y}&=v\left[\frac{\partial(\rho u)}{\partial x}+\frac{\partial(\rho v)}{\partial y}\right]+\rho\left[u\frac{\partial v}{\partial x}+v\frac{\partial v}{\partial y}+\frac{1}{\rho}\frac{\partial p}{\partial y}\right]\\ &=v\left[\frac{\partial(\rho u)}{\partial x}+\frac{\partial(\rho v)}{\partial y}\right]+\rho\left[u\frac{\partial u}{\partial y}+v\frac{\partial v}{\partial y}+\frac{1}{\rho}\frac{\partial p}{\partial y}\right]\end{aligned} \tag{12}$$

第三个表达式是因为有了方程(1)才成为可能。现在，方程(12)右端的第一个括号中的值因为有方程(3)而等于零。第二个括号中的值因为利用 Bernoulli 方程(5)的左端对 y 取了导数而等于零。所以，方程(11)是得到满足的，$\mathrm{d}X$ 是一个全微分。类似地，能够表明 $\mathrm{d}Y$ 也是一个全微分。利用方程(2)，方程(10)可化为

$$\left.\begin{aligned}-p_0\mathrm{d}X&=\rho u\,\mathrm{d}\varphi-(p+\rho w^2)\mathrm{d}x\\p_0\mathrm{d}Y&=(p+\rho w^2)\mathrm{d}y-\rho v\mathrm{d}\varphi\end{aligned}\right\}\tag{13}$$

现在用 u 乘方程(13)的第一个方程,用 v 乘方程第二个方程,两者相减得到以下方程:

$$p_0(v\mathrm{d}Y+u\mathrm{d}X)=(p+\rho w^2)(u\mathrm{d}x+v\mathrm{d}y)-\rho w^2\mathrm{d}\varphi\tag{14}$$

利用方程(2),方程(14)可化简为

$$p_0(u\mathrm{d}X+v\mathrm{d}Y)=p\,\mathrm{d}\varphi\tag{15}$$

如果用下面的形式引入两个新变量:

$$u\frac{p_0}{p}=U,\quad v\frac{p_0}{p}=V\tag{16}$$

那么方程(15)给出

$$V\mathrm{d}\varphi=U\mathrm{d}X+V\mathrm{d}Y\tag{17}$$

它和方程(2)相似,其中,U 和 V 是在 X-Y 面内的新的速度分量。

类似地,将方程(9)的第一个方程乘以 u,第二个乘以 v,两式相加就得到以下关系:

$$p_0(u\mathrm{d}Y-v\mathrm{d}X)=p(u\mathrm{d}y-v\mathrm{d}x)+\rho_0 w^2\mathrm{d}\psi\tag{18}$$

利用方程(4),方程(18)能简化为

$$p_0(u\mathrm{d}Y-v\mathrm{d}X)=\frac{\rho_0}{\rho}(p+\rho w^2)\mathrm{d}\psi\tag{19}$$

如果引入另一个新变量 σ 使

$$\frac{\sigma}{\sigma_0}=\frac{\rho}{\rho_0}\frac{p}{p+\rho w^2}\tag{20}$$

式中:σ_0 表示 $U=V=0$ 处 σ 的值,那么利用方程(16),能把方程(19)改写为

$$\mathrm{d}\psi=\frac{\sigma}{\sigma_0}(U\mathrm{d}Y-V\mathrm{d}X)\tag{21}$$

它与方程(4)相似,其中,σ 是 X-Y 面中流体的密度。

由方程(16),(17),(20)和(21)所表示的关系式说明,从 x-y 面中具有速度分量 u, v 和密度 ρ 的可压缩流体流动的原始解出发,能够得到一个在 X-Y 面中具有速度分量 U, V 和密度 σ 的不同的可压缩流体的流动的新解。还有,x-y 面中的一条流线通过方程(10)的变换变到 X-Y 面中的一条流线,见图 1,这一点从方程(21)可以看得很清楚。这种在 x-y 面和 X-Y 面之间的值得注意的对应关系最早是由 H. Bateman[2] 阐明的。

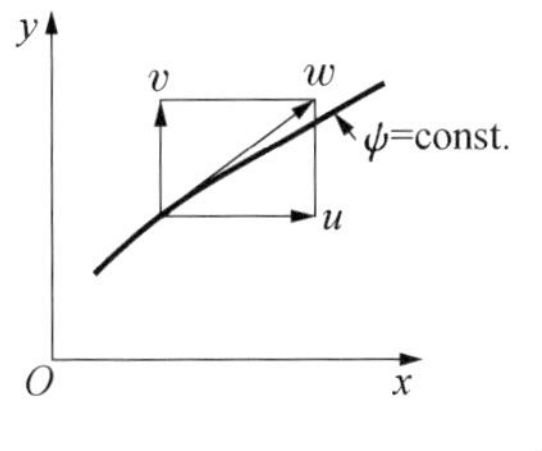

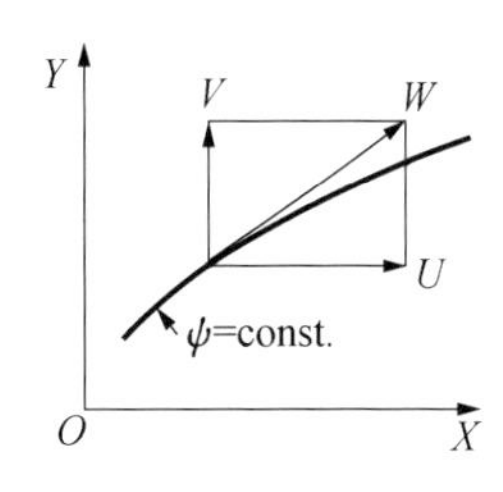

图 1

应用上述理论,首先必须求取对某一物体绕流问题的解。初看起来,这个理论似乎只是具有学术方面的兴趣,因为求取这一初始解答正是难点所在;然而,已经发展起来的联系 x-y 面和 X-Y 面之间的关系是十分普遍的,没有对流体的特殊性质做什么假设,x-y 面内的流体能够是不可压缩的,所以很容易求得那个平面上的解答。现在的问题是要了解清楚,在 x-y 面内不可压缩流动所对应的变换后的 X-Y 面内的流体具有什么样的性质。

如果在 x-y 面内的流动是不可压缩的,那么

$$\rho = \rho_0 = \text{const.}, \quad \text{或}\ \frac{\rho}{\rho_0} = 1 \tag{22}$$

而且 Bernoulli 定理给出

$$p + \frac{1}{2}\rho w^2 = p_0, \quad \text{或}\ \frac{p}{p_0} + \frac{1}{2}\frac{\rho}{p_0}w^2 = 1 \tag{23}$$

如果用 P 表示 $X-Y$ 面内流体的压力，那么推广了的 Bernoulli 定理，即方程(5)要求有

$$\frac{1}{2}W^2 + \int_{P_0}^{P}\frac{\mathrm{d}P}{\sigma} = 0 \tag{24}$$

其中，$W^2 = U^2 + V^2 = \left(\frac{p_0}{p}\right)^2 w^2$，这里利用了方程(16)，而 P_0 是 $W=0$ 处 P 的值。然而，从方程(20)和(22)，能够导出以下关系：

$$\frac{\rho w^2}{p} = \left(\frac{\sigma}{\sigma_0}\right)^{-1} - 1 \tag{25}$$

于是，

$$\begin{aligned} W^2 &= \left(\frac{p_0}{p}\right)^2 w^2 = \frac{p_0}{\rho_0}\frac{p_0}{p}\frac{\rho w^2}{p} \\ &= \frac{p_0}{\rho_0}\left(1 + \frac{1}{2}\frac{\rho w^2}{p}\right)\frac{\rho w^2}{p} = \frac{1}{2}\frac{p_0}{\rho_0}\left[\left(\frac{\sigma}{\sigma_0}\right)^{-2} - 1\right] \end{aligned} \tag{26}$$

所以方程(24)能被改写为

$$\frac{1}{\sigma_0}\int_{\sigma_0}^{\sigma}\frac{\mathrm{d}\left(\frac{\sigma}{\sigma_0}\right)}{\frac{\sigma}{\sigma_0}}\frac{\mathrm{d}P}{\mathrm{d}\left(\frac{\sigma}{\sigma_0}\right)} + \frac{1}{4}\frac{p_0}{\rho_0}\left[\left(\frac{\sigma}{\sigma_0}\right)^{-2} - 1\right] = 0 \tag{27}$$

将方程(27)对 $\frac{\sigma}{\sigma_0}$ 求导数，且乘以 $\frac{\sigma}{\sigma_0}$，得到

$$\frac{1}{\sigma_0}\frac{\mathrm{d}P}{\mathrm{d}\left(\frac{\sigma}{\sigma_0}\right)} - \frac{1}{2}\frac{p_0}{\rho_0}\left(\frac{\sigma}{\sigma_0}\right)^{-2} = 0 \tag{28}$$

对方程(28)积分，得到以下关系：

$$P - P_1 = \frac{1}{2}\frac{p_0}{\rho_0}\sigma_0^2\left(\frac{1}{\sigma_1} - \frac{1}{\sigma}\right) = 0 \tag{29}$$

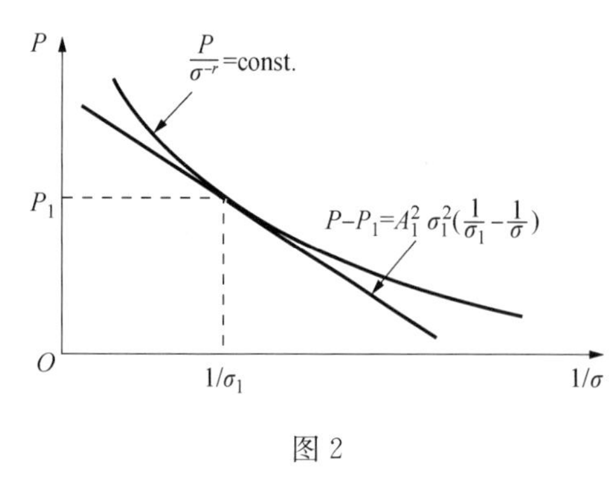

图 2

式中：P_1 和 σ_1 是常数。因为 σ 是 $X-Y$ 面中流体的密度，其倒数则是比容。利用方程(29)，能画出由图 2 表示的 $P \sim \frac{1}{\sigma}$ 关系曲线。这是一条斜率为负值通过 $\left(P_1, \frac{1}{\sigma_1}\right)$ 点的直线。当然，实际上不存在具有这种类型的绝热的压力-比容关系的性质的流体。但是，能够利用方程(7)画出通过 $\left(P_1, \frac{1}{\sigma_1}\right)$ 点的一条正常的绝热的压力-比容关系曲线，然后调整由方程(29)给出的直线的斜率使之等于这条绝热曲线的斜率。这样一来，就能把方程(29)所给出的关系，当作发生在实际的可压缩流体流动中的真实的绝热的压力-比

容关系的一种近似。在 $\left(P_1, \frac{1}{\sigma_1}\right)$ 点处，绝热曲线的斜率是

$$\left[\frac{\mathrm{d}P}{\mathrm{d}\left(\frac{1}{\sigma}\right)}\right]_1 = \left[\frac{\mathrm{d}P}{\mathrm{d}\sigma}\bigg/\frac{\mathrm{d}\left(\frac{1}{\sigma}\right)}{\mathrm{d}\sigma}\right]_1 = -A_1^2\sigma_1^2 \tag{30}$$

式中，$A_1^2 = \left(\frac{\mathrm{d}P}{\mathrm{d}\sigma}\right)_1$，$A_1$ 是状态点 $P = P_1$ 和 $\sigma = \sigma_1$ 处流体的声速。于是，把直线的斜率和绝热曲线的斜率等同起来，就得到以下的关系：

$$\frac{1}{2}\frac{p_0}{\rho_0} = A_1^2\left(\frac{\sigma_1}{\sigma_0}\right)^2 \tag{31}$$

这样，就能把方程(29)改写为

$$P - P_1 = A_1^2\sigma_1^2\left(\frac{1}{\sigma_1} - \frac{1}{\sigma}\right) \tag{32}$$

将方程(32)对 σ 微分，就能算出任何状态下的声速 A 的值，即有

$$A^2 = A_1^2\left(\frac{\sigma_1}{\sigma}\right)^2$$

或

$$A^2\sigma^2 = A_1^2\sigma_1^2 = \text{const.} \tag{33}$$

利用方程(32)，就能算出推广了的 Bernoulli 定理(即方程(24))中的积分

$$\int_{P_0}^{P}\frac{\mathrm{d}P}{\sigma} = A_1^2\sigma_1^2\int_{\sigma_0}^{\sigma}\frac{\mathrm{d}\sigma}{\sigma^3} = -\frac{A_1^2\sigma_1^2}{2}\left(\frac{1}{\sigma^2} - \frac{1}{\sigma_0^2}\right) \tag{34}$$

把这一数值代入方程(24)，就得到以下联系速度 W 的大小与密度 σ 的关系式：

$$\frac{1}{2}W^2 - \frac{A_1^2\sigma_1^2}{2}\left(\frac{1}{\sigma^2} - \frac{1}{\sigma_0^2}\right) = 0 \tag{35}$$

或者，利用方程(33)，则有

$$\left(\frac{\sigma}{\sigma_0}\right)^2 = 1 - \left(\frac{W}{A}\right)^2 \tag{36}$$

然后，就能把方程(31)改写为

$$\frac{1}{2}\frac{p_0}{\rho_0} = A_1^2\left[1 - \left(\frac{W_1}{A_1}\right)^2\right] = A_1^2(1 - M_1^2) \tag{37}$$

式中：$M_1 = \frac{W_1}{A_1}$ 是相应于状态 $P = P_1$ 和 $\sigma = \sigma_1$ 的马赫数。

至此，还没有做到让方程(32)代表的直线与绝热曲线的切点和任何一个特定的流体状态相对应。然而，如果我们关心的是平行流中物体的问题，那么让切点对应于未受扰动的平行流的状态似乎是自然的事。于是，W_1 就是未扰平行流的速度，A_1 是相应的声速，M_1 则是未扰流的马赫数。

从方程(16)，(22)和(23)，在 $X-Y$ 面内速度 W 的大小就能表示为

$$W = \frac{p_0}{p}w = w \cdot \frac{1}{1 - \frac{1}{2}\frac{\rho_0}{p_0}w^2} \tag{38}$$

所以

$$\frac{W}{W_1} = \frac{w}{w_1} \cdot \frac{1 - \frac{1}{2}\frac{\rho_0}{p_0}w_1^2}{1 - \frac{1}{2}\frac{\rho_0}{p_0}w_1^2\left(\frac{w}{w_1}\right)^2} \tag{39}$$

式中：w_1 是 $x-y$ 面内相应于 W_1 的速度的大小，也就是 $x-y$ 面内未扰平行流的速度。方程(39)给出可压缩且近似绝热的流体在 $X-Y$ 面内的速度值与不可压缩流体在 $x-y$ 面内的速度值之间的关系。如果能把 $\frac{1}{2}\frac{\rho_0}{p_0}w^2$ 用与可压缩流动中的速度 W_1 有关系的量来表示的话，那么就能把上述两个速度值的关系表示成一个更为有用的形式。利用方程(37)和(38)，得到

$$\frac{1}{2}\frac{\rho_0}{p_0}w_1^2=\frac{M_1^2}{4(1-M_1^2)}\left(1-\frac{1}{2}\frac{\rho_0}{p_0}w_1^2\right)^2 \tag{40}$$

可以把方程(40)看成是 $\frac{1}{2}\frac{\rho_0}{p_0}w_1^2$ 的二次方程。求解 $\frac{1}{2}\frac{\rho_0}{p_0}w_1^2$，可得以下简明的解：

$$\frac{1}{2}\frac{\rho_0}{p_0}w_1^2=\frac{M_1^2}{(1+\sqrt{1-M_1^2})^2} \tag{41}$$

利用这一关系，可把方程(39)改写为

$$\frac{W}{W_1}=\frac{w}{w_1}\cdot\frac{1-\dfrac{M_1^2}{(1+\sqrt{1-M_1^2})^2}}{1-\dfrac{M_1^2}{(1+\sqrt{1-M_1^2})^2}\left(\dfrac{w}{w_1}\right)^2} \tag{42}$$

如果把不可压缩流动的压力系数 k_p 定义为

$$k_p=\frac{p-p_1}{\frac{1}{2}\rho_1 w_1^2} \tag{43}$$

则可利用方程(23)，得到

$$k_p=1-\left(\frac{w}{w_1}\right)^2 \tag{44}$$

类似地，如果把可压缩流动的压力系数 K_p 定义为

$$K_p=\frac{P-P_1}{\frac{1}{2}\sigma_1 W_1^2} \tag{45}$$

则可利用方程(20)，(23)和(29)，得到以下关系：

$$K_p=\frac{\left(1+\frac{1}{2}\frac{\rho_0}{p_0}w_1^2\right)k_p}{1-\frac{1}{2}\frac{\rho_0}{p_0}w_1^2(1-k_p)} \tag{46}$$

把方程(41)[①] 中的 $\frac{1}{2}\frac{\rho_0}{p_0}w_1^2$ 的值代入方程(46)，能够得到一个联系可压缩流动和不可压缩流动中的压力系数之间的简单关系

$$K_p=\frac{k_p}{\sqrt{1-M_1^2}+\dfrac{M_1^2 k_p}{2(1+\sqrt{1-M_1^2})}} \tag{47}$$

---

① 译注：原文为方程(37)有误，应是方程(41)。

为了求出用坐标 x 和 y 表示的坐标 X 和 Y,必须对方程(10)求出积分。因为在 $x-y$ 面中的流动是不可压缩的,$\rho=\rho_0=\text{const.}$,于是

$$\mathrm{d}X+\mathrm{id}Y=\frac{1}{p_0}[(p+\rho_0 v^2)\mathrm{d}x-\rho_0 uv\,\mathrm{d}y+\mathrm{i}(p+\rho_0 u^2)\mathrm{d}y-\mathrm{i}\rho_0 uv\,\mathrm{d}x] \tag{48}$$

用方程(23)将 p 用 p_0 和 w^2 来表示,并引入复数坐标 $Z=X+\mathrm{i}Y$ 和 $z=x+\mathrm{i}y$,能把方程(48)改写为

$$\begin{aligned}\mathrm{d}Z&=\mathrm{d}z-\frac{1}{2}\frac{\rho_0}{p_0}[(u^2-v^2)\mathrm{d}x+2uv\,\mathrm{d}y+\mathrm{i}(v^2-u^2)\mathrm{d}y+2\mathrm{i}uv\,\mathrm{d}x]\\&=\mathrm{d}z-\frac{1}{2}\frac{\rho_0}{p_0}(u+\mathrm{i}v)^2(\mathrm{d}x-\mathrm{id}y)\end{aligned} \tag{49}$$

众所周知,如果流动是不可压缩和无旋的,那么存在一个复位势 $\varphi+\mathrm{i}\psi$,它是 $z=x+\mathrm{i}y$ 的解析函数,且有

$$\frac{\mathrm{d}(\varphi+\mathrm{i}\psi)}{\mathrm{d}z}=u-\mathrm{i}v \tag{50}$$

现在以下面的形式引进复数位势函数 $G(z)$:

$$w_1 G(z)=\varphi+\mathrm{i}\psi \tag{51}$$

并将 z 和 G 的复数共轭记为 $\bar{z}$ 和 $\bar{G}$,能够得到方程(49)以下形式的积分:

$$Z=z-\frac{1}{2}\frac{\rho_0}{p_0}w_1^2\cdot\int\left(\frac{\mathrm{d}\bar{G}}{\mathrm{d}\bar{z}}\right)^2\mathrm{d}\bar{z} \tag{52}$$

或者利用方程(41),能把 $X-Y$ 面和 $x-y$ 面的坐标之间的关系写作

$$Z=z-\frac{M_1^2}{(1+\sqrt{1-M_1^2})^2}\cdot\int\left(\frac{\mathrm{d}\bar{G}}{\mathrm{d}\bar{z}}\right)^2\mathrm{d}\bar{z} \tag{53}$$

方程(53)或方程(54)[应是方程(52)或方程(53)——译注]中的积分常数是虚数,因为它们的效果只是简单地把整个 $X-Y$ 面作了一个位移,而没有改变那个平面中所有点的相对位置。

方程(42),(47)和(53)是现在这个理论的 3 个主要结果。如果已经求得绕一个物体的不可压缩流动的解,那么就能利用方程(42)和(47)算得可压缩流中在一个近似的相似物体上的速度和压力。但是,可压缩流动中那个物体的形状并不与不可压缩流动中的物体的形状精确地相同。这种形变由方程(53)右端的第二项表示,它取决于流动中马赫数 M_1 的大小。为了求得不同马赫数情况下沿着给定物体的速度和压力分布,有必要从物体形状略有不同的解出发,从而总能得到在可压缩流动平面中物体的给定的形状。这就导致某些复杂性;尽管如此,其中所包含的工作量,也许要比采用摄动法所要求的要少得多。

第二部分

正如前面所叙述的那样,现在的理论所涉及的近似是用绝热曲线上的切线代替绝热曲线本身,所以有必要来检验这一近似引入误差的大小。只有一个二维亚声速流动是可以从真实的绝热关系出发而进行相当精确的计算的,这个流动就是绕圆柱体的流动,其对称轴垂直于未扰来流的方向。这一问题由 I. Imai[3] 以及 K. Tamada 和 Y. Saito[4] 利用摄动法算到 M_1^4 阶项。现在把第一部分发展起来的理论应用于这种情况,并将结果与上述作者的结果进行比较。

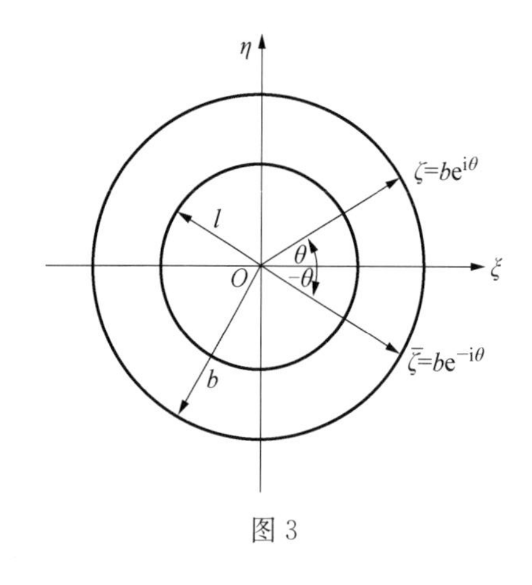

图 3

从不可压缩流动到可压缩流动的变换包含物体形状的一个微小的变形，它由方程(53)给出。我们发现，其主要效应是使物体的最大厚度与长度的比值有一个小的增加。所以，为了在变换后得到一个圆形断面，有必要从一个主轴在未扰来流方向的椭圆断面开始计算。绕一椭圆柱的不可压缩流动是能够用著名的 Joukowsky 变换求解的，变换将椭圆柱变换到复数坐标 ζ 面上的圆柱，后者的中心位于 ζ 面的原点处(见图 3)。因此

$$\left.\begin{aligned} G(\zeta) &= \zeta+\frac{b^2}{\zeta} \\ \bar{G}(\bar{\zeta}) &= \bar{\zeta}+\frac{b^2}{\bar{\zeta}} \end{aligned}\right\} \tag{54}$$

式中，b 是 ζ 面中圆的半径。Joukowsky 变换是

$$z=\zeta+\frac{1}{\zeta} \tag{55}$$

b 的值控制着 $x-y$ 面内椭圆断面的厚度比。当 $b\to\infty$，厚度比变成 1。当 $b=1$，椭圆断面退化成一直线段。利用 ζ 坐标有便于进行计算，这样就能把方程(53)写为

$$Z=z-\frac{M_1^2}{(1+\sqrt{1-M_1^2})^2}\cdot\int\frac{\left(\dfrac{\mathrm{d}\bar{G}}{\mathrm{d}\bar{\zeta}}\right)^2}{\left(\dfrac{\mathrm{d}\bar{z}}{\mathrm{d}\bar{\zeta}}\right)^2}\,\mathrm{d}\bar{\zeta} \tag{56}$$

将方程(54)和(55)代入方程(56)，就能得到可压缩流动面内的复坐标，即

$$Z=\zeta+\frac{1}{\zeta}-\frac{M_1^2}{(1+\sqrt{1-M_1^2})^2}\left[\bar{\zeta}+\frac{b^4}{\bar{\zeta}}+\frac{1}{2}(b^2-1)^2\ln\frac{\bar{\zeta}-1}{\bar{\zeta}+1}\right] \tag{57}$$

为了求得由变换得到的原椭圆断面的形状变化，必须把相应于椭圆断面表面上的 ζ 值代入方程(57)。于是，

$$\zeta=b\mathrm{e}^{\mathrm{i}\theta},\quad \bar{\zeta}=b\mathrm{e}^{-\mathrm{i}\theta} \tag{58}$$

然后，将方程(57)分离出实部和虚部，便有

$$\left.\begin{aligned} X &= \left(b+\frac{1}{b}\right)\cos\theta-\frac{M_1^2}{(1+\sqrt{1-M_1^2})^2}\left[b(b^2+1)\cos\theta-\frac{(b^2-1)^2}{4}\ln\frac{1+\dfrac{2b}{b^2+1}\cos\theta}{1-\dfrac{2b}{b^2+1}\cos\theta}\right] \\ Y &= \left(b-\frac{1}{b}\right)\sin\theta-\frac{M_1^2}{(1+\sqrt{1-M_1^2})^2}\left[b(b^2-1)\sin\theta-\frac{(b^2-1)^2}{2}\arctan\frac{2b\sin\theta}{b^2-1}\right] \end{aligned}\right\} \tag{59}$$

将 $\theta=0$ 和 $\pi/2$ 分别代入方程(59)的第一和第二式，便能计算变换后的断面在未扰来流方向上以及与其垂直方向上的长度。如果断面近乎圆形，这两个长度所形成的比值应当等于 1，于是有

$$1=\frac{b^2-1}{b^2+1}\,\frac{1-\dfrac{M_1^2}{(1+\sqrt{1-M_1^2})^2}\left[b^2-\dfrac{b(b^2-1)}{2}\arctan\dfrac{2b}{b^2-1}\right]}{1-\dfrac{M_1^2}{(1+\sqrt{1-M_1^2})^2}\left[b^2-\dfrac{b(b^2-1)^2}{2(b^2+1)}\lg\dfrac{b+1}{b-1}\right]} \tag{60}$$

对于平行流的一个给定的马赫数 M_1，能用数值方法算出 b 的值。例如，对于 $M_1=0.400$ 的情况，求出 b 等于 5.782 7。

当 b 的值这样确定了以后，就能用方程(59)计算出可压缩流动中断面的详细形状。在 $M_1=0.400$ 的情况，具有 b 值为 5.782 7 的不可压缩流动，经变换后所得到的断面形状由表 1 给出，式中 $r^2=X^2+Y^2$ 及 $a=\arctan\dfrac{Y}{X}$。

表 1

θ	r	a
0°	5.288 0	0°
10°	5.288 0	10.60°
20°	5.287 8	21.12°
30°	5.287 5	31.50°
40°	5.286 7	41.88°
50°	5.287 5	51.68°
60°	5.287 5	61.47°
70°	5.287 7	71.09°
80°	5.287 6	80.57°
90°	5.287 7	90°

如果可压缩流动中的断面是一个真正的圆，r 应当是一个常数。上表中 r 的变化小于 0.02%，这个变化果然是可被忽略的，所以在这个特殊的断面上的速度和压力分布能够被当作是在一个真正的圆断面上的分布。

将 $\zeta=\mathrm{i}\eta$ 代入方程(57)，就得到沿着 Y 轴的所有点的坐标，即

$$Y=\left(\eta-\frac{1}{\eta}\right)-\frac{M_1^2}{(1+\sqrt{1-M_1^2})^2}\left[\eta\left(\frac{b^4}{\eta^2}-1\right)-\frac{(b^2-1)^2}{2}\arctan\frac{2\eta}{\eta^2-1}\right] \tag{61}$$

不可压缩流动中相应点的速度是

$$w=w_1\frac{\mathrm{d}G}{\mathrm{d}z}=w_1\frac{\dfrac{\mathrm{d}G}{\mathrm{d}\zeta}}{\dfrac{\mathrm{d}z}{\mathrm{d}\zeta}}=w_1\frac{\eta^2+b^2}{\eta^2+1} \tag{62}$$

因此，利用方程(42)，能算出可压缩流动中的速度，即

$$\frac{W}{W_1}=\frac{\eta^2+b^2}{\eta^2+1}\frac{1-\dfrac{M_1^2}{(1+\sqrt{1-M_1^2})^2}}{1-\dfrac{M_1^2}{(1+\sqrt{1-M_1^2})^2}\left(\dfrac{\eta^2+b^2}{\eta^2+1}\right)^2} \tag{63}$$

在 $M_1=0.400$ 的情况，利用上面决定的 b 的合适的数值，将上述计算结果用图 4 中曲线Ⅲ来表示。纵坐标是因可压缩性引起的速度增量 ΔW 与未扰来流速度 W_1 的比值，横坐标是所关注的点到圆断面中心的距离 Y 与断面半径 R 的比值。

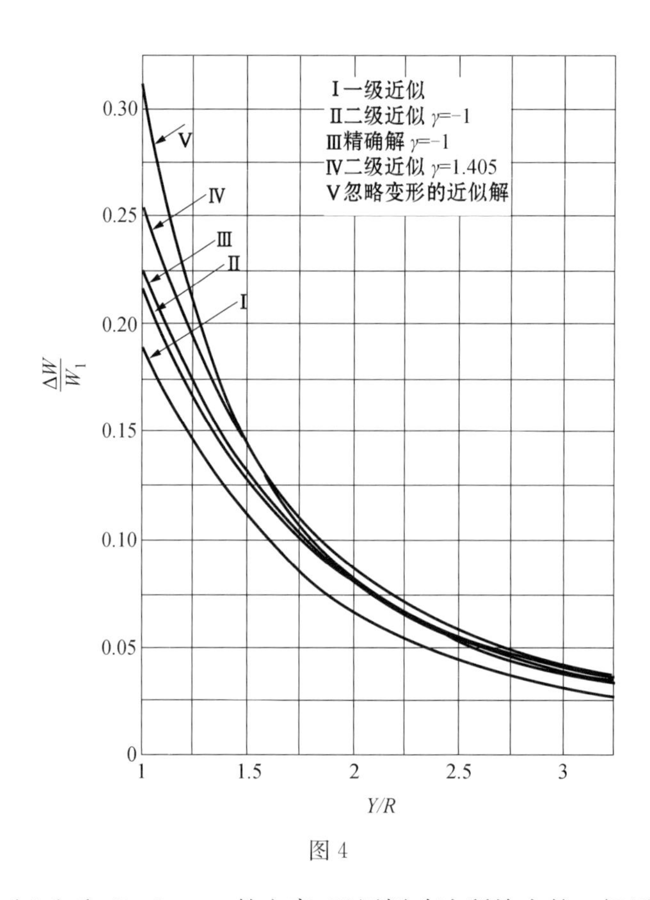

图 4

根据 Lord Rayleigh 和 O. Janzen 的文章，运用摄动法所给出的一级近似的结果是

$$\frac{\Delta W}{W_1}=\left[\frac{11}{6}\left(\frac{Y}{R}\right)^{-2}-\frac{3}{4}\left(\frac{Y}{R}\right)^{-4}+\frac{1}{12}\left(\frac{Y}{R}\right)^{-6}\right]M_1^2 \tag{64}$$

它与比热比 γ 无关。由 I. Imai[3] 以及 K. Tamada 和 Y. Saito[4] 用摄动法算得的速度增量的二级近似解是

$$\begin{aligned}\frac{\Delta W}{W_1}=&\left[\frac{11}{6}\left(\frac{Y}{R}\right)^{-2}-\frac{3}{4}\left(\frac{Y}{R}\right)^{-4}+\frac{1}{12}\left(\frac{Y}{R}\right)^{-6}\right]M_1^2+\\&(\gamma-1)\left[\frac{17}{60}\left(\frac{Y}{R}\right)^{-2}+\frac{19}{20}\left(\frac{Y}{R}\right)^{-4}-\frac{2}{3}\left(\frac{Y}{R}\right)^{-6}+\frac{1}{80}\left(\frac{Y}{R}\right)^{-8}+\frac{1}{80}\left(\frac{Y}{R}\right)^{-10}\right]M_1^4+\\&\left[\frac{257}{80}\left(\frac{Y}{R}\right)^{-2}-\frac{17}{24}\left(\frac{Y}{R}\right)^{-4}-\frac{3}{16}\left(\frac{Y}{R}\right)^{-8}+\frac{1}{40}\left(\frac{Y}{R}\right)^{-10}\right]M_1^4\end{aligned} \tag{65}$$

将方程(63)以及方程(64)① 在 $\gamma=1.405$ 的情况下所算得的值画成曲线，由图 4 中的曲线Ⅰ和曲线Ⅳ分别表示。可以看出，用本报告第一部分所发展起来的理论所给出的速度增量 $\frac{\Delta W}{W_1}$ 介于用摄动法计算 $\gamma=1.405$ 的情况下的一级和二级近似之间。不幸的是，不能肯定 $\gamma=1.405$ 的精确解是否将会进一步增加还是减小 $\frac{\Delta W}{W_1}$ 的值。所以，现在还不可能断定，因采取绝热曲

① 原文有误，此处方程(63)以及方程(64)应是方程(64)以及方程(65)——译者注。

线的切线来代替绝热曲线本身所引起的误差的确切大小。

将方程(32)给出的近似的绝热关系和方程(8)给出的真实的绝热关系作一比较,可以看出,由方程(32)给出的关系能被看做一种具有 $\gamma=-1$ 的虚拟气体的精确的绝热关系,所以用现在的理论给出的解也能被看做这种虚拟气体流动的精确解。因此,将 $\gamma=-1$ 代入方程(65),并把算得的 $\frac{\Delta W}{W_1}$ 值与从变换法得到的值作一比较,便能决定二级近似所包含的误差。从图 4 中的曲线Ⅱ便能看出这种比较。$\gamma=-1$ 的精确解比用摄动法求得的 $\gamma\approx-1$ 情况下的二级近似略微高一点。

如果 $\frac{\Delta W}{W_1}$ 值增大的趋向对 $\gamma=1.405$ 的情况也成立的话,那么由直线形式的绝热关系所给出的速度增量 $\frac{\Delta W}{W_1}$ 将肯定比精确解所得到的低一点。用较为低一点的速度增量来计算断面的临界速度,所得到的临界速度将比其应有值高一点。换句话说,方法略微带点不保守的性质。

第三部分

应用新理论来计算实际情形的最难的部分是对物体形状进行的修正。这是因为以方程(53)所表达的修正公式中包含相应的不可压缩流动的复速度势。虽然求取均匀流绕过给定任一形状物体的流动的复位势的原理是大家所知道的,但是除了少数几个简单的几何形状,实际求解一般说来是非常繁琐的。于是问题就来了,是否有可能省略这种修正而又不会给速度和压力分布带来严重的误差?进一步说,正如在计算椭圆柱的情况中看到过的,对物体现状所做的修正会使断面的厚度比有一点增加。断面厚度比的增加一般会提高沿断面表面的当地速度的最大值。因为前面的结果说明,第一部分中所发展起来的方法略为低估了可压缩流动中的速度,而这里由于忽略了对物体现状的修正所引起的速度的增加将倾向于弥补了这一缺陷。

为了说明这样的推理是否合理,我们将重新研究绕圆柱的流动(K. Tamada[5] 也做了这样的计算)。但是,现在要忽略由于从不可压缩流动变换到可压缩流动对物体形状引起的小的变化。绕圆柱体的不可压缩流动的复势由下式给出:

$$\varphi+\mathrm{i}\psi=w_1\left(z+\frac{b^2}{z}\right) \tag{66}$$

式中,b 是圆柱的半径。对方程(66)求导数,能求得在 $z=\mathrm{i}y$ 点处的速度,即

$$w=w_1\left(1+\frac{b^2}{y^2}\right) \tag{67}$$

于是,利用方程(42),可压缩流动的速度为

$$\frac{W}{W_1}=\left(1+\frac{b^2}{y^2}\right)\frac{1-\dfrac{M_1^2}{(1+\sqrt{1-M_1^2})^2}}{1-\dfrac{M_1^2}{(1+\sqrt{1-M_1^2})^2}\left(1+\dfrac{b^2}{y^2}\right)^2} \tag{68}$$

将方程(66)代入方程(53),就能把可压缩流动中一点的坐标表示为不可压缩流动中另一点的坐标,即有

$$Z = z - \frac{M_1^2}{(1+\sqrt{1-M_1^2})^2}\left(z + \frac{2b^2}{\bar{z}} - \frac{b^4}{3\bar{z}^3}\right) \tag{69}$$

将 $z = \bar{z} = b$ 代入方程(69)，便求得平行未扰来流方向上断面的长度为

$$2b\left[1 - \frac{8}{3}\frac{M_1^2}{(1+\sqrt{1-M_1^2})^2}\right] \tag{70}$$

将 $z = \mathrm{i}b$ 和 $\bar{z} = -\mathrm{i}b$ 代入方程(69)，便求得变换后断面的厚度为

$$2b\left[1 - \frac{2}{3}\frac{M_1^2}{(1+\sqrt{1-M_1^2})^2}\right] = 2R \tag{71}$$

式中，R 被取为我们所关注的圆断面的半径。所以，在 $M_1 = 0.400$ 的情况，变换后断面的厚度比不再是 1.0000，而是 1.0986。

将 $z = \mathrm{i}y$ 和 $\bar{z} = -\mathrm{i}y$ 代入方程(69)，就能算出沿 Y 轴上的点，即

$$Y = y + \frac{M_1^2}{(1+\sqrt{1-M_1^2})^2}\left(y - \frac{2b^2}{y} - \frac{b^4}{3y^3}\right) \tag{72}$$

利用方程(68)和(72)，就能算得沿 Y 轴的速度分布，计算结果由图 4 表示。

与运用摄动法得到的二级近似曲线作对比，可以清楚地看出，新法所给出的沿断面表面的速度更高一点。所以，如果利用这一速度值来预报断面的临界速度，结果将略显保守。从工程角度看，这是很想要的结果。当然，为了说明方法而选用圆形断面，这是一种极端情况，因为速度增量非常大。对于一般设计中所采用的断面来说，厚度比要更小一些，所以速度增量也更小。在这种情况下，现在的简化理论和精确解之间的差别将会小得多，这一点从图 4 中的曲线 V 便可看出来。所以，忽略由方程(53)所给出的物体形状的修正不会引入严重的误差；但是另一方面，却大大减少了必要的计算量，并使方法略显保守。

总结起来，如果沿一物体的速度和压力的分布在通常的风洞中做了低速情况下的测量，那么相同物体在高速情况下的速度和压力分布便能利用方程(42)和(47)计算得到(Th. von Kármán 最近指出，用这一方法计算得到的结果与最近 N. A. C. A. 的试验结果吻合得很好)。将压力分布进行积分，便能求出高速机翼的升力系数和力矩系数。

令人感兴趣的是，如果 k_{p} 很小而可以忽略 k_{p}^2 的话，方程(47)能简化为 Glauert-Prandtl 的关系

$$K_{\mathrm{p}} = \frac{k_{\mathrm{p}}}{\sqrt{1-M_1^2}} \tag{73}$$

然而，在抽吸压力属于有限大小的情况下，现在的方法给出比 Glauert-Prandtl 法更大的因可压缩性引起的增量。

在给定最大抽吸压力的条件下，为了计算物体的临界速度，首先必须确定相应的最大速度。利用方程(42)和(44)，得到以下关系：

$$\frac{W_{\max}}{W_1} = (1-k_{\mathrm{pmin}})^{\frac{1}{2}}\frac{1 - \dfrac{M_1^2}{(1+\sqrt{1-M_1^2})^2}}{1 - \dfrac{M_1^2}{(1+\sqrt{1-M_1^2})^2}(1-k_{\mathrm{pmin}})} \tag{74}$$

为了计算临界速度，必须放弃对绝热的压力-比容曲线的直线近似。从方程(36)可以看出，在最小密度 $\sigma=0$ 处，最大的当地马赫数是 1，也就是说，流体速度达到当地声速。但是当 $\sigma=0$，

根据方程(35),流体速度将是无限大。所以,采用直线近似,一个有限大小的流体速度绝不会达到当地声速,因此没有可能发生可压缩性突变。然而,如果将方程(74)给出的速度当作对真实的绝热流动中流体速度的足够精确的近似,那么就能利用流体速度 W 和声速 A 之间的精确关系来预报可压缩性突变。根据 Kaplan[6] 和别人的工作,最大的当地速度和临界速度是由以下的真实绝热流动的关系联系起来的:

$$\left(\frac{W_{\max}}{W_1}\right)^2=\frac{2}{(\gamma+1)M_c^2}+\frac{\gamma-1}{\gamma+1} \tag{75}$$

式中:M_c 是临界马赫数,即发生可压缩性突变时未扰来流的马赫数。让方程(74)和(75)给出的 $\frac{W_{\max}}{W_1}$ 的表达式等同起来,便得到计算临界马赫数的方程,即

$$\frac{(1-k_{p\min})^{\frac{1}{2}}\left[1-\frac{M_c^2}{(1+\sqrt{1-M_c^2})^2}\right]}{1-\frac{M_c^2}{(1+\sqrt{1-M_c^2})^2}(1-k_{p\min})}=\left[\frac{2}{(\gamma-1)M_c^2}+\frac{\gamma-1}{\gamma+1}\right]^{\frac{1}{2}} \tag{76}$$

计算结果由图 5 表示,其中纵坐标是临界马赫数 M_c,而横坐标是在低速风洞中所测得的最大抽吸压力系数 $k_{p\min}$。在同一图中,也包括了 E. N. Jacobs[7] 给出的一条曲线。Jacobs 的计算依据的是 Glauert 和 Prandtl 的理论。前面在说明方程(73)时已经说到,这一理论趋于低估了可压缩性效应,所以由 Jacobs 给出的更高值的临界马赫数是可以期望的。由 J. Stack, W. F. Lindsey 和 R. T. Littell[8] 给出的实验数据也包含在图 5 中以便于比较。可以看出,Jacobs 的曲线明确地在实验点的上面,而由方程(76)得到的曲线很好地代表了它们的平均值。因此,这一预报可压缩性突变的方法,虽然不精确,但对设计计算来说却是十分满意的。

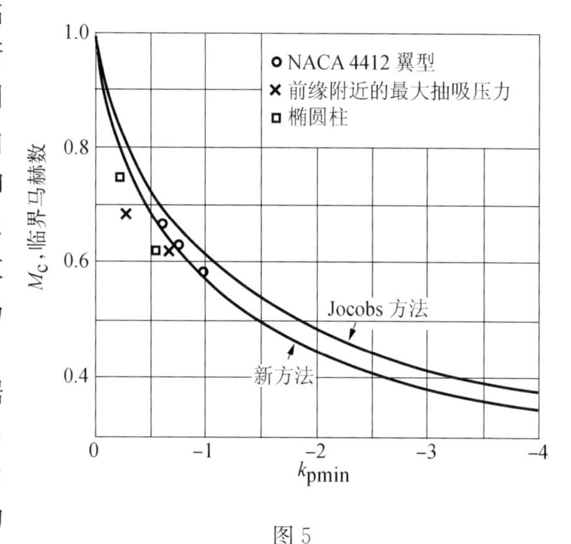

图 5

附录 1

计算速度和压力时要用到的几个马赫数的函数

M_1	$\sqrt{1-M_1^2}$	$1-\frac{M_1^2}{(1+\sqrt{1-M_1^2})^2}$	$\frac{M_1^2}{2(1+\sqrt{1-M_1^2})}$
0.20	0.9798	0.9898	0.01010
0.30	0.9539	0.9764	0.02303
0.40	0.9165	0.9564	0.04174
0.45	0.8930	0.9435	0.05349

(续表)

M_1	$\sqrt{1-M_1^2}$	$1-\frac{M_1^2}{(1+\sqrt{1-M_1^2})^2}$	$\frac{M_1^2}{2(1+\sqrt{1-M_1^2})}$
0.50	0.8660	0.9282	0.06699
0.55	0.8352	0.9102	0.08242
0.60	0.8000	0.8889	0.10000
0.65	0.7599	0.8636	0.12003
0.70	0.7141	0.8332	0.14293
0.75	0.6614	0.7962	0.16928
0.80	0.6000	0.7500	0.20000
0.85	0.5268	0.6901	0.23661
0.90	0.4359	0.6071	0.28206
0.95	0.3123	0.4759	0.34388
1.00	0	0	0.50000

(谈庆明 译， 凌国灿 校)

参考文献

[1] Hsue-shen Tsien. Two-dimensional subsonic flow of compressible fluids [J]. J. of Aero. Soc., 1939, 6: 399-407.

[2] Bateman H. The lift and drag functions for an elastic fluid in two-dimensional irrotational flow [J]. Proceedings of the National Academy of Sciences, 1938, 24: 246-251.

[3] Imai I. On the flow of a compressible fluid past a circular cylinder [J]. Proceedings of the Physico-Mathematical Society of Japan, 1938, 20(3): 635-645.

[4] Tamada K., Saito Y. Note on the flow of a compressible fluid past a circular cylinder [J]. Ibid., 1939, 21(3): 403-409.

[5] Tamada K. Application of the hodograph method to the flow of a compressible fluid past a circular cylinder [J]. Ibid., 1940, 22(3): 208-219.

[6] Kaplan C. Two dimensional subsonic compressible flow past elliptic cylinders [R]. N. A. C. A. T. R. No. 624, 1938.

[7] Jacobs E N. Method employed in America for the experimental investigation of aerodynamic phenomena at high speeds [C]. Atti dei V Convergno "Volta", Rome: 1936, 369-467.

[8] Stack J, Lindsey W F, Littell R T. The compressibility burble and the effect of compressibility on pressure and forces acting on an airfoil [R]. N. A. C. A. T. R. No. 646, 1939.

圆柱壳在轴压下的屈曲

Th. von Kármán　钱学森
(California Institute of Technology)

作者在前两篇论文[1,2]中已详细讨论了经典的薄壳理论不能解释圆柱壳和球壳屈曲现象的方方面面。我们指出,不仅计算得到的屈曲载荷比实验值高 3～5 倍,而且壳体屈曲所生成的波形也与预测的不同。我们进一步指出,L. H. Donnell[3]和 W. Flügge[4]对此所作的不同解释站不住脚,因为根据他们的解释达到的一些结论与实验结果不符。作者对球壳的理论分析结果[1]使作者相信,一般说来,有曲率的壳体的屈曲现象只能用非线性的大挠度理论才能解释。我们用有非线性弹性支撑的细柱的模型试验验证了我们的这种观点[2]。由于这类结构的非线性特点,一旦结构发生屈曲,随着屈曲波形幅值的增加,壳体维持平衡所需载荷就会迅速降低。因此,首先,当屈曲时,壳体内的一部分弹性能马上就释放出来了;这解释了观察到的屈曲现象为何如此迅速。其次,正如我们前几篇论文中的一篇[2]所表明的,由于试样的微小的缺陷以及试验过程中的振动,也会大大降低屈曲载荷。

本文采用同样的想法研究等厚度圆柱薄壳在轴压下的屈曲问题。首先,用近似的计算再次说明随着挠度的增加,壳体的承载是下降的。然后,根据计算的结果,更详细地讨论在实际试验机上观察到的屈曲现象。

一、壳体的中面应力和系统总能量的表达式

令 x 和 y 分别为变形前圆柱壳中面上轴向和周向的坐标;u, v 和 w 为中面上一点在 x, y 方向和径向的位移分量(图 1)。这样,在中面任意一点在 x 和 y 方向的正应变 ε_x, ε_y 和剪应变 γ_{xy} 可以表示为

$$\left.\begin{aligned}\varepsilon_x &= \frac{\partial u}{\partial x}+\frac{1}{2}\left(\frac{\partial w}{\partial x}\right)^2\\ \varepsilon_y &= \frac{\partial v}{\partial y}+\frac{1}{2}\left(\frac{\partial w}{\partial y}\right)^2-\frac{w}{R}\\ \gamma_{xy} &= \frac{\partial u}{\partial y}+\frac{\partial v}{\partial x}+\frac{\partial w}{\partial x}\frac{\partial w}{\partial y}\end{aligned}\right\}\tag{1}$$

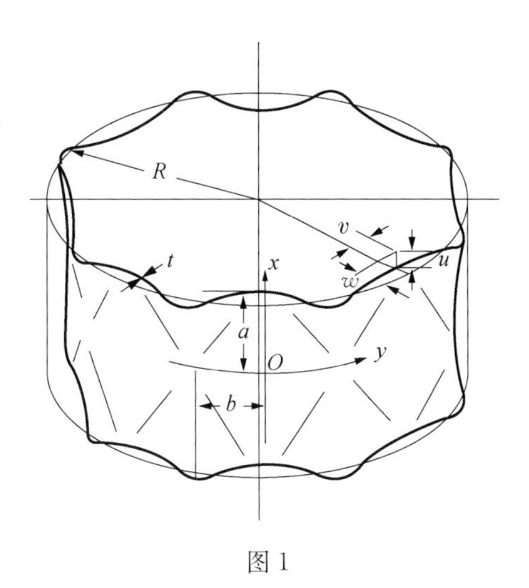

图 1

上式包括了二次项,R 是中面在变形前的半径。中面上的应力和应变之间有如下关系:

1941 年 2 月 1 日收稿,本文原发表于 Journal of the Aeronautical Sciences, 1941, Vol. 8, No. 8, pp. 303 - 312。

$$\left.\begin{aligned}\sigma_x &= \frac{E}{1-\nu^2}(\varepsilon_x + \nu\varepsilon_y)\\ \sigma_y &= \frac{E}{1-\nu^2}(\varepsilon_y + \nu\varepsilon_x)\\ \tau_{xy} &= \frac{E}{2(1+\nu)}\gamma_{xy}\end{aligned}\right\} \tag{2}$$

式中:E 为材料的杨氏模量;ν 为泊松比。将式(1)代入式(2),我们得到中面应力分量与位移分量之间的如下关系式:

$$\left.\begin{aligned}\sigma_x &= \frac{E}{1-\nu^2}\left[\frac{\partial u}{\partial x} + \frac{1}{2}\left(\frac{\partial w}{\partial x}\right)^2 + \nu\left\{\frac{\partial v}{\partial y} + \frac{1}{2}\left(\frac{\partial w}{\partial y}\right)^2 - \frac{w}{R}\right\}\right]\\ \sigma_y &= \frac{E}{1-\nu^2}\left[\frac{\partial v}{\partial y} + \frac{1}{2}\left(\frac{\partial w}{\partial y}\right)^2 - \frac{w}{R} + \nu\left\{\frac{\partial u}{\partial x} + \frac{1}{2}\left(\frac{\partial w}{\partial y}\right)^2\right\}\right]\\ \tau_{xy} &= \frac{E}{2(1+\nu)}\left[\frac{\partial u}{\partial y} + \frac{\partial v}{\partial x} + \frac{\partial w}{\partial x}\frac{\partial w}{\partial y}\right]\end{aligned}\right\} \tag{3}$$

一般认为,中面应力分量要满足的平衡条件可以近似地由如下平板的平衡方程来表示:

$$\left.\begin{aligned}\frac{\partial \sigma_x}{\partial x} + \frac{\partial \tau_{xy}}{\partial y} &= 0\\ \frac{\partial \tau_{xy}}{\partial x} + \frac{\partial \sigma_y}{\partial y} &= 0\end{aligned}\right\} \tag{4}$$

引入由下面关系定义的艾里(Airy)应力函数 $F(x, y)$:

$$\sigma_x = \frac{\partial^2 F}{\partial y^2},\quad \tau_{xy} = -\frac{\partial^2 F}{\partial x \partial y},\quad \sigma_y = \frac{\partial^2 F}{\partial x^2} \tag{5}$$

平衡方程式(4)得到满足。消去式(3)和式(5)内的变量 u 和 v,可得艾里应力函数 $F(x, y)$和径向位移 w 之间的如下关系:

$$\left(\frac{\partial^2}{\partial x^2} + \frac{\partial^2}{\partial y^2}\right)^2 F = E\left[\left(\frac{\partial^2 w}{\partial x \partial y}\right)^2 - \frac{\partial^2 w}{\partial x^2}\frac{\partial^2 w}{\partial y^2} - \frac{1}{R}\frac{\partial^2 w}{\partial x^2}\right] \tag{6}$$

此式代表应力和应变之间的协调关系。当 $R\to\infty$,上式就回到本文第一作者导得的关于平板的方程式[5]。(6)式首先由 L. H. Donnell[3] 导得。利用(6)式可以求得给定的中面径向位移 w 所引起的壳体的中面应力。

对于一个包含全波长的板块,相应于中面应力的伸缩弹性应变能 W_1 可以表示为:

$$W_1 = \frac{t}{2E}4\int_0^a\int_0^b [(\sigma_x + \sigma_y)^2 - 2(1+\nu)(\sigma_x\sigma_y - \tau_{xy}^2)]\,\mathrm{d}x\,\mathrm{d}y^{①} \tag{7}$$

式中:a 和 b 分别是轴向和周向的半波长。

为了计算弯曲弹性应变能,必须得到中面曲率和扭曲率的表达式。本文采用下面的简化表达式:

$$\chi_x = \frac{\partial^2 w}{\partial x^2},\quad \chi_{xy} = \frac{\partial^2 w}{\partial x \partial y},\quad \chi_y = \frac{\partial^2 w}{\partial y^2} \tag{8}$$

式(8)中略去了 χ_y 和 χ_{xy} 中由 v 引起的附加项。L. H. Donnell[6] 指出,如式(8)中保留的项的数量级为 1,则略去的项的数量级为 $1/n^2$,n 为周向的波数。对于圆柱薄壳而言,n 值约为 10;

① 此处原文为 $W_1 = \frac{t}{2E}4\int_0^a\int_0^b [(\sigma_x + \sigma_y)^2 - 2(1-\nu)(\sigma_x\sigma_y - \tau_{xy}^2)]\,\mathrm{d}\alpha\,\mathrm{d}y$。

因此，略去这些项是合理的。采用式(8)作为中面曲率和扭曲率的表达式，对于一个包含全波长的板块，其弯曲应变能 W_2 可以表示为

$$W_2=\frac{t^2E}{24(1-\nu^2)}4\int_0^a\int_0^b\left[\left\{\frac{\partial^2w}{\partial x^2}+\frac{\partial^2w}{\partial y^2}\right\}^2-2(1-\nu)\left\{\frac{\partial^2w}{\partial x^2}\frac{\partial^2w}{\partial y^2}-\left(\frac{\partial^2w}{\partial x\partial y}\right)^2\right\}\right]\mathrm{d}x\mathrm{d}y \quad (9)$$

作用在壳体端部的力作的虚功为力与壳体长度变化量的乘积。因此，我们有

$$W_3=4t\int_0^b(\sigma_x)_{x=a}\mathrm{d}y\int_0^a\frac{\partial u}{\partial x}\mathrm{d}x \quad (10)$$

让应变能 W_1 和 W_2 之和的一次变分等于虚功 W_3 的一次变分，我们就得到壳体的平衡条件。该平衡条件也可由分析壳体中面的弯矩和应力得到。Donnell[6] 利用上面提到的近似，导得了如下平衡方程：

$$\begin{aligned}&\frac{Et^3}{12(1-\nu^2)}\left(\frac{\partial^2}{\partial x^2}+\frac{\partial^2}{\partial y^2}\right)^4w+\frac{Et}{R^2}\frac{\partial^4w}{\partial x^4}\\&=\left(\frac{\partial^2}{\partial x^2}+\frac{\partial^2}{\partial y^2}\right)^2\left\{p+t\left(\sigma_x\frac{\partial^2w}{\partial x^2}+2\tau_{xy}\frac{\partial^2w}{\partial x\partial y}+\sigma_y\frac{\partial^2w}{\partial x^2}\right)\right\}\end{aligned} \quad (11)$$

式中：p 是作用在壳体表面的径向压力。在我们讨论的问题中：$p=0$，因此，利用式(5)，我们可以得到关于艾里应力函数 $F(x, y)$和径向位移分量 w 之间关系的第二个方程式如下：

$$\begin{aligned}&\frac{Et^2}{12(1-\nu^2)}\left(\frac{\partial^2}{\partial x^2}+\frac{\partial^2}{\partial y^2}\right)^4w+\frac{E}{R^2}\frac{\partial^4w}{\partial x^4}\\&=\left(\frac{\partial^2}{\partial x^2}+\frac{\partial^2}{\partial y^2}\right)^2\left[\frac{\partial^2F}{\partial y^2}\frac{\partial^2w}{\partial x^2}-2\frac{\partial^2F}{\partial x\partial y}\frac{\partial^2w}{\partial x\partial y}+\frac{\partial^2F}{\partial x^2}\frac{\partial^2w}{\partial y^2}\right]\end{aligned} \quad (12)$$

令 $R\rightarrow\infty$，式(12)就化成平板的相应的方程式。

求解等厚度圆柱薄壳在轴压下的屈曲问题有两种不同的方法。较为精确的方法是在适当的边界条件下联立求解式(6)和式(12)。近似方法是先假定 w 的可能采用的函数，其中包含一些待定的参数，然后利用式(6)确定壳体中面内的应力。由式(7)，式(9)和式(10)计算 W_1，W_2 和 W_3。根据 $W_1+W_2-W_3$ 必须达到极小值的条件来确定待定的参数。在下面的计算中，我们采用后面这种近似方法。

二、总能量的计算

为了得到 w 的可能的函数形式，我们得利用实验结果。实验观察可知，当波幅很大时，波呈所谓菱形，其可由下式近似表示：

$$\frac{w_1}{R}=\cos^2\frac{mx+ny}{2R}\cos^2\frac{mx-ny}{2R} \quad (13)$$

式内取平方的原因是壳体有向内屈曲的趋向。式(13)可改写为

$$\frac{w_1}{R}=\frac{1}{4}+\frac{1}{2}\left[\cos\frac{mx}{R}\cos\frac{ny}{R}+\frac{1}{4}\cos\frac{2mx}{R}+\frac{1}{4}\cos\frac{2ny}{R}\right] \quad (14)$$

另一方面，当波幅非常小时适用的经典理论给出的波形为

$$\frac{w_2}{R}=\cos\frac{mx}{R}\cos\frac{ny}{R} \quad (15)$$

为了在波幅变小时可以过渡到上面的形式，我们在下面计算中取如下形式的波形：

$$\frac{w}{R}=\left(f_0+\frac{f_1}{4}\right)+\frac{f_1}{2}\left(\cos\frac{mx}{R}\cos\frac{ny}{R}+\frac{1}{4}\cos\frac{2mx}{R}+\frac{1}{4}\cos\frac{2ny}{R}\right)+\frac{f_2}{4}\left(\cos\frac{2mx}{R}+\cos\frac{2ny}{R}\right) \tag{16}$$

式中：f_0，f_1 和 f_2 为未知的系数，根据上面给出的应变能最小的条件加以确定。f_0 之引入，是为了使壳体在径向有平均的位移。引起径向位移 w 波形幅度变化最大的系数是 f_1。轴向和周向的波长分别为：$2\pi R/m$ 和 $2\pi R/n$。因此，壳体周向的波数为 n。显而易见，采用这样的波形，无法考虑壳体的端部边界条件，因此，下面的计算仅适用于很长的圆柱壳。在我们的上一篇论文[2]中提到的 N. Nojima 和 S. Kanemitsu 的实验结果证实这里的简化是合理的。他们的结果表明，当圆柱壳的长度大于其半径的 1.5 倍时，就无明显的长度效应。进而我们可以看到，如令 $f_0=f_2=0$，则式(16)化为式(14)；若令 $(f_1/4)+(f_2/2)=0$ 以及 $f_0+f_1/4=0$，则式(16)就化为式(15)。当这些系数取其他值时，相应的波形将是介乎这两者之间。

将式(16)代入式(6)，我们就得到如下关于艾里应力函数 $F(x,\ y)$ 的微分方程式：

$$\left(\frac{\partial^2}{\partial x^2}+\frac{\partial^2}{\partial y^2}\right)^2 F=-E\mu^2\left(\frac{n}{R}\right)^2\left[A\cos\frac{2mx}{R}+B\cos\frac{2ny}{R}+C\cos\frac{mx}{R}\cos\frac{ny}{R}+D\cos\frac{3mx}{R}\cos\frac{ny}{R}+G\cos\frac{mx}{R}\cos\frac{3ny}{R}+H\cos\frac{2mx}{R}\cos\frac{2ny}{R}\right] \tag{17}$$

式中：$\mu=m/n$ 为波形的长宽比。若 $\mu>1$，则波在周向较长；反之，若 $\mu<1$，则波在轴向较长。式(17)中的系数由下面诸式确定：

$$\left.\begin{aligned}
A&=\frac{1}{8}f_1^2n^2-\left(\frac{1}{2}f_1+f_2\right)\\
B&=\frac{1}{8}f_1^2n^2\\
C&=\frac{1}{2}f_1n^2\left(\frac{1}{2}f_1+f_2\right)-\frac{1}{2}f_1\\
D&=\frac{1}{4}f_1n^2\left(\frac{1}{2}f_1+f_2\right)\\
G&=\frac{1}{4}f_1n^2\left(\frac{1}{2}f_1+f_2\right)\\
H&=n^2\left(\frac{1}{2}f_1+f_2\right)^2
\end{aligned}\right\} \tag{18}$$

式(17)的解可以很容易得到

$$F=-E\mu^2\left(\frac{R}{n}\right)^2\left[\frac{A}{16\mu^4}\cos\frac{2mx}{R}+\frac{B}{16}\cos\frac{2ny}{R}+\frac{C}{(1+\mu^2)^2}\cos\frac{mx}{R}\cos\frac{ny}{R}+\frac{D}{(1+9\mu^2)^2}\cos\frac{3mx}{R}\cos\frac{ny}{R}+\frac{G}{(9+\mu^2)^2}\cos\frac{mx}{R}\cos\frac{3ny}{R}+\frac{H}{16(1+\mu^2)^2}\cos\frac{2mx}{R}\cos\frac{2ny}{R}\right]+\frac{\alpha x^2}{2}+\frac{\beta y^2}{2} \tag{19}$$

利用式(5)，可得壳中面的应力分量如下：

$$\left.\begin{aligned}
\sigma_x &= \overline{E}\mu^2\Big[\frac{B}{4}\cos\frac{2ny}{R}+\frac{C}{(1+\mu^2)^2}\cos\frac{mx}{R}\cos\frac{ny}{R}+\frac{D}{(1+9\mu^2)^2}\cos\frac{3mx}{R}\cos\frac{ny}{R}+\\
&\quad \frac{9G}{(9+\mu^2)^2}\cos\frac{mx}{R}\cos\frac{3ny}{R}+\frac{H}{4(1+\mu^2)^2}\cos\frac{2mx}{R}\cos\frac{2ny}{R}\Big]+\beta\\
\sigma_y &= E\mu^2\Big[\frac{A}{4\mu^2}\cos\frac{2mx}{R}+\frac{\mu^2 C}{(1+\mu^2)^2}\cos\frac{mx}{R}\cos\frac{ny}{R}+\frac{9\mu^2}{(1+9\mu^2)^2}\cos\frac{3mx}{R}\cos\frac{ny}{R}+\\
&\quad \frac{\mu^2 G}{(9+\mu^2)^2}\cos\frac{mx}{R}\cos\frac{3ny}{R}+\frac{\mu^2 H}{4(1+\mu^2)^2}\cos\frac{2mx}{R}\cos\frac{2ny}{R}\Big]+\alpha\\
\tau_{xy} &= E\mu^2\Big[\frac{\mu C}{(1+\mu^2)^2}\sin\frac{mx}{R}\sin\frac{ny}{R}+\frac{3\mu D}{(1+9\mu^2)^2}\sin\frac{3mx}{R}\sin\frac{ny}{R}+\\
&\quad \frac{3\mu G}{(9+\mu^2)^2}\sin\frac{mx}{R}\sin\frac{3ny}{R}+\frac{\mu H}{4(1+\mu^2)^2}\sin\frac{2mx}{R}\sin\frac{2ny}{R}\Big]
\end{aligned}\right\}\tag{20}$$

在所有的实验工作中，数据通常都用轴向平均压应力 σ 来表示。由式(20)可知：

$$\beta=-\sigma \tag{21}$$

利用式(3)，可得关于 $\partial u/\partial x$ 和 $\partial v/\partial y$ 的表达式：

$$\left.\begin{aligned}
\frac{\partial u}{\partial x} &= \frac{1}{E}(\sigma_x-\nu\sigma_y)-\frac{1}{2}\left(\frac{\partial w}{\partial x}\right)^2\\
\frac{\partial v}{\partial y} &= \frac{1}{E}(\sigma_y-\nu\sigma_x)-\frac{1}{2}\left(\frac{\partial w}{\partial y}\right)^2+\frac{w}{R}
\end{aligned}\right\}\tag{22}$$

将式(16)和式(20)代入式(22)，得：

$$\left.\begin{aligned}
\frac{\partial u}{\partial x} &= -\Big[\Big(\frac{\sigma}{E}+\nu\frac{\alpha}{E}\Big)+\frac{1}{2}n^2\mu^2\Big(\frac{3}{32}f_1^2+\frac{1}{8}f_1f_2+\frac{1}{8}f_2^2\Big)\Big]+\text{周期函数的项}\\
\frac{\partial v}{\partial y} &= \frac{\alpha}{E}+\nu\frac{\sigma}{E}-\frac{1}{2}n^2\Big(\frac{3}{32}f_1^2+\frac{1}{8}f_1f_2+\frac{1}{8}f_2^2\Big)+\Big(f_0+\frac{f_1}{4}\Big)+\text{周期函数的项}
\end{aligned}\right\}\tag{23}$$

因为 y 是壳体周向的坐标，所以 v 一定是 y 的周期函数；因此，在$\dfrac{\partial v}{\partial y}$中的常数项应为零，即：

$$\frac{\alpha}{E}+\nu\frac{\sigma}{E}-\frac{1}{2}n^2\Big(\frac{3}{32}f_1^2+\frac{1}{8}f_1f_2+\frac{1}{8}f_2^2\Big)+\Big(f_0+\frac{f_1}{4}\Big)=0 \tag{24}$$

由此条件可以确定 α。

利用式(7)，式(20)和式(24)，壳体的伸缩弹性应变能 W_1 可以表示为

$$\begin{aligned}
\frac{W_1}{\frac{1}{2}Etab} &= 4\Big[(1-\nu^2)\Big(\frac{\sigma}{E}\Big)^2+n^4\Big(\frac{3}{64}f_1^2+\frac{1}{16}f_1f_2+\\
&\quad \frac{1}{16}f_2^2\Big)^2+\Big(f_0+\frac{1}{4}f_1\Big)^2-2n^2\Big(\frac{3}{64}f_1^2+\frac{1}{16}f_1f_2+\\
&\quad \frac{1}{16}f_2^2\Big)\Big(f_0+\frac{1}{4}f_1\Big)\Big]+\Big[\frac{A^2}{8}+\frac{B^2\mu^4}{8}+\frac{\mu^4C^2}{(1+\mu^2)^2}+\\
&\quad \frac{\mu^4D^2}{(1+9\mu^2)^2}+\frac{\mu^4G^2}{(9+\mu^2)^2}+\frac{\mu^4H^2}{16(1+\mu^2)^2}\Big]
\end{aligned}\tag{25}$$

利用式(9)和式(16)，我们得到壳体的弯曲应变能 W_2：

$$\frac{W_2}{\frac{1}{2}Etab}=\frac{1}{6(1-\nu^2)}\Big(\frac{t}{R}\Big)^2n^4\Big\{f_1^2\Big[\frac{1}{8}(1+\mu^2)^2+\frac{1}{4}(1+\mu^4)\Big]+$$

$$(1+\mu^4)f_1f_2+(1+\mu^4)f_2^2\Big\} \tag{26}$$

外作用力所作的虚功可以利用式(10),式(20),式(23)和式(24)得到。它是

$$\frac{W_3}{\frac{1}{2}Etab}=\Big[2(1-\nu^2)\Big(\frac{\sigma}{E}\Big)^2+n^2\frac{\sigma}{E}(\nu+\mu^2)\Big\{\frac{3}{32}f_1^2+\frac{1}{8}f_1f_2+\frac{1}{8}f_2^2\Big\}-$$

$$2\nu\frac{\sigma}{E}\Big(f_0+\frac{1}{4}f_1\Big)\Big] \tag{27}$$

三、压应力与波幅之间的关系

为了得到平均压应力与波幅之间的关系,我们得使 $W_1+W_2-W_3$ 为极小的条件满足。我们发现,若首先使上面的能量和相对于 f_0 达到极小,可以使计算简化。即:

$$\frac{\partial}{\partial f_0}(W_1+W_2-W_3)=0 \tag{28}$$

由此可以确定 f_0, f_1 和 f_2 之间应满足如下关系:

$$f_0+\frac{1}{4}f_1=n^2\Big(\frac{3}{64}f_1^2+\frac{1}{16}f_1f_2+\frac{1}{16}f_2^2\Big)-\nu\frac{\sigma}{E} \tag{29}$$

利用上面的关系式以及式(24),我们很容易得到:$\alpha=0$。换言之,壳体的径向变形将使周向应力 σ_y 的平均值为零。将式(29)代入 W_1, W_2 和 W_3 的表达式式(25),式(26)和式(27),再利用式(18),我们最后可得到如下系统的弹性应变能减去虚功的表达式:

$$\frac{W_1+W_2-W_3}{\frac{1}{2}Etab}=-4\Big(\frac{\sigma}{E}\Big)^2-\frac{\sigma}{E}n^2\mu^2\Big(\frac{3}{8}f_1^2+\frac{1}{2}f_1f_2+\frac{1}{2}f_2^2\Big)+$$

$$n^4\Big\{\Big[\frac{1+\mu^4}{512}+\frac{17}{256}\frac{\mu^4}{(1+\mu^2)^2}+\frac{1}{64}\frac{\mu^4}{(1+9\mu^2)^2}+\frac{1}{64}\frac{\mu^4}{(9+\mu^2)^2}\Big]f_1^4+$$

$$\Big[\frac{9}{32}\frac{\mu^4}{(1+\mu^2)^2}+\frac{1}{16}\frac{\mu^4}{(1+9\mu^2)^2}+\frac{1}{16}\frac{\mu^4}{(9+\mu^2)^2}\Big]f_1^3f_2+$$

$$\Big[\frac{11}{32}\frac{\mu^4}{(1+\mu^2)^2}+\frac{1}{16}\frac{\mu^4}{(1+9\mu^2)^2}+\frac{1}{16}\frac{\mu^4}{(9+\mu^2)^2}\Big]f_1^2f_2^2+$$

$$\frac{1}{8}\frac{\mu^4}{(1+\mu^2)^2}f_1f_2^3+\frac{1}{16}\frac{\mu^4}{(1+\mu^2)^2}f_2^4\Big\}-n^2\Big\{\Big[\frac{1}{64}+\frac{1}{4}\frac{\mu^4}{(1+\mu^2)^2}\Big]f_1^3+$$

$$\Big[\frac{1}{32}+\frac{1}{2}\frac{\mu^4}{(1+\mu^2)^2}\Big]f_1^2f_2\Big\}+\Big\{\Big[\frac{1}{32}+\frac{1}{4}\frac{\mu^4}{(1+\mu^2)^2}\Big]f_1^2+\frac{1}{8}f_1f_2+$$

$$\frac{1}{8}f_2^2\Big\}+\frac{1}{6(1-\nu^2)}\Big(\frac{t}{R}\Big)^2n^4\Big\{\Big[\frac{1}{8}(1+\mu^2)^2+\frac{1}{4}(1+\mu^4)\Big]f_1^2+$$

$$(1+\mu^4)f_1f_2+(1+\mu^4)f_2^2\Big\} \tag{30}$$

我们将此式对 f_1 和 f_2 微分,令得到的偏导数为零,即得平衡所需满足的条件。引入下面的参数,可将结果表示为较简单的形式:

$$\rho=\frac{f_2}{f_1},\quad \eta=n^2\frac{t}{R},\quad \xi=f_1\frac{R}{t}=\frac{\delta}{t} \tag{31}$$

式中：δ 为圆柱壳屈曲波形的幅度。于是，平衡条件为：

$$\left.\begin{aligned}
\frac{\sigma R}{Et}\eta\mu^2\left(\rho+\frac{3}{2}\right)=&(\eta\xi)^2\left\{\frac{\mu^4}{4(1+\mu^2)^2}\rho^3+\right.\\
&\left[\frac{11}{8}\frac{\mu^4}{(1+\mu^2)^2}+\frac{1}{4}\frac{\mu^4}{(1+9\mu^2)^2}+\frac{1}{4}\frac{\mu^4}{(9+\mu^2)^2}\right]\rho^2+\\
&\left[\frac{27}{16}\frac{\mu^4}{(1+\mu^2)^2}+\frac{3}{8}\frac{\mu^4}{(1+9\mu^2)^2}+\frac{3}{8}\frac{\mu^4}{(9+\mu^2)^2}\right]\rho+\\
&\left.\left[\frac{1+\mu^4}{64}+\frac{17}{32}\frac{\mu^4}{(1+\mu^2)^2}+\frac{1}{8}\frac{\mu^4}{(1+9\mu^2)^2}+\frac{1}{8}\frac{\mu^4}{(9+\mu^2)^2}\right]\right\}-\\
&(\eta\xi)\left\{\left[\frac{1}{8}+2\frac{\mu^4}{(1+\mu^2)^2}\right]\rho+\left[\frac{3}{32}+\frac{3}{2}\frac{\mu^4}{(1+\mu^2)^2}\right]\right\}+\\
&\left\{\frac{1}{4}\rho+\left[\frac{1}{8}+\frac{\mu^4}{(1+\mu^2)^2}\right]\right\}+\frac{1}{3(1-\nu^2)}\eta^2\left\{(1+\mu^4)\rho+\right.\\
&\left.\left[\frac{1}{4}(1+\mu^2)^2+\frac{1}{2}(1+\mu^4)\right]\right\}\\
\frac{\sigma R}{Et}\eta\mu^2\left(\rho+\frac{1}{2}\right)=&(\eta\xi)^2\left\{\frac{1}{4}\frac{\mu^4}{(1+\mu^2)^2}\rho^3+\frac{3}{8}\frac{\mu^4}{(1+\mu^2)^2}\rho^2+\right.\\
&\left[\frac{11}{16}\frac{\mu^4}{(1+\mu^2)^2}+\frac{1}{8}\frac{\mu^4}{(1+9\mu^2)^2}+\frac{1}{8}\frac{\mu^4}{(9+\mu^2)^2}\right]\rho+\\
&\left.\left[\frac{9}{32}\frac{\mu^4}{(1+\mu^2)^2}+\frac{1}{16}\frac{\mu^4}{(1+9\mu^2)^2}+\frac{1}{16}\frac{\mu^4}{(9+\mu^2)^2}\right]\right\}-\\
&(\eta\xi)\left[\frac{1}{32}+\frac{1}{2}\frac{\mu^4}{(1+\mu^2)^2}\right]+\left[\frac{1}{4}\rho+\frac{1}{8}\right]+\\
&\frac{1}{3(1-\nu^2)}\eta^2\left[(1+\mu^4)\rho+\frac{1}{2}(1+\mu^4)\right]
\end{aligned}\right\}\quad(32)$$

从上面的式子中消去 $\sigma R/(Et)$，即得如下关于 ρ 的方程式：

$$A_3\rho^3+A_2\rho^2+A_1\rho+A_0=0\quad(33)$$

式中有关系数为：

$$\left.\begin{aligned}
A_3=&(\eta\xi)^2\left\{\frac{3\mu^4}{(1+\mu^2)^2}+\frac{\mu^4}{(1+9\mu^2)^2}+\frac{\mu^4}{(9+\mu^2)^2}\right\}\\
A_2=&(\eta\xi)^2\left\{\frac{9}{2}\frac{\mu^4}{(1+\mu^2)^2}+\frac{3}{2}\frac{\mu^4}{(1+9\mu^2)}+\frac{3}{2}\frac{\mu^4}{(9+\mu^2)^2}\right\}-(\eta\xi)\left\{\frac{1}{2}+\frac{8\mu^4}{(1+\mu^2)^2}\right\}\\
A_1=&(\eta\xi)^2\left\{\frac{1+\mu^4}{16}+\frac{1}{4}\frac{\mu^4}{(1+\mu^2)^2}+\frac{1}{4}\frac{\mu^4}{(1+9\mu^2)^2}+\frac{1}{4}\frac{\mu^4}{(9+\mu^2)^2}\right\}-\\
&(\eta\xi)\left\{\frac{1}{2}+\frac{8\mu^4}{(1+\mu^2)^2}\right\}+\left\{\frac{4\mu^4}{(1+\mu^2)^2}-1\right\}-\frac{2}{3(1-\nu^2)}\eta^2\left\{2(1+\mu^4)-\frac{1}{2}(1+\mu^2)^2\right\}\\
A_0=&(\eta\xi)^2\left\{\frac{1+\mu^4}{32}-\frac{5}{8}\frac{\mu^4}{(1+\mu^2)^2}-\frac{1}{8}\frac{\mu^4}{(1+9\mu^2)^2}-\frac{1}{8}\frac{\mu^4}{(9+\mu^2)^2}\right\}+\\
&\left\{\frac{2\mu^4}{(1+\mu^2)^2}-\frac{1}{2}\right\}-\frac{2}{3(1-\nu^2)}\eta^2\left\{(1+\mu^4)-\frac{1}{4}(1+\mu^2)^2\right\}
\end{aligned}\right\}\quad(34)$$

因此，当 $\xi=0$ 时，即当波形的幅度趋于零时，从(32)式可知 $A_2=A_3=0$；同时有：

$$A_1=-\frac{2}{3(1-\nu^2)}\eta^2\left\{2(1+\mu^4)-\frac{1}{2}(1+\mu^2)^2\right\}$$

$$A_0=-\frac{2}{3(1-\nu^2)}\eta^2\left\{(1+\mu^4)-\frac{1}{4}(1+\mu^2)^2\right\}=\frac{A_1}{2}$$

将其代入式(31)，我们就得出 $\rho=-1/2$，或 $f_2=-(1/2)f_1$。将 f_1 和 f_2 之间的这关系式代入式(14)，波形就简化为式(15)[①] 的形式，即为经典理论给出的波幅为无限小时的波形。

对于给定的 μ 和 η 值，我们可以首先用式(34)算出不同波幅 ξ 值下的系数。然后由式(33)解出相应于该特定的 μ 和 η 值、不同的波幅 ξ 下的 ρ。在 ρ 已知的条件下，由式(32)就可以算出相应的"归一化的压缩应力"$\sigma R/(Et)$。但是我们发现，如略去 ρ 的三次项，由(30)式可得更便于数值计算的下式：

$$\begin{aligned}\frac{\sigma R}{Et}=&\left\{\frac{1}{\eta}\frac{\mu^2}{(1+\mu^2)^2}+\frac{1}{12(1-\nu^2)}\frac{\eta(1+\mu^2)^2}{\mu^2}\right\}+\\&\frac{1}{\eta\mu^2}\Bigg[(\eta\xi)^2\left\{\frac{\mu^4}{(1+\mu^2)^2}+\frac{\mu^4}{4(1+9\mu^2)^2}+\frac{\mu^4}{4(9+\mu^2)^2}\right\}\rho^2+\\&\left\{(\eta\xi)^2\left(\frac{\mu^4}{(1+\mu^2)^2}+\frac{1}{4}\frac{\mu^4}{(1+9\mu^2)^2}+\frac{1}{4}\frac{\mu^4}{(9+\mu^2)^2}\right)-\right.\\&\left.(\eta\xi)\left(\frac{1}{8}+\frac{2\mu^4}{(1+\mu^2)^2}\right)\right\}\rho+\left\{(\eta\xi)^2\left(\frac{1+\mu^4}{64}+\frac{1}{4}\frac{\mu^4}{(1+\mu^2)^2}+\right.\right.\\&\left.\left.\frac{1}{16}\frac{\mu^4}{(1+9\mu^2)^2}+\frac{1}{16}\frac{\mu^4}{(9+\mu^2)^2}\right)-(\eta\xi)\left(\frac{1}{16}+\frac{\mu^4}{(1+\mu^2)^2}\right)\right\}\Bigg]\end{aligned}\tag{35}$$

因此，当 $\xi\to 0$ 时，即当波幅变得很小时，式(35)就化为：

$$\left(\frac{\sigma R}{Et}\right)_{\xi\to 0}=\frac{1}{\eta}\frac{\mu^2}{(1+\mu^2)^2}+\frac{1}{12(1-\nu^2)}\frac{1}{\dfrac{1}{\eta}\dfrac{\mu^2}{(1+\mu^2)^2}}\tag{36}$$

平均压应力 σ 的最小值由下式给出：

$$\min\left(\frac{\sigma R}{Et}\right)_{\xi\to 0}=\frac{1}{\sqrt{3(1-\nu^2)}}\tag{37}$$

这是众所周知的适用于无限小位移的经典理论的结果。在取最小值时，有下面的关系成立：

$$\eta\frac{(1+\mu^2)^2}{\mu^2}=2\sqrt{3(1-\nu^2)}\tag{38}$$

有意思的是，对于无限小的波幅，满足式(38)的无限多对 η 和 μ 值给出相同的平均压应力的最小值。

我们对于周向和轴向长度之比 μ 取两个值进行计算，即 1 和 0.5。之所以取 1 是因为实验表明，当波幅很大时，菱形波的两个方向的长度差不多是相等的。取 0.5 的原因是要考察出现窄波的可能性。计算结果在图 2 和图 3 中给出，坐标纵轴是归一化的压缩应力 $\sigma R/(Et)$，横坐标是波幅 ξ。图中的参数是 η，其后面括号内的数字为当 $R/t=1\,000$ 时实际的周向波数 n。对于给定的 η 和 μ 值，即对于固定波形，当波幅 ξ 增加时，壳体所能承受的载荷 $\sigma R/(Et)$ 先是减小的。在达到最小值后，载荷随波幅的增加而增加。当波幅增加时，初始屈曲载荷，即当 $\xi=0$时的 $\sigma R/(Et)$ 的值也变高。但是除非 $\eta<0.169$ 以及 $\mu=1$，其达到的最低载荷的值则趋

① 此处原文为"式(13)"。——译者注

于一更低的值。当 $\mu=0.5$，在 $\eta=0.081$ 时，极小的载荷还未达到最小值。

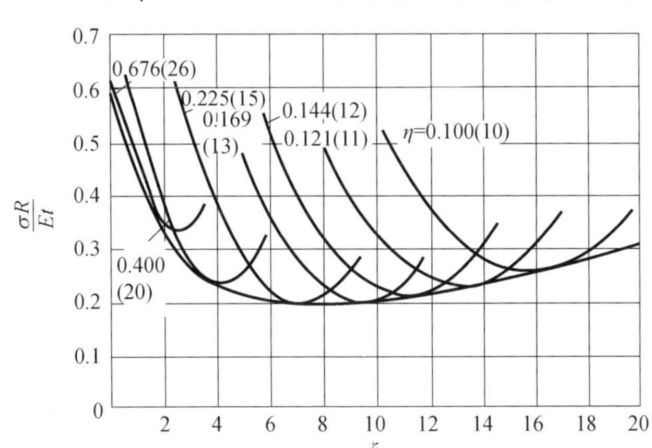

图 2　当 $\mu=1.00$，周向具有不同波数时，归一化的压缩应力 $\sigma R/(Et)$ 与波幅 $\xi=\delta/t$ 之间的关系曲线

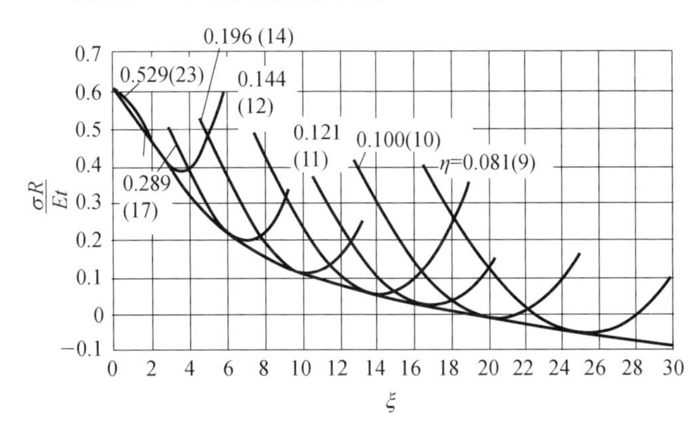

图 3　当 $\mu=0.50$，周向具有不同波数时，归一化的压缩应力 $\sigma R/(Et)$ 与波幅 $\xi=\delta/t$ 之间的关系曲线

四、压缩应力与壳体轴向缩短之间的关系

虽然图 2 和图 3 所示的圆柱壳的载荷特性给出了载荷与壳体挠度波幅之间的平衡关系，从图上还不能直接看出在试验机上的试样的真实性状。在试验机上，可以控制的唯一因素是两个端板之间的距离；这是试样必须满足的几何约束条件。因此，为了确定试样的真实性状，我们必须得到试样的压缩应力与其端部缩短之间的关系，画出相应的曲线。命 ε 为其单位缩短量，即壳体的总的缩短量除以轴向的波长，其可以由式(23)很容易计算得到：

$$\frac{\varepsilon R}{t}=\frac{\sigma R}{Et}+\frac{\mu^2}{16}\xi(\eta\xi)\left(\rho^2+\rho+\frac{3}{4}\right) \tag{39}$$

确定单位缩短量的此式中所含的变量都是已求得的，如 ρ 和 $\sigma R/(Et)$。图 4 和图 5 中分别对于 $\mu=1$ 和 $\mu=0.5$ 给出了 $\sigma R/(Et)$ 和 $\varepsilon R/t$ 之间关系的曲线。从图上马上可知，按曲线所示的屈曲过程，壳体在开始屈曲后，其端部的缩短会减小。换言之，试验机的端板之间的距离要增加。因此，在该区域，屈曲过程是高度不稳定的；事实上，在操作试验机的人员还未来得及将端板分开来，壳体已跳至 P 点(见图 4 或图 5)，该点相应的端部缩短量与屈曲开始点同，但相应的压缩应力就要小多了。平衡位置的这种跳跃涉及弹性能的释放，从而表明屈曲过程之迅速以及之后发生的振动。

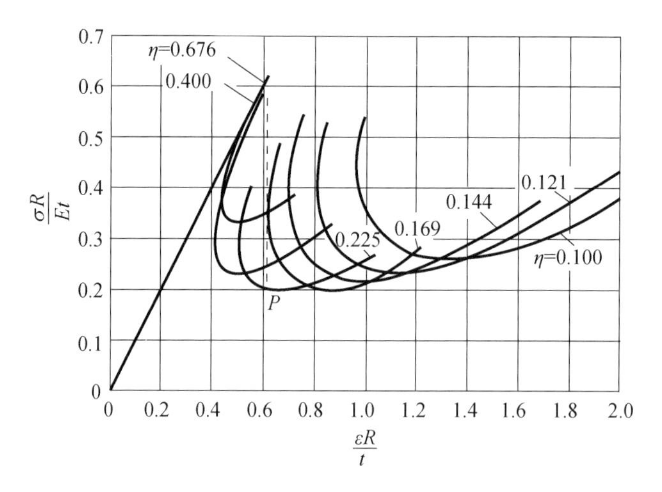

图 4　当 $\mu=1.00$，周向具有不同波数时，归一化的压缩应力 $\sigma R/(Et)$ 与壳体端部单位缩短量 $\varepsilon R/t$ 之间的关系曲线

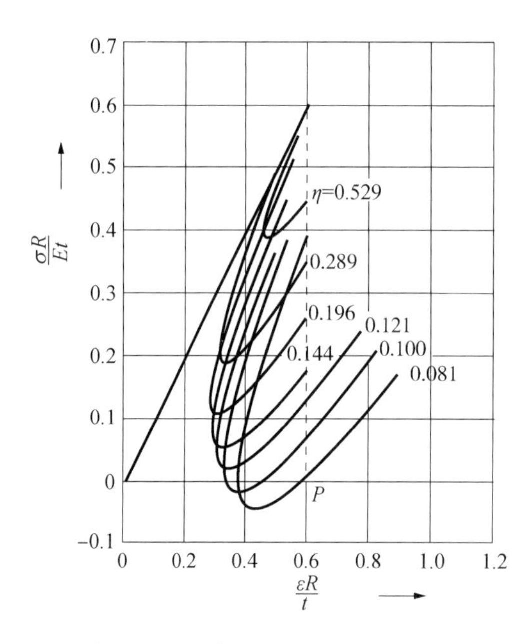

图 5　当 $\mu=0.50$，周向具有不同波数时，归一化的压缩应力 $\sigma R/(Et)$ 与壳体端部单位缩短量 $\varepsilon R/t$ 之间的关系曲线

我们在上面的讨论中已暗中假定，对于处于平衡的系统，在相同的端部条件下，即具有相同的端部缩短量，如其涉及较低的 σ 值，或较低的弹性应变能，那么系统会马上转到该平衡位置。这一点并非根据严格的力学原理得到的。显而易见，例如，如一直的平衡位置是稳定的，即所有无限小邻近的位置都具有较高的位能，要将其转到另一平衡位置一定要外部施加有限大小的作用力才行。但是可以假定，在试验中，这样的外部作用力总是存在的，只要试验中不是十分小心翼翼的话，或结构处于实际的工况之下。进一步说，如果我们假定，结构在外力帮助下，越过了这个“能量的驼峰”，我们并不能证明，这样就会跳到能量水平最低的平衡位置。但是，如结构受到几个随机的外力作用，我们可以计算出，在一定的概率下，平衡最终会“归宿于”最低能量的位置。壳体弹性应变能的近似计算表明，当 $\eta<0.121$，对于大的 $\varepsilon R/t$ 值，如端部缩短量相同的话，窄波的弹性应变能要大于方波的弹性应变能。因此，在这样的条件下，出现窄波的可能性要小。但是，当 $\eta\geqslant0.121$，对于 $\varepsilon R/t$ 值接近 0.6 情况，如端部缩短量相同的话，窄波与方波的弹性应变能两者是相当的。因此，在屈曲过程刚刚开始时，出现窄波确有可能。

不管怎样，有一点可以肯定，就是屈曲的圆柱壳有好些不同的平衡位置，所涉及的平均压

缩应力 $\sigma R/(Et)$ 要比屈曲开始时的值要低得多。例如，就方波而言，最低的压缩应力为：

$$\frac{\sigma}{E}=0.194\,\frac{t}{R} \tag{40}$$

顺便说来，此值与 L. H. Donnell[3] 和 E. E. Lundquist[7] 由实验得到的大部分结果很符合。

确定波数的相应的参数 η 的值等于 0.225。当 $R/t=1\,000$ 时，波数 n 为 15，其与实验结果也符合。对此特定的半径与厚度的比值，壳体周向的波数，随着屈曲的进程是递减的，屈曲开始时为 $n=26$，在达到计算得到的最小屈曲应力时，为 $n=15$。随着端部单位缩断量的增加，波逐渐变大，这与我们在前一篇论文中实验观察到的结果一致[2]。

但是，特别有意思的是跟踪屈曲过程中波的型式的变化。图 6 和图 7 对于两个长宽比 $\mu=1.0$ 和 $\mu=0.5$ 这两种情况，给出了不同平衡状态下的等挠度曲线。其相应的平衡状态，在

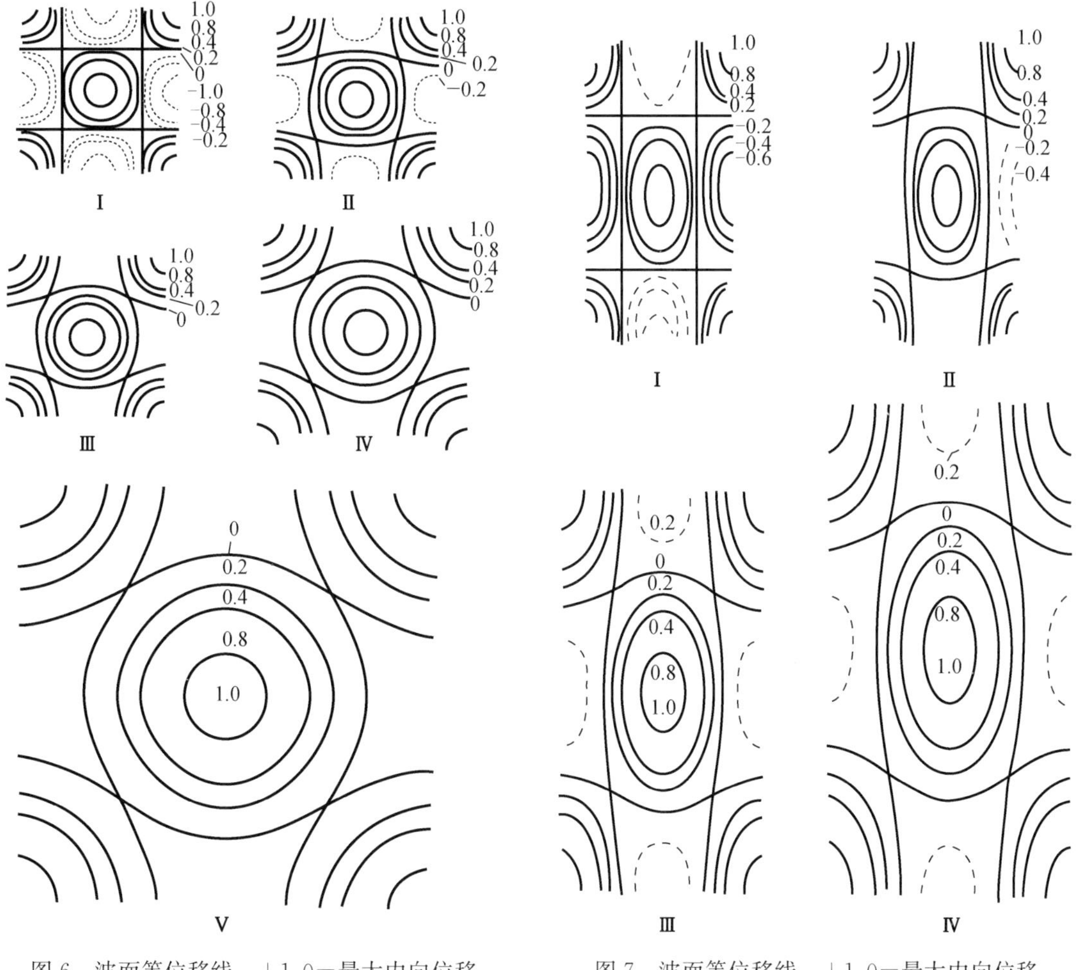

图 6　波面等位移线。+1.0=最大内向位移

垂直方向的压缩量：$\mu=1.00$

	ξ	η
Ⅰ	0	0.676
Ⅱ	1.00	0.676
Ⅲ	2.00	0.676
Ⅳ	4.00	0.400
Ⅴ	16.22	0.100

图 7　波面等位移线。+1.0=最大内向位移

垂直方向的压缩量：$\mu=0.50$

	ξ	η
Ⅰ	0	0.529
Ⅱ	2.50	0.529
Ⅲ	5.50	0.289
Ⅳ	10.00	0.196

图 2 和图 3 以及图 4 和图 5 中，标以小圆圈，说明它们在屈曲过程中的相对位置。由此可以看到，从经典理论给出的由坐标线 x=常数和 y=常数所界定的方波，很快转变为交错的一排排圆波或椭圆波。相邻的方波的相应的挠度一个指向壳的内部，另一指向外部；而对于圆波和椭圆波来说，挠度都是指向壳体内部的。当 $\xi=4$ 或 6 时，即波幅为壳体厚度的 4 或 6 倍时，这样的转变已大体完成。在屈曲的此阶段出现挠度向内的这些圆形的或椭圆形的波，很符合实验观察的结果[2]。如实验继续下去，达到更大的挠度($\xi\sim60$)，这些交替的波就变成典型的菱形。本文提出的近似理论并不能得到这些轮廓分明的菱形。也就是说，在如此大的挠度下，近似理论还不够精确。而且，当这些菱形波出现之时，作用在试样上的载荷已经降到很低的水平，例如：$(\sigma R/(Et))\approx0.06$，而我们的理论表明，至少对于 $\mu=1.0$ 的情况，应力还稍微有所增加。因此，本文的计算只能视为屈曲初始阶段，波幅仅为壳体厚度几倍时的一个相当好的近似。但是，它已重现了在实验室里观察到的屈曲过程的一些典型的特征。

五、试验机的弹性对于屈曲现象的影响

在上一段我们指出，试样的状态取决于端板之间的距离，其为试验人员可以控制的独立参量。这说法仅当试验机机构的弹性可以忽略的条件下才是正确的。试验机的加载装置总是允许一定的弹性变形的，其为载荷的函数。因此，如将试验机的曲柄置某一位置，作用在试样上的压应力将使端板分开，从而减小了试样端部的缩短量。实际的缩短量取决于试样和试验机两者的载荷变形的特性。假定试验机的变形满足线弹性的规律，压缩载荷与端部缩短量之间的关系可用平行的直线表示；其不同的直线代表曲柄的不同转数。如加载曲柄置于某一位置，相应的压缩载荷值以及试样的端部缩短量必定在与该曲柄位置相应的直线之上。如已知试样本身的载荷-端部缩短的曲线，那么整个试验机-试样系统的平衡位置由代表试样特征的曲线和代表试验机特性的直线的交点决定。

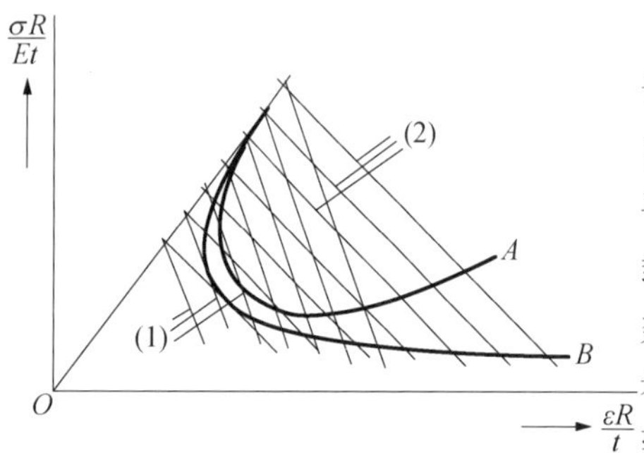

图 8 试验机刚性对试样性能的影响
(1) 较为刚硬的试验机
(2) 较为柔性的试验机

图 8 给出了代表两个不同试验机特征的两组直线和试样的特性曲线。显而易见，当达到最大载荷或初始屈曲载荷之后，壳体将跳到一个压缩载荷要低得多的新的平衡位置。但是，这个新的平衡位置不仅取决于试样的载荷-端部缩短的特性，也取决于试验机的弹性性质。较柔性的试验机将具有斜率较小的一组特征直线。因此，考虑图 8 的曲线 A，对于较柔性的试验机而言，壳体会跳到比起较刚性的试验机来更高的载荷；而对于曲线 B，情况则正好相反。本文第一作者，在研究柱体的塑性屈曲时，讨论了试验机弹性的这种影响[8]。

六、结论

在上面，我们表明，圆柱薄壳屈曲后存在一些平衡位置，其相应的载荷要比经典理论预测的要低得多。因此，很容易理解，如试样稍有原始缺陷，其屈曲载荷就会低很多。我们还指出，试验机的弹性对屈曲过程会有重大影响，此可能是不同的试验者得到的数据分散度很大的另一原因。但是，由于问题极复杂，本文给出的结果仅能视为一粗略的近似，大多论述是定性的，还不是定量的。为了使新的理论有坚实的基础，必须得到平衡微分方程的更精确的解。特别

应注意壳体内弹性应变能的计算，因为，最可能的平衡位置的达到取决于比较加载过程的约束条件所相容的各种不同的平衡位置所涉及的弹性应变能。

而且，对于一个有科学探索头脑的研究者来说，总希望能严格证明上面采用的建立在直观基础之上并未通过系统推理得到的大挠度方程。例如，由于大挠度在菱形波表面生成尖锐的曲度，我们并不能确认，是应考虑二次项更精确地计算壳的曲率呢，还是应更精确地计算中面的伸长。我们相信，很需要直接从 G. Kirchhoff，J. Boussinesq 等人得到的弹性理论的非线性理论出发来研究这些问题。R. Kappus 的最近的工作[9]是该研究领域的令人瞩目的贡献。本文第一作者在美国数学学会 1939 年的 Gibbs 讲座中已表达了这样的观点[10]。

（王克仁 译， 柳春图 校）

参考文献

[1] von Kármán Th.，Tsien，Hsue-Shen. The Buckling of Spherical Shells by External Pressure [J]. Journal of the Aeronautical Sciences，1939，7(2)：43.

[2] von Kármán Th.，Dunn Louis G.，Tsien，Hsue-Shen. The Influence of Curvature on the Buckling Characteristics of Structures [J]. Journal of the Aeronautical Sciences，1940，7(7)：276.

[3] Donnell L H. A New Theory for the Buckling of Thin Cylinders Under Axial Compression and Bending [J]. A. S. M. E. Transactions，56：795 - 806，1934.

[4] Flügge W. Die Stabalität der Kreiszylinderschale [J]. Ingenieur Archiv，1932，(3)：463 - 506.

[5] von Kármán Th. Encyklopädie der Mathematischen Wissenschaften [M]. 1910，Ⅳ. 4：349.

[6] Donnell L H. Stability of Thin-Walled Tubes Under Torsion [R]. N. A. C. A. Technical Report No. 479，1934.

[7] Lundquist E E. Strength Tests of Thin-Walled Duralumin Cylinders in Compression [R]. N. A. C. A. Technical Report No. 473，1933.

[8] von Kármán Th. Untersuchungen über Knickféstigkeit [G]. Forschungsarbeiten，Berlin，1910：81.

[9] Kappus R. Zur Elastizitätstheorie endlicher Verschiebungen [J]. ZAMM，1939，19：271 - 285. 344 - 361.

[10] von Kármán Th. The Engineer Grapples with Nonlinear Problems [J]. Bulletin of the American Mathematical Society，1940，46：636 - 637.

带非线性横向支撑的柱的屈曲

钱学森[①]

(California Institute of Technology)

引　论

在薄球壳[1]和薄柱壳[2]的屈曲现象研究中发现：对这种结构，即使应力是低于弹性极限并和相应的应变成正比，但持续的载荷不是挠度的线性函数。这个非线性的载荷和挠度关系给出完全不同于经典理论的屈曲现象。但是，这些问题的精确解涉及一组非线性偏微分方程，很难得到精确解。在本研究中采用的方法称为能量法，首先假设一个带一些待定参数的合理的壳挠度形状，然后用系统的应变能的一阶变分等于零来确定这些参数。虽然这个方法对所研究的情况得到了相当满意的结果，由于这些问题的新奇性，所以精确解是非常向往的。带非线性横向支撑的柱的实验表明[3]，这种结构可以重现曲壳屈曲的基本特征，但是，带非线性横向支撑的柱问题比曲壳问题简单得多，没有数学上的困难就可以得到精确解。本文将给出柱问题的精确解。

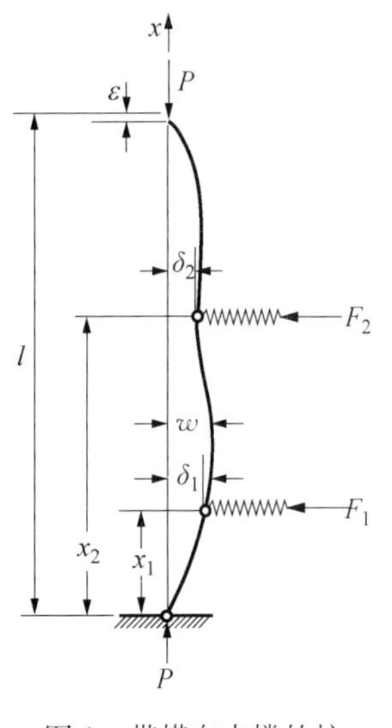

图 1　带横向支撑的柱

Cox[4]在薄曲板的屈曲研究中应用同样的模拟来确定屈曲现象的非线性特性，也对由两根连接到柱中心的柱进行了数学分析。但是，Cox 的计算似乎有些不必要的复杂。本文所发展的方法比较一般，因为它可用于有任何弹性性质的支撑。

一、直柱的一般理论

用变分法计算柱的平衡位置，设初始柱是直的，取它的中心线为 x 轴(图 1)，柱的下端点为原点。柱在 g 个点 $x_1, x_2, \cdots, x_g$ 受非线性载荷和挠度特性的弹簧横向支撑。当柱是直的情况下，设弹簧没有受载，用 $\delta_1, \delta_2, \cdots, \delta_g$ 表示弹簧的挠度，在挠曲时，弹簧给出的力可以用 $F_1(\delta_1), F_2(\delta_2), \cdots, F_g(\delta_g)$ 表示，弹簧在挠度 $\delta_1, \delta_2, \cdots, \delta_g$ 时所贮存的能量很容易计算：

$$S_1(\delta_1) = \int_0^{\delta_1} F_1(\xi)\mathrm{d}\xi, \quad S_2(\delta_2) = \int_0^{\delta_2} F_2(\xi)\mathrm{d}\xi$$

1941 年 12 月 31 日收到。

① Research Fellow in Aeronautics，原文发表于 Journal of the Aeronautical Sciences，1942，Vol. 9，pp. 119 - 219。

或

$$S_g(\delta_g) = \int_0^{\delta_g} F_g(\xi)\mathrm{d}\xi \tag{1}$$

用 $w(x)$ 表示柱垂直于 x 轴的挠度，则

$$\delta_1 = w(x_1), \quad \delta_2 = w(x_2)$$

或

$$\delta_g = w(x_g) \tag{2}$$

设柱的两端为简支，$w(x)$ 可以表示为傅里叶级数

$$w(x) = \sum_{n=1}^{\infty} a_n \sin(n\pi x/l) \tag{3}$$

式中：l 是柱的长度，用 E 和 I 表示弹性模量和柱的截面惯性距，挠度 $w(x)$ 引起的弹性能为

$$W_1 = \frac{EI}{2}\int_0^l \left(\frac{\mathrm{d}^2 w}{\mathrm{d}x^2}\right)^2 \mathrm{d}x = \frac{EIl}{4}\sum_{n=1}^{\infty}\left(\frac{n\pi}{l}\right)^4 a_n^2 \tag{4}$$

弹簧所贮存的弹性能可以用方程(1)计算

$$W_2 = \sum_{m=1}^{g} S_m(\delta_m) = \sum_{m=1}^{g}\int_0^{\delta_m} F_m(\xi)\mathrm{d}\xi \tag{5}$$

作用在柱端点的压缩力由于挠度 $w(x)$ 引起的势能减少是

$$W_3 = -\frac{P}{2}\int_0^l \left(\frac{\mathrm{d}w}{\mathrm{d}x}\right)^2 \mathrm{d}x = -\frac{Pl}{4}\sum_{n=1}^{\infty}\left(\frac{n\pi}{l}\right)^4 a_n^2 \tag{6}$$

令 W_1，W_2，W_3 之和对 a_n 的一次变分等于零可以得到平衡条件，即

$$\frac{EIl}{2}\left(\frac{n\pi}{l}\right)^4 a_n + \sum_{m=1}^{g} F_m(\delta_m)\frac{\partial\delta_m}{\partial a_n} - \frac{Pl}{2}\left(\frac{n\pi}{2}\right)^2 a_n = 0 \tag{7}$$

应用式(2)和(3)可得

$$(\partial\delta_m/\partial a_n) = \sin(n\pi x_m/l) \tag{8}$$

把 $\partial\delta_m/\partial a_n$ 的这个值代入式(7)就得到系数 a_n 的下列方程：

$$a_n = \frac{\sum_{m=1}^{g}\sin(n\pi x_m/l)F_m(\delta_m)}{\frac{Pl}{2}\left(\frac{n\pi}{l}\right)^2 - \frac{EIl}{2}\left(\frac{n\pi}{l}\right)^4} \tag{9}$$

引入欧拉柱载荷 $P_E = EI\pi^2/l^2$，方程(9)可以表示为下列形式：

$$\frac{a_n}{l} = \frac{2}{\pi^2}\frac{\sum_{m=1}^{g}\sin\frac{n\pi x_m}{l}\frac{F_m(\delta_m)}{P_E}}{n^2\left[\frac{P}{P_E} - n^2\right]} \tag{10}$$

若作用在柱上的力 F_1，F_2，…，F_g 已知，则上述方程可以计算系数 a_n。已知的关系是函数 $F_1(\delta_1)$，$F_2(\delta_2)$，…，$F_g(\delta_g)$，即弹簧力作为它的挠度的函数。但是，应用式(2)和(3)可得到

$$(\delta_s/l) = \sum_{n=1}^{\infty}(a_n/l)\sin(n\pi x_s/l) \tag{11}$$

把方程(10)代入方程(11)

$$\frac{\delta_s}{l} = \frac{2}{\pi^2}\sum_{m=1}^{g}\frac{F_m(\delta_m)}{P_E}\sum_{n=1}^{\infty}\frac{\sin\frac{n\pi x_m}{l}\sin\frac{n\pi x_s}{l}}{n^2\left[\frac{P}{P_E} - n^2\right]}, \quad (s = 1, 2, \cdots, g) \tag{12}$$

若

$$K_{sm}=\frac{2}{\pi^2}\sum_{n=1}^{\infty}\frac{\sin\frac{n\pi x_m}{l}\sin\frac{n\pi x_s}{l}}{n^2\left[\frac{P}{P_E}-n^2\right]} \tag{13}$$

式(12)可以写为

$$(\delta_s/l)=\sum_{m=1}^{g}K_{sm}(F_m/P_E),\ (s=1,\ 2,\ \cdots,\ g) \tag{14}$$

用给出的 P/P_E 值,可以计算系数 K_{sm},这些系数是对称的,即

$$K_{sm}=K_{ms} \tag{15}$$

很容易从式(13)看出这一点。在计算这些系数时,式(14)构成 g 个未知数 $\delta_1,\ \delta_2,\ \cdots,\ \delta_g$ 的 g 个方程组,因此可以得到这些系数的值,接着可以计算弹簧力 $F_1,\ F_2,\ \cdots,\ F_g$,然后用式(10)确定傅里叶系数 a_n/l,问题完全解决。

这个方法的优点是基本参数与支撑弹簧的特性无关,因此,它们可以用于广泛一类的问题。

二、两个等间距支撑的情况

对于两个等间距支撑的情况,系数 K_{sm} 可以直接计算得到

$$\left.\begin{aligned}K_{11}&=\frac{2}{\pi^2}\sum_{n=1}^{\infty}\frac{\sin^2\frac{n\pi}{3}}{n^2\left(\frac{P}{P_E}-n^2\right)}\\K_{12}=K_{21}&=\frac{2}{\pi^2}\sum_{n=1}^{\infty}\frac{\sin\frac{n\pi}{3}\sin\frac{2n\pi}{3}}{n^2\left(\frac{P}{P_E}-n^2\right)}\\K_{22}&=\frac{2}{\pi^2}\sum_{n=1}^{\infty}\frac{\sin^2\frac{2n\pi}{3}}{n^2\left(\frac{P}{P_E}-n^2\right)}\end{aligned}\right\} \tag{16}$$

这些级数很容易用已知的关系求和:

$$\left.\begin{aligned}K_{11}=K_{22}&=\left[\frac{2}{9}+\frac{1}{4\theta}\left(3\cot\theta-\cot\frac{\theta}{3}\right)\right]\Big/\frac{P}{P_E}\\K_{12}=K_{21}&=\left[\frac{1}{9}+\frac{1}{4\theta}\left(3\csc\theta-\csc\frac{\theta}{3}\right)\right]\Big/\frac{P}{P_E}\end{aligned}\right\} \tag{17}$$

式中:

$$\theta=\pi\sqrt{P/P_E} \tag{18}$$

假如两个弹簧有相同的特性,则柱的挠度是对称的,即 $\delta_1=\delta_2=\delta$,因此 $F_1=F_2=F$,方程可简化为

$$(\delta/l)=(K_{11}+K_{22})(F/P_E) \tag{19}$$

$K_{11}+K_{12}$ 可以从式(17)得到,可写成

$$K_{11}+K_{12}=\left[\frac{1}{3}-\frac{1}{4\theta}\left(3\tan\frac{\theta}{2}-\tan\frac{\theta}{6}\right)\right]\Big/\frac{P}{P_E} \tag{20}$$

对于一般的线性特性的弹簧情况，即

$$F/P_E = \alpha(\delta/l), \tag{21}$$

从式(19)和(20)可得到下列对称屈曲关系：

$$\alpha = \frac{P_1/P_E}{\dfrac{1}{3} - \dfrac{1}{4\theta}\left(3\tan\dfrac{\theta}{2} - \tan\dfrac{\theta}{6}\right)} \tag{22}$$

式(22)也可写为

$$\alpha = \frac{3(P_1/P_E)\theta}{\theta - 3\left(\sin^2\dfrac{\theta}{3}\tan\dfrac{\theta}{2} + \sin\dfrac{\theta}{3}\cos\dfrac{\theta}{3}\right)} \tag{23}$$

在线性特性的弹簧反对称屈曲的情况时，$\delta_1 = -\delta_2$，从式(14)得

$$(\delta_1/l) = K_{11}\alpha(\delta_1/l) - K_{12}\alpha(\delta_1/l) \tag{24}$$

应用式(17)的 K_{11} 和 K_{12} 的值

$$\alpha = \frac{9(P_2/P_E)\theta}{\theta - 9\left(\cot\dfrac{\theta}{3} + \cot\dfrac{\theta}{6}\right)} \tag{25}$$

式(23)和(25)验证了 Klemperer 和 Gibbons[5] 的计算，这些计算限于线性的弹簧特性。

应用式(10)，柱由于弯曲引起的缩短 ε_1 为

$$\frac{\varepsilon_1}{l} = \frac{\pi^2}{4}\sum_{n=1}^{\infty} n^2\left(\frac{a_n}{l}\right)^2 = C_{11}\left(\frac{F_1}{P_E}\right)^2 + C_{12}\frac{F_1F_2}{P_E^2} + C_{22}\left(\frac{F_2}{P_E}\right)^2 \tag{26}$$

系数 C_{11}，C_{12} 和 C_{22} 是 P/P_E 的函数，先从方程(10)得到下列级数：

$$\left.\begin{aligned}
C_{11} &= \frac{1}{\pi^2}\sum_{n=1}^{\infty}\frac{\sin^2\dfrac{n\pi}{3}}{n^2\left(\dfrac{P}{P_E} - n^2\right)^2} \\
C_{12} &= \frac{2}{\pi^2}\sum_{n=1}^{\infty}\frac{\sin\dfrac{n\pi}{3}\sin\dfrac{2n\pi}{3}}{n^2\left(\dfrac{P}{P_E} - n^2\right)^2} \\
C_{22} &= \frac{1}{\pi^2}\sum_{n=1}^{\infty}\frac{\sin^2\dfrac{2n\pi}{3}}{n^2\left(\dfrac{P}{P_E} - n^2\right)^2}
\end{aligned}\right\} \tag{27}$$

这些级数可以求和并给出下列的系数表达式：

$$\left.\begin{aligned}
C_{11} = C_{22} &= \left\{\frac{5}{18} + \frac{3}{16}\left(\cot^2\theta - \frac{1}{9}\cot^2\frac{\theta}{3}\right) + \frac{3}{16\theta}\left(\cot\theta - \frac{1}{9}\cot\frac{\theta}{3}\right)\right\}\Big/\left(\frac{P}{P_E}\right)^2 \\
C_{12} &= \left\{\frac{1}{9} - \frac{3}{8}\left[\frac{\cot\theta}{\sin\theta} - \frac{1}{9}\,\frac{\cot\dfrac{\theta}{3}}{\sin\dfrac{\theta}{3}}\right] - \frac{3}{8\theta}\left[\frac{3}{\sin\theta} - \frac{1}{\sin\dfrac{\theta}{3}}\right]\right\}\Big/\left(\frac{P}{P_E}\right)^2
\end{aligned}\right\} \tag{28}$$

若弹簧有相同的弹性性能，且柱的挠度是对称的，即 $F_1 = F_2 = F$，则式(26)化简为

$$(\varepsilon_1/l) = (C_{11} + C_{12} + C_{22})\left(\frac{F}{P_E}\right)^2 \tag{29}$$

式中：

$$C_{11}+C_{12}+C_{22}=\left\{\frac{1}{2}+\frac{3}{16}\left(\tan^2\frac{\theta}{2}-\frac{1}{9}\tan^2\frac{\theta}{6}\right)-\frac{9}{8\theta}\left(\tan\frac{\theta}{2}-\frac{1}{3}\tan\frac{\theta}{6}\right)\right\}\Big/\left(\frac{P}{P_E}\right)^2 \tag{30}$$

柱由于直接压缩引起的缩短为

$$(\varepsilon_2/l)=(P/A)=(\pi i/l)^2(P/P_E) \tag{31}$$

式中：A 是柱的横截面积；$i^2=(I/A)$；i 是柱的截面回转半径。因此，柱的总缩短

$$\varepsilon/l=(\varepsilon_1/l)+(\varepsilon_2/l) \tag{32}$$

将式(10)的 a_n 代入式(4)可以得到弯曲应变能，即

$$\frac{W_1}{P_E l}=B_{11}\left(\frac{F_1}{P_E}\right)^2+B_{12}\frac{F_1F_2}{P_E^2}+B_{22}\left(\frac{F_2}{P_E}\right)^2 \tag{33}$$

系数是 P/P_E 的函数，可以表示为下列级数：

$$\left.\begin{aligned}B_{11}&=\frac{1}{\pi^2}\sum_{n=1}^{\infty}\frac{\sin^2(n\pi/3)}{\left(\frac{P}{P_E}-n^2\right)^2}\\B_{12}&=\frac{2}{\pi^2}\sum_{n=1}^{\infty}\frac{\sin(n\pi/3)\sin(2n\pi/3)}{\left(\frac{P}{P_E}-n^2\right)^2}\\B_{22}&=\frac{1}{\pi^2}\sum_{n=1}^{\infty}\frac{\sin^2(2n\pi/3)}{\left(\frac{P}{P_E}-n^2\right)^2}\end{aligned}\right\} \tag{34}$$

这些级数求和后表示为下列形式：

$$\left.\begin{aligned}B_{11}&=B_{22}=\left[\frac{1}{6}+\frac{3}{16}\left(\cot^2\theta-\frac{1}{9}\cot^2\frac{\theta}{3}\right)+\frac{9}{16\theta}\left(\cot\theta-\frac{1}{3}\cot\frac{\theta}{3}\right)\right]\Big/\left(\frac{P}{P_E}\right)\\B_{12}&=-\left\{\frac{3}{16}\left[\frac{\cot\theta}{\sin\theta}-\frac{1}{9}\frac{\cot\frac{\theta}{3}}{\sin\frac{\theta}{3}}\right]+\frac{3}{16\theta}\left[\frac{1}{\sin\theta}-\frac{1}{3\sin\frac{\theta}{3}}\right]\right\}\Big/\left(\frac{P}{P_E}\right)\end{aligned}\right\} \tag{35}$$

假如屈曲是对称的，并应用相同性质的弹簧，式(33)可以化为

$$W_1/(P_E l)=(B_{11}+B_{12}+B_{22})(F/P_E)^2 \tag{36}$$

式中：

$$B_{11}+B_{12}+B_{22}=\frac{3}{16}\left\{\left(\sec^2\frac{\theta}{2}-\frac{1}{9}\sec^2\frac{\theta}{6}\right)-\frac{2}{\theta}\left(\tan\frac{\theta}{2}-\frac{1}{3}\tan\frac{\theta}{6}\right)\right\}\Big/\left(\frac{P}{P_E}\right) \tag{37}$$

由于直接压缩应力引起的应变能为

$$W_4/(P_E l)=P\varepsilon_2/(2P_E l) \tag{38}$$

或应用式(31)得到

$$\frac{W_4}{P_E l}=\frac{1}{2}\left(\frac{P}{P_E}\right)^2\frac{P_E}{AE}=\frac{1}{2}\left(\frac{\pi i}{l}\right)^2\left(\frac{P}{P_E}\right)^2 \tag{39}$$

贮存在弹簧中的应变能由式(5)给出，系统的总应变能为

$$W/(P_E l)=(W_1+W_2+W_4)/(P_E l) \tag{40}$$

人们已经发展了计算平衡位置、柱的缩短和应变能的各种公式，而对函数 $F(\delta)$ 没有任何假设，发现曲壳的弹性特性相应于有图 2 所示的载荷-挠度关系的弹簧。这种特殊的弹簧特性

可以用下式很好地表示：

$$F/P_{\mathrm{E}}=a(\delta/l)+b(\delta/l)^{2}+c(\delta/l)^{3} \tag{41}$$

式中：a,b,c 是常数。这些常数可以用 $F\sim\delta$ 曲线的初始斜率，最大和最小位置来确定。

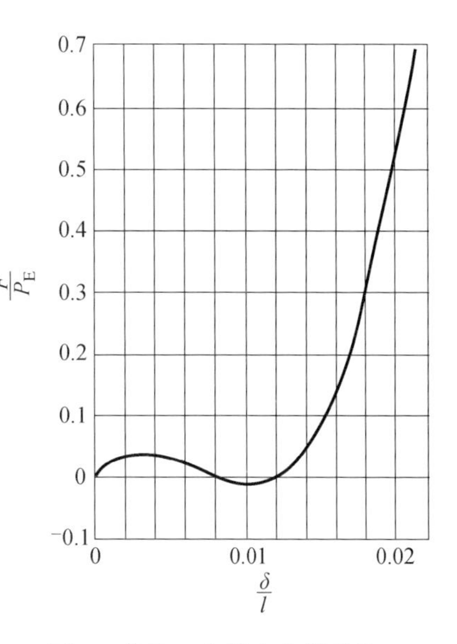

图 2　载荷 F 和横向支撑弹簧挠度 δ 的非线性关系

对于有相同支撑弹簧的对称屈曲情况，把式(19)和(41)结合便得到下列用给定的 P/P_{E} 值来确定 δ 的方程：

$$\frac{\delta}{l}=(K_{11}+K_{12})\left\{a\left(\frac{\delta}{l}\right)+b\left(\frac{\delta}{l}\right)^{2}+c\left(\frac{\delta}{l}\right)^{3}\right\} \tag{42}$$

这个方程的平凡解是：

$$\delta/l=0 \tag{43}$$

这个解表示未屈曲的直柱。其他解由下式给出：

$$1=(K_{11}+K_{12})\left\{a+b\left(\frac{\delta}{l}\right)+c\left(\frac{\delta}{l}\right)^{2}\right\} \tag{44}$$

这是(δ/l)的二次方程，很容易求解，在得到弹簧的挠度 δ 以后，就可以用前面已经给出的公式计算其他的量。

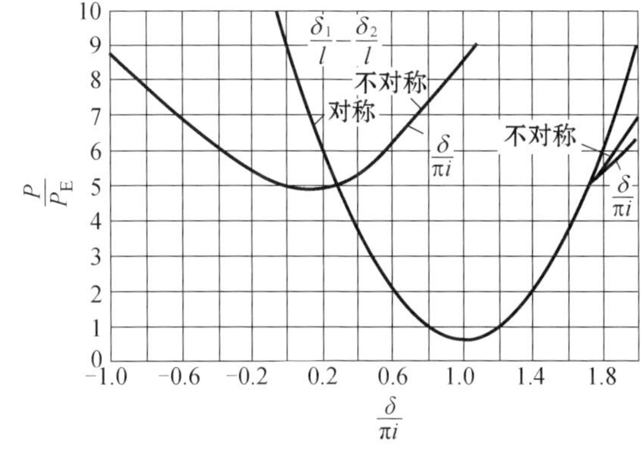

图 3　柱的端载荷 P 和两个等间距横向支撑挠度 δ_1，δ_2 的关系

对于非对称的情况，假设支撑弹簧有相同的弹性性质，即两个弹簧的常数值 a，b，c 是相同的，结合式(18)和(41)给出

$$\left.\begin{aligned}\frac{\delta_1}{l}&=K_{11}\left\{a\left(\frac{\delta_1}{l}\right)+b\left(\frac{\delta_1}{l}\right)^{2}+c\left(\frac{\delta_1}{l}\right)^{3}\right\}+K_{12}\left\{a\left(\frac{\delta_2}{l}\right)+b\left(\frac{\delta_2}{l}\right)^{2}+c\left(\frac{\delta_2}{l}\right)^{3}\right\}\\\frac{\delta_2}{l}&=K_{21}\left\{a\left(\frac{\delta_1}{l}\right)+b\left(\frac{\delta_1}{l}\right)^{2}+c\left(\frac{\delta_1}{l}\right)^{3}\right\}+K_{22}\left\{a\left(\frac{\delta_2}{l}\right)+b\left(\frac{\delta_2}{l}\right)^{2}+c\left(\frac{\delta_2}{l}\right)^{3}\right\}\end{aligned}\right\} \tag{45}$$

在尝试用消去一个变量例 δ_2 来解这个方程组时，得到一个 δ_1/l 的 9 次代数方程，因为已经用式(42)得到 3 个可能的解，因此，我们面对推导 9 次方程得到 6 个新解的任务，但是，从下述过程可以看出，这个计算是不必要，将式(45)的两个方程相加和相减：

$$\left.\begin{aligned}\frac{\delta_1}{l}+\frac{\delta_2}{l}&=(K_{11}+K_{12})\left[a\left(\frac{\delta_1}{l}+\frac{\delta_2}{l}\right)+b\left(\frac{\delta_1^2}{l^2}+\frac{\delta_2^2}{l^2}\right)+c\left(\frac{\delta_1^3}{l^3}+\frac{\delta_2^3}{l^3}\right)\right]\\\frac{\delta_1}{l}-\frac{\delta_2}{l}&=(K_{11}-K_{12})\left[a\left(\frac{\delta_1}{l}-\frac{\delta_2}{l}\right)+b\left(\frac{\delta_1^2}{l^2}-\frac{\delta_2^2}{l^2}\right)+c\left(\frac{\delta_1^3}{l^3}-\frac{\delta_2^3}{l^3}\right)\right]\end{aligned}\right\} \tag{46}$$

令

$$(\delta_1/l)+(\delta_2/l)=\xi,\quad (\delta_1/l)-(\delta_2/l)=\eta \tag{47}$$

从式(46)得到

$$\left.\begin{aligned}\xi&=(K_{11}+K_{12})\left[a\xi+\frac{b}{2}(\xi^2+\eta^2)+\frac{c}{4}(\xi^3+3\xi\eta^2)\right]\\1&=(K_{11}-K_{12})\left[a+b\xi+\frac{c}{4}(3\xi^2+\eta^2)\right]\end{aligned}\right\} \tag{48}$$

因为式(48)的第二个方程包括在式(42)中,它有 $\eta=0$ 的解,在消去 η^2 后,得到下列 ξ 的三次方程:

$$\begin{aligned}0=&\xi^3+2\frac{b}{c}\xi^2+\left\{\frac{ac+b^2}{c^2}-\frac{1}{2c}\left(\frac{3}{K_{11}-K_{12}}-\frac{1}{K_{11}+K_{12}}\right)\right\}\xi+\\&\frac{b}{c^2}\left(a-\frac{1}{K_{11}-K_{12}}\right)\end{aligned} \tag{49}$$

用给定的 P 值,可以解这个方程得到 ξ,然后可以从式(48)的第二个方程得到 η,用这些 ξ 和 η 值,就可以从式(47)计算 δ_1/l 和 δ_2/l 的值,每一个 ξ 值,就有两个相等和相反的 η 值,这相应于 δ_1 和 δ_2 交换,柱的形状不受这个交换的影响,因此,η 总是可以取正的。

作为特殊的例子:

$$a=2F,\ b=-5\,640,\ c=282\,000 \tag{50}$$

图 2 给出了弹簧力和弹簧挠度之间的相应关系,在这个特殊情况下,弹簧的载荷与挠度曲线的初始斜率要如此选择:屈曲的起始点发生在载荷 $P=9P_E$。

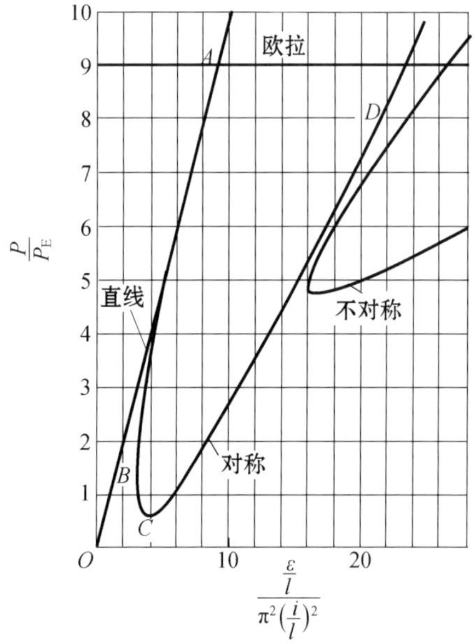

首先用这些弹簧特性来计算平衡位置,图 3 给出了结果,其中从柱中的载荷 P/P_E 与挠度 $\delta/(\pi i)$ 的关系取柱的柔度比为

$$\pi i/l=1/100 \tag{51}$$

因此,$\delta/(\pi i)=1.00$ 相应于 $\delta/l=0.010$,图 3 清楚地表明:当柱开始屈曲时,载荷 P 随着挠度 δ 的增加而降低。但是,立即达到最小,随后在非常大的挠度值 δ 时载荷重新增加。

但是,在试验机中,操作员不能直接控制弹簧的挠度 δ_1 和 δ_2。另一方面,他可以增加或减小试验机端板之间的距离,端板之间的距离确定柱的端部缩短 ε。因此,计算结果较好地表达载荷和缩短 ε。可从式(26),(28),(29),(30)和(31)计算缩短 ε,结果如图 4 所示。假如在到达对称平衡位置的解的分叉点之前,柱保持直线形式,则就不可能达到图 4 中用 $A-B-C$ 曲线表示的平衡位置。这是由于与这部分曲线相应的端部缩短 ε 小于在分叉点时的端部缩短,在加载过程中,缩短总是随着试验机端板之间的距离减小而增加,试验机的实际行为也许是随着弹性能的明显释放而突然从 A 点跳到 C 点(图 4)。假如试验机的端板合在一起,则载荷 P 将逐渐增加并沿

图 4　有两个等间距横向支撑时柱的端载荷 P 和它的端部缩短 ε 的关系

着曲线 $C-D$(图 4)。在屈曲后用“卸载”可以达到由曲线 $B-C$ 部分所表示的平衡位置，即在达到平衡位置 C 以后将试验机的端板移走，但是，很难看出如何表示由曲线 $A-B$ 部分达到的平衡位置。

在图 4 中用带“欧拉”标记的水平线表示有不变形弹簧的柱的三波屈曲，不对称屈曲形式给出与对称形式完全相似的载荷与缩短关系。

在给定的端部缩短值情况下，它是几何约束，试件必须满足这个约束，在实际试验情况下，最可能的平衡状态条件是系统中弹性能最小。这个说法是基于假设：若含有较高弹性能的平衡状态相对于无限小的扰动是稳定的，那么有限大小的扰动将帮助柱经过能量的“峰”而跳跃到较低弹性能的平衡状态。当在试验过程中出现一系列这样的有限扰动时，最低的能量状态无疑是最可能的状态。因此，必须画出不同平衡状态的弹性能 W 和端部缩短 ε 的图，如图 5 所示，应用上述准则，柱的最可能的位置首先是从 O 到 F 的未屈曲的直线状态(图 5)，然后是从 F 到 G 的对称屈曲状态，最后是从 G 到 H 的非对称屈曲状态，只要发生平衡位置的变化，柱中的载荷 P 值就会突然跳跃，因此，当柱从直线变化到对称屈曲形式，那么端载荷 P 的值从 $3.75P_E$ 跳到 $0.63P_E$，当柱从对称形式变化到非对称屈曲形式，那么端载荷 P 的值从 $7.95P_E$ 跳到 $5.26P_E$，“欧拉”的三波屈曲并没有出现在所有特别情况的这个图中。特别有趣地注意到与经典的小挠度理论相应的平衡位置的分叉点 A 只是平衡位置，而不是直的屈曲形式，可能没有出现在实验过程中。柱可以在“经典”屈曲载荷 $9P_E$ 的$(3.75/9.00)=0.417$ 倍的载荷 P 时屈曲。在 Cox[4] 和作者[2] 论文中，将在试验机中观察到的曲壳较低的屈曲载荷归之于试件的微小缺陷，本文的发现表明，即使是理想的试件，也可能得到低于小挠度理论预测的屈曲载荷。第二个有趣点是端载荷 P 的大小并不确定相应的平衡位置是不是可能的平衡位置，事实上，正确的解一般与期望的相反，一般大家都期望在给定的端部缩短 ε 的值时，与较低载荷 P 相应的状态是可能发生的，但是，从图 4 中可以看出，比 K 点(图 5)有较高载荷 P 的 J 点(图 5)是可能的平衡位置。

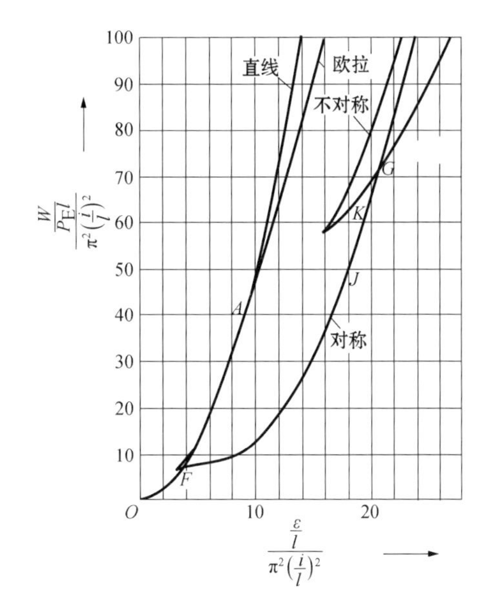

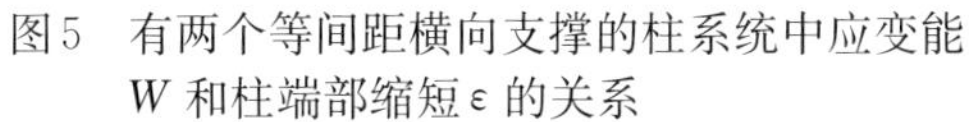

图5 有两个等间距横向支撑的柱系统中应变能 W 和柱端部缩短 ε 的关系

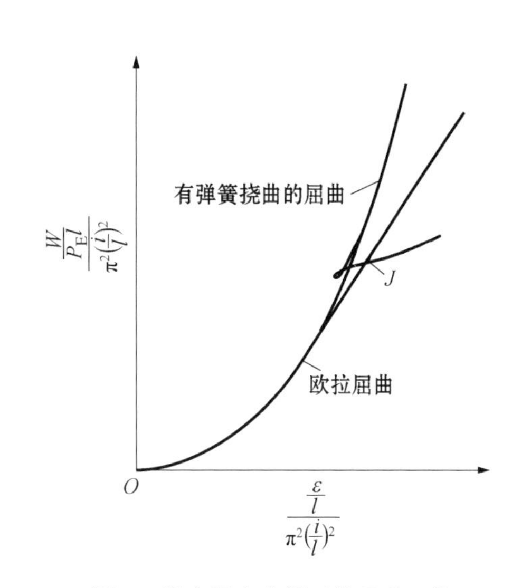

图 6 没有横向支撑而从 Euler 型开始的柱的屈曲

在上一节已经指出,"欧拉"的三波屈曲情况并不是可能的状态,但是,假如支撑弹簧比较硬,就可能出现图 6 所示的 W 和 ε 的图,"欧拉"的三波屈曲实际上是第一出现的屈曲形式,只是在端部缩短增加超过 J 点时(图 6),才出现包括支撑弹簧挠曲的对称屈曲。

三、一个横向支撑的情况,初挠度的影响

为了简化计算,考虑在柱的跨度中间有一个横向支撑的情况,设柱的初始挠度可用下式表示:

$$w^0 = a_1^0 \sin(\pi x / l) \tag{52}$$

柱的屈曲形式仍用式(3)表示,并假设柱在式(52)给出的初始状态时,支撑弹簧没有挠曲,然后用变分法得到 Fourier 系数和弹簧力之间的关系

$$\frac{a_1}{l} = \frac{\dfrac{2}{\pi^2}\dfrac{F}{P_E} - \dfrac{a_1^0}{l}}{\dfrac{P}{P_E} - 1} \tag{53}$$

和

$$\frac{a_n}{l} = \frac{2(-1)^{\frac{n-1}{2}}\dfrac{F}{P_E}}{n^2\pi^2\left(\dfrac{P}{P_E} - n^2\right)} \quad (n = 3,5,7)$$

用与得到式(12)相似的方法可得

$$\frac{\delta}{l} = \frac{a_1^0}{l}\left[\frac{P/P_E}{1-(P/P_E)}\right] + K\frac{F}{P_E} \tag{54}$$

式中:δ 为支撑弹簧的挠度,用式(18)可得

$$K = \frac{2}{\pi^2}\sum_{n=1,3,5}^{\infty}\frac{1}{n^2\left[\dfrac{P}{P_E} - n^2\right]} = \left\{\frac{1}{4} - \frac{1}{2\theta}\tan\frac{\theta}{2}\right\}\Big/\left(\frac{P}{P_E}\right) \tag{55}$$

同样可以得到由于屈曲引起的端部缩短 ε:

$$\frac{\varepsilon_1}{l} = \frac{\dfrac{\pi^2}{4}\left(\dfrac{a_1^0}{l}\right)^2\left[1 - \left(\dfrac{P}{P_E} - 1\right)^2\right] - \dfrac{a_1^0}{l}\dfrac{F}{P_E}}{\left(\dfrac{P}{P_E} - 1\right)^2} + C\left(\frac{F}{P_E}\right)^2 \tag{56}$$

式中:

$$C = \frac{2}{\pi^2}\sum_{n=1,3,5}^{\infty}\frac{1}{n^2\left[\dfrac{P}{P_E} - n^2\right]^2} = \left\{\frac{3}{16} + \frac{1}{16}\tan^2\frac{\theta}{2} - \frac{3}{8\theta}\tan\frac{\theta}{2}\right\}\Big/\left(\frac{P}{P_E}\right)^2 \tag{57}$$

由于直接压应力引起的缩短可以用式(31)计算。

柱的弯曲应变能是:

$$\frac{W_1}{P_E l} = \frac{\pi^2}{4}\frac{\dfrac{a_1^0}{l}\dfrac{P}{P_E}\left(\dfrac{a_1^0}{l}\dfrac{P}{P_E} - \dfrac{4}{\pi^2}\dfrac{F}{P_E}\right)}{\left(\dfrac{P}{P_E} - 1\right)^2} + B\left(\frac{F}{P_E}\right) \tag{58}$$

式中:

$$B=\frac{1}{\pi^2}\sum_{n=1,3}^{\infty}\frac{1}{\left[\frac{P}{P_E}-n^2\right]^2}=\left\{\frac{1}{16}+\frac{1}{16}\tan^2\frac{\theta}{2}-\frac{1}{8\theta}\tan\frac{\theta}{2}\right\}\Big/\left(\frac{P}{P_E}\right) \tag{59}$$

由直接压缩的应变能和支撑弹簧中存贮的应变能可以用式(38)和(5)计算。

作为例子

$$\frac{F}{P_E}=13.712\frac{\delta}{l}\left(1-208.89\frac{\delta}{l}+10\,444\frac{\delta^2}{l^2}\right) \tag{60}$$

由式(60)给出的 F 和 δ 曲线的形状与图 2 所示的相似，只是初始斜率较小。把式(60)代入式(54)就得到由给出 P/P_E 值表示的 δ/l 的三次方程。当 $a_1^0=0$ 时，即柱是直的情况下，这个三次方程有一个表示未屈曲位置的根 $\delta/l=0$，解的分叉点在 $P/P_E=3.61$，图 7 给出了 P 和 δ 曲线的形状，图中用 P/P_E 与 $\delta/(\pi i)$ 表示，而 $\pi i/l=1/100$。当 $a_1^0\neq 0$ 时，曲线没有分叉点。此外，在较大的 a_1^0 值时，最大可能的端载荷变得较小。对于 $a_1^0/(\pi i)=0.1$ 或 $a_1^0/l=0.001/\pi$，P/P_E 的最大值从 3.61 减小到 1.82，在图 8 中很清楚显示了这个效应，图中 P/P_E 的最大值作为 $a_1^0\pi/l$ 的函数。

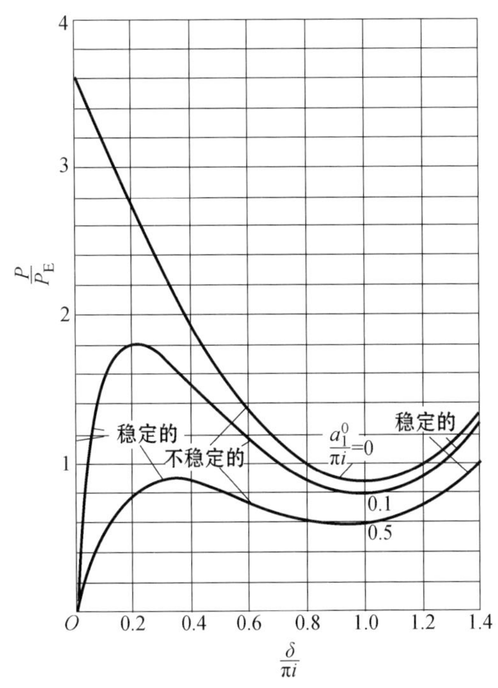

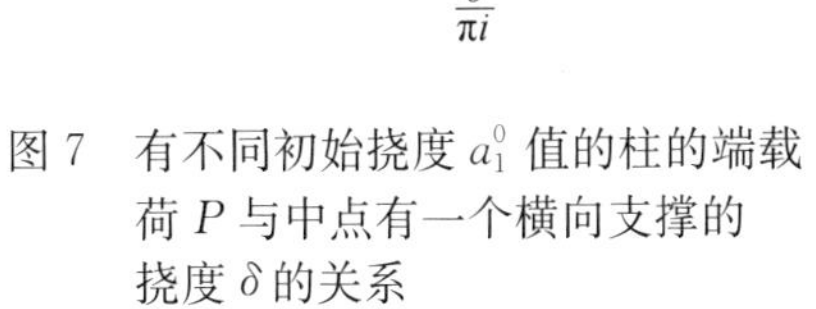

图 7　有不同初始挠度 a_1^0 值的柱的端载荷 P 与中点有一个横向支撑的挠度 δ 的关系

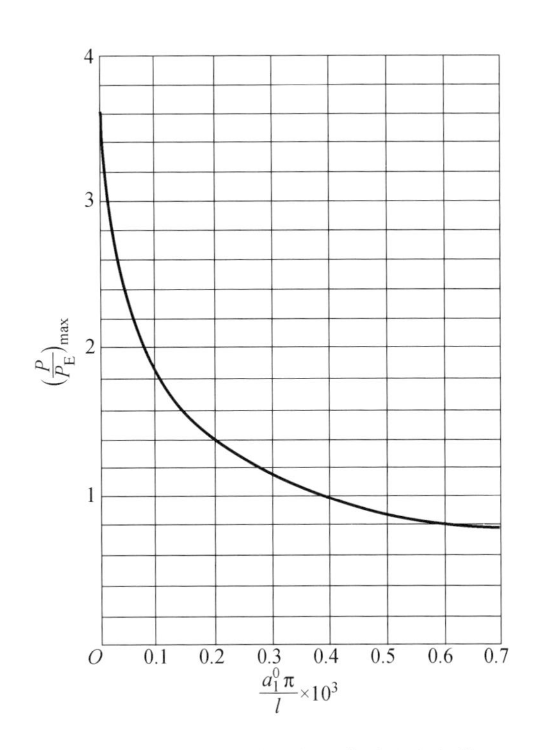

图 8　柱中的最大端载荷 P 作为它的初始挠度 a_1^0 的函数

在图 9 中，给出了端载荷 P 和端部缩短 ε 的曲线，没有初始挠度，有一部分屈曲曲线给出减小的 ε 值作为 LM。因此，在这个 ε 值范围内，对一个固定的 ε 值，有 3 个可能的平衡位置，但是，随着增加的初始挠度值，对一个给定的 ε 值，这部分屈曲曲线渐渐消失，只有一个平衡位置是可能的，在 $a_1^0/(\pi i)=0.1$ 时，曲线特性的这个变化已经完成。

在图 10 中，系统的弹性能画作单位端部缩短 ε 函数，上述屈曲曲线形式的变化去除了在屈曲过程的某个阶段有 P/P_E 值跳跃的可能性，后者用点 C 表示(图 10)。因此，在引入足够的初始挠度值后，柱的屈曲特性有显著的变化。

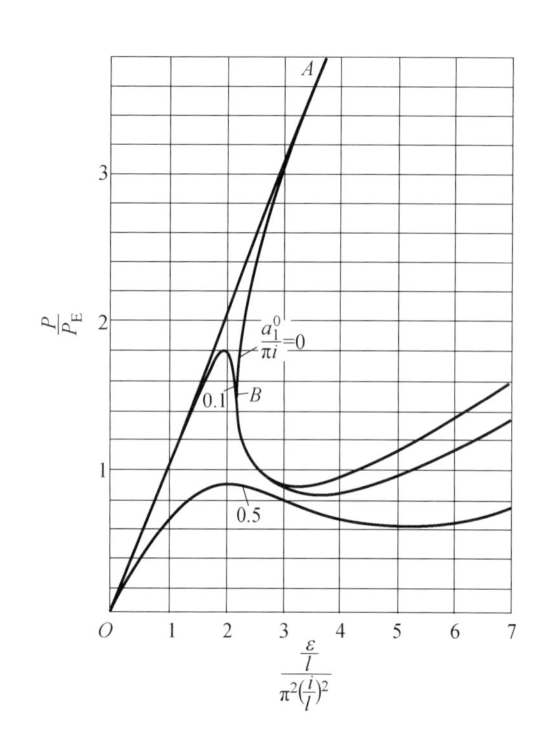

图 9 中间有一个横向支撑的柱中端载荷 P 与它的端部缩短 ε 的关系

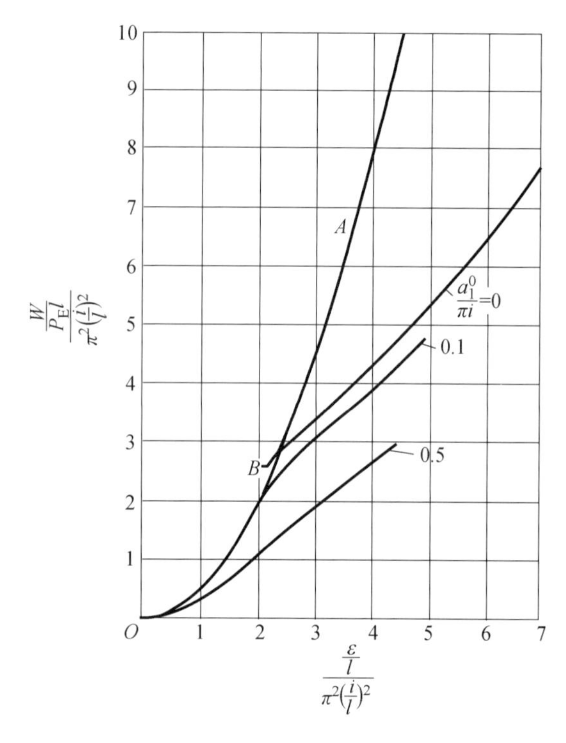

图 10 有一个横向支撑的柱系统中贮存的总应变能 W 与它的端部缩短 ε 的关系

四、一个横向支撑的情况，试验机的弹性影响

在前几节中已经假设试验机是完全刚性的，换句话说，假如机器的加载盘保持在固定的位置，那么两个端板之间的距离将是常数，并不受作用在它们上的力的影响。实际上并非如此，机器总是有一些"流动"或"给出"，试验机的这个特性可以用试件和假设的刚性端板之间的弹簧来表示(图 11)，这个弹簧的挠度 ε_3 可以设为作用载荷 P 的线性函数，即

$$\varepsilon_3 = kP \tag{61}$$

用欧拉屈曲载荷 P_E 来表示

$$\varepsilon_3/l = (k/l)P_E(P/P_E) = (kEA/l)(\pi i/l)^2(P/P_E) \tag{62}$$

在这个弹簧中贮存的弹性能是

$$\frac{W_5}{P_E l} = \frac{1}{2}\left(\frac{kEA}{l}\right)\left(\frac{\pi i}{l}\right)^2\left(\frac{P}{P_E}\right)^2 \tag{63}$$

柱的总缩短 ε 可以为 $\varepsilon_1+\varepsilon_2+\varepsilon_3$，对于一个横向支撑的情况，可以用式(56)和(31)来计算 ε_1 和 ε_2，总的弹性能是 $W_1+W_2+W_4+$

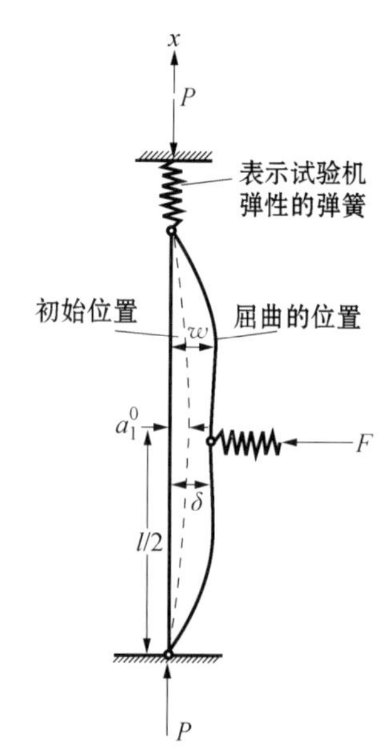

图 11 采用有些弹性的试验机，柱的中部有一个横向支撑

W_5,它可以用式(58),(5),(39)和(63)来计算。

作为数值实例,$kEA/l=3$, $\pi i/l=1/100$ 和用式(60)表示性质的支撑弹簧,在图 12 和图 13 中画出了计算结果,在图 12 中,画出 P/P_E 与$(\varepsilon/l)/(\pi i/l)^2$ 的曲线,在图 13 中,画出$(W/P_E l)/(\pi i/l)^2$ 与$(\varepsilon/l)/(\pi i/l)^2$ 的曲线。对于直柱,由于试验机的弹性,第一个屈曲的可能性出现在 P/P_E 的较低值,假如机器是刚性的,在 $P/P_E=2.40$ 到 $P/P_E=1.09$之间发生跳跃,在 $kAE/l=3$ 时,跳跃发生在 $P/P_E=1.62$到 $P/P_E=0.89$,因此,这个类型柱的试验屈曲载荷完全受试验机的弹性特性的影响。

此外,对于 $a_1^0/\pi i=0.1$,刚性试验机排除了在平衡位置中跳跃的可能性,而对于 $kAE/l=3$,图 13 指出在$(\varepsilon/l)/(\pi i/l)^2=6.1$时跳跃的可能性,回到图 12,它指出跳跃包含 P/P_E 的值从1.52到0.80的突然变化,因此,即使柱的屈曲特性也受试验机的弹性影响。

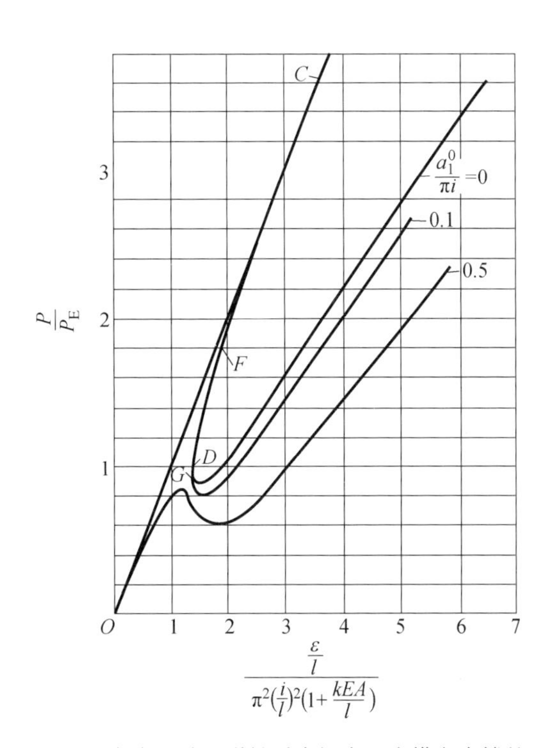

图 12 考虑试验机弹性时中间有一个横向支撑的柱的端载荷 P 和它的端部缩短 ε 之间的关系(与图 9 比较)

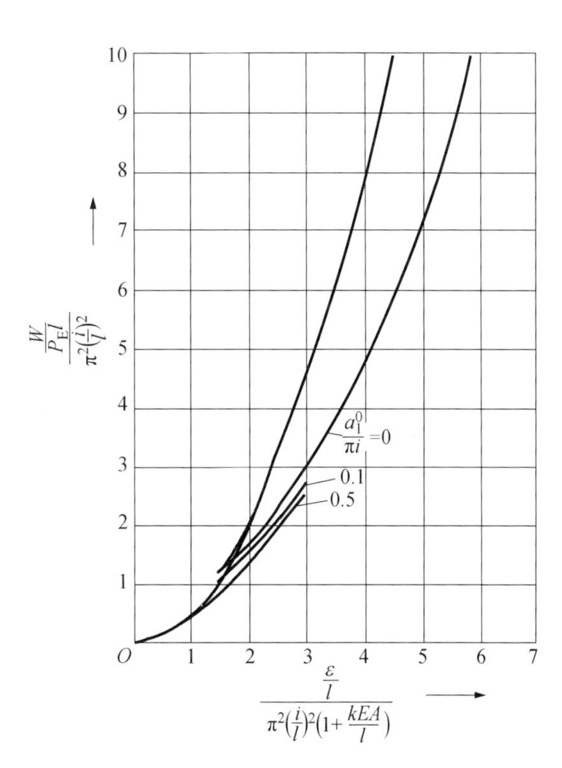

图 13 考虑试验机弹性时有一个横向支撑的柱系统中贮存的应变能 W 和它的端部缩短 ε 之间的关系(与图 10 比较)

五、在无限小扰动下平衡位置的稳定性

已经指出了与最可能的平衡位置的准则相联系的稳定性问题,如果在无限小扰动下柱是不稳定的,那么在有限扰动下当然也是不稳定的,因此,稳定性研究的第一步是在无限小扰动下的稳定性的确定,计算先从一个中间横向支撑的情况开始。

贮存在系统中的弹性能是柱与代表试验机的加载弹簧中的直接压缩能、由于弯曲的弹性能和贮存在横向支撑中的弹性能之和，应用式(4)，(5)，(39)和(63)，这个总能可以表示为：

$$\frac{W}{P_{\mathrm{E}}l}=\frac{\pi^2}{4}\left[\left(\frac{a_1-a_1^0}{l}\right)^2+\sum_{n=3,5,7}^{\infty}n^4\left(\frac{a_n}{l}\right)^2\right]+\frac{1}{2}\left(\frac{P_{\mathrm{E}}}{AE}+\frac{kP_{\mathrm{E}}}{l}\right)\left(\frac{P}{P_{\mathrm{E}}}\right)^2+\int_0^{\delta/l}\frac{F}{P_{\mathrm{E}}}\mathrm{d}\xi \tag{64}$$

由于弯曲引起的端部缩短用下式计算：

$$(1/2)\int_0^l\left(\frac{\mathrm{d}w}{\mathrm{d}x}\right)^2\mathrm{d}x$$

因此，总缩短 ε 由下式给出：

$$\frac{\varepsilon}{l}=\frac{\pi^2}{4}\left[\sum_{n=1,3,5}^{\infty}n^2\left(\frac{a_n}{l}\right)^2-\left(\frac{a_1^0}{l}\right)^2\right]+\left(\frac{P_{\mathrm{E}}}{AE}+\frac{kP_{\mathrm{E}}}{l}\right)\frac{P}{P_{\mathrm{E}}} \tag{65}$$

$W/(P_{\mathrm{E}}l)$对于 a_n 的变分用于确定可用下式表示的几何约束：

$$\varepsilon/l=\mathrm{const.} \tag{66}$$

令 $W/(P_{\mathrm{E}}l)$对于 a_n 的一阶导数等于零，并考虑条件式(66)就可得到平衡状态，当然，这些平衡状态与以前所得的是相同的，因为，这些一阶导数在平衡位置等于零，系统在平衡位置附近的总弹性能可以展开成用下式表示的 a_n 的 Taylor 级数：

$$\frac{W}{P_{\mathrm{E}}l}=\left(\frac{W}{P_{\mathrm{E}}l}\right)_{a_n=a_n^*}+\frac{1}{2}\sum_{n=1}^{\infty}\sum_{m=1}^{\infty}A_{nm}(a_n-a_n^*)(a_m-a_m^*) \tag{67}$$

式中：a_n^* 是 a_n 在平衡位置的值，以及

$$A_{nm}=\frac{\partial^2[W/(P_{\mathrm{E}}l)]}{\partial a_n\partial a_m},\quad 在\ a_n=a_n^*,a_m=a_m^*\ 时 \tag{68}$$

式(67)没有写出的项是包含$(a_n-a_n^*)$的二次以上的高阶项，对于无限小的扰动或$(a_n-a_n^*)$的无限小值，可以忽略高阶项，因此，在平衡位置附近状态的弹性能 $W/(P_{\mathrm{E}}l)$将大于或小于在平衡位置的弹性能，这取决于式(67)中的双重求和项是正还是负，然而，假如对$(a_n-a_n^*)$的任何值，双重求和项总是正的，那么平衡位置是稳定的，换句话说，只有当式(67)中的双重求和项是正的，那么平衡是稳定的。假如

$$\left.\begin{aligned}&\Delta_1=A_{11},\quad \Delta_2=\begin{vmatrix}A_{11}&A_{13}\\A_{31}&A_{33}\end{vmatrix},\quad \Delta_3=\begin{vmatrix}A_{11}&A_{13}&A_{15}\\A_{31}&A_{33}&A_{35}\\A_{51}&A_{53}&A_{55}\end{vmatrix},\cdots,\\&\Delta_g=\begin{vmatrix}A_{11}&A_{13}&\cdots&A_{1(2g-1)}\\A_{31}&A_{33}&\cdots&A_{3(2g-1)}\\\vdots&\vdots&&\vdots\\A_{(2g-1)1}&A_{(2g-1)3}&\cdots&A_{(2g-1)(2g-1)}\end{vmatrix}\end{aligned}\right\} \tag{69}$$

如所熟知，式(67)中的双重求和项是正定的条件为 $\Delta_1>0$，$\Delta_2>0$，$\Delta_3>0$，…，$\Delta_g>0$，…

从式(64)和(65)

$$\left.\begin{aligned}
A_{11} &= \frac{\pi^2}{2}\left(1-\frac{P}{P_E}\right)+\frac{\mathrm{d}\left(\frac{F}{P_E}\right)}{\mathrm{d}\zeta}+\frac{1}{\left(\frac{P_E}{AE}+\frac{kP_E}{l}\right)}\frac{\left(\frac{F}{P_E}-\frac{\pi^2}{2}\frac{a_1^0}{l}\right)^2}{\left(\frac{P}{P_E}-1\right)^2}\\
A_{1n} &= A_{n1}=-(-1)^{\frac{1+n}{2}}\left\{\frac{\mathrm{d}\left(\frac{F}{P_E}\right)}{\mathrm{d}\zeta}+\frac{1}{\left(\frac{P_E}{AE}+\frac{kP_E}{l}\right)}\frac{\left(\frac{F}{P_E}-\frac{\pi^2}{2}\frac{a_1^0}{l}\right)\frac{F}{P_E}}{\left(\frac{P}{P_E}-1\right)\left(\frac{P}{P_E}-n^2\right)}\right\}\\
A_{nn} &= \frac{\pi^2}{2}n^2\left(n^2-\frac{P}{P_E}\right)+\left\{\frac{\mathrm{d}\frac{F}{P_E}}{\mathrm{d}\zeta}+\frac{1}{\left(\frac{P_E}{AE}+\frac{kP_E}{l}\right)}\frac{\left(\frac{F}{P_E}\right)^2}{\left(\frac{P}{P_E}-n^2\right)^2}\right\}\\
A_{nm} &= -(-1)^{\frac{m+n}{2}}\left\{\frac{\mathrm{d}\left(\frac{F}{P_E}\right)}{\mathrm{d}\zeta}+\frac{1}{\left(\frac{P_E}{AE}+\frac{kP_E}{l}\right)}\frac{\left(\frac{F}{P_E}\right)^2}{\left(\frac{P}{P_E}-n^2\right)\left(\frac{P}{P_E}-m^2\right)}\right\}
\end{aligned}\right\} \tag{70}$$

式中：$\zeta=\delta/l$。

首先研究非常弹性的试验机的较简单的情况，很容易从式(61)看出，这时 $k\to\infty$，因此，式(70)中每个表达式中的最后项被去掉，式(69)所定义的行列式可化为下列形式：

$$\left.\begin{aligned}
\Delta_1 &= \left\{1+\frac{\mathrm{d}\left(\frac{F}{P_E}\right)}{\mathrm{d}\zeta}\left[\frac{2}{\pi^2}\frac{1}{\left(1-\frac{P}{P_E}\right)}\right]\right\}\frac{\pi^2}{2}\left(1-\frac{P}{P_E}\right)\\
\Delta_2 &= \left\{1+\frac{\mathrm{d}\left(\frac{F}{P_E}\right)}{\mathrm{d}\zeta}\left[\frac{2}{\pi^2}\frac{1}{\left(1-\frac{P}{P_E}\right)}+\frac{2}{\pi^2}\frac{1}{9\left(9-\frac{P}{P_E}\right)}\right]\right\}\frac{\pi^2}{2}\left(1-\frac{P}{P_E}\right)\frac{\pi^2}{2}9\left(9-\frac{P}{P_E}\right)
\end{aligned}\right\} \tag{71}$$

或

$$\Delta_g=\left\{1+\frac{\mathrm{d}\left(\frac{F}{P_E}\right)}{\mathrm{d}\zeta}\sum_{n=1,3,5}^{n=2g-1}\frac{2}{\pi^2}\frac{1}{n^2\left(n^2-\frac{P}{P_E}\right)}\right\}\prod_{n=1,3,5}^{n=2g-1}\frac{\pi^2}{2}n^2\left(n^2-\frac{P}{P_E}\right)$$

现在，首先考虑 $\zeta=0$ 的情况，即没有屈曲的直的平衡位置，这时 $\mathrm{d}(F/P_E)/\mathrm{d}\zeta$ 是支撑力曲线的初始斜率，是正的，对于 $0<P/P_E<1$，大括号前的多个乘子也是正的。此外，求和号中的每一项是正的，因此，在 Δ_g 中出现的每一个量是正的，所以 Δ_g 是正的，因此，平衡是稳定的。应用式(60)给出的 $\mathrm{d}(F/P_E)/\mathrm{d}\zeta=13.712$ 值，用直接计算可以发现，若 $P/P_E<3.610$，则没有屈曲的直的平衡位置在无限小扰动下是稳定的，对于 $\zeta\neq0$，可发现稳定性由 $g\to\infty$ 时 Δ_g 的符号来标志，也就是说，假如 $\lim\Delta_g$ 改变符号，那么所有的行列式也改变符号，正如前面所述，当 $0<P/P_E<1$ 时，大括号前的多个乘子是正的，当 $1<P/P_E<9$ 时，则是负的，因此，读者的注意力只需固定在大括号中的量，当 $g\to\infty$ 时，式(60)中的级数可以求和并得到

$$1+\frac{\mathrm{d}\left(\frac{F}{P_E}\right)}{\mathrm{d}\zeta}\sum_{n=1,3,5}^{\infty}\frac{2}{\pi^2}\frac{1}{n^2\left(n^2-\frac{P}{P_E}\right)}=1-\frac{\mathrm{d}\left(\frac{F}{P_E}\right)}{\mathrm{d}\zeta}\frac{1}{\left(\frac{P}{P_E}\right)}\left(\frac{1}{4}-\frac{1}{2\theta}\tan\frac{\theta}{2}\right) \tag{72}$$

当然，在式(72)的左边表达式为零时，出现稳定和不稳定之间的极限情况，因此，对于稳定和不稳定之间的极限情况是

$$\frac{\mathrm{d}\zeta}{\mathrm{d}(F/P_{\mathrm{E}})}=\frac{1}{(P/P_{\mathrm{E}})}\left(\frac{1}{4}-\frac{1}{2\theta}\tan\frac{\theta}{2}\right) \tag{73}$$

寻找 $\mathrm{d}\zeta/\mathrm{d}(P/P_{\mathrm{E}})$ 相应的值，可以更好地理解这个条件的意义，这个值是图 7 所示的 P/P_{E} 与 δ/l 曲线斜率的倒数，式(73)可写为

$$\frac{\mathrm{d}\zeta}{\mathrm{d}(P/P_{\mathrm{E}})}=\frac{\mathrm{d}(F/P_{\mathrm{E}})}{\mathrm{d}(P/P_{\mathrm{E}})}\frac{1}{(P/P_{\mathrm{E}})}\left(\frac{1}{4}-\frac{1}{2\theta}\tan\frac{\theta}{2}\right) \tag{74}$$

现在微分方程(54)，这是真正的平衡位置

$$\frac{\mathrm{d}\zeta}{\mathrm{d}\left(\frac{P}{P_{\mathrm{E}}}\right)}=\frac{a_1^0}{l}\frac{1}{\left(1-\frac{P}{P_{\mathrm{E}}}\right)^2}+\left\{\frac{\mathrm{d}\left(\frac{F}{P_{\mathrm{E}}}\right)}{\mathrm{d}\left(\frac{P}{P_{\mathrm{E}}}\right)}-\frac{\frac{F}{P_{\mathrm{E}}}}{\frac{P}{P_{\mathrm{E}}}}\right\}\frac{\frac{1}{4}-\frac{1}{2\theta}\tan\frac{\theta}{2}}{\left(\frac{P}{P_{\mathrm{E}}}\right)}+\frac{\frac{F}{P_{\mathrm{E}}}}{\left(\frac{P}{P_{\mathrm{E}}}\right)^2}\cdot$$
$$\left\{-\frac{1}{8}+\frac{1}{4\theta}\tan\frac{\theta}{2}-\frac{1}{8}\tan^2\frac{\theta}{2}\right\} \tag{75}$$

把式(74)的 $\mathrm{d}(F/P_{\mathrm{E}})/(P/P_{\mathrm{E}})$ 值代入式(75)得

$$\frac{\mathrm{d}\zeta}{\mathrm{d}\left(\frac{P}{P_{\mathrm{E}}}\right)}=\frac{\mathrm{d}\zeta}{\mathrm{d}\left(\frac{P}{P_{\mathrm{E}}}\right)}+\frac{a_1^0}{l}\frac{1}{\left(1-\frac{P}{P_{\mathrm{E}}}\right)^2}-\frac{\frac{F}{P_{\mathrm{E}}}}{\left(\frac{P}{P_{\mathrm{E}}}\right)^2}\left\{\frac{3}{8}-\frac{3}{4\theta}\tan\frac{\theta}{2}+\frac{1}{8}\tan^2\frac{\theta}{2}\right\} \tag{76}$$

在满足下列式(77)或(78)时就能满足式(76)：

$$\mathrm{d}\zeta/\mathrm{d}(P/P_{\mathrm{E}})=\infty,\ \text{即}\ \mathrm{d}(P/P_{\mathrm{E}})/\mathrm{d}\zeta=0 \tag{77}$$

$$0=\frac{a_1^0}{l}\frac{1}{\left(1-\frac{P}{P_{\mathrm{E}}}\right)^2}-\frac{\frac{F}{P_{\mathrm{E}}}}{\left(\frac{P}{P_{\mathrm{E}}}\right)^2}\left\{\frac{3}{8}-\frac{3}{4\theta}\tan\frac{\theta}{2}+\frac{1}{8}\tan^2\frac{\theta}{2}\right\} \tag{78}$$

但是发现，用任何的平衡状态都不能满足式(78)，因此，对于非常弹性的试验机，从稳定的平衡位置转变到不平衡位置或者反向转变均用式(77)的条件来表征，即 P/P_{E} 与 δ/l 曲线的斜率必须是水平的，这个条件用来标注图 7 中的稳定区和不稳定区。

在 $k\to\infty$ 时，表示试验机的弹性的加载弹簧的挠度要比试件的缩短大得多，因此，与试件中的载荷相等的弹簧中的力不受试件缩短的小变化的影响，对于用死载荷加载的柱也存在相似的情况，因此，式(77)给出的稳定性准则也可用于这种情况。

对于 $k\neq\infty$ 的情况，稳定性的计算要更复杂，为了简化计算，设 $a_1^0=0$，即假设柱初始是直的，应用式(70)给出的 A_{nm} 值，发现 g 的行列式是

$$\Delta_g=\left\{1+\left(\frac{\frac{F}{P_{\mathrm{E}}}}{\frac{\pi i^*}{l}}\right)^2\frac{2}{\pi^2}\sum_{n=1,3,5}^{2g-1}\frac{1}{n^2\left(n^2-\frac{P}{P_{\mathrm{E}}}\right)^3}+\right.$$
$$\left.\frac{\mathrm{d}\left(\frac{F}{P_{\mathrm{E}}}\right)}{\mathrm{d}\zeta}\left\{\frac{2}{\pi^2}\sum_{n=1,3,5}^{2g-1}\frac{1}{n^2\left(n^2-\frac{P}{P_{\mathrm{E}}}\right)}+\left(\frac{\frac{F}{P_{\mathrm{E}}}}{\frac{\pi i^*}{i}}\right)^2\left(\frac{2}{\pi^2}\right)^2\cdot\right.\right.$$

$$\left[\sum_{n=1,3,5}^{2g-1}\frac{1}{n^2\left(n^2-\frac{P}{P_E}\right)^3}\sum_{m=1,3,5}^{2g-1}\frac{m^2}{\left(m^2-\frac{P}{P_E}\right)^3}-\left(\sum_{n=1,3,5}^{2g-1}\frac{1}{\left(n^2-\frac{P}{P_E}\right)^3}\right)^2\right]\Bigg\}\Bigg\}\prod_{n=1,3,5}^{2g-1}\frac{\pi^2}{2}n^2\left(n^2-\frac{P}{P_E}\right) \tag{79}$$

式中：$(\pi i^*/l)^2=[P_E/(AE)]+(kP_E/l)$。

对于所研究的特殊情况，所有直的未屈曲形状仍然是稳定的，直到 $P/P_E=3.61$，换个说法，在无限小扰动下，直的平衡状态是稳定的，直到屈曲开始的分叉点，对于包括屈曲的平衡状态，我们再注意到在式(79)Δ_g 的表达式中大括号中的量，再次发现，当 $g\to\infty$时，Δ_g 的符号表示从稳定到不稳定的转变，反之亦然。当 $g\to\infty$时，式(79)中的所有级数可以求和并得到稳定的转变条件

$$1-\left(\frac{\frac{F}{P_E}}{\frac{\pi i^*}{l}}\right)^2\frac{1}{\left(\frac{P}{P_E}\right)^3}\left[\frac{1}{4}+\frac{7}{32}\sec^2\frac{\theta}{2}-\frac{15}{16\theta}\tan\frac{\theta}{2}-\frac{1}{16}\frac{\theta}{2}\tan\frac{\theta}{2}\sec^2\frac{\theta}{2}\right]-$$

$$\frac{1}{\left(\frac{P}{P_E}\right)}\frac{d\left(\frac{F}{P_E}\right)}{d\zeta}\left[\left\{\frac{1}{4}-\frac{1}{2\theta}\tan\frac{\theta}{2}\right\}+\left(\frac{\frac{F}{P_E}}{\frac{\pi i^*}{l}}\right)^2\frac{1}{128\left(\frac{P}{P_E}\right)^3}\left\{\frac{\tan\frac{\theta}{2}}{\frac{\theta}{2}}\left(3\frac{\tan\frac{\theta}{2}}{\frac{\theta}{2}}-5\sec^2\frac{\theta}{2}-1\right)+\right.\right.$$

$$\left.\left.\sec^2\frac{\theta}{2}\left(3+2\frac{\theta}{2}\tan\frac{\theta}{2}\right)\right\}\right]=0 \tag{80}$$

因为

$$\frac{d\zeta}{d\left(\frac{P}{P_E}\right)}=\frac{d\left(\frac{F}{P_E}\right)\Big/d\left(\frac{P}{P_E}\right)}{d\left(\frac{F}{P_E}\right)\Big/d\zeta}$$

从式(75)得到

$$\frac{1}{\left(\frac{P}{P_E}\right)}\frac{d\left(\frac{F}{P_E}\right)}{d\zeta}=\frac{\frac{d\left(\frac{F}{P_E}\right)}{d\left(\frac{P}{P_E}\right)}\Big/\frac{F}{P_E}}{\left\{\frac{d\left(\frac{F}{P_E}\right)}{d\left(\frac{P}{P_E}\right)}\Big/\frac{F}{P_E}-\frac{1}{\frac{P}{P_E}}\right\}\left\{\frac{1}{4}-\frac{1}{4\frac{\theta}{2}}\tan\frac{\theta}{2}\right\}+\frac{1}{8\frac{P}{P_E}}\left\{\frac{1}{\frac{\theta}{2}}\tan\frac{\theta}{2}-\sec^2\frac{\theta}{2}\right\}} \tag{81}$$

把式(81)代入式(80)，可以发现，稳定的转变条件可以由式(82)或(83)给出

$$2+\sec^2(\theta/2)-3\frac{1}{(\theta/2)}\tan(\theta/2)=0 \tag{82}$$

或

$$\left(\frac{\pi i^*}{l}\right)^2+\frac{d}{d\left(\frac{P}{P_E}\right)}\left\{\left(\frac{\frac{F}{P_E}}{\frac{P}{P_E}}\right)^2\left(\frac{3}{16}+\frac{1}{16}\tan^2\frac{\theta}{2}-\frac{3}{8\theta}\tan\frac{\theta}{2}\right)\right\}=0 \tag{83}$$

同样，由式(82)表示的条件不能用任何平衡位置来满足，因此，剩下的稳定转变的条件由式(83)给出。应用式(56)，(31)和(62)，包括加载弹簧缩短在内的总端部缩短是

$$\frac{\varepsilon}{l}=\left(\frac{\pi i^{*}}{l}\right)^{2}\frac{P}{P_{\mathrm{E}}}+\left(\frac{\dfrac{F}{P_{\mathrm{E}}}}{\dfrac{P}{P_{\mathrm{E}}}}\right)^{2}\left(\frac{3}{16}+\frac{1}{16}\tan^{2}\frac{\theta}{2}-\frac{3}{8\theta}\tan\frac{\theta}{2}\right)=0 \tag{84}$$

于是，由式(83)给出的条件简化为

$$\mathrm{d}(\varepsilon/l)/\mathrm{d}(P/P_{\mathrm{E}})=0,\ \text{或}\ \mathrm{d}(P/P_{\mathrm{E}})/\mathrm{d}(\varepsilon/l)=\infty \tag{85}$$

因此，在无限小扰动下，从稳定平衡转变到不稳定平衡或者反之均发生在 P/P_{E} 与 ε/l 曲线的斜率是垂直的那一点。所以，假如试验机是刚性的，图 9 表明，对于 $a_1^0/(\pi i)=0$ 的情况，在 A 点和 B 点(图 9)之间有一个不稳定区。但是，对于 $a_1^0/(\pi i)=0.1$ 和 $a_1^0/(\pi i)=0.5$ 的情况，没有不稳定位置。假如试验机有一些弹性，例 $kEA/l=3$，那么图 12 表明，对于 $a_1^0/(\pi i)=0$ 的情况，在 C 点和 D 点(图 12)之间有一个不稳定区。与此相似，对于 $a_1^0/(\pi i)=0.1$，在 F 点和 G 点(图 12)之间，平衡位置是不稳定的。但是，对于 $a_1^0/(\pi i)=0.5$ 的情况，所有的平衡位置是稳定的。

在无限小扰动下，从稳定平衡转变到不稳定平衡这一节中找到的条件以非常简单的形式出现，并且不包括涉及特殊问题特性的任何参数，因此，虽然是从特殊情况得到的这些规律，也可能对所有这一类非线性屈曲问题也是适合的。

结　论

在以前的论文中[1~3]，对于无限小挠度的经典薄壳理论和实验结果之间的矛盾已经提出了解释，指出在外载比经典理论预测的屈曲载荷低得多的情况下存在壳的平衡位置，壳的原始缺陷要降低壳能承受的最大载荷，因此，较低的实验屈曲载荷归之于试件中总是存在的微小的缺陷，此外，试验机的弹性特性对屈曲过程有较大的影响。在本文中，这些说法得到定量的证实，而且不涉及非常复杂的壳体问题的本身，是用解横向有非线性弹簧支撑的柱的相似的问题来解决的。

但是，找到了新的有趣的事实，用支撑弹簧的特性来模拟曲壳情况中找到的特性，直的未屈曲柱可以有弹性能和端部缩短，这个弹性能和端部缩短等于在低于经典屈曲载荷的载荷下有限挠度的屈曲状态的相应的量。假如，试验机的端板略微靠近一些，未屈曲状态的弹性能将略高于屈曲状态的，因此，在小扰动下，柱将跳跃到屈曲的平衡状态，这就意味着在试验机中记录的屈曲载荷可能低于没有初始挠度的理想试件的经典理论的屈曲载荷。试验机的弹性可以进一步降低这个临界点。所以，似乎用经典理论计算的屈曲载荷实际上对这种类型结构的实际承载能力有相当小的意义。

在平衡状态的跳跃点，在无限小扰动下，初始平衡状态和最后的平衡状态都是稳定的，问题是为了使柱离开初始稳定状态需要多少大的外部冲击力，例如，取图 10 的 C 点，这个点表示两个平衡状态，即直的未屈曲状态和屈曲状态，在无限小扰动下，两者都是稳定的，在某个端部缩短 ε 下，在曲线 AB 中有另外的平衡状态，它有略高一点的弹性能，对于这个特别的端部缩短值，由式(64)给出的弹性能可以画为在有坐标 a_1，a_2，…，a_∞ 的平面上的表面，载荷 P 由端部缩短必须是常数的条件来确定，然而两个稳定平衡状态由两个最小点来表示，与不稳定状

态对应的一个点位于 a_1，a_2，…，a_∞ 的平面上的原点，在这两个最小点之间有一个鞍点，它表示有较高弹性能的不平衡状态(用鞍点表示不稳定状态是由于 Δ_1，Δ_2，…，Δ_∞ 都是负值这个事实。)，所以，必需的外部冲击力要等于或大于在鞍点和最小点的弹性能之间的差，对于图 10 中 C 点的情况，这个差 ΔW 是

$$\Delta W \approx 0.15\pi^2 P_E (i^2/l)$$

对于 0.09 in 厚，0.375 in 宽和 19 in 长的 24SRT(试验是在这个尺寸的柱上做的[3])，

$$\Delta W = 3.26 \times 10^{-4}\,\text{lbf}\cdot\text{in}$$

实际上这是非常小的，也许，这能足够解释在 C 点的跳跃。

(吴永礼 译， 柳春图 校)

参考文献

[1] von Kármán Th., Tsien Hsue-shen, The Buckling of Spherical Shells by External Pressure [J]. Journal of the Aeronautical Sciences,1939,7: 43.

[2] von Kármán Th., Tsien, Hsue-shen, The Buckling of Thin Cylindrical Shells under Axial Compression [J]. Journal of the Aeronautical Sciences, 1941,8: 303.

[3] von Kármán Th., Dunn Louis G., Tsien Hsue-shen. The Influences of Curvalure on the Buckling Characteristics of Structures [J]. Journal of the Aeronautical Sciences, 1940,7: 276.

[4] Cox H L. Stress Analysis of Thin Metal Construction [J]. Journal Royal Aeronautical Society, 1940, 44: 231.

[5] Klemperer W B., Gibbons H B. Über die Knickfestigkeit eines auf elastischen Zwischenstützen gelagerten Balkens [J]. ZAMM, 1933, 13: 251.

薄壳的屈曲理论

钱学森①
(California Institute of Technology)

摘要 在本作者与 Th. von Kármán 及 Louis G. Dunn 合作的一系列论文中研究了结构的曲率对屈曲特性的影响。本研究的目的是，寻找对“经典”理论和实验之间的差异的解释。对于外压下薄球壳的情况和在轴压下薄圆柱壳的情况，发现了包含大挠度的平衡状态，在比用无限小挠度的经典理论计算的屈曲载荷小得多的载荷下能够维持这个平衡状态。于是感到，因为这些新发现的平衡状态紧密地接近所观察的现象，壳体必须突然地从未屈曲的形状“跳跃”到这些平衡状态，结构失效作为这个突然变化的结果。但是，为什么壳体将跳跃到这些平衡状态而不是其他状态的原因还没有被解释。在本文中，为了确定在平衡状态中的这个突然变化，发展了包括能量水平和几何约束的新原理，用这个原理计算了球壳和柱壳的屈曲载荷，与实验很好地符合。

引　言

对于一些薄壳屈曲所观察的事实和熟知的经典理论之间的明显差异，作者与 von Kármán 及 Dunn 一起[1~3]提出了一个解释。这些研究的主要结果是发现了比经典理论预测的屈曲载荷小得多的较低载荷下的壳的平衡状态。实际上载荷随着壳体挠度的增加而降低。所发现的某些平衡状态在作用载荷和波形两个方面与实验观察的结果很接近。于是，作者们断言，在加载过程中，还没有达到经典载荷时，未屈曲的壳将突然跳跃到这些平衡位置，但是，为什么壳体将跳跃到这些平衡状态而不是其他状态问题仍然还没有回答。这是 K. O. Friedrichs[4]提出的对于作者处理球壳在外压作用下屈曲的主要异议。本文中，作者首先试图搞清楚这一点，然后将这个理论用于有实验数据的一些特殊情况，以检验理论的正确性，最后，为了指出进一步研究的可能性，给出球壳屈曲问题的比较精确的数学公式。

一、屈曲准则

在作者关于轴压下圆柱壳的论文中[3]已经指出，在通常的实验室和实际在役条件下，最大可能的平衡状态是有最低可能能量水平的状态，这个说法是基于假设：有足够大的扰动使从较高能量水平到较低能量水平的转变总是成为可能的，虽然这个假设似乎是有理的，但是，它只

发表于第10次国际航空科学(*I. Ae. S.*)年会，结构组，纽约，1942年，1月28日。

① 航空学研究员

能用与实验比较来检验。因为可用的实验数据通常只给出试件的屈曲载荷，本研究将涉及屈曲现象。

首先，必须明确“可能的能量水平”的所有意义。可能的能量水平的两个条件是：① 相应的外力和内应力必须是平衡的；② 如果有几何约束和加载条件的话必须予以满足。

第二个条件当然取决于试件的加载方式，为了方便数学处理，首先研究两个极限状态，假如试件在轴压下受载，那么，这个极限加载过程之一是刚性试验机，另一个是“死重量”加载。

在试验机中，实验员直接控制的参数是两个端板之间的距离，因为这个距离是由加载转盘位置来决定的，薄壳的屈曲通常发生在几分之一秒的时间内，所以，在从未屈曲状态到屈曲状态跳跃时，实验员实际上没有时间来转动加载转盘。换句话说，在屈曲开始和屈曲结束时两个端板之间的距离是相同的，因此，在这种情况下的几何约束是试件的端部缩短。于是，跳跃的起始点和结束点在载荷与端部缩短图中必须在垂直线 AB 上(图 1)。因为试件的端部缩短是常数，加载力的势能没有变化，系统的能量水平由给定的端部缩短的应变能给出，屈曲可能发生在某个端部缩短值，对于未屈曲平衡状态和屈曲平衡状态，这个值给出相同的应变能。假如这两个特殊的平衡状态分别用 A 点和 B 点表示，试件的载荷将从较高值跳跃到较低的值，这相应于 A 和 B 之间的距离，与未屈曲平衡状态相应的 A 给出的载荷一般记录为试件失效的载荷。

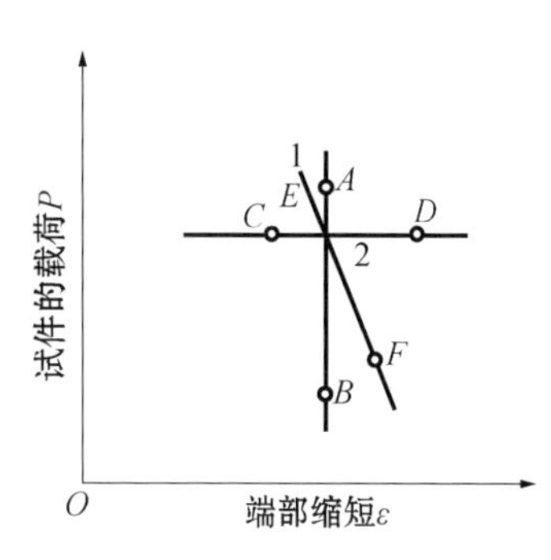

图 1　不同加载过程类型下载荷和端部缩短之间的关系

在死重加载的情况下，实验员控制的参数是试件上的重量，但是，他并不能控制试件的端部缩短，端部缩短是由外力和内部应力的平衡来确定的，因此，屈曲过程的起始点和结束点在载荷与端部缩短图中必须在水平线 CD 上(图 1)。因为在屈曲过程中加载力的移动，在计算系统的能量水平时必须包括加载重量的势能，所以，能量水平由系统的总势能 Φ 给出，

$$\Phi = S - P\varepsilon \tag{1}$$

式中：S 是应变能；P 是加载的力；ε 是试件的端部缩短。屈曲可能发生在载荷 P 的某个值，对于未屈曲平衡状态 C 和屈曲平衡状态 D，这个值给出相同的总势能 Φ。参看图 1，因此存在下列关系：

$$S_C - P\varepsilon_C = S_D - P\varepsilon_D \tag{2}$$

或

$$S_D - S_C = P(\varepsilon_D - \varepsilon_C) \tag{3}$$

此式的物理意义是在从未屈曲到屈曲平衡状态跳跃时试件应变能的增加由载荷势能的减少来提供。

施加任何载荷而与端板之间距离无关的理想刚性试验机的极限情况实际上并不存在。在实际试验机中，总是有某些弹性或“给出”。换句话说，带固定的加载转盘时，假如作用在试件上的载荷增加，则端板之间距离将稍微增加。因此，在屈曲时，试件跳跃的起始点和终点必定在图 1 的直线 EF 上，而不是直线 AB 所表示的理想的情况。试验机越有弹性，EF 线的斜率越小。因此，试验机弹性的影响是使屈曲现象更像用死重加载所发生的情况。稍后将证明试件的失效载荷很大程度上取决于 EF 线的斜率。因此，试验机的弹性对失效载荷有很大的影响。

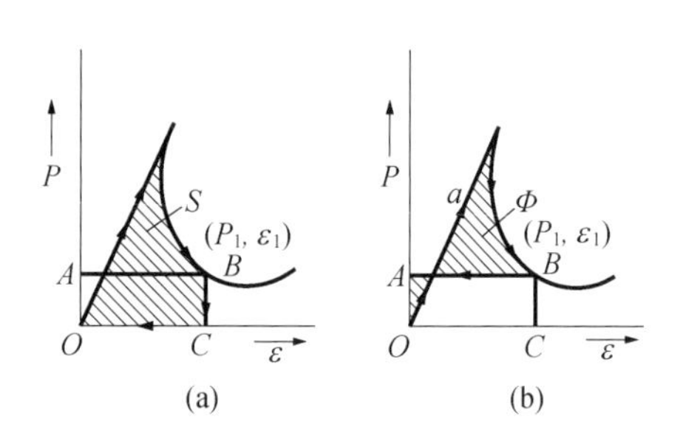

图 2　作为载荷 P 和端部缩短 ε 曲线下积分的应变能 S 和总势能 Φ

在重要的量应变能和总势能之间存在一些有趣的关系，设结构的载荷 P 和端部缩短 ε 的曲线由图 2 给出，假如结构随着平衡曲线到状态 P_1，ε_1，贮存在结构中的应变能当然是等于加载力所做的外功，因此

$$S(\varepsilon_1)=\int_0^{\varepsilon_1}P\varepsilon\,\mathrm{d}\varepsilon \tag{4}$$

它由图 2(a)中的阴影面积表示，根据常用的规则，指出了围绕这个面积的轮廓线方向。从式(4)很明显有

$$\mathrm{d}S/\mathrm{d}\varepsilon=P \tag{5}$$

换言之，S 和 ε 的曲线斜率给出了试件上的载荷。

应用式(1)，图 2(a)中阴影面积的微分和矩形 $OABC$ 给出了总势能 Φ。换句话说，它可以用图 2(b)中阴影面积的代数和来计算，因此

$$\Phi(P_1)=-\int_0^{P_1}\varepsilon P\,\mathrm{d}P \tag{6}$$

积分根据图中指出的回路进行，当然，式(6)也可以从式(4)的分部积分得到，从式(6)有

$$\mathrm{d}\Phi/\mathrm{d}P=-\varepsilon \tag{7}$$

这样，Φ 和 P 的曲线斜率给出了带负号的试件的端部缩短。

在线性的载荷与端部缩短情况下，式(5)和式(6)退化为相当一般的关系式，但是，在非线性屈曲问题中，它们是有用的，在量 P 与 ε 之间和两个势 S 与 Φ 之间的关系是完全等价于热力学中压力与体积之间和内能与热容量之间的关系。

二、带非线性横向弹性支撑的柱

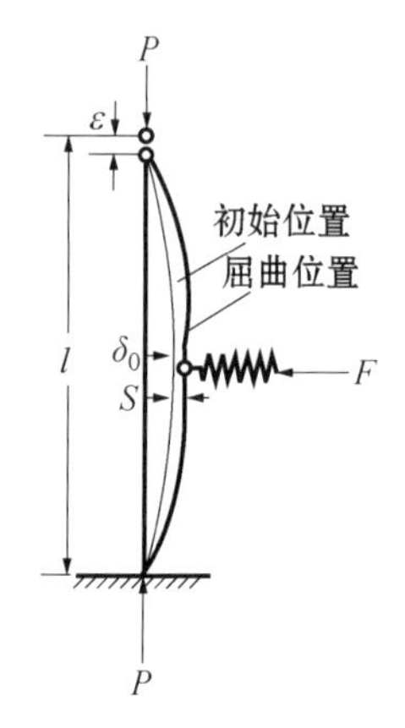

图 3　带非线性横向弹簧支撑的柱

应用以前研究所得的结果[3]，轴压下圆柱壳中应变能的初步计算表明，这个量与几何约束(即端部缩短)之间的关系是相当复杂的，有人感到，因为在这个特别的研究中计算平衡位置的方法只是近似的，在应变能和端部缩短之间的复杂关系可能不是非常可靠的，但是，这个问题的精确解是非常困难的，在壳的屈曲一般特性的研究中[2]发现，这种类型结构的特性可以用横向有弹簧支撑的柱来模拟(图 3)，这种柱的载荷与挠度曲线有图 4 所示的那样增加的斜率，这个相似首先是由 H. L. Cox[5]提出来的，没有数学困难就可以得到这个柱问题的精确解[6]。

为了检验理论分析的正确性，将计算结果与实验数据比较，实验数据是从 0.090 in 厚，0.375 in宽和 19 in 长的 24RST 柱上得到的。横向支撑是0.015 in厚和 0.50 in 宽的半圆钢环。这个钢环给出图 4 所示的载荷 F 和挠度 δ 曲线。柱近似地弯曲成半正弦波。初始挠度的大小用 δ_0 标记。试验结果如图 5 所示，其中 $P_E=\pi^2EI/l^2$ 是 Euler 柱的载荷，l 是长度，I 是柱的截面惯性矩，E 是材料的弹性(杨氏)模量。虚线是如图 4 所示的支撑弹簧特性的理想直柱的理论曲线。一条实验曲线用“直柱”标记。但是，实际上不可能得到这样的试件，因此，期望的是较低的实验值。在图 6 和图 7 中，柱能承受的最大载荷分别画为初始挠度比 δ_0/l 和最大载荷时的挠度比 δ/l 的曲线，理论计算的曲线和取自图 5 的实验曲线之间的符合令人相当满意。

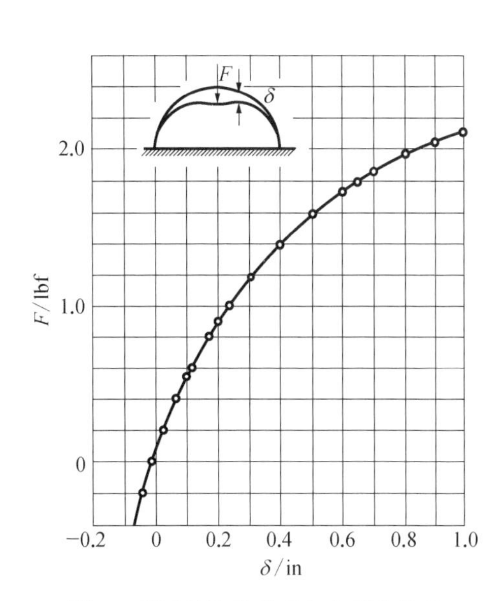

图 4 半圆环的载荷 F 和挠度 δ 关系

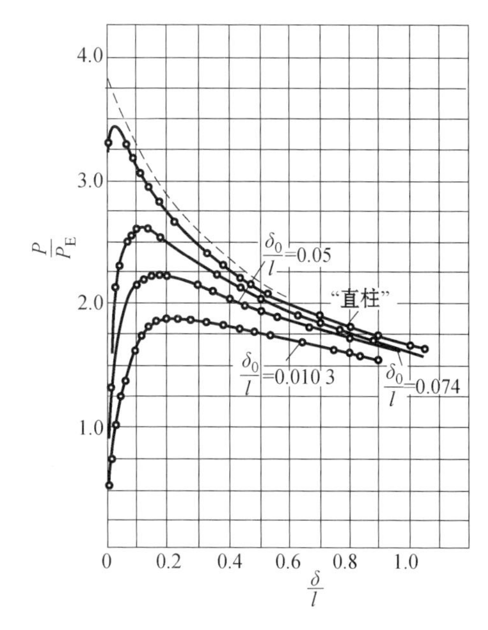

图 5 有半圆环横向支撑和不同初始挠度 δ_0 的柱的载荷 P 和挠度 δ 曲线

有了理论的这个检验，进一步研究的主要考虑是应变能和柱的端部缩短之间的关系。端部缩短是刚性试验机中柱的几何约束。为了计算，假设支撑弹簧的载荷 F 与挠度 δ 关系可表示为

$$\frac{F}{P_{\mathrm{E}}}=13.712\,\frac{\delta}{l}\left(1-208.89\,\frac{\delta}{l}+10\,444\,\frac{\delta^2}{l^2}\right) \tag{8}$$

这个载荷 F 与挠度 δ 关系与图 4 的相似。这个计算结果在图 8 和图 9 表示，其中端载荷比 P/P_{E}和应变能 S 分别与端部缩短 ε 画成曲线。在这些图中，i 表示柱的回转半径，对于直柱的情况，载荷 P/P_{E} 先是随着直线 OA(图 8)，然后是曲线 AB。A 点表示有无限小幅值δ 的柱的状态，所有其他在屈曲状态的平衡位置包含有限幅值 δ，因为经典屈曲理论只考虑无限小的位移，可以说 A 点表示了经典的屈曲载荷。

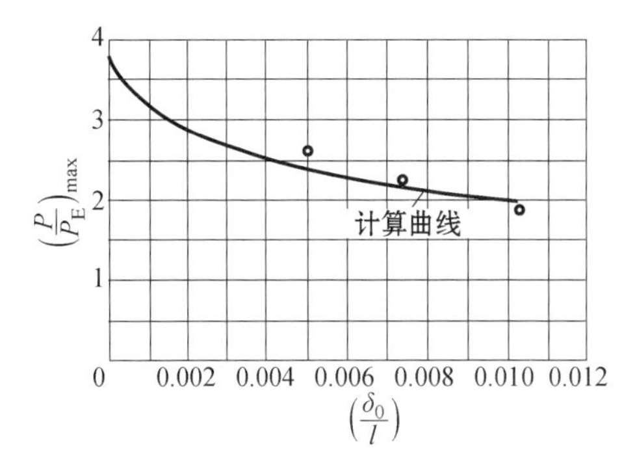

图 6 最大载荷 $P_{\max}$作为有半圆环横向支撑的柱的初始挠度 δ_0 的函数

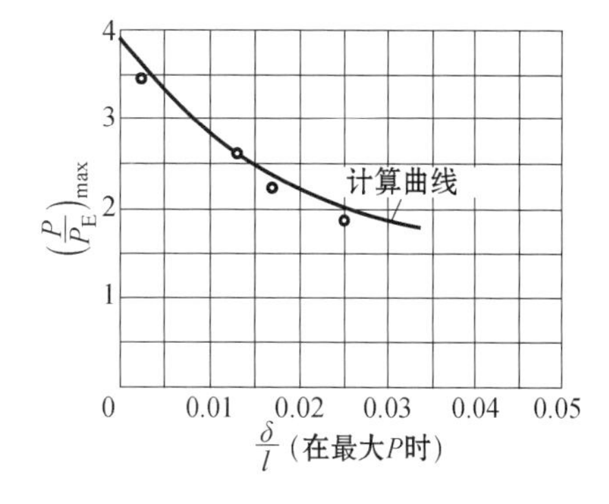

图7 最大载荷 $P_{\max}$ 作为有半圆环横向支撑的柱在最大载荷时挠度的函数

在应变能图中(图 9)，相应的点用与图 8 中相同的符号表示，因此，柱的直线平衡状态用

抛物线 OA 表示，屈曲的平衡状态用曲线 $ABCD$ 表示。有趣地注意到，曲线 AB 紧随抛物线 OA，也就是说，应变能只是略高于有相同端部缩短的直柱的应变能，曲线突然地在 B 点转向，并在 C 点与抛物线相交。分支 CD 的应变能低于有相同端部缩短的直柱的应变能或屈曲状态的应变能，后者用 AB 表示。因此，根据最小应变能准则，当端部板逐渐靠近时，在试验机中柱的实际行为首先是直的未屈曲的直线形状，直到 C 点，在 C 点，柱的形状将突然变化，柱将含有有限挠度 δ 和载荷大小从 $P/P_E=2.40$ 到 $P/P_E=1.09$ 的跳跃。根据式(5)，因为 S 与 ε 曲线的斜率是 P/P_E 的度量，在图 8 中，P/P_E 大小的这个跳跃用曲线的两个分支的斜率突然变化来表示。从那时起，柱的行为按照随端部缩短增加的曲线 CD 进行，因此，在一般条件下，经典的屈曲状态并不出现在整个屈曲过程中，所记录的柱的失效载荷将是 $P=2.40P_E$，而不是与 A 点相应的经典值 $P=3.61P_E$。

柱的初始挠度 δ_0 首先倾向于减小失效载荷。在任何给定的端部缩短值 ε，只有一个载荷值 P，最后 P 值的突然跳跃消失，对于这个特殊问题，为了消除 P 值的跳跃，$\delta_0=0.1\pi i$ 的小初始挠度已经是足够大了(图 8 和图 9)。

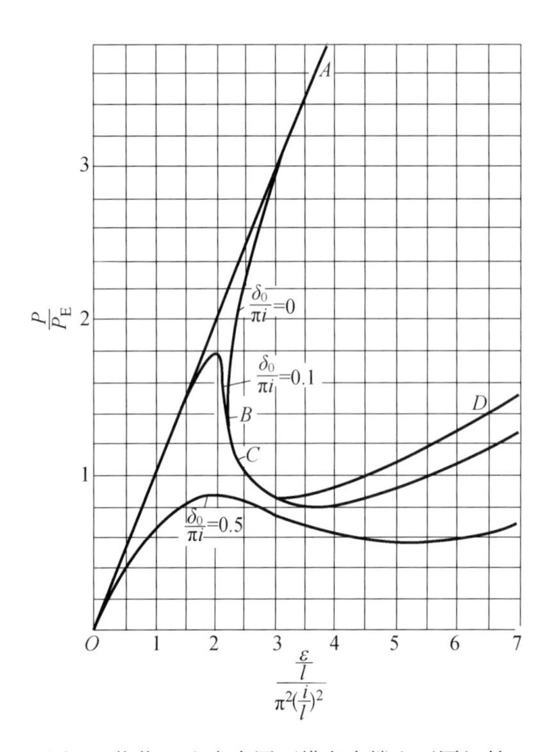

图 8　载荷 P 和有半圆环横向支撑和不同初始挠度 δ_0 的柱端部缩短 ε 的关系

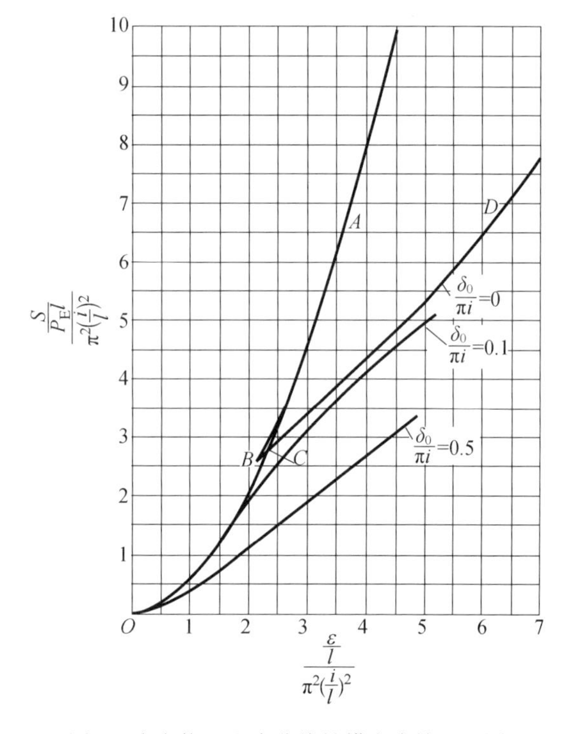

图 9　应变能 S 和有非线性横向支撑和不同初始挠度 δ_0 的柱端部缩短 ε 的关系

为了研究柱在重量加载时的行为，必须把总势 Φ 画作载荷 P 的曲线。应用式(8)给出的横向支撑的同样特性，在图 10 中给出了这个曲线。对于直柱，$\delta_0/(\pi i)=0$，未屈曲平衡状态用抛物线 OC_0A_0 表示，用 A_0 点表明经典屈曲载荷，曲线 $A_0B_0C_0$ 表示屈曲的平衡状态，应用前面发展的屈曲准则，当载荷逐渐增加时，柱将维持它的未屈曲形状直到 $P/P_E=1.196$ 的 C_0 点。在这个 P/P_E 值时，柱将突然从未屈曲平衡状态跳跃到屈曲的平衡状态。同时，端部缩短值将从 $\varepsilon/l=1.19\pi^2(i/l)^2$ 变化到 $\varepsilon/l=5.60\pi^2(i/l)^2$。根据式(7)，由于曲线的两个分支的斜率突然变化，端部缩短量的这个跳跃在图10中是显著的。这里，失效载荷仍然是 $P=1.196P_E$，而不是经典屈曲载荷 $P=3.61P_E$。

柱的初始挠度 δ_0 再一次倾向于降低屈曲载荷。对于 $\delta_0/(\pi i)=0.1$，失效载荷 $P=1.088P_E$，对于 $\delta_0/(\pi i)=0.5$，失效载荷 $P=0.788P_E$，最后，在任何给定的 P 值，只有一个 ε 的平衡值，在加载过程中柱的平衡状态的跳跃完全消失。

总结这些结果，由式(8)给出的有非线性弹性支撑的柱的失效载荷在表1中给出。可以看出，在通常的条件下，所谓的经典屈曲载荷实际上并不必然地表示柱的承载能力。

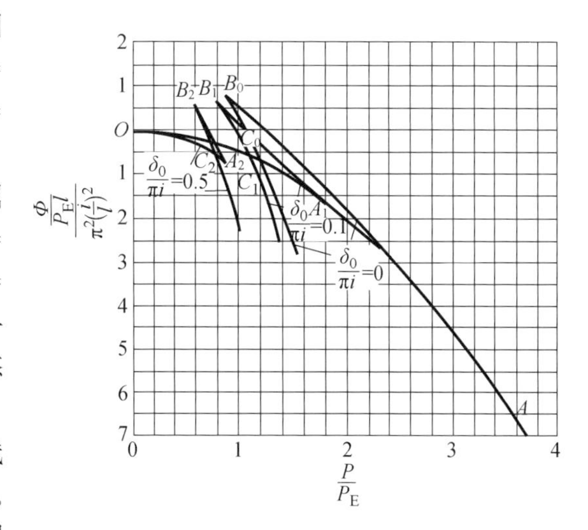

图10 总势能 Φ 和有非线性横向支撑和不同初始挠度 δ_0 的柱载荷 P 的关系

表1

$\delta_0/(\pi i)$	经典理论 P/P_E	新理论 P/P_E(试验机)	新理论 P/P_E(静重)
0	3.61	2.40	1.196
0.1	1.79	1.79	1.088
0.5	0.88	0.88	0.778

三、轴向压力作用下的均匀薄圆柱壳

已经很清楚地用带非线性弹性支撑的柱的失效来论证屈曲准则，现在理论可以有把握地用于轴压下的圆柱薄壳，应用作者在以前论文[3]中得到的结果，可以计算壳的应变能 S 和总势能 Φ，结果如图11～图14所示。在这些图中，R 是半径，t 是厚度，ε 是壳的单位端部缩短，此外，s 表示壳表面单位面积的应变能，φ 是壳表面单位面积的总势能。壳的周向波数 n 由等于 $n^2(t/R)$ 的参数 η 确定。在周向的波长与轴向的波长之比定义为 μ。于是，对于 $\mu=1$，波形是正方形，对于 $\mu=0.5$，波形是长边平行于柱壳轴的矩形，泊松比取为0.3。

为了研究壳在刚性试验机中的性能，应变能参数 $s(R/t)^2/(Et)$ 与端部缩短参数 $\varepsilon R/t$ 的图如图11和图12所示。根据前几节所发展的准则，当屈曲平衡位置的应变能曲线第一次与未屈曲平衡位置的曲线相交时可能发生屈曲，因此，参看 $\mu=1.0$ 的图11，最低可能的载荷用 A 点指出，相应的屈曲载荷可以计算为 $\sigma R/(Et)=0.460$，式中 σ 是平均轴向应力，η 的值为0.400，因此，若 $R/t=1\,000$，$n=20$，屈曲时，应力将从 $\sigma=0.460Et/R$ 跳跃到 $\sigma=0.239Et/R$，$\mu=0.5$时，图12表明最低可能的屈曲应力约为

$$\sigma=0.370Et/R \tag{9}$$

相应的 η 值是0.289，因此，若 $R/t=1\,000$，$n=17$，屈曲时，应力将从式(9)给出的值跳跃到 $\sigma=0.2000Et/R$。

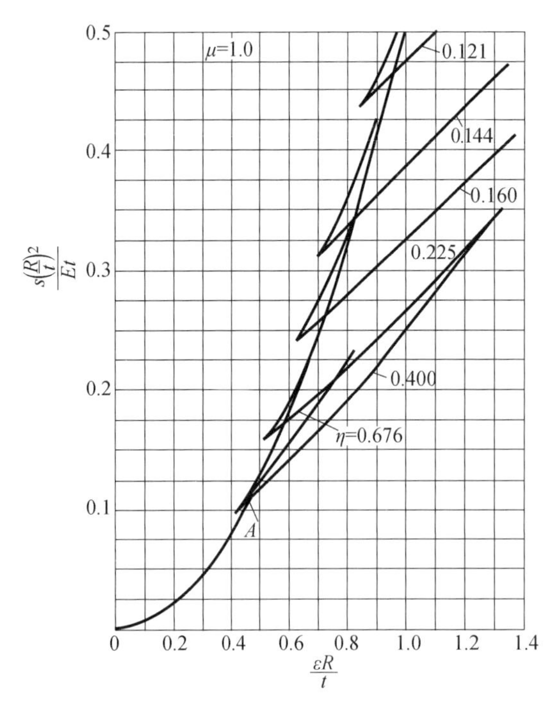

图 11　轴压下圆柱壳有波的纵横比 μ 为 1.0 时单位应变能 s 和单位端部缩短 ε 的关系

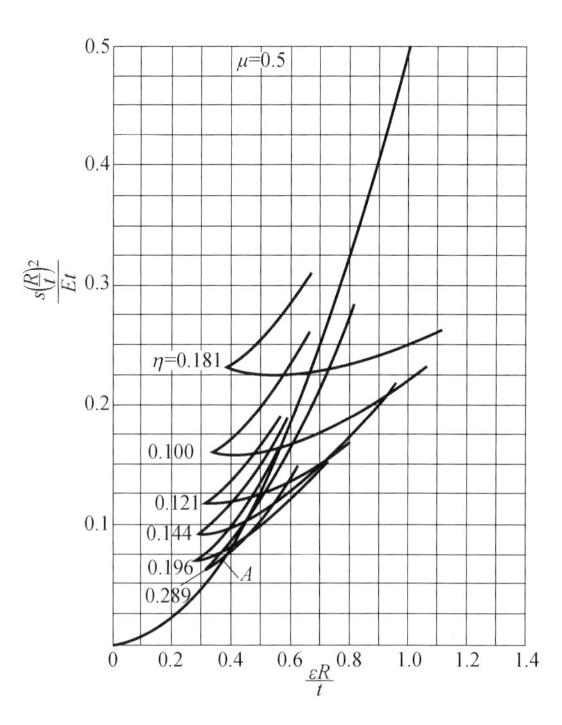

图 12　轴压下圆柱壳有波的纵横比 μ 为 0.5 时单位应变能 s 和单位端部缩短 ε 的关系

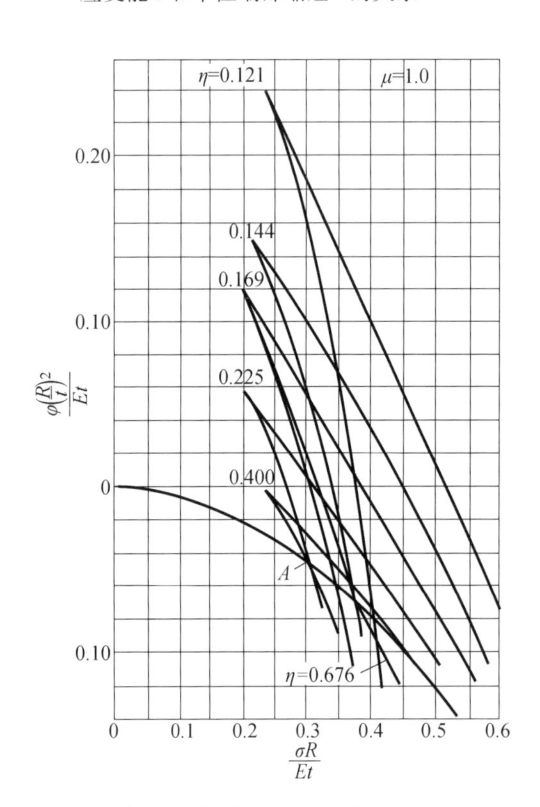

图 13　轴压下圆柱壳有波的纵横比 μ 为 1.0 时单位总势能 φ 和压应力 σ 的关系

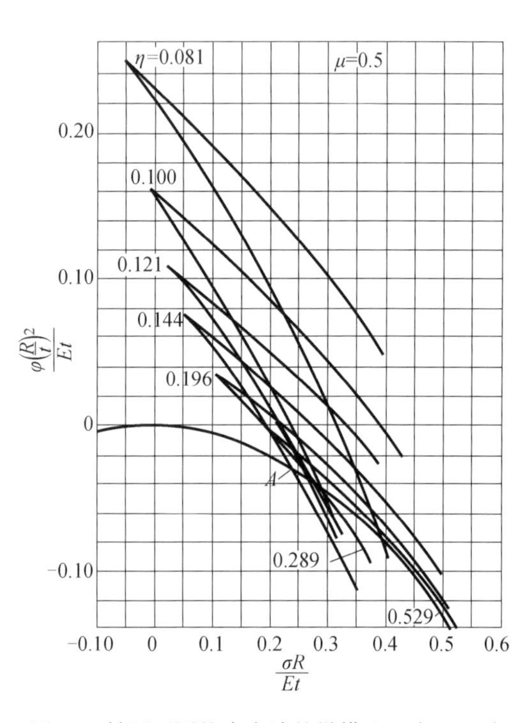

图 14　轴压下圆柱壳有波的纵横比 μ 为 0.5 时单位总势能 φ 和压应力 σ 的关系

圆柱壳在死重加载下的失效载荷可以从图 13 和图 14 来确定，这两张图分别给出了 $\mu=1.0$ 和 $\mu=0.5$ 情况下总势能参数 $\varphi(R/t)^2/(Et)$ 和应力参数 $\sigma R/(Et)$ 的曲线。应用准则，当屈曲平衡状态的总势能曲线与未屈曲平衡状态的总势能曲线相交时，死重加载下可能发生屈曲。对于 $\mu=1.0$，这发生在 A 点(图 13)，这相应于 $\sigma=0.298Et/R$，因为在曲线的两个分支的斜率有突然的变化，屈曲现象有端部缩短的突然增加伴随。根据 $\mu=0.5$ 的图 14，最低的可能屈曲应力约为

$$\sigma = 0.238Et/R \tag{10}$$

同样，在屈曲时有端部缩短的突然变化。

式(9)和(10)给出比经典屈曲应力 $\sigma=0.606Et/R$ 低得多的屈曲应力，正如在前几节中所示，试验机的弹性倾向于降低由死重加载所得的屈曲应力，但是，实际上由式(10)给出的死重失效载荷是高于实验数据所报告的平均值 $\sigma=0.15Et/R$[2]。理论和实验之间数值上不一致的原因之一当然是文献[3]中所用方法的近似特性，它是本计算的基础，而且，波的纵横比 μ 是有些任意地选择的，有许多其他的 μ 值，它们将给出较低的屈曲应力值，这些问题只有通过研究得到问题的更精确的解才能弄清楚。

四、外压作用下的球壳

作者和 Th. von Kármán[1] 及 K. O. Friedrichs[4] 合作研究了外压作用下的均匀薄球壳的屈曲，在作者的处理中，有一些简化的假设，Friedrichs 认为它们是不必要的，但是，Friedrichs 没有能对问题给出明确地回答，因此，现在用本理论来处理这个问题。

Friedrichs 已经证明，假设壳的厚度与半径之比和屈曲的角向伸长是小的，并假设由于屈曲的附加径向和周向应力在屈曲边界上等于零，那么，附加的拉伸和弯曲应变能之和与作用在壳的表面上的虚功之间的差可以用下列积分来计算：

$$I = \frac{1}{2}\frac{(t/R)^2}{12(1-\nu^2)}\int_0^\beta\left(\frac{\mathrm{d}\kappa}{\mathrm{d}\alpha}\right)^2\alpha^3\mathrm{d}\alpha + \frac{1}{2}\int_0^\beta\left[\int_\alpha^\beta\left(\kappa-\frac{1}{2}\kappa^2\right)\alpha\mathrm{d}\alpha\right]^2\alpha\mathrm{d}\alpha - \frac{\sigma}{2E}\int_0^\beta\kappa^2\alpha^3\mathrm{d}\alpha \tag{11}$$

式中：t 是厚度；R 是球壳的半径；β 是图 15 所示的屈曲的角向伸长；σ 是外压 p 作用下未屈曲壳中的应力，

$$\sigma = PR/(2t) \tag{12}$$

由于屈曲，若壳单元的向内的径向位移是 w，那么函数 $\kappa(\alpha)$ 由下式表示：

$$\kappa(\alpha) = -[1/(R\alpha)](\mathrm{d}w/\mathrm{d}\alpha) \tag{13}$$

为了确定平衡状态，用能量法，为此，设径向位移是

$$w/R = f[1-(\alpha/\beta)^2]^2 \tag{14}$$

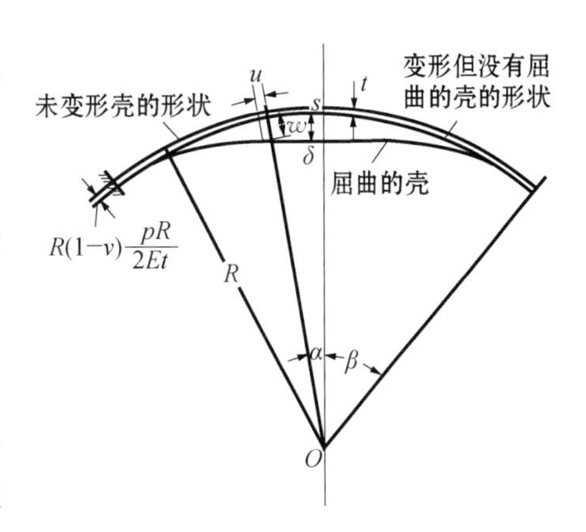

图 15　外压作用下球壳块的对称屈曲

式中：f 是屈曲中心的最大径向位移与壳的半径之比，径向位移的这个特殊形式在边界处 $\alpha=\beta$ 有零斜率，但是，在这个边界上曲率不是零，因此，要求在边界上的弯矩分布要保持屈曲壳块的平衡，把式(14)代入式(11)，积分 I 可写为

$$I = \frac{4}{9}\frac{(t/R)^2}{(1-\nu^2)}\frac{f^2}{\beta^2} + \frac{\beta^2}{2}\left(\frac{1}{10}f^2 - \frac{2}{9}\frac{f^3}{\beta^2} + \frac{8}{63}\frac{f^4}{\beta^4}\right) - \frac{1}{3}f^2\frac{\sigma}{E} \tag{15}$$

为了寻找壳能够与给定的σ值平衡时的f值，I相对于f的导数必须等于零，因此

$$\frac{\sigma}{E}=\frac{4}{3}\frac{(t/R)^2}{(1-\nu^2)}\frac{1}{\beta^2}+\beta^2\left(\frac{3}{20}-\frac{f}{2\beta^2}+\frac{8}{21}\frac{f^2}{\beta^4}\right) \tag{16}$$

应用下列参数可以把式(16)写为较简单的形式：

$$\zeta=\beta^2R/t,\quad \xi=fR/t \tag{17}$$

于是

$$\frac{\sigma R}{Et}=\frac{4}{3}\frac{1}{(1-\nu^2)}\frac{1}{\zeta}+\frac{3}{20}\zeta-\frac{1}{2}\xi+\frac{8}{21}\frac{\xi^2}{\zeta} \tag{18}$$

当屈曲的幅值非常小时，即$\xi\to 0$，屈曲应力的最小值由下式给出：

$$\sigma=0.9376Et/R \tag{19}$$

式中：取$\nu=0.3$。由于式(14)给出的特殊假设的挠度形式，这个值高于经典值

$$\sigma=0.606Et/R \tag{20}$$

但是，对于本计算而言，对于有限的幅值比ξ，$\sigma R/(Et)$的值是更有意义的，应用式(18)，$\sigma R/(Et)$的值可以计算为各个固定ζ值时的ξ函数，它确定屈曲的大小，结果如图16所示。

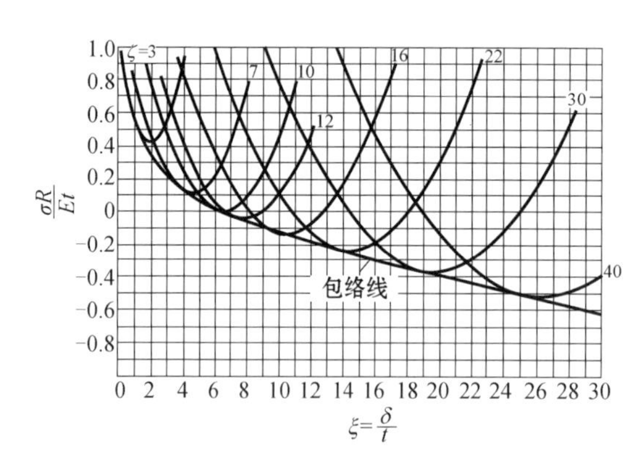

图16　外压作用下球壳块的压应力σ和最大挠度δ的关系

将式(18)对ζ微分，并把所得的表达式等于零，即得到图16所示的曲线的包络线，于是

$$-\frac{4}{3}\frac{1}{(1-\nu^2)}\frac{1}{\zeta^2}+\frac{3}{20}-\frac{8}{21}\frac{\xi^2}{\zeta^2}=0 \tag{21}$$

结合式(21)和式(18)，就得到如下的包络线方程：

$$\left(\frac{\sigma R}{Et}\right)_{\text{Envelope}}=\frac{1}{2}\sqrt{\frac{16}{5}\frac{1}{(1-\nu^2)}+\frac{32}{35}\xi^2}-\frac{1}{2}\xi \tag{22}$$

对于大的ξ值，$\sigma R/(Et)$的包络值将变为负的，并将无限地降低。这是不同于作者以前的研究[1]结果，那里存在$\sigma R/(Et)$的最小值。这个最小值是由于在那个研究中所用的壳单元的特殊位移，但是，在大挠度时$\sigma R/(Et)$的负值并不是壳的失效应力，现在将证明这一点。

当球壳块受外压加载时，实验表明，一般只出现一个小屈曲，而壳的其余部分近似地还是球形，因此，在计算壳的应变能和总势能时，必须考虑屈曲部分和未屈曲部分。在本计算中，壳单元的径向位移设为两部分组成：由外压引起的均匀向内位移等于$(1-\nu)R\sigma/E$和在屈曲部分的边界上由式(14)给定的附加位移，此外，由屈曲引起的附加拉伸应力在屈曲边界上被设为零，这些假设导致下列不精确性：(i) 在屈曲边界上壳表面的曲率不连续；(ii) 在屈曲边界上壳元的周向位移不连续；(iii) 忽略了在壳块边界上的有效边界支撑。

因为在所有计算中，壳的厚度与半径之比取为非常小，这就可能由上述不精确性引起的误差将不是值得重视的。

采用这些假设，应用式(14)和与式(11)相似的表达式可以计算壳表面单位面积应变能s，结果是

$$\frac{sR^2}{(1-\nu)t^3E}=\left(\frac{\sigma R}{Et}\right)^2+\lambda\frac{t}{R}\frac{\zeta\xi}{(1-\nu)}\left\{\frac{1}{3}\frac{\sigma R}{El}+\left[\frac{4}{9(1-\nu^2)}\frac{1}{\zeta^2}+\frac{1}{20}-\frac{1}{3}\frac{\sigma R}{Et}\frac{1}{\zeta}\right]\xi-\frac{\xi^2}{9\zeta}+\frac{4}{63}\frac{\xi^2}{\zeta^2}\right\} \tag{23}$$

式中：λ 是半径为 R 的半球面积与球壳块的面积之比，因此，若 θ 是壳块的半张角，λ 可写为

$$\lambda=1/(1-\cos\theta) \tag{24}$$

假设壳是由外面的流体压力来试验的，流体是不可压的，并封闭在腔内，那么，几何约束是由于挠度引起的壳的体积变化，这个体积变化是由外压引起的均匀向内的位移和在屈曲区的边界上由式(14)给定的附加位移造成的，单位球面面积的体积变化 v 可表示为

$$\frac{v}{(1-\nu)t}=\frac{\sigma R}{Et}+\lambda\frac{(t/R)\zeta\xi}{6(1-\nu)} \tag{25}$$

封闭腔的流体压力试验这种类型是等价于前面讨论的所谓刚性试验机。由于与前面讨论的情况相似性，壳的可能失效载荷则由未屈曲状态和屈曲状态有相同的应变能和相同的体积变化的条件来确定，这就是说，假如与屈曲的初始点相应的量用下标 1 来标记，与屈曲的终点相应的量用 2 来标记，则条件是

$$\zeta_1=\xi_1=0 \tag{26}$$

$$\frac{\sigma_1 R}{Et}=\frac{\sigma_2 R}{Et}+\lambda\frac{t}{R}\frac{\zeta_2\xi_2}{6(1-\nu)} \tag{27}$$

$$\left(\frac{\sigma_1 R}{Et}\right)^2=\left(\frac{\sigma_2 R}{Et}\right)^2+\lambda\frac{t}{R}\frac{\zeta_2\xi_2}{(1-\nu)}\left\{\frac{1}{3}\frac{\sigma_2 R}{Et}+\left[\frac{4}{9(1-\nu^2)}\frac{1}{\zeta_2^2}+\frac{1}{20}-\frac{1}{3}\frac{\sigma_2 R}{Et}\frac{1}{\zeta_2}\right]\xi_2-\frac{\xi_2^2}{9\zeta_2}+\frac{4}{63}\frac{\xi_2^3}{\zeta_2^2}\right\} \tag{28}$$

从式(27)和(28)消去 σ_1，就得到下列关系式：

$$\frac{4}{63}\frac{1}{\zeta_2^2}\xi_2^2-\frac{1}{9\zeta_2}\xi_2+\left[\frac{4}{9(1-\nu^2)}\frac{1}{\zeta_1^2}+\frac{1}{20}-\frac{1}{3}\frac{\sigma_2 R}{Et}\frac{1}{\zeta_2}-\frac{\lambda(t/R)\zeta_2}{36(1-\nu)}\right]=0 \tag{29}$$

但是，因为在屈曲过程的终点壳是平衡的，σ_2，ζ_2 和 ξ_2 也必须满足式(18)给定的平衡条件，因此

$$\frac{8}{21}\frac{1}{\zeta_2}\xi_2^2-\frac{1}{2}\xi_2+\left[\frac{4}{3(1-\nu^2)}\frac{1}{\zeta_2}+\frac{3}{20}\zeta_2-\frac{\sigma_2 R}{Et}\right]=0 \tag{30}$$

对于给定的 $\lambda t/R$，式(29)和(30)给出 ζ_2 的函数 $\sigma_2 R/(Et)$ 和 ξ_2。从式(27)，对于 $\sigma_1 R/(Et)$ 和 $\sigma_2 R/(Et)$ 表达式是

$$\frac{\sigma_1 R}{Et}=\frac{4}{3(1-\nu^2)}\frac{1}{\zeta_2}+\frac{37}{480}\zeta_2-\frac{3}{32}\frac{\lambda l/R}{(1-\nu)}\zeta_2^2-\frac{\zeta_2}{24}\left[1-\frac{\lambda t/R}{(1-\nu)}\zeta_2\right]\sqrt{\left(\frac{7}{4}\right)^2-\frac{7\lambda t/R}{(1-\nu)}\zeta_2} \tag{31}$$

$$\frac{\sigma_2 R}{Et}=\frac{4}{3(1-\nu^2)}\frac{1}{\zeta_2}+\frac{37}{480}\zeta_2-\frac{1}{6}\frac{\lambda t/R}{(1-\nu)}\zeta_2^2-\frac{\zeta_2}{24}\sqrt{\left(\frac{7}{4}\right)^2-\frac{7\lambda t/R}{(1-\nu)}\zeta_2} \tag{32}$$

$$\xi_2=\zeta_2\left[\frac{7}{16}+\frac{1}{4}\sqrt{\left(\frac{7}{4}\right)^2-\frac{7\lambda t/R}{(1-\nu)}\zeta_2}\right] \tag{33}$$

图 17 表示了 $\lambda t/R=0.02101$ 的计算结果，可以看出，当 ζ_2 增加时，$\sigma_1 R/(Et)$ 先是减小，随后重新增加。曲线在 ζ_2 的某个值时中断，这个值是使式(31)，(32)和(33)的根号下的表达式等于零，因为 ζ_2 的进一步增加将给根式虚数值。

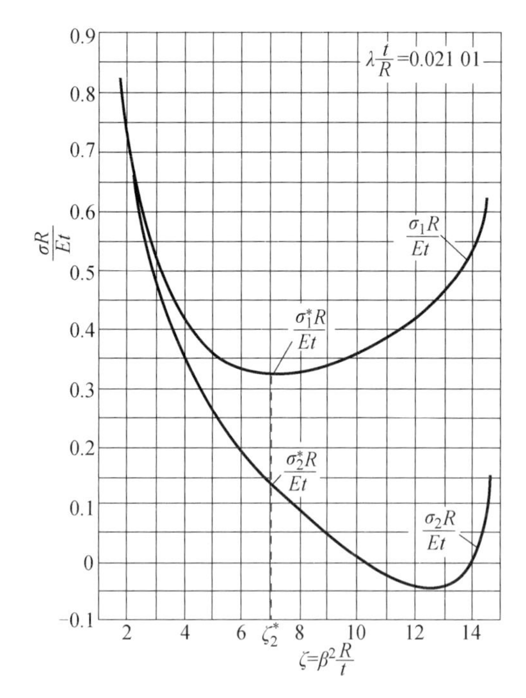

图 17 外压作用下球壳块的初始屈曲应力 σ_1 和最终屈曲应力 σ_2 作为屈曲的角度扩张 β 的函数

对于给定的壳块，只有 $\lambda t/R$ 是固定的，除了屈曲的尺寸不能大于壳块的尺寸以外，屈曲的尺寸和参数 ζ_2 是可以任意变化的，暂时假设没有违反最后的条件，那么实际可能的失效载荷由 $\sigma_1 R/(Et)$ 的最小值来确定。用 $\sigma_1^* R/(Et)$ 标记这个最小值，用 $\sigma_2^* R/(Et)$ 标记相应的 $\sigma_2 R/(Et)$ 值，那么对于 $\lambda t/R=0.02101$，从图 17 得到 $\sigma_1^* R/(Et)=0.320$ 和 $\sigma_2^* R/(Et)=0.125$。

对于不同的 $\lambda t/R$ 值进行一系列计算以后，就可以对参数 $R/(t\lambda)$ 画 $\sigma_1^* R/(Et)$ 和 $\sigma_2^* R/(Et)$ 的图，如图 18 所示。那么，表示 $\sigma_1^* R/(Et)$ 的上面的曲线给出在以前所说的条件下的壳块的失效载荷，这个图表明失效载荷参数 $\sigma_1^* R/(Et)$ 不再由经典理论预测的那样是个常数，若块的内角即 λ 固定，它将随 R/t 值的增加而略微减小，事实上，在固定的 λ 值，对于 $20<R/(\lambda t)<100$，发现

$$\sigma_1^*/E \sim (t/R)^{1.25} \tag{34}$$

此外，如图 19 所示，在出现 $\sigma_1^* R/(Et)$ 时的 ζ_2^* 值也随 R/t 的增加而减小，也发现在固定的 λ 值，在所述的范围内，ζ_2^* 近似地随 $(R/t)^{0.28}$ 变化。因此，根据式(17)，β_2^* 近似地随 $(R/t)^{-0.36}$ 变化，但是，若 l 是直径或屈曲的波长，$l/(2R)=\beta_2^*$，则

$$l/t \sim (t/R)^{-0.64} \tag{35}$$

当然，由经典理论给出的屈曲应力 σ/E 的 t/R 和波长 l/R 的指数分别为 1 和 $-1/2$。

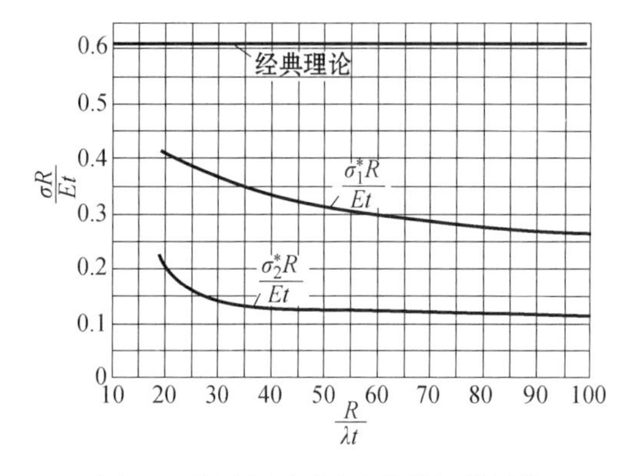

图 18 外压作用下球壳块的初始屈曲应力 σ_1^* 和最终屈曲应力 σ_2^*

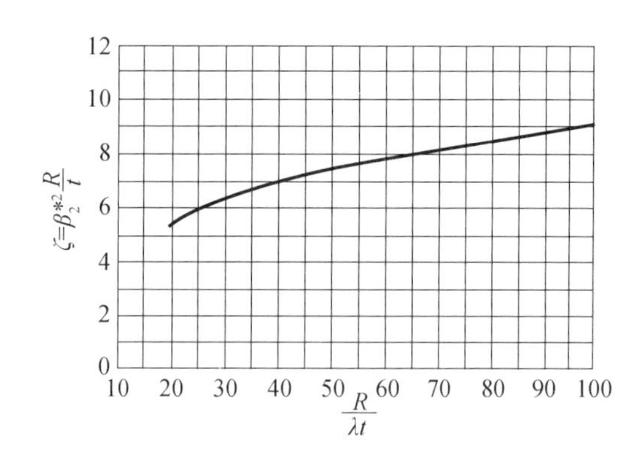

图 19 外压作用下球壳块屈曲的角度扩张 β_2^*

据作者所知，还没有实验是在几何约束下进行，即在屈曲时所包含的壳的体积必须是常数的。但是，在加州理工学院已经对水压作用下 $\theta=17°45'$ 的固定球壳块进行了一些试验①。水

① 试验是在 L. G. Dunn 博士指导下由 H. B. Crokett 先生做的，作者对他们深表谢忱。

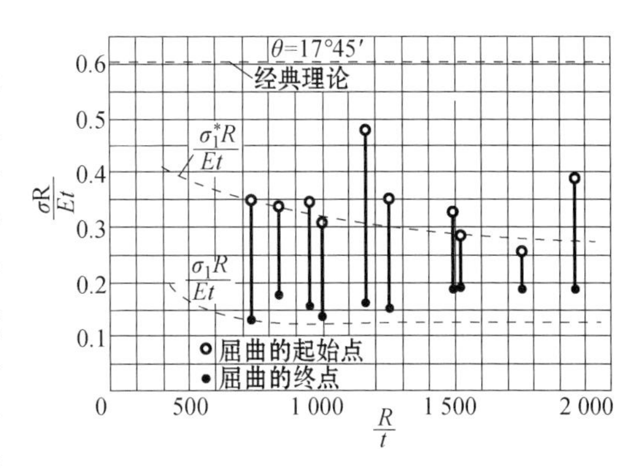

图 20 水压作用下球壳块的初始屈曲应力和最终屈曲应力(实验)

缓慢地进入封闭的箱中,箱的顶盖是壳块。只要壳开始屈曲,水马上关闭,以致在屈曲过程中,箱中水的体积近似地是常数,但是,水的压力是由连接到水箱的水银压力计测量的,两者的连接是用橡皮管,在试验开始时,管中充满空气。水银柱高度的下降和橡皮管中空气的膨胀两者均将增加箱子的体积,因此,这些试验有些相似于在有些弹性的试验机中加载的柱的试验。这些试验结果如图 20 所示,其中画出了屈曲开始和屈曲结束点的 $\sigma R/(Et)$ 值与 (R/t) 的曲线。可以看出,随着 R/t 的增加,两者倾向于微微地降低,这也是等体积约束下理论计算所显示的特点,虚线表示前面计算的 $\sigma_1^* R/(Et)$ 和 $\sigma_2^* R/(Et)$。虽然试验点很好地随着曲线,但是,这种符合只能作为定性的,因为这两个情况的试验条件是不同的。

假如壳块用流体的压力加载,而流体是从有自由表面的大的贮水池中抽过来的,那么在屈曲过程中少量的体积变化并不明显地改变贮水池中流体的水平,在这种试验条件下,在屈曲开始点作用在壳上的压力实际上与屈曲结束点的压力是相同的,设体积变化为 ΔV,则流体所作的相应的功由 $p\Delta V$ 给定,这个所做的功必须等于壳的应变能的增加,这就给出与式(3)相似的关系,因此,设系统的总势能 Φ 定义为

$$\Phi = S - pV \tag{36}$$

那么当未屈曲平衡状态的总势能与屈曲平衡状态的总势能相同时,在相同的 $\sigma R/(Et)$ 值发生屈曲。应用式(36),(23)和(25),单位壳表面面积的总势能 φ 可以表示为

$$\frac{\varphi R^2}{(1-\nu)t^3 E} = -\left(\frac{\sigma R}{Et}\right)^2 + \lambda \frac{t}{R} \frac{\zeta\xi^2}{(1-\nu)} \cdot \left\{\left[\frac{4}{9(1-\nu^2)} \frac{1}{\zeta^2} + \frac{1}{20} - \frac{1}{3} \frac{\sigma R}{Et} \frac{1}{\zeta}\right] - \frac{\xi}{9\zeta} + \frac{4}{63} \frac{\xi^2}{\zeta^2}\right\} \tag{37}$$

设 $\sigma_3 R/(Et)$ 为这种加载形式的屈曲应力参数,那么上面所述的屈曲准则要求

$$-\left(\frac{\sigma_3 R}{Et}\right)^2 = -\left(\frac{\sigma_3 R}{Et}\right)^2 + \lambda \frac{t}{R} \frac{\zeta_3\xi_3^2}{(1-\nu)} \cdot \left\{\left[\frac{4}{9(1-\nu^2)} \frac{1}{\zeta_3^2} + \frac{1}{20} - \frac{1}{3} \frac{\sigma_3 R}{Et} \frac{1}{\zeta_3}\right] - \frac{\xi_3}{9\zeta_3} + \frac{4}{63} \frac{\xi_3^2}{\zeta_3^2}\right\} \tag{38}$$

因此,

$$\frac{4}{63} \frac{\xi_3^2}{\zeta_3^2} - \frac{\xi_3}{9\zeta_3} + \left[\frac{4}{9(1-\nu^2)} \frac{1}{\zeta_3^2} + \frac{1}{20} - \frac{1}{3} \frac{\sigma_3 R}{Et} \frac{1}{\zeta_3}\right] = 0 \tag{39}$$

另一方面,因为屈曲的壳必须处于平衡,式(18)必须也满足。因此

$$\frac{8}{21} \frac{1}{\zeta_3} \xi_3^2 - \frac{1}{2} \xi_3 + \left[\frac{4}{3(1-\nu^2)} \frac{1}{\zeta_3} + \frac{3}{20} \zeta_3 - \frac{\sigma_3 R}{Et}\right] = 0 \tag{40}$$

从式(39)和(40)可以得到作为 ζ_3 的函数的 $\sigma_3 R/(Et)$ 和 ξ_3,于是

$$\frac{\sigma_3 R}{Et} = \frac{1}{240} \zeta_3 + \frac{4}{3(1-\nu^2)} \frac{1}{\zeta_3} \tag{41}$$

$$\xi_3 = (7/8)\zeta_3 \tag{42}$$

假使壳块足够大,则实际屈曲载荷将由 $\sigma_3 R/(Et)$ 的最小来确定,用带星号来标记与这个最小值相应的量,计算表明

$$\sigma_3^* R/(Et) = 1/(3\sqrt{5(1-\nu^2)}) \tag{43}$$

$$\zeta_3^* = 8\sqrt{5/(1-\nu^2)} \tag{44}$$

$$\xi_3^* = 7\sqrt{5/(1-\nu^2)} \tag{45}$$

必须注意,在这种试验形式中,屈曲应力参数 $\sigma_3^* R/(Et)$ 与经典理论一样仍然是常数,但是,这个常数的数值只是经典值的约四分之一。

E. E. Sechler 和 W. Bollay 所做的半球壳的试验是将壳浸在水银槽中进行的,因此,试验条件近似等压型,式(43),(44)和(45)可用于这种情况。表 2 中由式(43),(44)和(45)预测的值与试验所得的值相比较,理论和试验相当地一致。

表 2

	实　验	理　论
$\sigma_3^* R/(Et)$	0.154	0.1561
ζ_3^*	8 deg	8.3 deg
$\xi_3^* = \delta^*/t$	12.5	16.4

结　论

在前面各节中,已经发展了确定在通常试验和在役条件下曲壳屈曲载荷的新原理,通过比较试验结果和理论预测的结果验证了这个最低能量水平的原理。但是,任意有限量扰动的前提并不存在,所以,由这个原理确定的屈曲载荷可以称为"下屈曲载荷",而假设无限小扰动存在的经典屈曲载荷可以称为"上屈曲载荷"。当然,在试验中非常注意避免所有的扰动,上屈曲载荷是可以达到的,但是,下屈曲载荷可用于设计的合适基础。

应当指出,下屈曲载荷存在的可能性是与结构的弹性特性相关的,即结构上的载荷必须随挠度的增加而减小。假使不是这种情况,那么下屈曲载荷并不出现,结构的屈曲载荷可能接近经典理论计算的结果,正如众所周知的在边界压缩下平板的情况一样。作者相信,柱壳在横向外压作用下,在屈曲后,载荷随着挠度增加而升高。因此,对于这种情况,屈曲载荷也可以接近经典薄壳理论预测的载荷[7]。

为了指出进一步的可能的发展,要更精确地用公式表述等厚度球壳在均匀死重压力作用下的屈曲问题。假如用 w 和 u 来分别标记壳的中面从它的球平衡位置的径向和周向位移,那么应变和曲率变化可用下式计算[4]:

$$\left.\begin{aligned}
\varepsilon_r &= \frac{(\mathrm{d}u/\mathrm{d}\alpha) - w}{R} + \frac{1}{2}\frac{[(\mathrm{d}w/\mathrm{d}\alpha) + u]^2}{R^2} \\
\varepsilon_c &= (u\cot\alpha - w)/R \\
\chi_r &= \frac{(\mathrm{d}^2 w/\mathrm{d}\alpha^2) + w}{R^2} - \frac{1}{2}\frac{[(\mathrm{d}w/\mathrm{d}\alpha) + u]^2}{R^3} \\
\chi_c &= \frac{(\mathrm{d}w/\mathrm{d}\alpha)\cot\alpha + w}{R^2}
\end{aligned}\right\} \tag{46}$$

式中：α 是半径向量和对称轴的夹角，在相同外压下，屈曲状态和未屈曲状态的总势能差 $\Phi-\Phi_0$ 可表示为

$$\begin{aligned}\frac{\Phi-\Phi_0}{\pi R^2 Et}=&\frac{1}{(1-\nu^2)}\int_0^{\pi}(\varepsilon_r^2+\varepsilon_c^2+2\nu\varepsilon_r\varepsilon_c)\sin\alpha\,d\alpha+\\&\frac{t^2}{12(1-\nu^2)}\int_0^{\pi}(\chi_c^2+\chi_r^2+2\nu\chi_c\chi_r)\sin\alpha\,d\alpha-\\&\frac{\sigma}{E}\int_0^{\pi}\left[\left(1+\frac{1}{12}\frac{t^2}{R^2}\right)\left(\frac{dw}{d\alpha}+u\right)^2\Big/R^2-\frac{t^3}{3R^2}\frac{w}{R}+\right.\\&\left.\frac{4w}{R}\left(\frac{1}{R}\frac{du}{d\alpha}+\frac{u}{R}\cot\alpha\right)-4\frac{w^2}{R^2}-8(1-\nu)\frac{\sigma}{E}\frac{w}{R}\right]\sin\alpha\,d\alpha\end{aligned}\tag{47}$$

可以用积分对 w 和 u 的变分必须等于零的条件来确定所有的平衡位置，或

$$\left.\begin{aligned}\delta[(\Phi-\Phi_0)/(\pi R^2Et)]_w=0\\\delta[(\Phi-\Phi_0)/(\pi R^2Et)]_u=0\end{aligned}\right\}\tag{48}$$

上屈曲载荷由下列附加条件来确定：

$$w=u\rightarrow 0\tag{49}$$

下屈曲载荷由下列附加条件来确定：

$$(\Phi-\Phi_0)/(\pi R^2Et)=0\tag{50}$$

因此，确定下屈曲载荷的问题变为变分计算中已知的等容线的情况。

（吴永礼 译， 柳春图 校）

参考文献

[1] von Kármán Th., Tsien Hsue-Shen. The Buckling of Spherical Shells by External Pressure [J]. Journal of the Aeronautical Sciences, 1939, 7(2): 43 - 50.

[2] von Kármán Th., Dunn Louis G., Tsien Hsue-Shen. The Influence of Curvature on the Buckling Characteristics of Structures [J], Journal of the Aeronautical Sciences, 1940,7(7): 276 - 289.

[3] von Kármán Th., Tsien Hsue-Shen. The Buckling of Thin Cylindrical Sheels Under Axial Compression [J]. Journal of the Aeronautical Sciences, 1941,8(8): 303 - 312.

[4] Friedrichs K O. On the Minimum Buckling Load for Spherical Shells [C]. Theodore von Kármán Anniversary Volume, California Institute of Technology, Pasadena,1941:258 - 272.

[5] Cox H L. Stress Analysis of Thin Metal Construction [J]. Journal of the Royal Aeronautical Society, 1940,44(351): 231 - 282.

[6] Tsien Hsue-Shen. Buckling of a Column with Non-Linear Lateral Supports [J]. Journal of the Aeronautical Sciences, 1942,9(4): 119 - 132.

[7] Lorentz R, Southwell R V 和 Mises R v. 就相关的理论研究的综述，此文及其所引文献可参看 Timoshenko S. 的 Theory of Elastic Stability [M]. McGraw-Hill, New York, 1936; 445 - 453,关于理论与实验的比较，可见 Saunders H E, Windenburg D F. Strength of Thin Cylindrical Shells under External Pressures, Trans. A. S. M. E., 1931, 53:207 - 218.

通过部分绝热固壁的热传导

钱学森

最近作者对通过一个部分绝热固壁的热传导问题产生了兴趣，它可以用下面的方式简化为一个二维问题：

厚度为 t 的固壁(图 1)的上表面与被冷却的材料相接触，下表面与冷却用介质相接触，但冷却只发生在长度为 b 的有一定间隔的区域内，冷却区域之间的距离为 a。问题是要确定从上表面到下表面的热传导。

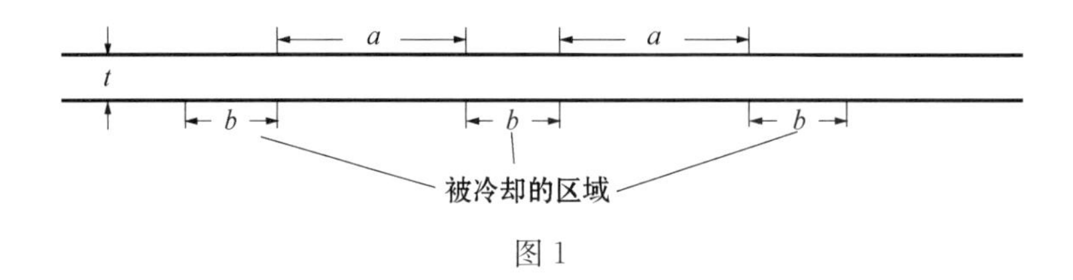

图 1

计算可以按照作者所面临的工程设计中的情况进行简化，它们包括以下 3 点：

(1) 沿上表面的温度是常值，这是因为被冷却的材料始终受到搅拌。

(2) 不受冷却的区域的下表面与空气相接触，而空气是很差的导热体。所以，有理由假设这些区域是绝热的。

(3) 固壁的厚度 t 比距离 a 和 b 小得多。跨越固壁的温度梯度可假设是常数，而在受冷却区域和不受冷却区域的交接处的附近则是例外。

记住上述这些条件，问题就能用以下的方式来近似求解。

首先，计算另外一个热传导问题，问题中存在一个无穷长的不受冷却的固壁与另一个无穷长的受冷却的固壁相连接的条件。换句话说，如果在图 2(a)所表示的问题中单位时间内传导的热量为 H_1，而在图 2(b)所表示的问题中单位时间内传导的热量为 H_0，首先计算(此处似乎漏了有关计算对象的词句——译者注)。

ΔH 这一数值就能被认为是因为存在一个受冷却固壁和不受冷却固壁之间的连接而附加的热导率。那么，在受冷却的固壁区域，单位时间单位深度上的总的传导热量是

$$H = k\frac{\theta_i - \theta_0}{t} + 2\Delta H \tag{1}$$

原载 Bulletin of the Chinese Natural Science Association, West Coast USA Chapter, 1942, Vol. 1, pp. 7 - 11。

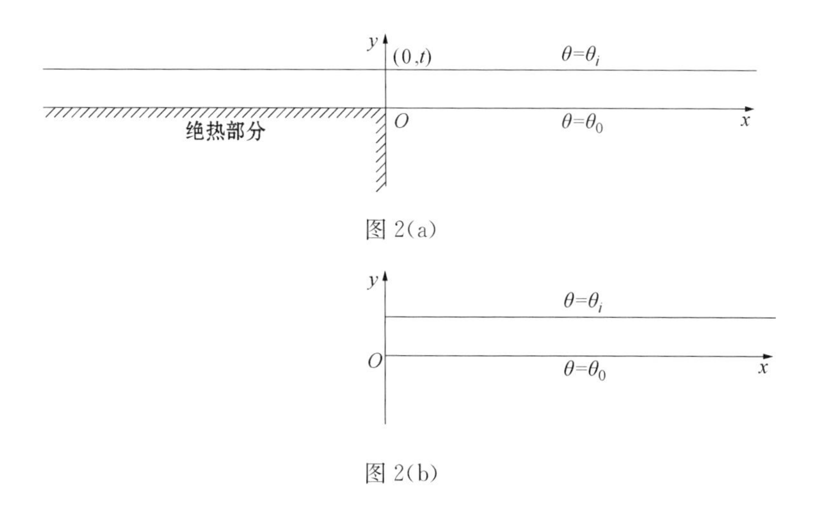

图 2(a)

图 2(b)

为了求解图 2(a)所表示的问题，首先看到，由于在 $x<0$, $y=0$ 的区域是绝热的，所以有

$$\frac{\partial\theta}{\partial y}=0,\qquad \text{在 } x<0,\ y=0$$

式中：θ 是温度，显然，这是因为 $k\dfrac{\partial\theta}{\partial y}$ 是单位时间内通过平行于 x 轴的单位面积固壁的热量。进一步说，定常温度场满足人们所熟知的方程，即

$$\frac{\partial^2\theta}{\partial x^2}+\frac{\partial^2\theta}{\partial y^2}=0 \tag{2}$$

所以，能够应用保角变换方法来求解。数学问题是求解与下列边界条件结合在一起的方程(2)：

$$\left.\begin{aligned}&\theta=\theta_i;\ y=t\\&\theta=\theta_0;\ y=0,\ x>0\\&\frac{\partial\theta}{\partial y}=0;\ y=0,\ x<0\end{aligned}\right\} \tag{3}$$

于是

$$\Delta H=k\int_0^{\infty}\left[\left(\frac{\partial\theta}{\partial y}\right)_{y=0}-\frac{\theta_i-\theta_0}{t}\right]\mathrm{d}x \tag{4}$$

引进共轭函数 ϕ，并利用复变函数的以下性质：

$$\theta+\mathrm{i}\phi=F(x+\mathrm{i}y) \tag{5}$$

式中：F 是 $x+\mathrm{i}y$ 的函数，F 的确定必须要满足方程(3)所表示的边界条件。图 3(a) 是等温 θ 线的示意图。

首先利用变换

$$\left.\begin{aligned}\xi&=\frac{\pi}{2}\,\frac{x}{t}\\\eta&=\frac{\pi}{2}\,\frac{y}{t}+\frac{\pi}{2}\end{aligned}\right\} \tag{6}$$

于是，图 3(a)的形状被变换为图 3(b)的形状。

现在做变换

$$\xi'+\mathrm{i}\eta'=\mathrm{e}^{\xi+\mathrm{i}\eta} \tag{7}$$

图 3(b)的形状被变换为图 3(c)的形状。

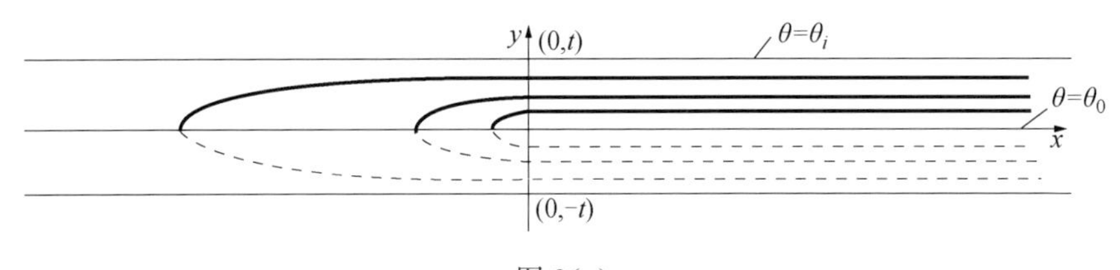

图 3(a)

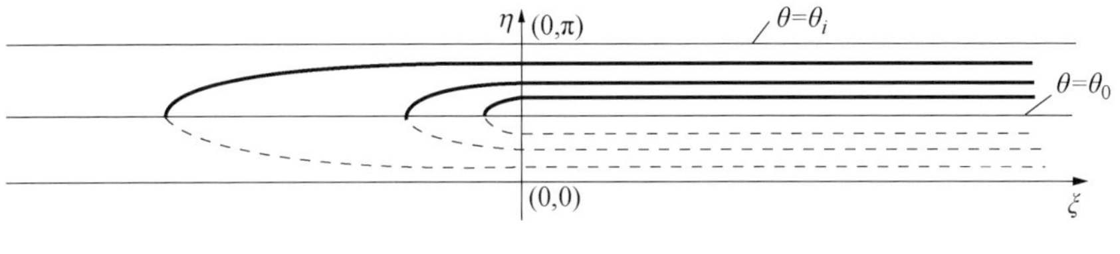

图 3(b)

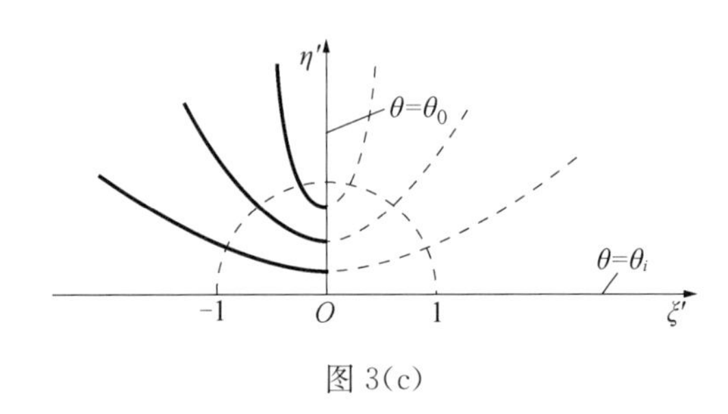

图 3(c)

考虑到函数

$$\cos(\alpha+\mathrm{i}\beta)=-\eta'+\mathrm{i}\xi'=\cos\alpha\cdot\cosh\beta-\mathrm{i}\sin\alpha\cdot\sinh\beta \tag{8}$$

于是

$$\left(\frac{\eta'}{\cos\alpha}\right)^2-\left(\frac{\xi'}{\sin\alpha}\right)^2=1 \tag{9}$$

如果 $\alpha=0$,这一双曲线就退化为直线 $\xi'=0,\ \eta'\geqslant 1$ 。如果 $\alpha=\pi/2$,这一双曲线就退化为 ξ' 轴,让 $\alpha+\mathrm{i}\beta=\dfrac{\pi}{2}\dfrac{\theta+\mathrm{i}\phi-\theta_0}{\theta_i-\theta_0}$,$\alpha=\text{const.}$ 的曲线就对应于问题所要求的等温线。

因为

$$\frac{\partial\alpha}{\partial y}=\frac{\partial\beta}{\partial x}=\frac{\pi/2}{\theta_i-\theta_0}\frac{\partial\theta}{\partial y} \tag{10}$$

表示 ΔH 的方程(4)就能被写作

$$\begin{aligned}\Delta H&=k\lim_{x\to\infty}\left[\frac{\theta_i-\theta_0}{\pi/2}\beta_{y=0}-\frac{\theta_i-\theta_0}{t}x\right]\\&=k\frac{\theta_i-\theta_0}{\pi/2}\lim_{\xi\to\infty}\left[\beta_{y=0}-\xi\right]\end{aligned} \tag{11}$$

利用方程(6),(7)和(8),

$$\beta_{y=0}=\ln\left[\mathrm{e}^{\xi}+\sqrt{\mathrm{e}^{2\xi}-1}\right] \tag{12}$$

于是

$$\Delta H = k \cdot \frac{\theta_i - \theta_0}{\pi/2} \lim_{\xi \to \infty} \left[\ln\left(1 + \sqrt{1 - e^{-2\xi}}\right) \right] = k \frac{\theta_i - \theta_0}{t} \left(\frac{\ln 4}{\pi} t \right) \tag{13}$$

所以无穷长绝热表面的存在相当于将受冷却固壁的长度增加了 $2[\ln(2/\pi)] \cdot t$ 或 $0.441t$。于是，方程(1)给出：受冷却固壁区域在单位时间、单位深度上的总的传导热为

$$H = k \cdot \frac{\theta_i - \theta_0}{\pi/2} (b + 0.882t) \tag{14}$$

如果考虑 $b \gg t$ 的情况，固壁不受冷却的部分对热传导的贡献确实非常小。

Pasadena California

（谈庆明 译， 盛宏至 校）

关于风洞收缩锥的设计

钱学森[①]

(California Institute of Technology)

在设计风洞收缩锥时，通常的设计要求是要使锥端部气流速度必须相当均匀。然而，如果沿气流方向洞壁的曲率在一些点上过大，从而在这些点上局部速度就可能超过收缩锥端部的均匀速度，这样一来在那里就会有逆压梯度，边界层也就可能分离。此外，如果收缩锥端部的气流速度很高，例如在 0.9 倍声速附近，另一个问题也就是压缩性激波出现的危险也就存在了。这种危险是可以通过控制气流速度使在整个流场都低于声速而得以避免。在收缩锥这种具体情形下，最高的速度是在锥壁面上达到的。因而，如果能使得气流在壁面的速度，从锥的开始部分直到尾端，一直是单调增加的[②]，那么只要锥尾端速度低于声速，速度就会总是低于声速，沿壁的压力也将单调减小，边界层分离的危险也得以避免了。

一、问题的提法

通过可压缩流体动力学来设计这样一个收缩锥是相当复杂的。但是理论和实验的研究都证实了，一个可压缩流体流动的速度可以通过一个不可压缩流动在同样边界的速度增加一个倍数而获得。这个倍数因子是不可压速度自身的函数并且随它而增加[1]。这样一来，如果一个收缩锥设计得使不可压缩流体在壁面上的速度从始到终保持单调增加，那么这个同样的锥体对于可压缩流动就会给出一个壁面速度，它是两个单调增加函数的乘积，因而自身也必然是单调增加的。

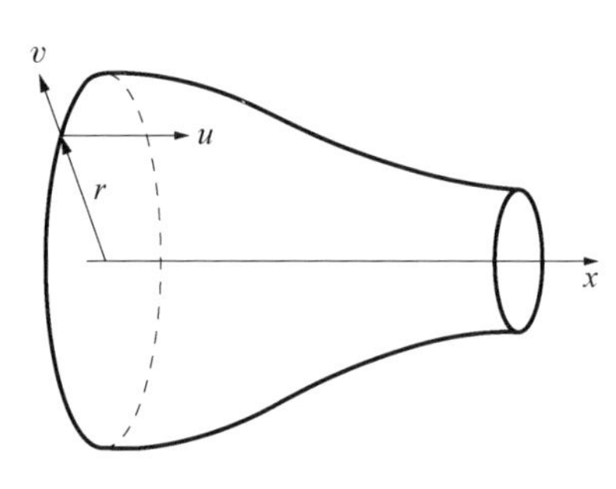

图 1 在一个收缩锥内的流动

对于不可压缩流动而言，设计这样的一个收缩锥是相对简单的，可以按下述方式进行：

在锥的轴线(见图 1)，亦即 $r=0$，假设

$$u=f_0(x),\ (r=0) \tag{1}$$

其中：u 是 x 方向的速度。如果 v 是 r 方向的速度，根据对称的考虑，有

$$v=0,\text{在 } r=0 \text{ 处} \tag{2}$$

u 和 v 以及合成速度 w 在 r 的其他值处的值，可以用以下流体动力学的基本方程来求得：

1942 年 9 月 21日收到，原载 Journal of the Aeronautical Sciences，1943，Vol. 10，pp. 68 - 70。

① Research Fellow in Aeronautics.

② 单调递增函数是指对其自变量的每一个递增的值所相对应的函数值总是增加的；类似地，如果当自变量增大时函数值是单调减小，函数为单调递减函数。

$$\frac{\partial v}{\partial x}-\frac{\partial u}{\partial r}=0 \tag{3}$$

$$\left(\frac{\partial}{\partial x}\right)(ru)+\left(\frac{\partial}{\partial r}\right)(rv)=0 \tag{4}$$

方程式(3)是无旋流动条件,方程(4)是连续性方程。

结合式(2)和(3),可以得到:

$$\frac{\partial u}{\partial r}=0,\text{在 } r=0 \text{ 处} \tag{5}$$

于是,u 是 r 的一个偶函数。类似地,可以表明 v 是 r 的一个奇函数。于是可以令

$$u=\sum_{n=0}^{\infty} r^{2n} f_{2n}(x) \tag{6}$$

$$v=\sum_{n=0}^{\infty} r^{2n+1} g_{2n+1}(x) \tag{7}$$

把式(6) 和(7) 代入式(3) 并令 r 的各相同的幂次项相等,就得到

$$g'_{2n-1}(x)=2nf_{2n}(x) \tag{8}$$

式中:一撇的记号表示对于 x 的导数。把式 (6) 和(7) 代入式 (4) 并令 r 的各相同的幂次相等,得到

$$g_{2n-1}(x)=-\frac{1}{2n}f'_{2(n-1)}(x) \tag{9}$$

式(8) 和(9) 就给出了函数 f_{2n} 之间的如下递推关系:

$$f_{2n}(x)=-\frac{1}{(2n)^2}f''_{2(n-1)}(x) \tag{10}$$

因此就有

$$f_{2n}(x)=\frac{(-1)^n}{2^{2n}(n!)^2}f_0^{(2n)}(x) \tag{11}$$

把这些关系式代回方程(6) 和(7) 就有

$$u=\sum_{n=0}^{\infty}\frac{(-1)^n r^{2n}}{2^{2n}(n!)^2}f_0^{(2n)}(x) \tag{12}$$

$$v=\sum_{n=1}^{\infty}\frac{(-1)^n 2nr^{2n-1}}{2^{2n}(n!)^2}f_0^{(2n-1)}(x) \tag{13}$$

而合成速度 w 可以按下式计算:

$$w=\sqrt{u^2+v^2} \tag{14}$$

流线是流函数为常值的线,而流函数定义为:

$$\psi(x,\ r)=\int_0^r ru(x,\ r)\mathrm{d}r \tag{15}$$

从在 $r=0$ 处的一个设定的单调速度分布 $u=f_0(x)$ 出发,合成速度 w 和流函数就可以用这个程序计算出来。而收缩锥的形状也就可以依据这样一条流线决定下来,沿着这条流线速度 w 仍然单调地变化,但是对于流线的进一步延续或 r 的进一步增加这样的条件就不成立了。换言之,这个收缩锥的形状是由最后的单调流线决定的。

可以看出,收缩锥的形状依赖在开始时选定的流函数 $f_0(x)$,不过,经过对于函数一些适当的假设,可以相信能够得到一个满意的收缩锥的设计。

有趣的是，我们发现，形为式(12)的解可以方便地等价于形如下式的轴对称势函数的熟知的拉普拉斯表达式：

$$u=\frac{1}{\pi}\int_0^{\pi} f_0(x+\mathrm{i}\, r\cos\theta)\mathrm{d}\theta \tag{16}$$

不过，在实际数值计算上还是级数形式的式(12)方便些。

二、问题的解

为进行计算，假设

$$f_0(x)=0.55+0.90\int_0^x \frac{\sqrt{2\pi}}{1}\mathrm{e}^{(x^2/2)}\mathrm{d}x \tag{17}$$

沿风洞轴线的这样一个速度分布在图2中示出。其中在收缩锥端点处的速度取为1。可以看出，所选取的速度分布式是相当合适的。此外，$f_0(x)$的导数也可以容易地如下述计算出来：

令

$$\Phi(x)=\frac{1}{\sqrt{2\pi}}\mathrm{e}^{\left(\frac{x^2}{2}\right)} \tag{18}$$

于是

$$f_0^{(m+1)}(x)=0.90\Phi^m(x) \tag{19}$$

但是

$$\Phi^{(m)}(x)=\frac{1}{\sqrt{2\pi}}\frac{\mathrm{d}^m}{\mathrm{d}x^m}\left(\mathrm{e}^{-\left(\frac{x^2}{2}\right)}\right)$$

使用变换$x=\sqrt{2}z, \frac{x^2}{2}=z^2$，

$$\Phi^{(m)}(x)=\frac{1}{\sqrt{2\pi}}\frac{1}{2^{m/2}}\frac{\mathrm{d}^m}{\mathrm{d}x^m}(\mathrm{e}^{-z^2})=\frac{(-1)^m}{2^{m/2}}\Phi(x)H_{\mathrm{m}}(z)$$

式中：$H_{\mathrm{m}}(z)$为Hermite多项式。利用Hermite多项式的递推关系，有：

$$H_{\mathrm{m}}(z)=2zH_{m-1}(z)-2(m-1)H_{m-2}(z)$$

就得到了$\Phi^{(m)}(x)$下述的递推关系：

$$\Phi^{(m)}(x)=-\left[x\Phi^{(m-1)}(x)+(m-1)\Phi^{(m-2)}(x)\right] \tag{20}$$

式中：$\int_{-1}^{1}(1/\sqrt{2\pi})\mathrm{e}^{(-x^2/2)}\mathrm{d}x$，$\Phi(x)$，$\Phi'(x)$，$\Phi''(x)$，$\Phi'''(x)$，以及$\Phi''''(x)$的值在许多数学表册[2]中都给出。更高阶的导数可以根据递推关系式(20)得到。于是，式(19)就给出计算u所需的所有函数，而v则由式(12)和(13)给出。对于级数(12)和(13)而言，要保证4位有效数字，取10项就够了。流函数ψ是通过数值积分式(15)得到的。

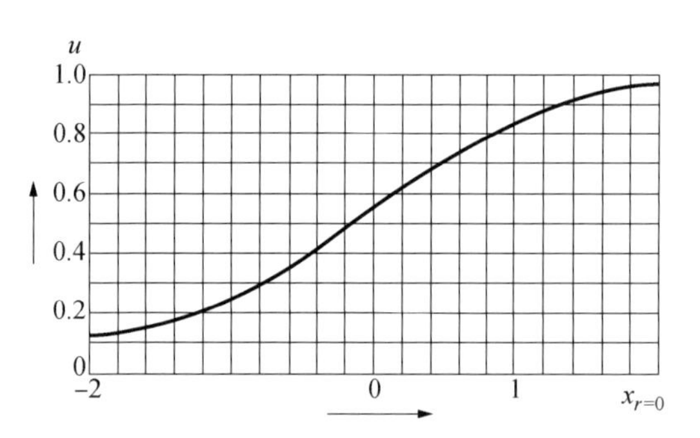

图2　假设的作为轴向距离x的函数速度u沿锥轴的分布

三、结果

在图3中画出了流线和速度剖面。在图中，速度超过单位的流线部分和锥的渐近速度都

由虚线标出。于是,理论上的“最后的单调”流线必须在 E 区域之内。不过,对于线 F,在 $x=1.2$ 处速度是 1.032,而在 $x=2.0$ 时速度为 1.018。即使把这条流线用作收缩锥的壁面,这么小的速度超出也会被壁面摩擦所克服掉。换言之,流线 F 就可以用作为收缩锥的型线。

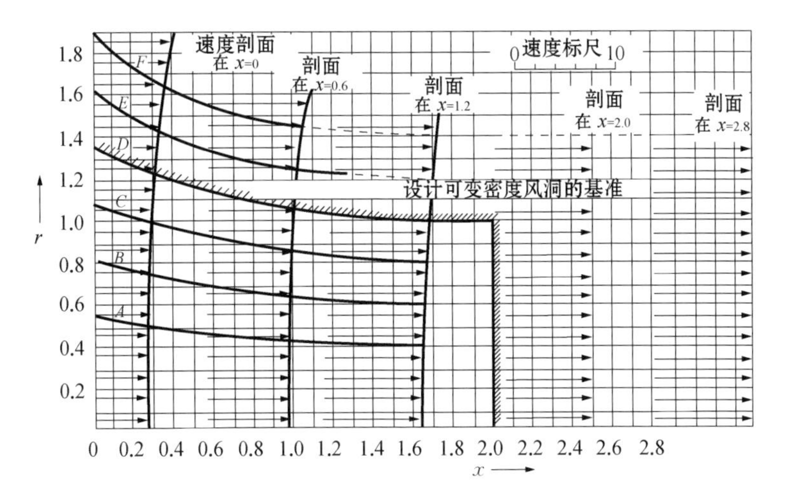

图 3 在收缩锥的 x,r 子午面中的流线(A, B, C, D, E, F)
以及在不同断面上的速度剖面

这个结果已经在一个大型变密度风洞的收缩锥的设计中应用过了。收缩锥的横断面并不是完全圆形的,而是部分圆形部分八边形的。由于这样的变动必然趋于在壁面某些位置增加速度,所以为安全计,在设计中没有使用流线 F,而是用流线 D 作为基础来设计收缩锥的。此外,从 $x=2.0$ 到 $x=2.8$ 速度的变化可忽略不计。所以对于这个特定的风洞的收缩锥而言,最终推荐的型线是基于图 3 所标示出的边界线。

(贾 复 译, 沈 青 校)

参考文献

[1] von Kármán Th. Compressibility Effects in Aerodynamics [J]. Journal of Aeronautical Sciences, 1941, 8: 337 - 356.

[2] Burington R S. Handbook of Mathematical Tables and Integrals [M]. Handbook Publishers, Inc., Sancusky, O., 1940: 257 - 259.

剪切流中的 Joukowsky 对称翼型

钱学森

(California Institute of Technology)

一、问题

通常的二维翼型理论假定远离翼型处的流动速度是均匀的。有许多应用场合,这个条件不能满足。例如,接近地面时,有较大的垂向速度梯度。因此,可以假定线性速度分布来得到该问题的一级近似。事实上, H. v. Sanden[1]结合 O. Lilienthal 在自然风条件下的实验进行了这项研究。然而,v. Sanden 使用了一种数值方法来求解微分方程,并且只计算了绕楔形物体的流动。为了发展更完善的理论,Th. von Kármán① 建议作者再来研究这个问题。因此,在本文第一部分,我们推广了众所周知的计算给定翼型上气动力的 Blasius 定理。然后,将结果应用到对称的 Joukowsky 翼型,在一系列图表中,给出了最终的数据。

二、求解方法

研究的问题如图 1 所示,远离翼型的速度分布为

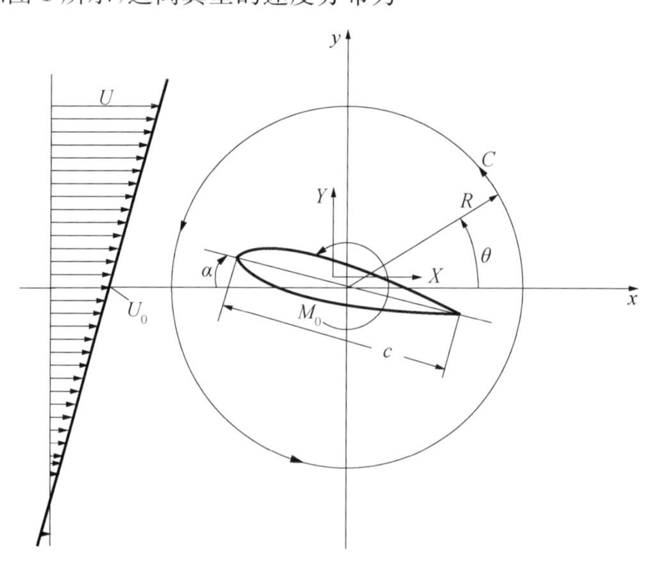

图 1 剪切流中的物体

1942 年 12月 27 日收到,原载 Quarterly of Applied Mathematics,1943,Vol. 1,No. 2,pp. 130～148。

① 作者感谢 Dr. von Kármán 教授建议研究本课题和在工作期间的关心。

$$\left.\begin{aligned} u &= U_0\left(1+K\frac{y}{c}\right) \\ v &= 0 \end{aligned}\right\} \tag{1}$$

式中：U_0 为沿着 x 轴线的未扰流动速度；K 是未扰流动的无量纲速度梯度；c 是流动中物体的某个长度尺度，例如，翼型的弦长。用方程(1)可以计算远离翼型处的涡量：

$$\frac{\partial v}{\partial x}-\frac{\partial u}{\partial y}=-U_0K/c \tag{2}$$

它是一个常数。在不可压缩无黏流中，流团的涡量应保持其强度不变。考虑从左边远方出发的流场，流团的涡量为常数，并等于 $-U_0K/c$。在整个流场中，流团携带着这个涡量值。因此，所研究的是具有常涡量分布的流动问题。

为了满足连续性方程

$$\frac{\partial u}{\partial x}+\frac{\partial v}{\partial y}=0 \tag{3}$$

可引进流函数 ψ，其定义如下：

$$u=\frac{\partial \psi}{\partial y},\quad v=-\frac{\partial \psi}{\partial x} \tag{4}$$

u，v 分别是沿着 x 和 y 方向的速度分量。由于是常涡量分布，涡方程为

$$\frac{\partial v}{\partial x}-\frac{\partial u}{\partial y}=-U_0K/c \tag{5}$$

用方程(4)，方程(5)可以写为

$$\frac{\partial^2 \psi}{\partial x^2}+\frac{\partial^2 \psi}{\partial y^2}=U_0K/c \tag{6}$$

因此，该流动问题变成求解方程(6)的问题。

可以用方程(4)容易验证，方程(1)给出的未扰流的流函数 ψ_0 为

$$\psi_0=U_0\left(y+\frac{K}{2}\frac{y^2}{c}\right) \tag{7}$$

在流场中存在物体时，引进流函数 ψ_1，可以使数学问题大大简化，其定义如下：

$$\psi=\psi_0+\psi_1 \tag{8}$$

将 ψ 的表达式代入方程(6)，关于 ψ_1 的方程是

$$\frac{\partial^2 \psi_1}{\partial x^2}+\frac{\partial^2 \psi_1}{\partial y^2}=0 \tag{9}$$

这就是 Laplace 方程，因此，Laplace 方程的任一解加上 ψ_0 满足方程(6)。例如，如图 2，图 3，图 4 所示，可以将 ψ_0 同源

$$\psi_1=U_0b_0\theta \tag{10}$$

或同涡

$$\psi_1=U_0a_0\lg r \tag{11}$$

结合，这里，

$$\theta=\arctan\frac{y}{x},\quad r=\sqrt{x^2+y^2} \tag{12}$$

有趣的是，$K=0$ 时，零流线是“半个物体”的壁面，但在有源的情况下，它关于流动方向不

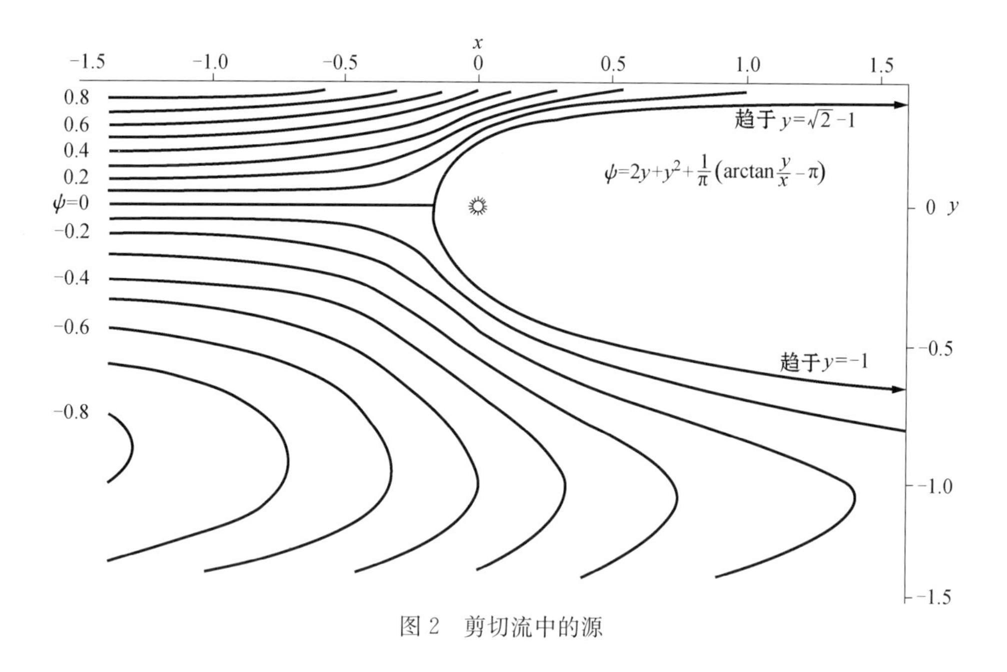

图 2　剪切流中的源

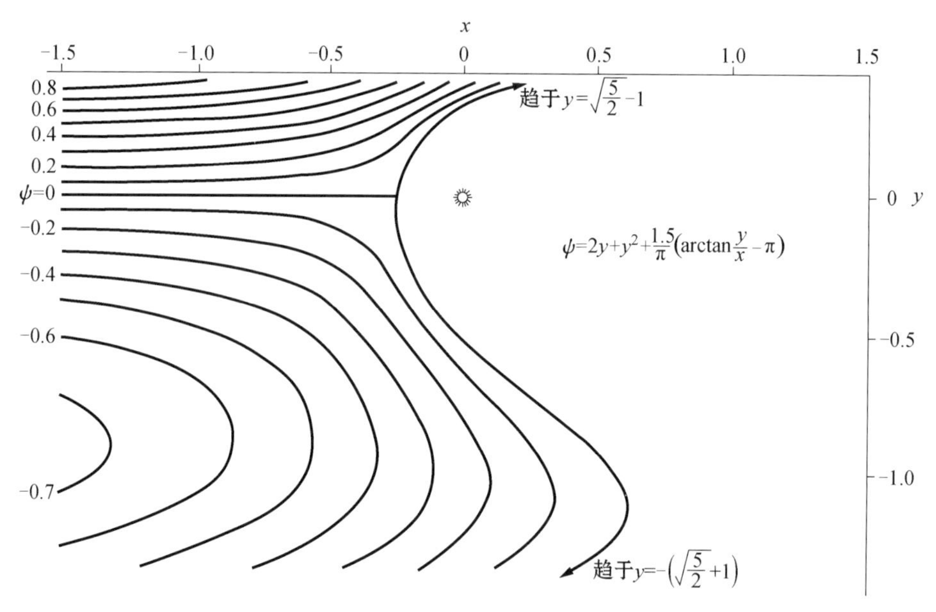

图 3　剪切流中的源

再是对称的了。因此，沿着它的两个分支的速度和压力也是不相同的了。如果在零流线内的流场用一个物体来取代，则对于无限长的固体边界，这种不平衡可以产生无限大的压力合力。在以后计算总力和总力矩时，可以验证这一推测。

如果固体边界是给定的，如图 1 所示的流动问题要求 ψ_1 满足下述条件：

（ⅰ）在远离物体处，因 ψ_1 引起的扰动速度必须为零，使方程(1)得到满足。

（ⅱ）扰动速度在物面上的法向分量，必须等于 ψ_0 引起的法向分量的负值，使得总的法向速度等于零。

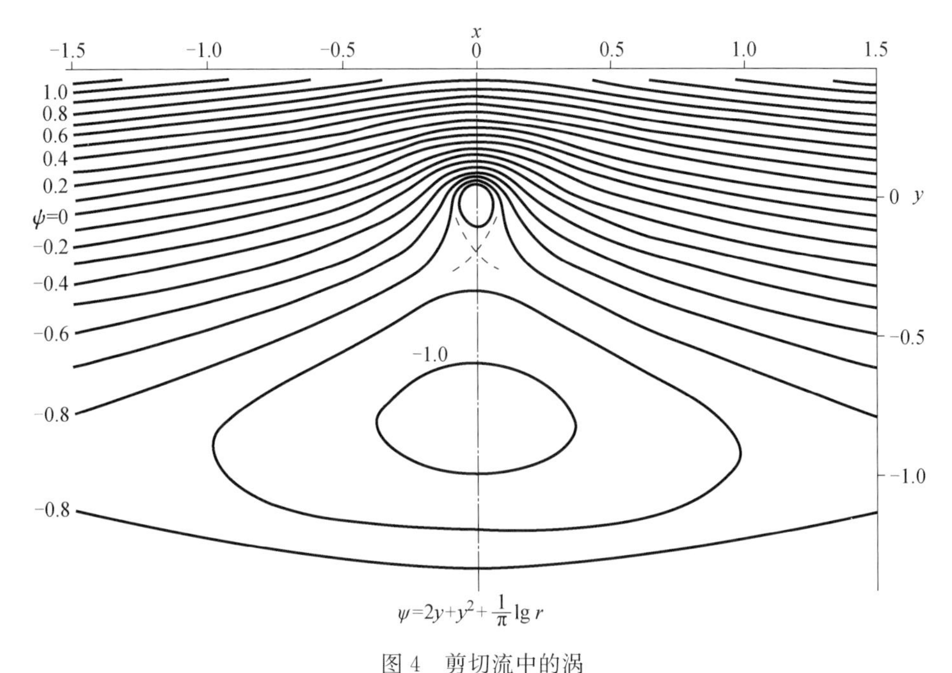

图 4　剪切流中的涡

三、绕圆柱的剪切流

为了举例说明求解更复杂翼型的方法,我们首先研究圆柱绕流。若圆柱中心置于原点。圆柱半径为 $c/2$, ψ_0 在圆柱表面的未扰速度 U 为

$$U=U_0\left(1+\frac{K}{2}\sin\theta\right) \tag{13}$$

式中: θ 由方程(12)确定,速度 U 的法向分量 U_r 为

$$U_r=U\cos\theta=U_0\left(\cos\theta+\frac{K}{4}\sin 2\theta\right) \tag{14}$$

因此, ψ_1 在圆柱面上的法向分量等于 $-U_r$, 或

$$\left(\frac{1}{r}\frac{\partial\psi_1}{\partial\theta}\right)_{r=c/2}=-U_0\left(\cos\theta+\frac{K}{4}\sin 2\theta\right) \tag{15}$$

式中: r 由方程(12)确定。

另一方面,方程(9)在远离原点处的扰动速度等于零的解为

$$\psi_1=U_0\left[a_0\ln r+b_0\theta+\sum_{n=1}^{\infty}(a_n\cos n\theta+b_n\sin n\theta)\frac{1}{r^n}\right] \tag{16}$$

式中: a_n 和 b_n 是待定系数,将方程(16)代入方程(15),即可得

$$b_1=-\left(\frac{c}{2}\right)^2,\quad a_2=\left(\frac{c}{2}\right)^3\frac{K}{8} \tag{17}$$

其余系数均为零。因此,最终的流函数

$$\psi=\psi_0+\psi_1=U_0\left[\left(r-\frac{c^2}{4r}\right)\sin\theta+\frac{K}{2}\left(\frac{r^2}{c}\sin^2\theta+\frac{c^3}{32r^2}\cos 2\theta\right)\right] \tag{18}$$

在柱面 $r=c/2$ 上,方程(18)化为

$$\psi = U_0 \frac{Kc}{16} \tag{19}$$

它是一个常数，从而验证了问题的边界条件。在柱面上的驻点可以用方程(18)计算，条件为$(\partial\psi/\partial r)_{r=c/2}=0$。这个条件在

$$\sin\theta = \frac{1}{K}\left[\pm\sqrt{1+\frac{K^2}{4}}-1\right]^{①} \tag{20}$$

处满足，因此，如果$-8/3<K<8/3$，就会有两个驻点，位于速度较高的一侧表面上。如果 K 值超出这个范围，表面上会有四个驻点。

图 5 给出 $K=2$ 时的流线。可以看到，在负 y 轴上，流场中还有一个驻点。

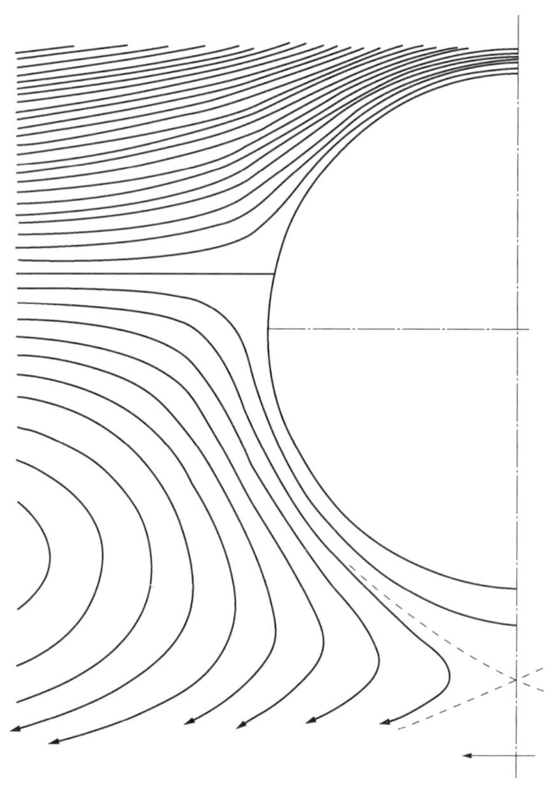

图 5　剪切流中 $K=2$ 的圆柱

四、力和力矩

在本节中，我们从方程(16)给出的扰动流函数 ψ_1，计算作用在物体上的力和力矩。由 Euler 方程将流场中的压力 p 与速度分量 u，v 和密度 ρ 联系起来，

$$\left.\begin{aligned}\rho u\frac{\partial u}{\partial x}+\rho v\frac{\partial u}{\partial y}&=-\frac{\partial p}{\partial x}\\ \rho u\frac{\partial v}{\partial x}+\rho v\frac{\partial v}{\partial y}&=-\frac{\partial p}{\partial y}\end{aligned}\right\} \tag{21}$$

① 译者注：原文是$\sin\theta=\frac{1}{K}\left[\sqrt{1+\frac{K^2}{4}}\pm1\right]$，译者经核算，认为是$\sin\theta=\frac{1}{K}\left[\pm\sqrt{1+\frac{K^2}{4}}-1\right]$。

利用方程(4),(7)和(16),可以计算方程(21)左边的量,压力 p 便可由积分得到。最后为了计算力和力矩,压力需要沿着远离物体的围道求积分给出,这时只要考虑压力 p 中达到 $1/r^2$ 阶以上的项。此外,将方程(21)第一式对 x 求导,第二式对 y 求导并相加,可以使计算得到一定简化。利用方程(3)和(5)可得

$$\frac{1}{\rho}\nabla^2 p = 2\left[\frac{\partial^2\psi_1}{\partial x^2}\frac{\partial^2\psi_1}{\partial y^2} - \left(\frac{\partial^2\psi_1}{\partial x\partial y}\right)^2 + \frac{U_0 K}{c}\frac{\partial^2\psi_1}{\partial x^2}\right] \tag{22}$$

将方程(16)代入方程(22),关于 p 的微分方程为

$$\begin{aligned}\frac{1}{\rho}\nabla^2 p &= \frac{1}{\rho}\left[\frac{1}{r}\frac{\partial}{\partial r}\left(r\frac{\partial p}{\partial r}\right) + \frac{1}{r^2}\frac{\partial^2 p}{\partial\theta^2}\right] \\ &= 2U_0^2\left[-\frac{1}{r^4}(a_0^2+b_0^2) + \frac{K}{c}\left\{\frac{1}{r^2}(-a_0\cos 2\theta + b_0\sin 2\theta) + \right.\right. \\ &\left.\left.\quad \frac{1}{r^3}(2a_1\cos 3\theta + 2b_1\sin 3\theta) + \frac{1}{r^4}(6a_2\cos 4\theta + 6b_2\sin 4\theta) + \cdots\right\}\right]\end{aligned} \tag{23}$$

对这个非齐次方程适当求解,显然有

$$\begin{aligned}\frac{1}{\rho}p = {} & 2U_0^2\left[-\frac{1}{4r^2}(a_0^2+b_0^2) + \frac{K}{c}\left\{-\frac{1}{4}(-a_0\cos 2\theta + b_0\sin 2\theta) - \right.\right. \\ & \left.\left.\frac{1}{8r}(2a_1\cos 3\theta + 2b_1\sin 3\theta) - \frac{1}{12r^2}(6a_2\cos 4\theta + 6b_2\sin 4\theta)\right\}\right] + \\ & A + A_0\ln r + B_0\theta + \frac{1}{r}(A_1\cos\theta + B_1\sin\theta) + \frac{1}{r^2}(A_2\cos 2\theta + B_2\sin 2\theta) + \cdots\end{aligned} \tag{24}$$

式中:A 和 B 是待定系数,方程组(21)的第一个方程或第二个方程均可用来确定

$$A_0,\ A_1,\ \cdots\text{和}\ B_0,\ B_1,\ B_2,\ \cdots$$

压力 p 的最后结果可表达为

$$\begin{aligned}\frac{p}{\rho} = {} & A + U_0^2\left[\frac{K}{c}a_0\ln r + \frac{K}{c}b_0\theta - \frac{K}{2c}(-a_0\cos 2\theta + b_0\sin 2\theta) - \right. \\ & \frac{K}{2cr}(a_1\cos 3\theta + b_1\sin 3\theta) + \frac{1}{r}\left\{\left(\frac{3}{2}\frac{Ka_1}{c} - b_0\right)\cos\theta + \left(\frac{3}{2}\frac{Kb_1}{c} - a_0\right)\sin\theta\right\} + \\ & \frac{1}{r^2}\left\{-\frac{a_0^2+b_0^2}{2} - \frac{K}{c}(a_2\cos 4\theta + b_2\sin 4\theta) + \right. \\ & \left.\left.\left(2\frac{Ka_2}{c} - b_1\right)\cos 2\theta + 2\left(\frac{Kb_2}{c} + a_1\right)\sin 2\theta\right\} + \cdots\right]\end{aligned} \tag{25}$$

考虑了压力和流体的动量,现在便可以得到下述作用在物体上的力 X, Y 和绕原点的力矩同它们的关系[2](图1):

$$\left.\begin{aligned} X &= -\int_C p\,\mathrm{d}y - \int_C \rho u(u\,\mathrm{d}y - v\,\mathrm{d}x) \\ Y &= \int_C p\,\mathrm{d}x - \int_C \rho v(u\,\mathrm{d}y - v\,\mathrm{d}x) \\ M_0 &= \int_C p(x\,\mathrm{d}x + y\,\mathrm{d}y) - \int_C \rho(vx - uy)(u\,\mathrm{d}y - v\,\mathrm{d}x)\end{aligned}\right\} \tag{26}$$

积分是沿着任何包围物体的封闭曲线 C 进行的。若将半径为 R 的圆作为围道,则在方程(26)的积分中,

$$x = R\cos\theta,\quad y = R\sin\theta \tag{27}$$

因此，用方程(25)，

$$-\int_C p\,\mathrm{d}y = -R\int_0^{2\pi} p\cos\theta\,\mathrm{d}\theta = \pi\rho U_0^2\left[b_0 - \frac{3}{2}\frac{K}{c}a_1\right] \tag{28}$$

还有，

$$u\,\mathrm{d}y - v\,\mathrm{d}x = U_0\left[\frac{K}{2c}R^2\sin 2\theta + R\cos\theta + b_0 + \frac{1}{R}(-a_1\sin\theta + b_1\cos\theta) + \frac{1}{R^2}(-2a_2\sin 2\theta + 2b_2\cos 2\theta) + \cdots\right]\mathrm{d}\theta \tag{29}$$

和

$$u = U_0\left[\frac{K}{c}R\sin\theta + 1 + \frac{1}{R}(a_0\sin\theta + b_0\cos\theta) + \frac{1}{R^2}(-a_1\sin 2\theta + b_1\cos 2\theta) + \cdots\right] \tag{30}$$

联立方程(29)和(30)，水平力 X 方程的第二项可以计算出来：

$$-\int_C \rho u(u\,\mathrm{d}y - v\,\mathrm{d}x) = -\pi\rho U_0^2\left[3b_0 - \frac{3K}{2c}a_1\right] \tag{31}$$

最后，水平力可以表达为

$$X = -2\pi\rho U_0^2 b_0 \tag{32}$$

类似地，可以得到以下形式的垂向力或升力 Y 和绕原点的力矩 M_0：

$$Y = 2\pi\rho U_0^2\left[a_0 + \frac{K}{c}(Rb_0 - b_1)\right] \tag{33}$$

$$M_0 = 2\pi\rho U_0^2\left[a_0 b_0 - a_1 + \frac{K}{c}\left(\frac{1}{2}R^2 b_0 - b_2\right)\right] \tag{34}$$

方程(32)，(33)和(34)说明作用在物体上的力和力矩可以由扰动流函数 ψ_1 中的源、涡、偶极子和四极子强度进行计算。这些方程可以视为众所周知的 Blasius 公式的推广。如果 $K=0$，它们就化成 Blasius 公式。然而，应当指出，如果有源，即 $b_0\neq 0$，$R\to\infty$时，升力 Y 和力矩 M_0 无限增长，这就证实了前面所述的推测。如果物体边界是封闭的，则 b_0 必须等于零，这时没有水平力或阻力，升力和力矩是有限值。对于楔形物体，v. Sanden[1] 得到了一个小的阻力，显然，这是由于他的数值方法中不可避免的误差所致。

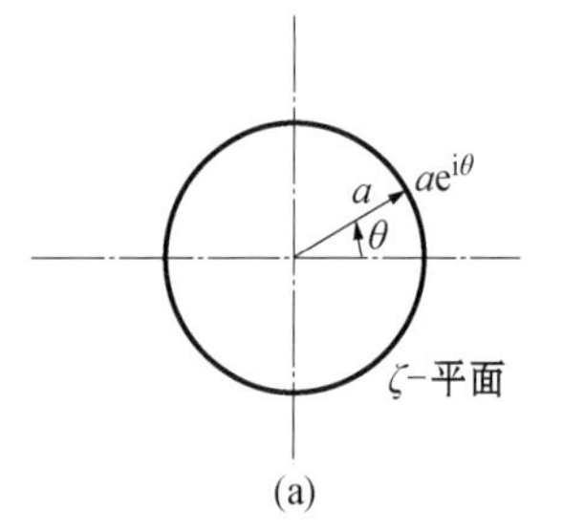

(a)

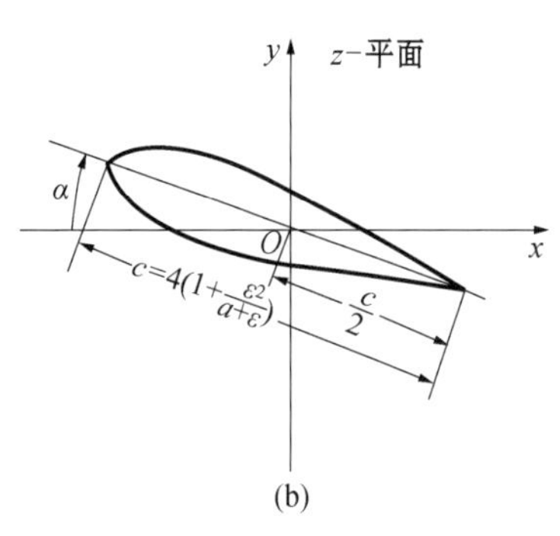

(b)

图 6　将圆映照为翼型的 Joukowsky 变换

五、对称的 Joukowsky 翼型

对于绕对称 Joukowsky 翼型的流动，要直接确定扰动流函数 ψ_1 是困难的。但是，从方程(9)可见，ψ_1 满足 Laplace 方程。因此，可以用保角变换。应当注意，ψ_0 不满足 Laplace 方程，因此，不能使用通常意义上的保角变换。

考虑在 ζ 平面中半径为 a 的圆（图 6(a)）。变换

$$z = e^{i\alpha}\left(\zeta - \varepsilon + \frac{1}{\zeta - \varepsilon} + \frac{2\varepsilon^2}{a + \varepsilon}\right) \tag{35}$$

将圆变换为 z 平面中对 x 轴攻角为 α 的对称 Joukowsky 翼型（图 6(b)），ε 是随着翼型厚度增加的正值。对于平板，ε 为零，对于圆，它等于无穷大。其次，

$$a=1+\varepsilon \tag{36}$$

图 6(b)中 z 平面的原点在翼型的中心。如我们用

$$\zeta=a\,\mathrm{e}^{\mathrm{i}\theta} \tag{37}$$

表示 ζ 平面上的圆，翼型的尾缘对应于 $\theta=0$ 的点,翼型的前缘对应于 $\theta=\pi$ 的点。因此,弦长为

$$c=4\left(1+\frac{\varepsilon^2}{a+\varepsilon}\right) \tag{38}$$

令

$$\varepsilon/a=\lambda$$

方程(35)给出对应于任一 θ 的 x，y 的值如下：

$$\left.\begin{aligned} x &= a\left\{\cos(\theta-\alpha)-\lambda\cos\alpha+\frac{\cos(\theta+\alpha)-\lambda\cos\alpha}{a^2(1-2\lambda\cos\theta+\lambda^2)}+\frac{2\lambda^2\cos\alpha}{1+\lambda}\right\} \\ y &= a\left\{\sin(\theta-\alpha)+\lambda\sin\alpha-\frac{\sin(\theta+\alpha)-\lambda\sin\theta}{a^2(1-2\lambda\cos\theta+\lambda^2)}-\frac{2\lambda^2\sin\alpha}{1+\lambda}\right\} \end{aligned}\right\} \tag{39}$$

根据方程(7),在 z 平面上对应于 $\zeta=a\mathrm{e}^{\mathrm{i}\theta}$ 点由 ψ_0 产生的速度为

$$U=U_0\left\{1+\frac{Ka}{c}\left[\sin(\theta-\alpha)-\frac{\sin(\theta+\alpha)-\lambda\sin\alpha}{a^2(1-2\lambda\cos\theta+\lambda^2)}+\frac{\lambda\sin\alpha}{a(1+\lambda)}\right]\right\} \tag{40}$$

该速度是水平的,有一个逆时针的切向分量等于

$$-U\left[\frac{\mathrm{d}x}{\sqrt{(\mathrm{d}x)^2+(\mathrm{d}y)^2}}\right]_{\zeta=a\mathrm{e}^{\mathrm{i}\theta}} \tag{41}$$

还有一个指向外法线方向的垂向分量,等于

$$U\left[\frac{\mathrm{d}y}{\sqrt{(\mathrm{d}x)^2+(\mathrm{d}y)^2}}\right]_{\zeta=a\mathrm{e}^{\mathrm{i}\theta}} \tag{42}$$

另一方面,扰动流函数 ψ_1 垂直于圆柱 $\varphi=a\,\mathrm{e}^{\mathrm{i}\theta}$ 的法向速度分量为

$$\left(\frac{1}{r}\frac{\partial\psi_1}{\partial\theta}\right)_{r=a} \tag{43}$$

因此,在 z 平面相应的垂直于翼型表面的速度分量为

$$\left(\frac{1}{r}\frac{\partial\psi_1}{\partial\theta}\right)_{r=a}\left|\frac{\mathrm{d}\zeta}{\mathrm{d}z}\right|_{\zeta=a\mathrm{e}^{\mathrm{i}\theta}} \tag{44}$$

其次,在翼型表面的边界条件要求,扰动速度的法向分量等于由 ψ_0 产生的法向分量的负值。根据方程(42)和(44),这个边界条件表达为

$$\left(\frac{1}{r}\frac{\partial\psi_1}{\partial\theta}\right)_{r=a}\left|\frac{\mathrm{d}\zeta}{\mathrm{d}z}\right|_{\zeta=a\mathrm{e}^{\mathrm{i}\theta}}=-U\left[\frac{\mathrm{d}y}{\sqrt{(\mathrm{d}x)^2+(\mathrm{d}y)^2}}\right]_{\zeta=a\mathrm{e}^{\mathrm{i}\theta}} \tag{45}$$

但是,

$$\left[\sqrt{(\mathrm{d}x)^2+(\mathrm{d}y)^2}\right]_{\zeta=a\mathrm{e}^{\mathrm{i}\theta}}=\frac{a\mathrm{d}\theta}{\left|\dfrac{\mathrm{d}\zeta}{\mathrm{d}z}\right|_{\zeta=a\mathrm{e}^{\mathrm{i}\theta}}} \tag{46}$$

利用方程(39),(40)和(42),方程(45)可以改写如下：

$$\begin{aligned} \frac{1}{U_0}\left(\frac{1}{r}\frac{\partial\psi_1}{\partial\theta}\right)_{r=a} &= -\left\{1+\frac{Ka}{c}\left[\sin(\theta-\alpha)-\frac{\sin(\theta+\alpha)-\lambda\cos\alpha}{a^2(1-2\lambda\cos\theta+\lambda^2)}+\frac{\lambda\sin\alpha}{a(1+\lambda)}\right]\right\}\cdot \\ &\quad \left[\cos(\theta-\alpha)-\frac{\cos(\theta+\alpha)+\lambda\cos(\theta-\alpha)+2\lambda\cos\alpha}{a^2(1-2\lambda\cos\theta+\lambda^2)^2}\right] \end{aligned} \tag{47}$$

单用这个方程不能完全确定函数 ψ_1，但是增加了所谓的 Kutta-Joukowsky 条件，便可确定翼型环量的强度。

六、环量的强度

Kutta-Joukowsky 条件指的是，在翼型尾缘处的速度必须是有限的。在尾缘处的速度由两部分组成，一部分是由 ψ_0 产生的，另一部分是由 ψ_1 产生的。由于边界条件的要求，法向分量互相抵消，所以只要考虑切向分量。沿逆时针方向的 ψ_1 部分为

$$-\frac{\partial \psi_1}{\partial r}\left|\frac{\mathrm{d}\zeta}{\mathrm{d}z}\right|_{\zeta=a} \tag{48}$$

因此，由方程(41)，在尾缘的总速度为

$$\left[-\frac{\partial \psi_1}{\partial r}-U\frac{\mathrm{d}x}{\sqrt{(\mathrm{d}x)^2+(\mathrm{d}y)^2}}\frac{1}{\left|\frac{\mathrm{d}\zeta}{\mathrm{d}z}\right|_{\zeta=a}}\right]\left|\frac{\mathrm{d}\zeta}{\mathrm{d}z}\right|_{\zeta=a} \tag{49}$$

容易证明，$\zeta=a$ 是 ζ 平面到 z 平面变换的奇点，换句话说，$\left|\frac{\mathrm{d}\zeta}{\mathrm{d}z}\right|$ 在 $\zeta=a$ 处趋于无穷。因此，仅当方程(49)中方括号内的量等于零时，在尾缘的总速度才能保持有限值。利用方程(39)，(40)，(46)，这个条件可以写为

$$-\left(\frac{\partial \psi_1}{\partial r}\right)_{\substack{r=a\\ \theta=0}}-U_0\left\{1+\frac{Ka}{c}\left[\sin(\theta-\alpha)-\frac{\sin(\theta+\alpha)-\lambda\cos\alpha}{a^2(1-2\lambda\cos\theta+\lambda^2)}+\frac{\lambda\sin\alpha}{a(1+\lambda)}\right]\right\}\cdot$$
$$\left[\sin(\theta-\alpha)+\frac{\sin(\theta+\alpha)-\lambda^2\sin(\theta-\alpha)-2\lambda\sin\alpha}{a^2(1-2\lambda\cos\theta+\lambda^2)}\right]_{\theta=0}=0 \tag{50}$$

在 ζ 平面中，合适的解 ψ_1 为

$$\psi_1=U_0\left[\alpha_0\ln r+\beta_0\theta+\sum_{n=1}^{\infty}(\alpha_n\cos n\theta+\beta_n\sin n\theta)\frac{1}{r^n}\right] \tag{51}$$

因此，

$$\left.\begin{aligned}\frac{1}{U_0}\left(\frac{1}{r}\frac{\partial \psi_1}{\partial \theta}\right)_{r=a}&=\frac{\beta_0}{a}+\sum_{n=1}^{\infty}(-n\alpha_n\sin n\theta+n\beta_n\cos n\theta)\frac{1}{a^{n+1}}\\ -\frac{1}{U_0}\left(\frac{\partial \psi_1}{\partial r}\right)_{r=a}&=-\frac{\alpha_0}{a}+\sum_{n=1}^{\infty}(n\alpha_n\cos n\theta+n\beta_n\sin n\theta)\frac{1}{a^{n+1}}\end{aligned}\right\} \tag{52}$$

将方程(47)右边展开成三角级数，ψ_1 的所有的系数 α_1，α_2，…和 β_0，β_1，…可以由方程(52)的第一式完全确定。然后方程(52)的第二式同方程(50)一起确定 α_0 的值。实际上，如果方程(47)的右边每一项分别处理，计算很容易。例如，$-U_0\cos(\theta-\alpha)$ 可以展开成 $-U_0\cos\alpha\cos\theta-U_0\sin\alpha\sin\theta$。然后，按方程(52)，对 α_1 的贡献是 $a^2\sin\alpha$；对 β_1 的贡献是 $-a^2\cos\alpha$。最后，对 $-(\partial\psi_1/\partial r)_{r=a}$ 的贡献是 $U_0(\sin\alpha\cos\theta-\cos\alpha\sin\theta)=-U_0\sin(\theta-\alpha)$。利用以下表达式及其对 θ 和 λ 的导数：

$$\frac{\sin\theta}{1-2\lambda\cos\theta+\lambda^2}=\sum_{n=1}^{\infty}\lambda^{n-1}\sin n\theta$$

$$\frac{\cos\theta-\lambda}{1-2\lambda\cos\theta+\lambda^2}=\sum_{n=1}^{\infty}\lambda^{n-1}\cos n\theta$$

$$\frac{1}{1-2\lambda\cos\theta+\lambda^2}=\frac{1}{1-\lambda^2}\left(1+2\sum_{n=1}^{\infty}\lambda^n\cos n\theta\right)$$

便可用类似的方法处理更加复杂的项。我们发现$-\left(\frac{\partial\psi}{\partial r}\right)\Big|_{r=a}$的值为

$$-\frac{1}{U_0}\left(\frac{\partial\psi_1}{\partial r}\right)_{r=a}=-\frac{\alpha_0}{a}-\left[1+\frac{K\lambda}{c(1+\lambda)}\right]\cdot$$
$$\left[\sin(\theta-\alpha)-\frac{\sin(\theta+\alpha)-\lambda^2\sin(\theta-\alpha)-2\lambda\sin\alpha}{a^2(1-2\lambda\cos\theta+\lambda^2)}\right]+$$
$$\frac{Ka}{c}\left\{\frac{1}{2}\cos 2(\theta-\alpha)+\left[\sin(\theta-\alpha)-\frac{\sin(\theta+\alpha)-\lambda\cos\alpha}{a^2(1-2\lambda\cos\theta+\lambda^2)}\right]\cdot\right.$$
$$\frac{\sin(\theta+\alpha)-\lambda^2\sin(\theta-\alpha)-2\lambda\sin\alpha}{a^2(1-2\lambda\cos\theta+\lambda^2)^2}-$$
$$\left.\frac{\cos(\theta-\alpha)[\cos(\theta+\alpha)-\lambda\cos\alpha]}{a^2(1-2\lambda\cos\theta+\lambda^2)}+\frac{1}{2a^4(1-\lambda^2)(1-2\lambda\cos\theta+\lambda^2)}\right\}\tag{53}$$

必须满足 Kutta-Joukowsky 条件的环量强度可以用方程(50)计算,结果为

$$\alpha_0=aU_0\left\{2\sin\alpha+\frac{Ka}{c}\left[\frac{2\lambda\sin^2\alpha}{a(1+\lambda)}-\frac{1}{2}+\cos 2\alpha-\frac{1}{a}+\frac{1}{2a(1+\lambda)}\right]\right\}\tag{54}$$

由于翼型为一封闭环路,可以期望源的强度β_0等于零。

七、偶极子和四极子强度

收集方程(47)中$[(1/r)\partial\psi_1/\partial\theta]_{r=a}$不同项对于$\alpha_1$,$\alpha_2$,$\beta_1$和$\beta_2$的贡献,可以获得在$\zeta$平面中偶极子和四极子的值:

$$\left.\begin{aligned}
\alpha_1&=a^2U_0\left\{\left(1+\frac{1}{a^2}\right)\sin\alpha+\frac{Ka}{c}\left[\frac{\lambda}{2a^2}\cos 2\alpha-\frac{\lambda}{2a^4(1-\lambda^2)}+\left(1+\frac{1}{a^2}\right)\frac{\lambda\sin^2\alpha}{a(1+\lambda)}\right]\right\}\\
\beta_1&=a^2U_0\left\{\left(-1+\frac{1}{a^2}\right)\cos\alpha+\frac{Ka}{c}\sin 2\alpha\left[-\frac{\lambda}{2a^2}+\left(-1+\frac{1}{a^2}\right)\frac{\lambda}{2a(1+\lambda)}\right]\right\}\\
\alpha_2&=a^3U_0\left\{\frac{\lambda}{a^2}\sin\alpha+\frac{Ka}{c}\cos 2\alpha\left[\frac{1}{4}-\frac{1}{2a^2}+\frac{\lambda^2}{2a^2}+\frac{1-3\lambda^2}{4a^4(1-\lambda^2)}\right]\right\}\\
\beta_2&=a^3U_0\left\{\frac{\lambda}{a^2}\cos\alpha+\frac{Ka}{c}\sin 2\alpha\left[\frac{1}{4}-\frac{\lambda^2}{2a^2}-\frac{1-3\lambda^2}{4a^4(1-\lambda^2)}\right]\right\}
\end{aligned}\right\}\tag{55}$$

但是,为了计算翼型升力和力矩的值,需要的不是在ζ平面中偶极子和四极子的强度,而是在放置翼型的z平面中偶极子和四极子强度。由方程(35)给定的α_1,…,β_2和方程(55)的变换,便可用下述方式计算所需要的量。

引进流函数的共轭函数ϕ_1,我们可得

$$\phi_1+i\psi_1=i\alpha_0\ln\zeta+\frac{-\beta_1+i\alpha_1}{\zeta}+\frac{-\beta_2+i\alpha_2}{\zeta^2}+\cdots\tag{56}$$

式中:$\zeta=re^{i\theta}$,方程(56)的实部是方程(51),因β_0等于零,对于足够大的z,方程(35)给出

$$\zeta=ze^{i\alpha}\left[1+\frac{\lambda}{(1+\lambda)ze^{i\alpha}}-\frac{1}{z^2e^{2i\alpha}}+\cdots\right]\tag{57}$$

于是,将方程(57)代入方程(56),$\phi_1+i\psi_1$可以展开为z的级数,结果为

$$\phi_1 + \mathrm{i}\psi_1 = \mathrm{i}\alpha_0 \ln z + \left[-\beta_1 + \mathrm{i}\left(\alpha_1 + \frac{\lambda\alpha_0}{1+\lambda}\right)\right] z^{-1} \mathrm{e}^{-\mathrm{i}\alpha} + \left[-\beta_2 + \frac{\lambda\beta_1}{1+\lambda} + \mathrm{i}\left(\alpha_2 - \frac{\lambda\alpha_1}{1+\lambda} - \alpha_0 - \frac{\lambda^2\alpha_0}{2(1+\lambda)^2}\right)\right] z^{-2} \mathrm{e}^{-2\mathrm{i}\alpha} + \cdots \tag{58}$$

如果 z 平面中环量、偶极子、四极子的强度分别由 a_0, a_1, b_1, a_2 和 b_2 表示，比较方程(58)和方程(56)，可得关系式：

$$\left.\begin{aligned}
a_0 &= \alpha_0, \quad b_0 = 0 \\
a_1 &= \beta_1 \sin\alpha + \left(\alpha_1 + \frac{\lambda\alpha_0}{1+\lambda}\right)\cos\alpha \\
b_1 &= \beta_1 \cos\alpha - \left(\alpha_1 + \frac{\lambda\alpha_0}{1+\lambda}\right)\sin\alpha \\
a_2 &= \left(\beta_2 - \frac{\lambda\beta_1}{1+\lambda}\right)\sin 2\alpha + \left(\alpha_2 - \frac{\lambda\alpha_1}{1+\lambda} - \alpha_0 - \frac{\lambda^2\alpha_0}{2(1+\lambda)^2}\right)\cos 2\alpha \\
b_2 &= \left(\beta_2 - \frac{\lambda\beta_1}{1+\lambda}\right)\cos 2\alpha - \left(\alpha_2 - \frac{\lambda\alpha_1}{1+\lambda} - \alpha_0 - \frac{\lambda^2\alpha_0}{2(1+\lambda)^2}\right)\sin 2\alpha
\end{aligned}\right\} \tag{59}$$

方程(54)，(55)和(59)给出了所有计算作用在翼型上力和力矩所需要的数据。

八、升力和力矩系数

当方程(59)给定 a_0, a_1, a_2, b_0, b_1, b_2 后，用方程(32)，(33)和 (34)便可计算阻力、升力和力矩。可以看出，在剪切流中阻力同样为零。升力系数 C_L 和力矩系数 C_{M_0} 的计算结果可以方便地通过定义函数 l_0, l_1, l_2, l_3, l_4 和 m_0, m_1, m_2, m_3, m_4 来表示：

$$\left.\begin{aligned}
C_L &= \frac{Y}{\frac{1}{2}\rho U_0^2 c^2} = 2\pi\{l_0 \sin\alpha + K[l_1 + l_2\cos 2\alpha] + K^2[l_3 \sin\alpha + l_4 \sin 3\alpha]\} \\
C_{M_0} &= \frac{-M_0}{\frac{1}{2}\rho U_0^2 c^2} = \frac{\pi}{2}\left\{\frac{m_0}{2}\sin 2\alpha + K[m_1\cos\alpha + m_2\cos 3\alpha] + K^2[m_3\sin\alpha + m_4\sin 4\alpha]\right\}
\end{aligned}\right\} \tag{60}$$

力矩系数前加负号是为了同通常规定失速力矩为正的惯例一致。下述方程给定了 l_0, l_1, l_2, l_3, l_4 和 m_0, m_1, m_2, m_3, m_4：

$$\left.\begin{aligned}
l_0 &= \frac{1}{h}, \quad h = \frac{1}{a} + \frac{\lambda^2}{1+\lambda} \\
l_1 &= \frac{\lambda(\lambda + 2/a)}{8h^2(1+\lambda)}, \quad l_2 = \frac{\lambda^2(2 + 1/a)}{8h^2(1+\lambda)} \\
l_3 &= -\frac{\lambda}{64h^3 a(1+\lambda)}\left[\frac{1}{a^2(1+\lambda)} - 2\lambda + \lambda^2\right] \\
l_4 &= \frac{\lambda}{64a^2h^3}\left[1 - \frac{\lambda}{(1+\lambda)^2}\right]
\end{aligned}\right\} \tag{61}$$

$$
\left.\begin{aligned}
m_0 &= \frac{1}{ah^2}\left[\frac{1}{a}+\frac{\lambda}{1+\lambda}\right] \\
m_1 &= \frac{1}{8ah^3}\left[\frac{1}{a}+\frac{\lambda}{2(1+\lambda)}\left(1+\lambda+\frac{\lambda}{a(1+\lambda)}\right)\right] \\
m_2 &= -\frac{1}{8ah^3}\left[\frac{1}{a}\left(1-\frac{3}{2}\lambda\right)+\frac{\lambda}{2(1+\lambda)}\left(\frac{2}{a^2}-\lambda^2\,\frac{2+1/a}{1+\lambda}\right)\right] \\
m_3 &= -\frac{1}{64ah^4}\left[\frac{1}{1+\lambda}\left(\frac{1}{a^2}+\frac{\lambda^2}{2a^2(1+\lambda)^2}\right)-\frac{\lambda^2}{2a(1+\lambda)^2}\right] \\
m_4 &= \frac{1}{64ah^4}\left[1+\lambda-\frac{\lambda}{a^2(1+\lambda)}\left(1+\frac{\lambda}{a(1+\lambda)}\right)+\frac{\lambda^2(1+\lambda^2)}{2a(1+\lambda)(1-\lambda^2)}-\right. \\
&\qquad \left.\frac{1}{4a^2}\left(\frac{1}{a}+\frac{1}{1+\lambda}\right)+\frac{9\lambda^2}{4a^2(1+\lambda)}\right]
\end{aligned}\right\} \tag{62}
$$

表1给出不同翼型厚度比δ时，这些函数的值。可以看出，随着厚度比的增加，速度梯度K的影响愈来愈大。比如，厚度比$\delta=11.79\%$和小攻角时，K对C_L的影响用$2\pi K(l_1+l_2)=2\pi K\times 0.026\,95$近似表达。换言之，相当于零升力的攻角变化了$1.54K$度。对于21.50%厚度的翼型，该值为$3.21K$度。

表1

ε	δ	l_0	l_1	l_2	l_3	l_4	m_0	m_1	m_2	m_3	m_4
0	0	1.0000	0	0	0	0	1.0000	0.1250	−0.1250	−0.0156	0.0078
0.05	0.0618	1.0476	0.0122	0.0009	−0.0006	0.0007	1.0430	0.1334	−0.1267	−0.0155	0.0102
0.10	0.1179	1.0909	0.0237	0.0033	−0.0009	0.0014	1.0737	0.1413	−0.1259	−0.0152	0.0128
0.15	0.1687	1.1304	0.0345	0.0069	−0.0010	0.0020	1.0945	0.1477	−0.1231	−0.0148	0.0157
0.20	0.2150	1.1667	0.0446	0.0115	−0.0009	0.0025	1.1073	0.1530	−0.1190	−0.0143	0.0188
0.30	0.2958	1.2308	0.0628	0.0227	−0.0003	0.0034	1.1148	0.1610	−0.1080	−0.0131	0.0250
0.40	0.3636	1.2857	0.0787	0.0356	+0.0005	0.0040	1.1058	0.1660	−0.0953	−0.0119	0.0310
0.50	0.4210	1.3333	0.0926	0.0494	+0.0014	0.0045	1.0864	0.1687	−0.0823	−0.0106	0.0365
0.60	0.4701	1.3750	0.1047	0.0635	+0.0023	0.0048	1.0608	0.1697	−0.0697	−0.0095	0.0416
0.80	0.5489	1.4444	0.1248	0.0911	+0.0039	0.0051	1.0006	0.1683	−0.0474	−0.0075	0.0499
1.00	0.6089	1.5000	0.1406	0.1172	+0.0051	0.0051	0.9375	0.1641	−0.0293	−0.0059	0.0560
∞	1.0000	2.0000	0.2500	0.5000	0	0	0	0	0	0	0

九、气动中心

为了更清楚地显示速度梯度对于力矩的影响，现计算小攻角下的气动中心。对于小攻角α，方程(60)中的C_L和C_{M_0}可以简化为

$$
\left.\begin{aligned}
C_L &= 2\pi\{[l_0+K^2(l_3+3l_4)]\alpha+K(l_1+l_2)\} \\
C_{M_0} &= \frac{\pi}{2}\{[m_0+K^2(2m_3+4m_4)]\alpha+K(m_1+m_2)\}
\end{aligned}\right\} \tag{63}
$$

力矩系数对应于绕翼型中心的失速力矩。如果力矩是相对于离开前缘距离为d的弦上一

点来计算的，那么，力矩系数

$$C_M = C_{M_0} - C_L\left(\frac{1}{2} - \frac{d}{c}\right)$$
$$= \frac{\pi}{2}\{[m_0 + K^2(2m_3 + 4m_4)]\alpha + K(m_1 + m_2)\} -$$
$$\left(\frac{1}{2} - \frac{d}{c}\right)2\pi\{[l_0 + K^2(l_3 + 3l_4)]\alpha + K(l_1 + l_2)\} \tag{64}$$

在气动中心，相应的力矩系数与攻角 α 无关。从方程(64)，这个条件给出了气动中心离开前缘的距离为

$$\frac{d}{c} = \frac{1}{2} - \frac{1}{4}\frac{m_0 + K^2(2m_3 + 4m_4)}{l_0 + K^2(l_3 + 3l_4)} \tag{65}$$

于是，对气动中心的力矩可以用下述的力矩系数给出：

$$C_{M_{a.c.}} = \frac{\pi K}{2}\left[(m_1 + m_2) - \frac{m_0 + K^2(2m_3 + 4m_4)}{l_0 + K^2(l_3 + 3l_4)}(l_1 + l_2)\right] \tag{66}$$

图 7 和图 8 给出了由式(65)和(66)计算的不同 K 值时，d/c 和 $C_{M_{a.c.}}$ 同厚度比 δ 关系的数值结果。

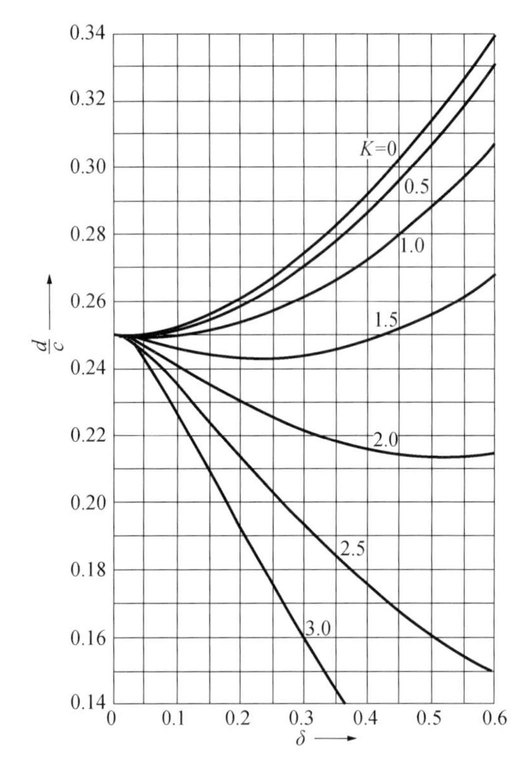

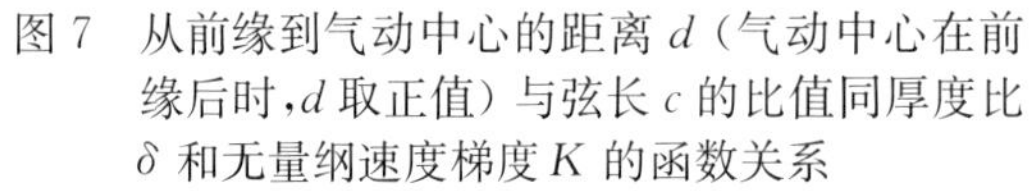
图 7　从前缘到气动中心的距离 d（气动中心在前缘后时，d 取正值）与弦长 c 的比值同厚度比 δ 和无量纲速度梯度 K 的函数关系

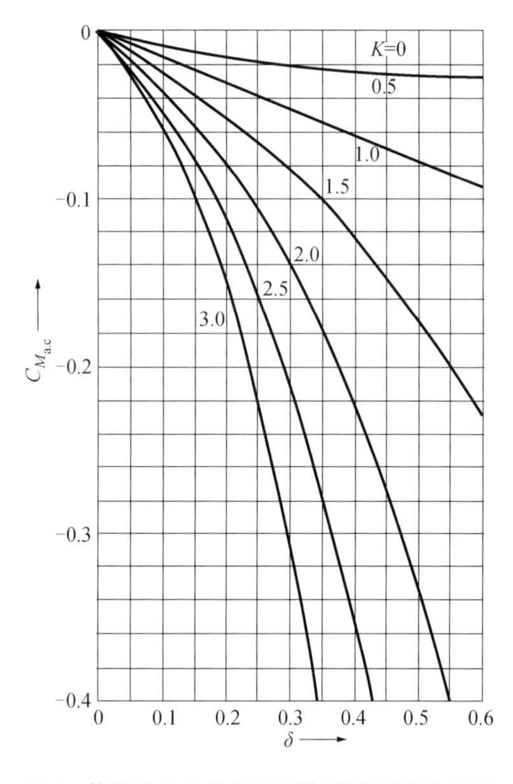

图 8　绕气动中心的力矩系数（假定导致失速的力矩为正）同厚度比和无量纲速度梯度 K 的函数关系

（李家春 译， 牛家玉 校）

参考文献

[1] v. Sanden H. Über den Auftrieb im natürlichen Winde [J]. Zeitschrift f. Math. U. Phys., 61. 225, (1912).

[2] Glauert H. Aerofoil and airscrew theory [M]. London: Cambridge University Press, 1930: 80.

NATIONAL ADVISORY COMMITTEE
FOR AERONAUTICS
TECHNICAL NOTE
NO. 961

可压缩流体亚声速和超声速混合流动中的“极限线”

钱学森
(California Institute of Technology)

NACA
Washington
1944. 11

可压缩流体亚声速和超声速混合流动中的“极限线”

钱学森
(California Institute of Technology)

众所周知，如果假定流体是无黏性的，而且其状态是等熵变化时，任何流体微元的涡量都保持不变。将物体置于均匀流中，则其远前方的流动是无旋的。如果进一步假定流动是等熵的，则在整个流场中的涡量为零。也就是说，流动是无旋的。对于这种绕过物体的流动，Theodorsen[1]指出，物体所受到的阻力等于零。如果流体的黏性很小，黏性的影响仅限于物体壁面附近的边界层内，则物体将受到因表面摩擦产生的阻力。对置于均匀流中的流线型物体，当流体速度低于所谓的“临界速度”时，通常可以观察到这种等熵的无旋流动。

在临界速度处，或者当未扰动流的速度与声速之比达到某个值时，就会出现激波，这种现象称为“压缩性失速”。沿着激波，流体的状态变化仍是绝热但不是等熵的，这会导致流体的熵增，并且通常会在原本无旋的流动中产生涡量。熵增当然是部分机械能转化为热能的结果。换言之，被激波影响的这部分流体的机械能减少了。因此，随着激波的出现，流线型物体的尾迹大大加宽了，并且阻力也急剧增加。而且，伴随发生的物体表面压力分布的变化将改变作用在物体上的气动力矩。对于翼型来说，升力减小了。

等熵无旋流动的破坏所产生的所有上述后果，通常都是应用空气动力学中所不希望发生的现象。应该通过改变物体的外形或者轮廓尽可能地推迟破坏的发生。不过，只有首先找到破坏的原因或者准则后，才能极大地促进这方面的工作。

一、等熵无旋流动的破坏准则

Talyor 和 Sharman[2]利用电解槽计算了绕机翼流动的逐次近似解。他们发现，当最大流速达到当地声速时，逐次迭代计算似乎是不收敛的。这一事实，使我们能够根据在流场某些位置处流速达到当地声速时未扰动流的马赫数来确定临界速度或者临界马赫数。但是，如此定义的临界马赫数与等熵无旋流动受到破坏之间的一致性还没有得到数学上的证明。而且，这样来定义临界马赫数意味着在等熵无旋流中不会发生从亚声速（低于声速）到超声速（高于声速）的转变。另一方面，Taylor[3]和其他学者却得到了发生这种转变的解。而且，Binnie & Hooker[4]研究表明，至少对螺旋流动来说，即便在超声速情况下逐次近似方法也是收敛的。考虑到以上事实，可以认为根据当地超声速来确定临界速度可能是不对的。

1943 年 8 月 24 日收到，原文系 National Advisory Committee for Aeronautics，Technical Note No. 961。

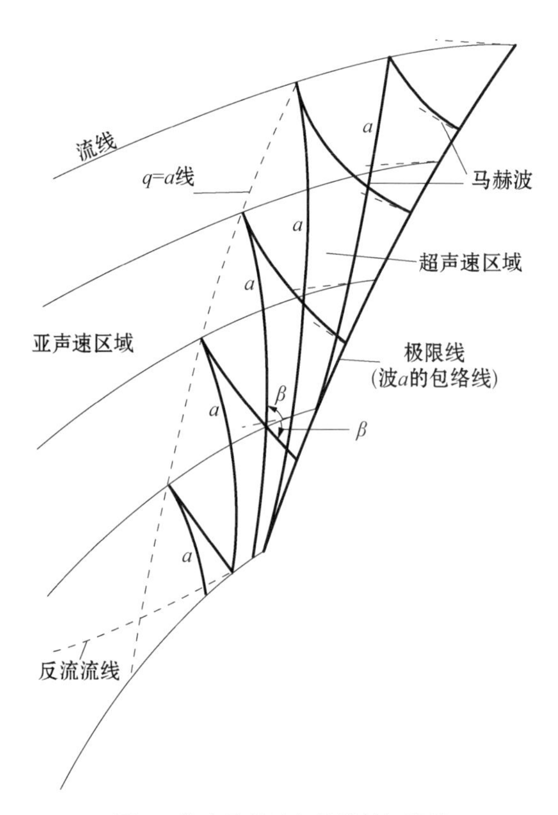

图1 作为马赫波包络线的极限线

Taylor对螺旋流动的研究[3]表明，在流场中存在一条线，其上速度达到极大值。过了这条线流动不再继续。在Tollmien随后的一篇论文[5]中，称这些线为极限线。在极限线上，速度绝不会是亚声速的。但是，当时Tollmien并没有对这些极限线的真实特征及其意义进行研究。最近，Ringleb[6]得到了等熵无旋流动的另一个特解，在这个流场中最大速度约为当地声速的两倍。流场中也出现了一条极限线，过了这条线就不再有流动。进而，他还发现了极限线的奇异特征，即无穷大的加速度和无穷大的压力梯度。von Kármán[7]（特别是文献[7]的351～356页）对一般的二维流动论证了这一事实。他还提出这条极限线是马赫波的包络线（见图1），因此只会在超声速区域出现，并且将极限线的出现作为等熵无旋流动的破坏准则。后来，Ringleb[8]和Tollmien[9]都建立了一般的二维理论。Tollmien更正了Ringleb论文中的一些错误，并明确指出过了极限线肯定不再有流动。该事实使得在流场中引入了被极限线包围的流动“禁区”。在物理上的这一佯谬只有通过放弃无旋条件才能避免。但是，如前所述，对于无黏流体，从无旋流动变为有旋流动必定伴有激波，并引起熵增。

然而，要得出极限线或马赫波包络线的出现是等熵无旋流动破坏的普遍适用条件这一结论，必须证明极限线的奇异特征是普遍存在的，并不只是局限于二维流动的情况。这正是本文的目的所在。首先，将详细研究轴对称流动中极限线的性质，然后再讨论一般的三维问题。通过这些更具一般性的例子，本文的研究证实了Ringleb，von Kármán和Tollmien的结果。

因此，如果仅考虑**无黏**流体的**定常**流动，等熵无旋流动的破坏准则是出现极限线。不过，一个物体的真实流动既不是定常的，也不是无黏的，总会有一些小扰动出现，并且几乎所有的真实流体都有一定的黏性。流动中的小扰动引出了稳定性问题。换言之，等熵无旋流动的解甚至在极限线出现之前可能已经是不稳定的了，只要稍有扰动就会转变为含有激波的有旋流动。在这种情况下，准则所考虑的不是极限线，而是稳定性极限，这个问题迄今没有解决。

如果物体表面压力沿着流动方向没有急剧上升，黏性的影响仅局限于边界层以内，那么在边界层外的流动是等熵无旋的。当压力梯度太大时，边界层将从物体表面分离。然而，在低速下，这种分离现象只会使尾迹加宽，并改变物体表面的压力分布。但是，如果分离点处的边界层外速度达到了超声速，就会有其他的现象发生。此时，边界层外的流动可以近似地视为物体外形发生变化后的流动，新的外形包括了因分离造成的“死水”区域，那么，绕过这一新外形的理想等熵无旋流动显然可能有一条极限线。因此，真实流动必然有激波存在。也就是说，在超声速区域出现的边界层分离可能产生一个激波，并因此将其影响扩大到了远离分离区域的范围。此外，沿着激波陡变的逆压梯度可能会加剧流动分离。在实验中经常能观察到分离和激波之间的这种相互作用。

上述考虑指出了边界层外的等熵无旋流动有可能在极限线出现之前就遭到破坏，因此，可以称出现极限线的未扰动流的马赫数为“上临界马赫数”。另一方面，由于激波只能在超声速流动中出现，可以称当地流速达到当地声速的未扰动流的马赫数为“下临界马赫数”。激波和可压缩分离出现时的真实临界马赫数必定介于这两者之间。通过精心设计物体的外形以避免马赫波聚集形成包络线，并且消除沿物体表面的逆压梯度，从而可以推迟可压缩分离的出现。

二、轴对称流动

Frankle[10]首次给出了轴对称等熵无旋流动精确微分方程的解，Ferrari[11]也独立发展了求解方法，他们的方法特别适合求解尖头旋成体的超声速流动。此时，尖头部分的流动可近似为众所周知的锥体的解，从这个解出发，采用超声速流动中为实数的特征线网格，一步一步地求解微分方程。在其后的研究中，主要关注的不是偏微分方程的解，而是等熵无旋流动中极限线的出现及其性质，采用的是 Tollmien[9] 的攻略。但是，这里的计算是基于速度势的 Legendre 变换而不是流函数。

如果速度大小以 q 表示，a 为假定的等熵过程中对应的声速，p 为压力，ρ 为流体密度，则伯努利方程给出：

$$\frac{\rho}{\rho_0}=\left(1-\frac{\gamma-1}{2}\frac{q^2}{a_0^2}\right)^{\frac{1}{\gamma-1}}=\left(1+\frac{\gamma-1}{2}\frac{q^2}{a^2}\right)^{-\frac{1}{\gamma-1}} \tag{1}$$

$$\frac{a^2}{a_0^2}=1-\frac{\gamma-1}{2}\frac{q^2}{a_0^2}=\left(1+\frac{\gamma-1}{2}\frac{q^2}{a^2}\right)^{-1} \tag{2}$$

$$\frac{p}{p_0}=\left(1-\frac{\gamma-1}{2}\frac{q^2}{a_0^2}\right)^{\frac{\gamma}{\gamma-1}}=\left(1+\frac{\gamma-1}{2}\frac{q^2}{a^2}\right)^{-\frac{\gamma}{\gamma-1}} \tag{3}$$

在这些方程中，下标 0 指 $q=0$ 时的量，γ 为流体的比热比。取对称轴为 x 轴，垂直于 x 轴的距离为 y，沿这两个方向的速度分量分别为 u 和 v（见图 2）。则 x-y 平面是一个子午面。那么，流动的运动学关系可用涡量方程表示：

$$v_x-u_y=0 \tag{4}$$

$\left(\text{本文中，偏导数采用下标表示。因此 } v_x\equiv\frac{\partial v}{\partial x},\ u_y\equiv\frac{\partial u}{\partial y}\right)$

连续性方程：

$$\frac{\partial}{\partial x}\left(y\frac{\rho}{\rho_0}u\right)+\frac{\partial}{\partial y}\left(y\frac{\rho}{\rho_0}v\right)=0 \tag{5}$$

方程(1)～(5)，结合关系式 $q^2=u^2+v^2$，可以完整描述整个流动。

为简化问题，引入了速度势 φ，定义为

$$u=\varphi_x,\ v=\varphi_y \tag{6}$$

那么，方程(4)自然满足。由方程(5)结合方程(1)和(2)，得到关于 φ 的方程：

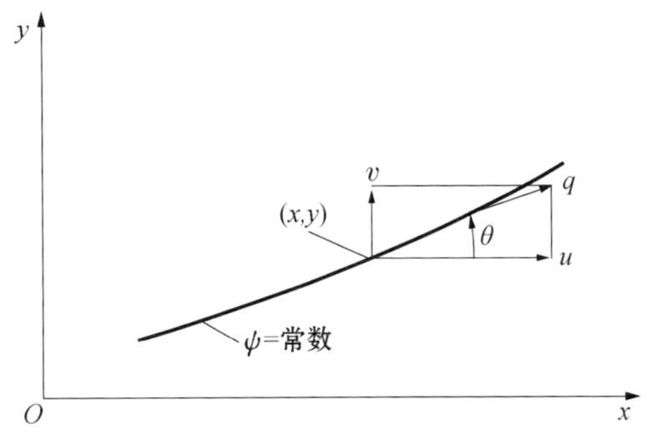

图 2 轴对称流动中的流线和速度分量

$$\left(1-\frac{u^2}{a^2}\right)\varphi_{xx}-2\frac{uv}{a^2}\varphi_{xy}+\left(1-\frac{v^2}{a^2}\right)\varphi_{yy}+\frac{v}{y}=0 \tag{7}$$

这个偏微分方程的特征线称为物理平面的特征线，由 $g(x, y)=0$ 来表示，此处 $g(x, y)$ 由下面的方程求得：

$$\left(1-\frac{u^2}{a^2}\right)g_x^2-2\frac{uv}{a^2}g_xg_y+\left(1-\frac{v^2}{a^2}\right)g_y^2=0 \tag{8}$$

从这个方程中，很容易看出仅当 $q>a$ 时 g 才是实数。因此，只有在超声速区域，特征线才是实数。

如果在子午面或 $x-y$ 平面计算了特征线斜率与流线斜率之间的关系，物理平面内特征曲线的含义就立刻清楚了。由函数 $g(x, y)$ 的定义，g 沿一条特征线的值为零或常数。因此，在参数为定值的位置写入一个量，并将那个参数作为下标，物理平面内特征线的斜率为

$$\left(\frac{dy}{dx}\right)_g=-\frac{g_x}{g_y} \tag{9}$$

沿一条流线，下式定义的流函数 ψ 为常数：

$$\psi_y=y\frac{\rho}{\rho_0}u,\quad \psi_x=-y\frac{\rho}{\rho_0}v \tag{10}$$

因此，流线的斜率为

$$\left(\frac{dy}{dx}\right)_\psi=\frac{v}{u} \tag{11}$$

方程(8)，(9)和(11)给出

$$\left(\frac{dy}{dx}\right)_g=\frac{-\frac{uv}{a^2}\pm\sqrt{\frac{q^2}{a^2}-1}}{1-\frac{u^2}{a^2}}=\frac{\left(\frac{dy}{dx}\right)_\psi\pm\tan\beta}{1\mp\left(\frac{dy}{dx}\right)_\psi\tan\beta} \tag{12}$$

此处，β 是由 $\beta=\arcsin\frac{a}{q}$ 确定的马赫角。因此，方程(12)表明，物理平面内特征线与流线之间斜交，夹角等于马赫角。这些线是无穷小扰动的波阵面，称为马赫波。换言之，物理平面内的特征线就是该平面内的马赫波。对于每一条流线，都有两族关于它对称地倾斜的马赫波。

如果对于每一组 u 和 v 的值，都有一对 x, y，那么 x 和 y 可以认为是 u, v 的函数。也就是说，可以不将 x 和 y 作为自变量，而用 u, v 作为自变量。以 u 和 v 为坐标的平面称为“速度图平面”。通过 Legendre 变换，可以得到速度图平面内对应于方程(7)的方程。记

$$\chi=ux+vy-\varphi \tag{13}$$

可以看出

$$\chi_u=x,\quad \chi_v=y \tag{14}$$

那么，方程(7)可以写为

$$\left(1-\frac{u^2}{a^2}\right)\chi_{vv}+2\frac{uv}{a^2}\chi_{uv}+\left(1-\frac{v^2}{a^2}\right)\chi_{uu}+\frac{v}{\chi_v}[\chi_{uu}\chi_{vv}-\chi_{uv}^2]=0 \tag{15}$$

方程(15)的特征线由 $f(u, v)=0$ 给出，f 是下面微分方程的解：

$$\left\{\left(1-\frac{u^2}{a^2}\right)+\frac{v}{\chi_v}\chi_{uu}\right\}f_v^2+2\left(\frac{uv}{a^2}-\frac{v}{\chi_v}\chi_{uv}\right)f_uf_v+\left\{\left(1-\frac{v^2}{a^2}\right)+\frac{v}{\chi_v}\chi_{vv}\right\}f_u^2=0 \tag{16}$$

方程(16)表明,速度图平面内的特征线由 χ 的导数值决定,其中 χ 必须根据方程(15)计算得到。换言之,速度图平面内的特征线随流动而变,并不是像二维问题中那样保持一组恒定不变的曲线。

为了得到物理平面和速度图平面内特征线之间的关系,注意到方程(9)可以改写为

$$(\mathrm{d}y)_g : (\mathrm{d}x)_g = -g_x : g_y \tag{17}$$

那么,方程(8)等价于

$$\left(1-\frac{u^2}{a^2}\right)(\mathrm{d}y)_g^2 + 2\frac{uv}{a^2}(\mathrm{d}y)_g(\mathrm{d}x)_g + \left(1-\frac{v^2}{a^2}\right)(\mathrm{d}x)_g^2 = 0 \tag{18}$$

然而,通常情况下,方程(14)给出了 x 和 y;u 和 v 微分之间的关系:

$$\left.\begin{aligned} \mathrm{d}x &= \chi_{uu}\mathrm{d}u + \chi_{uv}\mathrm{d}v \\ \mathrm{d}y &= \chi_{uv}\mathrm{d}u + \chi_{vv}\mathrm{d}v \end{aligned}\right\} \tag{19}$$

通过这些关系,方程(18)可以转化为 $(\mathrm{d}u)_g$ 和 $(\mathrm{d}v)_g$ 的方程。转化后的方程可以利用方程(15)进行简化。最后得到的关系式为

$$\begin{aligned} &(\chi_{uu}\chi_{vv}-\chi_{uv}^2)\left[\left\{\left(1-\frac{u^2}{a^2}\right)+\frac{v}{\chi_v}\chi_{uu}\right\}(\mathrm{d}u)_g^2 - \right. \\ &\left. 2\left(\frac{uv}{a^2}-\frac{v}{\chi_v}\chi_{uv}\right)(\mathrm{d}u)_g(\mathrm{d}v)_g + \left\{\left(1-\frac{v^2}{a^2}\right)+\frac{v}{\chi_v}\chi_{vv}\right\}(\mathrm{d}v)_g^2\right] = 0 \end{aligned} \tag{20}$$

因此,如果方程(20)的第一个因子不是零,物理平面内 $(\mathrm{d}u)_g$ 和 $(\mathrm{d}v)_g$ 沿特征线的变化情况必须满足关系式:

$$\left\{\left(1-\frac{u^2}{a^2}\right)+\frac{v}{\chi_v}\chi_{uu}\right\}(\mathrm{d}u)_g^2 - 2\left\{\frac{uv}{a^2}-\frac{v}{\chi_v}\chi_{uv}\right\}(\mathrm{d}u)_g(\mathrm{d}v)_g + \left\{\left(1-\frac{v^2}{a^2}\right)+\frac{v}{\chi_v}\chi_{vv}\right\}(\mathrm{d}v)_g^2 = 0 \tag{21}$$

从方程(16)看出,在速度图平面内 $(\mathrm{d}u)_f$ 和 $(\mathrm{d}v)_f$ 沿特征线的变化关系表达式和上式是一样的。由 f 的定义,得到下面的关系式:

$$(\mathrm{d}v)_f : (\mathrm{d}u)_f = -f_u : f_v \tag{22}$$

在物理平面内变换后的特征线和速度图平面内的特征线本身满足相同的一阶微分方程。因此,这两类曲线是一样的。也就是说,速度图平面内的特征线代表了 u-v 平面内的马赫波。

三、极限线

方程(20)表明,如果

$$\chi_{uu}\chi_{vv} - \chi_{uv}^2 = 0 \tag{23}$$

则变换后的物理平面内的特征线或者马赫波的微分方程就得到了满足。因此,如果速度图平面内存在一条线,沿这条线 χ 的导数值使得方程(23)成立,那么在变换为物理平面时这条线的斜率就和一族马赫波的斜率相等。这些线称为 u-v 平面内的极限速度图曲线和物理平面内的极限线。由于马赫波只在超声速区域发生,显然极限线必定是在这些区域内出现。形容词"极限"的含义将和这些线的其他性质一起研究清楚。

现在问题出现了:极限速度图曲线能够成为 u-v 平面内的特征线么?沿一条极限速度图曲线,方程(23)给出

$$\left(\frac{\mathrm{d}v}{\mathrm{d}u}\right)_l = -\frac{\chi_{uuu}\chi_{vv} - 2\chi_{uv}\chi_{uuv} + \chi_{uu}\chi_{uvv}}{\chi_{uuv}\chi_{vv} - 2\chi_{uv}\chi_{uvv} + \chi_{uu}\chi_{vvv}} \tag{24}$$

式中：下标 l 表示沿一条极限速度图曲线的值。现在，χ 的常微分方程(15)在整个 $u-v$ 平面都是正确的。因此，将方程对 u 和 v 求微分后方程仍然是正确的。利用方程(15)自身和方程(23)，可以对结果进行简化。从而在极限速度图曲线上，

$$\left[\left(1-\frac{v^2}{a^2}\right)+\frac{v}{\chi_v}\chi_{vv}\right]\chi_{uuu}+2\left[\frac{uv}{a^2}-\frac{v}{\chi_v}\chi_{uv}\right]\chi_{uuv}+\left[\left(1-\frac{u^2}{a^2}\right)+\frac{v}{\chi_v}\chi_{uu}\right]\chi_{uvv}$$
$$=(\gamma+1)\frac{u}{a^2}\chi_{vv}-2\frac{v}{a^2}\chi_{uv}+(\gamma-1)\frac{u}{a^2}\chi_{uv} \tag{25a}$$

$$\left[\left(1-\frac{v^2}{a^2}\right)+\frac{v}{\chi_v}\chi_{vv}\right]\chi_{uuv}+2\left[\frac{uv}{a^2}-\frac{v}{\chi_v}\chi_{uv}\right]\chi_{uvv}+\left[\left(1-\frac{u^2}{a^2}\right)+\frac{v}{\chi_v}\chi_{uu}\right]\chi_{vvv}$$
$$=(\gamma-1)\frac{v}{a^2}\chi_{vv}-2\frac{u}{a^2}\chi_{uv}+(\gamma+1)\frac{v}{a^2}\chi_{uu} \tag{25b}$$

方程(24)，(25a)和(25b)是仅有的导数不超过三阶的几个方程。另一方面，速度图平面内特征线的斜率可以根据方程(22)计算得到，即

$$\left(\frac{\mathrm{d}v}{\mathrm{d}u}\right)_f=-\frac{f_u}{f_v} \tag{26}$$

该方程与方程(16)结合，给出

$$\left\{\left(1-\frac{v^2}{a^2}\right)+\frac{v}{\chi_v}\chi_{vv}\right\}\left(\frac{\mathrm{d}v}{\mathrm{d}u}\right)_f^2-2\left\{\frac{uv}{a^2}-\frac{v}{\chi_v}\chi_{uv}\right\}\left(\frac{\mathrm{d}v}{\mathrm{d}u}\right)_f+\left\{\left(1-\frac{u^2}{a^2}\right)+\frac{v}{\chi_v}\chi_{uu}\right\}=0 \tag{27}$$

因此，如果极限速度图曲线是一条特征线，那么 $\left(\frac{\mathrm{d}v}{\mathrm{d}u}\right)_l$ 必须满足方程(27)。但是，简单的计算表明，$\left(\frac{\mathrm{d}v}{\mathrm{d}u}\right)_l$ 与其他量的关系式中甚至不可能不包含 χ 的三阶导数。因此，$\left(\frac{\mathrm{d}v}{\mathrm{d}u}\right)_l$ 不满足方程(27)。也就是说，极限速度图曲线不是一条特征线。变换到物理平面上，这就意味着这条极限线不是一个马赫波。但是如前面的图中所示，该极限线处处与一族马赫波相切，因此，必定是一族马赫波的包络线。可以把该极限线的这个性质作为它的物理定义。

四、极限速度图曲线和流线

在极限速度图曲线上，方程(15)和方程(23)成立。消去二阶导数项之一(比如说 χ_{uu})后，得到下面的关系式：

$$(\chi_{vv})_l=\frac{-\frac{uv}{a^2}\pm\sqrt{\frac{q^2}{a^2}-1}}{1-\frac{u^2}{a^2}}(\chi_{uv})_l \tag{28}$$

方程(28)中，根号前面的符号或正或负，但不同时为正和负。此处用这个关系式表明，在 $u-v$ 平面内流线和一族特征线是相切的。

根据方程(10)，流函数微分后得到

$$\mathrm{d}\psi=-y\frac{\rho}{\rho_o}v\,\mathrm{d}x+y\frac{\rho}{\rho_o}u\,\mathrm{d}y \tag{29}$$

在这个方程中，根据方程(14)，y 可以用 χ_v 代替。根据方程(19)，$\mathrm{d}x$，$\mathrm{d}y$ 可以用 $\mathrm{d}u$，$\mathrm{d}v$ 来代替。那么，

$$\mathrm{d}\psi=\chi_v\frac{\rho}{\rho_o}[(-v\chi_{uu}+u\chi_{uv})\mathrm{d}u+(-v\chi_{uv}+u\chi_{vv})\mathrm{d}v] \tag{30}$$

沿流线，$d\psi=0$；因此，速度图平面内流线的斜率为

$$\left(\frac{dv}{du}\right)_\psi=\frac{v\chi_{uu}-u\chi_{uv}}{-v\chi_{uv}+u\chi_{vv}} \tag{31}$$

在极限速度图曲线上，满足方程(23)；因此，方程(31)结合方程(28)得到

$$\left(\frac{dv}{du}\right)_{\psi,l}=-\left(\frac{\chi_{uv}}{\chi_{vv}}\right)_l=\frac{1-\dfrac{u^2}{a^2}}{\dfrac{uv}{a^2}\mp\sqrt{\dfrac{q^2}{a^2}-1}} \tag{32}$$

此处，对应方程(28)中的符号，上式中根号前面的符号或负或正。

另一方面，速度图平面内特征线的斜率由方程(27)决定。求得 $\left(\dfrac{dv}{du}\right)_f$ 并根据方程(15)对结果进行化简后得到

$$\left(\frac{dv}{du}\right)_f=\frac{\dfrac{uv}{a^2}-\dfrac{v}{\chi_v}\chi_{uv}\pm\sqrt{\dfrac{q^2}{a^2}-1}}{\left(1-\dfrac{v^2}{a^2}\right)+\dfrac{v}{\chi_v}\chi_{vv}} \tag{33}$$

根号前面的正负号对应于两族特征曲线。方程(28)取正号，这里也取正号，取负号的方法也是如此。

$$\left(\frac{dv}{du}\right)_{f,l}=\frac{1-\dfrac{u^2}{a^2}}{\dfrac{uv}{a^2}\mp\sqrt{\dfrac{q^2}{a^2}-1}} \tag{34}$$

方程(32)和方程(34)表明，在极限速度图曲线上流线和一族特征线是彼此相切的。这与二维流动中得到的结果是相同的[7~9]。这些方程同关于物理平面内马赫波斜率的方程(12)做比较时，就会得到很有意思的结果：极限速度图曲线上的流线和一族特征曲线同极限线上对应的马赫波是正交的。

由于

$$\left(\frac{dv}{du}\right)_\psi=-\frac{\psi_u}{\psi_v} \tag{35}$$

由方程(32)给出在极限速度图曲线上成立的下述方程：

$$\left(1-\frac{v^2}{a^2}\right)(\psi_u)_l^2+2\frac{uv}{a^2}(\psi_u)_l(\psi_v)_l+\left(1-\frac{u^2}{a^2}\right)(\psi_v)_l^2=0 \tag{36}$$

在 u-v 平面内采用极坐标，可以将上式化为更为熟悉的形式：

$$u=q\cos\theta,\qquad v=q\sin\theta$$

式中：θ 是速度矢量和 u 轴之间的夹角。则方程(36)变为

$$(\psi_q)_l^2+\left(\frac{1}{q^2}-\frac{1}{a^2}\right)(\psi_\theta)_l^2=0 \tag{37}$$

该式可认为是等价于定义极限速度图曲线的方程(23)。对于二维流动，存在一个类似的关系式[7~9]。

方程(31)给出了沿着流线 $(dv)_\psi$ 和 $(du)_\psi$ 之间的比值。将这一比值代入方程(19)，沿流

线的 $(\mathrm{d}x)_\psi$ 和 $(\mathrm{d}y)_\psi$ 为

$$\left.\begin{aligned}(\mathrm{d}x)_\psi &= \frac{u[\chi_{uu}\chi_{vv}-\chi_{uv}^2]}{-v\chi_{uv}+u\chi_{vv}}(\mathrm{d}u)_\psi \\ (\mathrm{d}y)_\psi &= \frac{v[\chi_{uu}\chi_{vv}-\chi_{uv}^2]}{-v\chi_{uv}+u\chi_{vv}}(\mathrm{d}u)_\psi\end{aligned}\right\} \tag{38}$$

在极限线上,方程(23)是满足的。方程(38)表明,在极限线上,流线有一个奇点。或者,说得更明白一些,在这些点处的 $(\mathrm{d}x)_\psi$, $(\mathrm{d}y)_\psi$ 同 $(\mathrm{d}u)_\psi$, $(\mathrm{d}v)_\psi$ 相比是更高阶的无穷小量。记 s 为沿流线的距离,由方程(38)立刻得到

$$(u_s)_\psi = \frac{-v\chi_{uv}+u\chi_{vv}}{q[\chi_{uu}\chi_{vv}-\chi_{uv}^2]} \tag{39}$$

类似地,

$$(v_s)_\psi = \frac{v\chi_{uu}-u\chi_{uv}}{q[\chi_{uu}\chi_{vv}-\chi_{uv}^2]} \tag{40}$$

因此,在极限线上,沿一条流线的加速度是无穷大的。而且,由于沿流线的压力梯度 $(p_s)_\psi$ 是

$$(p_s)_\psi = -\rho q q_s = -\rho[u(u_s)_\psi + v(v_s)_\psi] \tag{41}$$

可见极限线上的压力梯度也是无穷大的。

这种无穷大的加速度和压力梯度使人觉得是否在极限线上流体被“甩回”了。也就是说,在这条奇异线上,流线对折返回了。为了研究是否确实如此,就需要确定沿流线关系式 $\chi_{uu}\chi_{vv}-\chi_{uv}^2=0$ 的特性。如果沿流线该表达式的导数不为零,那么 $\chi_{uu}\chi_{vv}-\chi_{uv}^2$ 仅在极限线和流线交汇处等于零。因此,通过沿流线穿过 u-v 平面内的极限速度图曲线,$(\mathrm{d}x)_\psi$ 和 $(\mathrm{d}y)_\psi$ 的符号将会改变。流线将因此而折回,并在流线上形成一个尖点。根据方程(30)可计算得到沿流线 $\chi_{uu}\chi_{vv}-\chi_{uv}^2$ 的导数。

$$\begin{aligned}\left[\frac{\mathrm{d}}{\mathrm{d}u}(\chi_{uu}\chi_{vv}-\chi_{uv}^2)\right]_l &= \chi_{uuu}\chi_{vv}-2\chi_{uv}\chi_{uuv}+\chi_{uu}\chi_{uvv}+ \\ &\quad \frac{v\chi_{uu}-u\chi_{uv}}{-v\chi_{uv}+u\chi_{vv}}\{\chi_{uuv}\chi_{vv}-2\chi_{uv}\chi_{uvv}+\chi_{uu}\chi_{vvv}\}\end{aligned} \tag{42}$$

利用现有的关系式,包括方程(23),方程(15)以及方程(15)的微分形式,不能将方程(42)右端表达式化为零。因此,所关注的表达式通常在极限速度图曲线上只是一个单零点,流线在极限线上对折返回。后面将说明,在极限线以外不可能有解。因此,才称之为极限线。

五、速度图平面特征线的包络线和物理平面内的等速线

由于极限线是物理平面内马赫波的包络线,因此,在速度图平面内的特征线是否也有包络线,这是令人关注的问题。u-v 平面内的特征线由方程(26)决定。消去方程(26)和下面这个方程之间的 $\left(\frac{\mathrm{d}v}{\mathrm{d}u}\right)_f$ 项,可以得到包络线方程:

$$\left\{\left(1-\frac{v^2}{a^2}\right)+\frac{v}{\chi_v}\chi_{vv}\right\}\left(\frac{\mathrm{d}v}{\mathrm{d}u}\right)_f - \left\{\frac{uv}{a^2}-\frac{v}{\chi_v}\chi_{uv}\right\} = 0 \tag{43}$$

该式可以通过令有关 $\left(\frac{\mathrm{d}v}{\mathrm{d}u}\right)_f$ 的方程(27)偏导数等于零而得到。采用方程(15),结果可以简化为:

$$1-\frac{u^2+v^2}{a^2}+\frac{u^2v^2}{a^4}=\frac{u^2v^2}{a^4} \tag{44}$$

通过满足下面两式中的一个,上式即可满足:

$$a=0 \tag{45}$$

或者

$$u^2+v^2=a^2 \tag{46}$$

第一个条件,即方程(45),代入方程(26)后得到

$$\left(\frac{\mathrm{d}v}{\mathrm{d}u}\right)_{f,\ a=0}=-\frac{u}{v} \tag{47}$$

这表明,对应 $a=0$ 的最大速度圆是速度图平面内特征线的包络线。由于 $q=a$ 处特征线一般与 $q=a$ 圆不相切,因此第二个条件,即方程(46),是伪解。所以,$a=0$ 是唯一的包络线。

速度图平面内的等速线就是圆,因此

$$\left(\frac{\mathrm{d}v}{\mathrm{d}u}\right)_q=-\frac{u}{v} \tag{48}$$

通过该关系式和方程(19),等速线的斜率为

$$\left(\frac{\mathrm{d}y}{\mathrm{d}x}\right)_q=\frac{v\chi_{uv}-u\chi_{vv}}{v\chi_{uu}-u\chi_{uv}} \tag{49}$$

这个方程与方程(30)结合后得到下面很有意思的关系式:

$$\left(\frac{\mathrm{d}y}{\mathrm{d}x}\right)_q=-\frac{1}{\left(\frac{\mathrm{d}v}{\mathrm{d}u}\right)_\psi} \tag{50}$$

也就是说,物理平面内的等速线与速度图平面内的流线在对应点处是正交的。

六、丢失的解

在前面的整个计算中,都假设了可以采用 Legendre 变换。这就要求对于每一对 u, v 的值,有且仅有一对 x, y 的值。但是,实际情况并非总是如此。可能在物理平面内的很多点上,u, v 值是相等的。如果出现这种情况,很明显不能通过 $u=u(x,\ y)$, $v=v(x,\ y)$ 这对函数来求解 x 和 y。从数学上说,这种情况表述为雅可比行列式 $\partial(u,\ v)/\partial(x,\ y)$ 在物理平面内等于零,或者

$$u_xv_y-u_yv_x=0 \tag{51}$$

但是,这也是 u 和 v 之间函数关系的条件。例如,v 可以表示为 u 的函数。也就是说,u 和 v 并不是相互独立的。因此,如果一个解“丢失”了,或者没有被包括在采用 Legendre 变换得到的解族中,那么,对于那个解,有

$$v=v(u) \tag{52}$$

可以看出,方程(51)同样得到了满足。

消去连续性方程中的 ρ,得到

$$\left(1-\frac{u^2}{a^2}\right)u_x-\frac{uv}{a^2}(u_y+v_x)+\left(1-\frac{v^2}{a^2}\right)v_y+\frac{v}{y}=0 \tag{53}$$

根据方程(52),上式可以改写为下面的形式:

$$\left\{\left(1-\frac{u^2}{a^2}\right)-\frac{uv}{a^2}\frac{\mathrm{d}v}{\mathrm{d}u}\right\}u_x+\left\{\left(1-\frac{v^2}{a^2}\right)\frac{\mathrm{d}v}{\mathrm{d}u}-\frac{uv}{a^2}\right\}u_y+\frac{v}{y}=0 \tag{54}$$

涡量方程,即方程(4),可以表示为

$$\frac{\mathrm{d}v}{\mathrm{d}u}u_x - u_y = 0 \tag{55}$$

根据方程(54)和方程(55)，可能求出 u_x 和 u_y，结果是

$$\left[\left(1-\frac{u^2}{a^2}\right)-2\frac{uv}{a^2}\frac{\mathrm{d}v}{\mathrm{d}u}+\left(1-\frac{v^2}{a^2}\right)\left(\frac{\mathrm{d}v}{\mathrm{d}u}\right)^2\right]u_x = -\frac{v}{y} \tag{56a}$$

$$\left[\left(1-\frac{u^2}{a^2}\right)-2\frac{uv}{a^2}\frac{\mathrm{d}v}{\mathrm{d}u}+\left(1-\frac{v^2}{a^2}\right)\left(\frac{\mathrm{d}v}{\mathrm{d}u}\right)^2\right]u_y = -\frac{v}{y}\frac{\mathrm{d}v}{\mathrm{d}u} \tag{56b}$$

将方程(56)的第一个方程对 y 求导，第二个方程对 x 求导，相减后可以得到下面的关系式：

$$\frac{\mathrm{d}^2v}{\mathrm{d}u^2}u_x + \frac{1}{y} = 0 \tag{57}$$

因此，

$$\frac{\mathrm{d}v}{\mathrm{d}u} = \frac{f(y)-x}{y} \tag{58}$$

或者

$$y = \frac{f(y)-x}{\dfrac{\mathrm{d}v}{\mathrm{d}u}}$$

式中：$f(y)$ 是 y 的待定函数。然而，方程(55)表明，对于 $\mathrm{d}u = u_x(\mathrm{d}x)_u + u_y(\mathrm{d}y)_u = 0$ 的等 u 值线，

$$\left(\frac{\mathrm{d}y}{\mathrm{d}x}\right)_u = -\frac{1}{\left(\dfrac{\mathrm{d}v}{\mathrm{d}u}\right)_u} = \text{const.} \tag{59}$$

所以，u 和 v 保持恒定的线是直线。这个限制条件使方程(58)中的函数 $f(y)$ 简化为一个常数值。令 $f(y)=K$，方程(58)即为

$$y = \frac{K-x}{\dfrac{\mathrm{d}v}{\mathrm{d}u}} \tag{60}$$

因此，u 和 v 保持为常数的线是经过点 $x=K$ 的射线族。故而丢失的解不是别的，正是众所周知的流过锥表面的解。

从方程(59)看出，在对应的一些点处等速线与 u-v 曲线的切线是正交的。将方程(57)中的 $\dfrac{1}{y}$ 代入方程(56a)，得到 u 和 v 之间的关系式：

$$v\frac{\mathrm{d}^2v}{\mathrm{d}u^2}-\left(1-\frac{v^2}{a^2}\right)\left(\frac{\mathrm{d}v}{\mathrm{d}u}\right)^2+2\frac{uv}{a^2}\frac{\mathrm{d}v}{\mathrm{d}u}-\left(1-\frac{u^2}{a^2}\right)=0 \tag{61}$$

这是代表锥型流动速度图曲线的微分方程。图 3 为半顶角为 30° 的锥体的速度图曲线，锥面上的速度为 $0.35c$。c 为最大速度，即对应 $a=0$ 的 q 值。图 3 是根据 Taylor 和 Maccoll[12] 的数据画出来的。

此处要指出的是，在轴对称流动中丢失解并不仅限于超声速的情况，这与二维流动是不同的。事实上，Taylor 和 Maccoll 研究表明，对于锥面的小前进速度，超声速仅在头部激波后出现。速度沿着锥面将会减小。最后，在锥面附近的一些点处，将成为亚声速流动。图 4 给出了他们的一些计算实例[12]。图中点画曲线是马赫波。直虚线是超声速和亚声速区域的边界。此外，

Maccoll 拍摄的锥壳真实飞行的闪光相片[13]表明，在流动区域内不存在使超声速流转变为亚声速流的激波。因此，至少对于这一类特殊的流动来说，真实地发生了通过声速的光滑过渡。

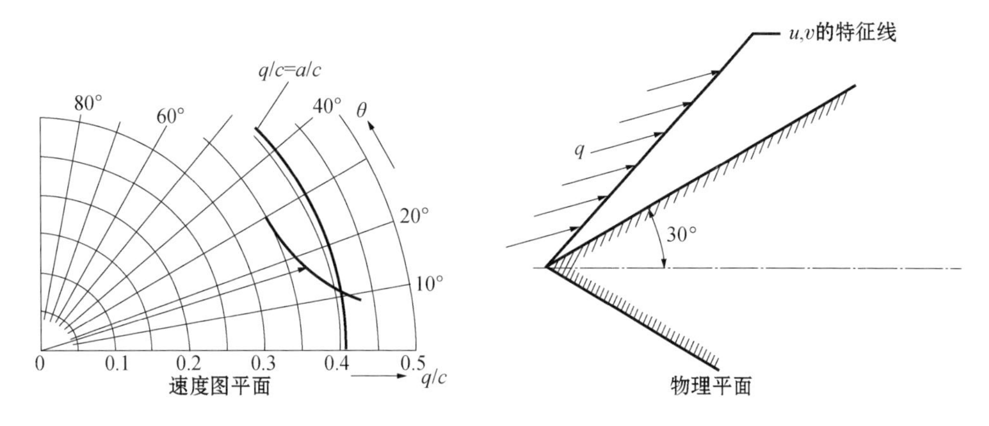

图 3　流经半顶角 30°锥面的速度曲线，锥面速度 $q=0.35c$

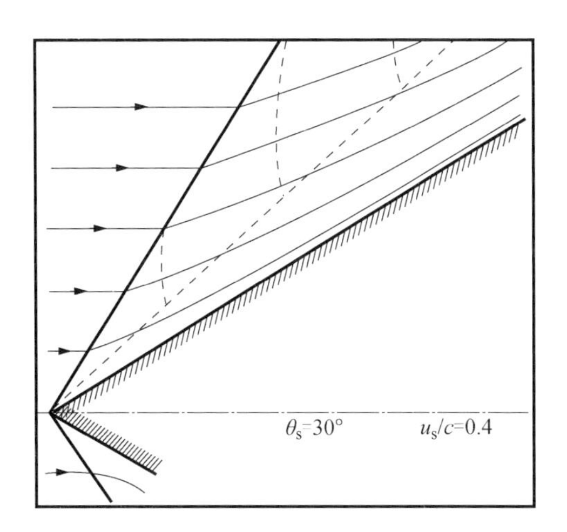

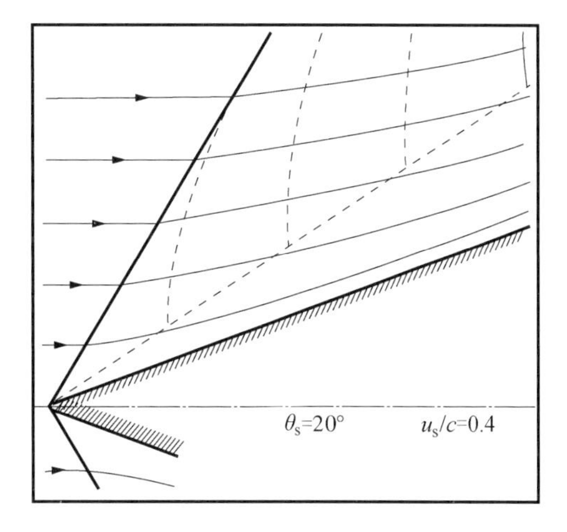

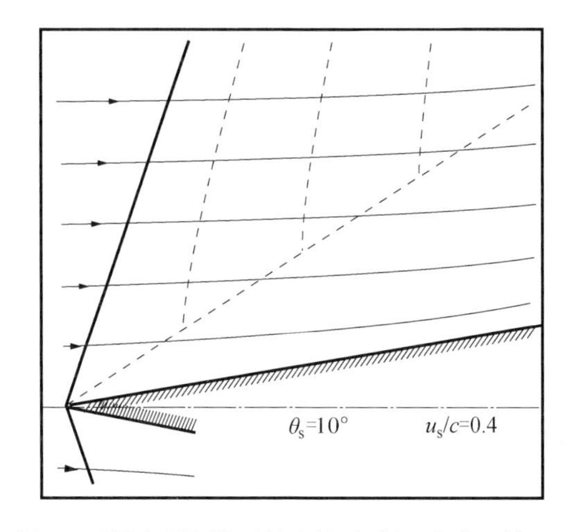

图 4　不同半顶角锥面的流场，包括亚声速区域

（θ_s 为半顶角；u_s 为锥面上的速度）

七、向极限线以外解的延拓

前幅图中显示一般情况下流线在极限线处会折回，这就带来了一个问题：能把解延拓到极限线以外？当然，继续求解的方法有两种：新的解或者是向在极限线上的给定解平滑过渡，或者是与间断相连接。如前所示，极限线是一族马赫波的包络线。那么在这条线上，每一点的方向都是与流线上对应点不同的，两者的夹角等于马赫角。但是除了流速达到最大值并且比例 $\frac{a}{q}=0$ 的一些点以外，马赫角都不是零。因此，通常情况下极限线与流线是不重合的，极限线上在解的交汇处的不连续性与涡面的情况是不同的。另外一种仅有的不连续类型是激波。但是，极限线和流向之间的夹角等于马赫角。那么，根据激波理论的结果，沿这条线不连续性消失。也就是说，在极限线上不会有不连续性。因此，在有不连续性的极限线上，不可能连接一个新的解。

至于在极限线上平滑连接一个新解的第二种可能性，可以看出，由于极限线不可能是激波，因此极限线以外的流动必须是无旋且等熵的。等熵无旋的流动只有两类：一种是可以进行 Legendre 变换的类型，另一种是不能进行这种变换的"丢失的解"。首先研究第二种类型。如果极限线外的解属于所谓的丢失的解，那么既然极限线上的连接处必定是光滑的，极限线上 u 和 v 的值也必须满足方程(61)。极限线上的斜率 $\left(\frac{\mathrm{d}v}{\mathrm{d}u}\right)_l$ 由方程(24)计算得到。二阶导数 $\left(\frac{\mathrm{d}^2v}{\mathrm{d}u^2}\right)_l$ 将含有 χ 的四阶导数。除了这些表达式外，已有的关系式是方程(15)，(23)，(25a)，(25b)以及对有关 u 和 v 的方程(25)微分后得到的 3 个方程。但是，$\left(\frac{\mathrm{d}v}{\mathrm{d}u}\right)_l$ 仍然不可能满足像方程(61)那样不出现 χ 导数的方程。故而，极限速度图曲线不能满足丢失的解的方程。也就是说，不能用丢失的解来延拓极限线外的流动。

剩下仅有的可能性是通过 Legendre 变换得到的另一个解来延拓流动。光滑延拓表示，在连接处，即在极限线上 u，v 和 ρ 的值是相同的。由于不出现激波，等熵关系式仍然适用。密度 ρ 仅取决于速度。u 和 v 的值根据速度图平面的坐标而定。物理平面内极限线的位置由 χ_u，χ_v 决定。因此，问题可以表述如下：对于速度图平面内给定的曲线 $u(\lambda)$，$v(\lambda)$，给定极限速度图曲线、χ_u 和 χ_v，λ 是沿给定曲线的参数。要求根据这些初值来确定微分方程(方程(15))的一个新解。首先，可以看出，根据这些给定的数据，下面这些方程中左端是给定的：

$$\frac{\mathrm{d}}{\mathrm{d}\lambda}(\chi_u)=\chi_{uu}\frac{\mathrm{d}u}{\mathrm{d}\lambda}+\chi_{uv}\frac{\mathrm{d}v}{\mathrm{d}\lambda} \tag{62a}$$

$$\frac{\mathrm{d}}{\mathrm{d}\lambda}(\chi_v)=\chi_{uv}\frac{\mathrm{d}u}{\mathrm{d}\lambda}+\chi_{vv}\frac{\mathrm{d}v}{\mathrm{d}\lambda} \tag{62b}$$

因此，

$$\chi_{uv}=\frac{-\frac{\mathrm{d}v}{\mathrm{d}\lambda}\chi_{vv}+\frac{\mathrm{d}}{\mathrm{d}\lambda}(\chi_v)}{\frac{\mathrm{d}u}{\mathrm{d}\lambda}} \tag{63a}$$

$$\chi_{uu}=\frac{\left(\frac{\mathrm{d}v}{\mathrm{d}\lambda}\right)^2\chi_{vv}-\frac{\mathrm{d}v}{\mathrm{d}\lambda}\frac{\mathrm{d}}{\mathrm{d}\lambda}(\chi_v)+\frac{\mathrm{d}u}{\mathrm{d}\lambda}\frac{\mathrm{d}}{\mathrm{d}\lambda}(\chi_u)}{\left(\frac{\mathrm{d}u}{\mathrm{d}\lambda}\right)^2} \tag{63b}$$

将这些值代入方程(15),二次项化简为

$$\chi_{uu}\chi_{vv}-\chi_{uv}^{2}=\frac{\left[\frac{\mathrm{d}v}{\mathrm{d}\lambda}\frac{\mathrm{d}}{\mathrm{d}\lambda}(\chi_{v})+\frac{\mathrm{d}u}{\mathrm{d}\lambda}\frac{\mathrm{d}}{\mathrm{d}\lambda}(\chi_{u})\right]\chi_{vv}+\left[\frac{\mathrm{d}}{\mathrm{d}\lambda}(\chi_{v})\right]^{2}}{\left(\frac{\mathrm{d}u}{\mathrm{d}\lambda}\right)^{2}} \tag{64}$$

它关于 χ_{vv} 是线性的。因此,χ_{vv} 可以由方程(15)单独确定。换言之,对于给定的数据,虽然微分方程(15)是二阶的,但是在给定曲线 $u(\lambda)$, $v(\lambda)$ 上,χ 的二阶导数可以被唯一地确定。Friedrichs & Lewy[14]① 指出,除了附加常数外,上述给定条件下,在被两条特征线和给定曲线包围的 R 区域内(图 5),函数 χ 是唯一被确定的。故而,对应极限速度图曲线上给定数据的解只能有一个。这正是在极限线上产生回流的解。因此,即使通过 Legendre 变换,也不可能将解延拓到极限线以外的区域。

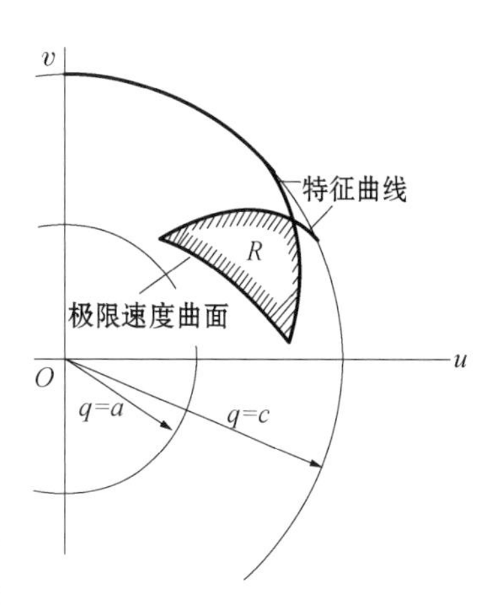

图 5　R 区域,该区域内解能由极限速度曲面上的数据唯一确定

既然上述所有 3 种方法都不能获得延拓流动的解,极限线确实是不可逾越的边界。也就是说,极限线以外的区域是一个禁区。只有通过使等熵无旋流动失效的条件才能解决这一物理上的佯谬。

八、一般性的三维流动

前述章节中所用的研究轴对称流动的方法可以很容易地推广到三维流动的情况。本节将概述这项研究和得出的结果。

沿 3 个坐标轴 x, y 和 z 方向的速度分量分别记为 u, v 和 w,并引入如下定义的速度势 φ:

$$u=\varphi_{x},\ v=\varphi_{y},\ w=\varphi_{z} \tag{65}$$

等熵无旋流动中,φ 的微分方程可以写为[7]

$$a^{2}(\varphi_{xx}+\varphi_{yy}+\varphi_{zz})=u^{2}\varphi_{xx}+v^{2}\varphi_{yy}+w^{2}\varphi_{zz}+2vw\varphi_{yz}+2wu\varphi_{zx}+2uv\varphi_{xy} \tag{66}$$

如果对每一组 u, v, w,仅有一组 x, y, z,那么可以应用 Legendre 变换。因此

$$\chi=ux+vy+wz-\varphi \tag{67}$$

并且

$$\chi_{u}=x,\ \chi_{v}=y,\ \chi_{w}=z \tag{68}$$

φ 的微分方程,即方程(66),就化为

$$\begin{aligned}a^{2}[BC-F^{2}+CA-G^{2}+AB-H^{2}]=&u^{2}(BC-F^{2})+v^{2}(CA-G^{2})+\\&w^{2}(AB-H^{2})+2vw(GH-AF)+\\&2wu(HF-BG)+2uv(FG-CH)\end{aligned} \tag{69}$$

式中采用了如下符号:

$$A=\chi_{uu},\ B=\chi_{vv},\ C=\chi_{ww},\ F=\chi_{vw},\ G=\chi_{wu},\ H=\chi_{uv} \tag{70}$$

① 原稿误为[13]。——译者注

作为轴对称情况的类推，此处极限速度图曲面定义为 u, v, w 空间的曲面，在该曲面上，如下方程成立：

$$\Delta = \begin{vmatrix} A & H & G \\ H & B & F \\ G & F & C \end{vmatrix} = 0 \tag{71}$$

考虑这些曲面上流线和特征线的特性，可以得到极限速度图和相应的极限面的性质。

从方程(68)出发，x, y 和 z 的微分可写为

$$\mathrm{d}x = A\mathrm{d}u + H\mathrm{d}v + G\mathrm{d}w \tag{72a}$$

$$\mathrm{d}y = H\mathrm{d}u + B\mathrm{d}v + F\mathrm{d}w \tag{72b}$$

$$\mathrm{d}z = G\mathrm{d}u + F\mathrm{d}v + C\mathrm{d}w \tag{72c}$$

沿流线，微分 $\mathrm{d}x$, $\mathrm{d}y$ 和 $\mathrm{d}z$ 必定与 u, v 和 w 分别成正比。因此，物理空间内的流线方程为

$$\frac{(\mathrm{d}x)_\psi}{u} = \frac{(\mathrm{d}y)_\psi}{v} = \frac{(\mathrm{d}z)_\psi}{w} \tag{73}$$

式中：下标 ψ 表示沿流线取值。利用方程(72)消去方程(73)中的 $\mathrm{d}x$, $\mathrm{d}y$ 和 $\mathrm{d}z$，可以得到速度图空间内的流线方程

$$\frac{(\mathrm{d}u)_\psi}{\bar{a}u + \bar{h}v + \bar{g}w} = \frac{(\mathrm{d}v)_\psi}{\bar{h}u + \bar{b}v + \bar{f}w} = \frac{(\mathrm{d}w)_\psi}{\bar{g}u + \bar{f}v + \bar{c}w} \tag{74}$$

此处，$\bar{a}$ 是方程(71)行列式 Δ 中 A 的余因子，$\bar{b}$ 是 B 的余因子，依此类推。反过来，方程(74)可用来消除方程(72)右端 $\mathrm{d}u$, $\mathrm{d}v$ 和 $\mathrm{d}w$ 3 个微分中的两项。结果是

$$(\mathrm{d}x)_\psi = \frac{u\Delta\,\mathrm{d}u}{\bar{a}u + \bar{h}v + \bar{g}w} \tag{75a}$$

$$(\mathrm{d}y)_\psi = \frac{v\Delta\,\mathrm{d}v}{\bar{h}u + \bar{b}v + \bar{f}w} \tag{75b}$$

$$(\mathrm{d}z)_\psi = \frac{w\Delta\,\mathrm{d}w}{\bar{g}u + \bar{f}v + \bar{c}w} \tag{75c}$$

在极限面上，如方程(71)定义的那样，$\Delta = 0$。因此，流线在那里有奇性。与轴对称流动类似，在这个面上通常流线会折回，并且形成一个尖点。当然，加速度和压力梯度在这些地方都是无穷大的。

物理空间内的特征面 $g(x, y, z) = 0$ 由下面的方程决定：

$$a^2[g_x^2 + g_y^2 + g_z^2] = u^2 g_x^2 + v^2 g_y^2 + w^2 g_z^2 + 2vwg_y g_z + 2wug_z g_x + 2uvg_x g_y \tag{76}$$

由于这个方程是二阶的，每一点上都有两族曲面穿过。这些面是流动中无穷小扰动的波阵面，可以称为马赫面。速度图空间内的特征面 $f(u, v, w) = 0$ 由下面的方程确定：

$$\begin{aligned} & a^2[(B+C)f_u^2 + (C+A)f_v^2 + (A+B)f_w^2 - 2Ff_uf_w - 2Gf_wf_u - 2Hf_uf_v] \\ = & u^2[Cf_v^2 + Bf_w^2 - 2Ff_vf_w] + v^2[Cf_u^2 + Af_w^2 - 2Gf_wf_u] + \\ & w^2[Bf_u^2 + Af_v^2 - 2Hf_uf_v] + 2vw[Hf_wf_u + Gf_uf_v - Ff_u^2 - Af_vf_w] + \\ & 2wu[Hf_vf_w + Ff_uf_v - Gf_v^2 - Bf_wf_u] + 2uv[Gf_wf_v + Ff_wf_u - Hf_w^2 - Cf_uf_v] \end{aligned} \tag{77}$$

将马赫面方程(76)变换到速度图空间，可以证明，由方程(77)确定的速度图空间特征曲面，或者是由方程(71)确定的极限速度图曲面满足变换后方程。因此，在这里极限面仍是一族马赫面的包络面。

用方程(74)和方程(77)可以证明，速度图空间内的流线与极限速度图上的特征曲面是相切的。此外，根据方程(69)，(71)和(74)，可以计算出极限速度图曲面上流线的倾角。事实上，如果 $(\mathrm{d}s)^2=(\mathrm{d}u)^2+(\mathrm{d}v)^2+(\mathrm{d}w)^2$，$q^2=u^2+v^2+w^2$，就可以得到下面的关系式：

$$\left(\frac{\mathrm{d}s}{\mathrm{d}q}\right)_{\psi,l}=\frac{q}{a}\text{ 或 }-\frac{q}{a} \tag{78}$$

这个关系式实际上等价于方程(32)。也就是说，在极限速度图曲面上，流线和 $q=\text{const.}$ 面的特征曲面之间的夹角等于马赫角(图 6)。因此，似乎一般的无黏流体的定常等熵无旋流动的失效是同物理空间内出现包络面和速度图空间内的流线和特征曲面的相切有关。

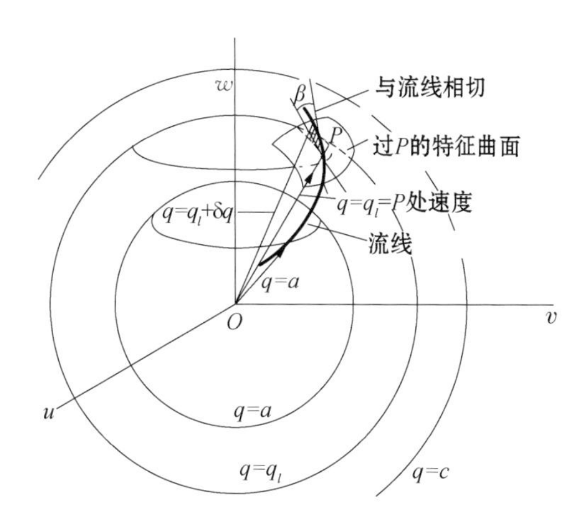

图 6 速度曲线空间内极限曲面上流线与特征曲面之间的几何关系

(吴应湘 译， 李家春 校)

参考文献

[1] Theodorsen, Theodore. The Reaction on a Body in a Compressible Fluid [J]. Jour. of the Aero. Sci., 1937, 4: 239 - 240.

[2] Taylor G I., Sharman C F. A Mechanical Method for Solving Problems of Flow in Compressible Fluids [R]. R. & M. No. 1195, British A. R. C., 1928.

[3] Taylor G I. Recent Works on the Flow of Compressible Fluids [J]. Jour. London Math. Soc., 1930, 5: 224 - 240.

[4] Binnie A M, Hooker S G. The Radical and Spiral Flow of a Compressible Fluid [J]. Phil. Mag., 1937, 23: 597 - 606.

[5] Tollmien W. Zum Übergang von Unterschall-in Überschall Strömungen [J]. Z. f. a. M. M., 1937, 17 (2): 117 - 136.

[6] Ringleb, Friedrich: Exakte Lösungen der Differential-gleichungen einer adiabatischen Gasströmung [J]. Z. f. a. M. M., 1940, 20(4): 185 - 198.

[7] von Kármán, Th.: Compressibility Effects in Aerodynamics [J]. Jour. of the Aero. Sci., 1941, 8(9): 337 - 356.

[8] Ringleb F. Über die Differentialgleichungen einer adiabatischen Gasströmung und den Strömungsstoss [J]. Deutsche Mathematik., 1940, 5(5): 337 - 384.

[9] Tollmien W. Grenzlinien adiabatischer Potential-stromungen [J]. Z. f. a. M. M., 1941, 21(3): 140 - 152.

[10] Frankle F. Bulletin de lacademic des sciences [G]. U. R. S. S. (7), 1934. //Frankle F, Aleksejeva R. Zwei Randwertaufgaben aus der Theorie der hyperbolischen partiellen Differentialgleichungen zweiter Ordnung mit Anwendungen auf Gasströmungen mit Überschallgeschwindigkeit. (Convergence proof.) Matematiceski Sbornik, 1935, 41: 483 - 502.

[11] Ferrari Carlo. Campo aerodinamico a velocita iperacustica attorno a un solido di revoluzione a proraacuminata [J]. L'Aerotecnica, 1936, 16(2): 121 - 130. //also Determinazione della pressione

sopra solidi di rivoluzione a prora acuminate disposti in deriva in corrente di fluido compressible a velocita ipersonora. Atti della R. Accad. Della Sci. Di Torino, 1937,72: 140 - 163.

[12] Taylor G I. Maccoll J W. The Air Pressure on a Cone Moving at High Speeds [J]. Proc. , Roy. Soc. of London, ser. A, 1937, 159: 278 - 298.

[13] Maccoll J W. The Conical Shock Wave Formed by a Cone Moving at a High Speed [J]. Proc. , Roy. Soc. of London, ser. A, 1937, 159: 459 - 472.

[14] Friedrichs K, Lewy H. Das Anfangswertproblem einer beliebigen nichtlinearen hyperbolischen Differentialeleichung beliebiger Ordnung in zwei Variablen [J]. Math. Annalen, 1928, 99: 200 - 221.

压气机或涡轮机的扭曲叶片引起的损失

钱学森

(Guggenheim Aeronautical Laboratory California Institute of Technology)

出于不同的设计考虑,有时使离开轴流式压气机或涡轮机导轮的气流沿着导轮半径方向有一定扭转。在旋转叶片的长度上引起的非均匀力分布导致在叶片上的诱导速度。通过流体动力学的简单应用可以计算出最终损失。作者首先发展了此通用理论,然后给出例子说明该方法的用法。

一、问题

在轴流式压气机或涡轮机的转轮中气体受离心力的作用。如果没有径向压力梯度来平衡此离心力场,则将发生径向流动。类似地在动叶之后流体的旋转将产生沿径向的流动,除非有径向压力梯度来阻止它。这种侧向的或径向的流动对在叶片上的边界层存在着有害的影响,并且可能导致对机器性能伴有不良后果的边界层的过早分离。为避免上述后果,有时给动叶或离开导叶的流动一定的扭转,就压气机来说,以便使动叶片尖端处的攻角大于根部的攻角。这将使叶片尖端的升力大于叶片根部。结果是越过转轮尖端的压力增加比根部的大。如此获得的压力梯度将阻止径向流动,从而确保机器的运行更加令人满意。

然而,这样的权宜之计存在着叶片装置效率的轻微损失。由于总的扭转通常只有几度,所以在导叶之后经过扭转的速度在沿着叶片长度方向的幅值近似为常数。作为每单位长度叶片上的升力除以气流密度与气流速度乘积所得的商的环量朝着叶片尖端方向增加。环量的此种变化将导致旋涡沿着叶片“脱落”,与飞机机翼的旋涡脱落的方式相同。这些旋涡在叶片后面沿着流动方向拖曳,并且在叶片上产生诱导速度。此诱导速度将使流动绕着叶片旋转,并改变叶片截面的当地有效攻角。有效攻角的改变导致两个后果:首先,实际升力不能直接地从几何攻角计算;另外,在叶片升力的作用方向上产生的变化将减小叶片两侧的压力升高。为了导叶和动叶得到恰当的设计,必须考虑这两种影响。本文尝试通过大家熟知的流体动力学原理来计算上述影响。

二、涡系与诱导速度

为使讨论更加明确,记住下面的分析是对轴流式压气机进行的,但同样的步骤能用于涡轮机叶片装置。图 1 表示由一排导叶和一排旋叶组成的一级压气机的圆柱形截面的变化,叶片截面是具有小弯度的翼型截面。图 2 表示了导叶和动叶的速度图。由图可见,通过采用现代的翼型截面,在流经叶片的流动方向的变化是非常小的。因此,尾涡可认为是伸展在叶栅前的

原载 Journal of the Chinese Institute of Engineers, America Section,1944,Vol. 2,No. 1,pp. 40 - 53。

流动方向上。换言之，导叶的尾涡可认为是跟随导叶入口速度 U_0 的方向。为处理这种情况下的旋叶，人们必须研究在扭转流动中的叶栅问题。然而，作为一种近似，此问题可作为在匀速中扭曲叶片的问题来分析。换言之，流动扭曲的效应和叶片扭曲的效应是近似等价的。有这样的简化，导叶和旋叶可处理成在来流方向有尾涡的均匀流中的扭曲叶栅。

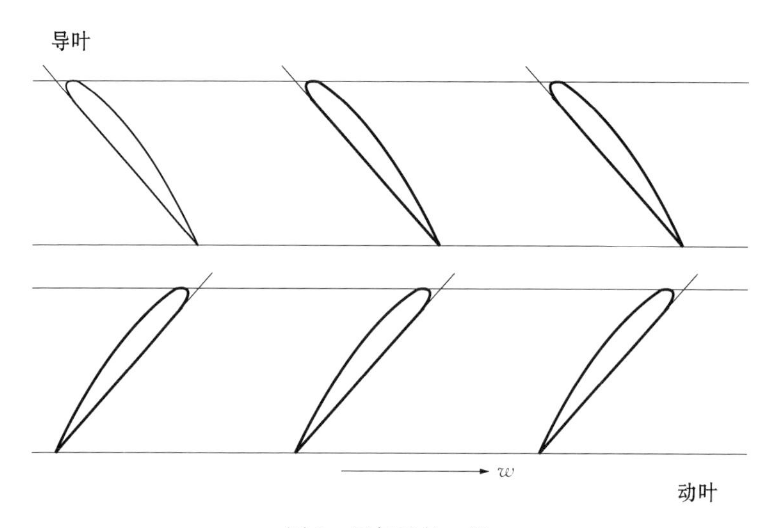

图 1　压气机的一级

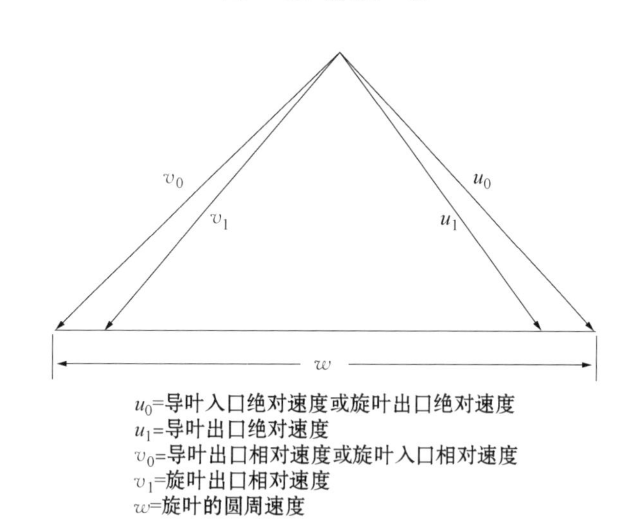

图 2　压气机一级的速度图

在轴流式压气机或涡轮机中，叶片高度与叶轮直径相比通常非常小。因此可认为从根部到顶端，叶片之间的距离是均匀的。所以，手边的问题最后简化为一个在两壁面之间、距离为 l 的平行叶栅问题(见图 3)。一个壁面表示轮毂表面。另一个壁面表示机器的外壳。有如通常的飞机翼型理论，叶片将通过一个强度 T 变化的涡来代替。现在，大家熟知，在两壁面之间的涡可作为一个无壁面的无限长涡来计算，但要加上镜像对称这一附加条件。令壁面位置为 $y=0$ 和 $y=l$ (见图 4)，则镜像对称要求：

$$\left.\begin{aligned}\Gamma(y)&=\Gamma(-y)\\ \Gamma(y)&=\Gamma(l+l-y)\end{aligned}\right\}\tag{1}$$

容易证明下式满足式(1)：

$$\Gamma(y)=\sum_{0}^{\infty}a_n\cos\frac{n\pi y}{l} \tag{2}$$

其中：a_n 为环量分布的傅里叶系数。

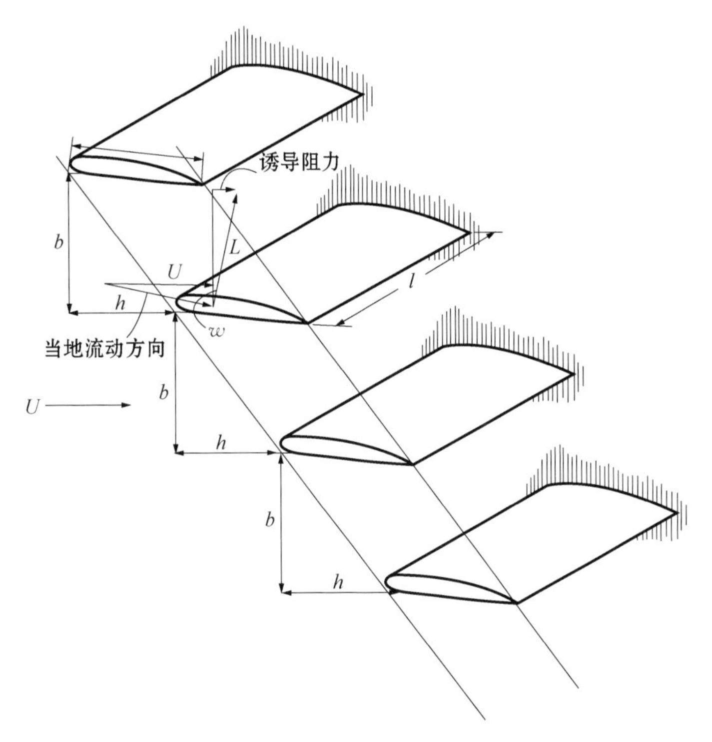

图 3　表征压气机叶片的叶栅

在 y 方向上的环量下降速率为 $-\mathrm{d}\Gamma/\mathrm{d}y$ 。因此，在 y 和 $y+\mathrm{d}y$ 之间，旋涡脱落的数量为 $(-\mathrm{d}\Gamma/\mathrm{d}y)\mathrm{d}y$ ，这就是 y 处的尾涡强度。根据简化假设，尾涡的方向是来流速度 U 或 x 轴的方向。则在 x - y 平面上 y' 点处由尾涡产生的诱导速度为

$$\frac{1}{4\pi}\int_{-\infty}^{\infty}-\frac{\mathrm{d}\Gamma}{\mathrm{d}y}\frac{1}{y-y'}\mathrm{d}y \tag{3}$$

然而，在 y 轴上下存在着表征叶栅中其他叶片的涡。令叶片的间距或间隙为 b，交错距离为 h。如果上层叶片是在下层叶片之前则认为交错距离为正，如图 4 所示。则在点 y' 处，由在 $x=h$, $Z=b$ 处旋涡引起的尾涡脱落产生的诱导速度为

$$\frac{1}{4\pi}\int_{-\infty}^{\infty}-\frac{\mathrm{d}\Gamma}{\mathrm{d}y}\frac{1}{\sqrt{(y-y')^2+b^2}}\left[1+\frac{h}{\sqrt{(y-y')^2+b^2+h^2}}\right]\mathrm{d}y \tag{4}$$

该速度是在与连接点 $x=0$, $y=y'$, $Z=0$ 和点 $x=0$, $y=y'$, $Z=b$ 的直线的垂直方向上，并位于 y - Z 平面中。此速度的垂直分量指向下方并且等于

$$\frac{1}{4\pi}\int_{-\infty}^{\infty}-\frac{\mathrm{d}\Gamma}{\mathrm{d}y}\frac{y-y'}{(y-y')^2+b^2}\left[1+\frac{h}{\sqrt{(y-y')^2+b^2+h^2}}\right]\mathrm{d}y \tag{5}$$

类似地，由于从 $x=-h$, $Z=-b$ 处叶片来的尾涡产生的诱导速度的向下垂直分量为

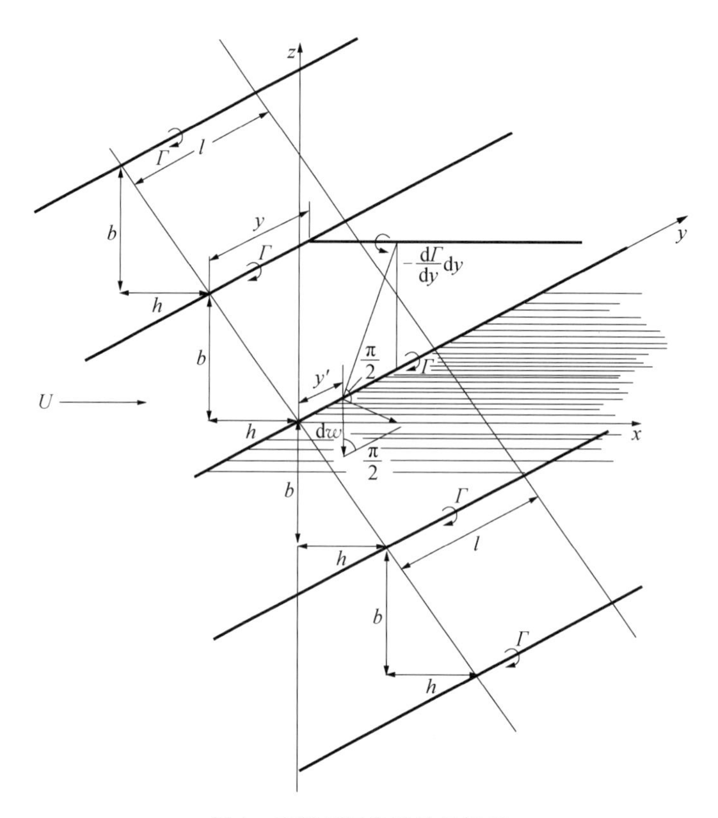

图 4　表征压气机叶片的涡系

$$\frac{1}{4\pi}\int_{-\infty}^{\infty}-\frac{d\Gamma}{dy}\frac{y-y'}{(y-y')^2+b^2}\left[1-\frac{h}{\sqrt{(y-y')^2+b^2+h^2}}\right]dy \tag{6}$$

通过将式(5)和(6)相加,由此叶片对产生的诱导速度的垂直分量为

$$\frac{1}{4\pi}\int_{-\infty}^{\infty}-\frac{d\Gamma}{dy}\frac{2(y-y')}{(y-y')^2+b^2}dy \tag{7}$$

对于因诱导速度引起的攻角变化的计算来说,仅需考虑诱导速度的垂直分量。则如式(7)所示,交错距离没有影响。

在 $Z=\pm 2b$, $Z=\pm 3b$, $Z=\pm 4b$, …处有叶片。因此,在 $x=0$, $y=y'$, $Z=0$ 处总的诱导下洗速度为

$$w(y')=\frac{1}{4\pi}\int_{-\infty}^{\infty}-\frac{d\Gamma}{dy}\left[\frac{1}{y-y'}+2\sum_{m=1}^{\infty}\frac{y-y'}{(y-y')^2+(mb)^2}\right]dy \tag{8}$$

当然,在其他叶片上的下洗速度,与在 y 轴上的一样。通过使用公式

$$\coth x=\frac{1}{x}+2\sum_{m=1}^{\infty}\frac{x}{x^2+m^2\pi^2}$$

式(8)可重写为

$$w(y')=\frac{1}{4b}\int_{-\infty}^{\infty}-\frac{d\Gamma}{dy}\coth\frac{\pi(y-y')}{b}dy \tag{9}$$

这就是由于叶间间隙为 b 的无限翼型叶栅产生的下洗速度的一般方程。

三、叶片的通用方程

将式(2)代入式(9)中，$w(y')$ 可以表示成

$$w(y') = \sum_{n=1}^{\infty} a_n w_n(y') \tag{10}$$

式中：

$$w_n(y') = \frac{\pi}{4b}\frac{\pi}{l}\int_{-\infty}^{\infty} \sin\frac{n\pi y}{l} \coth\frac{\pi(y-y')}{b} \mathrm{d}y \tag{11}$$

引入新的变量 $\xi = y - y'$，式(11)可以大大得到简化。

于是

$$w(y') = \frac{n}{4b}\frac{\pi}{l}\int_{-\infty}^{\infty}\left(\sin\frac{n\pi\xi}{l}\cos\frac{n\pi y'}{l} + \cos\frac{n\pi\xi}{l}\sin\frac{n\pi y'}{l}\right)\coth\frac{\pi\xi}{b}\mathrm{d}\xi$$

然而，由于 $\cos\dfrac{n\pi\xi}{l}$ 是 ξ 的偶函数而 $\coth\dfrac{\pi\xi}{b}$ 是 ξ 的奇函数，

$$\int_{-\infty}^{\infty}\cos\frac{n\pi\xi}{l}\coth\frac{\pi\xi}{b}\mathrm{d}\xi = 0$$

因此，

$$w_n(y') = \frac{n\pi}{l}\cos\frac{n\pi y'}{l} I_n \tag{12}$$

式中：

$$I_n = \frac{1}{4b}\int_{-\infty}^{\infty}\sin\frac{n\pi\xi}{l}\coth\frac{\pi\xi}{b}\mathrm{d}\xi = \frac{1}{2b}\int_{0}^{\infty}\sin\frac{n\pi\xi}{l}\coth\frac{\pi\xi}{b}\mathrm{d}\xi \tag{13}$$

上述积分不难求出。结果为(推导过程参见附录)：

$$I_n = \frac{1}{4}\coth\frac{n\pi b}{2l} \tag{14}$$

因此，式(12)可重写为

$$w_n(y') = \frac{1}{4}\frac{n\pi}{l}\coth\frac{n\pi b}{2l}\cos\frac{n\pi y'}{l} \tag{15}$$

通过合并式(10)和(15)，则由于尾涡产生的诱导下洗速度为

$$w(y) = \frac{n}{4l}\sum_{n=1}^{\infty} n a_n \coth\frac{n\pi b}{2l}\cos\frac{n\pi y}{l} \tag{16}$$

当然，在“边界”涡上平行于 y 轴的涡也给出典型叶片所在处沿 y 轴的诱导速度。然而，这样的诱导速度在没有尾涡的二维流动中也存在，并且要在计算翼型叶栅的二维或剖面特性中考虑。因此与常用的机翼理论一致，取诱导下洗角为 w/U，只是 w 要从尾涡计算中得到。边界的影响并入到叶栅的剖面特性中考虑。

若定义 Θ 为翼型的当地几何攻角，即在翼型的零升力方向与 U 的方向之间的角度，那么当地有效攻角为 $\Theta - w/U$。令 k 为在具有相同剖面型线、相同叶片间距和相同交错距离的叶栅上二维流动的升力系数的斜率，则叶片的当地升力系数为 $k(\Theta - w/U)$。每单位长度叶片上的升力则为

$$\frac{\rho}{2}U^2 ck\left(\Theta - \frac{w}{U}\right)$$

式中：ρ 为流体的密度；c 为翼弦或叶片宽度。该物理量必等于 $\rho U\Gamma$ 。因此，叶片的通用方程为

$$\frac{\rho}{2}U^2 ck\left(\Theta-\frac{\pi}{4lU}\sum_1^\infty na_n\coth\frac{n\pi b}{2l}\cos\frac{n\pi y}{l}\right)=\rho U\sum_0^\infty a_n\cos\frac{n\pi y}{l}\tag{17}$$

令 c_0 为平均翼弦，则通过引入 a_n 后式(17)可变成无量纲形式，而 a_n 由下式定义：

$$a_n=\frac{1}{2}Uc_0x_n\tag{18}$$

则最终的叶片的通用方程为

$$k(y)\frac{c}{c_0}(y)\left(\Theta-\frac{\pi c_0}{8l}\sum_1^\infty n\alpha_n\coth\frac{n\pi b}{2l}\cos\frac{n\pi y}{l}\right)=\sum_0^\infty\alpha_n\cos\frac{n\pi y}{l}\tag{19}$$

此方程决定了叶片几何特性与其气动特性之间的关系。当给定升力分布时，该方程可用来计算几何攻角 Θ，或者从给定的 Θ 计算升力分布。因为对于固定的间隙和交错距离来说，升力的斜率 k 为翼弦 c 的函数，所以 k 和 c/c_0 两者都是沿着叶片变化的。为了证明采用叶栅的二维剖面特性是合理的，k 和 c 沿着叶片的变化速率应当是很小的。当叶片翼弦近似为常数时，此条件与实际情况吻合得令人非常满意。

四、应用 1

采用固定翼弦和从叶片根部到尖端升力线性增加的情况作为前述几节中得到的结果的一个应用例子。于是 $c/c_0=1$，并且

$$\Theta=\frac{\alpha_0}{k}+\sum_1^\infty\left(\frac{1}{k}+\frac{\pi c_0}{8l}n\coth\frac{n\pi b}{2l}\right)\alpha_n\cos\frac{n\pi y}{l}\tag{20}$$

然而，由于升力系数 c_l 定义为每单位长度上的升力，即 $\rho U\Gamma$ 除以 $\frac{1}{2}\rho U^2c_0$ ，所以式(2)和(18)给出

$$c_l=\sum_0^\infty\alpha_n\cos\frac{n\pi y}{l}\tag{21}$$

式(20)可写成

$$\Theta=\frac{c_l}{k}+\frac{\pi c_0}{8l}\sum_1^\infty n\coth\frac{n\pi b}{2l}\alpha_n\cos\frac{n\pi y}{l}\tag{22}$$

若叶根处 c_l 值为 c_{l_0}，叶顶处为 c_{l_1}，则在任一点 y，升力系数可表示成

$$c_l=c_{l_0}+(c_{l_1}-c_{l_0})\frac{y}{l}\tag{23}$$

将式(23)代入式(21)，a_n 的值很容易确定为

$$\left.\begin{aligned}&\alpha_0=\frac{c_{l_0}+c_{l_1}}{2}\\&\alpha_n=0 &&\text{当 } n \text{ 为偶数}\\&\alpha_n=-\frac{4}{\pi^2}\frac{c_{l_1}-c_{l_0}}{n^2} &&\text{当 } n \text{ 为奇数}\end{aligned}\right\}\tag{24}$$

因此，式(22)给出几何攻角

$$\begin{aligned}\Theta&=\frac{c_l}{k}-\frac{1}{2\pi}\frac{c_0}{l}(c_{l_1}-c_{l_0})\sum_{1,3,5}^\infty\frac{\coth\frac{n\pi b}{2l}}{n}\cos\frac{n\pi y}{l}\\&=\frac{c_l}{k}-\frac{1}{2\pi}\frac{c_0}{l}(c_{l_1}-c_{l_0})\left[\sum_{1,3,5}^\infty\frac{1}{n}\cos\frac{n\pi y}{l}+\sum_{1,3,5}^\infty\frac{\left(\coth\frac{n\pi b}{2l}-1\right)}{n}\cos\frac{n\pi y}{l}\right]\end{aligned}\tag{25}$$

但式中第一个无穷级数可以求和得到，即

$$\sum_{1,3,5}^{\infty} \frac{1}{n}\cos\frac{n\pi y}{l} = \frac{1}{2}\ln\left(\cot\frac{\pi y}{2l}\right)$$

则几何攻角的最终形式由下式给定：

$$\left(\Theta - \frac{c_l}{k}\right) = -\frac{1}{2\pi}\frac{c_0}{l}(c_{l_1} - c_{l_0})\left[\frac{1}{2}\ln\left(\cot\frac{\pi y}{2l}\right) + \sum_{1,3,5}^{\infty}\frac{\coth\frac{n\pi b}{2l} - 1}{n}\cos\frac{n\pi y}{l}\right] \tag{26}$$

式(26)中的级数是快速收敛的，可毫无困难地计算出来。因为当间隙 b 趋近于无穷大时级数的值成为零，所以该级数表示了叶栅的影响。对于 $l/b = 3$ 情况的计算结果表示于图 5 中，图中为获得线性增加的升力分布需要附加的扭转被表示为沿着叶片的距离 y/l 而变化的曲线。在叶根和叶尖附近的点，附加扭转变得很大。这与所做的简化假设相矛盾，在这些区域中结果只是定性的[①]。

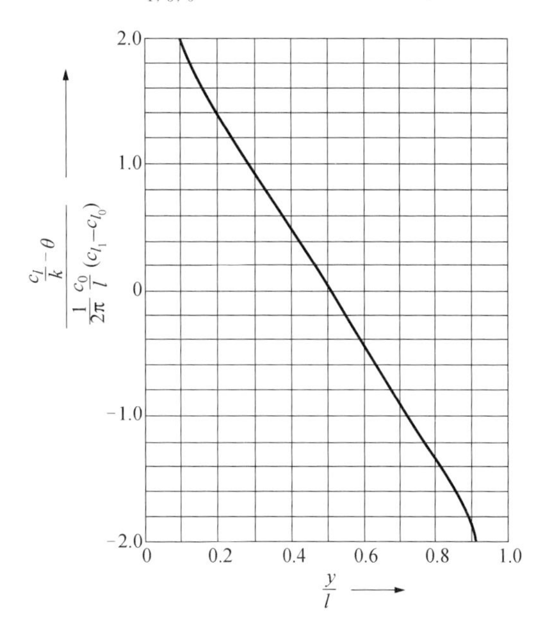

图 5　在线性升力分布 $l/b = 3$ 的情况下，由于尾涡产生的附加扭转

对于从 y 到 $y + \mathrm{d}y$ 部分的叶片来说，“诱导阻力”即升力在来流速度 U 方向上的分量为(见图 3)

$$\frac{w}{U}\rho U\Gamma\,\mathrm{d}y$$

令 D 为单个叶片的总诱导阻力，利用式(2)，(16)和(18)就有

$$\begin{aligned} D &= \frac{\rho}{2}U^2 c_0\,\frac{\pi}{8}\,\frac{c_0}{l}\int_0^l \sum_0^{\infty}\alpha_n\cos\frac{n\pi y}{l}\sum_1^{\infty}n\alpha_n\coth\frac{n\pi b}{2l}\cos\frac{n\pi y}{l}\mathrm{d}y \\ &= \frac{\rho}{2}U^2 c_0\,\frac{\pi}{8}\,\frac{c_0}{l}\,\frac{l}{2}\sum_1^{\infty}n\alpha_n^2\coth\frac{n\pi b}{2l} \end{aligned} \tag{27}$$

对于正在考虑的情况来说，a_n 由式(24)给定，因此

$$\begin{aligned} D &= \frac{\rho}{2}U^2 c_0\,\frac{\pi}{8}\,\frac{c_0}{l}\,\frac{l}{2}\,\frac{16}{\pi^4}(c_{l_1} - c_{l_0})^2\sum_{1,3,5}^{\infty}\frac{\coth\frac{n\pi b}{2l}}{n^3} \\ &= \frac{\rho}{2}U^2 c_0\left(\frac{c_0}{l}\right)\frac{(c_{l_1} - c_{l_0})^2}{\pi^3}l\left[1.051\,80 + \sum_{1,3,5}^{\infty}\frac{\coth\frac{n\pi b}{2l} - 1}{n^3}\right] \end{aligned} \tag{28}$$

与此阻力有关的能量损失为 DU。在两个叶片之间来流总的动能为 $\rho Ubl \cdot U^2/2$。由尾涡引起的能量损失与来流动能之比 ε 于是为

① 原文为“定量的”。——译者注

$$\varepsilon=\frac{c_0}{b}\frac{c_0}{l}\frac{(c_{l_1}-c_{l_0})^2}{\pi^3}\left[1.05180+\sum_{1,3,5}^{\infty}\frac{\coth\frac{n\pi b}{2l}-1}{n^3}\right] \tag{29}$$

此级数也是快速收敛的。从式(29)可见,对于翼型叶片部分来说,c_l 是限制在小于 1 的数值,所以由尾涡引起的损失是非常小的。

五、应用 2

在上节中,考虑了给定升力分布计算几何攻角 Θ 的问题。现在将研究给定 Θ 时求升力分布的反问题。与前述相同,假定 k 和 c 为常数,并且令 Θ 从叶根处的 Θ_0 到叶尖处的 Θ_1 是线性增加的。则

$$\Theta=\Theta_0+(\Theta_1-\Theta_0)\frac{y}{l} \tag{30}$$

解决此问题的第一步是将 Θ 展开成傅里叶级数。于是

$$\Theta=\sum_{0}^{\infty}\theta_n\cos\frac{n\pi y}{l} \tag{31}$$

式中:

$$\left.\begin{aligned}&\theta_0=\frac{\Theta_0+\Theta_1}{2}\\&\theta_n=0 &&\text{当 } n \text{ 为偶数时}\\&\theta_n=-\frac{4}{\pi^2}\frac{\Theta_1-\Theta_0}{n^2} &&\text{当 } n \text{ 为奇数时}\end{aligned}\right\} \tag{32}$$

将式(31)和(32)代入式(19)中,可确定升力系数分布,结果为

$$c_l=k\frac{\Theta_0+\Theta_1}{2}-\frac{4k}{\pi^2}(\Theta_1-\Theta_0)\sum_{1,3,5}^{\infty}\frac{\cos\frac{n\pi y}{l}}{\left(1+\frac{\pi}{8}k\frac{c_0}{l}n\coth\frac{n\pi b}{2l}\right)n^2} \tag{33}$$

此级数快速收敛,并能容易地算出。

损失给尾涡的动能的分数 ε 可通过利用式(27)得到。此值由下式给出:

$$\varepsilon=\frac{c_0}{b}\frac{c_0}{l}\frac{k^2(\Theta_1-\Theta_0)^2}{\pi^3}\sum_{1,3,5}^{\infty}\frac{\coth\frac{n\pi b}{2l}}{n^3\left[1+\frac{\pi}{8}k\frac{c_0}{l}n\coth\frac{n\pi b}{2l}\right]^2} \tag{34}$$

既然 $k\Theta$ 与升力系数的数量级相同,那么损失的幅值又一次是非常小的。因此,为避免在轴流式压气机或涡轮机中的径向流动,扭曲叶片的方法是非常有效的方法。

附　录

式(13)的积分 I_n 可用下述方法计算:

$$I_n=\frac{1}{2b}\int_0^{\infty}\sin\frac{n\pi\xi}{l}\coth\frac{\pi\xi}{b}\mathrm{d}\xi=\frac{1}{2\pi}\int_0^{\infty}\sin\left(\frac{nb}{l}t\right)\coth t\,\mathrm{d}t$$

式中:$t=\frac{\pi\xi}{b}$。然而 $\coth t=1+2\sum_{1}^{\infty}\mathrm{e}^{-2mt}$。除了在积分下限附近以外该级数是一致收敛的。因此,倘若最终

的级数是收敛的，可将其代入被积函数中，逐项积分。于是

$$I_n = \frac{1}{2\pi}\left[\int_0^{\infty}\sin\left(\frac{nb}{l}\cdot t\right)\mathrm{d}t + 2\sum_{m=1}^{\infty}\int_0^{\infty}\sin\left(\frac{nb}{l}\cdot t\right)\mathrm{e}^{-2mt}\,\mathrm{d}t\right]$$

$$= C + \frac{1}{2\pi}\left[\frac{1}{\frac{nb}{l}} + 2\sum_{m=1}^{\infty}\frac{\frac{nb}{l}}{\left(\frac{nb}{l}\right)^2 + (2m)^2}\right]$$

$$= C + \frac{1}{4}\left[\frac{1}{\frac{n\pi b}{2l}} + 2\sum_{m=1}^{\infty}\frac{\frac{n\pi b}{2l}}{\left(\frac{n\pi b}{2l}\right)^2 + m^2\pi^2}\right]$$

$$= C + \frac{1}{4}\coth\frac{n\pi b}{2l}$$

由于上面方程中的第一个积分，常数 C 是未确定的。然而，当 $b\to\infty$ 时，$I_n = C + \frac{1}{4}$，不过

$$\lim_{b\to\infty} I_n = \lim_{b\to\infty}\frac{1}{2b}\int_0^{\infty}\sin\frac{n\pi\xi}{l}\,\frac{b}{\pi\xi}\mathrm{d}\xi = \frac{1}{2\pi}\int_0^{\infty}\sin\frac{n\pi\xi}{l}\,\frac{\mathrm{d}\xi}{\xi} = \frac{1}{4}$$

因此，$C = 0$ 。于是积分 I_n 由式(14)给定。

（李要建、盛宏至 译， 谈庆明 校）

参考文献

[1] Glauert H. Aerofoil and Aircrew Theory [M]. Cambridge University Press, 1930: 127 - 128.

非均匀流中机翼的升力线理论

Theodore von Kármán　钱学森
(California Institute of Technology)

一、引言

普朗特的升力线理论回答了大多数飞机机翼气动设计的问题，于是，三维机翼理论成为飞机设计人员的规范工具。传统的机翼理论局限于未扰来流是均匀的。然而，现在有许多重要情况，这个条件不能满足。例如，当机翼伸展于开口射流风洞中，气流速度从射流中心的最大值下降到射流外缘的零值。另一个例子是从螺旋桨脱落的流动对机翼性能的影响。这时，从螺旋桨脱落的速度较高，使人难以应用普朗特机翼理论。这些情况使一些作者研究非均匀流中的机翼问题。有人找到了阶梯型速度分布时问题的满意解答。这时，在均匀流区域的流动可以用普朗特的概念加上在这类区域边界上的连续性条件加以确定。另一方面，连续变化的速度场的问题似乎需要适当处理。对于弱非均匀的气流，K. Bausch[1]试图改进普朗特理论。然而，除了稍偏离均匀流的情况外，他所提出的方法还难以估计因引进近似所产生的误差。更严重的是，在比较 Bausch 和 F. Vandrey[2]的结果后，情况更加明显。Vandrey 将阶梯型速度场中的机翼视为可变速度场问题的极限情形。他的结果似乎与 Bausch 的结果不一致。最近，R. P. Isaacs[3]研究了同一个问题，但作者还没有机会研究他的工作。

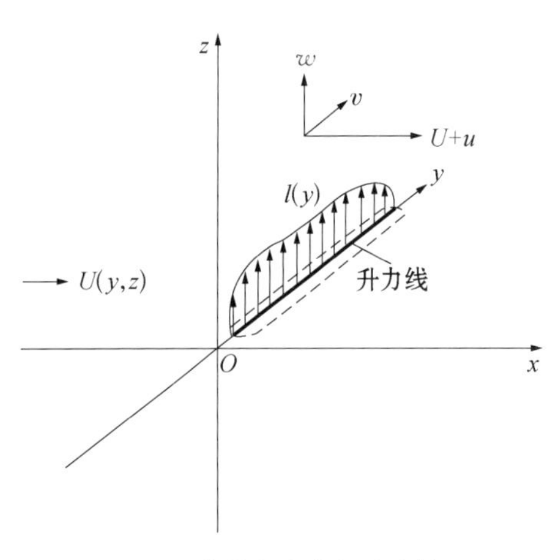

图 1　非均匀流中的升力线

作者认为，对普朗特的基本概念进行改进后，重新研究一般情况下的三维问题，便可获得非均匀流中的机翼绕流一般的和满意的解答。第一个基本概念是：机翼的翼展同弦长相比足够长，使得速度的展向变化比在垂直于翼展的平面内的变化小。于是，在垂直于翼展的每个截面内的流动可以视为绕翼型的二维流动。在这个截面内流动的唯一特点就是，计及诱导速度后，改变了由未扰流动定义的几何攻角。普朗特的第二个概念是用沿着机翼翼展有相同升力分布的升力线代替机翼（见图 1）。这个概念，连同升力线引起的扰动是小的（即机翼上的载荷是小的）假定可以使计算诱导速度较为简

1944 年 9 月 27 日收到，原载 Quarterly of Applied Mathematics，1945，Vol. 3，No. 1. pp. 306 - 316。

单。本文中，作者要研究绕平行流中小载荷升力线的流动，其流动速度垂直于翼展(图 1)，且在垂直于流动的两个方向都可以变化。由于流动特性相当复杂，这时，通常普朗特机翼理论中尾涡系的概念不是非常有用，必须采用数学上较方便的一种方法。本文第一作者[4]已经用这种方法解释了普朗特机翼理论和平面理论间的相似性。在表述一般理论后，考虑了机翼最小诱导阻力问题。最后，我们将给出非均匀流中计算机翼诱导阻力的一般表达式。

当然，要完全解决非均匀流中的机翼问题，需要知道机翼翼型截面的二维性质或“截面特性”的知识。如果来流速度仅沿展向变化，所需的截面特性就是在二维均匀流中的翼型特性，这在实用空气动力学中是常识。若主流速度沿垂直于翼展和速度本身的平面内也在变化，那么在二维非均匀流中翼型的截面特性就是所要求的截面特性。这类流动问题尚未广为研究[5]。

二、升力线的一般理论

假定 x 轴平行于主流方向，y 轴与升力线一致，z 轴垂直于升力线 (图 1)。设 p 是压力，ρ 是密度，v_1，v_2，v_3是速度分量，无外力，无黏不可压缩定常流的动力学方程为

$$v_1\frac{\partial v_1}{\partial x}+v_2\frac{\partial v_1}{\partial y}+v_3\frac{\partial v_1}{\partial z}=-\frac{1}{\rho}\frac{\partial p}{\partial x} \tag{1}$$

$$v_1\frac{\partial v_2}{\partial x}+v_2\frac{\partial v_2}{\partial y}+v_3\frac{\partial v_2}{\partial z}=-\frac{1}{\rho}\frac{\partial p}{\partial y} \tag{2}$$

$$v_1\frac{\partial v_3}{\partial x}+v_2\frac{\partial v_3}{\partial y}+v_3\frac{\partial v_3}{\partial z}=-\frac{1}{\rho}\frac{\partial p}{\partial z} \tag{3}$$

连续性方程为

$$\frac{\partial v_1}{\partial x}+\frac{\partial v_2}{\partial y}+\frac{\partial v_3}{\partial z}=0 \tag{4}$$

式(1)至(4)是 4 个未知量 v_1，v_2，v_3和 p 的方程组。

对于小载荷升力线这个特定问题，速度分量可以表示成：

$$v_1=U+u \tag{5}$$

$$v_2=v \tag{6}$$

$$v_3=w \tag{7}$$

这里，u，v，w 是因升力线存在引起的分量，假定主流速度U 是y，z 的函数，与 x 无关。因升力线的载荷小，u，v 和 w 同主流速度 U 相比是小量。将方程(5)～(7)代入动力学方程，忽略高阶项，可以得到 p 和u，v，w 的一组线性方程：

$$U\frac{\partial U}{\partial x}+v\frac{\partial U}{\partial y}+w\frac{\partial U}{\partial z}=-\frac{1}{\rho}\frac{\partial p}{\partial x} \tag{8}$$

$$U\frac{\partial v}{\partial x}=-\frac{1}{\rho}\frac{\partial p}{\partial y} \tag{9}$$

$$U\frac{\partial w}{\partial x}=-\frac{1}{\rho}\frac{\partial p}{\partial z} \tag{10}$$

这时，连续性方程为

$$\frac{\partial u}{\partial x}+\frac{\partial v}{\partial y}+\frac{\partial w}{\partial z}=0 \tag{11}$$

若方程(8)，方程(9)和方程(10)分别对 x，y，z 求导，利用方程(11)，可以简化相加后的结果，

最后得到

$$\frac{1}{U^2}\frac{\partial^2 p}{\partial x^2}+\frac{\partial}{\partial y}\left(\frac{1}{U^2}\frac{\partial p}{\partial y}\right)+\frac{\partial}{\partial z}\left(\frac{1}{U^2}\frac{\partial p}{\partial z}\right)=0 \tag{12}$$

这是一个仅关于压力 p 的方程,可以方便地作为求解的出发点。若将未扰主流压力选为参考压力并等于零,压力 p 要满足的一个条件为

$$p=0,\quad 当\ |x|\to\infty, |y|\to\infty,\quad 或 |z|\to\infty\ 时 \tag{13}$$

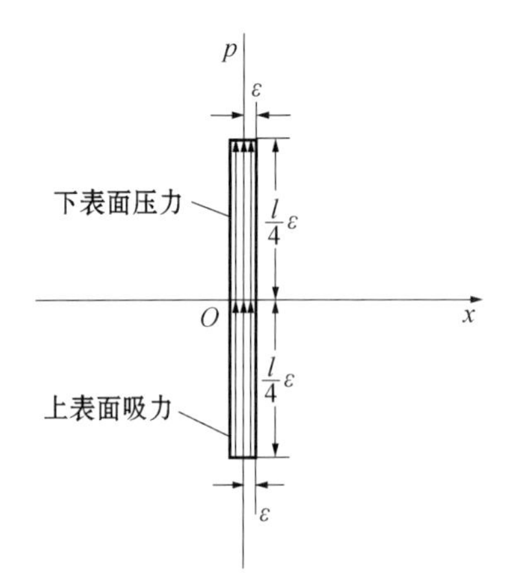

图 2 作用在升力线两个面上的力

升力线或 y 轴上的条件是用升力等于升力线“上表面”的吸力和大小相等的“下表面”的压力来表示的(图 2)。因此,压力必须满足如下表达式:

$$\int_{-\varepsilon}^{\varepsilon} p\,\mathrm{d}x=-\frac{1}{2}l(y),\ 对于\ z=+0 \tag{14}$$

和

$$\int_{-\varepsilon}^{\varepsilon} p\,\mathrm{d}x=\frac{1}{2}l(y),\ 对于\ z=-0 \tag{15}$$

式中:$l(y)$是在 y 处单位长度升力线的升力。再考虑到流场的对称性:

$$p=0,\quad 对\ z=0,\ |x|>\varepsilon \tag{16}$$

为了连同边界条件(13)~(16)一起求解方程(12),我们从方程(12)的 $P(y, z, \lambda)\cos\lambda x$ 形式的基本解出发,采用 Fourier 积分定理可得到问题的解答。P 所满足的方程为

$$U^2\frac{\partial}{\partial y}\left(\frac{1}{U^2}\frac{\partial P}{\partial y}\right)+U^2\frac{\partial}{\partial z}\left(\frac{1}{U^2}\frac{\partial P}{\partial z}\right)-\lambda^2 P=0 \tag{17}$$

为了唯一地确定压力 P ,为方便起见,附加下述条件:

$$P=0,\quad 对于\ |y|\to\infty, |z|\to\infty \tag{18}$$

$$P=-\frac{1}{2}l(y),\quad 对于\ z=+0 \tag{19}$$

$$P=\frac{1}{2}l(y),\quad 对于\ z=-0 \tag{20}$$

所要的关于压力 p 的解可以写为

$$p=\frac{1}{\pi}\int_0^{\infty}\cos\lambda x\,P(y, z, \lambda)\mathrm{d}\lambda \tag{21}$$

将方程(21)代入方程(9)和方程(10),得到“诱导速度”v 和 w:

$$v(x, y, z)=v(0, y, z)-\frac{1}{\rho U}\frac{1}{\pi}\int_0^{\infty}\frac{\sin\lambda x}{\lambda}\frac{\partial}{\partial y}P(y, z, \lambda)\mathrm{d}\lambda \tag{22}$$

$$w(x, y, z)=w(0, y, z)-\frac{1}{\rho U}\frac{1}{\pi}\int_0^{\infty}\frac{\sin\lambda x}{\lambda}\frac{\partial}{\partial z}P(y, z, \lambda)\mathrm{d}\lambda \tag{23}$$

因为其中的积分是 x 的奇函数,对于在升力线远前方和远后方的速度,下述关系成立:

$$\frac{1}{2}[v(-\infty, y, z)+v(\infty, y, z)]=v(0, y, z)$$

$$\frac{1}{2}[w(-\infty, y, z)+w(\infty, y, z)]=w(0, y, z)$$

显然在升力线远前方的诱导速度为零,因此,

$$v(0,\ y,\ z)=\frac{1}{2}v(\infty,\ y,\ z) \tag{24}$$

$$w(0,\ y,\ z)=\frac{1}{2}w(\infty,\ y,\ z) \tag{25}$$

在升力线上的诱导速度 v 和 w 等于远下游处的一半,这与基于尾涡系概念的通常机翼理论相符。

计算诱导速度 x 分量时,人们显然会遇到一个困难:方程(8)对 x 的积分可给出诱导速度的 x 分量:

$$u=-\frac{1}{\rho U}p-\frac{1}{U}\frac{\partial U}{\partial y}\int_{-\infty}^{x}v\mathrm{d}x-\frac{1}{U}\frac{\partial U}{\partial z}\int_{-\infty}^{x}w\mathrm{d}x \tag{26}$$

因为,当 x 趋于无穷时,p 趋于零,v 和 w 趋于有限值,u 会不确定地增大。这是同本项研究一开始时所做的小扰动的假定是矛盾的。因为 u 分量明显大的值是由于诱导的横向流动造成了主流的偏差,$x\to\infty$ 时的无穷大是微分方程线性化引起的。可以深信,这一困难并不妨碍我们将理论应用于实际问题。在第四节,我们还将进一步论述这一点。

三、下游远处的条件

为了将升力线理论应用于机翼问题,最关心的是在升力线上诱导速度的 z 分量。考虑到在下游远处,或按照通常机翼理论的术语,在“Trefftz 平面”上的条件,方程(24)和(25)给出的简单关系可以简化诱导速度的计算。为了简化符号起见,令

$$\left.\begin{aligned} v_0&=v(0,\ y,\ z), & w_0&=w(0,\ y,\ z)\\ v_1&=v(\infty,\ y,\ z), & w_1&=w(\infty,\ y,\ z)\end{aligned}\right\} \tag{27}$$

于是,根据方程(24)和(25),$v_0=\frac{1}{2}v_1$, $w_0=\frac{1}{2}w_1$。因此,由方程(22)和方程(23)导出:

$$v_1=-\frac{1}{\rho U}\lim_{x\to\infty}\frac{1}{\pi}\int_0^{\infty}\frac{\sin\lambda x}{\lambda}\frac{\partial}{\partial y}P(y,\ z,\ \lambda)\mathrm{d}\lambda$$

$$w_1=-\frac{1}{\rho U}\lim_{x\to\infty}\frac{2}{\pi}\int_0^{\infty}\frac{\sin\lambda x}{\lambda}\frac{\partial}{\partial z}P(y,\ z,\ \lambda)\mathrm{d}\lambda$$

假定 $P(y,\ z,\ \lambda)$ 是 λ 的解析函数;于是

$$P(y,\ z,\ \lambda)=P(y,\ z,\ 0)+\lambda\left[\frac{\partial P}{\partial\lambda}\right]_{\lambda=0}+\cdots$$

假定 $t=\lambda x$,v_1 和 w_1 的表达式为

$$v_1=-\frac{1}{\rho U}\lim_{x\to\infty}\frac{2}{\pi}\int_0^{\infty}\frac{\sin t}{t}\frac{\partial}{\partial y}\left[P(y,\ z,\ 0)+\frac{t}{x}\left(\frac{\partial P}{\partial\lambda}\right)_{\lambda=0}+\cdots\right]\mathrm{d}t$$

$$w_1=-\frac{1}{\rho U}\lim_{x\to\infty}\frac{2}{\pi}\int_0^{\infty}\frac{\sin t}{t}\frac{\partial}{\partial z}\left[P(y,\ z,\ 0)+\frac{t}{x}\left(\frac{\partial P}{\partial\lambda}\right)_{\lambda=0}+\cdots\right]\mathrm{d}t$$

取极限,积分的第一项是重要的,由于

$$\frac{2}{\pi}\int_0^{\infty}\frac{\sin t}{t}\mathrm{d}t=1$$

因此

$$v_1 = -\frac{1}{\rho U}\frac{\partial}{\partial y}P(y,\ z,\ 0) \tag{28}$$

$$w_1 = -\frac{1}{\rho U}\frac{\partial}{\partial z}P(y,\ z,\ 0) \tag{29}$$

方程(28)和(29)大大地简化了在 Trefftz 平面内诱导速度的计算。实际上,可以通过关系式

$$\phi(y,\ z) = -P(y,\ z,\ 0) \tag{30}$$

定义势函数 ϕ,于是,问题可以表述如下:由方程(17),令 $\lambda=0$,可得导出 ϕ 所满足的微分方程为

$$\frac{\partial}{\partial y}\left(\frac{1}{U^2}\frac{\partial\phi}{\partial y}\right)+\frac{\partial}{\partial z}\left(\frac{1}{U^2}\frac{\partial\phi}{\partial z}\right)=0 \tag{31}$$

ϕ 所满足的边界条件为

$$\phi = 0 \qquad 当\ |y|\to\infty,\ |z|\to\infty \tag{32}$$

$$\phi = l(y)/2 \qquad 当\ z=+0 \tag{33}$$

$$\phi = -l(y)/2 \qquad 当\ z=-0 \tag{34}$$

于是

$$v_1 = \frac{1}{\rho U}\frac{\partial\phi}{\partial y} \tag{35}$$

$$w_1 = \frac{1}{\rho U}\frac{\partial\phi}{\partial z} \tag{36}$$

将方程(35)和方程(36)代入方程(31),可得

$$\frac{\partial}{\partial y}\left(\frac{v_1}{U}\right)+\frac{\partial}{\partial z}\left(\frac{w_1}{U}\right)=0 \tag{37}$$

该方程有非常简单的物理意义。因为 v_1 和 w_1 是小量,比值 v_1/U 和 w_1/U 就是流线同 zx 平面和 xy 平面的夹角 β 和 γ。考虑垂直于 x 轴相距 $\mathrm{d}x$ 的两个平行平面(图 3),如果在截面 x 的流管宽度为 δ_y,那么,在截面 $x+\mathrm{d}x$ 处流管宽度为 $\delta_y[1+\mathrm{d}x\ \partial\beta/\partial y]$。若在 x 截面 x 处流管的高度为 δ_z,那么在截面 $x+\mathrm{d}x$ 处流管的高度为 $\delta_z[1+\mathrm{d}x\ \partial\gamma/\partial z]$。从 x 到 $x+\mathrm{d}x$ 流管横截面的总增量近似等于

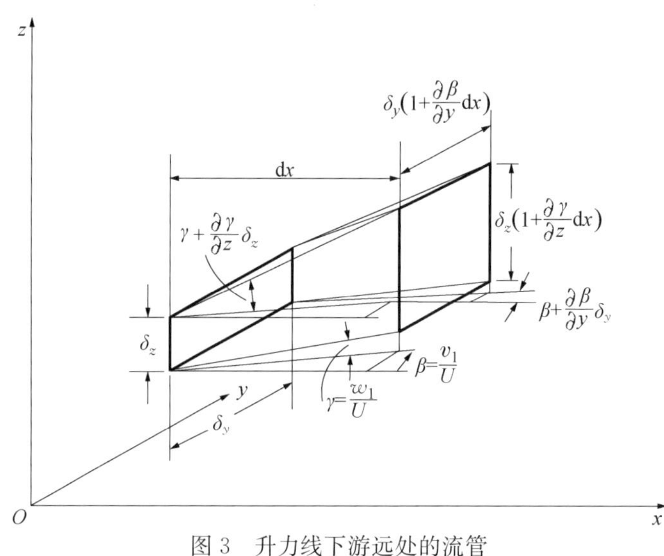

图 3　升力线下游远处的流管

$$\delta_y \delta_z \left(\frac{\partial \beta}{\partial y} + \frac{\partial \gamma}{\partial z}\right) \mathrm{d}x$$

在 Trefftz 平面上，可以认为流场是均匀的。也就是说，沿着 x 方向，压力是常数。因此，沿着任一流管的流速是常数。因此，流管的横截面积也必须保持为常数。故而，

$$\frac{\partial \beta}{\partial y} + \frac{\partial \gamma}{\partial z} = 0$$

这就是方程(37)。基于这个观点，方程(37)实际上是在 Trefftz 平面上的条件满足时简化的连续性方程。

另一方面，可以从方程(35)和方程(36)消去 ϕ，结果为

$$\frac{\partial}{\partial z}(U v_1) - \frac{\partial}{\partial y}(U w_1) = 0 \tag{38}$$

可以将此方程视为修正的涡方程。在本项研究的近似假定下，该方程对所有的 x 都成立。可以用以下方式来认识问题：因为 U 仅为 y 和 z 的函数，与 x 无关，方程(9)和方程(10)可以用以下形式表达：

$$\frac{\partial}{\partial x} U v = -\frac{1}{\rho} \frac{\partial p}{\partial y}, \quad \frac{\partial}{\partial x} U w = -\frac{1}{\rho} \frac{\partial p}{\partial z}$$

第一个方程对 z 求导，第二个方程对 y 求导，两者结果相减，得到

$$\frac{\partial}{\partial x}\left[\frac{\partial}{\partial z}(U v) - \frac{\partial}{\partial y}(U w)\right] = 0$$

于是，

$$\frac{\partial}{\partial z}(U v) - \frac{\partial}{\partial y}(U w) = y \text{ 和 } z \text{ 的函数}$$

但对于远上游处或 $x = -\infty$ 时，v 和 w 等于零，因此，上述方程右边 y 和 z 的函数必须恒等于零。于是，对于所有的 x，

$$\frac{\partial}{\partial z}(U v) - \frac{\partial}{\partial y}(U w) = 0 \tag{39}$$

应当注意，不必参照升力线便可得到方程(37)，(38)和方程(39)，所以它们对于更一般的情况也成立。然而，要完全确定 v_1 和 w_1，需要知道诱导速度和升力的关系，这个关系依赖升力分布的类型。对于特殊的情况，方程(33)和方程(34)提供了这个关系。

引进由下式定义的"流函数" ψ：

$$v_1 = U \frac{\partial \psi}{\partial z}, \quad w_1 = -U \frac{\partial \psi}{\partial y} \tag{40}$$

方程(37)成立，方程(38)就给出了关于 ψ 的微分方程：

$$\frac{\partial}{\partial y}\left(U^2 \frac{\partial \psi}{\partial y}\right) + \frac{\partial}{\partial z}\left(U^2 \frac{\partial \psi}{\partial z}\right) = 0 \tag{41}$$

对于 U 为常数的常规机翼理论，方程(31)和方程(41)都化为 Laplace 方程。

四、最小诱导阻力

根据方程(25)，在升力线上诱导的下洗角等于 w_0/U 或 $\frac{1}{2} w_1/U$，因此，方程(36)给出升力

线上的下洗角为$[(1/2)\rho U^2](\partial\phi/\partial z)_{z=0}$，诱导阻力 D_i 可以表示成

$$D_i = -\frac{1}{2\rho}\int[\phi(y, +0)-\phi(y, -0)]\frac{1}{U^2}\left(\frac{\partial\phi}{\partial z}\right)_{z=0}\mathrm{d}y = \frac{1}{2\rho}\int_C\frac{\phi}{U^2}\frac{\partial\phi}{\partial z}\mathrm{d}s \tag{42}$$

第一个积分可以沿展向升力线计算，第二个积分沿着绕图 4 所示的水平条带上下表面的围道积分。因为远离升力线时，$\phi\to 0$，围道积分可以用 Green 定理变换为一个面积分

$$D_i = \frac{1}{2\rho}\iint\left\{\frac{\partial}{\partial y}\left(\frac{1}{U^2}\phi\frac{\partial\phi}{\partial y}\right)+\frac{\partial}{\partial z}\left(\frac{1}{U^2}\phi\frac{\partial\phi}{\partial z}\right)\right\}\mathrm{d}y\mathrm{d}z \tag{43}$$

该积分延伸到升力线以外的整个区域。由于 ϕ 满足微分方程(31)，方程(43)化为

$$D_i = \frac{\rho}{2}\iint\left\{\left(\frac{1}{\rho U}\frac{\partial\phi}{\partial y}\right)^2+\left(\frac{1}{\rho U}\frac{\partial\phi}{\partial z}\right)^2\right\}\mathrm{d}y\mathrm{d}z \tag{44}$$

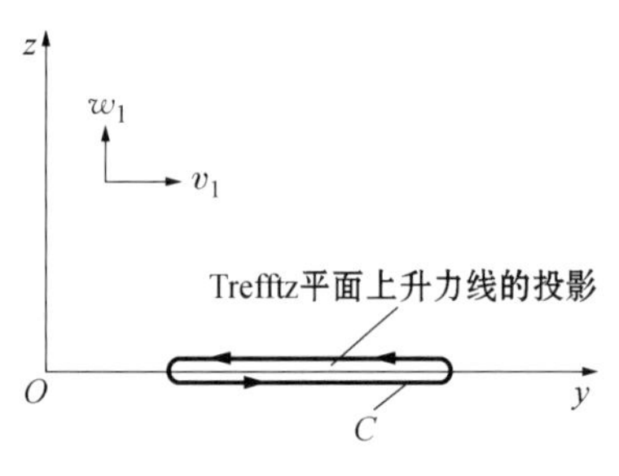

图 4　Trefftz 平面上的围道

因此，诱导阻力可以用对应于在 Trefftz 平面上的速度分量 v_1 和 w_1 的动能来表达。可以看出，速度分量 u 并不出现在诱导阻力的表达式中，这是因为，u 随着 x 的增加而增加并不是流体元沿着 x 方向上真正的加速度。而是因为横向流动将流体元从主流的低速区输送到主流的高速区或反之，这是符合修正的连续性方程(37)的，该方程清楚地表明，每根流管的横截面在 $x\to\infty$ 时有确定的极限值，因此，流管方向的速度分量趋于一个有限值。

最小诱导阻力问题要求在总升力保持不变的条件下，方程(44)给出的阻力 D_i 的最小值。因此，

$$L = \int l\,\mathrm{d}y = \int[\phi(y, +0)-\phi(y, -0)]\mathrm{d}y = -\int_C\phi\,\mathrm{d}s = \text{const.} \tag{45}$$

用 Lagrange 乘子法，问题可以变成求 $D_i+(K/\rho)L$ 的最小值问题，其中 K 是一个常数，因此，

$$\delta D_i + \frac{K}{\rho}\delta L = 0 \tag{46}$$

从方程(44)，可得诱导阻力的变化

$$\delta D_i = \frac{1}{\rho}\iint\left\{\frac{1}{U}\frac{\partial\phi}{\partial y}\frac{1}{U}\frac{\partial\delta\phi}{\partial y}+\frac{1}{U}\frac{\partial\phi}{\partial z}\frac{1}{U}\frac{\partial\delta\phi}{\partial z}\right\}\mathrm{d}y\mathrm{d}z$$

但 ϕ 必须满足微分方程(31)，因此

$$\delta D_i = \frac{1}{\rho}\iint\left\{\frac{\partial}{\partial y}\left(\frac{1}{U^2}\frac{\partial\phi}{\partial y}\delta\phi\right)+\frac{\partial}{\partial z}\left(\frac{1}{U^2}\frac{\partial\phi}{\partial z}\delta\phi\right)\right\}\mathrm{d}y\mathrm{d}z = \frac{1}{\rho}\int_C\frac{1}{U^2}\frac{\partial\phi}{\partial z}\delta\phi\,\mathrm{d}s$$

另一方面，

$$\delta L = -\int_C\delta\phi\,\mathrm{d}s$$

将这些结果代入方程(46)，可得最小诱导阻力条件如下：

$$\frac{1}{\rho}\int_C\left(\frac{1}{U^2}\frac{\partial\phi}{\partial z}-K\right)\delta\phi\,\mathrm{d}s = 0 \tag{47}$$

因为在升力线上，$\delta\phi$ 是任意变化的，因此，最小诱导阻力的条件为：沿着翼展的诱导下洗角必须为常数。如果主流速度 U 为常数，上述条件就变成等下洗的要求，这同众所周知的普朗特机翼理论的结果是一致的。

五、速度仅沿翼展方向变化的流动

如果流速仅沿 y 方向，即沿翼展方向变化，用与势函数 ϕ 的微分方程相关的特征函数，诱导速度和诱导阻力可以简化。这时，方程(31)变成

$$\frac{\partial^2\phi}{\partial y^2}+\frac{\partial^2\phi}{\partial z^2}-2\frac{\frac{\mathrm{d}U}{\mathrm{d}y}}{U}\frac{\partial\phi}{\partial y}=0 \tag{48}$$

为了满足边界条件(32)，$z>0$ 时，ϕ 可用下述积分表达：

$$\phi(y,\ z)=\int_0^\infty f(\lambda)\mathrm{e}^{-\lambda z}Y_\lambda(y)\mathrm{d}\lambda \tag{49}$$

$f(\lambda)$是待定的函数。对于 $z<0$，

$$\phi(y,\ z)=-\phi(y,\ -z) \tag{50}$$

将方程(49)代入方程(48)，可得 $Y_\lambda(y)$的微分方程：

$$\frac{\mathrm{d}^2Y_\lambda}{\partial y^2}-2\frac{\frac{\mathrm{d}U}{\mathrm{d}y}}{U}\frac{\mathrm{d}Y_\lambda}{\mathrm{d}y}+\lambda^2Y_\lambda=0 \tag{51}$$

适当地给出归一化条件和边界条件，该方程可唯一地确定 $Y_\lambda(y)$。

在翼展上，必须满足条件(33)，所以

$$\frac{l(y)}{2}=\int_0^\infty f(\lambda)Y_\lambda(y)\mathrm{d}\lambda \tag{52}$$

在给定升力分布 $l(y)$的条件下，这个关系可以作为确定 $f(\lambda)$的方程。例如：在流速 U 为常数或普朗特理论的情况时，$Y_\lambda(y)$是三角函数，可以用 Fourier 逆变换定理很容易地确定 $f(\lambda)$。方程(50)表明，如此确定了 $f(\lambda)$后，方程(34)将自动满足。

利用方程(25)，方程(36)和方程(49)，可以容易地计算在机翼上的下洗速度 w_0，结果为

$$w_0(y,\ 0)=-\frac{1}{2\rho U}\int_0^\infty \lambda f(\lambda)Y_\lambda(y)\mathrm{d}\lambda \tag{53}$$

下式给出了诱导阻力 D_i：

$$D_\mathrm{i}=-\int_{-\infty}^\infty l(y)\frac{w_0(y,0)}{U}\mathrm{d}y$$

因此，可以由 $Y_\lambda(y)$得到下述诱导阻力的一般表达式：

$$D_\mathrm{i}=\int_{-\infty}^\infty\frac{1}{\rho U^2}\mathrm{d}y\int_0^\infty f(\lambda)Y_\lambda(y)\mathrm{d}\lambda\int_0^\infty \eta f(\eta)Y_\eta(y)\mathrm{d}\eta \tag{54}$$

于是，给定升力分布 $l(y)$计算诱导阻力的问题，可以化为求解关于 $f(\lambda)$的积分方程(52)，然后计算积分式(54)的问题。

如果弦长 c，几何攻角 α 和升力系数的斜率 k 而不是升力分布 $l(y)$是给定的，那么

$$l(y)=\frac{1}{2}\rho U^2ck\left\{\alpha+\frac{w_0(y,\ 0)}{U}\right\} \tag{55}$$

用以下方程代替方程(52)：

$$\frac{1}{4}\rho U^2ck\left\{\alpha-\frac{1}{2\rho U^2}\int_0^\infty\lambda f(\lambda)Y_\lambda(y)\mathrm{d}\lambda\right\}=\int_0^\infty f(\lambda)Y_\lambda(y)\mathrm{d}\lambda$$

或

$$\frac{1}{4}\rho U^2 ck\alpha = \int_0^\infty \left(1 + \frac{ck}{8}\lambda\right) f(\lambda) Y_\lambda(y) \mathrm{d}\lambda \tag{56}$$

这是关于 $f(\lambda)$的积分方程。$f(\lambda)$确定后便可用方程(54)计算诱导阻力 D_i。

（李家春 译， 周显初 校）

参考文献

[1] Bausch K. Auftriebsverteilung und daraus abgeleitete Grössen für Tragflügel in schwach inhomogenen Strömungen [J]. Luftfahrtforschung,1939, 16:129 - 134.

[2] Vandrey F. Beitrag zur Theorie des Tragflügels in schwach inhomogener Parallelstromung [J]. Zeitschrift f. angew. Math. u. Mech. 1940, 20: 148 - 152.

[3] Isaacs R P. Airfoil theory for. flows of variable velocity [J]. abstract in Bulletin of the American Mathematical Society,1944,50:186.

[4] von Kármán Th. Neue Darstellung der Tragflügeltheorie [J]. Zeitschrift f. angew. Math. u. Mech.,1935,15:56 -61.

[5] Tsien H S. Symmetrical Joukowsky airfoils in shear flow [J]. Quart. Appl. Math. ,1943, 1: 130 - 148.

原　子　能

钱学森[①]
(California Institute of Technology)

引　言

在第二次世界大战末，使用原子弹带来了惊人的结果，这极大地刺激了人们对在其他工程应用领域中利用原子能可能性的兴趣。核反应释放的能量约为传统化学反应的一百万倍，这个事实似乎超出了人们的想象。尽管人们在将这门新发现的知识用于实际的电站工程所需要的时间上存在较大分歧，但没人怀疑技术发展的新纪元已经开始。为跟上该领域可预料的快速进展，工程师们应对 von Kármán 在最近一篇文章中所提倡的基本概念有一个清晰的理解[1]。

由于相信航空动力装置将可能成为使用原子能的首个主要的原动力，所以航空工程师对此更感兴趣。这个信念是基于以下事实：对于固定式电站，经济运行的标准为发每千瓦小时电所需的费用，最重要的是燃料费用，而不是燃料重量，而不管是采用化学燃料还是核燃料。对汽车应用，尤其是航空应用，燃料重量是极其重要的。在计划中的以极高速度超声速飞行的情况下，似乎只有利用原子能才能减少燃料载荷和增大有效载荷，使飞行做到经济可行。

本文作为此崭新领域的介绍性研究，介绍了这门知识的基本概念。以恒星和原子弹中的能量产生为例，通过原子核的结合能解释了核反应巨大的能量释放。为了探索未知领域，将对分子反应和核反应进行了多次对比。

一、质量与能量的等价性

因为原子质量本身就蕴含着极其巨大的能量，容易理解，核反应能释放出惊人的能量。因此，原子能中的基本概念之一就是质量与能量的等价性。这个概念首先由爱因斯坦作为他的狭义相对论的结论提出。狭义相对论讨论的是可忽略重力作用的时空域中处于匀速相对运动中的观察者进行的测量对比问题。狭义相对论是基于以下两条假设[2]：

(1) 不可能测量或探测一个系统通过自由空间或任何假定弥漫着以太类介质空间的匀速的平移运动；

(2) 在自由空间中光速对所有的观察者都相等，与光源和观察者的相对速度无关。

第一条假设源于未能成功探测地球在太空中运动的以太漂移，第二条则源于天文证据和

1945 年 9 月 29 日收到。原载 Journal of Aeronautical Sciences，1946，Vol. 13，No. 4，pp. 171 - 180。

① 作者时任丹尼尔·古根海姆(Danial Guggenheim)航空实验室教授。

实验室实验。因此,虽然爱因斯坦的理论被科普作家当作深奥的数学理论广为传播,但它却是牢牢地建立在观测事实之上。从这个意义上讲,相对论就是经验理论,有如由某个钢试件测点绘出的应力-应变曲线一样。

狭义相对论的第一条假设已经包含在牛顿力学中了,并且作为日常经验可以接受。第二条假设尽管在光的波动理论中是熟知的,还是有点超越了日常经验。实际上,人们通常预期光的传播速度和光源的速度是相加的。这两条性质迥然不同的假设的组合必然导出全新的结果。当然这样的预期已经完全被证实了。其中一个结果就是如果粒子的静止质量为 m_0,则速度为 V 时质量

$$m = m_0/\sqrt{1-(V^2/c^2)} \tag{1}$$

式中:c 为光速常数。由于通常情况下光速约为声速的一百万倍,所以对于所有在地球上宏观世界中实现的速度来说,m 实际上就等于静止质量 m_0。根据相对论计算得到的动能为

$$E = c^2(m-m_0) \tag{2}$$

对于低速情况,即 $V \ll c$,上面的方程就退化为熟悉的形式 $E=(1/2)m_0V^2$。

能量和质量之间的紧密联系以及其他证据促使爱因斯坦迈出革命性的一步。他认为能量与质量没有区别,一个只是另外一个的某种形式,它们彼此紧密相连。与任意质量 m 相联系的能量 $E=mc^2$。任何能量 E 都有一个相联系的质量 $m=E/c^2$。换言之,质量和能量达到了完全等价。因此,质量和能量分别守恒的旧概念合并为单一的“质能”守恒概念。

由于通常给出光速约为 3×10^{10} cm/s,所以 1 lb 的质量相当于

$$\begin{aligned}\left(\frac{1}{g}\right)c^2 &= \left(\frac{1}{32.2}\right)\left(\frac{1}{778}\right)\frac{(3\times10^1)_0}{10^2}\times(3.280)^2 \\ &= 3.86\times10^{13}\ \text{Btu} \\ &= 1.130\times10^{10}\ \text{kW}\cdot\text{h}\end{aligned} \tag{3}$$

于是,问题是如何将质量转换成能量,即如何释放本来束缚在质量中的能量。

二、原子结构

这个问题是与释放在氢和氧混合物中原本束缚的化学能的问题类似。但是直至找到一种能点燃氢氧气体混合物的装置之前,尽管知道是可以反应的,但不能启动化学反应,混合物的化学能也不能释放。因此,将质量转化为能量的核心问题是首先要发现能进行质能转换的反应类型,然后找到“点火”或启动这个反应的方法。已知的将质量转换成能量的反应仅有核反应,即以原子核为反应物的反应。在进行核反应的讨论之前,首先研究原子的结构是非常有益的。

原子是由中心核即原子核和其外围电子组成的。原子的质量大部分都集中在原子核上。电子的质量非常小。静止状态下一个电子的质量约为 9.035×10^{-28} g,在物理原子量标度①中

---

① 在物理原子量标度中,O^{16} 的原子量,即含有 8 个质子和 8 个中子的氧原子,恰等于 16。由于在天然氧中含有极少量的更重原子,通常原子量标度,即化学原子量标度略大些(约 1/4 000)。

译者注:在 1962 年以前,物理界用基于 O^{16} 的原子量,称为“物理原子量”,化学界用基于碳 12 的原子量,称为“化学原子量”。1962 年以后,物理和化学界统一用 C^{12} 的 1/12 原子量,也称为碳单位原子量。钱先生在本文中用的数据都是“物理原子量”的数值。

为 0.000 549。电子的总质量仅为原子核质量的几千分之一。原子核带正电，电子带负电。对于常态的原子，原子核所带的正电恰好等于电子所带的负电，因此给出了电中性的原子。

电子都排列在原子核周围的“壳层”中。就原子尺度而言，原子核和第一电子壳层之间的距离非常大。这由以下事实说明，原子核直径小于原子直径的 1/10 000。电子壳层依次命名为 K，L，M，N，O，P，Q。电子可能占有的运动状态由三个位置数或轨道量子数和一个“非经典”的自旋量子数确定。对每个轨道量子数有两个自旋量子数。这些量子数，以及相应运动状态下的能量，既可通过测量元素光谱实验确定，也可通过假定电子和原子核之间库仑力的量子力学法则经理论计算确定。实际上，理论和实验吻合得非常好，这是现代物理的主要成就之一。根据“泡利不相容原理”，具有同样 4 个量子数的两个电子不可能同时占用一个状态。轨道状态列于表 1 中。圆括号中的数字是轨道状态数。由于每个轨道状态有 2 个自旋数，所以电子位置数是圆括号中数目的 2 倍。

表 1 电子的量子态

壳 层	轨道量子态					
K	1s(1)					
L	2s(1)	2p(3)				
M	3s(1)	3p(3)	3d(5)			
N	4s(1)	4p(3)	4d(5)	4f(7)		
O	5s(1)	5p(3)	5d(5)	5f(7)	5g(9)	
P	6s(1)	6p(3)	6d(5)	6f(7)	6g(9)	6h(11)	
Q	7s(1)	7p(3)	7d(5)	7f(7)	7g(9)	7h(11)	7i(13)

随着原子量增加，原子核越重，原子核带的电量也随着核外所附电子数的增加而增加。换言之，电子壳层逐渐被填满。具有最低势能的状态或“位置”最先被填满，能级如图 1 所示。氢占用了一个 1s 电子位置。氦用了两个 1s 电子位置，完全填满了 K 层。因此，氦绝少吸引其他原子的电子形成化合物，因而为惰性气体。氖完全填满了 L 层也成为惰性气体。现在，原子的化学性质主要由最外层电子确定。由于过渡元素 Fe，Pd，Pt 和稀土元素是由内层 3d，4d，5d 和 4f 轨道分别被填满而得到，外层没有变化，所以可以预料它们的化学性质是类似的[3]。由于同样的原因，元素 U，Np①，Pu 之间的类似性说明它们的 O 层 5f 位置也被填满，但 Q 层都只有 2 个电子。因此，上述元素可能组成了一个新系列的类稀土元素[4]。

现在通常认为原子核是由质子和中子组成的。它们的质量大致相等，中子略重，比电子重约 1 840 倍。用物理原子量标度衡量，中子质量是 1.008 93，质子质量是 1.007 57。与电子相似，它们的状态由轨道数和 2 个自旋数确定。由于只有质子带一个正电荷，原子核内的质子数必定等于电子数。这个数就是原子序数 Z。氢的原子序数为 1，铀的为 92。原子核中质子数和中子数之和为质量数 A。因此，$N=A-Z$ 是原子核内的中子数。在原子量标度下，由于中子或质子的质量约为 1，所以粗略地认为 A 等于原子量。因此，氢原子核就是一个质子。氘原子核是一个氘核，或一个质子和一个中子。氦原子核通常叫做 α 粒子，由两个中子和两个质

① Np 和 Pu 分别表示镎和钚，为原子序数大于铀的两种新元素，带有电子数分别为 93 和 94(原子序数分别为 93 和 94)。

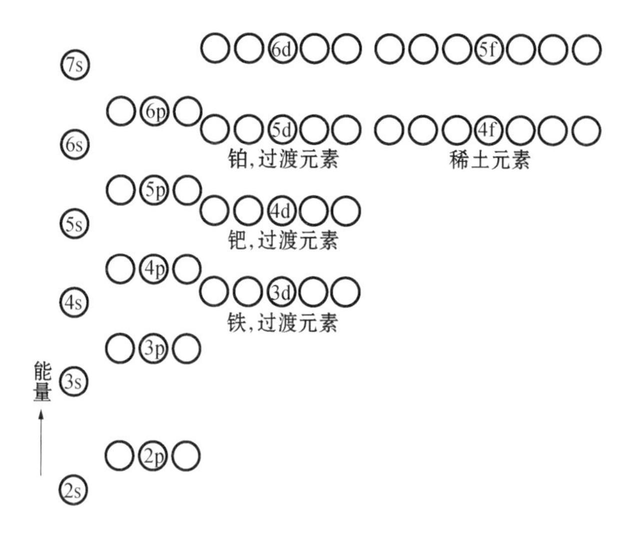

图 1　电子的量子态能级图。3d 态首先由过渡元素铁占据。4d 态首先由过渡元素钯占据。5d 态首先由过渡元素铂占据。4f 态首先由稀土元素占据。

子组成。原子序数相同的元素称为“同位素”。于是,氢和氘是同位素。类似地,铀同位素 U-235和 U-238 都含 92 个质子,分别含 143 和 146 个中子[①]。

原子核内中子和质子不是一个松散的聚集体,而是紧密地结合在一起的。实际上,它们的结合比原子核与核外电子的结合强大得多。例如,消耗仅 13.53 电子伏特就可将电子从氢原子中移出,即结合能为 13.53 eV[②]。质子与中子之间的结合能约为 2.15×10^6 eV。对于较重元素,每个粒子的平均结合能甚至更高,约达到 8.5×10^6 eV。因此,这两种类型的结合能之比大约为 10^6。常规的化学能释放是分子反应,与电子在分子中重新组合相关。例如,氢分子中电子和氧分子中的电子分别与氢核和氧核键结。通过重组电子,可以使电子与氢核和氧核同时键结,形成水分子。水分子中电子与原子核结合得更加紧密,相应地,氢与氧燃烧形成水释放化学能。因此,如果包含原子核结构中粒子重组的核反应得以实现,则释放的能量必定在原子结合能的量级,即,约为化学反应或分子反应的一百万倍。核反应与分子反应在量级的差异是基本的,这将在后续的讨论中多次涉及。

三、核反应

1939 年以前,当时已知的核反应是用各种轰击粒子如 α 粒子、质子、中子和氘核轰击原子产生的反应。轰击结果或者是伴随有短波电磁波或称为 γ 射线的发射的轰击粒子被吸收,或

---

① 译者注:原文误为 133 和 136。

② eV 是电子伏特(electron-volt)的缩写,即移动一单位电荷经过 1 伏特的电势所消耗的能量,1 eV$=4.45\times10^{-26}$ kW·h。

者是伴随有其他粒子发射的原子分裂。表 2 对核反应进行了分类。例如，在 1932 年在卢瑟福实验室的 J. D. Cockcroft 和 E. T. S. Walton 用能量为 700 keV 的质子轰击锂靶，作为轰击的结果，发现粒子从靶上发射出来。发生的核反应用符号表示可写成

$$ {}_3Li^7 + {}_1H^1 \rightarrow {}_2He^4 + {}_2He^4 \tag{4}$$

表 2 核反应类型

	入射粒子	发射粒子	Z 变成	A 变成
粒子轰击反应	α	质子	$Z+1$	$A+3$①
	α	中子	$Z+2$	$A+3$
	质子	…	$Z+1$	$A+1$
	质子	α	$Z-1$	$A-3$
	质子	中子	$Z+1$	A
	质子	氘核	Z	$A-1$
	氘核	质子	Z	$A+1$
	氘核	中子	$Z+1$	$A+1$
	氘核	α	$Z-1$	$A-2$②
	中子	…	Z	$A+1$
	中子	质子	$Z-1$	A
	中子	α	$Z-2$	$A-3$
放射性	…	α	$Z-2$	$A-4$
	…	质子	$Z-1$	$A-1$
	…	电子	$Z+1$	A
	…	正电子	$Z-1$	A

其中，下标表示原子序数 Z，上标表示质量数 A。在一个化学方程中，参与反应的任一元素的原子数必定等于产物中该元素的原子数。在一个核反应中，正如式(4)所示，方程两边核粒子、质子和中子数必定相等。因此，方程每一端的下标之和为 4，上标之和为 8。

此方程不含质量或能量。一般地，入射质子和锂原子质量之和与产生的 α 粒子质量之和将不严格相等。根据爱因斯坦质能守恒方程，反应前后质量与能量之和应当相等。质量可从质谱中获得。方程左端(Li^7+H^1)合计为 8.024 1，右端(${}_2He^4$)为 8.005 6，所以反应中亏损了 0.018 5 单位的质量。实验测定每个 α 粒子能量近似为 8.5 MeV③，与入射质子的动能相比可以忽略。因此，0.018 5 单位质量是 3.07×10^{-26} g，或者根据爱因斯坦方程是 17.2 MeV。因此，试验结果完全证明了爱因斯坦质能等价的理论。

如上所述，锂反应中的质子被加速到 700 keV，或每个粒子能量为 0.7 MeV。如此大量的动能使质子具有可观的贯入锂原子核的几率并引起反应。然而，10^6 个质子只有一个可以成功击中原子核，其他质子将在没有产生预期反应的与原子碰撞中逐渐减速，它们的动能将失去而转化成热能。因此，需要 0.7×10^6 MeV 的能量加速 10^6 个质子发生一次反应而产生

① 译者注：原文此处 A 误为 Z。

② 译者注：原文此处 A 误为 Z。

③ 1 MeV 是 100 万电子伏特，即 10^6 eV，与 4.45×10^{-20} kW · h 等价。

17 MeV能量。因此，消耗的能量比回收的高40000倍。显然利用这样的核过程产生能量是不实际的。这种情况可与假想的分子反应进行相比，其中为每一对分子都使用了无效的点火装置，那么即使是高能的化学反应，实际上也不能用于能量生产。

有特殊的一类不需要入射粒子的核反应。这意味着原子核自动衰变，同时辐射出粒子。这个现象叫做放射性，其发现实际上早于发现上述核反应。辐射的粒子可以是α粒子、质子、电子和正电子，如表2所示。实验发现电子和正电子的发射，然而，发射粒子给出的动能谱是连续的，但原子核的能态是不连续的。这是与质能守恒定律相矛盾的，而在其他所有情况中质能守恒定律都是正确的。为维持此定律，W. Pauli假定存在带有自旋，但质量几乎为零的中性粒子，即中微子。迄今为止，没有直接检测到中微子。然而，由于假设存在中微子，部分能量可以传递给中微子，因此可解释放射性现象中电子能量谱的连续变化。由于不能检测到中微子，所以它的动能“失去”了。

四、原子核结构——结合能

全新类型的核反应是将重原子核分裂成两个近似相等的碎片。这称为核裂变反应，由L. Meitner，O. Hahn和F. Strassmann在1938年末发现。为了解这种反应人们必须详细地了解原子核的结构[5]。

然而，在研究原子核结构时人们面对的困难是不知道原子核粒子间的力的特性。必须从不充足的实验数据中推想出想要的信息。首先，对所有的已知元素作原子数Z随质量数A的变化图，这两个物理量之间有一个明显的关系。当然由于同位素带来的变化这个关系不是非常精确。例如，氢和氘的原子序数同样为1，质量数分别为1和2。然而对于轻元素，A的值近似为Z的两倍。这对${}_6C^{12}$，${}_7N^{14}$和${}_8O^{16}$等肯定是正确的。这意味着稳定的轻核是由同等数量的质子和中子组成的。因此，核粒子间的最大结合力必定是在质子和中子之间。如果质子间的力更强，稳定原子核包含的质子将比中子多。如果中子间的力更强，稳定原子核将含有更多的中子。但中子和质子之间力最强的事实，并不排除中子之间和质子之间存在力的可能性。但是如果同类粒子间存在这样的结合力，那么，它们不能有很大差异，因为，如果中子对之间的结合力远大于质子对之间的结合力，那么，稳定原子核中又将是中子占优势，而不是所看到的两种粒子数相等的事实。当然，两个质子间将存在库仑斥力，但是，与特定的核力相比，库仑斥力很小。事实上，除了库仑力以外，通常假定中子对之间的力等于质子对之间的力。

α粒子，即氦原子的原子核，包括两个质子和中子。发现α核的每个粒子的结合能比氘核高得多。此外，从未观察到过比α粒子多一个质子或中子的5粒子原子核。这意味着5粒子原子核是高度不稳定的，它的寿命是如此短暂以至于靠实验检测它是不太可能的。氦核很高的稳定性和向氦核加入另一粒子的困难表明氦核中的结合力是饱和的。这种情况与氦原子是类似的，氦原子在相同的轨道量子态有两个电子，但电子处于不同的自旋态。所得到的封闭的K层结构拒绝与来自其他原子的电子结合形成分子。因此，类似地，两个中子必定是轨道量子态相同但自旋状态不同，两个质子也必定是轨道量子态相同但自旋状态不同。但是氦核强大的结合能要求核中的每对粒子间都要有结合力。因此，质子和中子间的结合力以及相同粒子间的结合力都不可能在很大程度上依赖交互作用粒子的相对自旋方向。

如果在每对交互作用粒子间存在结合能，那么，由于核中配对数为$(1/2)A(A-1)$，所以原子核的总结合能必定正比于A的平方。然而，实验数据表明在结合能和质量数A之间实际上是线性关系。这与含有许多分子的液滴中分子结合能的关系相同。众所周知，液体或固体中分子间的力是饱和的。换言之，一个分子仅吸引最邻近的分子。因此就液滴的尺度来说，分子间力是短程的。结合力的这个特性极大地限制了粒子有效交互作用对的数目，使总结合能正比于粒子数目。因此，原子核力必须呈现出类似的饱和特性。这里，中子或质子仅与最近轨道量子态上的粒子发生最强的交互作用。随着质量数 A 增加，粒子数增加，由于根据泡利不相容原理同种类型的粒子只有两个才能占用同样的轨道量子态，所以给定的轨道量子态上的粒子数目不增加。因此就原子核的尺度上，可以说核力是短程的。所以，与液滴中分子数的方式类似，有效交互作用对的数目受到限制，总结合能正比于粒子总数而不是粒子总数的平方。

在其他两种关系中，这种液滴比拟也是有用的。首先，由于液滴体积正比于分子数目，且两者是以其相似性联系在一起，所以原子核体积必定也正比于原子核内的粒子数目。这意味着原子核的半径正比于 $A^{\frac{1}{3}}$。实验发现这是正确的。其次，液滴表现出人们熟知的表面张力现象。这是因为存在自由表面，那里分子仅仅被液滴内部的分子所吸引。因此，对于表面的分子，仅一半结合力是满足的，它们对液滴总结合能的贡献不像液滴内部分子那么大。原子核中也存在类似的情况。原子核中在原子核表面的质子或中子对结合能的贡献要比原子核内部的粒子小得多。对一个重原子核来说，表面粒子与总粒子数之比减小了，每个粒子的结合能应当增加。换言之，表面张力效应表明随着质量数 A 的增加每个粒子的结合能增加。

迄今为止，忽略了质子间库仑斥力的影响。简单计算表明由于库仑斥力影响每对质子的平均能量是$\frac{1}{4}$ MeV。由于核力引起每个粒子的平均结合能是 $8\frac{1}{2}$ MeV。所以如果与单对质子相比，则库仑斥力是可以忽略的。然而，由于核力引起的结合能正比于 A，核力表现出饱和性。核中的质子数从而总的质子电荷也近似正比于 A。原子核半径正比于 $A^{\frac{1}{3}}$。所以总的斥力能正比于 $A \cdot A/A^{\frac{1}{3}}$，即 $A^{\frac{5}{3}}$。当然库仑斥力能与核力能的区别是库仑力非饱和特性的结果。这两种能量之比与 $A^{\frac{2}{3}}$ 成比例。因此，尽管库仑斥力能对于一对质子来说很小，但对于大的原子核是重要的。所以，用中子替换一些质子，原子核的总结合能将增加，并且使原子核变得更加稳定。实际上发现是以下情况：铀原子核的中子质子比 N/Z 等于 1.6，然而正如前面说的轻核的这个比例为 1。此外，随着粒子数 A 的增加，库仑斥力效应也将使总结合能的增加速度减慢。这个效应与表面张力效应相反。然而，对小的原子核库仑斥力并不重要，所以在此范围内每个粒子的结合能将随着 A 增加而增大。对于大的原子核，即大的 A，每个粒子的结合能又将像表面张力效应那样被库仑斥力效应抵消而减小。

为从试验数据确实地计算原子核的结合能，可进行下述步骤：原子序数为 Z 和质量数为 A 的原子含有 Z 个质子和 Z 个电子，$N=A-Z$ 个中子。由于忽略了电子和原子核间的结合能，Z 个质子和 Z 个电子的质量等于 Z 倍的氢原子质量。在物理原子量标度上，氢原子质量和中子质量分别为 1.00813 和 1.00893。所以原子结构中各部分质量为 $1.00813Z+1.00983N$。如果实际上测得的元素原子量为 M，那么质量亏损为 $1.00813Z+1.00983N-M$。根据爱因斯坦的质量和能量等价定律，这个质量亏损必定代表了原子的结合能。由于电子与原子核的结合能可以忽略，质量亏损实际上是原子核的结合能。一般地，引入不同的参数，称作紧束分数 f(packing fraction)，定义如下：

$$f=(M-A)/A \tag{6}$$[①]

---

① 译者注：原文没有公式(5)。

则每个粒子的结合能为

$$\frac{1.00813Z + 1.00893N - M}{A} = -f + 0.00813\frac{Z}{A} + 0.00893\frac{N}{A}$$

$$= -f + 0.01706\frac{Z}{A} - 0.00893 \tag{7}$$

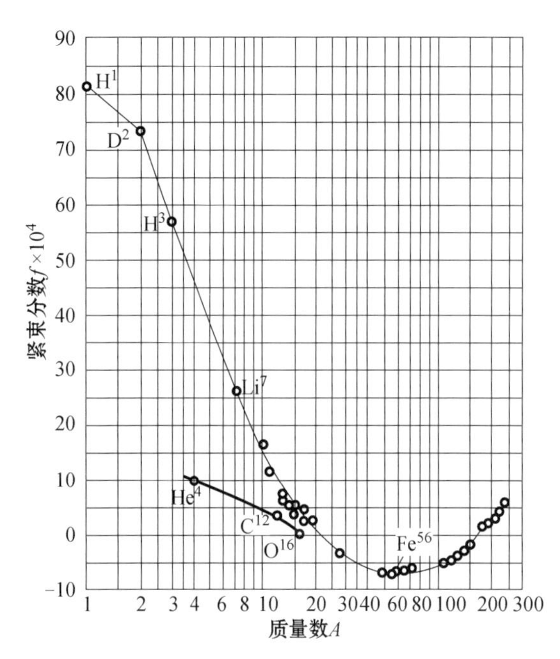

图 2 作为质量数 A 的函数的紧束分数 f 曲线图

忽略比率 Z/A 的微小变化，每个粒子的结合能给出紧束分数 f 的负值。因此，每个粒子的结合能增加，紧束分数增大。根据上段给出的讨论，对中重原子核，每个粒子的结合能必定有一个极大值。因此，对中间数值的质量数 A，紧束分数必定有最小值。这由图 2 可以看出[6]。

通过分析紧束分数图 2，可以看出采用以下两种方法之一均可释放出大量能量：用轻元素制造中重元素，或者将极重元素分裂成中重元素。换言之，从元素周期表最末两行到中间，可达到比较紧密的核子堆积，同时释放出巨大的结合能。对每种情况自然界都提供了一个例子。从氢制造氦是第一种类型，主序星的中心，如太阳的中心，进行着这样的反应。铀的裂变是第二种类型，这就是用在原子弹中的反应。接下来将更详细地分析这两个典型例子。

五、恒星中的能量产生

在实验室里，核嬗变是通过将少量粒子加速到很高的动能来产生的，其效率很差，这可由“核反应”解释。在恒星中情况大不相同：由于恒星内部的高温，恒星中所有质子都有很高的动能。而且，因为所有原子都有同样高的能量，所以，质子不会由于与其他原子碰撞而减速。因此，与实验室中的核反应不同，不需要消耗能量加速质子等轰击粒子，核反应释放的任何能量都是净收益。另一方面，恒星中原子核的动能比实验室所用的要小。实际情况是，太阳中心的温度约为20 000 000℃。因此原子核比地面大气中分子的运动速度快得多。然而它们的平均动能仍仅约 0.003 MeV——仅为实验室通常所用能量的 1/200，所以它们贯入靶原子核的几率是非常小的。然而受到存在着极多轰击质子的补偿，其净反应速率是不小的。

通过对可能反应的细致分析，Bethe[7]选出一系列核反应，如下所示：

$${}_6C^{12} + {}_1H^1 \rightarrow {}_7N^{13} + \gamma \tag{8}$$

$${}_7N^{13} \rightarrow {}_6C^{13} + {}_1e^0 \tag{9}$$

$${}_6C^{13} + {}_1H^1 \rightarrow {}_7N^{14} + \gamma \tag{10}$$

$${}_7N^{14} + {}_1H^1 \rightarrow {}_8O^{15} + \gamma \tag{11}$$

$${}_8O^{15} \rightarrow {}_7N^{15} + {}_1e^0 \tag{12}$$

$$_{7}N^{15} + _{1}H^{1} \rightarrow _{6}C^{12} + _{2}He^{4} \tag{13}$$

其中：γ 表示 γ 射线的释放；$_{1}e^{0}$ 表示正电子，如前面解释，正电子与中微子一起被发射出来。这组反应值得注意的是，在 6 个反应之后再生成碳原子。这是非常重要的，因为恒星中碳含量不高而氢是很丰富的。反应的净结果是：由 4 个质子产生了一个 α 粒子和两个正电子。两个正电子将与两个普通电子反应变成 γ 射线而消失，这就是所谓的电子对湮灭。所以每个循环释放的净能量是 4 个质子加上 2 个电子与 1 个 α 粒子之间的质量差值所给出的能量。由于在电子和核粒子之间的结合能可以忽略，所以这个差值与 4 个氢原子(4 个质子+4 个电子)和氦原子(α 粒子+2 个电子)之间的差值相同。这个差值与 27 MeV 等价。此能量中很小一部分 2 MeV 进入中微子而消失掉了。其余变成辐射，从太阳发射出来。

因此，恒星中每产生一个氦核大约释放出 25 MeV 的能量，或者摧毁一个质子产生 6 MeV 能量。由计算得知，1 g 太阳物质中含有大约 2×10^{23} 个质子。所以如果所有的质子都转化成氦，可利用的能量供应是每克 1.2×10^{24} MeV。目前，太阳的辐射大约是每克每秒 1.2×10^{6} MeV。以此速率，能量供应将持续约 300 亿年。基于反应(8)～(13)和实验室测定的常数，也可近似计算这个能量释放速率。因此，Bethe 的"碳循环"确实是太阳中的能量过程。事实上，对于所有从"红矮星"到"蓝巨星"的"主序星"，"碳循环"都被发现是其能量过程。

在物理原子量标度中，4 个质子和 2 个电子总计 4.021 5 单位。这意味着恒星中4.021 5 g 的反应物质将进行 6.064×10^{23} 个过程，每个过程产生 25 MeV 的能量。则 1 lb 反应物质产生能量为

$$\begin{aligned}&[1/(0.004\,021\,5\times2.205)]\times25\times6.064\times10^{23}\times4.45\times10^{-20}\times3\,413\\&=2.59\times10^{11}\ \text{Btu}\end{aligned} \tag{14}$$

将此值与式(3)给出的数值对比，可以看出制造氦的过程能将 0.67%的原始反应物质的质量转变成能量。然而这个比例似乎是很小的，但由于从质量到能量的巨大变换因子，每磅反应物质的"热值"仍是很巨大的。最富能量的分子反应之一是氢与氧的燃烧，化学当量比混合物的热值是 6.850 Btu/lb。因此，式(14)给出的核反应热值比分子反应的大 3.78×10^{7} 倍。这肯定了先前所做的核反应与分子反应的能量释放比率必定在 10^{6} 量级的推测。

六、核裂变——链式反应

通过分裂超重元素的第二种能量释放方法是依赖在外部激发下重核的不稳定性。在核裂变反应的稳定性考虑中，原子核液滴模型也是有用的。事实上，通过假设液滴由半径为 R 和体积为$(4\pi/3)R^{3}=(4\pi/3)r_{0}^{3}A$ 的不可压缩流体组成，使其均匀地带电 Ze，表面张力为 O，为分离成两个同样的核，如 Bohr 和 Wheeler[8] 所证明的，临界激发能 E_{f} 表示成

$$E_{f} = 4\pi r_{0}^{2}OA^{2/3}f[(Z^{2}/A)/(Z^{2}/A)_{\text{limiting}}] \tag{15}$$

式中：r_{0} 为单个核粒子的半径；$(Z^{2}/A)_{\text{limiting}}=47.8$，这是使"液滴"小变形失去稳定的 Z^{2}/A 的极限值。E_{f} 确实是导致不稳定性的势垒高度。换言之，如果某个特定激发能小于 E_{f}，原子核是稳定的，不会分裂成两块。如果某个特定激发的能量大于 E_{f}，那么原子核能变形到某一程度之后，进一步变形分裂成两块核，而不需要额外的能量消耗。这与在隆起的地面上滚动球的情况类似。为了滚过隆起的坡必须使用足够的能量使球到达坡顶，然后球进一步的运动则是自动的。

现在考虑如果向这样一个接近不稳定的原子核中加入一个中子后将会发生什么。Bohr

和 Wheeler 计算了 E_f 的数值，结果列于表 3 中。在捕获到“零”动能的中子(热中子)后，质子和中子团的平衡被扰乱。一般地，伴随着后续的能量释放，重新调整可能激发。复合核的激发能 E_c 就是原始核和中子之间的结合能。Bohr 和 Wheeler 也计算了 E_c 的数值，结果列于表 3 中。因此，产生给定复合核裂变分裂所需要的中子阈值能量可通过用裂变临界能减去零动能中子的激发能得到。对于不同的靶核，轰击中子阈值能量以 $E_f - E_c$ 计算的结果列入表 3。对于 U^{235}，U^{234} 和 Pu^{239} 是负值，这意味着这些核在捕获到热中子后将进行裂变。这些理论结果与实验完全吻合。

表 3　重核通过捕获中子得到的激发能

初始核	生成核	Z^2/A	x	E_f	E_c	$E_f - E_c$
$_{92}U^{234}$	$_{92}U^{235}$ ①	36.00	0.753	5.0 MeV ②	5.4 MeV②	−0.4 MeV②
$_{92}U^{235}$	$_{92}U^{236}$	35.86	0.750	5.2	6.4	−1.2
$_{92}U^{238}$	$_{92}U^{239}$	35.40	0.741	5.9	5.2	+0.7
$_{94}Pu^{239}$	$_{94}Pu^{240}$	36.80	0.770	4.0	6.2	−2.2
$_{90}Th^{232}$	$_{90}Th^{233}$	34.76	0.727	6.9	5.2	+1.7
$_{91}Pa^{231}$	$_{91}Pa^{232}$	35.70	0.747	5.5	5.4	+0.1

然而，受激核存在其他的竞争反应。这些反应是：(a) γ 射线的辐射；(b) α 粒子的辐射；(c) 中子的再发射。为估计发生的相对概率，必须回到受激核的统计力学。对于低于或者高于临界值不太多的受激核能量，发现 γ 射线辐射占主导地位。随着能量增加，裂变概率迅速增加。然而，由于在更高的能量下中子再发射变成主导过程，裂变的概率并不是无限增加的。

现在仍存在让捕获成为可能的问题。当然，原子核将被中子轰击，但是实际吸收的概率依赖轰击中子的动能和靶核的特性。这个概率通常表示成“截面”σ，由下式定义：

$$N = n\nu\sigma \tag{16}$$

式中：N 为该问题(裂变)中某类事件在每平方厘米受轰击表面上每秒钟内发生的次数；n 为每平方厘米每秒内的轰击粒子数(正入射)；ν 是每平方厘米面积上包含的某类原子数。情况犹如每个原子都呈现一个靶面积 σ。如果靶被打击，问题中的效应发生；如果不，什么都不发生。很明显 σ 给出了撞击粒子的随机空间分布效应发生的平均概率。

因此，对于成功的裂变过程，有两个条件显然必须满足：(a) 捕获具有适当能量中子的大的截面；(b) 中子能量必须是在捕获中子后，复合核的激发能要高于临界能量势垒。人们已发现 $_{92}U^{235}$ 和 $_{94}Pu^{239}$ 可被热中子或快中子分裂。然后正如先前所解释的那样，预料会有非常大的能量释放。事实上，对 $_{92}U^{235}$ 测到每次裂变能量释放约为 177 MeV。由于 1 克分子(即 235 g)的 $_{92}U^{235}$ 含有 6.064×10^{23} 个原子，所以 1 lb $_{92}U^{235}$ 完全裂变产生的能量为

$$\begin{aligned}&[1/(0.235\times2.205)]\times177\times6.064\times10^{23}\times4.45\times10^{-20}\times3\,413\\&=3.14\times10^{10}\text{ Btu}\end{aligned} \tag{17}$$

与方程(3)给出的数值对比可知 U-235 裂变能将 0.081%的初始质量转化成能量。因

① 译者注：原文误为 $^{92}U^{234}$。

② 译者注：原文为 Mv。

此，这个反应不像上节中从氢制造氦那样有效。当然从紧束分数图(图 2)上可以预料到这一点，图 2 表明每个原子核粒子结合能的变化从氢到氦比从铀到中重元素的大得多。不过，U-235的“热值”仍近似为汽油的 1.5×10^6 倍，而汽油是当今使用的最强有力的燃料。

然而，为使裂变过程成为一个真正的自持过程，必须不断提供适当能量的中子。这实际上可通过慢化由裂变碎片释放的快中子来实现。对于$_{92}U^{235}$来说，复合核$_{92}U^{236}$首先分裂成$_{56}B$和不等质量的$_{36}Kr$，这是因为此分裂包含的势垒较小。由于释放的能量使生成核被高度激发，并且因为铀的中子与质子之比远高于中等原子量的元素，所以产物核含有的中子比稳定平衡所要求的中子数更多。在约 1s 的短暂延迟后这些多余的中子将带着很高能量“蒸发”或发射出来。这样对于每次裂变，将产生多于一个的中子。如果这些中子可以被慢化到能对新的$_{92}U^{235}$原子裂变的适当能量，而没有吸收掉如此多的中子，每次裂变要求的中子数减小到 1 以下，反应就成为链反应。这个反应链的载体就是具有适当能量的中子。因此，反应将倾向于增大到爆炸的猛烈程度。

慢化快中子的媒介叫做慢化剂。它们必须不会吸收超过需求能量的中子，否则有用产率将变得极小。慢化剂也必定是轻元素，以便它们能通过碰撞有效地分享快中子的动能以慢化快中子，且只需少量的碰撞。这样，可减小慢化剂的厚度和体积。氢由于是最轻的元素，所以是很好的慢化剂，但是因为其慢中子的捕获截面过大，所以氢对于慢中子裂变来说是不理想的。从这方面讲氘是最好的，重水是很好的慢化剂。

除了慢化剂对中子的吸收，由于从反应物料中逃逸中子还有另外的损失，它正比于反应物料的表面积。由于产量正比于体积，所以通过增大反应物料尺寸，可以削减中子相对于产量的损失。因此，如果少量裂变材料和慢化剂不能进行链式反应，那么大量同种材料或许能进行链式反应。对于任何给定的几何布置和有效成分有一个临界尺寸。一般地，单个裂变可自发产生，即被宇宙射线引发，因此，一旦达到临界尺寸，反应物料将自动反应，即爆炸。原子弹本质上是基于将部分亚临界尺寸迅速合在一起的原理建立核反应的。反应速率和尤其是建立反应的速率是由中子从慢化剂到裂变核的扩散控制的。对于快速建立爆炸式的反应，快中子是首选。

七、实现核反应的工程途径

前面的讨论清楚地表明核反应中包括的基本概念，如碰撞、捕获、激发和能量势垒，都是学习分子反应的学生所熟悉的。然而从化学动力学的观点研究分子反应或者化学反应也只是最近才得到发展。工程师甚至更缺乏对此问题的考虑。举例来说，电站工程师学习设计更大的每小时燃烧成吨煤的锅炉设备，却没有任何分子物理的概念。内燃机的设计也不例外，直到爆轰引起的麻烦变得严重起来。因此，通过链式反应研究碳氢化合物的慢速氧化是有益的。然而，核反应的研究走了不同的路。为解释这些过程，本文将精力集中在详细的动力学过程和核动力学基本理论的发展上。这当然是物理学家强调基本概念的理解的必然结果。

对于一个工程师，他的任务不是要过多地了解一个特殊现象，而是要学习利用它。在令人满意的关于导电的物理理论得到发展之前，电气工程师就知道如何设计长距离的输电线。类似的情况确定将一定出现在原子能工程应用中。毫无疑问，有关原子结构的满意的基本理论将在“原子工程”中发挥巨大的作用，但是等待这样一个理论肯定是不明智的也是不必要的。那么应该鼓励做没有理论指导的特定实验吗？这样的方法不仅是不经济的，而且由于可能的威力巨大的不可控爆炸也是极度危险的。好的方法是半经验的方法。换言之，首先应该通过实验确定每个基元过程的特性。然后利用为化学动力学发展的反应动力学理论来预测包含上述基元过程的总包反应的特性。

例如，预测裂变反应所需的基本知识是 U-234，U-235，U-238 和 Pu-239 原子的裂变截面、弹性散射截面和非弹性散射截面（上述截面参数是中子能量的函数）、裂变发射出的中子数和能量以及它对入射中子能量的依赖性等。采用上述经验数据，可以计算原子弹中的裂变反应。对于熟悉化学动力学的研究者来说，由于存在极多种可能的分子导致了处理的极度复杂性是人们熟知的；然而，由于可能核的总数仅有几百个，而已知分子化合物的数目可能是千百万个，所以将动力理论应用到核反应上可能就简单多了。核反应需要考虑的反应组分肯定将比分子反应中少得多。

根据 H. D. Smyth[4]关于原子弹发展的报道可知，实际遵从的是这种半经验方法。发展原子能的一般应用必须使用类似的方法以确定最优化过程，然后通过实验最终验证计算的正确性。如果核反应处理不当，就可能产生相当于传统分子反应燃烧过程数百万倍的能量释放，须尽人类最大的可能在工程途径中消除上述危险及浪费。如此看来，核动力工程的概念必然与核物理这门纯科学的概念有些不同。

（孙晓茗、盛宏至 译， 谈庆明 校）

参考文献

[1] von Kármán Th. Atomic Engineering [J]. Mechanical Engineering, 1945, 67: 672.

[2] Tolman R C. Relativity, Thermodynamics and Cosmology [M]. Chapter Ⅱ, Part Ⅰ, and Chapter Ⅲ, Part Ⅰ, Oxford, 1934.

[3] For a complete tabulation of electron positions in various atoms, see The handbook of Chemistry and Physics [M]. 25th ed., 1941: 275-276.

[4] Smyth H D. A General Account of the Development of Methods of Using Atomic Energy for Military Purposes under the Auspices of the United States Government [G]. 1940-45, 1945.

[5] Bethe H A. Nuclear Physics-A stationary state of Nuclei [J]. Reviews of Modern Physics, 1936, 8: 92-97.

[6] Oliphant M L. Masses of Light Atoms [J]. Nature, 1936, 137: 396-397//Dempster A J. The Energy Content of the Heavy Nulcei [J]. Physical Review, 1938, 53: 869-874.

[7] Bethe H A. Energy Production in Stars [J]. American Scientist, 1942, 30: 243-264. //Energy Production in Stars, Physical Review, 1939, 55: 434-456.

[8] Bohr N, Wheeler J A. The Mechanism of Nuclear Fission [J]. Physical Review, 1939, 56: 426-450.

[9] Henderson M C. The Heat of Fission of Uranium [J]. Physical Review, 1940, 58: 774-780.

NATIONAL ADVISORY COMMITTEE FOR AERONAUTICS

TECHNICAL NOTE

No. 995

可压缩流体二维无旋亚声速和超声速混合型流动和上临界马赫数

钱学森　郭永怀

California Institute of Technology

NACA

Washington

1946. 5

可压缩流体二维无旋亚声速和超声速混合型流动和上临界马赫数①

钱学森　郭永怀

提要　本文采用速度图方法阐述了无限远亚声速来流的可压缩流体绕物体流动的问题。首先在原点附近把变换的运动方程组包含有一组常数的特解叠加起来，构成速度图平面上的解。在极限情况，这个解是一个已知的不可压缩流动的解。此后，利用解析延拓把这个解延拓到收敛圆的外部。

由于利用超几何函数的渐近特性克服了 Chaplygin 方法的级数收敛缓慢的困难，因此比较容易得到数值结果。应着重指出，为了给出全流场的解，需要用超几何微分方程的两个基本解。

像绕椭圆柱一类物体流动以及绕波形表面可能出现的周期性流动，本文给出了显式的数值计算公式。

以厚度比为 0.6 的椭圆柱不可压缩流动的解为基础，本文给出了来流马赫数分别为 0.6和 0.7 的两个算例。

本文结果表明，在可压缩流动中，物体的形状与相应的不可压缩流动的物体形状有明显的畸变，这使得在给定来流马赫数下，要使物体的形状可以选择，必须对各种不同的几何参数作一系列的计算。这也表明，无旋流动的破坏只依赖极限线的出现，也就是说，只依赖边界条件。

数值结果计算表明，在来流马赫数为 0.6，直到当地马赫数为 1.25 时，还存在无旋的超声速流动，而当来流马赫数为 0.7，当地马赫数为 1.22 时，无旋流动就被破坏了。

引　言

众所周知，当无黏不可压缩流体流动是无旋时，这个问题可以归结为 Dirichlet 或 Neumann 问题，而且对于任何给定的边界条件都存在唯一的解。当流体是无黏，但是可压缩的情况，由于密度的变化，使得这个数学问题变得非常困难和复杂。在这种情况下，对于给定物体，流场中不一定处处都是位势流动；这时的流场与无限远来流有着极密切的关系。如果在无限远流动速度达到了一定值，由于“极限线”的出现，流场中就要出现不存在无旋流动的区域。von Kármán 把这类区域形象地称为“禁区”[1]，并且在当地流速比当地声速大很多的情况下，就要出现这类区域。众所周知，极限线的出现与无旋流动的破坏以及由激波引起物体阻力的增加是直接相关的。换句话说，如果在流场中有了极限线，无旋等熵流动必然被破坏。然

① 原载：NACA TN No. 995(1946).

而，在极限线出现之前，由于速度场的不稳定性，无旋流动也可能被破坏。另外，激波只可能在超声速条件下发生，因此，如果整个流场都是亚声速的，就不可能出现等熵流动遭破坏的危险。这样，可以把第一次出现当地流速与当地声速相等的来流马赫数定义为“下临界马赫数”；而相对第一次出现极限线的来流马赫数定义为“上临界马赫数”。对于给定物体，实际的临界马赫数将受边界层，也就是雷诺数的影响，实际的临界马赫数必须在上述两个极限临界马赫数之间[2]。因此，对流场中临界速度的研究在高效率气动外形设计中是极为重要的。

为了确定临界马赫数，必须求解给定物体的可压缩流体绕流的一般问题。处理这个问题通常采用的方法有 Janzen-Rayleigh 的逐次逼近法和 Glauert-Prandtl 的小扰动法。最近 Hantzsche 和 Wendt[3] 和 Kaplan[4] 又将小扰动法进行了推广。的确，这两个方法对于处理压缩性效应问题是很有价值的，而且对很多实际设计问题，特别是确定给定物体的下临界马赫数是很有用的。但是，这些方法对极限线和上临界马赫数这类一般性问题，看来是不适用的。因为在所需要的高马赫数下，这些逐次逼近方法的收敛性可能有问题。

由 Molenbroek[5] 和 Chaplygin[6] 首先提出了另一种完全不同的方法。他们引进速度分量为独立变量，代替通常的以空间坐标为独立变量。这个方法的优点是：在速度图平面上得到的线性方程代替了物理平面上应该满足的非线性微分方程。他们还发现，这个线性方程的特解为速度矢量倾角的三角函数与速度矢量模的超越几何函数的乘积形式。然后，可以利用速度图平面上微分方程的一组特解构成它的通解。然而，困难在于速度图平面上的解所对应的物理平面上的流场性质不能事先确定。由于有这个困难，使得在速度图平面上的边值问题不可能精确地表述出来。Chaplygin 采取先在速度图平面上选取一个“适当解”，然后在物理平面上寻找相应的流动，用这个方法克服了上述困难。这个适当解在无限远来流马赫数为零的极限情况下变成绕类似物体的不可压缩流动的解。这将保证在物理平面上满足适当的边界条件。而且，由于没有引入近似，这个解在亚声速区和超声速区都应该是精确的，因此，特别适用于确定给定物体的上临界马赫数，因为极限线只在亚声速和超声速混合型流动中出现。本报告就是根据这个方法完成的。此外，为了便于计算空间坐标，还引进了经过变换的势函数 χ。

对于绕物体流动 Chaplygin 方法将导出一个形式为无限级数的解，这个级数的每一项都是一个三角函数与一个超越几何函数的乘积。为了使这个方法具有牢固的基础，必须确定这个无穷级数的收敛性。Chaplygin 本人已经解决了亚声速的问题。因此，有待完成的工作只是将它扩展到包含有超声速区的情况。在本报告中，第一部分是研究高阶的超越几何函数的一般性质，为第二部分关于收敛性证明做好准备工作。这两个部分的基本问题是确定超几何函数的上下界，以便讨论无穷级数的求和。应当指出，为了在速度图平面上有一个合适的通解表达式，需要有超几何微分方程的两个基本解，过去很多这一领域的研究者都没有考虑这个问题。在其他一些情况[7]也只选用了第一个解。

Chaplygin 方法构成的通解实际上给出了存在性定理。由于他的级数收敛非常缓慢，在数值计算上如果说是可能的，也是非常困难的。事实上，这是该方法的主要困难。本报告的第三部分由于利用了超几何函数的渐近性质，从而克服了这个困难。结果，速度图平面上的解分解成两部分，其第一部分具有封闭的形式，它是速度的通用函数与速度畸变或速度修正的不可压缩流动解的乘积。例如，可压缩流动的流函数的第一部分等于速度的通用函数与一个其速度按照给定规律修正的不可压缩流动的流函数的乘积。另一部分是一个无穷级数，这个级数除了在速度图平面上半径为 $q = c$ 的临界圆两边的两个小区域外，在所有区域都收敛得很快。

实际上，只要选取这个级数的前几项，就可以把收敛很缓慢的区域限制在不重要的小范围内，因此改进了 Chaplygin 方法，使得实际的数值计算可以毫无困难。

根据上述研究可以清楚地看出，在不可压缩流动的解中只做不同速度尺度的简单代换或者速度畸变不可能得到足够精确的可压缩流动的解。如果这种代换可能，则不仅这个解的第二部分(本方法给出的快速收敛级数)可以忽略，而且解的第一部分中通用速度放大函数的值也应该是 1。然而，当速度接近声速时，该解的第二部分与第一部分相比不是小量，而且速度放大函数的值也远不是 1。换句话说，通常所谓的速度图方法[8]在一般情况下对于亚声速和超声速同时存在的混合流动中不能得到满意的结果。另外，本方法表明，如果等熵指数为－1，则该解的第二部分为零，而且第一部分的放大函数为 1。这意味着，对于这种特殊情况，利用简单的速度畸变是足够的了。当然这与以前 von Kármán[1]、钱学森[9]和 Bers[10]的结果是一致的。

此外，本方法还表明，解的第一部分速度畸变规律只适用于亚声速流动，并且当速度为当地声速时是一个奇点。在超声速区，解的第一部分包含有不可压缩的流函数和不可压缩的势函数两部分。因此，即使不考虑解的第二部分，也不可能在速度图平面上用简单的改变速度尺度的方法使得可压缩流动的流线和不可压缩流动的流线重合。这一事实的数学基础是，当流动从亚声速转变为超声速时，微分方程的性质从椭圆型转变为双曲型。对于超声速区不可能用速度变量的实变换把流动的微分方程转换成 Laplace 方程，从而把可压缩流动与不可压缩流动简单地关联起来。这就是前面提出的速度图方法的困难之一。事实上，采用这一方法的作者通常只得把他们的计算限于亚声速的情况[9, 10]。我们现在去掉了这个限制，并且可以没有困难地同时处理整个亚声速和超声速的混合型流场。

对于纯亚声速流动，解的第二部分与第一部分相比较是小量，可以忽略。而且如果只考虑代表物型的零流线，则通用的速度放大函数没有重要意义。换句话说，在这种情况下只要对不可压缩流动的解做简单的速度畸变就可以给出足够精确的结果。在亚声速区“最好的”速度畸变规律问题已经有了很多讨论[1, 8]，本文就来解决这个问题，因为本报告中讨论的速度畸变规律是从超越几何函数的渐近性质得到的，而且这些性质是确切和唯一的，因此本文得到的速度畸变规律不是一些不肯定的臆测的结果。进一步说，这也是最好的规律。按照本文分析的意义讲，这个畸变规律将使解的第二部分，或者说修正项为最小。我们发现这个畸变规律与 Temple 和 Yarwood 结果[11]一致。

对于纯超声速流动，解的第二部分与第一部分相比也是小量，并且可以忽略。事实上，这个解可以简化为以速度矢量倾角和畸变的速度为独立变量的简单波方程。当然，这与下述的事实正好相对应：通过简单的速度畸变，亚声速流动的微分方程可以化为 Laplace 方程。在纯超声速流动中，这个新结果的有用性要进一步研究。

一旦绕物体的亚声速和超声速混合型流动的一般问题解决了，确定上临界马赫数问题或者说确定第一次出现极限线的来流马赫数就成了一个简单问题。本文的第四部分将讨论这个问题，根据 von Kármán[1]，Ringleb[12]，Tollmien[13]和钱学森[2]给出的极限线的性质，本文提出了一个简单方法。

为了验证本方法的实用性，本文给出了两个详细的算例，然而，由于时间有限，为了减少计算工作量，在实际计算中采用了稍微不同的计算程序，这个程序是近似的，但是可以相信在超声速区具有足够的精度，从而对这种流动最有意义的特征给出满意的描述。这里选择的例子是从厚度比为 0.6 的椭圆柱不可压缩解导出的。这两个例子的可压缩来流马赫数分别是 0.6

和 0.7。第一种情况给出了绕厚度比为 0.42 的“椭圆”柱的光滑流动，最大的当地马赫数大约为 1.25，因此有一个很大的超声速区域；第二种情况给出了一个具有极限线的流动。

最后必须指出，由于时间有限，只是详细地研究了无环量流动的情况。对于下述两种情况给出了数值计算的显式：(a) 绕椭圆柱一类物体的流动；(b) 绕波形表面的周期性流动的图案。然而，可以相信只要把本文结果稍加推广并且利用相同的处理方法可以研究更一般的问题。

本研究是由美国国家航空咨询委员会提出并提供经费在加州理工学院 Guggenheim 航空试验室完成的。

符 号 表

本文采用的符号是按照下列各组分类的：

A. 物理量

x, y　笛卡儿坐标

u, v　速度分量

q　速度矢量的绝对值

θ　速度矢量与 x 轴的夹角

ρ　流体的密度

ρ_0　当 $q = 0$ 时流体的密度

p　与 ρ 相应的流体的压力

p_0　当 $q = 0$ 时的压力

γ　比热比

c　当地声速

c_0　$q = 0$ 时的声速

U　在无限远的 q 值，假设其平行于 x 轴，但当带有下标时它可以是 τ 的函数

B. 在物理平面上的流体动力学函数

$z = x + \mathrm{i}y$

$W_0(z) = \varphi_0(x, y) + \mathrm{i}\psi_0(x, y)$，$z$ 平面上不可压缩流动的复势

φ_0　不可压缩流动的速度势

ψ_0　不可压缩流动的流函数

φ　可压缩流动的速度势

ψ　可压缩流动的流函数

C. 速度图平面上的流体动力学函数

$w = u - \mathrm{i}v$

$W_0(w) = \varphi_0(u, v) + \mathrm{i}\psi_0(u, v)$，$w$ 平面上不可压缩流动的复势

$\varphi_0(u, v)$　不可压缩流动的速度势

$\psi_0(u, v)$　不可压缩流动的流函数

$\Lambda_0(w) = zw - w_0(w) = \chi_0(u, v) - \mathrm{i}\sigma_0(u, v)$，经变换的复势

$\chi_0(u, v) = ux + vy - \varphi_0(x, y)$；$x = \dfrac{\partial \chi_0}{\partial u}$，$y = \dfrac{\partial \chi_0}{\partial v}$　经变换的势函数

$W(w; \tau)$　可压缩流动的复势

$\psi(u, v) = \mathrm{Im}\{W(w; \tau)\}$　可压缩流动的流函数

$\Lambda(w; \tau)$　可压缩流动的经变换的复势

$\chi(u, v) = ux + vy - \varphi(x, y) = \mathrm{Re}\{\Lambda(w; \tau)\}$　可压缩流动的经变换的势函数

$$\Theta_0(u, v) = \frac{\partial \chi_0}{\partial \theta}$$

$$\Omega_0(u, v) = \frac{\partial \sigma_0}{\partial \theta}$$

$$\psi(q, \theta) = \psi_1(q, \theta) + \psi_2^{(l)}(q, \theta)$$

$\psi_1(q, \theta)$　代表速度畸变的贡献

$\psi_2^{(l)}(q, \theta)$　代表经变换的无穷级数，其中上标 l 的意思是：对于内部解为 i，对于外部解为 0；对坐标来说，符号完全相同

$$G_\nu^{(\alpha)}(\tau) = \underline{F}_\nu(\tau)\Delta B_n^{(\alpha)} + \frac{B_n \Delta \underline{F}_\nu(\tau)}{f(\tau_1)T^\nu(\tau_1)}$$

$$\widetilde{G}_\nu^{(\alpha)}(\tau) = \widetilde{F}_\nu(\tau)\Delta \widetilde{B}_n^{(\alpha)} + \frac{\widetilde{B}_n \Delta \widetilde{F}_\nu(\tau)}{f(\tau_1)T^\nu(\tau_1)}$$

$$\widetilde{G}_{\nu,1}^{(\alpha)}(\tau) = \frac{\nu-1}{\nu+1}\widetilde{\underline{F}}_{\nu,1}(\tau)\Delta \widetilde{B}_n^{(\alpha)} + \frac{\widetilde{B}_n \Delta \widetilde{\underline{F}}_{\nu,1}(\tau)}{f(\tau_1)T^\nu(\tau_1)}$$

D. 参数和变量

ν　　正有理数

m, n　　正整数

α　　作为括号内的上标时表示 1 或 2，或者 $\alpha = \sqrt{\dfrac{\gamma+1}{\gamma-1}}$

β　　作为下标时表示与 β 有关，或者 $\beta = \dfrac{1}{\gamma-1}$

$\lambda = \dfrac{2(2\beta)^{\alpha/2}}{(1+\alpha)^\alpha}\dfrac{1}{\sqrt{2\beta\tau_1}}\dfrac{1}{T(\tau_1)}$，畸变速度与无限远处速度之比

$$\tau = \frac{1}{2\beta}\frac{q^2}{c_0^2}$$

$$\mu = \arccos\sqrt{\frac{\alpha^2\tau - 1}{2\beta\tau}}$$

ξ, η　　用上标或下标，代表 τ 的某个函数，或者代表 $\psi(q, \theta)$ 或 $\chi(q, \theta)$ 的偏微分方程的两族特征参数 $\theta+\omega(\tau)$，$\theta-\omega(\tau)$

ζ　　复变量或者 $\zeta(\tau)$ 即 τ 的函数

$M_1 = \dfrac{U}{c_1}$ 无限远处马赫数

$$\tau_1 = \frac{1}{2\beta}\frac{U^2}{c_0^2}$$

ε　　物体的几何参数

Δ　　拉普拉斯算符或者一个函数或常数的精确值与近似值之差

E. 超几何函数

a, b, c　超几何函数的参数。在特殊情况下 a_ν, b_ν, c_ν 由式(29)定义

$\underline{F}_\nu(a_\nu, b_\nu; c_\nu; \tau)$　与流函数相关的超几何方程的第一个积分

$\underline{F}_{-\nu} = F(1+a_\nu-c_\nu, 1+b_\nu-c_\nu; \tau)$

$\underline{F}_\nu(\tau) = \dfrac{\pi\tau^{-\nu}}{(2\beta c_0^2)^\nu\Gamma(c_\nu-1)\Gamma(c_\nu)}\left[\dfrac{\Gamma(a_\nu)\Gamma(b_\nu)}{\Gamma(1+a_\nu-c_\nu)\Gamma(1+b_\nu-c_\nu)}\tau^\nu \underline{F}_\nu(\tau) - \dfrac{\Gamma(c_\nu)}{\Gamma(2-c_\nu)}\underline{F}_\nu(\tau)\right]$①　同一方程

① 原文中把 Γ 误为 T—— 译者注。

的第二个积分

$\underline{G}_\nu(\tau) = q^{2\nu}\underline{F}_\nu(\tau)$

$\underline{F}_{\nu,1}(\tau) = F(1+a_\nu, 1+b_\nu; 1+c_\nu; \tau)$

$\underline{F}_\nu^{(r)}(\tau) = \underline{F}_\nu(\tau)/\underline{F}_\nu(\tau_1)$

$\underline{F}_{\nu,1}^{(r)}(\tau) = \underline{F}_{\nu,1}(\tau)/\underline{F}_\nu(\tau_1)$

$\underline{F}_\nu^*(\tau) = \underline{F}_\nu(\tau) + \mathrm{i}F_\nu(\tau)$

$R_\nu(\tau) = |\underline{F}^*(\tau)|$

$\phi_\nu(\tau) = \arg \underline{F}_\nu^*(\tau)$

如果任一函数或常数与 $\chi(q, \theta)$ 有关，则将在该符号的上方加以标记～，例如 $\widetilde{\underline{F}}_\nu(\tau)$

第一部分　可压缩液体的微分方程及其特解的性质

1. 运动方程

讨论无黏无热传导可压缩流体的无旋定常运动。在无限空间里放置一个柱体，其轴流与无限远的来流方向垂直，来流速度为常数。由此可见，这个运动是二维的，令 x 和 y 代表 Cartesian 坐标，u 和 v 分别为平行于 x 和 y 轴的速度分量。当不考虑体积力时，描述这类运动的动力学方程为：

$$\rho u \frac{\partial u}{\partial x} + \rho v \frac{\partial u}{\partial y} = -\frac{\partial p}{\partial x} \tag{1}$$

$$\rho u \frac{\partial v}{\partial x} + \rho v \frac{\partial v}{\partial y} = -\frac{\partial p}{\partial y} \tag{2}$$

式中：p 为压力，ρ 为流体的密度，两者都是 x 和 y 的连续函数。此外还必须满足下列连续性方程：

$$\frac{\partial}{\partial x}(\rho u) + \frac{\partial}{\partial y}(\rho v) = 0 \tag{3}$$

而且，因为在无限远处速度是常数，则那里的流动是无旋的。根据 Thomson 定理，如果压力只是密度的函数，则流动将保持为无旋的，即

$$\frac{\partial v}{\partial x} - \frac{\partial u}{\partial y} = 0 \tag{4}$$

在无旋、无热传导的气体流动的情况，气体状态的热力学变化是绝热的。如果假设流动是连续的，不存在激波，则 p 和 ρ 之间的关系必定是等熵过程：

$$p = \text{const.} \cdot \rho^\gamma \tag{5}$$

式中：γ 是比热比。

和不可压缩的流动情况一样，方程的数目多于变量的数目。而且，根据式(4)和(5)，动力学方程式(1)和(2)可化为单个微分方程，并且很容易积分出来，得到压力和速度 q 之间的关系式，即

$$p = p_0\left\{1 - \frac{\gamma-1}{2}\frac{q^2}{c_0^2}\right\}^{\frac{\gamma}{\gamma-1}} \tag{6}$$

其中：

$$q^2 = u^2 + v^2$$

这里的 p_0 和 c_0 分别为驻点 $q=0$ 处的压力和声速，并且 $c = \sqrt{\dfrac{\mathrm{d}p}{\mathrm{d}\rho}}$。借助式(5) 可以得到 ρ 和 q

的类似关系式：

$$\rho=\rho_0\left\{1-\frac{\gamma-1}{2}\cdot\frac{q^2}{c_0^2}\right\}^{\frac{1}{\gamma-1}} \tag{7}$$

式中：ρ_0 表示 $q=0$ 时的 ρ 值。

将这些动力学关系式积分，则速度 u 和 v 可由式(3)和(4)表示的运动学条件确定。由式(3)中消去 ρ，其结果为：

$$1-\frac{u^2}{c^2}\frac{\partial u}{\partial x}-\frac{2uv}{c^2}\frac{\partial u}{\partial y}+\left(1-\frac{v^2}{c^2}\right)\frac{\partial v}{\partial y}=0 \tag{8}$$

式中：$c^2=\gamma p/\rho$，可以利用式(6)和(7)由速度将其计算出来。值得注意的是在这种情况下，与不可压缩的流动不同，连续性方程式(8)变得与动力学方程式有关了，因此是非线性的。这种在基本方程性质上的改变，使得在空间坐标下直接求解这个问题变得非常困难。

2. 微分方程的变换

无旋性假设的含义是，在这类流动中存在着速度势。如果引进势函数，消去 u 和 v，则式(4)和(8)变成二阶非线性偏微分方程。由于可能出现超声速区，或者说在那里运动速度比当地声速大，则问题就变得更复杂了。这就意味着在这个区域中某个部分的方程是椭圆形的，而另一部分则是双曲型的。这时方程不仅是非线性的，而且还是混合型的。目前还没有成功的办法在物理平面上直接处理这个问题。Molenbroek[5] 和 Chaplygin[6] 由于把方程从物理平面变换到速度图平面上，以 u 和 v 作为独立变量，因此在解决这个问题上取得了一些进展。因为这样做使得微分方程变成了线性的，所以可以利用已知的方法求解。

设这个变换为

$$u=u(x,\ y) \tag{9}$$

$$v=v(x,\ y) \tag{10}$$

如果 u 和 v 是 x 和 y 的连续函数又具有连续的偏导数，并且 Jacobi 行列式 $\frac{\partial(x,\ y)}{\partial(u,\ v)}$ 有限且非零，则存在唯一的逆变换。在这种条件下，很容易将式(8)和(4)变换为：

$$\left(1-\frac{u^2}{c^2}\right)\frac{\partial y}{\partial v}+\frac{2uv}{c^2}\frac{\partial x}{\partial v}+\left(1-\frac{v^2}{c^2}\right)\frac{\partial x}{\partial u}=0 \tag{11}$$

$$\frac{\partial x}{\partial v}-\frac{\partial y}{\partial u}=0 \tag{12}$$

相应于物理平面上的 $\varphi(x,\ y)$，在速度图平面上引进一个函数 $\chi(u,\ v)$，其定义为：

$$\chi=xu+yv-\varphi;\ x=\frac{\partial\chi}{\partial u},\ y=\frac{\partial\chi}{\partial v} \tag{13}$$

式(12)恒为满足，而式(11)变为

$$\left(1-\frac{u^2}{c^2}\right)\frac{\partial^2\chi}{\partial v^2}+\frac{2vu}{c^2}\frac{\partial^2\chi}{\partial v\partial u}+\left(1-\frac{v^2}{c^2}\right)\frac{\partial^2\chi}{\partial u^2}=0 \tag{14}$$

如果 c 只是 q 的函数，则 $\chi(u,\ v)$ 的方程是线性的。从式(13)可以看出，如果 $\chi(u,\ v)$ 已知，则很容易建立起空间坐标和速度分量之间的一一对应关系。

然而，用这个函数得到物理平面上的流线和流动特性，显然是很不方便的。为了解决这个问题,我们采用了与 Chaplygin 类似的方案,引进势函数 $\varphi(x, y)$和流函数 $\psi(x, y)$,其定义为:

$$u=\frac{\partial \varphi}{\partial x},\ v=\frac{\partial \varphi}{\partial y} \tag{15}$$

$$\rho u=\rho_0 \frac{\partial \psi}{\partial y},\ \rho v=-\rho_0 \frac{\partial \psi}{\partial x} \tag{16}$$

由这些定义直接得到下列等价的关系式:

$$\mathrm{d}\varphi=u\mathrm{d}x+v\mathrm{d}y \tag{17}$$

$$\rho_0 \mathrm{d}\psi=-\rho v\mathrm{d}x+\rho u\mathrm{d}y \tag{18}$$

为了以后计算方便,在速度图平面上引进极坐标,其定义为:

$$u=q\cos\theta,\ v=q\sin\theta \tag{19}$$

式中:θ 是速度矢量与 x 轴的夹角,函数 $\mathrm{d}x$ 和 $\mathrm{d}y$ 可以从式(17) 和(18) 解得。因为 $\mathrm{d}x$ 和 $\mathrm{d}y$ 是精确的微分,所以由可积性条件给出:

$$\frac{\partial \varphi}{\partial q}=-\frac{\rho_0}{\rho}\left(1-\frac{q^2}{c^2}\right)\frac{1}{q}\frac{\partial \psi}{\partial \theta} \tag{20}$$

$$\frac{1}{q}\frac{\partial \varphi}{\partial \theta}=\frac{\rho_0}{\rho}\frac{\partial \psi}{\partial q} \tag{21}$$

由式(20)和(21)消去 φ,得到 ψ 的方程为:

$$q^2\frac{\partial^2 \psi}{\partial q^2}+\left(1+\frac{q^2}{c^2}\right)q\frac{\partial \psi}{\partial q}+\left(1-\frac{q^2}{c^2}\right)\frac{\partial^2 \psi}{\partial \theta^2}=0 \tag{22}$$

式(14)可以转换成极坐标形式。变换的程序是很简单的,其结果是

$$q^2\frac{\partial^2 \chi}{\partial q^2}+\left(1-\frac{q^2}{c^2}\right)q\frac{\partial \chi}{\partial q}+\left(1-\frac{q^2}{c^2}\right)\frac{\partial^2 \chi}{\partial \theta^2}=0 \tag{23}$$

由式(13)导出 χ 和 φ 之间的附加关系式:

$$\varphi=q\chi_q-\chi \tag{24}$$

因为 φ 是与 ψ 相关的,这个关系式保证了 ψ 和 χ 之间存在适当的联系,并且在物理平面上代表了相同的流谱,所以可以看成是相容性方程。式(22),(23)和(24)是本文处理二维可压缩流动问题的 3 个基本方程。

3. 微分方程的特解

因为 $\psi(q, \theta)$和 $\chi(q, \theta)$的微分方程是线性的,当然可以利用方程特解叠加的方法建立起通解。为了得到特解,设 $\psi(q, \theta)$和 $\chi(q, \theta)$具有下列形式:

$$\psi(q, \theta)=q^{\nu}\psi(q)\mathrm{e}^{\mathrm{i}\nu\theta}$$

$$\chi(q, \theta)=q^{\nu}\chi_{\nu}(q)\mathrm{e}^{\mathrm{i}\nu\theta}$$

式中:ν 是任意实数,将其代入式(22)和(23),则 $\psi_{\nu}(q)$和 $\chi_{\nu}(q)$满足的方程是

$$q^2\frac{\mathrm{d}^2\varphi_{\nu}}{\mathrm{d}q^2}+\left(2\nu+1+\frac{q^2}{c^2}\right)q\frac{\mathrm{d}\psi_{\nu}}{\mathrm{d}q}+\nu(\nu+1)\frac{q^2}{c^2}\psi_{\nu}=0 \tag{25}$$

$$q^2\frac{\mathrm{d}^2\chi_{\nu}}{\mathrm{d}q^2}+\left(2\nu+1-\frac{q^2}{c^2}\right)q\frac{\mathrm{d}\chi_{\nu}}{\mathrm{d}q}+\nu(\nu-1)\frac{q^2}{c^2}\chi_{\nu}=0 \tag{26}$$

现在利用改变独立变量的方法,可把这些方程进一步化简,比较合适的变换是

$$\tau = \frac{1}{2\beta}\frac{q^2}{c_0^2}, \qquad \text{其中 } \beta = \frac{1}{\gamma - 1}$$

当把气体膨胀到压力为零,或者真空时,气体达到了最大速度。式(6)表明,最大速度 $q_{\max} = \sqrt{\frac{2}{\gamma-1}}c_0$,因此,$\tau$ 的最大值是 1。类似地,当流动速度等于当地声速时,$\tau = \frac{1}{2\beta+1}$,则式(25)和(26)变为

$$\tau(1-\tau)\psi_\nu''(\tau) + [c_\nu - (a_\nu + b_\nu + 1)\tau]\psi_\nu'(\tau) - a_\nu b_\nu \psi_\nu(\tau) = 0 \tag{27}$$

$$\tau(1-\tau)\chi_\nu''(\tau) + [c_\nu - (a_\nu + \beta + b_\nu + \beta + 1)\tau]\chi_\nu'(\tau) - (a_\nu + \beta)(b_\nu + \beta)\chi_\nu(\tau) = 0 \tag{28}$$

式中:

$$a_\nu + b_\nu = \nu - \beta,\ a_\nu b_\nu = -\frac{1}{2}\beta\nu(\nu+1),\ c_\nu = \nu + 1 \tag{29}$$

这些方程都是超几何方程,其中,式(27)是 Chaplygin 在 1904 年首先导出的[6]。这个形式的微分方程有 3 个正则奇点,即 0, 1 和 $+\infty$。如果每个奇点上的两个指数的差,即 $c-1$, $a-b$, $a+b-c$ 不是整数或零,则两个独立的基本解是 $F(a, b; c; \tau)$ 和 $\tau^{1-c}F(1+a-c, 1+b-c; 2-c; \tau)$。在整个速度图平面上除了 $+1$ 到 $+\infty$ 的一条割缝外,这两个解到处都是单值的和正则的。被称为通用参数 a, b 和 c 的超几何函数的 $F(a, b; c; \tau)$ 由超几何级数确定,当 $|\tau| < 1$ 时只要 $\mathrm{Re}(c-a-b) > 0$,这个级数是绝对且一致收敛的。当 $|\tau| \geqslant 1$ 时,必须采用解析延拓。而且在 $\tau = 0$ 处是归一化的:

$$F(a, b; c; 0) = 1 \tag{30}$$

因此,方程(27)的特解是

$$F(a_\nu b_\nu; c_\nu; \tau),\ \tau^{1-c_\nu}F(1+a_\nu - c_\nu, 1+b_\nu - c_\nu; 2-c_\nu; \tau) \tag{31}$$

方程(28)的特解是

$$F(a_\nu + \beta; b_\nu + \beta; c_\nu; \tau),\ \tau^{1-c_\nu}F(1+a_\nu + \beta - c_\nu; 1+b_\nu + \beta - c_\nu; 2-c_\nu; \tau) \tag{32}$$

式中:a_ν, b_ν 和 c_ν 是由式(29)确定的参数。

当 ν 是正整数而 a_ν 和 b_ν 仍和原来一样时,第二个积分将简化为第一个积分乘以一个常数。这种情况是 Gauss[14] 首先研究的,由于他首先考虑了当 ν 趋于整数时给定积分的极限值,从而找到了一个包含有对数项的第二个积分。Tannery[15] 和 Goursat[16] 进一步发展了这个方法。但是目前习惯上常用的形式是用 Frobenius 的一般方法得到的。按照这个方法,当 $c_n = n+1$, n 是正整数时,这对超几何方程的基本解是

$$\left.\begin{aligned} &F(a, b; n+1; \tau) \\ &K_n\tau^{-n}\{\tau^n F(a, b; n+1; \tau)\ln\tau + \tau^n Q_n^{(1)}(a, b; \tau) + P_{n-1}^{(1)}(\tau)\} \end{aligned}\right\} \tag{33}$$

和

$$\left.\begin{aligned} Q_n^{(1)}(a, b; \tau) &= \frac{\Gamma(n+1)}{\Gamma(a)\Gamma(b)}\sum_0^\infty \frac{\Gamma(a+m)\Gamma(b+m)}{\Gamma(m+1)\Gamma(n+1+m)}\Psi(a, b; m)\tau^m \\ P_{n-1}^{(1)}(\tau) &= (-1)^{n+1}\frac{\Gamma(n+1)}{\Gamma(a)\Gamma(b)}\sum_0^{n-1}(-1)^m\frac{\Gamma(a-n+m)\Gamma(b-n+m)\Gamma(n-m)}{\Gamma(m+1)}\tau^m \\ \Psi(a, b; m) &= \sum_{r=0}^{m-1}\left[\frac{1}{a+r} + \frac{1}{b+r} - \frac{1}{n+1+r}\right] - \sum_{r=1}^{m}\frac{1}{r} \end{aligned}\right\} \tag{34}$$

式中：a，b 可以是式(29)中定义的 a_n，b_n 或者 $a_n+\beta$，$b_n+\beta$，这要看系统(33)是属于方程(27)还是属于方程(28)的解而定。而 K_n 要由第二个积分与 q^{2n} 的乘积满足条件(30)来确定。

鉴于式(33)中第二个积分并不与式(31)或(32)给定的第二个积分构成一族解，很需要定义一个新的函数作为第二个积分，这个积分将是 ν 和 τ 的连续函数。令 $\underline{F}_\nu(\tau)$ 代表第一个积分 $F(a, b; c_\nu; \tau)$。作为第二个积分取为这些解的线性组合：

$$F_\nu(\tau) = K_\nu\{\Gamma(1-c_\nu)\Gamma(a)\Gamma(b)\,\underline{F}_\nu(\tau) + \Gamma(1-c_\nu)\Gamma(1+a-c_\nu)\Gamma(1+b-c_\nu)\tau^{1-c_\nu}\,\underline{F}_{-\nu}(\tau)\} \tag{35}$$

式中：

$$\underline{F}_{-\nu}(\tau) = F(1+a-c_\nu,\ 1+b-c_\nu;\ 2-c_\nu;\ \tau)$$

显然这是一个解，而且对于所有的 ν 值都成立。常数 K_n 满足如下条件：

$$q^{2\nu}F_\nu(\tau) = 1,\ \text{其中}\ \tau = 0 \tag{36}$$

则得到 K_ν 的倒数是

$$K_\nu^{-1} = (2\beta c_0)^\nu\Gamma(c_\nu-1)\Gamma(1+a-c_\nu)\Gamma(1+b-c_\nu)$$

利用关系式

$$\Gamma(c_\nu)\Gamma(1-c_\nu) = \pi\csc c_\nu\pi$$

当将式(35)乘以 $q^{2\nu}$，定义一个新的函数 $\underline{G}_\nu(\tau)$：a，$b \neq -n$

$$\underline{G}_\nu(\tau) = \frac{\pi}{\sin c_\nu\pi}\left[\frac{\Gamma(a)\Gamma(b)\tau^\nu\,\underline{F}_\nu(\tau)}{\Gamma(c_\nu)\Gamma(c_\nu-1)\Gamma(1+a-c_\nu)\Gamma(1+b-c_\nu)} - \frac{\underline{F}_{-\nu}(\tau)}{\Gamma(c_\nu-1)\Gamma(2-c_\nu)}\right] \tag{37}$$

当 ν 取为整数时，在方括号内的表达式为零；但其比值的极限是：

$$\underline{G}_n(\tau) = \lim_{\nu\to n}\underline{G}_\nu(\tau) \tag{38}$$

由商的极限的通常定义给出

$$\underline{G}_n(\tau) = (-1)^{n+1}\left[\frac{\partial}{\partial\nu}\frac{\Gamma(a)\Gamma(b)\tau^\nu\,\underline{F}_\nu(\tau)}{\Gamma(\nu+1)\Gamma(\nu)\Gamma(a-\nu)\Gamma(b-\nu)} - \frac{\partial}{\partial\nu}\frac{\underline{F}_{-\nu}(\tau)}{\Gamma(\nu)\Gamma(1-\nu)}\right]_{\nu=n}$$

分别考虑 $\underline{F}_{-\nu}(\tau)$ 的前 n 项作为 $\Gamma(1-\nu)$，在 $\nu = n$ 处有极点，由简单的推导得到：

$$\underline{G}_n(\tau) = \underline{C}_n\tau^n\ln\tau\,\underline{F}_n(\tau) + \tau^n Q_n^{(2)}(\tau) + P_{n-1}^{(2)}(\tau) \tag{39}$$

式中：

$$Q_n^{(2)}(\tau) = \frac{(-1)^{n+1}}{\Gamma(n)\Gamma(-n+a)\Gamma(-n+b)}\sum_{m=0}^{\infty}[\psi(a+m)+\psi(b+m)-\psi(c_n+m)-\psi(m+1)]\frac{\Gamma(a+m)\Gamma(b+m)}{\Gamma(c_n+m)\Gamma(m+1)}\tau^m$$

$$P_{n-1}^{(2)}(\tau) = \frac{1}{\Gamma(n)\Gamma(a-n)\Gamma(b-n)}\sum_{m=0}^{n-1}(-1)^m\cdot\frac{\Gamma(a-n+m)\Gamma(b-n+m)\Gamma(n-m)}{\Gamma(m+1)}\tau^m$$

$$\underline{c}_n = \frac{(-1)^{n+1}\Gamma(a)\Gamma(b)}{\Gamma(n)\Gamma(n+1)\Gamma(a-n)\Gamma(b-n)}$$

并且 $\psi(\xi)$ 表示 $\ln\Gamma(\xi)$ 的导数。可以看出式(33)与(39)的差别只在于第一个积分多一个常数系数，但它已吸收到 $Q_n^{(2)}(\tau)$ 中了。

在下面的讨论中，超几何微分方程的两个基本解取为$\underline{F}_\nu(\tau)$和$q^{-2\nu}\underline{G}_\nu(\tau)$。由式(30)和(36)给出的归一化条件选作从可压缩到不可压缩流动的连续变化的途径。最后这些函数还是根据幂级数确定，而这些幂级数在$|\tau|<1$的区域内是绝对且一致收敛的。然而，流体中可达到的τ的最大值是1，因此这里将不讨论在单位圆以外解的延拓问题。

这样，$\underline{F}_\nu(\tau)$和$q^{-2\nu}\underline{G}_\nu(\tau)$代表了方程(27)的两个独立积分，其中$\nu$是任意正数。因此，方程(22)的特解是：

$$\begin{aligned}&q^{\nu}\underline{F}_\nu(\tau)[A_\nu^{(1)}\cos\nu\theta+A_\nu^{(2)}\sin\nu\theta]\\&q^{-\nu}\underline{G}_\nu(\tau)[B_\nu^{(1)}\cos\nu\theta+B_\nu^{(2)}\sin\nu\theta]\end{aligned}\tag{40}$$

式中：$A_\nu^{(1)}$，$A_\nu^{(2)}$，$B_\nu^{(1)}$ 和$B_\nu^{(2)}$ 是常数。与此相类似，方程(23)的特解是：

$$\begin{aligned}&q^{\nu}\underline{\widetilde{F}}_\nu(\tau)[\widetilde{A}_\nu^{(1)}\cos\nu\theta+\widetilde{A}_\nu^{(2)}\sin\nu\theta]\\&q^{-\nu}\underline{\widetilde{G}}_\nu(\tau)[\widetilde{B}_\nu^{(1)}\cos\nu\theta+\widetilde{B}_\nu^{(2)}\sin\nu\theta]\end{aligned}\tag{41}$$

式中：$\underline{\widetilde{F}}_\nu(\tau)$和$q^{-2\nu}\underline{\widetilde{G}}_\nu(\tau)$是方程(28)的两个独立积分，$\widetilde{A}_\nu^{(1)}$，$\widetilde{A}_\nu^{(2)}$，$\widetilde{B}_\nu^{(1)}$ 和$\widetilde{B}_\nu^{(2)}$ 是常数。

解了这些解以外，还有两个积分，其中每个积分都只是一个变量的函数。假设$\psi=\psi(q)$或$\psi(\theta)$，则由式(22)和(23)分别得到：

$$c_1\theta\quad 和\quad c_2\int(1-\tau)^{\beta}\frac{\mathrm{d}\tau}{\tau}\tag{42}$$

$$\tilde{c}_1\theta\quad 和\quad \tilde{c}_2\int(1-\tau)^{-\beta}\frac{\mathrm{d}\tau}{\tau}\tag{43}$$

这个结果相当于 Laplace 方程的基本解。

当c_0趋于无限大时，所有这些特解都简化为大家熟悉的调和函数，即：

$$\begin{aligned}&q^{\nu}[A_\nu^{(1)}\cos\nu\theta+A_\nu^{(2)}\sin\nu\theta]\\&q^{-\nu}[B_\nu^{(1)}\cos\nu\theta+B_\nu^{(2)}\sin\nu\theta]\end{aligned}\tag{44}$$

和

$$c_1\theta,\ c_2\ln q\tag{45}$$

这个性质是由式(30)和(36)得到的，这是本报告中提出的方法，即把可压缩流动与相似位形的不可压缩流动联系起来的方法的基础。

在以后计算中要遇到函数$\chi(q,\ \theta)$的另一个积分，它相当于$w\ln w\mathrm{e}^{\mathrm{i}\pi}$的虚部或者是不可压缩流动的$q\ln q\sin\theta-q(\pi-\theta)\cos\theta$。假设这个解具有如下形式：

$$\chi(q,\ \theta)=\chi_1(q)\sin\theta-\chi_2(q)(\pi-\theta)\cos\theta\tag{46}$$

将该式代入式(23)，发现χ_1 和χ_2 同时满足下列微分方程：

$$q^2\chi_1''(q)+\left(1-\frac{q^2}{c^2}\right)(q\chi_1'-\chi_1)=2\left(1-\frac{q^2}{c^2}\right)\chi_2\tag{47}$$

$$q^2\chi_2''+\left(1-\frac{q^2}{c^2}\right)(q\chi_2'-\chi_2)=0\tag{48}$$

令$\chi_2=qk_z(q)$，很容易将式(48)积分出来，由当$c_0\to\infty$时，$\chi_2\to q$的条件，要求$k_2(q)$是一个常数。式(48)的第二个积分刚好是式(43)的第二部分。在极限情况，它趋于$\ln q$，因此，$\chi_2=q$是合适的解。有了这个解，并假设$\chi_1=qk_1(q)$，就可以着手解方程(47)了。对于$k_1(q)$的方程，也是可积的，其结果是

$$k_1(q) = \frac{1}{2(\beta+1)}\left[(2\beta+1)\ln\tau - \frac{1}{\tau} + K_1\int^{\tau}(1-\tau)^{-\beta}\frac{\mathrm{d}\tau}{\tau^2}\right] + K_2 \tag{49}$$

其中：K_1 和 K_2 是积分常数。因此，所要求的特解是

$$\chi(q,\ \theta) = qk_1(\tau)\sin\theta - q(\pi-\theta)\cos\theta \tag{50}$$

对于不可压缩流动和可压缩流动的解之间的对应关系在表 1(见附录 C)中做了总结。

4. 高阶超几何函数的性质

对于 ν 为大的正数时，关于 $F(a_\nu,\ b_\nu;\ c_\nu;\ \tau)$ 的性质，Chaplygin 在研究气体射流级数解的收敛性问题时已经讨论过了，然而，他的讨论只限于亚声速的情况，因此 τ 的值只限于 $0\leqslant\tau\leqslant\frac{1}{2\beta+1}$ 的范围。在更一般的问题中，亚声速和超声速的流动可能同时存在，因此必须考虑 $0\leqslant\tau\leqslant1$ 的整个区间。而且像在第 Ⅱ 部分将要证明的，它将要包括超几何方程的两个积分。作为解收敛性证明的预备知识，现在讨论在整个区间内高阶超几何函数的性质。

Chaplygin[6]引进了一个新的函数 $\frac{\nu}{2\tau}\xi_\nu(\tau)$，其定义是 $\tau^{\frac{\nu}{2}}\underline{F}_\nu(\tau)$ 的对数导数，即：

$$\nu\xi_\nu(\tau) = 2\tau\frac{\mathrm{d}}{\mathrm{d}\tau}\ln\tau^{\frac{\nu}{2}}\underline{F}_\nu(\tau)\quad \nu\neq0 \tag{51}$$

式中：$\underline{F}_\nu(\tau)$ 表示超几何方程(27)或(28)的第一个积分，ν 既可以是整数也可以不是整数。因此，代替式(27)或(28)，相应于 ξ_ν 的微分方程是一个 Riccati 方程：

$$X(\xi_\nu) \equiv \xi_\nu' \pm \frac{\beta}{1-\tau}\xi_\nu + \frac{\nu}{2\tau}\left[\xi_\nu^2 - \frac{1-(2\beta+1)}{1-\tau}\right] = 0 \tag{52}$$

其中：下面的符号对应于式(28)。正如 Chaplygin 所说明的，尽管 $\underline{F}_\nu(\tau)$ 是个振荡的函数，但在 $0\leqslant\tau\leqslant\frac{1}{2\beta+1}$ 区间可能没有根，因此在这个区间里 $\xi_\nu(\tau)$ 是有限的和连续的，而且还可以导出 $\xi_\nu(0)=1$ 和 $\xi_\nu'(0)=-\beta$。因为在 $0\leqslant\tau\leqslant\frac{1}{2\beta+1}$ 区间 $\xi_\nu'(\tau)$ 是不变号的，所以 $\xi_\nu(\tau)$ 是单调下降的，显然在 $\tau_0\leqslant\tau^*$ 时为零，τ^* 是 $\nu>0$ 时超几何函数的第一个根。因为 τ^* 是 ν 的递减函数，当 ν 变大时 τ^* 和相应的 τ_0 与 $\frac{1}{2\beta+1}$ 的差值将是小量。

Chaplygin 定理　在 $0\leqslant\tau\leqslant\frac{1}{2\beta+1}$ 区间，如果单调连续函数 $\eta_\nu(\tau)$ 满足(i) $\eta_\nu(0)=1$ 和 (ii) $\chi(\eta_\nu)\geqq0$，则

$$\eta_\nu(\tau)\geqq\xi_\nu(\tau),\ \nu>1 \tag{53}$$

这个问题的证明在 Chaplygin 的文章[6]中已经给出了。对第二个积分 $F_\nu(\tau)$ 来说，只要把不等式的符号调换，该定理仍然成立，这是因为我们可以证明，$X(\xi_{-\nu})=0$，其中 $\xi_{-\nu}(\tau)$ 相当于式(51) 中 $\underline{F}_\nu(\tau)$ 用 $F_\nu(\tau)$ 代替，并且 $\xi_{-\nu}(0)=-1$，因此在 $0\leqslant\tau\leqslant\frac{1}{2\beta+1}$ 区间 $\xi_{-\nu}(\tau)$ 是负值。

推论(51)　在 $0\leqslant\tau\leqslant\frac{1}{2\beta+1}$ 区间，函数 $\underline{F}_\nu(\tau)$ 和 $\underline{G}_\nu(\tau)$ 分别在下列极限之间：

$$\text{(i)}\ T_1^{\nu}(\tau) < \underline{F}_\nu(\tau) < T_2^{\nu}(\tau) \tag{54}$$

$$\text{(ii)}\ T_1^{-\nu}(\tau) > \underline{G}_\nu(\tau) > T_2^{-\nu}(\tau),\ \nu>1 \tag{55}$$

式中：

$$T_1(\tau) = \exp\left\{-\int_0^\tau \left[1-\sqrt{\frac{1-(2\beta+1)\tau}{1-\tau}}\right]\frac{d\tau}{2\tau}\right\} \tag{56}$$

$$T_2(\tau) = \exp\left\{-\int_0^\tau [1-(1-\tau)^\beta]\frac{d\tau}{2\tau}\right\} \tag{57}$$

选取 η_ν 为 $\sqrt{\frac{1-(2\beta+1)\tau}{1-\tau}}$ 或 $(1-\tau)^\beta$ 时，这个问题很容易得到证明。显然，在 $0\leqslant\tau\leqslant\frac{1}{2\beta+1}$ 区间

$$\nu>1, \sqrt{\frac{1-(2\beta+1)\tau}{1-\tau}}<\xi_\nu<(1-\tau)^\beta \tag{58}$$

和

$$-\left(1+O\left(\frac{1}{\nu}\right)\right)\sqrt{\frac{1-(2\beta+1)\tau}{1-\tau}}>\xi_{-\nu}>-(1-\tau)^\beta \tag{59}$$

而且 $X(\eta_\nu)\gtreqless 0$ 是满足的，则可得出上述结果。

推论(52) 在 $0\leqslant\tau\leqslant\frac{1}{2\beta+1}$ 区间，$F(a_\nu, b_\nu; c_\nu; \tau)$ 的对数导数的绝对值除以 ν，存在着上界和下界，即

$$M_1(\tau)\leqslant\frac{F(a_\nu+1, b_\nu+1; c_\nu+1; \tau)}{F(a_\nu, b_\nu; c_\nu; \tau)}\leqslant M_2(\tau) \tag{60}$$

式中：$M_1(\tau)$ 和 $M_2(\tau)$ 与 ν 无关。实际上这是由式(58)和(59)推得的结果。

注意到，将前面建立的结果应用于 $\widetilde{\underline{F}}_\nu(\tau)=F(a_\nu+\beta, b_\nu+\beta; c_\nu; \tau)$ 的情况，只要设 ν 很大，因为这时方程(27) 和(28) 两个关系式趋于一致。

显然当 $\tau>\frac{1}{2\beta+1}$ 时，Chaplygin 定理不成立。在 $\frac{1}{2\beta+1}<\tau<1$ 区间，超几何方程的解是振荡的，因此在 $\frac{1}{2\beta+1}<\tau<1$ 内的任一闭区间里 $\underline{F}_\nu(\tau)$ 的根的数目正比于 ν[17]。当 ν 很大时在所讨论的区间内将有很多个根。因此 $\xi_\nu(\tau)$ 将存在越来越多的单极点，并且对所有的 ν 使得 $\xi_\nu(\tau)$ 都是有限的，有限区间是不存在的。

为了研究整个 $\frac{1}{2\beta+1}<\tau<1$ 区间的问题，需要修正上述方法。设 $\underline{F}_\nu(\tau)$ 和 $F_\nu(\tau)$ 是方程(27) 和(28) 的两个独立解，且其线性组合为如下形式：

$$F_\nu^*(\tau)=\underline{F}_\nu(\tau)+iF_\nu(\tau) \tag{61}$$

当然，这个复函数是同一微分方程的解。这个函数可以用它的模 $R_\nu(\tau)$ 和辐角 $\varphi_\nu(\tau)$ 表示为

$$F_\nu^*(\tau)=R_\nu(\tau)e^{i\varphi_\nu(\tau)} \tag{62}$$

式中：$R_\nu(\tau)$ 和 $\varphi_\nu(\tau)$ 是具有连续导数的连续函数。将其与式(61)比较，则必然有：

$$\underline{F}_\nu(\tau)=R_\nu(\tau)\cos\varphi_\nu(\tau) \tag{63}$$

$$F_\nu(\tau)=R_\nu(\tau)\sin\varphi_\nu(\tau) \tag{64}$$

按照 Sturm 分离定理，在任何闭区间内 $\underline{F}_\nu(\tau)$ 和 $F_\nu(\tau)$ 不会同时为零，并且在 $\frac{1}{2\beta+1}<\tau<1$ 区间 $R_\nu(\tau)$ 不会为零，而且在整个区间内是正的。因此，与式(51) 相对应，可以定义一个复变函数

$$\nu\xi_\nu^*(\tau) = 2\tau \frac{\mathrm{d}}{\mathrm{d}\tau}\ln \tau^{\frac{\nu}{2}} F_\nu^*(\tau) \tag{65}$$

它满足相同的方程式(52)。将其分解成实部和虚部，对于 $\xi_\nu^*(\tau)$ 的 Riccati 方程变为

$$X_1(\xi_\nu^{(1)}, \xi_\nu^{(2)}) \equiv \xi_\nu'^{(1)} + \frac{\beta}{1-\tau}\xi_\nu^{(1)} + \frac{\nu}{2\tau}\left[(\xi_\nu^{(1)})^2 - (\xi_\nu^{(2)})^2 + \frac{(2\beta+1)\tau-1}{1-\tau}\right] = 0 \tag{66}$$

$$X_2(\xi_\nu^{(2)}, \xi_\nu^{(1)}) \equiv \xi_\nu'^{(2)} + \frac{\beta}{1-\tau}\xi_\nu^{(2)} + \frac{\nu}{\tau}\xi_\nu^{(2)}\xi_\nu^{(1)} = 0 \tag{67}$$

式中：$\xi_\nu^{(1)}$ 和 $\xi_\nu^{(2)}$ 是 τ 的连续实函数，其定义为：

$$\xi_\nu^*(\tau) = \xi_\nu^{(1)}(\tau) + \mathrm{i}\xi_\nu^{(2)}(\tau) \tag{68}$$

它们与 $R_\nu(\tau)$ 和 $\varphi_\nu(\tau)$ 的关系由式(65)分别给出，即：

$$\nu\xi_\nu^{(1)}(\tau) = 2\tau \frac{\mathrm{d}}{\mathrm{d}\tau}\ln \tau^{\frac{\nu}{2}} R_\nu(\tau) \tag{69}$$

$$\nu\xi_\nu^{(2)}(\tau) = 2\tau \frac{\mathrm{d}}{\mathrm{d}\tau}\phi_\nu(\tau) \tag{70}$$

现在根据 $\xi_\nu^{(1)}(\tau)$ 可以将式(67)积分，并且由此从式(66)消去 $\xi_\nu^{(2)}(\tau)$。则 $\xi_\nu^{(1)}$ 和 $\xi_\nu^{(2)}$ 的方程是：

$$X_1(\xi_\nu^{(1)}) \equiv \xi_\nu'^{(1)} + \frac{\beta}{1-\tau}\xi_\nu^{(1)} + \frac{\nu}{2\tau}\left[(\xi_\nu^{(1)})^2 - \xi_0^2(1-\tau)^{2\beta}\mathrm{e}^{-2\nu\int_{\tau_0}^{\tau}\xi_\nu^{(1)}\frac{\mathrm{d}\tau}{\tau}} + \frac{(2\beta+1)\tau-1}{1-\tau}\right] = 0 \tag{71}$$

$$\xi_\nu^{(2)}(\tau) = -\xi_0(1-\tau)^{\beta}\mathrm{e}^{-\nu\int_{\tau_0}^{\tau}\xi_\nu^{(1)}\frac{\mathrm{d}\tau}{\tau}},\ \xi_0 = \frac{2}{(\tau^{\frac{1}{2}}R_\nu(\tau_0))^2} \tag{72}$$

式 (71) 与 $\xi_\nu^{(1)}(0) = -1$ 的条件唯一地确定了 $\xi_\nu^{(1)}(\tau)$ 的解。$\xi_\nu^{(1)}(\tau)$ 的实际值当然可以根据已知的超几何函数表示出来。但是，要处理的问题是当 ν 很大时确定 $\xi_\nu^{(1)}(\tau)$ 的性质，这由下列定理给出。

定理(52) 在 $\tau_0 < \tau < 1$ 区间内，如果 $\eta_\nu^{(1)}(\tau)$ 是连续的和单调的，并且满足 $X_1(\eta_\nu^{(1)}) \geqq 0$，则对于所有 $\nu > N$，下列不等式成立：

$$\eta_\nu^{(1)}(\tau) \geqq \xi_\nu^{(1)}(\tau) \tag{73}$$

该定理的证明见附录 A。

推论(53) 在 $\tau_0 < \tau < 1$ 区间，$\underline{F}_\nu^*(\tau)$ 的模存在如下不等式：

$$R_\nu(\tau)/R_\nu(\tau_0) < \left(\frac{\tau_0}{\tau}\right)^{\nu/2},\ \nu > N \tag{74}$$

式中：

$$(2\beta+1)\tau_0 - 1 \geqslant 0$$

在 $\tau_0 < \tau < 1$ 区间，$\xi_\nu^{(1)} < 0$；并且由 $\eta_\nu^{(1)}(\tau) = 0$ 满足条件 $0 > \xi_\nu^{(1)}(\tau)$，则由积分给出式(74)。

现在，因为在 $\tau_0 < \tau < 1$ 区间内对于所有的 $\nu \neq 0$，$\xi_\nu^{(1)}(\tau)$ 都是以零为界的，这也就意味有：

$$R_\nu(\tau) < T_3^\nu(\tau) \tag{75}$$

式中：$T_3(\tau) = \frac{t_0}{\tau^{1/2}}$。这里常数 t_0 可由 $\tau = \tau_0$ 时 T_3 与由式(56)和(57)定义的 T_1 或 T_2 的连接条件确定。因此，当 $\nu > N$，由式(63)和(64)得到

$$|\underline{F}_\nu(\tau)| < T_3^\nu(\tau) \tag{76}$$

$$|\underline{G}_\nu(\tau)| < T_3^{-\nu}(\tau) \quad \tau_0 < \tau < 1 \tag{77}$$

第二部分　绕物体可压缩流动解的构成

5. Chaplygin 方法

在前几节已经得到了速度图平面上微分方程的特解。因为在速度图平面上的微分方程是线性的，允许把这些解叠加起来。换句话说，把这些特解乘上不同的常数再加在一起，其和也是这个微分方程的解。利用这个方法可以由特解构成通解。

然而，这种构成通解的方法存在一个困难，就是对这些特解要选取合适的常数，使得最终得到的解能够在物理平面上给出满足给定边界条件的流动。从以下事实可以看出，空间坐标 x, y 是由与流函数 ψ 没有明显联系的 χ 得到的。事实上，为了直接从 ψ 得到坐标 x, y，涉及在速度图平面上的一个积分。因此，在速度图平面上微分方程的线性化是以失掉边值问题的简单性为代价而得到的。为了保证物理平面上 ψ 和 χ 是精确地属于相同的流动，除了 ψ 和 χ 的微分方程外，还必须满足一个附加条件。对于这个条件将在第 11 节里讨论。

Chaplygin[6] 由于利用了熟知的不可压缩流动解，提出了一个解决这个困难的巧妙方法。在这个方法中，第一步是寻找一个绕“类似”所讨论物体的不可压缩流动解（“类似”这个词的含义在下一段说明）。

例如，流函数 ψ_0 用速度 q 和倾角 θ 表示。这个流函数 $\psi_0(q, \theta)$，可以展开成无穷级数，其每一项都是 $q^n \cos n\theta$ 或 $q^n \sin n\theta$ 形式。对于无限远为匀速 U 的绕物体流动，在速度图平面上 $q=U$, $\theta=0$ 点，为函数 $\psi_0(q, \theta)$ 的奇点，因为所有流线或者等 ψ_0 线都起源于这点。因此，ψ_0 有两种形式的级数展开：其一是在 $q=U$ 圆内部收敛的，其二是在 $q=U$ 圆外部收敛的。第一种，或者说“内部”级数，在速度图平面的原点上必须是正则的，因此只可能出现正整数 n 的情况才可能发生。第二种，或者说“外部”级数，可以有正的和负的 ν。Chaplygin 方法是以 ψ_0 的内部级数作为得到所求的可压缩流动解 ψ 的起始点。他建议利用无限声速的极限情况，或者说，在不可压缩流体的情况，这一级数将退化为已经得到的不可压缩流动的内部级数这一条件，来选取可压缩流动特解的乘子系数。由此构成的可压缩流函数的级数可称为 ψ 的内部级数。ψ 的外部级数可借助不可压缩流动的“外部级数”，利用解析延拓的方法得到。

由此构成的可压缩流动的解包含一个参数，即未扰动的马赫数。它们构成一族单参数的无限个解。包含在这族解中有来流马赫数为零的极限情况。这种极限情况将给出绕物体的不可压缩流动，以此作为这个方法的起点。对于其他来流马赫数，物体的形状一般与来流马赫数为零时相应的形状不同。因此，如果希望得到绕给定物体的可压缩流动，起始为不可压缩流动的物体形状必须与给定物体的形状稍有区别。然而，如果把一个几何参数包含在这个解中，这样的调整并不难做到。

在这里可以说，由于在速度图平面原点上解的正则性，只有超几何微分方程的第一解在内部级数中出现。对于外部级数，超几何微分方程的第一和第二解都是必需的。这与不可压缩的外部级数中 q 的指数有正和负两种情况是完全类似的。这个问题是非常重要的，因为从前的研究者似乎不知道这点。Chaplygin 也没有利用超几何微分方程的第二个解，这是由于在他所讨论的问题中在速度图平面上没有奇点，因此只要讨论内部级数就够了。

6. 不可压缩流动函数

按照前节概括提到的方法，首先从确定一个无旋不可压缩流动所需要的函数开始讨论。在这种情况下，声速 c_0 趋于无限大，速度势 $\varphi_0(x, y)$ 和流函数 $\psi_0(x, y)$ 的方程都变成调和方程：

$$\Delta\varphi_0 = 0 \tag{78}$$

$$\Delta\psi_0 = 0 \tag{79}$$

式中：Δ 代表 Laplace 算符。如果 $W_0(z)$ 是复势，则可表示为

$$W_0(z) = \varphi_0 + \mathrm{i}\psi_0 \tag{80}$$

其中：

$$z = x + \mathrm{i}y$$

如果 w 代表复速度 $u - \mathrm{i}v$，它与 $W_0(z)$ 的关系是

$$w = \frac{\mathrm{d}W_0}{\mathrm{d}z} \equiv w(z) \tag{81}$$

如果 $w'(z) \neq 0$，则总是可以解出 z，用 w 来表示即

$$z = z_0(w) \tag{82}$$

一般说来，这个解不是单值的，这个问题将在后面讨论。把这个关系式代入式(80)，可以得到速度图平面上的复势函数：

$$W_0(w) = \varphi_0(u, v) + \mathrm{i}\psi_0(u, v) \tag{83}$$

假如式(82)是多值的，就应该对应于该函数的一个分支。

显然在这种情况 $\chi_0(w, v)$ 也是一个调和函数。设 $\sigma_0(u, v)$ 是按如下定义的共轭函数：

$$\frac{\partial\chi_0}{\partial u} = -\frac{\partial\sigma_0}{\partial v} \tag{84}$$

$$\frac{\partial\chi_0}{\partial v} = \frac{\partial\sigma_0}{\partial u} \tag{85}$$

因此有

$$\Lambda_0(w) = \chi_0 - \mathrm{i}\sigma_0 \tag{86}$$

式中：

$$w = u - \mathrm{i}v$$

因此 $\Lambda_0(w)$ 是 w 的解析函数，由式(13) 可见 $\Lambda_0(w)$ 对 w 的导数必然是 z。即

$$\frac{\mathrm{d}\Lambda_0}{\mathrm{d}w} = z_0(w)$$

但是，$z_0(w)$ 已经由式(82)求得。因此

$$\Lambda_0(w) = \int z_0(w)\mathrm{d}w + \text{const.} \tag{87}$$

按照式(86)，由 $\Lambda_0(w)$ 的实部给出所需要的 $\chi_0(u, v)$。

7. 在速度图平面上不可压缩流动的保角变换

在构成可压缩流动的解之前应该考察一下速度图平面上解的一般特性。通过研究不可压缩流体转换函数 $z_0(w)$ 的性质，可以很容易做到这点。首先从最简单的情况开始，考虑以 z 平面上的曲线 C 为边界的无穷大单连通域 D 内的定常无旋流动，在无限远为平行流动(见图 1)。在 D 域内，每一点 z 都有且只有一个速度矢 $\boldsymbol{q}$。如果将曲线仿形为 $\underline{C}$，无限远相应于 $\underline{C}$ 内 w 实轴上的一点 $\underline{P}$，则域 D 用式(81)定义的变换函数映照到 $\underline{D}$，有

$$w = w(z)$$

式中：$w(z)$是z的解析函数。假如变换是保角的，则反函数

$$z = z_0(w)$$

将建立起w面与z面的连续的一一对应关系。这就要求$w(z)$在D域内是解析的和单值的，并且$w'(z) \neq 0$。

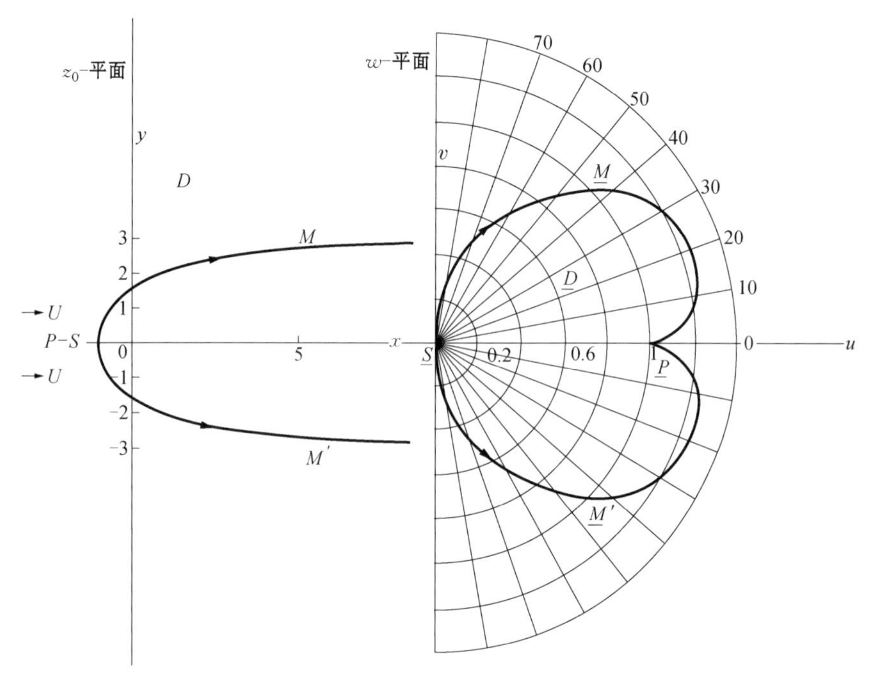

图1　整个D面的变换，z_0面，w面

然而在大多数问题中，这个条件不能在整个流场中得到满足。首先，函数$w(z)$通常不是单叶的，例如，对于均匀流动来说，$w(z) = \text{const.}$，于是，$w'(z) \equiv 0$，并且整个z面只相当于w面上的一个点。并且对于二维边值问题的复速度通常可表示为如下形式：

$$w = w_\infty + w^*(z)$$

式中：w_∞是一个常数。边界条件要求当z趋于无限时$w^*(z) = 0$，相应的$w'^*(z) = 0$。因此在所有情况下，在w平面上$\underline{P}$点是个奇点。如果$z_0(w)$是多值的，则点w_∞是个支点或者是个极点。在二维流动中实际上有两种奇异性起着决定性作用。现在就来研究这些奇异性问题。

一阶支点[①]　我们记得，当把一个封闭物体放在均匀流中，总有两个驻点，这两个点相应于w面上的原点。例如，如果一条流线PS从$+\infty$到S，经过弧SMS'然后到$-\infty$，则在w面上曲线$\underline{PS}$应该走两次(见图2)。这就表明函数$z_0(w)$具有以支点$\underline{P}$为接点的Riemann面的两个分支。为了使域$\underline{D}$单值化，沿实轴从支点到$+\infty$做一割缝则z面的一部分仿形到w面上的一个Riemann面分支上，将这个分支面定义为域D。如果物体关于与无限远来流平行的坐标轴对称，则域D: $\mathrm{Re}z \leqslant 0$将保角地映照到Riemann面的一个分支$\underline{D}$上，并且在另一个分支D'上：$\mathrm{Re}z > 0$，这里不包含C的内部区域。

① 如果函数$z_0(w)$的反函数$w(z)$包含有一个部分w^*，它在$z = \infty$处具有$k+1$阶零点，则说函数$z_0(w)$在$w = w_\infty$处有k阶支点。

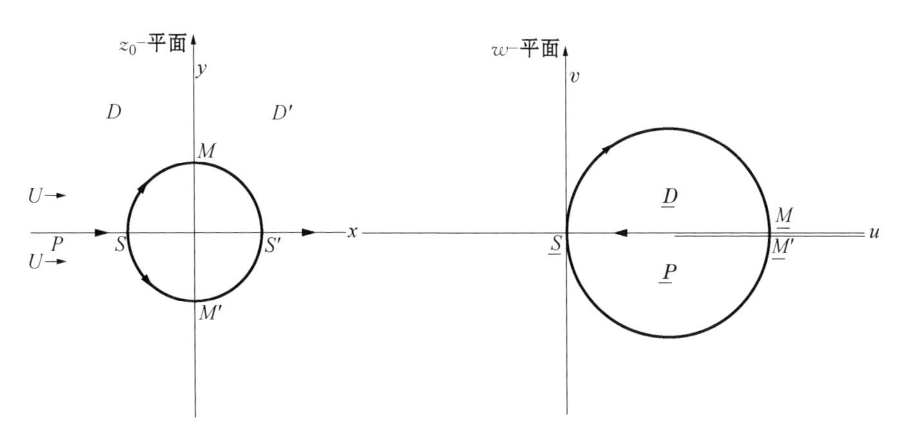

图 2 半个 D 面的变换，z_0 面，w 面

对数奇异性 例如，平行放置在均匀流场中的波形壁面的绕流具有周期性。这类流动在物理平面上有无限多个点具有相同的速度。因此在 w 面内有无限多个分支，其中每个分支都相应于 z 面的一个确定的部分。函数 $z_0(w)$ 必然有一项 $\ln\left(1-\frac{w}{U}\right)$，并且点$\underline{P}$ 就是一个对数奇点。然后，如果割缝是从支点到 $+\infty$，并且辐角 $-\pi<\arg\left(1-\frac{w}{U}\right)<\pi$，则也可把域$\underline{D}$ 做成单值的。

8. 原点附近解的构成

流函数 由上一节的讨论得知，半径为 $|w|=\underline{PS}=U$ 圆的内部域在所有情况都是单值的，其中 U 是 z 面无限远处的 w 绝对值。如果函数 $W_0(w)$ 是与 z 面确定的流动相关，从第 6 节可知这个函数是 w 的解析函数，并且在 $|w|=U$ 的圆内是正则的。因此，存在下列 Taylor 展开：

$$W_0(w)=\sum_{n=0}^{\infty}A_n w^n,\quad |w|<U \tag{88}$$

式中：A_n 在一般情况下是复数。因为 $w=q\mathrm{e}^{-\mathrm{i}\theta}$ 并利用式(80) $W_0(w)$ 的虚部等于不可压缩的流函数 ψ_0，可以写为：

$$\psi_0(q,\ \theta)=\mathrm{Im}\{W_0(w)\}=\sum_{n=0}^{\infty}q^n\{A_n^{(1)}\cos n\theta+A_n^{(2)}\sin n\theta\} \tag{89}$$

按照 Chaplygin 方法，相应的可压缩解可由简单的代换得到，即式(89)中函数 q^n 用式(40)表示的相应的 $q^n\underline{F}_n^{(r)}(\tau)$ 代替。利用 $q=0$ 处正则性必要条件，第二个积分可以不要。然而，为了不改变速度图平面内点 $(U,\ 0)$ 的固有奇点，把可压缩的流函数写为

$$\psi(q,\ \theta)=\sum_{n=0}^{\infty}q^n\,\underline{F}_n^{(r)}(\tau)\{A_n^{(1)}\cos n\theta+A_n^{(2)}\sin n\theta\} \tag{90}$$

式中：

$$\underline{F}_n^{(r)}(\tau)=\frac{\underline{F}_n(\tau)}{\underline{F}_n(\tau_1)}=\frac{F(a_n,\ b_n;\ c_n;\ \tau)}{F(a_n,\ b_n;\ c_n;\ \tau_1)},\ q<U \tag{91}$$

并且 $\tau_1=\frac{1}{2\beta}\frac{U^2}{c_0^2}$，$\tau_1$ 的值相应于来流速度 U。由此可见，根据归一化条件(30)，当 $c_0\to\infty$，则 $\tau=\tau_1\to 0$ 和$\underline{F}_n^{(r)}(\tau)\to 1$，因此这个解化简成不可压缩的形式。而且，如果 $q\to U$，这个解的特性与不可压缩解精确地一致，因此，所有规定的条件都满足。当然，对于具有亚声速和超声速的混

合型流动，来流马赫数总是小于 1 的，因此 $\tau_1 < 1/(2\beta) + 1$。

为了便于以后的分析，如在第三部分给出的，可以把 φ 写成不同的形式。因为 $\underline{F}_n^{(r)}(\tau)$ 是一个纯实变量，则可将复函数 $W(w;\ \tau)$ 写成：

$$W(w;\ \tau) = \sum_{n=0}^{\infty} A_n \underline{F}_n^{(r)}(\tau) w^n,\ |w| < U \tag{92}$$

那么类似于式(88)和(89)之间的关系式，可以把 $\psi(q,\ \theta)$ 取为新函数 $W(w;\ \tau)$ 的虚部，因此有

$$\psi(q,\ \theta) = \mathrm{Im}\{W(w;\ \tau)\} \tag{93}$$

经变换的势函数　类似可以构成另一个函数 $\Lambda(w;\ \tau)$，其定义为

$$\Lambda(w;\ \tau) = \sum_{n=0}^{\infty} \widetilde{A}_n \underline{\widetilde{F}}_n^{(r)}(\tau) w^n,\ q < U \tag{94}$$

在这个表达式中系数 $\widetilde{A}_n$ 由不可压缩流动的式(87)中 $\Lambda_0(w)$ 的展开式得到：

$$\Lambda_0(w) = \sum_{n=0}^{\infty} \widetilde{A}_n w^n,\ |w| < U \tag{95}$$

和

$$\underline{F}_n^{(r)}(\tau) = \frac{\underline{\widetilde{F}}_n(\tau)}{\underline{F}_n(\tau_1)} \tag{96}$$

式(96)是式(91)和由式(24)给出的相容性方程的结果，而可压缩流动的函数 $\chi(q,\ \theta)$ 由下式给出：

$$\chi(q,\ \theta) = \mathrm{Re}\{\Lambda(w;\ \tau)\} \tag{97}$$

函数 $W(w;\ \tau)$ 和 $\Lambda(w;\ \tau)$ 实际上在原点是正则的，并且满足附加条件。然而，可能出现下列问题：级数(92)和(94)是否收敛，并且是否能在所成立的区间表示出函数 $\psi(q,\ \theta)$ 和 $\chi(q,\ \theta)$？为了解决这个问题必须证明下列定理：

定理(88)　如果常数 A_n 和 $\widetilde{A}_n$ 是在式(88)和(95)中给出的，而 $\underline{F}_n^{(r)}(\tau)$ 和 $\underline{\widetilde{F}}_n^{(r)}(\tau)$ 分别由式(91)和(96)定义，则级数(92)和(94)在与式(88)和(95)成立的相同区域内一致且绝对收敛。其证明在附录 B 中给出。

9. 解的解析延拓

一阶支点

流函数　如同附录 B 中的证明一样，级数(92)是绝对且一致收敛的，在 $0 \leqslant \tau \leqslant \tau_1$ 区间内，对于每个 τ 都代表一个正则函数 $W(w;\ \tau)$，并且在收敛圆上它与 $W_0(Ue^{-i\theta})$ 一致，其 Fourier 展开为

$$W_0(Ue^{-i\theta}) = \sum_{n=0}^{\infty} A_n U^n e^{-in\theta} \tag{98}$$

在本节中，将要把式(92)解析地延拓到 $|w| \leqslant U$ 域的外部，其初值由式(98)给出。通常 $|w| \leqslant U$ 的外部域是多值的。为了建立起这个概念，首先讨论一阶支点情况。一般除了在 $w = U$ 处函数 $W_0(w)$ 是一个奇点外，还有其他奇点①。然而这些奇点是在所感兴趣的区域外部，因

① 例如，在第五部分处理的绕椭圆柱流动的问题中，由式(280)给出的函数 W_0 具有两个奇点，即 $w = 1$ 和 $w = 1/\varepsilon^2$。第一个奇点相应于无限远处的流动，这是要讨论的奇点。第二个奇点相应于 ζ 面圆截面的内部一点。因为只有在 ζ 面的圆外部流动具有意义，所以 $w = 1/\varepsilon^2$ 的奇异性不必讨论。换句话说，只需要在 $1 < \left|\dfrac{w}{U}\right| < \dfrac{1}{\varepsilon^2}$ 的环形区间将函数 W_0 展开。

此不必研究。设最近的奇点由 $|w|=V>U$ 给出,因此,在 $|w|=U$ 的外部要考虑的区域具有一条连接两个奇点的割线的环。在 $w=U$ 处具有一阶支点的区域内,$W_0(w)$ 的本征表达式是

$$W_0(w) = \mathrm{i}w^{-\frac{1}{2}}W_0^*(w) \tag{99}$$

式中:$W_0^*(w)$在 $U<|w|<V$ 的开环域内是单值的和正则的,因此,在任何 $U+\delta \leqslant |w| \leqslant V-\delta$ 的闭域内,δ 是小量,存在一个一致且绝对收敛级数:

$$W_0^*(w) = \sum_{n=0}^{\infty}[B_n w^n + C_n w^{-n}] \tag{100}$$

代入式(99),它就给出 Taylor 级数(88)的延拓。

具有和 $W_0(w)$相同的奇异性质,并且在 $U<|w|<V$ 的环形域内适用的可压缩流动解,可以通过引进对应于每个 w 的指数的合适的超几何函数由式(100)得到,即

$$W^{(0)}(w;\ \tau) = \mathrm{i}\sum_{n=0}^{\infty}[B_n^*\ \underline{F}_\nu(\tau)w^\nu + C_n^*\ \underline{G}_\nu(\tau)w^{-\nu}] \tag{101}$$

这是 $W^{(i)}(w;\ \tau)$的延拓。这里 $\nu=n+\dfrac{1}{2}$,n 是正整数;$\underline{F}_\nu(\tau)$ 和 $q^{-2\nu}\ \underline{G}_\nu(\tau)$ 分别是超几何方程的第一和第二个积分;B_n^* 和C_n^* 是常数。应该注意,可压缩流动的外部级数的系数 B_n^* 和C_n^* 不等于不可压缩流动外部级数式(100) 中的 B_n 和 C_n。不可压缩流动的外部级数通常只给出 $W^{(0)}(w;\ \tau)$ 的适当形式,以便得到所希望的支点特性;而 $W^{(0)}(w;\ \tau)$ 的精确确定必须依靠连续性条件,现在就来讨论这个问题。

这里讨论的偏微分方程是二阶的,要保证 $W^{(0)}(w;\ \tau)$是 $W^{(i)}(w;\ \tau)$的解析延拓,必须在各自收敛区间的边界,即 $q=U$ 上附加两个条件。这两个条件是

$$W^{(i)}(U\mathrm{e}^{-\mathrm{i}\theta};\ \tau_1) = W^{(0)}(U\mathrm{e}^{-\mathrm{i}\theta};\ \tau_1) \tag{102}$$

$$\left[\frac{\partial}{\partial q}W^{(i)}(w;\ \tau)\right]_{\tau=\tau_1} = \left[\frac{\partial}{\partial q}W^{(0)}(w,\ \tau)\right]_{\tau=\tau_1} \tag{103}$$

考虑到式(102)和(103),有两个关系式,其虚部为

$$\sum_{n=0}^{\infty}[B_n^*\ \underline{F}_\nu(\tau_1)U^\nu + C_n^*\ \underline{G}_\nu(\tau_1)U^{-\nu}]\cos\nu\theta = -\sum_{n=0}^{\infty}A_n U^n \sin n\theta$$
$$0 \leqslant \theta < 2\pi$$

$$\sum_{n=0}^{\infty}[B_n^* U^\nu(\nu\,\underline{F}_\nu(\tau) + 2\tau_1\ \underline{F}'_\nu(\tau_1)) + C_n^* U^{-\nu}(-\nu\underline{G}_\nu(\tau_1) + 2\tau_1\ \underline{G}'_\nu(\tau_1))]\cos\nu\theta$$
$$= -\sum_{n=0}^{\infty}A_n U^n\left(n + 2\tau_1\frac{\underline{F}'_n(\tau_1)}{\underline{F}_n(\tau_1)}\right)\sin n\theta$$

这里一撇表示对 τ 的微分。显然,根据已知常数 A_n 可以把等式左边的系数解出来。结果为

$$B_n^*\ \underline{F}_\nu(\tau_1)U^\nu + C_n^*\ \underline{G}_\nu(\tau_1)U^{-\nu} = -\frac{1}{\pi}\sum_{m=0}^{\infty}A_m U^m\left(\frac{1}{m+\nu} + \frac{1}{m-\nu}\right) \tag{104}$$

$$B_n^* U^\nu(\nu\,\underline{F}_\nu(\tau_1) + 2\tau_1\ \underline{F}'_\nu(\tau_1)) + C_n^* U^{-\nu}(-\nu\underline{G}_\nu(\tau_1) + 2\tau_1\ \underline{G}'_\nu(\tau_1))$$
$$= -\frac{1}{\pi}\sum_{m=0}^{\infty}mA_m U^m\xi_m(\tau_1)\left(\frac{1}{m+\nu} + \frac{1}{m-\nu}\right) \tag{105}$$

由这两个方程可以唯一地确定常数 B_n^* 和 C_n^*，只要行列式 $\Delta(\underline{F}_\nu, F_\nu)$ 不为零，其结果为

$$B_n^* U^\nu = -\frac{\underline{G}_\nu(\tau_1)}{2\nu\pi(1-\tau_1)^\beta}\sum_{m=0}^{\infty} A_m U^m\left(\frac{1}{m+\nu}+\frac{1}{m-\nu}\right)(m\xi_m(\tau_1)-\nu\xi_{-\nu}(\tau_1)) \tag{106}$$

$$C_n^* U^{-\nu} = +\frac{\underline{F}_\nu(\tau_1)}{2\nu\pi(1-\tau_1)^\beta}\sum_{m=0}^{\infty} A_m U^m\left(\frac{1}{m+\nu}+\frac{1}{m-\nu}\right)(m\xi_m(\tau_1)-\nu\xi_{-\nu}(\tau_1)) \tag{107}$$

Wronski 行列式 $\Delta(\underline{F}_\nu, F_\nu) = -\dfrac{\nu}{\tau}q^{-2\nu}(1-\tau)^\beta \neq 0$，而且 $\xi_\nu(\tau)$ 由式(51) 确定。

这个解也是形式上的，为了证明函数 $W(w;\tau)$ 在环形域内是正则函数，必须首先证明下列定理(见附录 C)。

定理(98) 如果常数 B_n^* 和 C_n^* 是按式(102)和(103)确定的，并且如果级数(100)在 $U+\delta \leqslant |w| \leqslant V-\delta$ 的闭域内一致且绝对收敛，则级数(101) 在 $U+\delta \leqslant |w| < V-\delta$ 闭域内一致且绝对收敛，其中 $\delta > 0$。

经变换的势函数 按照类似的方法，式(94)的延拓是：

$$\Lambda^{(0)}(w;\tau) = \mathrm{i}\sum_{n=0}^{\infty}[\widetilde{B}_n^* \widetilde{\underline{F}}_\nu(\tau)w^\nu + \widetilde{C}_n^* \widetilde{\underline{G}}_\nu(\tau)w^{-\nu}] \tag{108}$$

式中：$\widetilde{\underline{F}}_\nu(\tau)$ 和 $\widetilde{\underline{G}}_\nu(\tau)$ 是式(28)的第一和第二个积分，常数 B_n^* 和 $\widetilde{C}_n^*$ 可以类似地确定，即：

$$\widetilde{B}_n^* U^\nu = \frac{\widetilde{\underline{G}}_\nu(\tau_1)}{2\pi\nu(1-\tau_1)^{-\beta}}\sum_{m=0}^{\infty}\widetilde{A}_m U^m\left(\frac{1}{m+\nu}+\frac{1}{m-\nu}\right)(m\widetilde{\xi}_m(\tau_1)- \nu\widetilde{\xi}_{-\nu}(\tau_1))\widetilde{\underline{F}}_m^{(r)}(\tau_1) \tag{109}$$

$$\widetilde{C}_n^* U^{-\nu} = \frac{\widetilde{\underline{F}}_\nu(\tau_1)}{2\pi\nu(1-\tau_1)^{-\beta}}\sum_{m=0}^{\infty} A_m U^m\left(\frac{1}{m+\nu}-\frac{1}{m-\nu}\right)(m\widetilde{\xi}_m(\tau_1)- \nu\widetilde{\xi}_{\nu}(\tau_1))\widetilde{\underline{F}}_m^{(r)}(\tau_1) \tag{110}$$

至今确定的解可以理解为函数 $W(w;\tau)$ 的主分支。假设在无限远的来流是平行于 x 轴的，此外，如果物体相对于坐标轴是对称的，则 $W^{(0)}(w;\tau)$ 的第二个分支的表达式将是相同的。然而，在更一般的不对称的情况，这两个分支要分别考虑。

10. 延拓——对数奇异性

流函数 现在考虑第二种重要的奇异类型：这里假设在 w 平面内有限部分，函数 $W_0(w)$ 具有唯一的奇点是在 $w=U$ 处的对数支点，在这个支点附近有无限多个 Riemann 面相连接。与式(99) 类似，$W_0(w)$ 可以很方便地写为如下形式：

$$W_0(w) = W_0^*(w) + \widetilde{W}_0(w) \tag{111}$$

式中：$W_0^*(w)$ 除了在无限远可能有一个本征奇点外，在整个域内是正则函数，因此通常可以用 w 的 Taylor 级数或多项式的形式给出，而 $\widetilde{W}_0(w) = \widetilde{\varphi}_0(q\theta) + \mathrm{i}\widetilde{\psi}_0(q\theta)$ 是一个表征 $W_0(w)$ 的奇异性质的解析函数。因此，除了一个常数因子外，可以有如下形式：

$$\widetilde{W}_0(w) = \frac{1}{\mathrm{i}}\ln\left(1-\frac{w}{U}\right) \tag{112}$$

如果一个割缝从 $+U$ 到 $+\infty$，并且 $\left(1-\dfrac{w}{U}\right)$ 的辐角限制 $-\pi < \arg\left(1-\dfrac{w}{U}\right) < \pi$ 的范围，则函数 $\widetilde{W}_0(w)$ 在整个割面内是单值的。

因此，构成一个可压缩流体解的问题可以分为两部分：$W_0^*(w)$ 和 $\widetilde{W}_0^*(w)$。然而，原则上

$W_0^*(w)$的构成与式(92)完全相同,因此只需要考虑$\widetilde{W}_0(w)$。首先把$\widetilde{W}_0(w)$在其成立的区域内展开成幂级数,其虚部是:

$$\widetilde{\psi}_0^{(i)}(q,\ \theta)=\sum_{n=1}^{\infty}\frac{1}{n}\left(\frac{q}{U}\right)^n\cos n\theta,\ q<U \tag{113}$$

$$\widetilde{\psi}_0^{(0)}(q,\ \theta)=-\ln\frac{q}{U}+\sum_{n=1}^{\infty}\frac{1}{n}\left(\frac{q}{U}\right)^{-n}\cos n\theta,\ q>U \tag{114}$$

因此,$\widetilde{\psi}(q,\ \theta)$的相应表达式是:

$$\widetilde{\psi}^{(i)}(q,\ \theta)=\sum_{n=1}^{\infty}A_n\,\underline{F}_n(\tau)\left(\frac{q}{U}\right)^n\cos n\theta,\ q<U \tag{115}$$

$$\widetilde{\psi}^{(0)}(q,\ \theta)=-B\int_{\tau_1}^{\tau}(1-\tau)^{\beta}\frac{\mathrm{d}\tau}{\tau}+\sum_{n=1}^{\infty}C_n\,\underline{G}_n(\tau)\left(\frac{q}{U}\right)^{-n}\cos n\theta,\ q>U \tag{116}$$

式中:用$\underline{F}_n(\tau)$表示$F(a_n,\ b_n;\ c_n;\ \tau)$,$\underline{G}_n(\tau)$由式(39)定义。

可以把函数$\widetilde{W}_0(w)$看成放在$w=U$处的复源的复势。$\widetilde{\psi}_0(q,\ \theta)$对$|w|=U$的法向导数是常数,只有在$w=U$处导数为无穷大。可以把这个边值唯一地展开:

$$-\sum_{n=1}^{\infty}\cos n\theta=\frac{1}{2},\ \theta\neq 0 \tag{117}$$

对于可压缩流动情况,相应的问题可按类似的方法处理:找一个函数$\widetilde{\psi}(q,\ \theta)$,它是连续的和具有连续的偏导数并且在$|w|=U$上它的法向导数是常数。因此,与式(117)相连接的条件(102)和(103)要求:

$$\underline{F}_n(\tau_1)A_n-\underline{G}_n(\tau_1)C_n=0 \tag{118}$$

$$[n\,\underline{F}_n(\tau_1)+2\tau_1\,\underline{F}'_n(\tau_1)]A_n+[n\,\underline{G}_n(\tau_1)-2\tau_1\,\underline{G}'_n(\tau_1)]C_n=4B(1-\tau_1)^{\beta} \tag{119}$$

式中:当法向导数$\psi_q(q,\ \theta)$在$|w|=U$上的给定时,常数B可以定出。由求解式(118)和(119)并利用式(27)的两个独立积分的Wronski行列式得到:

$$A_n=\frac{2}{n}B\,\underline{G}_n(\tau_1) \tag{120}$$

$$C_n=\frac{2}{n}B\,\underline{F}_n(\tau_1) \tag{121}$$

因此函数$\widetilde{\psi}(q,\ \theta)$就完全确定了。

经变换的势函数 可以按照类似的方法构成辅助函数$\chi(q,\ \theta)$。因为$\Lambda_0(w)$是利用逆仿形变换函数的积分,由式(87)导出的,它必然包含有表示函数$\Lambda_0(w)$奇异性的项$\left(1-\frac{w}{U}\right)\ln\left(1-\frac{w}{U}\right)$。与在式(111)中的情形一样,还是把$\Lambda_0(w)$分解成两部分:

$$\Lambda_0(w)=\Lambda_0^*(w)+\widetilde{\Lambda}_0(w) \tag{122}$$

式中:$\Lambda_0^*(w)$是整函数,$\widetilde{\Lambda}_0(w)$是:

$$\widetilde{\Lambda}_0(w)=\frac{1}{\mathrm{i}}\left(1-\frac{w}{U}\right)\ln\left(1-\frac{w}{U}\right) \tag{123}$$

除了所包含的超几何函数是$\widetilde{\underline{F}}_n(\tau)$和$\widetilde{\underline{G}}_n(\tau)$而不是$\underline{F}_n(\tau)$和$\underline{G}_n(\tau)$外,现在的相应于$\ln\left(1-\frac{w}{U}\right)$的解可以完全按同样的方法精确地确定。需要特殊考虑的部分是$\frac{w}{U}\ln\left(1-\frac{w}{U}\right)$项。现将其表

示为 $\tilde{\lambda}_0(w)=\tilde{\chi}_0-\mathrm{i}\tilde{\sigma}_0$，

$$\tilde{\lambda}_0(w)=-\frac{1}{\mathrm{i}}\frac{w}{U}\ln\left(1-\frac{w}{U}\right) \tag{124}$$

这个函数也是多值的。设 $\left(1-\frac{w}{U}\right)$ 的辐角也是限制在 $-\pi<\arg\left(1-\frac{w}{U}\right)<\pi$ 范围，则在割面内的结果是：

$$\tilde{\lambda}_0^{(i)}=\frac{1}{\mathrm{i}}\sum_{n=1}^{\infty}\frac{1}{n}\left(\frac{w}{U}\right)^{n+1},\ |w|<U \tag{125}$$

$$\tilde{\lambda}_0^{(0)}=\frac{1}{\mathrm{i}}\left[-\frac{w}{U}\ln\frac{w}{U}\mathrm{e}^{\mathrm{i}\pi}+\sum_{n=1}^{\infty}\frac{1}{n}\left(\frac{w}{U}\right)^{-n+1}\right],\ |w|>U \tag{126}$$

按照式(86)，将函数 $\tilde{\chi}_0(q,\theta)$ 定义为 $\Lambda_0(w)$ 的实部，则由式(125)和(126)表示：

$$\tilde{\chi}_0^{(i)}(q,\theta)=-\sum_{n=2}^{\infty}\frac{1}{n-1}\left(\frac{q}{U}\right)^{n}\sin n\theta \tag{127}$$

$$\tilde{\chi}_0^{(0)}(q,\theta)=\frac{q}{U}\ln\frac{q}{U}\sin\theta-\frac{q}{U}(\pi-\theta)\cos\theta+\sum_{n=1}^{\infty}\frac{1}{n+1}\left(\frac{q}{U}\right)^{-n}\sin n\theta \tag{128}$$

相应于

$$\frac{q}{U}\ln\frac{q}{U}\sin\theta-\frac{q}{U}(\pi-\theta)\cos\theta$$

的特解已在式(50)中给出了。因此可压缩流动的解是

$$\tilde{\chi}^{(i)}(q,\theta)=-\sum_{n=2}^{\infty}\tilde{A}_n\underline{\tilde{F}}_n(\tau)\left(\frac{q}{U}\right)^{n}\sin n\theta \tag{129}$$

$$\tilde{\chi}^{(0)}(q,\theta)=\frac{q}{U}k(\tau)\sin\theta-\frac{q}{U}(\pi-\theta)\cos\theta+\sum_{n=1}^{\infty}\tilde{C}_n\underline{\tilde{G}}_n(\tau)\left(\frac{q}{U}\right)^{-n}\sin n\theta \tag{130}$$

式中：

$$k(\tau)=\frac{1}{2(\beta+1)}\left[(2\beta+1)\ln\frac{\tau}{\tau_1}-\left(\frac{1}{\tau}-\frac{1}{\tau_1}\right)+K_1\int_{\tau_1}^{\tau}(1-\tau)^{-\beta}\frac{\mathrm{d}\tau}{\tau^2}\right] \tag{131}$$

条件(102)和(103)与展开式：

$$\frac{1}{2}\sin\theta+\sum_{n=2}^{\infty}\left(\frac{1}{n+1}+\frac{1}{n-1}\right)\sin n\theta=(\pi-\theta)\cos\theta,\ 0<\theta<2\pi$$

一起要求有：

$$\underline{\tilde{F}}_n(\tau_1)\tilde{A}_n+\underline{\tilde{G}}_n(\tau_1)\tilde{C}_n=\frac{1}{n+1}+\frac{1}{n-1} \tag{132}$$

$$[n\underline{\tilde{F}}_n(\tau_1)+2\tau_1\underline{\tilde{F}}'_n(\tau_1)]\tilde{A}_n+[-n\underline{\tilde{G}}_n(\tau_1)+2\tau_1\underline{\tilde{G}}'_n(\tau_1)]\tilde{C}_n=\frac{1}{n+1}+\frac{1}{n-1},\ n\neq1 \tag{133}$$

和

$$\widetilde{\underline{G}}_1(\tau_1)\widetilde{C}_1 = \frac{1}{2} \tag{134}$$

$$[-\widetilde{\underline{G}}_1(\tau_1) + 2\tau_1\widetilde{\underline{G}}'_1(\tau_1)]\widetilde{C}_1 + 2\tau_1 k'(\tau_1) = \frac{1}{2},\ n = 1 \tag{135}$$

求解式(132)和(133)得到$\widetilde{A}_n$ 和$\widetilde{C}_n$,利用式(28)独立积分 Wronski 行列式得到

$$\widetilde{A}_n = \frac{(1-\tau_1)^\beta}{n^2-1}(1-n\widetilde{\xi}_{-n}(\tau_1))\widetilde{\underline{G}}_n(\tau_1) \tag{136}$$

$$\widetilde{C}_n = -\frac{(1-\tau_1)^\beta}{n^2-1}(1-n\widetilde{\xi}_n(\tau_1)\widetilde{\underline{F}}(\tau_1)),\ n \neq 1 \tag{137}$$

$\widetilde{C}_1$ 可由式(134)给出,常数 K_1 可由式(135)解出,即:

$$K_1 = -(1-\tau_1)^\beta\left[1+\beta\tau_1+(\beta+1)\tau_1^2\frac{\widetilde{\underline{G}}'_1(\tau_1)}{\widetilde{\underline{G}}(\tau_1)}\right] \tag{138}$$

在所讨论的整个域内,$\widetilde{\psi}(q,\theta)$和$\widetilde{\chi}(q,\theta)$的解是唯一确定的。因为在第 4 节讨论的超几何函数主要性质仍成立,一般情况收敛性方程可由类似的方法解决。

11. 向物理平面的转换

在前几节已经证明,对于给定的不可压缩流动,当其两个相关函数 $\psi_0(q,\theta)$和 $\chi_0(q,\theta)$确定以后,对于相应的可压缩流动也存在两个相关函数 $\psi(q,\theta)$, $\chi(q,\theta)$,这两个相关函数是与参数 γ 和 τ_1 有关的。问题在于是什么样的相关函数 $\psi(q,\theta)$和 $\chi(q,\theta)$,在物理平面上是否属于相同的流动图案?为了回答这个问题必须再一次回到相容性方程式(24);因为当 $\psi(q,\theta)$给定,通过求解式(20)和(21),$\varphi(q,\theta)$是已知的。因此,如果 $\chi(q,\theta)$满足式(23)并且当 $c_0\rightarrow\infty$时趋于 χ_0,对于相同的流动它是与 $\psi(q,\theta)$相关的,则必须满足相容性方程。除了第 10 节讨论的对数奇点情况以外[那里,不曾讨论完整的函数 $\psi(q,\theta)$],从本质上这个条件都考虑到了。

一旦建立了 $\psi(q,\theta)$和 $\chi(q,\theta)$之间的关系,下一个问题就是计算与 $\psi(q,\theta)$和 $\chi(q,\theta)$相应的物理平面上 $\psi(x,y)$=常数的流动图案。

首先必须提醒注意,式(9)和(10)定义的变换通常是一一对应的。假设在速度面上有一条线,其定义为:

$$\psi(q,\theta) = \text{const.} = K \tag{139}$$

则它将在物理平面上相应于一条确定的流线,或者流线上一个确定的部分。这条流线可以由 $x(q,\theta)$和 $y(q,\theta)$中的两个变量消去一个来得到。为此,只要 $\psi_0(q,\theta)\neq 0$ 首先解式(139)得到 θ,即:

$$\theta = \theta(q,K) \tag{140}$$

把这个关系式代入式(13),并变换成极坐标形式即为:

$$x = \cos\theta\frac{\partial\chi}{\partial q} - \frac{\sin\theta}{q}\frac{\partial\chi}{\partial\theta} \tag{141}$$

$$y = \sin\theta\frac{\partial\chi}{\partial q} + \frac{\cos\theta}{q}\frac{\partial\chi}{\partial\theta} \tag{142}$$

这就给出了速度图平面上相应的 $\psi(q,\theta) = K$ 的特定流线的参数表达式。

第三部分　利用超几何函数的渐近性质改进解的收敛性

12. 一般概念

从实际观点看本报告的第二部分构成通解的意义在于建立了解的存在性定理。由此表明，如果来流马赫数不太高，绕物体的无旋等熵流动可以通过求解相应的不可压缩流动问题来得到。然而，以收敛很慢的无穷级数形式给出的解，通常要计算出所要求的结果是很不方便的，因为计算量太大了。

观察一下在第二节得到的无穷级数，看到可压缩流动解和不可压缩流动解之间的差别在于不可压缩流动解中级数的各项有如下形式：

$$q^{\nu}\begin{matrix}\cos\nu\theta\\ \sin\nu\theta\end{matrix}\qquad q^{-\nu}\begin{matrix}\cos\nu\theta\\ \sin\nu\theta\end{matrix}$$

而可压缩流动的解中级数的各项的形式为：

$$q^{\nu}\underline{F}_{\nu}(\tau)\begin{matrix}\cos\nu\theta\\ \sin\nu\theta\end{matrix}\qquad q^{-\nu}\underline{G}_{\nu}(\tau)\begin{matrix}\cos\nu\theta\\ \sin\nu\theta\end{matrix}$$

如果能够写成如下形式：

$$q^{\nu}\underline{F}_{\nu}(\tau)=[Q(q)]^{\nu},\ q^{-\nu}\underline{G}_{\nu}(\tau)=[Q(q)]^{-\nu},$$

则不可压缩流动解和可压缩流动解之间除了利用一个新尺度 Q 表示的“速度 q 的畸变”以外，就应该没有差别了。例如，像 Kármán[1] 和钱[9] 所讨论的，在 $\gamma=-1$ 的特定条件下这个可能性已经实现了。

对于一般的绝热指数 γ 的等熵流动，没有这样的尺度因子 Q。然而，如果 ν 非常大，则存在这样的函数 Q，至少可以说一阶近似是如此。换句话说，$\underline{F}_{\nu}(\tau)$ 和 $\underline{G}_{\nu}(\tau)$ 的渐近表达式的前面几项能给出所希望的形式。另一方面，由于利用了渐近表达式就必然包含有近似。但是，可以利用对近似解附加修正项的方法来弥补渐近形式解与精确的超几何函数之间的差别，因此克服这个缺点是不困难的。因为级数形式的解有无穷多项，并且每一项都给出一个修正项，这些修正项也构成一个无穷级数，因此原来的无穷级数现在变成一个封闭函数加上另一个无穷级数。初看起来这样的变换并不能避免不容易计算的困难。但实际上，即使在中等 ν 值的情况渐近表达式也有很好的近似性，使得修正级数的收敛非常快，看来只要几项就能完成所需要的计算。因此，对于各种实际问题，原来的无限级数现在转换成一个带有“速度畸变”的封闭函数加上几个修正项。我们的主要兴趣在于一般的绝热指数 γ 的情况，这时简单的速度畸变方法将不能给出足够精确的解[8]。

在声速点处，微分方程类型的变化，将导致速度畸变函数 Q 的奇异性。然而由于利用了修正项，因此这个奇异性可以限制在声速点附近的很窄区域内，实践表明在实用中不存在困难。在本报告第五部分中给出的数值计算举例将清楚地看到这一点。

13. 超几何方程的渐近解

设 $U_{\nu}(\tau)$ 和 $V_{\nu}(\tau)$ 是两个新的因变量，其定义为

$$\psi_{\nu}(\tau)=\tau^{-\frac{\nu+1}{2}}(1-\tau)^{\frac{\beta}{2}}U_{\nu}(\tau)\tag{143}$$

$$\chi_{\nu}(\tau)=\tau^{-\frac{\nu+1}{2}}(1-\tau)^{-\frac{\beta}{2}}V_{\nu}(\tau)\tag{144}$$

微分方程(27)和(28)分别归结为

$$U_{\nu}''(\tau)-[\nu^2\varphi(\tau)+\rho_{\beta}(\tau)]U_{\nu}(\tau)=0 \tag{145}$$

$$V_{\nu}''(\tau)-[\nu^2\varphi(\tau)+\rho_{-\beta}(\tau)]V_{\nu}(\tau)=0 \tag{146}$$

式中：

$$\varphi(\tau)=\frac{1-(2\beta+1)\tau}{4\tau^2(1-\tau)}$$

$$\rho_{\pm\beta}(\tau)=\frac{\beta\tau(\beta\tau\pm 2)-(1-\tau)^2}{4\tau^2(1-\tau)^2}$$

在式(145)和(146)中包含一个常参数 ν，它是正实数，但对于不同的给定常数 β，ν 值是不同的。在 $0<\tau<1$ 区间，即流动所发生的区间，除了 $\tau=0$ 和 $\tau=1$ 两个端点，函数 $\varphi(\tau)$ 和 $\rho_{\pm\beta}(\tau)$ 是有限且连续的。为避免重复，令式(145) 和(146) 由下式代替：

$$U_{\alpha,\nu}''(\tau)-[\nu^2\varphi(\tau)+\rho_{\alpha}(\tau)]U_{\alpha,\nu}(\tau)=0 \tag{147}$$

式中：当 $\alpha=\beta$ 时 $U_{\beta,\nu}(\tau)=U_{\nu}(\tau)$，当 $\alpha=-\beta$ 时 $U_{-\beta,\alpha}(\tau)=V_{\alpha}(\tau)$。在 $\delta\leqslant\tau\leqslant\dfrac{1}{2\beta+1}-\delta$ 区间($\delta>0$)$\varphi(\tau)$ 是一个下限为零的正数。Horn[18] 指出，当 ν 是大的正整数时，在所讨论的区间内存在一对形式如下的解：

$$U_{\alpha,\nu}^{(1)}(\tau)\sim \mathrm{e}^{\nu K}\left[\varphi^{\frac{1}{4}}+\frac{f_{11}(\tau)}{\nu}+\frac{f_{12}(\tau)}{\nu^2}+\cdots+\frac{f_{1s}(\tau)}{\nu^s}\right] \tag{148}$$

$$U_{\alpha,\nu}^{(2)}(\tau)\sim \mathrm{e}^{-\nu K}\left[\varphi^{-\frac{1}{4}}+\frac{f_{21}(\tau)}{\nu}+\frac{f_{22}(\tau)}{\nu^2}+\cdots+\frac{f_{2s}(\tau)}{\nu^s}\right] \tag{149}$$

式中：

$$K(\tau)=\int^{\tau}\varphi^{\frac{1}{2}}(\tau)\mathrm{d}\tau,\ 0<\tau<\frac{1}{2\beta+1} \tag{150}$$

式(150)中常数被忽略了，因为它可以吸收在式(148)和(149)的常数因子中。只要 ν 比一个大的正数 N 大，可以表明这个表达式是唯一的。将 $U_{\alpha,\nu}^{(1)}(\tau)$和 $U_{\alpha,\nu}^{(2)}(\tau)$代入式(147)，并选取系数 $f_{r,s}(\tau)$ $(r=1,\ 2;\ \delta=1,\ 2,\ 3,\ \cdots)$，使得每项都为零，则式(147)归结为：

$$2K'f_{1,s+1}'+K''f_{1,s+1}=\rho_{\alpha}f_{1,s}-f_{1,s}'' \tag{151}$$

$$2K'f_{2,s+1}+K''f_{2,s+1}=-\rho_{\alpha}f_{2,s}+f_{2,s}'',\ s=0,\ 1,\ 2,\ \cdots \tag{152}$$

式中：$f_{1,0}(\tau)=f_{2,0}(\tau)=\varphi^{-\frac{1}{4}}$。这样，系数 $f_{r,s}(\tau)$ 由一阶常微分方程逐个给出，求解它没有任何困难。因此，在形式上这个问题是解决了。

显然，在所讨论的范围内，当 $\varphi(\tau)$为正数时这个解是指数型的，而当 $\varphi(\tau)$是负数，该解是振荡型的。在 $\delta\leqslant\tau\leqslant 1-\delta$ 区间，$\delta>0$，其中当 $\tau\leqslant\dfrac{1}{2\beta+1}$ 时，$\varphi(\tau)\gtrless 0$，两种形式的解都存在。显然在 $\tau=\dfrac{1}{2\beta+1}$ 附近，解的特性必然出现变化，但是解的转换方式不能由式(148) 和(149) 导出，因为在 $\tau=\dfrac{1}{2\beta+1}$ 附近解的表达式失效了。这与 Stokes 现象是密切相关的。

Jeffreys[19]把这个方法推广到在所考虑的区间 $\varphi(\tau)$有一个单根的情况，并且可以适用于一阶近似。一般性问题是由 Langer[20]在他的一系列文章中解决了，其中考虑了 ν 和 τ 为实数和复数的两种情况。特别是注意到了 Stokes 现象,明确地叙述了在临界点每边都分别成立的解之间连接的规则。为了方便采用 Jeffreys 方法,本文的讨论只用了一级近似。

由式(148)和(149)看出,第一级近似只依赖 $\varphi(\tau)$, $\rho_\alpha(\tau)$的影响并仅在高阶项中表现出来。因此只考虑一级近似时,式(147)可写为:

$$U''_\nu(\tau) - \nu^2\varphi(\tau)U_\nu(\tau) = 0 \tag{153}$$

式中:$U_{\beta,\nu} = U_{-\beta,\nu} = U_\nu$。因此当 $\nu > N$ 时渐近解的主项是:

$$U_\nu^{(1)}(\tau) \sim \varphi^{-\frac{1}{4}}\mathrm{e}^{\nu K}\left[1 + O\left(\frac{1}{\nu}\right)\right| \tag{154}$$

$$0 < \tau < \frac{1}{2\beta+1}$$

$$U_\nu^{(2)}(\tau) \sim \varphi^{-\frac{1}{4}}\mathrm{e}^{-\nu K}\left[1 + O\left(\frac{1}{\nu}\right)\right| \tag{155}$$

式中:$O\left(\frac{1}{\nu}\right)$表示在$\delta \leqslant \tau \leqslant \frac{1}{2\beta+1}$区间($\delta > 0$),当 ν 足够大时,该项具有 ν^{-1}量级,并且是 ν^{-1}的函数。

另一方面,在$\frac{1}{2\beta+1}+\delta \leqslant \tau \leqslant 1$区间(其中 $\varphi(\tau) < 0$),K 是一个纯虚数 $\mathrm{i}\omega$, ω 是实数,渐近解的主项必然是式(148)和(149)的线性组合,并具有如下形式:

$$U_\nu^{(1)}(\tau) \sim \frac{c_1}{\varphi^{\frac{1}{4}}}\cos(\nu\omega + \varepsilon_\nu) \tag{156}$$

$$U_\nu^{(2)}(\tau) \sim \frac{c_2}{\varphi^{\frac{1}{4}}}\sin(\nu\omega + \varepsilon_\nu),\ \frac{1}{2\beta+1} < \tau < 1 \tag{157}$$

式中:c_1, c_2 和 ε_ν 均为待定常数。

在 $\frac{1}{2\beta+1}+\delta \leqslant \tau \leqslant 1-\delta$ 区间内,确定这些常数的问题实际上与确定这些解的渐近表达式的延拓方式是同一个问题。按照Jeffreys 方法,考虑在 $\tau = \frac{1}{2\beta+1}$附近成立的解可以得到这些常数。设 $\xi = \tau - \frac{1}{2\beta+1}$,当 ξ 充分小,ν 是大数时,只要$\frac{\varphi^{(n)}(0)}{n!\varphi'(0)} \sim 1$,则式(153) 可以近似地写为

$$U''_\nu(\xi) + \nu^2\varphi'(0)\xi U_\nu(\xi) = 0 \tag{158}$$

此方程通称为 Stokes 方程,其独立积分是

$$\xi^{\frac{1}{2}}H_{\frac{1}{3}}^{(1)}(\zeta),\ \xi^{\frac{1}{2}}H_{\frac{1}{3}}^{(2)}(\zeta);\text{其中 } \zeta = \frac{2}{3}\nu\varphi'^{\frac{1}{2}}(0)\xi^{\frac{3}{2}} \tag{159}$$

式中:$H_{\frac{1}{3}}^{(1)}(\zeta)$和 $H_{\frac{1}{3}}^{(2)}(\zeta)$是$\frac{1}{3}$阶 Hankel 函数。取如下线性组合的两个独立解:

$$U_\nu^{(1)}(\xi) = \xi^{\frac{1}{2}}H_{\frac{1}{3}}^{(1)}(\zeta) + \xi^{\frac{1}{2}}H_{\frac{1}{3}}^{(2)}(\zeta) \tag{160}$$

$$U_\nu^{(2)}(\xi) = \xi^{\frac{1}{2}}H_{\frac{1}{3}}^{(1)}(\zeta) - \xi^{\frac{1}{2}}H_{\frac{1}{3}}^{(2)}(\zeta) \tag{161}$$

因为在整个 ζ 面内 $H_{\frac{1}{3}}^{(1)}(\zeta)$和 $H_{\frac{1}{3}}^{(2)}(\zeta)$是解析函数,这就提出一个鉴别相同函数的渐近形式的

方法。

首先假设 $\arg\xi=0$，这个解在式(160)和(161)中给出，对于 $\arg\xi=\pi$ 和 $\arg\zeta=\frac{3}{2}\pi$，同样的解是

$$U_\nu^{(1)}(\xi)=\xi^{\frac{1}{2}}\mathrm{e}^{\frac{\pi i}{2}}H_{\frac{1}{3}}^{(1)}(\zeta\mathrm{e}^{\frac{3\pi i}{2}})+\xi^{\frac{1}{2}}\mathrm{e}^{\frac{\pi i}{2}}H_{\frac{1}{3}}^{(2)}(\zeta\mathrm{e}^{\frac{3\pi i}{2}}) \tag{162}$$

$$U_\nu^{(2)}(\xi)=\xi^{\frac{1}{2}}\mathrm{e}^{\frac{\pi i}{2}}H_{\frac{1}{3}}^{(1)}(\zeta\mathrm{e}^{\frac{3\pi i}{2}})-\xi^{\frac{1}{2}}\mathrm{e}^{\frac{\pi i}{2}}H_{\frac{1}{3}}^{(2)}(\zeta\mathrm{e}^{\frac{3\pi i}{2}}) \tag{163}$$

现在

$$H_{\frac{1}{3}}^{(1)}(\zeta\mathrm{e}^{\frac{\pi i}{2}}\mathrm{e}^{\pi i})=-\mathrm{e}^{-\frac{\pi i}{2}}H_{\frac{1}{3}}^{(2)}(\zeta\mathrm{e}^{\frac{\pi i}{2}})$$

$$H_{\frac{1}{3}}^{(2)}(\zeta\mathrm{e}^{\frac{\pi i}{2}}\mathrm{e}^{\pi i})=2\cos\frac{\pi}{3}H_{\frac{1}{3}}^{(2)}(\zeta\mathrm{e}^{\frac{\pi i}{2}})+\mathrm{e}^{\frac{\pi i}{3}}H_{\frac{1}{3}}^{(1)}(\zeta\mathrm{e}^{\frac{\pi i}{2}})$$

并且当 ζ 是大数和 $-\pi<\arg\zeta\mathrm{e}^{\frac{\pi i}{2}}<\pi$ 时 $H_{\frac{1}{3}}^{(1)}(\zeta\mathrm{e}^{\frac{\pi i}{2}})$ 和 $H_{\frac{1}{3}}^{(2)}(\zeta\mathrm{e}^{\frac{\pi i}{2}})$ 的渐近表达式的主项是

$$H_{\frac{1}{3}}^{(1)}(\zeta\mathrm{e}^{\frac{\pi i}{2}})\sim\sqrt{\frac{2}{\pi\zeta}}\mathrm{e}^{\mathrm{i}\left(\zeta\mathrm{e}^{\frac{\pi i}{2}}-\frac{\pi}{6}-\frac{\pi}{2}\right)}\left\{1+O\left(\frac{1}{\zeta}\right)\right\}$$

$$H_{\frac{1}{3}}^{(2)}(\zeta\mathrm{e}^{\frac{\pi i}{2}})\sim\sqrt{\frac{2}{\pi\zeta}}\mathrm{e}^{-\mathrm{i}\left(\zeta\mathrm{e}^{\frac{\pi i}{2}}-\frac{\pi}{6}\right)}\left\{1+O\left(\frac{1}{\zeta}\right)\right\}$$

将上式代入式(162)和(163)并忽略 ζ 的低阶项，同时将式(160)和(161)展开，则得到：

$$2\xi^{-\frac{1}{4}}\cos\left(\zeta-\frac{\pi}{4}\right)\rightarrow\xi^{-\frac{1}{4}}\mathrm{e}^{-\zeta} \tag{164}$$

$$\xi^{-\frac{1}{4}}\sin\left(\zeta-\frac{\pi}{4}\right)\rightarrow\xi^{-\frac{1}{4}}\mathrm{e}^{\zeta} \tag{165}$$

这里的箭头用于表示相同函数的渐近表达式是从左边的部分转换到右边的部分。当 ξ 很小时，$\xi^{-\frac{1}{4}}\sim\varphi^{\frac{1}{4}}$ 和 $\zeta\sim\nu\omega$；对于 $c_1=2$；$c_2=-1$ 和 $\varepsilon_\nu=-\frac{\pi}{4}$，式(156)和(157)最终变为

$$U_\nu^{(1)}(\tau)\sim\frac{2}{\varphi^{\frac{1}{4}}}\cos\left(\nu\omega-\frac{\pi}{4}\right)\left\{1+O\left(\frac{1}{\nu}\right)\right\} \tag{166}$$

$$\frac{1}{2\beta+1}<\tau<1$$

$$U_\nu^{(2)}(\tau)\sim\frac{1}{\varphi^{\frac{1}{4}}}\cos\left(\nu\omega+\frac{\pi}{4}\right)\left\{1+O\left(\frac{1}{\nu}\right)\right\} \tag{167}$$

在上面的假设下，表达式(154)、(166)和(155)、(167)实际上分别表示了对于任意大的正数 ν，解 $U_\nu^{(1)}(\tau)$ 和 $U_\nu^{(2)}(\tau)$ 的两个渐近展开式的主项。

14. $F(a_\nu,\ b_\nu;\ c_\nu;\ \tau)$ 和 $F(a_\nu+\beta,\ b_\nu+\beta;\ c_\nu;\ \tau)$ 的渐近表达式

$U_\nu^{(1)}(\tau)$ 和 $U_\nu^{(2)}(\tau)$ 的渐近展开的主项分别由式(154)、(166)和(155)、(167)给出。通过计算式(154)和(166)中的简单积分，$U_\nu^{(1)}(\tau)$ 和 $U_\nu^{(2)}(\tau)$ 的一级近似的明显表达式是

$$U_\nu^{(1)}(\tau)\sim(2\beta)^{-\frac{\nu(\alpha-1)}{2}}\left\{\frac{4(1-\tau)}{1-\alpha^2\tau}\right\}^{\frac{1}{4}}\tau^{\frac{\nu+1}{2}}T^{\nu *}(\tau) \tag{168}$$

$$0<\tau<\frac{1}{2\beta+1}$$

$$U_{\nu}^{(2)}(\tau) \sim (2\beta)^{\frac{\nu(\alpha-1)}{2}} \left\{\frac{4(1-\tau)}{1-\alpha^2\tau}\right\}^{\frac{1}{4}} \tau^{-\frac{\nu+1}{2}} T^{-\nu *}(\tau) \tag{169}$$

$$U_{\nu}^{(1)}(\tau) \sim 2\left\{\frac{4(1-\tau)}{\alpha^2\tau-1}\right\}^{\frac{1}{4}} \tau^{\frac{1}{2}} \cos\left(\nu\omega-\frac{\pi}{4}\right) \tag{170}$$

$$\frac{1}{2\beta+1} < \tau < 1$$

$$U_{\nu}^{(2)}(\tau) \sim \left\{\frac{4(1-\tau)}{\alpha^2\tau-1}\right\}^{\frac{1}{4}} \tau^{\frac{1}{2}} \cos\left(\nu\omega+\frac{\pi}{4}\right) \tag{171}$$

式中：

$$\left.\begin{aligned} T^*(\tau) &= \frac{[\alpha(1-\tau)^{\frac{1}{2}}+(1-\alpha^2\tau)^{\frac{1}{2}}]^{\alpha}}{(1-\tau)^{\frac{1}{2}}+(1-\alpha^2\tau)^{\frac{1}{2}}},\ \alpha=\left[\frac{\gamma+1}{\gamma-1}\right]^{\frac{1}{2}} \\ \omega(\tau) &= \alpha\arctan\sqrt{\frac{\alpha^2\tau-1}{\alpha^2(1-\tau)}}-\arctan\sqrt{\frac{\alpha^2\tau-1}{1-\tau}} \end{aligned}\right\} \tag{172}$$

在图 3 中给出了函数 $\omega(\tau)$ 和 $\mu(\tau)$ 的值，式中：$\mu(\tau)$ 由 $\cos\mu=\frac{1}{M}$ 定义。在各自成立的区域内，每对表达式只与精确解相差一个常数因子，这个因子可以利用归一化条件式(30)和(36)确定。把式(168)代入式(143)，得到这些常数是：

$$c_{\pm\nu} = \frac{1}{\sqrt{2}}(2\beta)^{\pm\frac{\alpha-1}{2}\nu}\left\{\frac{\nu}{(1+\alpha)^2}\right\}^{\pm\nu}$$

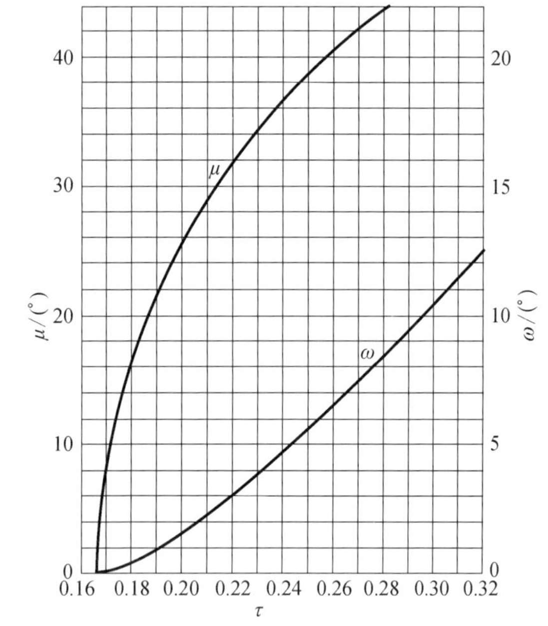

图 3　$\omega(\tau)$；$\mu(\tau)$；$\gamma=1.405$

因此，在 $0\leqslant\tau<\frac{1}{2\beta+1}$ 区间，当 $\nu>N$ 时，所求的渐近表达式是

$$\underline{F}_{\nu}(\tau) \sim f(\tau)T^{\nu}(\tau) \tag{173}$$

$$\underline{G}_{\nu}(\tau) \sim f(\tau)T^{-\nu}(\tau) \tag{174}$$

式中：

$$f(\tau) = \frac{(1-\tau)^{\frac{\beta}{2}+\frac{1}{4}}}{(1-\alpha^2\tau)^{\frac{1}{4}}},$$

$$T(\tau) = \frac{2}{(1+\alpha)^{\alpha}} \frac{[\alpha(1-\tau)^{\frac{1}{2}}+(1-\alpha^2\tau)^{\frac{1}{2}}]^{\alpha}}{(1-\tau)^{\frac{1}{2}}+(1-\alpha^2\tau)^{\frac{1}{2}}} \tag{175}$$

对于在 $\frac{1}{2\beta+1}<\tau<1$ 区间，这些表达式是

$$\underline{F}_{\nu}(\tau) \sim f(\tau)T^{\nu}(\tau)\cos\left(\nu\omega-\frac{\pi}{4}\right) \tag{176}$$

$$\underline{G}_{\nu}(\tau) \sim \frac{1}{2}f(\tau)T^{-\nu}(\tau)\cos\left(\nu\omega+\frac{\pi}{4}\right) \tag{177}$$

式中：

$$f(\tau)=2\frac{(1-\tau)^{\frac{\beta}{2}+\frac{1}{4}}}{(\alpha^2\tau-1)^{\frac{1}{4}}},\ T(\tau)=2\frac{(2\beta)^{\frac{\alpha}{2}}}{(1+\alpha)^{\alpha}}\cdot\frac{1}{\sqrt{2\beta\tau}} \tag{178}$$

$T(\tau)$和当地马赫数M与τ的关系在图4中给出。

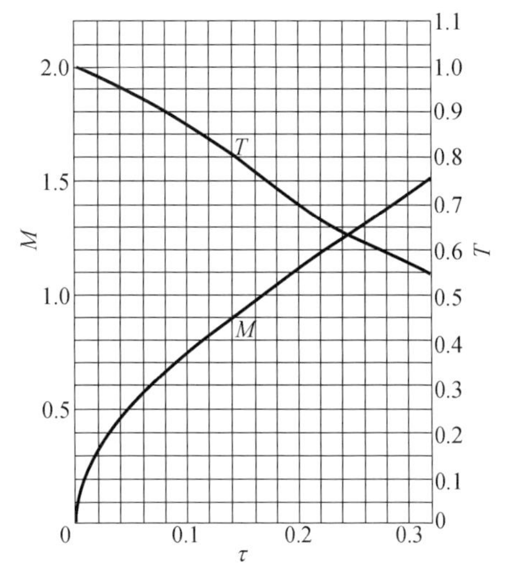

图4　$T(\tau)$；$M(\tau)$；$\gamma=1.405$

类似地，与式(153)中的$U_\nu(\tau)\sim V_\nu(\tau)$一样，$F(a_\nu+\beta,\ b_\nu+\beta;\ c_\nu;\ \tau)$的相应表达式是：

$$\underset{\sim}{F}_\nu(\tau)\sim g(\tau)T^\nu(\tau) \tag{179}$$

$$0\leqslant\tau<\frac{1}{2\beta+1}$$

$$\underset{\sim}{G}_\nu(\tau)\sim g(\tau)T^{-\nu}(\tau) \tag{180}$$

式中：

$$g(\tau)=\frac{(1-\tau)^{-\frac{\beta}{2}+\frac{1}{4}}}{(1-\alpha^2\tau)^{\frac{1}{4}}} \tag{181}$$

和

$$\underset{\sim}{F}_\nu(\tau)\sim g(\tau)T^\nu(\tau)\cos\left(\nu\omega-\frac{\pi}{4}\right) \tag{182}$$

$$\frac{1}{2\beta+1}<\tau<1$$

$$\underset{\sim}{G}_\nu(\tau)\sim\frac{1}{2}g(\tau)T^{-\nu}(\tau)\cos\left(\nu\omega+\frac{\pi}{4}\right) \tag{183}$$

式中：

$$g(\tau)=2\frac{(1-\tau)^{-\frac{\beta}{2}+\frac{1}{4}}}{(\alpha^2\tau-1)^{\frac{1}{4}}} \tag{184}$$

这里的$\underset{\sim}{F}_\nu(\tau)$总是表示第一个积分$F(a_\nu,\ b_\nu;\ c_\nu;\ \tau)$，而$\underset{\sim}{G}_\nu(\tau)$乘以$q^{-2\nu}$表示第二个积分$F_\nu(\tau)$。当$\nu$不是整数时，由式(37)确定；当$\nu$是整数时，由式(39)确定。因为只要$\nu>N$，对于$\nu$是整数或非整数渐近展开都成立。

在渐近展开成立的区域，可以将其对τ求导，并且具有同阶近似。因此，可以证明对于$\nu>N$，当$0\leqslant\tau<\dfrac{1}{2\beta+1}$时，有：

$$\underset{\sim}{F}_{\nu,1}(\tau)\sim h(\tau)T^\nu(\tau)\left\{1+O\left(\frac{1}{\nu}\right)\right\} \tag{185}$$

$$\underset{\sim}{G}_{\nu,1}(\tau)\sim h(\tau)T^{-\nu}(\tau)\left\{1+O\left(\frac{1}{\nu}\right)\right\} \tag{186}$$

式中：

$$h(\tau)=2(1-\tau)^{-\frac{\alpha^2}{4}}(1-\alpha^2\tau)^{-\frac{1}{4}}\left[(1-\tau)^{\frac{1}{2}}+(1-\alpha^2\tau)^{\frac{1}{2}}\right]^{-1} \tag{187}$$

而当$\dfrac{1}{2\beta+1}<\tau<1$时

$$\underset{\sim}{F}_{\nu,1}\sim h(\tau)T^2(\tau)\cos\left(\nu\omega-\mu-\frac{\pi}{4}\right)\left\{1+O\left(\frac{1}{\nu}\right)\right\} \tag{188}$$

$$\underset{\sim}{\widetilde{G}}_{\nu}(\tau) \sim \frac{1}{2}h(\tau)T^{-\nu}(\tau)\cos\left(\nu\omega+\mu+\frac{\pi}{4}\right)\left\{1+O\left(\frac{1}{\nu}\right)\right\} \tag{189}$$

式中：

$$h(\tau) = 4(1-\tau)^{-\frac{\alpha^2}{4}}(\alpha^2\tau-1)^{-\frac{1}{4}}(2\beta\tau)^{-\frac{1}{2}},\ \mu(\tau) = \arccos\sqrt{\frac{1-\tau}{2\beta\tau}} \tag{190}$$

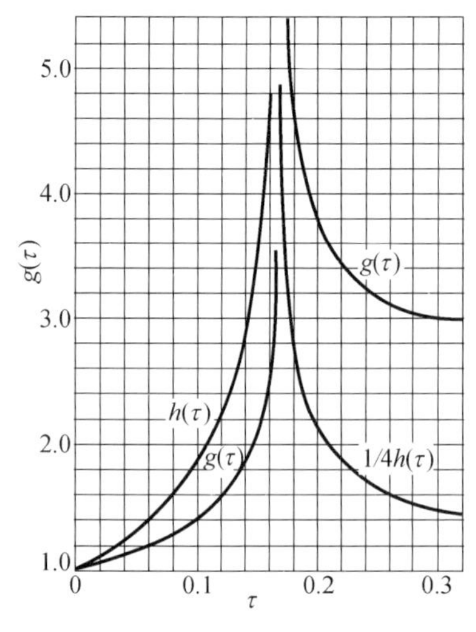

图 5 $g(\tau)$；$h(\tau)$；$\gamma = 1.405$

函数 $g(\tau)$ 和 $h(\tau)$ 在图 5 中给出。

值得注意的是，当 $\gamma=-1$ 时，常数 α 变为零，而且只有指数形式的解。对 $\psi_{\nu}(\tau)$ 这些解是精确的，即当 $\beta=-\frac{1}{2}$ 时，

$$\underset{\sim}{F}_{\nu}(\tau) = \left[\frac{2}{1+\sqrt{1+\frac{q^2}{c_0^2}}}\right]^{\nu} \tag{191}$$

$$\underset{\sim}{F}_{-\nu}(\tau) = \left[\frac{2}{1+\sqrt{1+\frac{q^2}{c_0^2}}}\right]^{-\nu} \tag{192}$$

式中：第一个解与钱[9]得到的结果一致，而且对于 $\chi_{\nu}(\tau)$ 这些解不是精确的，结果是

$$\underset{\sim}{\widetilde{F}}_{\nu}(\tau) \sim \left[1+\frac{q^2}{c_0^2}\right]^{\frac{1}{2}}\left[\frac{2}{1+\left(1+\frac{q^2}{c_0^2}\right)^{\frac{1}{2}}}\right]^{\nu}\left\{1+O\left(\frac{1}{\nu}\right)\right\} \tag{193}$$

$$\nu \geqslant N$$

$$\underset{\sim}{\widetilde{G}}_{\nu}(\tau) \sim \left[1+\frac{q}{c_0^2}\right]^{\frac{1}{2}}\left[\frac{2}{1+\left(1+\frac{q^2}{c_0^2}\right)^{\frac{1}{2}}}\right]^{-\nu}\left\{1+O\left(\frac{1}{\nu}\right)\right\} \tag{194}$$

这可能是由于相应的可压缩流动和不可压缩流动坐标之间相似性受到破坏造成的。

对于 $\gamma=1.405$ 和 $\nu=n+\frac{1}{2}$，n 是正整数的情况，三组函数 $\underset{\sim}{F}_{\nu}(\tau)$，$\underset{\sim}{F}_{-\nu}(\tau)$，$\underset{\sim}{\widetilde{F}}_{\nu}(\tau)$，$\underset{\sim}{\widetilde{F}}_{-\nu}(\tau)$ 和 $\underset{\sim}{\widetilde{F}}_{\nu,1}(\tau)$，$\underset{\sim}{\widetilde{F}}_{-\nu,1}(\tau)$ 和它们的渐近表达式在 τ 从 0 到 0.5，n 从 0 到 10 都作了计算。结果在表 2 到表 13 中给出。作为近似的情况在图 6 至图 11 中给出。由此可以看到，一方面对于任意固定的 τ，函数的渐近程度随 ν 的增大而增加；另一方面对于任意固定的 n，随着 τ 接近当地声速的临界点 $\tau=\frac{1}{2\beta+1}$，这种近似变坏。从整体看，如果没有达到临界点 $\tau=\frac{1}{2\beta+1}$，一般可以认为符合得很好，当 n 很大时更是如此。

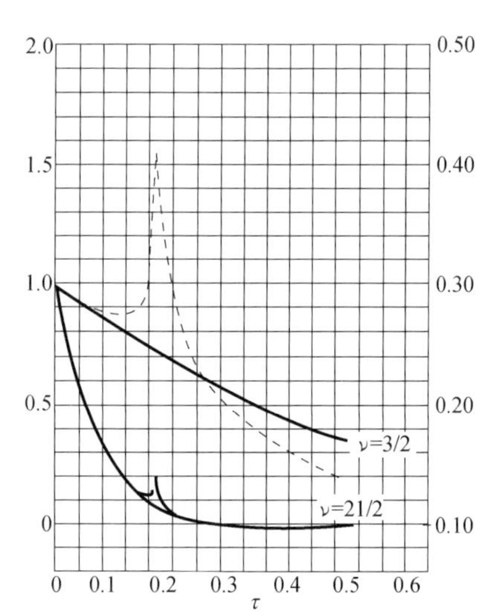

图 6 $\underset{\sim}{F}_{\nu}(\tau)$；$\gamma=1.405$，虚线表示 $\underset{\sim}{F}_{\nu}(\tau)$ 的近似值

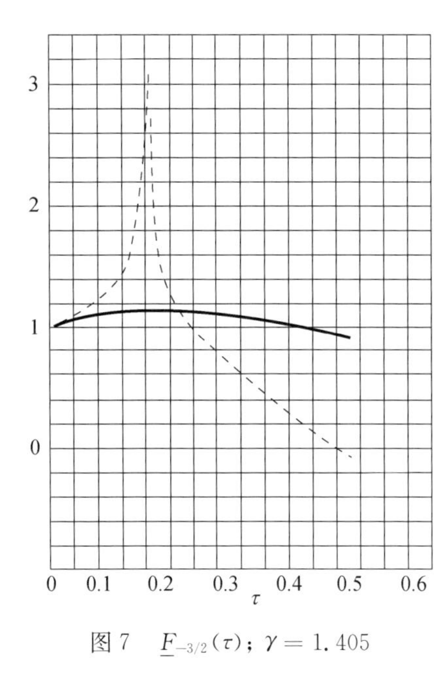

图 7 $\underline{F}_{-3/2}(\tau)$；$\gamma = 1.405$

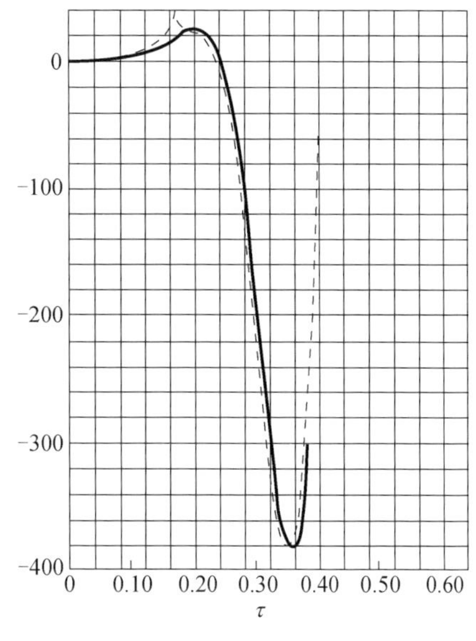

图 8 $\underline{F}_{-21/2}(\tau)$；$\gamma = 1.405$

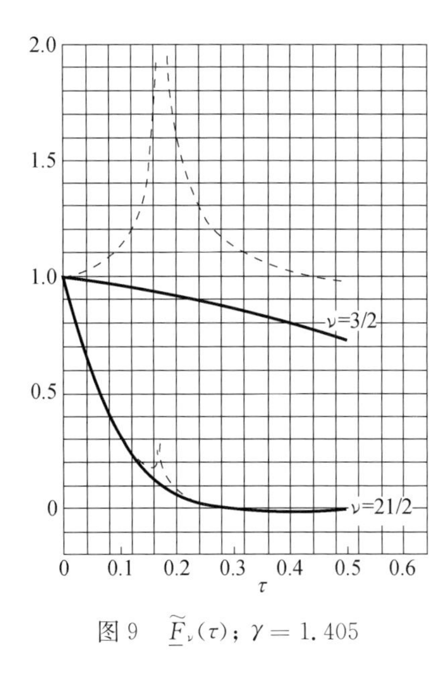

图 9 $\widetilde{\underline{F}}_{\nu}(\tau)$；$\gamma = 1.405$

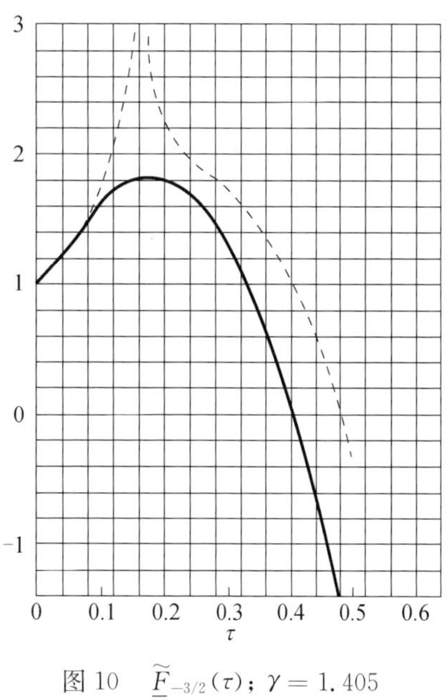

图 10 $\widetilde{\underline{F}}_{-3/2}(\tau)$；$\gamma = 1.405$

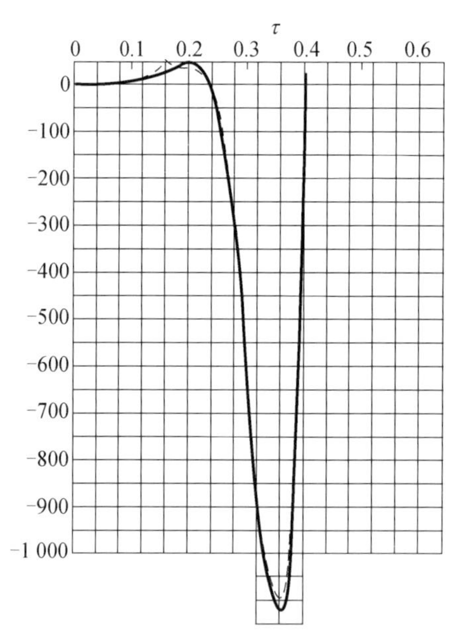

图 11 $\underset{\sim}{\widetilde{F}}_{-21/2}(\tau)$; $\gamma=1.405$

15. 函数 $W(w;\tau)$ 的转换

一阶支点

对于具有一阶支点的流动，函数 $W(w;\tau)$ 已在第 8 和第 9 节给出。可以看到，这些表达式的形式一般是不适合于实际计算的。有两个方面的困难：第一，这个级数包含有无限多个超几何函数，而每个超几何函数又由一个无穷级数定义。超几何函数的收敛性一般是随着参数 ν 的增加而下降的。这就意味计算 $W(w;\tau)$ 级数的后边项的值非常困难。第二，确定函数 $W(w;\tau)$ 本身的幂级数，像所预料的那样，在奇点附近收敛非常缓慢。为了加快收敛采用如下方法：

观察一下具有相同奇异性质的不可压缩流动所相应的函数是

$$W_0^{(i)}(w)=\sum_{n=0}^{\infty}A_n w^n,\ |w|<U$$

它在 $|w|<U$ 的任何闭域内是绝对且一致收敛的。现在，如果在式(92)中，$\underset{\sim}{\widetilde{F}}_n^{(r)}(\tau)$ 用下式代替：

$$\underset{\sim}{F}_n^{(r)}(\tau)\approx\frac{f(\tau)}{f(\tau_1)}t^n(\tau),\ 0\leqslant\tau\leqslant\frac{1}{2\beta+1} \tag{195}$$

式中：$t(\tau)=\dfrac{T(\tau)}{T(\tau_1)}$，假设 $0<\tau_1\ll\dfrac{1}{2\beta+1}$，显然，

$$W^{(i)}(w;\tau)\approx\frac{f(\tau)}{f(\tau_1)}\sum_{n=0}^{\infty}A_n(tw)^n,\ |tw|<U \tag{196}$$

在与 $W_0(w)$ 同样的域内上式是绝对且一致收敛的，因此，将式(196)由 $\dfrac{f(\tau)}{f(\tau_1)}W_0(w)$ 表示。然而，这样做对式(195)成立的限制只有当 n 比大数 N 大才遭到破坏。从式(91)加上又减去了式(196)中给出的值，误差可得以消除，因此直接得到

$$W^{(i)}(w;\tau)=W_1(w;\tau)+W_2^{(i)}(w;\tau) \tag{197}$$

式中：

$$W_1(w;\ \tau)=\frac{f(\tau)}{f(\tau_1)}W_0(tw) \tag{198}$$

$$W_2^{(i)}(w;\ \tau)=\sum_{n=0}^{\infty}A_nG_n(\tau)w^n,\ |w|<U \tag{199}$$

式中：

$$G_n(\tau)=\underline{F}_n^{(r)}(\tau)-\frac{f(\tau)}{f(\tau_1)}t^n(\tau)$$

这里 n 是正整数。而函数 $W(w;\ \tau)$ 是由两个函数的和表示，其中 $W_1(w;\ \tau)$ 有封闭形式，$W_2^{(i)}(w;\ \tau)$ 是两个收敛的幂级数之差，因此也是收敛的。而且根据渐近展开理论，当 n 趋于无穷大时，$G_n(\tau)$ 趋于零。事实上，$G_n(\tau)$ 具有 n^{-1} 的量级，因此 $W(w;\ \tau)$ 的收敛性是以 n^{-1} 量级增加的。实际上，这是整个问题的关键。

因为在式(195)中给出的超几何函数的渐近表达式的形式，在 $0\leqslant\tau<\dfrac{1}{2\beta+1}$ 区间对所有的 τ 都成立，由式(198)给出的 $W_1(w;\ \tau)$ 即使在 $|w|=U$ 的圆外部也自动成立。因此，$W_1(w;\ \tau)$ 在形式上应与式(101)导出的结果一致。由下述讨论可见，情形确实是这样。除了式(195)，如果假设：

$$\underline{G}_\nu(\tau)\approx f(\tau)T^{-\nu}(\tau) \tag{200}$$

则得到

$$\xi_\nu(\tau_1)=-\xi_{-\nu}(\tau_1)=\sqrt{\frac{1-\alpha^2\tau_1}{1-\tau_1}} \tag{201}$$

利用式(108)和(109)，则式(106)和(107)变为

$$B_n^*\approx\frac{B_n}{f(\tau_1)}T^{-\nu}(\tau_1),\ C_n^*\approx\frac{C_n}{f(\tau_1)}T^{\nu}(\tau_1) \tag{202}$$

利用这些近似的系数，用其各自的渐近表达式代替 $\underline{F}_\nu(\tau)$ 和 $\underline{G}_\nu(\tau)$，借助式(100)，得到如下关系式：

$$W^{(0)}(w;\ \tau)=W_1(w;\ \tau)+W_2^{(0)}(w;\ \tau) \tag{203}$$

式中：

$$W_2^{(0)}(w;\ \tau)=\mathrm{i}\sum_{n=0}^{\infty}\{G_\nu^{(1)}(\tau)w^\nu+G_\nu^{(2)}(\tau)w^{-\nu}\} \tag{204}$$

在这种情况，系数 B_n^* 和 C_n^* 以及推导 $W_1(w;\ \tau)$ 时用到的函数 $\underline{F}_\nu(\tau)$ 和 $\underline{G}_\nu(\tau)$ 都是近似的。因此，如果两者都经过修正，则 $G_\nu^{(1)}(\tau)$ 和 $G_\nu^{(2)}(\tau)$ 应为如下形式：

$$\left.\begin{aligned}G_\nu^{(1)}(\tau)&=\Delta B_n^*\ \underline{F}_\nu(\tau)+\frac{B_n}{f(\tau_1)}T^{-\nu}(\tau_1)\Delta\underline{F}_\nu(\tau)\\G_\nu^{(2)}(\tau)&=\Delta C_n^*\ \underline{G}_\nu(\tau)+\frac{C_n}{f(\tau_1)}T^{\nu}(\tau_1)\Delta\underline{G}_\nu(\tau)\end{aligned}\right\} \tag{205}$$

式中：

$$\left.\begin{aligned}\Delta B_n^*&=B_n^*-\frac{B_n}{f(\tau_1)}T^{-\nu}(\tau_1),\ \Delta\underline{F}_\nu(\tau)=\underline{F}_\nu(\tau)-f(\tau)T^{\nu}(\tau)\\\Delta C_n^*&=C_n^*-\frac{C_n}{f(\tau_1)}T^{\nu}(\tau_1),\ \Delta\underline{G}_\nu(\tau)=\underline{G}_\nu(\tau)-f(\tau)T^{-\nu}(\tau)\end{aligned}\right\} \tag{206}$$

这里差值 ΔB_n^* 和 ΔC_n^* 对于任何一组常数 B_n 和 C_n 都依赖无限远条件，而 $\Delta \underline{F}_\nu(\tau)$ 和 $\Delta \underline{G}_\nu(\tau)$ 只是 τ 的函数，因此可以一次列表给出。还可以说明 ΔB_n^* 至少具有 n^{-1} 的量级，因此式(204)的收敛也增加了 n^{-1} 因子。

如果 $\psi(q, \theta)=\psi_1(q, \theta)+\psi_2^{(l)}(q, \theta)$，其中上标$(l)$表示$(i)$或$(0)$，并且如果系数是实数，则亚声速流动的流函数根据式(93)得到下列形式：

$$\psi_1(q, \theta)=\frac{f(\tau)}{f(\tau_1)}\psi_0(tq, \theta), \ 0\leqslant\tau<\frac{1}{2\beta+1} \tag{207}$$

$$\psi_2^{(i)}(q, \theta)=-\sum_{n=0}^{\infty}A_n G_n(\tau)q^n\sin n\theta, \ q<U \tag{208}$$

在 $U<q<V$ 时

$$\psi_2^{(0)}(q, \theta)=\sum_{n=0}^{\infty}[G_\nu^{(1)}(\tau)q^\nu+G_\nu^{(2)}(\tau)q^{-\nu}]\cos\nu\theta \tag{209}$$

式中：$0\leqslant\theta<2\pi$。这个结果是引人注目的，因为对于 $\tau=\tau_1$，当 $G_\nu(\tau_1)=0$ 时 $\psi(U, \theta)\equiv\psi_1(U, \theta)$，即函数 $\psi_1(q, \theta)$ 表示了精确函数的正确奇点。当远离奇点时 $\psi_2^{(l)}(q, \theta)$ $(l=i$ 或 $0)$ 项逐渐占优势，在接近 $\tau=\dfrac{1}{2\beta+1}$ 时更是如此；但在这里该项的收敛也非常快，只要很少几项就可以保证 $\psi(q, \theta)$ 具有很高的精度。

值得估算一下流函数第二部分的大小。注意到 $G_n(\tau_1)=0$，$G_\nu(\tau_1)=0$，$G_n(\tau)$ 和 $G_\nu(\tau)$ 的展开式是

$$G_n(\tau)=G_n'(\tau_1)(\tau-\tau_1)+\cdots, \ 0<\tau<\tau_1$$

$$G_\nu(\tau)=G_\nu'(\tau_1)(\tau-\tau_1)+\cdots, \ \tau_1<\tau<\frac{1}{2\beta+1}$$

则由推论式(52)证得，当 $\theta\neq 0$ 时

$$\psi_2^{(l)}(q, \theta)\sim\left(\frac{\partial\varphi_0}{\partial\theta}\right)_{q=U}(\tau-\tau_1)+\cdots$$

换句话说，该解的第二部分具有$(\tau-\tau_1)$量级。然而，对于给定的不可压缩流动，$(\tau-\tau_1)$的大小主要依赖 τ_1。如果 τ_1 不是小量，则当 $\tau=0$ 时 $|\tau-\tau_1|$ 是大量。因此，对于高来流马赫数，解的第二部分 ψ_2 不能忽略。这就意味高来流马赫数下可压缩流动的正确解比起通常假设的简单速度畸变规律导出的结果要复杂得多。因此，基于这样简单规律的任何理论对于跨声速流动来说都不可能是足够精确的。

另一方面，如果 τ_1 是小量，或者说 $\tau_1\ll\dfrac{1}{2\beta+1}$，则当 $\tau=0$ 时 $|\tau-\tau_1|$ 是小量。而且，如果流场中最大速度比声速低得多，则 τ 的最大值也是小量，因此对整个流场，$|\tau-\tau_1|$ 是小量。这时解的第二部分 ψ_2 可以忽略。然而，即使这样，可压缩流动的解也不可能用一个简单的速度尺度畸变的不可压缩流动来表示，像通常在所谓的速度图方法中所假设的那样，除非乘子 $f(\tau)/f(\tau_1)$ 恒等于 1。因为该乘子是速度大小的函数，可压缩流动的流线和不可压缩流动的流线之间不可能彼此符合。另一方面，式(207) 表明，如果 ψ_0 是零，而 ψ_1 也是零，因此在满足直接仿形要求的两种流动中有这样一条流线，即零流线。因为通常把零流线选为表示物体的型线，在纯亚声速流动的物体表面上可压缩流动的速度可能由不可压缩流动以简单的“修正公式”计算出来。这个公式是由使不可压缩流动的速度 q 等于可压缩流动的速度函数 tq 的方法给出。

因此有

$$\left(\frac{q}{U}\right)_0=\sqrt{\frac{\tau}{\tau_1}}t=\sqrt{\frac{\tau}{\tau_1}}\frac{T(\tau)}{T(\tau_1)}$$

式中：下标“0”表示不可压缩流动的量，$T(\tau)$由式(175)给出。这个公式与 Temple 和 Yarwood[11]提出的相同。Temple 理论与本文这个结果的一致可以看成是对本文方法的进一步证实。

对于超声速区，式(101)中$\underline{F}_\nu(\tau)$和$\underline{G}_\nu(\tau)$应由下式代替：

$$\left.\begin{aligned}\underline{F}_\nu(\tau)&\approx f(\tau)T^{\nu}(\tau)\cos\left(\nu\omega-\frac{\pi}{4}\right)\\ \underline{G}_\nu(\tau)&\approx\frac{1}{2}f(\tau)T^{-\nu}(\tau)\cos\left(\nu\omega+\frac{\pi}{4}\right)\end{aligned}\right\}\quad\frac{1}{2\beta+1}<\tau<1\qquad\begin{matrix}(210)\\(211)\end{matrix}$$

式中：$f(\tau)$，$T(\tau)$和$\omega(\tau)$在式(178)和(172)中给出，这时令

$$\underline{F}_\nu(\tau)\approx\frac{1}{2}f(\tau)\left\{e^{i\left(\nu\omega-\frac{\pi}{4}\right)}+e^{-i\left(\nu\omega-\frac{\pi}{4}\right)}\right\}$$

并和以前一样代入式(101)，则又导出$W_1(w;\tau)$与$W_2^{(0)}(w;\tau)$之和，其中

$$W_1(w;\tau)=\frac{f(\tau)}{4f(\tau_1)}\Big[e^{-\frac{\pi i}{4}}i\sum_{n=0}^{\infty}\{B_n(twe^{i\omega})^{\nu}+C_n(twe^{i\omega})^{-\nu}\}+e^{\frac{\pi i}{4}}i\sum_{n=0}^{\infty}\{B_n(twe^{-i\omega})^{\nu}+C_n(twe^{-i\omega})^{-\nu}\}\Big]$$

和

$$W_2(w;\tau)=i\sum_{n=0}^{\infty}\{G_\nu^{(1)}(\tau)w^{\nu}+G_\nu^{(2)}(\tau)w^{-\nu}\},\quad\frac{1}{2\beta+1}<\tau<1$$

按照式(100)，也可以对$W_1(w;\tau)$求和：

$$W_1(w;\tau)=\frac{1}{4}\frac{f(\tau)}{f(\tau_1)}\Big[e^{-\frac{\pi i}{4}}W_0(twe^{\omega i})+e^{\frac{\pi i}{4}}W_0(twe^{-\omega i})\Big]\qquad(212)$$

而且，由式(178)可以看出，$|tw|=\lambda U$，λ是由下式给出的常数：

$$\lambda=\frac{2(2\beta)^{\frac{\alpha}{2}}}{(1+\alpha)^{\alpha}(2\beta\tau_1)^{\frac{1}{2}}}\frac{1}{T(\tau_1)}>1\qquad(213)$$

它是马赫数和气体特征常数β的函数，与物体形状无关。对于$\gamma=1.405$，函数λ的值在表 14 和图 12 中给出。因此，对于超声速流动构成流函数的函数是：

$$\psi_1(q,\theta)=2^{-\frac{5}{2}}\frac{f(\tau)}{f(\tau_1)}[\Psi_0(\theta+\omega)+\Psi_0(\theta-\omega)+\Phi_0(\theta+\omega)-\Phi_0(\theta-\omega)],\quad\theta-\omega\geqslant0\qquad(214)$$

$$\psi_2(q,\theta)=\sum_{n=0}^{\infty}\{G_\nu^{(1)}(\tau)q^{\nu}+G_\nu^{(2)}(\tau)q^{-\nu}\}\cos\nu\theta,\quad U<q<V\qquad(215)$$

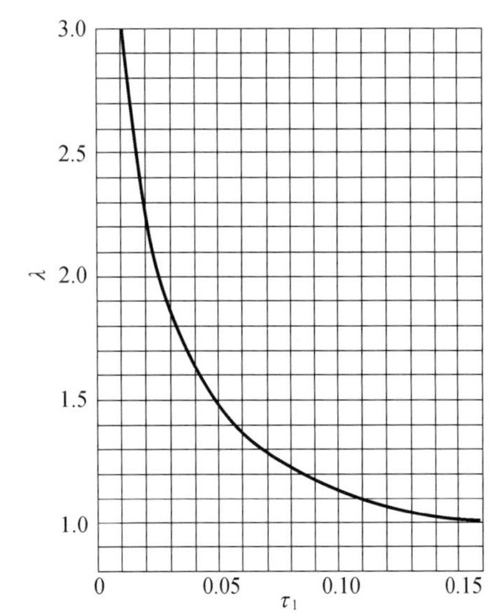

图 12　$\lambda(\tau_1)$；$\gamma=1.405$

这里根据式(213)，函数 Ψ_0 和 Φ_0 由下式确定：

$$\Psi_0(\theta \pm \omega) \equiv \psi_0(\lambda U,\ \theta \pm \omega)$$
$$\Phi_0(\theta \pm \omega) \equiv \varphi_0(\lambda U,\ \theta \pm \omega) \tag{216}$$

式中：φ_0 和 ψ_0 分别表示相应的不可压缩流动的速度势和流函数。函数 $G_\nu^{(1)}(\tau)$ 和 $G_\nu^{(2)}(\tau)$ 除了 $\Delta \underline{F}_\nu(\tau)$ 和 $\Delta \underline{G}_\nu(\tau)$ 按下式给出外，其余与式(205)一样：

$$\left.\begin{aligned} \Delta \underline{F}_\nu(\tau) &= \underline{F}_\nu(\tau) - \frac{f(\tau)}{2} T^\nu \cos\left(\nu\omega - \frac{\pi}{4}\right) \\ \Delta \underline{G}_\nu(\tau) &= \underline{G}_\nu(\tau) - \frac{f(\tau)}{2} T^{-\nu} \cos\left(\nu\omega + \frac{\pi}{4}\right) \end{aligned}\right\} \tag{217}$$

与从前的计算不同，由于在 $f(\tau) T^\nu \cos\left(\nu\omega - \dfrac{\pi}{4}\right)$ 前边有个 $\dfrac{1}{2}$，在式(211)中的 $G_\nu^{(1)}(\tau)$ 不具有 ν^{-1} 的量级。但是，这并不是一个严重的问题，因为出现这类项的级数已是以 $(tq)^\nu$ 形式收敛了，t 是比 1 小的。

然而，值得注意的是在双曲型域函数 $\psi_1(q,\ \theta)$ 除了因子 $f(\tau)$ 以外，只依赖两个独立的特征线族，其定义为：

$$\xi = \theta + \omega,\ \eta = \theta - \omega \tag{218}$$

这个结果是非常引人注目的，因为它表明解的主部满足简单波方程，所以清楚地证明了它的双曲型特征。由于在解中出现了不可压缩流函数 ψ_0 和势函数 φ_0，因此不可能建立起不可压缩流线和可压缩流线之间的简单关系。因为这种简单的关系式是所谓速度修正公式的基础，它可以利用绕相同物体的不可压缩流动来快速估计可压缩流动的速度，这种想法不能推广到超声速区域。另一方面，这还表明，尽管 $\psi(q,\ \theta)$ 的微分方程在超声速区是双曲型的，也不可能只由函数 $\omega(\tau)$ 给出的速度尺度的畸变归结为简单波方程。因为假若可能的话，$\psi_1(q,\ \theta)$ 就能够成为精确解，不需要附加项 $\psi_2^{(0)}(q,\ \theta)$。但实际上，由于在亚声速和超声速混合型流动中，特别是在声速附近的转变区域 $\psi_2^{(0)}(q,\ \theta)$ 与 $\psi_1(q,\ \theta)$ 比较不是小量，这是非常重要的事实。然而，在纯超声速流动的情况，$\psi_2^{(0)}(q,\ \theta)$ 可能是小量；那么只用 $\psi_1(q,\ \theta)$ 即可得到满意的近似。当然，当 $\gamma = -1$ 时，与相应的亚声速情况一样，可以将精确的流函数方程化成简单波方程。在这种情况下，速度函数 ω 相应形式为：

$$\omega(q) = -\arctan\sqrt{\frac{1}{\dfrac{q^2}{q_1^2 - c_1^2} - 1}} \tag{219}$$

式中：下标 1 代表真实等熵曲线与近似切线的切点位置。这与 Coburn 得到的结果一致[21]。

16. 延拓：对数奇点

比较对数奇点情况，函数 $W(w;\ \tau)$ 被分成两部分，其中只有表征奇异性的那一部分在式(115)和(116)中给出了。通过举例，说明这个问题可以用同样的方法处理。如果引进与式(195)和(201)所作的相同的近似，则式(121)和(122)中定义的系数近似变为：

$$A_n \approx \frac{1}{n}\,\frac{T^{-n}(\tau_1)}{f(\tau_1)},\ C_n \approx \frac{1}{n}\,\frac{T^n(\tau_1)}{f(\tau_1)} \tag{220}$$

式中：利用了 $Bf^2(\tau_1) = \dfrac{1}{2}$，这样选择使式(207)的形式保持不变。利用这些系数并且把圆

$q=U$ 的内部函数写为如下形式：

$$\widetilde{\psi}^{(i)}(q,\theta)=\widetilde{\psi}_1(q,\theta)+\widetilde{\psi}_2^{(i)}(q,\theta)$$

则式(115)化为下列两项的和：

$$\widetilde{\psi}_1(q,\theta)=\frac{f(\tau)}{f(\tau_1)}\widetilde{\psi}_0(tq,\theta),\ 0\leqslant\tau<\frac{1}{2\beta+1} \tag{221}$$

$$\widetilde{\psi}_2^{(i)}(q,\theta)=\sum_{n=1}^{\infty}\frac{1}{n}\widetilde{G}_n(\tau)\left(\frac{q}{U}\right)^n\cos n\theta,\ q<U \tag{222}$$

式中：

$$\widetilde{G}_n(\tau)=\underline{F}_n(\tau)\Delta\underline{G}_n(\tau_1)+\frac{\Delta\underline{F}_n(\tau)}{f(\tau_1)T^n(\tau_1)} \tag{223}$$

并有

$$\left.\begin{aligned}\Delta\underline{F}_n(\tau)&=\underline{F}_n(\tau)-f(\tau)T^n(\tau)\\ \Delta\underline{G}_n(\tau_1)&=\frac{\underline{G}_n(\tau_1)}{f^2(\tau_1)}-f^{-1}(\tau_1)T^{-n}(\tau_1)\end{aligned}\right\} \tag{224}$$

类似地，式(116)化为

$$\widetilde{\psi}^{(0)}(q,\theta)=\widetilde{\psi}_1(q,\theta)+\widetilde{\psi}_2^{(0)}(q,\theta)$$

这里的$\widetilde{\psi}_1(q,\theta)$和式(221)一样；而$\widetilde{\psi}_2^{(0)}(q,\theta)$是：

$$\begin{aligned}\widetilde{\psi}_2^{(0)}(q,\theta)=&-\frac{1}{2f^2(\tau_1)}\int_{\tau_1}^{\tau}(1-\tau)^{\beta}\frac{\mathrm{d}\tau}{\tau}+\frac{f(\tau)}{f(\tau_1)}\ln\frac{tq}{U}+\\&\sum_{n=1}^{\infty}\frac{1}{n}\widetilde{G}_n^{(0)}\left(\frac{q}{U}\right)^{-n}\cos n\theta\end{aligned} \tag{225}$$

式中：

$$\widetilde{G}_n^{(0)}(\tau)=\underline{G}_n(\tau)\Delta\underline{F}_n(\tau_1)+f^{-1}(\tau_1)T^n(\tau_1)\Delta\underline{G}_n(\tau) \tag{226}$$

而且

$$\Delta\underline{F}_n(\tau_1)=\frac{\underline{F}_n(\tau_1)}{f^2(\tau_1)}-\frac{T^n(\tau_1)}{f(\tau_1)},\ \Delta\underline{G}_n(\tau)=\underline{G}_n(\tau)-f(\tau)T^{-n}(\tau) \tag{227}$$

与前边情况不同，当且仅当 c_0 趋于无限大时，$\widetilde{\psi}(q,\theta)=\widetilde{\psi}_0(q,\theta)$。然而，根据式(221)，$\psi(q,\theta)$的奇点不变。

还有，如果令式(116)中的

$$\underline{G}_n(\tau)\approx\frac{1}{2}f(\tau)T^{-n}(\tau)\cos\left(n\omega+\frac{\pi}{4}\right)$$

代替$\underline{G}_n(\tau)$可以类似地得到：

$$\begin{aligned}\widetilde{\psi}_1(q,\theta)=2^{-\frac{3}{2}}\frac{f(\tau)}{f(\tau_1)}[&\widetilde{\boldsymbol{\Psi}}_0(\theta+\omega)+\widetilde{\boldsymbol{\Psi}}_0(\theta-\omega)-\widetilde{\boldsymbol{\Phi}}_0(\theta+\omega)+\\&\widetilde{\boldsymbol{\Phi}}_0(\theta-\omega)]\quad\theta-\omega\geqslant 0\end{aligned} \tag{228}$$

$$\begin{aligned}\widetilde{\psi}_2^{(0)}(q,\theta)=&-\frac{1}{2f^2(\tau_1)}\int_{\tau_1}^{\tau}(1-\tau)^{\beta}\frac{\mathrm{d}\tau}{\tau}+2^{-\frac{3}{2}}\frac{f(\tau)}{f(\tau_1)}(\ln\lambda-\omega)+\\&\sum_{n=1}^{\infty}\frac{\widetilde{G}_n^{(0)}}{n}\left(\frac{q}{U}\right)^{-n}\cos n\theta\end{aligned} \tag{229}$$

式中：$\widetilde{\Psi}_0(\theta\pm\omega)$和$\widetilde{\Phi}_0(\theta\pm\omega)$是与式(216)类似定义的，并且在$\widetilde{G}_n^{(0)}(\tau)$中$\Delta\underline{G}_n(\tau)$由下式给出：

$$\Delta\underline{G}_n(\tau)=\underline{G}_n(\tau)-\frac{1}{2}f(\tau)T^{-n}(\tau)\cos\left(n\omega+\frac{\pi}{4}\right) \tag{230}$$

这似乎表明，至今得到关于$\psi_1(q,\theta)$的结果是十分一般的：对于不同情况最多只不过差一个常数因子。然而，$\psi_2(q,\theta)$并不具有上述的一般性质，随着奇点性质和物体形状的不同，其性质将发生根本变化。因此，在本问题中$\psi_2(q,\theta)$的重要性是很明显的。

17. 坐标函数 $x(q,\theta)$ 和 $y(q,\theta)$

对于一个边值问题，一旦函数$\chi(q,\theta)$确定，坐标函数$x(q,\theta)$和$y(q,\theta)$可以根据式(141)和(142)算得。例如，假设边界具有如下性质，函数$A(w;\tau)$由式(94)和(110)完全给出，在单位圆$|w|=U$内其实部$\chi(q,\theta)$是

$$\chi(q,\theta)=\sum_{n=0}^{\infty}\widetilde{A}_n\underline{\widetilde{F}}_{-n}^{(r)}(\tau)q^n\cos n\theta,\ q<U \tag{231}$$

式(94)中的常数$\widetilde{A}_n$也是实数，而且被看做已知，并且$\underline{\widetilde{F}}_n^{(r)}(\tau)=\widetilde{F}_n(\tau)/\underline{F}_n(\tau_1)$。

因为在$q<U$时，级数是绝对且一致收敛的，则可以逐项地对q和θ求偏导数，当偏导数$\chi_q(q,\theta)$和$x_\theta(q,\theta)$计算出以后，并代入式(141)和(142)，其结果为：

$$\begin{aligned}x(q,\theta)=&\sum_{n=1}^{\infty}n\widetilde{A}_n\underline{\widetilde{F}}_n^{(r)}q^{n-1}\cos(n-1)\theta-\\&\beta\tau\sum_{n=1}^{\infty}n\widetilde{A}_n\frac{n-1}{n+1}\underline{\widetilde{F}}_n^{(r)}(\tau)q^{n-1}\cos n\theta\cos\theta,\ q<U\end{aligned} \tag{232}$$

$$\begin{aligned}y(q,\theta)=&-\sum_{n=1}^{\infty}n\widetilde{A}_n\underline{\widetilde{F}}_n^{(r)}q^{n-1}\sin(n-1)\theta-\\&\beta\tau\sum_{n=1}^{\infty}n\widetilde{A}_n\frac{n-1}{n+1}\underline{\widetilde{F}}_{n,1}^{(r)}(\tau)q^{n-1}\cos n\theta\sin\theta\end{aligned} \tag{233}$$

式中：

$$\underline{F}_{n,1}^{(r)}(\tau)=\frac{F(a_n+\beta+1,\ b_n+\beta+1;\ c_n+1;\ \tau)}{F(a_n,\ b_n;\ c_n;\ \tau_1)} \tag{234}$$

现在，因为

$$x_0(q,\theta)=\sum_{n=1}^{\infty}n\widetilde{A}_nq^{n-1}\cos(n-1)\theta$$

和

$$y_0(q,\theta)=-\sum_{n=1}^{\infty}n\widetilde{A}_nq^{n-1}\sin(n-1)\theta$$

$$\sigma_0(q,\theta)=\sum_{n=1}^{\infty}\widetilde{A}_nq^n\sin\theta$$

引入由式(179)和(185)给定的近似，即

$$\underline{\widetilde{F}}_n^{(r)}(\tau)\approx\frac{g(\tau)}{f(\tau_1)}t^n(\tau)$$

$$0\leqslant\tau<\frac{1}{2\beta+1}$$

$$\underset{\sim}{\widetilde{F}}_{n,1}^{(r)} \approx \frac{h(\tau)}{f(\tau_1)} t^n(\tau)$$

由定义

$$x(q, \theta) = x_1(q, \theta) + x_2^{(l)}(q, \theta) \tag{235}$$

$$y(q, \theta) = y_1(q, \theta) + y_2^{(l)}(q, \theta) \tag{236}$$

由同样的方法可以证明：

$$x_1(q, \theta) = \frac{g(\tau)}{f(\tau_1)} t(\tau) x_0(tq, \theta) - \frac{\beta\tau}{q} \frac{h(\tau)}{f(\tau_1)} \Omega_0(tq, \theta)\cos\theta \tag{237}$$

$$0 \leqslant \tau < \frac{1}{2\beta+1}$$

$$y_1(q, \theta) = \frac{g(\tau)}{f(\tau_1)} t(\tau) y_0(tq, \theta) - \frac{\beta\tau}{q} \frac{h(\tau)}{f(\tau_1)} \Omega_0(tq, \theta)\sin\theta \tag{238}$$

和

$$x_2^{(i)}(q, \theta) = \sum_{n=1}^{\infty} n\widetilde{A}_n \widetilde{G}_n(\tau) q^{n-1}\cos(n-1)\theta - \beta\tau \sum_{n=1}^{\infty} n\widetilde{A}_n \widetilde{G}_{n,1}(\tau) q^{n-1}\cos n\theta\cos\theta \tag{239}$$

$$q < U$$

$$y_2^{(i)}(q, \theta) = -\sum_{n=1}^{\infty} n\widetilde{A}_n \widetilde{G}_n(\tau) q^{n-1}\sin(n-1)\theta - \beta\tau \sum_{n=1}^{\infty} n\widetilde{A}_n \widetilde{G}_{n,1}(\tau) q^{n-1}\cos n\theta\sin\theta \tag{240}$$

式中：

$$\widetilde{G}_n(\tau) = \frac{F(a_n+\beta, b_n+\beta; c_n; \tau)}{F(a_n, b_n; c_n; \tau_1)} - \frac{g(\tau)}{f(\tau_1)} t^n(\tau) \tag{241}$$

$$\widetilde{G}_{n,1}(\tau) = \frac{n-1}{n+1} \frac{F(a_n+\beta+1, b_n+\beta+1; c_n+1; \tau)}{F(a_n, b_n; c_n; \tau_1)} - \frac{h(\tau)}{f(\tau_1)} t^n(\tau) \tag{242}$$

$$\Omega_0(q, \theta) = \frac{\partial\sigma_0}{\partial\theta} \tag{243}$$

另一方面，如果式(110)中级数$\widetilde{B}_n^*$ 和$\widetilde{C}_n^*$ 为实数，则适用于收敛圆外部的函数 $\chi(q, \theta)$的表达式是

$$\chi(q, \theta) = \sum_{n=0}^{\infty} [\widetilde{B}_n^* \underset{\sim}{\widetilde{F}}_\nu(\tau) q^\nu - \widetilde{C}_\nu^* \underset{\sim}{\widetilde{G}}_\nu(\tau) q^{-\nu}]\sin\nu\theta \tag{244}$$

相应于式(244)的函数 $x(q, \theta)$和 $y(q, \theta)$可以类似地得到，即

$$x(q, \theta) = \sum_{n=0}^{\infty} \{\nu\widetilde{B}_n^* \underset{\sim}{\widetilde{F}}_\nu(\tau) q^{\nu-1}\sin(\nu-1)\theta + \nu\widetilde{C}_\nu^* \underset{\sim}{\widetilde{G}}_\nu(\tau) q^{-\nu-1}\sin(\nu+1)\theta\} - \beta\tau \sum_{n=0}^{\infty} \left\{\nu\widetilde{B}_n \frac{\nu-1}{\nu+1} \underset{\sim}{\widetilde{F}}_{\nu,1}(\tau) q^{\nu-1} + \nu\widetilde{C}_n^* \frac{\nu+1}{\nu-1} \underset{\sim}{\widetilde{G}}_{\nu,1}(\tau) q^{-\nu-1}\right\}\sin\nu\theta\cos\theta \tag{245}$$

$$U < q < V$$

$$y(q, \theta) = \sum_{n=0}^{\infty} \{\nu\widetilde{B}_n^* \underset{\sim}{\widetilde{F}}_\nu(\tau) q^{\nu-1}\cos(\nu-1)\theta - \nu\widetilde{C}_n^* \underset{\sim}{\widetilde{G}}_\nu(\tau) q^{-\nu-1}\cos(\nu+1)\theta\} -$$

$$\beta\tau\sum_{n=0}^{\infty}\left\{\nu B_n^*\frac{\nu-1}{\nu+1}\underset{\sim}{\widetilde{F}}_{\nu,1}(\tau)q^{\nu-1}+\nu\widetilde{C}_n^*\frac{\nu+1}{\nu-1}\underset{\sim}{\widetilde{G}}_{\nu,1}(\tau)q^{-\nu-1}\right\}\sin\nu\theta\sin\theta \tag{246}$$

只要做到与式(202)相同的近似,则满足关系式(109)和(110)的常数$\widetilde{B}_n^*$ 和$\widetilde{C}_n^*$ 可以化为

$$\widetilde{B}_n^*\approx\frac{\widetilde{B}_n}{f(\tau_1)}T^{-\nu}(\tau_1),\ \widetilde{C}_n^*\approx\frac{\widetilde{C}_n}{f(\tau_1)}T^{\nu}(\tau_1) \tag{247}$$

而且

$$x_0(q,\theta)=\sum_{n=0}^{\infty}\{\nu\widetilde{B}_nq^{\nu-1}\sin(\nu-1)\theta+\nu\widetilde{C}_nq^{-\nu-1}\sin(\nu+1)\theta\}$$

$$y_0(q,\theta)=\sum_{n=0}^{\infty}\{\nu\widetilde{B}_nq^{\nu-1}\cos(\nu-1)\theta-\nu\widetilde{C}_nq^{-\nu-1}\cos(\nu+1)\theta\}$$

如果把高阶项用渐近的形式代替$\underset{\sim}{\widetilde{F}}_{\nu}(\tau)$和$\underset{\sim}{\widetilde{F}}_{\nu,1}(\tau)$,即:

$$\underset{\sim}{\widetilde{F}}_{\nu}(\tau)\approx g(\tau)T^{\nu}(\tau),\ \underset{\sim}{\widetilde{F}}_{\nu,1}(\tau)\approx h(\tau)T^{-\nu}(\tau);\ 0\leqslant\tau<\frac{1}{2\beta+1}$$

则用类似的方法把式(245)和(246)转换,并且每一个都可以分别表示成两个函数 $x_1(q,\theta)$, $y_1(q,\theta)$和 $x_2(q,\theta)$, $y_2(q,\theta)$之和,其中 x_1 和 y_1 与式(237)和(238)相同;而 x_2 和 y_2 是

$$x_2^{(0)}(q,\theta)=\sum_{n=0}^{\infty}\nu\{\widetilde{G}_{\nu}^{(1)}(\tau)q^{\nu-1}\sin(\nu-1)\theta+\widetilde{G}_{\nu}^{(2)}(\tau)q^{-\nu-1}\sin(\nu+1)\theta\}-$$
$$\beta\tau\sum_{n=0}^{\infty}\nu\{\widetilde{G}_{\nu,1}^{(1)}(\tau)q^{\nu-1}+\widetilde{G}_{\nu,1}^{(2)}(\tau)q^{-\nu-1}\}\sin\nu\theta\cos\theta \tag{248}$$
$$\tau_1\leqslant\tau<\frac{1}{2\beta+1}$$

$$y_2^{(0)}(q,\theta)=\sum_{n=0}^{\infty}\nu\{\widetilde{G}_{\nu}^{(1)}(\tau)q^{\nu-1}\cos(\nu-1)\theta-\widetilde{G}_{\nu}^{(2)}(\tau)q^{-\nu-1}\cos(\nu+1)\theta\}-$$
$$\beta\tau\sum_{n=0}^{\infty}\nu\{\underset{\sim}{\widetilde{G}}_{\nu,1}^{(1)}(\tau)q^{\nu-1}+\underset{\sim}{\widetilde{G}}_{\nu,1}^{(2)}(\tau)q^{-\nu-1}\}\sin\nu\theta\sin\theta \tag{249}$$

式中:$\widetilde{G}_{\nu}^{(\alpha)}$ 和$\widetilde{G}_{\nu,1}^{(\alpha)}$定义如下:

$$\left.\begin{aligned}\widetilde{G}_{\nu}^{(1)}(\tau)&=\Delta\widetilde{B}_n^*\ \underset{\sim}{F}_{\nu}(\tau)+\frac{\widetilde{B}_n}{f(\tau_1)}T^{-\nu}(\tau_1)\Delta\underset{\sim}{F}_{\nu}(\tau)\\ \widetilde{G}_{\nu}^{(2)}(\tau)&=\Delta C_n^*\ \underset{\sim}{G}_{\nu}(\tau)+\frac{\widetilde{C}_n}{f(\tau_1)}T^{\nu}(\tau_1)\Delta\underset{\sim}{G}_{\nu}\end{aligned}\right\} \tag{250}$$

$$\left.\begin{aligned}\widetilde{G}_{\nu,1}^{(1)}(\tau)&=\Delta\widetilde{B}_n^*\frac{\nu-1}{\nu+1}\underset{\sim}{\widetilde{F}}_{\nu,1}(\tau)+\frac{\widetilde{B}_n}{f(\tau_1)}T^{-\nu}(\tau_1)\Delta\underset{\sim}{\widetilde{F}}_{\nu,1}(\tau)\\ \widetilde{G}_{\nu,1}^{(2)}(\tau)&=\Delta\widetilde{C}_n^*\frac{\nu-1}{\nu+1}\underset{\sim}{\widetilde{G}}_{\nu,1}+\frac{\widetilde{C}_n}{f(\tau_1)}T^{\nu}(\tau_1)\Delta\underset{\sim}{\widetilde{G}}_{\nu,1}\end{aligned}\right\} \tag{251}$$

并且有

$$\left.\begin{aligned}\Delta\underset{\sim}{\widetilde{F}}_{\nu,1}(\tau)&=\frac{\nu-1}{\nu+1}\underset{\sim}{\widetilde{F}}_{\nu,1}(\tau)-h(\tau)T^{\nu}(\tau)\\ \Delta\underset{\sim}{\widetilde{G}}_{\nu,1}(\tau)&=\frac{\nu+1}{\nu-1}\underset{\sim}{\widetilde{G}}_{\nu,1}(\tau)-h(\tau)T^{-\nu}(\tau)\end{aligned}\right\} \tag{252}$$

而 $\Delta\widetilde{B}_n^*$ 和 $\Delta\underset{\sim}{\widetilde{F}}_{\nu}(\tau)$与式(206)完全一样定义。

类似地，如果在高阶项中包含的超几何函数由下式代替：

$$\underset{\sim}{\widetilde{F}}_{\nu}(\tau) \approx g(\tau) T^{\nu} \cos\left(\nu\omega - \frac{\pi}{4}\right),\ \underset{\sim}{\widetilde{F}}_{\nu,1}(\tau) \approx h(\tau) T^{\nu} \cos\left(\nu\omega - \mu - \frac{\pi}{4}\right)$$

$$\underset{\sim}{\widetilde{G}}_{\nu}(\tau) \approx \frac{1}{2} g(\tau) T^{-\nu} \cos\left(\nu\omega + \frac{\pi}{4}\right),\ \underset{\sim}{\widetilde{G}}_{\nu,1}(\tau) \approx \frac{1}{2} h(\tau) T^{-\nu} \cos\left(\nu\omega + \mu + \frac{\pi}{4}\right)$$

并且把三角函数之积分解求和，例如：

$$\begin{aligned} 2\sin(\nu-1)\theta\cos\left(\nu\omega - \frac{\pi}{4}\right) &= \sin\left[(\nu-1)(\theta+\omega) + \left(\omega - \frac{\pi}{4}\right)\right] + \\ &\quad \sin\left[(\nu-1)(\theta-\omega) - \left(\omega - \frac{\pi}{4}\right)\right] \\ 2\sin(\nu+1)\theta\cos\left(\nu\omega + \frac{\pi}{4}\right) &= \sin\left[(\nu+1)(\theta+\omega) - \left(\omega - \frac{\pi}{4}\right)\right] + \\ &\quad \sin\left[(\nu+1)(\theta-\omega) + \left(\omega - \frac{\pi}{4}\right)\right] \end{aligned}$$

则当 $\frac{1}{2\beta+1} < \tau < 1$ 时，由简单推导给出：

$$\begin{aligned} x_1(q,\theta) = &\frac{t(\tau)}{4}\frac{g(\tau)}{f(\tau_1)}\left\{[X_0(\theta+\omega) + X_0(\theta-\omega)]\cos\left(\frac{\pi}{4} - \omega\right) - \right. \\ &\left.[Y_0(\theta+\omega) - Y_0(\theta-\omega)]\sin\left(\frac{\pi}{4} - \omega\right)\right\} - \\ &\frac{\beta\tau}{4q}\frac{h(\tau)}{f(\tau_1)}\left\{[\Omega_0(\theta+\omega) + \Omega_0(\theta-\omega)]\cos\left(\mu + \frac{\pi}{4}\right) - \right. \\ &\left.[\Theta_0(\theta+\omega) - \Theta_0(\theta-\omega)]\sin\left(\frac{\pi}{4} + \mu\right)\right\}\cos\theta \end{aligned} \tag{253}$$

$$\begin{aligned} y_1(q,\theta) = &\frac{t(\tau)}{4}\frac{g(\tau)}{f(\tau_1)}\left\{[Y_0(\theta+\omega) + Y_0(\theta-\omega)]\cos\left(\frac{\pi}{4} - \omega\right) + \right. \\ &\left.[X_0(\theta+\omega) - X_0(\theta-\omega)]\sin\left(\frac{\pi}{4} - \omega\right)\right\} - \\ &\frac{\beta\tau}{4q}\frac{h(\tau)}{f(\tau_1)}\left\{[\Omega_0(\theta+\omega) + \Omega_0(\theta-\omega)]\cos\left(\mu + \frac{\pi}{4}\right) - \right. \\ &\left.[\Theta_0(\theta+\omega) - \Theta_0(\theta-\omega)]\sin\left(\frac{\pi}{4} - \omega\right)\right\}\sin\theta \end{aligned} \tag{254}$$

在所考虑的范围内利用了 $q^t = \lambda U$ 这个条件。这里

$$X_0(\theta \pm \omega) = x_0(\lambda U, \theta \pm \omega),\ Y_0(\theta \pm \omega) = y_0(\lambda U, \theta \pm \omega)$$

$$\Theta_0(\theta \pm \omega) \equiv \Theta_0(\lambda U, \theta \pm \omega),\ \Omega_0(\theta \pm \omega) \equiv \Omega_0(\lambda U, \theta \pm \omega)$$

式中：

$$\Theta_0(q,\theta) = \frac{\partial \chi_0}{\partial \theta}$$

和

$$x_2^{(0)}(q,\theta) = \sum_{n=0}^{\infty} \nu\{\widetilde{G}_{\nu}^{(1)}(\tau) q^{\nu-1} \sin(\nu-1)\theta + \widetilde{G}_{\nu}^{(2)}(\tau) q^{-\nu-1} \sin(\nu+1)\theta\} -$$

$$\beta\tau\sum_{n=0}^{\infty}\nu\{\widetilde{G}_{\nu,1}^{(1)}(\tau)q^{\nu-1}+\widetilde{G}_{\nu,1}^{(2)}(\tau)q^{-\nu-1}\}\sin\nu\theta\cos\theta \tag{255}$$

$$\frac{1}{2\beta+1}<\tau<1$$

$$y_2^{(0)}(q,\theta)=\sum_{n=0}^{\infty}\nu\{\widetilde{G}_{\nu}^{(1)}(\tau)q^{\nu-1}\cos(\nu-1)\theta-\widetilde{G}_{\nu}^{(2)}(\tau)q^{-\nu-1}\cos(\nu+1)\theta\}-$$

$$\beta\tau\sum_{n=0}^{\infty}\nu\{\widetilde{G}_{\nu,1}^{(1)}(\tau)q^{\nu-1}+\widetilde{G}_{\nu,1}^{(2)}(\tau)q^{-\nu-1}\}\sin\nu\theta\sin\theta \tag{256}$$

式中：$\widetilde{G}_{\nu}^{(\alpha)}(\tau)$ 和$\widetilde{G}_{\nu,1}^{(\alpha)}(\tau)$ 仍然是在式(250) 和(251) 中给出的定义，除了 $\Delta\underline{\widetilde{F}}_{\nu}(\tau)$，$\Delta\underline{\widetilde{F}}_{\nu,1}(\tau)$，$\Delta\underline{\widetilde{G}}_{\nu}(\tau)$ 和 $\Delta\underline{\widetilde{G}}_{\nu,1}(\tau)$ 分别由下列各式代替：

$$\left.\begin{aligned}
\Delta\underline{\widetilde{F}}_{\nu}(\tau)&=\underline{\widetilde{F}}_{\nu}(\tau)-\frac{1}{2}g(\tau)T^{\nu}\cos\left(\nu\omega-\frac{\pi}{4}\right)\\
\Delta\underline{\widetilde{F}}_{\nu,1}(\tau)&=\frac{\nu-1}{\nu+1}\underline{\widetilde{F}}_{\nu,1}-\frac{h(\tau)}{2}T^{\nu}\cos\left(\nu\omega-\mu-\frac{\pi}{4}\right)\\
\Delta\underline{\widetilde{G}}_{\nu}(\tau)&=\underline{\widetilde{G}}_{\nu}(\tau)-\frac{g(\tau)}{2}T^{-\nu}\cos\left(\nu\omega+\frac{\pi}{4}\right)\\
\Delta\underline{\widetilde{G}}_{\nu,1}(\tau)&=\frac{\nu+1}{\nu-1}\underline{\widetilde{G}}_{\nu,1}-\frac{h(\tau)}{2}T^{-\nu}\cos\left(\nu\omega+\mu+\frac{\pi}{4}\right)
\end{aligned}\right\} \tag{257}$$

还必须注意到，$\widetilde{G}_{\nu}^{(1)}(\tau)$和$\widetilde{G}_{\nu,1}^{(1)}(\tau)$的量级分别与 $\Delta\underline{\widetilde{F}}_{\nu}(\tau)$和 $\Delta\underline{\widetilde{F}}_{\nu,1}(\tau)$相同，因为是按照式(257)的办法定义的。与在第 15 节中提到的原因一样，这个问题也不妨碍级数收敛的基本假设。

第四部分　上临界马赫数的判据

18. 极限线和等熵流动条件的破坏

众所周知，在前几节建立的解除了少数几个奇点以外在速度图平面内是正则的，同时，对于无限声速，或者说当 $c_0\to\infty$的极限情况，这个解在物理平面上将给出所希望的流谱。当声速为有限值，或者说自由来流马赫数不为零的情况，不能保证得到在物理平面上的解有这种性状，除非在一定的来流马赫数下流谱可能保持连续。实际上，我们发现只有当来流低于某个特定的马赫数才存在这种连续的流谱。换句话说，当来流马赫数低于这个特定的马赫数，即所谓极限线出现的马赫数时，可压缩流动与不可压缩流动之间的差别是很小的。在极限线上流动的加速度是无限的，而且流动是反向的。Tollmein[13] 和钱[2] 已经证明，如果不考虑黏性，穿过极限线的流动是不可能连续的，并且产生了一个禁区，其中不可能有流体流入。换句话说，低于一个临界马赫数时流谱是连续的，超过了这个临界马赫数，在给定的物理边界条件下不可能得到等熵的流动。

等熵流动条件的破坏，或者说压缩性泡流可能受两个方面的影响，首先，在极限线附近加速度非常大。因此，下列的每个因素都能引起动力学关系的明显变化：

(a) 常规的流体黏性引起黏性应力[22]。

(b) 由于流体的膨胀或压缩引起的应力，或者由于二次黏性效应引起的黏性应力(文献[23]pp351 - 358)。

(c) 为了使分子的振动模达到平衡态需要小的但还是有一定值的松弛时间[24]。

(d) 从一个流体元到另一个流体元的热传导。

其次，由于激波出现时等熵流动条件也可能破坏。等熵流动条件破坏是与流动出现旋涡相联系的，因此流动变成了有旋的，流体的一部分机械能转换成热能。所有这些因素都倾向于增加流体的熵，最终增加物体的阻力。因此这样定义的临界马赫数，就物体的气动特征而言具有很大的实际意义。

当然，由于流体流动的不稳定性也可能导致等熵流动条件的破坏，最终出现激波。而且，边界层的作用以及在流动中流体的某个组分可能的凝结①都可能引起对等熵流动不利的扰动。另一方面，激波只能在超声速流动中出现；因此，如果流体的速度到处都是亚声速的，就没有压缩性起泡的危险。所以在流场中第一次出现声速的来流马赫数称为"下临界马赫数"，而第一次出现极限线的来流马赫数称为"上临界马赫数"[2]。后者总比前者高，因为极限线只能在超声速流动中出现。对于压缩性起泡的实际临界马赫数必须在这两个极限之间，并且除依赖其他参数外还与流动的 Re 数有关。

19. 极限线的条件

在极限的速度图上，或者极限线的速度图上，已经表明[1, 2, 12, 13]：

$$\frac{\partial(x, y)}{\partial(u, v)} \equiv -\left(\frac{\rho_0}{\rho_q}\right)^2\left[\psi_q^2-\left(\frac{1}{c^2}-\frac{1}{q^2}\right)\psi_\theta^2\right]=0 \tag{258}$$

因为只有对于超声速区，$c<q$，式中 $\rho\neq 0$，ψ_θ^2 项前边的因子是正的，所以只有当地速度超过声速时才可能出现极限线。应该注意到，Jacobi 行列式为零是速度图法失效的条件，因为变换式(9)和(10)不再能够一一对应和连续了。因此极限线的出现是变换奇点在物理平面上的对应产物。

当 $\psi(\tau, \theta)$ 已知，则式(258)在速度平面上确定了两条线：

$$2\tau\left[\frac{1-\tau}{\alpha^2\tau-1}\right]^{\frac{1}{2}}\psi_\tau-\psi_\theta=0 \tag{259}$$

$$2\tau\left[\frac{1-\tau}{\alpha^2\tau-1}\right]^{\frac{1}{2}}\psi_\tau+\psi_\theta=0,\ \tau\geqslant\frac{1}{2\beta+1} \tag{260}$$

从几何上，这就表明流线 $\psi(q, \theta)=$ 常数和属于其中某一族的特征线有一个共同的切点[1]。至于这个性质可以将这个问题通过公式描述出来：极限线存在的必要和充分条件是下列两个联立方程存在一个解：

$$2\tau\left[\frac{1-\tau}{\alpha^2\tau-1}\right]^{\frac{1}{2}}\psi_\tau-\psi_\theta=0 \tag{261}$$

$$\psi=0 \tag{262}$$

或者

$$2\tau\left[\frac{1-\tau}{\alpha^2\tau-1}\right]^{\frac{1}{2}}\psi_\tau-\psi_\theta=0 \tag{263}$$

$$\psi=0 \tag{264}$$

式中：$\psi(\tau, \theta)$，对于给定的物形和来流马赫数是一与 τ 最大可能值有关的确定分支。零流线

① 在绕机翼的气流中由于水蒸气引起的凝结激波(condensation shock)现象是 Liepmann 首先提醒作者注意的，他在做风洞试验时观察到了这个现象。

选定后，因为它一般给出最大速度，所以也是最早出现极限线的地方。

一般说来，当参数 M_1 给定，对于已知的函数 $\psi(\tau, \theta)$，这些方程式不可能有解。这个意思是，将有一组相应于不出现极限线的一系列 M_1 值的边界。使式(261)和(262)有解的第一个马赫数定义为上临界马赫数，而相应的边界定义为临界边界。

通常由于在多数情况下，$\psi(\tau, \theta)$是用无限级数表示的，实际上，方程求解是困难的。然而如果在速度图平面上计算物体形状的流线是确定的。通过简单的作图和试凑着看在零流线和特征线之间的切点在什么位置上可以很容易做到。另一方面，例如利用式(214)和(215)的形式不要做很多工作就可以得到近似的分析解。

20. 上临界马赫数的近似确定

正如在第 15 节见到的，当 τ 从临界圆 $\tau=\dfrac{1}{2\beta+1}$ 回到超声速区时，$\psi_2^{(0)}(\tau, \theta)$相对于 $\psi_1(\tau, \theta)$的重要性将下降。极限线第一次出现时的 τ 一般总是高的，特别是当边界是细长的封闭形物体时。假如是这种情况，则与 $\psi_1(\tau, \theta)$相比 $\psi_2^{(0)}(\tau, \theta)$可以忽略，因此工作可以大大地简化，零流线可以近似地表示为

$$\psi(\tau, \theta) \equiv \psi_1(\tau, \theta) = 0$$

而且，通过简单的推导表明，两对方程(261)，(262)和(263)，(264)分别归纳为：

$$\Phi_0'(\eta) + \Psi_0'(\eta) = 0 \tag{265}$$

$$\Phi_0(\xi) + \Psi_0(\xi) = \Phi_0(\eta) - \Psi_0(\eta) \tag{266}$$

或者

$$\Phi_0'(\xi) + \Psi'(\xi) = 0 \tag{267}$$

$$\Phi_0(\eta) - \Psi_0(\eta) = \Phi_0(\xi) + \Psi_0(\xi) \tag{268}$$

式中：ξ 和 η 是式(218)中定义的特征参数。由于利用了在 $\dfrac{1}{2\beta+1}<\tau<1$ 区间 $f(\tau)$绝不为零的条件，使得这个推导成为可能。

一旦不可压缩流动的流函数 ψ_0 和势函数 φ^0 都是给定的，利用 λU 代替 q，按照式(216)可以很容易得到 Ψ_0 和 Φ_0。因为 λ 值随来流马赫数 M_1 增加而减小(如表 14 和图 12 所示)，所以上临界马赫数将由 λ 的最大值给出，它给出式(265)和(266)或者式(267)和(268)的一个解。因为函数 Ψ_0 和 Φ_0 很简单可以得到解析解。

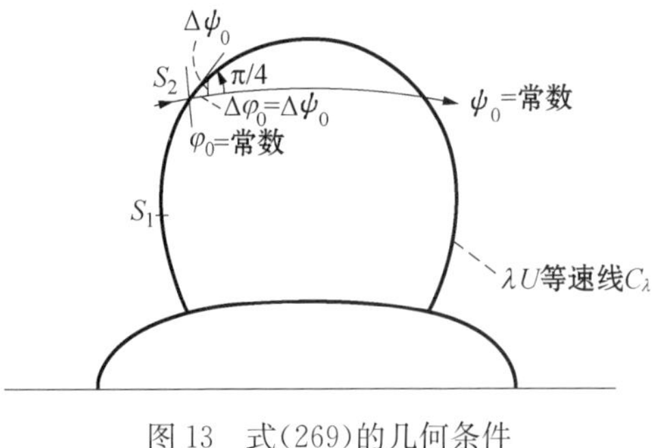

图 13　式(269)的几何条件

然而，如图 13 所示，在不可压缩流动的物理平面上这组方程有一个有趣的直接的几何解释。按照式(216)，函数 Ψ_0 和 Φ_0 是在常速度 λU 下的流函数 ψ_0 和势函数 φ_0。如图 13 所示的物体，因为 $\lambda>1$，速度为 λU 的等速线 C_λ 形成一个变量实际上是 y 轴对称的环，可变化的只有不可压缩流动速度矢的倾角。沿着等速线 C_λ 从 S_2 到 P，速度矢的倾角单调地下降。因此，这个倾角参数可以用沿曲线 C_λ 的距离代替。设在点 $S=S_2$ 满足式(267)；则

$$\Phi_0'(S_2) = -\Psi_0'(S_2) \tag{269}$$

这意味着在点 $S=S_2$ 沿 C_λ 的势函数 φ_0 的变化率等于流函数 ψ_0 变化率的负值。因为在不可

压缩流动中等势线和流线形成无限小的方形网格，这个条件要求在 $S=S_2$ 处与曲线 C_λ 相切的角度是 45°，如图 13 所示。这是很容易看出的，我们记得从 S_2 到 P 流函数的值是增加的，而位函数的值是减少的，原因是沿着流动的方向，因此 S_2 点的位置可以很容易从这个作图条件确定。则式(268)可以写成

$$\Phi_0(S)+\Psi_0(S)=\Phi_0(S_2)+\Psi_0(S_2) \tag{270}$$

如果这个条件在 S_1 点满足，则极限线的条件是完全满足的。对于式(265)和(266)类似的作图解释可以由 y 轴边的等速线得出。由这些考虑显然上临界马赫数是给出包含有由式(269)和(270)确定的 S_1 和 S_2 两点的等速线 C_λ 的最低的来流马赫数。

第五部分　应用——椭圆柱

21. 预备性讨论

本报告这部分是将第三部分导出的一般方法应用于研究可压缩流体绕椭圆柱的流动。按照第 8 和第 9 节，如果在驻点附近的解已经构成，则由这个解的可延拓性要求条件(102)和(103)以及(106)和(107)得到满足。这些方程包含有参数为 m 和 $m+\dfrac{1}{2}$ 的两组超几何函数以及它们的导数。鉴于有限的时间，为了简化计算，采取如下的近似程序。

对给定域 $\underline{D}$，首先构成在环形区域成立的解而不是在驻点附近构成解。例如，确定解的 Laurent 展开的常数 B_n^* 和 C_n^* 现在可以指定，并不马上需要求出这组带有整参数的超几何函数。然而，困难在于是否有可能把收敛圆内的解延拓。由于在式(102)和(103)给出的严格的连续性条件和在圆 $q=U$ 内函数必须是正则的必要条件，这个解的延拓或许是不可能的。

但是，从实用观点来看这并不是严重的问题。首先，求和函数(例如 $\psi_1(q,\theta)$)实际上即使在收敛圆内部，$q<U$ 也是成立的，并且由于在椭圆区域内超几何函数的封闭的渐近近似，使得修正函数 $\psi_2(q,\theta)$ 与 $\psi_1(q,\theta)$ 相比一般是小量。换句话说，尽管在收敛圆内部的解的确是表示为不同的流动，但从数值上看却非常接近在环形域内的值。其次，因为 $q<U$ 区域，在混合型流动的情况相对来说是不重要的，因为在这里 τ_1 比 $\dfrac{1}{2\beta+1}$ 小得多，即来流马赫数比 1 小得多的情况，在速度图平面解的不准确区域只限于很小的范围。在这个流动中最有意义的现象，比如极限线，总是发生在环形区域内，因此这个修正程序尽管从一般的观点是不满意的，但显然它能够得到有意义的结果，并且对所得到的解的可用性进行实际检验。

这个问题还可以从另一个角度考虑，在这节利用的程序可以用如下方法导出，即把在式(201)给出近似值的函数 $\xi_\nu(\tau)$ 和 $\xi_{-\nu}(\tau)$ 代替在环形域内解所包含的系数表达式，即式(106)和(107)中得到。因此，可以把这个程序看成是一个合理的近似方法。如果 $\tau_1\ll\dfrac{1}{2\beta+1}$，则引进的误差一般是可以忽略的。这可以由如下事实指出：当 $q\leqslant U$ 时修正函数 $\psi_2(q,\theta)$ 与 $\psi_1(q,\theta)$ 相比是非常小的。

另一个简化是在连续解中利用初等积分 $q^{-2\nu}\underline{F}_{-\nu}(\tau)$ 代替 $q^{-2\nu}\underline{G}_\nu(\tau)$，因为在这种情况 $F_{-\nu}(\tau)$ 是有明确定义的函数。这样做了，第二解的渐近性质不变，因为 $\underline{G}_\nu(\tau)$ 的第一项与第二项相比总是小量。然而，如果所有需要的超几何函数都计算出来了，则按照本报告第三部分导出的精确方法以任意精度来研究二维流动是没有困难的。因此，对需要处理的问题用精确的

和近似的两种方法导出的流体动力学函数表达式都给出了。

在算例中，对绕柱体的流动作了详细计算，这个柱体是由不可压缩流动绕流时，短轴与长轴之比为 0.6 的椭圆柱导出的。对两种不同的来流马赫数 0.6 和 0.7 分别进行了计算。

22. 函数 $z_0(w)$，$W_0(w)$ 和 $A_0(w)$

无限远来流平行于长轴的绕椭圆柱的不可压缩无旋流动可用复势 $W_0(z_0)$ 表示：

$$W_0(z_0) = \zeta + \frac{1}{\zeta} \tag{271}$$

式中：

$$z_0 = \zeta + \frac{\varepsilon^2}{\zeta} \tag{272}$$

为了实际计算的方便，本部分对所有物理量 z_0，q 和 ρ 都一概无量纲化。截面的长轴和短轴分别以 $1+\varepsilon^2$ 和 $1-\varepsilon^2$ 表示，其中 $\varepsilon < 1$；在无限远 $q=1$ 和当 $q=0$ 时 $\rho=1$。这将自动地把流体动力学函数变成无量纲的，并且常数 U 和 ρ_0 在下面各节的公式中被消去。

把式(271)对 z_0 求导，则无量纲化的复速度是：

$$w = \frac{\zeta^2 - 1}{\zeta^2 - \varepsilon^2}$$

因此

$$\zeta = -\left[\frac{1-\varepsilon^2 w}{1-w}\right]^{\frac{1}{2}},\quad |1-\varepsilon^2 w| \neq 0 \tag{273}$$

这个函数是双值的，在 $w=1$ 和 $w=\varepsilon^{-2}$ 为两个支点，为了使 $z_0(w)$ 是 w 的单值函数，把表达式(273)取主值，即 $|\arg(1-w)| < \pi$ 和 $1 < |w| < \varepsilon^{-2}$。$|\varepsilon^2 w| < 1$ 的条件必须满足，因为 $w = \varepsilon^{-2}$ 对应于 $\zeta = 0$，这是另一个奇点。具有如此定义的主值，如果在式(273)中取负号，则域 $\underline{D}$ 相当于 $\mathrm{Re}\zeta \leqslant 0$ 和 $|\zeta| \geqslant 1$ 的半平面。另一方面，因为 $|\zeta| \geqslant 1$ 时变换式(272)是一一对应的，故域 D($\mathrm{Re}z_0 \leqslant 0$，在所包含的截面内部区域除外)与 $\underline{D}$ 一一对应。

因此，反变换函数 $z_0(w)$ 是

$$z_0(w) = -\left\{\left[\frac{1-\varepsilon^2 w}{1-w}\right]^{\frac{1}{2}} + \varepsilon^2\left[\frac{1-w}{1-\varepsilon^2 w}\right]^{\frac{1}{2}}\right\} \tag{274}$$

只要引进一条割缝把两个支点连接起来，使得 $(1-w)$ 的辐角在 $-\pi < \arg(1-w) < \pi$ 之间，并且 $|\varepsilon^2 w| < 1$，则上式将是单值的。将其分成实部和虚部，当在 $0 \leqslant \theta < 2\pi$ 时，得到

$$x_0(q,\theta) = -\frac{1}{\sqrt{2}}\left[\{I(q,\theta)+J(q,\theta)\}^{\frac{1}{2}} + \varepsilon^2\{I_\varepsilon(q,\theta)+J^{-1}(q,\theta)\}^{\frac{1}{2}}\right] \tag{275}$$

$$y_0(q,\theta) = \frac{1}{\sqrt{2}}\left[\{-I(q,\theta)+J(q,\theta)\}^{\frac{1}{2}} - \varepsilon^2\{-I_\varepsilon(q,\theta)+J^{-1}(q,\theta)\}^{\frac{1}{2}}\right] \tag{276}$$

式中：$w = q\mathrm{e}^{-i\theta}$，而函数 $I(q,\theta)$，$I_\varepsilon(q,\theta)$ 和 $J(q,\theta)$ 分别代表

$$I(q,\theta) = \frac{1-(1+\varepsilon^2)q\cos\theta + \varepsilon^2 q^2}{1-2q\cos\theta+q^2} \tag{277}$$

$$I_\varepsilon(q,\theta)=\frac{1-(1+\varepsilon^2)q\cos\theta+\varepsilon^2q^2}{1-2\varepsilon^2q\cos\theta+\varepsilon^4q^2} \tag{278}$$

$$J(q,\theta)=\left[\frac{1-2\varepsilon^2q\cos\theta+\varepsilon^4q^2}{1-2q\cos\theta+q^2}\right]^{\frac{1}{2}} \tag{279}$$

另一方面，将式(273)代入式(271)，函数 $W_0(z_0)$转变到 D 内；即

$$W_0(w)=-\left\{\left[\frac{1-\varepsilon^2w}{1-w}\right]^{\frac{1}{2}}+\left[\frac{1-w}{1-\varepsilon^2w}\right]^{\frac{1}{2}}\right\} \tag{280}$$

现在 $W_0(w)=\varphi_0(q,\theta)+\mathrm{i}\psi_0(q,\theta)$，类似地有

$$\psi_0(q,\theta)=\frac{1}{\sqrt{2}}[\{I(q,\theta)+J(q,\theta)\}^{\frac{1}{2}}+\{I_\varepsilon(q,\theta)+J^{-1}(q,\theta)\}^{\frac{1}{2}}] \tag{281}$$

$$\psi_0(q,\theta)=\frac{1}{\sqrt{2}}[\{-I(q,\theta)+J(q,\theta)\}^{\frac{1}{2}}-\{-I_\varepsilon(q,\theta)+J^{-1}(q,\theta)\}^{\frac{1}{2}}] \tag{282}$$

按照式(87)积分 $z_0(w)$，则经变换的势函数 $A_0(w)$，除一常数外，取为如下形式：

$$A_0(w)=2(1-w)^{\frac{1}{2}}(1-\varepsilon^2w)^{\frac{1}{2}} \tag{283}$$

这个函数的主值也是由将$(1-w)$的辐角限制在 $-\pi<\arg(1-w)<\pi$ 和 $|w|<\varepsilon^{-2}$ 来确定。在域$\underline{D}$内当 $A_0(w)=\chi_0(q,\theta)-\mathrm{i}\sigma_0(q,\theta)$ 时，其实部和虚部是：

$$\chi_0(q,\theta)=2^{\frac{1}{2}}[K(q,\theta)+L(q,\theta)]^{\frac{1}{2}} \tag{284}$$

$$0\leqslant\theta<2\pi$$

$$\sigma_0(q,\theta)=-2^{\frac{1}{2}}[-K(q,\theta)+L(q,\theta)]^{\frac{1}{2}} \tag{285}$$

式中：函数 $K(q,\theta)$和 $L(q,\theta)$由下式确定：

$$K(q,\theta)=1-(1+\varepsilon^2)q\cos\theta+\varepsilon^2q^2\cos 2\theta \tag{286}$$

$$L(q,\theta)=[1-2q\cos\theta+q^2]^{\frac{1}{2}}[1-2\varepsilon^2q\cos\theta+\varepsilon^4q^2]^{\frac{1}{2}} \tag{287}$$

23. $W_0(w)$和 $A_0(w)$的展开

在式(280)中定义的函数 $W_0(w)$在$|w|<1$ 内是处处单值的和正则的，因此具有如下展开式：

$$W_0(w)=-\sum_{n=0}^{\infty}A_nw^n,\ |w|<1 \tag{288}$$

式中：系数 A_n 是实数，由下式给出：

$$A_n=2S_n^{(i)}-(1+\varepsilon^2)S_{n-1}^{(i)},\ n\geqslant 1 \tag{289}$$

$$A_0=2S_0^{(i)}=2$$

而

$$S_n^{(i)}(\varepsilon^2)=\frac{1}{\pi}\sum_{m=0}^{n}\frac{\Gamma\left(n-m+\frac{1}{2}\right)\Gamma\left(m+\frac{1}{2}\right)}{\Gamma(n-m+1)\Gamma(m+1)}\varepsilon^{2m}$$

然而，在 $|w|<1$ 的外部函数 $W_0(w)$ 是双值的；当割缝把支点 $w=1$ 和 $w=\varepsilon^{-2}$ 切开时，其主值在环形域内沿正实轴是间断的。为了得到所希望的展开，把函数写成如下形式：

$$W_0(w)=\frac{1}{w^{\frac{1}{2}}}\frac{2-(1+\varepsilon^2)w}{(1-w^{-1})^{\frac{1}{2}}(1-\varepsilon^2w)^{\frac{1}{2}}} \tag{290}$$

现在在环形域内$(1-w^{-1})^{-\frac{1}{2}}(1-\varepsilon^2 w)^{-\frac{1}{2}}$是单值的和连续的，其 Laurent 展开式是

$$(1-w^{-1})^{-\frac{1}{2}}(1-\varepsilon^2 w)^{-\frac{1}{2}} = S_0^{(0)} + \sum_{n=1}^{\infty} S_n^{(0)} [\varepsilon^{2n} w^n + w^{-n}], \ 1 < |w| < \varepsilon^{-2} \tag{291}$$

式中：

$$S_n^{(0)}(\varepsilon^2) = \frac{1}{\pi} \sum_{m=0}^{\infty} \frac{\Gamma\left(n+m+\frac{1}{2}\right)\Gamma\left(m+\frac{1}{2}\right)}{\Gamma(n+m+1)\Gamma(m+1)} \varepsilon^{2m} \tag{292}$$

把$(1-w)^{-\frac{1}{2}}(1-\varepsilon^2 w)^{-\frac{1}{2}}$由式(291)代入式(290)，在环形域内$W_0(w)$的展开式是

$$W_0(w) = \mathrm{i} \sum_{n=0}^{\infty} [B_n \varepsilon^{2n} w^{\nu} + C_n w^{-\nu}], \ 1 < |w| < \varepsilon^{-2} \tag{293}$$

这时常数B_n，C_n和指数ν由下式确定：

$$\left.\begin{aligned} B_n &= 2\varepsilon^2 S_{n+1}^{(0)} - (1+\varepsilon^2) S_n^{(0)} \\ C_n &= 2S_n^{(0)} - (1+\varepsilon^2) S_{n+1}^{(0)} \\ \nu &= n + \frac{1}{2} \end{aligned}\right\} \tag{294}$$

类似地，经变换的势函数$\Lambda_0(w)$的展开式是

$$\Lambda_0(w) = 2 \sum_{n=0}^{\infty} \widetilde{A}_n w^n \quad |w| < 1 \tag{295}$$

这时常数$\widetilde{A}_n$是

$$\left.\begin{aligned} \widetilde{A}_n &= S_n^{(i)} - (1+\varepsilon^2) S_{n-1}^{(i)} + \varepsilon^2 S_{n-2}^{(i)} \\ \widetilde{A}_1 &= -\frac{1}{2}(1+\varepsilon^2), \ \widetilde{A}_0 = 1 \end{aligned}\right\} \tag{296}$$

而$S_n^{(i)}$在式(289)中给出。

另一方面，在环形区域内这个展开式是

$$\Lambda_0(w) = -2\mathrm{i} \sum_{n=0}^{\infty} [\widetilde{B}_n \varepsilon^{2n} w^n + \widetilde{C}_n w^{-n}], \ 1 < |w| < \varepsilon^{-2} \tag{297}$$

式中：常数$\widetilde{B}_n$和$\widetilde{C}_n$定义如下：

$$\left.\begin{aligned} \widetilde{B}_n &= S_{n-1}^{(0)} - (1-\varepsilon^2) S_n^{(0)} + \varepsilon^2 S_{n+1}^{(0)}, \ n \geqslant 1 \\ \widetilde{B}_0 &= 2\varepsilon^2 S_1^{(0)} - (1+\varepsilon^2) S_0^{(0)} \\ \widetilde{C}_n &= S_n^{(0)} - (1+\varepsilon^2) S_{n+1}^{(0)} + \varepsilon^2 S_{n+2}^{(0)} \end{aligned}\right\} \tag{298}$$

式中：$S_n^{(0)}(\varepsilon^2)$由式(292)定义。

24. 流函数 $\psi(q, \theta)$

域$\underline{D}$和域D之间的关系是完全确定的，并且相应于这些域的函数也是给定的。从第 8 节和第 9 节推导的一般格式可以构成可压缩流体运动的类似解。首先，制约亚声速流动的流函数$\psi(q, \theta)$是$\psi_1(q, \theta)$和$\psi_2(q, \theta)$之和。根据式(207)，(208)和(209)当$0 \leqslant \tau < \dfrac{1}{2\beta+1}$时，有

$$\psi_1(q, \theta) = \frac{1}{\sqrt{2}} \frac{f(\tau)}{f(\tau_1)} \{[-I(tq, \theta) + J(tq, \theta)]^{\frac{1}{2}} -$$

$$[-I_\varepsilon(tq,\theta)+J^{-1}(tq,\theta)]^{\frac{1}{2}}\} \tag{299}$$

式中：函数 $I(tq,\theta)$，$I_\varepsilon(tq,\theta)$和 $J(tq,\theta)$是利用 tq 代替 q，t 是由式(195)定义的，由式(272)和(279)中的 I，I_ε 和 J 得到。对于 $q<1$，函数 $\psi_2(q,\theta)$是

$$\psi_2^{(i)}(q,\theta)=\sum_{n=0}^{\infty}A_nG_n(\tau)q^n\sin n\theta \tag{300}$$

式中：A_n 在式(289)中定义，$G_n(\tau)$由式(199)中定义。当 $q>1$，并且在亚声速区，函数 $\psi_2^{(0)}(q,\theta)$为

$$\psi_2^{(0)}(q,\theta)=\sum_{n=0}^{\infty}[G_\nu^{(1)}(\tau)\varepsilon^{2n}q^\nu+G_\nu^{(2)}(\tau)q^{-\nu}]\cos\nu\theta,\ 0\leqslant\theta<2\pi \tag{301}$$

式中：$G_\nu^{(1)}(\tau)$和 $G_\nu^{(2)}(\tau)$由式(205)定义并具有式(294)中定义的常数 B_n 和 C_n。

当运动变成超声速时，按照式(214)给出式(299)中定义的 $\psi_1(q,\theta)$的延拓：

$$\begin{aligned}\psi_1(q,\theta)=\frac{1}{8}\frac{f(\tau)}{f(\tau_1)}\{&[-I(\lambda,\xi)+J(\lambda,\xi)]^{\frac{1}{2}}-[-I_\varepsilon(\lambda,\xi)+J^{-1}(\lambda,\xi)]^{\frac{1}{2}}+\\&[-I(\lambda,\eta)+J(\lambda,\eta)]^{\frac{1}{2}}-[-I_\varepsilon(\lambda,\eta)+J^{-1}(\lambda,\eta)]^{\frac{1}{2}}-\\&[+I(\lambda,\xi)+J(\lambda,\xi)]^{\frac{1}{2}}-[-I_\varepsilon(\lambda,\xi)+J^{-1}(\lambda,\xi)]^{\frac{1}{2}}\pm\\&[I(\lambda,\eta)+J(\lambda,\eta)]^{\frac{1}{2}}\pm[I_\varepsilon(\lambda,\eta)+J^{-1}(\lambda,\eta)]^{\frac{1}{2}}\},\\&\frac{1}{2\beta+1}<\tau<1\end{aligned} \tag{302}$$

式中：ξ，η 是由式(218)中定义的特征参数。在最后两项中上面的符号相应于 $\eta>0$，下面的符号相应于 $\eta<0$。伴随函数$\psi_2^{(0)}(q,\theta)$是

$$\begin{aligned}\psi_2^{(0)}(q,\theta)=\sum_{n=0}^{\infty}[G_\nu^{(1)}(\tau)\varepsilon^{2n}q^\nu+G_\nu^{(2)}(\tau)q^{-\nu}]\cos\nu\theta,\\\frac{1}{2\beta+1}<\tau<1\end{aligned} \tag{303}$$

这里：函数 $G_\nu^{(1)}(\tau)$和 $G_\nu^{(2)}(\tau)$是由式(205)结合式(217)定义的，这样式(303)将是式(301)的延拓。还应注意，变量是限制在 $\frac{1}{2\beta+1}<\tau<1$ 范围，而不是在$\frac{1}{2\beta+1}<\tau<\tau_1\varepsilon^{-4}$ 范围，因为 $\tau_1\varepsilon^{-4}$一般比 1 大，对实际气体这是不可能的。

应该记得，当 τ_1 与$\frac{1}{2\beta+1}$相比是小量时，在 $q=1$ 的圆内和圆上 $\psi_2^{(i)}(q,\theta)$与 $\psi_1(q,\theta)$相比总是可以忽略的；在全部单位圆内部 $\psi(q,\theta)$都可以近似地用 $\psi_1(q,\theta)$表示。因此，由于在构成环形域内第一个解时利用$\underline{F}_{-\nu}(\tau)$代替$\underline{G}_\nu(\tau)$和通过单位圆用了近似连接条件，计算可以大大简化。在这种情况下，当 $0\leqslant q<1$ 时流函数将简化为

$$\psi(q,\theta)\approx\psi_1(q,\theta) \tag{304}$$

式中：$\psi_1(q,\theta)$也是在式(299)中定义的。另一方面，当 $\tau_1<\tau<\frac{1}{2\beta+1}$ 时

$$\psi(q,\theta)=\psi_1(q,\theta)+\psi_2^{(0)}(q,\theta) \tag{305}$$

式中：函数 $\psi_2^{(0)}(q,\theta)$在 $q=1$ 上是小量，由下式给出：

$$\psi_2^{(0)}(q,\theta)=\sum_{n=0}^{\infty}[B_n G_\nu(\tau)\varepsilon^{2n}q^\nu+C_n G_{-\nu}(\tau)q^{-\nu}]\cos\nu\theta \tag{306}$$

可以证明函数 $G_\nu(\tau)$ 和 $G_{-\nu}(\tau)$ 为

$$\left.\begin{aligned}G_\nu(\tau)&=\underline{F}_\nu^{(r)}(\tau)-\frac{f(\tau)}{f(\tau_1)}t^\nu\\G_{-\nu}(\tau)&=\underline{F}_{-\nu}^{(r)}(\tau)-\frac{f(\tau)}{f(\tau_1)}t^{-\nu}\end{aligned}\right\} \tag{307}$$

而系数 B_n 和 C_n 由式(294)中定义。

$\psi_1(q,\theta)$ 的延拓自然是在式(302)中给出的表达式，而式(306)的延拓只是在 $G_\nu(\tau)$ 和 $G_{-\nu}(\tau)$ 的定义上有所不同，它们是

$$\left.\begin{aligned}G_\nu(\tau)&=\underline{F}_\nu^{(r)}(\tau)-\frac{1}{2}\frac{f(\tau)}{f(\tau_1)}t^\nu\cos\left(\nu\omega-\frac{\pi}{4}\right)\\G_{-\nu}(\tau)&=\underline{F}_{-\nu}^{(r)}(\tau)-\frac{1}{2}\frac{f(\tau)}{f(\tau_1)}t^{-\nu}\cos\left(\nu\omega+\frac{\pi}{4}\right)\end{aligned}\right\}\quad \frac{1}{2\beta+1}<\tau<1 \tag{308}$$

25. 坐标函数 $x(q,\theta)$ 和 $y(q,\theta)$

利用22节和23节确定的函数 $z_0(w)$ 和 $A_0(w)$ 可以构成相应的可压缩流体运动的函数 $A(w;\tau)$ 以及 $z(w;\tau)$ 由 $A(w;\tau)$ 导出的坐标函数分别由函数 $x_1(q,\theta)$ 和 $y_1(q,\theta)$ 之和给出，按照式(237)到(238)：

$$\begin{aligned}x_1(q,\theta)=&-\frac{t(\tau)}{\sqrt{2}}\frac{g(\tau)}{f(\tau_1)}\{[I(tq,\theta)+J(tq,\theta)]^{\frac{1}{2}}+\\&\varepsilon^2[I_\varepsilon(tq,\theta)+J^{-1}(tq,\theta)]^{\frac{1}{2}}\}-\\&\frac{\beta\tau}{2}\frac{h(\tau)}{f(\tau_1)}\frac{t\sin 2\theta}{\sigma_0(tq,\theta)}\{-1+4\varepsilon^2tq\cos\theta-\varepsilon^2+\\&J(tq,\theta)+\varepsilon^2J^{-1}(tq,\theta)\}\end{aligned} \tag{309}$$

$$\begin{aligned}y_1(q,\theta)=&\frac{t(\tau)}{\sqrt{2}}\frac{g(\tau)}{f(\tau_1)}\{[-I(tq,\theta)+J(tq,\theta)]^{\frac{1}{2}}-\\&\varepsilon^2[-I_\varepsilon(tq,\theta)+J^{-1}(tq,\theta)]^{\frac{1}{2}}\}-\\&\beta\tau\frac{h(\tau)}{f(\tau_1)}\frac{t\sin^2\theta}{\sigma_0(tq,\theta)}\{-1+4\varepsilon^2tq\cos\theta-\varepsilon^2+\\&J(tq,\theta)+\varepsilon^2J^{-1}(tq,\theta)\}\end{aligned} \tag{310}$$

式中：$\sigma_0(tq,\theta)$ 由式(285)中 $\sigma_0(q,\theta)$ 的 q 用 tq 代替得到。按照式(239)和(240)，函数 $x_2^{(i)}(q,\theta)$ 和 $y_2^{(i)}(q,\theta)$

$$\begin{aligned}x_2^{(i)}(q,\theta)=&2\sum_{n=1}^{\infty}n\widetilde{A}_n\widetilde{G}_n(\tau)q^{n-1}\cos(n-1)\theta-\\&2\beta\tau\sum_{n=1}^{\infty}n\widetilde{A}_n\widetilde{G}_{n,1}(\tau)q^{n-1}\cos n\theta\cos\theta\end{aligned}\qquad q<1 \tag{311}$$

$$y_2^{(i)}(q,\theta)=-2\sum_{n=1}^{\infty}n\widetilde{A}_n\widetilde{G}_n(\tau)q^{n-1}\sin(n-1)\theta-$$

$$2\beta\tau\sum_{n=1}^{\infty}n\widetilde{A}_n\widetilde{G}_{n,1}(\tau)q^{n-1}\cos n\theta\sin\theta \tag{312}$$

这里函数$\widetilde{G}_n(\tau)$和$\widetilde{G}_{n,1}(\tau)$由式(241)和(242)定义，常数$\widetilde{A}_n$由式(296)定义。

在环形区域成立的函数同样也可以用$x_1(q,\theta)+x_2^{(0)}(q,\theta)$和$y_1(q,\theta)+y_2^{(0)}(q,\theta)$的形式表示，式中$x_1(q,\theta)$和$y_1(q,\theta)$分别由式(309)和(310)定义，当$\tau_1\leqslant\tau<\dfrac{1}{2\beta+1}$，$x_2^{(0)}(q,\theta)$和$y_2^{(0)}(q,\theta)$是

$$\begin{aligned}x_2^{(0)}(q,\theta)=&-2\sum_{n=0}^{\infty}\nu[\widetilde{G}_\nu^{(1)}(\tau)\varepsilon^{2n}q^{\nu-1}\sin(\nu-1)\theta+\\&\widetilde{G}_\nu^{(2)}(\tau)q^{-\nu-1}\sin(\nu+1)\theta]+2\beta\tau\sum_{n=0}^{\infty}\nu[\widetilde{G}_{\nu,1}^{(1)}(\tau)\varepsilon^{2n}q^{\nu-1}+\\&\widetilde{G}_{\nu,1}^{(2)}(\tau)q^{-\nu-1}]\sin\nu\theta\cos\theta\end{aligned} \tag{313}$$

$$\begin{aligned}y_2^{(0)}(q,\theta)=&-2\sum_{n=0}^{\infty}\nu[\widetilde{G}_\nu^{(1)}(\tau)\varepsilon^{2n}q^{\nu-1}\cos(\nu-1)\theta+\\&\widetilde{G}_\nu^{(2)}(\tau)q^{-\nu-1}\cos(\nu+1)\theta]+\\&2\beta\tau\sum_{n=0}^{\infty}\nu[\widetilde{G}_{\nu,1}^{(1)}(\tau)\varepsilon^{2n}q^{\nu-1}+\widetilde{G}_{\nu,1}^{(2)}(\tau)q^{-\nu-1}]\sin\nu\theta\sin\theta\end{aligned} \tag{314}$$

函数$\widetilde{G}_\nu^{(\alpha)}(\tau)$和$G_{\nu,1}^{(\alpha)}(\tau)$由式(250)，(251)和(252)定义，其中常数$\widetilde{B}_n$和$\widetilde{C}_n$在式(298)中定义。

另一方面，当$\dfrac{1}{2\beta+1}<\tau<1$时，按照式(253)和(254)，穿过临界圆$\tau=\dfrac{1}{2\beta+1}$时$x_1(q,\theta)$和$y_1(q,\theta)$的连续表达式是

$$\begin{aligned}x_1(q,\theta)=&-\frac{t(\tau)}{2^{\frac{5}{2}}}\frac{g(\tau)}{f(\tau_1)}\{[I(\lambda,\xi)+J(\lambda,\xi)]^{\frac{1}{2}}+\varepsilon^2[I_\varepsilon(\lambda,\xi)+J^{-1}(\lambda,\xi)]^{\frac{1}{2}}+\\&[I(\lambda,\eta)+J(\lambda,\eta)]^{\frac{1}{2}}+\varepsilon^2[I_\varepsilon(\lambda,\eta)+J^{-1}(\lambda,\eta)]^{\frac{1}{2}}\}\cos\left(\frac{\pi}{4}-\omega\right)-\\&\frac{t(\tau)}{2^{\frac{5}{2}}}\frac{g(\tau)}{f(\tau_1)}\{[-I(\lambda,\xi)+J(\lambda,\xi)]^{\frac{1}{2}}-\varepsilon^2[-I_\varepsilon(\lambda,\xi)+\\&J^{-1}(\lambda,\xi)]^{\frac{1}{2}}-[-I(\lambda,\eta)+J(\lambda,\eta)]^{\frac{1}{2}}+\varepsilon^2[-I_\varepsilon(\lambda,\eta)+\\&J^{-1}(\lambda,\eta)]^{\frac{1}{2}}\}\sin\left(\frac{\pi}{4}-\omega\right)-\frac{\beta\tau h(\tau)\cos\theta}{4qf(\tau_1)}\left\{\left[\frac{\lambda\sin\xi}{\sigma_0(\lambda,\xi)}\cdot\right.\right.\\&(-1+4\varepsilon^2\lambda\cos\xi-\varepsilon^2+J(\lambda,\xi)+\varepsilon^2J^{-1}(\lambda,\xi))+\\&\frac{\lambda\sin\eta}{\sigma_0(\lambda,\eta)}(-1+4\varepsilon^2\lambda\cos\eta-\varepsilon^2+J(\lambda,\eta)+\\&\left.\varepsilon^2J^{-1}(\lambda,\eta))\right]\cos\left(\mu+\frac{\pi}{4}\right)-\left[\frac{\lambda\sin\xi}{\chi_0(\lambda,\xi)}\cdot\left(1-4\varepsilon^2\lambda\cos\xi+\varepsilon^2+\right.\right.\\&\left.J(\lambda,\xi)+\varepsilon^2J^{-1}(\lambda,\xi)\right)-\frac{\lambda\sin\eta}{\chi_0(\lambda,\eta)}(1-4\varepsilon^2\lambda\cos\eta+\varepsilon^2+J(\lambda,\eta)+\\&\left.\left.\varepsilon^2J^{-1}(\lambda,\eta))\right]\sin\left(\mu+\frac{\pi}{4}\right)\right\}\end{aligned} \tag{315}$$

$$y_1(q,\theta)=\frac{t(\tau)}{2^{\frac{5}{2}}}\frac{g(\tau)}{f(\tau_1)}\{[-I(\lambda,\xi)+J(\lambda,\xi)]^{\frac{1}{2}}-\varepsilon^2[-I_\varepsilon(\lambda,\xi)+$$

$$J^{-1}(\lambda,\xi)]^{\frac{1}{2}}+[-I(\lambda,\eta)+J(\lambda,\eta)]^{\frac{1}{2}}-\varepsilon^2[-I_\varepsilon(\lambda,\eta)+$$

$$J^{-1}(\lambda,\eta)]^{\frac{1}{2}}\}\cos\left(\frac{\pi}{4}-\omega\right)+\frac{t(\tau)}{2^{\frac{5}{2}}}\frac{g(\tau)}{f(\tau_1)}\{-[I(\lambda,\xi)+J(\lambda,\xi)]^{\frac{1}{2}}-$$

$$\varepsilon^2[I_\varepsilon(\lambda,\xi)+J^{-1}(\lambda,\xi)]^{\frac{1}{2}}+[I(\lambda,\eta)+J(\lambda,\eta)]^{\frac{1}{2}}+$$

$$\varepsilon^2[I_\varepsilon(\lambda,\eta)+J^{-1}(\lambda,\eta)]^{\frac{1}{2}}\}\sin\left(\frac{\pi}{4}-\omega\right)-$$

$$\frac{\beta\tau h(\tau)\sin\theta}{4qf(\tau_1)}\left\{\left[\frac{\lambda\sin\xi}{\sigma_0(\lambda,\xi)}\cdot(-1+4\varepsilon^2\lambda\cos\xi-\varepsilon^2+J(\lambda,\xi)+\right.\right.$$

$$\varepsilon^2J^{-1}(\lambda,\xi))+\frac{\lambda\sin\eta}{\sigma_0(\lambda,\eta)}(-1+4\varepsilon^2\lambda\cos\eta-\varepsilon^2+J(\lambda,\eta)+$$

$$\left.\varepsilon^2J^{-1}(\lambda,\eta))\right]\cos\left(\mu+\frac{\pi}{4}\right)-\left[\frac{\lambda\sin\xi}{\chi_0(\lambda,\xi)}(1-4\varepsilon^2\lambda\cos\xi+\right.$$

$$\varepsilon^2+J(\lambda,\xi)+\varepsilon^2J^{-1}(\lambda,\xi))-\frac{\lambda\sin\eta}{\chi_0(\lambda,\eta)}(1-4\varepsilon^2\lambda\cos\eta+$$

$$\left.\left.\varepsilon^2+J(\lambda,\eta)+\varepsilon^2J^{-1}(\lambda,\eta))\right]\sin\left(\mu+\frac{\pi}{4}\right)\right\}\tag{316}$$

而 $x_2(q,\theta)$ 和 $y_2(q,\theta)$ 除了函数 $\widetilde{G}_\nu^{(a)}(\tau)$ 和 $\widetilde{G}_{\nu,1}^{(a)}(\tau)$ 是由式(250)，(251)和(257)给出以外，其余仍由式(313)和(314)定义。

利用与流函数同样的论证，由于当 $q<1$ 时忽略了 $x_2^{(i)}(q,\theta)$ 和 $y^{(i)}(q,\theta)$，$x(q,\theta)$ 和 $y(q,\theta)$ 的实际计算可以简化，即

$$x(q,\theta)\approx x_1(q,\theta)\tag{317}$$

$$y(q,\theta)\approx y_1(q,\theta),\ 0\leqslant q\leqslant 1\tag{318}$$

式中：$x_1(q,\theta)$ 和 $y_1(q,\theta)$ 在式(309)和(310)中定义，在环形域内有

$$x(q,\theta)=x_1(q,\theta)+x_2^{(0)}(q,\theta)\tag{319}$$

$$\tau_1<\tau<1$$

$$y(q,\theta)=y(q,\theta)+y_2^{(0)}(q,\theta)\tag{320}$$

这里的 $x_1(q,\theta)$ 和 $y_1(q,\theta)$ 是由式(309)，(310)或(315)，(316)给出。在另一方面，$x_2^{(0)}(q,\theta)$ 和 $y_2^{(0)}(q,\theta)$ 变为

$$x_2^{(0)}(q,\theta)=-2\sum_{n=0}^{\infty}\nu[\widetilde{B}_n\widetilde{G}_\nu(\tau)\varepsilon^{2n}q^{\nu-1}\sin(\nu-1)\theta+$$

$$\widetilde{C}_n\widetilde{G}_{-\nu}(\tau)q^{-\nu-1}\sin(\nu+1)\theta]+2\beta\tau\sum_{n=0}^{\infty}\nu[\widetilde{B}_n\widetilde{G}_{\nu,1}(\tau)\varepsilon^{2n}\cdot$$

$$q^{\nu-1}+\widetilde{C}_n\widetilde{G}_{\nu,1}(\tau)q^{-\nu-1}]\sin\nu\theta\cos\theta\tag{321}$$

$$y_2^{(0)}(q,\theta)=-2\sum_{n=0}^{\infty}\nu[\widetilde{B}_n\widetilde{G}_\nu(\tau)\varepsilon^{2n}q^{\nu-1}\cos(\nu-1)\theta-$$

$$\widetilde{C}_n\widetilde{G}_{-\nu}(\tau)q^{-\nu-1}\cos(\nu+1)\theta]+2\beta\tau\sum_{n=0}^{\infty}\nu[\widetilde{B}_n\widetilde{G}_{\nu,1}(\tau)\varepsilon^{2n}\cdot$$

$$q^{\nu-1}+\widetilde{C}_n\widetilde{G}_{-\nu,1}q^{-\nu-1}]\sin\nu\theta\sin\theta \tag{322}$$

对于 $\tau_1\leqslant\tau<\frac{1}{2\beta+1}$，函数$\widetilde{G}_\nu(\tau)$，$\widetilde{G}_{\nu,1}(\tau)$定义如下：

$$\widetilde{G}_\nu(\tau)=\underline{\widetilde{F}}_\nu^{(r)}(\tau)-\frac{g(\tau)}{f(\tau_1)}t^\nu,\ \widetilde{G}_\nu(\tau)=\underline{\widetilde{F}}_{-\nu}^{(r)}(\tau)-\frac{g(\tau)}{f(\tau_1)}t^{-\nu} \tag{323}$$

$$\left.\begin{aligned}\widetilde{G}_{\nu,1}(\tau)&=\frac{\nu-1}{\nu+1}\underline{\widetilde{F}}_{\nu,1}^{(r)}(\tau)-\frac{h(\tau)}{f(\tau_1)}t^\nu\\ \widetilde{G}_{-\nu,1}(\tau)&=\frac{\nu+1}{\nu-1}\underline{\widetilde{F}}_{-\nu,1}^{(r)}(\tau)-\frac{h(\tau)}{f(\tau_1)}t^{-\nu}\end{aligned}\right\} \tag{324}$$

对于 $\frac{1}{2\beta+1}<\tau<1$，

$$\left.\begin{aligned}\widetilde{G}_\nu(\tau)&=\underline{\widetilde{F}}_\nu^{(r)}(\tau)-\frac{1}{2}\frac{g(\tau)}{f(\tau_1)}t^\nu\cos\left(\nu\omega-\frac{\pi}{4}\right)\\ \widetilde{G}_{-\nu}(\tau)&=\underline{\widetilde{F}}_{-\nu}^{(r)}(\tau)-\frac{1}{2}\frac{g(\tau)}{f(\tau_1)}t^{-\nu}\cos\left(\nu\omega+\frac{\pi}{4}\right)\end{aligned}\right\} \tag{325}$$

$$\left.\begin{aligned}\widetilde{G}_{\nu,1}(\tau)&=\frac{\nu-1}{\nu+1}\underline{\widetilde{F}}_{\nu,1}^{(r)}(\tau)-\frac{1}{2}\frac{h(\tau)}{f(\tau_1)}t^\nu\cos\left(\nu\omega-\mu-\frac{\pi}{4}\right)\\ \widetilde{G}_{-\nu,1}(\tau)&=\frac{\nu+1}{\nu-1}\underline{\widetilde{F}}_{-\nu,1}^{(r)}(\tau)-\frac{h(\tau)}{2f(\tau_1)}t^{-\nu}\cos\left(\nu\omega+\mu+\frac{\pi}{4}\right)\end{aligned}\right\} \tag{326}$$

结　论

作为例子，考虑绕柱体的气体运动，并取 $\varepsilon=\frac{1}{2}$。对于来流马赫数 $M_1=0.6$ 和 0.7 两种情况，本文计算了 τ，θ 面的流谱，结果在图 14 和图 15 中给出。应该看到，可压缩流动与相应的不可压缩流动的物体形状比有相当大的畸变。如果希望得到绕给定物体的可压缩流动，则应该对不同的几何参数 ε 作一系列的计算，这样才可能从中挑选出在确定的来流马赫数 M_1 下所要求的物体形状。

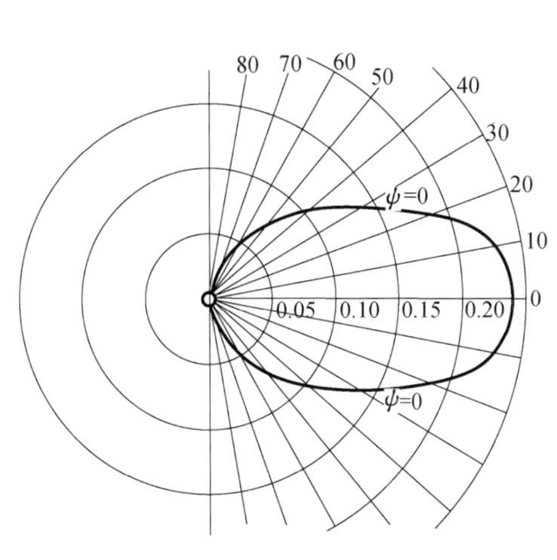

图 14　在 τ，θ 平面上的可压缩流动 $\varepsilon=1/2$；$M_1=0.6$

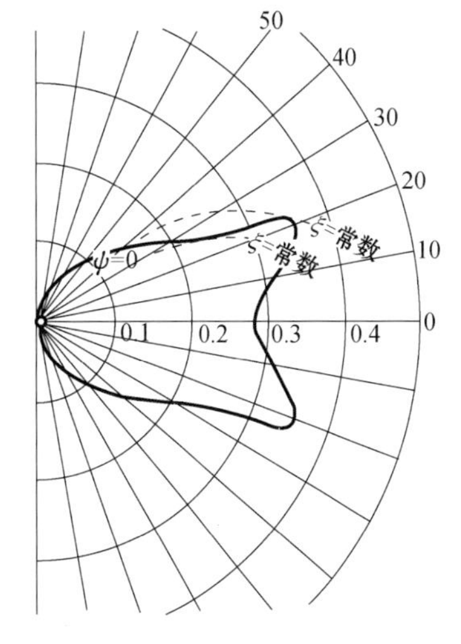

图 15　在 τ，θ 平面上的可压缩流动 $\varepsilon=1/2$；$M=0.7$

这些计算明确地说明了本文提出的方法的实用性。同时也表明，在二维可压缩流体绕适当物体的无旋等熵运动的流场中，存在有亚声速和超声速的混合型流动，并且两者之间的转变是连续的和可逆的。此外，无旋等熵流动条件的破坏只与极限线的出现有关，而极限线的出现又由无限远条件或边界形状所确定，而所达到的当地速度的大小是无关紧要的。在 $M_1=0.6$ 时，一直到当地马赫数 $M=1.25$，流场仍然是无旋的超声速流动，而当 $M_1=0.7$，在 $M=1.22$ 时无旋流动条件，就开始破坏。流线的奇异性是由 $\psi=0$ 与在 $M=1.22$ 的特征线的切点标志出来。

在物理平面上流谱的计算还有待进行，这一计算完成之后，物体表面上的压力分布可以与绕相同物体的不可压缩流动的压力分布进行比较。

加州理工学院

Guggenheim 航空实验室

Pasadena, California 1945 年 4 月 17 日

参考文献

[1] von Kármán Th. Compressibility Effects in Aerodynamics[J]. Jour. Aero. Sci., 1941, 8(9): 337 - 356.

[2] Tsien Hsue-Shen: The "Limiting Line" in Mixed Subsonic and Supersonic Flow of Compressible Fluids [R]. NACA TN No. 961, 1944.

[3] Hantzsche W, Wendt H. Der Kompressiblitätseinfluss für dünne wenig gekrümmte profile bei Unterschallgeschwindigkeit[J]. Z. f. a. M. M., 1942, 22: 72 - 86.

[4] Kaplan Carl. The Flow of a Compressibic Fluid past a Curved Surface[R]. NACA ARR No. 3K02, 1943. The Flow of a Compressible Fluid past a Circular profile. NACA ARR. No. L4G15, 1944.

[5] Molenbroek P. Über einige Bewegungen eines Gases mit Annahme eines Geschwindigke tspotentials [J]. Archiv der Math. und phys. (Grunert-Hoppe), 1890, 9(2): 157.

[6] Chaplygin S. Gas Jets[R]. NACA TM No. 1063, 1944.

[7] Bergman Stefan A. On Two-Dimensional Flows of Compressible Fluids [R]. NACA TN No. 972, 1945.

[8] Garrick I E, Kaplan Carl. On the Flow of a Compressible Fluid by the Hodograph Method [R]. I-Unification and Extension of Present-Day Results. NACA ACR No. L4C24, 1944. (Classification changed to "Restricted," oct. 11, 1944)

[9] Tsien Hsuo-Shen. Two-Dimensional Subsonic Flow of Compressible Fluids[J]. Jour. Aero. Sci., 1939, 6(10): 399 - 407.

[10] Bers Lipman. On a Method of Constructing Two-Dimensionl Subsonic Compressible Flows around Closed Profiles[R]. NACA TN No. 966, 1945.

[11] Temple G, Yarwood J. The Approximate Solution of the Hodograph Equations for Compressible Flow[R]. Rep. No. S. M. E. 3201, R. A. E., 1942.

[12] Ringleb, Friedrich Über die Differentialgleichungen einer adiabatischen Gasströmung und den Strömungs-Stoss [J]. Deutsche Math., 1940, 5(5): 337 - 384.

[13] Tollmien W. Grenzlinien adiabatischer potential-Strömungen [J]. Z. f. a. M. M. 1941, 21: 140 - 152.

[14] Gauss C F. Werke, 3: 207 - 229.

[15] Tannery J. Proprigtes des intégrales des éguations différentielles linéaires[J]. Ann. Sci. de e'Ecole Normale Superieure. 1875, 4(2): 113 - 182.

[16] Goursat E. Sur l'équations différentielle linéaire qui admet pour intégrale hypergéométrique[J]. Ann. Sci. de e Ecole Normale Superieure, 1881, 10(2): 3-142.

[17] Ince E L. Ordinary Differential Equations. Longmans[M]. Green and Co., 1927: 227.

[18] Horn F. Über eine lineare Differentialgleichung zweiter Ordnung mit einem willkürlich en parameter[J]. Math. Ann., 1899, 52: 271-292.

[19] Jeffreys H. on Certain Approximate. Solutions of Linear Differential Equations of the Second Order[J]. Proc. London Math. Soc., 23(2): 428-436.

[20] Langer R E. On the Asymptotic Solutions of Ordinary Differential Equations[J]. Trans. Am. Math. Soc., 1931, 33: 23-64; 1932, 34: 447-480.

[21] Coburn N. The Kármán-Tsien Pressure-Volume Relation in the Two-Dimensional Supersonic Flow of Compressible Fluids[J]. Quarterterly of Appl. Math., 1945.

[22] Knaft Hans, Dibble Charles G. Some Two Dimen-Sional Adiabatic Compressible Flow Patterns[J]. Jour. Aero.: Sci., 1944, 11: 283-298.

[23] Busemann A. Gasdynamik. Handbuch der Experimentalphysik[M]. Akademische Verlags Leipzig, Sec. 1, pt. Ⅳ, 1931: 341-460.

[24] Kantrowitz A. Effects of Heat-Capacity Lag in Gas Dynamics[R]. NACA ARR No. 4A22, 1944.

附录 A
定理(52)的证明

为了便于讨论，首先将式(71)写成下列形式：

$$X_1(\xi_\nu^{(1)}) \equiv \xi_\nu^{1(1)}(\tau) + \frac{\nu}{2\tau}\zeta_1\zeta_2 = 0$$

式中：

$$\zeta_1(\tau) = \xi_\nu^{(1)}(\tau) + \frac{\beta\tau}{\nu(1-\tau)} + \gamma_\nu(\tau)$$

$$\zeta_2(\tau) = \xi_\nu^{(1)}(\tau) + \frac{\beta\tau}{\nu(1-\tau)} - \gamma_\nu(\tau)$$

和

$$\gamma_\nu(\tau) = \left\{\frac{1-(2\beta+1)\tau}{1-\tau} + \frac{\beta^2\tau^2}{\nu^2(1-\tau)^2} + \frac{4(1-\tau)^2}{\tau^\nu R_\nu^2(\tau)}\right\}^{\frac{1}{2}}$$

当 ν 是大数时，在 τ, $\xi_\nu^{(1)}$ 平面(图 16)由于根号内的第三项，函数 ζ_1 和 ζ_2 的性质是很容易研究的。可以用如下方法证明，考虑 ν 是正的和大的，但不是整数的情况。在 $0\leqslant\tau\leqslant\dfrac{1}{2\beta+1}$ 区间，$E_\nu(\tau)\ll F_\nu$，原因是利用式(35)和(55)有 $F_\nu(\tau)\sim\tau^{-\nu}\underline{F}_{-\nu}(\tau)$，于是，$\tau^{\nu/2}R_\nu(\tau)\sim\tau^{-\nu/2}T_1^{-\nu}$。因此，当 ν 是大数时 $\tau^{\nu/2}R(\tau)\gg1$，而$\underline{F}_\nu(\tau)$和 $F_\nu(\tau)$是 ν 的连续函数，所以前面的结果同样适用于 ν 是整数的情况。对于 $\gamma_\nu(\tau)$的根号内第三项当 ν 是大数时可以忽略。

这个方法中 γ_ν 是定义的，相应于每个 ν 都有一条线 $\tau=\tau_0>\dfrac{1}{2\beta+1}$，当 $\tau\leqslant\tau_0$ 时，则 $\gamma_\nu^2(\tau)\geqslant0$。根据 $\tau\leqslant\tau_0$ ζ_1 和 ζ_2 是实数或共轭复数。在 $0\leqslant\tau\leqslant\tau_0$ 时，$\zeta_1=0$ 和 $\zeta_2=0$ 将给出两个分别从(0, −1)和(0, 1)

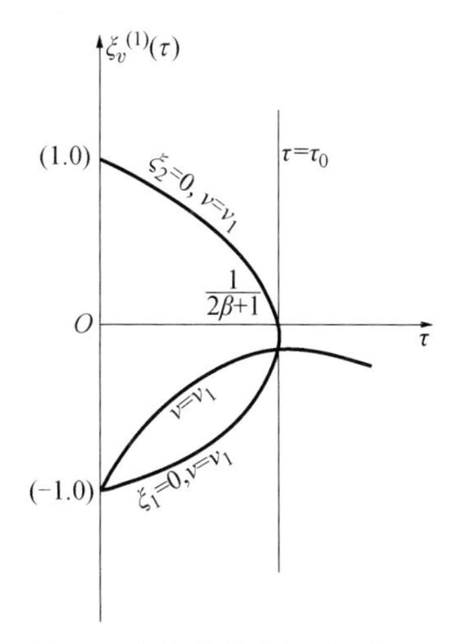

图 16 积分曲线的性质；$\xi_\nu^{(1)}(\tau)$

发出的单参数射线族，并且在 $\gamma_{\nu}^{2}=0$ 点连接在一起。在 $0\leqslant\tau\leqslant\tau_0$，$\zeta_1\zeta_2$ 之积可负可正，要看这点是在 $\zeta_1=0$ 和 $\zeta_2=0$ 的左边或右边而定。另一方面，如果 $\tau>\tau_0$，$\zeta_1\zeta_2$ 总是正的。

现在 $\xi'^{(1)}_{\nu}(0)=\beta$，$\zeta_1=0$ 的起始斜率是 $\beta\left(1-\frac{1}{\nu}\right)$，而积分曲线必然在 $\zeta_1=0$ 的上方和 $\zeta_2=0$ 的下方。如果不是这样，积分曲线就可能通过曲线 $\zeta_1=0$ 和 $\zeta_2=0$，其中 $\xi'^{(1)}_{\nu}(\tau)=0$，并且在 $0\leqslant\tau\leqslant\frac{1}{2\beta+1}$ 区间内的某个地方 $\xi'^{(1)}_{\nu}(\tau)$ 应是负值。这是不可能的，原因在于在确定 $\tau^{\nu/2}R_{\nu}(\tau)$ 的数值时采用的类似的论证要求 $\xi^{(1)}_{\nu}\sim\xi_{-\nu}$ 以及按照式(55)在 $0\leqslant\tau\leqslant\frac{1}{2\beta+1}$ 区间内有 $-\sqrt{\frac{1-(2\beta+1)\tau}{1-\tau}}>\xi_{-\nu}>-(1-\tau)^{\beta}$。因此在 $0\leqslant\tau\leqslant\frac{1}{2\beta+1}$ 区间，$\xi'_{\nu}(\tau)>0$，并且 $\xi^{(1)}_{\nu}$ 不断增加直到与 $\zeta_1=0$ 相交为止。此后，穿过曲线 $\zeta_1=0$，因为在 $\tau_0<\tau<1$ 区间，$\zeta_1\zeta_2>0$，所以 $\xi'^{(1)}_{\nu}<0$，并且永不改变符号。这样，$\xi^{(1)}_{\nu}(\tau)$ 在整个 $\tau_0<\tau<1$ 区间是单调下降函数。当 ν 足够大时，τ_0 将很快地趋近于 $\frac{1}{2\beta+1}$，而当 ν 为无限大时，$\tau_0=\frac{1}{2\beta+1}$。

定理(52)的证明　形式如下的恒等式：

$$X_1(\eta^{(1)}_{\nu})\equiv(\eta'^{(1)}_{\nu}-\xi'^{(1)}_{\nu})+(\eta^{(1)}_{\nu}-\xi^{(1)}_{\nu})\left[\frac{\beta}{1-\tau}+\frac{\nu}{2\tau}(\eta^{(1)}_{\nu}+\xi^{(1)}_{\nu})\right]+$$
$$\frac{\nu}{\tau}\xi_0^2(1-\tau)^{2\beta}\mathrm{e}^{-\nu\int_{\tau_0}^{\tau}(\eta^{(1)}_{\nu}+\xi^{(1)}_{\nu})\frac{d\tau}{\tau}}\sinh\nu\int_{\tau_0}^{\tau}(\eta^{(1)}_{\nu}-\xi^{(1)}_{\nu})\frac{d\tau}{\tau}\gtreqless 0 \tag{A1}$$

可以证明，这个微分表达式具有一个积分因子

$$(\eta^{(1)}_{\nu}-\xi^{(1)}_{\nu})\tau^{2\nu}(1-\tau)^{-2\beta}R_{\nu}^2S_{\nu}^2 \tag{A2}$$

式中：

$$R_{\nu}=R_{\nu}(\tau_0)\exp\left\{\nu\int_{\tau_0}^{\tau}(\xi^{(1)}_{\nu}-1)\frac{d\tau}{2\tau}\right\}$$

$$S_{\nu}=S_{\nu}(\tau_0)\exp\left\{\nu\int_{\tau_0}^{\tau}(\eta^{(1)}_{\nu}-1)\frac{d\tau}{2\tau}\right\}$$

我们注意到，(A2)的符号只由第一个因子 $(\eta^{(1)}_{\nu}-\xi^{(1)}_{\nu})$ 确定。用(A2)乘以(A1)，从 τ_0 到 τ 积分所得的全导数，选取适当的初值 $\eta^{(1)}_{\nu}(\tau_0)=\xi^{(1)}(\tau_0)$ 最终得到

$$\frac{1}{2}(\eta^{(1)}_{\nu}-\xi^{(1)}_{\nu})^2\tau^{2\nu}(1-\tau)^{-2\beta}R_{\nu}^2S_{\nu}^2+\xi_0^2R_{\nu}^2(\tau_0)S_{\nu}^2(\tau_0)\cdot\left[\cosh\nu\int_{\tau_0}^{\tau}(\eta^{(1)}_{\nu}-\xi^{(1)}_{\nu})\frac{d\tau}{\tau}-1\right]>0$$

在 $\tau_0<\tau<1$ 区间内，无论 τ 取何值都有 $\eta^{(1)}_{\nu}-\xi^{(1)}_{\nu}\gtreqless 0$ 时，上式就是正的。因为 $\xi^{(1)}_{\nu}$ 和 $\eta^{(1)}_{\nu}$ 是连续和单调的，上述条件是必要的且充分的，而且，应该注意到，条件 $\eta^{(1)}_{\nu}(\tau_0)=\xi^{(1)}(\tau_0)$ 完全是为了方便。如果 $\eta^{(1)}_{\nu}(\tau_0)\neq\xi^{(1)}(\tau_0)$，丝毫无损于定理的正确性。

附录 B
定理(88)的证明

考虑第一个级数：整个不等式(58)乘以 $\frac{u}{2\tau}$，即

$$\xi_n(\tau)>\sqrt{\frac{1-(2\beta+1)\tau}{1-\tau}},\ 0<\tau<\frac{1}{2\beta+1}$$

对不等式两边分别从 τ 到 τ_1 积分表明：

$$\underline{F}_n^{(r)}(\tau)<t_1^n(\tau)$$

式中：$t_1(\tau)=\frac{T_1(\tau)}{T_1(\tau_1)}\geqslant 1$，则由此得到：

$$| A_n \underline{F}_n^{(r)}(\tau) w^n | < | A_n (t_1 w)^n |$$

现在，当 $|t, w| < U$ 时，由于式(88) $\sum_{n=0}^{\infty} | A_n (t_1 w)^n |$ 是收敛的。根据 Weierstrass 定理，如果 $|t_1 w| = t_1 q < U$，则级数(92) 是一致且绝对收敛的。现在 $t_1(\tau_1) = 1$；因此当 $q = U$ 时，$t_1 q$ 等于 U。如果 $q = 0$，则 $t_1 q$ 是零，并且对于 $0 < q < U$，则 $t_1 q$ 是正数。由式(56) 给出的 $T_1(\tau)$ 的定义，对于 $0 < \tau < \tau_1$，很容易证明：

$$\frac{\mathrm{d}}{\mathrm{d}q} t_1 q > 0$$

因此，在 $0 \leqslant \tau \leqslant \tau_1$ 区间，$t_1 q$ 是从零单调地增加到 U。因此，在 $|w| < U$ 的任何封闭域内，级数(92)是一致且绝对收敛的。

类似地可以证明级数(94)的收敛性。

附录 C
定理(98)的证明

我们看到，在式(98)和(99)包含的常数中有如下恒等式：

$$B_n U^{\nu} = -\frac{1}{2\nu\pi} \sum_{m=0}^{\infty} A_m U^m \left(\frac{1}{m+\nu} + \frac{1}{m-\nu} \right)(m+\nu)$$

$$C_n U^{-\nu} = \frac{1}{2\nu\pi} \sum_{m=0}^{\infty} A_m U^m \left(\frac{1}{m+\nu} + \frac{1}{m-\nu} \right)(m-\nu)$$

现在，由不等式(58)和(59)，当 $0 \leqslant \tau \leqslant \dfrac{1}{2\beta+1}$ 时，对于所有 $\nu \neq 0$，函数 $\xi(\tau_1)$，$\xi_{-\nu}(\tau_1)$可以有上界和下界。并且，如果取 $\Delta(\underline{F}_\nu, F_\nu)$为小量，可以导出

$$| B_n^* | \leqslant M_1 \frac{| B_n |}{\underline{F}_\nu(\tau_1)}$$

$$| C_n^* | \leqslant M_2 \frac{| C_n |}{\underline{G}_\nu(\tau_1)}$$

式中：M_1 和 M_2 是与 n 无关的常数。另一方面，由不等式(58)

$$\xi_\nu(\tau) < (1-\tau)^\beta, \ 0 \leqslant \tau \leqslant \frac{1}{2\beta+1}$$

得到

$$\frac{\underline{F}_\nu(\tau)}{\underline{F}_\nu(\tau_1)} < t_2^\nu(\tau), \ \tau_1 \leqslant \tau \leqslant \frac{1}{2\beta+1}$$

因此可以控制式(101)的第一部分：

$$| B_n^* \underline{F}_\nu(\tau) w^\nu | < | B_n (t_2 w)^\nu |$$

式中：$t_2(\tau) = \dfrac{T_2(\tau)}{T_2(\tau_1)}$。对于 $\tau > \dfrac{1}{2\beta+1}$，定义一个新的 $t_2(\tau)$，当 $\tau > \dfrac{1}{2\beta+1}$，上述不等式可以很容易延拓。由假设，如果 $|t_2 w| < V$，则 $\sum_{n=0}^{\infty} | B_n (t_2 w)^\nu |$ 是收敛的，当 $\tau_1 \leqslant \tau < 1$ 时，$t_2(\tau) \leqslant t_2(\tau_1)$，不等式 $|t_2 w| < V$ 是一致有界的。

类似地可以证明

$$| C_n^* \underline{G}_\nu(\tau) w^{-\nu} | < | C_n (t_1 w)^{-\nu} |$$

如果 $|t_1 w| > U$，则 $\sum_{n=0}^{\infty} | C_n (t_1 w)^{-\nu} |$ 是收敛的。因为在 $|w| = U$，$t_1(\tau_1) = 1$ 以及当 $0 < \tau < \dfrac{1}{2\beta+1}$ 时 $\dfrac{\mathrm{d}}{\mathrm{d}q} \ln |t_1 w| > 0$，或者当 $\dfrac{1}{2\beta+1} < \tau < 1$ 时 $\dfrac{\mathrm{d}}{\mathrm{d}q} |t_1 w| = 0$，对于 $\tau_1 \leqslant \tau < 1$ 区间所有的 τ，条件 $|t_1 w| > U$ 成

立。因此，由 Weierstrass 定理，在$U+\delta\leqslant|w|\leqslant V-\delta$区间级数(101)一致且绝对收敛。

超几何函数表

表 1～5 中给出的超几何函数值是由 $r=1.405$ 时的幂级数计算出来的。在表 6 中函数$\widetilde{\underline{F}}_{-\nu,1}(\tau)$与$\widetilde{\underline{F}}_{\nu}(\tau)$，和$\widetilde{\underline{F}}_{\nu,1}(\tau)$的关系由下式给出：

$$\frac{\beta(\nu+1)}{2(\nu-1)}\tau\widetilde{\underline{F}}_{\nu}(\tau)\,\widetilde{\underline{F}}_{-\nu,1}(\tau)=\widetilde{\underline{F}}_{\nu}(\tau)\,\widetilde{\underline{F}}_{-\nu}(\tau)-\frac{\beta(\nu-1)}{2(\nu+1)}\tau\widetilde{\underline{F}}_{\nu,1}(\tau)\,\widetilde{\underline{F}}_{-\nu}(\tau)-(1-\tau)^{-\beta}$$

这正是超几何方程积分的两个独立 Wronski 行列式，并且除了在 $\tau=0$ 和 $\tau=1$ 两个奇点外，到处都是成立的。表 7～12 包含所列的相应的近似函数。

在这些表中的数字是以 10 的合适的幂次形式表示的。然而，这里采用这样一种表示方法，只给出幂次而底数“10”被省略了。因此，$3.14159\times10^{m}\equiv3.14159,m$，这里的 m 可以是正整数或负整数，也可以是零；除非在前头加上“†”号，偶然的误差是由求差发觉并消除了。

表 1　可压流动和不可压流动解相应的特别积分

	可　压　流　动	不　可　压　流　动
$\psi(q,\theta)$	$q^{\nu}\underline{F}_{\nu}(\tau)$　$\cos\nu\theta$, $\sin\nu\theta$ $q^{-\nu}\underline{G}_{\nu}(\tau)$　$\cos\nu\theta$, $\sin\nu\theta$ $\int(1-\tau)^{\beta}\frac{d\tau}{\tau}$ θ	q^{ν}　$\cos\nu\theta$, $\sin\nu\theta$ $q^{-\nu}$　$\cos\nu\theta$, $\sin\nu\theta$ $\ln q$ θ
$\chi(q,\theta)$	$q^{\nu}\widetilde{\underline{F}}_{\nu}(\tau)$　$\cos\nu\theta$, $\sin\nu\theta$ $q^{-\nu}\widetilde{\underline{G}}_{\nu}(\tau)$　$\cos\nu\theta$, $\sin\nu\theta$ $\int(1-\tau)^{-\beta}\frac{d\tau}{\tau}$ θ	q^{ν}　$\cos\nu\theta$, $\sin\nu\theta$ $q^{-\nu}$　$\cos\nu\theta$, $\sin\nu\theta$ $\ln q$ θ

函数$\underline{F}_{\nu}(\tau)$，$q^{-2\nu}\underline{G}_{\nu}(\tau)$和$\widetilde{\underline{F}}_{\nu}(\tau)$，$q^{-2\nu}\widetilde{\underline{G}}_{\nu}(\tau)$分别是式(27)和(28)的两个独立积分。

表 2

τ	$\underline{F}_{1/2}(\tau)$	$\underline{F}_{3/2}(\tau)$	$\underline{F}_{5/2}(\tau)$	$\underline{F}_{7/2}(\tau)$	$\underline{F}_{9/2}(\tau)$	$\underline{F}_{11/2}(\tau)$	$\underline{F}_{13/2}(\tau)$	$\underline{F}_{15/2}(\tau)$	$\underline{F}_{17/2}(\tau)$	$\underline{F}_{19/2}(\tau)$	$\underline{F}_{21/2}(\tau)$
0	1.000 00, 0	1.000 00, 0	1.000 00, 0	1.000 00, 0	1.000 00, 0	1.000 00, 0	1.000 00, 0	1.000 00, 0	1.000 00, 0	1.000 00, −0	1.000 00, 0
0.10	9.405 92, −1	8.267 48, −1	7.235 08, −1	6.317 26, −1	5.508 40, −1	4.798 86, −1	4.178 17, −1	3.636 14, −1	3.163 39, −1	2.751 37, −1	2.395 25, −1
0.12	9.292 61, −1	7.948 94, −1	6.755 36, −1	5.721 09, −1	4.834 87, −1	4.080 15, −1	3.439 78, −1	2.897 78, −1	2.439 80, −1	2.053 32, −1	1.727 39, −1
0.14	9.181 12, −1	7.639 45, −1	6.298 60, −1	5.166 93, −1	4.225 13, −1	3.447 61, −1	2.808 76, −1	2.285 61, −1	1.858 21, −1	1.509 67, −1	1.225 75, −1
0.15	9.126 05, −1	7.488 07, −1	6.078 73, −1	4.904 98, −1	3.942 90, −1	3.161 20, −1	2.529 60, −1	2.021 24, −1	1.613 22, −1	1.286 41, −1	1.024 95, −1
0.16	9.071 43, −1	7.338 92, −1	5.864 10, −1	4.652 82, −1	3.674 96, −1	2.893 41, −1	2.272 71, −1	1.781 96, −1	1.395 15, −1	1.091 10, −1	8.524 37, −2
0.165	9.044 29, −1	7.265 16, −1	5.759 10, −1	4.530 33, −1	3.546 21, −1	2.766 21, −1	2.152 19, −1	1.671 09, −1	1.295 59, −1	1.003 03, −1	7.756 97, −2
0.17	9.017 26, −1	7.191 96, −1	5.655 03, −1	4.410 18, −1	3.420 87, −1	2.643 33, −1	2.036 72, −1	1.565 81, −1	1.201 63, −1	9.208 55, −2	7.047 64, −2
0.175	8.990 35, −1	7.119 30, −1	5.552 49, −1	4.292 35, −1	3.298 81, −1	2.524 68, −1	1.926 11, −1	1.465 85, −1	1.133 35, −1	8.442 75, −2	6.392 85, −2
0.18	8.963 55, −1	7.047 19, −1	5.451 30, −1	4.176 82, −1	3.180 04, −1	2.410 12, −1	1.820 27, −1	1.371 02, −1	1.030 35, −1	7.729 69, −2	5.789 04, −2
0.185	8.936 84, −1	6.975 63, −1	5.351 40, −1	4.063 56, −1	3.064 48, −1	2.299 56, −1	1.718 98, −1	1.281 11, −1	9.524 08, −2	7.066 36, −2	5.232 90, −2
0.19	8.912 17, −1	6.904 61, −1	5.252 81, −1	3.952 53, −1	2.952 08, −1	2.192 88, −1	1.622 13, −1	1.195 92, −1	8.792 55, −2	6.449 91, −2	4.721 28, −2
0.195	8.883 80, −1	6.834 11, −1	5.155 53, −1	3.843 70, −1	2.842 74, −1	2.090 03, −1	1.529 55, −1	1.115 23, −1	8.106 47, −2	5.964 99, −2	4.251 22, −2
0.20	8.857 43, −1	6.764 17, −1	5.059 52, −1	3.737 07, −1	2.736 42, −1	1.990 83, −1	1.441 09, −1	1.038 90, −1	7.463 65, −2	5.346 93, −2	3.819 90, −2
0.21	8.807 15, −1	6.625 89, −1	4.878 34, −1	3.530 20, −1	2.532 58, −1	1.803 15, −1	1.276 01, −1	8.984 54, −2	6.299 06, −2	4.400 49, −2	3.063 07, −2
0.22	8.753 12, −1	6.489 74, −1	4.688 17, −1	3.331 72, −1	2.340 26, −1	1.629 11, −1	1.125 82, −1	7.732 25, −2	5.282 29, −2	3.592 19, −2	2.431 31, −2
0.23	8.701 61, −1	6.355 71, −1	4.509 95, −1	3.141 41, −1	2.158 82, −1	1.468 89, −1	1.083 52, −1	6.618 95, −2	4.398 13, −2	2.905 44, −2	1.907 36, −2
0.24	8.650 54, −1	6.223 79, −1	4.336 62, −1	2.959 01, −1	1.987 92, −1	1.318 93, −1	8.659 39, −2	5.632 45, −2	3.632 54, −2	2.325 24, −2	1.475 90, −2
0.25	8.599 91, −1	6.093 96, −1	4.168 07, −1	2.784 36, −1	1.827 08, −1	1.181 45, −1	7.543 63, −2	4.761 40, −2	2.973 02, −2	1.837 80, −2	1.126 07, −2
0.26	8.549 73, −1	5.966 18, −1	4.004 25, −1	2.617 21, −1	1.675 91, −1	1.054 80, −1	6.538 35, −2	3.995 19, −2	2.407 58, −2	1.431 92, −2	8.380 40, −3
0.27	8.499 98, −1	5.840 48, −1	3.845 07, −1	2.457 34, −1	1.534 01, −1	9.384 18, −2	5.635 24, −2	3.323 99, −2	1.925 62, −2	1.09 583, −2	6.09 334, −3
0.28	8.450 66, −1	5.716 82, −1	3.690 46, −1	2.304 57, −1	1.400 94, −1	8.316 00, −2	4.826 37, −2	2.738 64, −2	1.517 53, −2	8.201 53, −3	4.282 02, −3
0.29	8.401 77, −1	5.595 19, −1	3.540 34, −1	2.158 69, −1	1.276 36, −1	7.338 11, −2	4.104 44, −2	2.230 67, −2	1.174 06, −2	5.962 81, −3	2.867 31, −3
0.30	8.353 32, −1	5.475 57, −1	3.394 63, −1	2.019 51, −1	1.159 89, −1	6.444 93, −2	3.462 31, −2	1.792 23, −2	8.875 99, −3	4.165 79, −3	1.780 66, −3
0.32	8.257 71, −1	5.242 32, −1	3.116 19, −1	1.760 35, −1	9.497 54, −2	4.891 40, −2	2.391 54, −2	1.095 49, −2	4.569 47, −3	1.634 91, −3	3.639 55, −4
0.34	8.163 81, −1	5.016 92, −1	2.854 51, −1	1.525 58, −1	7.677 39, −2	3.615 99, −2	1.565 92, −2	5.970 58, −3	1.756 36, −3	1.617 55, −4	−3.446 49, −4
0.36	8.071 62, −1	4.799 26, −1	2.608 99, −1	1.313 70, −1	6.111 84, −2	2.581 57, −2	9.430 50, −3	2.536 32, −3	3.658 6?, −5	−5.940 75, −4	−6.151 56, −4
0.38	7.981 11, −1	4.589 23, −1	2.379 08, −1	1.123 20, −1	4.775 56, −2	1.755 08, −2	4.858 85, −3	2.909 12, −4	−9.064 62, −4	−8.863 34, −4	−6.354 43, −4
0.40	7.892 28, −1	4.386 70, −1	2.164 18, −1	9.526 80, −2	3.646 02, −2	1.106 41, −2	1.622 80, −3	−1.063 71, −3	−1.319 17, −3	−8.993 0?, −4	−5.311 85, −4
0.42	7.805 12, −1	4.195 14, −1	1.963 69, −1	8.007 64, −2	2.700 13, −2	6.069 27, −3	−5.543 79, −4	−1.770 29, −3	−1.389 33, −3	−7.625 1?, −4	−3.820 33, −4
0.44	7.719 62, −1	4.003 62, −1	1.777 06, −1	6.661 19, −2	1.911 78, −2	2.866 21, −3	−1.908 72, −3	−2.023 54, −3	−1.256 58, −3	−5.631 3?, −4	−2.346 60, −4
0.46	7.635 77, −1	3.822 84, −1	1.603 68, −1	5.474 62, −2	1.279 36, −2	1.500 59, −4	−2.639 49, −3	−1.976 81, −3	−1.021 27, −3	−3.562 3?, −4	−1.127 18, −4
0.48	7.553 55, −1	3.648 99, −1	1.443 04, −1	4.435 54, −2	7.674 04, −3	−2.125 46, −3	−2.902 84, −3	−1.748 15, −3	−7.525 60, −4	−1.733 3?, −4	−2.481 37, −5
0.50	7.472 96, −1	3.482 02, −1	1.294 54, −1	3.532 04, −2	3.652 70, −3	−4.823 62, −3	−2.864 66, −3	−1.425 91, −3	−4.951 62, −4	−2.923 ?, −5	+2.968 2?, −5

表 3

τ	$\underline{F}_{-1/2}(\tau)$	$\underline{F}_{-3/2}(\tau)$	$\underline{F}_{-5/2}(\tau)$	$\underline{F}_{-7/2}(\tau)$	$\underline{F}_{-9/2}(\tau)$	$\underline{F}_{-11/2}(\tau)$	† $\underline{F}_{-13/2}(\tau)$	† $\underline{F}_{-15/2}(\tau)$	† $\underline{F}_{-17/2}(\tau)$	† $\underline{F}_{-19/2}(\tau)$	† $\underline{F}_{-21/2}(\tau)$
0	1.000 00, 0	1.000 00, 0	1.000 00, 0	1.000 00, 0	1.000 00, 0	1.000 00, 0	1.000 00, 0	1.000 00, 0	1.000 00, 0	1.000 00, 0	1.000 00, 0
0.10	1.058 39, 0	1.120 55, 0	1.417 71, 0	1.726 08, 0	2.051 19, 0	2.403 70, 0	2.793 48, 0	3.230 17, 0	3.723 68, 0	4.284 71, 0	4.924 93, 0
0.12	1.069 28, 0	1.131 21, 0	1.492 11, 0	1.908 84, 0	2.385 96, 0	2.938 35, 0	3.583 02, 0	4.339 40, 0	5.229 92, 0	6.280 99, 0	7.523 51, 0
0.14	1.079 93, 0	1.138 14, 0	1.553 69, 0	2.077 68, 0	2.724 58, 0	3.525 56, 0	4.519 62, 0	5.754 83, 0	7.289 97, 0	9.197 94, 0	1.156 85, 1
0.15	1.085 16, 0	1.140 30, 0	1.578 87, 0	2.152 67, 0	2.884 80, 0	3.819 70, 0	5.014 70, 0	6.542 53, 0	8.495 24, 0	1.098 96, 1	1.417 35, 1
0.16	1.090 32, 0	1.141 63, 0	1.599 95, 0	2.219 20, 0	3.032 64, 0	4.100 61, 0	5.503 01, 0	7.344 28, 0	9.760 40, 0	1.292 87, 1	1.707 96, 1
0.165	1.092 89, 0	1.142 01, 0	1.608 89, 0	2.248 83, 0	3.100 39, 0	4.232 37, 0	5.737 21, 0	7.737 04, 0	1.039 32, 1	1.391 81, 1	1.859 44, 1
0.17	1.095 43, 0	1.142 19, 0	1.616 75, 0	2.275 77, 0	3.163 14, 0	4.356 28, 0	5.960 26, 0	8.115 76, 0	1.101 04, 1	1.489 61, 1	2.010 70, 1
0.175	1.097 96, 0	1.142 18, 0	1.623 48, 0	2.299 84, 0	3.220 29, 0	4.470 61, 0	6.168 44, 0	8.472 96, 0	1.159 90, 1	1.583 67, 1	2.157 72, 1
0.18	1.100 48, 0	1.141 99, 0	1.629 10, 0	2.320 87, 0	3.271 19, 0	4.573 66, 0	6.357 82, 0	8.800 50, 0	1.214 25, 1	1.671 16, 1	2.295 39, 1
0.185	1.102 98, 0	1.141 62, 0	1.633 56, 0	2.338 75, 0	3.315 24, 0	4.663 69, 0	6.524 26, 0	9.089 55, 0	1.262 35, 1	1.748 78, 1	2.417 73, 1
0.19	1.105 46, 0	1.141 08, 0	1.636 87, 0	2.353 25, 0	3.351 82, 0	4.738 92, 0	6.663 43, 0	9.330 66, 0	1.302 29, 1	1.812 89, 1	2.517 78, 1
0.195	1.107 93, 0	1.140 36, 0	1.639 03, 0	2.364 30, 0	3.380 32, 0	4.797 56, 0	6.770 89, 0	9.513 83, 0	1.331 97, 1	1.859 06, 1	2.587 66, 1
0.20	1.110 39, 0	1.139 49, 0	1.640 00, 0	2.371 72, 0	3.400 14, 0	4.837 84, 0	6.841 98, 0	9.622 82, 0	1.348 16, 1	1.883 07, 1	2.618 58, 1
0.21	1.115 25, 0	1.137 24, 0	1.638 42, 0	2.375 25, 0	3.411 59, 0	4.856 25, 0	6.857 11, 0	9.609 26, 0	1.336 53, 1	1.844 50, 1	2.524 19, 1
0.22	1.120 06, 0	1.134 39, 0	1.632 10, 0	2.362 93, 0	3.381 94, 0	4.780 45, 0	6.671 58, 0	9.158 10, 0	1.244 49, 1	1.655 04, 1	2.149 34, 1
0.23	1.124 81, 0	1.130 95, 0	1.621 06, 0	2.334 11, 0	3.307 45, 0	4.597 64, 0	6.249 57, 0	8.262 38, 0	1.052 58, 1	1.270 29, 1	1.402 74, 1
0.24	1.129 50, 0	1.126 95, 0	1.605 36, 0	2.288 16, 0	3.184 93, 0	4.296 34, 0	5.557 98, 0	6.761 10, 0	7.409 95, 0	6.465 95, 0	1.903 68, 0
0.25	1.134 14, 0	1.122 44, 0	1.585 03, 0	2.224 77, 0	3.011 81, 0	3.866 85, 0	4.567 82, 0	4.604 97, 0	2.919 33, 0	−2.551 13, 0	−1.567 29, 1
0.26	1.138 71, 0	1.117 43, 0	1.560 18, 0	2.143 73, 0	2.786 19, 0	3.301 52, 0	3.256 17, 0	1.733 52, 0	−3.084 69, 0	−1.465 18, 1	−3.931 95, 1
0.27	1.143 23, 0	1.111 96, 0	1.530 92, 0	2.045 04, 0	2.506 93, 0	2.595 26, 0	1.607 07, 0	−1.892 68, 0	−1.069 08, 1	−3.000 24, 1	−6.931 67, 1
0.28	1.147 70, 0	1.106 05, 0	1.497 38, 0	1.928 84, 0	2.173 66, 0	1.745 70, 0	−3.865 33, −1	−6.288 54, 0	−1.991 69, 1	−4.859 17, 1	−1.054 66, 2
0.29	1.152 11, 0	1.099 73, 0	1.459 73, 0	1.795 45, 0	1.786 83, 0	8.534 85, −1	−3.821 93, 0	−1.143 93, 1	−3.069 82, 1	−7.018 48, 1	−1.470 11, 2
0.30	1.156 46, 0	1.093 04, 0	1.418 12, 0	1.645 35, 0	1.347 69, 0	−3.775 64, −1	−5.385 66, 0	−1.729 70, 1	−4.287 51, 1	−9.427 83, 1	−1.925 79, 2
0.32	1.165 00, 0	1.078 61, 0	1.323 81, 0	1.297 80, 0	3.215 87, −1	−3.024 35, 0	−1.158 68, 1	−3.076 18, 1	−7.025 22, 1	−1.465 95, 2	−2.863 12, 2
0.34	1.173 33, 0	1.062 96, 0	1.216 09, 0	8.930 74, −1	−8.784 44, −1	−6.098 00, 0	−1.865 50, 1	−4.657 05, 1	−9.866 07, 1	−1.959 22, 2	−3.630 51, 2
0.36	1.181 45, 0	1.046 30, 0	1.096 82, 0	4.402 08, −1	−2.214 29, 0	−9.451 45, 0	−2.605 88, 1	−6.005 62, 1	−1.231 74, 2	−2.287 98, 2	−3.826 23, 2
0.38	1.189 35, 0	1.028 81, 0	9.679 76, −1	−5.002 66, −2	−3.637 55, 0	−1.299 41, 1	−3.321 51, 1	−7.212 57, 1	−1.378 46, 2	−2.299 03, 2	−3.153 71, 2
0.40	1.197 06, 0	1.010 64, 0	8.316 23, −1	−5.654 87, −1	−5.091 75, 0	−1.620 38, 1	−3.912 43, 1	−7.968 83, 1	−1.360 28, 2	−1.856 09, 2	−1.328 8?, 2
0.42	1.204 56, 0	9.919 68, −1	6.898 72, −1	−1.093 09, 0	−6.514 10, 0	−1.913 85, 1	−4.327 31, 1	−7.993 67, 1	−1.144 10, 2	−8.633 6?, 1	1.703 8?, 2
0.44	1.211 87, 0	9.729 48, −1	5.448 47, −1	−1.619 23, 0	−7.843 57, 0	−2.145 84, 1	−4.451 51, 1	−7.172 73, 1	−6.873 9?, 1	+6.634??, 1	5.671 0?, 2
0.46	1.218 99, 0	9.537 07, −1	3.986 39, −1	−2.130 27, 0	−9.014 12, 0	−2.294 47, 1	−4.312 90, 1	−5.395 05, 1	4.000 0?, −1	2.595??, 2	9.941??, 2
0.48	1.225 91, 0	9.344 08, −1	2.532 86, −1	−2.612 93, 0	−9.968 14, 0	−0.234 099, 1	−3.792 01, 1	−2.671 17, 1	8.747 0?, 1	4.674 6?, 2	1.354 2?, 3
0.50	1.232 65, 0	9.151 43, −1	1.107 27, −1	−3.054 72, 0	−1.065 45, 1	−2.272 61, 1	−2.911 57, 1	−8.728 6, 0	1.835 16, 2	6.529 3?, 2	1.535 5?, 3

表 4

τ	$\widetilde{F}_{1/2}(\tau)$	$\widetilde{F}_{3/2}(\tau)$	$\widetilde{F}_{5/2}(\tau)$	$\widetilde{F}_{7/2}(\tau)$	$\widetilde{F}_{9/2}(\tau)$	$\widetilde{F}_{11/2}(\tau)$	$\widetilde{F}_{13/2}(\tau)$	$\widetilde{F}_{15/2}(\tau)$	$\widetilde{F}_{17/2}(\tau)$	$\widetilde{F}_{19/2}(\tau)$	$\widetilde{F}_{21/2}(\tau)$
0	1.000 00, 0	1.000 00, 0	1.000 00, 0	1.000 00, 0	1.000 00, 0	1.000 00, 0	1.000 00, 0	1.000 00, 0	1.000 00, 0	1.000 00, 0	1.000 00, 0
0.10	1.022 53, 0	9.606 32, −1	8.656 36, −1	7.685 44, −1	6.774 56, −1	5.947 30, −1	5.207 66, −1	4.552 15, −1	3.974 26, −1	3.466 62, −1	3.021 75, −1
0.12	1.027 56, 0	9.521 36, −1	8.382 24, −1	7.243 88, −1	6.203 21, −1	5.284 08, −1	4.486 02, −1	3.799 76, −1	3.213 18, −1	2.713 83, −1	2.289 94, −1
0.14	1.032 81, 0	9.434 06, −1	8.106 16, −1	6.809 74, −1	5.656 17, −1	4.666 75, −1	3.833 76, −1	3.140 03, −1	2.566 17, −1	2.093 74, −1	1.706 10, −1
0.15	1.035 51, 0	9.389 48, −1	7.967 35, −1	6.595 51, −1	5.391 73, −1	4.374 84, −1	3.532 40, −1	2.842 46, −1	2.281 46, −1	1.827 70, −1	1.461 99, −1
0.16	1.038 27, 0	9.344 27, −1	7.828 03, −1	6.383 17, −1	5.133 32, −1	4.197 73, −1	3.246 41, −1	2.565 17, −1	2.020 45, −1	1.588 15, −1	1.246 04, −1
0.165	1.039 67, 0	9.321 41, −1	7.758 16, −1	6.277 73, −1	5.006 38, −1	3.957 46, −1	3.109 98, −1	2.433 85, −1	1.898 50, −1	1.477 68, −1	1.147 81, −1
0.17	1.041 09, 0	9.298 39, −1	7.688 17, −1	6.172 78, −1	4.880 93, −1	3.823 70, −1	2.976 82, −1	2.307 25, −1	1.781 96, −1	1.373 09, −1	1.055 68, −1
0.175	1.042 52, 0	9.275 20, −1	7.618 04, −1	6.068 30, −1	4.756 99, −1	3.692 58, −1	2.847 39, −1	2.185 27, −1	1.670 69, −1	1.274 15, −1	9.693 63, −2
0.18	1.043 97, 0	9.251 83, −1	7.547 77, −1	5.964 32, −1	4.634 55, −1	3.565 74, −1	2.721 64, −1	2.067 81, −1	1.564 50, −1	1.180 63, −1	8.885 60, −2
0.185	1.045 43, 0	9.228 29, −1	7.477 36, −1	5.860 83, −1	4.513 60, −1	3.438 22, −1	2.599 49, −1	1.954 75, −1	1.463 23, −1	1.092 32, −1	8.130 07, −2
0.19	1.046 91, 0	9.204 57, −1	7.406 81, −1	5.757 84, −1	4.394 15, −1	3.314 91, −1	2.480 89, −1	1.845 98, −1	1.366 73, −1	1.009 00, −1	7.424 42, −2
0.195	1.048 41, 0	9.180 68, −1	7.336 11, −1	5.655 35, −1	4.276 19, −1	3.194 16, −1	2.365 79, −1	1.741 40, −1	1.274 83, −1	9.304 51, −2	6.766 13, −2
0.20	1.049 92, 0	9.156 59, −1	7.265 28, −1	5.553 35, −1	4.159 72, −1	3.075 95, −1	2.254 12, −1	1.640 91, −1	1.187 37, −1	8.565 88, −2	6.152 77, −2
0.21	1.052 30, 0	9.107 86, −1	7.123 17, −1	5.350 87, −1	3.931 24, −1	2.847 26, −1	2.040 85, −1	1.451 77, −1	1.025 21, −1	7.215 22, −2	5.051 58, −2
0.22	1.056 14, 0	9.058 35, −1	6.980 47, −1	5.150 41, −1	3.708 70, −1	2.628 03, −1	1.840 65, −1	1.277 78, −1	8.790 50, −2	6.025 99, −2	4.103 22, −2
0.23	1.059 36, 0	9.008 06, −1	6.837 15, −1	4.952 03, −1	3.492 08, −1	2.418 70, −1	1.653 04, −1	1.118 13, −1	7.477 76, −2	4.983 07, −2	3.291 42, −2
0.24	1.062 66, 0	8.956 94, −1	6.693 22, −1	4.755 71, −1	3.281 36, −1	2.218 89, −1	1.477 59, −1	9.720 75, −2	6.303 01, −2	4.073 23, −2	2.601 14, −2
0.25	1.066 04, 0	8.904 96, −1	6.548 64, −1	4.561 50, −1	3.076 52, −1	2.028 41, −1	1.313 86, −1	8.388 76, −2	5.255 89, −2	3.284 09, −2	2.018 63, −2
0.26	1.069 50, 0	8.852 10, −1	6.403 42, −1	4.369 42, −1	2.877 55, −1	1.847 08, −1	1.161 40, −1	7.178 13, −2	4.326 51, −2	2.604 03, −2	1.531 24, −2
0.27	1.073 05, 0	8.798 33, −1	6.257 52, −1	4.179 49, −1	2.684 43, −1	1.674 73, −1	1.019 79, −1	6.081 89, −2	3.505 38, −2	2.022 19, −2	1.127 40, −2
0.28	1.076 69, 0	8.743 62, −1	6.110 79, −1	3.991 74, −1	2.497 14, −1	1.511 15, −1	8.885 98, −2	5.093 33, −2	2.783 47, −2	1.528 52, −2	7.965 72, −3
0.29	1.080 42, 0	8.687 92, −1	5.963 14, −1	3.806 21, −1	2.315 66, −1	1.356 18, −1	7.674 13, −2	4.205 88, −2	2.152 15, −2	1.113 58, −2	5.291 81, −3
0.30	1.084 25, 0	8.631 20, −1	5.815 62, −1	3.622 89, −1	2.139 97, −1	1.209 63, −1	6.558 17, −2	3.413 21, −2	1.603 20, −2	7.686 58, −3	3.165 44, −3
0.32	1.092 21, 0	8.514 57, −1	5.517 34, −1	3.263 10, −1	1.805 88, −1	9.410 32, −2	4.597 60, −2	2.087 96, −2	7.214 12, −3	2.572 58, −3	2.497 54, −4
0.34	1.100 63, 0	8.393 38, −1	5.215 91, −1	2.912 62, −1	1.494 70, −1	7.038 61, −2	2.972 27, −2	1.071 05, −2	7.989 90, −4	−6.296 83, −4	−1.316 70, −3
0.36	1.109 54, 0	8.267 26, −1	4.911 16, −1	2.571 70, −1	1.206 28, −1	4.966 11, −2	1.651 04, −2	3.192 66, −3	−3.739 23, −3	−2.402 70, −3	−1.959 31, −3
0.38	1.118 98, 0	8.137 92, −1	4.602 88, −1	2.240 64, −1	9.404 21, −2	3.177 71, −2	6.037 59, −3	−2.074 04, −3	−6.873 87, −3	−3.147 16, −3	−2.008 87, −3
0.40	1.129 02, 0	7.998 50, −1	4.290 84, −1	1.919 64, −1	6.969 46, −2	1.657 72, −2	−1.987 61, −3	−5.457 76, −3	−9.029 91, −3	−3.190 32, −3	−1.715 58, −3
0.42	1.139 72, 0	7.858 22, −1	3.974 80, −1	1.609 33, −1	4.756 56, −2	3.909 22, −3	−7.847 25, −3	−7.295 13, −3	−1.058 81, −2	−2.793 84, −3	−1.262 03, −3
0.44	1.151 14, 0	7.704 25, −1	3.654 50, −1	1.309 76, −1	2.763 46, −2	−6.384 82, −3	−1.181 31, −2	−7.891 79, −3	−1.188 92, −2	−2.161 46, −3	−7.749 04, −4
0.46	1.163 38, 0	7.545 98, −1	3.329 55, −1	1.021 45, −1	9.879 62, −3	−1.446 37, −2	−1.414 65, −2	−7.522 73, −3	−1.323 83, −2	−1.446 23, −3	−3.356 4?, −4
0.48	1.176 53, 0	7.379 24, −1	2.999 68, −1	7.448 10, −2	−5.722 30, −3	−2.363 44, −2	−1.509 77, −2	−6.432 88, −3	−1.490 87, −2	−7.574 47, −4	+1.003??, −5
0.50	1.190 71, 0	7.203 12, −1	2.664 46, −1	4.803 25, −2	−1.919 57, −2	−2.462 14, −2	−1.490 59, −2	−4.837 56, −3	−1.714 71, −2	−1.672 92, −4	2.435 9?, −4

表 5

τ	$\widetilde{F}_{-1/2}(\tau)$	$\widetilde{F}_{-3/2}(\tau)$	$\widetilde{F}_{-5/2}(\tau)$	$\widetilde{F}_{-7/2}(\tau)$	$\widetilde{F}_{-9/2}(\tau)$	$\widetilde{F}_{-11/2}(\tau)$	$\widetilde{F}_{-13/2}(\tau)$	$\widetilde{F}_{-15/2}(\tau)$	$\widetilde{F}_{-17/2}(\tau)$	$\widetilde{F}_{-19/2}(\tau)$	$\widetilde{F}_{-21/2}(\tau)$
0	1.000 00, 0	1.000 00, 0	1.000 00, 0	1.000 00, 0	1.000 00, 0	1.000 00, 0	1.000 00, 0	1.000 00, 0	1.000 00, 0	1.000 00, 0	1.000 00, 0
0.10	8.008 92, −1	1.671 85, 0	2.115 94, 0	2.513 48, 0	2.926 85, 0	3.376 77, 0	3.877 57, 0	4.442 05, 0	5.082 74, 0	5.813 60, 0	6.649 72, 0
0.12	7.573 00, −1	1.742 79, 0	2.346 32, 0	2.952 10, 0	3.628 62, 0	4.407 40, 0	5.314 93, 0	6.379 10, 0	7.631 49, 0	9.108 73, 0	1.085 44, 1
0.14	7.122 57, −1	1.791 53, 0	2.548 79, 0	3.380 58, 0	4.379 11, 0	5.604 13, 0	7.117 64, 0	8.992 43, 0	1.131 69, 1	1.419 97, 1	1.777 43, 1
0.15	6.891 60, −1	1.807 40, 0	2.635 22, 0	3.601 50, 0	4.749 77, 0	6.229 64, 0	8.111 57, 0	1.050 92, 1	1.356 51, 1	1.745 91, 1	2.241 92, 1
0.16	6.656 63, −1	1.817 52, 0	2.709 76, 0	3.760 74, 0	5.101 84, 0	6.844 54, 0	9.118 76, 0	1.209 84, 1	1.599 28, 1	2.110 94, 1	2.675 21, 1
0.165	6.537 60, −1	1.820 41, 0	2.742 09, 0	3.843 32, 0	5.266 76, 0	7.726 87, 0	9.615 56, 0	1.289 42, 1	1.723 61, 1	2.298 49, 1	3.058 82, 1
0.17	6.417 51, −1	1.821 82, 0	2.770 90, 0	3.919 53, 0	5.421 81, 0	7.420 84, 0	1.009 38, 1	1.367 35, 1	1.846 60, 1	2.488 35, 1	3.347 24, 1
0.175	6.296 36, −1	1.821 77, 0	2.796 00, 0	3.988 68, 0	5.565 12, 0	7.684 38, 0	1.054 69, 1	1.441 83, 1	1.965 54, 1	2.673 80, 1	3.631 28, 1
0.18	6.174 10, −1	1.820 24, 0	2.817 20, 0	4.050 05, 0	5.694 71, 0	7.925 51, 0	1.096 52, 1	1.511 21, 1	2.077 05, 1	2.848 88, 1	3.901 36, 1
0.185	6.050 740, −1	1.817 20, 0	2.834 34, 0	4.102 91, 0	5.808 52, 0	8.139 35, 0	1.133 84, 1	1.573 37, 1	2.177 24, 1	3.006 55, 1	4.144 78, 1
0.19	5.926 25, −1	1.812 67, 0	2.847 24, 0	4.146 55, 0	5.904 45, 0	8.320 74, 0	1.165 52, 1	1.626 01, 1	2.261 69, 1	3.138 54, 1	4.346 94, 1
0.195	5.800 60, −1	1.806 62, 0	2.855 74, 0	4.180 23, 0	5.980 32, 0	8.464 31, 0	1.190 36, 1	1.666 60, 1	2.325 40, 1	3.235 40, 1	4.490 29, 1
0.20	5.673 78, −1	1.799 04, 0	2.859 65, 0	4.203 22, 0	6.033 94, 0	8.564 41, 0	1.207 06, 1	1.692 41, 1	2.362 84, 1	3.286 38, 1	4.554 60, 1
0.21	5.416 53, −1	1.779 28, 0	2.853 09, 0	4.214 25, 0	6.065 34, 0	8.610 69, 0	1.210 56, 1	1.687 74, 1	2.334 25, 1	3.201 72, 1	4.351 96, 1
0.22	5.154 36, −1	1.753 30, 0	2.826 24, 0	4.173 83, 0	5.980 32, 0	8.410 95, 0	1.164 41, 1	1.586 26, 1	2.121 76, 1	2.775 20, 1	3.525 12, 1
0.23	4.886 98, −1	1.721 00, 0	2.777 89, 0	4.076 23, 0	5.760 31, 0	7.914 61, 0	1.056 26, 1	1.359 85, 1	1.664 90, 1	1.951 77, 1	1.824 95, 1
0.24	4.614 29, −1	1.682 29, 0	2.706 81, 0	3.915 86, 0	5.386 85, 0	7.070 39, 0	8.733 18, 0	9.790 24, 1	8.992 49, 0	3.874 23, 0	−1.020 29, 1
0.25	4.336 05, −1	1.637 07, 0	2.611 82, 0	3.687 33, 0	4.841 83, 0	5.827 52, 0	6.028 26, 0	4.141 23, 0	−2.402 21, 0	−1.844 21, 1	−5.283 08, 1
0.26	4.052 02, −1	1.585 25, 0	2.491 82, 0	3.385 43, 0	4.107 92, 0	4.137 14, 0	2.325 52, 0	−3.631 81, 0	−1.814 66, 1	−4.938 64, 1	−1.120 90, 2
0.27	3.762 00, −1	1.526 71, 0	2.345 74, 0	3.005 28, 0	3.168 80, 0	1.953 94, 0	−2.487 09, 0	−1.378 02, 1	−3.876 54, 1	−8.997 03, 1	−1.897 92, 2
0.28	3.465 71, −1	1.461 34, 0	2.172 55, 0	2.542 32, 0	2.009 60, 0	−7.623 41, −1	−8.504 72, 0	−2.650 47, 1	−6.563 40, 1	−1.407 99, 2	−2.876 66, 2
0.29	3.162 91, −1	1.389 03, 0	1.971 29, 0	1.992 36, 0	6.172 18, −1	−4.045 21, 0	−1.660 05, 1	−4.293 31, 1	−9.591 51, 1	−2.019 87, 2	−4.028 93, 2
0.30	2.853 32, −1	1.309 64, 0	1.741 05, 0	1.351 68, 0	−1.019 31, 0	−7.919 65, 0	−2.441 35, 1	−6.009 89, 1	−1.324 92, 2	−2.724 72, 2	−5.326 52, 2
0.32	2.212 58, −1	1.129 15, 0	1.190 21, 0	−2.143 14, −1	−5.055 71, 0	−1.749 00, 1	−4.558 01, 1	−1.041 67, 2	−2.192 61, 2	−4.341 21, 2	−9.162 99, 2
0.34	1.540 90, −1	9.187 60, −1	5.139 02, −1	−2.174 79, 0	−1.013 05, 1	−2.943 68, 1	−7.149 52, 1	−1.562 52, 2	−3.160 41, 2	−5.977 82, 2	−1.059 87, 3
0.36	8.354 13, −2	6.772 47, −1	−2.930 08, −1	−4.538 49, 0	−1.621 71, 1	−4.347 90, 1	−1.007 72, 2	−2.111 16, 2	−4.168 18, 2	−7.149 23, 2	−1.132 99, 3
0.38	9.281 31, −3	4.032 56, −1	−1.234 54, 0	−7.302 06, 0	−2.322 05, 1	−5.945 45, 1	−1.310 03, 2	−2.604 30, 2	−4.636 63, 2	−7.182 56, 2	−8.755 30, 2
0.40	−6.906 36, −2	9.527 28, −2	−2.313 48, 0	−1.044 83, 1	−3.096 75, 1	−7.535 60, 1	−1.596 94, 2	−2.930 13, 2	−4.571 59, 2	−5.303 41, 2	−1.238 27, 2
0.42	−1.519 22, −1	−2.483 82, −1	−3.531 26, 0	−1.394 44, 1	−3.919 85, 1	−9.083 02, 1	−1.793 35, 2	−2.947 89, 2	−3.535 61, 2	−7.817 4?, 1	1.231 62, 3
0.44	−2.397 85, −1	−6.296 46, −1	−4.887 82, 0	−1.774 01, 1	−4.756 05, 1	−1.042 38, 2	−1.875 49, 2	−2.513 83, 2	−1.199 12, 2	+6.792 17, 2	3.159 28, 3
0.46	−3.332 23, −1	−1.050 64, 0	−6.381 42, 0	−2.176 61, 1	−5.560 41, 1	−1.135 86, 2	−1.774 39, 2	−1.492 08, 2	+2.633 99, 2	1.725 53, 3	5.420 30, 3
0.48	−4.328 96, −1	−1.514 24, 0	−8.008 40, 0	−2.593 18, 1	−6.312 98, 1	−1.167 51, 2	−1.431 78, 2	+2.211 92, 1	7.931 97, 2	2.957 75, 3	7.508 3?, 3
0.50	−5.395 75, −1	−2.021 98, 0	−9.762 94, 0	−3.012 37, 1	−6.845 33, −1	−1.114 66, 2	−7.963 15, 1	2.657 68, 2	2.435 21, 3	4.164 43, 3	8.653 0?, 3

表 6

τ	$\widetilde{F}_{1/2,1}(\tau)$	$\widetilde{F}_{3/2,1}(\tau)$	$\widetilde{F}_{5/2,1}(\tau)$	$\widetilde{F}_{7/2,1}(\tau)$	$\widetilde{F}_{9/2,1}(\tau)$	$\widetilde{F}_{11/2,1}(\tau)$	$\widetilde{F}_{13/2,1}(\tau)$	$\widetilde{F}_{15/2,1}(\tau)$	$\widetilde{F}_{17/2,1}(\tau)$	$\widetilde{F}_{19/2,1}(\tau)$	$\widetilde{F}_{21/2,1}(\tau)$
0	1.000 00, 0	1.000 00, 0	1.000 00, 0	1.000 00, 0	1.000 00, 0	1.000 00, 0	1.000 00, 0	1.000 00, 0	1.000 00, 0	1.000 00, 0	1.000 00, 0
0.10	1.200 03, 0	1.131 60, 0	1.032 56, 0	9.273 34, −1	8.253 07, −1	7.303 12, −1	6.437 52, −1	5.658 90, −1	4.964 34, −1	4.348 27, −1	3.804 05, −1
0.12	1.248 30, 0	1.162 43, 0	1.039 84, 0	9.120 19, −1	7.908 37, −1	6.807 72, −1	5.831 06, −1	4.976 60, −1	4.235 97, −1	3.598 13, −1	3.051 38, −1
0.14	1.299 93, 0	1.195 07, 0	1.047 41, 0	8.964 12, −1	7.565 34, −1	6.327 18, −1	5.258 48, −1	4.350 30, −1	3.586 52, −1	2.948 89, −1	2.419 42, −1
0.15	1.327 12, 0	1.212 11, 0	1.051 31, 0	8.884 95, −1	7.394 46, −1	6.092 52, −1	4.984 69, −1	4.057 36, −1	3.289 63, −1	2.659 01, −1	2.144 00, −1
0.16	1.355 28, 0	1.229 67, 0	1.055 30, 0	8.804 99, −1	7.224 02, −1	5.861 59, −1	4.719 13, −1	3.777 47, −1	3.010 38, −1	2.390 71, −1	1.893 26, −1
0.165	1.369 73, 0	1.238 65, 0	1.057 33, 0	8.764 71, −1	7.138 96, −1	5.747 54, −1	4.589 40, −1	3.642 23, −1	2.877 15, −1	2.264 29, −1	1.776 63, −1
0.17	1.384 45, 0	1.247 77, 0	1.059 37, 0	8.724 22, −1	7.054 02, −1	5.634 43, −1	4.401 71, −1	3.510 33, −1	2.748 09, −1	2.142 86, −1	1.665 55, −1
0.175	1.399 44, 0	1.257 02, 0	1.061 44, 0	8.683 53, −1	6.969 19, −1	5.522 26, −1	4.336 02, −1	3.381 45, −1	2.623 10, −1	2.026 25, −1	1.559 83, −1
0.18	1.414 70, 0	1.266 42, 0	1.063 53, 0	8.642 62, −1	6.884 47, −1	5.411 04, −1	4.212 35, −1	3.255 63, −1	2.502 11, −1	1.914 36, −1	1.459 27, −1
0.185	1.430 24, 0	1.275 97, 0	1.065 65, 0	8.601 50, −1	6.799 87, −1	5.300 77, −1	4.090 66, −1	3.132 85, −1	2.385 03, −1	1.807 03, −1	1.363 70, −1
0.19	1.446 07, 0	1.285 67, 0	1.067 78, 0	8.560 17, −1	6.715 38, −1	5.191 44, −1	3.970 96, −1	3.013 05, −1	2.271 79, −1	1.704 14, −1	1.272 92, −1
0.195	1.462 20, 0	1.295 52, 0	1.069 94, 0	8.518 61, −1	6.631 01, −1	5.083 06, −1	3.853 23, −1	2.896 22, −1	2.162 30, −1	1.605 57, −1	1.186 77, −1
0.20	1.478 63, 0	1.305 53, 0	1.072 13, 0	8.476 84, −1	6.546 75, −1	4.975 63, −1	3.737 47, −1	2.782 30, −1	2.056 50, −1	1.511 18, −1	1.105 07, −1
0.21	1.512 43, 0	1.326 03, 0	1.076 58, 0	8.392 60, −1	6.378 59, −1	4.763 63, −1	3.511 78, −1	2.563 05, −1	1.841 02, −1	1.334 50, −1	9.543 30, −2
0.22	1.547 55, 0	1.347 20, 0	1.081 12, 0	8.307 44, −1	6.210 92, −1	4.555 46, −1	3.293 81, −1	2.355 02, −1	1.668 50, −1	1.173 11, −1	8.194 21, −2
0.23	1.584 05, 0	1.369 09, 0	1.085 78, 0	8.221 32, −1	6.043 73, −1	4.351 12, −1	3.083 46, −1	2.157 89, −1	1.494 59, −1	1.026 12, −1	6.991 08, −2
0.24	1.622 00, 0	1.391 71, 0	1.090 55, 0	8.134 21, −1	5.877 04, −1	4.150 63, −1	2.880 67, −1	1.971 36, −1	1.333 29, −1	8.926 18, −2	5.922 27, −2
0.25	1.661 50, 0	1.415 12, 0	1.095 43, 0	8.046 09, −1	5.710 85, −1	3.954 01, −1	2.685 32, −1	1.795 14, −1	1.184 02, −1	7.717 56, −2	4.976 77, −2
0.26	1.702 62, 0	1.439 35, 0	1.100 44, 0	7.956 92, −1	5.545 18, −1	3.761 26, −1	2.497 34, −1	1.628 93, −1	1.046 22, −1	6.627 07, −2	4.144 15, −2
0.27	1.745 46, 0	1.464 43, 0	1.105 57, 0	7.866 66, −1	5.380 04, −1	3.572 41, −1	2.316 63, −1	1.472 42, −1	9.193 44, −2	5.646 81, −2	3.414 30, −2
0.28	1.790 11, 0	1.490 43, 0	1.110 84, 0	7.775 29, −1	5.215 43, −1	3.387 47, −1	2.143 10, −1	1.325 33, −1	8.028 49, −2	4.769 17, −2	2.778 98, −2
0.29	1.836 70, 0	1.517 38, 0	1.116 24, 0	7.682 76, −1	5.051 36, −1	3.206 45, −1	1.976 66, −1	1.187 37, −1	6.962 12, −2	3.986 86, −2	2.228 50, −2
0.30	1.885 32, 0	1.545 34, 0	1.121 79, 0	7.589 04, −1	4.887 85, −1	3.029 38, −1	1.817 21, −1	1.058 23, −1	5.989 20, −2	3.292 90, −2	1.755 05, −2
0.32	1.989 18, 0	1.604 52, 0	1.133 34, 0	7.397 86, −1	4.562 55, −1	2.687 12, −1	1.518 91, −1	8.252 83, −2	4.303 85, −2	2.143 62, −2	1.009 26, −2
0.34	2.102 82, 0	1.668 45, 0	1.145 56, 0	7.201 38, −1	4.239 61, −1	2.360 82, −1	1.247 44, −1	6.241 99, −2	2.933 87, −2	1.271 44, −2	4.865 32, −3
0.36	2.227 52, 0	1.737 71, 0	1.158 50, 0	6.999 20, −1	3.919 14, −1	2.050 64, −1	1.002 00, −1	4.527 05, −2	1.842 72, −2	6.310 80, −3	1.391 98, −3
0.38	2.364 81, 0	1.812 98, 0	1.172 26, 0	6.790 89, −1	3.601 25, −1	1.756 73, −1	7.817 76, −2	3.085 61, −2	9.957 91, −3	1.816 85, −3	−7.354 94, −4
0.40	2.516 46, 0	1.895 02, 0	1.186 91, 0	6.575 94, −1	3.286 08, −1	1.479 24, −1	5.859 41, −2	1.895 58, −2	3.605 10, −3	−1.133 27, −3	−1.862 16, −3
0.42	2.684 60, 0	1.984 76, 0	1.202 55, 0	6.353 78, −1	2.973 74, −1	1.218 36, −1	4.136 37, −2	9.351 88, −3	−9.371 88, −4	−2.864 47, −3	−2.275 52, −3
0.44	2.871 73, 0	2.083 28, 0	1.219 31, 0	6.123 78, −1	2.664 41, −1	9.742 75, −2	2.639 83, −2	1.829 97, −3	−3.954 79, −3	−3.662 43, −3	−2.210 80, −3
0.46	3.080 88, 0	2.191 85, 0	1.237 32, 0	5.885 18, −1	2.358 25, −1	7.471 81, −2	1.360 70, −2	−3.820 48, −3	−5.713 41, −3	−3.775 45, −3	−1.856 20, −3
0.48	3.315 71, 0	2.312 02, 0	1.256 75, 0	5.637 15, −1	2.055 44, −1	5.372 97, −2	2.895 93, −3	−7.806 48, −3	−6.458 57, −3	−3.416 26, −3	−1.357 90, −3
0.50	3.580 63, 0	2.445 63, 0	1.277 79, 0	5.378 70, −1	1.756 21, −1	3.448 58, −2	−5.832 18, −3	−1.033 10, −2	−6.415 47, −3	−2.763 89, −3	−8.250 06, −4

表 7

τ	$\widetilde{\underline{F}}_{-1/2.1}(\tau)$	$\widetilde{\underline{F}}_{-3/2.1}(\tau)$	$\widetilde{\underline{F}}_{-5/2.1}(\tau)$	$\widetilde{\underline{F}}_{-7/2.1}(\tau)$	$\widetilde{\underline{F}}_{-9/2.1}(\tau)$	$\widetilde{\underline{F}}_{-11/2.1}(\tau)$	$\widetilde{\underline{F}}_{-13/2.1}(\tau)$	$\widetilde{\underline{F}}_{-15/2.1}(\tau)$	$\widetilde{\underline{F}}_{-17/2.1}(\tau)$	$\widetilde{\underline{F}}_{-19/2.1}(\tau)$	$\widetilde{\underline{F}}_{-21/2.1}(\tau)$
0	1.000 00, 0	1.000 00, 0	1.000 00, 0	1.000 00, 0	1.000 00, 0	1.000 00, 0	1.000 00, 0	1.000 00, 0	1.000 00, 0	1.000 00, 0	1.000 00, 0
0.10	1.158 23, 0	4.421 63, −1	1.676 70, 0	2.779 63, 0	3.773 24, 0	4.717 87, 0	5.659 71, 0	6.634 94, 0	7.693 22, 0	8.806 58, 0	7.878 90, 0
0.12	1.196 15, 0	3.235 81, −1	1.520 93, 0	2.825 19, 0	4.218 70, 0	5.748 67, 0	7.464 18, 0	9.415 64, 0	1.175 33, 1	1.425 13, 1	1.311 98, 1
0.14	1.236 63, 0	2.022 70, −1	1.275 91, 0	2.642 75, 0	4.302 63, 0	6.349 74, 0	8.888 12, 0	1.205 20, 1	1.633 76, 1	2.093 70, 1	2.097 48, 1
0.15	1.257 90, 0	1.405 31, −1	1.121 11, 0	2.455 30, 0	4.163 85, 0	6.366 61, 0	9.220 60, 0	1.272 40, 1	1.829 64, 1	2.394 92, 1	2.563 53, 1
0.16	1.279 91, 0	7.964 50, −2	9.453 88, −1	2.199 25, 0	3.876 20, 0	6.124 55, 0	9.146 21, 0	1.320 59, 1	1.957 39, 1	2.593 75, 1	3.030 61, 1
0.165	1.291 20, 0	4.649 67, −2	8.498 44, −1	2.044 65, 0	3.672 04, 0	5.889 94, 0	8.917 03, 0	1.304 47, 1	1.981 70, 1	2.628 34, 1	3.244 52, 1
0.17	1.302 69, 0	1.475 56, −2	7.492 60, −1	1.872 03, 0	3.425 10, 0	5.571 06, 0	8.538 24, 0	1.263 52, 1	1.966 91, 1	2.602 92, 1	3.430 95, 1
0.175	1.314 39, 0	−1.718 97, −2	6.436 98, −1	1.681 12, 0	3.133 63, 0	5.161 66, 0	7.993 46, 0	1.194 07, 1	1.955 42, 1	2.503 34, 1	3.576 45, 1
0.18	1.326 28, 0	−4.934 30, −2	5.332 27, −1	1.471 77, 0	2.795 97, 0	4.655 77, 0	7.266 47, 0	1.092 37, 1	1.818 67, 1	2.314 29, 1	3.665 46, 1
0.185	1.338 40, 0	−8.170 85, −2	4.179 12, −1	1.243 83, 0	2.410 65, 0	4.047 65, 0	6.341 40, 0	9.546 61, 0	1.661 76, 1	2.019 75, 1	3.680 30, 1
0.19	1.350 73, 0	−1.142 94, −1	2.978 19, −1	9.972 06, −1	1.976 32, 0	3.331 98, 0	5.202 79, 0	7.771 85, 0	1.441 18, 1	1.602 85, 1	3.601 06, 1
0.195	1.363 28, 0	−1.470 92, −1	1.730 16, −1	7.318 47, −1	1.491 82, 0	2.503 83, 0	3.836 03, 0	5.562 83, 0	1.149 47, 1	9.382 76, 0	3.405 87, 1
0.20	1.376 06, 0	−1.801 20, −1	4.357 29, −2	4.477 34, −1	9.561 01, −1	1.558 72, 0	2.227 31, 0	2.884 30, 0	7.793 62, 0	3.335 07, 0	3.071 04, 1
0.21	1.402 34, 0	−2.468 67, −1	−2.289 49, −1	−1.766 09, −1	−2.717 91, −1	−6.976 55, −1	−1.765 06, 0	−4.010 80, 0	−2.232 85, 0	−1.628 44, 1	1.879 86, 1
0.22	1.429 61, 0	−3.145 70, −1	−5.191 78, −1	−8.751 35, −1	−1.711 54, 0	−3.461 62, 0	−6.857 60, 0	−1.314 05, 1	−1.614 73, 1	−4.403 72, 1	−1.885 91, 0
0.23	1.457 93, 0	−3.832 68, −1	−8.265 16, −1	−1.646 50, 0	−3.363 98, 0	−6.746 85, 0	−1.310 49, 1	−2.466 41, 1	−3.528 10, 1	−8.082 64, 1	−3.347 72, 1
0.24	1.487 34, 0	−4.530 05, −1	−1.150 35, 0	−2.488 72, 0	−5.236 40, 0	−1.055 48, 1	−2.052 60, 1	−3.865 01, 1	−5.675 02, 1	−1.270 63, 2	−7.802 58, 1
0.25	1.517 92, 0	−5.238 25, −1	−1.490 03, 0	−3.399 13, 0	−7.292 48, 0	−1.487 29, 1	−2.909 76, 1	−5.505 23, 1	−8.338 37, 1	−1.834 72, 2	−1.370 56, 2
0.26	1.549 72, 0	−5.957 76, −1	−1.844 93, 0	−4.374 43, 0	−9.552 01, 0	−1.967 38, 1	−3.874 93, 1	−7.368 74, 1	−1.136 64, 2	−2.458 81, 2	−2.113 39, 2
0.27	1.582 81, 0	−6.689 08, −1	−2.214 34, 0	−5.410 65, 0	−1.199 08, 1	−2.491 38, 1	−5.035 64, 1	−9.421 90, 1	−1.466 56, 2	−3.150 74, 2	−3.005 05, 2
0.28	1.617 28, 0	−7.432 77, −1	−2.597 56, 0	−6.503 14, 0	−1.459 05, 1	−3.053 29, 1	−6.073 80, 1	−1.161 38, 2	−1.809 65, 2	−3.866 20, 2	−4.026 93, 2
0.29	1.653 20, 0	−8.189 40, −1	−2.993 85, 0	−7.646 61, 0	−1.732 86, 1	−3.645 28, 1	−7.265 25, 1	−1.387 54, 2	−2.147 06, 2	−4.558 10, 2	−5.141 94, 2
0.30	1.690 65, 0	−8.959 59, −1	−3.402 46, 0	−8.835 08, 0	−2.017 88, 1	−4.257 81, 1	−8.479 73, 1	−1.611 90, 2	−2.454 93, 2	−5.166 24, 2	−6.291 34, 2
0.32	1.770 54, 0	−1.054 33, 0	−4.253 39, 0	−1.131 98, 1	−2.608 70, 1	−5.497 28, 1	−1.082 59, 2	−2.011 11, 2	−2.862 67, 2	−5.832 20, 2	−8.340 89, 2
0.34	1.857 78, 0	−1.218 99, 0	−5.143 57, 0	−1.389 59, 1	−3.201 82, 1	−6.630 00, 1	−1.275 20, 2	−2.254 68, 2	−2.755 16, 2	−5.184 08, 2	−9.236 27, 2
0.36	1.953 35, 0	−1.390 57, 0	−6.065 62, 0	−1.649 12, 1	−3.761 12, 1	−7.609 01, 1	−1.381 94, 2	−2.219 06, 2	−1.817 91, 2	−2.509 24, 2	−7.737 39, 2
0.38	2.058 37, 0	−1.569 90, 0	−7.011 43, 0	−1.902 22, 1	−4.244 50, 1	−8.186 55, 1	−1.354 08, 2	−1.775 35, 2	+2.467 45, 1	2.739 28, 2	−2.529 34, 2
0.40	2.174 18, 0	−1.757 84, 0	−7.972 08, 0	−2.139 45, 1	−4.604 61, 1	−8.221 40, 1	−1.142 30, 2	−8.081 23, 1	3.629 99, 2	1.073 53, 3	+7.370 65, 2
0.42	2.302 37, 0	−1.955 46, 0	−8.937 68, 0	−2.350 18, 1	−4.789 83, 1	−7.538 55, 1	−7.024 19, 1	+7.536 41, 1	8.408 63, 2	2.075 30, 3	2.213 36, 3
0.44	2.444 82, 0	−2.164 00, 0	−9.897 19, 0	−2.522 66, 1	−4.745 56, 1	−5.971 72, 1	+2.232 0?, −1	2.918 40, 2	1.430 76, 3	3.141 85, 3	4.041 31, 3
0.46	2.603 78, 0	−2.384 91, 0	−1.083 82, 1	−2.643 93, 1	−4.415 75, 1	−3.377 87, 1	9.705 06, 1	5.597 80, 2	2.074 04, 3	4.020 83, 3	5.836 12, 3
0.48	2.782 01, 0	−2.619 92, 0	−1.174 68, 1	−2.699 82, 1	−3.845 13, 1	+3.449 03, 0	2.200 14, 2	8.576 13, 2	2.678 61, 3	4.362 93, 3	7.231 71, 3
0.50	2.982 80, 0	−2.871 14, 0	−1.260 69, 1	−2.674 89, 1	−2.681 33, 1	5.238 18, 1	3.634 60, 2	1.150 05, 3	3.125 06, 3	3.779 55, 3	7.329 7?, 3

表 8　$\underline{F}_{\nu}^{(0)}(\tau)=f(\tau)T^{\nu}(\tau)\rightarrow f(\tau)T^{\nu}(\tau)\cos\left(\nu\omega-\frac{\pi}{4}\right)$

τ	$\underline{F}_{1/2}^{(o)}(\tau)$	$\underline{F}_{3/2}^{(o)}(\tau)$	$\underline{F}_{5/2}^{(o)}(\tau)$	$\underline{F}_{7/2}^{(o)}(\tau)$	$\underline{F}_{9/2}^{(o)}(\tau)$	$\underline{F}_{11/2}^{(o)}(\tau)$	$\underline{F}_{13/2}^{(o)}(\tau)$	$\underline{F}_{15/2}^{(o)}(\tau)$	$\underline{F}_{17/2}^{(o)}(\tau)$	$\underline{F}_{19/2}^{(o)}(\tau)$	$\underline{F}_{21/2}^{(o)}(\tau)$
0.02	9.890 43, −1	9.643 66, −1	9.403 05, −1	9.168 45, −1	8.939 70, −1	8.716 65, −1	8.499 17, −1	8.287 12, −1	8.080 35, −1	7.878 75, −1	7.682 17, −1
0.04	9.814 77, −1	9.319 47, −1	8.849 17, −1	8.402 59, −1	7.978 56, −1	7.575 92, −1	7.193 60, −1	6.830 58, −1	6.485 87, −1	6.158 56, −1	5.847 77, −1
0.06	9.786 34, −1	9.036 32, −1	8.343 78, −1	7.704 31, −1	7.113 85, −1	6.568 65, −1	6.065 23, −1	5.600 39, −1	5.171 18, −1	4.774 86, −1	4.408 91, −1
0.08	9.827 97, −1	8.809 76, −1	7.897 04, −1	7.078 89, −1	6.345 49, −1	6.668 08, −1	5.098 78, −1	4.570 53, −1	4.097 01, −1	3.672 55, −1	3.292 06, −1
0.10	9.983 16, −1	8.670 01, −1	7.529 59, −1	6.539 18, −1	5.679 04, −1	4.932 04, −1	4.283 30, −1	3.719 89, −1	3.230 59, −1	2.805 65, −1	2.436 61, −1
0.12	1.034 92, 0	8.685 73, −1	7.289 64, −1	6.117 96, −1	5.134 60, −1	4.309 30, −1	3.616 65, −1	3.035 34, −1	2.547 46, −1	2.138 00, −1	1.794 35, −1
0.14	1.121 50, 0	9.064 99, −1	7.327 13, −1	5.922 44, −1	4.787 04, −1	3.869 31, −1	3.127 52, −1	2.527 94, −1	2.043 31, −1	1.651 58, −1	1.334 96, −1
0.15	1.215 94, 0	9.628 70, −1	7.624 05, −1	6.036 26, −1	4.779 54, −1	3.784 47, −1	2.996 56, −1	2.372 69, −1	1.878 71, −1	1.487 57, −1	1.177 87, −1
0.16	1.437 33, 0	1.112 86, 0	6.616 44, −1	6.671 36, −1	5.165 36, −1	3.990 13, −1	3.096 51, −1	2.397 50, −1	1.856 29, −1	1.437 25, −1	1.111 80, −1
0.165	1.775 27, 0	1.357 77, 0	1.038 45, 0	7.942 35, −1	6.074 50, −1	4.645 92, −1	3.553 31, −1	2.717 66, −1	2.078 53, −1	1.589 71, −1	1.215 85, −1
0.17	2.983 46, 0	2.251 11, 0	1.698 54, 0	1.281 60, 0	9.670 06, −1	7.296 35, −1	5.505 31, −1	4.153 92, −1	3.134 26, −1	2.364 83, −1	1.784 38, −1
0.175	2.062 47, 0	1.537 51, 0	1.146 14, 0	8.543 87, −1	6.368 92, −1	4.747 54, −1	3.538 87, −1	2.519 16, −1	1.966 26, −1	1.465 61, −1	1.092 42, −1
0.18	1.765 92, 0	1.302 66, 0	9.608 44, −1	7.086 67, −1	5.226 37, −1	3.854 09, −1	2.841 92, −1	2.095 41, −1	1.544 88, −1	1.138 91, −1	8.395 55, −2
0.185	1.592 44, 0	1.163 51, 0	8.499 24, −1	6.207 21, −1	4.532 32, −1	3.308 68, −1	2.414 91, −1	1.762 23, −1	1.285 69, −1	9.378 40, −2	6.839 72, −2
0.19	1.471 26, 0	1.065 72, 0	7.716 81, −1	5.584 86, −1	4.040 13, −1	2.921 40, −1	2.111 58, −1	1.525 62, −1	1.101 82, −1	7.954 42, −2	5.740 38, −2
0.195	1.378 64, 0	9.908 78, −1	7.117 64, −1	5.105 89, −1	3.660 84, −1	2.622 72, −1	1.877 71, −1	1.343 34, −1	9.603 88, −2	6.861 50, −2	4.899 04, −2
0.20	1.303 90, 0	9.303 66, −1	6.629 38, −1	4.717 69, −1	3.353 10, −1	2.380 40, −1	1.687 95, −1	1.195 62, −1	8.459 94, −2	5.980 00, −2	4.222 85, −2
0.21	1.187 53, 0	8.361 16, −1	5.870 26, −1	4.110 51, −1	2.871 15, −1	2.000 77, −1	1.391 14, −1	9.652 16, −2	6.683 36, −2	4.618 70, −2	3.185 87, −2
0.22	1.098 62, 0	7.643 85, −1	5.292 04, −1	3.647 20, −1	2.503 05, −1	1.711 09, −1	1.165 39, −1	7.909 55, −2	5.350 33, −2	3.607 57, −2	2.424 94, −2
0.23	1.026 75, 0	7.066 81, −1	4.826 31, −1	3.273 78, −1	2.205 73, −1	1.477 63, −1	9.843 94, −2	6.523 68, −2	4.301 63, −2	2.822 68, −2	1.840 94, −2
0.24	9.664 05, −1	6.584 45, −1	4.436 16, −1	2.959 65, −1	1.956 25, −1	1.282 53, −1	8.343 20, −2	5.387 36, −2	3.453 89, −2	2.198 82, −2	1.390 07, −2
0.25	9.143 89, −1	6.170 21, −1	4.100 28, −1	2.688 44, −1	1.741 59, −1	1.115 74, −1	7.073 45, −2	4.439 35, −2	2.758 71, −2	1.697 30, −2	1.033 85, −2
0.26	8.686 46, −1	5.807 16, −1	3.805 11, −1	2.450 35, −1	1.553 56, −1	9.708 98, −2	5.985 02, −2	3.640 24, −2	2.184 40, −2	1.292 64, −2	7.536 83, −3
0.27	8.277 90, −1	5.483 63, −1	3.541 41, −1	2.237 72, −1	1.386 67, −1	8.437 58, −2	5.044 44, −2	2.963 05, −2	1.708 84, −2	9.662 25, −3	5.343 48, −3
0.28	7.908 40, −1	5.191 56, −1	3.302 82, −1	2.045 84, −1	1.237 14, −1	7.313 73, −2	4.227 85, −2	2.388 02, −2	1.315 38, −2	7.040 83, −3	3.640 46, −3
0.29	7.570 68, −1	4.924 79, −1	3.084 61, −1	1.871 10, −1	1.102 37, −1	6.316 35, −2	3.517 91, −2	1.900 52, −2	9.914 62, −3	4.954 55, −3	2.336 74, −3
0.30	7.259 75, −1	4.679 50, −1	2.883 76, −1	1.710 84, −1	9.802 91, −2	5.428 46, −2	2.900 00, −2	1.487 48, −2	7.256 98, −3	3.306 19, −3	1.351 46, −3
0.32	6.701 51, −1	4.239 17, −1	2.523 64, −1	1.426 89, −1	7.684 66, −2	3.933 80, −2	1.898 78, −2	8.486 27, −3	3.367 74, −3	1.049 00, −3	1.081 78, −3
0.34	6.209 92, −1	3.851 59, −1	2.208 17, −1	1.183 10, −1	5.927 61, −2	2.751 51, −2	1.155 89, −2	4.073 67, −3	9.232 34, −4	−2.061 00, −4	−4.753 33, −4
0.36	5.769 27, −1	3.504 41, −1	1.928 35, −1	9.724 85, −2	4.471 72, −2	1.825 67, −2	6.106 91, −3	1.156 48, −3	−4.928 92, −4	−7.999 40, −4	−6.615 75, −4
0.38	5.369 04, −1	3.189 76, −1	1.678 29, −1	7.901 76, −2	3.271 09, −2	1.111 27, −2	2.282 04, −3	−6.501 67, −4	−1.201 50, −3	−9.814 36, −4	−6.310 46, −4
0.40	5.001 58, −1	2.901 93, −1	1.453 83, −1	6.325 97, −2	2.290 20, −2	5.721 87, −3	−2.850 08, −4	−1.646 55, −3	−1.441 86, −3	−9.251 38, −4	−5.004 05, −4
0.42	4.661 39, −1	2.636 99, −1	1.252 02, −1	4.968 53, −2	1.498 33, −2	1.771 23, −3	−1.888 52, −3	−2.481 34, −3	−1.393 53, −3	−7.514 45, −4	−3.417 63, −4
0.44	4.344 24, −1	2.391 99, −1	1.070 48, −1	3.806 19, −2	8.697 61, −3	−1.002 15, −3	−2.670 53, −3	−2.117 22, −3	−1.185 95, −3	−5.387 97, −4	−2.000 86, −4
0.46	4.046 96, −1	2.164 73, −1	9.073 89, −2	2.818 67, −2	3.815 61, −3	−2.827 46, −3	−3.098 94, −3	−1.922 64, −3	−9.100 79, −4	−3.349 57, −4	−8.071 36, −5
0.48	3.762 33, −1	1.953 51, −1	6.740 98, −2	1.988 03, −2	1.321 00, −4	−3.902 15, −3	−3.332 62, −3	−1.598 26, −3	−6.263 81, −4	−1.654 24, −4	−2.522 59, −6
0.50	3.502 30, −1	1.756 84, −1	5.432 18, −2	1.297 82, −2	−2.535 21, −3	−4.397 83, −3	−2.784 13, −3	−1.222 35, −3	−3.716 28, −4	−4.027 91, −5	+4.188 85, −5

表 9 $\underline{F}_{\nu}^{(0)}(\tau)=f(\tau)T^{-\nu}(\tau)\rightarrow 1/2f(\tau)T^{-\nu}(\tau)\cos\left(\nu\omega+\frac{\pi}{4}\right)$

τ	$\underline{F}_{-1/2}^{(o)}(\tau)$	$\underline{F}_{-3/2}^{(o)}(\tau)$	$\underline{F}_{-5/2}^{(o)}(\tau)$	$\underline{F}_{-7/2}^{(o)}(\tau)$	$\underline{F}_{-9/2}^{(o)}(\tau)$	$\underline{F}_{-11/2}^{(o)}(\tau)$	$\underline{F}_{-13/2}^{(o)}(\tau)$	$\underline{F}_{-15/2}^{(o)}(\tau)$	$\underline{F}_{-17/2}^{(o)}(\tau)$	$\underline{F}_{-19/2}^{(o)}(\tau)$	$\underline{F}_{-21/2}^{(o)}(\tau)$
0.02	1.014 35, 0	1.040 31, 0	1.066 93, 0	1.094 23, 0	1.122 23, 0	1.150 94, 0	1.180 39, 0	1.210 60, 0	1.241 57, 0	1.273 34, 0	1.305 93, 0
0.04	1.033 64, 0	1.088 57, 0	1.146 43, 0	1.207 36, 0	1.271 53, 0	1.339 10, 0	1.410 27, 0	1.485 23, 0	1.564 16, 0	1.647 29, 0	1.734 84, 0
0.06	1.059 86, 0	1.147 83, 0	1.243 10, 0	1.346 28, 0	1.458 02, 0	1.579 04, 0	1.710 10, 0	1.852 05, 0	2.005 77, 0	2.172 25, 0	2.352 55, 0
0.08	1.096 39, 0	1.223 10, 0	1.364 43, 0	1.522 17, 0	1.698 09, 0	1.894 35, 0	2.113 30, 0	2.357 55, 0	2.630 03, 0	2.934 00, 0	3.273 10, 0
0.10	1.149 52, 0	1.323 62, 0	1.524 10, 0	1.754 93, 0	2.020 73, 0	2.326 79, 0	2.679 20, 0	3.084 99, 0	3.552 24, 0	4.090 25, 0	4.709 75, 0
0.12	1.233 22, 0	1.469 25, 0	1.750 68, 0	2.085 96, 0	2.485 45, 0	2.961 46, 0	3.528 62, 0	4.204 41, 0	5.009 62, 0	5.969 05, 0	7.112 21, 0
0.14	1.387 50, 0	1.716 59, 0	2.123 73, 0	2.627 44, 0	3.250 62, 0	4.021 61, 0	4.975 46, 0	6.155 55, 0	7.615 53, 0	9.421 79, 0	1.165 65, 1
0.15	1.535 66, 0	1.939 44, 0	2.449 39, 0	3.093 43, 0	3.906 80, 0	4.934 46, 0	6.231 39, 0	7.869 86, 0	9.939 13, 0	1.255 25, 1	1.585 30, 1
0.16	1.856 39, 0	2.397 64, 0	3.096 69, 0	3.999 55, 0	5.165 65, 0	6.671 73, 0	8.616 92, 0	1.112 93, 1	1.437 41, 1	1.856 48, 1	2.397 77, 1
0.165	2.321 15, 0	3.034 88, 0	3.968 07, 0	5.188 22, 0	6.783 55, 0	8.869 42, 0	1.159 67, 1	1.516 26, 1	1.982 49, 1	2.592 09, 1	3.389 13, 1
0.17	1.977 04, 0	2.620 22, 0	3.476 96, 0	4.602 37, 0	6.099 65, 0	8.084 00, 0	1.071 40, 1	1.419 95, 1	1.881 89, 1	2.494 12, 1	3.305 51, 1
0.175	1.383 31, 0	1.855 58, 0	2.489 04, 0	3.338 70, 0	4.478 31, 0	6.006 85, 0	8.056 95, 0	1.080 66, 1	1.449 44, 1	1.944 03, 1	2.607 37, 1
0.18	1.196 87, 0	1.622 26, 0	2.198 64, 0	2.979 57, 0	4.037 52, 0	5.470 65, 0	7.411 85, 0	1.004 10, 1	1.360 14, 1	1.842 29, 1	2.495 08, 1
0.185	1.089 51, 0	1.490 49, 0	2.038 56, 0	2.787 51, 0	3.810 68, 0	5.208 10, 0	7.116 15, 0	9.720 65, 0	1.327 48, 1	1.812 36, 1	2.473 62, 1
0.19	1.015 02, 0	1.399 82, 0	1.929 51, 0	2.658 22, 0	3.660 14, 0	5.036 80, 0	6.927 15, 0	9.521 15, 0	1.307 82, 1	1.795 21, 1	2.462 53, 1
0.195	9.582 26, −1	1.330 82, 0	1.846 51, 0	2.559 47, 0	3.543 96, 0	4.901 70, 0	6.771 65, 0	9.343 45, 0	1.287 52, 1	1.771 74, 1	2.434 45, 1
0.20	9.123 86, −1	1.274 94, 0	1.778 69, 0	2.477 27, 0	3.443 96, 0	4.778 57, 0	6.616 55, 0	9.140 90, 0	1.259 76, 1	1.731 52, 1	2.373 06, 1
0.21	8.407 56, −1	1.186 56, 0	1.667 88, 0	2.337 14, 0	3.259 28, 0	4.502 31, 0	6.242 45, 0	8.561 35, 0	1.165 69, 1	1.573 71, 1	2.103 11, 1
0.22	7.870 16, −1	1.115 60, 0	1.574 19, 0	2.203 97, 0	3.057 75, 0	4.196 90, 0	5.686 05, 0	7.580 25, 0	9.904 10, 0	1.257 25, 1	1.535 38, 1
0.23	7.393 96, −1	1.054 31, 0	1.485 79, 0	2.064 59, 0	2.819 52, 0	3.766 01, 0	4.883 19, 0	6.069 90, 0	7.064 75, 0	7.303 85, 0	7.107 40, 0
0.24	7.000 90, −1	9.989 20, −1	1.398 93, 0	1.913 22, 0	2.535 30, 0	3.212 18, 0	3.793 53, 0	3.939 31, 0	2.954 15, 0	−4.999 69, −1	−2.814 51, 0
0.25	6.654 02, −1	9.472 80, −1	1.310 99, 0	1.746 12, 0	2.198 31, 0	2.520 35, 0	2.382 06, 0	1.107 02, 0	−2.614 75, 0	−1.122 76, 1	−2.916 50, 1
0.26	6.341 58, −1	8.980 63, −1	1.220 48, 0	1.561 28, 0	1.804 48, 0	1.680 68, 0	6.237 65, 0	−2.486 11, 0	−9.774 45, 0	−2.515 42, 1	−5.565 70, 1
0.27	6.055 84, −1	8.505 27, −1	1.126 75, 0	1.357 93, 0	1.352 67, 0	6.898 15, −1	−1.490 96, 0	−6.864 30, 0	−1.857 50, 1	−4.236 45, 1	−8.847 45, 1
0.28	5.791 47, −1	8.059 93, −1	1.029 38, 0	1.135 98, 0	8.426 60, −1	−4.529 03, −1	−3.963 52, 0	−1.202 62, 1	−2.899 43, 1	−6.275 15, 1	−1.272 25, 2
0.29	5.544 75, −1	7.586 97, −1	9.286 25, −1	8.966 65, −1	2.781 21, −1	−1.738 90, 0	−6.772 25, 0	−1.791 49, 1	−4.087 78, 1	−8.589 20, 1	−1.707 75, 2
0.30	5.312 44, −1	7.137 34, −1	8.238 00, −1	6.388 75, −1	−3.428 30, −1	−3.166 72, 0	−9.909 20, 0	−2.447 50, 1	−5.405 35, 1	−1.112 32, 2	−2.175 16, 2
0.32	4.884 04, −1	6.269 10, −1	6.047 95, −1	7.797 00, −2	−1.724 09, 0	−6.379 15, 0	−1.694 45, 1	−3.905 49, 1	−8.260 15, 1	−1.640 58, 2	−8.091 89, 2
0.34	4.494 10, −1	5.388 27, −1	3.749 12, −1	−5.340 45, −1	−3.255 21, 0	−9.931 45, 0	−2.347 83, 1	−5.436 95, 1	−1.104 63, 2	−2.094 52, 2	−8.739 29, 2
0.36	4.135 15, −1	4.540 18, −1	1.382 04, −1	−1.179 27, 0	−4.871 07, 0	−1.360 61, 1	−3.213 58, 1	−6.807 90, 1	−1.318 99, 2	−2.338 83, 2	−3.731 54, 2
0.38	3.801 99, −1	3.711 85, −1	−1.016 42, −1	−1.839 46, 0	−6.499 30, 0	−1.714 78, 1	−3.877 58, 1	−7.805 25, 1	−1.403 83, 2	−2.198 53, 2	−2.728 73, 2
0.40	3.491 07, −1	2.908 07, −1	−3.400 12, −1	−2.493 11, 0	−8.056 30, 0	−2.026 70, 1	−4.360 49, 1	−8.168 40, 1	−1.296 98, 2	−1.544 54, 2	−4.985 21, 1
0.42	3.199 80, −1	2.132 67, −1	−5.727 70, −1	−3.119 42, 0	−9.458 30, 0	−2.267 40, 1	−4.575 67, 1	−6.467 65, 1	−9.526 30, 1	−3.147 25, 1	2.931 40, 2
0.44	2.926 30, −1	1.390 91, −1	−7.954 20, −1	−3.696 68, 0	−1.062 11, 1	−2.409 59, 1	−4.450 07, 1	−6.180 20, 1	−3.562 33, 0	−1.439 21, 2	7.164 35, 2
0.46	2.669 12, −1	6.874 72, −2	−1.003 82, 0	−4.204 72, 0	−1.146 89, 1	−2.430 71, 1	−3.935 44, 1	−3.642 54, 1	4.645 26, 1	3.526 80, 2	1.141 48, 3
0.48	2.427 13, −1	2.690 75, −3	−1.538 58, 0	−4.625 20, 0	−1.193 75, 1	−2.315 34, 1	−2.086 25, 1	−1.656 51, 0	1.433 91, 2	5.619 60, 2	1.458 80, 3
0.50	2.199 55, −1	−5.864 93, −2	−1.675 10, 0	−4.943 66, 0	−1.198 40, 1	−2.057 34, 1	−1.723 85, 1	−4.007 40, 1	2.431 37, 2	7.291 25, 2	1.678 58, 3

表 10 $\underline{\widetilde{F}}_v^{(0)}(\tau) = g(\tau)T^v(\tau) \rightarrow g(\tau)T^v(\tau)\cos\left(v\omega - \frac{\pi}{4}\right)$

τ	$\underline{\widetilde{F}}_{1/2}^{(o)}(\tau)$	$\underline{\widetilde{F}}_{3/2}^{(o)}(\tau)$	$\underline{\widetilde{F}}_{5/2}^{(o)}(\tau)$	$\underline{\widetilde{F}}_{7/2}^{(o)}(\tau)$	$\underline{\widetilde{F}}_{9/2}^{(o)}(\tau)$	$\underline{\widetilde{F}}_{11/2}^{(o)}(\tau)$	$\underline{\widetilde{F}}_{13/2}^{(o)}(\tau)$	$\underline{\widetilde{F}}_{15/2}^{(0)}(\tau)$	$\underline{\widetilde{F}}_{17/2}^{(o)}(\tau)$	$\underline{\widetilde{F}}_{19/2}^{(o)}(\tau)$	$\underline{\widetilde{F}}_{21/2}^{(o)}(\tau)$
0.02	1.039 63, 0	1.013 69, 0	9.884 02, −1	9.637 42, −1	9.396 97, −1	9.162 51, −1	8.933 90, −1	8.711 01, −1	8.493 66, −1	8.281 75, −1	8.075 11, −1
0.04	1.085 56, 0	1.030 78, 0	9.787 62, −1	9.293 68, −1	8.824 69, −1	8.379 35, −1	7.956 48, −1	7.554 96, −1	7.173 70, −1	6.811 68, −1	6.467 93, −1
0.06	1.140 18, 0	1.052 79, 0	9.721 09, −1	8.976 06, −1	8.288 13, −1	7.652 94, −1	7.066 42, −1	6.524 85, −1	6.024 79, −1	5.563 05, −1	5.136 69, −1
0.08	1.207 46, 0	1.082 37, 0	9.702 30, −1	8.967 12, −1	7.796 07, −1	6.988 38, −1	6.264 36, −1	5.615 35, −1	5.033 59, −1	4.512 09, −1	4.044 62, −1
0.10	1.294 95, 0	1.124 61, 0	9.766 86, −1	8.482 17, −1	7.366 45, −1	6.397 50, −1	5.556 00, −1	4.825 18, −1	4.190 50, −1	3.639 29, −1	3.160 60, −1
0.12	1.419 02, 0	1.190 94, 0	9.995 12, −1	8.388 58, −1	7.040 26, −1	5.808 65, −1	4.958 93, −1	4.161 88, −1	3.492 92, −1	2.931 50, −1	2.460 31, −1
0.14	1.627 54, 0	1.315 53, 0	1.063 33, 0	8.594 76, −1	6.947 05, −1	5.615 22, −1	4.538 72, −1	3.668 60, −1	2.965 29, −1	2.396 81, −1	1.937 32, −1
0.15	1.816 30, 0	1.438 28, 0	1.138 83, 0	9.016 60, −1	7.139 39, −1	5.653 01, −1	4.476 08, −1	3.544 18, −1	2.806 30, −1	2.222 04, −1	1.759 43, −1
0.16	2.210 66, 0	1.711 61, 0	1.325 40, 0	1.026 08, 0	7.944 48, −1	6.136 94, −1	4.762 53, −1	3.687 43, −1	2.855 03, −1	2.210 53, −1	1.709 98, −1
0.165	2.770 97, 0	2.119 30, 0	1.620 89, 0	1.239 70, 0	9.481 50, −1	7.251 68, −1	5.546 25, −1	4.241 91, −1	3.244 32, −1	2.481 33, −1	1.897 78, −1
0.17	4.726 37, 0	3.550 34, 0	2.690 81, 0	2.030 30, 0	1.531 93, −0	1.155 87, 0	8.721 44, −1	6.582 17, −1	4.965 33, −1	3.746 29, −1	2.826 83, −1
0.175	3.316 47, 0	2.472 33, 0	1.843 00, 0	1.373 86, 0	1.024 13, −0	7.634 03, −1	5.690 59, −1	4.050 90, −1	3.161 83, −1	2.356 70, −1	1.756 59, −1
0.18	2.882 55, 0	2.126 36, 0	1.568 40, 0	1.156 77, 0	8.531 16, −1	6.291 12, −1	4.638 89, −1	3.420 36, −1	2.521 77, −1	1.859 05, −1	1.370 41, −1
0.185	2.638 93, 0	1.928 12, 0	1.408 45, 0	1.028 63, 0	7.510 75, −1	5.483 05, −1	4.001 88, −1	2.920 25, −1	2.130 61, −1	1.554 15, −1	1.133 45, −1
0.19	2.475 44, 0	1.793 11, 0	1.298 37, 0	9.396 69, −1	6.797 59, −1	4.915 34, −1	3.552 83, −1	2.566 87, −1	1.853 81, −1	1.338 35, −1	9.658 40, −2
0.195	2.355 34, 0	1.692 87, 0	1.216 01, 0	8.723 16, −1	6.254 36, −1	4.480 75, −1	3.207 96, −1	2.294 96, −1	1.640 78, −1	1.172 25, −1	8.369 70, −2
0.20	2.262 19, 0	1.614 13, 0	1.150 30, 0	8.184 91, −1	5.817 43, −1	4.129 85, −1	2.928 41, −1	2.074 29, −1	1.467 74, −1	1.037 49, −1	7.326 30, −2
0.21	2.125 29, 0	1.496 37, 0	1.050 58, 0	7.356 46, −1	5.138 41, −1	3.580 72, −1	2.489 68, −1	1.727 42, −1	1.196 10, −1	8.265 95, −2	5.701 66, −2
0.22	2.029 00, 0	1.411 71, 0	9.773 66, −1	6.735 87, −1	4.622 78, −1	3.160 14, −1	2.152 31, −1	1.460 78, −1	9.381 31, −2	6.652 68, −2	4.478 52, −2
0.23	1.957 65, 0	1.347 39, 0	9.202 08, −1	6.241 95, −1	4.205 56, −1	2.817 32, −1	1.876 89, −1	1.243 84, −1	8.201 70, −2	5.381 86, −2	3.510 03, −2
0.24	1.903 04, 0	1.296 61, 0	8.735 69, −1	5.821 84, −1	3.852 25, −1	2.525 56, −1	1.642 94, −1	1.060 88, −1	6.801 40, −2	4.329 92, −2	2.737 33, −2
0.25	1.860 46, 0	1.255 42, 0	8.342 63, −1	5.470 03, −1	3.543 53, −1	2.270 14, −1	1.439 20, −1	9.032 52, −2	5.613 01, −2	3.453 41, −2	2.103 52, −2
0.26	1.826 95, 0	1.221 37, 0	8.002 98, −1	5.153 63, −1	3.267 48, −1	2.042 01, −1	1.258 78, −1	7.656 23, −2	4.594 27, −2	2.718 71, −2	1.585 16, −2
0.27	1.801 55, 0	1.193 42, 0	7.707 31, −1	4.870 04, −1	3.017 87, −1	1.836 30, −1	1.097 84, −1	6.448 60, −2	3.719 02, −2	2.102 83, −2	1.162 92, −2
0.28	1.779 72, 0	1.168 32, 0	7.432 73, −1	4.604 00, −1	2.784 08, −1	1.645 90, −1	9.514 44, −2	5.374 04, −2	2.960 16, −2	1.584 48, −2	8.192 56, −3
0.29	1.703 72, 0	1.108 28, 0	6.941 67, −1	4.210 76, −1	2.480 80, −1	1.421 44, −1	7.916 78, −2	4.276 97, −2	2.231 21, −2	1.114 98, −2	5.258 65, −3
0.30	1.751 44, 0	1.128 95, 0	6.957 19, −1	4.127 47, −1	2.364 99, −1	1.309 64, −1	6.996 37, −2	3.588 60, −2	1.750 78, −2	7.976 32, −3	3.260 45, −3
0.32	1.736 73, 0	1.098 60, 0	6.540 14, −1	3.697 86, −1	1.991 52, −1	1.019 46, −1	4.920 78, −2	2.199 26, −2	8.727 67, −3	2.718 54, −3	2.803 49, −3
0.34	1.732 44, 0	1.074 52, 0	6.160 35, −1	3.300 61, −1	1.653 68, −1	7.676 16, −2	3.224 70, −2	1.136 47, −2	2.575 64, −3	−5.749 78, −3	−1.326 08, −3
0.36	1.736 56, 0	1.054 83, 0	5.804 35, −1	2.927 19, −1	1.345 99, −1	5.495 28, −2	1.838 19, −2	3.481 02, −3	−1.483 61, −3	−2.407 83, −3	−1.991 35, −3
0.38	1.747 87, 0	1.038 42, 0	5.463 62, −1	2.572 39, −1	1.064 89, −1	3.617 71, −2	7.429 11, −3	−2.116 60, −3	−3.911 45, −3	−3.195 04, −3	−2.054 35, −3
0.40	1.765 56, 0	1.024 38, 0	5.132 02, −1	2.233 07, −1	8.084 41, −2	2.019 80, −2	−1.006 08, −3	−5.812 32, −3	−5.089 77, −3	−3.265 74, −3	−1.766 43, −3
0.42	1.789 14, 0	1.012 13, 0	4.805 53, −1	1.907 03, −1	5.750 92, −2	6.798 37, −3	−7.248 56, −3	−9.523 93, −3	−5.348 67, −3	−2.884 21, −3	−1.311 76, −3
0.44	1.818 33, 0	1.001 19, 0	4.480 61, −1	1.593 12, −1	3.640 48, −2	−4.194 61, −3	−1.117 78, −2	−8.861 86, −3	−4.963 92, −3	−2.255 19, −3	−8.374 82, −4
0.46	1.853 05, 0	9.912 00, −1	4.154 81, −1	1.290 63, −1	1.747 11, −2	−1.294 65, −2	−1.418 96, −2	−8.803 50, −3	−4.167 12, −3	−1.533 72, −3	−3.695 76, −4
0.48	1.890 97, 0	9.818 46, −1	3.388 06, −1	9.991 96, −2	6.639 43, −4	−1.961 24, −2	−1.674 99, −2	−8.032 95, −3	−3.148 23, −3	−8.314 31, −4	−1.267 87, −5
0.50	1.939 27, 0	9.727 85, −1	3.007 87, −1	7.186 20, −2	−1.403 78, −2	−2.435 14, −2	−1.541 61, −2	−6.768 31, −3	−2.057 75, −3	−2.230 31, −4	−2.319 421, −4

表 11 $\widetilde{\underline{F}}^{(1)}_{-\nu}(\tau)=g(\tau)T^{-\nu}(\tau)\rightarrow 1/2g(\tau)T^{-\nu}(\tau)\cos\left(\nu\omega+\frac{\pi}{4}\right)$

τ	$\widetilde{\underline{F}}^{(o)}_{-1/2}(\tau)$	$\widetilde{\underline{F}}^{(o)}_{-3/2}(\tau)$	$\widetilde{\underline{F}}^{(o)}_{-5/2}(\tau)$	$\widetilde{\underline{F}}^{(o)}_{-7/2}(\tau)$	$\widetilde{\underline{F}}^{(o)}_{-9/2}(\tau)$	$\widetilde{\underline{F}}^{(o)}_{-11/2}(\tau)$	$\widetilde{\underline{F}}^{(o)}_{-13/2}(\tau)$	$\widetilde{\underline{F}}^{(0)}_{-15/2}(\tau)$	$\widetilde{\underline{F}}^{(o)}_{-17/2}(\tau)$	$\widetilde{\underline{F}}^{(o)}_{-19/2}(\tau)$	$\widetilde{\underline{F}}^{(o)}_{-21/2}(\tau)$
0.02	1.066 23, 0	1.093 52, 0	1.121 50, 0	1.150 20, 0	1.179 63, 0	1.209 81, 0	1.240 77, 0	1.272 52, 0	1.305 08, 0	1.338 47, 0	1.372 73, 0
0.04	1.143 26, 0	1.204 01, 0	1.268 01, 0	1.335 40, 0	1.406 38, 0	1.481 11, 0	1.559 83, 0	1.642 74, 0	1.730 04, 0	1.821 99, 0	1.918 82, 0
0.06	1.234 81, 0	1.337 30, 0	1.448 30, 0	1.568 51, 0	1.698 70, 0	1.839 69, 0	1.992 39, 0	2.157 77, 0	2.336 86, 0	2.530 82, 0	2.740 89, 0
0.08	1.347 02, 0	1.502 70, 0	1.676 34, 0	1.870 14, 0	2.086 27, 0	2.327 40, 0	2.596 40, 0	2.896 49, 0	3.231 25, 0	3.604 71, 0	4.021 33, 0
0.10	1.491 08, 0	1.716 91, 0	1.976 96, 0	2.276 37, 0	2.621 15, 0	8.018 15, 0	3.475 27, 0	4.001 63, 0	4.607 72, 0	5.305 59, 0	6.109 16, 0
0.12	1.690 92, 0	2.014 55, 0	2.400 43, 0	2.860 14, 0	3.407 90, 0	4.060 58, 0	4.838 23, 0	5.764 83, 0	6.868 89, 0	8.184 40, 0	9.751 84, 0
0.14	2.013 57, 0	2.491 15, 0	3.082 00, 0	3.812 89, 0	4.717 36, 0	5.836 24, 0	7.220 49, 0	8.933 06, 0	1.105 18, 1	1.367 31, 1	1.691 61, 1
0.15	2.293 88, 0	2.897 02, 0	3.658 75, 0	4.620 78, 0	5.835 74, 0	7.370 80, 0	9.308 08, 0	1.175 55, 1	1.484 65, 1	1.875 02, 1	2.368 03, 1
0.16	2.855 18, 0	3.687 64, 0	4.762 80, 0	6.151 43, 0	7.944 92, 0	1.026 13, 1	1.325 31, 1	1.711 72, 1	2.210 78, 1	2.855 32, 1	3.687 84, 1
0.165	3.523 01, 0	4.737 05, 0	6.193 64, 0	8.098 14, 0	1.058 82, 1	1.384 40, 1	1.810 09, 1	2.366 68, 1	3.094 41, 1	4.045 92, 1	5.289 99, 1
0.17	3.132 01, 0	4.150 93, 0	5.508 17, 0	7.291 03, 0	9.663 00, 0	1.280 66, 1	1.697 29, 1	2.249 46, 1	2.981 27, 1	3.951 16, 1	5.237 76, 1
0.175	2.224 38, 0	2.983 79, 0	4.002 40, 0	5.368 66, 0	7.201 17, 0	9.659 07, 0	1.295 57, 1	1.737 71, 1	2.330 71, 1	3.126 04, 1	4.192 68, 1
0.18	1.953 67, 0	2.648 05, 0	3.588 88, 0	4.863 61, 0	6.590 52, 0	8.929 85, 0	1.209 85, 1	1.639 01, 1	2.220 18, 1	3.007 21, 1	4.072 77, 1
0.185	1.805 49, 0	2.469 98, 0	3.378 22, 0	4.619 36, 0	6.314 91, 0	8.630 65, 0	1.179 26, 1	1.610 87, 1	2.199 85, 1	3.003 37, 1	4.099 18, 1
0.19	1.707 80, 0	2.355 24, 0	3.246 46, 0	4.472 53, 0	6.158 30, 0	8.474 57, 0	1.165 51, 1	1.601 96, 1	2.200 45, 1	3.020 49, 1	4.143 28, 1
0.195	1.637 09, 0	2.273 64, 0	3.154 67, 0	4.372 73, 0	6.054 68, 0	8.374 31, 0	1.156 90, 1	1.596 28, 1	2.199 66, 1	3.026 93, 1	4.159 14, 1
0.20	1.582 94, 0	2.211 94, 0	3.085 92, 0	4.297 91, 0	5.975 06, 0	8.280 53, 0	1.147 93, 1	1.585 89, 1	2.185 61, 1	3.004 08, 1	4.117 12, 1
0.21	1.504 68, 0	2.123 55, 0	2.984 95, 0	4.182 71, 0	5.833 04, 0	8.057 65, 0	1.117 19, 1	1.532 70, 1	2.086 20, 1	2.816 42, 1	3.763 87, 1
0.22	1.453 52, 0	2.060 36, 0	2.907 31, 0	4.070 42, 0	5.647 24, 0	7.751 09, 0	1.050 13, 1	1.399 97, 1	1.829 15, 1	2.321 96, 1	2.835 63, 1
0.23	1.409 78, 0	2.010 20, 0	2.832 88, 0	3.936 45, 0	5.375 84, 0	7.180 46, 0	9.310 53, 0	1.157 32, 1	1.347 00, 1	1.392 61, 1	1.355 13, 1
0.24	1.378 62, 0	1.967 07, 0	2.754 77, 0	3.767 51, 0	4.992 51, 0	6.325 42, 0	7.470 22, 0	7.757 29, 0	5.817 31, 0	−9.845 41, −1	−5.542 33, 0
0.25	1.353 86, 0	1.927 38, 0	2.667 41, 0	3.552 74, 0	4.472 79, 0	5.128 03, 0	4.846 66, 0	2.252 40, 0	−5.320 10, 0	−2.284 44, 1	−5.934 06, 1
0.26	1.338 78, 0	1.888 84, 0	2.566 94, 0	3.283 72, 0	3.795 22, 0	3.534 84, 0	1.311 93, 0	−5.228 84, 0	−2.055 78, 1	−5.290 48, 1	−1.170 59, 2
0.27	1.317 97, 0	1.851 00, 0	2.452 19, 0	2.955 32, 0	2.943 86, 0	1.501 28, 0	−3.244 84, 0	−1.493 90, +1	−4.042 55, 1	−9.219 96, 1	−1.925 50, 2
0.28	1.303 33, 0	1.813 84, 0	2.316 54, 0	2.555 43, 0	1.896 34, 0	−1.019 22, 0	−8.919 58, 0	−2.706 40, 1	−6.524 94, 1	−1.412 17, 2	−2.863 10, 2
0.29	1.291 67, 0	1.767 40, 0	2.163 25, 0	2.088 80, 0	6.478 83, −1	−4.050 81, 0	−1.577 60, 1	−4.173 29, 1	−9.522 52, 1	−2.000 86, 2	−3.978 22, 2
0.30	1.281 57, 0	1.721 93, 0	1.987 45, 0	1.541 32, 0	−8.270 91, −1	−7.644 62, 0	−2.390 63, 1	−5.904 69, 1	−1.304 06, 2	−2.683 52, 2	−5.247 66, 2
0.32	1.265 72, 0	1.624 67, 0	1.567 37, 0	2.020 63, −1	−4.468 07, 0	−1.653 19, 1	−4.391 25, 1	−1.012 13, 2	−2.140 66, 2	−4.251 65, 2	−8.012 79, 2
0.34	1.253 76, 0	1.603 23, 0	1.045 93, 0	−1.489 88, 0	−9.081 38, 0	−2.770 68, 1	−6.549 98, 1	−1.516 80, 2	−3.081 70, 2	−5.843 29, 2	−1.043 19, 3
0.36	1.244 68, 0	1.366 60, 0	4.159 95, −1	−3.549 61, 0	−1.466 20, 1	−4.095 45, 1	−9.672 91, 1	−2.049 18, 2	−3.970 17, 2	−7.040 20, 2	−1.123 20, 3
0.38	1.237 73, 0	1.208 38, 0	−3.308 92, −1	−5.988 31, 0	−2.115 83, 1	−5.582 41, 1	−1.262 33, 2	−2.540 98, 2	−4.570 13, 2	−7.156 60, 2	−8.883 30, 2
0.40	1.232 35, 0	1.026 55, 0	−1.200 24, 0	−8.800 68, 0	−2.843 87, 1	−7.154 25, 1	−1.539 25, 2	−2.883 45, 2	−4.578 37, 2	−5.452 23, 2	−1.759 78, 2
0.42	1.228 15, 0	8.185 66, −1	−2.198 44, 0	−1.197 30, 1	−3.630 30, 1	−8.702 78, 1	−1.756 24, 2	−2.482 43, 2	−3.656 40, 2	−1.207 98, 2	1.125 14, 3
0.44	1.224 84, 0	5.821 81, −1	−3.529 32, 0	−1.547 29, 1	−4.445 58, 1	−1.008 56, 2	−1.862 63, 2	−2.586 79, 2	−1.491 06, 1	6.023 97, 2	2.998 72, 3
0.46	1.222 15, 0	3.147 83, −1	−4.596 35, 0	−1.925 28, 1	−5.251 45, 1	−1.112 99, 2	−1.801 98, 2	−1.667 87, 2	2.127 00, 2	1.614 87, 3	5.226 68, 3
0.48	1.219 89, 0	1.352 41, −2	−7.733 00, 0	−2.324 65, 1	−5.999 86, 1	−1.163 70, 2	−1.048 56, 2	−8.325 72, 0	7.206 92, 2	2.824 44, 3	7.332 02, 3
0.50	1.217 92, 0	−3.247 53, −1	−9.275 25, 0	−2.737 37, 1	−6.635 70, 1	−1.139 18, 2	−9.545 18, 1	−2.218 95, 2	1.346 28, 3	4.037 26, 3	9.294 52, 3

表 12 $\underline{\widetilde{F}}_{\nu,1}^{(0)}(\tau)=h(\tau)T^{\nu}(\tau)\rightarrow h(\tau)T^{\nu}(\tau)\cos\left(\nu\omega-\mu-\frac{\pi}{4}\right)$

τ	$\underline{\widetilde{F}}_{1/2,1}^{(o)}(\tau)$	$\underline{\widetilde{F}}_{3/2,1}^{(o)}(\tau)$	$\underline{\widetilde{F}}_{5/2,1}^{(o)}(\tau)$	$\underline{\widetilde{F}}_{7/2,1}^{(o)}(\tau)$	$\underline{\widetilde{F}}_{9/2,1}^{(o)}(\tau)$	$\underline{\widetilde{F}}_{11/2,1}^{(o)}(\tau)$	$\underline{\widetilde{F}}_{13/2,1}^{(o)}(\tau)$	$\underline{\widetilde{F}}_{15/2,1}^{(0)}(\tau)$	$\underline{\widetilde{F}}_{17/2,1}^{(o)}(\tau)$	$\underline{\widetilde{F}}_{19/2,1}^{(o)}(\tau)$	$\underline{\widetilde{F}}_{21/2,1}^{(o)}(\tau)$
0.02	1.0890, 0	1.0618, 0	1.0354, 0	1.0095, 0	9.8433, −1	9.5977, −1	9.3583, −1	9.1248, −1	8.8971, −1	8.6751, −1	8.4587, −1
0.04	1.1958, 0	1.1355, 0	1.0782, 0	1.0238, 0	9.7212, −1	9.2306, −1	8.7648, −1	8.3224, −1	7.9024, −1	7.5036, −1	7.1250, −1
0.06	1.3274, 0	1.2257, 0	1.1318, 0	1.0450, 0	9.6493, −1	8.9098, −1	8.2269, −1	7.5964, −1	7.0142, −1	6.4767, −1	5.9803, −1
0.08	1.4954, 0	1.3404, 0	1.2016, 0	1.0771, 0	9.6549, −1	8.6493, −1	7.7580, −1	6.9542, −1	6.2338, −1	5.5879, −1	5.0090, −1
0.10	1.7213, 0	1.4949, 0	1.2983, 0	1.1275, 0	9.7919, −1	8.5039, −1	7.3854, −1	6.4139, −1	5.5702, −1	4.8376, −1	4.2013, −1
0.12	2.0522, 0	1.7224, 0	1.4455, 0	1.2132, 0	1.0182, 0	8.5453, −1	7.1718, −1	6.0190, −1	5.0516, −1	4.2396, −1	3.5582, −1
0.14	2.6233, 0	2.1204, 0	1.7139, 0	1.3853, 0	1.1197, 0	9.0507, −1	7.3156, −1	5.9131, −1	4.7795, −1	3.8632, −1	3.1226, −1
0.15	3.1458, 0	2.4911, 0	1.9725, 0	1.5617, 0	1.2365, 0	9.7910, −1	7.7525, −1	6.1385, −1	4.8605, −1	3.8485, −1	3.0473, −1
0.16	4.2322, 0	3.2768, 0	2.5371, 0	1.9644, 0	1.5209, 0	1.1749, 0	9.1175, −1	7.0593, −1	5.4658, −1	4.2319, −1	3.2736, −1
0.165	5.7440, 0	4.3932, 0	3.3600, 0	2.5698, 0	1.9655, 0	1.5032, 0	1.1497, 0	8.7932, −1	6.7252, −1	5.1436, −1	3.9340, −1
0.17	1.0055, 0	7.5871, 0	5.7252, 0	4.3203, 0	3.2600, 0	2.4600, 0	1.8562, 0	1.4007, 0	1.0559, 0	7.9755, −1	6.0182, −1
0.175	6.0065, 0	4.4232, 0	3.3486, 0	2.4996, 0	1.8660, 0	1.3912, 0	1.0399, 0	7.7630, −1	5.7964, −1	4.3255, −1	3.2287, −1
0.18	4.6172, 0	3.4233, 0	2.5378, 0	1.8810, 0	1.3940, 0	1.0329, 0	7.5616, −1	5.6664, −1	4.1991, −1	3.1085, −1	2.3016, −1
0.185	3.7891, 0	2.7991, 0	2.0666, 0	1.5250, 0	1.1247, 0	8.2918, −1	6.1087, −1	4.4990, −1	3.3120, −1	2.4371, −1	1.7925, −1
0.19	3.2093, 0	2.3710, 0	1.7492, 0	1.2893, 0	9.4870, −1	6.9703, −1	5.1174, −1	3.7535, −1	2.7503, −1	2.0140, −1	1.4725, −1
0.195	2.7704, 0	2.0545, 0	1.5586, 0	1.1202, 0	8.2404, −1	6.0484, −1	4.4298, −1	3.3031, −1	2.3634, −1	1.7218, −1	1.2525, −1
0.20	2.4217, 0	1.8094, 0	1.3442, 0	9.9432, −1	7.3220, −1	5.3715, −1	4.0082, −1	2.9454, −1	2.0802, −1	1.5080, −1	1.0906, −1
0.21	1.8962, 0	1.4542, 0	1.0994, 0	8.2052, −1	5.8496, −1	4.4502, −1	3.2403, −1	2.3453, −1	1.6889, −1	1.2096, −1	8.6292, −2
0.22	1.5163, 0	1.2128, 0	9.3938, −1	7.1075, −1	5.2818, −1	3.8692, −1	2.8018, −1	2.0090, −1	1.4286, −1	1.0085, −1	7.0741, −2
0.23	1.2280, 0	1.0419, 0	8.3174, −1	6.3850, −1	4.7587, −1	3.4743, −1	2.4948, −1	1.7727, −1	1.2368, −1	8.6207, −2	5.8114, −2
0.24	1.0332, 0	9.4665, −1	7.5710, −1	5.8852, −1	4.4124, −1	3.2115, −1	2.2915, −1	1.5756, −1	1.0828, −1	7.2783, −2	4.9361, −2
0.25	8.2084, −1	8.3498, −1	7.0474, −1	5.5284, −1	4.1170, −1	2.9800, −1	2.0937, −1	1.4159, −1	9.5259, −2	6.3131, −2	4.1300, −2
0.26	6.7298, −1	7.5780, −1	6.6788, −1	5.3322, −1	3.9055, −1	2.7705, −1	1.9041, −1	1.2656, −1	8.3852, −2	5.3839, −2	3.4373, −2
0.27	5.5057, −1	7.0728, −1	6.4203, −1	5.0845, −1	3.7332, −1	2.6084, −1	1.7413, −1	1.1417, −1	7.3274, −2	4.6939, −2	2.8321, −2
0.28	4.4824, −1	6.7019, −1	6.2417, −1	4.9404, −1	3.5868, −1	2.4624, −1	1.6234, −1	1.0364, −1	6.4390, −2	3.9052, −2	2.3149, −2
0.29	3.6158, −1	6.4314, −1	6.1199, −1	4.8259, −1	3.4558, −1	2.3056, −1	1.4977, −1	9.2624, −2	5.5976, −2	3.2742, −2	1.8587, −2
0.30	2.8833, −1	6.2479, −1	6.0458, −1	4.7354, −1	3.3375, −1	2.1994, −1	1.3793, −1	8.3091, −2	4.8275, −2	2.7080, −2	1.4171, −2
0.32	1.7133, −1	6.0590, −1	5.9844, −1	4.5910, −1	3.1176, −1	1.9581, −1	1.1589, −1	6.5189, −2	3.4925, −2	1.7776, −2	8.5209, −3
0.34	8.4097, −2	6.0474, −1	6.0014, −1	4.4730, −1	2.9088, −1	1.7294, −1	9.5719, −2	4.9586, −2	2.3938, −2	1.0601, −2	4.1277, −3
0.36	1.8133, −2	6.1568, −1	6.0628, −1	4.3634, −1	2.7023, −1	1.5098, −1	7.7256, −2	3.6119, −2	1.5094, −2	5.2777, −3	1.1831, −3
0.38	−3.2075, −2	6.3622, −1	6.1547, −1	4.2180, −1	2.4961, −1	1.2994, −1	6.0050, −2	2.4705, −2	8.1629, −3	1.5089, −3	−6.3726, −4
0.40	−7.0245, −2	6.6297, −1	6.2523, −1	4.1362, −1	2.2843, −1	1.0961, −1	4.5369, −2	1.5128, −2	2.9143, −3	−9.8337, −4	−1.6039, −3
0.42	−9.9071, −2	6.9597, −1	6.3656, −1	4.0154, −1	2.0713, −1	9.0312, −2	3.1924, −2	7.3605, −3	−8.6088, −4	−2.4543, −3	−1.9661, −3
0.44	−1.2043, −1	7.3411, −1	6.4808, −1	3.8739, −1	1.8557, −1	7.1974, −2	2.0151, −2	1.2420, −3	−3.3780, −3	−3.1335, −3	−1.9107, −3
0.46	−1.3563, −1	7.7697, −1	6.5965, −1	3.7242, −1	1.6381, −1	5.4743, −2	1.0025, −2	−3.6531, −3	−4.8441, −3	−3.2263, −3	−1.6021, −3
0.48	−1.4566, −1	8.2454, −1	7.3456, −1	3.5610, −1	1.4191, −1	3.8697, −2	−4.1007, −3	−6.6184, −3	−5.4560, −3	−2.9123, −3	−1.1672, −3
0.50	−1.5119, −1	8.7676, −1	7.3424, −1	3.3825, −1	1.2008, −1	2.3874, −2	−5.4212, −3	−8.6539, −3	−5.0648, −3	−2.3428, −3	−7.0109, −4

表 13 $\underline{\widetilde{F}}^{(0)}_{-\nu,1}(\tau)=h(\tau)T^{-\nu}(\tau)\rightarrow 1/2h(\tau)T^{-\nu}(\tau)\cos\left(\nu\omega+\mu+\frac{\pi}{4}\right)$

τ	$\underline{\widetilde{F}}^{(o)}_{-1/2,1}(\tau)$	$\underline{\widetilde{F}}^{(o)}_{-3/2,1}(\tau)$	$\underline{\widetilde{F}}^{(o)}_{-5/2,1}(\tau)$	$\underline{\widetilde{F}}^{(o)}_{-7/2,1}(\tau)$	$\underline{\widetilde{F}}^{(o)}_{-9/2,1}(\tau)$	$\underline{\widetilde{F}}^{(o)}_{-11/2,1}(\tau)$	$\underline{\widetilde{F}}^{(o)}_{-13/2,1}(\tau)$	$\underline{\widetilde{F}}^{(0)}_{-15/2,1}(\tau)$	$\underline{\widetilde{F}}^{(o)}_{-17/2,1}(\tau)$	$\underline{\widetilde{F}}^{(o)}_{-19/2,1}(\tau)$	$\underline{\widetilde{F}}^{(o)}_{-21/2,1}(\tau)$
0.02	1.116 9, 0	1.145 5, 0	1.174 8, 0	1.204 8, 0	1.235 7, 0	1.267 3, 0	1.299 7, 0	1.333 0, 0	1.367 1, 0	1.402 1, 0	1.437 9, 0
0.04	1.259 4, 0	1.326 3, 0	1.396 8, 0	1.471 1, 0	1.549 2, 0	1.631 6, 0	1.718 3, 0	1.809 6, 0	1.905 8, 0	2.007 1, 0	2.113 8, 0
0.06	1.437 6, 0	1.556 9, 0	1.686 2, 0	1.826 1, 0	1.977 7, 0	2.141 8, 0	2.319 6, 0	2.512 1, 0	2.720 7, 0	2.946 5, 0	3.191 0, 0
0.08	1.668 2, 0	1.861 0, 0	2.076 0, 0	2.316 0, 0	2.583 7, 0	2.882 3, 0	3.215 5, 0	3.587 1, 0	4.001 7, 0	4.464 2, 0	4.980 2, 0
0.10	1.982 0, 0	2.282 2, 0	2.627 9, 0	3.025 9, 0	3.484 2, 0	4.011 9, 0	4.619 5, 0	5.319 2, 0	6.124 8, 0	7.052 5, 0	8.120 6, 0
0.12	2.445 3, 0	2.913 5, 0	3.471 6, 0	4.136 4, 0	4.928 6, 0	5.872 6, 0	6.997 2, 0	8.337 3, 0	9.934 0, 0	1.183 7, 1	1.410 3, 1
0.14	3.245 5, 0	4.015 3, 0	4.967 6, 0	6.145 8, 0	7.603 5, 0	9.407 0, 0	1.163 8, 1	1.439 8, 1	1.781 3, 1	2.203 9, 1	2.726 6, 1
0.15	3.973 0, 0	5.017 6, 0	6.336 9, 0	8.003 1, 0	1.010 7, 1	1.276 6, 1	1.612 1, 1	2.036 0, 1	2.571 4, 1	3.247 5, 1	4.101 4, 1
0.16	5.466 1, 0	7.059 7, 0	9.118 1, 0	1.177 6, 1	1.521 0, 1	1.964 5, 1	2.537 2, 1	3.277 0, 1	4.232 4, 1	5.466 3, 1	7.060 1, 1
0.165	7.510 3, 0	9.819 6, 0	1.283 9, 1	1.678 7, 1	2.194 9, 1	2.869 8, 1	3.752 2, 1	4.906 0, 1	6.414 5, 1	8.386 9, 1	1.096 6, 2
0.17	6.662 4, 0	8.829 5, 0	1.170 1, 1	1.550 6, 1	2.054 8, 1	2.723 2, 1	3.608 9, 1	4.782 5, 1	6.338 2, 1	8.399 4, 1	1.113 1, 2
0.175	4.022 6, 0	5.387 5, 0	7.215 6, 0	9.666 9, 0	1.294 2, 1	1.733 7, 1	2.321 0, 1	3.108 0, 1	4.161 8, 1	5.573 9, 1	7.465 0, 1
0.18	3.114 3, 0	4.199 0, 0	5.658 1, 0	7.625 9, 0	1.027 6, 1	1.384 4, 1	1.864 8, 1	2.511 2, 1	3.381 2, 1	4.553 6, 1	6.125 8, 1
0.185	2.563 1, 0	3.465 5, 0	4.682 6, 0	6.322 9, 0	8.531 8, 0	1.150 4, 1	1.550 0, 1	2.086 6, 1	2.806 5, 1	3.771 4, 1	5.063 1, 1
0.19	2.169 9, 0	2.927 9, 0	3.941 9, 0	5.298 1, 0	7.110 2, 0	9.523 7, 0	1.271 8, 1	1.692 6, 1	2.247 1, 1	2.973 6, 1	3.922 9, 1
0.195	1.861 7, 0	2.575 7, 0	3.324 6, 0	4.412 9, 0	5.808 2, 0	7.644 5, 0	1.045 1, 1	1.286 0, 1	1.643 6, 1	2.073 7, 1	2.573 7, 1
0.20	1.610 3, 0	2.125 7, 0	2.899 6, 0	3.600 6, 0	4.848 3, 0	5.780 0, 0	7.105 0, 0	8.473 5, 0	9.669 7, 0	1.027 7, 1	9.551 1, 0
0.21	1.213 3, 0	1.514 0, 0	1.824 2, 0	2.087 4, 0	2.177 4, 0	1.885 4, 0	8.251 6, −1	−1.664 2, 0	−6.691 4, 0	−1.606 9, 1	−3.285 4, 1
0.22	9.042 7, −1	9.990 9, −1	9.526 3, −1	6.124 4, −1	−3.694 1, −1	−2.470 1, 0	−6.599 4, 0	−1.425 9, 1	−2.793 8, 1	−5.171 6, 1	−9.221 5, 1
0.23	6.505 0, −1	5.411 4, −1	1.191 1, −1	−9.210 6, −1	−3.117 1, 0	−7.362 6, 0	−1.535 9, 1	−2.966 3, 1	−5.474 5, 1	−9.791 0, 1	−1.660 3, 2
0.24	4.345 6, −1	1.210 6, −1	−5.745 3, −1	−2.492 4, 0	−6.092 1, 0	−1.294 2, 1	−2.551 4, 1	−4.691 9, 1	−8.734 6, 1	−1.551 5, 2	−2.702 9, 2
0.25	2.904 9, −1	−2.741 9, −1	−1.512 8, 0	−3.934 3, 0	−9.308 8, 0	−1.910 5, 1	−3.706 7, 1	−6.921 8, 1	−1.256 6, 2	−2.231 4, 2	−3.891 5, 2
0.26	7.745 7, −2	−6.522 0, −1	−2.332 5, 0	−5.826 3, 0	−1.276 6, 1	−2.587 0, 1	−4.995 1, 1	−8.820 0, 1	−1.691 4, 2	−3.005 3, 2	−5.242 0, 2
0.27	−7.533 7, −2	−1.018 0, 0	−3.161 6, 0	−7.630 6, 0	−1.645 0, 1	−3.318 8, 1	−6.400 7, 1	−1.193 7, 2	−2.167 5, 2	−3.846 3, 2	−6.690 6, 2
0.28	−2.158 6, −1	−1.373 9, 0	−4.002 6, 0	−9.286 1, 0	−2.030 6, 1	−4.097 7, 1	−7.900 8, 1	−1.472 4, 2	−2.667 4, 2	−4.713 3, 2	−8.138 8, 2
0.29	−3.467 4, −1	−1.726 2, 0	−4.856 0, 0	−1.140 8, 1	−2.440 1, 1	−4.913 1, 1	−9.452 1, 1	−1.758 7, 2	−3.169 1, 2	−5.549 9, 2	−9.452 5, 2
0.30	−4.657 8, −1	−2.073 7, 0	−5.723 7, 0	−1.338 8, 1	−2.861 0, 1	−5.754 0, 1	−1.151 6, 2	−2.042 3, 2	−3.644 1, 2	−6.284 9, 2	−1.045 9, 3
0.32	−6.981 6, −1	−2.762 1, 0	−7.498 7, 0	−1.747 8, 1	−3.725 4, 1	−7.443 9, 1	−1.410 4, 2	−2.544 6, 2	−4.368 4, 2	−7.090 7, 2	−1.072 5, 3
0.34	−9.103 2, −1	−3.450 1, 0	−9.316 9, 0	−2.166 7, 1	−4.585 0, 1	−9.016 6, 1	−1.659 1, 2	−2.849 2, 2	−4.503 8, 2	−4.707 9, 2	−7.103 8, 2
0.36	−1.114 4, 0	−4.143 3, 0	−1.116 7, 1	−2.583 3, 1	−5.387 0, 1	−1.028 7, 2	−1.795 3, 2	−2.803 7, 2	−3.675 9, 2	−3.144 5, 2	2.063 1, 2
0.38	−1.309 9, 0	−4.849 6, 0	−1.304 1, 1	−2.985 7, 1	−6.073 5, 1	−1.092 7, 2,	−1.757 2, 2	−2.248 4, 2	−1.533 2, 2	3.088 0, 2	1.760 5, 3
0.40	−1.504 2, 0	−5.563 6, 0	−1.489 6, 1	−3.352 8, 1	−6.565 1, 1	−1.105 2, 2	−1.480 0, 2	−1.045 3, 2	2.151 7, 2	1.249 0, 3	3.850 5, 3
0.42	−1.700 7, 0	−6.297 6, 0	−1.673 1, 1	−3.672 4, 1	−6.797 7, 1	−1.008 2, 2	−9.099 4, 1	2.076 4, 2	7.376 1, 2	2.436 3, 3	6.126 6, 3
0.44	−1.901 7, 0	−7.051 2, 0	−1.851 1, 1	−3.922 6, 1	−6.689 1, 1	−7.921 9, 1	−8.690 8, −1	3.570 4, 2	1.379 3, 3	3.688 7, 3	7.934 4, 3
0.46	−2.109 6, 0	−7.826 8, 0	−2.020 1, 1	−4.081 7, 1	−6.160 0, 1	−4.384 1, 1	1.236 1, 2	6.859 8, 2	2.062 1, 3	4.703 5, 3	8.383 2, 3
0.48	−2.327 2, 0	−8.626 7, 0	−2.131 7, 1	−4.126 4, 1	−5.133 8, 1	6.467 5, 0	3.550 9, 2	1.048 7, 3	2.661 2, 3	5.074 1, 3	6.390 1, 3
0.50	−2.557 5, 0	−9.526 8, 0	−2.220 6, 1	−4.032 2, 1	−3.541 7, 1	7.213 1, 1	4.608 0, 2	1.400 9, 3	3.010 5, 3	4.346 3, 3	1.165 3, 3

表 14

τ	λ	M	τ	M	τ	M
0	∞	0	0.17	1.005 7	0.28	1.385 8
0.02	2.255 4	0.100 78	0.18	1.041 2	0.29	1.420 2
0.04	1.637 6	0.205 76	0.19	1.076 3	0.30	1.454 8
0.06	1.375 1	0.315 21	0.20	1.111 1	0.32	1.524 4
0.08	1.226 7	0.429 41	0.21	1.145 7	0.34	1.595 0
0.10	1.132 2	0.548 70	0.22	1.180 2	0.36	1.666 7
0.12	1.069 7	0.673 40	0.23	1.214 5	0.38	1.739 8
0.14	1.028 3	0.803 91	0.24	1.249 8	0.40	1.814 0
0.15	1.014 1		0.25	1.283 0	0.42	1.891 0
0.16	1.004 1	0.940 62	0.26	1.317 2	0.44	1.969 8
0.165	1.001 1		0.27	1.351 5	0.46	2.051 0

（贾振学 译， 高 智、凌国灿 校）

Superaerodynamics，稀薄气体力学

钱学森[①]
（California Institute of Technology）

一、引言

Zahm 于 1934 年发表了一篇高度稀薄的气体的空气动力学文章，这是流体力学的一个分支，他把其称为 superaerodynamics[②]。但在那时，用可以利用的推进手段在非常高的高度上飞行看来是尚不能实现的。因此，superaerodynamics 被看做为一个有着学术兴趣而不是一个有实际工程重要性的学科。随着最近火箭作为推进动力机械的完善，情况有了很大的改变，飞行器能达到的高度应该是没有限制的，甚至有迹象表明远程火箭飞机的最佳飞行高度是 60 英里。在这样或更高的高度上，空气的密度是如此之低，使得必须将流体看做具有粒子结构，而不是通常流体力学中的连续介质，需要稀薄气体动力学的概念来指导这种飞行器的设计。

除了它在高空飞行的应用以外，稀薄气体动力学还应在有低密度气体参与的工业过程中有许多应用。稀薄气体动力学的知识在改善这些过程的效率上应有宝贵的帮助。如低密度气体的抽气将变得越来越重要，因为越来越常用到高真空蒸馏和其他化学工程过程。改善这种气体真空泵的设计肯定需要对低密度气体力学原理的理解。本文的目的是讨论这一流体力学新分支的基本概念并指出一些已经得到的结果。稀薄气体动力学领域相对而言是一个未开发的领域，有少数物理学家触及了一些基础，但是，需要进一步的努力来使这一流体力学分支发展成为工程设计和研究的助手。

二、平均自由程和流体力学的分区

作为一级近似，气体可以看做迅速运动的不断相互碰撞的粒子的集合，粒子的互相影响可以方便地加以忽略直到它们非常靠近发生“碰撞”。这时，气体介质的粒子性质可以通过参数 l 表达，这是粒子或分子在碰撞间走过的距离。由于气体的瞬时速度分布和密度分布远非处于均匀状态，我们只能方便地利用量的统计平均而不是量的瞬时值。距离 l 是数以百亿计的有关分子的统计平均值，这一平均值 l 称为气体的平均自由程。如果平均自由程与流场的尺度或流场中的物体尺度比较

1946 年 5 月 20 日收到。

① Daniel Guggenheim 航空实验室航空科学副教授，现为 Massachusetts Institute of Technology 的航空工程副教授。

② superaerodynamics 一词没有得到广泛的应用，稀薄气体动力学现在英文通称为 Rarefied Gas Dynamics。——译者注

为小量，则气体可以看做为连续介质而用通常的流体力学来分析这些流动就足够了。如果平均自由程与流场中的物体尺度比较是不可忽略的，那么气体间断性质的效应在计算中就要加以考虑。这样，如果 L 是物体尺度，稀薄气体动力学可以定义为比值 l/L 不可忽略的流动的流体力学。

平均自由程 l 可以从分子的平均速度、气体的密度和"分子的有效半径"计算出来，但是，没有一个直接的方法来测量分子的有效半径。因此，比较有成效的方法是将 l 表达为像气体的黏性这样的可测量的量，这很容易从以下的考虑做到。如果以宏观速度 $u(y)$ 气体沿着 x 方向流动（图1），速度梯度就是 $\partial u/\partial y$，而在下层的气体分子以平均速度 $\bar{v}$ 运动到上一层。这些分子在与其他分子碰撞失去其本身特性前将运动一段距离 l。分子出发地的层中和分子混合到的层中宏观速度的差是 $l(\partial u/\partial y)$，穿过层的单位面积分子质量正比于 $\rho\bar{v}$，这里 ρ 是流体的密度。因此，两层之间的动量交换正比于 $\rho\bar{v}l(\partial u/\partial y)$，这是黏性剪切应力。由于黏性系数定义为

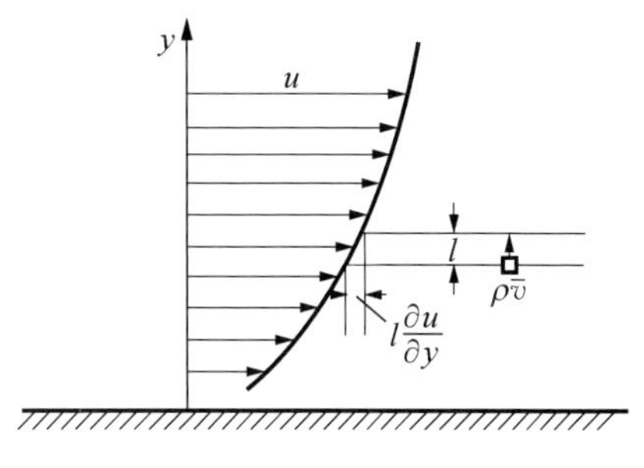

图 1　平行流中的剪切作用

$$\tau=\mu(\partial u/\partial y)$$

μ 正比于 $\rho\bar{v}l$。比例常数可以从分子动理论计算出来。最准确的计算是由 Chapman[2] 给出的，

$$\mu=0.499\rho\bar{v}l \tag{1}$$

平均速度 $\bar{v}$ 与声速 a 通过下式紧密地联系起来：

$$\bar{v}=\sqrt{\frac{8}{\pi}}\sqrt{\frac{p}{\rho}}=\sqrt{\frac{8}{\pi\gamma}}a \tag{2}$$

式中：γ 是比热比。根据方程(1)和方程(2)，平均自由程可通过运动黏性系数 $\nu=\mu/\rho$ 和声速 a 给出：

$$l=1.255\sqrt{\gamma}(\nu/a) \tag{3}$$

对于空气，以英寸为单位的量 $l(p/p_0)$ 在表 1 中给出，式中 p 和 p_0 相应为压力和标准大气压（一个大气压）。这样，对于普通的压力，平均自由程与物体尺寸比的确是可以忽略的，因而气体动力学对于空气动力学计算是足够的了。但是，在特别高的高程上，那里的压力可能

表 1　空气的平均自由程

T/℃	$l(p/p_0)$/in	T/℃	$l(p/p_0)$/in
0	2.32×10^{-6}	260	5.33×10^{-6}
20	2.55×10^{-6}	280	5.57×10^{-6}
40	2.78×10^{-6}	300	5.85×10^{-6}
60	3.00×10^{-6}	320	6.05×10^{-6}
80	3.23×10^{-6}	340	6.28×10^{-6}
100	3.46×10^{-6}	360	6.52×10^{-6}
120	3.69×10^{-6}	380	6.77×10^{-6}
140	3.92×10^{-6}	400	7.00×10^{-6}
160	4.16×10^{-6}	420	7.24×10^{-6}
180	4.40×10^{-6}	440	7.49×10^{-6}
200	4.62×10^{-6}	460	7.73×10^{-6}
220	4.85×10^{-6}	480	7.96×10^{-6}
240	5.10×10^{-6}	500	8.20×10^{-6}

p_0 = 标准大气压，即一个大气压

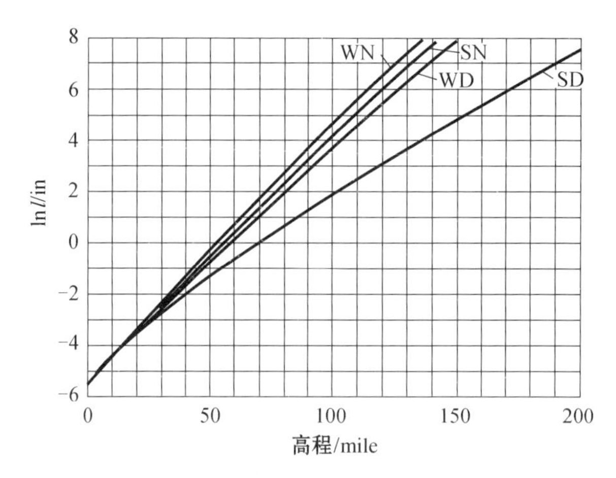

图 2　不同高程上的平均自由程

SD=夏天白天，SN=夏天黑夜，WD=冬天白天，WN=冬天黑夜(H. B. Maris)

只是地球表面处压力的 10^{-6}，平均自由程与物体尺寸是可比的。图 2 是这一事实的演示，在图上绘出 Maris[3] 计算出的不同高程的平均自由程。Maris 在假设在 80 km(50 mile)的上空，夏天白天、夏天黑夜、冬天白天和冬天黑夜空气的温度为常值并相应为 97℃，−43℃，−23℃和−53℃。可以看到，在 50 mile 高程上平均自由程近似为 1 in。那里的空气当然不是连续介质。

平均自由程 l 较小，但与物体尺度 L 或边界层厚度 δ 相比不可忽略的情况下壁面附近的流动条件最早由 J. C. Maxwell 于 1879 年进行了理论研究。发现气体不再黏附于壁面而是以一定的速度滑过表面。这一现象还为 Kundt 和 Warburg 于 1875 年进行的振动盘被低压下的气体所阻尼的实验所演示，以后的实验和理论研究完全证实这一结论。流动的这一类型可以称为滑移流动。由于有方程(3)，

$$\frac{l}{\delta}=\frac{l}{L}\frac{L}{\delta}\sim\frac{L}{\delta}\frac{\nu}{a}\frac{1}{L}\sim\frac{L}{\delta}\frac{M}{Re}\tag{4}$$

这里：M 是来流 Mach 数；Re 是物体长度为 L 的流动的 Reynolds 数。对于特别小的 Reynolds 数，$L/\delta\approx 1$，于是

$$l/\delta\approx M/Re,\quad Re\ll 1\tag{5}$$

对于大的 Reynolds 数，众所周知，$L/\delta\approx\sqrt{Re}$，因此

$$l/\delta\approx M/\sqrt{Re},\quad Re\gg 1\tag{6}$$

如果将区间 $1/100<l/\delta<1$ 视为滑移流动的恰当的区域，则在 M 和 Re 的平面里，流体力学的这一领域占据着图 3 所示的一个区域。在滑流区域下的区域属于普通气体动力学领域，壁面是通常的边界条件。

如果平均自由程比物体尺度大得多，我们就进入了一个全新的流体力学领域。这里分子间的碰撞机会大大小于与物体壁面碰撞的机会。因而，为了计算力，我们只需考察来流中具有由热平衡决定的速度和温度分布(即 Maxwell 分布)的分子流的撞击。从壁面反射的分子将为适应系数所控制，但是最大的简化来自这样的事实，即我们无须考虑反射分子与来流分子碰撞引起的 Maxwell 分布畸变。流体力学的这一领域因而可以称为自由分子流。

如果我们取自由分子流 l/L 的极限比值为 10，那么流体力学的这一领域在 M 和 Re 的平面里占据由下面的不等式给出的区域：

$$l/L \sim M/Re > 10$$

这在图 3 中示出。在自由分子流和滑移流动间的区域是流体力学这样的一个领域，其中分子间的碰撞和分子与壁面的碰撞同样重要。问题是极度复杂化的，现在还不能给出满意的理论解。但是，可以肯定的是，就流体力学来说，特征参数还是气体力学里面所用的 Mach 数 M 和 Reynolds 数 Re。

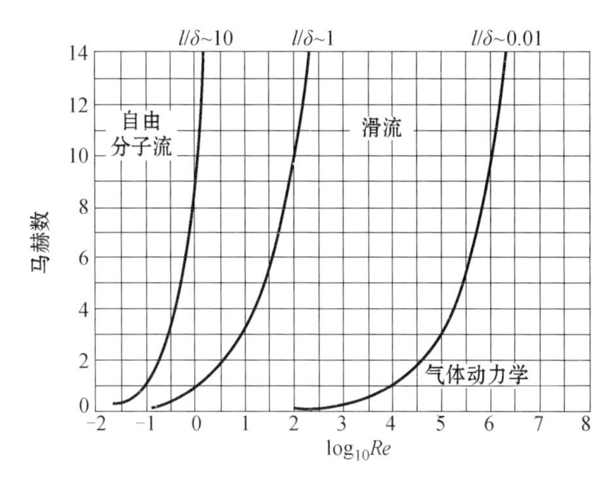

图 3　流体力学的分区

三、滑移流动中的应力和边界条件

控制流体流动的基本方程是连续性方程，动力学方程和能量方程。如果 u_1, u_2, u_3 是 x_1, x_2, x_3 方向的速度分量，而 p, ρ, T 是气体的压力、密度和温度，则这些方程①

$$(\partial\rho/\partial t) + (\partial\rho u_i/\partial x_i) = 0 \tag{7}$$

$$\rho\frac{\partial u_i}{\partial t} + \rho u_j\frac{\partial u_i}{\partial x_j} = -\frac{\partial p}{\partial x_i} - \frac{\partial\tau_{ij}}{\partial x_j} \tag{8}$$

$$\left(\rho\frac{\partial}{\partial t} + \rho u_i\frac{\partial}{\partial x_i}\right)\left(\frac{u_iu_i}{2} + c_pT\right) = \frac{\partial p}{\partial t} - \frac{\partial q_i}{\partial x_i} - \frac{\partial}{\partial x_i}(T_{ij}u_j) \tag{9}$$

在这些方程中，τ 是应力张量的分量；q 是热流的分量；而 c_p 是质量定压热容。

对于通常压力下的气体，应力是黏性系数和速度分量一阶导数的线性组合之乘积。热流分量是热导率和温度梯度分量之乘积。

这些应力和热流与流动量的关系式为 Maxwell，Boltzmann，Chapman，D. Enskog 及其他人发展的非均匀气体的动理论所证实。在这一理论中，速度空间中有关分子在一定区域的几率的分布函数起着基本作用。

如果在宏观意义上，气体处于静止并有常温，几率函数是熟知的 Maxwell 分布。在非均匀气体中这一 Maxwell 分布的一阶修正给出实验观测到的普通黏性应力和热传导热流。

① 这里运用了求和约定，比如，$\frac{\partial u_k}{\partial x_k} = \frac{\partial u_1}{\partial x_1} + \frac{\partial u_2}{\partial x_2} + \frac{\partial u_3}{\partial x_3}$。

但是，理论还给出了 Maxwell 分布的二阶修正，引进对于应力和热流的高度复杂的附加项。这些在常压气体可以忽略的附加项对于稀薄气体是重要的。事实上，它们形成了对于许多实验得到的现象解释的基础，如对于辐射计原理的解释。

Burnett[4]的研究给出热流和应力的以下形式：

$$q_i=-\lambda\frac{T}{\partial x_i}+\theta_1\frac{\mu^2}{\rho T}\frac{\partial u_j}{\partial x_j}\frac{\partial T}{\partial x_i}+\theta_2\frac{\mu^2}{\rho T}\left[\frac{2}{3}\frac{\partial}{\partial x_i}\left(T\frac{\partial u_j}{\partial x_j}\right)+2\frac{\partial u_j}{\partial x_i}\frac{\partial T}{\partial x_j}\right]+\left(\theta_3\frac{\mu^2}{\rho p}\frac{\partial p}{\partial x_j}+\theta_4\frac{\mu^2}{\rho}\frac{\partial}{\partial x_j}+\theta_5\frac{\mu^2}{\rho T}\frac{\partial T}{\partial x_j}\right)e_{ji} \tag{10}$$

$$\tau_{ij}=-2\mu e_{ij}+K_1\frac{\mu^2}{p}\frac{\partial u_k}{\partial x_k}e_{ij}+K_2\frac{\mu^2}{p}\left[-\overline{\frac{\partial}{\partial x_i}\left(\frac{1}{\rho}\frac{\partial p}{\partial x_j}\right)}-\overline{\frac{\partial u_k}{\partial x_i}\frac{\partial u_j}{\partial x_k}}-2\overline{e_{ik}\frac{\partial u_j}{\partial x_k}}\right]+K_3\frac{\mu^2}{\rho T}\overline{\frac{\partial^2 T}{\partial x_i\partial x_j}}+K_4\frac{\mu^2}{\rho p T}\overline{\frac{\partial p}{\partial x_i}\frac{\partial T}{\partial x_j}}+K_5\frac{\mu^2}{\rho T^2}\overline{\frac{\partial T}{\partial x_i}\frac{\partial T}{\partial x_j}}+K_6\frac{\mu^2}{p}\overline{e_{ik}e_{kj}} \tag{11}$$

在这些方程中 λ 是热导率而 μ 是黏性系数。方程的一阶项是通常的热流和黏性应力。θ_1，θ_2，θ_3，θ_4，θ_5 和 K_1，K_2，K_3，K_4，K_5 是纯数。此外，

$$e_{ij}=\frac{1}{2}\left(\frac{\partial u_i}{\partial x_j}+\frac{\partial u_j}{\partial x_i}\right)-\frac{1}{3}\frac{\partial u_k}{\partial x_k}\delta_{ij} \tag{12}$$

式中：$\delta_{ij}=1$，如果 $i=j$；而 $\delta_{ij}=0$，如果 $i\neq j$。任何一个张量 A_{ij}，若其上有一横杠，有如下意义：

$$\overline{A_{ij}}=\frac{1}{2}(A_{ij}+A_{ji})-\frac{1}{3}A_{kk}\delta_{ij} \tag{13}$$

θ 和 K 的近似值为

$$\theta_1=\frac{15}{4}\left(\frac{7}{2}-\frac{T}{\mu}\frac{\mathrm{d}\mu}{\mathrm{d}T}\right),\ \theta_2=\frac{45}{8},\ \theta_3=-3,\ \theta_4=3,\ \theta_5=\frac{3}{2}\left(5-\frac{T}{\mu}\frac{\mathrm{d}\mu}{\mathrm{d}T}\right) \tag{14}$$

$$K_1=\frac{4}{3}\left(\frac{7}{2}-\frac{T}{\mu}\frac{\mathrm{d}\mu}{\mathrm{d}T}\right),\ K_2=2,\ K_3=3,\ K_4=0,\ K_5=\frac{3T}{\mu}\frac{\mathrm{d}\mu}{\mathrm{d}T},\ K_6=8 \tag{15}$$

K 的较精确的值由 Burnett[4]对于刚弹性球分子给出。它们与方程(15)给出的差别很小。

从对于方程(10)和方程(11)的考察可以立刻看出热流和应力的附加项只有在稀薄气体中才是重要的。作为一个例子，现在估算一下这些方程中二阶项与一阶项之比的大小。令 U 为自由流速，ρ_0 与 T_0 为来流的密度和温度，c_p 为比定压热容。对于气体，Prandtl 数 $c_p\mu/\lambda$ 很少是 1。这时这些比值有如下给出的相同的量级：

$$\frac{U}{L}\frac{\mu}{\rho_0 c_p T_0}=\frac{\mu}{\rho_0 UL}\frac{U^2}{c_p T_0}=(\gamma-1)\frac{M^2}{Re}$$

式中：M 是 Mach 数；Re 是 Reynolds 数。根据方程(4)，附加的热流和应力项与通常的热流和应力项之比是 $M(l/L)$。就是说，附加项只有在 Mach 数与平均自由程与物体尺寸相比的乘积为大数时才是重要的。因此，对于具有小平均自由程的气体动力学流动，通常的热传导项和黏性应力项就足够了。这对于滑移流动也是对的，如果 Mach 数是小数的话。对于大 Mach 数的滑移流动，通常的 Navier-Stokes 方程不再是物理关系的正确描述，一定要用方程(10)和(11)给出的热流 q_i 和应力 τ_{ij} 的复杂形式。

附加的热流 q_i 和应力项 τ_{ij} 比起一阶来有较高阶的导数，它们将提高由方程(7)、(8)和(9)

给出的偏微分方程的阶。因而，为解这些方程我们需要比普通气体动力学条件下更多的边界条件。事实上，对大 Mach 数下的滑移流动，这些附加项需要合适边界条件时的问题尚未得到回答，这是稀薄气体动力学中的基本问题之一。边界条件的理论研究当然要基于气体动力学的观点。看来可取的是，与这样的理论研究平行地也得到式(10)和(11)的正确性的实验证实。一个可能的实验是观察一个静止与一个旋转的同心圆柱间的稀薄气体流动。如果圆柱间隙比圆柱长度小很多，流动将是二维的，径向距离将是唯一的参数。物理状态是最简单的并可以对之进行详细的考查。实际上，Millikan[5] 和他的同事们已经进行了相对低速度下的同类型实验。为得到高的流动速度所必需的相对高的速度当然会引进一些技术上的困难，但并非不能克服。

上节中所讨论的气体动理论的结果是基于分子只有内平动能的简单分子的假设，一般地说，气体分子有 3 个内能：平动能、转动能和振动能。当气体处于平衡时，总能量在三者之间的分布只由相关的气体分子性质所决定。如果这一平衡因外界条件的突然改变而破坏，例如膨胀，那么，新的平衡将因新条件下气体分子的无数碰撞而实现，但是，通过超声波弥散等方法，人们知道，振动能达到平衡的过程是一个缓慢过程。换句话说，要想很好地激发振动自由度能量需要很大数量的碰撞。由于分子的平均速度是 $\bar{v}$，分子单位时间所经过的距离是 $\bar{v}\,l$，故分子单位时间所经历的碰撞数是 $\bar{v}/l$。因此，为激发振动能所需的时间 t，通常称为松弛时间，在一定温度下正比于平均自由程。换句话说，松弛时间与气体的压力成反比。对于一些典型气体 t 的测量值列于表 2[6]。因而，在十分低的压力下，松弛时间可能是 1 秒的量级。如果这与高的流速组合在一起，气体在振动自由度被激发前已经流过物体。所以在低密度气体流动中，气体的振动能可以认为被固定在“自由来流之值”。气体分子实效自由度数目的减少趋向于提高比热比 γ 之值。幸运的是，对于常温下的空气平衡振动能很小，因而振动能的冻结将不会对 γ 之值有大的影响，但是，在较高温度下对于其他多原子分子这一效应可能是可观的。

表 2　一个大气压下激发振动能的松弛时间 t[6]

纯 CO_2		O_2	
T/℃	$t\times10^6$/s	T/℃	$t\times10^6$/s
19.2	10.8	40.7	4.4
47.1	10.6	49.7	2.9
58.1	8.1	77.9	4.0
88.7	7.9	100.2	3.6
		138.0	3.1
		140.6	3.7
		141.4	3.3

四、小 Mach 数下滑移流动的边界条件

如在前一节中得到的结论，在小 Mach 数下滑移流动可以利用 Navier-Stokes 方程进行计算，Maxwell 对于这种流动的适当边界条件首先进行了研究。Millikan[5] 将 Maxwell 的考虑进行了简化。Epstein[7] 给出了利用 Bolzmann 的 H 定理，对这一问题作出了更详尽的理论结

果。这些研究结果表明，如果 Mach 数小，则在 $y=0$ 处，沿壁面的速度 u，速度的法向梯度 $\partial u/\partial y$ 和沿壁面的温度梯度 $\partial T/\partial x$ 由如下的关系式表达[8]：

$$u=\frac{\mu}{\beta}\frac{\partial u}{\partial y}+\frac{3}{4}\frac{\mu}{\rho T}\frac{\partial T}{\partial x} \tag{16}$$

式中：β 是滑动系数或外摩擦系数，而 μ 是黏性系数。方程(16)中的第二项是由温度梯度而产生的并称为蠕动速度。μ 和 β 的比由下式给出：

$$\frac{\mu}{\beta}=0.998[(2/f)-1]l \tag{17}$$

f 是传向壁面的入射分子的切向动量分数。Maxwell 自己这样解释分数值 f：f 份额为漫反射而其余分额为镜面反射。Millikan[5]给出的 f 值列于表 3。从方程(17)看出，如果 l 与速度梯度的尺度或者边界层的厚度 δ 相比是小量，则 β 是大量，壁面速度 u 是小量。这就是为什么在气体动力学中一般在壁面提及 $u=0$ 的边界条件。如果 l/δ 不是可以忽略的，则气体在壁面有滑移。

表 3 f 之值[5]

	f
加工过的铜或旧的虫胶表面上的空气或 CO_2	1.00
汞表面上的空气	1.00
石油表面上的空气	0.895
石油表面上的 CO_2	0.92
石油表面上的氢	0.925
玻璃表面上的空气	0.89
石油表面上的氦	0.874
新鲜虫胶表面上的空气	0.79

表 3 表明 f 之值十分接近于 1。因而，在碰到壁面后分子有一个很强的趋势进行漫反射。在分子尺度的情况下，固体表面甚至在宏观意义上是高度磨光了的时候，应该是十分粗糙的，这时我们不能预期分子向任何一个方向均匀反射。这样，可能趋向漫反射是可以预期的。而且，对于分子与固体表面碰撞的更详细的研究看来表明分子在表面暂时被吸收。气体分子和表面材料分子的组合的结构以由组合结构“存活时间”决定的一定平均的速率分解开来。这样解放出来的分子从表面反射出来。经过这样的过程，从表面反射的分子就抹掉了它们的所有以前的历史。特别是，反射分子的方向完全不依赖入射的方向。换句话说，分子进行漫反射。

与这一速度的间断相似，在壁面有 Smoluchowski 于 1898 年发现的温度间断。即

$$\kappa(T-T_w)=\lambda(\partial T/\partial y),\quad y=0 \tag{18}$$

式中：T 是气体温度；T_w 是壁面温度；κ 是温度间断系数。这一系数可以用与 Maxwell[9]类似的想法，以平均自由程来表达。结果为

$$\frac{1}{\kappa}=1.996\left(\frac{2-\alpha}{\alpha}\right)\frac{\gamma}{\gamma+1}\frac{1}{\mu C_p}l \tag{19}$$

式中：α 是 Knudsen[10]引入的适应系数。α 可以定义为打到壁面上并从它反射的那些分子的这样的份数，它们把它们的平均能量调节到或“适应”到好像反射的分子是从温度为壁面温度的气体流动中发射出来的那样。入射分子的向壁面条件的这种适应，当然可以从上面提到的分子在壁面被暂时吸收所预期。这样，如果 E_i 是每秒被带到壁面单位面积的能量，而 E_r 是反射分子所带走的能量，E_w 是如果气体具有壁面温度所带走的能量，则

$$E_i - E_r = \alpha(E_i - E_w) \tag{20}$$

严格地讲，α 对于分子的不同的 3 种能量，平动、转动和振动能是不同的。但是，实验证据似乎表明一个系数一般就够用了。关于 α 的较老一些的实验值在许多气体动理论的书中给出[11]。Wiedmann[12]最近确定了金属表面上空气的 α 之值，结果在表 4 中给出。Wiedmann 得出结论：适应系数之值不依赖金属技术表面的性质。这又一次支持关于表面碰撞的微观性质的概念。

表 4 空气的适应系数 α[12]

	适应系数	
表面描述	最小值	最大值
铜表面上的平面黑漆	0.881	0.894
铜，磨光的	0.91	0.94
铜，加工过的	0.89	0.93
铜，侵蚀过的	0.93	0.95
铸铁，磨光的	0.87	0.93
铸铁，加工过的	0.87	0.88
铸铁，侵蚀过的	0.89	0.96
铝，加工过的	0.87	0.95
铝，侵蚀过的	0.95	0.97
铝，侵蚀过的	(0.89)	(0.97)

五、小 Mach 数下的滑移流动

如果 Mach 数十分小，气体的可缩性可以忽略，则流体可以处理为不可缩的。为使平均自由程与物体大小相仿佛，Reynolds 数也要小。流动可以用众所周知的 Stokes[13]方法计算，他忽略了与黏性项和压力项相比为小的惯性项。半径为 R 速度为 U 的在黏性和滑移摩擦系数 β 的流体中运动的小球的阻力由 Basset[14]给出。如果阻力系数 C_D 定义为阻力除以 $(\rho/2)U^2\pi R^2$，则

$$C_D = \frac{12}{Re}\left\{\frac{1+2[\mu/(\beta R)]}{1+3[\mu/(\beta R)]}\right\} \tag{21}$$

式中：Re 是 Reynolds 数 UR/ν。由方程(3)和方程(17)得

$$\frac{\mu}{\beta R} = 0.998\left(\frac{2}{f}-1\right)\frac{l}{R} = 1.253\sqrt{\gamma}\left(\frac{2}{f}-1\right)\frac{M}{Re} \tag{22}$$

因此，方程(21)可以重写为

$$C_D = \frac{12}{Re}\left\{\frac{1 + 2.506\sqrt{\gamma}[(2/f) - 1](M/Re)}{1 + 3.759\sqrt{\gamma}[(2/f) - 1](M/Re)}\right\}(\text{球}) \tag{23}$$

图 4 表示阻力作为 M 数和 Re 数的函数，$\gamma = 1.405$，而 $f = 1$。可以看到由于滑移现象会产生相当大的阻力减小。它还引入大的 Mach 数效应，虽然这不是通常意义上的可压缩效应。

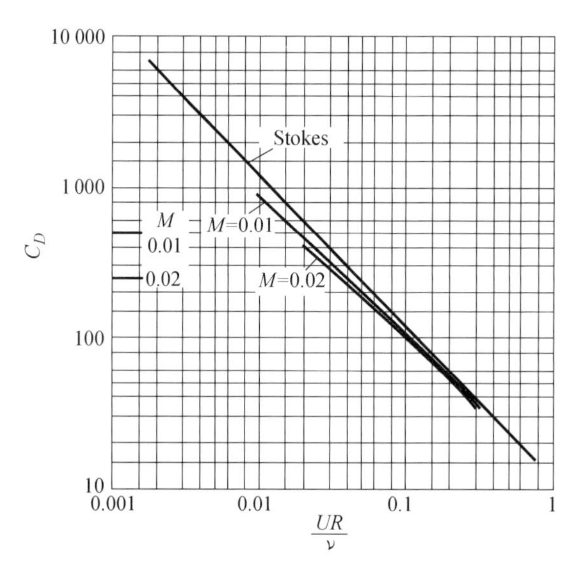

图 4　半径为 R 的球的阻力系数 C_D 作为 Mach 数和 Reynolds 数的函数，$f = 1, \gamma = 1.405$

圆柱的均匀二维运动的类似的情况，可以通过稍微改变 Lamb[15] 解而得到。如果阻力系数定义为单位长度的阻力除以 $(\rho/2)U^2(2R)$，其中 R 是圆柱的半径，则

$$C_D = \frac{4\pi}{Re}\left[\ln\frac{4}{Re} - 1.28107 + 1.253\sqrt{\gamma}\left(\frac{2}{f} - 1\right)\frac{M}{Re}\right](\text{圆柱}) \tag{24}$$

式中：Re 是 Reynolds 数 UR/ν。计算的结果还是通过 M 和 Re 在图 5 中绘出。由于滑流引起的阻力的减小仍然是明显的。

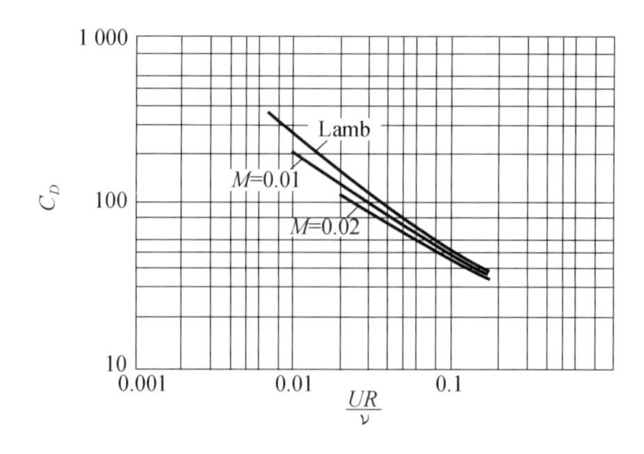

图 5　半径为 R 的圆柱的阻力系数作为 Mach 数 M 和 Reynolds 数 Re 数的函数。$f = 1, \gamma = 1.405$

对于通过半径为 R 的圆管的完全定常的层流流动，速度 u 作为距管道轴线的径向距离的函数由下式决定：

$$\frac{1}{\mu}\frac{\mathrm{d}p}{\mathrm{d}x}=\frac{1}{r}\frac{\mathrm{d}}{\mathrm{d}r}\left(r\frac{\mathrm{d}u}{\mathrm{d}r}\right) \tag{25}$$

沿管道的压力梯度是常数。因此，方程(25)给出

$$\mathrm{d}u/\mathrm{d}r=[1/(2\mu)](\mathrm{d}p/\mathrm{d}x)r \tag{26}$$

和

$$u=[1/(4\mu)](\mathrm{d}p/\mathrm{d}x)r^2+u_0 \tag{27}$$

式中：u_0 是管中心处的速度。边界条件

$$\beta u_{r=R}=-\mu(\mathrm{d}u/\mathrm{d}r)_{r=R}$$

这时给出

$$-\mathrm{d}p/\mathrm{d}x=(4\mu/R^2)/[1+2\mu/(\beta R)]u_0 \tag{28}$$

平均速度 U 和最大速度 u_0 的关系可以通过积分方程(27)容易地得到。这样

$$u_0=U\{[1+2\mu/(\beta R)]/[1/2+2\mu/(\beta R)]\} \tag{29}$$

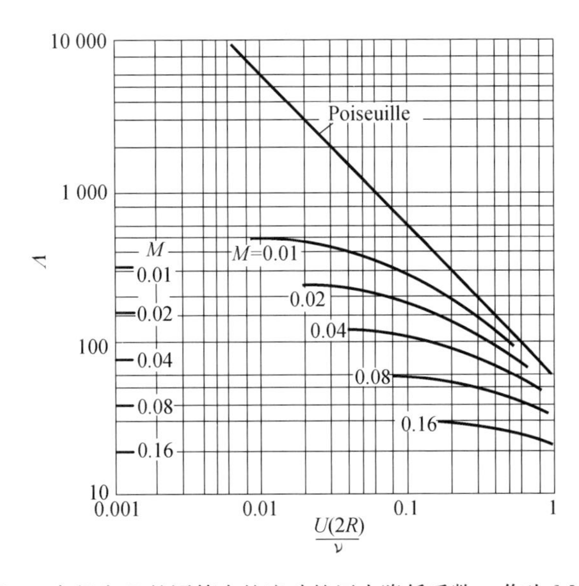

图 6 半径为 R 的圆管中的流动的压力降低系数 Λ 作为 Mach 数 M 和 Reynolds 数 Re 数的函数。$f=1,\gamma=1.405$

当平均自由程与半径之比增加时，$\mu/(\beta R)$ 之值根据方程(22)将增加。方程(29)表明平均速度 U 将接近最大速度 u_0。换句话说，整个管道上的速度分布变得更加均匀。这一点当然可以从壁面上的"滑移"所预期。

如果将压力降低系数 Λ 定义为

$$\Lambda=[4R/(\rho U^2)](-\mathrm{d}p/\mathrm{d}x) \tag{30}$$

方程(19)和方程(20)立刻给出

$$\Lambda=\frac{64}{Re}\frac{1}{1+10.024\sqrt{\gamma}[(2/f)-1](M/Re)} \tag{31}$$

式中：Re 是基于直径的 Reynolds 数 $U(2R)/\nu$。这里滑流的作用还是降低阻力系数。对于非

常小的平均自由程,第二部分的值为 1,方程简化为 Poiseuille 流动的众所周知的公式。图 6 是 Λ 作为 M 和 Re 的函数的图,仍设 $f=1$,$\gamma=1.405$。Knudsen[16,17],Gaede[18]和 Ebert[19,20]做了管道中滑流流动的实验。方程(31)的正确性得到完全的证实。事实上,它可以用来决定反射系数 f 之值。

六、小 Mach 数下的自由分子流

低速下的自由分子流流动在两种情况下进行了研究,圆球绕流和管中的流动。Epstein[7]所作的计算表明,阻力系数 C_D 可以表达为

$$C_D = 8/3\sqrt{8/(\pi\gamma)}\,C(1/M) \tag{32}$$

式中:C 是常数。Epstein 对于分子漫反射确定不导热的球的 C 为 1.442,而对于完全导热的球为 1.393。Millikan[21]得到空气中荷电的油滴的 C 的实验值为 1.365。较低的实验值可以通过分子在表面有小的镜面反射的倾向来解释。利用 $C=1.393$ 和 $\gamma=1.405$,阻力系数在图 4 中对于小 Reynolds 数给出。在这领域中 C_D 不依赖 Re。图 4 表明在滑流和自由分子流之间的过渡领域,阻力系数实际上随着 Reynolds 数的减小而降低。

通过圆管的自由分子流首先为 Knudsen[16]和 Smoluchowski[22]所研究。这里气体的宏观速度在整个管道截面上是常数,这可以从本情况下的大的滑流所预期。压力降低可以表达为由方程(30)所定义的压降系数

$$\Lambda = [3\sqrt{\pi}/(\sqrt{2}\gamma)](f/2-f)(1/M) \tag{33}$$

式中:f 是以前定义的漫反射的部分。假设 $f=1$,及 $\gamma=1.405$,Λ 之值从方程(33)计算出来。它们在图 6 的左侧标出。看起来与球的阻力系数相似,在从滑流到自由分子流的过渡领域 Λ 实际上随着 Reynolds 数的降低而降低。

在方程(32)和方程(33)中没有 Reynolds 数的出现,简单地意味着平均自由程不进入这一类流动之中,因为物体与它相比是太小了。这样,对与气体动力学流动和自由分子流,黏性或者 Reynolds 数是一个次要的效应。主要效应由 Mach 数给出。在滑流领域中,Reynolds 数和 Mach 数两者具有相同的重要性。

七、大 Mach 数下的自由分子流

Epstein 和 Smoluchowski 在他们对自由分子流的研究假设宏观运动的速度与微观分子相比是小量。这当然意味着流动的 Mach 数比 1 要小得多。对于大的 Mach 数这一局限应该取消。计算应该是简单的,因为物理情况的本质上的简单性。Sänger[23,24]求解了这一问题,但是他的计算[23]是相当复杂的。我们相信对于基本公式的简单一点的推导将对于理解他的结果有帮助,作者将试图遵循 Epstein 处理自由分子流的一般方法[7],重新得到他的结果。

如果 ξ',η',ζ' 是在其中气体的宏观速度为零的坐标系中 x',y',z' 方向的分子速度的分量,那么由于速度分布不为向物体的入射所改变,因为自由来流中的分子与从物体表面上反射回来的分子没有碰撞,Maxwell 分布为

$$N_{\xi'\eta'\zeta'} = N(h/\pi)^{3/2}\mathrm{e}^{-h(\xi'^2+\eta'^2+\zeta'^2)} \tag{34}$$

$N_{\xi'\eta'\zeta'}$ 是单位体积中分子在 ξ' 到 $\xi'+\mathrm{d}\xi'$,η' 到 $\mathrm{d}\eta'$,ζ' 到 $\mathrm{d}\zeta'$ 的速度区间的除以 $\mathrm{d}\xi'\mathrm{d}\eta'\mathrm{d}\zeta'$ 的分子数。N 是单位体积分子的总数。h 与来流中的最可几速度 c_i 有如下关系:

$$h = 1/c_i^2 \tag{35}$$

式中：$c_i^2 = 2RT = 2(p/\rho)$。

现在，如果一个观察家以在 x', y', z' 方向上的速度 e_1U, e_2U, e_3U 运动，那么在观察家为静止的相对坐标系 x, y, z 中，分子在 x, y, z 方向的速度为

$$\left.\begin{aligned} \xi &= \xi' - e_1U \\ \eta &= \eta' - e_2U \\ \zeta &= \zeta' - e_3U \end{aligned}\right\} \tag{36}$$

因此，在新的坐标系中，分子具有速度分量在 ξ, η, ζ 和 $\xi + d\xi, \eta + d\eta, \zeta + d\zeta$ 之间的数目为

$$N_{\xi\eta\zeta} d\xi d\eta d\zeta = N\left(\frac{h}{\eta}\right)^{3/2} e^{-h[(\xi+e_1U)^2+(\eta+e_2U)^2+(\zeta+e_3U)^2]} \tag{37}$$

假设有一个法向为 x 的表面 dS。在一秒钟内，具有速度分量在 ξ, η, ζ 和 $\xi + d\xi, \eta + d\eta, \zeta + d\zeta$ 之间并打到表面 dS 的分子将在给定时间包含在以 dS 为底而在 ξ, η, ζ 方向长度为 $\sqrt{\xi^2 + \eta^2 + \zeta^2}$ 的柱体内。柱体的体积为底 dS 的面积乘以其高度 $-\xi$。这种分子的数目于是为 $N_{\xi\eta\zeta} d\xi d\eta d\zeta(-\xi) dS$。将要打到以 x 轴为法向的单位面积速度分量在 ξ, η, ζ 和 $\xi + d\xi, \eta + d\eta, \zeta + d\zeta$ 之间的分子数于是等于 $-\xi N_{\xi\eta\zeta} d\xi d\eta d\zeta$。

为了得到打到这一单位面积的分子的总数 n，我们要从 $\xi = -\infty, \eta = -\infty, \zeta = -\infty$ 到 $\xi = 0, \eta = \infty, \zeta = \infty$ 积分 $-\xi N_{\xi\eta\zeta} d\xi d\eta d\zeta$。$\xi$ 的上限是很好理解的，因为没有在 x 方向速度为正的分子会打到这个面积上。因而

$$n = -N\left(\frac{h}{\pi}\right)^{3/2} \int_{-\infty}^{0} d\xi \int_{-\infty}^{\infty} d\eta \int_{-\infty}^{\infty} \zeta e^{-h[(\xi+e_1U)^2+(\eta+e_2U)^2+(\zeta+e_3U)^2]} d\zeta \tag{38}$$

积分很容易积出来，结果是

$$n = N\left\{\frac{1}{2\sqrt{\pi h}} e^{-h(e_1U)^2} + \frac{e_1U}{2}\left[1 + \operatorname{erf}(e_1U\sqrt{h})\right]\right\} \tag{39}$$

其中：$\operatorname{erf}(t)$ 是如下定义的误差函数[25]：

$$\operatorname{erf}(t) = \frac{2}{\sqrt{\pi}} \int_0^t e^{-s^2} ds \tag{40}$$

如果我们所讨论的面积处的速度 U 与 y 轴成 θ 角并处于 x, y 平面中（图 7），则

$$e_1 = \sin\theta, \quad e_2 = \cos\theta, \quad e_3 = 0 \tag{41}$$

所以，每秒打到与具有速度 U 的来流成 θ 角的平面的单位面积上的分子数

$$n = N\left\{\frac{1}{2\sqrt{\pi h}} e^{-h(U^2)\sin^2\theta} + \frac{U\sin\theta}{2}\left[1 + \operatorname{erf}(U\sqrt{h}\sin\theta)\right]\right\}$$

将上式乘以分子的质量，来流每秒打到平板单位面积上的质量

$$m_i = \rho \frac{c_i}{2\sqrt{\pi}}\left\{e^{-(U^2/c_i^2)\sin^2\theta} + \sqrt{\pi}\frac{U}{c_i}\sin\theta\left[1 + \operatorname{erf}\left(\frac{U}{c_i}\sin\theta\right)\right]\right\} \tag{42}$$

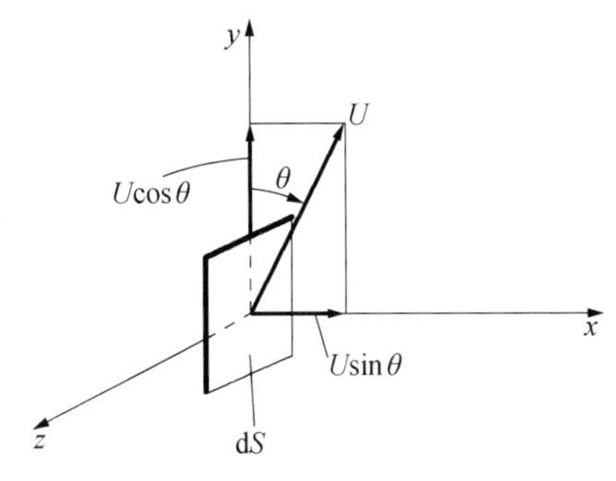

图 7　计算自由分子流的坐标系

分子在与轴的方向余弦为 e_1', e_2', e_3' 的方向上的速度分量是 $e_1'\xi + e_2'\eta + e_3'\zeta$。如果这一分

子在打到表面后被它吸收，则相应的动量将传递给表面。对于上面考虑过的以 x 轴为法线的表面，单位时间单位面积的总动量

$$M_{e_1',e_2',e_3'} = -\rho\left(\frac{h}{\pi}\right)^{3/2}\int_{-\infty}^{0}\mathrm{d}\xi\int_{-\infty}^{\infty}\mathrm{d}\eta\int_{-\infty}^{\infty}\xi(e_1'\xi+e_2'\eta+e_3'\zeta)\mathrm{e}^{-h[(\xi+e_1U)^2+(\eta+e_2U)^2+(\zeta e_3U)^2]}\mathrm{d}\zeta \quad (43)$$

积分的结果为

$$M_{e_1',e_2',e_3'} = -\frac{\rho}{2}U^2\left\{\frac{1}{\sqrt{\pi h}U}(e_1e_1'+e_2e_2'+e_3e_3')\mathrm{e}^{-h(e_1U)^2}+\left[\frac{e_1'}{2hU^2}+e_1(e_1e_1'+e_2e_2'+e_3e_3')\right][1+\mathrm{erf}(U\sqrt{h}e_1)]\right\} \quad (44)$$

为了计算一个分子打到一个与速度为 U 来流成 θ 角的平面上产生的压力 p_i，

$$\left.\begin{aligned} e_1 &= \sin\theta, & e_1' &= -1 \\ e_2 &= \cos\theta, & e_2' &= 0 \\ e_3 &= 0, & e_3' &= 0 \end{aligned}\right\} \quad (45)$$

将方程(45)代入方程(43)，撞击压力 p_i 由下式计算出来：

$$\frac{p_i}{\frac{1}{2}\rho U^2} = \sin\theta\frac{c_i}{U}\mathrm{e}^{-(U^2/c_i^2)\sin^2\theta}+\left(\frac{1}{2}\frac{c_i^2}{U^2}+\sin^2\theta\right)\left[1+\mathrm{erf}\left(\frac{U}{c_i}\sin\theta\right)\right] \quad (46)$$

方程(46)对于两个极限情况 $U=0$ 和 $U\geqslant c_i$ 简化为特别简单的形式。当 $U=0$ 时，撞击压力

$$p_i = \frac{1}{4}\rho c_i^2$$

这是用气体动理论计算出来的作用在表面上的压力的一半，而另一半是分子反射的结果。对于 $U\geqslant c_i$，而 $\theta=90^\circ$ 时，撞击压力

$$p_i = \rho\left(\frac{1}{2}c_i^2+U^2\right)$$

这除了一个 2 的因子外与 Zahm[1] 的结果可以互相验证，而这一因子是因为这里只计算了来流的分子的压力而不是总压力。Zahm 通过简单地假设 $U\geqslant c_i$ 而且所有的分子都具有相同的速度 c_i，但在它们的运动方向上是随机分布的，而得到了这一结果。当然，这后一假设是过于简化了。不过，如果 $U\geqslant c_i$，则分子速度的散布相对就不那么重要。于是本文的较准确的计算应给出 Zahm 相同的正确结果。

为了计算由于分子入射到平板产生的剪切应力 τ_i，方向余弦为

$$\left.\begin{aligned} e_1 &= \sin\theta, & e_1' &= 0 \\ e_2 &= \cos\theta, & e_2' &= -1 \\ e_3 &= 0, & e_3' &= 0 \end{aligned}\right\} \quad (47)$$

将方程(47)代入方程(43)得

$$\frac{\tau_i}{\frac{1}{2}\rho U^2} = \cos\theta\frac{c_i}{U}\mathrm{e}^{-(U^2/c_i^2)\sin\theta}+\sin\theta\cos\theta\left[1+\mathrm{erf}\left(\frac{U}{c_i}\sin\theta\right)\right] \quad (48)$$

如果分子从表面镜面放射，则与表面成法向的入射分子的运动在反射时简单地反转方向，而切向速度保持不变。那么很容易看到由于反射产生的压力是 $p_r=p_i$，而由于反射产生的剪

切应力是 $\tau_r = -\tau_i$。另一方面，如果分子作漫反射，$\tau_r = 0$，因为没有一个优势的方向存在。为了计算由于漫反射产生的压力 p_r，我们注意到根据气体分子动理论

$$p_r = (\text{单位时间单位面积发射出的质量})(\sqrt{\pi}/2)c_r \tag{49}$$

式中：c_r 是分子与反射气体中的温度 T_r 处于热平衡时的最可几速度。于是

$$c_r^2 = 2RT_r \tag{50}$$

但是反射的质量必须与施加到表面上的质量 m_t 如方程(40)给出的相同。因而，

$$\frac{p_r}{\frac{1}{2}\rho U^2} = \frac{\sqrt{\pi}}{2}\frac{c_i}{U}\frac{c_r}{U}\frac{e^{-(U^2/c_i^2)\sin^2\theta}}{\sqrt{\pi}} + \frac{\sqrt{\pi}}{2}\frac{c_r}{U}\sin\theta\left[1+\operatorname{erf}\left(\frac{U}{c_i}\sin\theta\right)\right] \tag{51}$$

（漫反射）

由于入射和反射产生的总压力，其中分子的 f 部分漫反射，而 $(1-f)$ 部分镜面反射，为

$$\frac{p}{\frac{1}{2}\rho U^2} = (2-f)\frac{p_i}{\frac{1}{2}\rho U^2} + f\frac{p_r}{\frac{1}{2}\rho U^2} \tag{52}$$

相应的剪切应力为

$$\frac{\tau}{\frac{1}{2}\rho U^2} = f\left(\frac{\tau_i}{\frac{1}{2}\rho U^2}\right) \tag{53}$$

这些方程还可以通过以下变换用 Mach 数表示：

$$\frac{U}{c_i} = \sqrt{\frac{\gamma}{2}}M,\ \frac{U}{c_r} = \sqrt{\frac{\gamma}{2}}M\left(\frac{c_i}{c_r}\right) \tag{54}$$

式中：M 是来流 Mach 数。

温度 T_r 要通过考察适应系数 α 来确定。分子从壁面得到的能量是$(1-f)T_0^\circ - fT_r$，其中 T_0°是自由来流的驻点温度。因此，根据在方程(20)给出的定义，

$$\alpha = \frac{T_0^\circ - [(1-f)T_0^\circ + fT_r]}{T_0^\circ - T_w} = \frac{f(T_0^\circ - T_r)}{T_0^\circ - T_w} \tag{55}$$

式中：T_w 是壁面的温度。如果 α 和 T_w 给定，T_r 可以从这一方程计算出来。

八、流经倾斜平板的自由分子流

为了在空气中运动的倾斜平板的情况下一步计算 T_r，Sänger[24] 利用辐射损失能量和分子打到表面上的能量间的平衡的条件。如果 F_s 是单位时间从表面单位面积辐射的能量，那么它和打到平板的能量 E_i 和从平板带走的能量 T_r 有如下关系：

$$E_s = E_i - E_r \tag{56}$$

令 ε_{trans}，ε_{rot}，ε_{vib} 为气体单位质量的平动能、转动能和振动能。由于实验和理论的考查表明反射主要是漫反射，Sänger 取 $f=1$，那么，如果 m_i 是表面单位面积单位时间打到和反射的质量

$$E_i = m_i\left(\frac{1}{2}U^2 + \varepsilon_{i,trans.} + \varepsilon_{i,rot.} + \varepsilon_{i,vib.}\right) \tag{57}$$

$$E_r = m_i(\varepsilon_{r,trans.} + \varepsilon_{r,rot.} + \varepsilon_{r,vib.}) \tag{58}$$

气体温度 T_w 所相应的能量是 $\varepsilon_{w,trans}$，$\varepsilon_{w,rot}$，$\varepsilon_{w,vib}$。然后 Sänger 假设平动和转动能的适应系数是 1，而振动能的适应系数是零，因为振动的调整速率小。

于是

$$\varepsilon_{i,\text{trans.}}-\varepsilon_{r,\text{trans.}}=\varepsilon_{i,\text{trans.}}-\varepsilon_{w,\text{trans.}},\ \varepsilon_{i,\text{rot.}}-\varepsilon_{r,\text{rot.}}=\varepsilon_{i,\text{rot.}}-\varepsilon_{w,\text{rot.}},\ \varepsilon_{i,\text{vib.}}-\varepsilon_{r,\text{vib.}}=0 \tag{59}$$

因此，$\varepsilon_{r,\text{trans}}=\varepsilon_{w,\text{trans}}$，$\varepsilon_{r,\text{rot}}=\varepsilon_{w,\text{rot}}$，$\varepsilon_{r,\text{vib}}=\varepsilon_{w,\text{vib}}$，以及

$$c_r=\sqrt{2RT_w} \tag{60}$$

因此，方程(58)可以写为

$$E_r=m_i(\varepsilon_{w,\text{trans.}}+\varepsilon_{w,\text{rot.}}+\varepsilon_{i,\text{vib.}}) \tag{61}$$

将方程(57)和方程(61)代入方程(56)，我们立刻有

$$E_s=m_i\left[\frac{1}{2}U^2+(\varepsilon_{i,\text{trans.}}-\varepsilon_{w,\text{trans.}})+(\varepsilon_{i,\text{rot.}}-\varepsilon_{w,\text{rot.}})\right] \tag{62}$$

对于氮和氧转动能量在十分低的温度下就达到了均分值。因此，

$$\varepsilon_{\text{trans.}}=\frac{3}{2}RT$$

$$\varepsilon_{\text{rot.}}=\frac{2}{2}RT$$

这样，方程(61)给出

$$E_s=m_i\left[\frac{1}{2}U^2+\frac{5}{2}R(T_i-T_w)\right] \tag{63}$$

这里：m_i 由方程(42)给出。T_i 是自由流温度 T_0。

作为例子，Sänger 假设空气温度等于 $T_i=T_0=320\text{K}(47℃)$。空气密度为 1.904×10^{-9} slug/ft³。相对于标准条件的密度比因此是 0.802×10^{-6}，相当于大约 55 mile 的高度。根据表 1，平均自由程因而是 3.5 in。Sänger 实际上假设空气由表面 14% 的氧和 86% 的氮组成，而不考虑电离和离解。忽略空气对表面的辐射他假设表面的发射率为 0.80。这样，

$$E_s=0.80\sigma T_w^4$$

式中：σ 是 Stefan-Boltzmann 辐射常数。壁温 T_w 的计算结果在图 8 中给出。有趣的是由于辐射，壁温对于低的空气速度和吸收面总是低于空气温度。c_r 之值可以用方程(60)计算出来。作用在表面上的应力然后可以用方程(52)和方程(53)计算出来。对于撞击和漫反射($f=1$)的压力比 $p_i\Big/\left(\frac{1}{2}\rho U^2\right)$ 与 $p_r\Big/\left(\frac{1}{2}\rho U^2\right)$ 在图 9 和图 10 中给出，也是取自 Sänger 的文中。剪切应力比在图 11 中给出。十分高的剪切应力是明显的。

如果平板机翼的尺度比平均自由程小许多，方程(52)和方程(53)可以用来计算升力和阻力。这样，对于漫反射($f=1$)，且攻角为 α 升力系数 C_L 和阻力系数 C_D 为

$$C_L=\sqrt{\frac{2\pi}{\gamma}}\frac{1}{M}\left(\frac{c_r}{c_i}\right)\sin\alpha\cos\alpha+\frac{2}{\gamma}\frac{1}{M^2}\cos\alpha\,\text{erf}\left[\sqrt{\frac{\gamma}{2}}M\sin\alpha\right] \tag{64}$$

$$C_D=\sqrt{\frac{8}{\gamma}}\frac{1}{M}e^{-(\gamma/2)M^2\sin^2\alpha}+\sqrt{\frac{2\pi}{\gamma}}\frac{1}{M}\left(\frac{c_r}{c_i}\right)\sin^2\alpha+2\left(\frac{1}{\gamma M^2}+1\right)\sin\alpha\,\text{erf}\left[\sqrt{\frac{\gamma}{2}}M\sin\alpha\right] \tag{65}$$

Sänger 的平板机翼的结果在图 12 中给出。升阻比小于 1，表明在自由分子条件下表面的低的效率。当然，在讨论的情况下，计算值只有在机翼尺度比平均自由程小许多，就是说比 3.5 in 小时才是对的。

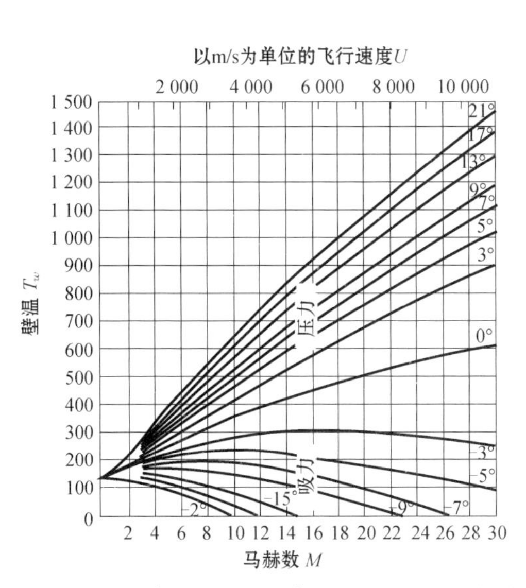

图 8　在 86% 的氮和 14% 的氧构成的密度为 1.9×10^{-9} slug/ft³ 的大气中与风成各种角度 θ 时的壁面温度 T_w。空气温度= 320K

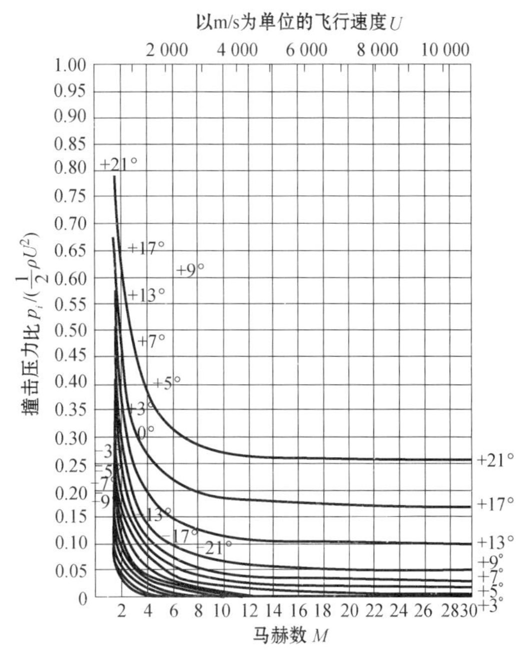

图 9　在 86% 的氮和 14% 的氧构成的密度为 1.9×10^{-9} slug/ft³ 的大气中与风成各种角度 θ 时的撞击压力比 $p_i\Big/\left(\frac{1}{2}\rho U^2\right)$

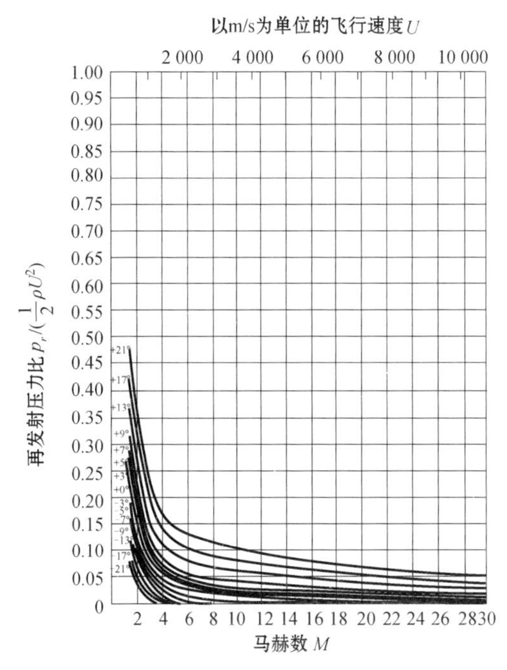

图 10　在 86% 的氮和 14% 的氧构成的密度为 1.9×10^{-9} slug/ft³ 的大气中与风成各种角度 θ 时的再发射压力比 $p_r\Big/\left(\frac{1}{2}\rho U^2\right)$

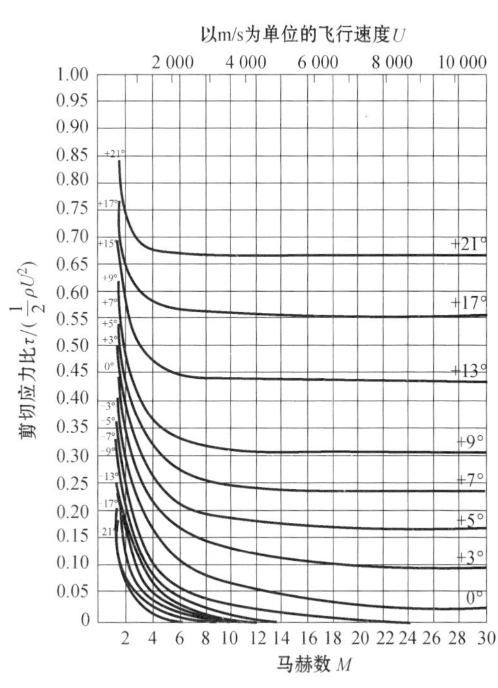

图 11　在 86% 的氮和 14% 的氧构成的密度为 1.9×10^{-9} slug/ft³ 的大气中与风成各种角度 θ 时的剪切应力比 $\tau\Big/\left(\frac{1}{2}\rho U^2\right)$

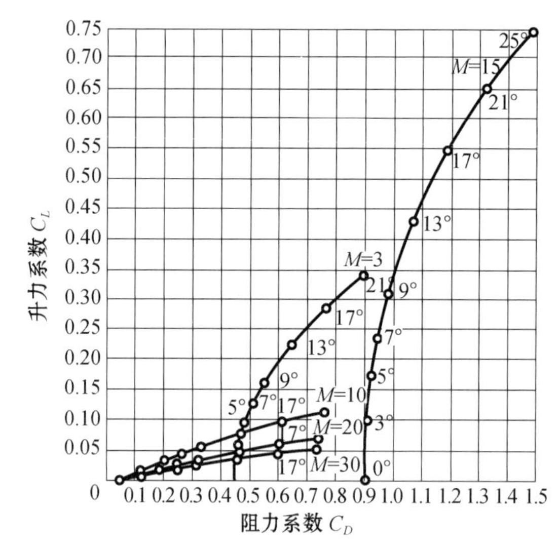

图 12 在 86%的氮和 14%的氧构成的密度为 $1.9\times 10^{-9}\,\mathrm{slug/ft^3}$ 的大气中与风成各种角度 θ 时平板的极图

（沈 青 译， 呼和敖德 校）

参考文献

[1] Zahm A F. Superaerodynamics[J]. Journal of the Franklin Institute，1934，217：153－166.

[2] Chapman S. On the Law of Distribution of Molecular Velocities，and on the Theory of Viscosity and Thermal Conduction，in a Non-Uniform Simple Monatomic Gas[J]. Phil. Trans. Roy. Soc.，1915，216(A)：279－348.

[3] Maris H B. The Upper Atmosphere[J]. Terr. Mag，1928，33：233－255；1929，34：45－53.

[4] Burnett D. The Distribution of Molecular Velocities and the Mean Motion in a Non-Uniform Gas[J]. Proc. Lond. Math. Soc.，1935，40：382//See also Chapman S，and Cowling TG. The Mathematical Theory of Non-Uniform Gases，1st Ed.，Chap 15；Cambridge University Press，London，1939.

[5] Millikan R A. Coefficients of Slip in Gases and the Law of Reflection of Molecules from the Surfaces of Solids and Liquids[J]. Physical Review，1923，21：217－238.

[6] van Itterbeck A，Mariens P. Measurements on the Absorption of Sound in O_2 Gas and in CO_2 Gas Containing Small Quantities of H_2O，D_2O and Ne. Relaxation Times for Vibrational Energy[J]，Physica，1940，7：125－130.

[7] Epstein P S. On the Resistance Experienced by Spheres in Their Motion through Gases[J]. Physical Review，1924，23：710－733.

[8] See，for instance，Kennard EH. Kinetic Theory of Gases[M]. McGraw-Hill Book Co.，Inc. New York，1938，328－332.

[9] Kennard. Ibid. p. 312－315.

[10] Knudsen M. Die molekulare Warmeleitung der Gase und der Akkommodationskoefficient[J]. Ann. Physik，1911，34：593－656.

[11] See，for instance，Kennard，op. cit.，p. 323.

[12] Wiedmann ML. Thermal Accommodation Coefficient[J]. Trans. of ASME，1946，68：57－64.

[13] See, for example, Lamb H, Hydrodynamics, 6th Ed[M]. Cambridge University Press, 1932, 594 - 617.

[14] Basset A B. Hydrodynamics, [M]. vol 2. 270 - 271; Deighton, Bell and Co. , Cambridge, 1888, or Lamb, op cit: 602 - 604.

[15] Lamb, op. cit. , pp. 615,616.

[16] Knudsen M. Die Gesetze der Molekularströmung und der inneren Reibungsströmung der Gase durch Rohren[J]. Ann. Physik, 1909, 28: 75 - 130.

[17] Knudsen M. Molekularstromung des Wasserstoffs durch Rohren und das Hitzdrahtmanometer[J]. Ann. Physik, 1911, 35: 389 - 396.

[18] Gaede W. Die aussere Reibung der Gase[J]. Ann. Physik, 1913, 41: 289 - 336.

[19] Ebert H. Das Strömen von Gasen bei niedrigen Drucken[J]. Physikalische Zeitschrift, 1932, 33: 145 - 151.

[20] Ebert H. Darstellung der Stromungsvorgange von Gasen bei niedrigen Druchen mittels Reynoldsscher Zahlen[J]. Zeitschrift fur Physik, 1933,85: 561 - 564.

[21] Millikan R A. The General Law of Fall of a Small Spherical Body Through a Gas, and its Bearing upon the Nature of Molecular Reflection from Surfaces[J]. Physical Review, 1923, 22: 1 - 23.

[22] Smoluchowski M V. Zur kinetischen Theorie der Transpiration und Diffusion verdunnter Gase[J]. Ann. Physik, 1910, 33: 1559 - 1570.

[23] Sänger E. Gaskinetik Sehr hoher Fluggeschweindigkeiten[M]. Deutsche Luftfahrtforschung, Bericht 972, Berlin, 1938.

[24] Sänger E, Bredt J. Uber einer Raketenantrieb für Fernbomber[M]. Deutsche Luftfahrtforschung, Untersuchungen u. Mitteilungen Nr. 3538: 141 - 173, Berlin, 1944.

[25] The error function is tabulated. See, for instance, Jahnke-Ende Tables of Functions[M]. 3rd ed. 24; B. G. Teubner, Liepzig, 1938//or Tables of Probability Functions, Vols. I and II; National Bureau of Standards, Washington, D. C. , 1943.

稀薄气体中平面声波的传播

钱学森　Richard Schamberg

(California Institute of Technology, Pasadena, California)

如果气体的密度十分小，通常的 Navier-Stokes 方程就不够精确。本研究包括 D. Burnett 得到的 Boltzmann-Maxwell 方程解的所谓的三级近似，这一较精确的计算的结果表明甚至在特殊的条件下，传播速度与通常值之比只差 2%。

一、引言

平面声波在黏性流体中的传播问题早在 1845 年就由 Stokes 进行了处理，他研究了黏性效应但是忽略了热传导，发现黏性效应包括了声波振幅依赖频率的阻尼，而声波的传播速度在一阶近似下等于在无摩擦、可压缩流体中的绝热传播速度。G. Kirchhoff 于 1868 年首先指出，热传导的影响与黏性的影响量级相同，所以在一个前后一致的解中两种因素都要估计在内。这一点在 H. Lamb[1] 的解中做到了，结果得到了一个比 Stokes 预言的受到更大阻尼的运动，而传播速度仍然近似等于无摩擦流体的传播速度。

当然，这一结果的正确性依赖于这些计算所基于的基本的 Navier-Stokes 方程的正确性。没有必要对动力学和运动学的一般规律提出疑问，仅有的怀疑点是 Navier-Stokes 方程中所用的黏性应力和热流的正确性。在 Navier-Stokes 方程中黏性应力取为黏性系数和速度分量的一阶空间导数的线性组合的乘积，而热流取为热导率和流体的温度梯度的乘积。利用这些方程的计算结果与实验观测很相符。这一事实可以用来作为 Navier-Stokes 方程的经验性的证实。

但是，S. Chapman 和 D. Enskog 所发展的气体动理论表明，Navier-Stokes 方程中所用的黏性应力和热流只是一阶近似。如果与问题本质有同样尺寸（如声波传播的波长）的立方体中所包含的气体分子是小量，则一阶近似就不够了。这意味着如果波长很小如在超声波的情况下，或者气体密度非常小，Navier-Stokes 方程就不再正确了。因为，要使气体动理论的计算可以处理而引入了许多假设，我们可以对于理论结果的可靠性提出疑问。但是，气体动理论能成功地解释许多现象和预测与实验观测数据相符的一阶黏性应力和热流，看来这一理论是可靠的。

在本文中用 Chapman 和 Cowling[2] 给出的二阶近似的黏性应力和热流来计算稀薄气体中传播的平面声波，或者非常小的波长的平面声波在通常的密度下的气体中传播。以下的事实促进了这一研究，即现在我们关于高空大气状态的知识几乎完全通过测量非正常的声波传播得到的。介质的低密度对于波的传播速度和阻尼的效应知识，很有可能对于批判性地考查得到高空数据的这一方法是有用的。这一研究结果很使人感到放心的是，它表明甚至在十分

1946 年 6 月 19 日收到，原载 Journal of the Acoustical Society of America, 1946, Vol. 13, pp. 477 - 484.

特殊的条件下，传播速度超过高密度下的正常值不到2%。事实上，黏性应力和热流的附加项效应趋向于保持声速相对于介质密度为常量。

二、符号

在以下各节中用到如下符号：

b	阻尼系数
c	声波传播速度
c_0	完全流体中绝热声速
c_p	定压比热容
K_2, K_3	数值常数
L	波长
p	水力学静压
p_{xx}	应力张量的分量
q_x	热流向量的 x 分量
R	Reynolds 数，$R=\dfrac{\rho_0 c_0}{\mu}\cdot\dfrac{L}{2\pi}$
γ_a	振幅比
t	时间
T	热力学温度
u	流体粒子速度
x	传播方向距离
α	无量纲声速 $\alpha=c/c_0$
β	Prandtl 数的倒数 $\beta=\lambda/(\mu c_p)$
γ	比热比
θ_2, θ_4	数值常数
λ	热导率
ρ	密度
μ	绝对黏性系数
ν	以每秒周数为单位的声频率
$()_0$	变数的“未扰动值”
$()'$	变数的“扰动值”
$()^*$	变数的无量纲形式

三、基本方程

描写平面声波所需要的基本微分方程表达一个可压缩流体元的质量、动量和能量的守恒。如果 t 是时间，x 是传播方向上的坐标，ρ 是密度，而 u 是流体速度，则连续性方程为

$$\partial\rho/\partial t+\partial(\rho u)/\partial x=0 \tag{1}$$

如果 p_{xx} 是作用在与 x 轴垂直的平面上的沿 x 方向的应力，动量方程可以写为

$$\rho\frac{\partial u}{\partial t}+\rho u\frac{\partial u}{\partial x}=-\frac{\partial}{\partial x}(p_{xx}) \tag{2}$$

此外，如果 p 是静压，T 是气体的热力学温度，q_x 是 x 方向上的热流，c_p 是定压比热容，则能量守恒方程是

$$-\frac{\partial q_x}{\partial x}=c_p\rho\frac{\partial T}{\partial t}-\frac{\partial p}{\partial t} \tag{3}$$

为了以后计算的目的，将因变量按照方程(4)分为"未扰动"和"扰动"分量是方便的：

$$p=p_0+p',\quad \rho=\rho_0+\rho',\quad T=T_0+T',\quad u=u' \tag{4}$$

式中有一撇标记的为扰动量。由于声波按照定义是无穷小振幅的扰动，任何包括扰动变量或它们导数的平方或乘积的量与这些变量本身相比都是可以忽略不计的。例如，从完全气体的状态方程

$$p/(\rho T)=\text{const.} \tag{5}$$

我们有

$$\frac{\partial\rho}{\partial t}=\frac{\partial\rho'}{\partial t}=\rho_0\left[\frac{1}{p_0}\frac{\partial p'}{\partial t}-\frac{1}{T_0}\frac{\partial T'}{\partial t}\right] \tag{6}$$

热流矢量和应力张量的一般形式由 S. Chapman 和 T. Cowling[2] 给出且准确到 μ^2 项。以下方程给出 q_x 和 p_{xx} 的适合本问题的表达式，其中已将扰动变量的二阶量忽略：

$$q_x=-\lambda\frac{\partial T}{\partial x}+\frac{2}{3}(\theta_2+\theta_4)\frac{\mu^2}{\rho_0}\frac{\partial^2 u'}{\partial x^2} \tag{7}$$

$$p_{xx}=(p_0+p')-\frac{4}{3}\mu\frac{\partial u'}{\partial x}-\frac{2}{3}\mu^2\left[\frac{K_2}{p_0\rho_0}\frac{\partial^2 p'}{\partial x^2}-\frac{K_3}{\rho_0 T_0}\frac{\partial^2 T'}{\partial x^2}\right] \tag{8}$$

式中：μ 是黏性系数；λ 是热导率；$\theta_2,\theta_4,K_2,K_4$ 是常数，其准确值依赖于组成气体的分子内部构造。

将方程(4)与(6)～(8)代入准确的方程(1)～(3)，然后忽略所求变量的二阶项，得到线性偏微分方程(9)～(11)：

$$\frac{1}{p_0}\frac{\partial p'}{\partial t}-\frac{1}{T_0}\frac{\partial T'}{\partial t}+\frac{\partial u'}{\partial x}=0 \tag{9}$$

$$\rho_0\frac{\partial u'}{\partial t}=-\frac{\partial p'}{\partial x}+\frac{4}{3}\mu\frac{\partial^2 u'}{\partial x^2}+\frac{2}{3}\mu^2\left[\frac{K_2}{\rho_0 p_0}\frac{\partial^3 p'}{\partial x^3}-\frac{K_3}{\rho_0 T_0}\frac{\partial^3 T'}{\partial x^3}\right] \tag{10}$$

$$\rho_0 c_p\frac{\partial T'}{\partial t}=\frac{\partial p'}{\partial t}+\lambda\frac{\partial^2 T'}{\partial x^2}-\frac{2}{3}(\theta_2+\theta_4)\frac{\mu^2}{\rho_0}\frac{\partial^3 u'}{\partial x^3} \tag{11}$$

通过引入以下的无量纲参数将以上方程简化为无量纲形式是方便的：

$$p^*=p'/p_0,\quad T^*=T'/T_0,\quad u^*=u'/c_0 \tag{12}$$

$$x^*=x/L,\quad t^*=t/(L/c_0) \tag{13}$$

式中：L 是波长；c_0 是如下定义的声波绝热传播速度：

$$c_0=[\gamma(p_0/\rho_0)]^{\frac{1}{2}} \tag{14}$$

γ 是比热比。

气体的物理常数可以表达为两个无量纲参数 β 和 R，

$$\beta=\frac{\lambda}{\mu c_p},\quad R=\left[\frac{\rho_0 c_0}{\mu}\cdot\frac{L}{2\pi}\right] \tag{15}$$

$1/\beta=\mu c_p/\lambda$ 是 Prandtl 数，是气体黏性和热传导相对重要性的度量。从气体动理论的观点来看，黏性是分子的动量传递的结果，而热传导是分子能量传递的结果，这样它们应有相同的量级。这与实验是一致的，因为所得到的 Prandtl 数就是 1 的量级。Reynolds 数是惯性力和耗散力相对重

要性的度量。如果耗散力与惯性力相比非常小,Reynolds 数将十分大。随着耗散力重要性的增加,Reynolds 数将减小。在声波传播中,耗散力由速度和温度的梯度度量并与任意给定振幅的波长 L 成反比。因此在此情况下,Reynolds 数如方程(15)所示,与波长成正比。

将方程(12)~(15)代入方程(9)~(11)得到 3 个联立的偏微分方程(16),

$$\left.\begin{aligned} &\frac{\partial p^*}{\partial t^*}-\frac{\partial T^*}{\partial t^*}+\frac{\partial u}{\partial x^*}=0\\ &\left[\frac{\partial p^*}{\partial x^*}-\frac{2}{3}K_2\frac{\gamma}{(2\pi R)^2}\frac{\partial^3 p^*}{\partial x^{*3}}\right]+\frac{2}{3}K_3\frac{\gamma}{(2\pi R)^2}\frac{\partial^3 T^*}{\partial x^{*3}}+\left[\gamma\frac{\partial u^*}{\partial t^*}-\frac{4}{3}\frac{\gamma}{(2\pi R)}\frac{\partial^2 u^*}{\partial x^{*2}}\right]=0\\ &-\frac{\partial p^*}{\partial t^*}+\frac{\gamma}{\gamma-1}\left[\frac{\partial T^*}{\partial t^*}-\frac{\beta}{(2\pi R)}\frac{\partial^2 T^*}{\partial x^{*2}}\right]+\frac{2}{3}(\theta_2+\theta_4)\frac{\gamma}{(2\pi R)^2}\frac{\partial^3 u^*}{\partial x^{*3}}=0 \end{aligned}\right\} \tag{16}$$

如果气体的性质是已知的,$\gamma,\beta,K_2,K_3,\theta_2$ 和 θ_4 就固定下来了。于是问题的唯一一个参数就是 R,它其实就是波长的度量。因此,问题的解应该表达为 R 的函数。

四、微分方程的解

这一线性偏微分方程组(16)的一般解显然是

$$\left.\begin{aligned} p^* &= A_1\exp\{2\pi[(\mathrm{i}-b)x^*-\mathrm{i}\alpha t^*]\}\\ T^* &= A_2\exp\{2\pi[(\mathrm{i}-b)x^*-\mathrm{i}\alpha t^*]\}\\ u^* &= A_3\exp\{2\pi[(\mathrm{i}-b)x^*-\mathrm{i}\alpha t^*]\} \end{aligned}\right\} \tag{17}$$

式中:A 代表任意常数;系数 b 和 α 均为实数,要被决定为 R 的函数。从式(13)和(14)的定义可知,单位波长的阻尼系数是 $2\pi b$,而扰动传播的物理速度由 $c=\alpha c_0$ 给出。将方程(17)代入(16)就得到 A_1,A_2,A_3 的如下的线性齐次方程组:

$$[-\mathrm{i}\alpha]A_1+[\mathrm{i}\alpha]A_2+[\mathrm{i}-b]A_3=0$$

$$\left[(\mathrm{i}-b)-\frac{2}{3}K_2\frac{\gamma}{R^2}(\mathrm{i}-b)^3\right]A_1+\left[\frac{2}{3}K_3\frac{\gamma}{R^2}(\mathrm{i}-b)^3\right]A_2+\left[-\mathrm{i}\gamma\alpha-\frac{4}{3}\frac{\gamma}{R}(\mathrm{i}-b)^2\right]A_3=0$$

$$[+\mathrm{i}\alpha]A_1+\left[\frac{\gamma}{\gamma-1}\left\{-\mathrm{i}\alpha-\frac{\beta}{R}(\mathrm{i}-b)^2\right\}\right]A_2+\left[\frac{2}{3}(\theta_2+\theta_4)\frac{\gamma}{R^2}(\mathrm{i}-b)^3\right]A_3=0$$

为使 A_1,A_2,A_3 不同时为零而给出零解,A 的系数所形成的行列式应等于零。于是

$$\begin{vmatrix} [-\mathrm{i}\alpha] & [\mathrm{i}\alpha] & [\mathrm{i}-b]\\ \left[(\mathrm{i}-b)-\frac{2}{3}\frac{K_2\gamma}{R^2}(\mathrm{i}-b)^3\right] & \left[\frac{2}{3}\frac{K_3\gamma}{R^2}(\mathrm{i}-b)^3\right] & \left[-\gamma\mathrm{i}\alpha-\frac{4}{3}\frac{\gamma}{R}(\mathrm{i}-b)^2\right]\\ [+\mathrm{i}\alpha] & \frac{\gamma}{\gamma-1}\left[-\mathrm{i}\alpha-\frac{\beta}{R}(\mathrm{i}-b)^2\right] & \left[\frac{2}{3}(\theta_2+\theta_4)\frac{\gamma}{R^2}(\mathrm{i}-b)^3\right] \end{vmatrix}=0$$

将这一行列式的实部和虚部分开,我们就得到可以决定 b 和 α 的联立方程(18)和(19),

$$A\left[\frac{\alpha}{R^4}(1-b^2)(1-14b^2+b^4)\right]+B\left[\frac{\alpha}{R^2}(1-6b^2+b^4)\right]+C\left[\frac{2b}{R^3}(3-10b^2+3b^4)\right]+$$
$$D\left[\frac{4b}{R}(1-b^2)\right]-E\left[\frac{2b}{R}\alpha^2\right]+\alpha(\alpha^2+b^2-1)=0 \tag{18}$$

$$A\left[\frac{2\alpha b}{R^4}(3-10b^2+3b^4)\right]+B\left[\frac{4b\alpha}{R^2}(1-b^2)\right]-C\left[\frac{1}{R^3}(1-b^2)(1-14b^2+b^4)\right]-$$
$$D\left[\frac{1}{R}(1-6b^2+b^4)\right]+E\left[\frac{\alpha^2}{R}(1-b^2)\right]-2\alpha b=0 \tag{19}$$

式中：

$$\left.\begin{aligned}&A=\frac{4}{9}\gamma(\gamma-1)(\theta_2+\theta_4)(K_2-K_3)\\&B=\frac{2}{3}(\gamma-1)(\theta_2+\theta_4)-\frac{4}{3}\gamma\beta-\frac{2}{3}\gamma(K_2-K_3)-\frac{2}{3}K_3\\&C=\frac{2}{3}\gamma\beta K_3,\ D=\beta,E=\frac{4}{3}+\gamma\beta\end{aligned}\right\}\tag{20}$$

为了完全解决这一问题需要找到方程(18)和(19)的 9 个根。但是,从这一问题的经典解的本质来看,已知 b 和 α 最重要的一对解是有最小阻尼的一对。换句话说,对于黏性趋近零,$R\to\infty$,$\alpha\to 1$ 及 $\beta\to 0$,所以波应当是无阻尼的并以正常的速度 c_0 传播。因此,b 和 α 的合适的形式如下：

$$b=\frac{b_1}{R}+\frac{b_3}{R^3}+\frac{b_5}{R^5}+\cdots\tag{21}$$

$$\alpha=1+\frac{\alpha_2}{R^2}+\frac{\alpha_4}{R^4}+\frac{\alpha_6}{R^6}+\cdots\tag{22}$$

方程(21)和(22)代入式(18)和(19)所得的方程可以按 $1/R$ 的升幂排列。为使所得的方程对于任意 R 值满足,$1/R^n$ 的每一个系数均应该等于零。这导致一组代数方程,从中按如下顺序：b_1, α_2, b_3, α_4, …,系数 b_1, b_3, … 和 α_2, α_4, …。

方程(23)和(24)给出解的最后结果。应该指出每一系数只是其前被决定的系数和方程(20)的物理常数 A, B, …, E 的函数。

$$\left.\begin{aligned}b_1&=\frac{1}{2}(E-D)\\b_3&=\left[-\frac{1}{2}C+2Bb_1+\left(3D-\frac{1}{2}E\right)b_1^2+E\alpha_2-b_1\alpha_2\right]\\b_5&=\left[3Ab_1+\frac{15}{2}Cb_1^2-2Bb_1^3-\frac{1}{2}Db_1^4+2Bb_3+(6D-E)b_1b_3+\right.\\&\quad\left.\frac{1}{2}E\alpha_2^2+E\alpha_4-Eb_1^2\alpha_2+2Bb_1\alpha_2-b_1\alpha_4-b_3\alpha_2\right]\end{aligned}\right\}\tag{23}$$

$$\left.\begin{aligned}\alpha_2&=-\left[\frac{1}{2}B+(2D-E)b_1+\frac{1}{2}b_1^2\right]\\\alpha_4&=-\left[\frac{1}{2}A+3Cb_1-3Bb_1^2-2Db_1^2+(2D-E)b_3+b_1b_3+\frac{1}{2}B\alpha_2+\right.\\&\quad\left.\frac{3}{2}\alpha_2^2-2Eb_1\alpha_2+\frac{1}{2}\alpha_2b_1^2\right]\\\alpha_6&=-\left[-\frac{15}{2}Ab_1^2-10Cb_1^3+\frac{1}{2}Bb_1^4+3Cb_3+\frac{1}{2}b_3^2+(2D-E)b_5-6Bb_1b_3-\right.\\&\quad 6Db_1^2b_3+b_1b_5+\frac{1}{2}A\alpha_2+\frac{1}{2}\alpha_2^3+\frac{1}{2}B\alpha_4+3\alpha_4\alpha_2-Eb_1\alpha_2^2-3Bb_1^2\alpha_2-2Eb_1\alpha_4+\\&\quad\left.\frac{1}{2}b^2\alpha_4-2Eb_3\alpha_2+b_1b_3\alpha_2\right]\end{aligned}\right\}\tag{24}$$

有意思的是,一阶解

$$b = b_1/R = (1/2R)[4/3 + (\gamma - 1)\beta], \quad \alpha = 1 \tag{25}$$

与 H. Lamb[1]给出的解完全相同。

五、数值计算

常数 $A,B,\cdots,E$ 依赖于气体的物理常数 β 和 γ，以及 $\theta_2,\theta_4,K_2,K_3$。后者依赖于围绕分子的力场。在气体动理论中分子通常用一个位于球对称排斥力场的原点的质点所代表，其强度正比于 $1/r^s$，而 r 是与分子中心的距离。由于它们的数学简单性，经常考察的两类分子是：

(1) Maxwell 分子，$s=5$；

(2) 硬弹性球模型，相应于 $s=\infty$。

基于观测到的真实气体的黏性对温度依赖性的计算[3]表明 $5<s<15$。特别是对于空气幂指数是 $s\approx 8.5$，而对于单原子气体氦和氖 $s\approx 14$。由于球形分子看来是比 Maxwell 分子更接近真实的近似，在本计算中均应用 D. Burnett[2]对于球形分子给出的 K_2 和 K_3 之值。但是，θ_2 和 θ_4 可获得的仅有的值是 Chapman 和 Cowling[2]对 Maxwell 分子计算出的值。尽管如此，常数 K 的变化只是所考虑的两个特殊情况的 10%量级；θ 的变化应该也是相同的量级。

根据以上的讨论，分子常数的数值由方程(26)给出

$$\theta_2 = 45/8, \quad \theta_4 = 3, \quad K_2 = 2.028, \quad K_3 = 2.418 \tag{26}$$

方程(23)，(24)和(20)将在以下由物理常数 γ 和 β 之值所表征的 3 种气体介质中用来计算阻尼系数 b 和无量纲传播速度 α：

(1) 正常大气温度下的空气，相应于理论双原子气体；

(2) 400℃下的空气；

(3) 理论单原子气体，相应于正常温度下的真实单原子分子，如氦、氩和氖。

表 1 给出 3 种介质中的每一种相应的 γ 和 β 之值，与从(20)和(26)计算导出的常数 A，$B,\cdots,E$ 之值，以及从方程(23)和(24)计算出来的 b_1,b_3,b_5 和 $\alpha_2,\alpha_4,\alpha_6$。然后利用表 1，根据方程(21)和(22)分别计算阻尼系数 b 和传播系数 α 作为 Reynolds 数 R 的函数。

式(21)和(22)展开的收敛性质在图 1 和图 2 中由介质 1 的典型情况绘出。应该指出，解 $b=(b_1/R)+(b_3/R^3)$ 和 $\alpha=1+(\alpha_2/R^2)+(\alpha_4/R^4)$ 没有必要相应准确到 $1/R^3$ 阶和 $1/R^4$ 阶，因为原始的微分方程只准确到 $1/R^2$。

表 1

介质	1	2	3
γ	$\frac{7}{5}$	1.393	$\frac{5}{3}$
$\beta=D$	1.333	1.610	$\frac{3}{2}$
A	−0.83720	−0.81844	−1.6611
B	−1.4369	−1.9804	−0.67867
C	2.5237	3.0322	3.3800
E	3.2000	3.5761	3.8333

（续表）

介质	1	2	3
b_1	0.9333	0.9830	1.1667
b_3	−0.0839	−0.2477	2.4253
b_5	3.0195	2.5156	22.434
α_2	0.7807	0.8570	0.6310
α_4	−4.2314	−5.7015	−4.9838
α_6	−2.8344	−6.9062	−2.5438

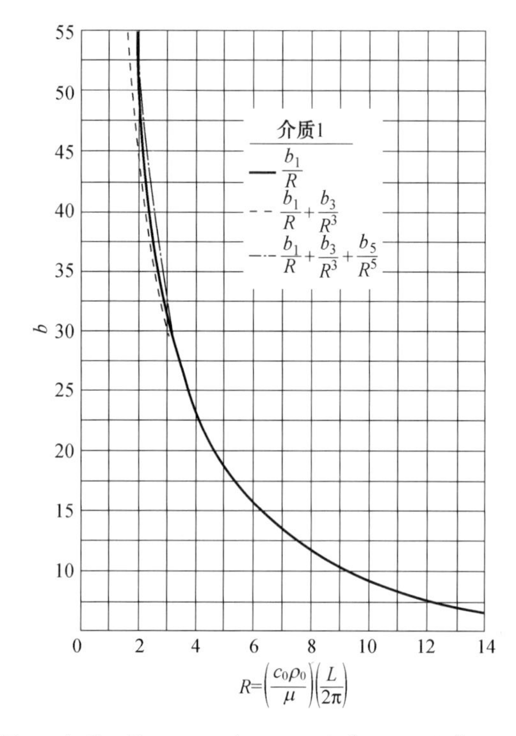

图1 介质 1 的 $b=(b_1/R)+(b_3/R^3)+(b_5/R^5)+\cdots$ 作为 Reynolds 数 R 的展开的收敛性

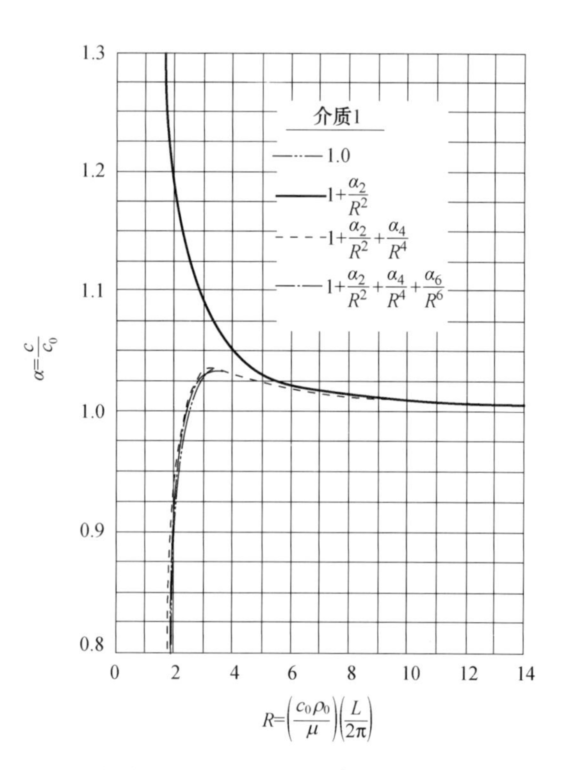

图 2 介质 1 的 $\alpha=1+(\alpha_2/R^2)+(\alpha_4/R^4)+\cdots$ 作为 Reynolds 数 R 的展开的收敛

六、结果

这里考察的 3 个气体介质中每一个 α 和 b 表达为 Reynolds 数 R 的函数展示在图 3 和图 4 中。降低 Reynolds 数的作用是几乎成反比地增加阻尼系数，而传播速度 αc_0，只稍微增加。图 3 和图 4 还表明，气体分子结构对于传播参数之值的影响比气体平均温度的影响要大。这是明显的，因为方程(20)比之对于 β 的依赖更加依赖于 γ，它以 $\gamma-1$ 形式出现。γ 与 β 均依赖于组成分子的原子数目，而只有 β 是明显地依赖于温度。

阻尼系数的大小通过振幅比，r_a，更容易加以确认，振幅比定义为声波的两个相继的最大振幅之比。因此，$r_a=e^{-2\pi b}<1$。图 5 给出单原子分子和双原子分子的表达为 Reynolds 数 R

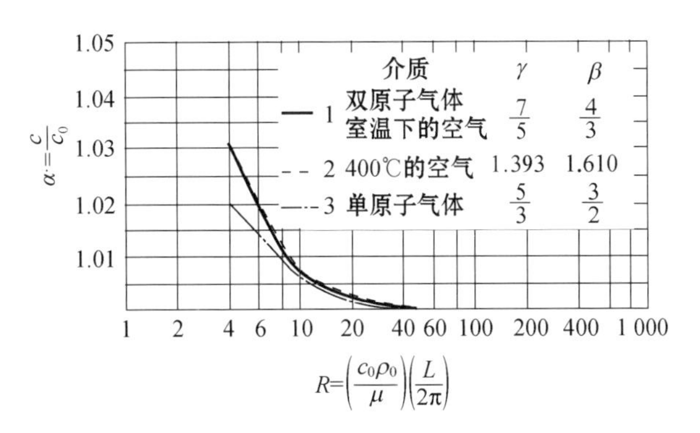

图 3　三个介质的无量纲的声波传播速度表达为 Reynolds 数 R 的函数

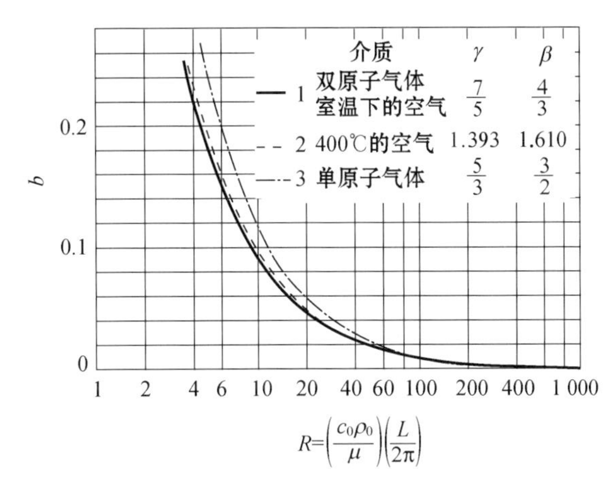

图 4　三个介质的阻尼系数 b 表达为 Reynolds 数 R 的函数

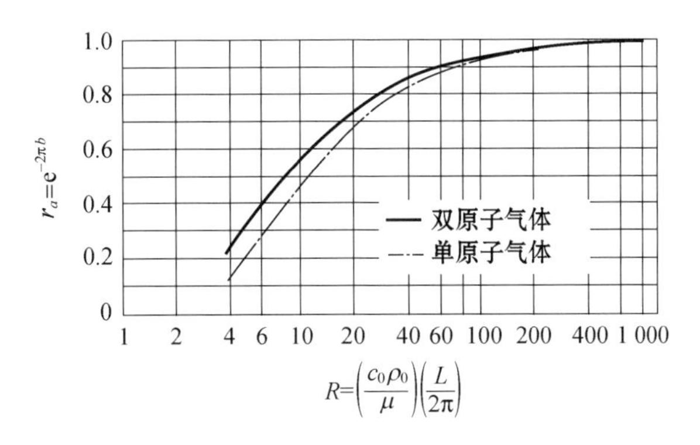

图 5　单原子分子和双原子分子通过 Reynolds 数 R 表达的振幅比

的函数的振幅比。

为了实际应用所得的结果，我们必须先计算出相应于波长 L 的 Reynolds 数。对于声波传播问题，给出的物理参数是频率 ν，而不是波长 L，R 与 ν 的关系应如下计算：

$$R = (c/c_0)\cdot(\gamma p_0/\mu)\cdot 1/(2\pi\nu) \tag{27}$$

但是，$c/c_0=\alpha$ 非常接近 1，所以

$$R \approx (\gamma p_0/\mu)\cdot 1/(2\pi\nu) \tag{28}$$

为了便于数值计算，对于给出各种温度下 R 之值 R_0，一个标准大气压和 $\gamma=1.4$，以及频率 $\nu=1000$ 周/秒，编制了表 2。对于任何其他大气压力之值 p_0 和频率 ν，Reynolds 数 R 由下式给出：

$$R=R_{0\alpha}\left(\frac{p_0}{1}\right)\left(\frac{1\,000}{\nu}\right)\approx R_0\left(\frac{p_0}{1}\right)\left(\frac{1\,000}{\nu}\right) \tag{29}$$

表 2

T/℃	$R_0\times10^{-8}$
0	1.321
20	1.248
40	1.186
60	1.130
80	1.081
100	1.037
150	0.947
200	0.874
250	0.815
300	0.766
350	0.725
400	0.689
450	0.658
500	0.630

一般说来，本研究的结果表明，虽然波的阻尼被 Reynolds 数 R 的减小大大地增加，波的传播速度实际上是没有改变的。这说明，分析异常声波传播时采取应用通常的传播速度的作法是正确的。但是我们应该知道，气体动理论应用分子的光滑球模型因而不考虑分子的平动能、振动能和转动能之间的交换。由于在稀薄气体条件下，相应于小的 R 值，分子碰撞数大大减少，激发振动和转动自由度很困难，气体倾向于更像单原子分子，同时 γ 之值增加。这一气体性质的改变在这里的计算中没有直接考虑，因为在通常的气体动理论的框架之外。另一方面，这一效应可以在 Reynolds 数减小时通过合适的改变 γ 之值加以考虑。

（沈　青 译，　呼和敖德 校）

参考文献

[1] Lamb H. Hydrodynamics[M]. Cambridge University Press, London, England, 1932, 6th: 647 - 650.
[2] Chapman S, Cowling T G. The Mathematicual Theory of Non-Uniform Gases[M]. 265 - 269.
[3] Chapman S, Cowling T G. reference[2]: 221 - 223.

高超声速流动的相似律

钱学森
(California Institute of Technology)

一、引言

高超声速流动是指在其流场中流体速度远高于小扰动传播速度，即声音速度的流动。Th. von Kármán[1]指出，在许多方面高超声速流动和空气动力学中的 Newton 粒子理论类似。作用在一个倾斜面上的压力比自由流中压力所高出的部分与倾斜角的平方成比例，而不是通常超声速流动中的线性关系。事实上 E. Sänger[2]已经使用了这个规律去设计在高超声速的极端速度下飞行的最优机翼和机体的形状。

最近，von Kármán[3]获得了跨声速流动，即流体速度非常接近声速的流动的相似律。他是使用了流场的一个仿射变换使得流动的微分方程化成一个无量纲的方程，从而得到相似律的。在本文中，我们将使用同样的方法来导出高超声速流动的相似律。这些定律也许对于目前正在建造中的高超声速风洞将获得的实验数据的分析有用。

二、高超声速流动的微分方程

设 u，v 是 x，y 方向的速度，a 是局地声速，二维无旋流动的微分方程式是：

$$\left(1-\frac{u^2}{a^2}\right)\frac{\partial u}{\partial x}-\frac{uv}{a^2}\left(\frac{\partial u}{\partial y}+\frac{\partial v}{\partial x}\right)+\left(1-\frac{v^2}{a^2}\right)\frac{\partial v}{\partial y}=0 \tag{1}$$

$$\frac{\partial v}{\partial x}-\frac{\partial u}{\partial y}=0 \tag{2}$$

如果一细长体置于原为沿 x 方向的速度为 V 的均匀流中，则式(2)可以通过引入扰动速度势 φ 来得到满足，扰动速度势定义为：

$$u=V+\frac{\partial\varphi}{\partial x},\quad v=\frac{\partial\varphi}{\partial y} \tag{3}$$

如果 a_0 是静止气体中的声速，而 a^0 是对应于自由流速度 V 的声速，那么就有下述关系：

$$\left.\begin{aligned} a^2 &= a_0^2-\frac{\gamma-1}{2}(u^2+v^2)=a_0^2-\frac{\gamma-1}{2}\left[V^2+2V\frac{\partial\varphi}{\partial x}+\left(\frac{\partial\varphi}{\partial x}\right)^2+\left(\frac{\partial\varphi}{\partial y}\right)^2\right] \\ a^{0^2} &= a_0^2-\frac{\gamma-1}{2}V^2 \end{aligned}\right\} \tag{4}$$

原载 Journal of Mathematics and Mechanics。

式中：γ是比热比。

对于高超声速流绕细长体流动，a^0 与$\frac{\partial\varphi}{\partial x}$，$\frac{\partial\varphi}{\partial y}$，和 V 相比都很小，把式(3)和式(4)代入式(1)并保留到第二阶项，可得

$$\left[1-(\gamma+1)M^0\frac{1}{a^0}\frac{\partial\varphi}{\partial x}-\frac{\gamma-1}{2}\frac{1}{a^{0^2}}\left(\frac{\partial\varphi}{\partial y}\right)^2-M^{0^2}\right]\frac{\partial^2\varphi}{\partial x^2}-2M^0\frac{1}{a^0}\frac{\partial\varphi}{\partial y}\frac{\partial^2\varphi}{\partial x\partial y}+\left[1-(\gamma-1)M^0\frac{1}{a^0}\frac{\partial\varphi}{\partial x}-\frac{\gamma+1}{2}\frac{1}{a^{0^2}}\left(\frac{\partial\varphi}{\partial y}\right)^2\right]\frac{\partial^2\varphi}{\partial y^2}=0 \tag{5}$$

此处 M^0是自由流的马赫数，亦即

$$M^0=\frac{V}{a^0} \tag{6}$$

三、二维流动的相似律

如果 $2b$ 是物体的长度或者弦长，而 δ 为其厚度，那么无量纲坐标 ξ，η可以定义为：

$$x=b\xi,\ y=b\left(\frac{\delta}{b}\right)^n\eta \tag{7}$$

式中：n 是待确定的指数。von Kármán[1] 曾指出，对于高超声速绕细长体流动，由于物体存在引起的流体速度变化仅限于在靠近物体附近的狭窄区域内，亦即高超声速边界层内，因此，为研究这个速度变化，我们必须沿垂直于物体表面的方向来展开坐标。这也类似于普通的黏性边界层的情形，在那里 Prandtl 的简化的边界层方程式是从精确的 Navier-Stokes 方程通过沿物体表面法向的坐标展开而获得的。根据这样的想法，n 必须是正的，如此 η 才能远大于 y/b。这种猜测将由下面给出的计算给以证实。

无量纲的速度势的恰当的表达式为

$$\varphi=a^0b\frac{1}{M^0}f(\xi,\eta) \tag{8}$$

把式(7)和式(8)代入式(5)得到

$$\left(\frac{\delta}{b}\right)^{2n}\left[1-(\gamma+1)\frac{\partial f}{\partial\xi}-\frac{\gamma-1}{2}\frac{1}{M^{0^2}(\delta/b)^{2n}}\left(\frac{\partial f}{\partial\eta}\right)^2\right]\frac{\partial^2 f}{\partial\xi^2}-M^{0^2}\left(\frac{\delta}{b}\right)^{2n}\frac{\partial^2 f}{\partial\xi^2}-2\frac{\partial f}{\partial\eta}\frac{\partial^2 f}{\partial\xi\partial\eta}+\left[1-(\gamma-1)\frac{\partial f}{\partial\xi}-\frac{\gamma+1}{2}\frac{1}{M^{0^2}(\delta/b)^{2n}}\left(\frac{\partial f}{\partial\eta}\right)^2\right]\frac{\partial^2 f}{\partial\eta^2}=0 \tag{9}$$

在无穷远的边界条件要求速度为 V，所以

$$\frac{\partial f}{\partial\xi}=\frac{\partial f}{\partial\eta}=0,\qquad \xi\to\infty,\quad \eta\to\infty \tag{10}$$

如果细长物体为轴对称，那么在物体表面上的条件可以写为

$$\left(\frac{\partial\varphi}{\partial y}\right)_{y=0}=a^0M^0\left(\frac{\delta}{b}\right)h(\xi),\qquad -1<\xi<1 \tag{11}$$

式中：$h(\xi)$是一个定义在$-1<\xi<1$沿物体长度描述厚度分布的已知函数。用方程式(7)和式(8)可以将式(11)改为下述形式：

$$\left(\frac{\partial f}{\partial \eta}\right)_{\eta=0} = M^{0^2}\left(\frac{\delta}{b}\right)^{1+n} h(\xi) \tag{12}$$

由于物体纤细，δ/b 非常小，于是式(9) 中 的第一组中的各项与其余项相比可以忽略。如果令

$$n = 1 \tag{13}$$

方程式和边界条件中就变得只包含一个参数了。也就是说，如果

$$M^0 \frac{\delta}{b} = K$$

则式(9)变成

$$\left[1-(\gamma-1)\frac{\partial f}{\partial \xi} - \frac{\gamma+1}{2}\frac{1}{K^2}\left(\frac{\partial f}{\partial \eta}\right)^2\right]\frac{\partial^2 f}{\partial \eta^2} = K^2 \frac{\partial^2 f}{\partial \xi^2} + 2\frac{\partial f}{\partial \eta}\frac{\partial^2 f}{\partial \xi \partial \eta} \tag{14}$$

而边界条件变成

$$\frac{\partial f}{\partial \xi} = \frac{\partial f}{\partial \eta} = 0,\ \xi \to \infty, \quad \eta \to \infty \tag{15}$$

以及

$$\left(\frac{\partial f}{\partial \eta}\right)_{\eta=0} = K^2 h(\xi), \qquad -1 < \xi < 1$$

这个相似律的意义可表达如下：设有一系列具有相同的厚度分布但是具有不同的厚度比(δ/b) 的物体置于不同 Mach 数 M^0 的流动之中，如果 M^0 和(δ/b)的乘积保持为常值 K，那么绕流的流型就在这样的意义下彼此相似：它们都是由式(14) 和式(15) 所 确定的同样的 $f(\xi,\eta)$来决定的。

如果 p_0 是滞止压力，p^0 是自由流压力，而 p 是局地压力，那么

$$p^0 = p_0\left[1+\frac{\gamma-1}{2}M^{0^2}\right]^{-\frac{\gamma}{\gamma-1}}$$

$$p = p_0\left[1+\frac{\gamma-1}{2}\frac{u^2+v^2}{a^2}\right]^{-\frac{\gamma}{\gamma-1}}$$

使用先前引入的记号并保留恰当量级的项，可以写出局地压力的表达式：

$$p = p^0\left[1-(\gamma-1)\frac{\partial f}{\partial \xi} - \frac{\gamma-1}{2}\frac{1}{K^2}\left(\frac{\partial f}{\partial \eta}\right)^2\right]^{\frac{\gamma}{\gamma-1}} \tag{16}$$

于是物体的阻力 D 也就可以由下述表达式给出：

$$\begin{aligned} D &= 2\int_{-b}^{b}(p)_{\eta=0} h(\xi)\left(\frac{\delta}{b}\right)\mathrm{d}x \\ &= 2bp^0\left(\frac{\delta}{b}\right)\int_{-1}^{1}\left[1-(\gamma-1)\frac{\partial f}{\partial \xi} - \frac{\gamma-1}{2}\frac{1}{K^2}\left(\frac{\partial f}{\partial \eta}\right)^2\right]_{\eta=0}^{\frac{\gamma}{\gamma-1}} h(\xi)\mathrm{d}\xi \end{aligned}$$

如果希望计算阻力系数 C_D，它可以写成：

$$C_D = \frac{D}{\frac{1}{2}\rho^0 V^2 (2b)} = \frac{1}{M^{0^2}}\left\{\frac{2}{\gamma}K\int_{-1}^{1}\left[1-(\gamma-1)\frac{\partial f}{\partial \xi} - \frac{\gamma-1}{2}\frac{1}{K^2}\left(\frac{\partial f}{\partial \eta}\right)^2\right]_{\eta=0}^{\frac{\gamma}{\gamma-1}} h(\xi)\mathrm{d}\xi\right\} \tag{17}$$

对于一个给定的厚度分布，括号中的量仅是相似参数 K 的函数。于是可以写出：

$$C_D = \frac{1}{M^{0^2}}\Delta(K) = \frac{1}{M^{0^2}}\Delta\left(M^0\frac{\delta}{b}\right) \tag{18}$$

类似地，也可以得到对于升力 L 的升力系数 C_L 的下列规律：

$$C_L = \frac{L}{\frac{1}{2}\rho^0 V^2 (2b)} = \frac{1}{M^{0^2}}\Lambda(K) = \frac{1}{M^{0^2}}\Lambda\left(M^0 \frac{\delta}{b}\right) \tag{19}$$

这些相似性规律表明，具有同样厚度分布的物体在正比于厚度参数(δ/b)的攻角下，$(C_D M^{0^2})$和$(C_L M^{0^2})$都只是一个参数 $K = M^0(\delta/b)$的函数。

式(18)和式(19)和较为局限性的 Ackeret 线性理论[4] 的结果是一致的。依据这个线性理论，对于上述意义上的相似物体，阻力系数和升力系数是：

$$C_D \sim \frac{\left(\frac{\delta}{b}\right)^2}{\sqrt{M^{0^2}-1}}$$

$$C_L \sim \frac{\frac{\delta}{b}}{\sqrt{M^{0^2}-1}}$$

对于很大 M^0 值的高超声速流动，上述表达式化为：

$$C_D \sim \left(\frac{\delta}{b}\right)^2 \Big/ M^0 \tag{20}$$

$$C_L \sim \left(\frac{\delta}{b}\right) \Big/ M^0 \tag{21}$$

式(20)，式(21)和式(18)，(19)是相一致的。而式(18)，式(19)却更具有普遍性和完整性。

四、高超声速轴对称流动

对于轴对称流动，y 方向是从轴线到所考察点的径向距离。于是，类似的分析导出下述微分方程和边界条件：

$$\left[1-(\gamma-1)\frac{\partial f}{\partial \xi} - \frac{\gamma+1}{2}\frac{1}{K^2}\left(\frac{\partial f}{\partial \eta}\right)^2\right]\frac{\partial^2 f}{\partial \eta^2} + \left[1-(\gamma-1)\frac{\partial f}{\partial \xi} - \frac{\gamma-1}{2}\frac{1}{K^2}\left(\frac{\partial f}{\partial \eta}\right)^2\right]\frac{1}{\eta}\frac{\partial f}{\partial \eta}$$
$$= 2\frac{\partial f}{\partial \eta}\frac{\partial^2 f}{\partial \xi \partial \eta} + K^2 \frac{\partial^2 f}{\partial \xi^2} \tag{22}$$

$$\frac{\partial f}{\partial \xi} = \frac{\partial f}{\partial \eta} = 0,\ \xi \to = \infty,\quad \eta \to \infty \tag{23}$$

$$\left(\eta \frac{\partial f}{\partial \eta}\right)_{\eta=0} = K^2 h(\xi),\ -1 < \xi < 1 \tag{24}$$

式中：$h(\xi)$是沿物体长度的横截面分布函数；$K = M^0(\delta/b)$，如同在二维流动一样。

因此按物体最大横截面定义的阻力系数 C_D 服从下述相似律：

$$C_D = \frac{1}{M^{0^2}}\Delta\left(M^0 \frac{\delta}{b}\right) \tag{25}$$

（贾　复　译，　沈　青　校）

参考文献

[1] von Kármán Th. The Problem of Resistance in Compressible Fluids[C]. Proceedings of the 5th Volta Congress, Rome 1936: 275 - 277.
[2] Sänger E. Gleitkörper für sehr hohe Fluggeshwindigkeiten[P]. German Patent 411/42. Berlin, 1939.
[3] von Kármán Th. Similarity Laws of Transonic Flows,即将发表.
[4] Durand Aerodynamic Theory[M]. III, J. Springer, Berlin, 1935: 234 - 236.

由 van der Waals 状态方程表征的气体的一维流动

钱学森

一、引言

在可压缩流体流动的数学分析中，通常假设流体的状态方程为完全气体方程。尽管这个假设对低压空气流动的大多数情况是合适的，但不能足够精确地表示气体在凝结点附近的特性。对这类蒸汽的流动一般采用数值法和图表法。例如，蒸汽的等熵膨胀可以用 Mollier 图追踪。A. Busemann[1]提出了一种图解法可以决定任意真实流体绕一个凸角的超声速膨胀流动。

然而，数值和图解的方法是冗长的，必须有很多艰辛的计算工作。此外，对一种流体介质构建的图表不适合另一种流体介质。另一方面，解析方法是通用的，它所建立的结果仅需更换参数就可以应用到任意流体。这篇文章提出了一种计算一维气体流动的解析方法，该气体的状态方程是 van der Waals 方程。假设气体的比定容热容只随温度而变且为温度的二次多项式。因为对于大多数设想的应用而言，与通常的比热容为常数的完全气体的结果比较，我们期望所得结果的偏离不大于百分之十，所以应用了小扰动方法，以致与完全气体偏离的二次项可以略去。这里所解的特殊问题是喷管中的等熵膨胀和超声速流动中的正激波。计算是现时感兴趣的高超声速风洞促成的，由于流动可以达到很大的膨胀比，与完全气体的偏离不能忽略。

W. J. Walker[2]曾研究过变比热容完全气体的流动。他没有直接用小扰动方法，所以他的结果对于流动计算似乎有些不方便。我们相信本文的分析更便于应用。

二、van der Waals 气体的等熵膨胀

设 p 为压力，T 为温度，ρ 为密度，R 为气体常数，van der Waals 状态方程是

$$p=\frac{RT}{\rho^{-1}-b}-a\rho^{2} \tag{1}$$

式中：a 和 b 是常数，分别表示内部分子吸引和分子尺寸的影响。假设气体的定容比热容 c_V 只是温度的函数。于是，对于等熵膨胀，热力学第一定律要求

$$c_V\mathrm{d}T+p\mathrm{d}\rho^{-1}=c_V\mathrm{d}T-p\frac{\mathrm{d}\rho}{\rho^{2}}=0 \tag{2}$$

1947 年 2 月 18 日收到。原载 Journal of Mathematics and Physics，1947，Vol. 25，pp. 301－324。

把方程(1)代入方程(2)可得

$$c_V \mathrm{d}T - \{RT(\rho - b\rho^2)^{-1} - a\}\mathrm{d}\rho = 0 \tag{3}$$

定容比热容 c_V 的变化一般能够十分精确地用下面的表达式表示：

$$c_V = \alpha + \beta T + \gamma T^2 \tag{4}$$

式中：α，β，γ 是常数。方程(3)可以写为

$$(\alpha + \beta T + \gamma T^2)\mathrm{d}T - \{RT(\rho - b\rho^2)^{-1} - a\}\mathrm{d}\rho = 0 \tag{5}$$

这一方程是在等熵膨胀中 T 随 ρ 而变化的微分规律。

方程(5)积分的计算可以大大地简化，如果假设 a，b，β，γ 的二阶量能被忽略。这是因为 a，b，β，γ 是偏离完全气体的度量，且对于大多数应用来说预计其偏离不超过 10%。借助这个假设，温度 T 作为密度 ρ 的函数可以表示为下列形式：

$$T(\rho) = T^{(0)}(\rho) + aT^{(1)}(\rho) + bT^{(2)}(\rho) + \beta T^{(3)}(\rho) + \gamma T^{(4)}(\rho) \tag{6}$$

把方程(6)代入方程(5)，令不依赖 a，b，β，γ 的这些量等于零，得到

$$\alpha \mathrm{d}T^{(0)} - \left(\frac{R}{\rho}\right)T^{(0)}\mathrm{d}\rho = 0 \tag{7}$$

这是在完全气体等熵膨胀情况下联系其温度和密度的方程。把方程(6)代入方程(5)，得到修正项 $T^{(1)}$，$T^{(2)}$，$T^{(3)}$ 和 $T^{(4)}$ 的方程，然后分别令所得的表达式中 a，b，β 和 γ 的系数等于零，于是

$$\alpha \mathrm{d}T^{(1)} - \left\{\left(\frac{R}{\rho}\right)T^{(1)} - 1\right\}\mathrm{d}\rho = 0 \tag{8}$$

$$\alpha \mathrm{d}T^{(2)} - \left\{\left(\frac{R}{\rho}\right)(T^{(2)} + \rho T^{(0)})\right\}\mathrm{d}\rho = 0 \tag{9}$$

$$\alpha \mathrm{d}T^{(3)} + T^{(0)}\mathrm{d}T^{(0)} - \left(\frac{R}{\rho}\right)T^{(3)}\mathrm{d}\rho = 0 \tag{10}$$

$$\alpha \mathrm{d}T^{(4)} + T^{(0)2}\mathrm{d}T^{(0)} - \left(\frac{R}{\rho}\right)T^{(4)}\mathrm{d}\rho = 0 \tag{11}$$

方程(7)～(11)分别是 $T^{(0)}$，$T^{(1)}$，$T^{(2)}$，$T^{(3)}$ 和 $T^{(4)}$ 的一阶线性微分方程。它们的解是

$$T^{(0)} = C\rho^{R/\alpha} \tag{12}$$

$$T^{(1)} = \frac{\rho}{(R - \alpha)} \tag{13}$$

$$T^{(2)} = \left(\frac{RC}{\alpha}\right)\rho^{(R/\alpha)+1} \tag{14}$$

$$T^{(3)} = -\left(\frac{C^2}{\alpha}\right)\rho^{2R/\alpha} \tag{15}$$

$$T^{(4)} = -\left(\frac{C^3}{2\alpha}\right)\rho^{3R/\alpha} \tag{16}$$

$T^{(1)}$，$T^{(2)}$，$T^{(3)}$ 和 $T^{(4)}$ 的积分常数被并入常数 C 中。按照方程(6)，温度 T 可以表示为

$$T = C\rho^{\frac{R}{\alpha}} + a\frac{\rho}{R - \alpha} + b\frac{CR}{\alpha}\rho^{\frac{R}{\alpha}+1} - \beta\frac{C^2}{\alpha}\rho^{\frac{2R}{\alpha}} - \gamma\frac{C^3}{2\alpha}\rho^{\frac{3R}{\alpha}} \tag{17}$$

用与膨胀起始点相关的量消除常数 C，以下标 0 记这些量，有

$$T_0 = C\rho_0^{\frac{R}{\alpha}} + a\frac{\rho_0}{R-\alpha} + b\frac{CR}{\alpha}\rho_0^{\frac{R}{\alpha}+1} - \beta\frac{C^2}{\alpha}\rho_0^{\frac{2R}{\alpha}} - \gamma\frac{C^3}{2\alpha}\rho_0^{\frac{3R}{\alpha}} \tag{18}$$

方程(17)和方程(18)中的常数 C 可以消去，温度比 T / T_0 可以写成

$$\frac{T}{T_0} = \left(\frac{\rho}{\rho_0}\right)^{\lambda}\left\{1 + \left(\frac{\alpha\rho_0}{RT_0}\right)\frac{\lambda}{1-\lambda}\left[1-\left(\frac{\rho}{\rho_0}\right)^{1-\lambda}\right] - (b\rho_0)\lambda\left[1-\frac{\rho}{\rho_0}\right] + \left(\frac{\beta T_0}{\alpha}\right)\left[1-\left(\frac{\rho}{\rho_0}\right)^{\lambda}\right] + \left(\frac{\lambda T_0^2}{\alpha}\right)\frac{1}{2}\left[1-\left(\frac{\rho}{\rho_0}\right)^{2\lambda}\right]\right\} \tag{19}$$

式中：λ 由

$$\lambda = \frac{R}{\alpha} \tag{20}$$

给出。如果比定容热容 c_V 是常数，则 $\beta = \gamma = 0$。如果是完全气体，则 $a = b = 0$。方程(19)将化简为简单的关系 $T / T_0 = (\rho / \rho_0)^{\lambda}$，即著名的完全气体方程。

反解方程(19)，仅保留合适的量阶可得

$$\frac{\rho}{\rho_0} = \left(\frac{T}{T_0}\right)^{\frac{1}{\lambda}}\left\{1 - \left(\frac{a\rho_0}{RT_0}\right)\frac{1}{1-\lambda}\left[1-\left(\frac{T}{T_0}\right)^{\left(\frac{1}{\lambda}\right)-1}\right] + (b\rho_0)\left[1-\left(\frac{T}{T_0}\right)^{\frac{1}{\lambda}}\right] - \left(\frac{\beta T_0}{\alpha}\right)\frac{1}{\lambda}\left(1-\frac{T}{T_0}\right) - \left(\frac{\gamma T_0^2}{\alpha}\right)\frac{1}{2\lambda}\left[1-\left(\frac{T}{T_0}\right)^{2}\right]\right\} \tag{21}$$

用状态方程(1)不难得到诸如压力 p 的其他方程。其结果是

$$\frac{p}{p_0} = \left(\frac{\rho}{\rho_0}\right)^{\lambda+1}\left\{1 + \left(\frac{a\rho_0}{RT_0}\right)\frac{1}{1-\lambda}\left[1-\left(\frac{\rho}{\rho_0}\right)^{1-\lambda}\right] - (b\rho_0)(1+\lambda)\left[1-\left(\frac{\rho}{\rho_0}\right)\right] + \left(\frac{\beta T_0}{\alpha}\right)\left[1-\left(\frac{\rho}{\rho_0}\right)^{\lambda}\right] + \left(\frac{\gamma T_0^2}{\alpha}\right)\frac{1}{2}\left[1-\left(\frac{\rho}{\rho_0}\right)^{2\lambda}\right]\right\} \tag{22}$$

$$\frac{\rho}{\rho_0} = \left(\frac{p}{p_0}\right)^{1/(1+\lambda)}\left\{1 - \left(\frac{a\rho_0}{RT_0}\right)\frac{1}{1-\lambda^2}\left[1-\left(\frac{p}{p_0}\right)^{(1-\lambda)/(1+\lambda)}\right] + (b\rho_0)\left[1-\left(\frac{p}{p_0}\right)^{1/(1+\lambda)}\right] - \left(\frac{\beta T_0}{\alpha}\right)\frac{1}{1+\lambda}\left[1-\left(\frac{p}{p_0}\right)^{\lambda/(1+\lambda)}\right] - \left(\frac{\gamma T_0^2}{\alpha}\right)\frac{1}{2(1+\lambda)}\left[1-\left(\frac{p}{p_0}\right)^{2\lambda/(1+\lambda)}\right]\right\} \tag{23}$$

$$\frac{p}{p_0} = \left(\frac{T}{T_0}\right)^{1+(1/\lambda)}\left\{1 - \left(\frac{a\rho_0}{RT_0}\right)\frac{\lambda}{1-\lambda}\left[1-\left(\frac{T}{T_0}\right)^{(1/\lambda)-1}\right] - \left(\frac{\beta T_0}{\alpha}\right)\frac{1}{\lambda}\left(1-\frac{T}{T_0}\right) - \left(\frac{\gamma T_0^2}{\alpha}\right)\frac{1}{2\lambda}\left[1-\left(\frac{T}{T_0}\right)^{2}\right]\right\} \tag{24}$$

$$\frac{T}{T_0} = \left(\frac{p}{p_0}\right)^{\lambda/(1+\lambda)}\left\{1 + \left(\frac{a\rho_0}{RT_0}\right)\frac{\lambda^2}{1-\lambda^2}\left[1-\left(\frac{p}{p_0}\right)^{(1-\lambda)/(1+\lambda)}\right] + \left(\frac{\beta T_0}{\alpha}\right)\frac{1}{1+\lambda}\left[1-\left(\frac{p}{p_0}\right)^{\lambda/(1+\lambda)}\right] + \left(\frac{\gamma T_0^2}{\alpha}\right)\frac{1}{2(1+\lambda)}\left[1-\left(\frac{p}{p_0}\right)^{2\lambda/(1+\lambda)}\right]\right\} \tag{25}$$

因此一旦知道气体的性质，特定的气体的初始状态，“修正参数” $\left(\frac{\alpha\rho_0}{RT_0}\right)$，$(b\rho_0)$，$\left(\frac{\beta T_0}{\alpha}\right)$ 和 $(\gamma T_0^2/\alpha)$ 立刻能计算出来。相继的膨胀状态由方程(19)～(25)决定。这些方程中的密度比、压力比和温度比等函数对任何气体是普遍适用的，并且与初始条件无关。

三、喷管中的膨胀

对于喷管中气体的等熵膨胀,人们关心如何确定流动速度。把速度记作 v,流动的动力学方程是

$$\rho v \mathrm{d}v = -\mathrm{d}p \tag{26}$$

另一方面,方程(2)可以写成

$$c_V \mathrm{d}T + \frac{p}{\rho} - \frac{\mathrm{d}p}{\rho} = 0 \tag{27}$$

由联立方程(4),(26)和(27)得到微分方程

$$(\alpha + \beta T + \gamma T^2)\mathrm{d}T + \mathrm{d}\left(\frac{p}{\rho}\right) + v\mathrm{d}v = 0 \tag{28}$$

如果用下标 0 表示膨胀起始点或驻点的条件,把方程(28)积分的结果是

$$\frac{1}{2}v^2 = \alpha T_0\left[1 - \frac{T}{T_0}\right] + \frac{\beta T_0^2}{2}\left[1 - \left(\frac{T}{T_0}\right)^2\right] + \frac{\gamma T_0^3}{3}\left[1 - \left(\frac{T}{T_0}\right)^3\right] + \frac{p_0}{\rho_0}\left[1 - \left(\frac{p}{p_0}\right)\left(\frac{\rho}{\rho_0}\right)\right] \tag{29}$$

用上节给出的方程决定温度比和压力比后,流动速度可以按方程(29)计算。

对于许多应用比如风洞设计,关于速度最方便的参数是马赫数 M,即速度 v 和声速 c 之比,声速 c 定义为

$$c^2 = \frac{\mathrm{d}p}{\mathrm{d}\rho} \tag{30}$$

式中:p 和 ρ 是等熵过程中的压力和密度,可以用微分方程(22)计算,其结果是

$$\begin{aligned} c^2 = (1+\lambda)\frac{p_0}{\rho}\left(\frac{\rho}{\rho_0}\right)^{\lambda}\Bigg\{1 + \left(\frac{a\rho_0}{RT_0}\right)\frac{1}{1-\lambda}\left[1 - \frac{2}{1+\lambda}\left(\frac{\rho}{\rho_0}\right)^{1-\lambda}\right] - (b\rho_0)(1+\lambda)\cdot \\ \left[1 - \frac{2+\lambda}{1+\lambda}\left(\frac{\rho}{\rho_0}\right)\right] + \left(\frac{\beta T_0}{\alpha}\right)\left[1 - \frac{1+2\lambda}{1+\lambda}\left(\frac{\rho}{\rho_0}\right)^{\lambda}\right] + \left(\frac{\lambda T_0^2}{\alpha}\right)\frac{1}{2}\left[1 - \frac{1+3\lambda}{1+\lambda}\left(\frac{\rho}{\rho_0}\right)^{2\lambda}\right]\Bigg\} \end{aligned} \tag{31}$$

用当地的 p , T 和 ρ 表示,声速由下式给出:

$$c^2 = (1+\lambda)\frac{p}{\rho}\left[1 - \left(\frac{a\rho}{RT}\right)\frac{1}{1+\lambda} + (b\rho) - \left(\frac{\beta T}{\alpha}\right)\frac{\lambda}{1+\lambda} - \left(\frac{\gamma T^2}{\alpha}\right)\frac{\lambda}{1+\lambda}\right] \tag{32}$$

方程(32)可以从方程(31)用取消所有下标的简单方法得到。把用下标 0 表示的参考点移到所关心的点,所得的结果是一样的。方程(32)显然不同于声速的通用公式

$$c^2 = \left(1 + \frac{R}{c_V}\right)\frac{p}{\rho} \tag{33}$$

然而利用方程(4),容易证明方程(32)可以写为

$$c^2 = \left(1 + \frac{R}{c_V}\right)\frac{p}{\rho}\left[1 - \left(\frac{a\rho}{RT}\right)\frac{1}{1+\lambda} + (b\rho)\right] \tag{34}$$

方程(33)和(34)的差别完全由气体的"热"不完全性而来。

由方程(21)和(24),方程(29)中的密度比和压力比能够被温度比的函数替代。通过方程(31)用马赫数 M 代替速度 v,得到温度比 T / T_0 和马赫数之间的关系

$$\frac{T}{T_0} = \frac{1}{\left(1 + \frac{\lambda M^2}{2}\right)}\left[1 + \left(\frac{a\rho_0}{RT_0}\right)t_1 - (b\rho_0)t_2 + \left(\frac{\beta T_0}{\alpha}\right)t_3 + \left(\frac{\gamma T_0^2}{\alpha}\right)t_4\right] \tag{35}$$

这里:t_1, t_2, t_3 和 t_4 是 M 和 λ 的函数,由下式给定:

$$\left.\begin{aligned}
t_1 &= \frac{\lambda}{\lambda+\lambda}\left\{M^2\left(1+\frac{\lambda}{2}M^2\right)^{-1/\lambda}+\left(1+\frac{\lambda}{2}M^2\right)^{1-(1/\lambda)}-1\right\}\\
t_2 &= \frac{1}{1+\lambda}\left\{(M^2-1)\left(1+\frac{\lambda}{2}M^2\right)^{-1-(1/\lambda)}+2\left(1+\frac{\lambda}{2}M^2\right)^{-1/\lambda}-1\right\}\\
t_3 &= \frac{1}{1+\lambda}\left\{\frac{1}{2}+\lambda\left(1+\frac{\lambda}{2}M^2\right)^{-1}-\left(\frac{1}{2}+\lambda\right)\left(1+\frac{\lambda}{2}M^2\right)^{-2}\right\}\\
t_4 &= \frac{1}{1+\lambda}\left\{\frac{1}{3}+\lambda\left(1+\frac{\lambda}{2}M^2\right)^{-2}-\left(\frac{1}{3}+\lambda\right)\left(1+\frac{\lambda}{2}M^2\right)^{-3}\right\}
\end{aligned}\right\} \tag{36}$$

容易确认方程(35)右边括号外的因子是完全气体温度比的通常的值，而函数 t_1，t_2，t_3 和 t_4 给出“温度”和“热量”的不完全性所产生的修正。

利用上一节给出的压力比、密度比和温度比之间的关系，压力比和密度比可以用马赫数来计算。这些关系如下：

$$\frac{p}{p_0}=\frac{1}{\left(1+\frac{\lambda M^2}{2}\right)^{1+\left(\frac{1}{\lambda}\right)}}\left[1+\left(\frac{a\rho_0}{RT_0}\right)P_1-(b\rho_0)P_2+\left(\frac{\beta T_0}{\alpha}\right)P_3+\left(\frac{\gamma T_0^2}{\alpha}\right)P_4\right] \tag{37}$$

$$\frac{\rho}{\rho_0}=\frac{1}{\left(1+\frac{\lambda M^2}{2}\right)^{\frac{1}{\lambda}}}\left[1+\left(\frac{a\rho_0}{RT_0}\right)r_1-(b\rho_0)r_2+\left(\frac{\beta T_0}{\alpha}\right)r_3+\left(\frac{\gamma T_0^2}{\alpha}\right)r_4\right] \tag{38}$$

式中：

$$\left.\begin{aligned}
P_1 &= M^2\left(1+\frac{\lambda}{2}M^2\right)^{-1/\lambda}-\frac{1}{1-\lambda}\left\{1-\left(1+\frac{\lambda}{2}M^2\right)^{1-(1/\lambda)}\right\}\\
P_2 &= (M^2-1)\left(1+\frac{\lambda}{2}M^2\right)^{-1-(1/\lambda)}+2\left(1+\frac{\lambda}{2}M^2\right)^{1/\lambda}-1\\
P_3 &= \left(\frac{1}{4}M^2-1\right)\left(1+\frac{\lambda}{2}M^2\right)^{-2}+\left(1+\frac{1}{2\lambda}\right)\left(1+\frac{\lambda}{2}M^2\right)^{-1}-\frac{1}{2\lambda}\\
P_4 &= \left(\frac{1}{6}M^2-1\right)\left(1+\frac{\lambda}{2}M^2\right)^{-3}+\left(1-\frac{1}{3\lambda}\right)\left(1+\frac{\lambda}{2}M^2\right)^{-2}+\frac{1}{2\lambda}\left(1+\frac{\lambda}{2}M^2\right)^{-1}-\frac{1}{6\lambda}
\end{aligned}\right\} \tag{39}$$

和

$$\left.\begin{aligned}
r_1 &= \frac{1}{1+\lambda}M^2\left(1+\frac{\lambda}{2}M^2\right)^{-1/\lambda}-\frac{2}{1-\lambda^2}\left\{1-\left(1+\frac{\lambda}{2}M^2\right)^{1-(1/\lambda)}\right\}\\
r_2 &= \frac{1}{1+\lambda}(M^2-1)\left(1+\frac{\lambda}{2}M^2\right)^{-1-(1/\lambda)}+\left(1+\frac{2}{1+\lambda}\right)\left(1+\frac{\lambda}{2}M^2\right)^{-1/\lambda}-\left(1+\frac{1}{1+\lambda}\right)\\
r_3 &= \frac{1}{1+\lambda}\left(\frac{M^2}{4}-1\right)\left(1+\frac{\lambda}{2}M^2\right)^{-2}+\frac{4\lambda+1}{2\lambda(1+\lambda)}\left(1+\frac{\lambda}{2}M^2\right)^{-1}-\frac{2\lambda+1}{2\lambda(1+\lambda)}\\
r_4 &= \frac{1}{1+\lambda}\left(\frac{M^2}{6}-1\right)\left(1+\frac{\lambda}{2}M^2\right)^{-3}+\frac{9\lambda+1}{6\lambda(1+\lambda)}\left(1+\frac{\lambda}{2}M^2\right)^{-2}-\frac{3\lambda+1}{6\lambda(1+\lambda)}
\end{aligned}\right\} \tag{40}$$

这里：函数 P_1，P_2，P_3，P_4 和 r_1，r_2，r_3，r_4 又分别是压力比和密度比的修正函数。

为计算喷管的截面积 A，需要用连续性方程

$$\mathrm{d}(\rho v A)=0 \tag{41}$$

由方程(41)，面积 A 的变化可以表示如下：

$$\frac{\mathrm{d}A}{A}=-\left(\frac{\mathrm{d}\rho}{\rho}+\frac{\mathrm{d}v}{v}\right) \tag{42}$$

但是按照方程(26)，上面方程右边第一项为

$$\frac{\mathrm{d}\rho}{\rho}=\frac{\mathrm{d}\rho}{\mathrm{d}p}\frac{\mathrm{d}p}{\rho}=-\frac{v^2}{c^2}\frac{\mathrm{d}v}{v}=-M^2\frac{\mathrm{d}v}{v}$$

于是方程(42)可以写成

$$\frac{\mathrm{d}A}{A}=-(1-M^2)\frac{\mathrm{d}v}{v} \tag{43}$$

该方程表明在 $\mathrm{d}A=0$ 的喷管喉道处对任何状态方程而言其马赫数为 1。这一众所周知的结果通常是对于完全气体的流动导出的。

方程(41)要求 $\rho vA=$常数，如果以星号记喉道处的物理量，于是有

$$\frac{A}{A^*}=\frac{\rho^*v^*}{\rho v}=\left(\frac{\rho^*}{\rho_0}\right)\left(\frac{\rho_0}{\rho}\right)\left[\frac{v^*}{\sqrt{p_0/\rho_0}}\right]\left[\frac{\sqrt{p_0/\rho_0}}{c}\right]\frac{1}{M} \tag{44}$$

利用前面导出的公式，该方程中的所有的量都可以用马赫数 M 来表示。只保留 a, b, β, γ 的一阶项，计算的结果是

$$\frac{A}{A^*}=\frac{1}{M}\left[\frac{1+\lambda M^2/2}{1+\left(\frac{\lambda}{2}\right)}\right]^{\left(\frac{1}{2}\right)+\left(\frac{1}{\lambda}\right)}\left[1+\left(\frac{a\rho_0}{RT_0}\right)f_1-(b\rho_0)f_2+\left(\frac{\beta T_0}{\alpha}\right)f_3+\left(\frac{\gamma T_0^2}{\alpha}\right)f_4\right] \tag{45}$$

式中：

$$\left.\begin{aligned}
f_1&=\frac{1+(\lambda/2)}{1+\lambda}\left[\left(1+\frac{\lambda}{2}\right)^{-1/\lambda}-M^2\left(1+\frac{\lambda}{2}M^2\right)^{-1/\lambda}\right]+\\
&\quad\frac{1}{1-\lambda}\left[\left(1+\frac{\lambda}{2}\right)^{1-(1/\lambda)}-\left(1+\frac{\lambda}{2}M^2\right)^{1-(1/\lambda)}\right]\\
f_2&=\frac{1+(\lambda/2)}{1+\lambda}\left\{(2+\lambda)\left(1+\frac{\lambda}{2}\right)^{-1-(1/\lambda)}-[1+(1+\lambda)M^2]\left(1+\frac{\lambda}{2}M^2\right)^{-1-(1/\lambda)}\right\}\\
f_3&=\frac{[1+(\lambda/2)]\left[\frac{1}{4}+(\lambda/2)\right]}{(1+\lambda)}\left[\left(1+\frac{\lambda}{2}\right)^{-2}-M^2\left(1+\frac{\lambda}{2}M^2\right)^{-2}\right]+\\
&\quad\frac{1}{4}\,\frac{1+(\lambda/2)}{1+\lambda}\left[\left(1+\frac{\lambda}{2}\right)^{-1}-M^2\left(1+\frac{\lambda}{2}M^2\right)^{-1}\right]+\\
&\quad\frac{1+\lambda-(\lambda^2/2)}{\lambda(1+\lambda)}\left[\left(1+\frac{\lambda}{2}\right)^{-1}-\left(1+\frac{\lambda}{2}M^2\right)^{-1}\right]\\
f_4&=\frac{[1+(\lambda/2)]\left[\frac{1}{6}+(\lambda/2)\right]}{1+\lambda}\left[\left(1+\frac{\lambda}{2}\right)^{-3}-M^2\left(1+\frac{\lambda}{2}M^2\right)^{-3}\right]+\\
&\quad\frac{1}{6}\,\frac{1+(\lambda/2)}{1+\lambda}\left[\left(1+\frac{\lambda}{2}\right)^{-2}-M^2\left(1+\frac{\lambda}{2}M^2\right)^{-2}\right]+\\
&\quad\frac{1+\lambda-\lambda^2}{2\lambda(1+\lambda)}\left[\left(1+\frac{\lambda}{2}\right)^{-2}-\left(1+\frac{\lambda}{2}M^2\right)^{-2}\right]+\\
&\quad\frac{1}{6}\,\frac{1+(\lambda/2)}{1+\lambda}\left[\left(1+\frac{\lambda}{2}\right)^{-1}-M^2\left(1+\frac{\lambda}{2}M^2\right)^{-1}\right]
\end{aligned}\right\} \tag{46}$$

因此,所有喷管流动的特征量由方程(35),(37),(38)和(45)给出。在这些方程中,由于气体的不完全性引入的修正被分离成一系列的项,每一项都是两个因子的乘积。一个因子是马赫数 M 和比值 $\lambda=R/\alpha$ 的普适函数而且与膨胀的初始条件无关。另一个因子仅仅决定于这些初始条件。这是由于采用小扰动方法后才有的显著简化。

四、超声速流动中的激波

除通过收缩扩张喷管的流动外,气体的一维流动还有在超声速区形成正激波的重要特性。如果激波前的马赫数很大,越过激波的压力比也很大,因此人们必定期望由气体的不完全性引起的显著偏离。为了决定这些偏离,考虑空间固定的激波,用下标 1 记作激波前的物理量,下标 2 记作激波后的物理量。激波前后垂直于激波阵面的流动速度分别是 v_1 和 v_2。连续性方程是

$$\rho_1 v_1 = \rho_2 v_2 \tag{47}$$

动量方程是

$$\rho_1 v_1^2 - \rho_2 v_2^2 = p_2 - p_1 \tag{48}$$

按照方程(28),能量守恒方程是

$$\alpha T_1 + \frac{\beta}{2}T_1^2 + \frac{\gamma}{3}T_1^3 + \frac{p_1}{\rho_1} + \frac{1}{2}v_1^2 = \alpha T_2 + \frac{\beta}{2}T_2^2 + \frac{\gamma}{3}T_2^3 + \frac{p_2}{\rho_2} + \frac{1}{2}v_2^2 \tag{49}$$

自然,状态方程是 van der Waals 方程

$$p_2 = \frac{RT_2\rho_2}{1-b\rho_2} - a\rho_2^2 \tag{50}$$

方程组(47)～(50)构成 4 个未知量 v_2, ρ_2, p_2, T_2 的 4 个联立方程组。

对于流动计算来说,把流动速度表示成马赫数更为方便。由方程(32),方程(47),(48)和(49)可以写成下列形式:

$$\begin{aligned}&\rho_1 M_1^2(1+\lambda)p_1\left[1-\frac{1}{1+\lambda}\frac{a\rho_1}{RT_1}+b\rho_1-\frac{\lambda}{1+\lambda}\frac{\beta T_1}{\alpha}-\frac{\lambda}{1+\lambda}\frac{\gamma T_1^2}{\alpha}\right]\\&\quad=\rho_2 M_2^2(1+\lambda)p_2\left[1-\frac{1}{1+\lambda}\frac{a\rho_2}{RT_2}+b\rho_2-\frac{\lambda}{1+\lambda}\frac{\beta T_2}{\alpha}-\frac{\lambda}{1+\lambda}\frac{\gamma T_2^2}{\alpha}\right]\end{aligned} \tag{51}$$

$$\begin{aligned}&M_1^2(1+\lambda)p_1\left[1-\frac{1}{1+\lambda}\frac{a\rho_1}{RT_1}+b\rho_1-\frac{\lambda}{1+\lambda}\frac{\beta T_1}{\alpha}-\frac{\lambda}{1+\lambda}\frac{\gamma T_1^2}{\alpha}\right]-\\&\quad M_2^2(1+\lambda)p_2\left[1-\frac{1}{1+\lambda}\frac{a\rho_2}{RT_2}+b\rho_2-\frac{\lambda}{1+\lambda}\frac{\beta T_2}{\alpha}-\frac{\lambda}{1+\lambda}\frac{\gamma T_2^2}{\alpha}\right]=p_2-p_1\end{aligned} \tag{52}$$

$$\begin{aligned}&\alpha T_1+\frac{\beta}{2}T_1^2+\frac{\gamma}{3}T_1^3+\frac{p_1}{\rho_1}+\frac{1}{2}M_1^2(1+\lambda)\frac{p_1}{\rho_1}\left[1-\frac{1}{1+\lambda}\frac{a\rho_1}{RT_1}+b\rho_1-\right.\\&\quad\left.\frac{\lambda}{1+\lambda}\frac{\beta T_1}{\alpha}-\frac{\lambda}{1+\lambda}\frac{\gamma T_1^2}{\alpha}\right]=\alpha T_2+\frac{\beta}{2}T_2^2+\frac{\gamma}{3}T_2^3+\frac{p_2}{\rho_2}+\\&\quad\frac{1}{2}M_2^2(1+\lambda)\frac{p_2}{\rho_2}\left[1-\frac{1}{1+\lambda}\frac{a\rho_2}{RT_2}+b\rho_2-\frac{\lambda}{1+\lambda}\frac{\beta T_2}{\alpha}-\frac{\lambda}{1+\lambda}\frac{\gamma T_2^2}{\alpha}\right]\end{aligned} \tag{53}$$

在方程组(50)～(53)中,例如可以消去变量 ρ_2,T_2 和 M_2 得到 p_2 的方程。消去的过程有些冗长,但却是直截了当的。只保留 a, b, β, λ 的线性项,结果是

$$\left\{\frac{2+\lambda}{2}\left(\frac{p_2}{p_1}\right)^2-\{(1+\lambda)M_1^2+1\}\left(\frac{p_2}{p_1}\right)+\left[(1+\lambda)M_1^2-\frac{\lambda}{2}\right]\right\}+$$

$$\left(\frac{a\rho_1}{RT_1}\right)\left\{(1+\lambda)M_1^2\left[1-\frac{1}{1-\dfrac{1}{(1+\lambda)M_1^2}\left(\dfrac{p_2}{p_1}-1\right)}\right]+M_1^2\left(\frac{p_2}{p_1}-1\right)+\right.$$

$$\left.\frac{\dfrac{2+\lambda}{2}\left(\dfrac{p_2}{p_1}\right)^2-[(1+\lambda)M_1^2+1]\left(\dfrac{p_2}{p_1}\right)+\left[(1+\lambda)M_1^2-\dfrac{\lambda}{2}\right]}{1+\lambda}\right\}-$$

$$(b\rho_1)\left\{\frac{2+\lambda}{2}\left(\frac{p_2}{p_1}\right)^2-[1+(1+\lambda)M_1^2]\left(\frac{p_2}{p_1}\right)+\left[(1+\lambda)M_1^2-\frac{\lambda}{2}\right]\right\}+$$

$$\left(\frac{\beta T_1}{\alpha}\right)\left\{(1+\lambda)M_1^2\left[\frac{1}{2}-\frac{1}{2}\left(\frac{p_2}{p_1}\right)^2\left(1-\frac{\dfrac{p_2}{p_1}-1}{(1+\lambda)M_1^2}\right)^2+\frac{\lambda}{1+\lambda}\left(\frac{p_2}{p_1}-1\right)\right]+\right.$$

$$\left.\frac{\dfrac{2+\lambda}{2}\left(\dfrac{p_2}{p_1}\right)^2-[1+(1+\lambda)M_1^2]\left(\dfrac{p_2}{p_1}\right)+\left[(1+\lambda)M_1^2-\dfrac{\lambda}{2}\right]}{(1+\lambda)/\lambda}\right\}+$$

$$\left(\frac{\gamma T_1^2}{\alpha}\right)\left\{(1+\lambda)M_1^2\left[\frac{1}{3}-\frac{1}{3}\left(\frac{p_2}{p_1}\right)^3\left(1-\frac{\dfrac{p_2}{p_1}-1}{(1+\lambda)M_1^2}\right)^3+\frac{\lambda}{1+\lambda}\left(\frac{p_2}{p_1}-1\right)\right]+\right.$$

$$\left.\frac{\dfrac{2+\lambda}{2}\left(\dfrac{p_2}{p_1}\right)^2-[1+(1+\lambda)M_1^2]\left(\dfrac{p_2}{p_1}\right)+\left[(1+\lambda)M_1^2-\dfrac{\lambda}{2}\right]}{(1+\lambda)\lambda}\right\}=0 \tag{54}$$

按照这里采用的小扰动方法的原理，压力比(p_2/p_1)可以表示为

$$\frac{p_2}{p_1}=\left(\frac{p_2}{p_1}\right)^{(0)}+\left(\frac{a\rho_1}{RT_1}\right)\left(\frac{p_2}{p_1}\right)^{(1)}-(b\rho_1)\left(\frac{p_2}{p_1}\right)^{(2)}+\left(\frac{\beta T_1}{\alpha}\right)\left(\frac{p_2}{p_1}\right)^{(3)}+\left(\frac{\gamma T_1^2}{\alpha}\right)\left(\frac{p_2}{p_1}\right)^{(4)} \tag{55}$$

式中：没有一个函数 $\left(\frac{p_2}{p_1}\right)^{(i)}$ $(i=0,1,2,3,4)$ 包含参数 a, b, β 或 γ。把方程(55)代入方程(54)，令独立于 a, b, β 或 γ 的项为零，得 $\left(\frac{p_2}{p_1}\right)^{(0)}$ 一阶近似的方程

$$\frac{2+\lambda}{2}\left[\left(\frac{p_2}{p_1}\right)^{(0)}\right]^2-[1+(1+\lambda)M_1^2]\left(\frac{p_2}{p_1}\right)^{(0)}+\left[(1+\lambda)M_1^2-\frac{\lambda}{2}\right]=0 \tag{56}$$

这个二次方程有意义的根是

$$\left(\frac{p_2}{p_1}\right)^{(0)}=\frac{1}{2+\lambda}[2(1+\lambda)M_1^2-\lambda] \tag{57}$$

这就是众所周知的完全气体激波的结果。在把式(55)代入方程(54)的结果中，令带因子$[a\rho_1/(RT_1)]$的项为零，可以决定内部分子吸引的修正。因此

$$\left\{(2+\lambda)\left(\frac{p_2}{p_1}\right)^{(0)}-[1+(1+\lambda)M_1^2]\right\}\left(\frac{p_2}{p_1}\right)^{(1)}+$$

$$(1+\lambda)M_1^2\left\{1-\frac{1}{1-\frac{1}{(1+\lambda)M_1^2}\left[\left(\frac{p_2}{p_1}\right)^{(0)}-1\right]}\right\}+M_1^2\left[\left(\frac{p_2}{p_1}\right)^{(0)}-1\right]=0 \tag{58}$$

类似地，我们有

$$\left\{(2+\lambda)\left(\frac{p_2}{p_1}\right)^{(0)}-[1+(1+\lambda)M_1^2]\right\}\left(\frac{p_2}{p_1}\right)^{(2)}=0 \tag{59}$$

$$\left\{(2+\lambda)\left(\frac{p_2}{p_1}\right)^{(0)}-[1+(1+\lambda)M_1^2]\right\}\left(\frac{p_2}{p_1}\right)^{(3)}+$$
$$(1+\lambda)M_1^2\left\{\frac{1}{2}-\frac{1}{2}\left(\frac{p_2}{p_1}\right)^{(0)^2}\left[1-\frac{\left(\frac{p_2}{p_1}\right)^{(0)}-1}{(1+\lambda)M_1^2}\right]^2+\frac{\lambda}{1+\lambda}\left[\left(\frac{p_2}{p_1}\right)^{(0)}\right]\right\}=0 \tag{60}$$

$$\left\{(2+\lambda)\left(\frac{p_2}{p_1}\right)^{(0)}-[1+(1+\lambda)M_1^2]\right\}\left(\frac{p_2}{p_1}\right)^{(4)}+$$
$$(1+\lambda)M_1^2\left\{\frac{1}{3}-\frac{1}{3}\left(\frac{p_2}{p_1}\right)^{(0)^3}\left[1-\frac{\left(\frac{p_2}{p_1}\right)^{(0)}-1}{(1+\lambda)M_1^2}\right]^3+\frac{\lambda}{1+\lambda}\left[\left(\frac{p_2}{p_1}\right)^{(0)}-1\right]\right\}=0 \tag{61}$$

由于 $\left(\frac{p_2}{p_1}\right)^{(0)}$ 的值由式(57)给定，这些方程是函数 $\left(\frac{p_2}{p_1}\right)^{(i)}$ $(i=0,1,2,3,4)$ 的线性方程，它们很容易求解。$\left(\frac{p_2}{p_1}\right)$ 最终的解可以写成如下形式：

$$\frac{p_2}{p_1}=\frac{2(1+\lambda)M_1^2-\lambda}{(2+\lambda)}\left[1+\left(\frac{a\rho_1}{RT_1}\right)\Pi_1-(b\rho_1)\Pi_2+\left(\frac{\beta T_1}{\alpha}\right)\Pi_3+\left(\frac{\gamma T_1^2}{\alpha}\right)\Pi_4\right] \tag{62}$$

式中：

$$\left.\begin{aligned}
\Pi_1&=-\frac{2\lambda M_1^2(M_1^2-1)}{(\lambda M_1^2+2)[2(1+\lambda)M_1^2-\lambda]},\quad \Pi_2=0\\
\Pi_3&=\frac{2\lambda M_1^2}{[2(1+\lambda)M_1^2-\lambda]}\left\{\frac{1}{(2+\lambda)^3}\left[(1+\lambda)+\frac{1}{M_1^2}\right]\cdot\right.\\
&\quad\left.\left[\lambda(1+\lambda)M_1^2+4(1+\lambda)-\frac{\lambda}{M_1^2}\right]-1\right\}\\
\Pi_4&=\frac{2\lambda M_1^2}{[2(1+\lambda)M_1^2-\lambda]}\left\{\frac{1}{(2+\lambda)^5}\frac{1}{3}\left[(1+\lambda)+\frac{1}{M_1^2}\right]\left[4\lambda^2(1+\lambda^2)M_1^4+\right.\right.\\
&\quad 2\lambda(1+\lambda)(12+12\lambda-\lambda^2)M_1^2+((4+4\lambda-\lambda^2)^2+32(1+\lambda)^2)-\\
&\quad\left.\left.2\lambda(12+12\lambda-\lambda^2)\frac{1}{M_1^2}+\frac{4\lambda^2}{M_1^4}\right]-1\right\}
\end{aligned}\right\} \tag{63}$$

用方程(62)和前面给定的关系式(50)～(53)，可以决定密度比 ρ_2/ρ_1，温度比 T_2/T_1 和马赫数 M_2，计算给出了下面的关系：

$$\frac{\rho_2}{\rho_1}=\frac{(2+\lambda)M_1^2}{\lambda M_1^2+2}\left[1+\left(\frac{a\rho_1}{RT_1}\right)D_1-(b\rho_1)D_2+\left(\frac{\beta T_1}{\alpha}\right)D_3+\left(\frac{\gamma T_1^2}{\alpha}\right)D_4\right] \tag{64}$$

式中：

$$
\left.\begin{aligned}
D_1 &= \frac{2(1+\lambda)M_1^2-\lambda}{(1+\lambda)(\lambda M_1^2+2)}\Pi_1+\frac{2(M_1^2-1)}{(1+\lambda)(\lambda M_1^2+2)}\\
D_2 &= \frac{2(M_1^2-1)}{(\lambda M_1^2+2)}\\
D_3 &= \frac{2(1+\lambda)M_1^2-\lambda}{(1+\lambda)(\lambda M_1^2+2)}\Pi_3+\frac{2\lambda(M_1^2-1)}{(1+\lambda)(\lambda M_1^2+2)}\\
D_4 &= \frac{2(1+\lambda)M_1^2-\lambda}{(1+\lambda)(\lambda M_1^2+2)}\Pi_4+\frac{2\lambda(M_1^2-1)}{(1+\lambda)(\lambda M_1^2+2)}
\end{aligned}\right\} \tag{65}
$$

$$
\frac{T_2}{T_1}=\frac{[2(1+\lambda)M_1^2-\lambda](\lambda M_1^2+2)}{(2+\lambda)^2M_1^2}\left[1+\left(\frac{a\rho_1}{RT_1}\right)\tau_1-(b\rho_1)\tau_2+\left(\frac{\beta T_1}{\alpha}\right)\tau_3+\left(\frac{\gamma T_1^2}{\alpha}\right)\tau_4\right] \tag{66}
$$

式中：

$$
\left.\begin{aligned}
&\tau_1=\Pi_1-D_1+\frac{(2+\lambda)^2M_1^4}{(\lambda M_1^2+2)^2}\,\frac{2+\lambda}{[2(1+\lambda)M_1^2-\lambda]}-1\\
&\tau_2=0,\ \tau_3=\Pi_3-D_3,\ \tau_4=\Pi_4-D_4
\end{aligned}\right\} \tag{67}
$$

$$
M_2=\sqrt{\frac{\lambda M_1^2+2}{2(1+\lambda)M_1^2-\lambda}}\left[1+\left(\frac{a\rho_1}{RT_1}\right)m_1-(b\rho_1)m_2+\left(\frac{\beta T_1}{\alpha}\right)m_3+\left(\frac{\gamma T_1^2}{\alpha}\right)m_4\right] \tag{68}
$$

式中：

$$
\left.\begin{aligned}
m_1 &= \frac{\left(1+\frac{\lambda}{2}\right)M_1^2}{(1+\lambda)(\lambda M_1^2+2)}\left\{\frac{(2+\lambda)^3M_1^4}{(\lambda M_1^2+2)^2[2(1+\lambda)M_1^2-\lambda]}-1\right\}-\frac{\left(1+\frac{\lambda}{2}\right)\left(M_1^2+\frac{1}{1+\lambda}\right)}{(\lambda M_1^2+2)}\Pi_1\\
m_2 &= \frac{\left(1+\frac{\lambda}{2}\right)M_1^2}{(\lambda M_1^2+2)}\left[\frac{(2+\lambda)M_1^2}{(\lambda M_1^2+2)}-1\right]\\
m_3 &= \frac{\lambda\left(1+\frac{\lambda}{2}\right)M_1^2}{(1+\lambda)(\lambda M_1^2+2)}\left\{\frac{(\lambda M_1^2+2)[2(1+\lambda)M_1^2-\lambda]}{(2+\lambda)^2M_1^2}-1\right\}-\frac{\left(1+\frac{\lambda}{2}\right)\left(M_1^2+\frac{1}{1+\lambda}\right)}{(\lambda M_1^2+2)}\Pi_3\\
m_4 &= \frac{\lambda\left(1+\frac{\lambda}{2}\right)M_1^2}{(1+\lambda)(\lambda M_1^2+2)}\left\{\frac{(\lambda M_1^2+2)^2[2(1+\lambda)M_1^2-\lambda]^2}{(2+\lambda)^4M_1^4}-1\right\}-\frac{\left(1+\frac{\lambda}{2}\right)\left(M_1^2+\frac{1}{1+\lambda}\right)}{(\lambda M_1^2+2)}\Pi_4
\end{aligned}\right\} \tag{69}
$$

方程(62),(64),(66)和(68)表明：把一系列的修正项应用到完全气体的公式中就可以计算所有与激波相关的量。与上一节得到的结果类似，这些修正项是两个因子的乘积。一个因子是马赫数 M 和比 $\lambda = R/\alpha$ 的普适函数，但是独立于激波的初始条件。另一个因子仅由这些初始条件决定。

五、常数参数 *a* 和 *b*

在上一节的分析中，两个参数 $a\rho/(RT)$ 和 $(b\rho)$ 出现在所有的计算公式中。常数 a 和 b 以下列方式与临界压力 p_c 和临界温度 T_c 相联系[3]：

$$p_c = \frac{1}{27}\frac{a}{b^2}, \qquad T_c = \frac{8}{27}\frac{a}{Rb} \tag{70}$$

对 a 和 b 解这两个方程，有

$$a = \frac{27}{64}\frac{(RT_c)^2}{p_c}, \qquad b = \frac{1}{8}\frac{RT_c}{p_c} \tag{71}$$

因此，如果只考虑 a，b 的一阶量，方程(71)和状态方程给出

$$\frac{a\rho}{RT} = \frac{27}{64}\left(\frac{T_c}{T}\right)^2\left(\frac{p}{p_c}\right) \tag{72}$$

和

$$b\rho = \frac{1}{8}\left(\frac{p}{p_c}\right)\left(\frac{T_c}{T}\right) \tag{73}$$

我们认为在实际计算中这些参数形式更方便，因为它们清楚地呈现了参数的无量纲特征。

六、空气的性质

对于空气来说，J. Jeans[4] 给出了由实验决定的 a 和 b 的值。利用方程(70)从这些常数可以计算临界压力和临界温度。其值用工程单位制表示是

$$p_c = 324.6\ \text{psi}, \qquad T_c = 181.1\,°\text{R} \tag{74}$$

因为空气是好几种气体的混合物，所以这样的临界压力和临界温度是不实际的，但是代替 van der Waals 状态方程中的 a 和 b 是方便的。

J. H. Keenan 和 J. Kaye[5]给出了作为温度的函数的空气的定容比热容。用适合于方程(4)的列表数据，从 $T=300$℉到 $T=1\,000$°R，按最小二乘法决定的常数 α，β 和 γ 是

$$\left.\begin{aligned} \alpha &= 0.174\,57\ \text{Btu}/(\text{Ib}℉) \\ \beta &= -0.018\,77\times10^{-3}\ \text{Btu}/[\text{Ib}(℉)^2] \\ \gamma &= 0.024\,41\times10^{-6}\ \text{Btu}/[\text{Ib}(℉)^3] \end{aligned}\right\} \tag{75}$$

因为空气的气体常数 R 是 $0.068\,5$ Btu/(Ib℉)，所以

$$\lambda = \frac{R}{\alpha} = 0.392\,0 \tag{76}$$

七、用于空气的函数表

为了有效利用前面几节得到的结果，由方程(36)，(39)，(40)，(46)，(63)，(65)，(67)和(69)确定的适用于空气的普适修正函数列于表 1 到表 8 。方程(35)，(37)，(38)，(45)，(62)，(64)，(66)和(68)括号外边的因子，对于完全气体是不同的量，也在这些表的第一列列出。可以看出：甚至在中等马赫数时，修正函数就有可观的值。因此，如果修正的参数不是太小，马赫数甚至低到 3，与完全气体的偏离就不能忽略了。

表 1 空气膨胀中的温度比函数,参见方程(35)和(36)

M	$\left(1+\frac{1}{2}\lambda M^2\right)^{-1}$	t_1	t_2	t_3	t_4
0	1.000 00	0	0	0	0
0.5	0.953 289	0.042 18	0.038 70	0.045 31	0.043 97
1.0	0.836 120	0.110 12	0.075 16	0.146 67	0.131 75
1.5	0.693 963	0.127 69	0.036 36	0.246 02	0.200 94
2.0	0.560 538	0.090 41	−0.044 82	0.315 71	0.236 17
2.5	0.449 438	0.028 66	−0.122 01	0.356 32	0.249 04
3.0	0.361 795	−0.033 96	−0.178 58	0.377 20	0.251 65
3.5	0.294 031	−0.087 50	−0.215 78	0.386 60	0.250 56
4.0	0.241 780	−0.130 01	−0.239 25	0.389 82	0.248 56
4.5	0.201 248	−0.162 71	−0.253 92	0.389 92	0.246 62
5.0	0.169 492	−0.187 61	−0.263 15	0.388 52	0.245 02
5.5	0.144 321	−0.206 56	−0.269 05	0.386 49	0.243 76
6.0	0.124 131	−0.221 06	−0.272 89	0.384 28	0.242 81
6.5	0.107 747	−0.232 25	−0.275 44	0.382 10	0.242 08
7.0	0.094 304 0	−0.240 97	−0.277 16	0.380 05	0.241 53
7.5	0.083 160 1	−0.247 84	−0.278 35	0.378 18	0.241 11
8.0	0.073 833 4	−0.253 29	−0.279 18	0.376 49	0.240 79
8.5	0.065 958 7	−0.257 67	−0.279 77	0.374 98	0.240 54
9.0	0.059 255 7	−0.261 21	−0.280 20	0.373 63	0.240 34
9.5	0.053 507 4	−0.264 11	−0.280 52	0.372 43	0.240 19
10	0.048 543 7	−0.266 50	−0.280 76	0.371 36	0.240 07
11	0.040 459 6	−0.270 14	−0.281 07	0.369 54	0.239 89
12	0.034 218 5	−0.272 71	−0.281 26	0.368 08	0.239 77
13	0.029 304 9	−0.274 59	−0.281 37	0.366 90	0.239 69
14	0.025 370 4	−0.275 97	−0.281 44	0.365 93	0.239 64
15	0.022 172 9	−0.277 02	−0.281 49	0.365 12	0.239 60
16	0.019 540 4	−0.277 83	−0.381 52	0.364 45	0.239 57
17	0.017 347 9	−0.027 846	−0.281 55	0.363 89	0.239 55
18	0.015 502 9	−0.278 96	−0.281 56	0.363 41	0.239 53
19	0.013 936 1	−0.279 36	−0.281 57	0.363 00	0.239 52
20	0.012 595 6	−0.279 69	−0.281 58	0.362 64	0.239 51
∞	0	−0.281 61	−0.281 61	0.359 20	0.239 46

表 2 空气膨胀中的压力比函数,参见方程(37)和(39)

M	$\left(1+\frac{\lambda M^2}{2}\right)^{-1-\frac{1}{\lambda}}$	P_1	P_2	P_3	P_4
0	1.000000	0	0	0	0
0.5	0.843775	0.10367	0.13741	0.04175	0.09655
1.0	0.529633	0.23475	0.26688	0.10277	0.25853
1.5	0.273263	0.17452	0.12912	0.09292	0.32318
2.0	0.128024	−0.06100	−0.15914	0	0.27812
2.5	0.0584285	−0.35648	−0.43324	−0.13919	0.18211
3.0	0.0270452	−0.63213	−0.63413	−0.28862	0.07957
3.5	0.0129495	−0.85887	−0.76624	−0.42813	−0.01071
4.0	0.00646413	−1.03509	−0.84957	−0.54997	−0.08447
4.5	0.00336926	−1.16889	−0.90166	−0.65304	−0.14306
5.0	0.00183100	−1.26983	−0.93445	−0.73901	−0.18926
5.5	0.00103458	−1.34619	−0.95541	−0.81042	−0.22582
6.0	0.000605831	−1.40437	−0.96904	−0.86978	−0.25497
6.5	0.000366481	−1.44911	−0.97808	−0.91932	−0.27844
7.0	0.000228316	−1.48388	−0.98420	−0.96087	−0.29754
7.5	0.000146082	−1.51118	−0.98842	−0.99594	−0.31325
8.0	0.0000957511	−1.53285	−0.99137	−1.02573	−0.32629
8.5	0.0000641522	−1.55021	−0.99348	−1.05119	−0.33722
9.0	0.0000438471	−1.56426	−0.99501	−1.07308	−0.34646
9.5	0.0000305191	−1.57573	−0.99614	−1.09202	−0.35434
10	0.0000215989	−1.58517	−0.99697	−1.10849	−0.36111
11	0.0000113111	−1.59954	−0.99808	−1.13556	−0.37205
12	0.00000623921	−1.60972	−0.99874	−1.15666	−0.38043
13	0.00000359810	−1.61710	−0.99915	−1.17340	−0.38698
14	0.00000215643	−1.62257	−0.99941	−1.18688	−0.39220
15	0.00000133655	−1.62670	−0.99958	−1.19789	−0.39642
16	0.000000853240	−1.62988	−0.99970	−1.20699	−0.39988
17	0.000000559150	−1.63237	−0.99978	−1.21459	−0.40275
18	0.000000375078	−1.63433	−0.99983	−1.22101	−0.40516
19	0.000000256927	−1.63591	−0.99987	−1.22647	−0.40721
20	0.000000179350	−1.63718	−0.99990	−1.23115	−0.40895
∞	0	−1.64474	−1.00000	−1.27551	−0.42517

表 3 空气膨胀中的密度比函数,参见方程(38)和(40)

M	$\left(1+\frac{\lambda M^2}{2}\right)^{\frac{-1}{\lambda}}$	r_1	r_2	r_3	r_4
0	1.000000	0	0	0	0
0.5	0.885120	−0.01002	−0.01617	−0.00357	−0.00422
1.0	0.633441	−0.11778	−0.17483	−0.04390	−0.04770
1.5	0.393772	−0.38574	−0.51357	−0.15311	−0.14865
2.0	0.228395	−0.74395	−0.88593	−0.35571	−0.27226
2.5	0.130003	−1.09587	−1.18124	−0.49551	−0.38255
3.0	0.0747528	−1.39155	−1.38080	−0.66583	−0.46659
3.5	0.0440414	−1.62159	−1.50642	−0.81472	−0.52604
4.0	0.0267357	−1.79451	−1.58359	−0.93979	−0.56686
4.5	0.0167419	−1.92299	−1.63100	−1.04295	−0.59471
5.0	0.0108029	−2.01849	−1.66050	−1.12753	−0.61383
5.5	0.00716857	−2.08997	−1.67919	−1.19691	−0.62710
6.0	0.00488057	−2.14399	−1.69127	−1.25406	−0.63645
6.5	0.00340131	−2.18529	−1.69924	−1.30142	−0.64315
7.0	0.00242106	−2.21724	−1.70462	−1.34093	−0.64802
7.5	0.00175663	−2.24223	−1.70831	−1.37413	−0.65161
8.0	0.00129685	−2.26200	−1.71090	−1.38559	−0.65430
8.5	0.000972612	−2.27780	−1.71274	−1.42617	−0.65634
9.0	0.000739965	−2.29056	−1.71407	−1.44671	−0.65791
9.5	0.000570372	−2.30096	−1.71504	−1.46445	−0.65913
10	0.000444937	−2.30950	−1.71577	−1.47985	−0.66009
11	0.000279566	−2.32250	−1.71674	−1.50510	−0.66146
12	0.000182334	−2.33167	−1.71731	−1.52475	−0.66235
13	0.000122782	−2.33832	−1.71766	−1.54030	−0.66296
14	0.0000849978	−2.34324	−1.71788	−1.55281	−0.66337
15	0.0000602785	−2.34696	−1.71803	−1.56302	−0.66367
16	0.0000436654	−2.34982	−1.71813	−1.57144	−0.66388
17	0.0000322315	−2.35205	−1.71820	−1.57848	−0.66404
18	0.0000241940	−2.35381	−1.71825	−1.58441	−0.66416
19	0.0000184361	−2.35522	−1.71828	−1.58946	−0.66425
20	0.0000142403	−2.35636	−1.71831	−1.59379	−0.66432
∞	0	−2.36313	−1.71839	−1.63471	−0.66463

表 4 空气膨胀中的面积比函数,参见方程(45)和(46)

M	$\frac{1}{M}\left(\frac{1+\lambda M^2/2}{1+\frac{\lambda}{2}}\right)^{\left(\frac{1}{2}\right)+\left(\frac{1}{\lambda}\right)}$	f_1	f_2	f_3	f_4
0	∞	0.145 56	0.229 30	0.052 51	0.060 55
0.5	2.116 17	0.073 05	0.111 24	0.026 84	0.029 93
1.0	1.000 00	0	0	0	0
1.5	1.858 36	0.095 79	0.118 36	0.039 51	0.035 73
2.0	2.673 72	0.335 19	0.366 03	0.148 48	0.118 15
2.5	4.196 67	0.616 43	0.601 54	0.292 33	0.206 21
3.0	6.778 83	0.872 42	0.774 15	0.439 87	0.278 94
3.5	10.939 78	1.083 9	0.887 65	0.574 53	0.332 68
4.0	17.389 0	1.240 88	0.959 25	0.690 62	0.370 56
4.5	27.055 3	1.362 18	1.004 00	0.788 03	0.396 85
5.0	41.119 6	1.453 42	1.032 18	0.868 84	0.415 11
5.5	61.048 4	1.522 28	1.050 18	0.935 69	0.427 89
6.0	88.628 2	1.574 67	1.061 89	0.991 10	0.436 96
6.5	126.000 4	1.614 90	1.069 66	1.037 24	0.443 49
7.0	175.697	1.646 14	1.074 92	1.075 88	0.448 25
7.5	240.677	1.670 65	1.078 55	1.108 45	0.451 77
8.0	324.360	1.690 09	1.081 09	1.136 08	0.454 42
8.5	430.665	1.705 66	1.082 90	1.159 67	0.456 43
9.0	564.048	1.718 26	1.084 21	1.179 95	0.457 97
9.5	729.534	1.728 53	1.085 18	1.197 47	0.459 18
10	932.759	1.736 99	1.085 90	1.212 71	0.460 13
11	1 478.244	1.749 86	1.086 85	1.237 73	0.461 49
12	2 259.20	1.758 97	1.087 42	1.257 22	0.462 37
13	3 346.47	1.765 57	1.087 77	1.272 68	0.462 97
14	4 824.31	1.770 47	1.087 99	1.285 12	0.463 39
15	6 791.55	1.774 17	1.088 14	1.295 28	0.463 68
16	9 362.89	1.777 01	1.088 24	1.303 67	0.463 89
17	12 670.1	1.779 24	1.088 31	1.310 68	0.464 05
18	16 863.5	1.781 08	1.088 35	1.316 60	0.464 17
19	22 112.7	1.782 40	1.088 39	1.321 63	0.464 26
20	28 608.5	1.783 54	1.088 41	1.325 94	0.464 33
∞	∞	1.790 29	1.088 50	1.366 81	0.464 64

表 5　空气中越过激波的压力比函数,参看方程(62)和(63)

M_1	$\frac{2(1+\lambda)M_1^2-\lambda}{2+\lambda}$	Π_1	Π_2	Π_3	Π_4
0	1.000000	0	0	0	0
1.5	2.45485	−0.13030	0	−0.03350	0.01038
2.0	4.48829	−0.24560	0	−0.02392	0.07421
2.5	7.11037	−0.33989	0	0.00318	0.18519
3.0	10.31604	−0.41402	0	0.04179	0.33259
3.5	14.0937	−0.47118	0	0.08997	0.59120
4.0	18.4582	−0.51519	0	0.14688	0.91976
4.5	23.4047	−0.54930	0	0.21214	1.36032
5.0	28.9331	−0.57601	0	0.28555	1.93806
5.5	35.0435	−0.59717	0	0.36699	2.68119
6.0	41.7358	−0.61414	0	0.45639	3.62097
6.5	49.0100	−0.62791	0	0.55370	4.79163
7.0	56.8662	−0.63920	0	0.65891	6.23043
7.5	65.3044	−0.64856	0	0.77199	7.97757
8.0	74.3244	−0.65640	0	0.89292	10.07629
8.5	83.9264	−0.66301	0	1.02170	12.5728
9.0	94.1104	−0.66864	0	1.15832	15.5162
9.5	104.876	−0.67347	0	1.30278	18.9587
10	116.224	−0.67764	0	1.45507	22.9555
11	140.666	−0.68443	0	1.78312	32.8473
12	167.435	−0.69867	0	2.14247	45.6925
13	196.532	−0.69379	0	2.53310	62.0394
14	227.957	−0.69709	0	2.95501	82.4843
15	261.709	−0.69978	0	3.40819	107.6710
16	297.789	−0.70199	0	3.89264	138.291
17	336.197	−0.70383	0	4.40835	175.084
18	376.933	−0.70538	0	4.95533	218.837
19	419.997	−0.70669	0	5.53357	270.384
20	465.388	−0.70782	0	6.14307	330.608

表 6 空气中越过激波的密度比函数,参见方程(64)和(65)

M_1	$\frac{(2+\lambda)M_1^2}{\lambda M_1^2+2}$	D_1	D_2	D_3	D_4
1.0	1.00000	0	0	0	0
1.5	1.86745	0.43246	0.86745	0.19525	0.25948
2.0	2.68161	0.67716	1.68161	0.42186	0.63396
2.5	3.35955	0.76183	2.35955	0.67319	1.17296
3.0	3.89436	0.75227	2.89436	0.94903	1.94519
3.5	4.30785	0.69872	3.30785	1.21585	3.03647
4.0	4.62669	0.62993	3.62669	1.58451	4.54807
4.5	4.87402	0.56009	3.87402	1.94948	6.59610
5.0	5.06780	0.49530	4.06780	2.34866	9.31140
5.5	5.22139	0.43767	4.22139	2.78348	12.8396
6.0	5.34459	0.38743	4.34459	3.25496	17.3413
6.5	5.44456	0.34403	4.44456	3.76386	22.9919
7.0	5.52659	0.30666	4.52659	4.31074	29.9822
7.5	5.59460	0.27449	4.59460	4.89601	38.6025
8.0	5.65151	0.24672	4.65151	5.51998	48.8191
8.5	5.69956	0.22268	4.69956	6.18289	61.1224
9.0	5.74046	0.20180	4.74046	6.88492	75.6788
9.5	5.77554	0.18357	4.77554	7.62620	92.7545
10	5.80583	0.16760	4.80583	8.40685	112.6310
11	5.85516	0.14112	4.85516	10.08657	161.988
12	5.89324	0.12029	4.89324	11.9246	226.306
13	5.92322	0.10365	4.92322	13.9212	308.382
14	5.94723	0.09017	4.94723	16.0767	411.260
15	5.96674	0.07911	4.96674	18.3912	538.224
16	5.98280	0.06995	4.98280	20.8648	692.803
17	5.99618	0.06227	4.99618	23.4976	878.770
18	6.00744	0.05577	5.00744	26.2897	1100.14
19	6.01700	0.05023	5.01700	29.2410	1361.17
20	6.02519	0.04547	5.02519	32.3517	1666.36

表 7　空气中越过激波的温度比函数，参见方程(66)和(67)

M_1	$\frac{\{2(1+\lambda)M_1^2-\lambda\}(\lambda M_1^2+2)}{(2+\lambda)^2M_1^2}$	τ_1	τ_2	τ_3	τ_4
1.0	1.000000	0	0	0	0
1.5	1.31454	−0.14214	0	−0.22875	−0.24910
2.0	1.67373	−0.32058	0	−0.44578	−0.55976
2.5	2.11646	−0.51438	0	−0.67002	−0.98777
3.0	2.64769	−0.69544	0	−0.90724	−1.59260
3.5	3.27162	−0.85316	0	−1.16188	−2.44527
4.0	3.98950	−0.98540	0	−1.43763	−3.62831
4.5	4.80193	−1.09437	0	−1.73734	−5.23577
5.0	5.70921	−1.18365	0	−2.06312	−7.37334
5.5	6.71153	−1.25687	0	−2.41649	−10.1584
6.0	7.80898	−1.31715	0	−2.79857	−13.7203
6.5	9.00165	−1.36709	0	−3.21016	−18.2003
7.0	10.28956	−1.40876	0	−3.65183	−23.7517
7.5	11.6728	−1.44377	0	−4.12402	−30.6249
8.0	13.1513	−1.47339	0	−4.62706	−38.7428
8.5	14.7251	−1.49863	0	−5.16119	−48.5496
9.0	16.3942	−1.52029	0	−5.72659	−60.1626
9.5	18.1587	−1.53898	0	−6.32342	−73.7958
10	20.0185	−1.55521	0	−6.95178	−89.6755
11	24.0242	−1.58182	0	−8.30345	−129.141
12	28.4113	−1.60253	0	−9.78211	−180.613
13	33.1799	−1.61564	0	−11.3881	−246.343
14	38.3299	−1.63210	0	−13.1217	−328.776
15	43.8613	−1.64286	0	−14.9830	−430.553
16	49.7742	−1.65174	0	−16.9722	−554.512
17	56.0686	−1.65915	0	−19.0893	−703.686
18	62.7444	−1.66540	0	−21.3343	−881.301
19	69.8017	−1.67072	0	−23.7074	−1090.78
20	77.2404	−1.67528	0	−26.2086	−1335.75

表 8 空气中激波后马赫数的函数,参见方程(68)和(69)

M_1	$\left(\frac{(\lambda M_1^2+2)}{2(1+\lambda)M_1^2-\lambda}\right)^{\frac{1}{2}}$	m_1	m_2	m_3	m_4
1.0	1.000000	0	0	0	0
1.5	0.700575	0.44264	0.80996	0.12397	0.17864
2.0	0.576491	0.96828	2.25472	0.29220	0.56286
2.5	0.511511	1.34534	3.96352	0.52218	1.29906
3.0	0.473427	1.52916	5.63583	0.81562	2.55433
3.5	0.449186	1.56450	7.12487	1.17274	4.53773
4.0	0.432843	1.51075	8.38980	1.59250	7.49399
4.5	0.421326	1.41242	9.44102	2.07387	11.7057
5.0	0.412922	1.29693	10.3074	2.61601	17.4933
5.5	0.406600	1.17964	11.0208	3.21825	25.2154
6.0	0.401739	1.06807	11.6100	3.88011	35.2683
6.5	0.397915	0.96561	12.0994	4.60125	48.0863
7.0	0.394859	0.87330	12.5083	5.38140	64.1417
7.5	0.392379	0.79099	12.8525	6.22035	83.9445
8.0	0.390340	0.71800	13.1440	7.11797	108.042
8.5	0.388643	0.65339	13.3927	8.07413	137.021
9.0	0.387213	0.59622	13.6062	9.08875	171.504
9.5	0.386003	0.54558	13.7906	10.16177	212.153
10	0.384964	0.50064	13.9509	11.2931	259.667
11	0.383294	0.42504	14.2138	13.7307	378.274
12	0.382016	0.36458	14.4185	16.4013	533.674
13	0.381021	0.31569	14.5807	19.3046	732.822
14	0.380230	0.27572	14.7112	22.4407	983.273
15	0.379589	0.24269	14.8176	25.8093	1293.19
16	0.379065	0.21513	14.9056	29.4106	1671.35
17	0.378630	0.19192	14.9790	33.2444	2127.11
18	0.378266	0.17221	15.0410	37.3106	2670.46
19	0.377957	0.15534	15.0937	41.6094	3311.98
20	0.377692	0.14080	15.1389	46.1406	4062.84

八、将结果应用于高超声速风洞

现在,作为一个例子,分析的结果将被应用到实验段马赫数为 15 的高超声速风洞。令喷管入口处的压力为 600 psia,温度为 800°R,于是,修正参数的值是

$$\frac{a\rho_0}{RT_0}=\frac{27}{64}\left(\frac{181.1}{800}\right)^2\frac{600}{324.6}=0.0396$$

$$b\rho_0=\frac{1}{8}\,\frac{181.1}{800}\,\frac{600}{324.6}=0.05230$$

$$\frac{\beta T_0}{\alpha}=-\frac{0.01877\times0.800}{0.17457}=-0.08602$$

$$\frac{\gamma T_0^2}{\alpha}=\frac{0.02441\times0.800^2}{0.17457}=0.08949$$

借助表 1～表 4,实验段的空气条件可以计算如下:

$$T=800\times0.0221729(1-0.03996\times0.27702+0.05230\times0.28149-0.08602\times0.36512+0.08949\times0.23960)=17.626°\mathrm{R}$$

$$p=600\times0.00000133655(1-0.03996\times1.62670+0.05230\times0.99958+0.08602\times1.19789-0.08949\times0.39642)=0.00084591\ \mathrm{psi}$$

$$A/A^*=6791.55(1+0.03996\times1.77417-0.05230\times1.08814-0.08602\times1.29528+0.08949\times0.46368)=6411.6$$

从而出现了相当大的偏离完全气体的值。

现在,如果在紧邻实验段之后有一个正激波,表 5～表 8 可以被用来计算激波后的条件。这里的修正参数是

$$\frac{a\rho_1}{RT_1}=\frac{27}{64}\left(\frac{181.1}{17.626}\right)^2\frac{0.00084591}{324.6}=0.00012$$

$$b\rho_1=\frac{1}{8}\,\frac{181.1}{17.626}\,\frac{0.00084591}{324.6}=0.0000034$$

$$\frac{\beta T_1}{\alpha}=-\frac{0.01877\times0.017626}{0.17456}=-0.0018952$$

$$\frac{\gamma T_1^2}{\alpha}=\frac{0.02441\times0.017626^2}{0.17457}=0.00004344$$

于是温度和压力可以计算如下:

$$T_2=17.626\times43.8613(1-0.00012\times1.64286+0.0018952\times14.983-0.00004344\times430.55)=780.44°\mathrm{R}$$

$$p_2=0.00084591\times261.709(1-0.00012\times0.69978-0.0018952\times3.4082+0.00004344\times107.67)=0.22097\ \mathrm{psi}$$

$$M_2=0.379589(1+0.00012\times0.24269-0.0000034\times14.818-0.0018952\times25.809+0.00004344\times1293.2)=0.38234$$

这里与完全气体的偏离比膨胀过程小很多。原因当然是激波过程的压力水平低得多。如果用一个压缩系统把激波后的空气再压缩到喷管入口处的压力 p_0,这样风洞就能连续运转。因此

所要求的总压缩比是 p_0/p_2 或近似等于 2 700。

Massachusetts Institute of Technology

参考文献

[1] Busemann A. Gasdynamik[M]. //Part 1, Vol. IV of Handbuch der Experimentalphysik, Akademische Verlag, Leipzig, 1931: 421-431.

[2] Walker W J. The Effect of Variable Specific Heats on the Discharge of Gases Through Orifices or Nozzles[J]. Phil. Mag. 1922, 43(6): 589-592. //Specific Heat Variations in Relation to the Dynamic Action of Gases and Their Equation of State, Ibid., 50: 1244-1260 (1925).

[3] Epstein P S. Textbook of Thermodynamics[M]. John Wiley & Sons, New York 1937: 12.

[4] Jeans J. An Introduction to the Kinetics Theory of Gases [M]. Cambridge University Press, Cambridge, 1940: 81-83.

[5] Keenan J H, Kaye J. Thermodynamics Properties of Air[M]. John Wiley & Sons, New York, 1945: 36.

关于论文"由 van der Waals 状态方程表征的气体的一维流动"的修正

钱学森

在作者最近的论文①中,因未包含气体体积改变所产生的内能变化而产生了一个错误②。其结果是与 van der Waals 方程的参数 a 相关项的公式是不对的。那一篇论文中相应的方程应被下列修正的方程替代:

$$c_V \mathrm{d}T + T\left(\frac{\partial p}{\partial T}\right)\mathrm{d}\rho^{-1} = 0 \tag{2}$$

$$c_V \mathrm{d}T - \{RT(\rho - b\rho^2)^{-1}\}\mathrm{d}\rho = 0 \tag{3}$$

$$(\alpha + \beta T + \gamma T^2)\mathrm{d}T - \{RT(\rho - b\rho^2)^{-1}\}\mathrm{d}\rho = 0 \tag{5}$$

$$\mathrm{d}T^{(1)}(\rho) = 0 \tag{8}$$

$$T^{(1)}(\rho) = 0 \tag{13}$$

$$T = C\rho^{\frac{R}{\alpha}} + b\frac{CR}{\alpha}\rho^{\frac{R}{\alpha}+1} - \beta\frac{C^2}{\alpha}\rho^{\frac{2R}{\alpha}} - \gamma\frac{C^2}{2\alpha}\rho^{\frac{3R}{\alpha}} \tag{17}$$

方程(18)也作类似的修正。在式(20)和(21)中含有 $[a\rho_0/(RT_0)]$ 的项应该丢掉。式(22),

① Journal of Mathematics and Physics, 1947, Vol. 25., pp. 301-324。

② 感谢 Joseph H. Keenan 教授让作者注意到这个错误。

(23),(24),(25),(31),(32)和(34)中与参数 a 相关的因子应该按下面的图表修正。

方程	错误的因子	正确的因子
(22)	$\frac{1}{1-\lambda}$	1
(23)	$-\frac{1}{1-\lambda^2}$	$-\frac{1}{1+\lambda}$
(24)	$-\frac{\lambda}{1-\lambda}$	1
(25)	$\frac{\lambda^2}{1-\lambda^2}$	$-\frac{\lambda}{1+\lambda}$
(31)	$\frac{1}{1-\lambda}$	1
(32)	$-\frac{1}{1+\lambda}$	$-\frac{1-\lambda}{1+\lambda}$
(34)	$-\frac{1}{1+\lambda}$	$-\frac{1-\lambda}{1+\lambda}$

此外,其他方程的正确形式是

$$c_V \mathrm{d}T + \mathrm{d}\left(\frac{p}{\rho}\right) - a\mathrm{d}\rho - \frac{\mathrm{d}p}{\rho} = 0 \tag{27}$$

$$(\alpha + \beta T + \gamma T^2)\mathrm{d}T + \mathrm{d}\left(\frac{p}{\rho}\right) - a\mathrm{d}\rho + v\mathrm{d}v = 0 \tag{28}$$

$$\begin{aligned}\frac{1}{2}v^2 = {} & \alpha T_0\left(1-\frac{T}{T_0}\right) + \frac{\beta T_0{}^2}{2}\left(1-\frac{T^2}{T_0^2}\right) + \frac{\gamma T_0^3}{3}\left(1-\frac{T^3}{T_0^3}\right) + \\ & \frac{p_0}{\rho_0}\left[1-\left(\frac{p}{p_0}\right)\left(\frac{\rho_0}{\rho}\right)\right] - a\rho_0\left(1-\frac{\rho}{\rho_0}\right)\end{aligned} \tag{29}$$

$$t_1 = \frac{\lambda}{1+\lambda}\left\{(M^2+2)\left(1+\frac{\lambda}{2}M^2\right)^{-\frac{1}{\lambda}} - 2\right\} \tag{36}$$

$$P_1 = (M^2+2)\left(1+\frac{\lambda}{2}M^2\right)^{-\frac{1}{\lambda}} - 1 + \left(1+\frac{\lambda}{2}M^2\right)^{1-\left(\frac{1}{\lambda}\right)} \tag{39}$$

$$r_1 = \frac{1}{1+\lambda}\left\{(M^2+2)\left(1+\frac{\lambda}{2}M^2\right)^{-\frac{1}{\lambda}} - 2\right\} \tag{40}$$

$$f_1 = \frac{1}{1+\lambda}\left\{(2+\lambda)\left(1+\frac{\lambda}{2}\right)^{-\frac{1}{\lambda}} - [(1+\lambda)+M^2]\left(1+\frac{\lambda}{2}M^2\right)^{-\frac{1}{\lambda}}\right\} \tag{46}$$

$$-a\rho_1 + \alpha T_1 + \frac{\beta}{2}T_1^2 + \frac{\gamma}{3}T_1^3 + \frac{p_1}{\rho_1} + \frac{1}{2}v_1^2 = -a\rho_2 + \alpha T_2 + \frac{\beta}{2}T_2^2 + \frac{\gamma}{3}T_2^3 + \frac{p_2}{\rho_2} + \frac{1}{2}v_2^2 \tag{49}$$

式(63)给出的 Π_1 应该乘以$(1-\lambda)$,式(65)中 D_1 的第二项也应乘以$(1-\lambda)$。式(69)中 m_1, m_2, m_3, m_4 修正后的表示式是

$$
\left.\begin{aligned}
m_1 &= \frac{1-\lambda}{2(1+\lambda)}\left[\frac{(2+\lambda)^3 M_1^4}{(\lambda M_1^2+2)^2\{2(1+\lambda)M_1^2-\lambda\}}-1\right]-\frac{1}{2}(D_1+\Pi_1)\\
m_2 &= \frac{1}{2}\left[\frac{(2+\lambda)M_1^2}{\lambda M_1^2+2}-1\right]-\frac{1}{2}(D_2+\Pi_2)\\
m_3 &= \frac{\lambda}{2(1+\lambda)}\left[\frac{(\lambda M_1^2+2)\{2(1+\lambda)M_1^2-\lambda\}}{(2+\lambda)^2 M_1^2}-1\right]-\frac{1}{2}(D_3+\Pi_3)\\
m_4 &= \frac{\lambda}{2(1+\lambda)}\left[\frac{(\lambda M_1^2+2)^2\{2(1+\lambda)M_1^2-\lambda\}^2}{(2+\lambda)^4 M_1^4}-1\right]-\frac{1}{2}(D_4+\Pi_4)
\end{aligned}\right\}\qquad(69)
$$

除了 t_1，P_1，r_1，f_1，Π_1，D_1，τ_1 和所有的 m 外，表列的函数是正确的。

Massachusetts Institute of Technology

（周显初 译， 李家春 校）

激波与固体边界交点附近的流动情况

钱学森
(California Institute of Technology)

一、引言

近期 J. Ackeret, F. Feldmann 和 N. Rott[1] 以及 H. -W. Liepmann[2] 对于跨声速流动中激波与边界层干扰的研究揭示了一些迄今未被认知的新特性。这些现象之一就是在紧靠激波后面的固体边界附近出现一个强膨胀区。在 H. W. Emmons[3] 所给出的跨声速流动数值计算结果中也出现同样的情况。因为 Emmons 的研究没有考虑流体的黏性和传热，那么激波后膨胀区的出现就应该与这些流体性质无关。更细致地研究这一现象所涉及的各个量的数量级发现，流体的小黏性和热传导的影响的确很小，并且在与穿过激波有很大变化的压力与速度作比较时，流体的黏性和传热是可以忽略的。换句话说，在跨声速流动中，虽然激波可以因边界层的存在而被引发，而边界层又是由流体黏性产生的，但最终对流动特征的描写仍然可以不考虑黏性和热传导。其实这种情形与充分发展的湍流也差不多，虽然充分发展湍流这一现象本身是因黏性影响而产生的，但它可以不必直接借助于黏性来描述。

本文的目的在于指明，忽略掉黏性及热传导影响，在激波与固体边界交点附近流动区域内马赫数与固体边界曲率之间存在着一个简单的关系，Emmons 在未考虑沿固体边界压力梯度的情况下得到了同样的关系，相信现在的推导更加普遍。将沿固体边界激波前、后压力梯度与固体边界曲率关联起来，其中激波后的压力梯度大于激波前的压力梯度。

二、基本方程

令 r, θ 为极坐标，u, v 分别是径向和周向速度分量，进而令 ρ, p 代表流体的密度及压力。因此运动方程为

$$\rho u \frac{\partial u}{\partial r} + \rho v \frac{\partial u}{r\partial \theta} - \frac{\rho v^2}{r} = -\frac{\partial p}{\partial r} \tag{1}$$

$$\rho u \frac{\partial v}{\partial r} + \rho v \frac{\partial v}{r\partial \theta} + \frac{\rho u v}{r} = -\frac{1}{r}\frac{\partial p}{\partial \theta} \tag{2}$$

连续性方程为

$$\frac{\partial \rho u}{\partial r} + \frac{\rho u}{r} + \frac{1}{r}\frac{\partial \rho u}{\partial \theta} = 0 \tag{3}$$

现在将这些方程用于激波前、后两边(图 1)。假设边界有连续斜率，并且贴近边界的流动

1946 年 12 月 12 日收到。原载 Journal of Mathematics and Physics, 1947, Vol. 26, pp. 69 - 75.

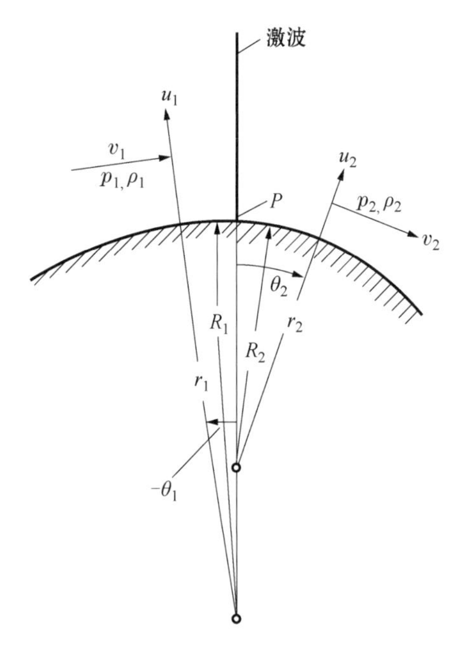

图 1 激波及固体边界

方向穿过激波不变,故激波一定是垂直于边界的。作为本问题的进一步简化,假设激波是直的。因为下面的计算局限于激波与固体边界交点 P 附近区域内,激波的任何有限曲率的影响都将属于二阶小量,因此直激波的假设实际上并没有影响所考虑的物理问题的普适性。令下标 1 和 2 分别表示对应于激波上游和下游的量,令上标符号 0 表示 P 点上的量,进一步用 R_1 和 R_2 表示 P 点左侧和右侧固体边界的曲率半径。从而本研究允许边界曲率是变化的,尽管其斜率是连续的。因固体边界上径向速度分量是 0,故方程(1)给出

$$\frac{\rho_1^0 v_1^{0^2}}{R_1} = \left(\frac{\partial p_1}{\partial r_1}\right)^0$$

因 $\gamma p_1^0/\rho_1^0 = a_1^{0^2}$,$\gamma$ 是比热比,且 $V_1^0/a_1^0 = M_1^0$ 是 P 点左侧流动马赫数,故上述方程可写为

$$\left[\frac{\partial(p_1/p_1^0)}{\partial r_1}\right]^0 = \frac{1}{R_1}\gamma M_1^{0^2} \tag{4}$$

类似地有

$$\left[\frac{\partial(p_2/p_2^0)}{\partial r_2}\right]^0 = \frac{1}{R_2}\gamma M_2^{0^2} \tag{5}$$

针对着 P 点左侧方程(2),我们有

$$-\frac{1}{R_1}\left(\frac{\partial p_1}{\partial \theta_1}\right)^0 = \rho_0^0 v_1^0\left(\frac{\partial v_1}{r_1 \partial_1 \theta}\right)^0 = v_1\left(\frac{\partial \rho_1 v_1}{r_1 \partial \theta_1}\right)^0 - v_1^{0^2}\left(\frac{\partial \rho_1}{r_1 \partial \theta_1}\right)^0 \tag{6}$$

但是

$$\left(\frac{\partial \rho_1}{r_1 \partial \theta_1}\right)^0 = \left(\frac{\mathrm{d}\rho_1}{\mathrm{d}p_1}\right)^0\left(\frac{\partial p_1}{r_1 \partial \theta_1}\right) = \frac{1}{a_1^{0^2}}\left(\frac{\partial p_1}{r_1 \partial \theta_1}\right)^0$$

此处$(\mathrm{d}p_1/\mathrm{d}\rho_1)^0$ 等于 $a_1^{0^2}$,因为在无黏流中,流体沿任一流线所经历的是等熵的压缩或膨胀。方程(3)给出

$$\left(\frac{\partial \rho_1 v_1}{r_1 \partial \theta_1}\right)^0 = -\left(\frac{\partial \rho_1 u_1}{\partial r_1}\right)^0 = -\rho_1^0\left(\frac{\partial u_1}{\partial r_1}\right)^0$$

因此,方程(6)可以写成

$$(M_1^{0^2} - 1)\frac{1}{R_1}\left(\frac{\partial p_1}{\partial \theta_1}\right)^0 = -\rho_1^0 v_1^0\left(\frac{\partial u_1}{\partial r_1}\right)^0 \tag{7}$$

类似地对 P 点右侧可以得到

$$(1 - M_2^{0^2})\frac{1}{R_2}\left(\frac{\partial p_2}{\partial \theta_2}\right)^0 = \rho_2^0 v_2^0\left(\frac{\partial u_2}{\partial r_2}\right)^0 \tag{8}$$

三、激波两侧变量关系

现在引入独立变量 η 作为离开固体边界的法向距离,亦即

$$\eta = r_1 - R_1 = r_2 - R_2 \tag{9}$$

于是方程(4)给出激波左侧的压力 p_1：

$$p_1/p_1^0 = 1 + \gamma M_1^{0^2} \eta/R_1 + \cdots \tag{10}$$

现在，激波前的流动通常被认为是无旋的，因此流动不仅是沿一条给定的流线等熵，而且全流场均有同样的熵值，所以温度比 T_1/T_1^0 为

$$T_1/T_1^0 = (p_1/p_1^0)^{(\gamma-1)/\gamma} = 1 + (\gamma-1)M_1^{0^2}\eta/R_1 + \cdots \tag{11}$$①

然而

$$T_1/T_1^0 = \left(1+\frac{\gamma-1}{2}M_1^{0^2}\right)\Big/\left(1+\frac{\gamma-1}{2}M_1^2\right) \tag{12}$$

于是，方程(11)和(12)给出马赫数如下：

$$M_1^2 = M_1^{0^2}\left[1 - 2\left(1+\frac{\gamma-1}{2}M_1^{0^2}\right)\frac{\eta}{R_1} + \cdots\right] \tag{13}$$

这是沿激波左侧的马赫数。

在离开固体边界的那些点上穿入激波的速度不是垂直的，因为在那些点上存在着径向速度 u_1。然而，动量亏损将显示出在计算压力 p_2 时这个影响为二阶小量。因此对于所要求的准确度而言，仍可使用垂直激波的公式。于是方程(10)和(13)给出压力比为

$$\frac{p_2}{p_1^0} = \frac{p_1}{p_1^0}\left(\frac{2\gamma}{\gamma+1}M_1^2 - \frac{\gamma-1}{\gamma+1}\right) = \left(\frac{2\gamma}{\gamma+1}M_1^{0^2} - \frac{\gamma-1}{\gamma+1}\right)\left[1 + \frac{2\gamma M_1^{0^4} - \gamma(\gamma+3)M_1^{0^2}}{2\gamma M_1^{0^2} - (\gamma-1)}\frac{\eta}{R_1} + \cdots\right]$$

因此

$$\frac{p_2}{p_2^0} = 1 + \frac{2\gamma M_1^{0^4} - \gamma(\gamma+3)M_1^{0^2}}{2\gamma M_1^{0^2} - (\gamma-1)}\frac{\eta}{R_1} + \cdots \tag{14}$$

另一方面，方程(5)要求

$$\left[\frac{\partial(p_2/p_2^0)}{\partial\eta}\right]^0 = \frac{1}{R_2}\frac{2\gamma + \gamma(\gamma-1)M_1^{0^2}}{2\gamma M_1^{0^2} - (\gamma-1)} \tag{15}$$

将方程(14)代入方程(15)，则有

$$[2 + (\gamma-1)M_1^{0^2}]R_1/R_2 = 2M_1^{0^4} - (\gamma+3)M_1^{0^2}$$

或

$$M_1^{0^4} - \frac{1}{2}\left\{(\gamma+3) + \frac{R_1}{R_2}(\gamma-1)\right\}M_1^{0^2} - \frac{R_1}{R_2} = 0 \tag{16}$$

此二次方程之有意义的根是

$$M_1^{0^2} = \frac{1}{4}\left\{(\gamma+3) + \frac{R_1}{R_2}(\gamma-1)\right\} + \sqrt{\frac{1}{16}\left\{(\gamma+3) + \frac{R_1}{R_2}(\gamma-1)\right\}^2 + \frac{R_1}{R_2}} \tag{17}$$

因此，激波前后马赫数不是随意定的，而要由固体边界曲率半径之比来确定。这与 Emmons[4] 在不考虑沿固体边界压力梯度而得到的关系式是一样的。图 2 显示 $\gamma = 1.4$ 时的这一关系。不难看出，对于激波前马赫数很大的情况，激波后固体边界曲率必须大于激波前的固体边界曲

① 原著的 T_1^0 误为 T_0^1——译者注。

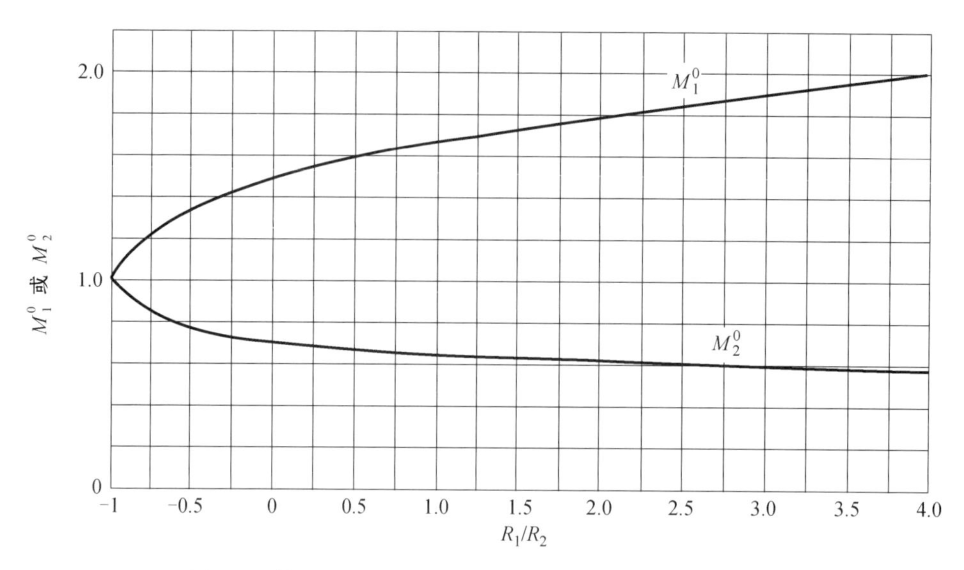

图 2 固体边界上激波前马赫数 M_1^0 及激波后马赫数 M_2^0 与边界曲率半径之比 R_1/R_2 之间的关系

率。如果前后固体边界曲率相同，那么 $M_1^0=1.661$。

径向速度分量不因穿过激波而改变，因此沿激波前后 $u_1=u_2$，而且连续性条件要求 $p_1^0v_1^0=p_2^0v_2^0$，因此，由方程(7)和(8)直接得出

$$\left(\frac{\partial p_2}{\partial s}\right)^0\Big/\left(\frac{\partial p_1}{\partial s}\right)^0=-\frac{M_1^{0^2}-1}{1-M_2^{0^2}} \tag{18}$$

式中：s 是沿固体边界的长度。于是方程(18)给出了激波前后沿着固体边界压力梯度的比值。

在图 3 里也绘出了 $\gamma=1.4$ 时这一压力梯度比值与固体边界曲率比值 R_1/R_2 之间的关系。有趣的是前后压力梯度符号相反，亦即如果在激波前流动沿流向是膨胀的话，那么，在激波后流动沿流向就是被压缩的。如果在激波前流动沿流向是被压缩的，那么在激波后流动沿流向就是膨胀的。从物理上观察图 4 所示激波与固体边界交点附近的流动图像就容易理解上述现象了。若激波前侧流线聚集，那么激波后流线将会更加聚集。但是，在激波前侧超声速区

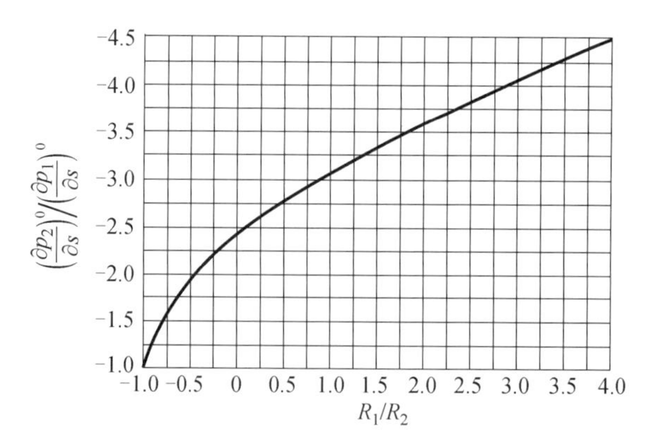

图 3 激波前后沿固体边界压力梯度之比 $\left(\frac{\partial p_2^2}{\partial s^2}\right)^0\Big/\left(\frac{\partial p_1^2}{\partial s}\right)^0$ 作为边界曲率半径比 R_1/R_2 的函数

内聚集的流线对应的是压缩，而在激波后侧亚声速区内聚集的流线对应的是膨胀，如果流线是发散的，那么实际情况就相反了。然而在这两种情况中，激波前后压力梯度的符号相反，因此激波后的膨胀区必然是与激波前的压缩区相联系的。这与实验数据[1]和 Emmons 的计算[3]完全相符。

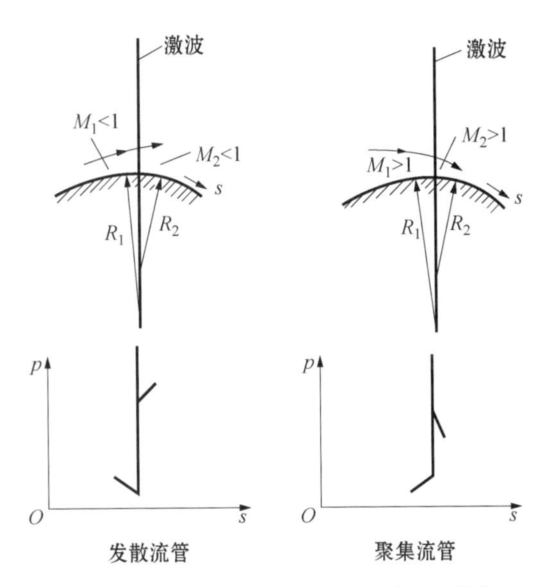

图 4　流管横截面及沿固体边界的压力梯度

图 3 也显示出激波后的压力梯度总是比激波前的压力梯度更陡峭，这也与 Ackeret, Feldmann 和 Rott[1]的观测相符。当然激波后流动是有旋的。

Massachusetts Institute of Technology

（牛家玉 译，　陈允明 校）

参考文献

[1] Ackeret J, Feldmann F, Rott N. Untersuchungen an Verdichtungsstossen und Grenzschichten in Schnell bewegten Garen[R]. Mitteilungen aus dem Institut fur Aerodynamik, ETH, No. 10, Zurich 1946.

[2] Liepmann H-W. Investigations of the Interaction of Boundary Layer and Shock Waves in Transonic Flow[R]. Report to Air Materiel Command, Guggenheim Aeronautical Laboratory California Institute of Technology, Pasadena, 1946.

[3] Emmons H W. The Theoretical Flow of a Frictionless Adiabatic[R]. Perfect Gas Past an NACA 0012 Airfoil, NACA Technical Note 1946.

[4] Emmons H W. The Theoretical Flow of a Frictionless[R]. Adiabatic, Perfect Gas Inside of a Two-Dimensional Hyperbolic Nozzle, Appendix II, NACA Technical Note No. 1003, 1946.

薄壳非线性屈曲理论中的下屈曲载荷

钱学森
(Massachusetts Institute of Technology)

对于薄壳,在超出经典屈曲载荷以后,载荷 P 和挠度 ε 之间的关系经常是非线性的。例如,当均匀薄圆柱壳在轴向加载时,载荷 P 与端部缩短 ε 有图 1 所示的特性,若计算应变能 S 和总势能 $\varphi=S-P\varepsilon$,那么它们的关系可以用图 2 和图 3 所示的曲线表示。可以证明:分支 OC 和 AB 相对为稳定的平衡形状,分支 BC 相对为不稳定的平衡形状,B 点则是从稳定的平衡形状到不稳定的平衡形状的转折点。

作者在以前的论文①中已经建议:应用"试验机"加载的 S, ε 曲线和应用"死重"加载的 φ, P 曲线,A 点是在外部扰动下结构屈曲的临界点。与 A 点相应的壳的未屈曲形状的载荷被称为壳的下屈曲载荷,从 A 点到曲线 BC 的垂直距离是造成在 A 点屈曲所要求的最小外界激励。

但是,假使外界激励是大的,那么屈曲为什么不能直接在 B 点下的 B' 点发生就没有理由了,因此,所要求的最小外界激励由距离 $B'B$ 所表达的能量给出,这个能量实际上是屈曲时结构吸收的。因为曲线 BA 表示屈曲后的结构的最终状态,为了在 B' 和 A 之间发生屈曲吸收了能量。在 A 和 C 之间发生屈曲则释放了能量,但是无论如何,屈曲载荷的下限肯定由 B' 点给定,而不是 A 点。因此,下临界屈曲载荷将是与 B' 相应的载荷 P。

参考前面所述论文①的图 11 和图 13,假设四方形波,我们找到了均匀薄圆柱壳在轴压下的下屈曲应力,它由下式给出:

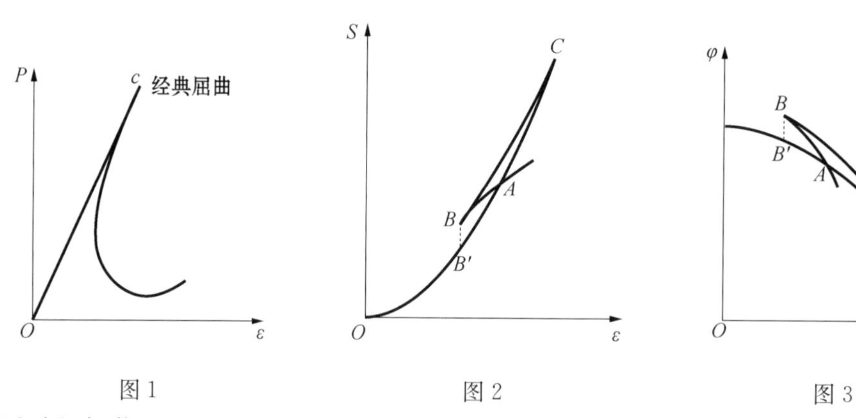

图 1　　图 2　　图 3

对于试验机加载:

1947 年 4 月 2 日收到。原文载 Quarterly of Applied Mathematics, 1947, Vol. 5, pp. 236 - 237。

① H. S. Tsien, A theory for the buckling of thin shells, J. Aero. Sciences, 1942, 9, pp. 373 - 384。

$$\sigma = 0.42Et/R$$

对于死重加载：

$$\sigma = 0.19Et/R$$

在以前建议的准则中，对这两种情况所对应的值分别为$\sigma=0.46Et/R$和$\sigma=0.298Et/R$。

（吴永礼 译， 柳春图 译）

利用核能的火箭及其他热力喷气发动机

——关于多孔反应堆材料利用的一般讨论

钱学森

一、宇宙火箭的简单理论

为了引出火箭推进中的关键问题，考虑一个火箭在无作用力的空间，即在没有重力场的空间中的运动。令 m_1 表示任一时刻火箭的质量，$\mathrm{d}m_2$ 表示在一个很小的时间间隔内火箭喷出的质量。火箭和喷出质量的绝对速度分别为 u_1 和 $-u_2$。喷出质量与火箭的相对速度 w 则为 u_1+u_2（图 1）。

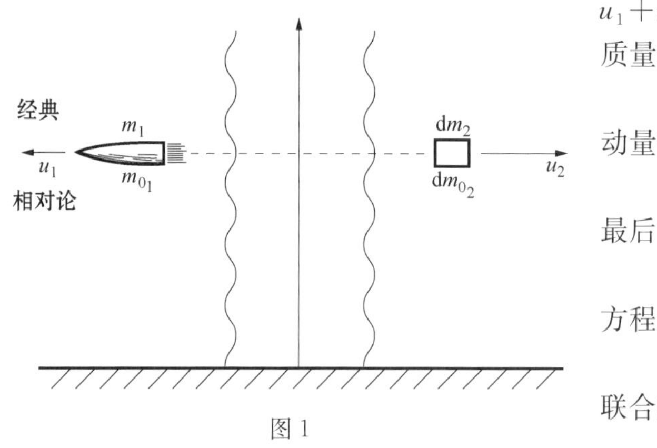

图 1

质量守恒要求

$$\mathrm{d}m_2=-\mathrm{d}m_1 \tag{1}$$

动量守恒要求

$$\mathrm{d}(m_1u_1)=\mathrm{d}m_2\cdot u_2 \tag{2}$$

最后

$$w=u_1+u_2,\text{ 或者 } u_2=w-u_1 \tag{3}$$

方程(2)能够展开成

$$u_1\cdot\mathrm{d}m_1+m_1\cdot\mathrm{d}u_1=u_2\cdot\mathrm{d}m_2$$

联合式(1)和(3)，上面的方程可写成

$$m_1\mathrm{d}u_1=-w\mathrm{d}m_1 \tag{4}$$

方程(4)有积分形式

$$\ln m_1=-\frac{u_1}{w}+\text{const.},\quad \text{即 } m_1=C\mathrm{e}^{-\frac{u_1}{w}} \tag{5}$$

式中：C 是待定常数。现在令 M_1 和 M_2 分别为火箭在 $u_1=0$ 和 $u_1=U$ 时的质量。M_1 是火箭的初始质量，M_2 是达到最终速度 U 时的最终质量。则式(5)给出下面的方程：

$$M_1=C,\ M_2=C\mathrm{e}^{-\frac{U}{w}}$$

或者用 ν 表示质量比 M_2/M_1，

$$\nu=\mathrm{e}^{-\frac{U}{w}},\text{ 或者 }\frac{U}{w}=\ln(1/\nu) \tag{6}$$

本文原是钱学森先生 1947 年 5 月 13～15 日在加州理工学院 JPL 举行的第 54～55 次研讨会上的讲稿，1949 年正式出版，发表于 The Science and Engineering of Nuclear Power Volume Ⅱ，Chapter 11，pp. 177－195，1949，Addison-Wesley。收入本文集时章节号重新排列。

方程(6)是在没有重力和空气阻力下运动的火箭设计的基本方程。即使能量最高的化学推进剂也不太可能产生大于 11 000 ft/s 的喷出速度 w,并且对于逃离地球来说,U 必须至少是 36 700 ft/s,因此质量比 ν 必须小于 1/28。因此即使对于自由空间这种最好的情况,为了到达月球,也不得不建造一个初始质量 28 吨①的火箭,其中含有 27 吨的推进剂。考虑到重力和空气阻力,情况甚至会变得更糟[1]。这样的宇宙火箭设计要求无疑超出了工程可能性。当然,通过采用分级火箭的原理可使这种情况略有改进,在分级火箭中不是将全部的推进剂贮箱都加速到最终速度,而是多数贮箱在停止作用时脱落。虽然如此,洲际或星际旅行的火箭工程的首要目标是增加推进剂的有效喷出速度 w,以减小初始质量与最终质量之比。

在核能来临之前,将喷出速度从 11 000 ft/s 进一步提高似乎是不可能的。但是,核燃料是更高能的燃料。于是问题出现了:核燃料怎样能用于火箭发动机,并且这样的核燃料火箭的大概特性是什么?本章目的就是指出与火箭中利用核能有关的问题和这方面较可能的发展方向。

二、宇宙火箭的相对论理论

为了估计采用核推进剂可能达到的极限速度,应将上节的简单理论推广到考虑运动的相对论效应。J. Ackeret[2]做过这样的理论推广。下面的讨论沿用了 Ackeret 处理方法的基本思路。

应用于这里关心的自由空间的狭义相对论理论说明,若 c 是某坐标系中的光速,在此坐标系中一个质量为 m 的物体以速度 u 运动,则质量 m 大于处于静止状态下的相同物体的质量。若"静止质量"为 m_0,则 m 和 m_0 有如下关系:

$$m=\frac{m_0}{\sqrt{1-\frac{u^2}{c^2}}} \tag{7}$$

与质量 m 关联的"总能量"为

$$mc^2 \tag{8}$$

因为与静止质量 m_0 关联的"总能量"为

$$m_0c^2$$

运动的动能由两者的差值给出,即

$$(m-m_0)c^2 \tag{9}$$

方程(7)表明如果速度 u 与光速 c 比非常小时,质量 m 近似等于静止质量 m_0。在速度 u 很小的条件下,式(9)给出的动能表达式也将简化为熟悉的形式 $\frac{1}{2}m_0u^2$。

如果 m_{0_1} 是在某一时刻火箭在相对于初始位置的静止坐标系中的静止质量。dm_{0_2} 为同一坐标系中某很小的时间间隔内喷出质量的静止质量,那么质量和能量守恒要求:

$$d\left(\frac{m_{0_1}c^2}{\sqrt{1-\frac{u_1^2}{c^2}}}\right)=-\frac{dm_{0_2}c^2}{\sqrt{1-\frac{u_2^2}{c^2}}} \tag{10}$$

① 指美吨,本文全部吨均为美吨,每一美吨=2 000 磅,为 908 千克。——译者注

式中：u_1 和 $-u_2$ 分别为同一坐标系中火箭和喷出质量的速度。那么，动量守恒给出下面的方程：

$$\mathrm{d}\left(\frac{m_{0_1}u_1}{\sqrt{1-\frac{u_1^2}{c^2}}}\right)=\frac{\mathrm{d}m_{0_2}u_2}{\sqrt{1-\frac{u_2^2}{c^2}}} \tag{11}$$

根据相对论效应，相对喷出速度 w 的最终方程与式(3)不同，现在变成

$$u_2=\frac{w-u_1}{1-\frac{u_1w}{c^2}} \tag{12}$$

如果速度与光速相比很小，方程(12)右端的分母近似为 1，这样式(12)又退化为经典关系式(3)。3 个方程(10)，(11)和(12)完全决定了有关的运动。

注意到光速是个常量，方程(10)和(11)可分别展开为

$$\frac{\mathrm{d}m_{0_1}}{\sqrt{1-\frac{u_1^2}{c^2}}}+m_{0_1}\frac{\frac{u_1^2}{c^2}}{\left(1-\frac{u_1^2}{c^2}\right)^{3/2}}\frac{\mathrm{d}u_1}{u_1}=-\frac{\mathrm{d}m_{0_2}}{\sqrt{1-\frac{u_2^2}{c^2}}} \tag{13}$$

$$u_1\frac{\mathrm{d}m_{0_1}}{\sqrt{1-\frac{u_1^2}{c^2}}}+m_{0_1}\frac{\mathrm{d}u_1}{\left(1-\frac{u_1^2}{c^2}\right)^{3/2}}=u_2\frac{\mathrm{d}m_{0_2}}{\sqrt{1-\frac{u_2^2}{c^2}}} \tag{14}$$

利用式(12)消去 $\mathrm{d}m_{0_2}$ 和 u_2，得到 m_{0_1} 和 u_1 的最终关系式：

$$\frac{\mathrm{d}m_{0_1}}{m_{0_1}}=-\frac{\mathrm{d}u_1}{w\left(1-\frac{u_1^2}{c^2}\right)}=-\frac{c}{2w}\left(\frac{1}{1+\frac{u_1}{c}}+\frac{1}{1-\frac{u_1}{c}}\right)\mathrm{d}\left(\frac{u_1}{c}\right) \tag{15}$$

式(15)的积分给出

$$\ln m_{0_1}=-\frac{c}{2w}\ln\frac{1+\frac{u_1}{c}}{1-\frac{u_1}{c}}+\text{const.}$$

若用 M_1 表示初始静止质量，M_2 表示最终静止质量，U 为最终速度，则质量比 ν 由下式给出：

$$\nu=\frac{M_2}{M_1}=\left(\frac{1-\frac{U}{c}}{1+\frac{U}{c}}\right)^{c/2w} \tag{16}$$

式(16)可转化为

$$\frac{U}{c}=\frac{1-\nu^{2w/c}}{1+\nu^{2w/c}} \tag{17}$$

$\frac{U}{c}$ 为最终速度与光速之比，w/c 为喷出速度与光速之比，图 2 示出了各种 w/c 比率下 $\frac{U}{c}$ 和静

止质量比 ν 之间的关系。当然，按照相对论原理，火箭的最大运动速度是光速。与经典理论对照，如方程(6)所示，当 $\nu \to 0$，对火箭速度没有施加任何限制。甚至对于较大数值的 ν，出现了与经典理论相当大的偏离，尤其当喷出速度非常高时更是如此。这一现象示于图 3 中，图中给出了当给定质量比 $\nu=0.2$ 时最终速度比 $\frac{U}{c}$ 随 w/c 变化的曲线。对于 $w=c$ 的情况，即当喷出速度等于光速时，相对论的最终速度值接近经典理论值的 0.6，换言之，如果像裂变碎片或中子那样的高速粒子可用作为推进剂，最终速度实质上小于经典值。

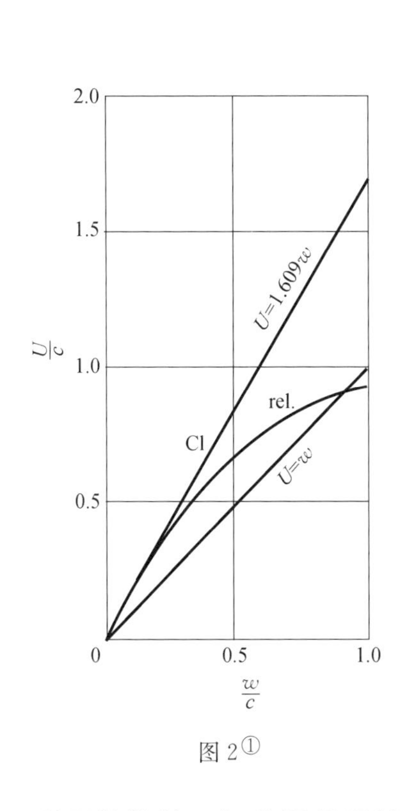

图 2[①]

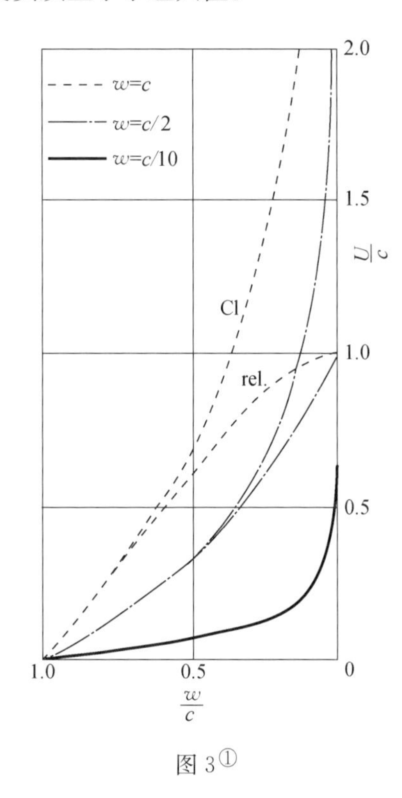

图 3[①]

三、利用核能的理想化最优设计

根据图 2，对一个固定的质量比来说，如果喷出速度 c 等于光速(此处，c 为喷出速度，其他处的喷出速度为 w，而 c 表示光速。——译者注)，那么最终速度达到最大值。这将需要用光子做推进剂，但容易证明这是行不通的。替代的方法是利用物质粒子，如电子、中子、质子、原子或分子。这意味着喷出速度 c 将比光速小很多，并且对达到给定的终速度时的质量比更不利。因此，对于给定的最终速度，为了得到最有利的质量比，我们必须无条件地追求最高的喷出速度。然而，如果核燃料非常昂贵，并且另一方面对质量比的要求既合理又不是决定性的，那么一个合乎逻辑的问题是：对于给定的最终质量 M_2 和给定的总能量 $\varepsilon M_2 c^2$，为使最终速度达到最大，推进剂质量 bM_2 应是多少？可以看出，开始时火箭总的静止质量为

① 图 2 和图 3 中的横坐标似乎应当是 ν，而不是 $\frac{w}{c}$。——译者注

$$M_1 = M_2 + \varepsilon M_2 + bM_2 = M(1+\varepsilon+b)\quad (\text{此式右端的}\ M\ \text{应为}\ M_2\text{。——译者注}) \tag{18}$$

M_1 中的 εM_2 转化为推进能量，则质量比

$$\nu = \frac{M_2}{M_1} = \frac{1}{1+\varepsilon+b} \tag{19}$$

现在如果 $\mathrm{d}m_0'$ 为随火箭运动的坐标系中某一瞬时喷出的静止质量，那么它在此坐标系中的速度为 w。因此，在任一瞬时喷出质量的动能为

$$\frac{\mathrm{d}m_0' c^2}{\sqrt{1-\dfrac{w^2}{c^2}}} - \mathrm{d}m_0' c^2 \tag{20}$$

这必定来自 $(\mathrm{d}m_0')\dfrac{\varepsilon}{b}$ 转换的能量，因此

$$b\left(\frac{1}{\sqrt{1-\dfrac{w^2}{c^2}}} - 1\right) = \varepsilon \quad \text{或者} \quad \frac{w}{c} = \sqrt{1-\left(\frac{b}{b+\varepsilon}\right)^2} \tag{21}$$

代入式(17)，最终速度 U 由下式给出：

$$\frac{U}{c} = \frac{1-\left(\dfrac{1}{1+\varepsilon+b}\right)^{2\sqrt{1-\left(\frac{b}{b+\varepsilon}\right)^2}}}{1+\left(\dfrac{1}{1+\varepsilon+b}\right)^{2\sqrt{1-\left(\frac{b}{b+\varepsilon}\right)^2}}} \tag{22}$$

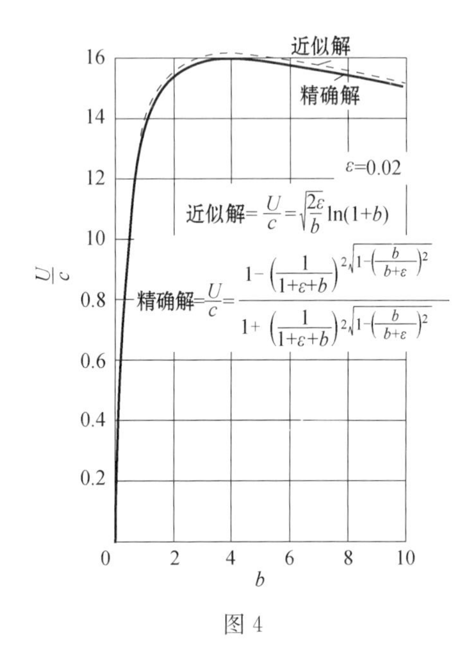

图 4

这样我们能够对于给定的 ε 值，研究 $\dfrac{U}{c}$ 随着不同 b 值的变化。图 4 表示 $\varepsilon = 0.02$ 时的这种变化曲线。最终速度在 $b \approx 4$ 处有一扁平的最大值，此最大值为光速的 16.1%，即 1.585×10^8 ft/s。然而，对于这么大值的 b 和如此小值的 ε，本问题涉及的速度与光速相比依然不能太大，因此，经典理论应当是一个很好的近似。事实上，对于这个近似，在任一瞬时喷出质量的动能为 $\mathrm{d}m(1/2)w^2$，此能量来源于 $(\mathrm{d}m)\dfrac{\varepsilon}{b}c^2$，因此

$$\frac{w}{c} = \sqrt{\frac{2\varepsilon}{b}} \tag{23}$$

质量比 ν 当然为 $1/(b+1)$，于是式(6)给出

$$\frac{U}{c} = \frac{w}{c}\ln(1+b) = \sqrt{\frac{2\varepsilon}{b}}\ln(1+b) \tag{24}$$

图 4 表明，对于所关心的情况，相对论和经典理论是非常接近的。仅对非常小的 b 值才有明显的偏离。这是容易理解的，当推进剂质量减少时，喷出速度增加，相对论效应才会显现。例如，当 $b\to 0$ 时，喷出速度接近 c，于是 $\dfrac{U}{c}$ 的正确极限值必须从式(22)计算，即 $U = 0.002c$，但式

(24)对应的经典理论却给出 $U=0$。

只要 ε 小并且 b 大，式(24)就有效，由此看出最高 U 时的最佳 b 值总近似等于 4。这意味着对宇宙火箭来说，通过保持 ν 近似等于 1/5 可获得最有效的燃料利用。然而，由于可用的工程材料带来的温度限制，并不总是能设计出这样的火箭。例如，当 $\varepsilon=0.02$ 且 $b=4$ 时，推进剂蕴含等于 0.5%自身质量的能量。众所周知 U－235 的裂变产物含有的平均能量等于它们质量的 1%，这大约为常规化学反应释放能量的 1×10^6 倍。因此，对于最佳设计而言，火箭发动机中推进剂的温度必须达到常规燃烧温度的 5×10^5 左右。从结构材料的观点看这显然是不可能的。即使通过特殊的设计，可让燃烧温度增加 10 倍，b 也必须为 4×10^5 而不是 4。根据式(24)可知，最终速度仅为最佳情况的 1/40，并且这是在初始质量与最终质量的质量比达到 4×10^5 这一极大数值的条件下才能得到的。

四、核能火箭

因此，建造一个简单的核燃料火箭的困难在于燃烧室中极高的温度，极高的温度将导致燃烧室瞬间瓦解。既然任何工程材料的特征都是由其分子结构决定，那么燃烧室的瓦解也就是分子结构的分解。从而，采用核燃料的火箭设计面临的问题是在原子现象和分子现象在量级上本质不同的问题。找到折衷的解决方案一点也不容易，并且由于能量密度必须降到分子现象的水平或者传统推进剂的水平，即使最后做成功了也远没有纯 U－235 火箭壮观。

一个明显可能的解决方案是利用经典的热中子反应堆。在反应堆中，裂变速率和热产生速率可以用中子吸收体(如镉棒或镉片)控制中子密度的方法调节。全部裂变材料同时出现在“燃烧”室，只有“燃烧”速率是可控的。通过导热将产生的热量传递给工作流体或实际的火箭推进剂。此类火箭的示意图见图 5。这个火箭有一个中心控制棒，此控制棒可由多孔的镉金属制造，通过强迫冷氢气穿过控制棒而使它保持低温。氢气用作为工作流体，流过锥形管后气体被加热到 6 000°R。锥形管是多孔管壁，有 $\frac{1}{8}$″厚，由 U－235，U－238 和碳的混合物制成，碳作为慢化剂(图 6)。由于多孔壁有极大的表面积，采用这种构造大大地降低了传热问题的难

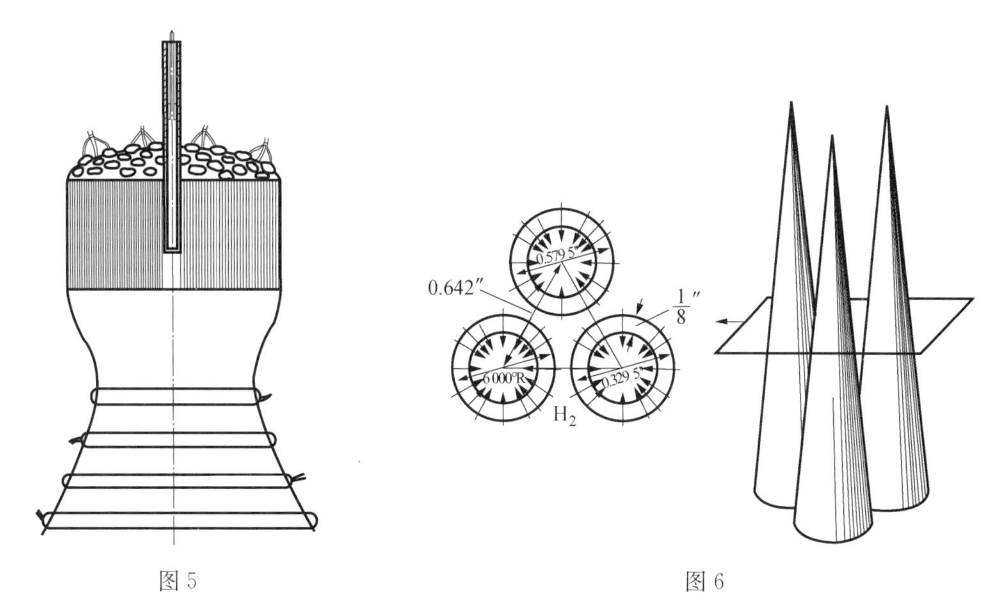

图 5　　　　图 6

度。如下面的计算显示,虽然在厚仅$\frac{1}{8}''$的多孔壁内的加热极其迅速,放热材料和气体间的温差仅在 120°F 的量级。

每立方厘米的固体碳含有 1.13×10^{23} 个原子。假设存在于固体中的铀原子,保持总的原子数不变。如果 θ 为氢气占据反应堆的体积分数,则每立方厘米中 U-235,U-238 和碳的原子总数为 $(1-\theta)1.13\times10^{23}$。在标准状况下,氢气的密度为 0.000 089 9 g/cm³(原文为 0.000 899 g/cm³,漏一个 0。——译者注)。假定反应堆中氢气的平均状态为 300 psi 和 2 730 K,密度则为 0.000 183 3 g/cm³,因此反应堆中每立方厘米的氢原子数为 $0.001\,110\times10^{23}\theta$。令 $N(235)$ 表示每立方厘米 U-235 原子核个数,用类似的记号表示其他原子核,若

$$N(235)/N(238)=\delta$$

$$N(\mathrm{C})/N(238)=\alpha$$

就有

$$N(235)=1.13\times10^{23}(1-\theta)\frac{\delta}{1+\delta+\alpha}$$

$$N(238)=1.13\times10^{23}(1-\theta)\frac{1}{1+\delta+\alpha}$$

$$N(\mathrm{C})=1.13\times10^{23}(1-\theta)\frac{\alpha}{1+\delta+\alpha}$$

$$N(\mathrm{H})=0.001\,110\times10^{23}\theta$$

令 $\sigma_f(235)$ 表示 U-235 的裂变截面,用 $\sigma_c(238)$,$\sigma_c(\mathrm{C})$,$\sigma_c(\mathrm{H})$ 分别表示 U-238、碳和氢的俘获截面,这四个量都是在热中子能量下的,取

$$\sigma_f(235)=500\times10^{-24}\,\mathrm{cm}^2$$

$$\sigma_c(238)=2\times10^{-24}\,\mathrm{cm}^2$$

$$\sigma_c(\mathrm{C})=0.004\,5\times10^{-24}\,\mathrm{cm}^2$$

$$\sigma_c(\mathrm{H})=0.31\times10^{-24}\,\mathrm{cm}^2$$

则热中子利用系数

$$\begin{aligned}f&=\frac{\sigma_f(235)N(235)}{\sigma_f(235)N(235)+\sigma_c(238)N(238)+\sigma_c(\mathrm{C})N(\mathrm{C})+\sigma_c(\mathrm{H})N(\mathrm{H})}\\&=\frac{\delta}{\{0.004+\delta+9\times10^{-6}\alpha\}+0.61\times10^{-6}\left(\frac{\theta}{1-\theta}\right)(1+\delta+\alpha)}\end{aligned}\tag{25}$$

慢化过程中的共振逃逸几率 p 通过从热能到裂变中子的能量的积分由下式给出:

$$-\ln p=\int\frac{\sigma_r(E)N(238)}{\sigma_r(E)N(238)+\sigma_s(E)N_s}\frac{\mathrm{d}E}{\xi E}\tag{26}$$

式中:$\sigma_r(E)$ 为能量为 E 的 U-238 的共振俘获截面;$\sigma_s(E)$ 是能量为 E 的散射截面;N_s 为每 cm³ 的散射原子核数;ξ 为每次碰撞的平均对数能量损失。由于 $\sigma_r(E)N(238)\ll\sigma_s(E)N_s$,且 σ_s 在所涉及的范围内几乎与 E 无关,所以有

$$\int\frac{\sigma_r(E)N(238)}{\sigma_r(E)N(238)+\sigma_s(E)N_s}\frac{\mathrm{d}E}{\xi E}=\left(\int\frac{(E)\mathrm{d}E}{E}\right)\frac{N(238)}{\xi(\mathrm{C})\sigma_s(\mathrm{C})N(\mathrm{C})+\xi(\mathrm{H})\sigma_s(\mathrm{H})N(\mathrm{H})}\tag{27}$$

式中：$\xi(\mathrm{C})$ 和 $\xi(\mathrm{H})$ 分别为碳和氢的 ξ 值。对不同的量，可以采用下列数值：

$$\int \frac{\sigma_r(E)\mathrm{d}E}{E} = 88\times 10^{-24}\,\mathrm{cm}^2$$

$$\sigma_s(\mathrm{C}) = 4.8\times 10^{-24}\,\mathrm{cm}^2$$

$$\sigma_s(\mathrm{H}) = 20\times 10^{-24}\,\mathrm{cm}^2$$

$$\xi(\mathrm{C}) = 0.15$$

$$\xi(\mathrm{H}) = 1$$

因此，代入由上面确定的数值后有

$$-\ln p = \frac{88}{0.72\alpha + 0.02\left(\dfrac{\theta}{1-\theta}\right)(1+\delta+\alpha)} \tag{28}$$

中子增殖系数 k 为 $\eta f p$，η 是每次裂变产生的中子数，取 $\eta=2.3$，则

$$k = 2.38\frac{\exp\left[-88\Big/\left\{0.02\left(\dfrac{\theta}{1-\theta}\right)(1+\delta)+\left[0.72+0.02\left(\dfrac{\theta}{1-\theta}\right)\right]\alpha\right\}\right]}{0.004+\delta+0.61\times 10^{-6}\left(\dfrac{\theta}{1-\theta}\right)(1+\delta)+\left[9\times 10^{-6}+0.61\times 10^{-6}\left(\dfrac{\theta}{1-\theta}\right)\right]\alpha} \tag{29}$$

现在通过使 k 为最大值，即 $\mathrm{d}k/\mathrm{d}\alpha = 0$ 可计算最佳混合比 α。忽略小量后最佳混合比 α 的值为

$$\alpha_{\mathrm{opt.}} = \frac{44}{0.72+0.02\left(\dfrac{\theta}{1-\theta}\right)}\sqrt{4.5(4+1\,000\delta)\frac{0.72+0.02\left(\dfrac{\theta}{1-\theta}\right)}{0.9+0.061\left(\dfrac{\theta}{1-\theta}\right)}} \tag{30}$$

相应的最佳增殖系数

$$k_{\mathrm{opt.}} = \frac{2.38}{22}\times\frac{1}{0.000\,45(4+1\,000\delta)}\exp\left[-2\Big/\sqrt{4.5(4+1\,000\delta)\frac{0.72+0.02\left(\dfrac{\theta}{1-\theta}\right)}{0.9+0.061\left(\dfrac{\theta}{1-\theta}\right)}}\right] \tag{31}$$

为了计算反应堆的临界尺寸，必须确定两个扩散长度 L 和 L_f，第一个是热中子扩散长度，第二个为中子慢化的扩散长度。根据 F. L. Friedman 的文献知道：

$$L^2 = \frac{1}{3[\sigma_s(\mathrm{C})N(\mathrm{C})+\sigma_s(\mathrm{H})N(\mathrm{H})]}\cdot\frac{1}{[\sigma_f(235)N(235)+\sigma_c(238)N(238)+\sigma_c(\mathrm{C})N(\mathrm{C})+\sigma_c(\mathrm{H})N(\mathrm{H})]}$$

对于上面确定的最佳情况：

$$L^2 \approx \frac{2\times 10^4}{1.5\times 1.13^2(1-\theta)^2\left[0.9+0.061\left(\dfrac{\theta}{1-\theta}\right)\right]}\cdot\frac{1}{\left[4.8+0.02\left(\dfrac{\theta}{1-\theta}\right)\right]\sqrt{4.5(4+1\,000\delta)\dfrac{0.72+0.02\left(\dfrac{\theta}{1-\theta}\right)}{0.9+0.061\left(\dfrac{\theta}{1-\theta}\right)}}} \tag{32}$$

类似地

$$L_f^2 = \frac{\ln(E_{\text{fission}}/E_{\text{thermal}})}{3[\sigma_s(N)N(C)+\sigma_s(H)N(H)][\xi(C)\sigma_s(C)N(C)+\xi(H)\sigma_s(H)N(H)]}$$

式中：E_{fission} 是裂变中子的能量，约为 10^6 eV；E_{thermal} 是热中子的能量，取为 1/40 eV，于是

$$L_f^2 = \frac{17.5}{3\times 0.113^2(1-\theta)^2\left[4.8+0.02\left(\frac{\theta}{1-\theta}\right)\right]\left[0.72+0.02\left(\frac{\theta}{1-\theta}\right)\right]} \tag{33}$$

L^2 和 L_f^2 单位均为 cm^2。

特征常数 $\mathscr{H}_0^2$ 由下式给出：

$$\mathscr{H}_0^2 = \frac{1}{L_f^2}\ln\frac{k}{1+\mathscr{H}_0^2L^2}$$

对于半径为 R 、长为 l 的圆柱形反应堆，临界半径由下式计算：

$$R_{\text{cri}} = \frac{\sqrt{2.4048^2+\left(\pi\frac{R}{l}\right)^2}}{\mathscr{H}_0}$$

五、核能火箭的具体例子

现在假定管道多孔壁的孔隙率为 0.40，并且多孔介质占据反应堆一半容积，另一半为气体流动空间，则 $\theta = 0.70$。再假设 $\delta = 0.10$，即每有一个 U-235 原子就有 10 个 U-238 原子。那么先前的公式给出以下数值：

$$\alpha_{\text{opt.}} = 1070$$

$$k_{\text{opt.}} = 1.986$$

$$L^2 = 1235\ \text{cm}^2$$

$$L_f^2 = 1366\ \text{cm}^2$$

$$\mathscr{H}_0^2 = 0.2824\times 10^{-3}\ \text{cm}^{-2}$$

现在让我们进一步假定反应堆的长度等于它的半径，即 $R/l = 1$，则

$$R_{\text{cri}} = \frac{\sqrt{2.4048^2+\pi^2}}{\mathscr{H}_0} = 242.8\ \text{cm} = 95.7\ \text{in}$$

假设固体材料的密度为 2.26 g/cm^3，那么反应堆内固体材料的质量为 $\pi R^2 l(1-\theta)\cdot 2.26$ g，即 33.6 t，其中含有的 U-235 的质量为 120 lb。

核能火箭中的关键问题是传热问题。为使得火箭推力大而相应的反应堆单位重量小，必须设法将热量以可能最快的速率带出，这可通过采用多孔结构达到此目的。为了估算热交换，可认为多孔介质是由具有均一半径、长$\frac{1}{8}''$的管子组成的。假定管子的半径为 $\sqrt{10}\times 10^{-4}$ ft $=$ $0.00379'' = 0.0962$ mm。假设通过管子的平均流速为 20 ft/s，一般工作温度下氢气的黏性系数约为 1.76×10^{-5} lbf · s/ft²，氢气密度仍取为 0.0001833 g/cm^3 或 0.01143 lb/ft^3。则基于管道直径的流动雷诺数等于 4，因此流动必定是层流的。

气体以很低的温度进入这些毛细管，在通道中被加热到 6000°R 的温度。由于在这些毛细管的尺度下可认为裂变的能量产生速率是不变的，所以气体的温升沿着管道分布大致是均

匀的。对于穿过这些毛细管的层流流动，毛细管某处固体温度与此处毛细管截面上气体平均温度之温差 ΔT 由下式给出[3]：

$$\Delta T=\frac{11}{48}\frac{\rho}{\mu}\frac{1}{\gamma}u_{\mathrm{m}}r^{2}\frac{T_{\mathrm{M}}}{d} \tag{34}$$

式中：气体的普朗特数取为1；ρ 为气体的密度；μ 为黏性系数；γ 为比热比(1.4)；u_{m} 为平均流速；r 为管道半径；T_{M} 为气体最高温度；d 为管道长度。对于所考虑的情况：

$$\Delta T=\frac{11}{48}\frac{0.01143}{1.76\times10^{-5}}\frac{1}{1.4}20\times10^{-7}\frac{6000}{\frac{1}{8}\times\frac{1}{12}}=122.3\ ^{\circ}\mathrm{F}$$

则固体的最高温度为 6122°R = 3400K = 3127°C。

沿毛细管的压降，或多孔壁两侧的压降

$$\Delta p=8\mu\frac{u_{\mathrm{m}}\mathrm{d}}{r^{2}}=8\times1.76\times10^{-5}\frac{20\times\frac{1}{8}\times\frac{1}{12}}{10^{-7}}\ \mathrm{lbf/ft^{2}} \tag{35}$$

$$=0.0635\ \mathrm{psi(lbf/in^{2})}$$

此压降是非常合理的。因此，通过粗略的估算表明采用多孔壁的方案是可行的。

现在可以估算火箭的性能：

反应堆的总截面面积为 πR^2。假定一半面积由多孔介质占据，所以在考虑的例子，这个面积为 14360 in²。壁厚为 $\frac{1}{8}$in，所以多孔管道的总圆周长度为 8×14360 in。由于壁的孔隙率为 0.40，所以氢气的有效流动面积是 $8\times14360\times95.7\times0.40\ \mathrm{in^2}$，则气体重量流量为 $8\times14360\times95.7\times0.40\times\frac{1}{12^2}\times20\times0.01143=6980\ \mathrm{lb/s}$。选择喷出速度为 24000 ft/s，对一般工况来说这个数值是合情合理的[4]，于是火箭的推力为

$$\mathrm{Thrust}=\frac{6980}{32.2}\times24000\times\frac{1}{2000}\mathrm{tf}=2600\ \mathrm{tf}$$

多孔管道的尺寸如图 6 所示，样式为六角形图案。在反应堆下游端部，流动面积为总截面面积的 72.5%，被加热的氢气的密度是 0.00937 lb/ft³。在反应堆出口流速为 5150 ft/s。普通工况下氢气声速为 14430 ft/s。因此，不存在流动的可压缩性导致的困难。

目前，最先进的远程火箭是 V-2，它的重量分配如下：

V-2 火箭

	单位：kg
炸药装载量(阿马图炸药，一种 TNT 和硝酸铵的混合物)	980
火箭外壳	1750
泵单元	450
燃烧室	550
辅助设备	300
乙醇+液氧	8750
涡轮机用的辅助燃料	200
	12980

它的火箭推力为 27 200 kg。因此，空重是 3 050 kg，即为总重的 23.4%，推力近似为总重的两倍。因此，有理由假定，如果火箭的初始重量为推力的 60%，燃料重量则为火箭初始重量的 80%。火箭燃料装载量是 1 246 tf。燃烧时间，即火箭的运行时间为 358 s。释放的热功率为 $1\,505\times10^{8}$ Btu/s 或者 1.59×10^{8} kW。燃烧过程中反应堆内产生的总热量为 5.39×10^{10} Btu，这等价于 1.455 lb 的 U－235 裂变释放的能量。因此，反应堆里裂变材料实际上仅约 1%被烧掉了。忽略这样一个大火箭的很小的空气阻力，如果垂直点火，从静止开始，计算出此火箭的最大速度是 27 150 ft/s。V－2 火箭的最大速度仅为 5 000 ft/s。

下表总结了目前的计算结果，另一个含有更富的裂变材料的例子的计算结果也列入了该表中。

计算结果表

	例 1	例 2
	$N(235)/N(238)=0.1$	$N(235)/N(238)=1$
反应堆直径/in	191.4	150.4
反应堆长度/in	95.7	75.2
活性材料质量/(ton US)	33.6	16.33
UK－235 质量/lb	120	190.2
氢气质量流量/(lb/s)	6 980	3 360
推力/tf	2 600	1 251
能量速率/(Btu/s)	$1\,505\times10^{8}$	0.726×10^{8}
/(kW)	1.59×10^{8}	0.765×10^{8}
火箭初始重量，推力的 60%/tf	1 560	751
携带的氢重量，推力的 48%/tf	1 246	601
燃烧持续时间/s	358	358
产生的总热量/Btu	5.39×10^{10}	2.60×10^{10}
最大速度/(ft/s)，垂直轨道	27 150	27 150

这里必须说明的是我们做了相当乐观的假设，即将所有的多孔通道看做有效的毛细管道。实际上，一些多孔通道可能会被堵塞，不能用于流动和传热。如果多孔壁两侧的压降保持不变，这样导致通过多孔壁面的氢气流量的下降，而流量减少将使火箭推力降低。因此，避免流通能力损失是极其重要的，也就是说，在不增加孔隙率的情况下，材料的渗透性必须很高。

至此，本分析中一直假定反应堆内的能量产生是均匀的。实际上，能量产生速率在反应堆中心会高很多，而在边界处下降到零。但是这并不一定意味着气体温度不均匀。流过管壁的氢气流量可以通过下列任一参数或参数组合容易地进行调整：压降，孔隙率和颗粒尺寸。因此，通过增加反应堆中心部位的气流量和降低反应堆较外部的气流量，最终的气体温度可做到均匀，总的性能大致与计算的相同。此外，反应堆边界处的能量产生速率较低，这可用来保证靠近反应室壁面的反应堆处于较低的温度，这样自动地解决了反应室壁面适度冷却的问题。

六、减小临界体积的可能性

前述章节中分析的火箭临界尺寸是相对较大的，在1 000 tons的量级。有理由相信在不太遥远的将来，所期望的火箭尺寸在100 tons的量级。因此，需要考虑降低临界尺寸的方法。可以建议采用中子反射器来缩小临界尺寸。然而，对于移动式的核动力装置，如核火箭发动机、核冲压发动机和核涡轮喷气发动机，必须清楚在火箭的全部性能中，动力装置的重量是极其重要的，必须将其缩减到最小。因此，如果中子反射器的使用增加了每单位能量动力装置的重量，那么使用它是不可取的。简单分析表明若中子反射器较薄，假定说具有反射器材料的中子吸收长度的量级，则临界尺寸的减少等于中子反射器的厚度。换言之，包含中子反射器在内的反应堆的总尺寸，与无中子反射器的反应堆尺寸大致一样。然而，对于前述章节中所分析的反应堆来说，反应堆成分的平均密度仅为0.68 g/cm^3。如果用铍做中子反射器，反射器的密度为1.8 g/cm^3，即接近反应堆成分密度的3倍，所以利用反射器虽缩小了反应堆的实际尺寸，但反应堆的总重量将会增加，这是不合乎要求的。因此，在移动式核动力装置中使用中子反射器的优点通常是非常有限的。

反应堆的临界尺寸由两个长度L和L_f决定，两者分别由式(32)和(33)给出。可以通过浓缩反应堆材料或者提高式(32)中的δ值来减小L，而L_f保持不变。换言之，通过浓缩，使得中子一旦慢化到热能区，在被俘获前没有泄露出去的机会，这样可显著提高可裂变原子核俘获中子的几率。但是为了将中子从裂变能慢化到热能，仍需要与慢化剂相同的碰撞次数，并且在慢化过程中，中子从反应堆泄漏出去的机会仍很大。因此，为了降低泄漏的机会并缩减临界尺寸，明显的解决方法是减少与慢化剂必要的碰撞次数，这可通过选用更好的慢化剂提高慢化能力来达到。例如，铍的慢化能力比碳更好，几乎是碳的3倍(参见Science and Engineering of Nuclear Power, Vol. 1，第301页上的表9－6)。然而，在核能火箭中高温是最重要的，而铍的熔点相当低，因此被排除在核能火箭应用之外。

仅剩的缩减临界尺寸的可能性是采用快中子或超热中子裂变。这里不试图简单地以降低能量来减少慢化过程中必要的碰撞次数。对于前面计算中所考虑的混合物，如果慢化后的最终能量高于1/40 eV，则L_f^2的值由下表给出：

第五节中碳与氢的混合物的L_f^2值

最终能量/eV	L_f^2/cm^2
0.025	1 366
0.25	593
2.5	258
25	112
250	48.7

显然，使用超热中子和快中子裂变的确是缩减临界体积最灵活的方法之一。上面的表格指出，通过利用适当浓缩的约7 eV的中子，可将前面计算结果表中给出的反应堆尺寸的1/2作为临界尺寸，这意味着可建造初始质量约100 t的核火箭。

七、核燃料在其他热力喷气发动机中的应用

尽管前面章节介绍的计算特别针对于核火箭，但是它们也可用于其他动力装置。例如，在低压下用空气替代氢气，整个反应堆设计可用于冲压发动机或涡轮喷气发动机。然而，这意味着热中子燃烧室的尺寸将在 10 ft 的量级。从目前航空工程的观点看，这个尺寸太大了。以冲压发动机为例，由于反应堆内空气的压力和温升减低了，同火箭发动机相比，在低空下能量产生速率大概为同尺寸火箭反应堆的 1/5。因此，在前面“计算结果表”中的例Ⅱ的情况，能量产生速率为 14.52×10^6 Btu/s。对于马赫数为 2 的冲压发动机来说，一磅的推力要求 20 Btu/s。因此，在低空下所讨论的反应堆可提供 726 000 lbf 的推力，这大约是现在考虑的冲压发动机推力的 1 000 倍。显然这里又一次必须利用超热中子或快中子裂变来缩减反应堆的临界尺寸，这样制造核冲压发动机和核涡轮喷气发动机才有可能。

然而，对于核燃料在移动式核动力装置上的任何应用，如火箭发动机、冲压发动机和涡轮喷气发动机，必须牢记核燃料仅在相对较大质量下才能燃烧。例如，对于有如“计算结果表”中例Ⅰ的设计来说，即使我们希望火箭工作仅仅 10 s，也不得不携带 34 t 的反应堆。因此，对于短期运行而言，也必须携带大量的核燃料，这抵消了核燃料的高能优点。这种情况在冲压发动机和涡轮喷气发动机的例子中甚至更明显，冲压发动机和涡轮喷气发动机从大气获取工作流体，仅消耗燃料。现在，若 q 为每秒每磅反应堆材料产生的热量，单位为 Btu/(s·lb)，h 为化学燃料的热值，如汽油热值为 19 000 Btu/lb，t 为工作时间，单位为秒，那么若 $t>19\,000/q$，核燃料将比化学燃料轻，反之若 $t<19\,000/q$ 则比化学燃料重。图 7 指出了这个分界线。因此，对于用计算结果表中的例Ⅱ反应堆的冲压发动机而言，热产生速率如同在前段计算的，为 14.52×10^6 Btu/s，重量为 16.33 tf，q 等于 0.445 Btu/(s·lb)。因此，为了有可能减少重量，核冲压发动机的工作时间必须大于 44 s。

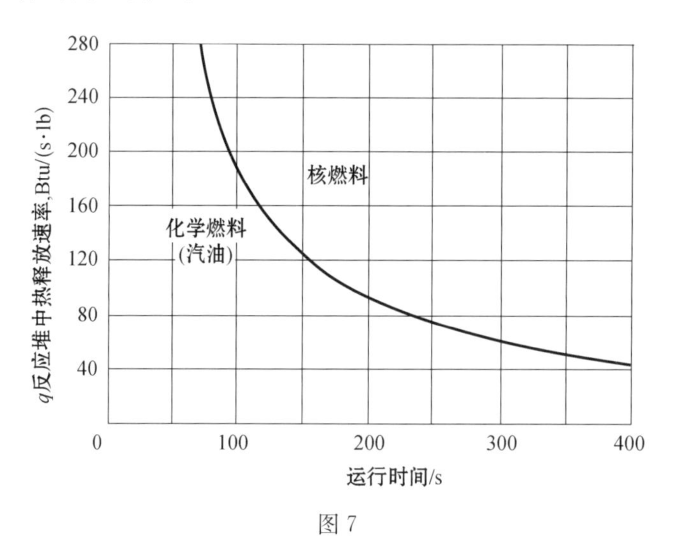

图 7

八、采用多孔反应堆介质的优点

上面全部的讨论都采用了多孔反应堆介质的假设，没有过分强调将工作流体通过多孔的反应材料从反应堆中带走热量的方法有许多基本优点。事实上，甚至可以说这种方法对核动

力工程是本质的。原因如下：传热中的高效设计原则总是将发热元件尽可能贴近吸热元件，使热量不必经由很长的路径才传到吸热元件。这个原理在图 8 中清楚地说明了。此图由瑞士苏黎世的 Escher Wyss Engineering Works 提供，为其闭式循环的燃气轮机电厂的热交换器所用。绝对值对于我们考虑的情况不重要，但相对值对于所关心的问题来说非常重要。此图说明，将热交换器的管道直径从 19 mm 降到 2.4 mm，热交换器的容积减小到原来的 1/10，重量减小为原来的 1/8。然而，在传统的工程实践中很难将此原理进行到底，在这方面最先进的设计是层流散热器，带有细小的独立翅片和冷却剂通道。只有在核工程中这个高效传热设计原理才可实现其合乎逻辑的结论：多孔构造，其中的流动通道具有毛细尺寸，单位容积的表面积非常大。除了发热材料和吸热材料之间的接触面积很大，使得它具有固有的很高传热能力这一优点，热量几乎就在它产生的地方被移走，如此也避免了不必要的热流阻力。

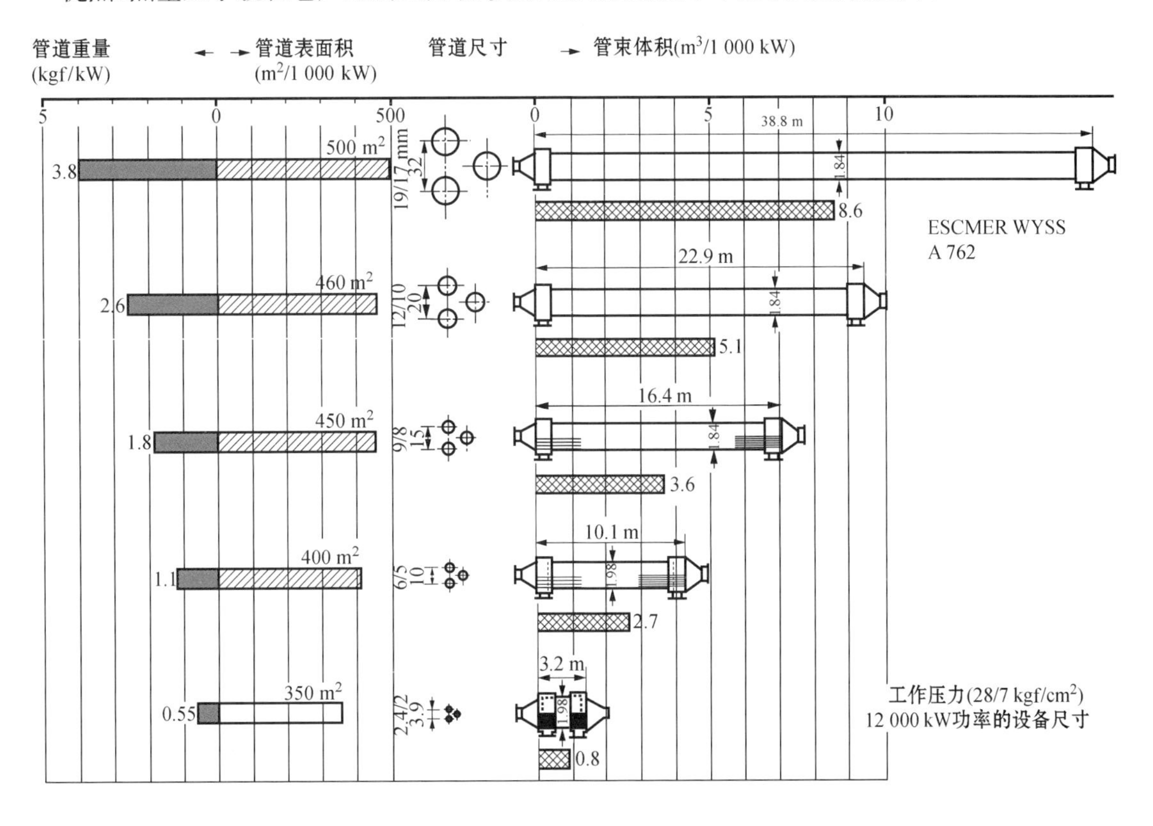

图 8

遗憾的是，关于多孔介质的流动阻力和传热问题的研究才刚刚起步，目前仍没有大量的数据可用。然而，如同在第五节中所假设的那样，若多孔介质中的流动通道可处理成毛细管的话，对气体而言，方程(34)和(35)给出下面的关系式：

$$\Delta T \cdot \Delta p \approx \frac{(\rho u_m)^2}{\rho} T_M$$

式中：ΔT 为固体材料和气体之间的温差；Δp 为穿过多孔介质的压差；ρu_m 为单位时间内单位通道面积上的质量流量；ρ 为气体的平均密度；T_M 为气体通过多孔介质后的最终温度。若 θ 为材料的孔隙率，则

$$\rho u_m = \frac{m}{\theta^{2/3} \cdot \phi}$$

式中：m 为单位时间内多孔介质单位面积上的质量流量；ϕ 为未堵塞的孔通道百分比。

$$\Delta T \cdot \Delta p \approx \left(\frac{m}{\phi\theta^{2/3}}\right)^2 \frac{T_M}{\rho} \tag{36}$$

如果其他的量已确定或给出，可用方程(36)来计算 ΔT。例如，可以容易地进行冷态试验来获得 Δp 和 m 的关系，那么给定 T_M 后即可从方程(36)估算 ΔT。

（盛宏至、李要建 译， 谈庆明 校）

参考文献

[1] Malina F J, Smith A M O. Journal of Aero Sciences,[J]. 1938, 5: 199.

[2] Ackeret J. Helvetica Physica Acta, 1946, 19: 103.

[3] Goldstein S. Modern Development in Fluid Dynamics [M]. Vol. Ⅱ, Oxford University Press, 1938: 622.

[4] Summerfield M, Malina F J. The Problem of Escape from the Earth by Rocket [J]. Jour. of Aeronautical Sciences, 1947,14: 471-480.

工程和工程科学[①]

钱学森[②]

前　言

人们回顾半个世纪以来人类社会的进步，无不深刻地认识到技术和科学研究作为国家和国际事务的一个决定性的因素的重要性，无不对科学技术所受到重视程度的巨大提高有深刻的印象。很显然，虽然在早期，技术与科学研究是以未加计划的、个体的方式进行的，可是到了今天，在任何主要国家，这种研究都是受到认真调控的。因而，如同长期以来的农业、金融政策或者外交关系一样，技术与科学的研究现已成为国家的事情。认真考察为什么研究工作的重要性得到如此重视，自然地会得出这样的答案，即研究工作现在是现代工业整体中的一个组成部分，不提到研究工作就谈不上现代工业。既然工业是国家实力和福利的基础，技术与科学的研究就是国家富强的关键。

人们也许会说，在工业时代的开创时期，技术与科学的研究就与工业发展有关，那么为什么今天把研究工作说得如此重要？这个问题的答案是，出于国内和国际竞争的需要，迫使现代工业必须以越来越高的速度发展。做到如此高的发展速度，就必须大大强化研究工作，把基础科学的发现几乎马上用上去。也许没有什么比把战时雷达和核能的发展作为更突出的例子了。雷达技术和核能的成功开发为盟方取得第二次世界大战的胜利作出了重要贡献是公认的事实。短短数年，紧张的研究工作把基础物理学的发现，通过实用的工程，变成了战争武器的成功应用。这样，纯科学的现实与工业的应用之间的距离现在已缩短了。换句话说，长头发科学家和短头发工程师的差别其实很小，为了使工业得到有成效的发展，他们之间的密切合作是不可少的。

纯科学家与从事实用工作的工程师间密切合作的需要，产生了一个新的职业——工程研究者或工程科学家。他们形成纯科学和工程之间的桥梁。他们是将基础科学知识应用于工程问题的那些人。本文的目的是讨论工程科学家能够做什么，也就是他们能为工程发展做些什么工作，以及完成他们的任务需要接受什么样的教育和培训。

工程科学家对工程发展的贡献

工程科学家对工程发展的贡献，简单地说，就在于努力做到人力和财力的节省。要做到两

---

① 本文的内容最初发表于1947年夏天，即为国立浙江大学、国立交通大学和国立清华大学的工科学生所作的演讲。后载 Journal of the Chinese Institute of Engineers，1948，Vol. 6，pp. 1－14。

② 麻省理工学院航空工程系空气动力学教授。

者的节省，就要对面临的问题作一个充分的、全面的分析，从而指出：① 所建议的工程方案的可行性究竟怎么样；② 如果可行，实现这个建议最好的途径是什么；③ 如果某一个项目失败了，那么失败的原因是什么，可能采取什么样的补救办法。显然，如果一个工程科学家能够完成上述任务，那么他在任何一项研究和发展的工作中就会在很大程度上免除凑合和应付的方式。所有努力和财力就能集中在最好的途径上，或者说几乎没有其他更好的解决问题的方法具有最好的成功机会。

尽管会有不同意见，但是上面给工程科学家所提的毕竟是工程中的三个基本问题。什么是一个工程科学家能做而工程师却不能做的工作？这个问题的答案是，在工程职业变得越来越复杂的今天，存在着专门化的需要。为了满意地解决上述问题，现时对知识的要求应包括良好的培训：不仅在工程方面，也要在数学、物理、化学方面都要有良好的培训。这一点在下面几节还会作更详细的讨论。因此，一个工程科学家的培训与工程师的常规培训很不相同。换句话说，他必须是能够解决上面所说的工程发展中的三个基本问题的专家。

一、关于长程火箭的建议之可行性

为了更好地理解，一个工程科学家通过什么样的途径来解决工程发展中的三个基本问题，下面将描述几个能说明问题的例子。第一个例子是关于长程火箭可行性的研究。火箭的推进是由于所携带的推进剂进行燃烧从而排出的射流的作用。火箭发动机的性能是用推进剂的比耗来表示的，其定义是每小时需要消耗多少磅推进剂从而产生一磅的推力。这一数值因大气压力的变化而略有不同，但一般可以取作常数，即取其平均值。这一推进剂的比耗就用来表示发动机的性能。火箭的射程显然依赖于所携带的推进剂的总量，或者依赖于推进剂总量与火箭总重量之比，即推进剂的装载比。火箭飞行时，要克服的是空气阻力。于是我们看到，一个工程科学家为了解决长程火箭的可行性问题，他必须掌握三类基本信息：火箭发动机的性能、结构的效率以及高速飞行时的空气动力。为了获得火箭发动机的性能，他必须依靠火箭工程师以取得试验数据；为了获得结构的效率，他必须依靠测量应力的人以取得结构载荷的数据；为了获得高速飞行时的空气动力，他将求助于高速风洞以获取试验数据。然后从事该工作的工程科学家必须对上述信息进行综合的工作，此刻他需要运用良好的工程判断力，应用动力学定律以及求解微分方程的技巧，其结果是算出火箭的射程。假如他利用最好的火箭发动机的性能、最低的燃料比耗的实际值，假如他采用最好的结构以达到最高的推进剂的装载比；并且假如他对火箭的外形采用了最好的空气动力学设计以减小空气阻力，那么他将获得火箭所能达到的最大射程。

长程火箭问题的上述表述假设：最好的发动机性能、最好的结构效率以及最好的空气动力学外形对于分析者来说是已经知道的。然而实际情况可能并不是那么容易。一个工程科学家将发现，以往的经验说明，如果采用化学平衡和热力学平衡的假设仔细计算发动机燃烧室内的燃烧温度以及排出气体的成分，再采用气相流动的动力学计算火箭排气速度的话，推进剂性能的预报精度在10％以内；然而确实做过试验的推进剂的种类却极少。在寻求最好的可能的发动机性能的过程中，他可能希望知道从未试验过的高能化学推进剂的可能的比耗值。这意味着工程科学家对这些未曾试验过的推进剂已经进行了理论估算。举例来说，他可能希望计算液氟和液氢火箭的性能。假如他做了这类计算，他将发现有关化学火箭推进剂的两个重要事实，它们是：

(1) 对于诸如二氧化碳和水这类通常的燃烧产物来说，在燃烧室极高的温度下存在强烈的离解的趋势，而且这些离解吸收热量。所以使用低温量热计数据所计算的推进剂性能是全然不可靠的。换句话说，热力学和化学平衡在这里起着极其重要的作用。

(2) 不存在“令人惊奇”的推进剂能够使性能增大到现有推进剂的 10 倍，或者说，使比耗减少到 1/10。这一点很容易从下面的表中看出来[1]。该表说明，最好的推进剂是氟和氢，两者燃烧所给出的比耗不小于较常用的硝酸和苯胺组合的一半。

由此看来，进行此类研究，工程科学家能够在一个新的工程领域中获得一个宽阔的方向。他知道什么是所期望的，并有能力对任何一个发明者的主张作出严格的判断。这样的判断能力如果采用试探法的话，一般需要相当长的时间才能达到。所以，工程科学是缩短这一“学习某个行业”的关键过程的有用的工具。

类似地，工程科学家可能发现，有关结构效率和空气动力的信息很不完全，就迫使他研究一类特定的有希望的结构，或者研究一类绕过空气动力学外形的高速流动，以便确定在高速条件下可能产生的空气阻力。换句话说，为了解决长程火箭的可能性问题，工程科学家可能不只是解决一个很困难的外弹道学问题，而且可能还必须解决热力学和燃烧学的问题，或者弹性力学、材料力学以及流体力学的问题。可以说，他的问题并不容易，但是他得到的回报也是丰厚的。

表 1　火箭推进剂性能的计算值

(高度在海平面处，燃烧室压力是 20 大气压)

氧化剂	燃　　料	氧化剂与燃料的重量比	燃烧室温度/°R	比耗/[lb/(h·lbf)]
氟	肼	1.186	6970	12.33
氟	肼	2.371	9500	11.50
氟	氢	18.85	10210	10.20
氟	氢	9.42	8530	9.71
氟	氢	6.28	6296	10.20
氧	乙醇(75%+25%水)	1.275	5530	15.45
氧	汽油	2.62	5930	14.95
氧	氢	3.80	5500	10.20
发烟硝酸	苯胺	3.000	5525	16.30

二、最好的解决方法——裂变材料的生产

人们在工程实践中，经常遇到这样的情况，要在少数几种解决问题的可能方法中选出最好的方法。这时工程科学家的服务再次显示其价值。以裂变材料的生产为例。根据 H. D. Smith 的论述[2]，存在下面几种不同的可能方法：

(1) 用慢中子堆从天然铀生产钚-239，并化学分离钚。

(2) 用电磁分离法从天然铀中的惰性 U-238 生产 U-235。

(3) 利用热扩散法从 U－238 分离生产 U－235。

(4) 利用气相扩散法进行同位素分离生产 U－235。

除了第一种方法以外,其他 3 种方法都包含一类物理过程,其中被分离的材料具有"完全相同的"化学性质。在美国研制原子弹开发核能的时期,上述 4 种方法都被实验过。这种同时采用所有可能的方法的方式正是战争时期的权宜之计,因为时间紧迫而项目又亟须成功。而在平时,则应当召集工程科学家来对 4 种不同的过程进行分析,从而确定其中哪一种方法是最经济的。当然,工程科学家将需要许多详细的信息,这些信息必须从理论分析或实验中获取。举例来说,在第(1)种方法中,他必须确定 U－235 的裂变截面或裂变概率、减速剂的共振吸收截面等。然后他必须利用核物理的已知原理,估算中子堆中的中子扩散过程、堆中的中子密度分布,最后估算出中子堆的临界尺寸。他也必须在他的计算中对铀块和减速剂的布置,使用不同的方案而求得建造反应堆的最好的方法。通过上述这些研究,工程科学家就能说采用慢中子堆的方法来生产钚-239 可能是最经济的方法。

采用类似的实验室实验和理论计算的手段,工程科学家将可能估计出其他几种建议方法的经济性。这样就能够对生产裂变材料的最好方法是什么的问题给出答案。看来十分清楚,假如对不同过程的相对经济性进行这样的分析是可能的话,生产钚的工艺,即方法(1)将会入选。Leslie R. Groves 将军向 McMahan 委员会透露,在 1945 年 6 月,几种工艺每月所花的运作费是:

Handford 钚工厂	$ 3 500 000
橡树岭扩散工厂	$ 6 000 000
橡树岭电磁工厂	$ 12 000 000

所以 Handford 钚工厂是其中最为经济的一个,除此之外,事实上,它还必须具有最大的生产裂变材料的能力。

接着,我们假设,工程科学家经过初步分析决定采用钚工艺,那么会得到什么结果呢?还是根据 Groves 将军的说法,1945 年 6 月 30 日,为工厂和设备所支付的投资是这样的:

生产设备:			
	Hanford 工厂	$ 350 000 000	
	其他	$ 892 000 000	
工人住宿:			$ 1 242 000 000
	Handford 工厂	$ 48 000 000	
	其他	$ 114 500 000	
			$ 162 500 000
研究:			$ 186 000 000
工人的补偿费和医药费:			$ 4 500 000
总额:			$ 1 595 000 000

所以说,假如战时美国指导核能开发的当局能够选定钚工艺,那么就能大致节省十亿美元。换句话说,假如当局当时能够充分利用工程科学家的服务,就能节省 2/3 的投资。

三、失败的原因及补救办法——Tacoma 海峡大桥

要求一个工程科学家注意的第三个问题,是对某一项目的失败要能发现其原因以及提出

补救的办法。前面讨论的两个问题是在启动某一工程的主体部分之前,对可行性和新的最好的开发方法进行研究;然而第三个问题当然是在事后进行的工作。以 Tacoma 海峡大桥为例。这座桥在 1940 年 7 月 1 日开始通车。它是一座路基极窄的悬索桥,其尺寸可以从表 2 查出。大桥完工以后,发现大桥极其柔软。在刮风的夜晚,常出现幻象效应,行驶着的汽车的前灯忽明忽暗,这是因为车道发生侧向和纵向的振荡。到了 1940 年 11 月 7 日的上午 10:00,大桥在最常刮的强风作用下开始发生强烈的扭转振荡。振幅逐渐增加,1 小时以后,最终桥身大概在中跨处折断。当然,大桥的失效在土木工程师中引起了浓厚的兴趣,这类破坏从未见过,其原因究竟是什么? 土木工程师一般关注静力的作用,甚至考虑大幅值的情况。举例来说,大桥部件中的应力一般来说是每平方英寸几十吨的量级。现在作用在表面上的空气压力或风力可能是每平方英寸 1/5 磅的量级。对于土木工程师来说,一开始很难明白为什么这样小的风力居然能够破坏这样坚固的大桥。

表 2 美国华盛顿州第一座 Tacoma 海峡大桥的尺寸/ft

中心跨距	2800
西侧侧跨	1100
东侧侧跨	1100
西侧背索	497
东侧背索	261.8
总长	4759.2
车行道宽	26
包括人行道总宽	39

失效的真实机制最终由一个以 O. H. Armann, Th. von Kármán 和 G. B. Woodruff[3] 组成的委员会给出解释。他们的报告是工程科学家的研究工作的典型例子。它包含模型试验和理论计算的内容。大桥失效的真实原因是风力所激发的共振。这一航空工程师所熟知的颤振现象,却完全超出了土木工程师的经验范围。风力虽小,但具有与车道相同的振荡周期,或者说,风力常与路面的振荡同步,而因此发展到导致毁坏的共振幅值。由此看出,对大桥采取减振及增强的综合措施从而增加大桥的自振频率,失效是能够避免的。这就是设计新桥的原则。

这里再次指出,一个工程科学家提供的服务能够澄清使人高度困惑的工程问题,并且能够被用来避免工程设计中出现更多的错误。

四、统一性——工程科学中的基础研究

上述讨论可能使人们得到这样的认识,工程科学的问题是一些个别的问题,而工程科学家的任务是处理特殊情况,提出具有普遍性的方案。这种印象无论如何是不正确的。在当前工程发展的多种多样的问题中,在许多工程分支中,存在着重复发生的现象。这些现象能够从一些直接的常规的问题中提炼出来,而这些问题是工程科学家必须解决的,而且能在个别的研究领域中得到表述的问题。这样研究的结果将不仅使一个工程领域受益,而且使所有的工程领域都得到好处。这就是工程科学的基础研究,通过这种研究将使大大分散的工程活动得到

统一。

历史上，这样的工程科学的基础研究是由德国哥廷根大学的伟大的数学家 F. Klein 在第一次世界大战前夕开创的。他的学派已经产生了诸如 Th. von Kármán 和 S. Timoshenko 这样卓越的工程科学家。在那个年代，工程活动的主要领域必然涉及力学。由此工程科学的基础研究自然被简称为“应用力学”(Angewandte Mechanik)。然而始终在扩展的工程领域现在已扩展到这样一些课题，它们超出了当初德国学派所设想的应用力学所处理的范围。我们可以把当前的工程科学的基础研究的课题分成如下三类：① 不属于应用力学老边界以内的那些领域的研究；② 靠近应用力学老边界的那些领域的研究；③ 应用力学老边界以内的那些领域的研究。为了有助于了解工程科学中的基础研究的特征、它的门类以及它和各种工程问题之间的关系。下面将对这些研究领域进行详细的考察：

1. 不属于应用力学老边界以内的那些领域的研究

1）物质的固态

有关冶金的工程科学的实际进展，超越吉布斯相律的应用并不多。事实上，现在对材料的知识是通过数量极大而且乏味的实验室试验得到的。由此得到的大量的经验数据没有得到协调整理和系统分析。另一方面，基于量子力学的固态物理理论已由物理学家发展成为纯科学的一个分支。换句话说，在实际工程和科学研究之间存在一个宽阔的空隙，对待这一空隙必须架起桥梁。在冶金领域中努力利用物理理论将不仅会对大量积累的经验数据作出系统的解释，而且一定会在材料开发的领域揭示出新的可能性。还有一点可以肯定，当材料的工程科学得到满意的发展以后，寻求满足给定特性的工程材料的研究将会得到极大的促进。

另一个研究领域是陶瓷材料。现在的工程材料由包含原子晶体的金属所主导。其中，没有理由相信，包含诸如陶瓷材料那样的离子晶体的其他材料不能被用作机械制造的工程材料。事实上，最近对能耐极高温度的材料的需求，自然把人们指引到这一研究方向。

2）电子学

电子工程能够分为两个主要部分：处理电子管自身的部分以及处理电路和辐射场的部分。第二部分主要包含经典麦克斯韦理论的应用。尽管事实上此类理论计算可能非常复杂，而且可能要求高等的数学技巧，但是应用的结果的一般特征是在意料之中的。然而电子管的性能却很少有人作过综合性的分析。这些电子管的设计一般是在少数几个基本原理的指导下进行了大批试验而完成的。无论如何，电子工程现已经历了发明和创业的辉煌时期，而且进入了工程开发的时期。在新的情况下，各种器件必须实现细致的改进，使用经验方法可能不是最经济的方法。特别对于很高频率的电子管来说，其中电子的惯性效应不再能被忽略。看来有必要发展一种工程方法来计算在快速变化的外电磁场的综合作用下电子云的流场。假如能做这样的计算的话，那么就能分析电子管或别的类似器件的特性，而且实验数据也将能得到协调整理。

3）核工程

当人们还想对核的结构有充分理解之时，有关核反应的一般解释似乎已经发展到了令人满意的程度。事实上，有关核反应的诸如碰撞、俘获、激发以及新粒子从复合核的辐射等基元过程已经能够分别予以测量和研究。假如这些经验数据可加以利用，那么核反应的整体微观性能，能够应用化学反应动力学方法来作出预报，对于不可能的和不需要的过程，可以在进一步的研究和大型试验中予以消除。将这种途径用于原子能的利用或原子工程，看来能导致丰硕的成果，而不会有不受控制实验中产生的危险。换句话说，核反应的利用的一个快速发展的时期看来即将到来，而这可以和燃烧那样的分子反应的利用相比拟。

2. 靠近应用力学老边界的那些领域的研究

1）燃烧

燃烧理论已由化学家主要从化学反应动力学的观点进行了研究。然而，从喷气推进的最近的发展中产生的问题一般都包含很高速度的流动。在这样的问题中，流体微元的惯性效应肯定不能被忽略。事实上，对简单的一维问题的研究已经指出了，因惯性效应而引起的过去未能预料的结果。所以完全和满意地求解燃烧问题必须把有关流体运动的科学，即流体动力学与化学反应动力学这门科学结合起来。作为这类问题研究的开始，必须研究扩散和湍流对燃烧的影响。

2）基于塑性变形的金属成形

大量金属成形工艺基于材料的塑性变形。举例来说，广泛使用的板料金属成形处理就是采用了压制的工艺。这一成形工艺直至最近，实际上还纯粹是凭经验实施的。在设计这种处理所用的模具时，人们必须在少数几个经验原则的指导下，采用试凑的办法。这种方法一般来说是非常不经济的。因此看来有必要发展一种满意的理论，便于人们针对每一个别问题，能够设计出成形用的模具，而不必依赖大量试验。这一有关塑性成形的新科学，当然将基于弹性理论的方法以及有关固态物质的全面的知识，而这正是在上一节中谈到的另一类研究课题。

3. 应用力学老边界以内的那些领域的研究

1）湍流

在过去的15年中，流体流动中的湍流问题已有大量的研究，而且为了对这一领域中的工程问题求得满意的解答，已经研究得到一些简单的定律。然而，理论仍然不能解释基本的重要事实，即湍流中的交换系数远比层流的大得多。对这一现象取得正确的认识是湍流问题的核心所在。可以相信，这种认识只能通过对湍流的流场进行详尽的观测，并配合理论分析来达到。必须实施有关湍流速度、关联系数以及扩散特性的测量。

另外一个可能的研究领域，是将现在已经掌握的湍流知识应用到其他工程领域，诸如燃烧和化学工程中的混合问题等。可以相信，这样的应用是极其有用的。

2）气体动力学

航空方面的最近进展使气体动力学这门科学成为最为重要和急需的知识之一，其中的基本问题关系到流体的黏性和可压缩性的相互作用。过去人们相信黏性效应或雷诺数与可压缩效应或马赫数是能够分离的。但是，现在证实这样的分离是不可能的。另一方面，相互作用的问题相当复杂，特别是因为流体中可能出现湍流。详细的现象必须同时运用理论分析和实验进行研究。与这一研究相结合的是，应当考虑第二黏性系数以及松弛时间的效应。

以极高速度飞行的可能性提出了另外一个非常有趣的在很高马赫数条件下的流体动力学问题。人们知道，在相当高的马赫数条件下，譬如马赫数超过5，流体的行为非常像许多质点的流动。换句话说，流体对一个运动物体的反应，将非常类似于牛顿基于在流体质点之间没有相互作用的假设下所预报的那样。在极高的飞行高度的飞行问题，引出另外一个有趣的问题，这就是在极低密度条件下流体运动的问题。在这类问题中，流动中的分子的平均自由程与流体中运动物体的大小相当。可以相信上述这些问题的解决对于今后的飞行任务——速度超过声速的跨海飞行是必不可少的。

从前面有关工程科学中不同领域的基础研究的讨论中，似乎可以看出，所涉及的课题是物理学的一般领域中的好课题。那么为什么它们应当被称作是工程科学中的研究课题呢？这有双重理由。首先，物理学家的观点与工程科学家的观点之间有一个基本差别。物理学家的观点是纯科学家的观点，主要兴趣在于把问题简化到这样的程度，从而能找到一个"精确"的解答。工程科学家则更有兴趣去求取提交给他的问题的解答。问题将是复杂的，所以只指望找到近似的解答，然而对于工程目的来说却又足够精确。所以，物理学家将对一个过分简化的问题给出精确解，而工程科学家要的是实际问题的近似解。物理学家的工作常常可能是不实用的，而工程科学家的工作必须总是实用的。将工程科学家从物理的一般领域分离出来的第二个理由，简单说来，就是物理学家对工程问题没有浓厚的兴趣。因为存在上述双重理由。工程科学家被迫将物理学家放弃的课题接过来做，发展其物理原理，形成解决实际工程问题的工具。

五、工程科学家的培训

对于一个工程科学家来说，他们的任务是解决提交给他的问题，以及进行工程科学的基础研究。他所需要接受的教育肯定和一个工程师具有很大差异。那么，确切地说，什么是一个工程科学家所必需的培训呢？回答这个问题，最好的办法可能是先来看看一个工程科学家必须具备哪些手段。这些手段是：

（1）工程设计和实施的原理。

（2）工程问题的科学基础。

（3）工程分析的数学方法。

第一组的课目是常规的工程课目，诸如机械制图、绘图和机械设计、工程材料和工艺、车间实习。第二组的课目是物理和化学，它们一般包含在一个好的工科课程表里。但是这里，工程科学家的培训和常规工程师的不同，他必须掌握多得多的物理和化学的知识。举例来说，他在力学方面的知识必须不只限于刚体的静力学和动力学以及简单的梁、柱中的应力。他必须学习弹塑性理论的原理。他对流体运动的认识必须不能只限于水力学的内容，他必须学习流体动力学的原理。他在热力学方面的知识不能只限于第一定律和第二定律，或者理想的奥托循环或狄塞尔循环的计算，他必须要从统计力学和热力学平衡更广泛的观点出发学习熵的物理意义。然后他必须懂得从原子核到分子的物质的基本结构。换句话说，他必须学习许多物理学家或化学家所必须学习的课目。

第三组的课目是数学方法和数学原理，后者是用来帮助理解数学方法的应用。这就包括这样一些课目：微积分、复变函数、数学分析原理、常微分方程、偏微分方程。换句话说，他必须懂得一个应用数学家所必须掌握的课目中的大部分。

显然，对于一个有发展前途的工程科学家来说，不能希望把他的学习都挤在 4 年大学里。事实上，他必须在高中毕业后进入一个好的工学院，先用 3 年时间学习一般的工科课目，然后他必须用大约 3 年时间学习科学和数学。这样一来，在高中毕业后至少要用 6 年时间来培训一名工程科学家；而现在的实际情况是，常规培训只用 4 年时间。在这种情况下，工程科学家肯定只能是在工程和工业界全体人员中占据很小百分比的专家，而且必须从具有天赋和爱好的人中进行培训。

然而，前面还只是讨论了工程科学家必须具备的知识。事实上，教给了他手段也并不意味他是在运用这些手段中受到了培训。怎么样才能让他在培训中学会运用这些手段呢？这里，培训的程度不能用学生听了几门课或在学院里学了多少年来量度。学习如何有效地运用这些工具只能通过实践来进行。当然，专家的指导有助于加速这一过程。所以，为了完成一个工程科学家的培训，在6年学院学习以后，对于一个有发展前途的工程科学家来说，还必须花1～2年的时间在一名经验丰富的资深人员的指导下从事一个专门问题的工作。做到这点的一种好的途径可能是去一个设备完善的大学，在有权威的导师的指导下攻读一个博士学位。一个教育机构中的从容的学术氛围肯定能引导人们思索：什么是获得智慧的最重要的也是唯一的途径。智慧提供对复杂问题的洞察力，而洞察力正是成功地解决问题的关键。

结　语

培训一名有能力的工程科学家是个历时7～8年的漫长过程，而完成这样的培训所要求的努力和能力也相应地巨大，所幸回报也很大。从上述工程科学家所完成的工作特性的讨论中，可以看出，他们形成了任何一项工程发展项目中的核心，他们是工业新前沿的先驱。事实上，工程科学最重要的本质——将基础科学中的真理转化为人类福利的实际方法的技能，实际上超越了现在工业的范畴。医药是将化学、物理和生理学应用于治病和防病；农业是将化学、物理和植物生理学应用于生产食物。两者都是广义的工程，而且两者均将得益于工程科学的方法。因此，把工程科学家称为以科学为追求目标的最最直接的工作者是很恰当的。正如Harold C. Urey教授所说："我们希望从人们生活中消灭苦役、不安和贫困，带给他们喜悦、悠闲和美丽。"

（谈庆明 译，　盛宏至 校）

参考文献

[1] Seifert J S, Mills M M, Summerfield M. The Physics of Rockets. American Journal of Physics[J]. 1947, 15: 1-21, 121-140, 255-272.
[2] Smyth H D. Atomic Energy for Military Purposes[M]. Princeton University Press, 1945.
[3] Armann O H, Th. von Kármán, Woodruff G B. The Failure of the Tacoma Narrows Bridge[R]. Report to Federal Works Agency, March 28, 1941.

可压缩流体中细长体的二维非定常运动①

林家翘　E. Reissner　钱学森

一、引言

许多空气动力学问题包含着绕细长体的流动。已经知道在这种流动情况下摄动逼近常常导得线性微分方程。近来 von Kármán[1] 指出，对于跨声速区内的定常运动，甚至在摄动理论中还保留有某些非线性项。这一事实也被 C. Kaplan[2] 在他与早期所作迭代计算结果作比较时讨论过。钱学森[3] 在高超声速流动述评中也持有同样的观点。最近 I. E. Garrick[4] 在讨论跨声速振翼时写出的一个非定常扰动势方程里包含了一个与 von Kármán 所导出的方程中一样的非线性项，然而 Garrick 没有讨论对于不同流动条件这些不同项的大小以及所适用的相似律。在本文中我们将对绕细长体非定常二维多方位势流提出一个简单的通用的处理方法。将对不同情况下速度势微分方程中各个项的大小给出系统的估计，它涉及了所有已知的特定情况并得出了过去研究者未曾讨论过的其他一些情况。

一般的结论如下。令 δ 为下述两个量中较大的量，这两个量一个是物体的厚度比，另一个是物体横向运动振幅与其弦长之比。令 M_∞ 为无穷远处的马赫数，令 $1/k$ 为瞬时运动时间的特征周期；例如在摆动机翼情况下，k 应该代表角频率与弦长之乘积对于自由流速度的无量纲比值。这三个量是重要参数。

1. 如果 M_∞ 不大，就有下述几种可能性

如果 $|1-M_\infty|=O(\delta^{2/3})$ 和 $k=O(\delta^{2/3})$（或更小），这是在跨声速流动区域内，问题是非线性的。在这种情况下，若 $k=o(\delta^{2/3})$，问题是准定常的②。注意该问题中 k 与 $|1-M_\infty|$ 之间未作比较。

如果上述条件之一不满足或两者均不满足，亦即，若 $|1-M_\infty|$ 或/和 $k\gg\delta^{2/3}$，一般线性化理论可用，即使 M_∞ 变为 1 也无妨。在这种情况下，在 $k=o(|1-M_\infty|)$ 时，问题就是准定常的。

2. 如果 $M_\infty\gg1$，会有如下几种可能性

若 $M_\infty\ll1/\delta$ 和 $1/(k\delta)$，一般线性化理论可用。如果上述情况之一不满足或两者皆不满足的话，方程就是非线性的。对于其中的第一种情况，流动是高超声速的，而且压力扰动不再

---

① 1948 年 3 月 1 日收到，1948 年 7 月 26 日收到修订稿。原载 Journal of Mathematics and Physics 1948, Vol. 27, pp. 220 - 231。

② 符号 $y=O(x)$ 和 $y=o(x)$ 的意义如下：若 $y=O(x)$，那么 $\lim_{x\to0}y/x$ 有界或为零。若 $y=o(x)$，那么 $\lim_{x\to0}y/x=0$。

是小量的意义下，我们已不再有摄动理论了。

处理这种问题的方法是对每一类变量都引入一个参数来表征它的尺度。在这种方法中，可以区分各种小量的不同量级，然后忽略掉同一方程中属于高阶小的量。

为了实施上述想法，将考虑一个处于小攻角下二维薄翼的周期性振动。显然这个方法对更一般的情况也是可行的。

二、问题的通用公式

非定常二维多方(polytropic)势流的基本方程(无量纲形式)为

$$\left.\begin{aligned} &\phi_{tt}+2\phi_x\phi_{xt}+2\phi_y\phi_{yt}+\phi_x^2\phi_{xx}+2\phi_x\phi_y\phi_{xy}+\phi_y^2\phi_{yy}=c^2(\phi_{xx}+\phi_{yy}) \\ &\phi_t+\frac{1}{2}(\phi_x^2+\phi_y^2)+\frac{c^2}{\gamma-1}=\frac{1}{2}+\frac{1}{(\gamma-1)M_1^2} \end{aligned}\right\} \tag{1}$$

式中：ϕ 是(无量纲)速度势；c 是(无量纲)声速；M_1 是参考速度 U_1 的马赫数；U_1 可以取为来流速度 U_∞ 或取为临界速度 c_*；参考长度是弦长 b；无量纲时间变量 t 由实际使用的时间乘以 U_1 再除以 b 构成。在机翼上，

$$y=h(x,t) \tag{2}$$

必须满足边界条件

$$h_t+\phi_x h_x=\phi_y \tag{3}$$

如果速度势写为

$$\phi=x+\phi' \tag{4}$$

那么在无穷远处，我们有边界条件

$$1+\phi_\infty'=\frac{U_\infty}{U_1}=\frac{\left[1+\dfrac{1}{(\gamma-1)M_1^2}\right]^{\frac{1}{2}}}{\left[1+\dfrac{1}{(\gamma-1)M_\infty^2}\right]^{\frac{1}{2}}},\quad \phi'_x=0 \tag{5}$$

参考速度若取为临界速度 c_*，则

$$M_1=1 \tag{6}$$

若取为来流速度，则

$$M_1=M_\infty \tag{7}$$

在后一种情况下

$$\phi_x'=0,\quad \phi_y'=0,\quad \text{在无穷远处} \tag{8}$$

我们将选用后者，因为它能够覆盖任何来流马赫数。上面这个选择强加了一个附加限制，即当无穷远处 ϕ_x' 值比 1 小的时候它一定同时是 $|1-M_\infty|$ 的量级。因此这是限于跨声速流情况的。事实上这个附加限制可以作为跨声速流动的判据。除了这个附加限制以及公式中某些不重要的变化以外，在其他方面并不影响结果，于是目前关于跨声速流动的这些讨论很容易包括到它的近期发展研究当中。这将在专门研究跨声速流的时候再详细地进行讨论。

三、参数引入

现在引入量级是 1 的一些无量纲量：

$$\left.\begin{aligned}&\xi = x,\quad \eta = \lambda y,\quad \tau = kt\\&g(\xi,\tau) = \delta^{-1}h(x,t),\quad f(\xi,\eta,\tau) = \varepsilon^{-1}\phi'(x,y,t)\end{aligned}\right\} \tag{9}$$

此处 $\lambda,k,\delta,\varepsilon$ 是一些确定各个变量量级大小的参数。具体来说，即

$$k = \omega b/U_1 \tag{10}$$

是无量纲角频率，δ 是机翼厚度比。

速度分量和声速是

$$\left.\begin{aligned}&u = 1+\varepsilon f_\xi,\quad v = \varepsilon\lambda f_\eta\\&c^2 = \frac{1}{M_1^2} - (\gamma-1)\varepsilon\left[kf_\tau + f_\xi + \frac{1}{2}\varepsilon(f_\xi^2 + \lambda^2 f_\eta^2)\right]\end{aligned}\right\} \tag{11}$$

压力系数是

$$C_p = \frac{p-p_1}{\frac{1}{2}\rho_1 U_1^2} = \frac{2}{\gamma M_1^2}\left\{\left[1-(\gamma-1)\varepsilon M_1^2\left(kf_\tau + f_\xi + \frac{1}{2}\varepsilon(f_\xi^2+\lambda^2 f_\eta^2)\right)\right]^{\gamma/(\gamma-1)} - 1\right\} \tag{12}$$

四、小扰动理论

小扰动假设要求速度分量和压力与参考条件的偏离是小量。因此，在速度分量式(11)中就有

$$\varepsilon \ll 1,\quad \varepsilon\lambda \ll 1 \tag{13}$$

在压力系数式(12)中有

$$\varepsilon M_1^2 \ll 1,\ (\varepsilon\lambda M_1)^2 \ll 1,\quad \varepsilon k M_1^2 \ll 1 \tag{13a}$$

原方程(1)就变成为

$$\begin{aligned}&k^2 f_{\tau\tau} + 2(1+\varepsilon f_\xi)kf_{\xi\tau} + 2(\varepsilon\lambda^2)kf_\eta f_{\eta\tau} + (1+2\varepsilon f_\xi + \varepsilon^2 f_\xi^2)f_{\xi\xi} + 2(\varepsilon\lambda^2)(1+\varepsilon f_\xi)f_{\xi\eta} +\\&(\varepsilon\lambda^2)^2 f_\eta^2 f_{\eta\eta} = \left\{\frac{1}{M_1^2} - (\gamma-1)\varepsilon\left[kf_\tau + f_\xi + \frac{1}{2}\varepsilon(f_\xi^2+\lambda^2 f_\eta^2)\right]\right\}(f_{\xi\xi} + \lambda^2 f_{\eta\eta})\end{aligned} \tag{14}$$

在小扰动(13)的条件下，在不知道参数之间相对大小的情况下，上述方程简化为

$$k^2 f_{\tau\tau} + 2kf_{\xi\tau} + \left[1 - \frac{1}{M_1^2} + \varepsilon(\gamma+1)f_\xi\right]f_{\xi\xi} - \frac{\lambda^2}{M_1^2}f_{\eta\eta} = 0 \tag{15}$$

在这个方程中不同项的量级大小不一定相同，它允许进一步将方程简化。这在后面将会讨论到。然而，方程(14)中所有被忽略掉的各项与式(15)中保留下的项相比肯定是小量，例如 $k\varepsilon(\gamma-1)f_r f_{\varepsilon\varepsilon}$ 与 $2kf_{\xi\tau}$ 相比就是小量，因此可略掉。

边界条件：边界条件(3)是

$$\delta[kg_\tau + (1+\varepsilon f_\xi)g_\xi] = \varepsilon\lambda f_\eta;\quad \eta = 0, 0 < \xi < 1$$

可简化成为

$$\varepsilon\lambda f_\eta = \delta[kg_\tau + g_\xi];\eta = 0,\quad 0 < \xi < 1 \tag{16}$$

方程(16)意味着两个量 $k\delta$ 和 δ 中较大者是 $\varepsilon\lambda$ 的量级。注意在 $\eta = 0$ 而不是真实边界处满足边界条件的可能性取决于这样一个事实：在所有情况下真实边界上都是 $\eta \ll 1$ 的，稍后能够予以证明。除了这个事实以外我们还必须假设在 $\eta = 0$ 附近解是正则的。在这个条件下这种简化才是允许的。

当用式(8)时，对无穷远边界条件不强加任何限制，即当 $M_1 = M_\infty$ 时，在无穷远处条件为

$$f_\xi(-\infty,\ \eta) = f_\eta(-\infty,\ \eta) = 0 \tag{17}$$

压力系数式(12)变为

$$C_p = 2\varepsilon\left[kf_\tau + f_\xi + \frac{1}{2}\varepsilon\lambda^2 f_\eta^2\right] \tag{18}$$

方程(15)～(18)是二维势流小扰动理论的基本方程。对于特殊情况可以作进一步的简化。实际上如下节所述，所有已知的摄动理论都可以由这些特殊情况得到。

当两种情况具有相同的方程和边界条件时，一定会有扰动的相似性。

五、特殊情况的进一步简化

我们将在个别情况下对涉及的重要参数进行简化。在我们的讨论中取 $M_1 = M_\infty$。

第一步是消去 λ。如下：我们分两种情况考虑边界条件式(16)，取

$$\text{(A) 当 } k = O(1) \text{ 时，} \lambda = \delta/\varepsilon \tag{19}$$

$$\text{(B) 当 } 1 \ll k \text{ 时，} \lambda = \delta k/\varepsilon \tag{20}$$

在第一种情况下由式(15)，(16)和(19)给出

$$f_{\eta\eta} = \frac{\varepsilon^2 M_\infty^2 k^2}{\delta^2} f_{\tau\tau} + \frac{2k\varepsilon^2 M_\infty^2}{\delta^2} f_{\xi\tau} + \frac{\varepsilon^2}{\delta^2}(M_\infty^2 - 1) f_{\xi\xi} + (\gamma+1)\frac{\varepsilon^2}{\delta^2} M_\infty^2 f_\xi f_{\xi\xi} \tag{21}$$

$$\eta = 0, 0 < \xi < 1;\quad f_\eta = g_\xi + kg_\tau \tag{22}$$

和

$$C_p = 2\varepsilon\left[kf_\tau + f_\xi + \frac{1}{2}\frac{\delta^2}{\varepsilon} f_\eta^2\right] \tag{23}$$

对于小扰动，条件式(13)变为

$$\varepsilon \ll 1,\quad \delta \ll 1,\quad \varepsilon M_\infty^2 \ll 1,\quad M_\infty \delta \ll 1 \tag{24}$$

在第二种情况下，有

$$f_{\eta\eta} = \frac{\varepsilon^2 M_\infty^2}{\delta^2} f_{\tau\tau} - \frac{\varepsilon^2}{k^2\delta^2} f_{\xi\xi} \tag{25}$$

$$\eta = 0,\quad 0 < \xi < 1;\quad f_\eta = g_\tau \tag{26}$$

$$C_p = 2\varepsilon k f_\tau + k^2\delta^2 f_\eta^2 \tag{27}$$

条件式(13)变为

$$\varepsilon \ll 1,\quad k\delta \ll 1,\quad k\delta M_\infty \ll 1,\quad \varepsilon k M_\infty^2 \ll 1 \tag{28}$$

为了得到一个有意义的边值问题，在方程(21)和(25)中我们必须保留带有 $f_{\eta\eta}$ 的项，那就是为什么这些方程对 $f_{\eta\eta}$ 是显式求解。进一步的简化取决于系数的数量级，然而这些系数将以一定条件出现在问题中的参数 δ,k 和 M_∞ 里：

类型 A　$k = O(1)$. 在这类问题中，有 4 个参数

$$\left.\begin{aligned} c_1 &= (\gamma+1)\frac{\varepsilon^2}{\delta^2}M_\infty^2,\quad c_2 = \frac{\varepsilon^2}{\delta^2}(M_\infty^2 - 1) \\ c_3 &= \frac{2k\varepsilon^2 M_\infty^2}{\delta^2},\qquad c_4 = \frac{\varepsilon^2 k^2 M_\infty^2}{\delta^2} \end{aligned}\right\} \tag{29}$$

但只需讨论它们中的 3 个量的量级大小即可，因为 $c_4 = O(c_3)$ 。进一步可以区分为如下各种情况：

$$\textbf{情况 1} \quad c_1 = 1, \quad c_2 = O(1), \quad c_3 = O(1) \tag{30}$$

$$\textbf{情况 2} \quad c_1 \ll 1, \quad |c_2| = 1, \quad c_3 = O(1) \tag{31}$$

$$\textbf{情况 3} \quad c_1 \ll 1, \quad |c_2| \ll 1, \quad c_3 = 1 \tag{32}$$

这里 c_1，c_2 及 c_3 将依次被取作主要参数。注意，在**情况 2** 中我们限定 $c_1 \ll 1$，而不是令 $c_1 = O(1)$，因为 $c_1 \sim 1$ 的情况实际上已经包含在**情况 1** 中了。类似的陈述也适用于**情况 3**。

让我们先详细讨论**情况 1**，然后概述其结果。其他情况可以依此类推。由(29)和(30)我们有

$$\left.\begin{aligned} \varepsilon &= (\gamma+1)^{-1/3}(\delta/M_\infty)^{2/3} \\ c_2 &= (M_\infty^2 - 1)[(\gamma+1)M_\infty\delta]^{-2/3} = O(1) \\ c_3 &= 2kM_\infty^2[(\gamma+1)M_\infty\delta]^{-2/3} = O(1) \\ c_4 &= k^2M_\infty^2[(\gamma+1)M_\infty\delta]^{-2/3} \end{aligned}\right\} \tag{33}$$

因此，毫无疑问，我们必然有

$$M_\infty^2 - 1 = O[(\gamma+1)M_\infty\delta]^{2/3}, \quad k = O[(\gamma+1)M_\infty\delta]^{2/3}$$

或者，因 $M_\infty \sim 1$，

$$M_\infty - 1 = O(\delta^{2/3}), \quad k = O(\delta^{2/3}) \tag{34}$$

如果返回再看条件式(24)，就会看到当 $\delta \ll 1$ 时，它们全部满足。实质上相似参数就是 c_2 和 c_3，而 c_4 因式(34)可被忽略。

结果可以概述如下：

情况 1. 跨声速流动情况

当 $\delta \ll 1$ 且满足条件式(34)时，跨声速流动情况总是非线性方程，其基本方程是

$$\left.\begin{aligned} &\frac{2k}{[(\gamma+1)\delta]^{2/3}} f_{\xi\tau} + \left\{\frac{M_\infty - 1}{[(\gamma+1)\delta]^{2/3}} + f_\xi\right\} f_{\xi\xi} - f_{\eta\eta} = 0 \\ &\eta = 0, \quad 0 < \xi < 1; \quad f_\eta = g_\xi \\ &C_p = 2\delta^{2/3}(\gamma+1)^{-1/3} f_\xi \end{aligned}\right\} \tag{35}$$

在这种情况下，有两个参数

$$\frac{k}{[(\gamma+1)\delta]^{2/3}} \text{ 和 } \frac{M_\infty - 1}{[(\gamma+1)\delta]^{2/3}} \tag{36}$$

如果其中一个或两个大于 1 的话，现在的情况就不存在。当 $k \ll \delta^{2/3}$ 时，问题就是准定常的。

情况 2. 亚声速或超声速流动情况

条件 $|c_2| = 1$ 导致如下的速度扰动大小的量级关系：

$$\varepsilon = \delta|1 - M_\infty^2|^{-1/2} \tag{37}$$

条件式(24)和(31)变成

$$\delta \ll 1, \quad \delta M_\infty \ll 1 \text{ 和 } k = O(1 - M_\infty^{-2}), \quad |1 - M_\infty^2| \gg \delta^{2/3} \tag{38}$$

当这些条件都满足时，就有了通常的超声速或亚声速流动情况。基本方程是

$$\left.\begin{aligned}&k^2 f_{\tau\tau}+2kf_{\xi\tau}+\left(1-\frac{1}{M_\infty^2}\right)\left(f_{\xi\xi}+\frac{1-M_\infty^2}{|1-M_\infty^2|}f_{\eta\eta}\right)=0\\&\eta=0,\ 0<\xi<1;\ f_\eta=g_\xi+kg_\tau\\&C_p=2\delta|1-M_\infty^2|^{-1/2}(f_\xi+kf_\tau)\end{aligned}\right\}\tag{39}$$

出现在不同方程中的两个参数是 k 和 $1-M_\infty^2$，而且压力系数与 δ 成正比。当 $k=0$ 时问题就是定常的，当 $k\ll|1-M_\infty^2|$ 时，问题就是准定常的。

情况 3. 高振荡情况

由条件 $c_3=1$ 推得关系式

$$\varepsilon=\delta/\sqrt{2kM_\infty}\tag{40}$$

条件式(24)和(32)变成

$$\delta\ll1,\quad \delta M_\infty\ll1\quad 和\quad k\gg\delta^{2/3},\quad k\gg\left|1-\frac{1}{M_\infty^2}\right|\tag{41}$$

这种情况下，随时间的变化率占主导地位，基本方程是

$$\left.\begin{aligned}&kf_{\tau\tau}+2(f_{\xi\tau}-f_{\eta\eta})=0\\&\eta=0,\ 0<\xi<1;\ f_\eta=g_\xi+kg\\&C_p=(2\delta/\sqrt{2kM_\infty})(f_\xi+kf_\tau)\end{aligned}\right\}\tag{42}$$

当 $k\ll1$ 时,式(42)中含 k 的项可以略掉。

类型 B. $k\gg1$，在这类问题中，我们有两个参数

$$c_4=\varepsilon^2M_\infty^2/\delta^2,\quad c_5=\varepsilon^2/(k^2\delta^2)\tag{43}$$

为此在方程(24)中出现两种情况：

情况 4. $\qquad c_4=1,\quad c_5=O(1)$ (44)

情况 5. $\qquad c_4\ll1,\quad c_5=1$ (45)

情况 4. 高振荡情况

条件 $c_4=1$ 推得

$$\varepsilon=\delta/M_\infty$$

式(44)中的其他条件及条件式(28)导致

$$1/k=O(M_\infty),\quad k\delta M_\infty\ll1\tag{46}$$

基本方程为

$$\left.\begin{aligned}&f_{\tau\tau}-f_{\eta\eta}-(1/k^2M_\infty^2)f_{\xi\xi}=0\\&\eta=0,0<\xi<1;\quad f_\eta=g_\tau\\&C_p=2(\delta k/M_\infty)f_\tau\end{aligned}\right\}\tag{47}$$

这里只有参数 kM_∞。

情况 5. 接近于不可压的准定常流动

由条件 $c_5=1$ 推得

$$\varepsilon=k\delta\tag{48}$$

式(42)式中其他条件与条件式(27)导致

$$kM_\infty\ll1;\quad k\delta\ll1\tag{49}$$

基本方程为

$$\left.\begin{array}{c} f_{\xi\xi} + f_{\eta\eta} = 0 \\ \eta = 0,\ 0 < \xi < 1;\ f_\eta = g_\tau \\ C_p = 2\delta k^2 f_\tau \end{array}\right\} \tag{50}$$

上述结果综述于表1中。

为便于讨论，表中各行左端以数字编号。第一行依据重要参数 M_∞，k 和 δ 给出特征条件，第二行表示在各种情况下成立的方程，第三行给出压力系数公式类型。函数 F 是不一样的。对它们的分析讨论给出各个特定情况中的相似参数。第四行描绘各个不同情况的物理性质。最后，只在一种情况，亦即当

$$|1 - M_\infty| = O(\delta^{2/3}) \text{ 和 } k = O(\delta^{2/3}) \tag{51}$$

时，它是非线性理论。

但是应该强调，在这种跨声速流动情况中，甚至在相当低的减缩频率下，还显现出非定常效应。举例而言，对于厚度比与振幅比是相同量级，而且厚度比是5%或 $\delta = 0.05$ 的情况，根据式(51)，在 $k \approx (0.05)^{2/3}$ 时，非定常效应早已是重要的了。具体考虑谐振情况，对应的运动周期

$$T = 2\pi b/(kU) = 46.5b/U$$

取 $b = 5(\text{ft})$ 及 $U = 1\,000(\text{ft/s})$，$T = 0.237\,\text{s}$，这是相对较慢的振荡。在亚声速和超声速流动中，如表1中情况2的条件所示，这么慢的振动的非定常效应就忽略掉了。但对于跨声速流动，这一非定常效应就不能忽略。当考虑飞机在跨声速飞行稳定性的时候就必须考虑这一事实，因为用准定常计算很可能无法满足其准确性要求。

表1

各种情况的类别，用于压力系数中各函数中的模是相似参数

	$k=O(1)$			$1 \ll k$	
	情况1	情况2	情况3	情况4	情况5
1	$1-\dfrac{1}{M_\infty^2}=O(\delta^{2/3})$ $k=O(\delta^{2/3})$ $\delta \ll 1$	$\lvert 1-M_\infty \rvert \gg \delta^{2/3}$ $k=O\left(1-\dfrac{1}{M_\infty^2}\right)$ $\delta \ll 1,\quad \delta M_\infty \ll 1$	$k \gg \delta^{2/3}$ $k \gg \left\lvert 1-\dfrac{1}{M_\infty^2} \right\rvert$ $\delta \ll 1,\quad \delta M_\infty \ll 1$	$k^{-2}=O(M_\infty)$ $k\delta M_\infty \ll 1$	$kM_\infty \ll 1$ $k\delta \ll 1$
2	Eq. (35)	Eq. (39)	Eq. (42)	Eq. (47)	Eq. (50)
3	$C_p/[\delta^{2/3}(\gamma+1)^{1/3}]$ $=F\left[\dfrac{k}{[(\gamma+1)\delta]^{2/3}},\dfrac{M_\infty-1}{[(\gamma+1)\delta]^{2/3}}\right]$	$C_p\sqrt{\lvert 1-M_\infty^2 \rvert}/\delta$ $=F\left(k, 1-\dfrac{1}{M_\infty^2}\right)$	$\sqrt{M_\infty}C_p/\delta$ $=F(k)$	$C_p/(\delta k^2)$ $=F(kM_\infty)$	$C_p/(\delta k^2)$ $=F(kM_\infty)$
4	跨声速	亚声速 超声速	振荡项占主		准定常 不可压
5	非线性	线性			

线性化 如果条件式(51)中有一个不满足，方程就是线性的。还要注意边界条件及压力系数公式总是线性的。如此，若方程中所包括的都是线性项的话，那么**情况 2** 到**情况 5** 之间就不存在差别。在**情况 1** 及其他各种情况中，无疑有些项是可略掉的，但是很明显，在条件式(51)中无论其中一个还是两个不满足的时候还都能够使用完全线性化的方程组，因为我们保留了所有必要的项。线性方程组如下：

$$\left.\begin{aligned} \varphi'_{tt}+2\varphi'_{xt}+(1-M_1^{-2})\varphi'_{xx}-M_1^{-2}\varphi'_{yy}=0 \\ y=0,\quad 0<x<b;\quad \varphi'_y=h_x+h_t \\ C_p=2(\varphi'_x+\varphi'_t) \end{aligned}\right\} \tag{52}$$

例如,在机翼以充分高的加速度通过声速区加速的时候能够使 k 远大于 $\delta^{2/3}$，而且线性理论仍能应用。其物理解释如下：在跨声速定常流中扰动的积累破坏了线性化。另一方面，如果“时间变化率”足够高的话,那些扰动就没有机会建立起来，那么线性化的处理就是合适的。

六、风洞壁面效应

如果机翼置于二维风洞中，就要增加在 $y=H_1$ 及 $y=H_2$ (被弦长除则化为无量纲量)的壁面处垂向速度为零的条件。为了能有相似性,因此有同等的附加条件：

$$\eta_1=\lambda H_1,\text{和 }\eta_2=\lambda H_2$$

参照方程(18),(19)及个别情况中的 ε，我们可以容易地看到 5 种情况下的参数,分别为

$$\left.\begin{array}{lll} \textbf{情况 1} & [(\gamma+1)\delta]^{1/3}H_1 & [(\gamma+1)\delta]^{1/3}H_2 \\ \textbf{情况 2} & |1-M_\infty^2|^{\frac{1}{2}}H_1 & |1-M_\infty^2|^{\frac{1}{2}}H_2 \\ \textbf{情况 3} & \sqrt{2kM_\infty}H_1 & \sqrt{2kM_\infty}H_2 \\ \textbf{情况 4} & kM_\infty H_1 & kM_\infty H_2 \\ \textbf{情况 5} & H_1 & H_2 \end{array}\right\} \tag{53}$$

七、大压力扰动的情况

在所有上述情况中，采用了一些限制：

$$M_\infty \ll 1/\delta \quad \text{以及} \quad M_\infty \ll 1/(k\delta) \quad (k\gg 1) \tag{54}$$

因此，如果这个条件里的一个或两个不满足的话，线化理论就不成立了，这可能发生在 $M_\infty \gg 1$ 的时候，肯定是出现非线性方程的高超声速区。在那种情况下，甚至于速度脉动有可能很小(即满足条件式(13))，而小压力脉动的条件式(13a)不能满足(如果它们都满足的话;那就又回到我们上面讨论过的线性情况 3)；也就是说这种情况不能用小扰动理论来正确地处理。因此压力系数公式就不能展开成式(12)，只能写成

$$C_p=\frac{2}{\gamma M_1^2}\left\{\left[1-(\gamma-1)\varepsilon M_1^2\left(kf_\tau+f_\xi+\frac{1}{2}\varepsilon\lambda^2 f_\eta^2\right)\right]^{\gamma/(\gamma-1)}-1\right\} \tag{55}$$

的确，基本方程(14)的简化很受限制，我们可以看到，它简化为

$$k^2 f_{\tau\tau}+2kf_{\xi\tau}+f_{\xi\xi}=\varepsilon\lambda^2\left\{\left[\frac{1}{\varepsilon M_1^2}-(\gamma-1)(kf_\tau+f_\xi)-\frac{1}{2}(\gamma+1)\varepsilon\lambda^2 f_\eta^2\right]f_{\eta\eta}-2f_\eta(kf_{\tau\eta}+f_{\xi\eta})\right\} \tag{56}$$

为了进一步阐明这个问题，我们再做一个区分：

$$(A)\ k=O(1),\quad (B)\ k\gg 1$$

情况(A) 高超声速流

在这个情况下(参照式(19)和(54))我们有

$$\varepsilon\lambda=\delta,\quad \text{以及}\quad 1/(M_\infty\delta)=O(1) \tag{57}$$

依据参数

$$\alpha=1/(M_\infty\delta)=O(1),\text{以及}\quad \beta=\varepsilon\lambda^2 \tag{58}$$

可以将式(55)和(58)写成

$$\left.\begin{aligned}&C_p=\frac{2}{\gamma M_\infty^2}\left\{\left[1-(\gamma-1)\frac{\alpha^2}{\beta}\left(kf_\tau+f_\xi+\frac{\beta}{2}f_\eta^2\right)\right]^{\gamma/(\gamma-1)}-1\right\}\\&k^2f_{\tau\tau}+2kf_{\xi\tau}+f_{\xi\xi}+2\beta f_\eta(kf_{\eta\tau}+f_{\xi\eta})=\beta^2\left(\alpha^2-\frac{1}{2}(\gamma+1)f_\eta^2\right)-(\gamma-1)\beta(kf_\tau+f_\xi)\end{aligned}\right\} \tag{59}$$

因此很清楚，β 必须是 1 的量级，在我们的处置中可令

$$\beta=1 \tag{60}$$

因此，对于 $k=O(1)$，最终的方程是

$$\left.\begin{aligned}&k^2f_{\tau\tau}+2kf_{\xi\tau}+f_{\xi\xi}+2f_\eta(kf_{\eta\tau}+f_{\xi\eta})=\left\{\left(\alpha^2-\frac{1}{2}(\gamma+1)f_\eta^2\right)-(\gamma-1)(kf_\tau+f_\xi)\right\}f_{\eta\eta}\\&\eta=0,\quad 0<\xi<1;\quad f_\eta=g_\xi+kg_\tau\\&C_p=\frac{2}{\gamma M_\infty^2}\left\{\left[1-(\gamma-1)\alpha\left(kf_\tau+f_\xi+\frac{1}{2}f_\eta^2\right)\right]^{\gamma/(\gamma-1)}-1\right\}\end{aligned}\right\} \tag{61}$$

情况(B) 高振荡流

在 $k\gg 1$ 的情况下，参照式(20)和(54)我们有

$$\varepsilon\lambda=k\delta,\quad \text{以及}\quad 1/(M_\infty\delta k)=O(1) \tag{62}$$

类似地，用

$$\alpha'=1/(k\delta M_\infty)=O(1),\quad \beta'=\varepsilon\lambda^2k^{-1}=1 \tag{63}$$

导出

$$\left.\begin{aligned}&f_{\tau\tau}+2f_\eta f_{\eta\tau}=\left[\alpha'^2-\frac{1}{2}(\gamma+1)f_\eta^2-(\gamma-1)f_\tau\right]f_{\eta\eta}\\&\eta=0,\quad 0<\xi<1,\quad f_\eta=g_\xi\\&C_p=\frac{2}{\gamma M_\infty^2}\left\{\left[1-(\gamma-1)\alpha'\left(f_\tau+\frac{1}{2}f_\eta^2\right)\right]^{\gamma/(\gamma-1)}-1\right\}\end{aligned}\right\} \tag{64}$$

因此，当 $k=O(1)$ 时，有相似参数

$$k,\ \alpha=1/(M_\infty\delta)\ \text{和}\ \gamma$$

当 $k\ll 1$ 时，问题是准定常的，参数 k 消失了。在高振荡情况，相似参数就是

$$\alpha'=1/(M_\infty\delta k)\ \text{和}\ \gamma$$

八、具有 $M_1=1$ 的跨声速流情况

如果参考速度取为临界速度，则 $M_1=1$。这明显地有个简化。因为在方程(15)中不再明

显地出现马赫数，但是在无穷远的边界条件里还有。实际上在无穷远处：

$$\varepsilon f_{\xi} = 2(M_{\infty} - 1)/(\gamma + 1)$$

这个式子引出了 ε 和 $(M_{\infty} - 1)$ 量级大小的关系。沿用上述思路来讨论就会导出如下的结果：

$$\left.\begin{aligned}
&(2k/\delta^{2/3}) f_{\xi\tau} + f_{\xi} f_{\xi\xi} - f_{\eta\eta} = 0 \\
&\eta = 0, \quad 0 < \xi < 1; \quad f_{\eta} = g_{\xi} \\
&\xi = -\infty; \quad f_{\xi} = 2\frac{M_{\infty} - 1}{[(\gamma+1)\delta]^{2/3}}, \quad f_{\eta} = 0 \\
&C_p = 2\delta^{2/3}(\gamma+1)^{-1/3} f_{\xi} \\
&C_{p\infty} = \frac{p - p_{\infty}}{\frac{1}{2}\rho_{\infty} U_{\infty}^2} = 2\delta^{2/3} f_{\xi} - 4(1 - M_{\infty})/(\gamma + 1)
\end{aligned}\right\} \tag{65}$$

很容易看出这与式(35)的内容是等价的。

（凌国灿 译， 陈允明 校）

参考文献

[1] von Kármán Th. The Similarity Law of Transonic Flow[J]. J. Math. Phys. 1947, 26: 182 - 190.

[2] Kaplan C. On Similarity Rules for Transonic Flows[R]. NACA Tech. Note No. 1527, 1948: 16.

[3] Tsien H S. Similarity Laws of Hypersonic Flows[J]. J. Math. Phys., 1946, 25: 247 - 251.

[4] Garrick I E. A Survey of Fluttor[C]. Papers Presented at the NACA-University Conference in Aerodynamics, 1948, 291 - 292.

稀薄气体动力学中的风洞试验问题

钱学森[①]
(Massachusetts Institute of Technology)

摘要 讨论了稀薄气体实验中的问题。首先指出了风洞喷管中有特别大的黏性效应;其次综述了流动测量的困难,特别指出稀薄气体中皮托管的不寻常的行为,较详细地研究了热线风速仪的性能,以表明其可用性;最后指出了稀薄气体中达到完全流动相似的规则。

引 言

风洞可能是气动研究中最有用的工具并且肯定对于现代流体力学的发展作出了很大贡献。因此很自然,当我们转向空气动力学的一个新领域——稀薄气体动力学的研究时,还是应该考虑应用风洞。只是这里要适用于完全新的情况,并且在其设计和操作中有许多新问题出现。本文的目的就是讨论若干这类新问题,以求在这一新实验领域得到方向感。

一、风洞设计

为了在风洞试验段做模型试验,最重要的是得到所希望的温度、压力和速度下的均匀流动。对于通常压力下的亚声速风洞,这没有很大困难就可达到。对于通常压力下的超声速风洞,试验段前风洞的膨胀部分或喷管,首先不考虑空气的黏性效应而设计其在出口处得到均匀流动,然后根据这样决定的压力梯度计算沿喷管壁的边界层。最后,让喷管的尺寸比最初计算得到的值更大,就提供了低速边界层流动的位移厚度或流体所需要的空间[1]。人们发现,这一设计过程可以给出超声速风洞的令人满意的喷管。

但是,当我们试图利用相同的设计过程于稀薄气体动力学风洞时,我们立刻遇到特别大的黏性效应的困难。换句话说,边界层厚得足以占据了喷管通道的主要部分。为了说明这一效应,设方形试验段的长为 L 而宽为 b。试验段条件下的 Reynolds 数为 $Re = UL/\nu$,其中 U 为试验段的速度。如果,作为一个粗略的估计,我们取边界层厚度在试验段开始处为零,而在试验段后端等于按照众所周知的平板的 Blasius 公式的计算值 δ,则有

$$\delta = 3.65L/\sqrt{Re} \tag{1}$$

现在,如果这一边界层实际上占据了风洞宽度的一半 $b/2$,那么

$$\delta = b/2 = 3.65L/\sqrt{Re} \tag{2}$$

本文发表在 Journal of the Aeronautical Sciences, 1948, Vol. 15, No. 10, pp. 576 - 583。

① Professor of Aerodynamics(空气动力学教授), Guggenheim Aeronautical Laboratory.

另一方面，平均自由程 l 和边界层 δ 厚度之比是已知的[2]，

$$l/\delta=(1.255\sqrt{\gamma}/3.65)(M/\sqrt{Re}) \tag{3}$$

式中：γ 是比热比，可以取为 1.4；M 是试验段的 Mach 数。将方程(2)与(3)结合起来，我们有

$$(l/\delta)(L/b)=0.0557M \tag{4}$$

这一关系式在图 1 中示出。这样，对于 Mach 数 M 等于 2，而 $L/b=2$，如果平均自由程等于边界层厚度的 5.65%，或风洞宽度的 2.8%，边界层将完全充满试验段。这意味着在低密度下特别强的黏性效应使通常的设计风洞的概念完全不能应用了。

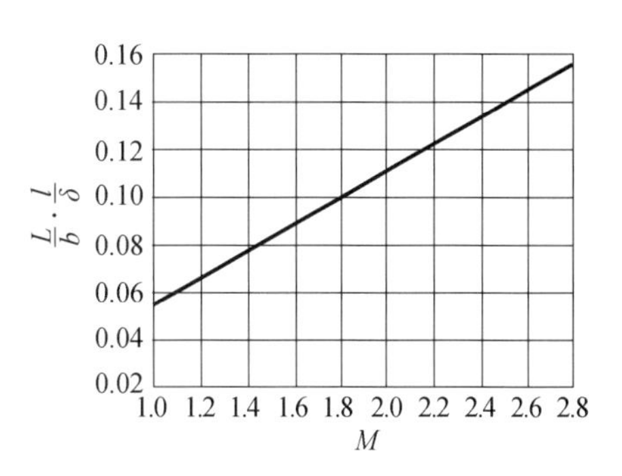

图 1　l，平均自由程；δ，宽为 b 长为 L 的试验段末端的边界层厚度；M，试验段的 Mach 数

特别厚的边界层，其中速度从壁面附近的小量增加到喷管中心处的某一超声速，还使相当大部分喷管中的速度是亚声速的。由于下游压力分布可以在亚声速流中向上游传递，因此一个低压风洞的试验段的流动对于扩压段的变化十分敏感，尽管喷管中心处的主流速度是超声速的。这当然是普通超声速风洞中所没有而在稀薄气体风洞中具有的一个新现象。

大的黏性效应还可以通过计算壁面的摩擦损失与试验段后扩压段的激波损失之比得以显现出来。考虑到扩压段是一个与试验段截面积近似相同的直管道，那么，由于摩擦产生的压力损失：

$$\Delta p_1=\text{摩擦力}/b^2=(\rho U^2/2)4bLC_f(1/b^2)$$

取 C_f 为 Blasius 值，即 $C_f=1.328/\sqrt{Re}$，我们可得

$$\Delta p_1=2\rho U^2(L/b)(1.328/\sqrt{Re}) \tag{5}$$

现在，如果 p 是试验段的静压，则扩压段中理想等熵压缩的压力是

$$p\{1+[(\gamma-1)/2]M^2\}^{\gamma/(\gamma-1)}$$

如果扩压段的真实的压力上升的估计值是因为正激波所引起的而没有进一步的恢复，则真实的压力上升值是

$$\{[2\gamma/(\gamma+1)]M^2-[(\gamma-1)/(\gamma+1)]\}p$$

所以，由于激波的压力损失

$$\Delta p_2=\left[\left(1+\frac{\gamma-1}{2}M^2\right)^{\gamma/(\gamma-1)}-\left(\frac{2\gamma}{\gamma+1}M^2-\frac{\gamma-1}{\gamma+1}\right)\right]p \tag{6}$$

将方程(5)与(6)结合起来，这两种压力损失之比是

$$\frac{\Delta p_1}{\Delta p_2}=\frac{2\gamma M^2(L/b)(1.328/\sqrt{Re})}{\left(1+\frac{\gamma-1}{2}M^2\right)^{\gamma/(\gamma-1)}-\left(\frac{2\gamma}{\gamma+1}M^2-\frac{\gamma-1}{\gamma+1}\right)} \tag{7}$$

引用方程(3)给出的平均自由程与边界层厚度之比，我们有

$$\frac{\Delta p_1}{\Delta p_2}=\left(\frac{L}{b}\right)\left(\frac{l}{\delta}\right)\frac{6.528\gamma M}{\left(1+\frac{\gamma-1}{2}M^2\right)^{\gamma/(\gamma-1)}-\left(\frac{2\gamma}{\gamma+1}M^2-\frac{\gamma-1}{\gamma+1}\right)} \tag{8}$$

这一关系式如图 2 所示。因此，如果如前一样 Mach 数为 2，$L/b=2$，那么，当比值(l/δ)为

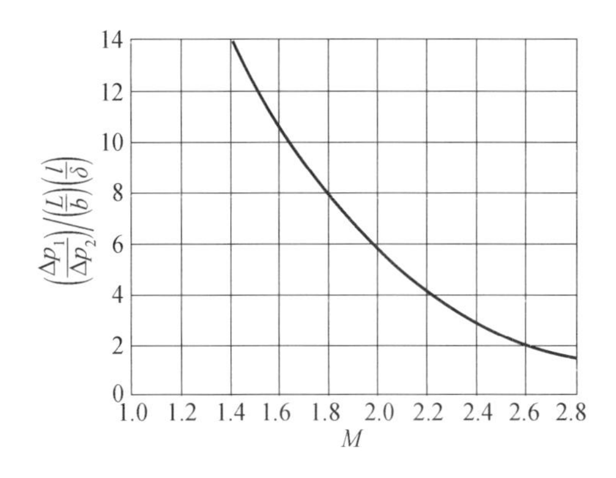

图 2 l，平均自由程；δ，宽为 b 长为 L 的试验段末端处边界层厚度；M，试验段的 Mach 数；Δp_1，摩擦引起的压力损失；Δp_2，激波引起的压力损失

0.056，摩擦损失与激波损失之比为 0.628。这样，摩擦损失与激波损失具有相同的量级。

这些大的黏性效应被加利福尼亚大学的 1×1- in 低压风洞的最近试验完全证实（实验工作是按与海军研究办公室的合同进行的。作者深深感谢 R. G. Folsom 和 F. D. Kane 教授允许利用他们未发表的结果）。Mach 数为 4 的实验喷管（图 3）的设计不考虑介质的黏性效应，在试验中，对喷管出口处壁面静压进行了测量。对于图 4 和图 5 给出的两种实验结果，这一压力等于 175 μmHg 和68 μmHg（1 000 μmHg＝1 mmHg；1 大气压＝ 0.760 $\times 10^6$ μmHg）。表观 Mach 数是用皮托管测量出的动压代入 Rayleigh 公式计算出来的 Mach 数。由于下节中指出的皮托管测量中的大的黏性效应的复杂性，这一表观 Mach 数只是定性的，而不能取为准确值，但是从图 4 和图 5 可以看出，试验段的边界层的确是十分厚的且充满了整个空间。这一大的边界层厚度使得中心势流的膨胀即使还存在，其可用空间

图 3 California 大学低压风洞 No. 2 的试验段

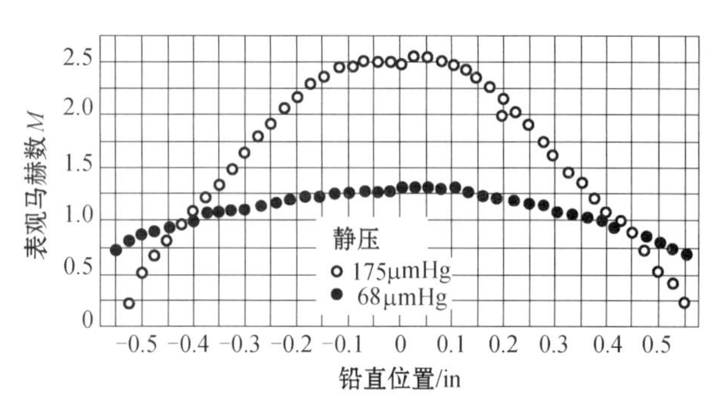

图 4 California 大学低压风洞 No. 2 的试验段的铅直速度分布

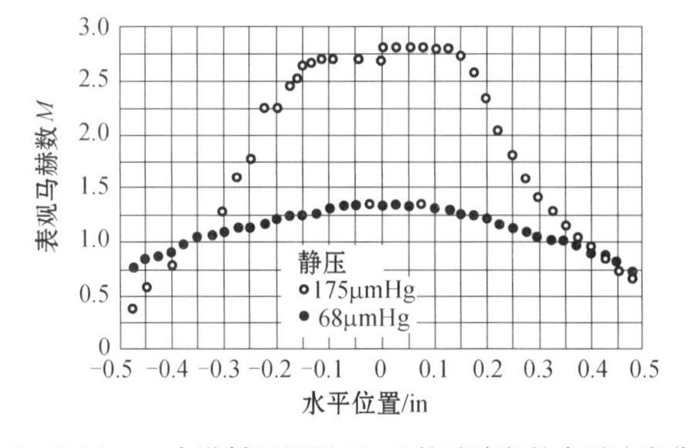

图 5 California 大学低压风洞 No. 2 的试验段的水平速度分布

也非常小。因此,喷管中心所达到的最大的 Mach 数比设计的 Mach 数 4 小得多。在低压下,壁面的滑移影响也是很明显的。它具有使得流动更加均匀的趋向。但是,试验段特别低的 Mach 数再次表明强烈的黏性效应将许多压力能变为热能。

这些基础性的计算和初步的试验结果使得以下事实变得很清楚。为了进行稀薄气体动力学风洞喷管和试验段的设计,不可能再将可压缩效应和黏性效应分开。事实上,边界层概念的价值也值得怀疑了,因为所遇到的 Reynolds 数非常小。因此,设计这样一个喷管所得到对理想均匀流的最接近的近似,将需要利用准确的 Navier-Stokes 方程代替近似的边界层方程。当然,可能还要考虑:对于稀薄气体动力学,Navier-Stokes 方程不再是准确的而需要加上附加的修正[2]。但是,Schamberg[3]的最新研究表明,这些附加修正在这里关心的滑移流动的情况下是小的,不会本质上改变流动形态。因此,作为一阶近似,就像无黏等熵流是普通超声速喷管的一阶近似一样,我们可以应用 Navier-Stokes 方程。要考虑最简单的情况当然是轴对称喷管。如果 x 是轴向坐标,r 是径向坐标,而 u 和 v 为相应的速度分量,方程为

$$[\partial(\rho u)/\partial x]+(1/r)(\partial/\partial r)(\rho r v)=0 \tag{9}$$

$$\rho(\mathrm{D}u/\mathrm{D}t)=-(\partial p/\partial x)+(\mathrm{grad}\,\tau)_x \tag{10}$$

$$\rho(\mathrm{D}v/\mathrm{D}t)=-(\partial p/\partial_r)+(\mathrm{grad}\,\tau)_r \tag{11}$$

$$\rho\frac{\mathrm{D}}{\mathrm{D}t}\left(\frac{u^2+v^2}{2}+c_pT\right)=\Phi-\{u(\mathrm{grad}\,\tau)_x+v(\mathrm{grad}\,\tau)_r\}+\frac{\partial}{\partial x}\left(\frac{\lambda\partial T}{\partial x}\right)+\frac{1}{r}\frac{\partial}{\partial r}\left(\lambda r\frac{\partial T}{\partial r}\right) \tag{12}$$

式中:　$\mathrm{D}/\mathrm{D}t=u(\partial/\mathrm{d}x)+v(\partial/\mathrm{d}r)$;

Φ =耗散函数;

τ =应力张量。

方程(9),(10),(11),(12)与状态方程(13)一起决定了 5 个未知函数 u,v,ρ,v 和 T。

$$p/\rho=RT \tag{13}$$

当然,计算的实际过程将是十分繁杂的,可能要发展一些近似的方法。一个可能性是修改边界层的 Kármán-Polhausen 方程使之适合于这一情况。对 r 积分一次方程,而只是在喷管截面上"平均地"满足方程,然后 u 和 v 在截面上的分布将变为 r 的多项式。用这一过程的初步研究已经在作者建议下由 Schaaf[4]作出。

对于超声速扩压段,压力恢复的高效率可以通过利用长的扩压段来达到。但是,对于稀薄气体动力学风洞,由于摩擦产生的特别大的损失,长扩压段不是所希望的。事实上,利用最短的扩压段可以减少压力损失。

二、流动测量

决定流场的三个变量是 p,ρ,T 中的两个和速度分量。量 p,ρ,T 由状态方程联系起来,所以为了知道这三个量只需决定其中的两个。一般来说,对风洞工作,实际测量的量是 p,ρ 和 q,速度的量值。

为了测量压力利用压力计。对于通常的压力,一般利用充满水、酒精或水银的流体压力计。但是,对于稀薄气体动力学中遇到的特别低的压力,需要一些其他形式的压力计。最成功的一种是 Pirani 计,通常类型的 Pirani 计的压力敏感度约为 10^{-2} μmHg。它利用被常值能量

加热的金属丝由于它周围的气体压力的变化而引起的温度变化。温度变化由金属丝电阻的变化而测量出来。金属丝置于一小室中,小室有小孔与测量点相连,如果是测量静压,小孔与气体流动取平。Schaaf[5]研究了使连接管道迅速响应的最佳设计问题。

为了测量密度 ρ,通常的方法是利用在不同密度的介质中光线速度的不同。利用不同的光学配置,我们有阴影法、纹影法和干涉仪法。但是,如果介质密度低,如在稀薄气体动力学流动情况一样,这些方法的灵敏度就变得很低了。如用纹影法,经过一个厚度 b 的照度 I 变化的百分比由下式给出:

$$\frac{\Delta I}{I} = k\frac{f}{e}0.000\,294\left(\frac{\rho}{\rho_0}\right)\left[\frac{b}{\rho}\frac{\Delta\rho}{\Delta n}\right] \tag{14}$$

式中:ρ_0 是 32°F 和一个大气压下的空气密度;而 $\Delta\rho/\Delta n$ 是垂直于光线的密度梯度;f 和 e 是焦距长度和光源图像垂直于刀片的法向未被遮挡的宽度;k 是一个量级为 1 的因子,由所用的特别的光源确定。因此,纹影法的灵敏度与因子 (ρ/ρ_0) 成比例地降低。可以通过改变 f 和 e 之值作一些改善,但是实际的限制和衍射困难使得灵敏度难以达到满意的值。

对密度测量的一个新的途径是吸收方法。如氧在低压下表现出在约 1 470 Å 波长或红外光①下的强吸收率。吸收的百分比正比于遇到光线的分子数。因而,它正比于气体的密度,测量就与决定密度的干涉仪方法相似了。一个类似的方法是利用氮的余辉。这些方法现由 Evans[6]在研究。

测量速度的通常的方法是利用皮托管的动压的升高。但这一方法直接用于稀薄气体是困难的,因为所用的公式是基于忽略黏性效应的。但是对于稀薄气体黏性效应十分重要,已在上节中指出。这样动压将与通常公式给出的不同。为了估计这一效应,让我们考察低 Mach 数下的情况,这时可压缩性可以忽略。作为一级近似,将皮托管周围的流场取为均匀速度 U 的非黏性流动中强度为 S 的源,管的"半径"

$$a = \sqrt{S/(\pi U)}$$

驻点位于

$$R = \sqrt{S/(4\pi U)} = a/2 \tag{15}$$

源引入的速度为

$$-U(1/4)(a^2/R^2)$$

从这一近似的扰动速度计算黏性应力,对于沿轴线的流动我们有

$$u\frac{\partial u}{\partial r} + \frac{1}{\rho}\frac{\partial p}{\partial r} = \nu U a^2\frac{1}{2}\frac{1}{r^4} \tag{16}$$

因此,如果 p_0 为驻点压力,而 p^0 为静压

$$p_0 - p^0 = \frac{1}{2}\rho U^2 + \mu U a^2\frac{1}{2}\int_\infty^R\frac{\mathrm{d}r}{r^4} = \frac{1}{2}\rho U^2 - \frac{1}{2}\mu U\frac{a^2}{R^3}$$

或者

$$p_0 - p^0 = \frac{1}{2}\rho U^2\left(1 - \frac{8}{9\sqrt{3}}\frac{\nu}{aU}\right) \tag{17}$$

---

① 译者注:原文为 Ultraviolet light。

对于稀薄气体，$\nu/(aU)$ 之值或皮托管 Reynolds 数的倒数可能是 1 的量级。这样，动压升 $p_0 - p^0$ 将不是通常的值 $\frac{1}{2}\rho U^2$，而是一个比该值小得多的值。事实上，Barker[7] 和 Homann[8] 以前的研究指出，Reynolds 数 $a'U/\nu$，其中 a' 是管嘴的半径，必须超过 30 以达到通常的动压升 $\frac{1}{2}\rho U^2$。

当流动的速度高时，我们有一个由于激波引起的附加的复杂化。超声速流中皮托管的通常的 Rayleigh 公式是基于皮托管前有一个薄的激波，而激波厚度正比于平均自由程。因此，在稀薄气流中，激波厚度增长将引起与皮托管周围流动的干扰。这一效应，与上节提到的黏性效应肯定地表明，Rayleigh 公式对于超声速稀薄气体是不适用的。

三、热线风速仪

由于把普通速度测量手段用于稀薄气体流动具有巨大的复杂性，我们很自然要想到其他的对待方法。一个可能性是利用热线。如果热线的直径是 0.000 1 in 的量级，且若气流压力近似为 100 μmHg，那么平均自由程和线直径之比近似为 180。因而，围绕热线的流动肯定是自由分子流[2]。这样我们有一个简单的物理情况，这比起利用皮托管测量速度时的动力学和黏性效应混合在一起的相当不确定的情况是一种改善。因此，看来值得通过这样一个热线风速仪的尝试计算来探讨这一可能性。

如果 θ 是固体表面与具有宏观速度 U 和 Maxwell 分子速度分布的来流的倾角，入射分子单位面积的平动能

$$E_{\text{itr}} = \rho \frac{c}{2\sqrt{\pi}}\left\{ \mathrm{e}^{-(U/c)^2 \sin^2\theta}\left(c^2 + \frac{1}{2}U^2\right) + \sqrt{\pi}\,\frac{U}{c}\sin\theta\left(\frac{5}{4}c^2 + \frac{1}{2}U^2\right)\left[1 + \mathrm{erf}\left(\frac{U}{c}\sin\theta\right)\right]\right\} \tag{18}$$

式中，$c^2 = 2RT$，T 为气流的温度，而 erf 为误差函数。现令 r 为热线的半径。这时入射到线的单位长度的总能量 E_{i} 是平动能和内能之和。如果 c_V 是比定容热容，线单位长度的总能量是

$$\begin{aligned} E_{\mathrm{i}} \approx \rho \frac{c}{\sqrt{\pi}} r \Bigg\{ & \left[\frac{1}{2}U^2 + \left(\frac{1}{2}R + c_V\right)T\right]\int_{-\pi/2}^{\pi/2} \mathrm{e}^{-(U/c)^2\sin^2\theta}\,\mathrm{d}\theta + \\ & \sqrt{r}\left[\frac{1}{2}U^2 + (R + c_V)T\right]\int_{-\pi/2}^{\pi/2} \frac{U}{c}\sin\theta\left[1 + \mathrm{erf}\left(\frac{U}{c}\sin\theta\right)\right]\mathrm{d}\theta \end{aligned} \tag{19}$$

方程(19)的积分可以表达为列表的函数(见附录)。于是

$$E_{\mathrm{i}} = \rho c r\left\{\left[\frac{1}{2}U^2 + \left(\frac{1}{2}R + c_V\right)T\right]F_1\left(\frac{U}{c}\right) + \left[\frac{1}{2}U^2 + (R + c_V)T\right]F_2\left(\frac{U}{c}\right)\right\} \tag{20}$$

式中：

$$F_1\left(\frac{U}{c}\right) = \frac{1}{\sqrt{\pi}}\int_{-\pi/2}^{\pi/2} \mathrm{e}^{-(U/c)^2\sin^2\theta}\,\mathrm{d}\theta = \sqrt{\pi}\,\mathrm{e}^{-(1/2)(U/c)^2}\,\mathrm{I}_0\left(\frac{1}{2}\frac{U^2}{c^2}\right) \tag{21}$$

$$\begin{aligned} F_2\left(\frac{U}{c}\right) &= \int_{-\pi/2}^{\pi/2}\left(\frac{U}{c}\sin\theta\right)\left[1 + \mathrm{erf}\left(\frac{U}{c}\sin\theta\right)\right]\mathrm{d}\theta \\ &= \sqrt{\pi}\left(\frac{U}{c}\right)^2 \mathrm{e}^{-(1/2)(U/c)^2}\left[\mathrm{I}_0\left(\frac{1}{2}\frac{U^2}{c^2}\right) + \mathrm{I}_1\left(\frac{1}{2}\frac{U^2}{c^2}\right)\right] \end{aligned} \tag{22}$$

I_0 和 I_1 分别是一类零阶和一阶变型 Bessel 函数，函数 F_1 和 F_2 在表 1 中列出。

表 1　函数 F_1 和 F_2[见方程(21)]

U/c	F_1	F_2
0	1.77245	0
0.2	1.73751	0.07020
0.4	1.63880	0.27269
0.6	1.49248	0.58560
0.8	1.32021	0.97843
1.0	1.14328	1.42053
1.2	0.97825	1.88555
1.4	0.83480	2.35492
1.6	0.71628	2.81812
1.8	0.62153	3.27117
2.0	0.54683	3.71356
2.2	0.48790	4.14672
2.4	0.44090	4.57300
2.6	0.40208	4.99395
2.8	0.37100	5.41117
3.0	0.34420	5.87498

如果 T_w 是壁温而 α 是适应系数，入射到表面的能量 E_i 和被反射分子从表面带走的能量 E_r 之差为

$$E_i - E_r = \alpha(E_i - E_w)$$

其中：E_w 是如果分子是在线温度为 T_w 下反射带走的能量。因此

$$E_i - E_r = \alpha\rho c r\left\{\left[\frac{1}{2}U^2 + \left(\frac{1}{2}R + c_V\right)(T - T_w)\right]F_1\left(\frac{U}{c}\right) + \left[\frac{1}{2}U^2 + (R + c_V)(T - T_w)\right]F_2\left(\frac{U}{c}\right)\right\} \tag{23}$$

这一能量差是空气流动对热线单位长度的净能量输入。

如果 i 是加热热线的电流，而 Ω 是热线温度下单位长度的电阻，被电流加热的线的单位长度的热流为 $i^2\Omega$。热通过辐射从热线损失掉。如果 σ 是 Stefan-Boltzmann 常数，而 ε 是线表面的发射率，单位长度的辐射热损失是 $2\pi r\varepsilon\sigma T_w^4$。因而，如果热线达到定常条件，热平衡要求

$$\alpha\rho\sqrt{2RT}r\left\{F_1\left(\frac{U}{c}\right)\left[\frac{1}{2}U^2 + \left(\frac{1}{2}R + c_V\right)(T - T_w)\right] + F_2\left(\frac{U}{c}\right)\left[\frac{1}{2}U^2 + (R + c_V)(T - T_w)\right]\right\} + i^2\Omega = 2\pi r\varepsilon\sigma T_w^4 \tag{24}$$

利用下式可以将这一方程写为更简单的形式：

$$R = c_p - c_V = c_V(\gamma - 1) \tag{25}$$

另外，如果取 T_0 为参考温度，在此温度下电阻 Ω 为 Ω_0，电阻的相应的温度系数为 β，则电阻 Ω 可以表达为

$$\Omega = \Omega_0 [1 + \beta(T_w - T_0)] \tag{26}$$

现令

$$\lambda = \Omega / \Omega_0 \tag{27}$$

这样，从方程(26)得

$$T_w / T_0 = [(\lambda - 1)/(\beta T_0)] + 1 \tag{28}$$

现引入参考密度 ρ_0 和参考加热电流 i_0，方程(24)可以写为

$$\left(1+\frac{\lambda-1}{\beta T_1}\right)^4 = \left[\frac{\alpha\rho_0 (RT_0)^{3/2}}{\pi\sqrt{2}\varepsilon\sigma T_0^4}\right]\left(\frac{\rho}{\rho_0}\right)\left(\frac{T}{T_0}\right)^{3/2} \cdot \left\{F_1\left(\frac{U}{c}\right)\left[\frac{U^2}{c^2}+\frac{1}{2}\frac{\gamma+1}{\gamma-1}\left(1-\frac{1+\frac{\lambda-1}{\beta T_0}}{T/T_0}\right)\right]+ F_2\left(\frac{U}{c}\right)\left[\frac{U^2}{c^2}+\frac{\gamma}{\gamma-1}\left(1-\frac{1+\frac{\lambda-1}{\beta T_0}}{T/T_0}\right)\right]\right\} + \left(\frac{i_0^2\Omega_0}{2\pi r\varepsilon\sigma T_0^4}\right)\lambda\left(\frac{i}{i_0}\right)^2 \tag{29}$$

参考温度 T_0，参考密度 ρ_0 和参考加热电流 i_0 的具体值还没有固定下来。我们通过以下要求：

$$\beta T_0 = 1 \tag{30}$$

$$\alpha\rho_0 (RT_0)^{3/2} / (\pi\sqrt{2}\varepsilon\sigma T_0^4) = 1 \tag{31}$$

$$i_0^2 \Omega_0 / (2\pi r\varepsilon\sigma T_0^4) = 1 \tag{32}$$

来固定这些量。这样，方程(29)简化为

$$\lambda^4 = \left(\frac{p}{p_0}\right)\left(\frac{T}{T_0}\right)^{1/2} \cdot \left\{F_1\left(\frac{U}{c}\right)\left[\left(\frac{U}{c}\right)^2+\frac{1}{2}\frac{\gamma+1}{\gamma-1}\left(1-\frac{\lambda}{T/T_0}\right)\right]+ F_2\left(\frac{U}{c}\right)\left[\left(\frac{U}{c}\right)^2+\frac{\gamma}{\gamma-1}\left(1-\frac{\lambda}{T/T_0}\right)\right]\right\}+\lambda\left(\frac{i}{i_0}\right)^2 \tag{33}$$

这就是自由分子流中热线的工作方程。

现在，让我们仔细研究明亮铂线制作的热线。为满足方程(30)，$T_0 = 490°\mathrm{R}$，ε 和 σ 的值相应可以取为 0.08 和 0.90。这时对于 ρ_0 和 T_0 方程(31)给出压力

$$p_0 = \pi\sqrt{2}^4 \sigma T_0^4 / (\alpha\sqrt{RT_0}) = 3.37\ \mu\mathrm{mHg}$$

令热线半径 r 为 0.000 1 时，方程(32)给出参考加热电流

$$i_0 = \sqrt{2}\pi r\varepsilon\sigma T_0^4 / \Omega_0 = 0.274\ \mathrm{mA}$$

这里铂的电阻率取为 $10.96\times10^{-6}\ \Omega\cdot\mathrm{cm}$。因此各种量的量级完全是满足的。

如果热线利用常值加热电流，那么方程(33)可以用来在空气流的常值密度下计算电阻比 λ 和速度比 (U/c) 之间的关系。对于 $p/p_0 = 1, T/T_0 = 1$ 和 $i/i_0 = 1$ 进行了计算(作者感谢 L. Mack 进行的数值计算)。结果在图 6 中给出。可以看到，仪器的灵敏度是好的。当然，热线风速仪的行为实际上要对每个实验进行标定。由于热线的表现像方程(29)表明的那样受适应系数 α 的强烈影响，有必要

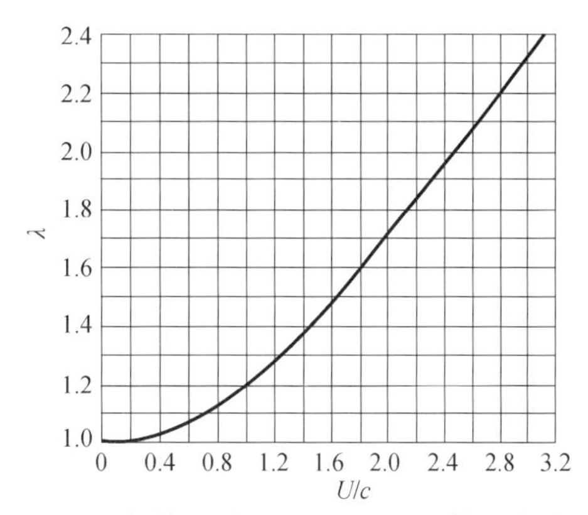

图 6　在静压为 3.37 μmHg 和静温度为 492°R 的风洞气流中，由常值电流 0.274 mA 加热的直径 0.000 2 in 的圆铂线的电阻比 λ。$U/c = \sqrt{\gamma/2}M$，M=空气流的 Mach 数

找到这样的材料使其在相当长的时间内保持此系数为常值而无须经常地标定。但是，本研究看来表明这样一种仪器在稀薄气体测量中是适用的，肯定有希望作进一步的研究。

四、流动参数

与流场直接相关的两个参数是 Reynolds 数，定义为 $Re = UL/\nu^{\circ}$（式中 ν° 是运动黏性系数，L 是物体的典型线性尺度）和来流 Mach 数 M°。这对于滑移流动和自由分子流也是对的，因为平均自由程与典型的尺度之比也可以表达为 Reynolds 数和 Mach 数。

但是当压力和密度降低时，流动的固体边界积极地进入流动条件，不仅要求微观流动速度平行于表面，而且要求考虑分子与壁面的相互作用，并计入壁面辐射的能量。分子与壁面的相互作用现在通过分子从壁面漫反射的部分 s 和适应系数 α 表达。已知 s 和 α 是壁面温度的函数，而且有理由相信它们是分子速度分布的函数。因而，分子与壁面的相互作用只有在壁温、气体温度和壁面上气体的 Mach 数一致时才是相同的。这些考虑看来表明，为使模型试验与原型相似，模型要由与原型相同的材料做成，流体应为相同的，而且以下参数必须相同：① Reynolds数 Re；② Mach 数 M°；③ 来流温度 T°。

从表面的辐射损失等于单位面积 $\varepsilon\sigma T_{\mathrm{w}}^{4}$，但是，如果模型被试验室的壁面环绕，还会有试验段壁面对模型的辐射热输入，我们称其为 q_{c}。于是模型表面单位面积的净热损失为 $\varepsilon\sigma T_{\mathrm{w}}^{4} - q_{c}$，这个量可以通过除以 $\rho^{\circ}Uc_{p}T^{\circ}$ 写为无量纲的形式，将此新参数记为 Λ_{m}，

$$\Lambda_{\mathrm{m}} = \left[(\varepsilon\sigma T_{\mathrm{w}}^{4} - q_{\mathrm{c}})/(\rho^{\circ}Uc_{p}T^{\circ})\right]_{\mathrm{m}} \tag{34}$$

对于原型，试验段壁面对它的传热不存在，但是可能有太阳能辐射和从地球及其周围大气的辐射[9]。将此量标记为 q，原型的参数

$$\Lambda = (\varepsilon\sigma T_{\mathrm{w}}^{4} - q)/(\rho^{\circ}Uc_{p}T^{\circ}) \tag{35}$$

为了使流动与辐射热传导方面也相同，令

$$\Lambda = \Lambda_{\mathrm{m}} \tag{36}$$

由于有以上的对于 Reynolds 数和来流温度的条件，方程(36)就是

$$(\varepsilon^{\circ}T_{\mathrm{w}}^{4} - q)/(\varepsilon^{\circ}T_{\mathrm{w}}^{4} - q_{\mathrm{c}}) = L_{\mathrm{m}}/L \tag{37}$$

式中：L_{m} 是模型的典型的线尺度；L 是原型的典型的线尺度。这意味着试验段的壁温应这样控制，以使 q_{c} 满足方程(37)。

这一组稀薄气体流动中对模型试验相当严格的相似律满足起来肯定是困难的，用什么方法使这些条件可以放松是进一步研究的问题。

附　录

函数 F_1 和 F_2 的计算

对于函数 F_1，

$$F_1(z) = \frac{1}{\sqrt{\pi}}\int_{-\pi/2}^{\pi/2} \mathrm{e}^{-z^2\sin^2\theta}\mathrm{d}\theta = \frac{2}{\sqrt{\pi}}\int_{0}^{\pi/2} \mathrm{e}^{-(z^2/2)(1-\cos 2\theta)}\mathrm{d}\theta$$

$$= \frac{1}{\sqrt{\pi}}\mathrm{e}^{-z^2/2}\int_{0}^{\pi} \mathrm{e}^{(z^2/2)\cos\varphi}\mathrm{d}\varphi = \sqrt{\pi}\mathrm{e}^{-z^2/2}\mathrm{I}_0\left(\frac{z^2}{2}\right)$$

式中：I_0 是一类零阶修正 Bessel 函数，最后一步经由置换 $2\theta = \varphi$ 实现。

对于函数 F_2，

$$F_2(z)=\int_{-\pi/2}^{\pi/2}(z\sin\theta)[1+\mathrm{erf}(z\sin\theta)]\mathrm{d}\theta$$
$$=\int_{-\pi/2}^{\pi/2}(z\sin\theta)\mathrm{erf}(z\sin\theta)\mathrm{d}\theta$$

按照误差函数的定义我们有

$$F_2(z)=(z/\sqrt{\pi})\int_{-\pi/2}^{\pi/2}2\sin\theta\left(\int_0^{z\sin\theta}\mathrm{e}^{-s^2}\mathrm{d}s\right)\mathrm{d}\theta$$

这一形式可以通过分部积分简化。于是有

$$F_2(z)=(4/\sqrt{\pi})z^2\int_0^{\pi/2}\cos^2\theta\mathrm{e}^{-z^2\sin^2\theta}\mathrm{d}\theta$$
$$=(2/\sqrt{\pi})z^2\int_0^{\pi/2}(1+\cos2\theta)\mathrm{e}^{-z^2\sin\theta}\mathrm{d}\theta$$
$$=\sqrt{\pi}z^2\mathrm{e}^{-z^2/2}\left[\mathrm{I}_0\left(\frac{z^2}{2}\right)+\frac{1}{\pi}\int_0^{\pi}\cos\varphi\mathrm{e}^{+(z^2/2)\cos\varphi}\mathrm{d}\varphi\right]$$

因此

$$F_2(z)=\sqrt{\pi}z^2\mathrm{e}^{-z^2/2}\left[\mathrm{I}_0\left(\frac{z^2}{2}\right)+\mathrm{I}_1\left(\frac{z^2}{2}\right)\right]$$

式中：I_1 是一类一阶修正 Bessel 函数。

（沈　青 译，　呼和敖德 校）

参考文献

[1] Puckett A E. Supersonic Nozzle Design[J]. Journal of Applied Mechanics (A. S. M. E.), 1946, 13: A-266.

[2] Tsien H S. Superaerodynamics, Mechanics of Rarefied Gases[J]. Journal of the Aeronautical Sciences, 1946, 13(12): 653.

[3] Schamberg R. The Fundamental Differential Equations and the Boundary Conditions for High Speed Slip-Flow, and Their Application to Several Specific Problems[D]. Thesis, California Institute of Technology, 1947.

[4] Schaaf S A. Viscosity Effects in Wind Tunnel No. 2[R]. University of California, Department of Engineering Report No. HE-150-16, 1947.

[5] Schaaf S A. The Theory of Minimum Response Time for Vacuum Gages[R]. University of California, Department of Engineering Report No. HE-150-21, 1947.

[6] Evans R A. Flow Visualization at Low Pressures[R]. University of California, Department of Engineering Report No. HE-150-21, 1947.

[7] Barker M. On the Use of Very Small Pitot-tubes for Measuring Wind Velocity[J]. Proc. Royal Society (A), 1922, 101: 435－445.

[8] Homann F. Einfluss Grosser Zahigkeit bei Stromung um Zylinder[J]. Forschung Ingews., 1936, 7: 1－10.

[9] Johnson H A, Possner L. A Design Manual for Determining the Thermal Characteristics of High Speed Aircraft[R]. Chapt. 4, A. A. F. Technical Report No. 5632, 1947.

弱超声速流中的翼型

钱学森[①] Judson R. Baron[②]
(Massachusetts Institute of Technology)

摘要 本研究借助 von Kármán[1]最先提出的非线性跨声速理论确定简单薄翼弱超声速绕流特性。导出以跨声速相似参数表示的经过斜激波和 Prandtl-Meyer 膨胀后的压力系数表达式。计算给出平板和非对称楔型翼以相似形式表示的空气动力系数,并绘成曲线。平板和特定的非对称楔型翼的 C_l, C_d, 和 $C_{m_{c/4}}$ 与攻角关系以及 C_l 与 Mach 数关系的典型曲线绘制在通常的坐标格网图上,该图表现出非线性流动的特征。

一、引言

近来,Theodore von Kármán[1]推导了一组流速趋近声速的来流绕细长体流动的相似准则。他称这组准则为跨声速相似准则。主要结果如下:假设 δ 为物体的厚度比,α 为翼型的攻角,C_l, C_d, C_m 分别为翼型的升力系数、阻力系数和力矩系数,于是

$$C_l(\alpha/\delta) = (\delta^{2/3}/\Gamma^{1/3})L(K) \tag{1}$$

$$C_d(\alpha/\delta) = (\delta^{5/3}/\Gamma^{1/3})D(K) \tag{2}$$

及

$$C_m(\alpha/\delta) = (\delta^{2/3}/\Gamma^{1/3})M(K) \tag{3}$$

在这些公式中,K 为相似参数,定义为

$$K = (1/2)[(M^{0^2} - 1)/(\Gamma\delta)^{2/3}] \tag{4}$$

式中:M^0 为来流 Mach 数;而 Γ 为流体特性参数,即

$$\Gamma = (\gamma + 1)/2 \tag{5}$$

此处 γ 为气体的比热比。此外,设 ξ 是一个无量纲参数,如翼弦的百分率,用以表示翼型表面上的一个点,于是,在这一点的压力系数 C_p 由下式给出:

$$C_p = \frac{p - p^0}{(1/2)\rho^0 U^2} = \frac{\delta^{2/3}}{\Gamma^{1/3}} p(K;\xi) \tag{6}$$

然而,适合于这种跨声速流动的微分方程是非线性的,而且,通常很难求解。从另一方面

1948 年 9 月 18 日收到。本文以一篇在第一作者指导下由 J. R. Baron 所写的论文为基础,该论文是提交给研究生院的麻省理工学院航空工程理学硕士学位所要求的部分内容。

① 空气动力学教授。

② 超声速实验室空气动力学工作者。

来说，对于弱超声速流动这种特殊情况，问题就变得简单得多，因为我们知道与此问题相关的斜激波和 Prandtl-Meyer 流动的精确解。因此，目前的任务只是使精确解转化为包含参数 K 适合跨声速条件的公式。这点其实 von Kármán[1] 本人曾经指出过。本文的目的将完成 von Kármán 的预测，使结果变得更为系统。然后，利用这些成果计算前缘具有附着激波弱超声速绕流简单薄翼特有的空气动力特性。

二、斜激波

令 β 为激波角——也就是来流与激波阵面之间夹角——并设 θ 为来流经过激波后的偏转角。于是，斜激波的基本关系式[2]为

$$\frac{p}{p^0}=\frac{2\gamma}{\gamma+1}M^{0^2}\sin^2\beta-\frac{\gamma-1}{\gamma+1} \tag{7}$$

及

$$\frac{\tan(\beta-\theta)}{\tan\beta}=\frac{\gamma-1}{\gamma+1}+\frac{2}{\gamma+1}\frac{1}{M^{0^2}\sin^2\beta} \tag{8}$$

另一方面，翼型表面一点的压力系数 C_p 由下式给出：

$$C_p=[2/(\gamma M^{0^2})][(p/p^0)-1] \tag{9}$$

在 (7)，(8)及(9)3 个公式中可以消去 β 和 (p/p^0) 两个量。其终结式为

$$\tan\theta\left(1-\frac{C_p}{2}\right)\left[\frac{\Gamma C_p}{2}+\frac{1}{M^{0^2}}\right]^{1/2}=\frac{C_p}{2}\left[1-\left[\frac{\Gamma C_p}{2}+\frac{1}{M^{0^2}}\right]\right]^{1/2} \tag{10}$$

式(10)是精确的斜激波关系式。对于跨声速条件而言，θ 是小值并且相当于 von Kármán 公式中的 δ 角。因此

$$K=(1/2)[(M^{0^2}-1)/(\Gamma\theta)^{2/3}] \tag{11}$$

从这公式可以将来流 Mach 数用参数 K 和 θ 表达。实际上，

$$1/M^{0^2}=1-2K(\Gamma\theta)^{2/3}+\cdots \tag{12}$$

压力系数的恰当形式为

$$C_p=(\theta^{2/3}/\Gamma^{1/3})p^{(1)}(K) \tag{13}$$

式中：$p^{(1)}$ 是与斜激波后流动相关的压力函数。于是，可以把式(12)和(13)代入通用关系式(10)，并且，只取其最低阶项，则得到 $p^{(1)}$ 的表达式如下：

$$1=(p^{(1)^2}/4)[2K-(p^{(1)}/2)] \tag{14}$$

式(14)是 $p^{(1)}$ 的三次方程，为了简便，解该方程时令

$$f=2/p^{(1)} \tag{15}$$

于是式(14)转化为三次方程的标准形式

$$f^3-2Kf+1=0 \tag{16}$$

根据标准解[3]，该三次方程根的性质取决于

$$(1/4)-(8/27)K^3$$

是大于、等于或小于零。第一种情况，将有一个实根和两个共轭复数根。自然，复数根没有物理意义，无需进一步考虑。然而，当 K 变得非常小的时候，从式(16)可以得到一个负根。负的

f 表示负的 $p^{(1)}$。但是,实际上流动是受到激波压缩,因此 $p^{(1)}$ 必须是正值。所以,对下述条件不存在有效解:

$$(1/4)-[(8/27)K^3]>0$$

当 K 等于临界值 K^*,并且

$$(1/4)-[(8/27)(K^*)^3]=0$$

或

$$K^*=(3/2)(1/4^{1/3})=0.945 \tag{17}$$

此时存在两个相异的根:$f=1/2^{1/3}$ 和 $f=-2^{2/3}$。第二个根仍然没有物理意义。相应于第一个根,临界值 $p^{(1)}$ 为

$$p^{(1)}(K^*)=2^{4/3}=2.502 \tag{18}$$

然而 K^* 实际上是 K 的最低值,或者是对于一个给定的其结果具有物理意义的 M^0,此时 K^* 是对 θ 的最大值。于是这 K 值必须相应于气流最大偏转或相应于前缘再附的临界条件。该结果同 von Kármán[1]的计算相一致。

对于较大的 K 值,具有物理意义的 $p^{(1)}$ 值为

$$p_1^{(1)}=1\Big/\left[\sqrt{\frac{2}{3}K}\cos\left(\frac{\pi-\varphi}{3}\right)\right] \tag{19}$$

及

$$p_2^{(2)}=1\Big/\left[\sqrt{\frac{2}{3}K}\cos\left(\frac{\pi+\varphi}{3}\right)\right] \tag{20}$$

式中 φ 由下式给出:

$$\cos\varphi=(1/4)\sqrt{(27/2)(1/K^3)} \tag{21}$$

因为 $K>K^*$,φ 则大于零,但小于$(\pi/2)$。在这些条件下 $p_2^{(1)}>p_1^{(1)}$,$p_1^{(1)}$ 于是相应于弱激波情况,而 $p_2^{(1)}$ 相应于强激波情况。按照一般惯例,$p_1^{(1)}$ 将适用于前缘附着激波的情况。

$p_1^{(1)}$ 和 $p_2^{(1)}$ 的数值列于表 1,并绘制曲线于图 1。$p_1^{(1)}$ 可以表示为 K 的逆幂级数。运算结果表示为

$$p_1^{(1)}=\frac{1}{K^{1/2}}\left[1.41422+\frac{0.25000}{K^{3/2}}+\frac{0.11048}{K^3}+\frac{0.06250}{K^{9/2}}+\frac{0.03987}{K^6}+\frac{0.02734}{K^{15/2}}+\frac{0.01966}{K^9}+\frac{0.01463}{K^{21/2}}+\frac{0.01119}{K^{12}}+\frac{0.00873}{K^{27/2}}+\cdots\right] \tag{22}$$

式(22)中的前两项与 von Kármán 的结果相一致,但他没有考虑上式中的附加项。

表 1 弱斜激波压力函数 $p_1^{(1)}$,强斜激波压力函数 $p_2^{(1)}$,Prandtl-Meyer 膨胀压力函数 $p^{(2)}$ 以及比值$(M^2-1)/(M^{0^2}-1)$随 K 的变化[式 (19),(20),(29)及(36)]

K	$p_1^{(1)}$	$p_2^{(1)}$	$\left(\frac{M^2-1}{M^{0^2}-1}\right)_1^{(1)}$	$-p^{(2)}$	$\left(\frac{M^2-1}{M^{0^2}-1}\right)^{(2)}$
0.00	…	…	…	2.0801	∞
0.20	…	…	…	1.7956	5.4891
0.40	…	…	…	1.5989	2.9989

(续表)

K	$p_1^{(1)}$	$p_2^{(1)}$	$\left(\frac{M^2-1}{M^{0^2}-1}\right)_1^{(1)}$	$-p^{(2)}$	$\left(\frac{M^2-1}{M^{0^2}-1}\right)^{(2)}$
0.60	…	…	…	1.4503	2.2086
0.80	…	…	…	1.3333	1.8333
0.945	2.5028	2.5358	…	1.2629	1.6682
0.975	2.1199	3.0252	…	1.2495	1.6408
1.00	1.9993	3.2360	0.0000	1.2387	1.6193
1.25	1.5149	4.6243	0.3941	1.1430	1.4572
1.50	1.3051	5.7574	0.5650	1.0651	1.3550
1.75	1.1714	6.8199	0.6653	1.0006	1.2859
2.00	1.0773	7.6295	0.7307	0.9461	1.2365
2.50	0.9393	9.9069	0.8122	0.8586	1.1717
3.00	0.8487	11.9204	0.8586	0.7909	1.1318
4.00	0.7235	15.9490	0.9096	0.6923	1.0865
5.00	0.6428	19.6155	0.9357	0.6228	1.0623
6.00	0.5844	23.8720	0.9513	0.5705	1.0475
8.00	0.5038	32.3625	0.9685	0.4962	1.0310
10.00	0.4496	40.3388	0.9775	0.4448	1.0222
13.00	0.3936	53.0786	0.9849	0.3905	1.0150
20.00	0.3168	78.4929	0.9921	0.3156	1.0079
30.00	0.2584	127.7466	0.9957	0.2574	1.0043
50.00	0.2001	199.0446	0.9980	0.2000	1.0020
80.00	0.1581	472.1435	0.9990	0.1584	1.0010
100.00	0.1414	∞	0.9993	0.1420	1.0007
∞	0.0000	∞	1.0000	0.0000	1.0000

令 p^* 表示相应于局部声速的临界压力。那么对于等熵流动,有

$$\frac{p^*}{p^0}=\left[\frac{\frac{\gamma+1}{2}+\frac{\gamma-1}{2}(M^{0^2}-1)}{(\gamma+1)/2}\right]^{\gamma/(\gamma-1)}$$

于是根据式(9),得到相应的压力系数

$$C_p^*=\frac{2}{\gamma M^2}\left\{\left[1+\frac{\gamma-1}{\gamma+1}(M^{0^2}-1)\right]^{\gamma/(\gamma-1)}-1\right\}$$

对跨声速流动,当 $M^0\approx 1$, 上述公式简化为

$$C_p^*=(M^{0^2}-1)/\Gamma \tag{23}$$

因为在强激波后总是亚声速流动,因此激波后的声速只可能伴随弱激波产生。但是如所

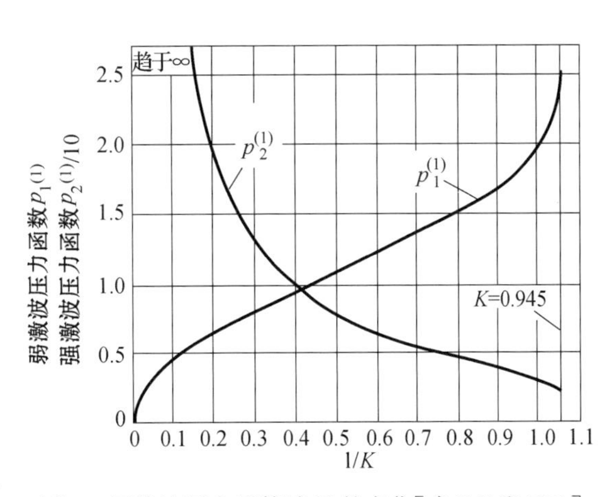

图 1 压缩波压力函数随 K 的变化[式(19)和(20)]

周知，弱激波熵的变化可以忽略，所以式(23)可用于弱激波情况。

通常，如式(13)所示

$$C_p = [(M^{0^2}-1)/(2\Gamma)](p_1^{(1)}/K) \tag{24}$$

通过对式(23)和(24)的比较，得到相应于激波后局部声速的如下的临界压力$(p_1^{(1)})^*$：

$$p_1^{(1)*}/K_s = 2 \tag{25}$$

此处 K_s 是相应于$(p_1^{(1)})^*$的 K 值。用 K^3 除式(14)得到

$$\frac{1}{K^3} = \frac{1}{4}\left(\frac{p_1^{(1)}}{K}\right)^2\left[2-\frac{1}{2}\left(\frac{p_1^{(1)}}{K}\right)\right] \tag{26}$$

然后把式(25)代入式(26)，则得到激波后为声速的 K_s 的公式

$$K_s = 1 \tag{27}$$

因此，对于前缘激波后为超声速流的情况，则 $K>1$。

为了翼型计算，我们也需要知道比值 $(M^2-1)/(M^{0^2}-1)$，其中 M 是激波后的 Mach 数。当注意一般情况下等熵流动时，这比值就不难确定。

$$\frac{p}{p^0} = \left\{\frac{1+[(\gamma-1)/(\gamma+1)](M^{0^2}-1)}{1+[(\gamma-1)/(\gamma+1)](M^2-1)}\right\}^{\gamma/(\gamma-1)}$$

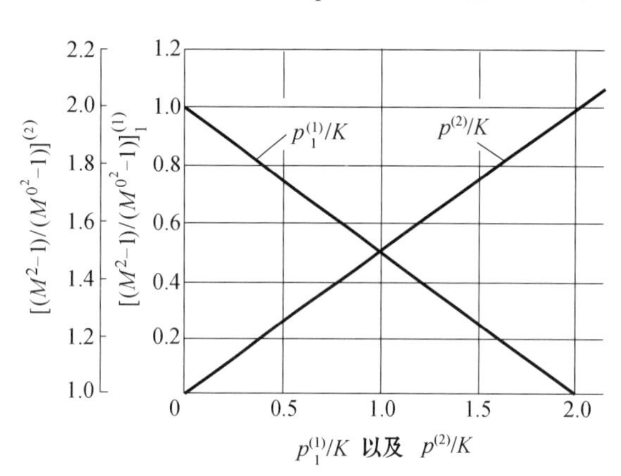

图 2　$(M^2-1)/(M^{0^2}-1)$ 随(p/K)的变化[公式(29)]

在跨声速条件下，(M^2-1) 和 $(M^{0^2}-1)$ 两者都小。于是式(9)给出

$$C_p = [(M^{0^2}-1)/\Gamma]\{1-[(M^2-1)/(M^{0^2}-1)]\} \tag{28}$$

通过对式(24)和(28)的联解，给出所需的比值为

$$(M^2-1)/(M^{0^2}-1) = 1-(1/2)(p/K) \tag{29}$$

自然，该公式普遍正确。如果 p 取自式(19)，那么这比值是对弱斜激波的。这些数值列于表 1，并将数据绘制曲线于图 2。

三、Prandtl-Meyer 膨胀

如果 q 为速度而 θ 为气流膨胀过程的转折角，则 Prandtl-Meyer 膨胀由如下关系[4]确定：

$$\mathrm{d}q = q\mathrm{d}\theta/\sqrt{M^2-1}$$

然而，一般来说，

$$\mathrm{d}p = -\rho q\mathrm{d}q$$

因此，从以上两式中消去 dq，得到

$$\mathrm{d}p = -\rho q^2\mathrm{d}\theta/\sqrt{M^2-1}$$

或者

$$d\left(\frac{p}{p^0}\right) = -\left(\frac{\rho^0}{p^0}\right)\frac{(\rho/\rho^0)q^2\,d\theta}{\sqrt{M^2-1}} \tag{30}$$

现在,因为膨胀过程是绝热的,

$$a^2 + \frac{\gamma-1}{2}q^2 = a^{0^2} + \frac{\gamma-1}{2}U^2$$

因此利用等熵关系,可以从上述公式求出:

$$q^2 = \frac{2}{\gamma-1}a^{0^2}\left[1+\frac{\gamma-1}{2}M^{0^2} - \left(\frac{p}{p^0}\right)^{(\gamma-1)/\gamma}\right]$$

此外

$$M^2 - 1 = \left(\frac{2}{\gamma-1} + M^{0^2}\right)\left(\frac{p^0}{p}\right)^{(\gamma-1)/\gamma} - \frac{\gamma+1}{\gamma-1}$$

于是这些关系式连同式(9)一起将式(30)转化为

$$\frac{dC_p}{d\theta} = -\frac{2}{M^{0^2}}\frac{\left(1+\frac{\gamma M^{0^2}}{2}C_p\right)^{1/\gamma}\left[\frac{2}{\gamma-1}+M^{0^2}-\frac{2}{\gamma-1}\left(1+\frac{\gamma M^{0^2}}{2}C_p\right)^{(\gamma-1)/\gamma}\right]}{\left[\left(\frac{2}{\gamma-1}+M^{0^2}\right)\left(1+\frac{\gamma M^{0^2}}{2}C_p\right)^{-(\gamma-1)/\gamma} - \frac{\gamma+1}{\gamma-1}\right]^{1/2}} \tag{31}$$

这是精确方程。注意到跨声速条件下 C_p 是小值,而且 M^0 趋于 1,该方程可以简化。因此,式(31)的右边项展开为 C_p 的幂级数,得到有效项是

$$\frac{dC_p}{d\theta} = -2/(M^{0^2}-1)^{1/2}\left[1 - \frac{\Gamma}{M^{0^2}-1}C_p\right]^{1/2} \tag{32}$$

与式(24)相类似,现在我们可以写

$$C_p = \frac{\theta^{2/3}}{\Gamma^{1/2}}p^{(2)}(K) = \frac{M^{0^2}-1}{2\Gamma}\left(\frac{p^{(2)}}{K}\right) \tag{33}$$

式中:$p^{(2)}$ 是伴随 Prandtl-Meyer 膨胀形成的压力函数。于是,式(32)变为

$$\frac{1}{3}K^{5/2}\frac{d}{dK}\left(\frac{p^{(2)}}{K}\right) = \frac{1}{\sqrt{2-(p^{(2)}/K)}} \tag{34}$$

该式容易积分。其结果为

$$[2-(p^{(2)}/K)]^{3/2} = (3/K^{3/2}) + C \tag{35}$$

式中:C 是积分常数。确定该常数要注意,当 $\theta=0$ 时,自由来流不改变,且 $C_p=0$。其次,当 $K\to\infty$ 时,$p^{(2)}/K\to 0$。所以式(35)中的常数等于 $(2)^{3/2}$。因此,由式(35)可以求解 $p^{(2)}$,其结果如下:

$$p^{(2)} = \{2K - [(2K)^{3/2}+3]^{2/3}\} \tag{36}$$

因此,当 $M^0=1$,于是 $K=0$,则压力系数正比于 $\theta^{2/3}$,或者

$$C_p = -[(3\theta)^{2/3}/\Gamma^{1/3}] \quad (M^0=1) \tag{37}$$

这结果与 von Kármán 的运算[1]相一致。对于其他 K 值条件,其压力函数 $p^{(2)}$ 和比值 $(M^2-1)/(M^{0^2}-1)$ 列于表 1,并绘制曲线于图 2 和图 3。

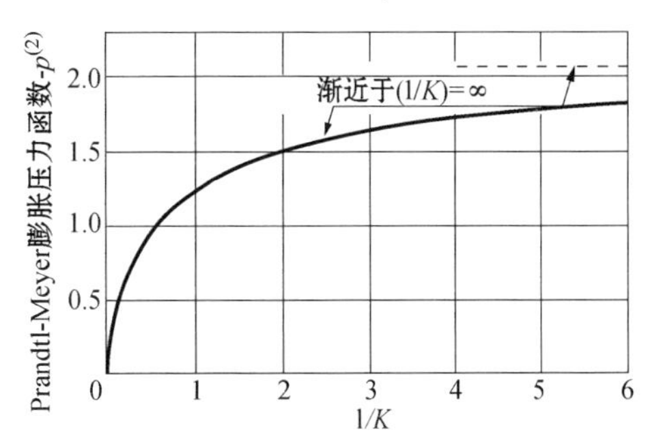

图 3 Prandtl-Meyer 膨胀压力函数随 K 的变化[式(36)]

四、平板翼型

翼型的空气动力系数可以通过积分机翼表面压力系数得到。如果翼型的局部表面与来流的倾角为 θ,于是翼型气动力系数为

$$\left.\begin{aligned} C_l &= (1/c)\int_c (C_{p_{\text{lower}}} - C_{p_{\text{upper}}})\mathrm{d}x \\ C_d &= (1/c)\int_c (C_{p_{\text{lower}}} - C_{p_{\text{upper}}})\sin\theta\mathrm{d}x \\ -C_{m_{c/4}} &= (1/c)\int_c (C_{p_{\text{lower}}} - C_{p_{\text{upper}}})[C.P. - (c/4)]\mathrm{d}x \end{aligned}\right\} \tag{38}$$

其中: c 是翼弦长; $C.P.$ 是压力中心。

现在考虑一个与来流倾角为 α 的平板,这样在翼型的下面和上面的前缘分别形成斜激波和 Prandtl-Meyer 膨胀波。注意到, $\sin\alpha$ 可以近似成 α, 并利用式(13)和(33),通过积分式(38),得到

$$\left.\begin{aligned} C_l &= (\alpha^{2/3}/\Gamma^{1/3})L(K) \\ C_d &= (\alpha^{5/3}/\Gamma^{1/3})L(K) \\ -C_{m_{c/4}} &= (1/4)C_l \end{aligned}\right\} \tag{39}$$

式中: $L(K) = [p_1^{(1)} - p^{(2)}]$而 $K = (M^{0^2} - 1)/[2(\alpha\Gamma)^{2/3}]$。

重新整理式(39),则空气动力系数可以用只包含升力函数 $L(K)$ 的简单方式绘制。于是

$$L(K) = \frac{\Gamma^{1/3}}{\alpha^{2/3}}C_l = \frac{\Gamma^{1/3}}{\alpha^{5/3}}C_d = -4\frac{\Gamma^{1/3}}{\alpha^{2/3}}C_{m_{c/4}} \tag{40}$$

其结果绘于图 4。从这些数据计算得到 C_l 与 M^0 以及 C_l 与 α 的关系曲线,并示于图 5 和图 6。可以看出阻力和力矩系数曲线类似于升力系数曲线,只是改变了纵坐标标尺。作为比较,图上还给出 Ackeret 线性化理论曲线。从图上立即可以看到两个明显的特征:第一,升力与攻角关系

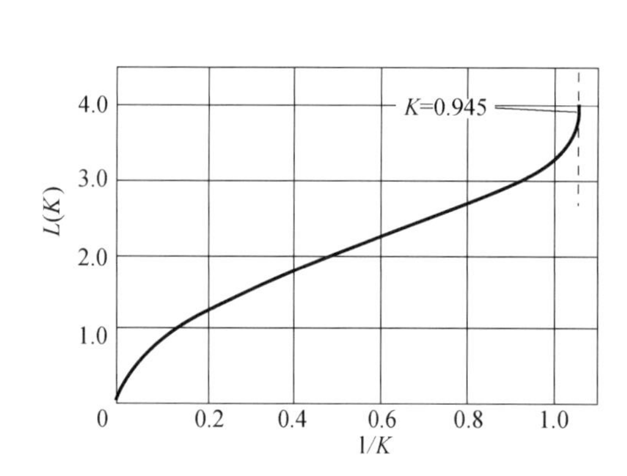

图 4　平板机翼翼型的升力、阻力及力矩相似曲线[式(40)]

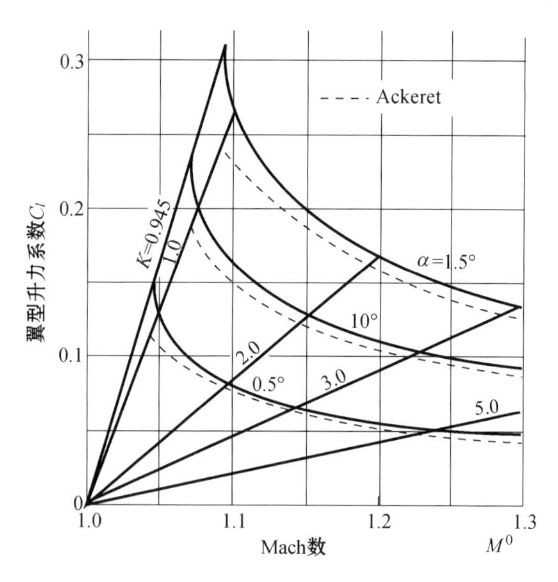

图 5　平板机翼翼型升力系数随 Mach 数的变化

曲线不像线性理论所预示的直线关系，而出现明显的向上弯曲；第二，本文预测的升力总是大于 Ackeret 的预测结果，而且这种差异随攻角增大而扩大。

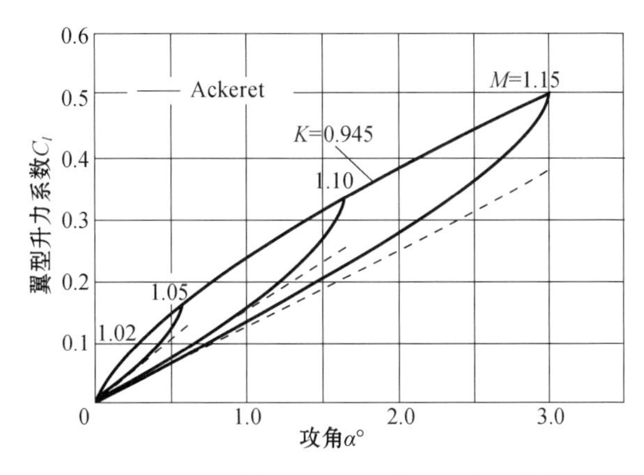

图 6　平板机翼翼型升力系数随攻角的变化

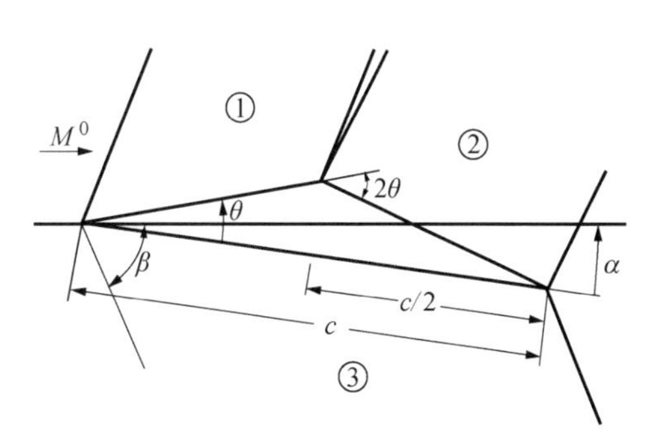

图 7　非对称楔型翼翼型

五、非对称楔型翼型

作为有限厚度翼型的例子，现在考虑一个非对称楔型翼型，如图 7 所示。θ 表示翼型前缘顶角，表 2 列出对应翼型每个区域的 C_p 和 K 值。请注意，表 2 中给出的②区是相对于①区而言的。因此，通过下面的公式：

$$(C_p)_{2\text{相对于来流}} = \frac{p_2 - p^0}{q} = \frac{p_2 - p_1}{q} + \frac{p_1 - p^0}{q} = (C_p)_{2\text{相对于区域(1)}} + (C_p)_1 \tag{41}$$

可以估计这些计算的数量级。

表 2　非对称楔型翼型各区域的压力系数及参数 K

区域 i	C_p	K_i
①	$\dfrac{(\theta-\alpha)^{2/3}}{\Gamma^{1/3}}p_1^{(1)}$	$\left(\dfrac{1}{2}\right)\dfrac{M^{0^2}-1}{[(\theta-\alpha)\Gamma]^{2/3}}$
②	$\dfrac{(2\theta)^{2/3}}{\Gamma^{1/3}}p^{(2)}$	$\left(\dfrac{1}{2}\right)\dfrac{M^{0^2}-1}{(2\theta\Gamma)^{2/3}}$
③	$\dfrac{\alpha^{2/3}}{\Gamma^{1/3}}p_1^{(1)}$	$\left(\dfrac{1}{2}\right)\dfrac{M^{0^2}-1}{(\alpha\Gamma)^{2/3}}$

因为所有的角度都是小值，因此这些系数可以写成以下累计求和形式：

$$\left.\begin{aligned} C_l &= (C_p)_3 - (1/2)(C_p)_1 - (1/2)(C_p)_2 \\ C_d &= \alpha(C_p)_3 + (1/2)(\theta-\alpha)(C_p)_1 - (1/2)(\theta+\alpha)(C_p)_2 \\ -C_{m_{c/4}} &= (1/4)[(C_p)_3 - (C_p)_2] \end{aligned}\right\} \tag{42}$$

为了将式(42)变换为与平板翼型式(40)相似的形式，现定义如下两个参数 K_w 和 m：

$$K_w = (1/2)[(M^{0^2}-1)/(\theta\Gamma)^{2/3}] \tag{43}$$

及

$$m = \alpha/\theta \tag{44}$$

用这些参数表示的 K 和 C_p 的表达式列于表 3。当考虑式(41),式(42)就可以写成下式:

$$\left.\begin{aligned}
C_l(\Gamma^{1/3}/\theta^{2/3}) &= m^{2/3}p_1^{(1)}(K_3)-(1-m)^{2/3}p_1^{(1)}(K_1)-(2)^{-1/3}p^{(2)}(K_2)\\
&= L(K,m)\\
C_d(\Gamma^{1/3}/\theta^{5/3}) &= m^{5/3}p_1^{(1)}(K_3)+(1-m)^{5/3}p_1^{(1)}(K_1)-(2)^{-1/3}(1+m)p^{(2)}(K_2)\\
&= D(K,m)\\
-C_{m_{c/4}}(\Gamma^{1/3}/\theta^{2/3}) &= (1/4)[m^{2/3}p_1^{(1)}(K_3)-(2)^{2/3}p^{(2)}(K_2)]\\
&= M(K,m)
\end{aligned}\right\} \tag{45}$$

表 3 非对称楔型翼型各区的压力系数及参数 K 以相似参数 K_w 和 m 表示

区域 i	C_p/R	K_i
①	$(1-m)^{2/3}$	$K_w/(1-m)^{2/3}$
②	$(2)^{2/3}$	$\dfrac{K_w}{(2)^{2/3}}\left[\dfrac{M_1^2-1}{M^{0^2}-1}\right]$
③	$(m)^{2/3}$	$K_w/m^{2/3}$

$R=(\theta^{2/3}/\Gamma^{1/3})p(K_i)$

式(45)的右边项只是 K_w 和 m 的函数。这些公式是非对称楔型翼型的相似关系式。在参数 $0\leqslant m\leqslant 1$ 和 $0.632\leqslant K_w\leqslant 1.90$ 范围,对非对称楔型翼型进行了计算,结果示于图 8a,图 8b 和图 8c。利用 M^0 等于 1.3 作为来流的最大值和楔角 $\theta=3°$ 作为最小值的楔来近似选择 K_w 的上限值。根据本理论可适用的参数 m 的小范围内选择 K_w 的下限值。理论值 $K_w\to\infty$ ——也就是说,不论是平板还是楔在 M^0 无穷大的气流中都可以看做沿着水平轴平置的状态。在图 8a,图 8b 和图 8c 上,要注意,前缘附着激波($K_3=0.945$)的极限线,大约在 $0.55\leqslant m\leqslant 1.0$ 范围,同时也要注意,当参数大约在 $0\leqslant m\leqslant 0.55$ 范围,在翼型①区声速流($K_1=1.0$)的极限线。后者是在②区采用 Prandtl-Meyer 流动的必要条件。

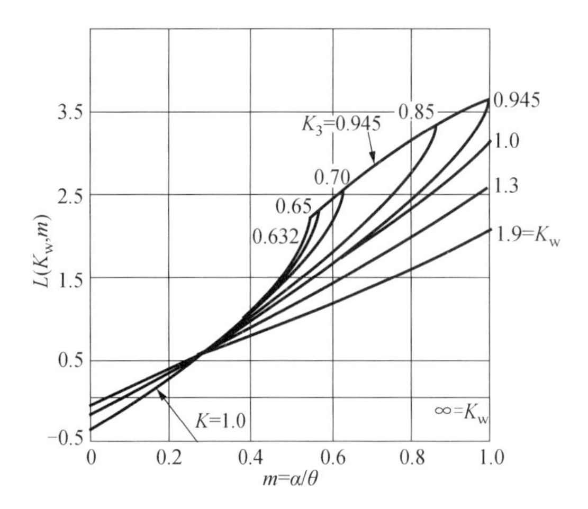

图 8a 非对称楔型翼型升力相似曲线[式(45)]

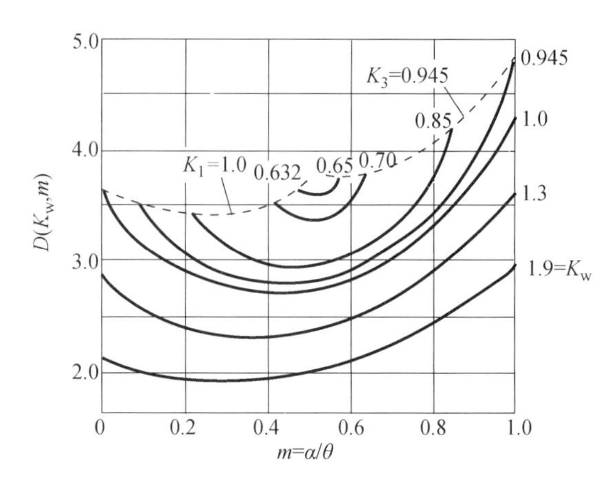

图 8b 非对称楔型翼型阻力相似曲线[式(45)]

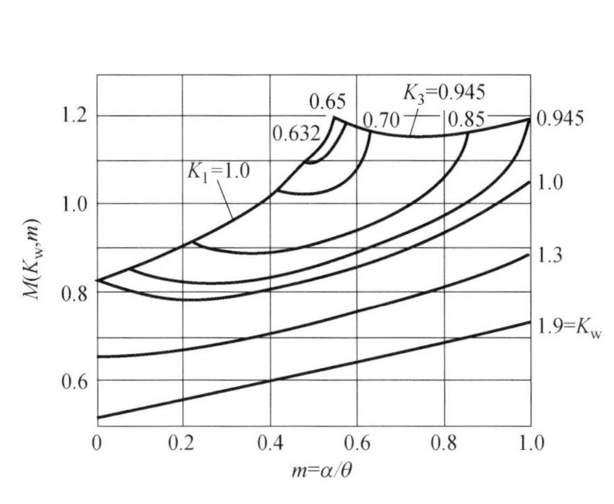

图 8c　非对称楔型翼型力矩相似曲线[式(45)]

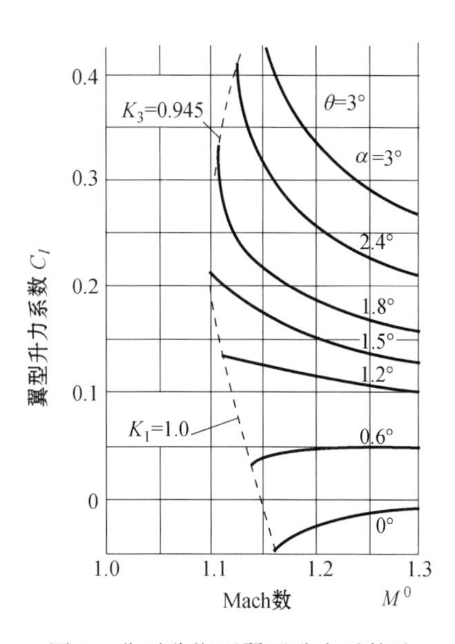

图 9　非对称楔型翼型升力系数随 Mach 数的变化($\theta=3^\circ$)

如所预料,非对称楔型翼在小攻角情况下,出现零升力现象。应该注意,随 K_w 的增高(图 8a),升力与攻角关系变为线性关系。这一点通过考察确定 K_w 的两个参数 M^0 和 θ,可以得到解释。如果 θ 为常数,那么 K_w 随 M^0 的增长而增大,因此对于 Mach 数比 1.0 高得多的情况,升力曲线是线性的,这正为大家所熟知。另一方面,考虑 M^0 为常数情况,于是 K_w 随楔型翼的变薄而增大,而比值 m 代表攻角变化比较小的情况。在极限情况下,当 $K_w\to\infty$,这代表在所有 m 值范围的零攻角平板翼的特性。

为了说明普通形式的升力系数的性质,对攻角 $\theta=3^\circ$ 情况进行了计算,结果示于图 9 至图 12。

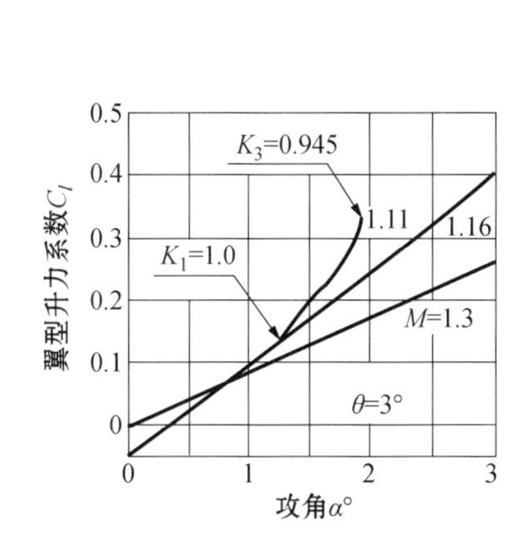

图 10　非对称楔型翼型升力系数随攻角的变化($\theta=3^\circ$)

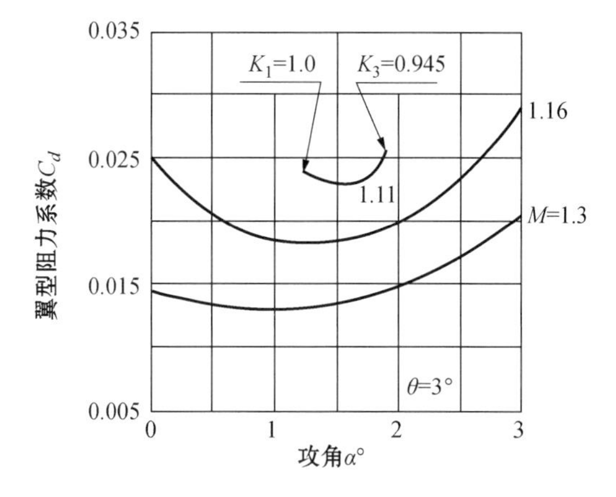

图 11　非对称楔型翼型阻力系数随攻角的变化($\theta=3^\circ$)

图 9 表明在产生正升力的小攻角情况下,升力系数实际上随 Mach 数的增高而增大。这是 Ackeret 的线性理论所没有预测到的特征,Ackeret 的线性理论要求升力系数随 Mach 数以

$1/(M_0^2-1)^{1/2}$ 因子减小。

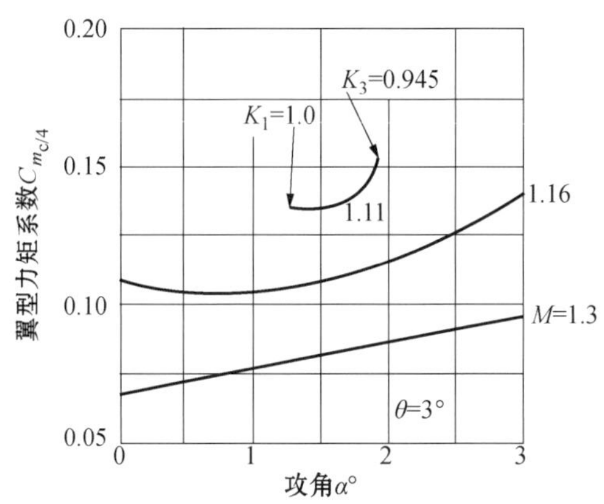

图 12 非对称楔型翼翼型力矩(约 1/4 翼弦)系数随攻角的变化($\theta=3°$)

(呼和敖德 译, 沈 青 校)

参考文献

[1] von Kármán Th. The similarity Law of Transonic Flow[J]. Journal of Math. And Physics, 1947, 26(3): 182-190.

[2] Liepmann H W, Puckett A E. Introduction to Aerodynamics of a Compressible Fluid[M]. John Wiley & Sons, New York, 1947: 51-58.

[3] Burington R S. Handbook of Mathematical Tables and Formulas[M]. 2nd ed., Handbook Publishers, Sandusky Ohio, 1947: 7-9.

[4] Ibid., reference [2]: 212.

亚声速和超声速平行流间的相互作用①

钱学森② M. Finston③

(Massachusetts Institute of Technology)

摘要 激波和边界层间相互作用现象的一个本质特征是同时存在亚声速和超声速的平行流。激波的压缩扰动从激波通过边界层亚声速区域"向前"传播,并使激波发生"软化"。本文旨在采用简化模型来明确地展示边界层-激波间相互作用的这一本质特征。边界层以有限宽度的均匀亚声速流来代替,一侧是固壁面,另一侧是与无限宽超声速流的交界面。对以下两种情况的流场进行了详细的分析:① 超声速流内的压缩波入射亚声速层;② 固壁面斜率突变产生的出射压缩波。假设两者均为小扰动,这样就可以对微分方程进行线性化处理。得到的一般性结果是上游传播距离正比于亚声速层的宽度。因此,当边界层为湍流且亚声速层极薄时,激波的软化可以忽略。

一、引言

Ackeret,Feldmann 和 Rott[1] 以及后来的 Liepmann[2] 明确提出超声速流动中固壁面上的激波与边界层间相互作用现象后,该问题已经引起流体力学研究者的很大兴趣。然而,由于上述现象非常复杂,需要考虑黏性热传导效应和压缩效应,不可能根据基本原理给出完整的计算。上述学者已经试图对他们实验观察的一些特征进行解释说明。Lees[3] 更是在激波和边界层间相互作用的定性关系方面做了大量的工作。在讨论边界层外的一般可压缩流动时,Lagerstrom[4] 考虑了黏性和热传导效应的影响。但是,为便于数学上的处理,他仅考虑了小扰动情况,这样能够使微分方程线性化。在该假设条件下,流场中各点的速度都必须非常接近自由流速度——即流动完全是超声速的。另一方面,学者们普遍认为相互作用现象的本质特征之一是边界层内亚声速和主流区内超声速的共存。Howarth[5] 在最近的一篇文章里非常清楚地论证了这一重要事实,他研究了一侧以均匀亚声速流为界的均匀超声速流中产生的扰动的影响。这两个区域都是半无限大的。在小扰动和理想可压缩流体的假设下,其研究结果表明扰动是在亚声速区域向上游传播的,紧临交界面压缩波入射点后面存在一个膨胀区。

原载 Journal of the Aeronautical Sciences Sep. 1949, Vol. 16, pp. 515 - 528。

① 论文曾在 I. A. S. 第十七届年会(1949 年 1 月 24 - 27 日,纽约)上宣读。论文得到美国海军兵器局的资助。

② 空气动力学教授。

③ 超声速实验室成员。

Howarth 的结果与激波和边界层相互作用的实验观察基本相符。因此，至少亚声速和超声速的共存是相互作用现象的本质特征之一这一概念得到了定量证明。本文旨在沿着这条路线对 Howarth 的模型进行改进以适用于实际流动。边界层采用有限宽度的均匀亚声速流来模拟，一侧是固壁面，另一侧是与半无限大均匀超声速流的交界面。假设流体无黏、没有热传导，而且是小扰动。下面考虑两种情况，一是研究超声速流交界面上的入射压缩波，二是假设壁面有间断点且其后的斜率为常数小量。对于这两种情况，将计算交界面和壁面上的压力分布，结果可用来解释有关激波和边界层间相互作用的一些实验。

二、入射波

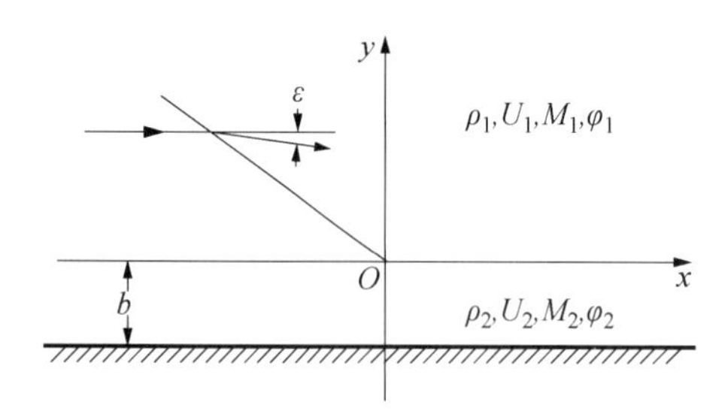

图 1　平行亚声速和超声速流界面上偏转角为 ε 的入射压缩波

取 x 轴平行于初始流动方向，并与初始交界面重合(图 1)。$y>0$ 时，流动是超声速，各个参量以下标 1 表示。$y=-b$ 代表固壁面。$-b<y<0$ 时，流动是亚声速，各个参量以下标 2 表示。此外，压力、密度和马赫数分别以 p, ρ 和 M 表示。则 $M_1>1$, $M_2<1$。超声速区内，扰动速度势 φ_1 的线性化微分方程为

$$(M_1^2-1)(\partial^2\varphi_1/\partial x^2)-(\partial^2\varphi_1/\partial y^2)=0 \tag{1}$$

方程的通解可写为

$$\varphi_1=f(x+\sqrt{M_1^2-1}y)+g(x-\sqrt{M_1^2-1}y) \tag{2}$$

式中：f 和 g 为任意函数。如果初始流动沿 x 轴正方向，则方程(2)中右端第一项代表的波为入射波。第二项代表交界面处产生的出射波。

为理顺关系，此处给出函数 f 的特定形式。使

$$\left.\begin{aligned}&f(x+\sqrt{M_1^2-1}y)=\frac{U_1\varepsilon}{\beta\sqrt{M_1^2-1}}e^{-\beta(x+\sqrt{M_1^2-1}y)}, \quad 对\ x+\sqrt{M_1^2-1}y>0\\&f(x+\sqrt{M_1^2-1}y)=0, \qquad 对\ x+\sqrt{M_1^2-1}y<0\end{aligned}\right\} \tag{3}$$

式中：U_1 是超声速流内的初始速度；ε 和 β 是常数。后面将给出选择这种 f 函数形式的原因。将势函数 φ_1 对 x 和 y 求导，可以得到超声速流内扰动速度在 x 轴和 y 轴上的分量 u_1 和 v_1。因此，入射波在 x 和 y 方向上的扰动速度为

$$-U_1\varepsilon(1/\sqrt{M_1^2-1})e^{-\beta(x+\sqrt{M_1^2-1}y)}$$

和

$$-U_1\varepsilon e^{-\beta(x+\sqrt{M_1^2-1}y)}, \quad 对\ x+\sqrt{M_1^2-1}y>0$$

$x+\sqrt{M_1^2-1}y<0$ 时，没有扰动发生。让 $\beta\to 0$，入射波就退化为偏转角 ε 的一个单波，x, y 平面的原点即为这种超声速和亚声速流交界面的压缩波入射点。

为便于求解，入射波致扰动速度的非连续形式可以写为等效的傅里叶积分形式。注意到

$$\left.\begin{aligned}e^{-\beta z}, z>0\\0, z<0\end{aligned}\right\}=\frac{1}{\pi}\int_0^\infty\left\{\frac{\beta}{\beta^2+\lambda^2}\cos\lambda z+\frac{\lambda}{\beta^2+\lambda^2}\sin\lambda z\right\}d\lambda \tag{4}$$

那么，出射波的势函数也应该写为傅里叶积分函数的形式。这样，

$$g(x-\sqrt{M_1^2-1}y)=U_1\int_0^\infty \{A_1(\lambda)\sin\lambda(x-\sqrt{M_1^2-1}y)+B_1(\lambda)\cos\lambda(x-\sqrt{M_1^2-1}y)\}\mathrm{d}\lambda \tag{5}$$

式中：$A_1(\lambda)$ 和 $B_1(\lambda)$ 是待定的傅里叶系数。如下文所示，感兴趣的参量是交界面上的扰动速度。根据方程(4)，这些参量可由方程(3)和(5)得到。因此，

$$u_{1y=+0}=U_1\left[-\frac{\varepsilon}{\pi\sqrt{M_1^2-1}}\int_0^\infty\left\{\frac{\beta}{\beta^2+\lambda^2}\cos\lambda x+\frac{\lambda}{\beta^2+\lambda^2}\sin\lambda x\right\}\mathrm{d}\lambda+\int_0^\infty\{\lambda A_1(\lambda)\cos\lambda x-\lambda B_1(\lambda)\sin\lambda x\}\mathrm{d}\lambda\right] \tag{6}$$

$$v_{1y=+0}=U_1\left[-\frac{\varepsilon}{\pi}\int_0^\infty\left\{\frac{\beta}{\beta^2+\lambda^2}\cos\lambda x+\frac{\lambda}{\beta^2+\lambda^2}\sin\lambda x\right\}\mathrm{d}\lambda-\sqrt{M_1^2-1}\int_0^\infty\{\lambda A_1(\lambda)\cos\lambda x-\lambda B_1(\lambda)\sin\lambda x\}\mathrm{d}\lambda\right] \tag{7}$$

亚声速区内扰动速度势函数 φ_2 的线性化微分方程为

$$(1-M_2^2)(\partial^2\varphi_2/\partial x^2)+(\partial^2\varphi_2/\partial y^2)=0 \tag{8}$$

这种情况下，解的适当形式为

$$\varphi_2=U_2\int_0^\infty\cosh\lambda\sqrt{1-M_2^2}(y+b)\{A_2(\lambda)\sin\lambda x+B_2(\lambda)\cos\lambda x\}\mathrm{d}\lambda \tag{9}$$

式中：$A_2(\lambda)$ 和 $B_2(\lambda)$ 也是待定的傅里叶系数。容易验证这种形式的 φ_2 满足微分方程。壁面上的边界条件是

$$v_{2y=-b}=0 \tag{10}$$

方程(9)中 φ_2 也满足这一条件。在交界面 $y=0$ 上，亚声速一侧的扰动速度

$$u_{2y=-0}=U_2\int_0^\infty\cosh\lambda\sqrt{1-M_2^2}b\{\lambda A_2(\lambda)\cos\lambda x-\lambda B_2(\lambda)\sin\lambda x\}\mathrm{d}\lambda \tag{11}$$

和

$$v_{2y=-0}=U_2\sqrt{1-M_2^2}\int_0^\infty\sinh\lambda\sqrt{1-M_2^2}b\{\lambda A_2(\lambda)\sin\lambda x+\lambda B_2(\lambda)\cos\lambda x\}\mathrm{d}\lambda \tag{12}$$

在超声速区和亚声速区的解中，有四个未知量 A_1，A_2，B_1 和 B_2。这些量须由交界面上的条件来确定。由于假定是小扰动，交界面上参量的值总是可以取为在初始交界面 $y=0$ 处的值。交界面处要满足的物理条件是静压和流动角度相等。由于在初始条件下超声速流与亚声速内的静压必须相等，因此只需要考虑由扰动速度引起的静压变化。在小扰动假设条件下，静压的变化量等于 $-\rho Uu$，因此

$$-\rho_1U_1u_{1y=+0}=-\rho_2U_2u_{2y=-0} \tag{13}$$

类似地，交界面上流动角度相等的条件是

$$v_{1y=+0}/U_1=v_{2y=-0}/U_2 \tag{14}$$

方程(13)和(14)就是交界面上必须满足的条件。

将方程(6)，(7)，(11)和(12)代入方程(13)和(14)，可以使这些边界方程两边相应的傅里叶系数相等。进行一些简化后，由方程(13)可以得到

$$A_1(\lambda)-\frac{M_2^2}{M_1^2}\cosh(\lambda b\sqrt{1-M_2^2})A_2(\lambda)=\frac{\varepsilon}{\pi\sqrt{M_1^2-1}}\left[\frac{\beta}{\lambda(\beta^2+\lambda^2)}\right] \tag{15}$$

$$B_1(\lambda)-\frac{M_2^2}{M_1^2}\cosh(\lambda b\sqrt{1-M_2^2})B_2(\lambda)=-\frac{\varepsilon}{\pi\sqrt{M_1^2-1}}\left[\frac{1}{\beta^2+\lambda^2}\right] \tag{16}$$

类似地，由方程(14)得到

$$A_1(\lambda)+\frac{\sqrt{1-M_2^2}}{\sqrt{M_1^2-1}}\sinh(\lambda b\sqrt{1-M_2^2})B_2(\lambda)=-\frac{\varepsilon}{\pi\sqrt{M_1^2-1}}\left[\frac{\beta}{\lambda(\beta^2+\lambda^2)}\right] \tag{17}$$

$$B_1(\lambda)-\frac{\sqrt{1-M_2^2}}{\sqrt{M_1^2-1}}\sinh(\lambda b\sqrt{1-M_2^2})A_2(\lambda)=\frac{\varepsilon}{\pi\sqrt{M_1^2-1}}\left[\frac{1}{\beta^2+\lambda^2}\right] \tag{18}$$

方程(15)～(18)是包括 A_1，A_2，B_1 和 B_2 四个未知量的四个方程。求解这些方程可以确定四个未知量。例如，

$$\left[\left(\frac{M_2^2}{M_1^2}\right)^2\cosh^2(\lambda b\sqrt{1-M_2^2})+\left(\frac{1-M_2^2}{M_1^2-1}\right)\sinh^2(\lambda b\sqrt{1-M_2^2})\right]A_2(\lambda)^{①}$$

$$=-\frac{2\varepsilon}{\pi\sqrt{M_1^2-1}(\beta^2+\lambda^2)}\left[\frac{\beta}{\lambda}\left(\frac{M_2^2}{M_1^2}\right)\cosh(\lambda b\sqrt{1-M_2^2})+\sqrt{\frac{1-M_2^2}{M_1^2-1}}\sinh(\lambda b\sqrt{1-M_2^2})\right] \tag{19}$$

$$\left[\left(\frac{M_2^2}{M_1^2}\right)^2\cosh^2(\lambda b\sqrt{1-M_2^2})+\left(\frac{1-M_2^2}{M_1^2-1}\right)\sinh^2(\lambda b\sqrt{1-M_2^2})\right]B_2(\lambda)$$

$$=\frac{2\varepsilon}{\pi\sqrt{1-M_2^2}(\beta^2+\lambda^2)}\left[\left(\frac{M_2^2}{M_1^2}\right)\cosh(\lambda b\sqrt{1-M_2^2})-\frac{\beta}{\lambda}\sqrt{\frac{1-M_2^2}{M_1^2-1}}\sinh(\lambda b\sqrt{1-M_2^2})\right] \tag{20}$$

A_1 和 B_1 的表达式与此类似。确定傅里叶系数后，就完成了问题的求解。

然而，此处特别感兴趣的参量是沿交界面和固壁上的压力分布。如果 Δp 是压力偏离初始值的变化量，则 $\Delta p=-\rho Uu$。在交界面上，压力的变化量以 $(\Delta p)_i$ 表示，由方程(11)得到

$$(\Delta p)_i=-\rho_2U_2^2\int_0^\infty\cosh(\lambda\sqrt{1-M_2^2}b)\{\lambda A_2(\lambda)\cos\lambda x-\lambda B_2(\lambda)\sin\lambda x\}\mathrm{d}\lambda \tag{21}$$

将方程(19)和(20)求得的 A_2 和 B_2 代入被积函数后，就可以对积分进行计算。为简化结果表达式，可引入下面这些符号：

$$\cos\theta=\left[\left(\frac{M_2^2}{M_1^2}\right)^2-\left(\frac{1-M_2^2}{M_1^2-1}\right)\right]\Big/\left[\left(\frac{M_2^2}{M_1^2}\right)^2+\left(\frac{1-M_2^2}{M_1^2-1}\right)\right] \tag{22}$$

以及

$$\sin\frac{\theta}{2}=\sqrt{\left(\frac{1-M_2^2}{M_1^2-1}\right)\Big/\left[\left(\frac{M_2^2}{M_1^2}\right)^2+\frac{1-M_2^2}{M_1^2-1}\right]} \tag{23}$$

和

$$\cos\frac{\theta}{2}=\left(\frac{M_2^2}{M_1^2}\right)\Big/\sqrt{\left(\frac{M_2^2}{M_1^2}\right)^2+\frac{1-M_2^2}{M_1^2-1}} \tag{24}$$

则方程(21)可以写为

① 原文误为 $A_2\lambda$，现修正——译者注。

$$\frac{(\Delta p)_i}{(1/2)\rho_1 U_1^2} = \frac{4\varepsilon}{\pi\sqrt{M_1^2-1}}\left\{\cos^2\frac{\theta}{2}\int_0^\infty\left[\frac{\beta}{\beta^2+\lambda^2}\cos\lambda x+\frac{\lambda}{\beta^2+\lambda^2}\sin\lambda x\right]d\lambda+\frac{1}{2}\sin^2\theta\cdot\right.$$

$$\int_0^\infty\frac{(\beta\cos\lambda x+\lambda\sin\lambda x)d\lambda}{(\beta^2+\lambda^2)\left[\cosh(2b\sqrt{1-M_2^2}\lambda)+\cos\theta\right]}+\frac{1}{2}\sin\theta\cdot$$

$$\left.\int_0^\infty\frac{\left[\lambda\sinh(2b\sqrt{1-M_2^2}\lambda)\cos\lambda x-\beta\sinh(2b\sqrt{1-M_2^2}\lambda)\sin\lambda x\right]d\lambda}{(\beta^2+\lambda^2)\left[\cosh(2b\sqrt{1-M_2^2}\lambda)+\cos\theta\right]}\right\} \tag{25}$$

现在,让 $\beta\to 0$,也即入射波最终简化为一个偏转角 ε 的简单压缩波,可将问题大大简化。在此极限条件下,方程(25)的第一个积分是单位阶梯函数 $l(x)$,即为

$$\left.\begin{aligned} l(x) &= 1, \quad x>0 \\ &= 0, \quad x<0 \end{aligned}\right\} \tag{26}$$

代入 $\lambda/\beta = z$,第二个积分的第一部分为

$$\begin{aligned}\lim_{\beta\to 0}\int_0^\infty\frac{\beta\cos\lambda x\,d\lambda}{(\beta^2+\lambda^2)\left[\cosh(2b\sqrt{1-M_2^2}\lambda)+\cos\theta\right]} &= \lim_{\beta\to 0}\int_0^\infty\frac{\cos(\beta x z)dz}{(z^2+1)\left[\cosh(2b\sqrt{1-M_2^2}\beta z)+\cos\theta\right]} \\ &= \frac{1}{1+\cos\theta}\int_0^\infty\frac{dz}{z^2+1} = \frac{\pi}{2(1+\cos\theta)} \\ &= \frac{\pi}{4\cos^2(\theta/2)}\end{aligned}$$

将 $(\Delta p)_i$ 的极限值以 $(\Delta p)_i^*$ 来表示,

$$\begin{aligned}\frac{(\Delta p)_i^*}{(1/2)\rho_1 U_1^2} = \frac{4\varepsilon}{\sqrt{M_1^2-1}}&\left\{\cos^2\frac{\theta}{2}l(\xi)+\frac{1}{2}\sin^2\frac{\theta}{2}+\frac{1}{2\pi}\sin^2\theta\int_0^\infty\frac{\sin(S\xi/\pi)dS}{S[\cosh S+\cos\theta]}+\right. \\ &\left.\frac{1}{2\pi}\sin\theta\int_0^\infty\frac{\sinh S\cos(S\xi/\pi)dS}{S[\cosh S+\cos\theta]}\right\}\end{aligned} \tag{27}$$

式中:

$$S = 2b\lambda\sqrt{1-M_2^2} \tag{28}$$

$$\xi = \pi x/(2b\sqrt{1-M_2^2}) \tag{29}$$

因此,ξ 是特征无量纲距离参数。方程(27)的第一个积分是 ξ 的奇函数,而第二个积分是 ξ 的偶函数。如附录中所示,当 ξ 为正值时,这些积分的值如下:

$$\begin{aligned}\frac{1}{2\pi}\int_0^\infty\frac{\sin(S\xi/\pi)dS}{S[\cosh S+\cos\theta]} = &\frac{1}{8\cos^2(\theta/2)}+ \\ &\frac{1}{2\pi\sin\theta}\sum_{n=0}^\infty e^{-(2n+1)\xi}\left\{\frac{e^{-(\theta/\pi)\xi}}{2n+1+(\theta/\pi)}-\frac{e^{(\theta/\pi)\xi}}{2n+1-(\theta/\pi)}\right\}\end{aligned} \tag{30}$$

和

$$\frac{1}{2\pi}\int_0^\infty\frac{\sinh S\cos(S\xi/\pi)dS}{S[\cosh S+\cos\theta]} = \frac{1}{2\pi}\sum_{n=0}^\infty e^{-(2n+1)\xi}\left\{\frac{e^{-(\theta/\pi)\xi}}{2n+1+(\theta/\pi)}+\frac{e^{(\theta/\pi)\xi}}{2n+1-(\theta/\pi)}\right\} \tag{31}$$

将这些积分的值代入方程(27),最终得到 ξ 为正值情况下交界面上的压力分布是

$$\frac{(\Delta p)_i^*}{(1/2)\rho_1 U_1^2} = \frac{4\varepsilon}{\sqrt{M_1^2-1}}[1+\sin\theta F_1(\xi;\theta)],\ \xi>0 \tag{32}$$

式中：函数

$$F_1(\xi;\theta)=\frac{1}{\pi}\sum_{n=0}^{\infty}\frac{e^{-[2n+1+(\theta/\pi)]\xi}}{2n+1+(\theta/\pi)} \tag{33}$$

观察方程(27)中积分的对称性，很容易得到 ξ 为负值时的压力分布：

$$\frac{(\Delta p)_i^*}{(1/2)\rho_1 U_1^2}=\frac{4\varepsilon}{\sqrt{M_1^2-1}}\sin\theta F_2(\xi;\theta),\ \xi<0 \tag{34}$$

式中：

$$F_2(\xi;\theta)=\frac{1}{\pi}\sum_{n=0}^{\infty}\frac{e^{-[2n+1-(\theta/\pi)]|\xi|}}{2n+1-(\theta/\pi)} \tag{35}$$

为了确定沿壁面的压力分布，首先从方程(9)中得到 $y=-b$ 处扰动速度 u_2 在 x 轴上的分量。根据方程(19)和(20)中得到的 A_2 和 B_2，有

$$u_{2y=-b}=U_2\int_0^{\infty}\{\lambda A_2(\lambda)\cos\lambda x-\lambda B_2(\lambda)\sin\lambda x\}\,d\lambda$$

然后，可以计算得到壁面上的压力变化量 $(\Delta p)_w$ 为 $-\rho_2 U_2 u_2(y=-b)$。现在，取 $\beta\to 0$ 以得到相应于偏转角为 ε 的单压缩波的 $(\Delta p)_w^*$。计算步骤与求交界面压力分布类似。最终结果是

$$\frac{(\Delta p)_w^*}{(1/2)\rho_1 U_1^2}=\frac{4\varepsilon}{\sqrt{M_1^2-1}}\left\{\frac{1}{2}+\cos^2\frac{\theta}{2}\left(\frac{2}{\pi}\right)\int_0^{\infty}\frac{\cosh\frac{S}{2}\sin\frac{S\xi}{\pi}\,dS}{S[\cosh S+\cos\theta]}+\sin\frac{\theta}{2}\cos\frac{\theta}{2}\left(\frac{2}{\pi}\right)\int_0^{\infty}\frac{\sinh\frac{S}{2}\cos\frac{S\xi}{\pi}\,dS}{S[\cosh S+\cos\theta]}\right\} \tag{36}$$

方程(36)中第一个积分也是 ξ 的奇函数，第二个积分是 ξ 的偶函数。如附录中所示，当 ξ 为正值时这些积分可如下计算：

$$\frac{2}{\pi}\int_0^{\infty}\frac{\cosh\frac{S}{2}\sin\frac{S\xi}{\pi}\,dS}{S[\cosh S+\cos\theta]}=\frac{1}{2\cos^2\frac{\theta}{2}}-\frac{1}{\pi\cos\frac{\theta}{2}}\sum_{n=0}^{\infty}(-1)^n e^{-(2n+1)\xi}\left\{\frac{e^{-(\theta/\pi)\xi}}{2n+1+\frac{\theta}{\pi}}+\frac{e^{(\theta/\pi)\xi}}{2n+1-\frac{\theta}{\pi}}\right\},\ \xi>0 \tag{37}$$

$$\frac{2}{\pi}\int_0^{\infty}\frac{\sinh\frac{S}{2}\cos\frac{S\xi}{2}\,dS}{S[\cosh S+\cos\theta]}=-\frac{1}{\pi\sin\frac{\theta}{2}}\sum_{n=0}^{\infty}(-1)^n e^{-(2n+1)\xi}\left\{\frac{e^{-(\theta/\pi)\xi}}{2n+1+\frac{\theta}{\pi}}-\frac{e^{(\theta/\pi)\xi}}{2n+1-\frac{\theta}{\pi}}\right\},\ \xi>0 \tag{38}$$

对于 ξ 为正值的情况，压力分布可写为

$$\frac{(\Delta p)_w^*}{(1/2)\rho_1 U_1^2}=\frac{4\varepsilon}{\sqrt{M_1^2-1}}\left[1-2\cos\frac{\theta}{2}F_3(\xi;\theta)\right],\quad \xi>0 \tag{39}$$

式中：

$$F_3(\xi;\theta)=\frac{1}{\pi}\sum_{n=0}^{\infty}(-1)^n\frac{e^{-[2n+1+(\theta/\pi)]|\xi|}}{2n+1+(\theta/\pi)} \tag{40}$$

利用方程(36)中积分的对称性，可立即得到 ξ 为负值情况下沿壁面的压力分布表达式：

$$\frac{(\Delta p)_w^*}{(1/2)\rho_1 U_1^2}=\frac{4\varepsilon}{\sqrt{M_1^2-1}}2\cos\frac{\theta}{2}F_4(\xi;\theta),\quad \xi<0 \tag{41}$$

式中：

$$F_4(\xi;\theta)=\frac{1}{\pi}\sum_{n=0}^{\infty}(-1)^n\frac{e^{-[2n+1-(\theta/\pi)]|\xi|}}{2n+1-(\theta/\pi)} \tag{42}$$

方程(32)，(34)，(39)和(41)为计算所感兴趣的压力分布的公式。

为与激波-边界层相互作用的实验观测结果比较，需要确定超声速和亚声速区之间交界面的受扰后的位置。以 η 来表示与初始位置之间的位移。将方程(19)和(20)代入方程(12)，得到受扰交界面的斜率

$$\frac{d\eta}{dx}=\frac{v_{2y=-0}}{U_2}=-\frac{2\varepsilon\sqrt{\dfrac{1-M_2^2}{M_1^2-1}}}{\pi\left[\left(\dfrac{M_2^2}{M_1^2}\right)^2+\dfrac{1-M_2^2}{M_1^2-1}\right]}\cdot$$

$$\left\{\int_0^{\infty}\frac{\left[\beta\left(\dfrac{M_2^2}{M_1^2}\right)\sinh(2\lambda b\sqrt{1-M_2^2})+\lambda\sqrt{\dfrac{1-M_2^2}{M_1^2-1}}\left(-\dfrac{1}{2}+\dfrac{1}{2}\cosh(2\lambda b\sqrt{1-M_2^2})\right)\right]\sin\lambda x\,d\lambda}{(\beta^2+\lambda^2)\{\cosh(2\lambda b\sqrt{1-M_2^2})+\cos\theta\}}-\right.$$

$$\left.\int_0^{\infty}\frac{\left[\lambda\left(\dfrac{M_2^2}{M_1^2}\right)\sinh(2\lambda b\sqrt{1-M_2^2})-\beta\sqrt{\dfrac{1-M_2^2}{M_1^2-1}}\left(-\dfrac{1}{2}+\dfrac{1}{2}\cosh(2\lambda b\sqrt{1-M_2^2})\right)\right]\cos\lambda x\,d\lambda}{(\beta^2+\lambda^2)\{\cosh(2\lambda b\sqrt{1-M_2^2})+\cos\theta\}}\right\}$$

引入 ξ, S, 并且如前文所示取极限 $\beta\to 0$, 则

$$\frac{d\eta}{dx}=-\frac{2\varepsilon}{\pi}\sin\frac{\theta}{2}\left\{\sin\frac{\theta}{2}\left[\int_0^{\infty}\frac{\cosh S\sin\dfrac{S\xi}{\pi}dS}{S[\cosh S+\cos\theta]}-\int_0^{\infty}\frac{\sin\dfrac{S\xi}{\pi}dS}{S[\cosh S+\cos\theta]}\right]-\right.$$

$$\left.\cos\frac{\theta}{2}\int_0^{\infty}\frac{\sinh S\cos\dfrac{S\xi}{\pi}dS}{S[\cosh S+\cos\theta]}\right\}$$

当 $\xi>0$ 时，有

$$I(\xi)=\int_0^{\infty}\frac{\cosh S\sin(S\xi/\pi)dS}{S[\cosh S+\cos\theta]}=\frac{\pi}{2(1+\cos\theta)}-\pi\cot\theta[F_1(\xi;\theta)-F_2(\xi;\theta)]$$

由方程(30)，(31)和 $I(-\xi)=-I(\xi)$，

$$\left.\begin{aligned}d\eta/dx&=2\varepsilon\sin\theta F_1(\xi;\theta),\quad \xi>0\\&=2\varepsilon\sin\theta F_2(\xi;\theta),\quad \xi<0\end{aligned}\right\} \tag{43}$$

注意到在扰动前方远处位移为零，上述结果对 ξ 积分后得到

$$\left.\begin{aligned}\frac{\pi}{2b\sqrt{1-M_2^2}}[\eta(\xi;\theta)] &= 2\varepsilon\sin\theta\frac{1}{\pi}\sum_{n=0}^{\infty}\frac{e^{-[2n+1-(\theta/\pi)]|\xi|}}{\left(2n+1-\frac{\theta}{\pi}\right)^2}, \quad \xi<0\\ &= 2\varepsilon\sin\theta\frac{1}{\pi}\sum_{n=0}^{\infty}\left\{\frac{1}{\left(2n+1-\frac{\theta}{\pi}\right)^2}+\frac{1}{\left(2n+1+\frac{\theta}{\pi}\right)^2}-\right.\\ &\left.\frac{e^{-[2n+1+(\theta/\pi)]|\xi|}}{\left(2n+1+\frac{\theta}{\pi}\right)^2}\right\}, \quad \xi>0\end{aligned}\right\} \tag{44}$$

由于 $\xi\to0$ 时 $F_1, F_2\to+\infty$，交界面内压缩波入射点处的交界面斜率是无穷大的。不过，当 δ 为正值时容易得到

$$\left(\frac{d\eta}{dx}\right)_{\xi=+\delta}-\left(\frac{d\eta}{dx}\right)_{\xi=-\delta}=4\varepsilon\sin\theta\frac{1}{\pi}\sum_{n=0}^{\infty}\frac{e^{-(2n+1)\delta}\left\{-(2n+1)\sinh\frac{\theta\delta}{\pi}-\frac{\theta}{\pi}\cosh\frac{\theta\delta}{\pi}\right\}}{(2n+1)^2-(\theta/\pi)^2}$$

取极限 $\delta\to0$ 后，有

$$\left(\frac{d\eta}{dx}\right)_{\xi=+0}-\left(\frac{d\eta}{dx}\right)_{\xi=-0}=-4\varepsilon\sin\theta\left(\frac{\theta}{\pi^2}\right)\sum_{n=0}^{\infty}\frac{1}{(2n+1)^2-(\theta/\pi)^2} \tag{45}$$

这是一个负值。这些计算的意义将和数值结果一起在后面讨论。

三、倾斜壁面

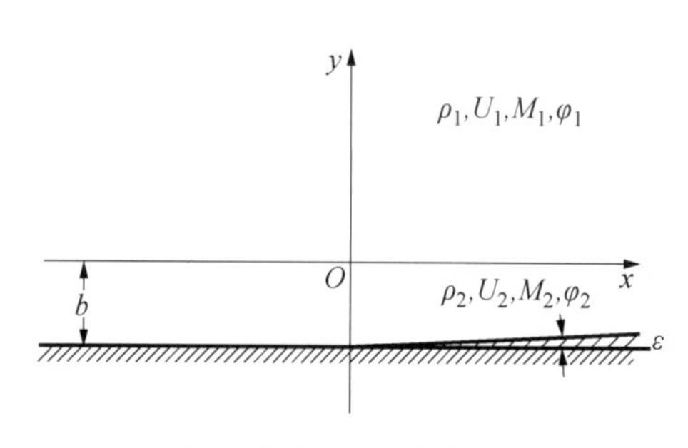

图 2 角度为 ε 的倾斜壁面

对于倾斜壁面的情况，假设 $x>0$ 情况下固壁面有一个小倾角，而当 $x<0$ 时，壁面与初始超声速流和亚声速流相平行(图 2)。x 轴还是马赫数为 M_1 的半无限大均匀超声速流与马赫数 M_2，宽度 b 的均匀亚声速流之间的交界面。由于此时扰动来自倾斜壁面，因此超声速流内没有入射波产生。则超声速区域内合理的扰动速度势

$$\begin{aligned}\varphi_1 = U_1\int_0^{\infty}\{&a_1(\lambda)\sin\lambda(x-\sqrt{M_1^2-1}y)+\\ &b_1(\lambda)\cos\lambda(x-\sqrt{M_1^2-1}y)\}d\lambda\end{aligned} \tag{46}$$

式中：a_1 和 b_1 仍为待定的傅里叶系数。亚声速区域的扰动速度势 φ_2 可以取为

$$\begin{aligned}\varphi_2 = U_2\Bigg\{&\frac{\varepsilon}{\pi\sqrt{1-M_2^2}}\int_0^{\infty}\frac{\sinh\lambda\sqrt{1-M_2^2}(y+b)}{\lambda}\left[\frac{\beta}{\beta^2+\lambda^2}\cos\lambda x+\frac{\lambda}{\beta^2+\lambda^2}\sin\lambda x\right]d\lambda+\\ &\int_0^{\infty}\cosh\lambda\sqrt{1-M_2^2}(y+b)[a_2(\lambda)\sin\lambda x+b_2(\lambda)\cos\lambda x]d\lambda\Bigg\}\end{aligned} \tag{47}$$

式中：a_2 和 b_2 也是待定的傅里叶系数。将方程(47)对 y 求导并取 $y=-b$，可以由第一个积分单独确定壁面处扰动速度在 y 轴上的分量 v_2。然后，若 $\beta\to0$，可以得到

$$\begin{aligned}v_{2y=-b} &= U_2\,\varepsilon, \quad x>0\\ &= 0, \quad x<0\end{aligned}$$

这表明，$x>0$ 时壁面与自由流之间有一个小角度 ε。因此，选择方程(47)所确定的 φ_2 可以满足壁面上的边界条件。

为确定傅里叶系数 a_1，a_2，b_1 和 b_2，必须再次利用由方程(13)和(14)表示的交界面上的物理条件。换言之，首先要根据 φ_1 和 φ_2 的表达式得到交界面上超声速一侧和亚声速一侧的速度分量，然后将这些值代入方程(13)和(14)。使对应的傅里叶项相等，可以得到求解未知量 a_1，a_2，b_1 和 b_2 的方程：

$$a_1(\lambda)-\frac{M_2^2}{M_1^2}\cosh(\lambda\sqrt{1-M_2^2}b)[a_2(\lambda)]=\frac{M_2^2}{M_1^2}\frac{\varepsilon\sinh(\lambda\sqrt{1-M_2^2}b)}{\pi\sqrt{1-M_2^2}}\left(\frac{1}{\beta^2+\lambda^2}\right) \tag{48}$$

$$b_1(\lambda)-\frac{M_2^2}{M_1^2}\cosh(\lambda\sqrt{1-M_2^2}b)[b_2(\lambda)]=\frac{M_2^2}{M_1^2}\frac{\varepsilon\sinh(\lambda\sqrt{1-M_2^2}b)}{\pi\sqrt{1-M_2^2}}\left(\frac{\beta}{\lambda(\beta^2+\lambda^2)}\right) \tag{49}$$

$$a_1(\lambda)+\sqrt{\frac{1-M_2^2}{M_1^2-1}}\sinh(\lambda\sqrt{1-M_2^2}b)[b_2(\lambda)]=-\frac{\varepsilon\cosh(\lambda\sqrt{1-M_2^2}b)}{\pi\sqrt{M_1^2-1}}\left(\frac{\beta}{\lambda(\beta^2+\lambda^2)}\right) \tag{50}$$

$$b_1(\lambda)-\sqrt{\frac{1-M_2^2}{M_1^2-1}}\sinh(\lambda\sqrt{1-M_2^2}b)[a_2(\lambda)]=-\frac{\varepsilon\cosh(\lambda\sqrt{1-M_2^2}b)}{\pi\sqrt{M_1^2-1}}\left(\frac{1}{\beta^2+\lambda^2}\right) \tag{51}$$

求解这些方程可以确定 a_2 和 b_2 的值，表达式如下：

$$\begin{aligned}&\left[\left(\frac{M_2^2}{M_1^2}\right)^2\cosh^2(\lambda b\sqrt{1-M_2^2})+\frac{1-M_2^2}{M_1^2-1}\sinh^2(\lambda b\sqrt{1-M_2^2})\right]a_2(\lambda)\\&=-\frac{\varepsilon}{\pi\sqrt{M_1^2-1}(\beta^2+\lambda^2)}\left\{\frac{\beta}{\lambda}\left(\frac{M_2^2}{M_1^2}\right)+\frac{1}{2}\sqrt{\frac{M_1^2-1}{1-M_2^2}}\left[\left(\frac{M_2^2}{M_1^2}\right)^2+\frac{1-M_2^2}{M_1^2-1}\right]\sinh(2\lambda b\sqrt{1-M_2^2})\right\}\end{aligned} \tag{52}$$

$$\begin{aligned}&\left[\left(\frac{M_2^2}{M_1^2}\right)^2\cosh^2(\lambda b\sqrt{1-M_2^2})+\frac{1-M_2^2}{M_1^2-1}\sinh^2(\lambda b\sqrt{1-M_2^2})\right]b_2(\lambda)\\&=-\frac{\varepsilon}{\pi\sqrt{M_1^2-1}(\beta^2+\lambda^2)}\left\{-\frac{M_2^2}{M_1^2}+\frac{1}{2}\sqrt{\frac{M_1^2-1}{1-M_2^2}}\left[\left(\frac{M_2^2}{M_1^2}\right)^2+\frac{1-M_2^2}{M_1^2-1}\right]\sinh(2\lambda b\sqrt{1-M_2^2})\right\}\end{aligned} \tag{53}$$

类似地，可以得到计算 a_1 和 b_1 的表达式。

确定傅里叶系数后，完全按照求解入射波问题时的计算步骤，很容易得到所需的沿交界面和壁面的压力分布。此处仅给出最后的结果，详细的计算过程不再赘述。对于沿交界面($\beta\to 0$)的压力分布，

$$\frac{(\Delta p)_i^*}{(1/2)\rho_1U_1^2}=\frac{2\varepsilon}{\sqrt{M_1^2-1}}\left[1-\frac{1}{2}\frac{\cot(\theta/2)}{\sin(\theta/2)}F_4(\xi;\theta)-\frac{1}{2}\cos\frac{\theta}{2}\left(3-\cot^2\frac{\theta}{2}\right)F_3(\xi;\theta)\right],\quad \xi>0 \tag{54}$$

和

$$\frac{(\Delta p)_i^*}{(1/2)\rho_1U_1^2}=\frac{2\varepsilon}{\sqrt{M_1^2-1}}\left[\frac{1}{2}\cos\frac{\theta}{2}\left(3-\cot^2\frac{\theta}{2}\right)F_4(\xi;\theta)+\frac{1}{2}\frac{\cot(\theta/2)}{\sin(\theta/2)}F_3(\xi;\theta)\right],\quad \xi<0 \tag{55}$$

让 $\beta\to 0$，得到沿壁面的压力分布为

$$\frac{(\Delta p)_w^*}{(1/2)\rho_1U_1^2}=\frac{2\varepsilon}{\sqrt{M_1^2-1}}\left[1+2\cot\frac{\theta}{2}F_1(\xi;\theta)\right],\quad \xi>0 \tag{56}$$

和

$$\frac{(\Delta p)_{\mathrm{w}}^{*}}{(1/2)\rho_1 U_1^2}=\frac{2\varepsilon}{\sqrt{M_1^2-1}}2\cot\frac{\theta}{2}F_2(\xi;\theta),\ \xi<0 \tag{57}$$

在方程(54)～(57)中，F_1，F_2，F_3 和 F_4 是由方程(33)，(35)，(40)和(42)定义的函数。变量 θ 与由方程(22)～(24)确定的马赫数 M_1 和 M_2 有关。这些方程提供了解决倾斜壁面问题所需的信息。下一节将给出计算结果与讨论。

四、数值结果与讨论

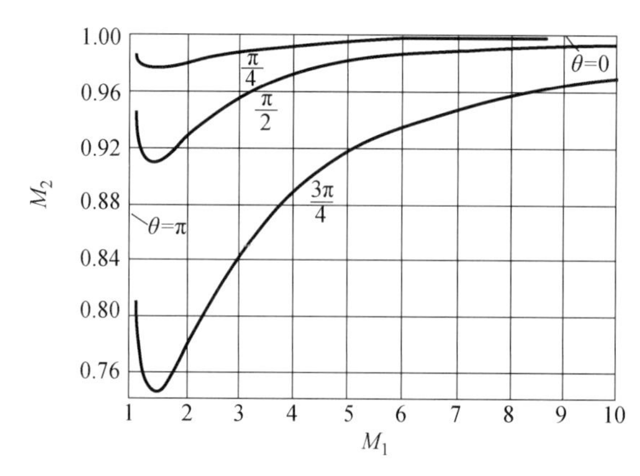

图 3　超声速流和亚声速流中马赫数参数 θ 分别作为马赫数 M_1 和 M_2 的函数

参数 θ 出现在所有的压力分布表达式中。如方程(22)所示，它与马赫数 M_1 和 M_2 有关，取值范围 0 到 π。$0<M_2<1$ 情况下，当 M_2/M_1 之比趋于 0 时 θ 的值增至 π。$M_1>1$ 但为有限值的情况下，当 M_2 接近于 1 时 θ 趋于 0。图 3 给出了 θ 和 M_1，M_2 之间的一般关系。可以看出，如果边界层和自由流的马赫数取作 0.8 和 2，则流动模型中相应的 θ 值近似为 3π/4。将理论解与激波-边界层相互作用实验进行比较时，应记住这一事实。

由于收敛很快，对于大 ξ 值，方程(33)，(35)，(40)和(42)中的 F_1，F_2，F_3 和 F_4 的级数适合于数值计算。对于小 ξ 值，附录内给出的修正级数更为合适。在 $\xi=0$ 处，F_1 和 F_2 有一个对数无穷大点，但 F_3 和 F_4 在 $\xi=0$ 处为有限值。表 1 给出了这些函数的值。

表 1

	$\theta=0$				$\theta=\pi/4$			
ξ	F_1	F_2	F_3	F_4	F_1	F_2	F_3	F_4
0	∞	∞	0.251 2	0.251 2	∞	∞	0.194 0	0.349 6
0.05	0.592 7	0.592 7	0.243 1	0.243 1	0.509 0	0.676 1	0.185 8	0.341 6
0.10	0.482 5	0.482 5	0.234 3	0.234 3	0.401 0	0.571 6	0.177 1	0.332 8
0.25	0.336 9	0.336 9	0.210 7	0.210 7	0.261 6	0.433 5	0.154 2	0.307 9
0.40	0.262 9	0.262 9	0.188 7	0.188 7	0.194 2	0.361 1	0.133 4	0.283 5
0.50	0.227 5	0.227 5	0.173 5	0.173 5	0.162 7	0.325 1	0.120 4	0.267 4
0.75	0.164 9	0.164 9	0.139 1	0.139 1	0.110 4	0.258 0	0.090 7	0.229 1
1.00	0.124 6	0.124 6	0.112 1	0.112 1	0.078 3	0.209 4	0.069 3	0.193 2
1.75	0.056 1	0.056 1	0.054 8	0.054 8	0.029 0	0.115 7	0.028 2	0.113 5
2.50	0.026 6	0.026 6	0.026 0	0.026 0	0.011 8	0.065 6	0.011 2	0.064 6
4.00	0.005 9	0.005 9			0.001 8	0.021 3		0.021 2

(续表)

	$\theta=\pi/2$				$\theta=2\pi/4$			
ξ	F_1	F_2	F_3	F_4	F_1	F_2	F_3	F_4
0	∞	∞	0.156 9	0.553 8	∞	∞	0.131 2	1.177 6
0.05	0.452 0	0.946 1	0.148 6	0.545 7	0.409 2	1.605 6	0.122 9	1.169 3
0.10	0.345 9	0.827 8	0.140 1	0.534 0	0.305 0	1.480 5	0.114 4	1.160 8
0.25	0.211 1	0.680 3	0.117 5	0.514 7	0.176 2	1.325 2	0.093 0	1.133 8
0.40	0.149 8	0.586 9	0.098 8	0.483 6	0.118 9	1.232 1	0.075 6	1.105 0
0.50	0.121 7	0.544 4	0.087 2	0.465 4	0.093 5	1.180 2	0.065 1	1.081 7
0.75	0.077 1	0.462 0	0.063 1	0.420 2	0.055 2	1.087 2	0.044 5	1.032 3
1.00	0.051 3	0.399 3	0.044 8	0.376 6	0.034 5	1.012 5	0.029 8	0.977 7
1.75	0.015 6	0.267 6	0.015 2	0.264 0	0.008 7	0.825 6	0.008 4	0.820 0
2.50	0.005 4	0.182 1	0.004 9	0.181 5	0.002 8	0.682 0	0.002 3	0.680 4
4.00	0.000 6	0.066 4		0.086 4	0.000 2	0.468 8		0.468 8

图 4，图 5，图 6 和图 7 所示为入射压缩波情况下的计算结果。在这些图中，横坐标是方程(29)定义的沿流动方向的特征无量纲常数 ξ。因此，对任一 ξ 值，物理距离 x 与 $b\sqrt{1-M_2^2}$ 是成比例的。初始亚声速流的宽度 b 是所考虑问题的测量长度。这些图的纵坐标是

$$\frac{(\Delta p)^*}{\frac{1}{2}\rho_1 U_1^2 \frac{2\varepsilon}{\sqrt{M_1^2-1}}}$$

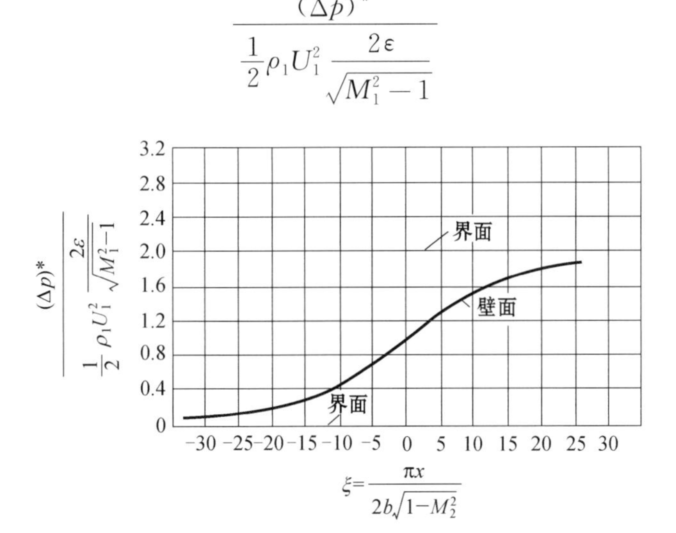

图 4 入射波情况下压力增量 $(\Delta p)^*$ 与交界面上距入射点距离 x 的曲线，$\theta=0$

在小扰动的一般性假设下，由于偏转角 ε 的压缩波与压力升高相关，其值等于

$$(1/2)\rho_1 U_1^2 (2\varepsilon/\sqrt{M_1^2-1})$$

故这些图的纵坐标即为压力升高与简单入射压缩波引起的压力升高的比值。立即可以看出，交界面上波入射点下游远处的压力升高是一个简单压缩波情况下压力升高的两倍。当一个压缩波入射固壁面时，压缩波将反射一个压缩波，反射后压力升高是反射前的两倍。因此，除了

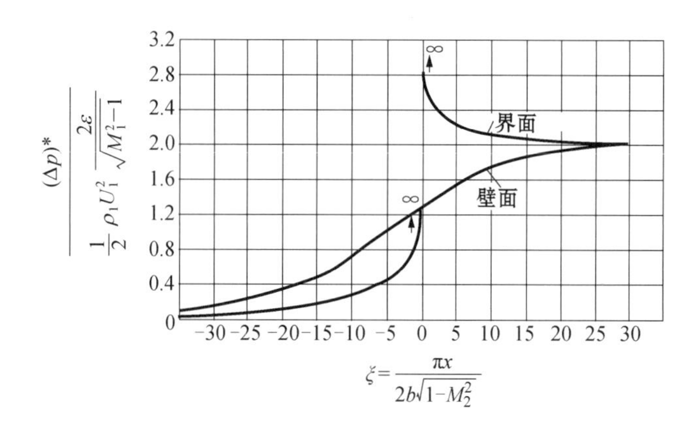

图 5 入射波情况下压力增量$(\Delta p)^*$与交界面上距入射点距离 x 的曲线，$\theta=\frac{\pi}{4}$

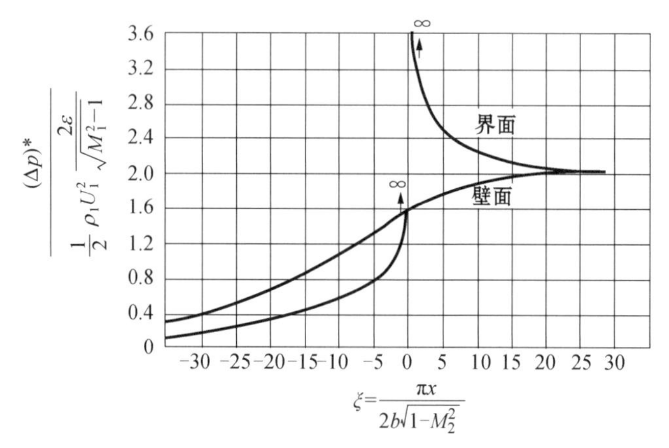

图 6 入射波情况下压力增量$(\Delta p)^*$与交界面上距入射点距离 x 的曲线，$\theta=\frac{\pi}{2}$

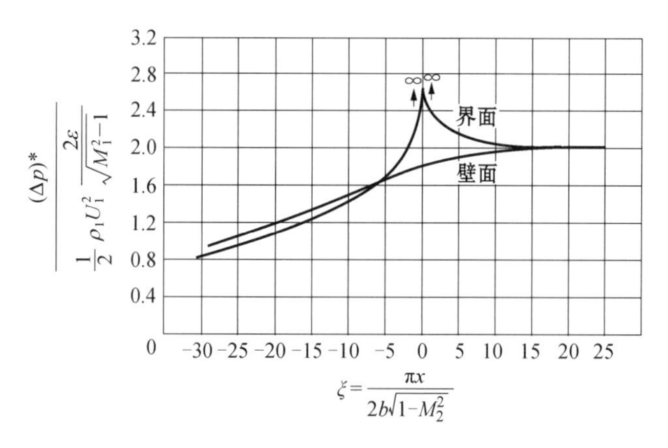

图 7 入射波情况下压力增量$(\Delta p)^*$与交界面上距入射点距离 x 的曲线，$\theta=\frac{3\pi}{4}$

局部相互作用外，入射波的反射就好像不存在亚声速流情况下的固壁面反射。

这些图的另一个特征是沿交界面的压力分布在压缩波入射点($\xi=0$)处出现峰值。因此，在入射点之前流动是被压缩的，而之后是膨胀的。在超声速流中，入射压缩波前有一系列的压缩子波向下游倾斜。在入射压缩波的后面有一个膨胀区域。沿壁面的压力分布没有峰值，是一条光滑上升的曲线。但是，沿壁面的压力上升，绝大部分都出现在压缩波入射点之前。实际上，对入射点之前的所有点，壁面压力都高于交界面上的压力。超声速流和亚声速流发生强烈相互作用的区域，其长度是数十倍亚声速流宽度 b 这样一个量级。当 θ 接近 π 时，该区域的长度逐渐增加。

图 8 为交界面位移的计算结果。这些曲线的一个显著特点是从 $\xi=0$ 处的无限大斜率快速变为在 $\xi\neq0$ 处的较小的斜率。当 $\xi>0$ 时尤为明显。方程(45)表明，与 x 为负值时的情况相比，x 为正值时的斜率较小。因此，考虑亚声速流时，压缩波入射点的拐角是压缩拐角。这与 $(\Delta p)_i^*$ 的计算结果是相符的，因为它暗含着 $\xi=0$ 处上游的压缩、$\xi=0$ 处压力的无限大升值以及 $\xi=0$ 处下游的膨胀。还可以看出，随着 θ 的增加，位移是逐渐增大的。回想起前面 $0<M_2<0$ 范围内当 $M_2/M_1\to0$ 时 $\theta\to\pi$，表明位移是随着 M_2 的降低而逐渐增大的，即如预期的那样，扰动在上游传播的力度更大，参见图 4～图 7。

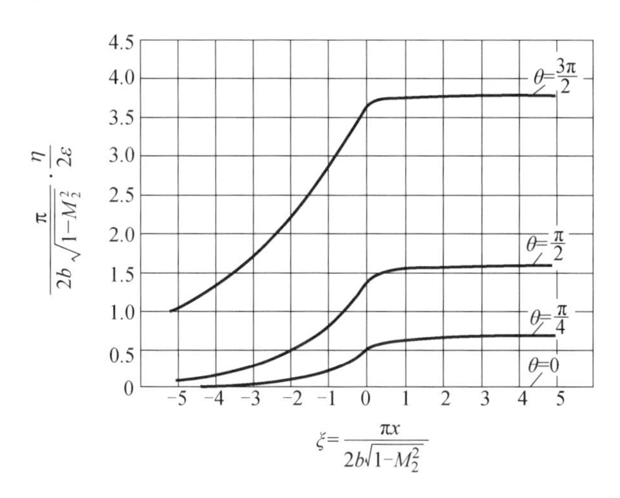

图 8　入射波情况下，交界面位移 η（或者亚声速流厚度的增量）与交界面上距入射点距离 x 的曲线

还可以进一步比较压力的计算结果。$\xi<0$ 情况下，除奇点附近极小区域以外，壁面压力比交界面上的要大。这种压力梯度与 $\xi\to0$ 时交界面斜率的逐渐增加是一致的。$\xi>0$ 情况下，压力梯度从交界面指向壁面，这与斜率随 ξ 的逐渐增加而降低是一致的。

当激波在层流边界层上方出现时，即所谓的 λ 激波情况（图 9），实验表明在激波前的自由超声速区内存在一个压缩区域，并在激波后面出现一个膨胀区域。此外还知道沿壁面的压力分布是连续的。前面讨论的入射波情况完全揭示了 λ 激波的这些特征。很明显，由于激波是极强的扰动，而小扰动和方程线性化是此处所作分析的基础，因此，该分析不是 λ 激波的定量描述。而且，在分析中完全忽略了黏性和热传导效应的影响。可能更重要的是忽略了边界层内的速度梯度。理论解假设了均匀的超声速流和亚声速流，因此，涡度集中于交界面处，而不像边界层那样分布于亚声速层内。λ-激波理论和实验观测定性上的一致性，表明了激波-边界层现象中超声速和亚声速区域相互作用的影响的重要性。

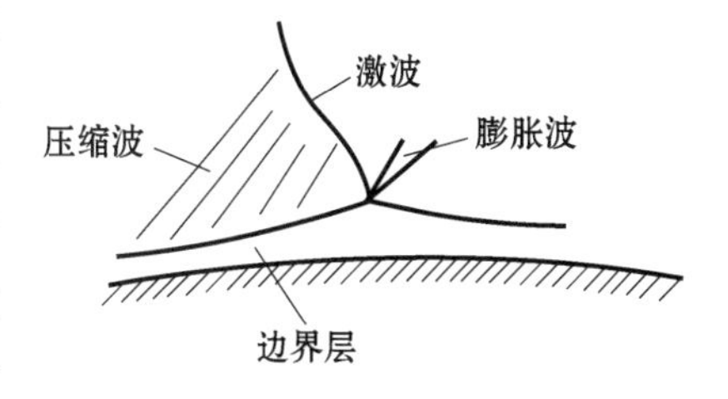

图 9　λ 激波的流态。激波和层流边界层间的相互作用

或许有人会问：为什么激波和湍流边界层之间的相互作用与 λ 激波不同呢？对湍流边界层，在激波之前观察不到扩展的压缩区域，激波之后也没有膨胀区域出现。如果给出的理论有任何实际价值，它必须也对此作出解释。作者们相信这一悖论的解在于湍流边界层情况下的亚声速层厚度。由于强烈湍流交换引起的急剧变化的速度梯度，湍流边界层内的亚声速部分通常是极薄的。对于常规尺寸，湍流边界层内的亚声速层厚度仅仅是百分之一英寸这样的量级。因此，亚声速和超声速流间如果发生相互作用的话，其特征影响仅限于湍流边界层内几十分之一英寸的区域内。特别当激波不是静止而是在某一位置作轻微的振荡时，观察是很困难的，而激波通常确实这样。此外，湍流层内的大速度梯度也会使流动与理论计算显著不同，其原因是涡度的强烈影响以及黏性和热传导的影响。因此，尽管此处给出的理论不能清晰地解释激波和湍流层之间的相互作用，但是理论和实验之间也不是相互矛盾的。

图 10，图 11 和图 12 给出了第二个问题即倾斜壁面的数值结果。此处，压力分布的一般特征与入射波问题是一样的，只是现在壁面和交界面的作用改变了。沿壁面的压力分布在入射起点处出现了峰值，而交界面上的压力则稳定上升。在壁面间断点下游远处，与顶角等于壁面倾角 ε 的楔形所产生的压力是相等的。可以将这些计算结果与超声速流内机翼后缘附近上表面测得的压力分布（图 13）进行比较。在机翼后缘处，流动必须转过一个角度，这样才能满

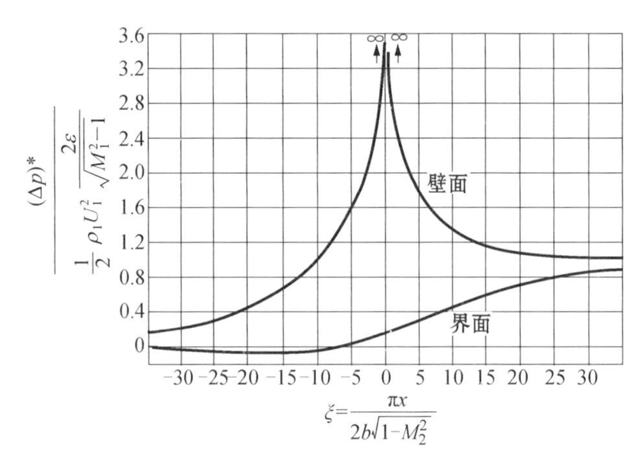

图 10 倾斜壁面情况下压力增量 $(\Delta p)^*$ 与距壁面间断点距离 x 的曲线，$\theta=\frac{\pi}{4}$

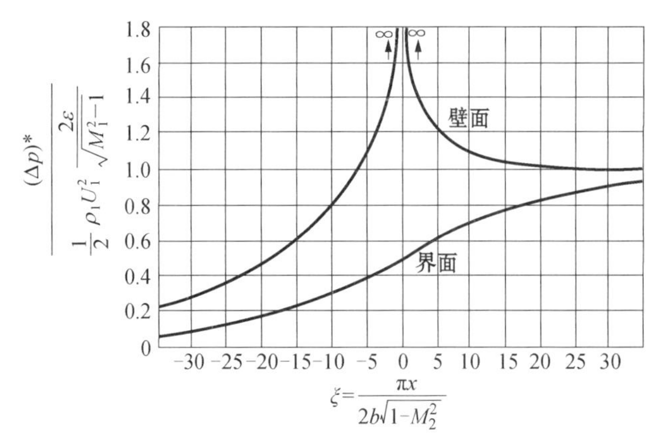

图 11 倾斜壁面情况下压力增量 $(\Delta p)^*$ 与距壁面间断点距离 x 的曲线，$\theta=\frac{\pi}{2}$

足上表面流动和下表面流动之间的相容性条件。这与图 2 所示由壁面倾角引起的流向变化是一致的。因此，根据计算结果可以预计，与采用不考虑边界层影响的理论计算相比，机翼后缘前的表面压力应当有所升高。实际上也观察到了上述现象[6]。当然，机翼后缘附近的边界层是湍流而不是层流时，亚声速层非常薄，可以忽略其对压力向前传播的影响。这时机翼后缘前的压力升值会大为降低，此时采用简单的经典理论计算超声速机翼的压力分布将更为准确。

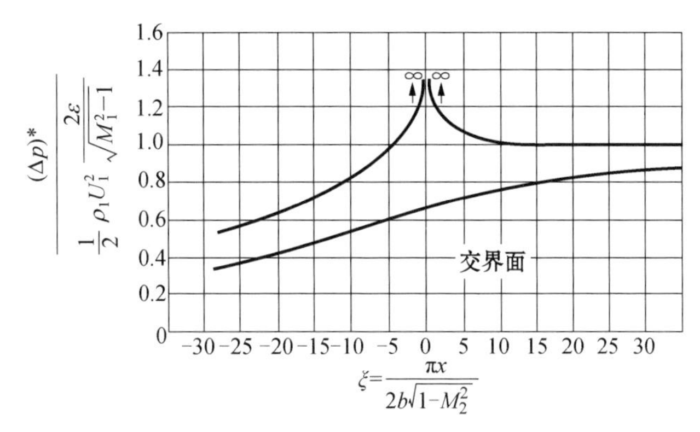

图 12 倾斜壁面情况下压力增量 $(\Delta p)^*$ 与距壁面间断点距离 x 的曲线，$\theta=\frac{3\pi}{4}$

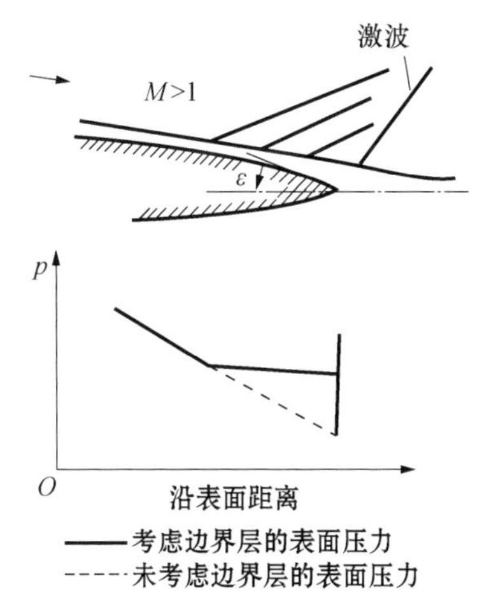

图 13 超声速机翼后缘附近的流态

参考文献

[1] Ackeret J, Feldmann F, Rott N. Untersuchungan an Verdichtungsstosssen und Grenzschichten in schnell beweglen Gasen, Mitteilungen aus dem Institut fur Aerodynamik[R]. E T. H., No. 10 (1946); or N. A. C. A. T. M. No. 1113, 1947.

[2] Liepmann H W. The Interaction Between Boundary Layer and Shock Waves in Transonic Flow[J]. Journal of the Aeronautical Sciences, 1946, 13: 623 - 637.

[3] Lees L. Remarks on the Interaction Between Shock Wave and Boundary Layer in Transonic and Supersonic Flow[R]. Report No. 120, Aeronautical Engineering Laboratory, Princeton University (Project Squid), 1947.

[4] Lagerstrom P A, Cole J D, Trilling L. Viscous Effects in Compressible Flow[C]. Paper presented at

the Institute on Heat Transfer and Fluid Mechanics, June 23, 1948.

[5] Howarth L. The Propagation of Steady Disturbances in a Supersonic Stream Bounded on One Side by a Parallel Subsonic Stream[J]. Proc. Cambridge Philosophical Society, 1948, 44: 380-390.

[6] Ferri, A., Experimental Results with Airfoil Tested in the High Speed Tunnel at Guidonia[R]. N. A. C. A. T. M. No. 946, 1940.

附 录

1. 积分计算

压力分布表达式中的无穷积分可通过围道积分法进行计算,例如

$$\frac{1}{2\pi}\int_0^{\infty}\frac{\sin\frac{S\xi}{\pi}\mathrm{d}S}{S[\cosh S+\cos\theta]}=\frac{1}{4\pi}\int_{-\infty}^{+\infty}\frac{\sin\frac{S\xi}{\pi}\mathrm{d}S}{S[\cosh S+\cos\theta]}=\frac{1}{4\pi\mathrm{i}}\int_{-\infty}^{+\infty}\frac{\mathrm{e}^{\mathrm{i}S\xi/\pi}\mathrm{d}S}{S[\cosh S+\cos\theta]}$$

现在,考虑 S 为一复变函数,取如下围道:① 在原点处缩进的实轴;② 复平面上半部分半径无限大的半圆。容易得到,沿半圆的围道积分为 0。围道包围下面一些单极点:

$$S=\mathrm{i}[(2n+1)\pi\neq\theta],\ n=1,2,3,\cdots$$

因而,

$$\begin{aligned}\frac{1}{2\pi}\int_0^{\infty}\frac{\sin\frac{S\xi}{\pi}\mathrm{d}S}{S[\cosh S+\cos\theta]}&=\frac{1}{2}\Bigg[\frac{1}{2(1+\cos\theta)}+\\&\sum_{n=0}^{\infty}\frac{\mathrm{e}^{-[2n+1+(\theta/\pi)]\xi}}{\mathrm{i}[(2n+1)\pi+\theta]\sinh\mathrm{i}[(2n+1)\pi+\theta]}+\\&\sum_{n=0}^{\infty}\frac{\mathrm{e}^{-[2n+1-(\theta/\pi)]\xi}}{\mathrm{i}[(2n+1)\pi-\theta]\sinh\mathrm{i}[(2n+1)\pi-\theta]}\Bigg]\\&=\frac{1}{8\cos^2(\theta/2)}+\frac{1}{2\pi\sin\theta}\sum_{n=0}^{\infty}\mathrm{e}^{-(2n+1)\xi}\cdot\\&\left\{\frac{\mathrm{e}^{(\theta/\pi)\xi}}{2n+1+(\theta/\pi)}-\frac{\mathrm{e}^{-(\theta/\pi)\xi}}{2n+1-(\theta/\pi)}\right\},\ \xi>0\end{aligned}$$

这就是方程(30)给出的结果。

其他积分的计算与此类似,结果已经在方程(31),(37)和(38)中给出。

2. 壁面压力的连续性

计算结果表明,入射波情况下壁面压力是连续的,倾斜壁面情况下交界面压力是连续的。根据方程(39),(41)和(50),(52),可以看出这一条件表明

$$F_3(0;\theta)+F_4(0;\theta)=(1/2)\sec(\theta/2)\tag{A}$$

验证方法有好几种。最简单的一种方法如下:

$$\frac{\mathrm{d}F_3}{\mathrm{d}\xi}=-\frac{1}{\pi}\sum_{n=0}^{\infty}(-1)^n\mathrm{e}^{-[2n+1+(\theta/\pi)]\xi}=-\frac{1}{\pi}\frac{\mathrm{e}^{-[1+(\theta/\pi)]\xi}}{1+\mathrm{e}^{-2\xi}}$$

$$\frac{\mathrm{d}F_4}{\mathrm{d}\xi}=-\frac{1}{\pi}\frac{\mathrm{e}^{-[1-(\theta/\pi)]\xi}}{1+\mathrm{e}^{-2\xi}}$$

既然 $F_3(\infty;\theta)=F_4(\infty;\theta)=0$,因此

$$F_3(\xi;\theta)+F_4(\xi;\theta)=\frac{1}{\pi}\int_{\xi}^{\infty}\frac{\mathrm{e}^{-[1+(\theta/\pi)]t}+\mathrm{e}^{-[1-(\theta/\pi)]t}}{1+\mathrm{e}^{-2t}}\mathrm{d}t$$

和

$$F_3(0;\theta)+F_4(0;\theta)=\frac{1}{\pi}\int_0^{\infty}\frac{\cosh(\theta/\pi)t}{\cosh t}\mathrm{d}t$$

最后得到

$$F_3(0;\theta)+F_4(0;\theta)=\frac{1}{2\pi}\int_{-\infty}^{\infty}\frac{\cosh(\theta/\pi)t}{\cosh t}\mathrm{d}t$$

现在,视 t 为复数,将 $\cosh(\theta/\pi)t/\cosh t$ 沿一个方形围道积分(1) 沿实轴 $(-R,0)$ 至 $(R,0)$;(2) 垂直于实轴沿 $(-R,0)$ 至 $(-R,\pi)$ 和 $(-R,\pi)$ 至 $(-R,0)$;(3) 与实轴平行 (R,π) 至 $(-R,\pi)$。唯一包围的极点是 $(t+\mathrm{i}s)=\mathrm{i}(\pi/2)$,余项是 $-\mathrm{i}\cos(\theta/2)$。使 $R\to\infty$,可以得到方程(A)。

3. 自变量为小值时计算 *F* 函数的级数

仅当 $|\xi|$ 为大值时,方程(33),(35),(40)和(42)给出的 F_1, F_2, F_3 和 F_4 的级数才适合于数值计算。当 $|\xi|$ 为小值时,这些级数收敛很慢、计算冗长。另一方面,物理问题要求得到这些函数在 $|\xi|$ 为小值情况下的值。因此,采用下面这些级数更为方便。

$\xi>0$ 时,

$$F_1(\xi;\theta)=\frac{1}{\pi}\sum_{n=0}^{\infty}\frac{\mathrm{e}^{-[2n+1+(\theta/\pi)]\xi}}{2n+1+(\theta/\pi)}$$

因而,

$$\frac{\mathrm{d}F_1}{\mathrm{d}\xi}=-\frac{1}{\pi}\sum_{n=0}^{\infty}\mathrm{e}^{-[2n+1+(\theta/\pi)]\xi}=-\mathrm{e}^{-[1+(\theta/\pi)]\xi}\sum_{n=0}^{\infty}(\mathrm{e}^{-2\xi})^n$$
$$=-\frac{1}{\pi}\frac{\mathrm{e}^{-[1+(\theta/\pi)]\xi}}{1-\mathrm{e}^{-2\xi}}$$

由于 $F_1(\infty;\theta)=0$,

$$F_1(\xi;\theta)=\frac{1}{\pi}\int_{\xi}^{\infty}\frac{\mathrm{e}^{-[1+(\theta/\pi)]t}}{1-\mathrm{e}^{2t}}\mathrm{d}t$$

现在,令

$$\mathrm{e}^{-2t}=S$$

那么,

$$F_1=\frac{1}{2\pi}\int_t^{\eta}\frac{\mathrm{d}S}{S^k(1-S)}$$

式中:$\eta=\mathrm{e}^{-2\xi}$, $k=(1/2)-(\theta/2\pi)$。对于 θ, 有 $0\leqslant\theta\leqslant\pi$, $0\leqslant k\leqslant 1/2$。此外,$0\leqslant\eta\leqslant 1$。

现在,

$$F_1=\frac{1}{2\pi}\int_0^{\eta}\frac{[(1-S)+S]\mathrm{d}S}{S^k(1-S)}=\frac{1}{2\pi}\int_0^{\eta}\frac{\mathrm{d}S}{S^k}+\frac{1}{2\pi}\int_0^{\eta}\frac{S^{(1-k)}\mathrm{d}S}{1-S}$$

因此,

$$2\pi F_1=\frac{\eta^{(1-k)}}{1-k}-[S^{(1-k)}\ln(1-S)]_0^{\eta}+(1-k)\int_0^{\eta}\frac{\ln(1-S)}{S^k}\mathrm{d}S$$

变量的进一步变化会影响到余下的积分。令 $1-S=z$, 须要计算

$$\int_{(1-\eta)}^{1}\frac{\ln z}{(1-z)^k}\mathrm{d}z=\sum_{n=0}^{\infty}(-1)^n\binom{-k}{n}\cdot\int_{1-\eta}^{1}z^n\ln z\mathrm{d}z$$
$$=-\sum_{n=0}^{\infty}(-1)^n\binom{-k}{n}\cdot\left\{\frac{(1-\eta)^{n+1}}{n+1}\ln(1-\eta)-\frac{1}{(n+1)^2}[(1-\eta)^{n+1}-1]\right\}$$

式中:$\binom{-k}{n}$ 是二项式系数,

$$\binom{-k}{n}=\frac{(-k)(-k-1)\cdots(-k-n+1)}{n!}$$

最后得到，

$$2\pi F_1=\eta^{(1-k)}\left\{\frac{1}{1-k}-\ln(1-\eta)\right\}-$$
$$\sum_{n=0}^{\infty}(-1)^n\binom{-k}{n}\left\{\frac{(1-\eta)^{n+1}}{n+1}\ln(1\eta)-\frac{1}{(n+1)^2}[(1-\eta)^{n+1}-1]\right\}$$

这种形式便于ξ为小值情况下的计算。

类似地，可以确定F_2，F_3和F_4的修正级数，于是

$$2\pi F_4=\eta^{(1-k)}\left\{\frac{1}{1-k}-\ln(1+\eta)\right\}+(1-k)\times\sum_{n=1}^{\infty}(-1)^{n+1}\frac{\eta^{(n+1-k)}}{n(n+1-k)}$$

式中：η,k定义同前。$2\pi F_2$，$2\pi F_3$分别与$2\pi F_1$，$2\pi F_4$具有相同的形式，不同的是$k=(1/2)+[\theta/(2\pi)]$。

（吴应湘 译， 陈允明 校）

火箭和喷气推进的研究

钱学森博士

（Robert H. Goddard 教授，加州理工学院）

在考虑火箭和喷气推进的基础研究问题时，将火箭和喷气推进工程的主要性能记在心里总是有益的。这些性能是：动力装置的较短的工作时间，以及发动机中反应的极高强度。

动力装置的工作时间短起因于推进剂的高比耗。另一方面，火箭发动机的自重比相同输出的别的发动机轻得多。所以，如果工作时间短的话，装置的总重量（自重和所消耗的推进剂重量之和）能比别的动力装置轻[1]。

进一步说，火箭发动机在整个速度范围内，以及冲压式发动机在超声速的范围内的比耗[lb/(h·lbf)]本质上与飞行速度无关。所以在每消耗 1 磅燃料或推进剂的条件下，发动机对飞行器所做的推进功随飞行速度增加而增加。正因如此，让火箭和冲压发动机在大推力的工况下工作是有利的，这样就可以把飞行器加速到高速飞行的状态。

在动力装置的“燃烧时间”终了的时刻，飞行器所获得的高的动能就能被利用来实现洲际飞行。以这种形式得到的动力学轨道，显示出比火箭和冲压式发动机以拉长时间工作所得到的定常飞行为好。因此，这些动力装置的所有的应用都将涉及发动机的高强度而短时间的运行。

发动机内强度极高的反应意味着高的工作温度。寻求能承受高温下的高应力的材料乃是火箭和喷气推进工程中的主要的材料问题。然而，这里的问题在某方面不同于设计涡轮喷气发动机和燃气轮机中的材料问题。该单元的工作时间很短。对于例如导弹那样的一次性使用的装置来说，工作时间一般是几分钟的量级。甚至对于用来反复使用的飞行器来说，似乎仍然要通过设计，每次使用后需要更换高温高应力的零部件，使其能达到最优的性能。

设计中采用工作时间只是几分钟的理念，而不是像设计燃气轮机要考虑工作时间长达数千小时的那样，设计将强调材料的极限强度，而不是蠕变的性能。这种差别用图 1 来说明，它表示应力（强度）和温度的关系。图中较下面的曲线是抗蠕变的设计曲线，而较上面的曲线是极限应力曲线，极限应力实际上与应变率无关。

在长时间工作的情况下，极限应力不是设计准则，因为在这应力附近，应变率是如此之大，以致零部件的应变在未达到预想寿命很久前早已达到极限应变，而使零部件失效。如果所设计的零部件的寿命只有几分钟，那么零部件将能耐住六倍以上的应力。这在设计中提供了巨

本文原由发表在 1949 年 12 月 1 日在纽约召开的美国火箭学会和美国机械工程师学会的联合年会上的论文压缩而成，后发表于 Aero Digest（《航空文摘》），1950，No. 60，pp. 120－125。

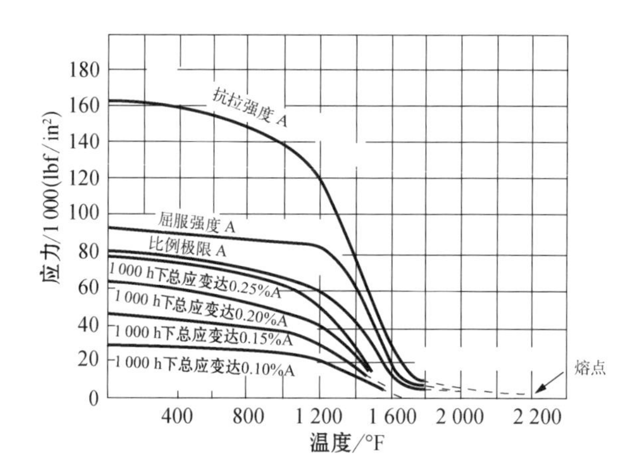

图 1 铬镍铁合金(热处理的条件是：2 100 °F 下 4 小时，1 550 °F下 24 小时和 1 300 °F 下 20 小时)的强度与温度的关系

大的可能性，而这种情况只发生在火箭和喷气推进工程之中。

在探讨这种效益时，却给应力和挠度分析带来了复杂的问题。高应变率意味着零部件的形状时刻在变化，必须确定其影响，问题既不是具有非线性的应力-应变关系的塑性问题，也不是弹性问题，因为此时材料发生了流动。换句话说，材料必须被当作黏弹性介质。

作为一级近似，仍然能把应力-应变关系当作线性关系。为明确起见，用 σ_x，σ_y，σ_z，τ_{xy}，τ_{yz}，τ_{zx} 表示 6 个应力分量，ε_x，ε_y，ε_z，γ_{xy}，γ_{yz}，γ_{zx} 表示 6 个应变分量。我们能把均质的黏弹性介质的应力-应变关系写作

$$
\begin{aligned}
\mathrm{P}\sigma_x &= \Phi(\lambda e + 2\mu\varepsilon_x) \\
\mathrm{P}\sigma_y &= \Phi(\lambda e + 2\mu\varepsilon_y) \\
\mathrm{P}\sigma_z &= \Phi(\lambda e + 2\mu\varepsilon_z) \\
\mathrm{P}\tau_{xy} &= \Phi\mu\gamma_{xy} \\
\mathrm{P}\tau_{yz} &= \Phi\mu\gamma_{yz} \\
\mathrm{P}\tau_{zx} &= \Phi\mu\gamma_{zx}
\end{aligned}
$$

式中：λ 和 μ 是常数，而

$$e = \varepsilon_x + \varepsilon_y + \varepsilon_z$$

算子 P 和 Φ 是线性的时间算子，其定义为

$$\mathrm{P} = \frac{\partial^m}{\partial t^m} + a_{m-1}\frac{\partial^{m-1}}{\partial t^{m-1}} + \cdots + a_0$$

$$\Phi = \frac{\partial^n}{\partial t^n} + b_{n-1}\frac{\partial^{n-1}}{\partial t^{n-1}} + \cdots + b_0$$

式中所有的系数 a 和 b 定义了材料的性质，它们可能是时间的函数，而不是空间变量的函数。这样一来，对于那种因为具有向热力学和化学平衡转移效应而使性质随时间变化的材料，也能用上述算子来表示了。

一、可变的应力

对上述材料所作的力学分析[2,3]揭示，如果施加在零部件上的载荷具有随时间变化的因子 $g(t)$，则材料在任何时刻的应力分布是能够按照在相同的瞬时载荷作用下做纯弹性材料的计算的。结构的挠度当然是不同的。但是挠度具有时间因子 $h(t)$，后者与载荷的特定值和分布无关，而只依赖 $g(t)$，而且由以下关系决定：

$$\mathrm{Q}h(t) = \mathrm{P}g(t)。$$

所以 $h(t)$是一个“通用的”函数，意思是说，它只和 $g(t)$以及材料的性质有关。问题的其他特征都没有进入上面的关系式。特别是，函数 $h(t)$可以直接通过测量得到，譬如用细杆做纯拉实验，其上作用一个按照 $g(t)$随着时间变化的载荷。上述方法乃是黏弹性介质力学的一个很大的简化，而且是应用材料的短时流动的设计思想的一种有用的工具。

火箭发动机内部以及冲压发动机和脉冲式喷气发动机的燃烧室内部强度极高的反应，以及同时产生的高速气流导致对壁面的极高速率的热交换。举例来说，在火箭喷管的喉部，观测到高达 6 Btu/(s · in^2)的热流率，换算成其他工程分支中常用的单位，这比 3×10^6 Btu/(h · ft^2)还要大。为应付如此高的热流率，设计师被迫外插向冷却液换热的经验定律，并且寻求诸如表面沸腾换热等非常规方法。

二、热交换

采用冷却液体循环通过围绕热的燃烧室的管道以便吸收高热流的方法时，人们必须利用在湍流条件下热壁相对于冷却液体的大温差。这里的问题是缺乏对基本机理的恰当的了解。现时，设计师依靠的只有经验规律，但是那些经验公式只能在试验结果的参数范围之内才能安全使用。

在缺乏对现象充分了解的指导下进行外插是不能令人满意的。当然，湍流换热的问题已由 O. Reynolds, L. Prandtl, G. I. Taylor 和 Th. von Kármán 等成功地解决了。但是他们的工作是基于这样的假设，就是热壁和液流主体之间的温差并不大，以致流动在本质上是等温的。

管内(譬如说圆管内)的湍流能够划分成 3 个区域(图 2)：湍流中心核，其中雷诺湍流剪应力比分子运动的或黏性的剪应力重要；壁面附近的层流层，其中黏性剪应力比湍流剪应力重要；以及缓冲层，其中两种剪应力都重要。对于湍流中心核来说，它占据了管子的大部分空间，以前所做的有关等温流动的实验表明，一般来说，其流动状况，特别是速度剖面，是由 3 个参数控制的，即湍流核边界上的剪应力 τ，流体的密度 ρ 以及线性长度 y_1。因为湍流核的边界离开壁面很近，τ 实际上就等于壁面的剪应力 τ_0。结合 ρ 和 τ_0 能定义一个速度 U_τ，即有

$$U_\tau^2 = \frac{\tau_0}{\rho}$$

有了 U_τ，如果在离壁 y 处的速度是 U，速度剖面必然满足下面的无量纲方程：

$$\frac{U}{U_\tau} = f(y/y_1)$$

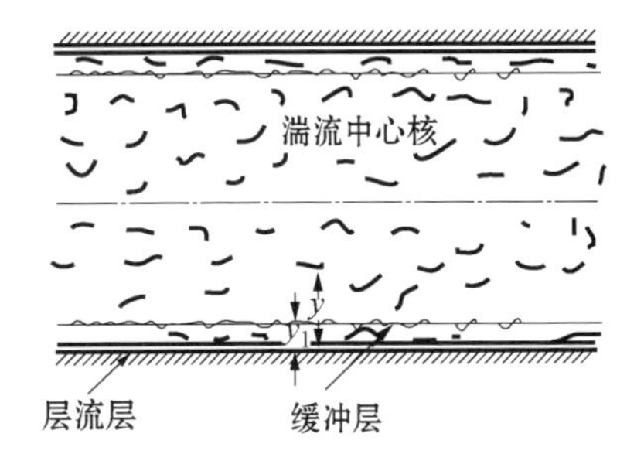

(1) 湍流中心核

$$\frac{U}{U_\tau} = 13.94 + 5.5\lg(y/y_1)$$

(2) 缓冲层和层流层

$$\frac{\tau}{\rho} = \nu\frac{\mathrm{d}U}{\mathrm{d}y} - \overline{u'v'} + \overline{\frac{\mathrm{d}\nu}{\mathrm{d}T}T'\left(\frac{\partial v'}{\partial x}+\frac{\partial u'}{\partial y}\right)}$$

图 2　管中湍流的三个区域

显然，对于靠近湍流核边界处的流动来说，仅有的线性长度就是该边界离开壁面的距离。因此，对于靠近湍流核边界处的流动，y_1 必然是层流和缓冲层的厚度。从前人所做的有关光滑管内的等温流动实验[4]，已经发现

$$\frac{U}{U_\tau} = 13.94 + 5.5\lg\frac{y}{y_1}$$

因为流体中的温差将仅仅改变黏性，而且根据实验，黏性不直接影响湍流核的运动，所以上面给出的速度关系必然也适用于非等温流动。

现在的问题是如何决定厚度 y_1，这个厚度将随温度条件而变化。H. Reichardt 的工作[5]并没有考虑这种变化，因此不能令人满意。所以，较高温差的主要影响发生在缓冲层和层流层内。这里，黏性随温度的变化改变了流动状态。举例来说，有效剪应力 τ 由下式给出：

$$\frac{\tau}{\rho} = \nu\frac{\mathrm{d}U}{\mathrm{d}y} - \overline{u'v'} + \frac{\mathrm{d}\nu}{\mathrm{d}T}\overline{T'\left(\frac{\partial v'}{\partial x} + \frac{\partial u'}{\partial y}\right)}$$

式中：ν 是运动黏度；T 是温度；u'，v' 各为平行和垂直壁面的瞬时湍流速度；T' 是温度脉动；而在第二和第三项中的顶杠表示对时间的平均值。

第三项在等温流的情况下不存在。由于它出现在剪应力的方程中，以及方程中的第一项中有可变的 ν，这就说明，现在热传导效应是和剪切效应耦合在一起的。这样的问题的求解要比求等温问题更难，但是可以相信，困难是可以克服的。

当壁温提高到超过管内主体压力下的流体沸点时，局部区域发生了气化，表面上形成了气泡。但是因为大部分液体的温度仍然低于沸点，这些气泡不能无限制生长。事实上，F. Kreith 和 M. Summerfield 的实验表明，它们再次发生收缩，其寿命大概在 1/100 s 左右。在这样短的时间里，看来气泡没有明显离开壁面。气泡生成和消失的主要结果是，对壁面附近的流体产生了强烈的搅动。

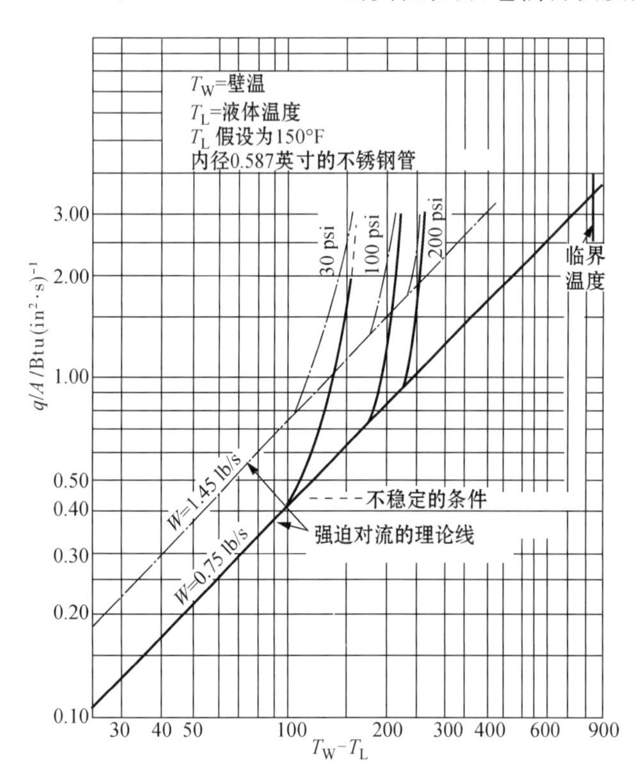

图 3　有和没有表面沸腾的强迫换热的比较

在这种情况下，能够理解的是，热流率与没有局部沸腾的情况相比提高了许多倍。这一事实清楚地表示在图 3 中，该图取自 F. Kreith 和 M. Summerfield 的工作[6,7]。这意味着高的冷却速率能够在冷却管内的流速不大的情况下达到。这里所减小的冷却管的压降将减小泵送冷却剂所必须做的功。于是沸腾换热能够被许多设计师有利地加以使用。这里的研究问题是要精细地了解因气泡生成引起的湍流搅动，从而能更好地了解不同液体和不同试验条件的试验结果之间的关联。

如果壁温提高到超过液体沸点以上的某个临界值，已经发现在表面上形成

一个蒸气封皮，而热流因滞止蒸气的隔绝效应而降低。所以，在指定的压力和流速的条件下，即使表面上出现局部沸腾，也肯定存在热流密度的极大值。如果还是想要有高的热流密度，那么必须采用其他的冷却措施。

三、壁温效应

然而，甚至在达到这一沸腾换热的固有极限之前，火箭发动机的内表面的壁温对于材料强度来说已经太高了，因为在固壁内部形成了热流所必要的温度梯度。举例来说，如果固壁的材料是不锈钢，热流率是 6 Btu/(s • in^2)，而壁厚是 1/16 in，壁面冷却一侧的温度是 600 ℉，加热一侧的温度是 1 950 ℉，这样的温度对于好的强度钢也肯定是太高了。对于极高的热流率来说，新的高效的冷却方法是发汗冷却和薄膜冷却。

薄膜冷却（图 4）是在被冷却的壁面上建立起一薄层液体薄膜，使之与热的气体相接触。由于液-气界面上作用有剪应力，液体向下游方向流动。同时，薄膜受到热气体的加热而使液体蒸发。可以看到，只要有液膜存在，壁温就能保持在液体的沸点以下。

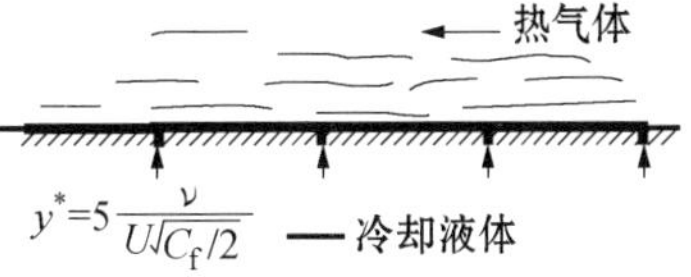

图 4　表示冷却单元下游的薄膜冷却

也要指出，为了使固壁能够防护热气体的作用，必须要通过固壁中的许多小孔不断注入液体，使上游渗出的液膜发生蒸发以后，再次在表面上建立起液膜。当然，可以通过每次注入更多的液体并建立更厚的液膜来加长注入间隔。但是，这里的困难在于，液膜在对付气体边界层中的湍流作用中发生失稳，其结果是液膜的一部分形成液滴而脱离，从而损失了有效的冷却液体。这里的问题是如何确定冷却效率与液膜厚度之间的相互关系。

从单相湍流边界层的经验中，人们发现层流次层的厚度 y^* 能表示为

$$y^* = 5 \cdot \frac{\nu}{U\sqrt{C_f/2}}$$

式中：ν 是流体的运动黏度；U 是自由流的速度；C_f 是局部摩擦系数。如果这一关系对于存在于液膜冷却中的两相湍流边界层也成立的话，y^* 就是具有理想效率的极限膜厚。如果膜厚大于 y^*，似乎可能发生液膜的失稳以及液滴的脱离。那么可以看出，具有较高的黏度是有利的，当然要在层厚允许的条件下。

对于 212 ℉的水来说，如果 $U=1\,000$ ft/s，$C_f=0.004$，而 $\nu=0.319\times10^{-5}$ ft^2/s，那么 y^* 只是 4.3×10^{-6} in。这一结果说明，要得到理论上的最大冷却效率，液膜应当很薄，而且能够频繁地沿表面重新建立起来。这种极限情况就是发汗冷却，这里的冷却剂是被强迫通过多孔壁的，而且注入和汽化是同时发生的。

然而，发汗冷却不限于用液体冷却剂，冷却剂可以是气相的。事实上，最广泛的实验是 P. Duwez 和 H. L. Wheeler[8] 用气体冷却剂做的。但是，上述研究人员做的实验表明，冷却剂不允许在多孔壁中汽化，这种情况下的流动本质上是不稳定的，壁温会发生大的起伏。

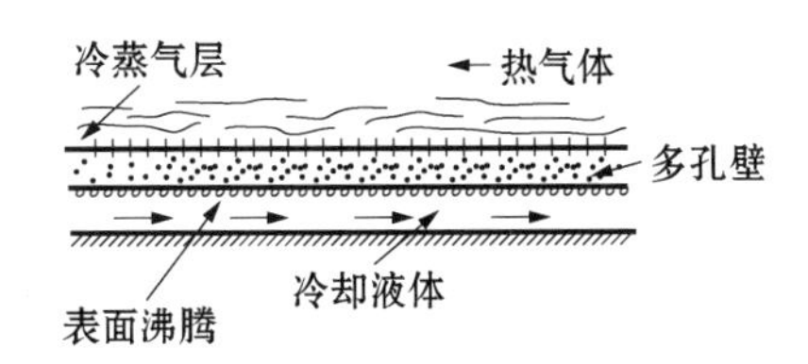

图 5　表示多孔壁外缘在冷却液进入多孔材料前发生汽化的发汗冷却

所以一般说来，冷却剂消耗最少的、最有效的发汗冷却系统是这样的：液体冷却剂在进入多孔材料之前，在多孔壁的“外”表面气化（图 5）。在某种意义上，这种系

统是沸腾热交换和发汗冷却的结合。这种冷却方法至今尚未进行广泛的实验。

很明显，对于薄膜冷却或发汗冷却来说，在能有效掌控的情况下，对燃烧气体的温度没有什么限制。所以人们对高能燃料和推进剂的冷却困难不需要有任何顾虑。再者，对于火箭、冲压发动机和脉冲式喷气发动机来说，燃烧气体不和易碎的运动部件（例如涡轮喷气发动机的透平叶片）发生接触；而且，燃烧气体可以具有腐蚀性，并可以含有细碎的固体颗粒。这些因素实际上对燃料和推进剂的选择解除了所有限制。像液氢和液氟以及乙硼烷（B_2H_6）和空气等奇异的组合都在被考虑之列。

有关喷气推进中的燃烧的最迫切需要解决的问题是那些和流体力学相关的问题。它们是液体燃料射流的自动点火、液滴汽化、气相成分的混合、非均相混合物中低态（值）燃烧（原文是“low combustion”）中燃烧与湍流的相互作用的问题。对于冲压发动机来说，今天最使人困窘的是火焰稳定性问题。这个问题摆在所有冲压发动机设计师的面前。糟糕的是，火焰稳定性的机理至今没有弄明白。作为一个结果，燃烧室内火焰持焰器的设计总是依靠特定的实验来完成的。

显然，需要在最简单的物理条件下进行实验，以便所有参数是可控的。A. S. Scurlock[9]在均匀气流和初始流动中湍流可控的条件下所作的研究，是在这一方向上作出的最值得注意的努力。但是，为对机理有真正的了解，有必要对流场作进一步的详细的探讨。

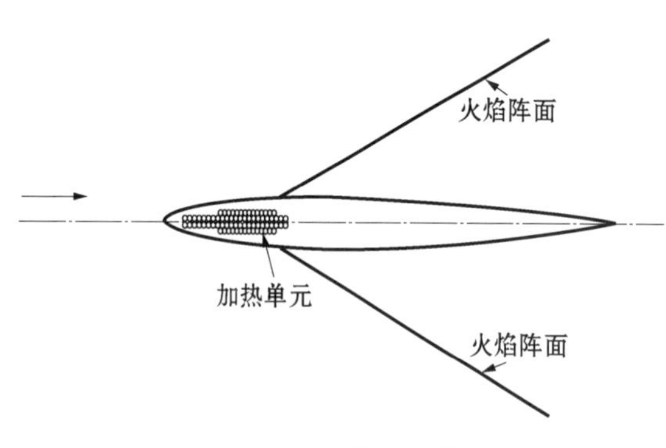

图 6 具有流线形的持焰器

看来火焰稳定性的一个重要方面是火焰阵面和边界层的相互作用。为了对这个概念进行试验，可以试用一个流线体形状的持焰器（图 6）。要点火燃烧，必须首先将翼片加热到一个高的温度，譬如可以用电流加热。一旦有了火焰，火焰后面的翼片就被热的气体加热。然后通过翼身将热传导到前部，从那里将热通过边界层传给冷的气体混合物。在边界层内的冷的气体混合物被翼身加热后就会提高活性载体的浓度，并在火焰阵面和物体表面的交界处最终完成点火。

这就很明显，这样一个没有湍流和涡流损失的持焰器除了启动有困难外，具有许多实际用途。事实上，增加被热气体包围的翼身的长度，就能增加翼身前部的温度，从而能提高气体速度而不致将火焰吹走。

所有这些基础研究的最终目的当然是为了改进火箭和喷气推进飞行器的性能。然而，纵然给定了最好的动力装置，设计师仍然必须决定最好的使用方式，以便发挥整个飞行器的最优性能。举例来说，一个完好火箭的最优推力程序将会是什么？在上升期内不断变化推力可能会得到什么样的收益？这种收益是否真会使设计工作复杂化？

推力程序的基本的变分问题由 G. Hamel[10]作了研究。然而，他没有做详细的计算，让设计师得以权衡问题各方面的重要性。

四、长程轨道

但是性能分析的基本问题是轨道问题，特别是长程轨道的问题。在早期讨论中，已经提出倾向用变化速度的动力学轨道的理由。不过这类特定的动力学轨道究竟是什么呢？为了避免在稠密大气中高速飞行克服高阻力的代价，而能使飞行器得到很快的加速，显然飞行器应当取垂直发射的方式。

火箭垂直轨道的性能是人所熟知的。然而，是否火箭就是唯一的有垂直轨道能力的动力装置呢？肯定说，冲压发动机——一旦加速到足够高的速度，就能产生足够大的推力而实现不断加速的垂直飞行。每产生一磅推力的冲压式发动机比火箭要重，但是所消耗的燃料却少得多。Z. H. Schindel[11]所作的预估说明，低燃料消耗的优点克服了自重较重的缺点。所以用冲压发动机代替多级火箭的最低一级能够取得正的收益。当然，要让冲压发动机加速到工作速度，必须使之在最初几秒钟里像管式火箭那样工作。

对于轨道还能说些其他方面的问题吗？因为飞行器的高速度是以垂直或近乎垂直的上升方式在大气层外达到的，轨道的第一部分必然是无升力的，因此是椭圆轨道。当飞行器回到大气层，其速度实际上和离开大气层时的速度相同，而让它以某一攻角进入大气层时，就会在飞行器上产生升力。这里，就会有一个有关飞行器攻角的程序问题，目的是使飞行器获得最大的射程。

作为这样一个动力学轨道的例子，我们来研究一个航程为 3 000 mile 的火箭飞行器的飞行，这里假设在最初的椭圆路线以后有一段定常的滑行，滑行时的平均升阻比取为 4。这一分析的结果是这样的：

长度	78.9 ft
物体的最大直径	8.86 ft
总重	96 500 lbf
燃料载重	72 400 lbf
熄火后的重量	24 100 lbf
推进剂的装载比	0.750
排气速度	12 000 ft /s
推进剂	液氧　液氢
	液氟　液氢
最大速度	9 140 m/h
椭圆路线的终了射程	1 200 mile
滑行路程	1 800 mile
滑行开始高度	27 mile
着陆速度	150 m/h
着陆角	20°
飞行时间	小于 1 h

如此看来，实现洲际火箭班机的要求全然没有超越今天技术的掌控。为了达到一个合理的着陆速度毋需有大的机翼，有关结构重量的技术要求也不是不可能做到的。这样的火箭班机何时能实现呢？那是一个困难的问题。但是有一件事是肯定的：在前面讨论中所指出来的基础研究肯定将能促进长程火箭旅行之日的到来。

（谈庆明 译，　盛宏至 校）

参考文献

[1] Lowell A L. A Guide to Aircraft Powerplant Selection[J]. Aeronautical Engineering Review, 1947, 6(4): 22-25.

[2] Alfrey T. Non-Homogeneous Stresses in Visco-elastic Media[J]. Quarterly of Applied Mechanics, 1944, 2: 113-119.

[3] Tsien H S. A Generalization of Alfrey's Theorem for Visco-elastic Media[J]. Quarterly of Applied Mechanics, 1950.

[4] Nikuradse J. Gesetzmässigkeiten der turbulenten Strömung in glatten Rohren[R]. Ver Deutsch. Ing. Forschungsheft, 1932: 356.

[5] Reichardt H. Die Wärmeübertragung in turbulenten Reisbungschichten[J]. Z. a. M. M., 1940, 20: 297-328.

[6] Kreith F, Summerfield M. Heat Transfer to Water at High Flux Densities with and without Surface Boiling[J]. ASME Transactions. //Also: Investigations of Heat Transfer at High Heat-Flux Densities: Experimental Study with Water of Friction Drop and Forced Convection with and without Surface Boiling in Tubes. Progress Report No. 4-68, Jet Propulsion Laboratory, CIT, 1948.

[7] Kreith F, Summerfield M. Heat Transfer from an Electrically Heated Tube to Aniline at High Heat Flux[R]. Progress Report No. 4-88, Jet Propulsion Laboratory, CIT, 1949.

[8] Duwez P, Wheeler H L. Experimental Study of Cooling by Injection of a Fluid through a Porous Material[J]. J. of Aero. Sciences, 1948, 15: 509-521.

[9] Scurlock A S. Flame Stabilization and Propagation in High-Velocity Gas Streams[R]. Meteor Report, No. 19, Mass. Institute of Technology, 1948.

[10] Hamel G. Uber eine mit dem Problem der Rakete zusammenhängende Aufgabe der Variationsrechnung[J]. Z. a. M. M., 1927, 7: 451-452.

[11] Schindel Z H. Application of Ramjet to High Altitude Sounding Vehicles[D]. M. S. Thesis. Dept. Aeronautical Engineering, Mass. Inst. of Technology, 1947.

黏弹性介质 Alfrey 定理的推广

钱学森

(California Institute Technology)

一、引言

对于在应力、应变和它们对时间导数的分量之间为线性关系的各向同性不可压缩黏弹性介质中的不均匀应力,Alfrey[1]已经证明:在第一类边值问题情况下,应力分布与在相同瞬时表面力情况下不可压缩弹性材料的情况相同。对于在边界上指定位移的第二类边值问题,可以得到相似的结果。本文的目的是把这个定理推广到包括体积力的各向同性不可压缩介质,只讨论第一类边值问题,同样,第二类边值问题相应的定理也是如此。

二、第一类边值问题

设沿 x,y,z 方向的位移为 u,v,w,则 6 个应变分量的典型表达式可写为①

$$\left.\begin{aligned} \varepsilon_x &= \frac{\partial u}{\partial x} \\ \gamma_{xy} &= \frac{\partial u}{\partial y} + \frac{\partial v}{\partial x} \end{aligned}\right\} \tag{1}$$

若用 σ_x, σ_y, σ_z, τ_{xy}, τ_{yz}, τ_{zx} 标记 6 个应力分量,用 X,Y,Z 标记体积力,用$\overline{X},\overline{Y},\overline{Z}$标记单位面积表面力,则平衡方程为

$$\frac{\partial \sigma_x}{\partial x} + \frac{\partial \tau_{xy}}{\partial y} + \frac{\partial \tau_{zx}}{\partial z} + X = 0 \tag{2}$$

这里体力 X,Y,Z 不是外部场或事物引起的结果,将不把它视为与材料的惯性力相同的因素,这里也不考虑惯性力,因为广泛的一类问题是这种情况。若用 l,m,n 标记表面法线的方向余弦,则表面条件为

$$\overline{X} = l\sigma_x + m\tau_{xy} + n\tau_{xz} \tag{3}$$

为了确定整个应力分布,还有 6 个协调方程:

$$\left.\begin{aligned} \frac{\partial^2 \varepsilon_x}{\partial y^2} + \frac{\partial^2 \varepsilon_y}{\partial x^2} &= \frac{\partial^2 \gamma_{xy}}{\partial x \partial y} \\ 2\frac{\partial^2 \varepsilon_x}{\partial y \partial z} &= \left(-\frac{\partial \gamma_{yz}}{\partial x} + \frac{\partial \gamma_{zx}}{\partial y} + \frac{\partial \gamma_{xy}}{\partial z}\right) \end{aligned}\right\} \tag{4}$$

1949 年 9 月 7 日收到。原载 Quarterly of Applied Mathematics, 1950, Vol. 8, pp. 104 - 106。

① 本文只给出典型的表达式,用循环置换很容易得到其他表达式。

此外，需要指定应力、应变和它们对时间导数的分量之间的关系，与小应变问题相应，假设这些关系是线性的，此外，若假设材料是各向同性的，那么在空间坐标变换不变性的基础上，可以证明所要求的关系为下列形式：

$$\left.\begin{aligned} P\sigma_x &= Q(\lambda e + 2\mu\varepsilon_x) \\ P\tau_{xy} &= Q\mu\gamma_{xy} \end{aligned}\right\} \tag{5}$$

式中：μ 和 λ 是常数，而

$$e = \varepsilon_x + \varepsilon_y + \varepsilon_z \tag{6}$$

算子 P 和 Q 是时间算子，定义为

$$\begin{aligned} P &= \frac{\partial^m}{\partial t^m} + a_{m-1}\frac{\partial^{m-1}}{\partial t^{m-1}} + \cdots + a_0 \\ Q &= \frac{\partial^n}{\partial t^n} + b_{n-1}\frac{\partial^{n-1}}{\partial t^{n-1}} + \cdots + b_0 \end{aligned} \tag{7}$$

系数 a 和 b 定义了材料的特性，它们可以是时间的函数，但不是空间变量的函数。因此，由热力学和化学平衡引起的变化性能的材料也能用这些算子表示。

在协调方程(4)和应力-应变关系(5)中消去应变后即有：

$$\left.\begin{aligned} &P\left[\nabla^2\sigma_x + \frac{2\lambda+2\mu}{3\lambda+2\mu}\frac{\partial^2\theta}{\partial x^2} + \frac{\lambda}{\lambda+2\mu}\left(\frac{\partial X}{\partial x} + \frac{\partial Y}{\partial y} + \frac{\partial Z}{\partial z}\right) + 2\frac{\partial X}{\partial x}\right] = 0 \\ &P\left[\nabla^2\tau_{xy} + \frac{2\lambda+2\mu}{3\lambda+2\mu}\frac{\partial^2\theta}{\partial x\partial y} + \left(\frac{\partial X}{\partial y} + \frac{\partial Y}{\partial x}\right)\right] = 0 \end{aligned}\right\} \tag{8}$$

式中：

$$\theta = \sigma_x + \sigma_y + \sigma_z \tag{9}$$

为了解第一类边值问题，式(8)是足够了：对于所有的 t 值，要指定表面力$\overline{X}$,$\overline{Y}$,$\overline{Z}$和体积力 X, Y,Z。对于任何给定的时间 t，这些力必须处于平衡，问题是要确定满足这些边界条件的应力分布。

现在设

$$\overline{X} = \overline{X}^* g(t),\quad \overline{Y} = \overline{Y}^* g(t),\quad \overline{Z} = \overline{Z}^* g(t) \tag{10}$$

带星号的量只是空间坐标的函数。为了平衡，体积力必须以相似的形式随时间变化，因此

$$X = X^* g(t),\quad Y = Y^* g(t),\quad Z = Z^* g(t) \tag{11}$$

现在应力分量也能写成相似的形式：

$$\left.\begin{aligned} \sigma_x &= \sigma_x^* g(t) \\ \tau_{xy} &= \tau_{xy}^* g(t) \end{aligned}\right\} \tag{12}$$

把式(11)和(12)代入式(8)就可以很容易证明带星号的量满足有 Lamé 常数 λ 和 μ 的纯弹性介质的应力方程。把式(10)和(12)代入边界条件(3)就可以看出：带星号的量也满足它们的相应边界条件。因此，在第一类边值问题情况下，应力分布与相同瞬时表面力和体积力的纯弹性材料一样。

为了确定位移 u,v,w，引入如下未知的时间函数：

$$u = u^* h(t),\quad v = v^* h(t),\quad w = w^* h(t) \tag{13}$$

其中带星号的量也只是空间坐标的函数。把式(13)代入式(5)，就能发现u^*，v^*，w^* 就是在载荷$\overline{X}^*$，$\overline{Y}^*$，$\overline{Z}^*$和 X^*,Y^*,Z^* 作用下纯弹性介质的位移，此外，$h(t)$由下式确定：

$$Qh(t) = Pg(t) \tag{14}$$

且初始条件为 $t=0$ 时，h 和它的 $(n-1)$ 阶导数为零。因为 $h(t)$ 只与 $g(t)$ 和材料性能有关，所以，在这个意义下，它是通用的。问题的其他特性不是确定的。此外，函数 $h(t)$ 可以直接用纯拉伸杆的拉伸实验来确定，实验的拉伸力按照 $g(t)$ 随时间变化。

正如 Alfrey[1] 所述，叠加解可使作用力与时间相关性加以推广。

（吴永礼 译，　柳春图 校）

参考文献

[1] Alfrey T. Non-homogeneous stresses in visco-elastic media[J]. Q. Appl. Math. 1944, 2: 113-119.

Daniel and Florence Guggenheim 喷气推进中心的教学和研究工作

钱学森

(ARS 会员,Robert H. Goddard 教授,Daniel and Florence Guggenheim Jet Propulsion Center,California Institute of Technology,Pasadena,Calif.)

在《美国雏翼》一书中,R. M. Cleveland[1] 说道:"除了作为先驱、先觉以及活跃的明星,Daniel Guggenheim 基金会在实用航空的多个分支领域中所发挥的重要作用以外,它最重要的,而且可能是最持久的贡献乃是在多个研究中心的创建和实践方面。"

这些研究中心设立在以下几所大学中的著名而重要的航空工程学院:纽约大学、斯坦福大学、密歇根大学、麻省理工学院、加州理工学院、华盛顿大学以及乔治亚理工学院。事实上,今天大多数具有实践经验的航空工程师,要么就是在其中某个中心接受过全部教育,要么曾经与某个中心有过联系。再者,Guggenheim 基金会所发挥的强有力的影响不仅限于现阶段航空工程方面,这些研究中心对于构建航空科学的基础知识也有很大的贡献,这些知识形成了航空工程的科学基础。今天我们目睹 Guggenheim 所发挥的更为广泛的影响,那就是接受过 Guggenheim 研究中心教育的人们在遍及全世界的大学中建立起的新的研究实验室和新的航空学院。

一、喷气推进中心

1930 年标志着 Guggenheim 基金会所策动的另一个发展阶段的开始。在那一年,Daniel Guggenheim 授予已故的 Robert H. Goddard 博士一笔专款,支持他在新墨西哥州的 Roswell 进行液体推进剂火箭的研究工作。这些工作一直在 Daniel and Florence Guggenheim 基金会的支持下继续开展,直至 Goddard 博士去世。Goddard 博士的研究工作开辟了火箭工程这一全新的领域,并且宣告航空学第二时代黎明的来临。这是一个超级航空的时代,具有惊人的速度以及极高的高度。要推进一架超级航空的飞行器,常规飞机的动力装置已不适用了,人们必须依靠火箭和冲压式喷气发动机这样的基本的推进系统。Goddard 博士的工作是这领域中首批科学实践之一。

注意 Guggenheim 基金会的这一历史背景,就完全能理解,基金会在 1948 年必然会新建两个取名为 Daniel and Florence Guggenheim 喷气推进中心,一个在 Princeton 大学,另一个在加州理工学院。中心的目的有三个:(i) 按研究生的水平在火箭和喷气推进技术的领域培训

本文于 1949年 12 月 1 日在美国火箭学会年会宣读,纽约州纽约市 Hotel Statler。

青年工程师和科学家，竭力培育新一代先驱者，将航空前沿推向下一个“更高的”范畴；(ii) 在火箭和喷气推进领域策动研究和提出先进的理念，竭力对这一新领域的坚实发展贡献必要的基础知识；以及(iii) 促进和平时期火箭和喷气推进的商业和科学应用。项目由以 Goddard 博士命名的 Robert H. Goddard 讲座教授来主持实施。每一位 Goddard 讲座教授将由若干个较年轻的教职员和研究生同事协助工作。这些职位将被认作 Daniel and Florence Guggenheim 喷气推进中心的职位。

二、有关喷气推进的教学和研究

设立在加州理工学院的有关喷气推进的教学和研究并不是从 Guggenheim 中心的建立开始的，它们开始得更早。

在 1943～1944 学年期间，加州理工学院在当时的陆军航空兵的空军技术服务司令部的要求下，开始了有关火箭和喷气推进课程的讲授，对象限于军方选送给学院培训研究生的军官。课程由学院的喷气推进实验室（JPL）和 GALCIT（全称是 Guggenheim Aeronautical Laboratory, Califonia Institute of Technology）的成员准备。几个专题课程则邀请专家来讲授。课程由当时同时担任 JPL 和 GALCIT 的主任的 Theodore von Kármán 来编排。课程以综合的方式覆盖了全部喷气推进系统以及喷气推进飞行器性能的基本原理。课程的讲义（1944～1945 年间重复使用）被编入多卷版的“Reference Text of Jet Propulsion”[2]。

加州理工学院中关于火箭和喷气推进的研究工作甚至于开始得更早[3]。所谓 GALCIT 火箭研究项目多少有些非正式地开始于 1936 年。早期的研究由 Weld Arnold 的一笔赠金资助的，他现在是 Arnold 上校（总额难以想象，大概是 $1 000!）。这样简朴的开始，导致后来因战争的紧迫需要，而应陆军航空兵材料司令部以及陆军地面部队军械部的要求而形成快速的发展。其结果是，喷气推进实验室拥有了超过 575 名的工作人员以及价值约为 $7 000 000的装备。

所幸的是，新建的加州理工学院的 Guggenheim 喷气推进中心，除了取得 Guggenheim 航空研究生院和 Guggenheim 航空实验室的支持以外，能够得到学院较早发展的有关火箭和喷气推进两个方面的帮助和指导。加州理工学院的喷气推进中心是学院的工程部的一部分。它多少有点自治的地位，是出于这样的考虑，即有关喷气推进的工程问题的解决要利用工程学的原有分支，特别是机械工程和航空工程的知识和实践。所以，喷气推进专业的教学计划，应该适当包括上述两个工程领域方面的材料。进一步说，一般期望学习喷气推进专业的学生已是大学中机械工程或航空工程的学生。有了这样的准备，喷气推进专业的教学计划将安排两种不同的方案，允许从航空或机械两方面来的人，遵照他们以前的倾向和发展方向作出选择。两种选择方案都是在完成 5 年计划后，取得科学硕士学位。选择航空工程方案的人，在完成 6 年计划后，将被授予航空工程师的学位。类似地，选择机械工程方案的人，在完成 6 年计划后将被授予机械工程师的学位。继续进行更高等的学习将被授予哲学博士的学位。

火箭和喷气推进的课程学习于 1949 年 9 月正式开始。当然，教学的课目和研究的课题是不断变化的。根据所获得的经验，涵盖的材料以及讲授的重点将会进行调整。在教学计划能够稳定下来之前，这将会有数年的调整期。

Guggenheim 喷气推进中心不会装备大型研究装置，因为这些可以利用政府资助的学院中的喷气推进实验室的装置。我们希望，如果火箭和喷气推进的基础研究所要求使用的昂贵的装置与喷气推进实验室的兴趣和计划相符合的话，可以在那里进行实验。

三、火箭和喷气推进工程的特征

但是，什么是火箭和喷气推进的基础研究问题呢？在回答这一问题以前，把火箭和喷气推进工程的主要特点记在心里是有益的。它们是：(i) 动力装置工作时间短；(ii) 发动机中反应的强度极高。动力装置的工作时间短起因于火箭发动机推进剂的高比耗。另一方面，火箭发动机的自重比相同输出的别的发动机轻得多。所以，如果工作时间短的话，装置的总重量（自重和所消耗的推进剂重量之和）能比别的动力装置轻[4]。进一步说，火箭发动机在整个速度范围内，以及冲压式发动机在超声速的范围内的比耗（以 lb/(h・lbf) 为单位）本质上与飞行速度无关。所以在每消耗 1 lb 燃料或推进剂的条件下，发动机对飞行器所做的推进功随飞行速度增加而增加。正因如此，让火箭和冲压发动机在大推力的工况下工作是有利的，这样就可以把飞行器加速到高速飞行的状态。在动力装置的"燃烧时间"终了的时刻，飞行器所获得的高的动能就能被利用来实现洲际飞行。以这种形式得到的动力学轨道，显示出比火箭和冲压式发动机以拉长时间工作所得到的定常飞行为好。因此，这些动力装置的所有的应用都将涉及发动机的高强度而短时间的运作。

四、材料问题

发动机内强度极高的反应意味着高的工作温度。寻求在高温下能承受高应力的材料则是火箭和喷气推进工程中的主要的材料问题。然而，这里的问题在某种特征上不同于设计涡轮喷气发动机和燃气轮机中的材料问题。对于例如导弹那样的一次性使用的装置来说，工作时间一般是几分钟的量级。甚至对于想用来反复使用的飞行器来说，似乎仍然要求通过设计，在每次使用后，需要更换高温和高应力的部件，从而达到最优的性能。

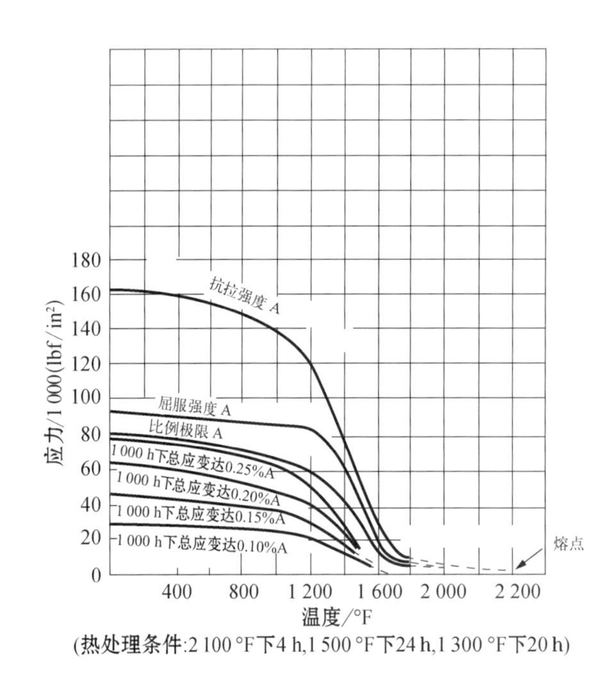

图 1 铬镍铁合金的强度与温度的关系

设计中采用工作时间只是几分钟的理念，而不是像设计涡轮喷气发动机和燃气轮机那样要考虑工作时间长达数千小时的那样，设计将强调材料的极限强度，而不是蠕变的性能。这种差别用图 1 来说明，它表示应力（强度）和温度的关系。图中较下面的曲线是抗蠕变的设计曲线，而较上面的曲线是极限应力曲线，极限应力实际上与应变率无关。在长时间工作的情况下，极限应力不是设计准则，因为在这应力附近，应变率是如此之大以致零部件的应变在未达到预想寿命之前早已达到极限应变，而使零部件失效。正如图 1 所示，如果所设计的零部件的寿命只有几分钟，那么，零部件将能耐住 6 倍以上的应力。这在设计中提供了巨大的可能性，而这种情况只发生在火箭和喷气推进工程之中。

在探讨这种效益时，却给应力和挠度分析带来了复杂的问题。高应变率意味着零部件的形状时刻在变化，必须确定其影响，问题既不是具有非线性的应力-应变关系的塑性问题，也不是弹性问题，因为此时材料发生了流动。换句话说，材料必须被当作黏弹性介质。作为一级近似，仍然能把应力-应变关系当作线性关系。为明确起见，用 σ_x, σ_y, σ_z, τ_{xy}, τ_{yz}, τ_{zx} 表示 6 个应力分量，用 ε_x, ε_y, ε_z, γ_{xy}, γ_{yz}, γ_{zx} 表示 6 个应变分量。我们能把均质的黏弹性介质的应力-应变关系写作

$$\begin{cases} \mathrm{P}\sigma_x = \mathrm{Q}(\lambda e + 2\mu\varepsilon_x) \\ \mathrm{P}\sigma_y = \mathrm{Q}(\lambda e + 2\mu\varepsilon_y) \\ \mathrm{P}\sigma_z = \mathrm{Q}(\lambda e + 2\mu\varepsilon_z) \\ \mathrm{P}\tau_{xy} = \mathrm{Q}\mu\gamma_{xy} \\ \mathrm{P}\tau_{yz} = \mathrm{Q}\mu\gamma_{yz} \\ \mathrm{P}\tau_{zx} = \mathrm{Q}\mu\gamma_{zx} \end{cases}$$

式中：λ 和 μ 是常数，而

$$e = \varepsilon_x + \varepsilon_y + \varepsilon_z$$

算子 P 和 Q 是线性的时间算子，其定义为

$$\mathrm{P} = \frac{\partial^m}{\partial t^m} + a_{m-1}\frac{\partial^{m-1}}{\partial t^{m-1}} + \cdots + a_0$$

$$\mathrm{Q} = \frac{\partial^n}{\partial t^n} + b_{n-1}\frac{\partial^{n-1}}{\partial t^{n-1}} + \cdots + b_0$$

式中所有的系数 a 和 b 定义材料的性质，它们可能是时间的函数，而不是空间变量的函数。这样一来，对于那种因为向热力学和化学平衡发生转移的效应而使性质随时间变化的材料，也能用上述算子来表示了。

对上述材料所作的力学分析[5,6]揭示，如果施加在零部件上的载荷具有随时间变化的因子 $g(t)$，那么任何时刻的应力分布能够按照相同的瞬时载荷作用下的纯弹性材料计算。结构的挠度当然是不同的。但是挠度具有时间因子 $h(t)$，后者与载荷的特定值和分布无关，而只依赖于 $g(t)$，而且由以下关系决定：

$$\mathrm{Q}h(t) = \mathrm{P}g(t)$$

所以 $h(t)$ 是一个“通用的”函数，意思是说，它只和 $g(t)$ 以及材料的性质有关。问题的其他特征都没有进入上面的关系式。特别是，函数 $h(t)$ 可以用实验的办法，在拉伸变形随时间按照 $g(t)$ 变化的纯拉伸杆上直接测量得到。上述方法乃是黏弹性介质力学的一个很大的简化，而且是将设计思想应用于材料短时流动的一种有用的工具。

五、热交换

如果壁面保持安全的工作温度，火箭发动机内部以及冲压发动机和脉冲式喷气发动机的燃烧室内部强度极高的反应，以及同时产生的高速气流将导致对壁面的极高速率的热交换。举例来说，在火箭喷管的喉部，观测到高达 12 Btu/(s • in^2) 的热流率，换算成其他工程分支中常用的单位，这比 6×10^6 Btu/(h • ft^2) 还要大。为应付如此高的热流率，设计师被迫将有关热交换的经验定律外插用于对液体的冷却，并且寻求诸如表面沸腾换热那样的其他非常规

方法。

采用冷却液体循环通过围绕热的燃烧室的管道以便吸收高热流的方法时，人们必须利用在湍流条件下热壁相对于冷却液体的大温差。这里的问题是缺乏对基本机理的恰当的了解。现时，设计师依靠的只有经验规律，但是它们只有在试验结果的参数范围内才能安全使用。在缺乏对现象充分了解的指导下进行外插是不能令人满意的。当然，湍流换热的问题已由 O. Reynolds，L. Prandtl，G. I. Taylor 和 Theodore von Kármán 等成功地解决了。但是他们的工作是基于这样的假设，就是热壁和液流主体之间的温差并不大，以致流动在本质上是等温的。

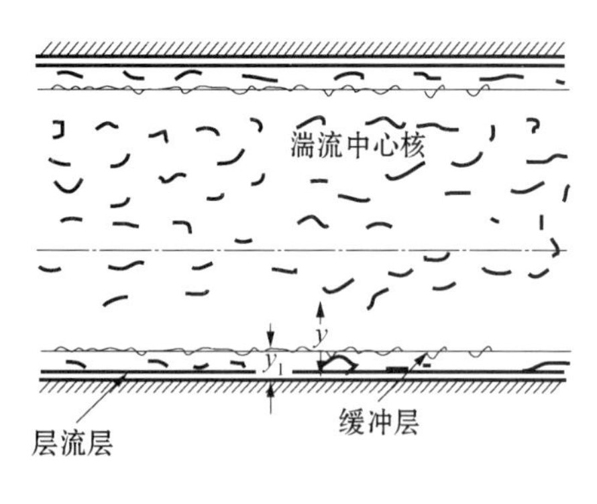

湍流中心核：$\dfrac{U}{U_\tau}=13.94+5.5\lg\dfrac{y}{y_1}$

缓冲层和层流层：$\dfrac{\tau}{\rho}=\nu\dfrac{\mathrm{d}U}{\mathrm{d}y}-\overline{u'v'}+\overline{\dfrac{\mathrm{d}\nu}{\mathrm{d}T}T'\left(\dfrac{\partial v'}{\partial x}+\dfrac{\partial u'}{\partial y}\right)}$

图 2　管内发生湍流的 3 个区域

管内(譬如说圆管内)的湍流能够划分成 3 个区域(图 2)：湍流中心核，其中雷诺湍流剪应力比分子运动的或黏性的剪应力重要；壁面附近的层流层，其中黏性剪应力比湍流剪应力重要；以及缓冲层，其中两种剪应力都重要。对于湍流中心核来说，它占据了管子的大部分空间，以前所做的有关等温流动的实验表明，一般来说，其流动状况，特别是速度剖面，是由三个参数控制的，即湍流核边界上的剪应力 τ、流体的密度 ρ 以及线性长度 y_1。因为湍流核的边界离开壁面很近，τ 实际上就等于壁面处的剪应力 τ_0。结合 ρ 和 τ_0，能定义一个速度 U_τ，即有

$$U_\tau=\sqrt{\frac{\tau_0}{\rho}}$$

有了 U_τ，如果在离壁 y 处的速度是 U，速度剖面必然满足下面的无量纲方程：

$$\frac{U}{U_\tau}=f(y/y_1)$$

显然，对于靠近湍流核边界处的流动来说，仅有的线性长度就是该边界离开壁面的距离。因此，对于靠近湍流核边界处的流动，y_1 必然是层流和缓冲层的厚度。从以前所做的有关光滑管内的等温流动实验[7]，已经发现

$$\frac{U}{U_\tau}=13.94+5.5\lg\frac{y}{y_1}$$

因为液体中的温差将只改变黏性，而且根据实验，黏性不直接影响湍流核的运动，上面给出的速度关系必然也适用于非等温流动。

现在的问题是如何决定厚度 y_1，这个厚度将随温度条件而变化。H. Reichardt[8] 的工作并没有考虑这种变化，因此不能令人满意。所以，较高温差的主要影响发生在缓冲层和层流层内。这里，黏性随温度的变化改变了流动状态。举例来说，有效剪应力 τ 由下式给出：

$$\frac{\tau}{\rho}=\nu\frac{\mathrm{d}U}{\mathrm{d}y}-\overline{u'v'}+\overline{\frac{\mathrm{d}\nu}{\mathrm{d}T}T'\left(\frac{\partial v'}{\partial x}+\frac{\partial u'}{\partial y}\right)}$$

式中：ν 是运动黏度；T 是温度；u'，v' 各为平行和垂直于壁面的湍流速度；T' 是温度脉动；而在第二和第三项中的顶杠表示对时间的平均值。第三项在等温流的情况下不存在。它的出现以及方程中的第一项中变量 ν 的出现，说明热传导效应和剪切效应现在是耦合在一起的。这样

的问题的求解要比相应的等温问题更难，但是可以相信，困难是可以克服的。

当壁温提高到超过管内主体的压力下的液体的沸点温度时，局部区域发生了汽化，表面上形成了气泡。但是因为大部分液体的温度仍然低于沸点，这些气泡不能无限制生长。事实上，F. Kreith 和 M. Summerfield 的实验表明，它们再次发生收缩，其寿命大概在 1/100 s 左右。在这样短的时间里，看来气泡没有明显离开壁面。气泡生成和消失的主要结果是，对壁面附近的流体产生了强烈的搅动。在这种情况下，能够理解的是，热流率与没有局部沸腾的情况相比提高了许多倍。这一事实清楚地表示在图 3 中，该图取自 F. Kreith 和 M. Summerfield 的工作[9,10]。这意味着高的冷却速率能够在冷却管内的流速不大的情况下达到。这里所减小的冷却管的压降将减小泵送冷却剂所必须做的功。于是沸腾换热能够被许多设计师有利地加以使用。这里的研究问题是要精细地了解因气泡生成引起的湍流搅动，从而能更好地了解不同液体和不同试验条件的试验结果之间的关联。

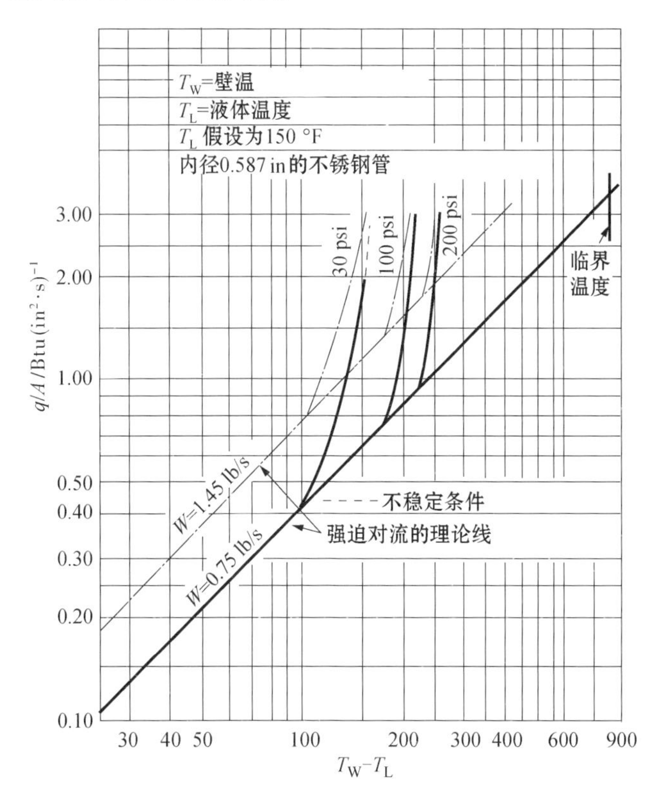

图 3　有、无表面沸腾的强迫对流之间的比较

如果壁温提高到超过液体沸点以上的某个临界值，已经发现在表面上形成一个蒸汽封皮，而热流因滞止蒸汽的隔绝效应而降低。所以，在指定的压力和流速的条件下，即使表面上出现局部沸腾，也肯定存在热流密度的极大值。如果还是想要有高的热流密度，那么必须采用其他的冷却措施。然而，甚至在达到这一沸腾换热的固有极限之前，火箭发动机的内表面的壁温对于材料强度来说已经太高了，因为在固壁内部形成了热流所必要的温度梯度。举例来说，如果固壁的材料用的是不锈钢，热流率是 6 Btu(in^2 · s)$^{-1}$，而壁厚是 1/16 in，则壁面冷却一侧的温度是600 ℉，加热一侧的温度是 1 950 ℉。要得到好的强度，这样的温度肯定是太高了。对于这样的极高的热流率来说，新的高效的冷却方法是发汗冷却和薄膜冷却。

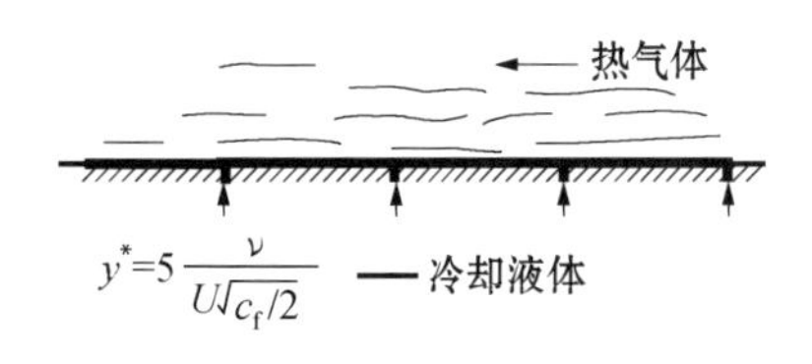

图4　表示冷却单元下游流动的薄膜冷却

薄膜冷却(图4)是在被冷却的壁面上建立起一薄层液体薄膜,使之与热的气体相接触。由于液-气界面上作用有剪应力,液体向下游方向流动。同时,薄膜受到热气体的加热而使液体蒸发。可以看到,只要有液膜存在,壁温就能保持在液体的沸点以下。也看到,为了防护热气体对固壁的作用,必须要通过固壁中的许多小孔不断注入液体,使上游渗出的液膜蒸发以后,再次在表面上建立起液膜。当然,注入的间隔可以通过每次注入更多的液体并建立更厚的液膜的办法来加长注入间隔。但是,这里的困难在于,液膜在对付气体边界层中的湍流作用中发生失稳,其结果是一部分液体形成液滴而脱离液膜,从而损失了有效的冷却液体。这里的问题是如何确定冷却效率与液膜厚度之间的相互关系。

从单相湍流边界层的实验中,人们发现层流次层的厚度 y^* 能确定为

$$y^* = 5 \cdot \frac{\nu}{U\sqrt{c_f/2}}$$

式中:ν 是流体的运动黏度;U 是自由流的速度;c_f 是局部摩擦系数。如果这一关系对于存在于液膜冷却中的两相湍流边界层也成立的话,y^* 就是具有理想效率的极限膜厚。如果膜厚大于 y^*,似乎可能发生液膜的失稳以及液滴的脱离,那么可以看出,具有较高的运动黏度 ν 是有利的,当然要在层厚允许的条件下。

对于212 ℉的水来说,如果 $U=1\,000$ ft/s,$c_f=0.004$,而 $\nu=0.319\times10^{-5}$ ft^2/s,那么 y^* 只是 4.3×10^{-6} in。这一结果说明,要得到理论上的最大冷却效率,液膜应当很薄,而且能够频繁地沿表面重新建立起来。这种极限情况就是发汗冷却,这里的冷却剂是被强迫通过多孔壁的,而且注入和汽化是同时发生的。

然而,发汗冷却不限于用液体冷却剂,冷却剂可以是气相的。事实上,最广泛的实验是P. Duwez和H. L. Wheeler[11]用气体冷却剂做的。但是,上述研究人员做的实验表明,冷却剂不允许在多孔壁中气化,这种情况下的流动本质上是不稳定的,壁温会发生大的起伏。所以一般说来,冷却剂消耗最少的、最有效的发汗冷却系统是这样的:液体冷却剂在进入多孔材料之前,在多孔壁的"外"表面处汽化,见图5。在某种意义上,这种系统是沸腾热交换和发汗冷却的结合。这种冷却方法至今尚未进行广泛的实验。

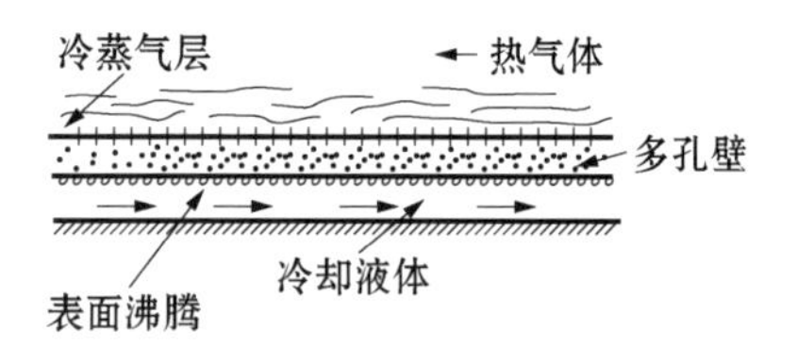

图5　液体冷却剂进入多孔材料前在多孔壁外侧发生气化的发汗冷却

六、燃烧

很明显,对于薄膜冷却或发汗冷却来说,在能有效掌控的情况下,对燃烧气体的温度没有什么限制。所以人们对高能燃料和推进剂的冷却困难不需要有任何顾虑。再者,对于火箭、冲压发动机和脉冲式喷气发动机来说,燃烧气体不和易碎的运动部件(例如涡轮喷气发动机的透平叶片)发生接触;而且,燃烧气体可以具有腐蚀性,并可以含有细碎的固体颗粒。这些因素,实际上对燃料和推进剂的选择解除了所有限制。像液氢和液氟以及乙硼烷(B_2H_6)和空气等奇异的组合都在被考虑之列。为了考虑在燃烧中采用这些组合,立刻提出了两类问题。第一

类是热化学方面的问题。这些组合的燃烧热是什么？燃烧产物的热力学性质是什么？反应的平衡常数又是什么？特别是缺少有关锂、硼、氟等的信息。第二类是化学反应动力学方面的问题。这些组合的反应是如何发生的？个别组合的反应是怎么样的？这些组分的反应速率又怎样？如何能使反应加快或减慢？

将这些热化学和化学反应动力学的信息第一个在燃烧方面的应用是计算火焰的绝对速度的问题。在现时，一般认为，最早由 Mallard 和 Le Chatelier 提出的有关火焰速度的老的点火理论并不能令人满意。由于问题的复杂性，不同的研究者着重问题的不同方面。至今没有发展起一个简单的通用理论。然而，这些理论中有一个基本假设需要澄清。这个假设说的是，基于均匀反应所计算的反应速率确实能够用来决定火焰阵面处的反应，而在火焰阵面处，气体的成分在只有 10～20 个分子自由程的距离内就有很大的变化。换句话说，问题在于是否所涉及的非均匀性能够严重地改变反应速率。所以需要有一个包含化学反应的非均匀气体的反应动力学理论。例如，在氢气和碘蒸气混合物的火焰速度的计算中，人们必须考虑四类分子：H_2，I_2，HI，$(HI)_2$，$(HI)_2$ 是 H_2 和 I_2 在成功的碰撞后的活化合成物。必须求解各类分子的分布函数所满足的 Boltzmann 微分—积分方程，其中要考虑这些分子之间的各种可能的碰撞。对于其中的某些碰撞来说，动能是不守恒的。

有关喷气推进中的燃烧的最迫切需要解决的问题是那些和流体力学相关的问题。它们是液体燃料的自动点火、液滴汽化、气相成分的混合、燃烧与湍流的相互作用、非均相混合物中的燃烧等问题。对于冲压发动机来说，今天最使人困窘的是火焰稳定性问题。这个问题摆在所有冲压发动机设计师的面前。糟糕的是，火焰稳定性的机理至今没有弄明白。作为一个结果，燃烧室内火焰持焰器的设计总是依靠特定的实验来完成的。显然，需要在最简单的物理条件下进行实验，以便所有参数是可控的。A. S. Scurlock[12] 在均匀气流和初始流动中湍流可控的条件下所作的研究，是在这一方向上作出的最值得注意的努力。但是，为对机理有真正的了解，有必要对流场作进一步的详细的探讨。

看来火焰稳定性的一个重要方面是火焰阵面和边界层的相互作用。为了对这个概念进行试验，可以试用一个流线体形状的持焰器(图 6)。要点火燃烧，必须首先将翼片加热到一个高的温度，譬如可以用电流加热。一旦有了火焰，火焰后面的翼片就被热的气体加热。然后通过翼身将热传导到前部，从那里将热通过边界层传给冷的气体混合物。在边界层内的冷的气体混合物被翼身加热后就会提高活性载体的浓度，并在火焰阵面和物体表面的交界处最终点燃。这就很明显，这样一个没有湍流和涡流损失的持焰器除了启动有困难外，具有许多实际用途。事实上，增加被热气体包围的翼身的长度，就能增加翼身前部的温度，从而能提高气体速度而不致将火焰吹走。

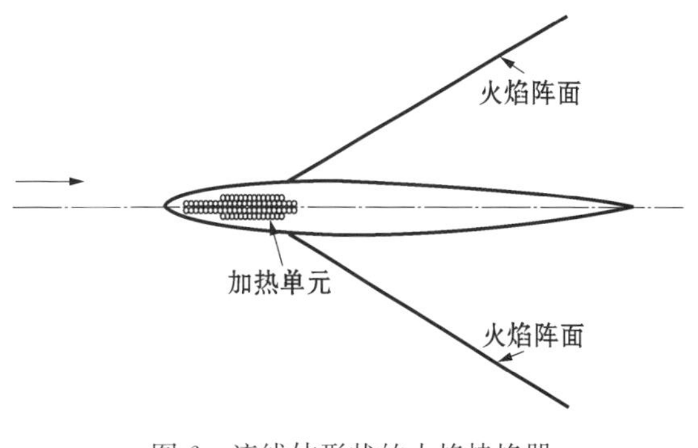

图 6　流线体形状的火焰持焰器

七、火箭和喷气推进飞行器的性能

所有这些基础研究的最终目的当然是为了改进火箭和喷气推进飞行器的性能。然而，纵然给定了最好的动力装置，设计师仍然必须决定最好的使用方式，以便发挥整个飞行器的最优性能。举例来说，一个完好火箭的最优推力程序将会是什么？在上升期内不断变化推力可能会得到什么样的收益？这种收益是否真会使设计工作复杂化？推力程序的基本的变分问题由G. Hamel[13]作了研究。然而，他没有做详细的计算，让设计师能权衡问题各方面的重要性。

但是性能分析的基本问题是轨道问题，特别是长程轨道的问题。在早期讨论中，倾向用变化速度的动力学轨道的理由已经提出来了。不过这类特定的动力学轨道究竟是什么呢？为了避免在稠密大气中高速飞行克服高阻力的代价，而能很快地加速飞行器，显然飞行器应当取垂直发射的方式。火箭垂直发射的性能是人所熟知的。然而，是否火箭就是唯一的有垂直轨道能力的动力装置呢？肯定说，冲压发动机——一旦加速到足够高的速度，就能产生足够大的推力而实现不断加速的垂直飞行。每产生一磅推力的冲压式发动机比火箭要重，但是所消耗的燃料却少得多。L. H. Schindel[14]所作的预估说明，燃料低消耗的优点克服了自重较重的缺点。所以用冲压发动机代替多级火箭的最低一级能够取得正的收益。当然，要让冲压发动机加速到工作速度，必须使之在最初几秒钟里像管式火箭那样工作。

对于轨道还能说些其他方面的问题吗？因为飞行器的高速度是以垂直或近乎垂直的上升方式在大气层外达到的，轨道的第一部分必然是无升力的，因此是椭圆形的。当飞行器回到大气层，其速度实际上和离开大气层时的速度相同，而让它以某一攻角进入大气层时，就会在飞行器上产生升力。这里，就会有一个有关飞行器攻角的程序问题，目的是使飞行器获得最大的射程。作为这样一个动力学轨道的例子，我们来研究一个航程为3 000mile 的火箭飞行器的飞行，这里假设在最初的椭圆路线之后有一段定常的滑行，滑行时的平均升阻比取为 4。这一分析的结果是这样的：

长度	78.9 ft
物体的最大直径	8.86 ft(图 7)
总重	96 500 lbf
燃料载重	72 400 lbf
熄火后的重量	24 100 lbf
推进剂的装载比	0.750
排气速度	12 000 ft/s
推进剂	液氧　液氢
	液氟　液氢
最大速度	9 140 m/h
椭圆路线的终了射程	1 200 mile
滑行路程	1 800 mile
滑行开始高度	27 mile
着陆速度	150 m/h
着陆角	20°
飞行时间	小于 1 h

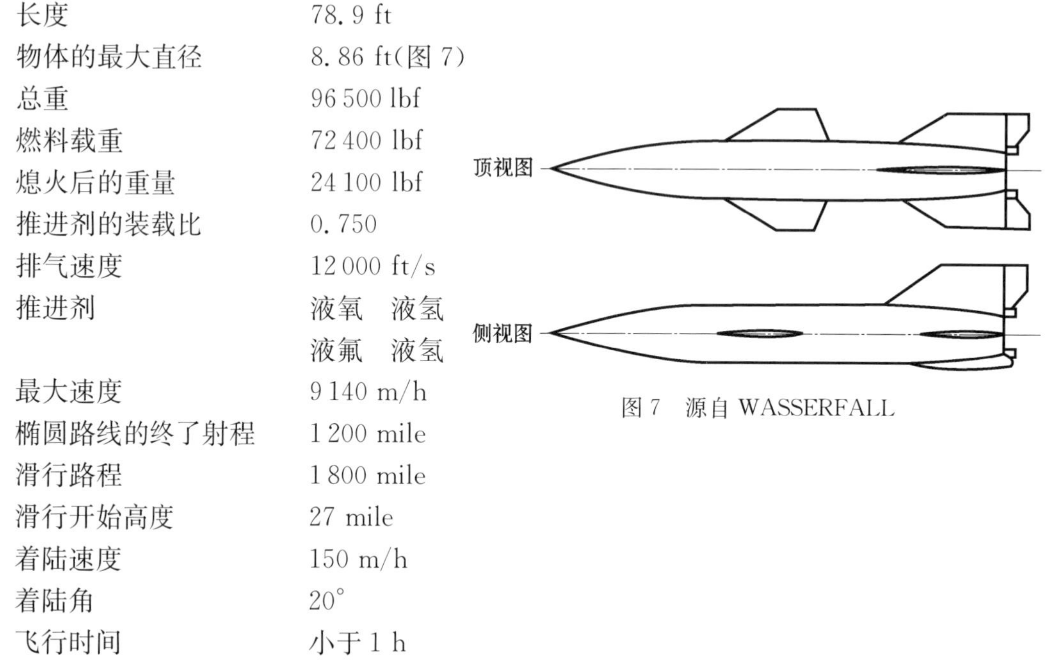

图 7　源自 WASSERFALL

如此看来，实现洲际火箭班机的要求全然没有超越今天技术的掌控。为了达到一个合理的着陆速度毋需有大的机翼，有关结构重量的技术要求也不是不可能做到的。这样的火箭班机何时能实现呢？那是一个难以回答的问题。但是有一件事是肯定的：在前面讨论中所指出来的基础研究肯定将能促进长程火箭旅行之日的到来。

（谈庆明 译，　盛宏至 校）

参考文献

[1] Reginald M. Cleveland. America Fledges Wings[M]. New York, N. Y., Pitman Publishing Corporation, 1942.

[2] Prepared by the Staffs of the Guggenheim Aeronautical Laboratory and the Jet Propulsion Laboratory of the California Institute of Technology[M]. Jet Propulsion. Air Material Command, 1946.

[3] Stanton R. Research and Development at the Jet Propulsion Laboratory[J]. GALCIT. Engineering and Science Monthly, 1946, 9(7): 5-14.

[4] Lowell A L. A Guide to Aircraft Power-Plant Selection[J]. Aeronautical Engineering Review, 1947, 6(4): 22-25.

[5] Alfrey T. Nonhomogeneous Stresses in Viscoelastic Media[J]. Quarterly of Applied Mathematics, 1944, 2: 113-119.

[6] Tsien H S. A Generalization of Alfrey's Theorem for Viscoelastic Media[J]. Quarterly of Applied Mathematics, 1950, Ⅷ(1): 104-106.

[7] Nikuradse J. Gesetzmässigkeiten der turbulenten Strömung in glatten Rohren[R]. Verein Deutscher Ingenieure, Forschungsheft, 1932, No. 356.

[8] H. Reichardt. Die Wärmeübertragung in turbulenten Reisbungschichten [J]. Zeitschrift für Angewandte Mathematik und Mechanik, 1940, 20: 297-328.

[9] Kreith F, Summerfield M. Heat Transfer to Water at High Flux Densities with and without Surface Boiling[J]. ASME Transactions, 1949, 71: 805-815. // Also: Investigations of Heat Transfer at High Heat-Flux Densities: Experimental Study with Water of Friction Drop and Forced Convection with and without Surface Boiling in Tubes[R]. Progress Report No. 4-68, Jet Propulsion Laboratory, California Institute of Technology, 1948.

[10] Kreith F, Summerfield M. Heat Transfer from an Electrically Heated Tube to Aniline at High Heat Flux[R]. Progress Report No. 4-88, Jet Propulsion Laboratory, California Institute of Technology, 1949.

[11] Duwez P, Wheeler H L. Experimental Study of Cooling Injection of a Fluid through a Porous Material[J]. Journal of Aeronautical Sciences, 1948,15: 509-521.

[12] Scurlock A C. Flame Stabilization and Propagation in High-Velocity Gas Streams[R]. Meteor Report, No. 19, Mass. Institute of Technology, 1948.

[13] Hamel G. Uber eine mit dem Problem der Rakete zusammenhängende Aufgabe der Variationsrechnung[J]. Zeitschrift für Angewandte Mathematik und Mechanik, 1927, 7: 451-452.

[14] Schindel L H. Application of Ramjet to High Altitude Sounding Vehicles. Master of Science Thesis[D]. Department of Aeronautical Engineering, Massachusetts Institute of Technology, 1947.

火焰阵面对流场的影响

钱学森①

（Pasadena，Calif.）

火焰阵面是流场中流体化学成分迅速变化同时伴有以热的形式释放化学能的区域。大多数情况下这是一个非常复杂的现象，涉及传导和辐射引起的传热、由扩散和化学反应引起的不同组分的浓度变化。由于上述原因和化学动力学的困难，直到最近才由J. O. Hirschfelder[2]领导的研究组阐述了完整的火焰阵面理论[1,2]。幸运的是，由于快速的化学反应速率，在通常条件下火焰阵面的厚度很薄，小于1 mm。因此，如果人们对火焰阵面对流场的影响而不是对火焰的详细结构感兴趣，那么可假设火焰是无限薄的，且只需要考虑由于燃烧引起的流体状态的最终变化。这个方法与在研究可压缩流体动力学时把激波看做具有零厚度的方法是完全类似的。在本项研究中将采用上述简化方式。

忽略燃烧引起的气体比热容的变化，并假设气体为完全气体，可得到燃烧前后的物理量之间非常简单的关系。这是首先要确定的。有了这些关系，将可研究由于在火焰阵面之前的不均匀条件导致的涡量的产生。有了这些初步结果，将可近似求解中心带有持焰器的具有等宽度的二维燃烧室中的火焰宽度问题。这个问题首次由 A. C. Scurlock 解答[3]。然而，目前的计算简单多了，并且被扩展到考虑气体的可压缩性。对于可压缩效应引起管道中火焰的反常传播，本文将讨论其在燃烧效率和燃烧室设计方面的重要性。

一、火焰阵面

考虑火焰阵面是静止的，未燃气体以法向速度 S 流入火焰阵面，并以速度 w_2 离开；则 S 为法向火焰速度。令 p、ρ 和 γ 分别为压力、密度和比热比。下标1表示燃烧前的物理量，下标2为燃烧后的，则连续性方程为

$$\rho_1 S = \rho_2 w_2 \tag{1}$$

动量方程为

$$\rho_1 S^2 + p_1 = \rho_2 w_2^2 + p_2 \tag{2}$$

如果 λ 为燃烧后与燃烧前的滞止温度之比，则能量方程为

$$\lambda\left[\frac{1}{2}S^2 + \frac{\gamma}{\gamma-1}\frac{p_1}{\rho_1}\right] = \frac{1}{2}w_2^2 + \frac{\gamma}{\gamma-1}\frac{p_2}{\rho_2} \tag{3}$$

---

① 本文在1950年6月28～30日在加州洛杉矶召开的 Heat Transfer and Fluid Mechanics Institute（传热和流体力学研究所）1950年年会上宣读，Journal of Applied Mechanicos1950年10月23日收到修改稿，正式发表于1951，Vol. 18，No. 2，pp. 188 - 194。

考虑到物理量 ρ_1，S 和 λ 由火焰的详细理论或者实验给定，则方程(1)，(2)，(3)是 3 个未知量 w_2，p_2 和 ρ_2 的三个方程。相应于正常燃烧的解可写在下面：

$$\frac{w_2}{S}=\frac{\rho_1}{\rho_2}=\lambda+\frac{\gamma+1}{2}\lambda(\lambda-1)M_1^2+\frac{\gamma+1}{2}\lambda(\lambda-1)[1+(\gamma+1)(\lambda-1)]M_1^4+\cdots \tag{4}$$

$$\frac{p_2}{p_1}=1-\gamma(\lambda-1)M_1^2-\frac{\gamma+1}{2}\gamma\lambda(\lambda-1)M_1^4-\frac{\gamma+1}{2}\gamma\lambda(\lambda-1)[1+(\gamma+1)(\lambda-1)]M_1^5+\cdots \tag{5}$$

温度比

$$\frac{T_2}{T_1}=\lambda-\frac{\gamma-1}{2}\lambda(\lambda-1)M_1^2-\frac{\gamma^2-1}{2}\lambda^2(\lambda-1)M_1^4+\cdots \tag{6}$$

在上述方程中，物理量 M_1 为火焰速度 S 与燃烧前气体中的声速 a_1 之比，或火焰的马赫数。由于在通常条件下，S 在 1 ft/s(英尺/秒)的量级，而 a_1 在 1 000 ft/s 的量级，所以 M_1 非常小，通常在方程(4)，(5)和(6)中只需要取首项。

二、火焰引起涡量的产生

已知在无黏性和无热传导的流体中，若压力仅是密度的函数，则任何流体微元的涡量都是常数。无热量加入或无燃烧的真实流体近似地满足这些流动条件。大多数实际感兴趣的流体运动起始于一个涡量为零或者运动是无旋的均匀状态，然后运动将保持无旋。这种流动的无旋性极大地简化了流场的分析。因此，感兴趣的是研究火焰阵面对此条件破坏的程度。换言之，应当计算火焰所引起的涡量的产生。

为简单起见，考虑一个二维流动。令气体具有均一的成分，且在燃烧之前，焓与动能之和是常数，或者说是等能量的。考虑到无燃烧的一般无旋流动，在火焰阵面之前的流动将假设成是无旋的，因而也是等熵的。问题从而明确地是计算在火焰之后的涡量 ω。令 σ 为比熵，ψ 为流函数，则对于定常流动来说可知[4]

$$\omega=\rho_2 T_2\frac{\mathrm{d}\sigma_2}{\mathrm{d}\psi_2} \tag{7}$$

式中：下标 2 再次表示在火焰阵面后的物理量。对于完全气体来说，方程(7)可写成

$$\omega=\frac{1}{\gamma-1}p_2\frac{\mathrm{d}}{\mathrm{d}\psi_2}\left[\ln\left(\frac{p_2}{p_1}\right)-\gamma\ln\left(\frac{\rho_2}{\rho_1}\right)+\ln\frac{p_1}{\rho_1^2}\right] \tag{8}$$

在火焰之前，σ_1 为常数，所以 p_1/ρ^γ 为常数。由于 $\mathrm{d}\psi_2=\mathrm{d}\psi_1$，所以方程(8)简化成

$$\omega=\frac{1}{\gamma-1}p_1\left(\frac{p_2}{p_1}\right)\frac{\mathrm{d}}{\mathrm{d}\psi_1}\left[\ln\left(\frac{p_2}{p_1}\right)+\gamma\ln\left(\frac{\rho_1}{\rho_2}\right)\right] \tag{9}$$

压力比 p_2/p_1 和密度比 ρ_2/ρ_1 由方程(4)和(5)给出。因此，涡量的产生由火焰马赫数 M_1 即 S/a_1，和由沿着火焰阵面的参数 λ 的变化控制。

或许因为火焰中大的温升产生了非常剧烈的输运现象，观察到法向火焰速度 S 只微弱地依赖在燃烧之前的当地条件。根据 H. Sachsse[5] 的结果，通过将甲烷-氧气混合物预热到 1 000 ℃，可将其法向火焰速度提高到在室温下的 3 倍。Sachsse 和 E. Bartholomé 后来的实验指出，通过将各种气体混合物从 20 ℃预热到 100 ℃，火焰速度增加了约 30%[6]。由此可见，似乎法向火焰速度大体上随未燃气体混合物的绝对温度而增加。压力对火焰速度影响的

实验似乎没有给出确定性的结论，但无论如何，此影响是不大的。因此，对于由火焰阵面引起的涡量产生的计算来说，可考虑两种独立的情况。第一种情况，火焰速度 S 取为常数。第二种情况，火焰速度 S 与绝对温度 T_1 成正比。

记

$$\left.\begin{aligned}\frac{p_2}{p_1}&=F\\ \frac{\rho_1}{\rho_2}&=G\end{aligned}\right\}\tag{10}$$

则方程(9)可写成

$$\omega=\frac{1}{\gamma-1}F\left[\left(\frac{1}{F}\frac{\partial F}{\partial M_1^2}+\frac{\gamma}{G}\frac{\partial G}{\partial M_1^2}\right)\left(p_1\frac{\mathrm{d}M_1^2}{\mathrm{d}p_1}\right)+\left(\frac{1}{F}\frac{\partial F}{\partial\lambda}+\frac{\gamma}{G}\frac{\partial G}{\partial\lambda}\right)\left(p_1\frac{\mathrm{d}\lambda}{\mathrm{d}p_1}\right)\right]\frac{\mathrm{d}p_1}{\mathrm{d}\psi_1}\tag{11}$$

如果，ΔH 为每单位质量气体由于化学反应而增加的热量，则由 λ 的定义

$$\lambda=\frac{\Delta H}{\frac{1}{2}S^2+\frac{\gamma}{\gamma-1}\frac{p_1}{\rho_1}}+1\tag{12}$$

因此，尽管 ΔH 在很好的近似下可以看做常数，但 λ 却不是常数。

对于第一种情况而言，S 是常数，并且

$$M_1^2=\frac{S^2}{a_0^2}\left(\frac{a_0}{a_1}\right)^2=\frac{S^2}{a_0^2}\left(\frac{p_0}{p_1}\right)^{\frac{\gamma-1}{\gamma}}$$

式中：下标 0 指在火焰前的滞止状态。则

$$p_1\frac{\mathrm{d}M_1^2}{\mathrm{d}p_1}=-\frac{\gamma-1}{\gamma}\frac{S^2}{a_1^2}=-\frac{\gamma-1}{\gamma}M_1^2\tag{13}$$

类似地

$$p_1\frac{\mathrm{d}\lambda}{\mathrm{d}p_1}=-\frac{\gamma-1}{\gamma}(\lambda-1)\frac{1}{1+\frac{\gamma-1}{2}M_1^2}\tag{14}$$

对于第二种情况而言，S 与 T_1 或 a_1^2 成正比。则

$$M_1^2=\frac{S_0^2}{a_0^2}\left(\frac{a_1}{a_0}\right)^2=\frac{S_0^2}{a_0^2}\left(\frac{p_1}{p_0}\right)^{\frac{\gamma-1}{\gamma}}$$

因此

$$p_1\frac{\mathrm{d}M_1^2}{\mathrm{d}p_1}=\frac{\gamma-1}{\gamma}\frac{S_0^2}{a_0^2}\left(\frac{a_1}{a_0}\right)^2=\frac{\gamma-1}{\gamma}M_1^2\tag{15}$$

则 λ 的相应导数为

$$p_1\frac{\mathrm{d}\lambda}{\mathrm{d}p_1}=-\frac{\gamma-1}{\gamma}(\lambda-1)\frac{1+(\gamma-1)M_1^2}{1+\frac{\gamma-1}{2}M_1^2}\tag{16}$$

压力 p_1 对 ψ_1 的导数可用一种更方便的形式表示：如果 q_1 为紧贴激波前的速度的大小，n 为流线间的法向距离，则

$$\mathrm{d}\psi_1=\rho_1q_1\mathrm{d}n$$

此外，由压力与向心力的平衡要求

$$\frac{\mathrm{d}p_1}{\mathrm{d}n}=-\frac{\rho_1 q_1^2}{R_1}$$

式中：R_1 为紧贴激波前的流线的曲率半径，当流线相对于 q_1 的正方向为凹曲线时 R_1 为正。由上述两个关系式得

$$\frac{\mathrm{d}p_1}{\mathrm{d}\psi_1}=-\frac{q_1}{R_1} \tag{17}$$

将方程(13)，(14)和(17)代入方程(11)中，并利用方程(4)和(5)，就能确定对于固定火焰速度 S 的情况由火焰阵面产生的涡量 ω。将方程(15)，(16)和(17)代入方程(11)，可以计算变火焰速度情况的涡量 ω。

然而，重要的是要指出火焰速度 S 的数值通常很小以至于 M_1 同 1 相比可被忽略，于是 $p_1(\mathrm{d}M_1^2/\mathrm{d}p_1)$ 与 $p_1(\mathrm{d}\lambda/\mathrm{d}p_1)$ 相比小到可以忽略，而后者在两种情况中大致相等，即：

$$p_1\frac{\mathrm{d}\lambda}{\mathrm{d}p_1}\approx-\frac{\gamma-1}{\gamma}(\lambda-1)\qquad(\text{当 } M_1^2\ll 1 \text{ 时}) \tag{18}$$

对函数 F 和 H 以及它们的导数做同样的近似，产生的涡量 ω 简化为

$$\omega\approx\frac{q_1}{R_1}\left(\frac{\lambda-1}{\lambda}\right)\qquad(\text{当 } M_1^2\ll 1 \text{ 时}) \tag{19}$$

从方程(19)可见当 $R_1\to\infty$ 时，正如所预料的那样，$\omega\to 0$。再者，当没有燃烧发生，没有加入热量，并且 $\lambda=1$ 时，则 $\omega=0$。但是当有燃烧时，燃烧将产生具有 q_1/R_1 量级的可观的涡量。

三、均直管道中的火焰宽度

在一个均匀预混可燃物中的火焰从位于二维均直管道轴线上的某理想化的点状持焰器开始传播的问题(见图 1)首次由 A. C. Scurlock 解决了[3]。为了解释实验数据，他需要知道火焰宽度 y_1 和已燃气体分数之间的关系。他为了简化计算，假定流体是完全的不可压缩流体。基于当流速与声速相比很小时，不可压缩流动的假设是恰当的。这假定意味着火焰的马赫数 M_1 小到可以忽略。由方程(4)，(5)和(6)可知

$$\frac{\rho_1}{\rho_2}\approx\lambda,\quad \frac{p_2}{p_1}\approx 1 \tag{20}$$

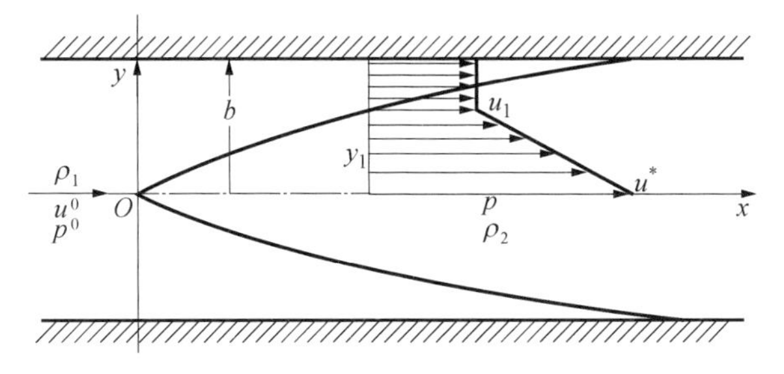

图 1 在某一等宽度的二维燃烧室中，从点状持焰器 O 处开始的火焰传播

因此，在不可压缩流动的假设下，燃烧效应就是将密度变为原来的 $1/\lambda$ (滞止温度之比)而压力保持不变。Scurlock 然后注意到，由于他是对流速远大于法向火焰速度 S 的情况感兴趣，所以火焰阵面将与管道轴线有小角度的倾斜。这个结果就是所有的流线几乎都与管道轴线平行。

那么作为一种近似，在任一点的速度的大小可取为速度的 x 方向的分量 u（平行于管道轴线）的大小，并且忽略流线曲率的影响。若忽略了流线的曲率，则由于离心力引起压力在 y 方向（管道轴线的法线方向）变化量也必须忽略。方程(20)进一步表明，穿过火焰阵面没有压力变化；那么很明显，不论是在未燃气体中还是已燃气体中，管道任一横截面上的压力 p 必定为常数。这意味着压力在整个流场中是连续的，因此，速度 u 在穿过火焰阵面时也必定是连续的。

整个问题则简化成一个准一维的计算：流体密度在未燃区和已燃区中分别都是常数。密度比是 λ。未燃气体在到达图 1 中的持焰器所在截面 0 之前都以恒定的均匀速度 u^0 和密度 ρ_1 流动。刚流到持焰器之后的气体仍有同样的速度 u^0，但密度为 $\rho_2=\rho_1/\lambda$。在持焰器下游某截面 x，在管道轴线上的速度增加到 u^*，并且在未燃气体中的速度，在此截面的未燃区域中是均匀的，从 u^0 增加至 u_1。然而，在 x 处的压力 p 比来流未燃气体的压力 p^0 小。利用伯努利原理

$$\left.\begin{aligned}\frac{1}{2}\rho_1(u_1^2-u^{0^2})&=p^0-p\\\frac{1}{2}\rho_2(u^{*^2}-u^{0^2})&=p^0-p\end{aligned}\right\}\tag{21}$$

因此，消去 p 得

$$\frac{u^*}{u^0}=\sqrt{1+\lambda\left(\frac{u_1^2}{u^{0^2}}-1\right)}\tag{22}$$

该方程说明 u^* 总是大于 u_1。

在截面 x 处，在已燃区域中的速度 u 从轴线处的 u^* 降到火焰阵面 $y=y_1$ 处的 u_1。Scurlock[3] 采用花费力气的数值方法计算了不同 λ 值下的速度剖面。图 2 摘自文献[3]。当然，该结果的精确程度是基于前述假设，通过采用前面章节中的结果可见其不可能是精确的。沿着轴向，流线的曲率为零。从方程(19)可知，沿着轴线方向的涡量$(\partial v/\partial x-\partial u/\partial y)$则总为零。此外，速度的 y 方向分量 v 沿着轴线因对称性而为零。因此沿着轴线 $\partial v/\partial x$ 为零。沿着轴线 $\partial u/\partial y$ 也必须为零。这在 Scurlock 的结果中是不一样的。然而差异必定是局部的。那么，以计算火焰宽度为目的，就总体特征而言，Scurlock 的结果是精确的。

另一方面，如果仅期望从简化的准一维计算得到总体特征的结果，那么计算就变得简单多了：即，让 $y=0$ 到 $y=y_1$ 的速度分布是线性的，则由方程(22)得

$$\frac{u}{u^0}=\sqrt{1+\lambda\left(\frac{u_1^2}{u^{0^2}}-1\right)}-\left[\sqrt{1+\lambda\left(\frac{u_1^2}{u^{0^2}}-1\right)}-\frac{u_1}{u^0}\right]\frac{y}{y_1}\tag{23}$$

流过任一截面的质量相同，此条件给出

$$\rho_2\int_0^{y_1}u\,\mathrm{d}y+\rho_1(b-y_1)u_1=\rho_1 bu^0\tag{24}$$

式中：b 为管道的半宽。将方程(23)代入(24)中并注意到 $\rho_1/\rho_2=\lambda$，

$$\frac{1}{2\lambda}\left(\frac{y_1}{b}\right)\left[\sqrt{1+\lambda\left(\frac{u_1^2}{u^{0^2}}-1\right)}+\frac{u_1}{u^0}\right]+\frac{u_1}{u^0}\left(1-\frac{y_1}{b}\right)=1\ ①$$

① 译者注：原文根号内，圆弧错位为$\sqrt{\left(1+\lambda\frac{u_1^2}{u^{0^2}}-1\right)}$，现已改正。

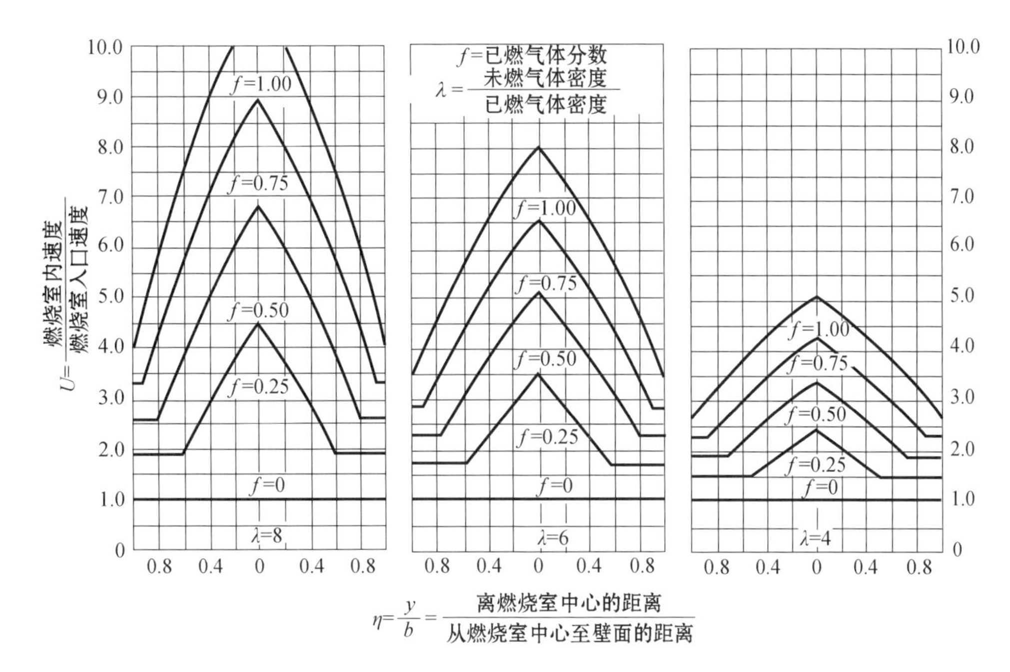

图 2　在不同火焰宽度和各种密度比下燃烧室的速度剖面
(由 A. C. Scurlock 计算,见参考文献[3])

通过求解 y_1/b,并用 η 表示,有如下简单关系:

$$\eta=\frac{y_1}{b}=\frac{U-1}{\left(1-\frac{1}{2\lambda}\right)U-\frac{1}{2\lambda}\sqrt{1+\lambda(U^2-1)}} \tag{25}$$

式中:

$$U=u_1/u^0 \tag{26}$$

已燃气体分数

$$f=1-\frac{\rho_1(b-y_1)u_1}{\rho_1 bu^0}=1-U(1-\eta) \tag{27}$$

通过联立方程(25)和(26)得

$$f=\frac{(U-1)\left[\sqrt{1+\lambda(U^2-1)}+U\right]}{(2\lambda-1)U-\sqrt{1+\lambda(U^2-1)}} \tag{28}$$

方程(25)和(27)可作为无量纲火焰宽度 η 和已燃气体分数 f 之间关系的参数表达式。利用上述方程针对 $\lambda=4$,6 和 8 进行了计算(作者非常感谢 D. Shonerd 先生为本文进行的数值计算)。计算结果在图 3 中与 Scurlock 的结果进行了对比。结果吻合得令人满意。看来似乎没有必要采用 Scurlock 复杂的数值程序(附录

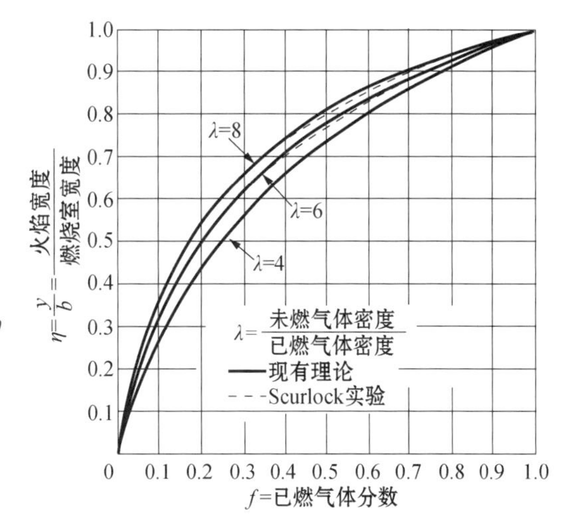

图 3　不可压缩流体在各种密度比 λ 下作为已燃气体分数函数的火焰宽度

中给出了 Scurlock 问题的完整的数学表述)。

四、可压缩效应对火焰宽度的影响

既然感兴趣的是法向火焰速度与气体速度相比很小的情况,所以,一般讲,在谈及气体可压缩流动时仍有理由认为方程(4),(5)和(6)中的火焰马赫数 M_1 小到可以忽略不计。因此,上一节中得到的穿过火焰阵面时密度和压力变化的结论仍然有效。特别地,跨过持焰器时,气体温度增加为原来的 λ 倍。火焰阵面的不同点处的 λ 与方程(12)中的不同。然而,作为近似将取 λ 为常数。这里只有伯努利方程由于可压缩性效应必须修正。因此,替代方程(21),有

$$\left.\begin{aligned}\frac{1}{2}u^{*2}+c_pT^* &= \frac{1}{2}u^{0^2}+c_p\lambda T^0\\ \frac{1}{2}u_1^2+c_pT_1 &= \frac{1}{2}u^{0^2}+c_pT^0\end{aligned}\right\} \tag{29}$$

式中:T^0,T_1 和 T^* 分别为靠近未燃气体的温度、在截面 x 处的未燃气体的温度以及在截面 x 处和管道轴线上已燃气体的温度;c_p 为比定压热容。沿着每条流线,气体的熵无论是在未燃区域还是在已燃区域均为常数。因此,在每一区域中相应的等熵关系不变,则方程(29)可修改为

$$\left.\begin{aligned}\frac{1}{2}u^{*2}+\frac{\gamma}{\gamma-1}\frac{p^0}{\rho^0}\lambda\left(\frac{p}{p^0}\right)^{\frac{\gamma-1}{\gamma}} &= \frac{1}{2}u^{0^2}+\frac{\gamma}{\gamma-1}\lambda\frac{p^0}{\rho^0}\\ \frac{1}{2}u_1^2+\frac{\gamma}{\gamma-1}\frac{p^0}{\rho^0}\left(\frac{p}{p^0}\right)^{\frac{\gamma-1}{\gamma}} &= \frac{1}{2}u^{0^2}+\frac{\gamma}{\gamma-1}\frac{p^0}{\rho^0}\end{aligned}\right\} \tag{30}$$

通过消去压力比 p/p^0,再次得到方程(22)。因此,不需要因可压缩效应的存在而修正轴线上已燃气体速度 u^* 和未燃气体速度 u_1 之间的关系。

如果再次假设已燃区域的速度剖面是线性的,那么方程(23)仍然正确。然而,现在必须区分在截面 x 处未燃气体的密度 ρ_1 和入口未燃气体的密度 ρ^0。这个比值很容易获得,如下式所示:

$$\frac{\rho_1}{\rho^0}=\left[1-\frac{\gamma-1}{2}M^{0^2}(U^2-1)\right]^{\frac{1}{\gamma-1}} \tag{31}$$

式中:M^0 是入口未燃气体的马赫数,即 u^0/a^0;U 还是等于 u_1/u^0。采用在穿过火焰后流体密度减小为原来的 $1/\lambda$ 的近似,连续性条件现在是

$$\frac{\rho_1}{\lambda}\int_0^{y_1}u\mathrm{d}y+\rho_1(b-y_1)u_1=\rho^0bu^0 \tag{32}$$

利用方程(23)和(31),方程(32)给出

$$\eta=\frac{y_1}{b}=\frac{U-\left[1-\frac{\gamma-1}{2}M^{0^2}(U^2-1)\right]^{-\frac{1}{\gamma-1}}}{\left(1-\frac{1}{2\lambda}\right)U-\frac{1}{2\lambda}\sqrt{1+\lambda(U^2-1)}} \tag{33}$$

则已燃气体的分数

$$f=1-\frac{\rho_1}{\rho_0}U(1-\eta) \tag{34}$$

方程(33)和(34)同方程(31)一起,是无量纲火焰宽度 η 和已燃气体分数 f 之间关系的参数表

达式。计算结果标在图 4,图 5 和图 6 中。由此可见,可压缩性对火焰宽度 η 和已燃气体分数 f 之间关系的影响很小。不同的来流马赫数 M^0 的曲线非常接近用方程(25)和(28)计算的不可压缩流动的曲线。因此,这证明了 Scurlock 在所有的计算中使用不可压缩曲线的步骤是恰当的。然而,图 4,图 5 和图 6 说明这一问题的另一重要特征:火焰宽度 η 和已燃气体分数 f 都在较高的 M^0 情况下具有最大值。对于 $M^0=0.4$ 来说,最大火焰宽度仅为管道宽度的 1/2,已燃气体的最大量仅占输入气体的 1/3。在更高的 M^0 值时,上述比例甚至更小。这毫无疑问地证明了对于固定宽度的燃烧室,正如本分析中所假定的,在高速流动下,即使采用一个好的持焰器来点燃火焰,不是不可能达到完全燃烧,但要达到完全燃烧是非常困难的。

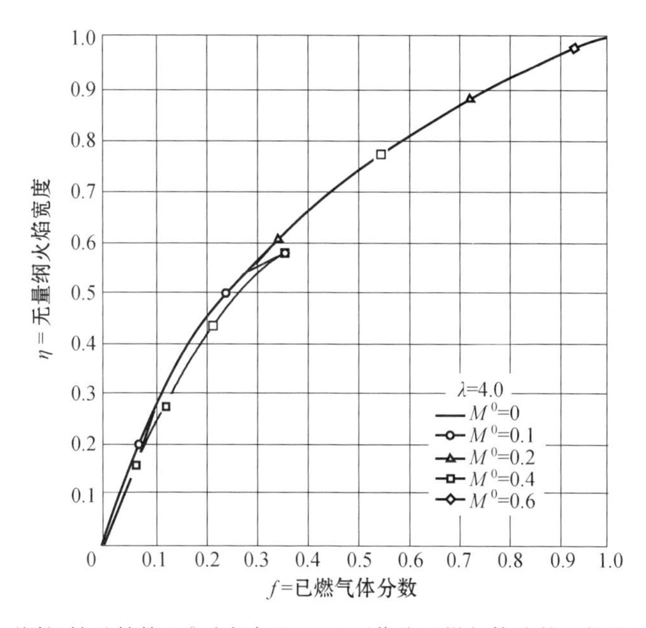

图 4　不同初始马赫数 M^0 时密度比 $\lambda=4$ 下作为已燃气体分数函数的火焰宽度

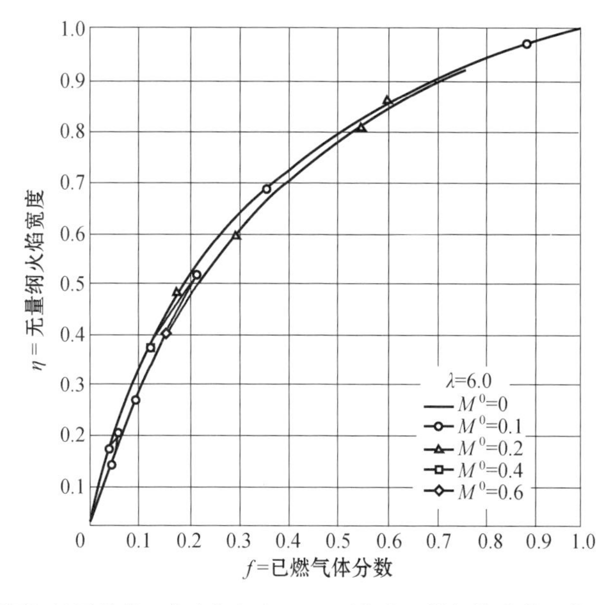

图 5　不同初始马赫数 M^0 时密度比 $\lambda=6$ 下作为已燃气体分数函数的火焰宽度

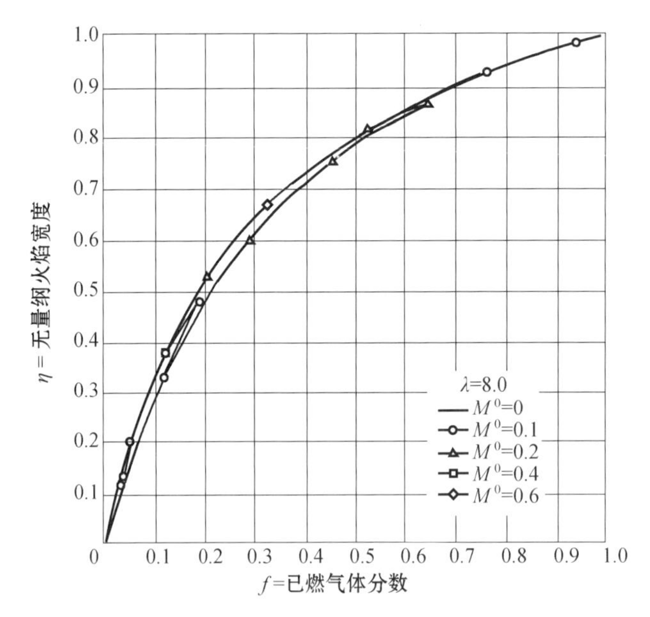

图 6　不同初始马赫数 M^0 时密度比 $\lambda=8$ 下作为已燃气体分数函数的火焰宽度

是什么物理情况导致了这个反常现象？穿过火焰阵面流速不变，但是气体温度增加为原来的 λ 倍。因此，气体马赫数由于燃烧而降低。换言之，未燃气体的马赫数总是大于已燃气体的马赫数。若压力下降相同，马赫数越高，流管收缩得越小。实际上，对于超声速流动来说，当压力降低时流管膨胀而不是收缩。因此，气体的可压缩效应使未燃气体的宽度相对地比不可压缩流体的宽度大。当初始马赫数较高时，这种效果更加明显。因此，对于给定的 λ 值，存在一个初始的马赫数 M_c^0，称为临界马赫数，使得

$$\frac{d\eta}{dU}=0 \quad 当\ \eta=1,\quad U=U_c \tag{35}$$

如果初始马赫数 M^0 大于临界马赫数 M_c^0，则当时 $\eta<1$，$\dfrac{d\eta}{dU}=0$。因此，火焰宽度将不会大于在 $d\eta/dU=0$ 时对应的 η 值。看起来，对于完全燃烧来说，M^0 应当小于 M_c^0。

对于临界状态而言，方程(33)和(35)给出了以下条件：

$$\left(1-\frac{1}{2\lambda}\right)-\frac{1}{2}\frac{U_c}{\sqrt{1+\lambda(U_c^2-1)}}=1-M_c^{0^2}U_c\left[1-\frac{\gamma-1}{2}M_c^{0^2}(U_c^2-1)\right]^{-\frac{\gamma}{\gamma-1}} \tag{36}$$

$$\left(1-\frac{1}{2\lambda}\right)U_c-\frac{1}{2\lambda}\sqrt{1+\lambda(U_c^2-1)}=U_c-\left[1-\frac{\gamma-1}{2}M_c^{0^2}(U_c^2-1)\right]^{-\frac{1}{\gamma-1}} \tag{37}$$

由方程(36)和(37)得到

$$\frac{\gamma-1}{2}M_c^{0^2}=\frac{\lambda U_c+\sqrt{1+\lambda(U_c^2-1)}}{\left(\dfrac{\gamma+1}{\gamma-1}U_c^2-1\right)\left[\lambda U_c+\sqrt{1+\lambda(U_c^2-1)}\right]-2\dfrac{\lambda-1}{\gamma-1}U_c} \tag{38}$$

通过数值方法，方程(36)和(38)能用来确定 M_c^0，λ 和 U_c 之间的关系。临界状态下 U_c 所对应的马赫数 M_c 由下式给出：

$$M_c^2 = \frac{M_c^{0^2} U_c^2}{1 - \frac{\gamma - 1}{2} M_c^{0^2} (U_c^2 - 1)} \quad (39)$$

图 7 给出了计算结果，其中 M_c^0，M_c 和 U_c 均以 λ 为自变量作图。由前面的讨论可知为了得到完全的燃烧，来流马赫数 M^0 必须小于临界马赫数 M_c^0。对于加热比 $\lambda=8$ 的情况，M_c^0 仅为 0.15。则完全燃烧的速度小于 200 ft/s。有趣的是在临界状态下未燃气体的当地马赫数 M_c 非常接近 1，但略微有些超声速。

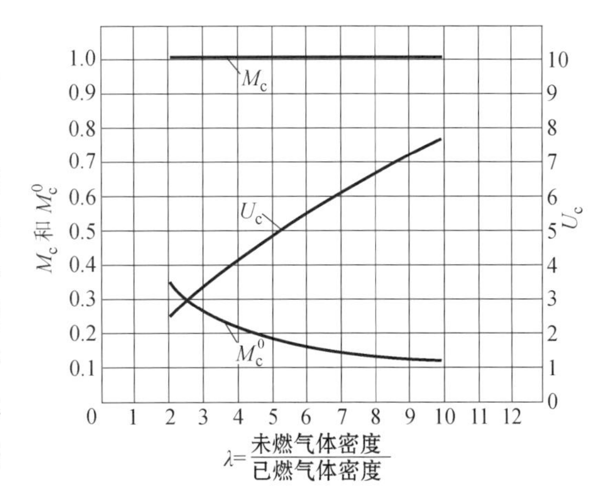

图 7　不同密度比 λ 下完全燃烧的临界条件

遗憾的是目前的理论分析结果不能用 Scurlock 的实验来检验。Scurlock 几乎没有记录到临界状况，在他的实验中，燃烧室入口速度较高，而持焰器较小，燃烧室太短，以至于无法查明火焰是否到达反应室壁面。当然很自然，由于 Scurlock 关注的是持焰器的特性，而不是火焰传播和燃烧效率。撇开火焰保持或火焰点火问题来说，从目前的研究可知似乎火焰传播和燃烧效率问题单独成为一个问题。事实上，不应该将研究局限于等宽度的燃烧室，因为在高来流马赫数情况下，为达到完全燃烧显然要利用渐扩的燃烧室，这样可以在燃烧过程中降低流动马赫数。目前的分析只是本问题研究的一个开端，它指出火焰阵面和流动相互影响的总体重要性，并且明确指出等宽度燃烧室的局限性。

附　录

Scurlock 问题用积分方程的表述

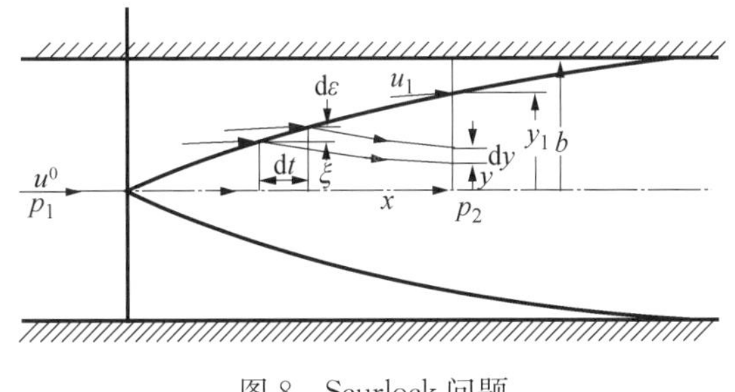

图 8　Scurlock 问题

令持焰器的下游距离从 t 增加到 dt 时火焰宽度从 ξ 增大到 $\xi+d\xi$，如图 8 所示。在距离为 t 处未燃气体的质量为 $\rho_1(b-\xi)v$，其中 v 是在 t(即在 $x=t$ 时，$u_1=v$)处未燃气体的速度。则在 t 和 $t+\Delta t$ 之间未燃气体减少的质量流或已燃气体的质量流 dm 为

$$dm = -\rho_1 d[(b-\xi)v] \quad (40)$$

在截面 x 处，已燃气体分数占据的宽度为 dy，速度为 u，密度为 (ρ_1/λ)。在截面 t 与 x 之间应用伯努利方程可得类似于式(22)的下式：

$$u = \sqrt{\lambda}\sqrt{u_1^2 - \left(1 - \frac{1}{\lambda}\right)v^2} \quad (41)$$

利用关系式

$$\frac{\rho_1}{\lambda} u dy = dm$$

结合方程(40)，有

$$dy = -\sqrt{\lambda}\frac{d[(b-\xi)v]}{\sqrt{u_1^2 - \left(1 - \frac{1}{\lambda}\right)v^2}} \quad (42)$$

通过 $y=0$ 的流线对应于 $v=u^0$，通过 $y=y_1$ 的流线对应于 $v=u_1$，因此对方程(42)积分，得到

$$y_1=-\sqrt{\lambda}\int_{v=u^0}^{v=u_1}\frac{\mathrm{d}[(b-\xi)v]}{\sqrt{u_1^2-\left(1-\frac{1}{\lambda}\right)v^2}} \tag{43}$$

对方程(43)进行部分积分的结果可用无量纲变量的形式写成

$$\eta(U)=\frac{\lambda}{(\lambda-1)^{3/2}}\left\{\arcsin\sqrt{\frac{\lambda-1}{\lambda}}-\arcsin\frac{1}{U}\sqrt{\frac{\lambda-1}{\lambda}}\right\}+\frac{1}{\sqrt{\lambda}}\int_1^U\frac{V^2}{\left[U^2-\left(1-\frac{1}{\lambda}\right)V^2\right]^{3/2}}\eta(V)\mathrm{d}V \tag{44}$$

式中：$V=v/u^0$ 和 $\eta(V)=\xi/b$。

方程(44)为未知函数 $\eta(U)$ 的第二类积分方程。当 λ 较大时，用方程(25)所给出的近似值代替方程(44)中的积分 $\eta(V)$，便可获得很精确的 η。

（盛宏至、李要建 译， 谈庆明 校）

参考文献

[1] Hirschfelder J O, Curties C E. Theory of Propagation of Flames, Part Ⅰ. General Equations[M]. Third Symposium on Combustion, Flames and Explosion Phenomenon, Williams and Wilkins, Baltimore, Md., 1949: 121-127.

[2] Theory of Flame Propagation[J]. Journal of Chemical Physics, 1949, 17: 1076.

[3] Scurlock A C. Flame Stabilization and Propagation in High—Velocity Gas Streams[R]. Meteor Report No. 19, Massachusetts Institute of Technology, 1948.

[4] Vazsonyi A. On Rotational Gas Flows[J]. Quarterly of Applied Mathematics, 1945, 3: 29-37.

[5] Sachsse H. Über die Temperaturabhängigkeit der Flammengeschwindigkeit und das Temperaturgefälle in der Flammenfront[J]. Zeitschrift für physikalische Chemie (A). 1937, 180: 305-313.

[6] Sachsse H, Bartholomé E. Beiträge zur Frage der Flammengeschwindigkeit [J]. Zeitschrift für Elektrochemie und angewandte physikalische Chemie, 1949, 53: 183-190.

探空火箭最优推力规划

钱学森① Robert C. Evans②

摘要 在给定最终重量和推进剂特性的条件下，要求探空火箭以最小的初始重量而达到指定高度的最优推力规划问题，首先被表述为一个变分计算的问题，并给出了在任意阻力函数情况下的通解。然后将其应用于两种情况：一种是阻力随速度的平方变化的情况；另一种是阻力随速度线性变化的情况；并给出了全部数值结果。将结果与恒定推力的结果作了比较，说明了推力规划的优点。推力规划表明，它可用来明显增加高空探空火箭的有效载荷。

对于垂直飞行的火箭来说，箭体的空气动力学阻力和重力方向相同，而与推力的方向恰好相反，所以性能计算比较简单。F. J. Malina 和 A. M. O. Smith[1]曾经做过这样的计算。他们表明，如果没有空气动力学阻力，使用推进剂的最好方式是将其集中使用在最短的可能时间之内。理论上，给定推进剂的重量比，如果以单次脉冲的方式作用以推力，使火箭立刻达到最大速度值，则火箭到达的高度最高。这个结果或者从另外一个极端来考虑是可以理解的，即考虑在每一个时刻推力等于火箭重量的情况。这样的火箭在所有时间具有零加速度，将不能离开地面。因此，如果能够忽略空气动力学阻力的话，火箭的长时间的推动肯定没有好处。

当存在空气动力学阻力时，用初始脉冲在低的高度处达到高的速度，将受到很大的阻力，从而减小火箭的最大高度。事实上，Malina 和 Smith 以及最近 Ivey，Bowen 和 Oborny[2]所做的计算表明，假设推力恒定，最优的初始加速度为 $1\sim3\ g$，这取决于火箭的阻力与重量之比。然而，更为一般的问题是推力优化规划的问题，即为达到最大高度而寻求最优的推力随时间变化的关系。这是理论上的最优设计。实际设计为使推力随时间变化，势必要在动力装置上添加重量而变得复杂，显然不能达到理论上的最优条件。理论上的最优值给出一个比较标准，并可预期可变推力能有多大效果。

推力优化规划的问题很早就由 G. Hamel[3]做过研究。他做了一个简化假设，即空气的密度随高度指数衰减，并且火箭发动机的有效排气速度 c 和重力加速度 g 不随高度变化。他采用变分计算，给出了推力优化规划问题的解。然而，他的论文非常短，不容易让人明白。本文作者旨在对问题进行完整的讨论，同时给出比较广泛的数值结果。

1951 年 4 月 16 日收到。原载 Journal of the American Rocket Society 1951，Vol. 21，No. 5，pp. 99 - 107。

本文曾在美国火箭协会 1950 年年会(纽约州纽约市 Hotel Statler，12 月 1 日)上宣读。

① Robert H. Goddard 教授，Daniel and Florence Guggenheim Jet Propulsion Center，California Institute of Technology，Pasadena，Calif.

② 助理研究员，Daniel and Florence Guggenheim Jet Propulsion Center，California Institute of Technology，Pasadena，Calif.

一、问题的表述

令 M 为火箭的质量，s 为时刻 t 的高度。沿用 Hamel 的假设，火箭发动机的有效排气速度 c 取作常数。火箭的速度是 $\frac{\mathrm{d}s}{\mathrm{d}t}$，并将表示为 $\dot{s}$。对一个特定的火箭来说，空气动力学阻力 D 是高度 s 和速度 $\dot{s}$ 的函数。如果 g 是单位质量的恒值重力，那么在动力飞行时火箭的运动方程为

$$\frac{\mathrm{d}M}{\mathrm{d}t}+\frac{M}{c}\left\{\frac{\mathrm{d}\dot{s}}{\mathrm{d}t}+g\right\}=-\frac{D(s,\dot{s})}{c} \tag{1}$$

高度 s 是从发射点量起。所以，在动力飞行的始点，$t=0$，$s=0$，$M=M^0$，和 $\dot{s}=\dot{s}_0$，式中 M^0 是质量，而 $\dot{s}_0$ 是助推后的速度。在动力飞行的终点，$t=t_1$，$M=M_1$，$s=s_1$，和 $\dot{s}=\dot{s}_1$。于是 M_1 是终了时刻的质量。式(1)和这些边界条件一起给出质量 M^0 的下列表达式：

$$M^0=\exp\left(-\frac{\dot{s}_0}{c}\right)\cdot\left\{\int_0^{t_1}\frac{D(s,\dot{s})}{c}\exp\left(\frac{\dot{s}+gt}{c}\right)\mathrm{d}t+M_1\exp\left(\frac{\dot{s}_1+gt_1}{c}\right)\right\} \tag{2}$$

如果 M_0 是火箭的初始质量，其中包括由单次助推加速到速度 $\dot{s}_0$ 所使用的推进剂的质量，那么

$$M_0=M^0\exp\left(\frac{\dot{s}_0}{c}\right) \tag{3}$$

所以，式(2)，(3)相结合就有

$$M_0=\int_0^{t_1}\frac{D(s,\dot{s})}{c}\exp\left(\frac{\dot{s}+gt}{c}\right)\mathrm{d}t+M_1\exp\left(\frac{\dot{s}_1+gt_1}{c}\right) \tag{4}$$

式(4)不显含助推后的速度，或初始速度 $\dot{s}_0$。如果初始速度为零，火箭的加速度是光滑的。如果初始速度不为零，火箭以一个冲量开始然后逐渐加速。然而，在任何情况下，式(4)给出包括助推载荷在内的总的初始质量。

现将推力优化规划问题表述如下：给定 M_1，c，g 和阻力系数 $D(s,\dot{s})$，问：使 M_0 为最小值的函数 $s(t)$ 是什么？辅助条件是 $s(0)=0$ 以及 s_1 和 $\dot{s}_1$ 的大小必须能让火箭达到指定的顶点高度 S。为了在指定 M_1 和 $D(s,\dot{s})$ 的条件下达到给定的顶点高度，s_1 和 $\dot{s}_1$ 之间是有关系的，譬如说

$$\dot{s}_1=\phi(s_1) \tag{5}$$

其中：ϕ 是给定的函数。例如，在很高的高度，空气的密度很低，空气动力学阻力可被忽略，

$$\dot{s}_1\approx\sqrt{2g(S-s_1)} \tag{6}$$

为了寻求这一变分问题解答的条件，令所要求的函数

$$s=s(t) \tag{7}$$

而 $s(0)=0$。

现在让一个任意函数 $\eta(t)$ 具有以下性质：

$$\eta(0)=0 \tag{8}$$

但是其他方面完全没有指定。那么可把与 $s(t)$“相邻”的函数构作成

$$\bar{s}=s(t)+k(\varepsilon)\eta(t) \tag{9}$$

式中：k 是一个参数，但不是时间的函数。因为有式(8)，$\bar{s}$ 满足初始条件 $\bar{s}(0)=0$。最优解的动力飞行的持续时间或燃烧时间为 t_1，“相邻”解答的燃烧时间为 $t_1+\varepsilon$，于是 k 是 ε 的函数。对于最优解而言，k 和 ε 都等于零。于是，

$$\left.\begin{aligned}k(0)&=0\\k(\varepsilon)&\approx\varepsilon k'(0)\end{aligned}\right\} \tag{10}$$

只考虑取到 ε 的一阶项，

$$\bar{s}_1=\bar{s}(t_1+\varepsilon)=s(t_1)+\varepsilon\dot{s}(t_1)+k'(0)\varepsilon\eta(t_1) \tag{11}$$

$$\dot{\bar{s}}_1=\left(\frac{\mathrm{d}\bar{s}}{\mathrm{d}t}\right)_{t=t_1+\varepsilon}=\dot{\bar{s}}(t_1+\varepsilon)=\dot{s}(t_1)+\varepsilon\ddot{s}(t_1)+k'(0)\varepsilon\dot{\eta}(t_1) \tag{12}$$

其中：$\dot{\eta}=\dfrac{\mathrm{d}\eta}{\mathrm{d}t}$。然而，$\bar{s}_1$ 和 $\dot{\bar{s}}_1$ 必须满足式(5)，而使“相邻”解代表达到指定的顶点高度，即满足前述辅助条件的火箭。于是，

$$\left.\begin{aligned}\dot{\bar{s}}_1&=\phi(s_1)+\left(\frac{\mathrm{d}\phi}{\mathrm{d}s}\right)_{s_1}[\bar{s}_1-s_1]+\cdots\\&=\dot{s}(t_1)+\left(\frac{\mathrm{d}\phi}{\mathrm{d}s}\right)_{s_1}[\bar{s}_1-s_1]+\cdots\end{aligned}\right\} \tag{13}$$

能把式(11)和(12)所表示的 $\bar{s}_1$ 和 $\dot{\bar{s}}_1$ 代入式(13)，经过简化后，得到

$$\left[\left(\frac{\mathrm{d}\phi}{\mathrm{d}s}\right)_{s_1}\eta(t_1)-\dot{\eta}(t_1)\right]k'(0)=\ddot{s}(t_1)-\left(\frac{\mathrm{d}\phi}{\mathrm{d}s}\right)_{s_1}\dot{s}(t_1) \tag{14}$$

这个方程可以用来决定 $k'(0)$ 的值。有了这样决定的 $k'(0)$，“相邻”解将肯定满足所有的辅助条件。

对于指定的 $\eta(t)$，总的初始质量 M_0 将取决于 ε。令

$$F(s,\dot{s},t)=D(s,\dot{s})\exp\left(\frac{\dot{s}+gt}{c}\right) \tag{15}$$

然后将方程(9)和(12)代入式(4)，

$$\begin{aligned}M_0(\varepsilon)=&\frac{1}{c}\int_0^{t_1+\varepsilon}F\{s+k(\varepsilon)\eta,\dot{s}+k(\varepsilon)\dot{\eta},t\}\mathrm{d}t+\\&M_1\exp\left\{\frac{\dot{s}(t_1)+\varepsilon\ddot{s}(t_1)+k(\varepsilon)\dot{\eta}(t_1)+gt_1+g\varepsilon}{c}\right\}\end{aligned} \tag{16}$$

对应于最优解 $s(t)$ 的条件可简述为

$$\left(\frac{\partial M_0}{\partial\varepsilon}\right)_{\varepsilon=0}=0 \tag{17}$$

进行所要求的微商，就有

$$\begin{aligned}\left(\frac{\partial M_0}{\partial\varepsilon}\right)_{\varepsilon=0}=&\frac{1}{c}k'(0)\int_0^{t_1}\eta\left[\frac{\partial F}{\partial s}-\frac{\mathrm{d}}{\mathrm{d}t}\left(\frac{\partial F}{\partial\dot{s}}\right)\right]\mathrm{d}t+\frac{1}{c}k'(0)\eta(t_1)\left(\frac{\partial F}{\partial\dot{s}}\right)_{t_1}+\frac{1}{c}F(s_1,\dot{s}_1,t_1)+\\&\frac{1}{c}M_1[\ddot{s}_1+g+k'(0)\dot{\eta}(t_1)]\exp\left(\frac{\dot{s}_1+gt_1}{c}\right)\end{aligned}$$

但是 $\eta(t)$ 除了条件 $\eta(0)=0$ 之外是任意的，所以为了使上述表达式等于零，要求

$$\frac{\partial F}{\partial s}-\frac{\mathrm{d}}{\mathrm{d}t}\left(\frac{\partial F}{\partial \dot{s}}\right)=0 \tag{18}$$

和

$$k'(0)\eta(t_1)\left(\frac{\partial F}{\partial \dot{s}}\right)_{t_1}+F(s_1,\dot{s}_1,t_1)+M_1[\ddot{s}_1+g+k'(0)\dot{\eta}(t_1)]\exp\left(\frac{\dot{s}_1+gt_1}{c}\right)=0 \tag{19}$$

式(18)是熟知的欧拉-拉格朗日微分方程,式(19)是本问题的辅助条件的结果。

在式(14)和(19)中消去 $k'(0)$,就有

$$0=\left[\ddot{s}_1-\left(\frac{\mathrm{d}\phi}{\mathrm{d}s}\right)_{s_1}\dot{s}_1\right]\eta(t_1)\left(\frac{\partial F}{\partial \dot{s}}\right)_{t_1}+\left[\left(\frac{\mathrm{d}\phi}{\mathrm{d}s}\right)_{s_1}\eta(t_1)-\dot{\eta}(t_1)\right]F(s_1,\dot{s}_1,t_1)+$$

$$M_1\left\{\left[\left(\frac{\mathrm{d}\phi}{\mathrm{d}s}\right)_{s_1}\eta(t_1)-\dot{\eta}(t_1)\right](\ddot{s}_1+g)+\dot{\eta}(t_1)\left[\ddot{s}_1-\left(\frac{\mathrm{d}\phi}{\mathrm{d}s}\right)_{s_1}\dot{s}_1\right]\right\}\exp\left(\frac{\dot{s}_1+gt_1}{c}\right)$$

但是 $\eta(t)$是任意的,所以为了让以上方程成立,诸量总和乘以 $\eta(t_1)$和 $\dot{\eta}(t_1)$必须分别为零。于是有

$$\left\{\ddot{s}_1-\left(\frac{\mathrm{d}\phi}{\mathrm{d}s}\right)_{s_1}\dot{s}_1\right\}\left(\frac{\partial F}{\partial \dot{s}}\right)_{t_1}+\left(\frac{\mathrm{d}\phi}{\mathrm{d}s}\right)_{s_1}F(s_1,\dot{s}_1,t_1)+M_1\left(\frac{\mathrm{d}\phi}{\mathrm{d}s}\right)_{s_1}(\ddot{s}_1+g)\exp\left(\frac{\dot{s}_1+gt_1}{c}\right)=0 \tag{20}$$

和

$$F(s_1,\dot{s}_1,t_1)+M_1\left[g+\left(\frac{\mathrm{d}\phi}{\mathrm{d}s}\right)_{s_1}\dot{s}_1\right]\exp\left(\frac{\dot{s}_1+gt_1}{c}\right)=0 \tag{21}$$

式(18),(20)和(21)现在是变分问题的完整的解答。那就是,推力规划必须做到,在动力飞行每一时刻都满足式(18),还要在动力飞行结束时能够实现式(20)和(21)所给的条件。

如果再引入式(15)的关系,这些条件能转化为更简单的形式,这样,式(18)变成

$$\frac{\partial D}{\partial s}=\frac{\partial^2 D}{\partial s\partial \dot{s}}\dot{s}+\frac{\partial^2 D}{\partial \dot{s}^2}\ddot{s}+\frac{1}{c}\left\{\frac{\partial D}{\partial s}\dot{s}+\frac{\partial D}{\partial \dot{s}}(2\ddot{s}+g)+\frac{D}{c}(\ddot{s}+g)\right\} \tag{22}$$

当阻力被指定为 s 和 $\dot{s}$ 的函数时,式(22)给出轨迹 $s(t)$的微分方程。式(20)和(21)现在变为

$$\left\{\ddot{s}_1-\left(\frac{\mathrm{d}\phi}{\mathrm{d}s}\right)_{s_1}\dot{s}_1\right\}\left\{\left(\frac{\partial D}{\partial \dot{s}}\right)_{s_1}+\frac{D(s_1,\dot{s}_1)}{c}\right\}+\left(\frac{\mathrm{d}\phi}{\mathrm{d}s}\right)_{s_1}D(s_1,\dot{s}_1)+M_1\left(\frac{\mathrm{d}\phi}{\mathrm{d}s}\right)_{s_1}(\ddot{s}_1+g)=0 \tag{23}$$

和

$$D(s_1,\dot{s}_1)+M_1\left[\left(\frac{\mathrm{d}\phi}{\mathrm{d}s}\right)_{s_1}\dot{s}_1+g\right]=0 \tag{24}$$

式中:下标 1 表示在时刻 $t=t_1$ 的量。如果式(5)代表滑行开始时的关系,那么式(24)无论如何是自动满足的。理由是:在滑行时,火箭发动机停止工作,不消耗推进剂,所以 $\mathrm{d}M/\mathrm{d}t=0$,式(1)简化为

$$\left[\left(\frac{\mathrm{d}\phi}{\mathrm{d}t}\right)_{t_1}+g\right]M_1+D(s_1,\dot{s}_1)=0 \tag{25}$$

它和式(24)是相同的。

在式(23)和(24)中消去$\left(\frac{\mathrm{d}\phi}{\mathrm{d}s}\right)_{s_1}$,动力飞行结束时的条件最后表示为

$$\dot{s}_1(M_1\ddot{s}_1+D_1+M_1g)\left\{\left(\frac{\partial D}{\partial \dot{s}}\right)_1+\frac{D_1}{c}\right\}=(M_1\ddot{s}_1+D_1+M_1g)(D_1+M_1g)$$

式中：$D_1=D(s_1,\dot{s}_1)$是燃烧终了时刻的阻力。然而，因子$(M_1\ddot{s}_1+D_1+M_1g)$永不为零，所以

$$\dot{s}_1\left\{\left(\frac{\partial D}{\partial \dot{s}}\right)_1+\frac{D_1}{c}\right\}=D_1+M_1g \tag{26}$$

推力优化规划的问题现在可以进行具体的讨论了。因为空气动力学阻力D是以线性和齐次q的形式进入式(22)的，$s(t)$的方程实际上是与箭体的尺寸无关的二阶微分方程，然而，作为一个二阶偏微分方程而只有一个初始条件$s(0)=0$，初始速度或助推后的速度$\dot{s}_0$仍未决定。无论如何，它是被动力飞行结束时式(26)这个条件决定的。换句话说，对于给定尺寸的火箭和给定的最终质量M_1，存在一个相应于指定顶点高度S的最优助推速度$\dot{s}_0$以及随之而有的推力优化规划。于是在一般情况下，最优解总是含有一个由静止到启动的冲量，这是问题的一个特征。

二、平方阻力律

计算中假设空气密度随高度指数衰减。作为第一个例子，取阻力随速度的平方变化。于是空气动力学阻力由下式给出：

$$D=W_0\dot{s}^2\exp(-\alpha s) \tag{27}$$

这相当于有一个恒值阻力系数。将这个表达式代入式(22)，得到

$$\frac{\ddot{s}}{g}=\frac{v\{v^2+(1-\beta)v-2\beta\}}{\beta\{v^2+4v+2\}} \tag{28}$$

式中：

$$v=\frac{\dot{s}}{c},\quad \beta=\frac{g}{\alpha c^2} \tag{29}$$

均为无量纲参数。对式(28)求$t(v)$和$s(v)$的积分，得

$$\frac{gt}{c}=\ln\frac{v_0}{v}+\frac{\gamma}{2}\ln\frac{2v+(1-\beta)-\gamma}{2v+(1-\beta)+\gamma}\cdot\frac{2v_0+(1-\beta)+\gamma}{2v_0+(1-\beta)-\gamma}+\frac{\beta+1}{2}\ln\frac{v^2+(1-\beta)v-2\beta}{v_0^2+(1-\beta)v_0-2\beta} \tag{30}$$

$$\alpha s=v-v_0+\frac{\gamma}{2}\ln\frac{2v+(1-\beta)-\gamma}{2v+(1-\beta)+\gamma}\cdot\frac{2v_0+(1-\beta)+\gamma}{2v_0+(1-\beta)-\gamma}+\frac{\beta+1}{2}\ln\frac{v^2+(1-\beta)v-2\beta}{v_0^2+(1-\beta)v_0-2\beta} \tag{31}$$

式中：

$$\gamma=\sqrt{(1-\beta)^2+4\beta} \tag{32}$$

而 ln 表示以 e 为底的自然对数。

利用式(27)，(28)，(30)和(31)，求得以下任一时刻的质量：

$$\frac{M}{M_1}=\exp\left\{-\left(v+\frac{gt}{c}\right)\right\}\left\{\frac{W_0c^2}{M_1g}\cdot\beta\cdot v_0\cdot\exp(v_0)\cdot[v_0^2+(1-\beta)v_0-2\beta]\cdot\left[\frac{v+2}{v^2+(1-\beta)v-2\beta}-\frac{v_1+2}{v_1^2+(1-\beta)v_1-2\beta}\right]+\exp\left(v_1+\frac{gt_1}{c}\right)\right\} \tag{33}$$

让$v=v_0$，$t=0$，给出助推后的质量M^0：

$$\frac{M^0}{M_1}=\frac{W_0c^2}{M_1g}\cdot\beta\cdot v_0\left[(v_0+2)-(v_1+2)\frac{v_0^2+(1-\beta)v_0-2\beta}{v_1^2+(1-\beta)v_1-2\beta}\right]+\exp\left(v_1-v_0+\frac{gt_1}{c}\right) \tag{34}$$

包括助推燃料在内的火箭的初始质量由式(3)给出，或者用无量纲速度 v 表示，

$$M_0 = M^0\exp(v_0)$$

于是，

$$\frac{M_0}{M_1} = \frac{M^0}{M_1}\exp(v_0) \tag{35}$$

从式(1)能得到任一时刻的推力，并注意到 $F=c\dfrac{\mathrm{d}M}{\mathrm{d}t}$，则

$$\frac{F}{M_1 g} = \frac{W_0 c^2}{M_1 g}v^2\exp(-\alpha s) + \frac{M}{M_1}\left(1+\frac{\ddot{s}}{g}\right) \tag{36}$$

式中：加速度 $\dfrac{\ddot{s}}{g}$ 能从式(28)算得。

终点条件由式(5)和(26)给出。将式(27)代入式(26)给出一个条件

$$\frac{W_0 c^2}{M_1 g}v_1^2\exp(-\alpha s_1) = \frac{1}{1+v_1} \tag{37}$$

燃料耗尽以后的运动方程是

$$(\ddot{s}+g)M_1 + W_0\dot{s}^2\exp(-\alpha s) = 0 \tag{38}$$

这个方程很容易积分。利用顶点处的条件 $s=S$ 和 $\dot{s}=0$，就有下面的滑行开始时的速度 v_1 的方程：

$$v_1^2 = -2\beta\exp\left(2\beta\frac{W_0 c^2}{M_1 g}\xi_1\right)\int_{\xi_1}^{\xi_2}\exp\left(-2\beta\frac{W_0 c^2}{M_1 g}x\right)\frac{\mathrm{d}x}{x} \tag{39}$$

式中：

$$\xi_1 = \exp(-\alpha s_1),\quad \xi_2 = \exp(-\alpha S) \tag{40}$$

式(39)中的积分能用级数展开的方法来求得，

$$\int\exp(-\alpha x)\frac{\mathrm{d}x}{x} = \ln|x| - \frac{\alpha x}{1\cdot 1!} + \frac{(\alpha x)^2}{2\cdot 2!} - \cdots \tag{41}$$

对于任何固定的 S 和阻力系数 $\dfrac{W_0 c^2}{M_1 g}$，式(37)和(39)决定 v_1 和 αs_1。参数 $\dfrac{W_0 c^2}{M_1 g}$ 是火箭的无量纲的阻力与重量之比。

对两组顶点高度和排气速度做了计算，其中假设 $\alpha=\dfrac{1}{22\,000}$ ft。一种情况是：顶点高度是 500 000 ft，排气速度是 5 500 ft/s。另一种情况是：顶点高度是 3 000 000 ft，排气速度是8 000 ft/s。实际上，采用了迭代步骤来拟合终点条件。对于任一选定的 $\dfrac{W_0 c^2}{M_1 g}$，首先假设一个 v_1 的值，并代入式(37)求出 αs_1，将这一结果代入式(39)求出 v_1。重复这个步骤直到取得理想的精度为止。画出 $\dfrac{W_0 c^2}{M_1 g}\sim v_1$ 的关系曲线，在以 v_1 为线性标度的半对数图纸上，它几乎是一条直线，用这样的作图法能够准确提供速度的初估值而使运算过程简化。然后用式(31)试凑出初始速度比 v_0。

在计算中，$\dfrac{W_0 c^2}{M_1 g}$ 的值是假设的，但在最终结果中用 M_0 来表示。这样做是因为用初始质量来表示结果更容易看出物理意义。$W_0 c^2$ 这个量是在海平面处飞行速度等于排气速度时箭体

的阻力，于是参数$\frac{W_0c^2}{M_1g}$表示这个阻力与初始重量之比。结果表示于图 1～图 8。这些结果将在下一节之后讨论。

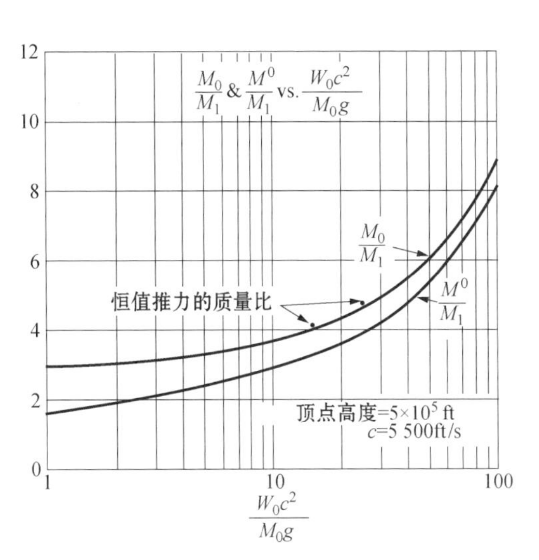

图 1　初始质量比与阻力比$\frac{W_0c^2}{M_0g}$的关系

$\left(\frac{W_0c^2}{M_0g}\right.$是在海平面高度速度等于排气速度 c 时的阻力与初始重量 M_0g 之比$\left.\right)$

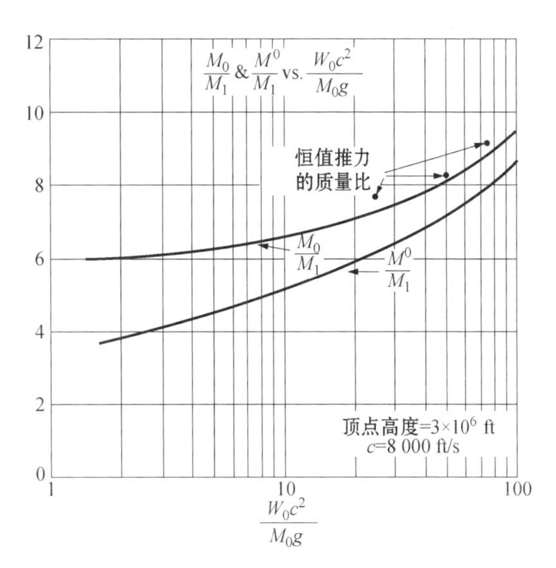

图 2　初始质量比与阻力比$\frac{W_0c^2}{M_0g}$的关系

$\left(\frac{W_0c^2}{M_0g}\right.$是在海平面高度速度等于排气速度 c 时的阻力与初始重量 M_0g 之比$\left.\right)$

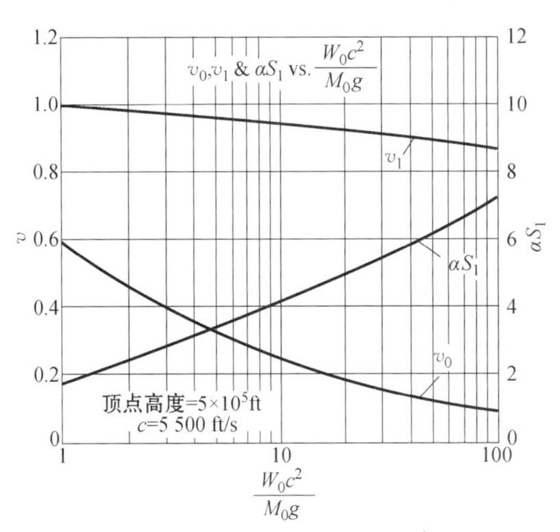

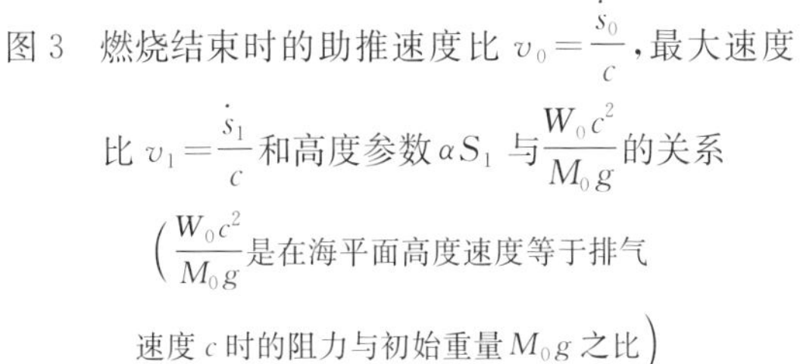

图 3　燃烧结束时的助推速度比 $v_0=\frac{\dot{s}_0}{c}$，最大速度比 $v_1=\frac{\dot{s}_1}{c}$和高度参数αS_1 与$\frac{W_0c^2}{M_0g}$的关系

$\left(\frac{W_0c^2}{M_0g}\right.$是在海平面高度速度等于排气速度 c 时的阻力与初始重量 M_0g 之比$\left.\right)$

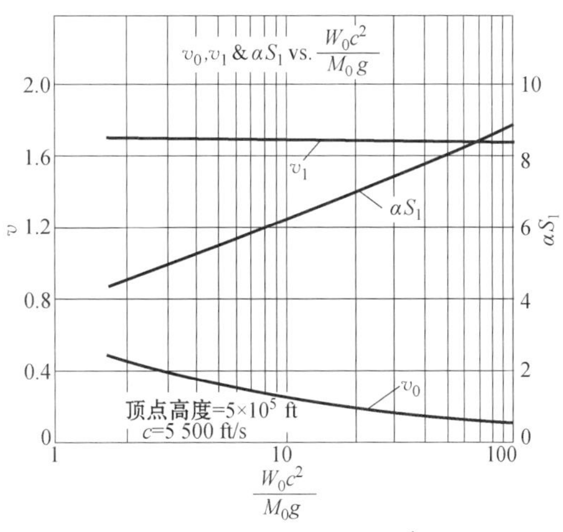

图 4　燃烧结束时的助推速度比 $v_0=\frac{\dot{s}_0}{c}$，最大速度比 $v_1=\frac{\dot{s}_1}{c}$和高度参数αS_1 与$\frac{W_0c^2}{M_0g}$的关系

$\left(\frac{W_0c^2}{M_0g}\right.$是在海平面高度速度等于排气速度 c 时的阻力与初始重量 M_0g 之比$\left.\right)$

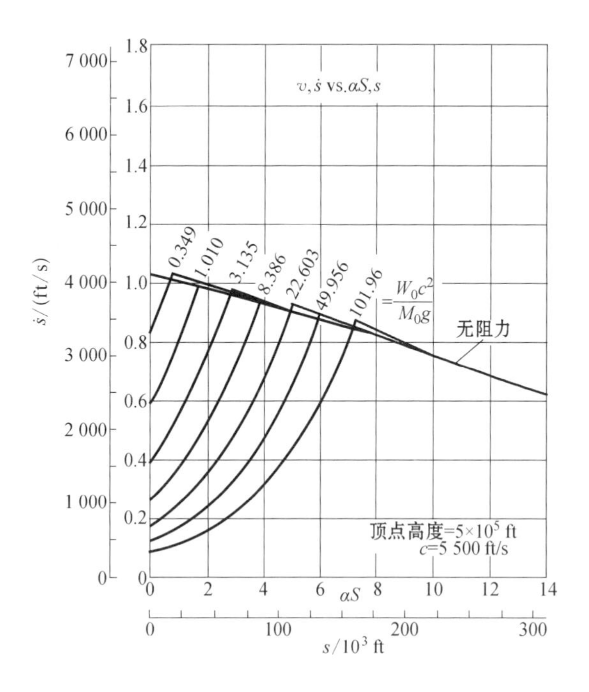

图 5　速度 $\dot{s}$ 与高度 s 的关系

$\left(\frac{W_0c^2}{M_0g}\text{是阻力比}\right)$

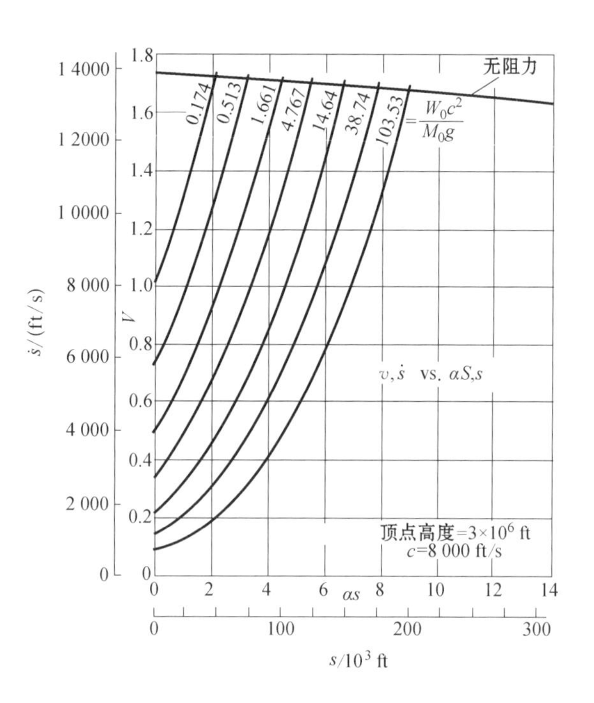

图 6　速度 $\dot{s}$ 与高度 s 的关系

$\left(\frac{W_0c^2}{M_0g}\text{是阻力比}\right)$

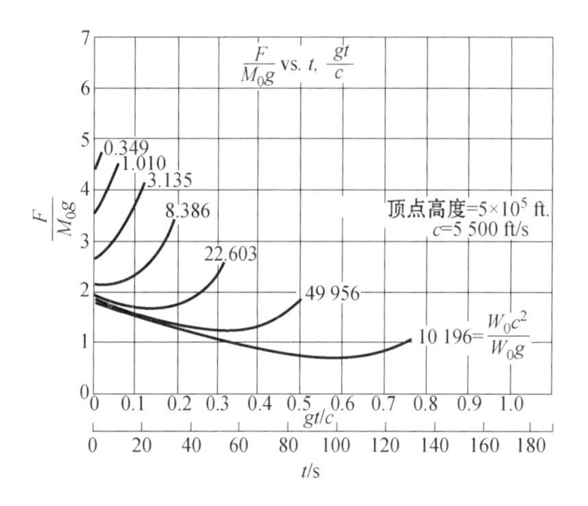

图 7　推力与初始重量之比 $\frac{F}{M_0g}$ 和时间的关系

$\left(\frac{W_0c^2}{M_0g}\text{是阻力比}\right)$

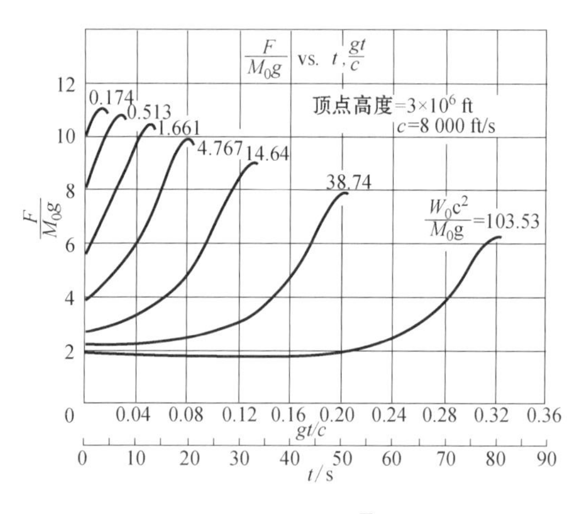

图 8　推力与初始重量之比 $\frac{F}{M_0g}$ 和时间的关系

$\left(\frac{W_0c^2}{M_0g}\text{是阻力比}\right)$

三、线性阻力律

对于超声速飞行的火箭来说，关于阻力的一个比较好的近似是

$$D=(A\dot{s}+B)\exp(-\alpha s) \tag{42}$$

这又是一个空气密度随高度的指数衰减律，但阻力系数随速度增加而减小。将式(42)代入式(22)，得到

$$\frac{\ddot{s}}{g}=\frac{v^2+\left(\frac{B}{Ac}-\beta\right)v-\left[\beta+\frac{B}{Ac(1+\beta)}\right]}{\beta\left(v+2+\frac{B}{Ac}\right)} \tag{43}$$

式中：v 和 β 和前一节相同，并由式(29)定义。式(43)能够积分，而有

$$\frac{gt}{c}=\frac{\beta}{2}\ln\frac{v^2+v\left(\frac{B}{Ac}-\beta\right)-\left[\beta+\frac{B}{Ac(1+\beta)}\right]}{v_0^2+v_0\left(\frac{B}{Ac}-\beta\right)-\left[\beta+\frac{B}{Ac(1+\beta)}\right]}+$$

$$\frac{\beta\left(4+\beta+\frac{B}{Ac}\right)}{2\lambda}\ln\frac{2v+\left(\frac{B}{Ac}-\beta\right)-\lambda}{2v+\left(\frac{B}{Ac}-\beta\right)+\lambda}\cdot\frac{2v_0+\left(\frac{B}{Ac}-\beta\right)+\lambda}{2v_0+\left(\frac{B}{Ac}-\beta\right)-\lambda} \tag{44}$$

和

$$\alpha s=v-v_0+\left(1+\frac{\beta}{2}\right)\ln\frac{v^2+v\left(\frac{B}{Ac}-\beta\right)-\left[\beta+\frac{B}{Ac(1+\beta)}\right]}{v_0^2+v_0\left(\frac{B}{Ac}-\beta\right)-\left[\beta+\frac{B}{Ac(1+\beta)}\right]}+$$

$$\frac{\beta\left(4+\beta+\frac{B}{Ac}\right)}{2\lambda}\ln\frac{2v+\left(\frac{B}{Ac}-\beta\right)-\lambda}{2v+\left(\frac{B}{Ac}-\beta\right)+\lambda}\cdot\frac{2v_0+\left(\frac{B}{Ac}-\beta\right)+\lambda}{2v_0+\left(\frac{B}{Ac}-\beta\right)-\lambda} \tag{45}$$

式中：

$$\lambda=\sqrt{\left(\frac{B}{Ac}+\beta\right)^2+4\left(\frac{B}{Ac}+\beta\right)} \tag{46}$$

由下式求得任何时刻的质量 M：

$$\frac{M}{M_1}=\left\{\frac{Ac}{M_1 g}\cdot\beta(\exp v_0)\left[v_0^2+v_0\left(\frac{B}{Ac}-\beta\right)-\left(\beta+\frac{B}{Ac(1+\beta)}\right)\right]\cdot\right.$$

$$\left[\frac{v+\frac{B}{Ac}+1}{v^2+v\left(\frac{B}{Ac}-\beta\right)-\left(\beta+\frac{B}{Ac(1+\beta)}\right)}-\frac{v_1+\frac{B}{Ac}+1}{v_1^2+v_1\left(\frac{B}{Ac}-\beta\right)-\left(\beta+\frac{B}{Ac(1+\beta)}\right)}\right]+$$

$$\left.\exp\left(v_1+\frac{gt_1}{c}\right)\right\}\exp\left\{-\left(v+\frac{gt}{c}\right)\right\} \tag{47}$$

包括助推的初始质量 M_0 能从上述方程和式(35)得到

$$\frac{M_0}{M_1}=\exp\left(v_1+\frac{gt_1}{c}\right)+\frac{Ac}{M_1 g}\beta\left\{\left[v_0+\frac{B}{Ac}+1\right]-\left[v_1+\frac{B}{Ac}+1\right]\cdot\frac{v_0^2+v_0\left(\frac{B}{Ac}-\beta\right)-\left[\beta+\frac{B}{Ac(1+\beta)}\right]}{v_1^2+v_1\left(\frac{B}{Ac}-\beta\right)-\left[\beta+\frac{B}{Ac(1+\beta)}\right]}\right\}\cdot\exp(v_0) \tag{48}$$

从式(1)能得到推力，于是

$$\frac{F}{M_1 g}=\frac{Ac}{M_1 g}\left(v+\frac{B}{Ac}\right)\exp(-\alpha s)+\frac{M}{M_1}\left(1+\frac{\ddot{s}}{g}\right) \tag{49}$$

式中：加速度$\frac{\ddot{s}}{g}$能由式(43)决定。

终点条件由式(26)和(5)给出。将式(42)和(43)代入式(26)，得到

$$\frac{Ac}{M_1 g}\left(v_1^2+v_1\frac{B}{Ac}-\frac{B}{Ac}\right)\exp(-\alpha s_1)=1 \tag{50}$$

为了满足式(5)所表示的关系，必须决定滑行的轨迹。利用式(42)，滑行的运动方程是

$$\left(\frac{\ddot{s}}{g}+1\right)+\frac{Ac}{M_1 g}\left(v+\frac{B}{Ac}\right)\exp(-\alpha s)=0 \tag{51}$$

这个方程不能用简单办法积分。然而，空气阻力效应一般比较小，所以可以首先忽略空气阻力近似求解式(51)，然后再进行必要的小修正。令 v^0 为没有空气阻力的速度的比值，而 v' 为对 v 的小修正，那么

$$v=v^0+v' \tag{52}$$

v^0 的方程就是

$$\frac{\mathrm{d}(v_0)^2}{\mathrm{d}s}+\frac{2g}{c^2}=0 \tag{53}$$

现在将式(52)代入式(51)，并且只保留 v' 的线性项，

$$v^0\frac{\mathrm{d}v'}{\mathrm{d}s}+v'\frac{\mathrm{d}v^0}{\mathrm{d}s}+\frac{A}{M_1 c}(v^0+B/(Ac))\exp(-\alpha s)=0 \tag{54}$$

这是修正项 v' 的微分方程。式(53)有解

$$v^0=\sqrt{2\beta(\alpha S-\alpha s)} \tag{55}$$

将式(55)代入式(54)，

$$\frac{\mathrm{d}v'}{\mathrm{d}\zeta}+\frac{v'}{2\zeta}=\frac{Ac}{M_1 g}\beta\left\{1+\frac{\frac{B}{Ac}}{\sqrt{2\beta\zeta}}\right\}\exp(\zeta-\alpha S)$$

其中：

$$\zeta=\alpha S-\alpha s$$

求解 v'：

$$v'=\frac{1}{\sqrt{\zeta}}\frac{Ac}{M_1 g}\beta\exp(-\alpha S)\int_0^{\zeta}\left[\sqrt{x}+\frac{\frac{B}{Ac}}{\sqrt{2\beta}}\right]\exp(x)\mathrm{d}x \tag{56}$$

为了得到一个合适的级数来计算式(56)中的积分，考虑

$$f(\zeta)=\int_0^{\zeta}\sqrt{x}\exp(x)\mathrm{d}x$$

令 $x=\zeta(1-u)$，则

$$f(\zeta)\exp(-\zeta)=\zeta^{3/2}\int_0^1\sqrt{1-u}\exp(-\zeta u)\mathrm{d}u$$

将被积函数中的根号展成幂级数，并逐项积分，$f(\zeta)$能表为以下的级数：

$$f(\zeta)=\sqrt{\zeta}\left\{[\exp(\zeta)-1]-\frac{1}{2\zeta}[\exp(\zeta)-(1+\zeta)]-\frac{1}{4\zeta^2}\left[\exp(\zeta)-\left(1+\zeta+\frac{\zeta^2}{2}\right)\right]-\cdots\right\}$$

于是

$$v'=\frac{1}{\sqrt{\zeta}}\cdot\frac{Ac}{M_1g}\beta\left\{f(\zeta)+\frac{B}{Ac}\frac{1}{\sqrt{2\beta}}(\exp(\zeta)-1)\right\}\cdot\exp(-\alpha S) \tag{57}$$

对于给定阻力和重量之比$\dfrac{Ac}{M_1g}$的火箭，必须联立求解式(50)和(57)，以决定燃尽时刻的速度和高度。如果 $B=0$，Ac 这个量现在是在海平面处飞行速度等于排气速度时箭体的阻力。

对顶点高度是 3 000 000 ft，排气速度是 8 000 ft/s，在零速时无阻力，假设 $\alpha=\dfrac{1}{22\,000}$ ft 的情况做了计算，采用了前一节用过的同样的迭代步骤。结果表示在图 9～图 12 中。这里的参数是在海平面高度处速度为 c 时火箭的阻力与初始重量之比$\dfrac{Ac}{M_0g}$。

为了确定采用推力优化规划与常规的恒定推力的火箭相比所具有的收益，使用同样的阻力定律，计算了少数几个恒定推力的情况。假设恒定推力的火箭没有初始速度，而推力与初始重量之比$\dfrac{F}{M_0g}$为 2.7。这种选择是和 Ivey，Bowen 和 Oborny [2]给出的高性能火箭最好的初始加速度一致的。比较的前提在于：在海平面高度排气速度为 c 时的阻力与初始重量 M_0g 之比以及顶点高度 S 均相同。质量比$\dfrac{M_0}{M_1}$现在比优化值高是因为最终质量 M_1 现在比较小的缘故。利用逐步近似的方法计算最终质量与初始质量之比，误差近似为百分之一。这种误差总是非保守的，因此在比较中有利于恒定推力的算例。结果用计算点表示在图 1，图 2 和图 9 中。

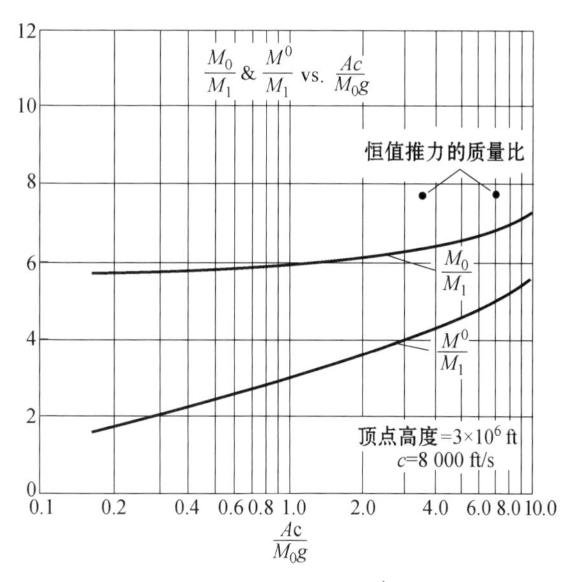

图 9　初始质量比与阻力比$\dfrac{Ac}{M_0g}$的关系

$\left(\dfrac{Ac}{M_0g}\right.$是在海平面高度速度等于排气速度 c 时的阻力与初始重量 M_0g 之比$\left.\right)$

四、结果的讨论

线性阻力律和平方阻力律都有某些共同的特征。正如从图 3，图 4，图 7，图 8，图 10 和图 12 中看到的，在阻力参数为低值

的情况，平均推力和初始速度都是高的。所以，火箭将很快燃尽它的燃料，并消耗较少的能量来对抗重力。随着阻力参数的增大，更多的能量用于克服阻力，这样在低空时低速就变得有利。所以，与低阻力参数的情况相比，初始速度和推力将会较低，而且燃烧终了的高度将会更高。但是，重要的是要指出，总是存在一个有限的初始速度 $\dot{s}_0$，以至于使推力优化规划涉及助推冲量。两种阻力律还有另一个共同结果，那就是阻力参数对初始质量与最终质量之比 $\frac{M_0}{M_1}$ 的影响(图 1，图 2 和图 9)。对于一个给定的顶点高度来说，随着阻力系数的增大，这一质量比

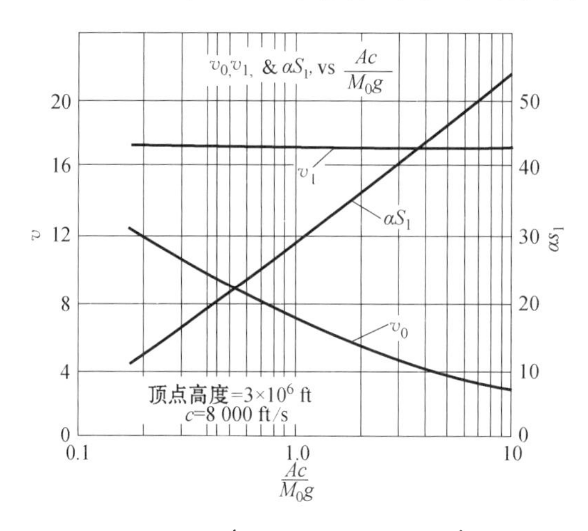

图 10　燃烧结束时的助推速度比 $v_0=\frac{\dot{s}_0}{c}$，最大速度比 $v_1=\frac{\dot{s}_1}{c}$ 和高度参数 αS_1 与 $\frac{Ac}{M_0 g}$ 的关系

$\left(\frac{Ac}{M_0 g}\right.$是在海平面高度速度等于排气速度 c 时的阻力与初始重量 $M_0 g$ 之比$\left.\right)$

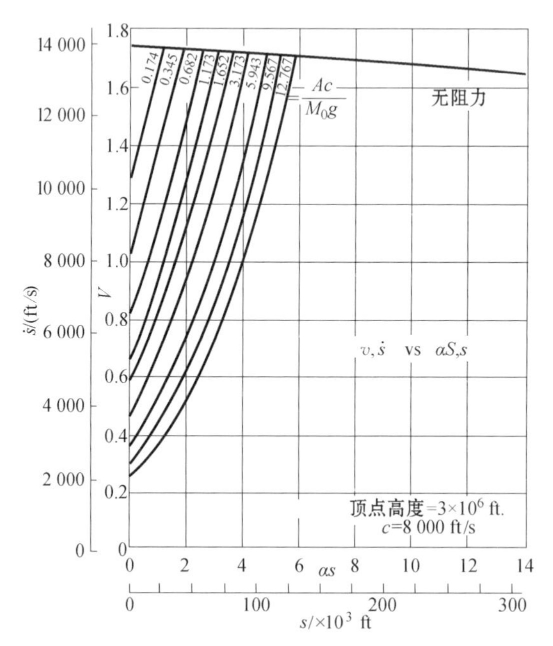

图 11　速度 $\dot{s}$ 与高度 s 的关系

$\left(\frac{Ac}{M_0 g}\right.$是阻力比$\left.\right)$

$\frac{M_0}{M_1}$也增大；随着阻力系数的减小，比值$\frac{M_0}{M_1}$渐进地趋于无阻力的值 $\exp\frac{\dot{s}_0}{c}$，其中 $\dot{s}_0$ 的值是使火箭在零高度处的动能等同于在顶点处的位能。

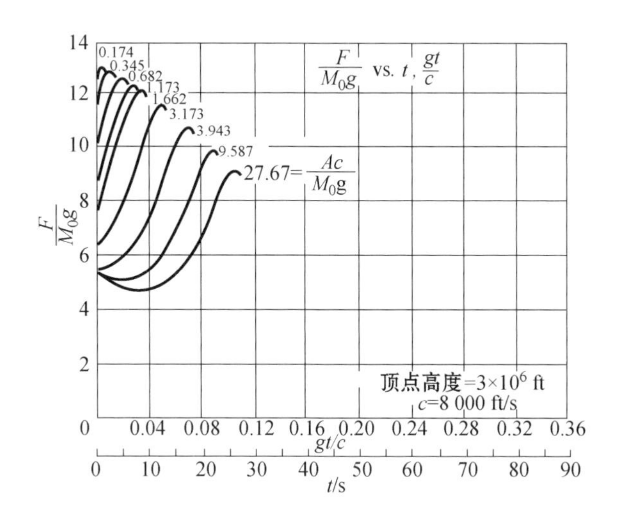

图 12 推力与初始重量之比$\frac{F}{M_0 g}$和时间 t 的关系

$\left(\frac{Ac}{M_0 g}是阻力比\right)$

对于优化规划，一般而言，初始脉冲以后的推力应随高度增加。例外发生在动力飞行的部分，如果阻力参数非常高，或者火箭有很高的性能。在这些情况下，在部分燃烧时间中，能见到推力是减小的。这或者是火箭加速度增加得很慢，或者是火箭的质量很快减小的结果。因为加速度的力占推力的主要部分，且等于瞬时的质量和加速度的乘积，所以推力能够减小。然而，一般来说，推力应当增加。对于一个恒定几何形状的火箭发动机而言，这一点实际上是有一定限度的，它取决于喷管的出口处逐渐减小的大气压力。但是在大多数情况下，这种增加只是现在计算所决定的理想值的一部分。

在相同的质量比$\frac{M_0}{M_1}$的条件下，线性阻力律的情况与平方阻力律的情况相比，具有较高的初始速度和较短的燃烧时间。因为在线性阻力律的情况，阻力不会随速度增加得很快；所以，线性阻力律的情况将有利于较高的速度和较短的燃烧时间。在平方阻力律的情况，阻力随速度的平方增加；所以，这种情况将有利于较低的速度和较长的燃烧时间。

为了给出有关阻力与初始重量之比$\frac{W_0 c^2}{M_0 g}$和$\frac{Ac}{M_0 g}$的大小，举 V－2 火箭为例。在速度为 6 000 ft/s的情况，阻力大体上是 100 000 lbf。V－2 火箭的初始重量近似为 25 000 lbf。如果排气速度是 6 000 ft/s，这样就给出，在海平面高度排气时的阻力与初始重量之比大约为 4。所以，4 可能是比值$\frac{Ac}{M_0 g}$的近似值。在平方阻力律的情况，比值$\frac{W_0 c^2}{M_0 g}$的较好的估计是 10。这将对给出较低阻力值的平方阻力律一个说明，这个值比实际的动力飞行的大部分时间，特别是在低空部分的阻力要低。因为 V－2 火箭的顶点高度近似为 100 mile，能够用图 3 来估计最优的助推速度，大概是 1 500 ft/s，这里假设$\frac{W_0 c^2}{M_0 g}=10$。如果阻力相对低一点，助推速度将会增加。所以，推力优化规划涉及重要的助推问题。

为了和理想的质量比作比较，计算了几个恒定推力的质量比。假设恒定推力的火箭没有初始速度，而且服从与理想情况同样的阻力律。初始加速度选为 1.7g，以便和 Ivey，Bowen 和 Oborny [2] 给出的高性能火箭最好的初始加速度一致。这个数值可能不是恒定推力情况下计算得到的最优值，因为它取决于火箭所服从的阻力律。恒定推力情况下的计算值可以在图 1，图 2 和图 9 中看到。如果恒定推力的火箭具有最好的可能的初始的速度和加速度，理想火箭的优点可能会少一点。事实上，有一点看来是明确的，那就是 1.7g 的初始加速度对于图 9 的线性阻力的情况是太小了。于是，利用推力优化规划可能得到的好处更为正确地体现在图 2 中。可以看到，用初始质量 M_0 表示的收益是小的。另一方面，必须记住，飞往高空的探空火箭的有效载荷只是初始重量的一小部分。所以，即使比较好的推力规划以初始重量表示的收益也是小量，但是用有效载荷表示的收益还是可观的。当然，现在得到的数值结果只是定性的。对于任何一个实际设计来说，除了考虑可变推力的附加重量，必须采用有实际根据的阻力与速度之间的关系来决定推力优化的规划。

致　谢

瑞士苏黎世的 Eidgenössiche 工业大学的 Raymund Sänger 教授在访问加州理工学院期间，友好地检验了这一计算中的数学部分，并且提出了几点重要的简化建议。为此，作者对他表示深切的谢意。

（谈庆明 译，　赵士达 校）

参考文献

[1] Malina F J, Smith A M O. Flight Analysis of the Sounding Rocket[J]. Journal of Aeronautical Sciences, 1938, 5: 199-202.

[2] Ivey H R, Bowen Jr. E N., Oborny L F. Introduction to the Problem of Rocket-Powered Aircraft Performance[R]. NACA Technical Note No. 1401, 1947.

[3] Hamel G. Über eine mit dem Problem der Rakete zusammenhängende Aufgabe der Variationsrechnung[J]. Zeitschrift für angewandte Mathematik und Mechanik, Berlin, 1927, 7: 451-452.

双原子气体辐射的发射率. Ⅲ. 在 300 K、大气压及低光学密度条件下一氧化碳发射率的数值计算[①]

S. S. Penner M. H. Ostrander[②] 钱学森

(Guggenheim Jet Propulsion Center, California Institute of Technology, Pasadena, California)

摘要 本文用一种色散公式作为谱线形状的表达式，在 300 K、一个大气压条件下，对 CO 气体转动谱线无重叠时的发射率进行了数值计算。文章使用现有最好的累积吸收与转动谱线宽度的实验数据计算发射率数值，结果与 Hottel 和 Ullrich 发表的外推经验数据非常符合。特别是在 300 K 小光学密度条件下，计算结果给出了发射率对光学密度的理论依赖关系，以令人满意的精度符合实验观测的结果。

对于小的光学密度来说，文章发现计算的发射率数值正比于所采用的转动谱线宽度的平方根，并由此强调计算高温度的发射率时需要精确地确定线宽。文章分别考察了强谱线与弱谱线两种情况下相邻转动谱线之间相互重叠的程度，找到了利用无重叠谱线处理方法的可行性的界限。

使用近似处理方法可以简化发射率计算。用无重叠、等间隔和等强度谱线的处理方法以及由经验确定的 CO 转动谱线累积吸收的等效平均值，可以预测发射率，其精度在 10% 以内。使用变型贝塞尔函数大数值时的渐近关系，并且不涉及转动谱线的等间隔与等强度的假定，文章获得了更好的解析解。

一、引言

辐射的发射与吸收这个总问题牵涉到本质不同的两个部分。辐射热输运研究的一部分是，在发射率、吸收率和散射系数都知道以后如何确定辐射强度。这些研究局限于辐射传递问题。对任意给定的几何安排，辐射传递问题都不难用公式表示。在 Chandrasekhar 最近出版的书中有这方面工作的详尽报道[1]。另一部分是确定发射率、吸收率和散射系数，它们是辐射传递计算所需要的。直至眼下，实际应用中还几乎完全使用着经验决定的发射率。这些发射率汇编在，例如 McAdams 关于传热学的著名专题论文中[2]。但是，发射率理论计算涉及的有关问题，原则上在许多年前就已经解决了。这些理论研究的结果在有限程度上已经应用于光

1951 年 9 月 27 日收到。原载 Journal of Applied Physics，1952，Vol. 22(No. 2)，pp. 256 - 263。

① 文章得到 ONR 部分支持，合同号 Nonr - 220(03) NR015210。

② 本文部分采用了 M. H. Ostrander 为在加州理工学院取得航空工程师学位所提交之论文部分内容。

谱测量，由谱线强度确定火焰温度[3]和分析大气中辐射的吸收与发射[4]。Dennison[5] 20 多年前发表的一篇重要文章包含许多基本的理论关系式，至今仍然用于 CO 发射率数值计算的研究工作。

先前发表的工作中描述过在提高总压强导致转动谱线完全重叠的条件下计算发射率的一种近似方法[6~8]。正如预期的那样，发射率的计算数值与实验数据的有限的比较结果表明，这种近似方法对于 CO 之类的双原子分子在大气压下不是精确有效的。尤其是，对整个振动-转动谱带使用平均吸收系数的方法是不能正确预测发射率对不重叠转动谱线光学密度的依赖关系的[7]。这篇文章的目的在于说明：当转动谱线间没有显著的重叠时，以往提出的理论与实验间的矛盾，可以通过对振转谱带辐射的更满意的分析加以消除。

在第二节中，我们对计算双原子分子无重叠转动谱线的基本关系式进行总结。在第三节中提供 300 K 温度下 CO 发射率的数值计算结果及其与外推实验数据的对比。在第四节中讨论无重叠转动谱线处理方法的有效性界限，在第五节中考虑本文感兴趣的条件下计算发射率的近似方法。

二、理论关系总结

对于没有 Q 分支，且转动谱线形状可以用一个色散公式表示的双原子分子来说，对应于基频振动-转动带的能级跃迁，在波数为 ω 处产生的光谱吸收系数为[5,9,10]

$$P_\omega = (b/\pi)\sum_j \{S_j[(\omega-\omega_j)^2+b^2]^{-1} + S_{j-1}[(\omega-\omega_{j-1})^2+b^2]^{-1}\} \tag{1}$$

这里①

$$S_j = [N_T\pi\varepsilon^2/(3\mu c Q)][(\omega_j/\omega^*)j\{\exp[-E(0,j)/(kT)]\}]FG(\omega^*/\omega_e) \tag{2a}$$

$$S_{j-1} = [N_T\pi\varepsilon^2/(3\mu c Q)][(\omega_{j-1}/\omega^*)j\cdot \{\exp[-E(0,j-1)/(kT)]\}F'G'](\omega^*/\omega_e) \tag{2b}$$

这里：N_T 是单位总压强、单位体积内的分子总数；μ 是所讨论分子的约化质量；c 是光速；ε 是电矩随核间距离的变化率；b 是转动谱线半宽度，单位是 cm^{-1}；ω_e 是在平衡原子间距附近无穷小振动的对应波数；ω^* 是禁止跃迁 $j=0\to j=0$ 与 $n=0\to n=1$ 的波数，这里 j,n 分别对应转动和振动量子数；ω_j 是跃迁 $j\to j-1$，$n=0\to n=1$ 对应的波数；ω_{j-1} 是跃迁 $j-1\to j$，$n=0\to n=1$ 对应的波数；$E(n,j)$ 是第 n 振动量子数、第 j 转动量子数的能级上的能量；

$$F = 1+8\gamma j[1+(5\gamma j/4)-(3\gamma/4)]$$

$$F' = 1-8\gamma j[1-(5\gamma j/4)-(3\gamma/4)]$$

$\gamma = h/8\pi^2 I c\omega_e$，其中 I 表示辐射分子的平衡惯性矩；

$$G = 1-\exp[-hc\omega_j/(kT)]$$

$$G' = 1-\exp[-hc\omega_{j-1}/(kT)]$$

Q 是完全内配分函数，其参考态的数值为 0。在高温度下 P_ω 的实际值还必须加上与 $n\to n+1$ 形式的振动跃迁相对应的，类似于等式(1)的少数几个级数。而且对于大的光学密度 $n\to n+2$，$n\to n+3$ 等振动-转动带的贡献变得重要，文献[9]详尽讨论了它的应用。

---

① 方程(2a)和(2b)与 B. L. Crawford, Jr 和 H. L. Dinsmore 在文献 J. Chem. Phys. 18, 983, 1682(1950) 中的相应关系不同。我们这里引入因子 F 和 F'，它们在本文着重考虑的 j 范围内是接近 1 的值。

均匀分布的被加热气体，经单位表面积、在单位时间内，发射到 2π 立体角里面，波数在 $\omega \to \omega + d\omega$ 范围，光学密度为 X 时（X 是发射介质分压 p 与辐射路程长度 L 的乘积）所发出的平衡辐射的总强度，由如下著名公式给出：

$$R(\omega) = R^0(\omega)[1 - \exp(-P_\omega X)] \tag{3}$$

式中：$R^0(\omega)$ 为 $\omega \to \omega + d\omega$ 波数范围内，2π 立体角中，单位表面积单位时间的黑体辐射强度，这是由普朗克黑体分布函数给出了它的解析形式。工程上发射率 E 由如下关系式定义：

$$E = \int_0^\infty R(\omega) d\omega / (\sigma T^4) \tag{4}$$

这里：σ 是斯蒂芬-玻耳兹曼常数。

由于应用等式(1)时引进了近似与假定，计算发射率的问题就转化为计算出现在等式(4)中的这种类型的积分。如果转动谱线的宽度是如此之小，以致彼此可以看做是完全分离的，那么这一积分是可以求出的。由无重叠转动谱线获得的结果在低压下是很有用的[4,9,11]。如果压强很高以至于转动谱线重叠范围非常之宽，这积分也是能够近似求出的，在这种情况下获得的结果对计算火箭燃烧室内高压条件下的发射率很有用[6~8]。而在中等大小的压强条件下计算发射率却较为困难。

我们进而考虑无重叠转动谱线发射率的计算问题。为了计算无重叠转动谱线的无限积分

$$\int_0^\infty R(\omega) d\omega = \int_0^\infty R^0(\omega)[1 - \exp(-P_\omega X)] d\omega \tag{5}$$

首先，在 $\exp(-P_\omega X)$ 明显不等于1的波数区间，把 $R^0(\omega)$ 近似地当作常数处理，用适当的平均值代替它。这在计算低压下无重叠转动谱线的发射率时引进的误差可以略去，因为 $P_\omega X$ 明显不等于零的积分区间极为狭小。例如，在室温和一个大气压的条件下，CO 的 $\Delta\omega$ 只有 $0.3\ \mathrm{cm}^{-1}$ 量级，在这样小的波数区间中 $R^0(\omega)$ 变化不到1%。

在低压下转动谱线非常窄，以至在转动谱线中心 ω_j 位置附近对 $R^0(\omega)$ 的贡献只来自 $S_j[(\omega - \omega_j)^2 + b^2]^{-1}$ 项。因此我们可以如此划分积分区间，使得每个子区间以 ω_j, ω_{j-1} 中的一个波数为中心[9]。于是获得如下近似式：

$$\int_0^\infty R(\omega) d\omega = \sum_{\Delta\omega_i} \left\{ R^0(\omega_j) \int_{\Delta\omega_i} [1 - \exp(-P_j X)] d\omega + R^0(\omega_{j-1}) \int_{\Delta\omega_i} [1 - \exp(-P_{j-1} X)] d\omega \right\} \tag{6}$$

这里：$R^0(\omega_j)$ 与 $R^0(\omega_{j-1})$ 分别表示在谱线中心波数黑体辐射发出的指定跃迁的光谱强度。类似地，P_j, P_{j-1} 分别表示对应的光谱吸收系数的特征数值，它只在指定的跃迁发生时生效。子区间 $\Delta\omega_i$ 可以方便地选择为从两个中心波数正中间的一个波数上开始延伸，到下一个用类似办法定位的邻近的波数为止。对于无重叠谱线来说，$\int_{\Delta\omega_i} [1 - \exp(-P_j X)] d\omega$ 可被 $\int_{-\infty}^{+\infty} [1 - \exp(-P_j X)] d\omega$ 代替，所引进的误差小到可以略去不计。这一误差量随着光学密度 X 的增加而增加，它可以通过数值计算容易地估算出来。现在等式(6)变为

$$\int_0^\infty R(\omega) d\omega = \sum_j \left\{ R^0(\omega_j) \int_{-\infty}^{+\infty} [1 - \exp(-P_j X)] d\omega + R^0(\omega_{j-1}) \int_{-\infty}^{+\infty} [1 - \exp(-P_{j-1} X)] d\omega \right\} \tag{7}$$

对于固定的 b，出现在等式(7)中的无穷积分用如下的推导结果[4,9,11]容易地求值：

$$\int_0^{\infty} R(\omega)\mathrm{d}\omega = 2\pi b \sum_{j=1}^{\infty}\{R^0(\omega_j)x_j \cdot \exp(-x_j)[\mathrm{I}_0(x_j)+\mathrm{I}_1(x_j)] + R^0(\omega_{j-1})x_{j-1} \cdot \exp(-x_{j-1})[\mathrm{I}_0(x_{j-1})+\mathrm{I}_1(x_{j-1})]\} \tag{8}$$

式中：$x_j = S_j X/(2\pi b)$，$x_{j-1} = S_{j-1}X/(2\pi b)$，以及 I_0，I_1 表示第一类修正的贝塞尔函数。现在可以用室温下的光谱强度[12]和线宽数据[13]从等式(4)和(8)出发，略去高次谐波，计算发射率 E。第一泛频对发射率 E 的贡献是在等式(8)上再加一个形式上和等式(8)相同的级数，不过累积吸收 S_j 要被 S_j' 替代，S_{j-1} 要被 S_{j-1}' 替代，这里带撇号的量采用的是 0→2 振动跃迁的相应数值。

三、300 K 时 CO 发射率的典型计算

在如下的计算中，使用了 Sponer[14]旧的光谱数据。因为这些数据最近有所订正[15,16]，这对谱线中心的波数以及在中心波数的黑体辐射数值多少造成了一些误差，但是这对所计算的发射率数值的综合影响仍然可以肯定地略去不计(少于 0.1%)。

假定理想气体定律成立，并且使用最近发表的 CO 基频振转谱带的累积强度数据[12]，于是有

$$(\omega^* / \omega_e)[N_T \pi \varepsilon^2 / (3\mu c Q)] = 371.9\,\mathrm{cm^{-2}\,atm^{-1}}$$ ①

出现在等式(2a)与(2b)的方括号内的项分别指定为 A_j 和 A_{j-1}。300 K 时 CO 基频振转谱带的 A_j，A_{j-1} 以及 S_j，S_{j-1} 的数值列在表 1 中。

表 1　300 K 条件下 CO 基频转动谱线累计吸收

变换 $j \to j-1$	$10^3 A_j$ /(cm^{-2}·atm^{-1})	S_j /(cm^{-2}·atm^{-1})	变换 $j-1 \to j$	$10^3 A_{j-1}$ /(cm^{-2}·atm^{-1})	S_{j-1} /(cm^{-2}·atm^{-1})
1→0	5.528	2.064	0→1	5.572	2.081
2→1	10.71	4.000	1→2	10.88	4.062
3→2	15.28	5.705	2→3	15.64	5.841
4→3	19.02	7.101	3→4	19.62	7.326
5→4	21.79	8.135	4→5	22.65	8.457
6→5	23.51	8.780	5→6	24.64	9.200
7→6	24.24	9.050	6→7	25.58	9.551
8→7	24.00	8.960	7→8	25.54	9.535
9→8	22.97	8.577	8→9	24.63	9.199
10→9	21.32	7.960	9→10	23.04	8.603
11→10	19.23	7.180	10→11	20.94	7.819
12→11	16.88	6.310	11→12	18.53	6.919
13→12	14.45	5.397	12→13	15.99	5.969

① 公式里原文是 c^2，原文有误。译者已改正为 c，公式(26)同此。

(续表)

变换 $j \to j-1$	$10^3 A_j$ /(cm^{-2} • atm^{-1})	S_j /(cm^{-2} • atm^{-1})	变换 $j-1 \to j$	$10^3 A_{j-1}$ /(cm^{-2} • atm^{-1})	S_{j-1} /(cm^{-2} • atm^{-1})
14→13	12.07	4.509	13→14	13.46	5.025
15→14	9.851	3.678	14→15	11.06	4.131
16→15	7.857	2.934	15→16	8.889	3.319
17→16	6.127	2.288	16→17	6.986	2.608
18→17	4.673	1.745	17→18	5.370	2.005
19→18	3.490	1.303	18→19	4.039	1.508
20→19	2.551	0.952 5	19→20	2.975	1.111
22→21	1.281	0.478 3	21→22	1.622	0.605 7
24→23	0.592 4	0.221 2	23→24	0.773	0.288 5
26→25	0.252 9	0.094 4	25→26	0.340	0.126 9
28→27	0.099 8	0.037 3	27→28	0.138	0.051 6
30→29	0.036 4	0.013 6	29→30	0.052	0.019 5
35→34	0.002 1	0.007 8	34→35	0.001	0.005 2
40→39	0.000 1	0.003 7	39→40	0.000	0.000 0

分别从 S_j,S_{j-1} 乘上第一泛频与基频的累计吸收的比值,即可得到第一泛频转动谱线累计吸收 S'_j 与 S'_{j-1} 获得良好的近似值。由实验观察得到该比值为[12] $1.64/237 = 6.92 \times 10^{-3}$ 。使用这一比值获得的 300 K 时 S'_j 与 S'_{j-1} 的计算结果列在表 2 中。

表 2 300 K 条件下 CO 第一泛频转动谱线累计吸收

变换 $j \to j-1$	$10^2 S'_j$ /(cm^{-2} • atm^{-1})	变换 $j-1 \to j$	$10^2 S'_{j-1}$ /(cm^{-2} • atm^{-1})
1→0	1.428	0→1	1.440
2→1	2.768	1→2	2.811
3→2	3.948	2→3	4.042
4→3	4.914	3→4	5.070
5→4	5.629	4→5	5.852
6→5	6.076	5→6	6.367
7→6	6.263	6→7	6.610
8→7	6.201	7→8	6.598
9→8	5.935	8→9	6.365
10→9	5.508	9→10	5.953
11→10	4.968	10→11	5.411
12→11	4.366	11→12	4.788
13→12	3.735	12→13	4.130
14→13	3.120	13→14	3.477

(续表)

变换 $j \to j-1$	$10^2 S'_j$ /(cm^{-2} · atm^{-1})	变换 $j-1 \to j$	$10^2 S'_{j-1}$ /(cm^{-2} · atm^{-1})
15→14	2.545	14→15	2.859
16→15	2.030	15→16	2.297
17→16	1.583	16→17	1.805
18→17	1.208	17→18	1.388
19→18	0.901 7	18→19	1.043 7
20→19	0.659 1	19→20	0.768 8
22→21	0.331 0	21→22	0.419 1
24→23	0.153 1	23→24	0.199 6
26→25	0.065 3	25→26	0.087 8
28→27	0.025 8	27→28	0.035 7
30→29	0.009 4	29→30	0.013 5
35→34	0.005 4	34→35	0.003 6
40→39	0.002 8	39→40	0.000 0

使用表 2 与表 1 的数据，已经从表达式(4)，(8)计算出发射率[17]作为光学密度与转动谱线半宽度的函数。计算结果综合在表 3，并绘于图 1 中，并且与 Ullrich[18]报道的外推经验数据作了比较。

表 3　300 K 条件下 CO 计算和实验结果外推得出的发射率作为光学密度和转动谱线半宽度的函数

$T=300$ K $b=0.06\ cm^{-1}$ $X=pL$(cm · atm)	E 计算结果	E 从文献[18]实验数据外推的结果
0.1	3.62×10^{-4}	4.1×10^{-4}
0.5	9.30×10^{-4}	1.05×10^{-3}
2.0	1.92×10^{-3}	2.2×10^{-3}
6.0	3.43×10^{-3}	3.35×10^{-3}
$T=300$ K $b=0.07\ cm^{-1}$ $X=pL$(cm · atm)		
0.1	3.81×10^{-4}	4.1×10^{-4}
0.5	9.90×10^{-4}	1.05×10^{-3}
2.0	2.03×10^{-3}	2.2×10^{-3}
6.0	3.64×10^{-3}	3.35×10^{-3}
30.0	8.24×10^{-3}	5.8×10^{-3}
70.0	1.26×10^{-2}	7.9×10^{-3}
$T=300$ K $b=0.08\ cm^{-1}$ $X=pL$(cm · atm)		
0.1	4.13×10^{-4}	4.1×10^{-4}

（续表）

$T=300$ K $b=0.06$ cm^{-1} $X=pL$(cm·atm)	E 计算结果	E 从文献[18]实验数据外推的结果
0.5	1.08×10^{-3}	1.05×10^{-3}
2.0	2.21×10^{-3}	2.2×10^{-3}
6.0	3.90×10^{-3}	3.35×10^{-3}
30.0	8.84×10^{-3}	5.9×10^{-3}
70.0	1.35×10^{-2}	7.9×10^{-3}

列于表3以及绘于图1中的数据表明：计算的发射率正比于所假定的转动谱线半宽度的平方根。在光学密度很小、压力是一个大气压的条件下，当 $b=0.076$ cm^{-1}，计算的发射率与观察值几乎精确地符合。这一数值非常符合CO用标准技术获得的红外谱线宽度的测量值[13,19]。因此我们得出重要结论：从光谱数据计算发射率，在测量精度范围内与经验数据定量符合。当光学密度大于2 cm·atm时，计算的发射率显得太大，这一事实是由于转动谱线不重叠的假定不再成立造成的。这种情况将在第四节中讨论。

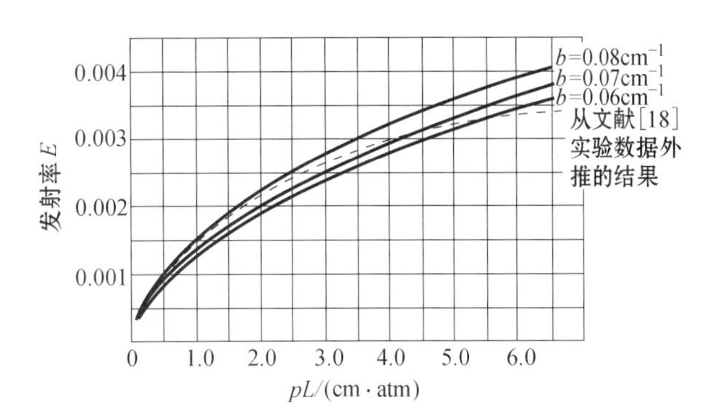

图1 300 K和大气压条件下CO发射率 E 对光学密度 pL 的函数关系

列于表3、绘于图1的数据表明：发射率 E 是 $(X)^{1/2}$ 精确的线性函数，这一结果连同观察到的 E 正比于转动谱线半宽度平方根的事实，明显地符合Elsasser关于无重叠、等强度和等间隔的转动谱线的著名平方根定律[4]。不幸的是，这种简化处理[4]，借助已知的基本光谱常数，不能定量预言 E 对 $(X)^{1/2}$ 关系曲线的斜率①(详细内容参看第五节之第1小节)。

这些计算结果具有重要的实际意义。它们清楚地表明，光学密度小的发射率是转动谱线半宽度的敏感函数。由此必然导致如下结论：我们不但不应当使用不恰当的简化方程不加区别地把发射率的数值外推到不同的温度、压强或者光学密度的参数范围，而且还必须适当地考虑红外不活跃气体的浓度所带来的问题。

四、CO非重叠转动谱线处理的适用界限[17]

为了用图解说明谱线重叠对 P_ω 的影响，我们开展了涉及两条相邻转动谱线对 P_ω 贡献的典型计算。在下面的算例中谱发射率的正确表达式显然是

$$\varepsilon_\omega = 1 - \exp[-(P_{\omega 1} + P_{\omega 2})X] \tag{9}$$

这里的 $P_{\omega 1}$，$P_{\omega 2}$ 分别表示两条谱线各自的谱吸收系数。如果这两条转动谱线分离得足够远以至可以略去重叠，那么谱发射率可用如下的关系式表示：

① 如果试图从传输的实验测量中计算转动谱线半宽度会遇到同样的困难。可以同文献[13]作比较。

$$\varepsilon'_{\omega} = 1 - \exp(-P_{\omega 1}X) + 1 - \exp(-P_{\omega 2}X) \tag{10}$$

从等式(9)与(10)计算差值 $\varepsilon_{\omega} - \varepsilon'_{\omega}$，我们可以确定因忽略相邻转动谱线重叠所造成的计算发射率的误差。由此导出的下述表达式在 $P_{\omega 1}X$ 和 $P_{\omega 2}X$ 很小时是很有用处的：

$$\varepsilon'_{\omega} - \varepsilon_{\omega} = (P_{\omega 1}P_{\omega 2})X^2 - (P_{\omega 1}^2 P_{\omega 2} + P_{\omega 1}P_{\omega 2}^2)X^3/2 + \cdots \tag{11}$$

可以用正确的表达式(9)计算出的两条转动谱线的发射率作为定性的指导，来确定转动谱线无重叠理论算法的可行性的界限。从等式(9)得到的 ε_{ω} 的两个有代表性算例的计算结果，分别表示于图 2 与图 3 之中，其中 ε_{ω} 为自变量 ω 的函数，而以 X 为参变量。在图 2 中选取 $n=0 \rightarrow n=1, j=8 \rightarrow j=7$ 和 $j=7 \rightarrow j=6$ 两个跃迁过程对应的两条谱线作为特性化的表征。该图表明当 $X = 2\ \text{cm} \cdot \text{atm}$ 时，在两条谱线中心位置的中点上，发射率停留在非常小的数值之下(即 $\varepsilon_{\omega} < 0.2$)。由于在这个算例中指定的跃迁过程对应着两条最强的转动谱线，因此可以恰当地给出结论：至少在 $X \leqslant 2\ \text{cm} \cdot \text{atm}$ 条件下，基于式(8)能获得有效的发射率计算结果。与图 2 的强的相邻转动谱线的计算相类似，图 3 中展示的是弱的转动谱线的计算，对应的跃迁分别是 $n=0 \rightarrow n=1, j=19 \rightarrow j=18$ 和 $j=18 \rightarrow j=17$。正如预期的那样，对于比图 2 中强转动谱线计算的更大的 X 值，等式(10)用于计算弱谱线的 ε_{ω} 更加适合。

尽管对使用式(8)造成的误差进行精确的赋值并非易事，但是图 2，图 3 的数据明确表示：这样计算的发射率数值至少到 $X = 2\ \text{cm} \cdot \text{atm}$ 是可靠的，而且还有可能提高到再稍微大点的 X。对比第三节中的计算和观测的发射率数据，证实了这一结论。

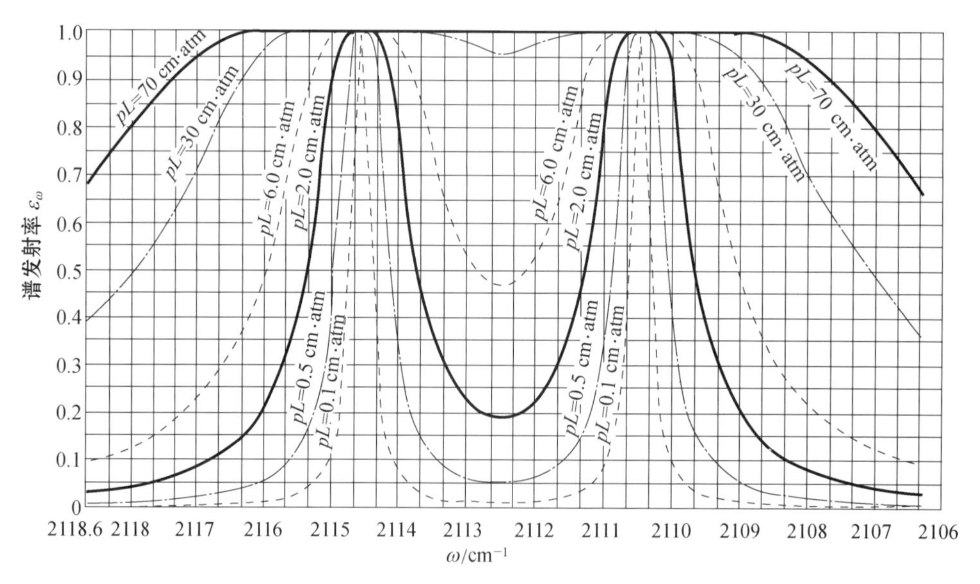

图 2 300 K 和大气压条件下两相邻强转动谱线($n=0 \rightarrow n=1, j=8 \rightarrow j=7$ 与 $j=7 \rightarrow j=6$)谱发射率 ε_{ω} 作为波数 ω 与光学密度的函数

五、双原子分子无重叠转动谱线发射率近似计算

第三节中陈述的发射率计算工作非常繁重，因此值得考虑发展近似解析表达式以避免繁杂的运算。在这一节我们提供两种近似方法以提高精度。

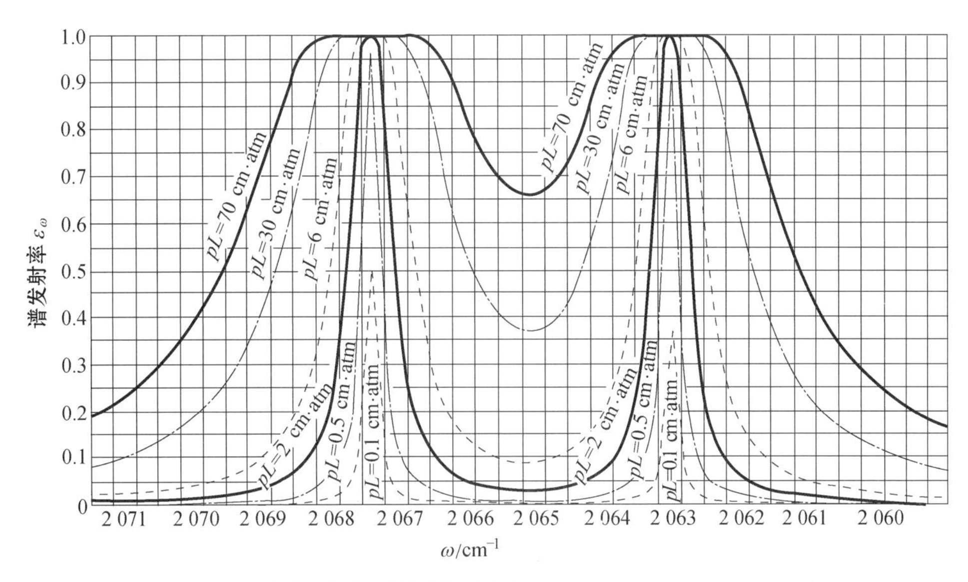

图 3 300 K 和一个大气压条件下两相邻弱转动谱线($n=0\rightarrow n=1, j=19\rightarrow j=18$ 与 $j=18\rightarrow j=17$)谱发射率 ε_ω 作为波数 ω 与光学密度的函数

1. 300 K 时 CO 非重叠转动谱线发射率计算(假定谱线等间隔和等强度)

从式(3)和(4)显然有

$$E \approx (\bar{R}^0/\sigma T^4)\int_0^\infty [1-\exp(-P_\omega X)]\mathrm{d}\omega \tag{12}$$

这里:$\bar{R}^0$ 代表在 P_ω 明显不等于零的波数区间内 $R^0(\omega)$ 的平均值,本问题中对辐射热输运的主要贡献来自基频振转谱带。对于中等光学密度、无重叠、等间隔、等强度的转动谱线,已知[4]

$$\int_0^\infty [1-\exp(-P_\omega X)]\mathrm{d}\omega = \Delta\omega_{\mathrm{F}}\frac{2(\bar{S}_{\mathrm{F}}bX)^{\frac{1}{2}}}{q} \tag{13}$$

这里:$\Delta\omega_{\mathrm{F}}$ 是有效带宽[6];$\bar{S}_{\mathrm{F}}$ 是 CO 基频振转谱带等强度转动谱线的累积吸收[4,13];q 是等间隔转动谱线的间隔。等式(12),(13)联立导致如下结果:

$$E = 2[\bar{R}^0\Delta\omega_{\mathrm{F}}/(\sigma T^4)](\bar{S}_{\mathrm{F}}bX)^{\frac{1}{2}}/q \tag{14}$$

从已知的谱线等间隔、等强度假定的有效性界限知道,式(14)精确地预示着小 X 值精确数值解的所有定性特征,于是

$$\partial E/\partial(X)^{1/2} = \text{当 } b \text{ 固定时的常数}$$

$$\partial E/\partial(b)^{1/2} = \text{当 } X \text{ 固定时的常数}$$

实际上,我们不只是能够预言 E 的函数形式。而且对于 300 K 的 CO,已经给出[13]

$$\bar{S}_{\mathrm{F}} = 1.9\ \mathrm{cm^{-2}\cdot atm^{-1}} \tag{15}$$

还有 $\Delta\omega_{\mathrm{F}} \approx 250\ \mathrm{cm^{-1}}$,即从 2 000 $\mathrm{cm^{-1}}$ 伸展到 2 250 $\mathrm{cm^{-1}}$,$q = 4\ \mathrm{cm^{-1}}$,$b = 0.08\ \mathrm{cm^{-1}}$,因此在 300 K 时式(12)变成

$$E \approx 1.48\times 10^{-3}(X)^{1/2} \tag{16a}$$

式中:X 的单位是 cm • atm,$b = 0.08\ \mathrm{cm^{-1}}$。

当转动谱线半宽度为 0.08 $\mathrm{cm^{-1}}$ 时(见表 3),计算得到的 300 K CO 的发射率 E 作为

$(X)^{1/2}$ 的函数画在图 4 中。引用图 4 可以得到

$$E = 1.64 \times 10^{-3}(X)^{1/2}$$

$$(b = 0.08\ \mathrm{cm}^{-1}, 0.1 \leqslant X \leqslant 2\ \mathrm{cm \cdot atm}) \tag{16b}$$

比较(16a)与(16b)说明：我们能够预言发射率，绝对值精确到 10%，而无需进行数值计算。

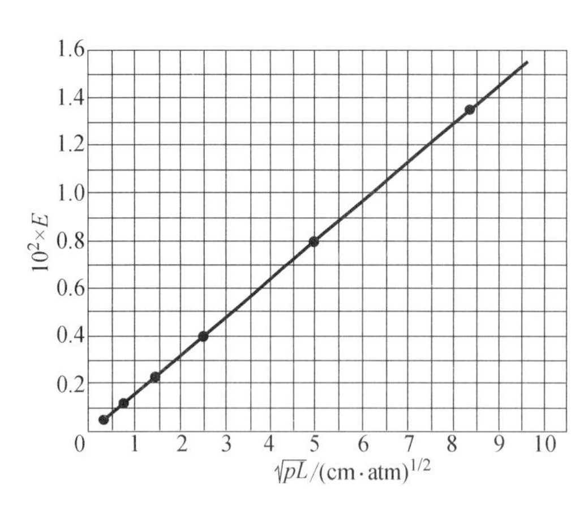

图 4　300 K 和大气压条件下($b = 0.08\ \mathrm{cm}^{-1}$)计算得到的发射率作为光学密度平方根的函数

考虑到这项研究的目的在于从光谱数据出发对发射率开展理论计算，使用式(14)可能引起如下的反对意见：(a) 不进行精确的数值计算无法估计式(14)的绝对误差；(b) 式(15)只是一种经验关系，$\bar{S}_F$ 依赖温度与总压力的关系还无从精确地预言。虽然 Elsasser[4] 已经对等间隔、等强度、部分重叠的转动谱线提供了积分表达式，而式(14)的简化处理在某些情况下可能还是需要的。我们也注意到随着温度提高，$\bar{P}_F$ 必趋于累积吸收和带宽的比值[8]，这个比值是一个容易计算的量[6]。

2. 300 K 时 CO 非重叠转动谱线发射率计算(用修正贝塞尔函数的渐近表达式)

出现在等式(8)中的发射函数

$$f(x) = x\exp(-x)[\mathrm{I}_0(x) + \mathrm{I}_1(x)] \tag{17}$$

已被 Elsasser[4] 研究与计算过，他强调：即使对于中等大小的 x 数值，修正贝塞尔函数的渐近表达式给出 $f(x)$ 非常好的近似值。但是这结果未曾用于无重叠的、强度可以适当地逐渐变化的转动谱线的精确处理。这里讨论的目的是：在能够使用修正贝塞尔函数渐近表达式的条件下，计算式(8)的积分，并由式(4)确定发射率 E 的数值。

在详细描述积分之前还要强调一下，使用这一处理方法时必须谨慎，因为分析依赖两个看似矛盾的假定。转动谱线间的重叠在 x 小的时候取了最小化(请对比第四节)，而修正贝塞尔函数的渐近表达式对于大的 x 值最精确。幸好双原子分子转动谱线间隔相对较宽，因而存在适合的 x 值范围，使这两个限制条件同时接近满足(特别是在转动谱线宽度很小的低压情况下更是如此)。尤其对于我们所讨论的问题，已经知道在光学密度小于 2 cm • atm 时转动谱线间的重叠并不重要(可比较三、四两节)。而且，基频振转带的转动谱线的累积吸收的数值范围(参看表 1)，使得光学密度大于 0.25 cm • atm 时的大多数谱线，因设定[4]

$$f(x) = 2[x/(2\pi)]^{1/2} \tag{18}$$

而造成的误差很小①。因此可以期望，至少当 $0.25\ \mathrm{cm \cdot atm} \leqslant pL \leqslant 2.0\ \mathrm{cm \cdot atm}$ 时将得到有用的近似解。当然使用变型贝塞尔函数渐近表达式的近似处理不能用于计算第一泛频，因为

---

① 利用已知的 $f(x)$ 和 S_j, S_{j-1} 可以清楚地知道贝塞尔函数渐近形式的误差如下：
当 $1 \leqslant j \leqslant 18$ 且 $X = 2\ \mathrm{cm \cdot atm}$，误差小于 5%，
当 $2 \leqslant j \leqslant 16$ 且 $X = 1\ \mathrm{cm \cdot atm}$，误差小于 5%，
当 $2 \leqslant j \leqslant 14$ 且 $X = 0.25\ \mathrm{cm \cdot atm}$。误差小于 15%。
由于对 E 的最大贡献源于 $1 \leqslant j \leqslant 16$ 的转动谱线，先前的论述暗含了目前计算处理方法的有效范围。

S'_j 和 S'_{j-1} 太小(参看表2)。但是,正如在第三和第五的第1节中注意到的,第一泛频对发射率 E 的贡献在本问题中小到可以略去。

把近似表达式(18)用到式(8)中,从式(4)发现

$$E=30\left(\frac{u}{\pi}\right)^4\sum_{j=1}^{\infty}\left\{\frac{\left(\frac{\omega_j}{\omega^*}\right)^3}{\left[\exp\left(\frac{u\omega_j}{\omega^*}\right)\right]-1}\left[bS_j\frac{X}{(\omega^*)^2}\right]^{\frac{1}{2}}+\frac{\left(\frac{\omega_{j-1}}{\omega^*}\right)^3}{\left[\exp\left(\frac{u\omega_{j-1}}{\omega^*}\right)\right]-1}\left[bS_{j-1}\frac{X}{(\omega^*)^2}\right]^{1/2}\right\} \tag{19}$$

这里引入了斯蒂芬-玻耳兹曼常数的显式关系,并且使用了黑体辐射光谱强度的著名的Planck分布定律,同时还使用了J. E. Mayer与M. G. Mayer的符号[20]

$$u=hc\omega^*/(kT)=h\nu^*/(kT)$$

沿用光谱常数的习惯符号[21],同时略去 $(\gamma j)^3$ 和更高阶的项,现在我们引入如下近似式:

$$\omega_j/\omega^*=1-2\gamma j-(\delta/\gamma)\gamma^2 j^2 \tag{20}$$

$$F^{1/2}=1+4\gamma j-3\gamma^2 j^2 \tag{21}$$

$$\begin{aligned}G^{1/2}[\exp(u\omega_j/\omega^*)-1]^{-1}=\mathrm{e}^{-u}(1-\mathrm{e}^{-u})^{-1/2}\Big\{&1+\gamma j u[2+\mathrm{e}^{-u}(1-\mathrm{e}^{-u})^{-1}]+\\&\gamma^2 j^2\left[u\left(2u+\frac{\delta}{\gamma}\right)+u\mathrm{e}^{-u}(1-\mathrm{e}^{-u})^{-1}\left(3u+\frac{\delta}{2\gamma}\right)+\right.\\&\left.\left(\frac{3}{2}\right)u^2\mathrm{e}^{-2u}(1-\mathrm{e}^{-u})^{-2}\right]\Big\}\end{aligned} \tag{22}$$

$$\exp\{-[E(0,j)-E(0,0)]/(2kT)\}=[\exp(-\gamma j^2u/2)][1-(\gamma j u/2)+(\gamma^2 j^2 u^2/8)] \tag{23}$$

并且[20]

$$\begin{aligned}Q\exp[E(0,0)/(kT)]=(\gamma u)^{-1}(1-\mathrm{e}^{-u})^{-1}[&1+\gamma(u/3+8/u)+\delta(\mathrm{e}^u-1)^{-1}+\\&2x^*u(\mathrm{e}^u-1)^{-2}]\end{aligned} \tag{24}$$

把 j 代换成 $-j$,得到对应于等式(20)至(23)的 $j-1\rightarrow j$ 跃迁的关系式。由于这种对称性,对各个 j,所有 $j\rightarrow j-1$ 与 $j-1\rightarrow j$ 跃迁的相应的各项之和仅仅是 j^2 的函数,j 的线性项全部抵消。于是从式(19)、式(2a)、等式(20)至(23),以及等式(2b),连同与 $j-1\rightarrow j$ 跃迁有关的,对应于式(20)至(23),得到如下结果:

$$\begin{aligned}E=30u^5\pi^{-4}\mathrm{e}^{-u}f(\gamma,\delta,x^*,u)\left[\left(\frac{\gamma b}{\omega^*}\right)\left(\frac{AX}{\omega^*}\right)\right]^{\frac{1}{2}}\cdot\\\sum_j 2j^{1/2}\mathrm{e}^{-\gamma u j^2/2}[1+\gamma^2 j^2 g(\gamma,\delta,u)]\end{aligned} \tag{25}$$

这里:A 是与温度无关的量,它由下式给出:

$$A=[N_{\mathrm{T}}\pi\varepsilon^2/(3\mu cu)](\omega^*/\omega_{\mathrm{e}}) \tag{26}$$①

函数 $f(\gamma,\delta,x^*,u)$ 是从式(24)得到的,

$$f(\gamma,\delta,x^*,u)=1-\gamma(u/6+4/u)-\delta[2(\mathrm{e}^u-1)]^{-1}-x^*u(\mathrm{e}^u-1)^{-2} \tag{27}$$

它明显地接近于1。函数 $g(\gamma,\delta,u)$ 是

$$g(\gamma,\delta,u)=(3/2)(u\mathrm{e}^{-u})^2(1-\mathrm{e}^{-u})^{-2}+u\mathrm{e}^{-u}(1-\mathrm{e}^{-u})^{-1}[5u/2+\delta/(2\gamma)-3]+$$

---

① 译者注:公式(26)分母原文是 c^2,有误,改正为 c。

$$u(\delta/\gamma - 9/2 + 9u/8) + 27/2 - 7\delta/(2\gamma) \tag{28}$$

现在 Euler-Maclaurin 求和公式[22]可用于计算对等式(25)中的 j 求和。详细推导在附录中给出。结果是

$$E = 30u^5\pi^{-4}e^{-u}[(\gamma b/\omega^*)(AX/\omega^*)]^{1/2} \cdot f(\gamma,\delta,x^*,u)\left\{1.225\left(\frac{2}{\gamma u}\right)^{3/4} \cdot \right.$$

$$\left.[1+(3\gamma/(2u))g(\gamma,\delta,u)] - 0.417\right\} \tag{29}$$

由于 $f(\gamma,\delta,x^*,u)$ 接近 1,而且在室温下

$$\left(\frac{3\gamma}{2u}\right)g(\gamma,\delta,u) \ll 1, \quad 0.417 \ll 1.255\left(\frac{2}{\gamma u}\right)^{3/4}$$

于是得到下面的近似式:

$$E = 0.6345u^5e^{-u}(\gamma u)^{-\frac{3}{4}}\left[\left(\frac{\gamma b}{\omega^*}\right)\left(\frac{AX}{\omega^*}\right)\right]^{1/2} \tag{30}$$

利用 Sponer 的 CO 光谱常数[14]并设定[12]

$$A = 22.95\ \mathrm{cm}^{-2} \cdot \mathrm{atm}^{-1}$$

在 $b = 0.08\ \mathrm{cm}^{-1}$ 时从式(29)得到

$$E = 1.67 \times 10^{-3}(X)^{1/2}$$

$$(X \text{ 单位为 } \mathrm{cm} \cdot \mathrm{atm},\ b = 0.08\ \mathrm{cm}^{-1}) \tag{16c}$$

式(16c)给出 E 的表达式与式(16b)给出的数值计算结果非常一致[23]。因此我们得到结论:在适当条件下,(29),(30)为非重叠转动谱线提供有用的近似。显然,前面的讨论说明式(16c)不能用于 X 远小于 0.25 cm · atm 的情况。这一结论符合于一个公认的事实,即光学密度非常小时,辐射吸收不与光学密度的平方根成正比。

E 的表达式(29)是对式(14)的重大改进(后者是按 Elsasser 的处理方法对等间隔、等强度的转动谱线推导出的)。这样,出现在式(29)中的参数,在大多数情况下是已知的分子常数。但是还是需要谨慎地使用公式(29),尤其在计算发射率随温度变化的函数关系的时候[24]。

附　录

使用 Euler-Maclaurin 求和公式[22]以计算式(25)中的和时,导致下述关系:

$$2\sum_{j=1}^{\infty} j^{\frac{1}{2}} e^{\frac{-\gamma u_* j^2}{2}}[1+\gamma^2 j^2 g(\gamma,\delta,u)] \approx 2\int_1^{\infty} j^{\frac{1}{2}} e^{\frac{-\gamma u_* j^2}{2}} \times [1+\gamma^2 j^2 g(\gamma,\delta,u)]\mathrm{d}j + \frac{11}{12} \tag{A1}$$

从 1 到∞的积分可表示为从 0 到∞,与 0 到 1 积分的差,而从 0 到 1 的积分能给出其近似值是 4/3。因此

$$2\sum_{j=1}^{\infty} j^{\frac{1}{2}} e^{-\gamma u j^2/2}[1+\gamma^2 j^2 g(\gamma,\delta,u)] \approx 2\int_0^{\infty} j^{\frac{1}{2}} e^{-\gamma u j^2/2}[1+\gamma^2 j^2 g(\gamma,\delta,u)]\mathrm{d}j - \frac{5}{12}$$

$$= \Gamma\left(\frac{3}{4}\right)\left(\frac{2}{\gamma u}\right)^{\frac{3}{4}}\left[1+\left(\frac{3\gamma}{2u}\right)g(\gamma,\delta,u)\right] - \frac{5}{12} \tag{A2}$$

(林贞彬 译, 崔季平 校)

参考文献

[1] Chandrasekhar S. Radiative Transfer [M]. Clarendon Press, Oxford, 1950.

[2] Hottel H C. “Radiant heat transfer” in McAdam's Heat Transmission [M]. McGraw-Hill Book Company, Inc., New York, 1942.

[3] 相关评论文章(包括大量原始文献)可参考 Am. J. Phys. 17, 422, 491(1949)。

[4] Elsasser W M. Harvard Meteorological Studies No. 6[M]. Blue Hill Observatory, Milton, Massachusetts, 1942.

[5] Dennison D M. [J]. Phys. Rev. 31, 503(1928).

[6] Penner S S [J]. J. Appl. Phys. 21, 685(1950); Benitez L E, Penner S S. 21, 907(1950).

[7] Penner S S [J]. J. Appl. Mech. 18, 53(1951).

[8] Penner S S, Weber D. [J]. J. Appl. Phys. 22, 1164(1951).

[9] Penner S S, Chem J. [J]. Phys. 19, 272, 1434(1951).

[10] Oppenheimer J R. [J]. Proc. Cambridge Phil. Soc. 23, 327(1926).

[11] Ladenburg R, Reiche F. [J]. Ann. Physik 42, 181(1913).

[12] Penner S S, Weber D. [J]. J. Chem. Phys. 19, 807, 817, 974(1951).

[13] Penner S S, Weber D. [J]. J. Chem. Phys. 19, 1351, 1361(1951).

[14] Sponer H. Molekülspektren [M]. Verlag Julius Springer, Berlin, 1935.

[15] Rao K N. [J]. J. Chem. Phys. 18, 213(1950).

[16] Silverman, Plyler, Benedict [D]. 1951 年俄亥俄州哥伦比亚“分子结构与光谱学”论坛前提交的论文

[17] 有关此计算的更多细节在 M. H. Ostrander 的论文中可以找到。

[18] Ullrich W., Dr. Sci. thesis [C]. M. I. T., Cambridge, Massachusetts, 1935.

[19] Matheson L A. [J]. Phys, Rev. 40, 813(1932).

[20] Mayer J E, Mayer M G. Statistical Mechanics [M]. John Wiley and Sons, Inc., New York, 1940.

[21] 相关数值结果的汇编可以在文献[20]第 468 页中找到。

[22] 见文献[20]第 431 页。

[23] 文中的分析会导致发射率某种程度的偏大,这是因为对于有限的 x 而言,方程(18)给出的渐近关系式使 $f(x)$ 偏大。

[24] 可与文献[9]中第Ⅳ部分进行比较。

火箭喷管的传递函数

钱学森[①]

(Daniel and Florence Guggenheim Jet Propulsion Center, California Institute of Technology, Pasadena, Calif.)

摘要 传递函数定义为火箭燃烧室中分数振荡质量流率与分数正弦压力振荡的比值。它被当作振荡频率的函数来计算。对很低的频率而言,传递函数近似为1,而"主导成分"是个小量。对很高的频率而言,传递函数比1大得多,近似为 $1+(\gamma M_1)^{-1}$,其中 γ 是气体的比热比,而 M_1 是喷管进口处的马赫数。

最近,火箭发动机的燃烧失稳问题已有几位作者做了研究[1,2,3]。在这些研究中,都假设通过喷管的质量流率的增量百分数等于火箭发动机内压力的增量百分数。然而不能肯定这一假设是否正确。因为这一流动条件是以直接的方式进入稳定性计算的,流动变化与压力变化之间的关系应当更加小心地加以决定。本文的目的就是要做这件事。本研究的结果用火箭喷管的传递函数来表示,它就是质量流与燃烧室压力的增量百分数的比值,是振荡频率的一个函数。这说明,传递函数恰是喷管几何形状和振荡频率的一个复函数,而以前的非常简单的假设只是在很低的振荡频率的情况得到了验证。

一、流动条件

喷管内的流动将被当作是一维的,即每一个喷管截面上的状态被当作是均匀的,于是问题的自变量是时间 t 和沿喷管轴在流动方向上的距离 x(图1)。令 p 为压力,ρ 为密度,u 为速度。带撇的量为振荡量;于是 ρ' 为密度振荡。类似地,不带撇的量为定常状态或未扰动的量。所以 $\dfrac{p'}{p}$ 是在 x 处的振荡压力,用 x 处的定常压力度量得到的分数来表示。假设这些分数量是小量,以至于只需考虑一阶项。因为单位面积的质量流率等于密度和速度的乘积,质量流率的分数增量为 $\left(\dfrac{\rho'}{\rho}+\dfrac{u'}{u}\right)$。因此,本文的目的现在可以简单地说成是:计算喷管的进口处作为振荡频率 ω 的函数的比值 $\dfrac{\left(\dfrac{\rho'}{\rho}+\dfrac{u'}{u}\right)}{\left(\dfrac{p'}{p}\right)}$,这一比值将被称为火箭喷管的传递函数。

喷管进口的条件由这样的似乎合理的假设固定下来,即燃烧气体的温度不因压力变化而

1952年1月2日收到。原载 Journal of The American Rocket Society, 1952, Vol. 22, pp. 139 - 143。

① Robert H. Goddard Professor of Jet Propulsion.

改变。把气体当作理想气体，并令下标 1 表示喷管的进口；则有

$$\left(\frac{p'}{p}\right)_1-\left(\frac{\rho'}{\rho}\right)_1=0 \tag{1}$$

因为火箭喷管的扩张段内的流动是超声速的，完全决定流动的明显的附加条件就是，振荡必须向下游方向传播。例如，如果 $U(x)$ 是 x 截面处密度振荡的传播速度，那么对于一个速度为 U 的观察者来说，密度是定常的，即

$$\frac{\partial}{\partial t}\left(\frac{\rho'}{\rho}\right)+U\frac{\partial}{\partial x}\left(\frac{\rho'}{\rho}\right)=0 \tag{2}$$

这是决定传播速度的方程。向下游传播的条件意味着 U 是正的。于是，在喷管中，$\frac{\partial}{\partial t}\left(\frac{\rho'}{\rho}\right)$ 和 $\frac{\partial}{\partial x}\left(\frac{\rho'}{\rho}\right)$ 的符号必须相反。类似地，在喷管中，$\frac{\partial}{\partial t}\left(\frac{u'}{u}\right)$ 和 $\frac{\partial}{\partial x}\left(\frac{u'}{u}\right)$ 的符号也必须相反。

二、喷管中问题的表述

在喷管中，如果 A 是喷管在 x 处的截面积，那么连续性方程是

$$A\frac{\partial\rho'}{\partial t}+\frac{\partial}{\partial x}[A(\rho+\rho')(u+u')]=0 \tag{3}$$

而定常流动或无扰流动无论如何满足比较简单的连续性方程

$$A\rho u=\text{const.}$$

用这个方程消去式(3)中的 A，并且只保留振荡量的一阶项，得到以下经过线性化的连续性方程：

$$\frac{\partial}{\partial t}\left(\frac{\rho'}{\rho}\right)+u\frac{\partial}{\partial x}\left(\frac{\rho'}{\rho}+\frac{u'}{u}\right)=0 \tag{4}$$

类似地，动力学方程是

$$\frac{\partial}{\partial t}\left(\frac{u'}{u}\right)+\left(\frac{\rho'}{\rho}+2\frac{u'}{u}\right)\frac{\mathrm{d}u}{\mathrm{d}x}+u\frac{\partial}{\partial x}\left(\frac{u'}{u}\right)=\left(\frac{p'}{p}\right)\frac{\mathrm{d}u}{\mathrm{d}x}-\frac{p}{\rho u}\frac{\partial}{\partial x}\left(\frac{p'}{p}\right) \tag{5}$$

对任意流体质量而言，熵是守恒的。所以，如果 γ 是气体的比热比，则

$$\left(\frac{\partial}{\partial t}+u\frac{\partial}{\partial x}\right)\left[\left(\frac{p'}{p}\right)-\gamma\left(\frac{\rho'}{\rho}\right)\right]=0 \tag{6}$$

式(4)，(5)和(6)是 3 个因变量 $\frac{\rho'}{\rho}$，$\frac{p'}{p}$ 和 $\frac{u'}{u}$ 所满足的 3 个方程。

为便于讨论，在下面的计算中引入一个指定的喷管形状，而使喷管内的定常速度简单地随 x 线性增加(图 1)。为此，最简单的方法是指定

$$u=\frac{u_1}{x_1}x \tag{7}$$

式中：下标 1 再次表示喷管进口处的量。于是 x_1 是喷管进口的 x 坐标。所以，x 轴的原点一般不在喷管的进口，除非进口处的定常速度为零。有了式(7)，式(6)变为

$$\left(\frac{\partial}{\partial t}+\frac{u_1}{x_1}\frac{\partial}{\partial \ln x}\right)\left[\left(\frac{p'}{p}\right)-\gamma\left(\frac{\rho'}{\rho}\right)\right]=0 \tag{8}$$

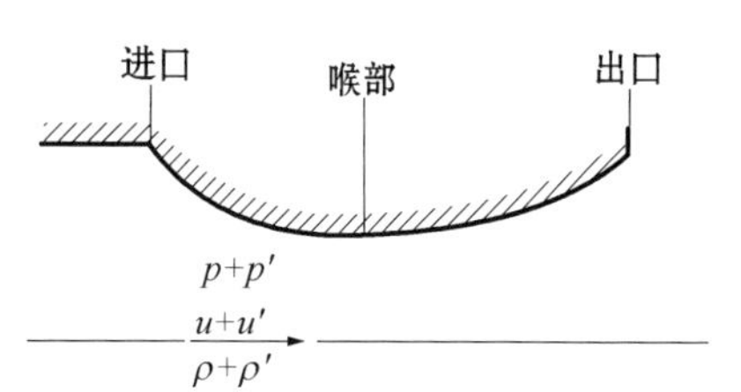

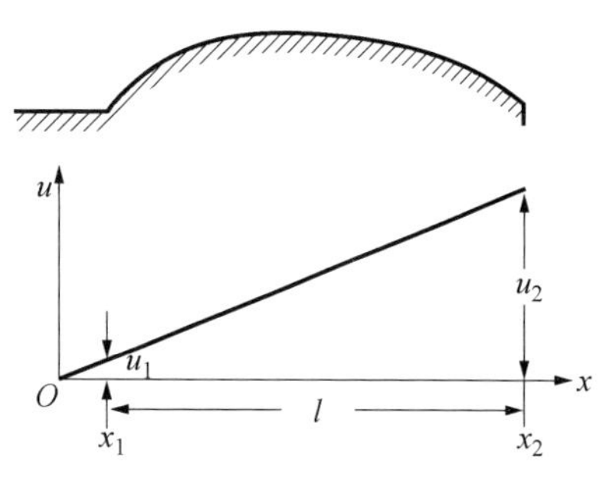

图 1 具有线性速度分布的火箭喷管

所以，如果在喷管进口处的熵的振荡为 $\varepsilon e^{i\omega t}$，即

$$\left(\frac{p'}{p}\right)_1-\gamma\left(\frac{\rho'}{\rho}\right)_1=\varepsilon e^{i\omega t} \tag{9}$$

则，一般根据式(8)，有

$$\left(\frac{p'}{p}\right)-\gamma\left(\frac{\rho'}{\rho}\right)=\varepsilon\exp\left[i\omega\left(t-\frac{x_1}{u_1}\ln\frac{x}{x_1}\right)\right] \tag{10}$$

在式(5)和(10)之间消去 $\left(\frac{p'}{p}\right)$，所得方程和式(4)一起组成两个未知量 $\left(\frac{\rho'}{\rho}\right)$ 和 $\left(\frac{p'}{p}\right)$ 的方程组。

现在令 x_2 为喷管出口处的 x 坐标，如果 l 是喷管的长度，那么

$$x_2=x_1+l \tag{11}$$

定义一个无量纲自变量 ξ：

$$\xi=\frac{x}{x_2} \tag{12}$$

于是，

$$\xi_1=\frac{x_1}{x_2}=\frac{x_1}{x_1+l}=\frac{1}{1+\dfrac{l}{x_1}} \tag{13}$$

现在能把频率为 ω 的振荡量写成

$$\left(\frac{\rho'}{\rho}\right)=f(\xi)e^{i\omega t} \tag{14}$$

$$\left(\frac{u'}{u}\right)=g(\xi)e^{i\omega t} \tag{15}$$

把这些表达式引入 $\left(\frac{\rho'}{\rho}\right)$ 和 $\left(\frac{p'}{p}\right)$ 的微分方程，导出 f 和 g 的方程式。然而，如果采用下面定义的折合频率 β，结果能表达得更紧凑，即定义

$$\beta=\frac{\omega x_1}{u_1}=\frac{\omega x_2}{u_2}=\frac{\omega l}{u_2}\frac{1}{1-\xi_1} \tag{16}$$

式中：u_2 是喷管出口的速度。这样，β 就是角频率与沿喷管轴线的速度梯度之比。然后，从式(4)，(5)和(10)得到 f 和 g 所满足的方程

$$\xi\left[\frac{df}{d\xi}+\frac{dg}{d\xi}\right]+i\beta f=0 \tag{17}$$

和

$$(2+i\beta)g+(1-i\beta)f-\xi\frac{df}{d\xi}=\gamma f-\frac{1}{M^2}\xi\frac{df}{d\xi}+\varepsilon\left(\frac{\xi}{\xi_1}\right)^{i\beta}\left[1+\frac{i\beta}{\gamma M^2}\right] \tag{18}$$

式中：M 是在 x 或 ξ 处未扰流动的当地马赫数。事实上，因为假设喷管内的速度呈线性分布，

$$M^2=\frac{M_1^2\xi^2}{\xi_1^2-\dfrac{\gamma-1}{2}M_1^2(\xi^2-\xi_1^2)}=\frac{M_1^2\left(\dfrac{x}{x_1}\right)^2}{1-\dfrac{\gamma-1}{2}M_1^2\left(\dfrac{x^2}{x_1^2}-1\right)} \tag{19}$$

式中：M_1 是喷管进口处的马赫数。

从式(17)和(18)中消去 $g(\xi)$，得到 $f(\xi)$ 的单一的二阶方程。然而，利用下面定义的新的自变量 z，上述结果能化简为更方便的形式，即

$$z=\frac{\frac{\gamma+1}{2}M_1^2\left(\frac{\xi}{\xi_1}\right)^2}{1+\frac{\gamma-1}{2}M_1^2} \tag{20}$$

很容易看出，z 确实是 u 与所谓临界声速之比的平方。于是，在喷管的喉部 $z=1$。用 z 表示的 f 的微分方程是

$$z(1-z)\frac{\mathrm{d}^2 f}{\mathrm{d}z^2}-\left\{2+\frac{2\mathrm{i}\beta}{\gamma+1}\right\}z\frac{\mathrm{d}f}{\mathrm{d}z}-\frac{\mathrm{i}\beta(2+\mathrm{i}\beta)}{2(\gamma+1)}f$$

$$=-\mathrm{i}\beta\varepsilon\left(\frac{z}{z_1}\right)^{-\mathrm{i}\left(\frac{\beta}{2}\right)}\left[\frac{1-\mathrm{i}\beta\frac{\gamma-1}{2\gamma}}{2(\gamma+1)}+\frac{2+\mathrm{i}\beta}{4\gamma}\frac{1}{z}\right] \tag{21}$$

$f(z)$和 $g(z)$之间的关系是

$$(2+\mathrm{i}\beta)g(z)=[(\gamma-1)+\mathrm{i}\beta]f(z)-(\gamma+1)(1-z)\frac{\mathrm{d}f}{\mathrm{d}z}+$$

$$\varepsilon\left(\frac{z}{z_1}\right)^{-\mathrm{i}(\beta/2)}\left[1-\frac{\mathrm{i}\beta(\gamma-1)}{2\gamma}+\frac{\mathrm{i}\beta(\gamma+1)}{2\gamma}\frac{1}{z}\right] \tag{22}$$

z_1 当然是和式(13)给出的 ξ_1 相对应的 z 的值；即

$$z_1=\frac{\frac{\gamma+1}{2}M_1^2}{1+\frac{\gamma-1}{2}M_1^2} \tag{23}$$

解方程(21)所需的初始条件由式(1)和(9)确定，即在 $x=x_1$ 或 $z=z_1$ 处，有

$$f(z_1)=-\frac{\varepsilon}{\gamma-1} \tag{24}$$

完整地求解需要认识一个事实，即正如前一节所讨论过的，振荡的传播必须向着下游的方向。

$f(z)$决定以后，就能从式(22)计算 $g(z)$。这样，就能决定密度振荡和速度振荡，它们是与熵的振荡幅值 ε 成正比的函数。因为兴趣在于振荡的比值，任意的 ε 不能真正地进入最终的结果。事实上，根据式(1)，质量流率的分数增值与压力的分数增值之比，或传递函数

$$G(\beta)=\frac{\left[\left(\frac{\rho'}{\rho}\right)_1+\left(\frac{u'}{u}\right)_1\right]}{\left(\frac{p'}{p}\right)_1}=\left[\left(\frac{\rho'}{\rho}\right)_1+\left(\frac{u'}{u}\right)_1\right]\left(\frac{\rho'}{\rho}\right)_1=1+\frac{g(z_1)}{f(z_1)} \tag{25}$$

所以，正如以前研究燃烧稳定性的人所假设的那样，仅当进口处没有速度振荡，或$\left(\frac{u'}{u}\right)_1=0$ 时，$G(\beta)$等于 1。也许值得指出一个事实，如果把压力振荡$\left(\frac{p'}{p}\right)_1$ 当作“输入”，而质量流振荡当作“输出”，那么现在的传递函数的确定相当于伺服机制分析的实践。因此，正如 W. Bollay[4] 所建议的那样，传递函数 $G(\beta)$在火箭发动机的伺服控制或伺服稳定系统的综合处理中也是有用的。

三、低频率情况的解

在喷管内部具有线性速度分布情况下，由式(21)给出的基本微分方程，能用代换 $f(z)=z\cdot w(z)$ 化为超几何微分方程，$w(z)$则为超几何函数。然而，计算却很难。作为初步的讨论，

这里将只考虑频率很低或很高的情况。

如果频率β很小，函数$f(z)$和$g(z)$能够用这个参数来展开：

$$f(z;\beta)=f^{(0)}(z)+\beta f^{(1)}(z)+\cdots \tag{26}$$

$$g(z;\beta)=g^{(0)}(z)+\beta g^{(1)}(z)+\cdots \tag{27}$$

如果所关心的z的区间中不包含$z=0$，这些方程是合适的。幸好，物理问题一般在喷管的进口处规定非零的u，所以$\xi_1\neq 0$，从而$z_1\neq 0$，一般能符合对展开的有效性的限制。把式(26)和(27)代入基本式(21)和(22)，并让β的同幂次项等同起来，就有

$$z(1-z)\frac{\mathrm{d}^2 f^{(0)}}{\mathrm{d}z^2}-2z\frac{\mathrm{d}f^{(0)}}{\mathrm{d}z}=0 \tag{28}$$

和

$$z(1-z)\frac{\mathrm{d}^2 f^{(1)}}{\mathrm{d}z^2}-2z\frac{\mathrm{d}f^{(1)}}{\mathrm{d}z}=\mathrm{i}\left\{\frac{2}{\gamma+1}z\frac{\mathrm{d}f^{(0)}}{\mathrm{d}z}+\frac{1}{\gamma+1}f^{(0)}-\frac{\varepsilon}{2}\left(\frac{1}{\gamma+1}+\frac{1}{\gamma z}\right)\right\} \tag{29}$$

还有

$$2g^{(0)}(z)=(\gamma-1)f^{(0)}(z)-(\gamma+1)(1-z)\frac{\mathrm{d}f^{(0)}}{\mathrm{d}z}+\varepsilon \tag{30}$$

和

$$2g^{(1)}(z)=(\gamma-1)f^{(1)}(z)-(\gamma+1)(1-z)\frac{\mathrm{d}f^{(1)}}{\mathrm{d}z}+\mathrm{i}[f^{(0)}(z)-g^{(0)}(z)]-\frac{\mathrm{i}\varepsilon}{2}\left[\ln\left(\frac{z}{z_1}\right)+\frac{\gamma-1}{\gamma}-\frac{\gamma+1}{\gamma z}\right] \tag{31}$$

方程(24)的初始条件现在变成

$$f^{(0)}(z_1)=-\frac{\varepsilon}{\gamma-1} \tag{32}$$

$$f^{(1)}(z_1)=0 \tag{33}$$

直接的计算将给出以下由式(2)定义的密度振荡的传播速度U的关系，

$$\frac{U}{u}=-\frac{\mathrm{i}\beta f(z)}{2z\dfrac{\mathrm{d}f}{\mathrm{d}z}}=-\frac{1}{2z}\frac{\mathrm{i}\beta|f^{(0)}(z)+\beta f^{(1)}(z)+\cdots|}{\dfrac{\mathrm{d}f^{(0)}}{\mathrm{d}z}+\beta\dfrac{\mathrm{d}f^{(1)}}{\mathrm{d}z}+\cdots} \tag{34}$$

式中：u当然是所关心的截面处的未扰流速。所以为了让即使β值小的情况，传播速度也是有限值，$f^{(0)}(z)$必须是常数。因此满足式(28)和式(32)的条件的解是

$$f^{(0)}(z)=-\frac{\varepsilon}{\gamma-1} \tag{35}$$

于是式(30)立刻给出

$$g^{(0)}(z)=0 \tag{36}$$

在这样的近似阶数下，如式(25)所示：$G=1$。所以，以往研究火箭发动机的燃烧失稳的人所作的假设果然是正确的，条件是频率非常低。

包含有式(35)给出的$f^{(0)}(z)$的$f^{(1)}(z)$所满足的式(29)能被写为

$$\frac{\mathrm{d}}{\mathrm{d}z}\left[(1-z)^2\frac{\mathrm{d}f^{(1)}}{\mathrm{d}z}\right]=-\frac{\mathrm{i}\varepsilon}{2}\left[\frac{1}{\gamma-1}+\frac{1}{\gamma z}\right]\frac{1-z}{z}$$

所以解为

$$\frac{\mathrm{d}f^{(1)}}{\mathrm{d}z}=-\frac{\mathrm{i}\varepsilon}{2}\left[\frac{1}{\gamma(\gamma-1)}\frac{\ln z}{(1-z)^2}+\frac{1}{(\gamma-1)}\frac{1}{(1-z)}-\frac{1}{\gamma}\frac{1}{z(1-z)}\right]+\frac{C}{(1-z)^2}$$

方括号内部的量是有限的，且在 $z>0$ 时为正，而最后一项在 $z=1$ 的喷管喉部为无穷大。因此，根据式(34)，传播速度 U 是正的有限值的条件，要求 $C=0$，所以[①]

$$\frac{\mathrm{d}f^{(1)}}{\mathrm{d}z}=\frac{\mathrm{i}\varepsilon}{2}\left[-\frac{1}{\gamma(\gamma-1)}\frac{\ln z}{(1-z)^2}-\frac{1}{(\gamma-1)}\frac{1}{(1-z)}+\frac{1}{\gamma}\frac{1}{z(1-z)}\right] \tag{37}$$

这一方程和式(31)和(33)一起，于是给出

$$g^{(1)}(z_1)=\frac{\mathrm{i}\varepsilon}{4\gamma}\left\{\frac{\gamma+1}{\gamma-1}\frac{\ln z_1}{1-z_1}+1\right\} \tag{38}$$

所以，在截取到 β 的一阶项的情况下，传递函数

$$G(\beta)\approx 1+\frac{\beta g^{(1)}(z_1)}{f(z_1)}=1+\mathrm{i}\beta\left\{\frac{\gamma+1}{4\gamma}\frac{\ln\left(\frac{1}{z_1}\right)}{1-z_1}-\frac{\gamma-1}{4\gamma}\right\},\quad \beta\ll 1 \tag{39}$$

所以，当频率 β 不精确为零时，传递函数有一个小的正比于频率的"主导成分"。

四、高频率情况的解

如果 β 值非常大，必须求解方程(21)的渐近解。式(21)中的控制项是

$$z(1-z)\frac{\mathrm{d}^2f}{\mathrm{d}z^2}-\frac{2\mathrm{i}\beta}{\gamma+1}z\frac{\mathrm{d}f}{\mathrm{d}z}+\frac{\beta^2}{2(\gamma+1)}f=\beta^2\varepsilon\left(\frac{z}{z_1}\right)^{-\left(\frac{\mathrm{i}\beta}{2}\right)}\frac{1}{4\gamma}\left[\frac{1}{z}-\frac{\gamma-1}{\gamma+1}\right] \tag{40}$$

为求特解 f^*，取

$$f^*(z)=Z(z)\left(\frac{z}{z_1}\right)^{-\left(\frac{\mathrm{i}\beta}{2}\right)}$$

式中：$Z(z)$是不包含 β 的 z 的函数。所以，只保留最高阶项，得到

$$\frac{\mathrm{d}f^*}{\mathrm{d}z}\approx-\frac{\mathrm{i}\beta}{2}\frac{Z(z)}{z}\left(\frac{z}{z_1}\right)^{-\left(\frac{\mathrm{i}\beta}{2}\right)}$$

$$\frac{\mathrm{d}^2f^*}{\mathrm{d}z^2}\approx-\frac{\beta^2}{4}\frac{Z(z)}{z^2}\left(\frac{z}{z_1}\right)^{-\left(\frac{\mathrm{i}\beta}{2}\right)}$$

把这些微商代入式(40)，发现

$$Z(z)=-\frac{\varepsilon}{\gamma}$$

于是

$$f^*(z)=-\frac{\varepsilon}{\gamma}\left(\frac{z}{z_1}\right)^{-\left(\frac{\mathrm{i}\beta}{2}\right)} \tag{41}$$

为了求得余函数，令

$$f(z)=\mathrm{e}^{\mathrm{i}\beta\lambda(z)}$$

则有

$$\frac{\mathrm{d}f}{\mathrm{d}z}=\mathrm{i}\beta\mathrm{e}^{\mathrm{i}\beta\lambda(z)}\frac{\mathrm{d}\lambda}{\mathrm{d}z}$$

---

① L. Crocco 教授非常友好地指出，有限传播速度 U 取正值的条件等价于在声速点处不发生任何奇点。这一认识可以简化对 β 取一般数值的分析。

$$\frac{\mathrm{d}^2 f}{\mathrm{d}z^2} \approx -\beta^2 \mathrm{e}^{\mathrm{i}\beta\lambda(z)} \left(\frac{\mathrm{d}\lambda}{\mathrm{d}z}\right)^2$$

把这些代入对应于式(40)的齐次方程，就有

$$\frac{\mathrm{d}\lambda_{1,2}}{\mathrm{d}z} = \frac{1}{(\gamma+1)(1-z)}\left[1 \pm \sqrt{1+\frac{\gamma+1}{2}\frac{1-z}{z}}\right]$$

于是

和

$$\left.\begin{aligned} \lambda_1(z) &= \frac{1}{(\gamma+1)}\int_{z_1} \frac{\mathrm{d}z}{1-z}\left[1+\sqrt{1+\frac{\gamma+1}{2}\frac{1-z}{z}}\right], \quad \lambda_1(z_1)=0 \\ \lambda_2(z) &= \frac{1}{(\gamma+1)}\int_{z_1} \frac{\mathrm{d}z}{1-z}\left[1-\sqrt{1+\frac{\gamma+1}{2}\frac{1-z}{z}}\right], \quad \lambda_2(z_1)=0 \end{aligned}\right\} \tag{42}$$

于是大 β 的完整解是

$$f(z)\mathrm{e}^{\mathrm{i}\omega t} = -\frac{\varepsilon}{\gamma}\mathrm{e}^{\mathrm{i}\beta\left[\frac{u_2}{x_2}t-\frac{1}{2}\lg\left(\frac{z}{z_1}\right)\right]} + B\mathrm{e}^{\mathrm{i}\beta\left[\frac{u_2}{x_2}t+\lambda_1(z)\right]} + D\mathrm{e}^{\mathrm{i}\beta\left[\frac{u_2}{x_2}t+\lambda_2(z)\right]} \tag{43}$$

第一项是特解，它满足扰动向下游传播的条件。但是，这同样的条件要求 $\lambda(z)$ 是负的，且当 z 从 z_1 开始增加，$\lambda(z)$ 越来越负。然而 $\lambda_1(z)$ 不满足这个条件，必须加以拒绝，从而 $B=0$。D 由方程(24)的初始条件决定，且为 $-\frac{\varepsilon}{\gamma(\gamma-1)}$。所以，最终有

$$f(z) = -\frac{\varepsilon}{\gamma}\left[\left(\frac{z}{z_1}\right)^{-\left(\frac{\mathrm{i}\beta}{2}\right)} + \frac{1}{\gamma-1}\mathrm{e}^{\mathrm{i}\beta\lambda_2(z)}\right] \tag{44}$$

式中：$\lambda_2(z)$ 由式(42)给出。

取大 β 情况的方程(22)的控制项，有

$$g(z) = f(z) - (\gamma+1)(1-z)\frac{1}{\mathrm{i}\beta}\frac{\mathrm{d}f}{\mathrm{d}z} + \varepsilon\left(\frac{z}{z_1}\right)^{-\left(\frac{\mathrm{i}\beta}{2}\right)}\left[\frac{\gamma+1}{2\gamma}\frac{1}{z} - \frac{\gamma-1}{2\gamma}\right]$$

其中：$f(z)$ 由式(44)给出，于是定出 $g(z)$ 为

$$g(z) = -\frac{\varepsilon}{\gamma(\gamma-1)}\sqrt{1+\frac{\gamma+1}{2}\frac{1-z}{z}}\,\mathrm{e}^{\mathrm{i}\beta\lambda_2(z)}, \quad \beta \gg 1 \tag{45}$$

所以，大 β 情况的传递函数

$$G(\beta) = 1 + \frac{1}{\gamma}\sqrt{1+\frac{\gamma+1}{2}\frac{1-z_1}{z_1}}, \quad \beta \gg 1$$

但是 z_1 由式(23)确定，所以

$$G(\beta) = 1 + \frac{1}{\gamma M_1}, \quad \beta \gg 1 \tag{46}$$

因此，对于高频率而言，传递函数再次是实且正的，即喷管进口处的质量流振荡和压力振荡再次是同相位的。不过，质量流振荡要比压力振荡大得多，比值由式(46)给出。

五、结论

在前面的叙述中，火箭喷管的传递函数的计算是被当作不定常一维流动问题来考虑的。对于很低的振荡频率来说，传递函数果然如同以前研究燃烧失稳的人们所假设的那样，它近似等于1。然而，现在的计算还表明，传递函数是个复数，且有随频率增加而增加

的主导成分。对于很高的频率来说，分析给出的结果表明，质量流振荡比以前假设的大。但是无限大频率情况的传递函数再次是一个正实数，所以传递函数 $G(\beta)$的 Nyquist 图是一条曲线，而不是直线。作为一个例子，在 $\gamma=1.22$ 和 $M=0.2$ 的情况，根据式(39)和(46)，

$$G(\beta)\approx 1+1.438\mathrm{i}\beta,\quad 当\ \beta\ll 1$$
$$\approx 5.1,\quad 当\ \beta\gg 1$$

现在的结果的精度受以下假设的限制。首先，喷管的形状要能给出喷管内具有线性的速度分布；其次，假设气体是理想的和无反应的。实际上，在排出气体中的黏性、热传导以及残余的化学反应将改变这个结果。在高的频率或在很短的喷管的情况，波长可能比喷管的长度小，于是一维流动的假设可以引起显著的误差。为此最好是用实验方法测量火箭喷管的传递函数。不过这里必须记住，与燃烧稳定性相联系的流动现象深受燃烧过程中的熵振荡的影响。直接对具有人为振荡的推进剂流动的火箭发动机进行稳定性的测量将是必要的。不过，现在的分析表明，喷管可以切短到实际上没有扩张段，以致传递函数不受因为喷管长到使出口速度达到超声速的特殊速度的影响。这样，推进剂的流速将比完全长度的喷管为小，符合实验要求的节约原则。本文也给出了作为角频率 ω 与沿喷管的速度梯度之比的无量纲特征频率。不同尺寸的火箭喷管的传递函数之间能够通过无量纲频率或折合频率得到关联。

总之，有一点是明确的，本文只是给出火箭喷管的传递函数问题的一般概况，详情尚需进一步的研究和充实。

(谈庆明 译，　赵士达 校)

参考文献

[1] Gunder D F, Friant D R. Stability of Flow in a Rocket Motor [J]. Journal of Applied Mechanics, 1950, 17(3): 327.

[2] Summerfield M. A Theory of Unstable Combustion in Liquid Propellant Rocket Systems [J]. Journal of the American Rocket Society, 1951, 21(5): 108.

[3] Crocco L. Aspects of Combustion Stability in Liquid Propellant Rocket Motors, Parts Ⅰ [J]. Journal of the American Rocket Society, 1951, 21(6): 163.

[4] Bollay W. Aerodynamic Stability and Automatic Control [J]. Journal of the Aeronautical Sciences, 1951, 18(9): 569 - 623, 605.

快速加热的薄壁圆柱壳的载荷相似律①

钱学森②　郑哲敏③

（加州理工学院 Daniel and Florence Guggenheim 喷气推进中心，加利福尼亚）

摘要　当均匀厚度的薄壁圆柱壳被壳体中流动的高压热气体非常快地加热时，材料的温度从内表面的高温急剧地降低到外表面的环境温度，因此，材料的杨氏模量也随之变化。本文的目的是将这样的圆柱壳的应力分析问题化为在壁中没有温度梯度的一般圆柱壳的等值问题。等值概念表达为一系列热圆柱量和冷圆柱量之间的关系式。这些关系式给出了相似律，借此，可以简单地从冷圆柱上测得的应变推导出热圆柱上的应变，从而极大地简化实验应力分析问题。

固体推进火箭的圆柱在简短的运行时间内受到非常快的加热。在薄壁圆柱壳的壁中温度虽然沿轴向是近似地相同的，但是，沿壁厚方向是非线性的。这种情况在推进器药柱燃烧结束时最严重。从材料工程师的角度来看，这种情况不同于其他加热的时间速率，它的速率如此之大，以致在材料的结构中没有足够的时间发生可以看到的变化。在这种运行条件下，壁材料的强度完全不同于缓慢加热的情况。R. L. Noland 在最近的一篇论文[1]已经明确地证明这个事实。从应力分析的角度来看，由于大的温度梯度而造成沿壁厚有非常大的热应力和变化的材料杨氏模量，固体推进火箭圆柱的合理设计将复杂化。此外，由于短的试验时间和高的温度，在实际燃烧试验中的实验应力确定也是非常困难的。

正是由于上述原因，现在用可行的合理的方法分析的只有一种情况就是均匀内压下的火箭圆柱。由斜喷嘴造成的弯曲应力，因端部封闭，安装把手等所引起的应力只能用非常粗略的方法来估计。本文提出一个方法来改善这个情况，这个方法就是把热圆柱壳的一般应力问题化为等值的冷圆柱壳问题。这个等值的问题，可以用惯用的方法分析或用实验应力测量来直接确定。无论哪一种选择，问题将极大地简单了。在热圆柱壳和冷圆柱壳之间的这个等值定律称为相似律。

一、薄壁圆柱壳的应力和应变

圆柱壳的厚度比它的半径和长度小使应变分析大为简单，即圆柱壳每一点的变形可以用

1952 年 2 月 14 日收到。原文发表于 Journal of the American Rocket Society，1952，Vol. 22，pp. 144－150。

① 本文根据第二作者加州理工学院机械工程博士论文的一部分撰写。

② 喷气推进 Robert H. Goddard 教授。

③ 机械工程研究生助理。

圆柱壁中单个面上点的位移来足够精确地描述，这个面称为中面，中面的位置是这样确定的：中面的弯曲将不引起在垂直于中间面的壁厚平面中产生净拉伸力。在冷圆柱壳的情况下，弹性(杨氏)模量为常数，中面位于圆柱壳内和外边界面的中间。当弹性模量不是常数，而随温度的升高而降低时，中面偏近于冷的一侧，这一点将在下面介绍。

设 x,θ,z 为原点在圆柱壳中面上的坐标系，x 为在中面上轴向，θ 为在中面上的周向，z 为指向圆柱壳轴的中面法线。设 U,V,W 分别为中面上点(x,θ)在 x,θ,z 方向的位移，那么，它们只是 x,θ 的函数，而不是 z 的函数。上述关于薄壳的基本简化可以如此表述：若 x 和 θ 方向的正应变为 e_x 和 e_θ，切应变为 $\gamma_{x\theta}$，则有

$$\left.\begin{aligned} e_x &= \frac{\partial U}{\partial x} - z\frac{\partial^2 W}{\partial x^2} \\ e_\theta &= \frac{1}{R}\frac{\partial V}{\partial \theta} - \frac{W}{R} - \frac{z}{R^2}\left(\frac{\partial V}{\partial \theta} + \frac{\partial^2 W}{\partial \theta^2}\right) \\ \gamma_{x\theta} &= \frac{\partial V}{\partial x} + \frac{1}{R}\frac{\partial U}{\partial \theta} - 2\frac{z}{R}\left(\frac{\partial^2 W}{\partial x \partial \theta} + \frac{\partial V}{\partial x}\right) \end{aligned}\right\} \tag{1}$$

式中：R 为圆柱中面的半径或“圆柱壳半径”。这个结果有时称为 Kirchhoff 弯曲假设：弯曲前垂直于中面的平面在弯曲后仍然垂直。

在薄壳中有意义的应力是 x 和 θ 方向的正应力为 σ_x 和 σ_θ，切应力为 $\tau_{x\theta}$，与这三个应力相比，其他的应力都很小。令 T 为高于参考温度(例如室温)的壳壁温度，设 T 不是 x,θ 的函数，而只是 z 的函数，因此，也就假设圆柱壳的加热在整个圆柱表面上是均匀的。实际上，这是非常接近的近似。令 α 为热膨胀系数，则热膨胀应变为 αT。根据胡克定律有：

$$\left.\begin{aligned} e_x &= \frac{1}{E}(\sigma_x - \nu\sigma_\theta) + \alpha T \\ e_\theta &= \frac{1}{E}(\sigma_\theta - \nu\sigma_x) + \alpha T \\ \gamma_{x\theta} &= \frac{2(1+\nu)}{E}\tau_{x\theta} \end{aligned}\right\} \tag{2}$$

式中：E 为杨氏模量；ν 为泊松比。当然，E 是温度的函数；或 z 的函数，但因缺乏确切的资料，ν 设为常数。从式(2)解出应力

$$\left.\begin{aligned} \sigma_x &= \frac{E(z)}{1-\nu^2}[(e_x + \nu e_\theta) - (1+\nu)\alpha T(z)] \\ \sigma_\theta &= \frac{E(z)}{1-\nu^2}[(e_\theta + \nu e_x) - (1+\nu)\alpha T(z)] \\ \tau_{x\theta} &= \frac{E(z)}{2(1+\nu)}\gamma_{x\theta} \end{aligned}\right\} \tag{3}$$

对于薄壁圆柱，平衡方程可以用式(3)中的应力以“截面平均”的方式表示，也就是法向力 N_x,N_θ 和切力 $N_{x\theta}$，弯矩 M_x,M_θ 和扭矩 $M_{x\theta}$，它们与应力 $\sigma_x,\sigma_\theta,\tau_{x\theta}$ 之间有下列关系：

$$N_x = \int \sigma_x \mathrm{d}z,\ N_\theta = \int \sigma_\theta \mathrm{d}z,\ N_{x\theta} = \int \tau_{x\theta} \mathrm{d}z \tag{4}$$

$$M_x = -\int \sigma_x z \mathrm{d}z,\ M_\theta = -\int \sigma_\theta z \mathrm{d}z,\ M_{x\theta} = -\int \tau_{x\theta} z \mathrm{d}z \tag{5}$$

上述方程中的积分是在壁的整个厚度上。将式(1)和(3)代入式(4)和(5)即得到

$$N_x = D_0\left(\frac{\partial U}{\partial x} + \frac{\nu}{R}\frac{\partial V}{\partial \theta} - \nu\frac{W}{R}\right) - D_1\left(\frac{\partial^2 W}{\partial x^2} + \frac{\nu}{R^2}\frac{\partial V}{\partial \theta} + \frac{\nu}{R^2}\frac{\partial^2 W}{\partial \theta^2}\right) - N_T$$

$$-M_x = D_1\left(\frac{\partial U}{\partial x} + \frac{\nu}{R}\frac{\partial V}{\partial \theta} - \nu\frac{W}{R}\right) - D_2\left(\frac{\partial^2 W}{\partial x^2} + \frac{\nu}{R^2}\frac{\partial V}{\partial \theta} + \frac{\nu}{R^2}\frac{\partial^2 W}{\partial \theta^2}\right) - M_T$$

式中：

$$\left.\begin{aligned} D_0 &= \frac{1}{1-\nu^2}\int E(z)\mathrm{d}z \\ D_1 &= \frac{1}{1-\nu^2}\int E(z)z\mathrm{d}z \end{aligned}\right\} \tag{6}$$

$$D_2 = \frac{1}{1-\nu^2}\int E(z)z^2\mathrm{d}z \tag{7}$$

$$N_T = \frac{\alpha}{1-\nu}\int E(z)T(z)\mathrm{d}z \tag{8}$$

$$M_T = \frac{\alpha}{1-\nu}\int E(z)T(z)z\mathrm{d}z \tag{9}$$

积分仍是在壁的整个厚度上。从上述的 N_x 和M_x 表达式可以明显地看出，用下列公式选择中面将变为相当简化：

$$D_1 = \frac{1}{1-\nu^2}\int E(z)z\mathrm{d}z = 0 \tag{10}$$

实际上这就是确定中面的条件。因为杨氏模量随温度的升高而减小，从式(10)可以看出，中面与冷边界面的距离要近于与热边界面的距离。对于火箭的圆柱，热在里面而冷在外面，因此，中面靠近外表面。有了这个中面的选择，就可以用下列较简单的方程来表示力和力矩与位移的关系：

$$\left.\begin{aligned} N_x &= D_0\left(\frac{\partial U}{\partial x} + \frac{\nu}{R}\frac{\partial V}{\partial \theta} - \nu\frac{W}{R}\right) - N_T \\ N_\theta &= D_0\left(\frac{1}{R}\frac{\partial V}{\partial \theta} - \frac{W}{R} + \nu\frac{\partial U}{\partial x}\right) - N_T \\ N_{x\theta} &= \frac{1-\nu}{2}D_0\left(\frac{\partial V}{\partial x} + \frac{1}{R}\frac{\partial U}{\partial \theta}\right) \end{aligned}\right\} \tag{11}$$

$$\left.\begin{aligned} M_x &= D_2\left(\frac{\partial^2 W}{\partial x^2} + \frac{\nu}{R^2}\frac{\partial^2 W}{\partial \theta^2} + \frac{\nu}{R^2}\frac{\partial V}{\partial \theta}\right) + M_T \\ M_\theta &= D_2\left(\frac{1}{R^2}\frac{\partial^2 W}{\partial \theta^2} + \frac{1}{R^2}\frac{\partial V}{\partial \theta} + \nu\frac{\partial^2 W}{\partial x^2}\right) + M_T \\ M_{x\theta} &= (1-\nu)D_2\left(\frac{1}{R^2}\frac{\partial^2 W}{\partial x \partial \theta} + \frac{1}{R^2}\frac{\partial V}{\partial x}\right) \end{aligned}\right\} \tag{12}$$

指出下述两点是有意义的：第一，参考温度的选择是完全任意的，改变参考温度将改变式(8)中 N_T 的值，但相应的法向应变的调整将使由式(11)给出的法向力 N_x，N_θ 保持不变，因此，物理问题与参考温度的选择是完全无关的，由于式(12)，M_T 也与参考温度的选择是无关的。第二，假如没有温度梯度，或者杨氏模量与材料的温度无关，则这里的方程组就化为一般的薄壳理论的方程组，在这种情况下，中面位于边界面的中间，D_2 就是一般所用的壳的弯曲刚度。

二、无量纲量和平衡方程

把 R 作为参考长度来引入无量纲量是很有用的，即

$$\xi = x/R \tag{13}$$

$$u = U/R, \quad v = V/R, \quad w = W/R \tag{14}$$

$$n_\xi = N_x/D_0, \quad n_\theta = N_\theta/D_0, \quad n_{\xi\theta} = N_{x\theta}D_0, \quad n_T = N_T/D_0 \tag{15}$$

$$m_\xi = M_x R/D_2, \quad m_\theta = M_\theta R/D_2, \quad m_{\xi\theta} = M_{x\theta} R/D_2, \quad m_T = M_T R/D_2 \tag{16}$$

因此，式(11)和(12)变为

$$\left.\begin{aligned} & n_\xi = \frac{\partial u}{\partial \xi} + \nu\frac{\partial v}{\partial \theta} - \nu w - n_T, \quad n_\theta = \frac{\partial v}{\partial \theta} - w + \nu\frac{\partial u}{\partial \xi} - n_T \\ & n_{\xi\theta} = \frac{1-\nu}{2}\left(\frac{\partial v}{\partial \xi} + \frac{\partial u}{\partial \theta}\right) \end{aligned}\right\} \tag{17}$$

$$\left.\begin{aligned} & m_\xi = \frac{\partial^2 w}{\partial \xi^2} + \nu\frac{\partial^2 w}{\partial \theta^2} + \nu\frac{\partial v}{\partial \theta} + m_T, \quad m_\theta = \frac{\partial^2 w}{\partial \theta^2} + \frac{\partial v}{\partial \theta} + \nu\frac{\partial^2 w}{\partial \xi^2} + m_T \\ & m_{\xi\theta} = (1-\nu)\left(\frac{\partial^2 w}{\partial \xi \partial \theta} + \frac{\partial v}{\partial \xi}\right) \end{aligned}\right\} \tag{18}$$

这里，用力和力矩表示的平衡方程和一般理论[2]是完全相同的，仅有的创新以无量纲的形式表示，为此，要定义有量纲的截面切力 Q_x，Q_θ和负 z 方向的法向压力载荷 P 的无量纲量 q_ξ，q_θ，p：

$$q_\xi = Q_x/D_0, \quad q_\theta = Q_\theta/D_0, \quad p = PR/D_0 \tag{19}$$

力的平衡方程是

$$\left.\begin{aligned} & \frac{\partial n_\xi}{\partial \xi} + \frac{\partial n_{\xi\theta}}{\partial \theta} - q_\xi\frac{\partial^2 w}{\partial \xi^2} - q_\theta\left(\frac{\partial v}{\partial \xi} + \frac{\partial^2 w}{\partial \xi \partial \theta}\right) - n_{\xi\theta}\frac{\partial^2 v}{\partial \xi^2} - n_\theta\left(\frac{\partial^2 v}{\partial \xi \partial \theta} - \frac{\partial w}{\partial \xi}\right) = 0 \\ & \frac{\partial n_{\xi\theta}}{\partial \xi} + \frac{\partial n_\theta}{\partial \theta} - q_\xi\left(\frac{\partial v}{\partial \xi} + \frac{\partial^2 w}{\partial \xi \partial \theta}\right) - q_\theta\left(1 + \frac{\partial v}{\partial \theta} + \frac{\partial^2 w}{\partial \theta^2}\right) + n_\xi\frac{\partial^2 v}{\partial \xi^2} + n_{\xi\theta}\left(\frac{\partial^2 v}{\partial \xi \partial \theta} - \frac{\partial w}{\partial \xi}\right) = 0 \\ & \frac{\partial q_\xi}{\partial \xi} + \frac{\partial q_\theta}{\partial \theta} + 2n_{\xi\theta}\left(\frac{\partial v}{\partial \xi} + \frac{\partial^2 w}{\partial \xi \partial \theta}\right) + n_\xi\frac{\partial^2 w}{\partial \xi^2} + n_\theta\left(1 + \frac{\partial v}{\partial \theta} + \frac{\partial^2 w}{\partial \theta^2}\right) = p \end{aligned}\right\} \tag{20}$$

力矩的平衡方程为

$$\left.\begin{aligned} & \frac{\partial m_{\xi\theta}}{\partial \xi} + \frac{\partial m_\theta}{\partial \theta} + m_\xi\frac{\partial^2 v}{\partial \xi^2} + m_{\xi\theta}\left(\frac{\partial^2 v}{\partial \xi \partial \theta} - \frac{\partial w}{\partial \xi}\right) + \beta q_\theta = 0 \\ & -\frac{\partial m_\xi}{\partial \xi} - \frac{\partial m_{\xi\theta}}{\partial \theta} + m_{\xi\theta}\frac{\partial^2 v}{\partial \xi^2} + m_\theta\left(\frac{\partial^2 v}{\partial \xi \partial \theta} - \frac{\partial w}{\partial \xi}\right) - \beta q_\xi = 0 \end{aligned}\right\} \tag{21}$$

式中：

$$\beta = R^2 D_0/D_2 \tag{22}$$

因此，β 是 $(R/b)^2$ 阶的量，b 是壁的厚度。在方程组(17)，(18)，(20)，(21)中有 11 个单独的方程。有了指定的载荷 p，还有 11 个未知量 u，v，w，n_ξ，n_θ，$n_{\xi\theta}$，m_ξ，m_θ，$m_{\xi\theta}$，q_ξ，q_θ，因此，方程组是完备的。

三、均匀内压下的无限长圆柱壳

在给出的一般性问题中最简单的特殊情况是均匀内压下的非常长圆柱壳的情况，假如火箭的圆柱壳与它的直径相比是长的，在运行时的实际应力系统可以用这个理想的简单情况来近似。在这个无限长均匀受载的圆柱壳问题中，力 n_ξ，n_θ 和力矩 m_ξ，m_θ 是与 ξ，θ 无关的常量，

而剪力 $n_{\xi\theta}$ 和扭矩 $m_{\xi\theta}$ 为零，u 与 ξ 成正比或 $\dfrac{\partial u}{\partial \xi}$ 是常数，例如 k_1，v 为零，w 是常数，在本坐标系中是负的，例如为 $-k_2$。式(17)，(18)和(20)给出

$$\left.\begin{aligned} n_\xi^0 &= k_1 + \nu k_2 - n_T \\ n_\theta^0 &= \nu k_1 + k_2 - n_T \\ m_\xi^0 &= m_\theta^0 = m_T \end{aligned}\right\} \tag{23}$$

式中：上标 0 表示在这个简单的应力系统中的量。当指定温度分布和材料性能后，式(23)给出用内压 p 和轴向载荷 n_ξ 表示的应变 k_1 和 k_2。假如轴向载荷是由相同的内压产生的，则很容易证明

$$n_\xi^0 = p^0/2 \tag{24}$$

值得指出，弯矩 m_ξ 和 m_θ 等于 m_T，而与载荷条件无关。

解 k_1 和 k_2 的式(23)则有

$$\left.\begin{aligned} k_1 &= \frac{1}{1-\nu^2}(n_\xi^0 - \nu p^0) + \frac{1}{1+\nu} n_T \\ k_2 &= \frac{1}{1-\nu^2}(p^0 - \nu n_\xi^0) + \frac{1}{1+\nu} n_T \end{aligned}\right\} \tag{25}$$

假如设计的条件是材料的最大应变，那么式(25)可以直接从压力和温度载荷给出准则。

四、一般二次载荷的线性理论

正如上一节所述，在火箭舱中的实际应力系统近似于均匀内压下无限长圆柱壳的情况。这个应力系统可称为主要应力，偏离主应力系统是由于斜喷嘴、端部封闭、安装把手等造成弯曲的结果，但是，这些附加的应力或二次应力只是主要应力的小部分，因此，可以合理地认为附加应力和变形是二阶项，与一阶项相比可以忽略不计。换句话说，

$$\left.\begin{aligned} &u = k_{1\xi} + u', && v = v', && w = -k_2 + w' \\ &n_\xi = n_\xi^0 + n_\xi', && n_\theta = p^0 + n_\theta', && n_{\xi\theta} = n_{\xi\theta}' \\ &m_\xi = m_T + m_\xi', && m_\theta = m_T + m_\theta', && m_{\xi\theta} = m_{\xi\theta}' \\ &q_\xi = q_\xi', && q_\theta = q_\theta', && p = p^0 + p' \end{aligned}\right\} \tag{26}$$

式中：k_1 和 k_2 已在式(25)中给出。带撇的量是二次变形和二次应力，与主变形和主应力相比它们是小量。从式(17)和(18)可以得到下列变形和应力之间的关系式：

$$\left.\begin{aligned} n_\xi' &= \frac{\partial u'}{\partial \xi} - \nu w' + \nu \frac{\partial v'}{\partial \theta'} \\ n_\theta' &= \nu \frac{\partial u'}{\partial \xi} - w' + \frac{\partial v'}{\partial \xi} \\ n_{\xi\theta}' &= \frac{1-\nu}{2}\left(\frac{\partial v'}{\partial \xi} + \frac{\partial u'}{\partial \theta}\right) \\ m_\xi' &= \frac{\partial^2 w'}{\partial \xi^2} + \nu \frac{\partial^2 w'}{\partial \theta^2} + \nu \frac{\partial v'}{\partial \theta} \\ m_\theta' &= \nu \frac{\partial^2 w'}{\partial \xi^2} + \frac{\partial^2 w'}{\partial \theta^2} + \frac{\partial v'}{\partial \theta} \\ m_{\xi\theta}' &= (1-\nu)\left(\frac{\partial^2 w'}{\partial \xi \partial \theta} + \frac{\partial v'}{\partial \theta}\right) \end{aligned}\right\} \tag{27}$$

把式(26)代入平衡式(20)并忽略带撇量的二阶项就得到线性化的方程组，再把从后面两个弯矩平衡方程所得的 q'_ξ 和 q'_θ 代入第三个方程就可以进一步简化这个方程组，最后的结果是下列三个方程：第一个是力在轴向的平衡；第二个是力在周向的平衡；第三个是力在径向的平衡：

$$\left.\begin{aligned}&\frac{\partial^2 u'}{\partial\xi^2}+\frac{1-\nu}{2}\frac{\partial^2 u'}{\partial\theta^2}+\frac{1+\nu}{2}\frac{\partial^2 v'}{\partial\xi\partial\theta}-\nu\frac{\partial w'}{\partial\xi}=0\\&\frac{\partial^2 v'}{\partial\theta^2}+\frac{1-\nu}{2}\frac{\partial^2 v'}{\partial\xi^2}+\frac{1+\nu}{2}\frac{\partial^2 u'}{\partial\xi\partial\theta}-\frac{\partial w'}{\partial\xi}=0\\&\frac{\partial^4 w'}{\partial\xi^4}+2\frac{\partial^4 w'}{\partial\xi^2\partial\theta^2}+\frac{\partial^4 w'}{\partial\theta^4}-\beta\left(\nu\frac{\partial w'}{\partial\xi}-w'+\frac{\partial v'}{\partial\theta}\right)\\&\qquad=-\beta p'+\beta\left(n_\xi^0-\frac{m_T}{\beta}\right)\frac{\partial^2 w'}{\partial\xi^2}+\beta p^0\frac{\partial^2 w'}{\partial\theta^2}\end{aligned}\right\}\tag{28}$$

已经在 β 是半径-厚度比的平方阶的大量基础上，简化了上述方程。

在后面的方程中，p' 是作用在圆柱上的二次载荷，表示为从径向向外的圆柱表面上的分布压力。假如载荷是集中载荷，那么就用 Yuan[3] 在处理冷圆柱壳上集中载荷的方法来处理，即将集中载荷展开为 Fourier 级数和 Fourier 积分的乘积。其他类型的载荷也能相似地展开。式(28)是三个未知量 u'，v'，w' 的三个方程的方程组。式(27)将力和力矩与这些位移联系在一起。

用式(27)和(28)表达的一般二次载荷问题非常类似于作用在冷圆柱壳的一般载荷问题，可以用为这个常规问题所发展的熟知的方法来处理。实际上，在热圆柱和冷圆柱之间仅有的差异是在式(28)中出现 m_T 项。但是，这个差异是不重要的，原因在于式(6)，(7)和(22)所显示的非常大的量 β。一般情况下，N_T 是与 N_x^0 同阶大小的量，而上述方程表明 m_T/β 和 n_ξ^0 之比至多为 b/R 阶的，这里 b 是壳的厚度，因为壳考虑为薄的，即 $b/R\ll 1$，所以，式(28)中含有 m_T 的项可以忽略而不会降低本理论的精度。假如这样做，那么在式(27)和(28)所给出的方程组中，热应力和变杨氏模量的影响不是显式的。就无量纲方程而言，热圆柱问题等同于冷圆柱问题，基本方程是与 Donnell[4] 在研究薄圆柱壳稳定性时所采用的方程是相同的，这些是下一节中讨论的相似律的基础。

五、一般载荷的相似律

假使要得到二次载荷问题的解析解，那么上一节的结果表明：它能被归结为等值的冷圆柱问题，并能相应地求解出来。但是，等值概念最有用的应用是可以在等值冷圆柱上用实验确定应力和应变，然后用相似律来确定热圆柱中的应力和应变。这个半实验途径主要有两个优点：(i) 在冷圆柱上的实验更容易进行，比在热圆柱上的实验结果更精确。实验周期也可以尽可能地长，并不限于火箭的短的燃烧时间。(ii) 安装把手等引起的应力很难用简单地按照理论计算的载荷系统来近似，例如，安装把手引起的载荷实际上不是集中力和集中力矩，把它们作为集中力和集中力矩将较大地高估了实际应力，假使加载用实验进行，那么就没有这种困难了。

根据这样的实验确定应力的方法，将热的圆柱和同样一般尺寸的等值冷圆柱一起加以考虑是方便的。因此，两个圆柱有相同的半径 R 和长度 L。为了使热圆柱的无量纲的微分式(28)与冷圆柱的相同，在这些微分方程中的参数必须也是相同的，只是冷圆柱的量用上面带横

线的量来标记，

$$\frac{1}{R^2}\beta = \frac{D_0}{D_2} = \frac{\overline{D}_0}{\overline{D}_2} \tag{29}$$

$$n_\xi^0 = \frac{N_x^0}{D_0} = \frac{\overline{N}_x^0}{\overline{D}_0},\ p^0 = \frac{P^0}{D_0} = \frac{\overline{P}^0}{\overline{D}_0} \tag{30}$$

式(29)的条件可以用小于热圆柱厚度 b 的冷圆柱厚度$\overline{b}$来满足。因为热材料的杨氏模量较小，因此材料比冷材料“软”，所以上述条件是预料之中的。当用式(29)的 b 确定厚度$\overline{b}$以后，就能计算$\overline{D}_0$，然后从对热圆柱指定的 P^0 和 N_x^0 用式(30)给出内压$\overline{P}^0$ 和轴向载荷$\overline{N}_x^0$。这些步骤确定了冷圆柱的几何和主载荷系统。

对于附加的二次载荷，式(27)和(28)是线性方程的事实可以用于在指定的载荷中引进相加的自由。线性关系并不会因乘上常数变量而改变。因此，对于相加的载荷和相加的位移，冷圆柱的无量纲量和热圆柱的无量纲量实际上并不是相同的，但相差一个因子 ε。即

$$(\overline{u}',\overline{v}',\overline{w}') = \varepsilon(u',v',w')$$

$$(\overline{h}'_\xi,\overline{h}'_\theta,\overline{h}'_{\xi\theta};\overline{m}'_\xi,\overline{m}'_\theta,\overline{m}'_{\xi\theta}) = \varepsilon(n'_\xi,n'_\theta,n'_{\xi\theta};m'_\xi,m'_\theta,m'_{\xi\theta}) \tag{31}$$

因此

$$\overline{p}' = \varepsilon p' \tag{32}$$

但是，式(19)把无量纲量压力载荷 p 与实际压力载荷联系在一起。因此，冷圆柱的二次压力载荷$\overline{P}'$和热圆柱的二次压力载荷 P' 由下式相联系：

$$\overline{P}' = \left(\frac{\overline{D}_0}{D_0}\varepsilon\right)P' \tag{33}$$

所以，压力载荷之比为$\overline{D}_0\varepsilon/D_0$。因为两个圆柱壳的半径 R 和长度 L 是相同的，所以两者的集中力或力矩这样的其他载荷形式也必须有相同的比，更不用说，冷圆柱的载荷必须作用在热圆柱相应的作用点上。

作用在圆柱端部的附加力 N'_x，$N'_{x\theta}$，附加剪力 Q'_x 和附加力矩 M'_x，$M'_{x\theta}$ 由式(15)，(16)和(19)控制。很容易看出，由于式(29)，对于冷圆柱和热圆柱的这些量之比仍是$\overline{D}_0\varepsilon/D_0$。

因此，在知道在热圆柱上的载荷系统后，就能找到冷圆柱上相应的载荷系统。二次载荷的因子 ε 可以按实验人员的方便来选择，例如 ε 可以选得使$\overline{D}_0\varepsilon/D_0$ 等于 1。这样，冷圆柱的二次载荷系统完全与热圆柱相同。在选择冷圆柱的适当载荷和用应变仪确定冷圆柱的相应的应变时，反向的等值问题是从冷圆柱上的试验数据寻找热圆柱上的应变。

以轴向应变 $e_x(z)$ 为例，根据式(1)和(25)，对冷圆柱，

$$\overline{e}_x(z) = k_1 - \frac{1}{1+\nu}n_T + \left(\frac{\partial \overline{u}'}{\partial \xi} - \frac{\overline{z}}{R}\frac{\partial^2 \overline{w}'}{\partial \xi^2}\right) \tag{34}$$

式中：$\overline{z}$为从冷圆柱的边界面之间中面起始的 z 值。现在设$\overline{e}_x$ 是在冷圆柱的外表面和内表面上测量的轴向应变平均值，而 $\Delta\overline{e}_x$ 是在冷圆柱的外表面和内表面上测量的轴向应变差，那么从式(34)得到

$$\overline{e}_x = k_1 - \frac{1}{1+\nu}n_T + \frac{\partial \overline{u}'}{\partial \xi} = k_1 - \frac{1}{1+\nu}n_T + \varepsilon\frac{\partial u'}{\partial \xi} \tag{35}$$

$$\Delta\overline{e}_x = \frac{\overline{b}}{R}\frac{\partial^2 \overline{w}'}{\partial \xi^2} = \frac{\overline{b}}{R}\varepsilon\frac{\partial^2 w'}{\partial \xi^2}$$

对于热圆柱，由下式给出轴向应变：

$$e_x(z) = k_1 + \frac{\partial u'}{\partial \xi} - \frac{z}{R}\frac{\partial^2 w'}{\partial \xi^2} \tag{36}$$

从式(35)和(36)消去$\frac{\partial u'}{\partial \xi}$和$\frac{\partial^2 w'}{\partial \xi^2}$可得

$$e_x(z) = \left(1 - \frac{1}{\varepsilon}\right)k_1 + \frac{1}{(1+\nu)\varepsilon}n_T + \frac{1}{\varepsilon}\left(\bar{e}_x - \frac{z}{\bar{b}}\Delta\bar{e}_x\right) \tag{37}$$

z 的值是从热圆柱的中面径向向内计算的，因此，在大小上内表面的这个值要大于外表面的值。

相似地：

$$e_\theta(z) = \left(1 - \frac{1}{\varepsilon}\right)k_2 + \frac{1}{(1+\nu)\varepsilon}n_T + \frac{1}{\varepsilon}\left(\bar{e}_\theta - \frac{z}{\bar{b}}\Delta\bar{e}_\theta\right) \tag{38}$$

$$\gamma_{x\theta} = \frac{1}{\varepsilon}\left(\bar{\gamma}_{x\theta} - \frac{z}{\bar{b}}\Delta\bar{\gamma}_{x\theta}\right) \tag{39}$$

式中：$\bar{e}_\theta$ 是在冷圆柱的外表面和内表面上测量的周向应变平均值；$\Delta\bar{e}_\theta$ 是在冷圆柱的外表面和内表面上测量的周向应变差；$\bar{\gamma}_{x\theta}$和 $\Delta\bar{\gamma}_{x\theta}$是切应变相应的量。在式(37)和式(38)中，$k_1$，$k_2$ 和 n_T 是从式(25)和(8)计算得到的主要应变。因此，这些方程可以从冷圆柱的试验结果计算热圆柱中的应变，这样就完成了所需的相似律。

为了应力分析，下一步也许是计算壳中每个 z 值处的主应变，检查这些主应变是否大于在该点温度下材料的设计极限。

六、确定等值冷圆柱壳尺寸的例子

作为上节所述过程的例子，Noland[1] 给出的数据用于寻找等价的冷圆柱。壁中的温度分布取自该文的图 2，现复制在图 1 上。设材料为 19－9DL，杨氏模量随温度的变化绘于图 2，也是采用 Noland 的数据。首先用式(10)确定中面的位置。它位于从内表面起算的 0.588b。接着取冷圆柱是 100°F，用式(6)，(7)和(29)可以计算热圆柱壳和等价圆柱壳厚度之比，即

$$\bar{b} = 0.936b$$

因此，同样材料的等价冷圆柱为热圆柱的百分之 93.6 的厚度。

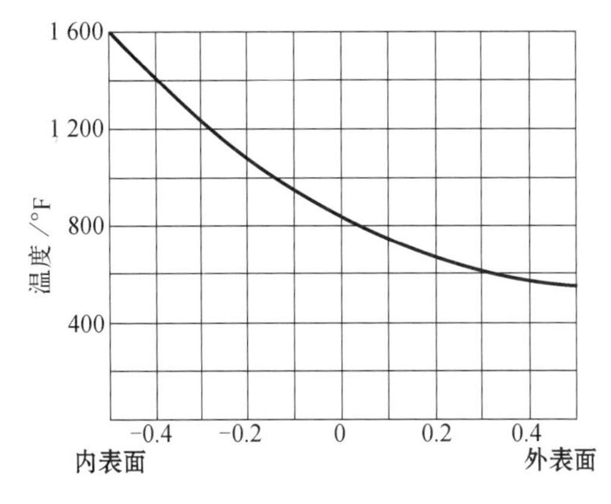

图 1 壁中的温度分布

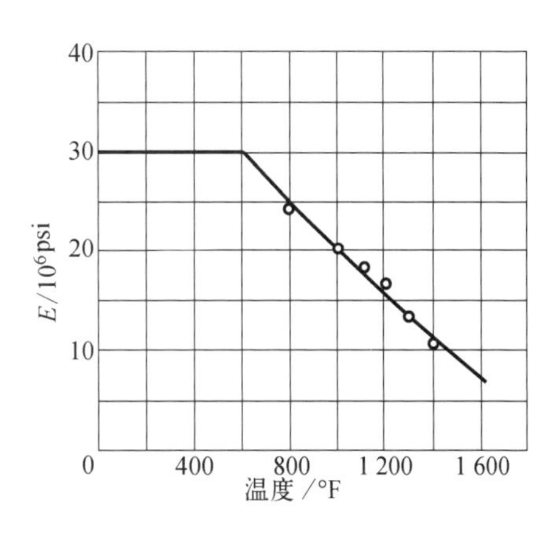

图 2 作为温度函数的杨氏模量

冷圆柱和热圆柱上的载荷比由$\overline{D}_0/D_0$ 控制，计算得出

$$\overline{D}_0/D_0 = 1.29$$

取 $\alpha=10^{-5}/°F$ 和 $b=0.095$ in，热应力值为

$$N_T = 22\,400\ \text{lb/in}, \quad n_T = 0.958\times 10^{-2}, \quad M_T = 192\ \text{lb}, \quad m_T = -0.124$$

若圆柱的半径为 2.25in，内压 P^0 是 1 500 psi(lbf/in²)，则

$$p^0 = 1.44\times 10^{-3}$$

若由同一个内压产生的轴向拉伸是 N_x^0，则

$$n_\xi^0 = \frac{p^0}{2} = 0.72\times 10^{-3}$$

现在

$$\beta = 12\left(\frac{R}{\overline{b}}\right)^2$$

因此，m_T/β 和 n_ξ^0 之比为

$$m_T/(\beta n_\xi^0) = -0.022\,4$$

实际上，这小于厚度-半径比 $b/R=0.042\,2$。因此，推测与 n_ξ^0 相比，m_T/β 可以忽略的假设现在用数值计算得到证实。

七、圆柱壳和封头之间的连接应力

上述在热圆柱和冷圆柱中应力相似律的公式是基于二次载荷为指定的假设之上的。对于例如装配半球封头和圆柱所引起的连接应力是不正确的，这样的应力是由在连接处封头和圆柱的变形相等来确定的。假如，半球壳有圆柱壳相同的厚度，那么，在球壳中的温度分布将与圆柱壳相同，分析表明，"相似的"冷试验试件也能做成由式(29)所确定的均匀厚度$\overline{b}$，但是，现在主载荷和二次载荷的相似则要求附加的限制：ε 必须是 1。当满足这些条件时，在热圆柱和冷圆柱中连接应力的相似将得到保证，为从冷圆柱上的试验结果计算热圆柱中的应力所发展的上述关系式仍然有效。

八、绕圆柱壳的环向筋

为了增加薄圆柱壳对安装把手引起的集中载荷的抵抗强度，经常在外表面加上环向筋，它们是冷的，因此，环筋材料的杨氏模量是冷材料的，为了确定冷圆柱"相似"环的尺寸，要满足的条件是式(31)，换句话说，对于冷圆柱上环的变形与热圆柱上环的变形之比 ε，必须要求力满足比 $\varepsilon\overline{D}_0/D_0$，这就意味冷圆柱与热圆柱的环向筋刚度之比为$\overline{D}_0/D_0$。假如环筋是矩形截面，那么完全相似的两个环筋的宽度之比为$\overline{D}_0/D_0$，因此，冷圆柱上的环要比热圆柱上的环宽，若满足这个环的尺寸条件，那么对于应力的简单相似关系仍然是正确的。

（吴永礼 译， 柳春图 校）

参考文献

[1] Noland R L. Strengths of Several Steels for Rocket Chambers Subjected to High Rates of Heating [J]. Journal of American Rocket Society, 1951, 21(6): 154-162.

[2] Timoshenko S. Theory of Plates and Shells[M]. McGraw-Hill Book Company, New York, 1940: 389.

[3] Yuan S W. The Cylindrical Shells Subjected to Concentrated Loads [J]. Quarterly of Applied Mathematics, 1946,4: 13-26.

[4] Donnell L H. Stability of Thin-Walled Tubes Under Torsion [R]. NACA Technical Report 473, 1933.

确定双原子分子转动谱线半宽度[①]

S. S. Penner 钱学森
(Guggenheim Jet Propulsion Center, California Institute of Technology, Pasadena, California)

摘要 本文获得一种封闭形式的简单表达式，以确定因碰撞加宽谱线的双原子分子振转谱带的辐射吸收强度分数。推导出的表达式大大简化了从实验测量获得转动谱线半宽度的工作量。

一、引言

在室温条件下，经过适当近似以后，由下式给出双原子分子转动谱线的累积吸收[1,2]：

$$S_{j\to j-1}{}^{0\to 1} = \alpha_{\mathrm{F}}\left(\frac{\omega_{j\to j-1}{}^{0\to 1}}{\omega^*}\right)[(j-\lambda)(j+\lambda)/j]\cdot\exp[-E(0,j)/(kT)]Q^{-1} \tag{1a}$$

$$S_{j-1\to j}{}^{0\to 1} = \alpha_{\mathrm{F}}\left(\frac{\omega_{j-1\to j}{}^{0\to 1}}{\omega^*}\right)[(j-\lambda)(j+\lambda)/j]\cdot\exp[-E(0,j-1)/(kT)]Q^{-1} \tag{1b}$$

$$S_{j\to j}{}^{0\to 1} = \alpha_{\mathrm{F}}\left(\frac{\omega_{j\to j}{}^{0\to 1}}{\omega^*}\right)\left[\frac{\lambda^2(2j+1)}{j(j+1)}\right]\cdot\exp[-E(0,j)/(kT)]Q^{-1} \tag{1c}$$

$$S_{j\to j'}{}^{0\to 2}/S_{j\to j'}{}^{0\to 1} = \alpha_0/\alpha_{\mathrm{F}} \tag{2}$$

其中：α_{F} 和 α_0 分别表示基频与第一泛频的累积吸收；$\omega_{j\to j'}{}^{0\to 1}$ 表示对应于 $j\to j'$ 转动跃迁和 $0\to 1$ 振动跃迁的波数；ω^* 是 $j=0\to j=0, n=0\to n=1$ 跃迁的波数；λ 是表征电子围绕核间连线转动的角动量分量的量子数；$E(0,j)$ 是第 0 级振动第 j 级转动能级的能量；k 是玻耳兹曼常数；T 是热力学温度；Q 是全配分函数。

在一个吸收实验中，源的光谱辐射强度为 $R_{\mathrm{s}\omega}$，吸收强度分数为 $R_{\mathrm{a}\omega}/R_{\mathrm{s}\omega}$，对振动转动光谱带的整个宽度 $\Delta\omega_{\mathrm{B}}$ 积分得到

$$\int_{\Delta\omega_{\mathrm{B}}}(R_{\mathrm{a}\omega}/R_{\mathrm{s}\omega})\mathrm{d}\omega = \int_{\Delta\omega_{\mathrm{B}}}[1-\exp(-P_\omega X)]\mathrm{d}\omega \tag{3}$$

式中：P_ω 代表谱吸收系数；X 是光学密度。对于碰撞加宽的不重叠的谱线来说，有[3,4,5]

$$\int_{\Delta\omega_{\mathrm{B}}}(R_{\mathrm{a}\omega}/R_{\mathrm{s}\omega})\mathrm{d}\omega = \sum_j 2\pi b_{j\to j'}{}^{0\to 1}[f(x_{j\to j'}{}^{0\to 1})] \tag{4}$$

这里：

$$2\pi b_{j\to j'}{}^{0\to 1}[f(x_{j\to j'}{}^{0\to 1})] \simeq 2(S_{j\to j'}{}^{0\to 1}b_{j\to j'}{}^{0\to 0}X)^{1/2}, \text{对大的 } x_{j\to j'}{}^{0\to 1} \tag{5a}$$

1952 年 1 月 21 日收到。原载 The Journal of Chemical Physics, 1952, Vol. 20, No. (5), pp. 827 - 828。

① 文章得到 ONR 部分支持，合同号为 Nonr-220(03), NR015 210。

且

$$2\pi b_{j\to j'}{}^{0\to 1}[f(x_{j\to j'}{}^{0\to 1})]\simeq 2(S_{j\to j'}{}^{0\to 1}X)，对小的\ x_{j\to j'}{}^{0\to 1} \tag{5b}$$

符号 $b_{j\to j'}{}^{0\to 1}$ 表示指定跃迁的光谱线的半宽度的二分之一。如果对所有 $x_{j\to j'}{}^{0\to 1}$，等式右边的数值超过 $2\pi b_{j\to j'}{}^{0\to 1}[f(x_{j\to j'}{}^{0\to 1})]$，则式(5a)与(5b)提供渐近的极限形式。当 $x_{j\to j'}{}^{0\to 1}>(2/\pi)$ 时，式(5a)构成较好的近似表达式，相反，当 $x_{j\to j'}{}^{0\to 1}<(2/\pi)$ 时，式(5b)更加可取。因为在室温下 $\alpha_F=\sum_j S_{j\to j'}{}^{0\to 1}$，从方程(4)和(5b)显然可以得到

$$\int_{\Delta\omega_B}(R_{a\omega}/R_{s\omega})d\omega=\alpha_F X，对小的\ x_{j\to j'}{}^{0\to 1} \tag{6}$$

式(6)说明当光学密度非常小时可以精确地测量 α_F，这是一个公认的结果。很明显在这种条件下，实验结果与谱线宽度无关。

二、从实验数据计算转动谱线半宽度

为了得到计算转动谱线半宽度的实用步骤，必须假定 $b_{j\to j'}{}^{0\to 1}=b_F, b_{j\to j'}{}^{0\to 2}=b_0$，并且用式(5a)及从式(1a)到式(2)这几个表达式，计算式(4)的右边。下面概述基频的振转谱带的计算步骤。

从式(1a)至(1c)，(4)与(5a)可以推导出

$$\begin{aligned}\int_{\Delta\omega_F}(R_{a\omega}/R_{s\omega})d\omega=&2\{(\alpha_F b_F X/Q)\exp[E(0,0)/(kT)]\}^{1/2}\cdot\\&\sum_j[(j-\lambda)(j+\lambda)/j]^{1/2}\{(\omega_{j\to j-1}{}^{0\to 1}/\omega^*)^{1/2}\cdot\\&\exp\{-[E(0,j)-E(0,0)]/(2kT)\}+(\omega_{j-1\to j}{}^{0\to 1}/\omega^*)^{1/2}\cdot\\&\exp\{-[E(0,j-1)-E(0,0)]/(2kT)\}+\\&\lambda[(2j+1)/j(j+1)]^{1/2}(\omega_{j\to j}{}^{0\to 1}/\omega^*)^{1/2}\cdot\\&\exp\{-[E(0,j)-E(0,0)]/(2kT)\}\end{aligned} \tag{7}$$

式(7)是基本方程，由此可以获得两个特殊情况下的有用结果。

1. 无 Q 分支的双原子分子($\lambda=0$)

对于无 Q 分支的双原子分子($\lambda=0$)，式(7)变为

$$\begin{aligned}\int_{\Delta\omega_F}(R_{a\omega}/R_{s\omega})d\omega=&2\{(\alpha_F b_F X/Q)\exp[E(0,0)/(kT)]\}^{1/2}\cdot\\&\sum_j j^{1/2}\{(\omega_{j\to j-1}{}^{0\to 1}/\omega^*)^{1/2}\cdot\\&\exp\{-[E(0,j)-E(0,0)]/(2kT)\}+(\omega_{j-1\to j}{}^{0\to 1}/\omega^*)^{1/2}\cdot\\&\exp\{-[E(0,j-1)-E(0,0)]/(2kT)\}\end{aligned} \tag{7a}$$

使用习惯的光谱符号[6]并且按 γj 的幂次方展开式(7a)中的各项到 γj 的平方项[7]，得到

$$\begin{aligned}\int_{\Delta\omega_F}(R_{a\omega}/R_{s\omega})d\omega=&2\{(\alpha_F b_F X/Q)\exp[E(0,0)/(kT)]\}^{1/2}\cdot\\&\sum_j 2j^{1/2}\exp[-(\gamma u j^2/2)][1+\gamma^2 j^2 h(\gamma,\delta,u)]\end{aligned}$$

这里：

$$h(\gamma,\delta,u)=(u^2/8)+(u/2)-[(\delta/\gamma)+1]/2$$

再使用 Euler-Maclaurin 求和公式[7]，容易求得上式对 j 的加和。用这种方法便得到很好的近似式

$$\int_{\Delta\omega_F}(R_{a\omega}/R_{s\omega})\mathrm{d}\omega = 4.1(2)(\alpha_F b_F X)^{1/2}(\gamma u)^{-1/4} \tag{8}$$

这里已经对 $\{Q\cdot\exp[E(0,0)/(kT)]\}^{1/2}$ 作了适当展开。估算出式(8)的误差是 $(\gamma u)^{3/4}$ 量级。显然，当分别用 α_0 与 b_0 代替 α_F 与 b_F 时式(8)也适用于第一泛频。

2. 有 Q 分支的双原子分子($\lambda \neq 0$)

在一般情况下 $\lambda \neq 0$，必须直接从式(7)出发。对式(7)中的各量适当展开之后发现

$$\begin{aligned}\int_{\Delta\omega_F}(R_{a\omega}/R_{s\omega})\mathrm{d}\omega = 2(\alpha_F b_F X)^{1/2}(\gamma u)^{1/2}\cdot\sum_j\{&2[(j-\lambda)(j+\lambda)/j]^{1/2}\cdot\\ &[\exp(-\gamma u j^2/2)][1+\gamma^2 j^2 h(\gamma,\delta,u)]\}+\\ &\{\lambda[(2j+1)/j(j+1)]^{1/2}[\exp(-\gamma u j^2/2)]\cdot\\ &[1-(u\gamma j/2)+(u^2\gamma^2 j^2/8)]\}\end{aligned} \tag{7b}$$

由于 λ 一般是小整数，而且小 j 的转动谱线对总和的贡献相对较小，可以用 $j^{1/2}$ 近似地替代 $[(j-\lambda)(j+\lambda)/j]^{1/2}$，于是式(7b)中求和的第一个大括号又回到式(8)给的结果。这样一来只需估算 Q 分支的贡献。再次使用 Euler-Maclaurin 求和公式，就得到适合的近似表达式，结果是

$$\int_{\Delta\omega_F}(R_{a\omega}/R_{s\omega})\mathrm{d}\omega = 4.1(2)(\alpha_F b_F X)^{1/2}(\gamma u)^{-1/4}[1+1.4(8)\lambda(\gamma u)^{1/2}] \tag{9}$$

式(9)的误差仍然是 $(\gamma u)^{3/4}$ 的数量级。如果分别用 α_0 与 b_0 代替 α_F 与 b_F，则式(9)也适用于第一泛频。

由于 Q 分支的转动谱线很密集，式(9)右边一般太大。由于这一原因式(9)可以按下面方式使用：

$$\int_{\Delta\omega_F}(R_{a\omega}/R_{s\omega})\mathrm{d}\omega = 4.1(2)(\alpha_F b_F X)^{\frac{1}{2}}(\gamma u)^{-\frac{1}{4}}[1+1.4(8)\lambda\beta(\gamma u)^{\frac{1}{2}}] \tag{9a}$$

这里：β 是经验确定的修正因子，它的数值小于或等于 1。Q 分支的贡献通常很小，以至在处理实验数据时可以略去。

最后，希望再强调一下：只有在 Lorentz 色散公式适合于描述实验测量时，我们得到的结果才是有用的。这一条件似乎适合于像 CO 和 NO 之类的简单的双原子分子，而不适合于 HCL 和 HBr[3,8]。如果获得的经验数据不能定量地由式(8)，(9)的表达式来关联，那么就可以认为是由于对谱线的线型使用了过度简化的描述[9]。

（林贞彬 译， 崔季平 校）

参考文献

[1] Penner S S. [J]. J. Chem. Phys. 19，272，1434(1951).

[2] Crawford，Jr. B L，Dinsmore HL. [J]. J. Chem. Phys. 18，983，1682(1950).

[3] Penner S S, Weber D. [J]. J. Chem. Phys. 19，1351，1361(1951).

[4] Ladenburg R, Reiche F. [J]. Ann. Physik 42，181(1913).

[5] Elsasser W M. Harvard Meteorological Studies No. 6 [R]. Blue Hill Observatory，Milton，Massachusetts，1942.

[6] Mayer J E, Mayer M G. Statistical Mechanics [M]. John Wiley and Sons，Inc. New York，1940.

[7] Penner，Ostrander，Tsien. For details，describing a similar evaluation [J]. J. Appl. Phys. 1952，23：256.

[8] Penner S S, Weber D. paper presented before the Symposium on Molecular Structure and Spectroscopy [C]. Ohio State University, Columbus, Ohio, 1951.

[9] In this connection reference should be made to the extensive literature on pressure broadening of spectral lines, for example,

Lorentz H A. [J]. Proc. Amst. Akad. Sci. 8, 59(1906);

Lenz W. [J]. Physik Z. 80, 423(1933);

Weisskopf V F. [J]. Physik Z. 34, 1(1933);

Lindholm E. [J]. Arkiv. Mat. Astron. Fysik. 32, 17(1945);

van Vleck J H. Weisskopf V F. [J]. Revs. Modern Phys. 17, 227(1945);

van Vleck J H. Margenau H. [J]. Phys. Rev. 76, 1211(1949);

Anderson P W. [J]. Phys. Rev. 76, 647(1949);

Margenau H. [J]. Phys. Rev. 82, 156(1951).

远程火箭飞行器的自动导航

钱学森[①] T. C. Adamson[②] E. L. Knuth

(Daniel and Florence Guggenheim Jet Propulsion Center, California Institute of Technology, Pasadena, Calif.)

摘要 在大气的可能的扰动条件下,考虑火箭飞行器在旋转地球的赤道平面中飞行,这些扰动是由于密度、温度和风速变化引起的,这些大气的扰动和飞行器的重量和惯性矩的可能偏差将改变飞行弹道,偏离标准的飞行弹道。本文给出火箭动力的合宜的关闭时间和升降舵角合宜的校正的条件,这样,尽管有这些扰动,飞行器将在选定的地方着陆。为此,提出包括高速计算机和升降舵伺服机构的追踪和自动导航的方案。

在空气中飞行的飞行器行为与作用在它上面的气动力密切相关。在飞行器的一个振荡周期中,假如由于速度、气动系数和空气密度等的变化导致气动力对飞行器的姿态响应有明显变化,那么受扰动飞行弹道的性能就不能用常系数的线性微分方程来描述。事实上,基本微分方程确实有指定时间函数的系数。这种运动的非常简单的例子是在推进颗粒燃烧时的炮式火箭的运动。正如 J. B. Rosser, R. R. Newton 和 G. L. Gross[1] 所说,这个特殊情况的基本微分方程可以写为 1/2 阶的贝塞尔微分方程。这种微分方程解的一般特征是与常系数微分方程的解的特征十分不同的。例如,对常系数的方程而言,齐次方程解的稳定性一般是充分保证带有合理的驱动函数的解的稳定性,这种说法对变系数方程不再成立。现在的控制和稳定性理论几乎都基于常系数的微分方程。因此,为了研究火箭的受扰动的运动,必须应用新的方法。

B. Drenick 在最近的论文[2] 中论证了用弹道摄动理论求解带有随时间变化的变系数方程所描述的弹道轨道的控制和导航问题中的可用性,他的理论是基于 G. A. Bliss[3] 在第一次世界大战时首先提出的伴随函数的方法。本文的目的是,使 Drenick 的理论更完善和更确切,并将它用于远程有翼的火箭飞行器的自动导航问题。建议了一种包括快速计算机的控制系统,因此,可以自动校正由于大气条件变化和与飞行器标准重量的偏差而造成的弹道误差,但是,这里的主要目标不是给出这种导航系统的最终设计,而是表示弹道摄动理论解决这个问题的能力和这种导航系统所需要的各种部件。

1952 年 4 月 28 日收到。原载 Journal of the American Rocket Society, 1952, Vol. 22, pp. 192 - 199。

① Robert H. Goddard 喷气推进教授。

② Daniel and Florence Guggenheim 喷气推进研究员。文中的计算是 Daniel and Florence Guggenheim 喷气推进研究员 R. C. Evans 和美国陆军航空兵 F. W. Hartwing 完成的。

一、运动方程

为了使讨论的问题不过分复杂，假设飞行器在旋转着的地球的赤道平面内运动(图 1)，在赤道平面内的运动不受科里奥利力的作用，所以可以保持平面运动。所选的坐标系对于旋转的地球是固定的，也就是说，坐标系也是以地球自转的角速度 Ω 转动，Ω 的值为

$$\Omega = 7.292\,1 \times 10^{-5}\,\mathrm{rad/s} \tag{1}$$

在从飞行器的起始点算起的任何一个时刻 t，飞行器在赤道平面内的位置可以由半径 r 和角度 θ 来指定，r_0 为地球的平均半径，它的值为

$$r_0 = 20.88 \times 10^6\ \mathrm{ft} \tag{2}$$

设 g 为不包括地球自转离心力的地球表面上的重力加速度，则

$$g = 32.257\,7\ \mathrm{ft/s^2} \tag{3}$$

设 R 和 Θ 分别为作用在飞行器上单位质量的径向和周向的力，于是，飞行器重心的运动方程为

$$\left.\begin{aligned} &\frac{\mathrm{d}r}{\mathrm{d}t} = \dot{r} \\ &\frac{\mathrm{d}\theta}{\mathrm{d}t} = \dot{\theta} \\ &\frac{\mathrm{d}r}{\mathrm{d}t} = R + r(\dot{\theta} \pm \Omega)^2 - g\left(\frac{r_0}{r}\right)^2 \\ &r\frac{\mathrm{d}\dot{\theta}}{\mathrm{d}t} = \Theta - 2\dot{r}(\dot{\theta} \pm \Omega) \end{aligned}\right\} \tag{4}$$

如果飞行器由西向东飞行，则式(4)中右端的第二项中的符号取正号，若飞行器由东向西飞行，则这个符号取负号。

作用在飞行器重心上的力是推力 f，升力 L 和阻力 D(图 1)。设 W 为飞行器相对于 g 的瞬时重量，V 是相对于飞行器的空气速度的大小，于是引入如下三个参数 Ψ，Λ，Δ 更为方便：

$$\Psi = \frac{fg}{W},\quad \Lambda = \frac{Lg}{WV},\quad \Delta = \frac{Dg}{WV} \tag{5}$$

设自然风速 w 是在水平方向，若是迎风，它就取正号，把 w 考虑为高度 r 的函数，若 v_r 为径向速度，v_θ 为周向速度，即

$$\left.\begin{aligned} v_r &= \dot{r} \\ v_\theta &= r\dot{\theta} \end{aligned}\right\} \tag{6}$$

则相对的空气速度 V 按下式计算：

$$V^2 = v_r^2 + (v_\theta + w)^2 \tag{7}$$

若 β 是推力线和水平方向之间的角度，那么单位质量的力 R 和 Θ 的分量为

$$\left.\begin{aligned} R &= \Psi\sin\beta + (v_\theta + w)\Lambda - v_r\Delta \\ \Theta &= \Psi\cos\beta - v_r\Lambda - (v_\theta + w)\Delta \end{aligned}\right\} \tag{8}$$

如果 N 是对于重心的力矩被飞行器的惯性矩相除以后得到的商数，则角加速度的方程是

$$\frac{\mathrm{d}\dot{\beta}}{\mathrm{d}t} = \frac{\mathrm{d}\dot{\theta}}{\mathrm{d}t} + N \tag{9}$$

为了完全确定飞行器的运动，必须将升力 L，阻力 D 和对于重心的力矩 m 给定为时间的

函数，按照空气动力学的习惯，把 L 和 D 用升力系数 C_L 和阻力系数 C_D 来表示，

$$\left.\begin{aligned} L &= \frac{1}{2}\rho V^2 SC_L \\ D &= \frac{1}{2}\rho V^2 SC_D \end{aligned}\right\} \tag{10}$$

式中：ρ 是空气密度，是高度 r 的函数；S 是一个固定的参考面积，例如飞行器的尾翼面积。在现在的问题中，因为飞行器的运动限于赤道平面内，对于空气动力学的计算而言，飞行器的运动状态主要是由冲角 α 来确定的①，即推力线或飞行体轴线与空气相对速度向量之间的夹角（图 1）。但是，对于飞行器运动的控制是由升降舵角 ε 来实现的。所以，影响 C_L 和 C_D 的参数是 α 和 ε。此外，这些空气动力学系数是雷诺数 Re 和马赫数 M 的函数。因此

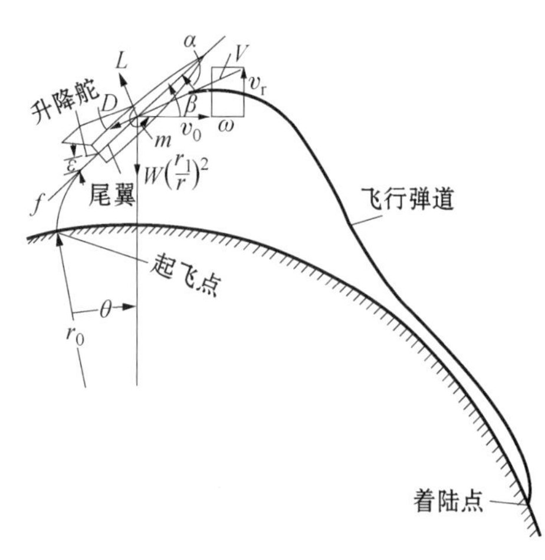

图 1　远程有翼火箭的飞行弹道
（为了清楚地图示，飞行器的尺寸被放大了）

$$\left.\begin{aligned} C_L &= C_L(\alpha,\varepsilon,M,Re) \\ C_D &= C_D(\alpha,\varepsilon,M,Re) \end{aligned}\right\} \tag{11}$$

现再假设推力作用线是通过飞行器的重心的，因此，推力不产生力矩。因为在动力飞行时飞行器的角运动预期是非常慢的，所以火箭的喷气阻尼力矩是可以忽略的。因此，作用在飞行器上的唯一的力矩是空气动力学力矩 m，m 也可以用系数 C_M 表达如下

$$m = \frac{1}{2}\rho V^2 SlC_M \tag{12}$$

式中，l 为参考长度。力矩系数 C_M 也是四个参数 α,ε,M,Re 的函数，或

$$C_M = C_M(\alpha,\varepsilon,M,Re) \tag{13}$$

若 I 是飞行器的惯性矩，则式(9)中 N 的大小是

$$N = m/I \tag{14}$$

应用上面所定义的旋转，运动方程组化为

$$\left.\begin{aligned} \frac{\mathrm{d}r}{\mathrm{d}t} &= v_r \\ \frac{\mathrm{d}\theta}{\mathrm{d}t} &= v_\theta/r \\ \frac{\mathrm{d}\beta}{\mathrm{d}t} &= \dot{\beta} \\ \frac{\mathrm{d}v_r}{\mathrm{d}t} &= \Psi\sin\beta + (v_\theta + w)\Lambda - v_r\Delta + r\left(\frac{v_\theta}{r} \pm \Omega\right)^2 - g\left(\frac{r_0}{r}\right)^2 = F \\ \frac{\mathrm{d}v_\theta}{\mathrm{d}t} &= \Psi\cos\beta - v_r\Lambda - (v_\theta + w)\Delta - 2v_r\left(\frac{v_\theta}{r} + \Omega\right) + \frac{v_\Theta v_r}{r} = G \\ \frac{\mathrm{d}\dot{\beta}}{\mathrm{d}t} &= \frac{1}{r}\{\Psi\cos\beta - v_r\Lambda - (v_\theta + w)\Delta\} - 2\frac{v_r}{r}\left(\frac{v_\theta}{r} + \Omega\right) + N = H \end{aligned}\right\} \tag{15}$$

① Drenick[2] 喜欢取与空气动力学习惯相反的冲角 α。

这个方程组是 6 个未知数 $r,\theta,\beta,v_r,v_\theta$ 和 $\dot{\beta}$ 的一阶方程组，为了解这个方程组，首先要指定这些未知数在开始 $t=0$ 时的 6 个初值，此外，必须给定每一时刻的推力 f，重量 W 和惯性矩 I。为了确定空气动力，升降舵角 ε 必须指定为时间的函数，必须知道大气的性质，即风速 w，空气密度 ρ，空气黏性和空气的声速必须给出为高度 r 的函数，冲角 α 不能指定，它是从角度 β 和相对的空气速度向量 V 计算得到的量。

二、标准的飞行弹道

设大气的性质是标准状态下的，并称为标准大气的性质，飞行器的平均特性和它的能源可取为代表性的，假如升降舵角 ε 给定为时间的函数，则飞行器的飞行弹道被确定，可以用积分方程组(15)来计算，这个计算的实际执行可能是在电子-机械计算机上进行的。标准化飞行器在标准大气中飞行的弹道可称为标准飞行弹道。

标准飞行弹道的主要特征是它的航程，这个航程是起飞点和着陆点之间的距离。导航的问题是计算火箭发动机关机的合宜时间和在飞行时升降舵角的合宜变化，使航程是所要求的。在火箭实际起飞以前，在数学上可以解出在标准大气中标准化火箭的导航问题，因为标准飞行的所有信息是已知的或预先指定的。

三、摄动方程

自然的大气特性当然与假设的大气特性不一致，在每个高度的风速是根据气候条件而变化的，温度 T 也是一个变化的量。因此，可以预期，由于大气条件的变化，标准飞行的弹道也有变化。实际的飞行器也可能在重量和火箭性能等方面与标准的飞行器有些不同，因此，若应用同一个升降舵角的程序，那么实际的飞行弹道将不同于标准的飞行弹道。所以，实际飞行器的导航问题是校正升降舵角的程序，使得实际飞行的航程与标准的飞行弹道航程相同，准确无误地在着陆点着陆。由于飞行的迅速，这个导航问题不能用通常的方法来求解；但应当用自动计算系统来求解，对于每个离开标准状态的偏差，这个系统能在瞬时间产生响应。

实际上，一般的自动导航问题是非常困难的。但是，可以认为偏离标准状态的偏差是小的，因为标准的飞行弹道毕竟是平均状态的好的代表性弹道。这个事实使我们马上想到只需考虑偏差的一阶量就足够了，这个“线性化”是弹道摄动理论的基础，也是本文的自动导航的理论。

用符号上带横杠“—”表示标准飞行弹道的量，用带 δ 符号表示量的偏差，因此，对实际的飞行弹道而言

$$\left.\begin{aligned} r &= \bar{r}+\delta r, \quad & \theta &= \bar{\theta}+\delta\theta, \quad & \beta &= \bar{\beta}+\delta\beta \\ v_r &= \bar{v}_r+\delta v_r, \quad & v_\theta &= \bar{v}_\theta+\delta v_\theta, \quad & \dot{\beta} &= \bar{\dot{\beta}}+\delta\dot{\beta} \end{aligned}\right\} \tag{16}$$

实际大气与标准大气之间的偏差可表示为密度的偏差 $\delta\rho$，温度的偏差 δT 和风速的偏差 δw，因此

$$\rho=\bar{\rho}+\delta\rho, \quad T=\bar{T}+\delta T, \quad w=\bar{w}+\delta w \tag{17}$$

假设实际飞行器与标准飞行器之间的偏差仅限于重量的偏差 δW 和惯性矩 δI 的偏差，这就是

$$W=\overline{W}+\delta W, \quad I=\bar{I}+\delta I \tag{18}$$

假设推进剂流动的速率和火箭的有效排气速度是标准的，由式(11)和(13)所表示的飞行器的尾翼面积 S 和空气动力特性也假定是不变的。

把式(16)，(17)和(18)代入运动式(15)，并只保留偏差的一阶项，就得到

$$\left.\begin{aligned}\frac{\mathrm{d}\delta r}{\mathrm{d}t}&=+\delta v_r\\\frac{\mathrm{d}\delta\theta}{\mathrm{d}t}&=-\frac{\bar{v}_\theta}{\bar{r}^2}\delta r+\frac{1}{\bar{r}}\delta v_\theta\\\frac{\mathrm{d}\delta\beta}{\mathrm{d}t}&=+\delta\dot{\beta}\end{aligned}\right\}\tag{19}$$

$$\left.\begin{aligned}\frac{\mathrm{d}\delta v_r}{\mathrm{d}t}&=a_1\delta r+a_2\delta\beta+a_3\delta v_r+a_4\delta v_\theta+a_5\delta\varepsilon+a_6\delta\rho+a_7\delta T+a_8\delta w+a_9\delta W\\\frac{\mathrm{d}\delta v_\theta}{\mathrm{d}t}&=b_1\delta r+b_2\delta\beta+b_3\delta v_r+b_4\delta v_\theta+b_5\delta\varepsilon+b_6\delta\rho+b_7\delta T+b_8\delta w+b_9\delta W\\\frac{\mathrm{d}\delta\dot{\beta}}{\mathrm{d}t}&=c_1\delta r+c_2\delta\beta+c_3\delta v_r+c_4\delta v_\theta+c_5\delta\varepsilon+c_6\delta\rho+c_7\delta T+c_8\delta w+c_9\delta W+c_{10}\delta I\end{aligned}\right\}\tag{20}$$

方程中的系数 a_i，b_i 和 c_i 是式(15)所定义的 F，G 和 H 在标准飞行弹道上计算的偏导数，例如，

$$\left.\begin{aligned}a_1&=\left(\overline{\frac{\partial F}{\partial r}}\right),\quad a_2=\left(\overline{\frac{\partial F}{\partial\beta}}\right),\quad a_3=\left(\overline{\frac{\partial F}{\partial v_r}}\right)\\a_4&=\left(\overline{\frac{\partial F}{\partial v_\theta}}\right),\quad a_5=\left(\overline{\frac{\partial F}{\partial\varepsilon}}\right),\quad a_6=\left(\overline{\frac{\partial F}{\partial\rho}}\right)\\a_7&=\left(\overline{\frac{\partial F}{\partial T}}\right),\quad a_8=\left(\overline{\frac{\partial F}{\partial w}}\right),\quad a_9=\left(\overline{\frac{\partial F}{\partial W}}\right)\end{aligned}\right\}\tag{21}$$

这些系数的详细计算在附录中给出。

式(19)和(20)是摄动方程组，它们是线性的。在标准飞行弹道上计算后，这些系数最终是指定的时间函数。假设已知大气性质的偏差 $\delta\rho$，δT 和 δw，再假设 $\delta\varepsilon$，δW 和 δI 是指定的，那么这个微分方程组确定了与标准弹道的偏差 δr，$\delta\theta$，$\delta\beta$，δv_r，δv_θ 和 $\delta\dot{\beta}$。这是弹道摄动理论中的直接问题。但是，自动导航问题与此不同，它要求的是校正升降舵角的函数 $\delta\varepsilon$，使得航程误差为零。正如 Drenick[2] 所建议的，这个问题最好用 Bliss 的伴随函数法来求解。

四、航程校正的伴随函数

伴随函数法的原理如下[3]：设 $y_i(t)$，$i=1,2,\cdots,n$ 为由下列线性方程组确定的函数：

$$\frac{\mathrm{d}y_i}{\mathrm{d}t}=\sum_{j=1}^{n}a_{ij}y_j+Y_i\tag{22}$$

式中：a_{ij} 是给定的系数，它们可以是时间 t 的函数；Y_i 是指定的时间的函数。现在引入一组新的函数 $\lambda_i(t)$，把它称为 $y_i(t)$的伴随函数，它要满足下列微分方程组：

$$\frac{\mathrm{d}\lambda_i}{\mathrm{d}t}=-\sum_{j=1}^{n}a_{ji}\lambda_j\tag{23}$$

用 λ_i 乘式(22)，并用 y_i 乘式(23)，然后将这两个方程相加，就得到

$$\frac{\mathrm{d}}{\mathrm{d}t}\sum_{i=1}^{n}\lambda_i y_i=\sum_{i=1}^{n}\lambda_i Y_i\tag{24}$$

把式(24)从 $t=t_1$ 到 $t=t_2$ 积分

$$\sum_{i=1}^{n}\lambda_i y_i\Big|_{t=t_2}=\sum_{i=1}^{n}\lambda_i y_i\Big|_{t=t_1}+\int_{t=t_1}^{t=t_2}\Big(\sum_{i=1}^{n}\lambda_i Y_i\Big)\mathrm{d}t \tag{25}$$

Bliss 称式(25)为“基本表达式”。

对于现在的问题而言,y_i 是摄动量,即

$$\left.\begin{aligned} &y_1=\delta r, \quad y_2=\delta\theta, \quad y_3=\delta\beta \\ &y_4=\delta v_r, \quad y_5=\delta v_\theta, \quad y_6=\delta\dot{\beta} \end{aligned}\right\} \tag{26}$$

因此,根据式(20),伴随函数 λ_i 满足下列微分方程:

$$\left.\begin{aligned} -\frac{\mathrm{d}\lambda_1}{\mathrm{d}t}&=-\frac{\bar{v}_\theta}{\bar{r}^2}\lambda_2+a_1\lambda_4+b_1\lambda_5+c_1\lambda_6 \\ -\frac{\mathrm{d}\lambda_2}{\mathrm{d}t}&=0 \\ -\frac{\mathrm{d}\lambda_3}{\mathrm{d}t}&=a_2\lambda_4+b_2\lambda_5+c_2\lambda_6 \\ -\frac{\mathrm{d}\lambda_4}{\mathrm{d}t}&=\lambda_1+a_3\lambda_4+b_3\lambda_5+c_3\lambda_6 \\ -\frac{\mathrm{d}\lambda_5}{\mathrm{d}t}&=\frac{1}{\bar{r}}\lambda_2+a_4\lambda_4+b_4\lambda_5+c_4\lambda_6 \\ -\frac{\mathrm{d}\lambda_6}{\mathrm{d}t}&=\lambda_3 \end{aligned}\right\} \tag{27}$$

于是 Y_i 为

$$\left.\begin{aligned} Y_1&=Y_2=Y_3=0 \\ Y_4&=a_5\delta\varepsilon+a_6\delta\rho+a_7\delta T+a_8\delta w+a_9\delta W \\ Y_5&=b_5\delta\varepsilon+b_6\delta\rho+b_7\delta T+b_8\delta w+b_9\delta W \\ Y_6&=c_5\delta\varepsilon+c_6\delta\rho+c_7\delta T+c_8\delta w+c_9\delta W+c_{10}\delta I \end{aligned}\right\} \tag{28}$$

式(27)并不完全确定 λ 函数,为了确定这个函数,必须在某一个时刻指定一组 λ 的值。对于自动导航问题而言,要求航程偏差为零,于是,对式(27)所要求的边界条件可以按下列方法来确定:假设 t_2 是实际飞行器着陆的时刻,$\bar{t}_2$ 是标准飞行弹道着陆的时刻,则

$$t_2=\bar{t}_2+\delta t_2 \tag{29}$$

与此相似,着陆时刻的带下标 2 的量

$$\left.\begin{aligned} r_2&=\bar{r}_2+\delta r_2 \\ \theta_2&=\bar{\theta}_2+\delta\theta_2 \end{aligned}\right\} \tag{30}$$

但是

$$\left.\begin{aligned} \delta r_2&=(\bar{v}_r)_{t=\bar{t}_2}\delta t_2+(\delta r)_{t=\bar{t}_2} \\ \delta\theta_2&=\frac{1}{r_0}(\bar{v}_\theta)_{t=\bar{t}_2}\delta t_2+(\delta\theta)_{t=\bar{t}_2} \end{aligned}\right\} \tag{31}$$

然而,根据定义 δr_2 是零,因为着陆意味着与地球表面接触,$\bar{r}_2=r_2=r_0$,从式(31)消去 δt_2 得

$$\delta\theta_2=\left[-\frac{1}{\bar{r}}\left(\frac{\bar{v}_\theta}{\bar{v}_r}\right)\delta r+\delta\theta\right]_{t=\bar{t}_2} \tag{32}$$

因此,假如在着陆时刻 $t=\bar{t}_2$,λ_i 的大小被确定为

$$\left.\begin{aligned}\lambda_1 &= -\frac{1}{\bar{r}}\left(\frac{\bar{v}_\theta}{\bar{v}_r}\right)\\ \lambda_2 &= 1\\ \lambda_3 &= \lambda_4 = \lambda_5 = \lambda_6 = 0\end{aligned}\right\}, t = \bar{t}_2 \tag{33}$$

则航程的误差由下式给出:

$$\delta\theta_2 = \sum_{i=1}^{n}\lambda_i y_i\Big|_{t=\bar{t}_2} = [\lambda_1\delta r + \lambda_2\delta\theta + \lambda_3\delta\beta + \lambda_4\delta v_r + \lambda_5\delta v_\theta + \lambda_6\delta\dot{\beta}]_{t=\bar{t}_2} \tag{34}$$

在确定标准飞行弹道以后,式(27)中的系数被确定为时间的函数,于是,这些方程和式(33)的终点条件一起确定了伴随函数 λ_i。也许要用电子-机械计算机对 $t<\bar{t}_2$ 进行"逆向"积分。这样确定伴随函数以后,就可以用式(25)的基本表达式来修正由式(34)给出的航程误差方程:将 $\bar{t}_1$ 表示发动机关机的时刻,则航程误差 $\delta\theta_2$ 为零的条件可以表示为

$$\left.\begin{aligned}\delta\theta_2 = 0 = [\lambda_1\delta r + \lambda_2\delta\theta + \lambda_3\delta\beta + \lambda_4\delta v_r + \lambda_5\delta v_\theta + \lambda_6\delta\dot{\beta}]_{t=\bar{t}_1} + \\ \int_{\bar{t}_1}^{\bar{t}_2}[\lambda_4 Y_4 + \lambda_5 Y_5 + \lambda_6 Y_6]\mathrm{d}t\end{aligned}\right\} \tag{35}$$

这就是自动导航的基本方程,现在它将被开拓应用。

五、关机条件

对于任意扰动的式(35)的条件可以分为两部分:加和积分分别设为零,因此,满足标准关机时刻 $\bar{t}_1$ 的条件是

$$[\lambda_1\delta r + \lambda_2\delta\theta + \lambda_3\delta\beta + \lambda_4\delta v_r + \lambda_5\delta v_\theta + \lambda_6\delta\dot{\beta}]_{t=\bar{t}_1} = 0 \tag{36}$$

因为标准关机时刻 $\bar{t}_1$ 是标准的时刻,但不必要是实际的关机时刻 t_1,即

$$t_1 = \bar{t}_1 + \delta t_1 \tag{37}$$

式(36)必须转变为包括在实际关机时刻的量的更有用的形式,因为只取到一阶量,所以根据式(16),很容易做到这一点

$$(\delta r)_{t=\bar{t}_1} = (r)_{t=t_1} - \left(\frac{\mathrm{d}t}{\mathrm{d}r}\right)_{t=\bar{t}_1}\delta t_1 - (\bar{r})_{t=\bar{t}_1}$$

或

$$(\delta r)_{t=\bar{t}_1} = (r)_{t=t_1} - (\bar{r})_{t=\bar{t}_1} - (\bar{v}_r)_{t=\bar{t}_1}\delta t_1$$

相似地

$$(\delta\theta)_{t=\bar{t}_1} = (\theta)_{t=t_1} - (\bar{\theta})_{t=\bar{t}_1} - \left(\frac{1}{\bar{r}}\bar{v}_\theta\right)_{t=\bar{t}_1}\delta t_1$$

$$(\delta\beta)_{t=\bar{t}_1} = (\beta)_{t=t_1} - (\bar{\beta})_{t=\bar{t}_1} - (\dot{\beta})_{t=\bar{t}_1}\delta t_1$$

$$(\delta v_r)_{t=\bar{t}_1} = (v_r)_{t=t_1} - (\bar{v}_r)_{t=\bar{t}_1} - (\bar{F})_{t=\bar{t}_1}\delta t_1$$

$$(\delta v_\theta)_{t=\bar{t}_1} = (v_\theta)_{t=t_1} - (\bar{v}_\theta)_{t=\bar{t}_1} - (\bar{G})_{t=\bar{t}_1}\delta t_1$$

$$(\delta\dot{\beta})_{t=\bar{t}_1} = (\dot{\beta})_{t=t_1} - (\bar{\dot{\beta}})_{t=\bar{t}_1} - (\bar{H})_{t=\bar{t}_1}\delta t_1$$

式中:$\bar{F}$,$\bar{G}$ 和 $\bar{H}$ 是用式(15)在标准飞行弹道上计算的这些量的值,事实上,它们是在标准关机

时刻$\bar{t}_1$前瞬间的计算值，以致包括火箭的加速度力，速度的变化率是动力飞行段的值。现在按下式定义J和$\bar{J}$：

$$J=[\lambda_1^* r+\lambda_2^* \theta+\lambda_3^* \beta+\lambda_4^* v_r+\lambda_5^* v_\theta+\lambda_6^* \dot{\beta}]_{t=t_1} \tag{38}$$

和

$$\bar{J}=[\lambda_1^* \bar{r}+\lambda_2^* \bar{\theta}+\lambda_3^* \bar{\beta}+\lambda_4^* \bar{v}_r+\lambda_5^* \bar{v}_\theta+\lambda_6^* \dot{\bar{\beta}}]_{t=\bar{t}_1}$$

式中：λ_i^* 是在标准关机时间t_1时计算的λ_i值。因此，在实际关机时刻t_1要满足的条件是

$$J=\bar{J}+\left[\lambda_1^* \bar{v}_r+\lambda_2^* \frac{\bar{v}_\theta}{\bar{r}}+\lambda_3^* \dot{\bar{\beta}}+\lambda_4^* \bar{F}+\lambda_5^* \bar{G}+\lambda_6^* \bar{H}\right]_{t=t_1}(t-\bar{t}_1) \tag{39}$$

这就是确定适宜的关机时刻的方程。

在已知标准飞行弹道时，$\bar{J}$和式(39)右边括号中的量是固定的，故若用t代替t_1，则式(39)的整个右边可考虑为时间t的线性增加的函数。应用预先确定的λ_1^*和跟踪站得到的实际飞行器的位置和速度值，同时也能计算关机前每一时刻的J。因此，可以连续地比较式(39)两边量的大小，当它们彼此相等时，条件式(39)得到满足。于是，给出发动机关机的信号，火箭的动力关闭①。

六、自动导航的条件

在火箭的动力关闭比标准关机时刻t_1早或晚的情况下，假如留在燃料箱中推进燃料没有被排出，那么它将改变飞行器的重量W和惯性矩I。也有可能飞行器的有效载荷不是为标准飞行器所指定的载荷，因此，在关机以后，有固定的δW和δI，固定的意思是它们并不随时间变化，只要关机，它们就是已知的。有不同特性的是实际大气与标准大气的偏差$\delta\rho,\delta T,\delta w$，它们是未知的，除非测量它们。下面建议用飞行器本身作为测量仪器，过程如下。

在关机条件满足以后，航程零误差的条件是式(35)中的积分应为零。现在，因为包含任意偏差$\delta\rho,\delta T,\delta w$的$Y_i$的被积函数不是预先已知的，所以要满足这个条件，只有被积函数自身为零。根据式(28)有

$$(\lambda_4 a_5+\lambda_5 b_5+\lambda_6 c_5)\delta\varepsilon+(\lambda_4 a_6+\lambda_5 b_6+\lambda_6 c_6)\delta\rho+(\lambda_4 a_7+\lambda_5 b_7+\lambda_6 c_7)\delta T+$$
$$(\lambda_4 a_8+\lambda_5 b_8+\lambda_6 c_8)\delta w+(\lambda_4 a_9+\lambda_5 b_9+\lambda_6 c_9)\delta W+\lambda_6 c_{10}\delta I=0$$

或者用下列标记：

$$\left.\begin{aligned}
d_5&=\lambda_4 a_5+\lambda_5 b_5+\lambda_6 c_5\\
d_6&=\lambda_4 a_6+\lambda_5 b_6+\lambda_6 c_6\\
d_7&=\lambda_4 a_7+\lambda_5 b_7+\lambda_6 c_7\\
d_8&=\lambda_4 a_8+\lambda_5 b_8+\lambda_6 c_8\\
D&=-(\lambda_4 a_9+\lambda_5 b_9+\lambda_6 c_9)\delta W-\lambda_6 c_{10}\delta I
\end{aligned}\right\} \tag{40}$$

这个条件可写为

$$d_5\delta\varepsilon+d_6\delta\rho+d_7\delta T+d_8\delta w=D \tag{41}$$

式(20)可写为

---

① Drenick的关机条件[2]与式(39)不同，他没有式(39)右边的第2项，这个忽略似乎没有被证实可行，将引起一阶误差。

$$\left.\begin{aligned} a_5\delta\varepsilon + a_6\delta\rho + a_7\delta T + a_8\delta w = A \\ b_5\delta\varepsilon + b_6\delta\rho + b_7\delta T + b_8\delta w = B \\ c_5\delta\varepsilon + c_6\delta\rho + c_7\delta T + c_8\delta w = C \end{aligned}\right\} \tag{42}$$

式中：

$$\left.\begin{aligned} A &= \frac{\mathrm{d}\delta v_r}{\mathrm{d}t} - a_1\delta r - a_2\delta\beta - a_3\delta v_r - a_4\delta v_\theta - a_7\delta W \\ B &= \frac{\mathrm{d}\delta v_\theta}{\mathrm{d}t} - b_1\delta r - b_2\delta\beta - b_3\delta v_r - b_4\delta v_\theta - b_7\delta W \\ C &= \frac{\mathrm{d}\delta\dot{\beta}}{\mathrm{d}t} - c_1\delta r - c_2\delta\beta - c_3\delta v_r - c_4\delta v_\theta - c_9\delta W - c_{10}\delta I \end{aligned}\right\} \tag{43}$$

假如飞行器的追踪站测量了量 A,B,C,那么解式(42)可确定大气的偏差 $\delta\rho$,δT 和 δw。实际上,这是用飞行器本身作为 $\delta\rho$,δT 和 δw 的测量仪器。在知道 $\delta\rho$,δT 和 δw 以后,式(41)就给出合宜的升降舵角的校正 $\delta\varepsilon$。

数学上,与计算 $\delta\varepsilon$ 等价的途径是用式(41)和(42)直接解 $\delta\varepsilon$,因此

$$\begin{vmatrix} a_5 & a_6 & a_7 & a_8 \\ b_5 & b_6 & b_7 & b_8 \\ c_5 & c_6 & c_7 & c_8 \\ d_5 & d_6 & d_7 & d_8 \end{vmatrix} \delta\varepsilon = \begin{vmatrix} A & a_6 & a_7 & a_8 \\ B & b_6 & b_7 & b_8 \\ C & c_6 & c_7 & c_8 \\ D & d_6 & d_7 & d_8 \end{vmatrix} \tag{44}$$

从每个时刻的量 a_i,b_i,c_i 和 A,B,C,D,用这个方程计算出在相同时刻的升降舵角必需的变化。这些量部分来自从标准飞行弹道预先确定的信息,部分来自由跟踪飞行器得到的飞行器的位置和速度的测量信息。在高空,空气的密度非常小,与重力和惯性力相比,空气动力几乎可以忽略。因此,式(43)的量 A,B 和 C 将是大的量的小差别,所以,它们是最难精确确定的量。假如实际升降舵角与式(44)所计算的相符合,那么与上一节所指定的合宜的关机时刻一起,飞行器将导航到所选定的着陆点,而不顾大气的扰动。

七、讨论

在飞行弹道的总的特性是从整体的工程考虑来选择的时候,第一步是用标准的大气性质和有标准重量的飞行器预期性能来计算标准飞行弹道。因此,标准飞行弹道的知识决定 a_i,b_i,c_i,式(27)和式(33)的结束条件使伴随函数 λ_i 的计算成为可能,在飞行器的实际飞行以前,所有这些信息均在手头,因此可称为"贮存的数据"。

在发动机关闭以前,根据标准飞行弹道,升降舵角可以被编制程序,飞行器的稳定性由喷气舵或辅助火箭提供。但是,跟踪站要马上运行并提供飞行器的位置和速度的信息给飞行器。这些信息首先进入关机计算机,应用贮存信息连续地比较在关机条件式(39)的两边量的大小,当这个条件满足时,执行发动机关机。

在发动机关机的时刻,跟踪信息转到自动导航的计算机。发动机关机的时刻也固定了在燃料箱中的燃料量,因此,也确定了与标准相比的重量偏差 δW 和惯性矩偏差 δI。这个信息和关于标准飞行弹道的贮存数据一起使计算机根据式(40),(43)和(44)产生升降舵的校正角 $\delta\varepsilon$。理论上,必须在接收信息的时刻没有时间延迟地得到 $\delta\varepsilon$ 的值,因为式(44)是同一时刻计算的两个量相等的条件,实际上,由于有限的计算时间,总是有时间延迟;但是,现在是明确了,

为了尽可能精确地满足自动导航的条件，计算的时间必须非常短。计算的校正值 $\delta\varepsilon$ 和由标准飞行弹道确定的升降舵角 $\bar{\varepsilon}$ 一起给出实际升降舵角 ε。从现在开始，升降舵的控制机理的设计遵循常用的反馈伺服机理，后者具有常用的快速动作、稳定性和精确性的准则。于是，飞行器自动导航的总体设计可以用图 2 的示意图来表示。

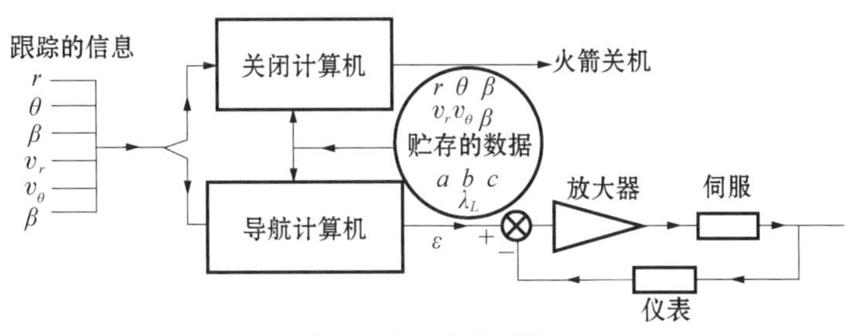

图 2　自动导航系统

计算机的主要目的或“责任”是合宜地处理飞行器的动力和气动力信息，并确定准确的飞行弹道的校正，以保证在所选择的终点着陆。现在，升降舵伺服机构的目的或责任是简单地遵循计算机的命令。假如伺服机构考虑为飞行器的内部，那么计算机可考虑为对飞行器的外部条件负责的机构。对于通常的飞机的控制，内部与外部的这种分离是不必要的，对于通常的飞机，基本的扰动动力学方程的系数是常数，计算机可以通过本质上是 RC 电路的单一“放大器”与伺服机构合并。

这里，设想的计算机是携带在飞行器上，并从固定的地面跟踪站[4]接收位置和速度的信息。讨论它们的设计将超出本文的范围，但是，为了几乎立即产生合宜的信号所要求的精确度和速度表明它们应该是电子数字型的计算机。假如正是应用合宜的类型，那么，把关机(cut-off)计算机和导航计算机分开是不必要的，全部工作都可以在有合宜编程的一个计算机上进行。

附　录

系数的计算

量 F,G 和 H 是由式(15)定义的，它们包含参数 Ψ,Λ,Δ 和 N。根据式(5)和(14)所给出的定义，这些参数可写为如下形式：

$$\left.\begin{aligned} \Psi &= \frac{fg}{W} \\ \Lambda &= \frac{q}{W}\,\frac{1}{2}\rho S C_L\,\sqrt{v_r^2+(v_\theta+w)^2} \\ \Delta &= \frac{q}{W}\,\frac{1}{2}\rho S C_D\,\sqrt{v_r^2+(v_\theta+w)^2} \\ N &= \frac{1}{I}\,\frac{1}{2}\rho S C_M\{v_r^2+(v_\theta+w)^2\} \end{aligned}\right\} \tag{45}$$

式中：空气动力系数 C_L,C_D,C_M 是冲角 α，升降舵角 ε，马赫数 M 和雷诺数 Re 的函数。这些空气动力学参数直接与飞行弹道的各个量有如下的关系：

$$\alpha=\beta-\arctan\frac{v_r}{v_\theta+w},\quad M=V/a(r),\quad Re=\rho Vl/\mu(r) \tag{46}$$

式中：$a(r)$是大气中的声速；$\mu(r)$是空气的黏性系数，两者都是高度 r 的函数。在以下的计算中，推力考虑为只是高度的函数。同时也假设在不同高度的空气成分都与标准大气相同，只是密度 ρ 和温度 T 有所变化，在

任意高度的 a 和 μ 的变化只是由温度 T 的变化引起的。

对于 Ψ 而言，

$$\frac{\partial \Psi}{\partial r}=\frac{g}{W}\frac{\partial f}{\partial r},\ \frac{\partial \Psi}{\partial W}=-\frac{\Psi}{W} \tag{47}$$

所有其他的偏导数都是零。

对于 Λ 而言，

$$\left.\begin{aligned}
&\frac{\partial \Lambda}{\partial r}=\Lambda\left[\frac{1}{\rho}\frac{\mathrm{d}\rho}{\mathrm{d}r}\left\{1+\frac{Re}{C_L}\frac{\partial C_L}{\partial Re}\right\}+\frac{1}{V^2}\frac{\mathrm{d}w}{\mathrm{d}r}\left\{\left(\frac{M}{C_L}\frac{\partial C_L}{\partial M}+\frac{Re}{C_L}\frac{\partial C_L}{\partial Re}+1\right)\cdot\right.\right.\\
&\qquad\left.\left.(v_\theta+w)+\frac{1}{C_L}\frac{\partial C_L}{\partial \alpha}v_r\right\}-\frac{M}{C_L}\frac{\partial C_L}{\partial M}\frac{1}{a}\frac{\mathrm{d}a}{\mathrm{d}r}-\frac{Re}{C_L}\frac{\partial C_L}{\partial Re}\frac{1}{\mu}\frac{\mathrm{d}\mu}{\mathrm{d}r}\right]\\
&\frac{\partial \Lambda}{\partial v_r}=\Lambda\frac{v_r}{V^2}\left[\frac{M}{C_L}\frac{\partial C_L}{\partial M}+\frac{Re}{C_L}\frac{\partial C_M}{\partial Re}+1-\frac{1}{C_L}\frac{\partial C_L}{\partial \alpha}\frac{v_\theta+w}{v_r}\right]\\
&\frac{\partial \Lambda}{\partial v_\theta}=\Lambda\frac{(v_\theta+w)}{V^2}\left[\frac{M}{C_L}\frac{\partial C_L}{\partial M}+\frac{Re}{C_L}\frac{\partial C_L}{\partial Re}+1+\frac{1}{C_L}\frac{\partial C_L}{\partial \alpha}\frac{v_r}{v_\theta+w}\right]\\
&\frac{\partial \Lambda}{\partial \beta}=\Lambda\frac{1}{C_L}\frac{\partial C_L}{\partial \alpha}\\
&\frac{\partial \Lambda}{\partial \varepsilon}=\Lambda\frac{1}{C_L}\frac{\partial C_L}{\partial \varepsilon}\\
&\frac{\partial \Lambda}{\partial \rho}=\Lambda\frac{1}{\rho}\left[1+\frac{Re}{C_L}\frac{\partial C_L}{\partial Re}\right]\\
&\frac{\partial \Lambda}{\partial T}=-\Lambda\left[\frac{M}{C_L}\frac{\partial C_L}{\partial M}\frac{1}{2T}+\frac{Re}{C_L}\frac{\partial C_L}{\partial Re}\frac{1}{\mu}\frac{\partial \mu}{\partial T}\right]\\
&\frac{\partial \Lambda}{\partial w}=\Lambda\frac{v_\theta+W}{V^2}\left[\frac{M}{C_L}\frac{\partial C_L}{\partial M}+\frac{Re}{C_L}\frac{\partial C_L}{\partial Re}+1+\frac{1}{C_L}\frac{\partial C_L}{\partial \alpha}\frac{v_r}{v_\theta+w}\right]=\frac{\partial \Lambda}{\partial v_\theta}\\
&\frac{\partial \Lambda}{\partial W}=-\frac{\Lambda}{W}
\end{aligned}\right\}\tag{48}$$

对于 Δ 而言，在上述方程中将 Δ 代替 Λ，将 C_D 代替 C_L 就可得到 Δ 的偏导数。

对于 N 而言，

$$\left.\begin{aligned}
&\frac{\partial N}{\partial r}=N\left[\frac{1}{\rho}\frac{\mathrm{d}\rho}{\mathrm{d}r}\left\{1+\frac{Re}{C_M}\frac{\mathrm{d}C_M}{\mathrm{d}Re}\right\}+\frac{1}{V^2}\frac{\mathrm{d}w}{\mathrm{d}r}\left\{\left(\frac{M}{C_M}\frac{\partial C_M}{\partial M}+\frac{Re}{C_M}\frac{\partial C_M}{\partial Re}+2\right)\cdot\right.\right.\\
&\qquad\left.\left.(v_\theta+w)+\frac{1}{C_M}\frac{\partial C_M}{\partial \alpha}v_r\right\}-\frac{M}{C_M}\frac{\partial C_M}{\partial M}\frac{1}{a}\frac{\mathrm{d}a}{\mathrm{d}r}-\frac{Re}{C_M}\frac{\partial C_M}{\partial Re}\frac{1}{\mu}\frac{\mathrm{d}\mu}{\mathrm{d}r}\right]\\
&\frac{\partial N}{\partial v_r}=N\frac{v_r}{V^2}\left[\frac{M}{C_M}\frac{\partial C_M}{\partial M}+\frac{Re}{C_M}\frac{\partial C_M}{\partial Re}+2-\frac{1}{C_M}\frac{\partial C_M}{\partial \alpha}\frac{v_\theta+w}{v_r}\right]\\
&\frac{\partial N}{\partial v_\theta}=N\frac{(v_\theta+w)}{V^2}\left[\frac{M}{C_M}\frac{\partial C_M}{\partial M}+\frac{Re}{C_M}\frac{\partial C_M}{\partial Re}+2+\frac{1}{C_M}\frac{\partial C_M}{\partial \alpha}\frac{v_r}{v_\theta+w}\right]\\
&\frac{\partial N}{\partial \beta}=N\frac{1}{C_M}\frac{\partial C_M}{\partial \alpha}\\
&\frac{\partial N}{\partial \varepsilon}=N\frac{1}{C_M}\frac{\partial C_M}{\partial \varepsilon}\\
&\frac{\partial N}{\partial \rho}=N\frac{1}{\rho}\left[1+\frac{Re}{C_M}\frac{\partial C_M}{\partial Re}\right]\\
&\frac{\partial N}{\partial T}=-N\left[\frac{M}{C_M}\frac{\partial C_M}{\partial M}\frac{1}{2T}+\frac{Re}{C_M}\frac{\partial C_M}{\partial Re}\frac{1}{\mu}\frac{\partial \mu}{\partial T}\right]\\
&\frac{\partial N}{\partial w}=\frac{\partial N}{\partial v_\theta}\\
&\frac{\partial N}{\partial I}=-\frac{N}{I}
\end{aligned}\right\}\tag{49}$$

根据这些偏导数，很容易就能计算系数 a_i，b_i，c_i：

$$\left.\begin{aligned}
a_1 &= \frac{\partial F}{\partial r} = \frac{\partial \Psi}{\partial r}\sin\beta + \frac{\mathrm{d}w}{\mathrm{d}r}\Lambda + (v_\theta + w)\frac{\partial \Lambda}{\partial r} - v_r\frac{\partial \Delta}{\partial r} + \\
&\quad \left(\frac{v_\theta}{r} \pm \Omega\right)^2 - 2\frac{v_\theta}{r}\left(\frac{v_\theta}{r} \pm \Omega\right) + 2\frac{g}{r}\left(\frac{r_0}{r}\right)^2 \\
a_2 &= \frac{\partial F}{\partial \beta} = \Psi\cos\beta + (v_\theta + w)\frac{\partial \Lambda}{\partial \beta} - v_r\frac{\partial \Delta}{\partial \beta} \\
a_3 &= \frac{\partial F}{\partial v_r} = (v_\theta + w)\frac{\partial \Lambda}{\partial v_r} - \Delta - v_r\frac{\partial \Delta}{\partial v_r} \\
a_4 &= \frac{\partial F}{\partial v_\theta} = \Lambda + (v_\theta + w)\frac{\partial \Lambda}{\partial v_\theta} - v_r\frac{\partial \Delta}{\partial v_\theta} + 2\left(\frac{v_\theta}{r} \pm \Omega\right) \\
a_5 &= \frac{\partial F}{\partial \varepsilon} = (v_\theta + w)\frac{\partial \Lambda}{\partial \varepsilon} - v_r\frac{\partial \Delta}{\partial \varepsilon} \\
a_6 &= \frac{\partial F}{\partial \rho} = (v_\theta + w)\frac{\partial \Lambda}{\partial \rho} - v_r\frac{\partial \Delta}{\partial \rho} \\
a_7 &= \frac{\partial F}{\partial T} = (v_\theta + w)\frac{\partial \Lambda}{\partial T} - v_r\frac{\partial \Delta}{\partial T} \\
a_8 &= \frac{\partial F}{\partial w} = \Lambda + (v_\theta + w)\frac{\partial \Lambda}{\partial w} - v_r\frac{\partial \Delta}{\partial w} \\
a_9 &= \frac{\partial F}{\partial W} = \frac{\partial \Psi}{\partial W}\sin\beta + (v_\theta + w)\frac{\partial \Lambda}{\partial W} - v_r\frac{\partial \Delta}{\partial W}
\end{aligned}\right\} \tag{50}$$

$$\left.\begin{aligned}
b_1 &= \frac{\partial G}{\partial r} = \frac{\partial \Psi}{\partial r}\cos\beta - v_r\frac{\partial \Delta}{\partial r} - \frac{\mathrm{d}w}{\mathrm{d}t}\Delta - (v_\theta + w)\frac{\partial \Delta}{\partial r} + \frac{v_r v_\theta}{r^2} \\
b_2 &= \frac{\partial G}{\partial \beta} = -\Psi\sin\beta - v_r\frac{\partial \Lambda}{\partial \beta} - (v_\theta + w)\frac{\partial \Delta}{\partial \beta} \\
b_3 &= \frac{\partial G}{\partial v_r} = -\Lambda - v_r\frac{\partial \Lambda}{\partial v_r} - (v_\theta + w)\frac{\partial \Delta}{\partial v_r} - 2\left(\frac{1}{2}\frac{v_\theta}{r} \pm \Omega\right) \\
b_4 &= \frac{\partial G}{\partial v_\theta} = -v_r\frac{\partial \Lambda}{\partial v_\theta} - \Delta - (v_\theta + w)\frac{\partial \Delta}{\partial v_\theta} - \frac{v_r}{r} \\
b_5 &= \frac{\partial G}{\partial \varepsilon} = -v_r\frac{\partial \Lambda}{\partial \varepsilon} - (v_\theta + w)\frac{\partial \Delta}{\partial \varepsilon} \\
b_6 &= \frac{\partial G}{\partial \rho} = -v_r\frac{\partial \Lambda}{\partial \rho} - (v_\theta + w)\frac{\partial \Delta}{\partial \rho} \\
b_7 &= \frac{\partial G}{\partial T} = -v_r\frac{\partial \Lambda}{\partial T} - (v_\theta + w)\frac{\partial \Delta}{\partial T} \\
b_8 &= \frac{\partial G}{\partial w} = -v_r\frac{\partial \Lambda}{\partial w} - \Delta + (v_\theta + w)\frac{\partial \Delta}{\partial w} \\
b_9 &= \frac{\partial G}{\partial W} = \frac{\partial \Psi}{\partial r}\cos\beta - v_r\frac{\partial \Lambda}{\partial W} - (v_\theta + w)\frac{\partial \Delta}{\partial W}
\end{aligned}\right\} \tag{51}$$

$$\left.\begin{aligned}
c_1 &= \frac{\partial H}{\partial r} = -\frac{1}{r^2}\left\{\Psi\cos\beta - v_r\Lambda - (v_\theta + w)\Delta - 2v_r\left(\frac{v_\theta}{r} \pm \Omega\right)\right\} + \\
&\quad \frac{1}{r}\left\{\frac{\partial \Psi}{\partial r}\cos\beta - v_r\frac{\partial \Lambda}{\partial r} - (v_\theta + w)\frac{\partial \Delta}{\partial r} - \frac{\mathrm{d}w}{\mathrm{d}r}\Delta + 2\frac{v_r v_\theta}{r^2}\right\} + \frac{\partial N}{\partial r} \\
c_2 &= \frac{\partial H}{\partial \beta} = \frac{1}{r}\left\{-\Psi\sin\beta - v_r\frac{\partial \Lambda}{\partial \beta} - (v_\theta + w)\frac{\partial \Delta}{\partial \beta}\right\} + \frac{\partial N}{\partial \beta} \\
c_3 &= \frac{\partial H}{\partial v_r} = \frac{1}{r}\left\{-\Lambda - v_r\frac{\partial \Lambda}{\partial v_r} - (v_\theta + w)\frac{\partial \Delta}{\partial v_r} - 2\left(\frac{v_\theta}{r} \pm \Omega\right)\right\} + \frac{\partial N}{\partial v_r} \\
c_4 &= \frac{\partial H}{\partial v_\theta} = \frac{1}{r}\left\{-v_r\frac{\partial \Lambda}{\partial v_\theta} - \Delta - (v_\theta + w)\frac{\partial \Delta}{\partial v_\theta} - 2\frac{v_r}{r}\right\} + \frac{\partial N}{\partial v_\theta} \\
c_5 &= \frac{\partial H}{\partial \varepsilon} = \frac{1}{r}\left\{-v_r\frac{\partial \Lambda}{\partial \varepsilon} - (v_\theta + w)\frac{\partial \Delta}{\partial \varepsilon}\right\} + \frac{\partial N}{\partial \varepsilon}
\end{aligned}\right\} \tag{52}$$

$$
\left.\begin{aligned}
c_6 &= \frac{\partial H}{\partial \rho} = \frac{1}{r}\left\{-v_r\frac{\partial \Lambda}{\partial \rho} - (v_\theta + w)\frac{\partial \Delta}{\partial \rho}\right\} + \frac{\partial N}{\partial \rho} \\
c_7 &= \frac{\partial H}{\partial T} = \frac{1}{r}\left\{-v_r\frac{\partial \Lambda}{\partial T} - (v_\theta + w)\frac{\partial \Delta}{\partial T}\right\} + \frac{\partial N}{\partial T} \\
c_8 &= \frac{\partial H}{\partial w} = \frac{1}{r}\left\{-v_r\frac{\partial \Lambda}{\partial w} - \Delta - (v_\theta + w)\frac{\partial \Delta}{\partial w}\right\} + \frac{\partial N}{\partial w} \\
c_9 &= \frac{\partial H}{\partial W} = \frac{1}{r}\left\{\frac{\partial \Psi}{\partial W}\cos\beta - v_r\frac{\partial \Lambda}{\partial W} - (v_\theta + w)\frac{\partial \Delta}{\partial W}\right\} \\
c_{10} &= \frac{\partial H}{\partial I} = \frac{\partial N}{\partial I}
\end{aligned}\right\}
$$

在发动机关机以后，推力 f 消失，因此，对于 $t > \bar{t}_1$，Ψ 和它的导数都是零。

（吴永礼 译， 谈庆明 校）

参考文献

[1] Rosser J B, Newton R R, Gross G L. Mathematical Theory of Rocket Flight [M]. McGrow Hill Book Co., Inc., New York, 1947, particularly chapter Ⅲ.

[2] Drenick R. The Perturbation Calculus in Missile Ballistics [J]. Journal of the Franklin Institute, 1951, 251: 423 - 436.

[3] Bliss G A. Mathematics for Exterior Ballistics [M]. John Wiley & Sons, New York, 1944.

[4] Tuska C D. For possible tracking system [J]. see "Pictorial Radio", Journal of the Franklin Institute, 1952, 253: 1 - 20; 95 - 124.

一种用于比较垂直飞行的动力装置的性能的方法

钱学森[①]

(Daniel and Florence Guggenheim Jet Propulsion Center, California Institute of Technology, Pasadena, Calif.)

摘要 本文对如何选择垂直飞行的动力装置建议了一种新方法,可以用来决定火箭发动机是否可以用其他方式的动力装置,如冲压式发动机来代替,从而改善火箭设计的性能。计算表明,如果能制造出在高的加速度以及在高空条件下能够工作的冲压式发动机作为动力装置,那么这种发动机会有很多优点。

应用喷气推进动力装置的工程师常常面临这样的问题:为了某项设计应用,要在多种可能的动力装置中决定一种最好的动力装置。已经有人建议了一种非常通用的选择动力装置的方法,最早可能是 W. Bolley 和 E. Redding 提出的,该方法是基于装置总重量最小的概念。对在给定高度和飞行速度条件下指定的推力而言,总的装置重量等于动力装置的自重与在上述高度和速度以及给定的持续时间内飞行时所需燃料和燃料箱的重量的总和。燃料和燃料箱的重量随飞行持续时间增加而增加。于是,燃料耗量大的,而本身轻的动力装置,例如火箭,仅仅在飞行时间短的前提下,可与燃料耗量小而本身较重的动力装置互相竞争。这样的概念被 Th. von Kármán[1]在他所作的有关喷气推进动力装置的一般分析中作了进一步的发挥。这种选择动力装置的方法也由 A. L. Lowell 作过描述[2]。

然而,实际的飞行器不会以等速度在等高度处飞行,但总是有一个明确的描写速度和高度随时间变化的飞行计划。因此,动力装置的正确选择必须根据所考虑的飞行器特点的飞行计划,取决于不同速度和高度的一种加权平均。如果速度和高度变化得很快,譬如在垂直加速飞行的情况,根据固定速度和固定高度飞行所作出的总装置重量的选择将是十分错误的。本文的目的是对垂直飞行的飞行器的动力装置给出另一种选择方法。这种方法的应用将以气象探空火箭作为一个直接例子。至于其他类型的飞行器,垂直的动力飞行常常是对应用推进动力的实际飞行轨道的一个好的近似。所以可以相信,这里所建议的方法可能会比开始容易想到的用途更为广阔。

一、一般关系

在本分析中,假设重力加速度和动力装置的有效排气速度等于常数。在中等飞行高

1952 年 1 月 3 日收到。原载 Journal of the American Rocket Society, 1952, Vol. 22, pp. 200 - 203。

① Robert H. Goddard 喷气推进教授。

度，重力加速度与海平面处的相比，减小的数值很小，所以可忽略。动力装置的有效排气速度，定义为动力装置所产生的推力与飞行阶段所携带的燃料或推进剂在单位时间内被消耗的质量之比值，这当然是个变量，而不是常数，甚至对于一个给定的动力装置使用给定燃料或推进剂而言，也该如此。对于火箭来说，这种变化是由于大气压力随高度而变，然而这种变化通常是不大的，足可忽略。对于冲压式发动机来说，在亚声速范围，有效排气速度相对于飞行器的速度增加得很快。但是在超声速范围，排气速度相对于飞行器速度来说，在发动机有效工作的速度范围内，再度变得几乎是常数[3]。对于其他动力装置来说，有效排气速度的变化可能更为复杂。不过作为第一次近似，一般可以采用平均值当作上面所假设的不变的排气速度。

对于火箭飞行器来说，空气阻力正比于飞行体的横截面积，但是火箭的质量正比于飞行器的体积。所以在设计形状相似的飞行器时，空气阻力正比于飞行器直径的平方，而飞行器的质量正比于飞行器直径的三次方。所以大的火箭飞行器的阻力与重力相比是可以忽略的。计算似乎表明，对于一个总重 50 t 的高性能火箭来说，空气阻力使动力飞行阶段的终速只不过减小 5%。因此，在本文试图进行的近似分析中，空气阻力对一个大的火箭飞行器性能的影响是可被忽略的。如果使用其他的动力装置，设计方案可能做不到像火箭那样紧凑。例如，冲压式发动机要求更大一些的进气道从而产生足够大的推力，于是，一个大的飞行器所受的空气阻力也许不能被忽略。但是在这种情况下，整套动力装置所担负的空气阻力起到与装置所产生的推力相反的作用。举例来说，冲压式发动机进气道外表面上的空气阻力能减少冲压式发动机所产生的推力，那么可以把动力装置看成是产生了一个较小的“净推力”，而把物体的阻力仍旧当作和不存在冲压式发动机进气道的情况下同样的大小。所以如果我们把有效的排气速度取作为以净推力为基础的排气速度的话，那么，对火箭作出的论断仍旧可以应用，即大的飞行器的空气阻力是可以被忽略的。

至于不那么大的飞行器，忽略空气阻力一定会带来误差。但是，这里的重点在于比较不同的动力装置的性能，而不是性能的绝对值。所以这样的分析所引进的误差相信并不大，下面所给出的方法甚至对中等尺寸的飞行器也是有用的。

用 m 表示在 t 时刻的飞行器的质量，而飞行器的垂直位置和垂直速度各为 $y(t)$ 和 $\dot{y}(t)$ 。用 c 和 g 分别表示不变的排气速度和重力加速度，那么惯性力和重力对推力的平衡(图 1)给出

$$c\frac{\mathrm{d}m}{\mathrm{d}t}+m\left(\frac{\mathrm{d}\dot{y}}{\mathrm{d}t}+g\right)=0 \tag{1}$$

如果在 $t=0$ 时的初速为零，这也是通常的情况，方程(1)的积分是

$$\ln\frac{m}{m_0}=-\frac{1}{c}(\dot{y}+gt) \tag{2}$$

如果下标 1 表示动力飞行阶段终了的情况，那么方程(2)给出

$$\ln\frac{m_0}{m_1}=\frac{1}{c}(\dot{y}_1+gt_1) \tag{3}$$

这是反映垂直飞行基本性能的方程，它以前曾被许多作者[4]推导得到，但是现在的差别在于清楚地说明，这一方程是十分普遍的，它是和动力飞行阶段中的推力是如何按特定程序变化没有关系的。

对于想要得到长射程而具有垂直的动力轨道的飞行器来说，其性能在本质上取决于动力

飞行阶段终了的速度 $\dot{y}_1$。探空火箭达到最高点的高度取决于 y_1 和 $\dot{y}_1$。在动力飞行阶段具有相似的推力程序的两个飞行器，如果具有相同的 $\dot{y}_1$ 和 t_1，那么将会有相同的 y_1 和 $\dot{y}_1$。为了简化计算，可以使两个具有不同的动力装置的飞行器具有相同的性能，方法是给两个飞行器在动力飞行的终了时刻指定相同的 y_1，$\dot{y}_1$ 和 t_1。如果两个飞行器的加速程序是相同的话，那么上述条件是可以得到满足的。但是，因为这两个动力装置的燃料消耗是不同的，所以它们的推力程序是不同的。因此，判别性能相等的准则之一是看式(3)的右端的值 $\dot{y}_1 + gt_1$，根据式(3)，要有相同的性能，飞行器的 $c \cdot \ln(m_0/m_1)$ 必须有相同的值。这一条件将被用来比较不同的动力装置的性能。

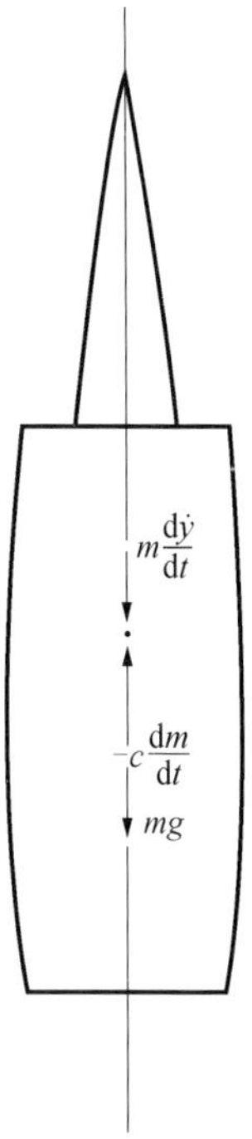

$m\frac{d\dot{y}}{dt}$

$-c\frac{dm}{dt}$

mg

图 1　作用在垂直上升的飞行器上的力的平衡

现在用 w_0，w_s，w_e 和 w_1 分别表示动力飞行终了时刻的总重量、结构和有效载荷的重量、发动机的重量以及飞行器的重量。于是有

$$w_1 = w_s + w_e \tag{4}$$

式(3)可写成

$$c \cdot \ln \frac{w_0}{w_s + w_e} = \dot{y}_1 + gt_1 \tag{5}$$

现在考虑两个具有相同总重量 w_0 的飞行器，其中之一是具有 $c = c^*$，$w_s = w_s^*$，$w_e = w_e^*$ 的火箭，而且

$$\frac{w_0^*}{w_s^* + w_e^*} = \frac{1}{1-\zeta} \tag{6}$$

式中：ζ 是所谓的推进剂装载比或推进剂重量占总重的百分比。另外一个飞行器具有 $w_0 = w_0^*$，$w_s = w_s^*$，但是 c 和 w_e 不同于 c^* 和 w_e^*。这意思是说，使用另外一种动力装置的飞行器具有与火箭相同的结构重量和有效载荷重量，但是发动机的重量是不同的。为了比较不同动力装置的性能，应当计算达到相同性能所允许的发动机重量 w_e。如果实际的发动机重量小于这一计算得到的最大值，那么有效载荷能够超过火箭可能装载的数值。换句话说，火箭发动机能够用在性能上具有净收益的新的动力装置来替代。如果实际的发动机重量高于计算得到的最大值，那么另一种动力装置的性能将比火箭发动机的更差。

决定发动机重量所允许的最大值的条件是

$$\left.\begin{aligned} c^* \ln \frac{1}{1-\zeta} = c^* \ln \frac{w_0^*}{w_s^* + w_e^*} = \dot{y}_1 + gt_1 \\ c\ln \frac{w_0}{w_s + w_e} = c\ln \frac{w_0^*}{w_s^* + w_e} = \dot{y}_1 + gt_1 \end{aligned}\right\} \tag{7}$$

所以，可以从中消去 $\dot{y}_1$ 和 t_1，而得到

$$\frac{w_e}{w_e^*} - 1 = \left(\frac{w_1^*}{w_e^*}\right)\left[(1-\zeta)^{-(1-(c^*/c))} - 1\right] \tag{8}$$

如果发动机的消耗不用有效排气速度表示，而用比耗 s 表示，即以单位小时内为提供单位磅推力消耗多少磅燃料来代替，那么，因为 s 反比于 c，方程(8)能写为

$$\frac{w_e}{w_e^*} - 1 = \left(\frac{w_1^*}{w_e^*}\right)\left[(1-\zeta)^{-(1-(s/s^*))} - 1\right] \tag{9}$$

式中：s 是所研究的发动机的比耗；s^* 是作为比较对象的火箭发动机的比耗。式(8)和式(9)

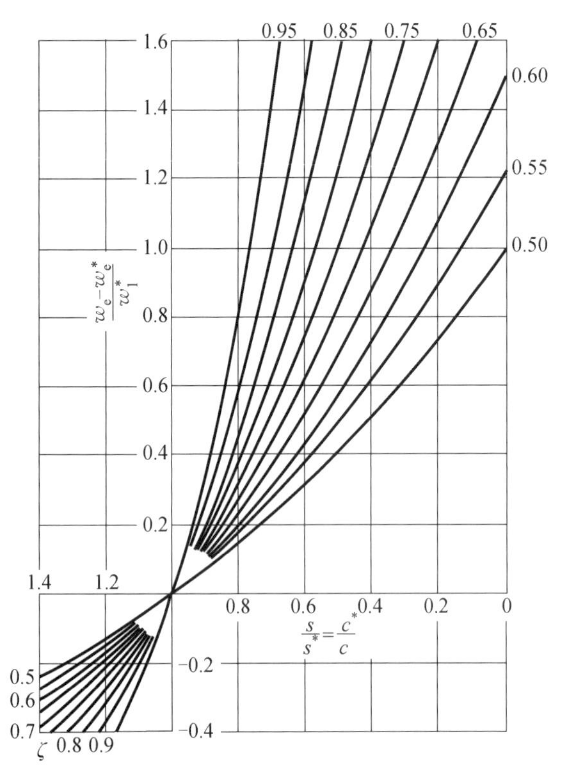

图 2　发动机重量因子——火箭推进剂装载比 ζ 和燃料比耗 s 的函数。参见式(8)和(9)

的左端是发动机重量超过火箭发动机的增量所允许达到的最大值与火箭发动机重量的比值。式(8)和(9)右端的第一个因子是在动力飞行的终了或燃料燃尽时刻飞行器重量与发动机重量的比值;式(8)和式(9)右端的第二个因子用图 2 来表示。

图 2 表明,随着火箭飞行器的推进剂装载比 ζ 的增加,对于某一固定减小的比耗 s 来说,所允许增加的发动机重量将越来越大。所以选择高性能的飞行器的动力装置,与低性能的飞行器相比,具有更大的自由度。这对设计工程师来说,肯定是一个值得鼓舞的事实。它也指出这样一个事实:动力装置的选择不能不考虑飞行器的性能,而且在一定程度上,和飞行器的性能还有着紧密的联系。

二、应用

作为第一个应用的例子,我们考虑应用冲压式发动机作为一个具有 V－2 火箭性能的飞行器的推进动力装置的可能性。

表 1 给出 V－2 重量的分解[5]。

表 1　V－2 火箭

有效载荷			
火药装载	980 kg		
辅助装置	300 kg		
		1 280 kg	
发动机结构		1 750 kg	
泵送单元	450 kg		
火箭发动机	550 kg		
		1 000 kg	
			4 030 kg
燃料燃尽时的重量			
推进剂和燃料:			
推进剂		8 750 kg	
透平用燃料		200 kg	
			8 950 kg
总重量			12 980 kg

所以 $\zeta = 8\,950/12\,980 = 0.69$。比值 $w_1^*/w_e^* = 4\,030/1\,000 = 4.03$ 。包括推动透平所耗燃料在内的有效排气速度能被取作 $c^* = 7\,000$ ft/s 或 $s^* = 16.5$ lb/(lbf • h)。

对于一个冲压式发动机来说，基于净推力考虑的燃料消耗可取作 $s=4\,\text{lb}/(\text{lbf}\cdot\text{h})$[3]。于是，利用图 2，能允许增加的发动机重量的最大值由下式给出：

$$\frac{w_e}{w_e^*}=6.77$$

这说明：替代用的冲压式发动机的重量能高达 14 900 lbf 而没有削弱 V－2 的性能。V－2 火箭的推力有 55 000 lbf，这也是冲压式发动机产生的平均推力，所以冲压式发动机允许的最大重量是 0.271 lb/lbf。冲压式发动机的实际重量可能小于这一数值，所以如果能够制造在垂直加速度很大而飞行高度很高的条件下能正常工作的冲压式发动机，来代替火箭发动机是有好处的。这种可能性促使 L. H. Schindel[6] 和 J. V. Rowny[7] 对垂直飞行的冲压式发动机进行了更精确的计算。将冲压式发动机用作具有高性能的第一阶段的动力装置，看来特别吸引人。

有人研究过利用核反应器作为火箭推进的能源的可能性[8,9]。在这种核火箭中，反应器可能采取多孔材料的形式，工作流体（例如氢）流过反应器被其加热。L. Green[10] 的最近的研究表明了这种方案的可行性。现在，核反应器应用的一个困难是反应器的重量问题，特别是要求有一个辐射屏障。抵抗重力作用是采用可能的、更高的有效排气速度。举例来说，如果能把氢加热到 6 000°F，那么由 F. J. Malina and M. Summerfield[11] 提供的数据指出：$c=26\,000$ ft/s 或 $s=4.46\,\text{lb}/(\text{lbf}\cdot\text{h})$。核火箭的这一方面的问题当然是能用现在的方法来进行分析的。例如，如果采用高能的化学推进剂的高性能火箭具备以下特性：

$$\zeta=0.80$$
$$s^*=10\,\text{lb}/(\text{lbf}\cdot\text{h})$$
$$w_1^*/w_e^*=2.7$$

那么，根据式(9)，一个具有和化学火箭相同性能的核火箭发动机的重量是化学火箭发动机的 4.89 倍。换句话说，如果核反应器加上它必需的辅助结构让发动机的重量超过 389%，那么核火箭对于所研究的性能来说是不可取的；如果增加的重量不是这样大，那么核火箭是有价值的。

三、改进火箭发动机的详细情况

火箭设计师常面临这样一个问题，就是如何改善设计来解决因发动机重量增加导致的费用问题。举例来说，推进剂的有效排气速度一般能因燃烧室压力的增加而增加。但是，增加燃烧室压力将需要更重的结构，并增加推进剂的供给压力。增加推进剂的供给压力回过来增加供给系统的重量。所以，只有增加发动机的重量才能改善推进剂的消耗。这里提出来的方法能用来决定，这样的改变是否能改善或者不能改善飞行器的总体性能。

对于有效排气速度或比耗有一点小的变化来说，能将式(8)和式(9)简化成联系发动机重量能允许的增量分数 $\frac{\Delta w_e}{w_e^*}$ 与有效排气速度的增量分数 $\frac{\Delta c}{c^*}$ 或比耗的增量分数 $\frac{\Delta s}{s^*}$ 之间的关系。这样一来，只要取一阶项，就能从式(8)和式(9)得到

$$\frac{\Delta w_e}{w_e^*}=\frac{\Delta c}{c^*}\left(\frac{w_1^*}{w_e^*}\right)\ln\left(\frac{1}{1-\zeta}\right)\tag{10}$$

和

$$\frac{\Delta w_e}{w_e^*}=\frac{\Delta s}{s^*}\left(\frac{w_1^*}{w_e^*}\right)\ln(1-\zeta)\tag{11}$$

这些方程给出在具有同样性能的条件下,发动机重量能允许的增量分数。如果发动机重量的实际增量能更小一点,那么改进的设计能改善性能,从而是满足要求的。如果实际增量大于能允许的增量分数,那么改进是没有实际意义的。

以 V-2 为例,很容易计算得到这样的结果:用改善 1%的消耗来换取发动机重量增加 4.72%是值得的。

(谈庆明 译, 盛宏至 校)

参考文献

[1] von Kármán Th. Comparative Study of Jet Propulsion Systems as Applied to Missiles and Transonic Aircraft [R]. Memorandum No. JPL-2, 1944, Jet Propulsion Laboratory, California Institute of Technology.

[2] A Guide to Aircraft Power Plant Selection [J]. Aeronautical Engineering Review, April 1947: 22-25.

[3] The theoretical performance of ramjet as calculated by many authors ; e. g. , J. Reid. The Gas Dynamic Theory of the Ramjet [R]. Aeronautical Research Council, London, Report & Memorandum, No. 2370, 1950.

[4] Malina F J, Smith A M O. Flight Analysis of the Sounding Rocket [J]. Journal of the Aeronautical Sciences, 1932, 5: 199-202.

[5] Kooy J M J, Uytenbogart J W H. Ballistics of the Future [M]. New York: McGraw-Hill Book Co. , Inc. , 1946, p. 297.

[6] Schindel L H. Application of Ramjet to High Altitude Sounding Vehicle [D]. M. S. thesis (Aeronautical Engineer), Massachusetts Institute of Technology, 1948.

[7] Rowny J V. Application of Ramjet to Vertical Ascent [D]. thesis (Aeronautical Engineer), California Institute of Technology, 1949.

[8] Shepherd J R, Cleaver A V. The Atomic Rocket. Journal of the British Interplanetary Society [J]. 1949, 7: 185-194, 234-241.

[9] Tsien H S. Rockets and Other Thermal Jets Using Nuclear Energy [C]. in: The Science and Engineering of Nuclear Power, vol. Ⅱ, Cambridge, Mass. : Addison-Wesley Press, Inc. , 1949: 124.

[10] Green Jr. L. Gas Cooling of a Porous Heat Source. Journal of Applied Mechanics [J]. 1952, 19: 173-178.

[11] Malina F J, Summerfield M. The Problem of Escape from the Earth by Rocket [J]. Journal of the Aeronautical Sciences, 1947, 14: 471-480, particularly Table 2.

火箭发动机中燃烧的伺服-稳定

钱学森①

（Daniel and Florence Guggenheim Jet Propulsion Center，
California Institute of Technology，Pasadena，Calif. ）

摘要 本文表明，在火箭发动机中，对待燃烧中的任何时间滞后，能够利用从燃烧室的压力传感器，通过一个适当设计的放大器，反馈伺服连接到供应推进剂的管线上的一个容器控制来实现稳定的燃烧。稳定性分析的技术是基于结合Satche图和Nyquist图的分析。为了简化计算，只考虑了单一组分推进剂的火箭发动机中的低频振荡。但是，可以相信，伺服-稳定的概念和分析方法能够普遍地应用于其他情况。

液体推进剂火箭发动机中的不稳定燃烧现象已由 D. F. Gunder 和 D. R. Friant[1]，M. Yachter[2]，M. Summerfield[3]，以及 L. Crocco[4]解释为推进剂供给系统和燃烧室组成的耦合系统的失稳现象。这些理论的本质特征在于推进剂的注入时间和推进剂燃烧变为热气体的时间之间的时间滞后。Crocco 进一步对这个概念做了改进，他把时间滞后看做连贯阶段的积分效应，而每个阶段由燃烧室内占优的压力所控制。作为这一新概念的结果，Crocco 表明，在注入速率为常数的情况下，其固有失稳的可能性不受燃烧室压力的影响。

本文将首先给出有关 Crocco 的时间滞后概念的略微更一般的表述，允许适用于时间滞后依赖压力的各种情况。然后，应用 M. Satche[5]所建议的方法讨论固有稳定性问题。这个方法基于对 Nyquist 图的改进，而且特别适用于具有时间滞后的系统。为便于参考，将这一新图称为 Satche 图。本文的以下几节将说明对于各种时间滞后利用反馈伺服使燃烧稳定的可能性。这种伺服-稳定的可能性首先是由 W. Bollay[6]在他的令人赞美的关于将伺服机制应用于航空学的论文中提出来的。本研究肯定了这种思想的威力。

一、燃烧中的时间滞后

令$\dot{m}_b(t)$为在瞬时 t 燃烧产生热气体的质量速率。为了简化，考虑单一组分推进剂的发动机。这样，在瞬时 t 注入的质量速率能被表示为$\dot{m}_i(t)$，令 $\tau(t)$ 为瞬时 t 燃烧的那部分推进剂的时间滞后。那么，在时间间隔 t 到 $t+\mathrm{d}t$ 内燃烧的质量必须等于在时间间隔 $t-\tau$ 到 $t-\tau+\mathrm{d}(t-\tau)$内注入的质量。于是

$$\dot{m}_b(t)\mathrm{d}t = \dot{m}_i(t)(t-\tau)\mathrm{d}(t-\tau) \tag{1}$$

1952 年 2 月 22 日收到。原载 Journal of the American Rocket Society，1952，Vol. 22，pp. 256－262。

① Robert H. Goddard 喷气推进教授。

产生的热气体的质量或者用来充填燃烧室以提高它的压力 $p(t)$，或者通过喷管释放出去。如果燃烧室内可能发生的振荡的频率较低，那么可把燃烧室内的压力当作是不变的，并且作为一级近似[7]，把通过喷管的流动速率看做与燃烧室内的瞬时压力 $p(t)$成正比。于是，如果$\bar{\dot{m}}$是通过系统的定常质量速率，$\overline{M}_g$ 是燃烧室内热气体的平均质量，并且如果未燃烧的液体推进剂所占据的体积可被忽略的话，那么

$$\dot{m}_b \mathrm{d}t = \bar{\dot{m}}\left(\frac{p}{\bar{p}}\right)\mathrm{d}t + \mathrm{d}\left(\overline{M}_g \frac{p}{\bar{p}}\right) \tag{2}$$

式中：$\bar{p}$为燃烧室中的定常压力。

根据 Crocco 的表述，燃烧室内的无量纲压力和注入速率定义为

$$\varphi = \frac{p - \bar{p}}{\bar{p}}, \quad \mu = \frac{\dot{m}_i - \bar{\dot{m}}}{\bar{\dot{m}}} \tag{3}$$

φ 和 μ 则为压力和注入速率与平均值之间的分数偏差。用式(3)，能从式(1)和(2)中消去$\dot{m}_b$，并有

$$\frac{\overline{M}_g}{\bar{\dot{m}}}\frac{\mathrm{d}\varphi}{\mathrm{d}t} + \varphi + 1 = \left(1 - \frac{\mathrm{d}\tau}{\mathrm{d}t}\right)[\mu(t-\tau) + 1] \tag{4}$$

为了计算$\frac{\mathrm{d}\tau}{\mathrm{d}t}$，必须引入 Crocco 的时间滞后依赖压力的概念。如果液体推进剂准备最终快速转化为热气体的比率是函数 $f(p)$，那么时间滞后 τ 由下式决定：

$$\int_{t-\tau}^{t} f(p)\mathrm{d}t = \mathrm{const.} \tag{5}$$

将式(5)对 t 取微商，

$$[f(p)]_t - [f(p)]_{t-\tau}\left(1 - \frac{\mathrm{d}\tau}{\mathrm{d}t}\right) = 0$$

现在将要明确地引入偏离定常状态小扰动的概念：假设压力 p 离定常状态的数值$\bar{p}$的偏差是个小量，那么在瞬时 t 的 $f(p)$和在瞬时 $t-\tau$ 的 $f(p)$能被展开为 $\bar{p}$ 附近的泰勒级数。只取一阶近似，

$$[f(p)]_t = f(\bar{p}) + \bar{p}\left(\frac{\mathrm{d}f}{\mathrm{d}p}\right)_{p=\bar{p}}\varphi(t)$$

$$[f(p)]_{t-\tau} = f(\bar{p}) + \bar{p}\left(\frac{\mathrm{d}f}{\mathrm{d}p}\right)_{p=\bar{p}}\varphi(t-\tau)$$

这里：τ 是对应于平均压力$\bar{p}$的滞后值，现在是一个常数。于是

$$1 - \frac{\mathrm{d}\tau}{\mathrm{d}t} = 1 + \left(\frac{\mathrm{d}\ln f}{\mathrm{d}\ln p}\right)_{p=\bar{p}}[\varphi(t) - \varphi(t-\tau)] \tag{6}$$

结合式(4)和(6)，得到以下方程：

$$\frac{\mathrm{d}\varphi}{\mathrm{d}z} + \varphi = \mu(z-\delta) + n[\varphi(z) - \varphi(z-\delta)] \tag{7}$$

式中：

$$n = \left(\frac{\mathrm{d}\ln f}{\mathrm{d}\ln p}\right)_{p=\bar{p}} \tag{8}$$

以及

$$z = \frac{t}{\theta_g}, \quad \theta_g = \frac{\overline{M}_g}{\dot{\overline{m}}} \tag{9}$$

如果 n 是与$\bar{p}$无关的常数，那么 $f(p)$正比于 p^n。这是 Crocco 假设的 $f(p)$的形式。本文对此问题的表述略微更加普遍一些，其中 $f(p)$是任意的，而且 n 的值由式(8)算得，且为$\bar{p}$的函数。θ_g 当然是气体通过的时间。

二、固有失稳

Crocco 把注入速率为常数的燃烧失稳称为固有失稳。如果注入速率是常数，并且不受燃烧室压力 p 的影响，那么 $\mu \equiv 0$。所以，稳定性问题受到来自式(7)的以下简单方程的控制，

$$\frac{d\varphi}{dz} + (1-n)\varphi(z) + n\varphi(z-\delta) = 0 \tag{10}$$

现令

$$\varphi(z) \sim e^{sz}$$

则

$$s + (1-n) + ne^{-\delta s} = 0 \tag{11}$$

这是方幂 s 所满足的方程。

Crocco 研究式(11)的实部和虚部两部分的方程组，决定了复数 s 的值。但是，如果兴趣在于系统是否稳定，就能有效地利用著名的 Cauchy 定理。令

$$G(s) = e^{-\delta s} - \left[-\frac{1-n}{n} - \frac{s}{n}\right] \tag{12}$$

于是，稳定性问题就由 $G(s)$在复数 s 平面的右半部分是否具有零点来决定。这一问题本身当 s 沿着围绕右半 s-面的回路时也能够由考察 $G(s)$的辐角来回答；更准确地说，令 s 顺时针沿着包含虚轴和虚轴右方的大的半圆所形成的回路(图 1)，如果向量$G(s)$顺时针绕了好几个整圈，那么根据 Cauchy 定理，那个圈数就是右半 s-面中 $G(s)$的零点个数与极点个数之差。因为 $G(s)$在 s-面中显然没有极点，$G(s)$的圈数就是零点的个数。因此就稳定性而言，当 s 沿着指定的回路，向量 $G(s)$必须不绕成任何完整的圈数。所以稳定性的问题能够由在复平面上画出 $G(s)$的图形来回答。这个图当然就是著名的 Nyquist 图。

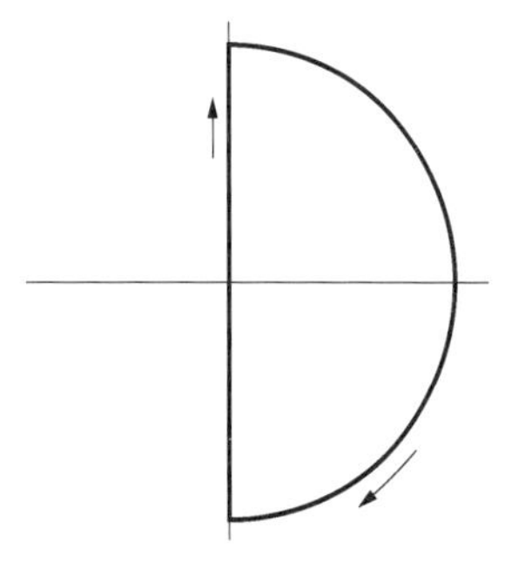

图 1　用于 Satche 图或 Nyquist 图的由变量 s 构作的回路

但是，把这个方法直接应用于式(12)给出的 $G(s)$是不方便的，因为有滞后项 $e^{-\delta s}$ 造成的困难[8]。然而，M. Satche[5]建议了一个非常紧凑和机敏的方法来处理这样一个具有时间滞后的系统：代替 $G(s)$，将它拆分成两部分，

$$G(s) = g_1(s) - g_2(s) \tag{13}$$

其中：

$$g_1(s) = e^{-\delta s},$$

$$g_2(s) = -\frac{1-n}{n} - \frac{s}{n} \tag{14}$$

于是向量 $G(s)$是一个起点在 $g_1(s)$终点在 $g_2(s)$的向量。当 s 在虚轴上，$g_1(s)$的图形是单位

圆。当 s 在大的半圆上，$g_1(s)$ 在单位圆内。当 s 在虚轴上，$g_2(s)$ 的图形是平行于虚轴的直线（图 2）。当 s 在大的半圆上，$g_2(s)$ 是在左方封闭回路的半个大圆。立刻就能看出，就 $G(s)$ 而言，为了对于任何的 δ 值不绕成完整的圈数，$g_2(s)$ 回路必须完全在 $g_1(s)$ 回路之外。对于无条件的固有稳定来说，这就是

$$\frac{1-n}{n} > 1 \quad 或 \quad \frac{1}{2} > n > 0 \tag{15}$$

当 $n>\frac{1}{2}$，$g_1(s)$ 回路和 $g_2(s)$ 回路相交。然而，如果 $g_2(s)$ 在单位圆内（图 3），$g_1(s)$ 在 $g_2(s)$ 的右面，稳定仍然是可能的。这个条件是满足的，如果

$$\cos(\delta\sqrt{2n-1}) > -\frac{1-n}{n}$$

或者如果

$$\delta < \delta^*$$

式中：

$$\delta^* = \frac{1}{\sqrt{2n-1}}\arccos\left(-\frac{1-n}{n}\right) = \frac{1}{\sqrt{2n-1}}\left(\pi - \arccos\frac{1-n}{n}\right) \tag{16}$$

当 $\delta=\delta^*$，那么在

$$\omega^* = \sqrt{2n-1} \tag{17}$$

时，$G(\mathrm{i}\omega^*)=0$。所以，当 $\delta=\delta^*$，φ 有角频率为 ω^* 的振荡解。

这些关于固有稳定的结果是由 Crocco 得到的。然而，现在用了 Satche 图的讨论看来更为简单了。对于下面要处理的具有反馈系统和伺服控制的更为复杂的稳定性问题，不用 Satche 图，实际上是难以求解的。

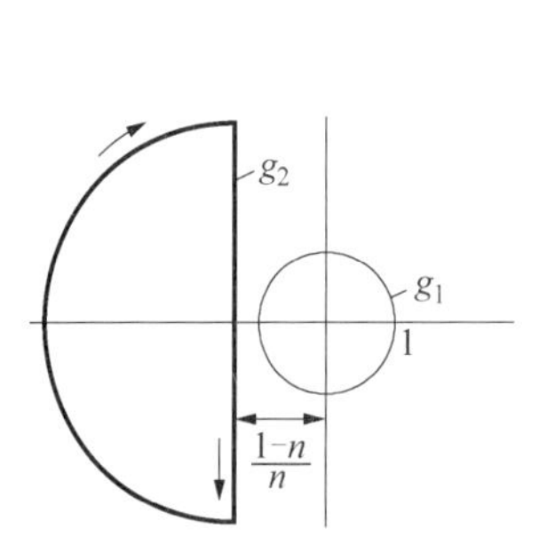

图 2 固有振荡的稳定的 Satche 图；$0<n<\frac{1}{2}$

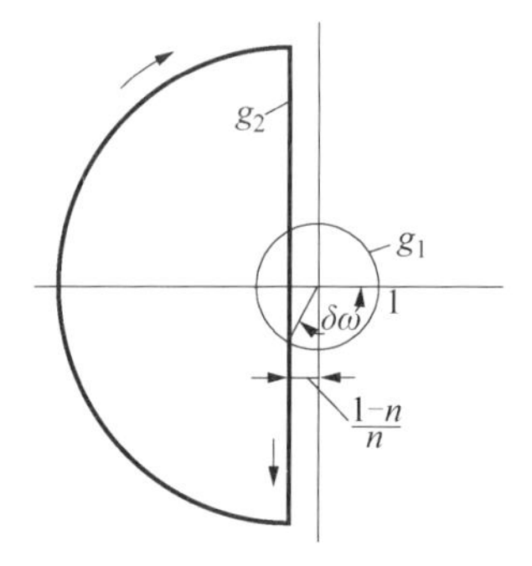

图 3 固有振荡的不稳定的 Satche 图；$n>\frac{1}{2}$

三、具有伺服控制的系统动力学

现在考虑一个由图 4 表示的包括推进剂供给和伺服控制的系统。为了近似描述供给管线的弹性，在推进剂泵和注入器的中点放置一个有弹簧的载荷容器，其弹簧常数由供给管线的尺寸来计算（详情见附录）。在注入器附近另外有一个由伺服控制的容器。伺服从燃烧室的压力传感器并通过放大器得到信号。如果供给系统和发动机设计已由设计者给定，

问题是：是否可能设计一个合适的放大器而使整个系统能稳定运行？因为没有关于燃烧室的时间滞后的精确信息，应当规定，一个实用的设计具有无条件稳定的性质，即对于任何 δ 值都是稳定的。

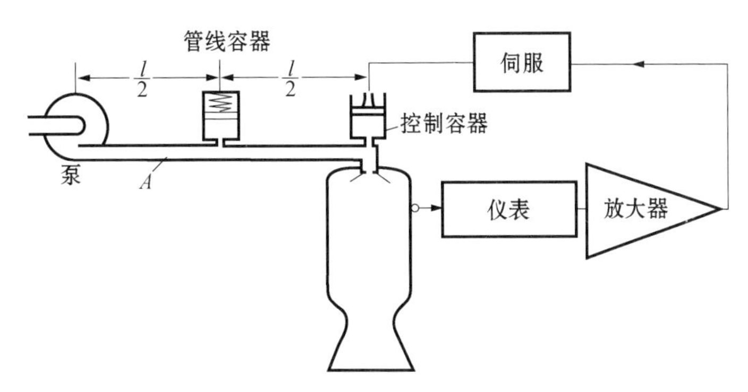

图 4　伺服控制的单一组分液体推进剂火箭发动机

令 $\dot{m}_0$ 为从推进剂泵流出的瞬时质量流率，p_0 为泵的出口处的瞬时压力。平均流率必须是 $\bar{\dot{m}}$。平均压力是 $\bar{p}_0$。泵的特性能用下式表示：

$$\frac{p_0-\bar{p}_0}{\bar{p}_0}=-\alpha\frac{\dot{m}_0-\bar{\dot{m}}}{\bar{\dot{m}}} \tag{18}$$

如果质量流随时间的变化率是个小量，α 只是简单地与泵在等速条件下接近稳态工作点的压头-体积曲线的斜率有关。对于等压泵或简单的压力供给来说，α 为零。对通常的离心泵而言，α 近似等于 1。对活塞泵而言，α 非常大。

令 $\dot{m}_1$ 为弹簧载荷容器后面的瞬时质量流率，χ 为容器的弹簧常数，而 p_1 为容器的瞬时压力，则有

$$\dot{m}_0-\dot{m}_1=\rho\chi\frac{\mathrm{d}p_1}{\mathrm{d}t} \tag{19}$$

式中：ρ 是推进剂的密度，是常数。

在下面的计算中，将忽略因摩擦力引起的管线压降，那么压差 p_0-p_1 只是因为有流动的加速度。这就有

$$p_0-p_1=\frac{l}{2A}\frac{\mathrm{d}\dot{m}_0}{\mathrm{d}t} \tag{20}$$

式中：A 是供给管线的横截面积，是常数；l 是供给管线的总长度。类似地，如果 p_2 为控制容器的瞬时压力，则有

$$p_1-p_2=\frac{l}{2A}\frac{\mathrm{d}\dot{m}_1}{\mathrm{d}t} \tag{21}$$

如果控制容器的质量容量是 C，则有

$$\dot{m}_1-\dot{m}_i=\frac{\mathrm{d}C}{\mathrm{d}t} \tag{22}$$

因为控制容器非常靠近注入器，可以忽略在控制容器和注入器之间的推进剂质量的惯性。于是有

$$p_2-p=\frac{1}{2}\frac{\dot{m}_i^2}{\rho A_i^2} \tag{23}$$

式中：A_i 是注入器的有效的孔口面积。注意到是在稳态下工作，能在计算中消去 A_i，压力 $\bar{p}_0$ 和 $\bar{p}$ 之差，或 $\Delta\bar{p}$ 就等于

$$\bar{p}_0 - \bar{p} = \Delta\bar{p} = \frac{1}{2}\frac{\bar{\dot{m}}_i^2}{\rho A_i^2} \tag{24}$$

式(18)到式(24)描述供给系统的动力学。直接消去某些变量后，得到 $\dot{m}_i$，p 和 C 之间的关系。为将这一关系表示成无量纲的形式，引进以下诸量，采用 Crocco 的符号表示：

$$P = \frac{\bar{p}}{2\Delta\bar{p}},\quad E = \frac{2\Delta\bar{p}}{\bar{\dot{m}}\theta_g}\rho\chi,\quad J = \frac{l\bar{\dot{m}}}{2\Delta\bar{p}A\theta_g} \tag{25}$$

和

$$\kappa = \frac{C}{\bar{\dot{m}}\theta_g} \tag{26}$$

式中：θ_g 是由式(9)给出的气体通过的时间。于是关联 φ，μ 和 κ 的无量纲方程为

$$P\left\{1 + E\left(P + \frac{1}{2}\right)\frac{d}{dz} + \frac{JE}{2}\frac{d^2}{dz^2}\right\}\varphi + \left\{\left[1 + \alpha\left(P + \frac{1}{2}\right)\right] + \left[\alpha E\left(P + \frac{1}{2}\right) + J\right]\frac{d}{dz} + \left[\frac{\alpha JE}{2}\left(P + \frac{1}{2}\right) + \frac{JE}{2}\right]\frac{d^2}{dz^2} + \frac{J^2E}{4}\frac{d^3}{dz^3}\right\}\mu + \left[\alpha\left(P + \frac{1}{2}\right)\frac{d}{dz} + J\frac{d^2}{dz^2} + \frac{\alpha JE}{2}\left(P + \frac{1}{2}\right)\frac{d^3}{dz^3} + \frac{J^2E}{4}\frac{d^4}{dz^4}\right]\kappa = 0 \tag{27}$$

其中：z 是由式(9)定义的无量纲时间变量。

伺服控制动力学由压力传感器、放大器响应等仪器特性以及伺服性质的组合决定。因为讨论伺服控制的详细设计不是本文的目的，伺服控制的总体动力学由以下的算子方程表示：

$$F\left(\frac{d}{dz}\right)\varphi = \kappa \tag{28}$$

式中：F 是两个多项式之比，分母的阶数比分子的高。

式(7)，(27)和(28)是三个变量 φ，μ 和 κ 所满足的三个方程。因为它们是常系数的方程，变量的合适的形式是

$$\varphi = ae^{sz},\quad \mu = be^{sz},\quad \kappa = ce^{sz} \tag{29}$$

将式(29)代入式(7)，(27)和(28)，得到求解 a，b，c 的齐次方程。为了得到非零的 a，b，c，它们的系数所组成的行列式必须为零。这一条件能表达如下：

$$[s + (1-n)]\left\{\frac{J^2E}{4}s^3 + \frac{JE}{2}\left[1 + \alpha\left(P + \frac{1}{2}\right)\right]s^2 + \left[\alpha E\left(P + \frac{1}{2}\right) + J\right]s + \left[1 + \alpha\left(P + \frac{1}{2}\right)\right]\right\} + e^{-\delta s}\left\{\frac{nJ^2E}{4}s^3 + \left[\frac{nJE}{2}\left(1 + \alpha\left(P + \frac{1}{2}\right)\right) + \frac{JEP}{2}\right]s^2 + \left[n\left(\alpha E\left(P + \frac{1}{2}\right) + J\right) + \alpha EP\left(P + \frac{1}{2}\right)\right]s + \left\{n\left[n + \alpha\left(P + \frac{1}{2}\right)\right] + P\right\} + sF(s)\left[\frac{J^2E}{4}s^3 + \frac{\alpha JE}{2}\left(P + \frac{1}{2}\right)s^2 + Js + \alpha\left(P + \frac{1}{2}\right)\right]\right\} = 0 \tag{30}$$

这是决定方幂 s 的方程。$F(s)$ 现在被认为是伺服-控制系统的总的传递函数。整个系统的稳定与否取决于式(30)是否给出具有正的实数部分的根。

四、没有伺服控制的不稳定性

没有伺服控制的系统的特征能简单地让基本式(30)中 $F(s) = 0$ 得到。假设如同通常的

情况那样，多项式与 $e^{-\delta s}$ 的乘积在正的半 s 面中没有零点，那么式(30)能被那个多项式相除，而在正的半 s 面中没有把极点引入到合成函数中。这就是说，对 Satche 图而言，再次有

$$G(s)=g_1(s)-g_2(s),\quad g_1(s)=e^{-\delta s}$$

于是 $g_1(s)$ 再次是“单位圆”，而现在 $g_2(s)$ 则要复杂得多：

$$g_2(s)=-\left[\frac{s}{n}+\frac{1-n}{n}\right]\cdot\frac{\frac{J^2E}{4}s^3+\frac{JE}{2}\left\{1+\alpha\left(P+\frac{1}{2}\right)\right\}s^2+\left\{\alpha E\left(P+\frac{1}{2}\right)+J\right\}s+\left\{1+\alpha\left(P+\frac{1}{2}\right)\right\}}{\frac{J^2E}{4}s^3+\frac{JE}{2}\left\{1+\alpha\left(P+\frac{1}{2}\right)+\frac{P}{n}\right\}s^2+\left\{\alpha E\left(P+\frac{1}{2}\right)\left(1+\frac{P}{n}\right)+J\right\}s+\left\{1+\alpha\left(P+\frac{1}{2}\right)+\frac{P}{n}\right\}} \tag{31}$$

当 s 是纯虚数，让式(30)中 $s=0$ 就得到 $g_2(s)$ 的交点，即

$$g_2(0)=-\frac{1-n}{n}\frac{1+\alpha\left(P+\frac{1}{2}\right)}{1+\alpha\left(P+\frac{1}{2}\right)+\frac{P}{n}} \tag{32}$$

因为，所有的参数 n,α,P 都是正的，现在 $g_2(0)$ 的数值小于固有稳定问题中由式(14)给出的 $g_2(0)$。于是，反馈系统的效果是把 $g_2(s)$ 移向 Satche 图中 $g_1(s)$ 的单位圆。例如，对 $n=\frac{1}{2}$ 而言，这正是不考虑推进剂供给的固有系统的单位圆的切线。但是，对具有推进剂供给的系统而言，$g_2(s)$ 回路将和单位圆相交，并且系统将变为不稳定，因为时间滞后超过了某一有限值。所以供给系统常常起到失去稳定的作用。这一点在考虑了来自式(31)的当 s 的虚部很大时 $g_2(s)$ 的渐近线的情况将得到进一步的证实，即

$$g_2(s)\sim-\left[\frac{s}{n}+\left(\frac{1-n}{n}-\frac{2P}{Jn^2}\right)+\cdots\right],\quad |s|\gg 1 \tag{33}$$

所以，对虚部很大的 s 来说，$g_2(s)$ 渐近地趋于与虚轴平行而位于虚轴左方的直线，其间距是

$$\frac{1-n}{n}-\frac{2P}{Jn^2}$$

供给系统的效应乃是再次把 $g_2(s)$ 移向单位圆。

这样就证明了，在参数 n 接近 1/2 或大于 1/2 的情况，设计无条件稳定的系统将是不可能的。在 Satche 图中，如果没有一个伺服控制，$g_1(s)$ 回路和 $g_2(s)$ 将总是相交的。

五、具有伺服控制的完全稳定

如果多项式

$$H(s)=\frac{J^2E}{4}s^3+\left\{\frac{JE}{2}\left[1+\alpha\left(P+\frac{1}{2}\right)\right]+\frac{JEP}{2n}\right\}s^2+\left[\alpha E\left(P+\frac{1}{2}\right)+\frac{\alpha EP}{n}\left(P+\frac{1}{2}\right)\right]s+\left[1+\alpha\left(P+\frac{1}{2}\right)+\frac{P}{n}\right]+\frac{1}{n}sF(s)\left[\frac{J^2E}{4}s^3+\frac{\alpha JE}{2}\left(P+\frac{1}{2}\right)s^2+Js+\alpha\left(P+\frac{1}{2}\right)\right] \tag{34}$$

它与式(30)中的 $e^{-\delta s}$ 相乘在 s 的右半平面没有极点和零点，于是式(30)中的表达式发生零点的条件能由具有以下 $g_1(s)$ 和 $g_2(s)$ 的 Satche 图来决定：

$$g_1(s)=e^{-\delta s}$$

和

$$g_2(s)=-\left[\frac{s}{n}+\frac{1-n}{n}\right]\cdot$$
$$\frac{\frac{J^2E}{4}s^3+\frac{JE}{2}\left[1+\alpha\left(P+\frac{1}{2}\right)\right]s^2+\left[\alpha E\left(P+\frac{1}{2}\right)+J\right]s+\left[1+\alpha\left(P+\frac{1}{2}\right)\right]}{H(s)} \tag{35}$$

当 s 沿着图 1 的回路，$g_1(s)$ 又一次是单位圆。所以，如果与此同时，$g_2(s)$ 回路完全在单位圆之外，式(30)在 s 的右半平面就没有零点。换句话说，如果伺服控制连接的传递函数 $F(s)$ 的设计是把 $g_2(s)$ 回路完全置于单位圆之外(图 5)，那么对所有的时间滞后系统都能稳定。

作为一个例子，取

$$n=\frac{1}{2},\quad P=\frac{3}{2},\quad J=4,\quad E=\frac{1}{4},\quad \alpha=1$$

那么，在没有伺服控制的情况，$g_2(s)$ 是

$$g_2(s)=-\frac{1}{2}\,\frac{(2s+1)(2s^3+3s^2+9s+6)}{s^3+3s^2+6s+6}$$

主要兴趣在于当 s 是纯虚数 $\mathrm{i}\omega$ 而 ω 是实数时 $g_2(s)$ 的行为。于是，

$$g_2(\mathrm{i}\omega)=-\frac{1}{2}\,\frac{(6-21\omega^2+4\omega^4)(6-3\omega^2)+\omega^2(21-8\omega^2)(6-\omega^2)}{(6-3\omega^2)^2+\omega^2(6-\omega^2)^2}-$$
$$\frac{1}{2}\mathrm{i}\omega\,\frac{(21-8\omega^2)(6-3\omega^2)-(6-21\omega^2+4\omega^4)(6-\omega^2)}{(6-3\omega^2)^2+\omega^2(6-\omega^2)^2}$$

这个 $\omega\geqslant 0$ 的回路画在图 6 中。显然，系统对充分大的时间滞后将是不稳定的。另一方面，如果 $g_2(s)$ 能因伺服控制而改变，譬如说变为

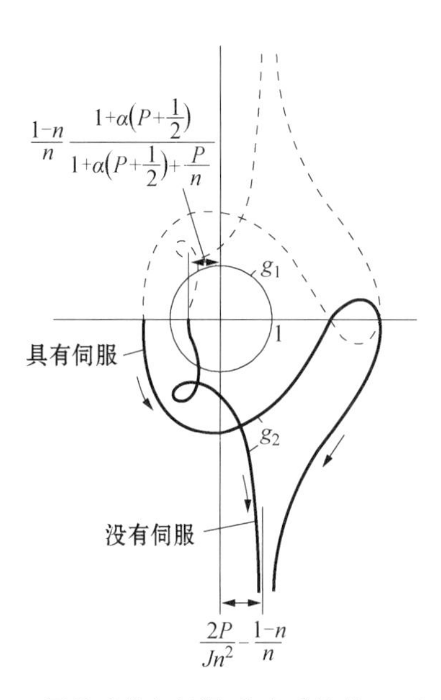

图 5　原始系统和伺服-稳定系统的 Satche 图

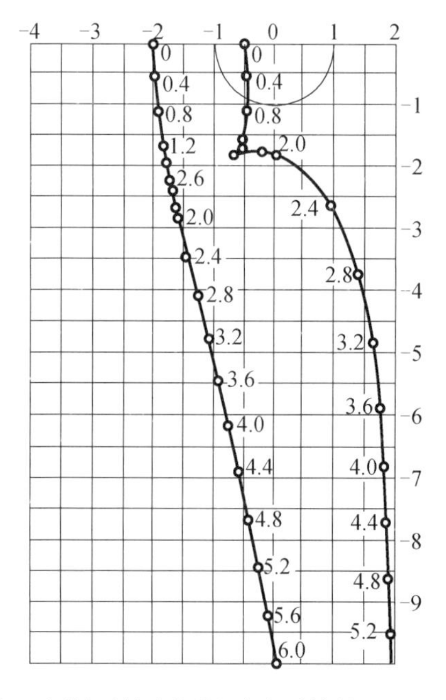

图 6　原始系统和伺服-稳定系统的 Satche 图

$P=\frac{3}{2},\quad J=4,\quad E=\frac{1}{4},\quad \alpha=1$

(无伺服的 $g_2(\mathrm{i}\omega)$ 和单位圆相交；有伺服的 $g_2(\mathrm{i}\omega)$ 在单位圆外。各点旁边的数字是 ω 的值。)

$$g_2(s)=-2\frac{(s+2)(s+3)}{(s+6)}$$

那么,正如图 6 所示,这一新的 g_2 回路完全在 $g_1(s)$的单位圆之外,所以系统现在是无条件稳定的。直接计算式(31)和(35)表明,伺服系统所要求的传递函数

$$F(s)=-4.875\frac{(s+1.0528)(s^2+0.7164s+2.6304)}{s(s+2)(s+3)(s+0.5332)(s^2+0.4668s+3.7511)}$$

这样的伺服系统具有一个积分回路的特征。如果在燃烧室压力传感器和控制容器伺服的给定响应的条件下,能够设计一个放大器,使之给出接近于上面规定的总传递函数,这样的伺服控制就能将燃烧稳定住。

作为第二个例子,取

$$n=\frac{1}{2},\quad P=\frac{3}{2},\quad J=4,\quad E=\frac{1}{4},\quad \alpha=0$$

因为 $\alpha=0$,进给压力 p_0 即使在推进剂的流动可变的情况下也仍然是常数。这种情况对应于简单的压力进给的情况。没有伺服控制,则有

$$g_2(s)=-\frac{1}{2}\frac{(2s+1)(2s^3+s^2+8s+2)}{s^3+2s^2+4s+4}$$

当 s 是纯虚数时,有

$$g_2(\mathrm{i}\omega)=-\frac{1}{2}\frac{(4-2\omega^2)(2-17\omega^2+4\omega^4)+\omega^2(4-\omega^2)(12-4\omega^2)}{(4-2\omega^2)^2+\omega^2(4-\omega^2)^2}-$$
$$\frac{1}{2}\mathrm{i}\omega\frac{(4-2\omega^2)(12-4\omega^2)-(4-\omega^2)(2-17\omega^2+4\omega^4)}{(4-2\omega^2)^2+\omega^2(4-\omega^2)^2}$$

g_2 的这个回路画在图 7 中。显然,在没有伺服控制的情况,对于充分长的时间滞后来说,燃烧是不稳定的。事实上,此系统甚至于比第一个例子所考虑的系统更不稳定:它在更短的时间滞后的情况下就将会变得不稳定。g_2 回路在靠近 $\omega=2$ 的部分特别令人关注。靠近 $\omega=2$,回路变得和 g_1 的单位圆如此接近,以至于如果时间滞后值 δ 使得在 $\omega\sim2$ 时的 g_1 和 g_2 彼此非常接近,那么在 $\omega\sim2$ 时能发生一个差不多无阻尼的振荡 δ 的这个临界值显然小于由 g_2 和$\omega\sim0.65$的单位圆的真正的交点决定的临界的 δ 值。在比较小的时间滞后的情况,如此接近失稳的情况在 Crocco 对稳定性条件的解析处理中很容易被忽略,然而这类可能的失稳不该不加考虑。这或许是说明这里的图解法的优越性。

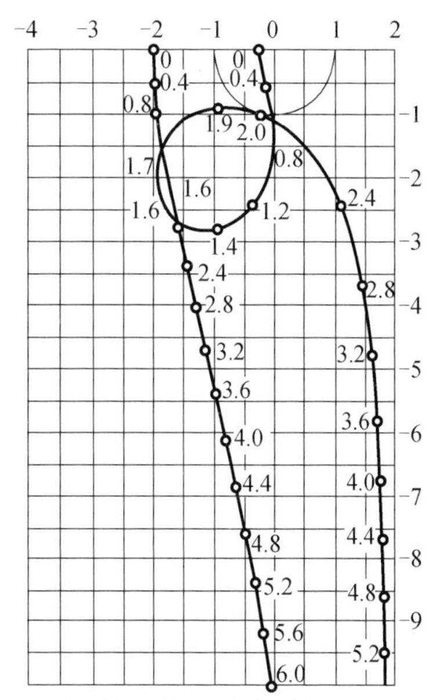

图 7　原始系统和伺服-稳定系统的 Satche 图

$P=\frac{3}{2}$, $J=4$, $E=\frac{1}{4}$, $\alpha=0$

(无伺服的 $g_2(\mathrm{i}\omega)$和单位圆相交;
有伺服的 $g_2(\mathrm{i}\omega)$在单位圆外,
各点旁边的数字是 ω 的值。)

对无条件稳定来说,g_2 应当从单位圆移到,譬如说,像在第一个例子中的相同的"稳定"回路。计算得到所要求的传递函数

$$F(s)=-4.875\frac{(s+0.8126)(s^2-0.04337s+2.6506)}{s^2(s+2)(s+3)(s^2+4)}$$

所要求的伺服系统就必须具有双重积分回路的特性。再者,传递函数具有两个纯虚极点 $\pm2\mathrm{i}$。这种对放大器的

不切实际的要求来源于原始的进给系统动力学，以及由于忽略了供给管线的摩擦阻尼。在任何实际系统中，进给管线中的摩擦阻尼将会去除上述传递函数 $F(s)$中的这些纯虚极点，而代之以两个复共轭极点。

六、稳定准则

在前面有关伺服-稳定的讨论中，假设多项式 $H(s)$，即式(34)在 s 的右半平面没有极点或零点。然而情况并不一定是这样。一般说来，人们应当首先研究 $H(s)$在 s 的右半平面零点和极点的数目。为此，应当知道，式(34)中 $F(s)$前面的那个多项式在 s 的右半平面通常没有零点，故能以研究 $H(s)$与那个多项式之比值来代替研究 $H(s)$。也就是说，$H(s)$在 s 的右半平面零点和极点的数目与以下函数的零点和极点的数目相同：

$$1+K(s)=\frac{H(s)}{\frac{J^2E}{4}s^3+\left\{\frac{JE}{2}\left[1+\alpha\left(P+\frac{1}{2}\right)\right]+\frac{JEP}{2n}\right\}s^2+\left\{\alpha E\left(P+\frac{1}{2}\right)+\frac{\alpha EP}{n}\left(P+\frac{1}{2}\right)\right\}s+\left[1+\alpha\left(P+\frac{1}{2}\right)+\frac{P}{n}\right]} \tag{36}$$

式中：

$$K(s)=\frac{\frac{1}{n}sF(s)\left[\frac{J^2E}{4}s^3+\frac{\alpha JE}{2}\left(P+\frac{1}{2}\right)s^2+Js+\alpha\left(P+\frac{1}{2}\right)\right]}{\frac{J^2E}{4}s^3+\left\{\frac{JE}{2}\left[1+\alpha\left(P+\frac{1}{2}\right)\right]+\frac{JEP}{2n}\right\}s^2+\left\{\alpha E\left(P+\frac{1}{2}\right)+\frac{\alpha EP}{n}\left(P+\frac{1}{2}\right)\right\}s+\left[1+\alpha\left(P+\frac{1}{2}\right)+\frac{P}{n}\right]} \tag{37}$$

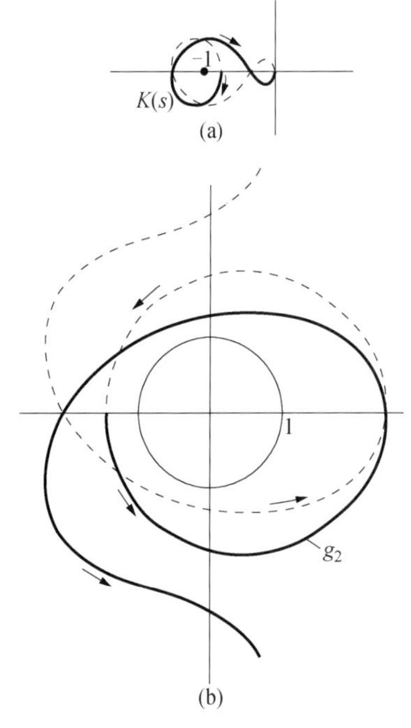

图 8 实线是正 ω 的、虚线是负 ω 的曲线 (a) $K(s)$的 Nyquist 图，$1+K(s)$ 在 s 的右半平面有两个零点，(b) 相应的稳定的 Satche 图

根据 Nyquist 准则，$1+K(s)$在 s 的右半平面极点和零点的数目，能够从画出 $1+K(s)$的 Nyquist 图而让 s 沿着图 1 的回路求得。事实上，如果 $1+K(s)$或 $H(s)$在 s 的右半平面有 r 个零点和 q 个极点，那么当 s 沿着图 1 的回路，$K(s)$将围绕 -1 点顺时针转圈 $r-q$次。因此有关 $H(s)$的信息能够从画出 $K(s)$的 Nyquist 图而得到。

为了得到像式(35)给出的那样的 $g_1(s)$和 $g_2(s)$，把式(30)除以 $H(s)$，就在 s 的右半平面引入 g 个零点和 r 个极点，$K(s)$的 g 个零点必然来自 $F(s)$，因为式(37)的分母中的多项式在 s 的右半平面没有零点，所以式(30)的原始表达式在 s 的右半平面也有 g 个极点。因此，为了让式(30)的原始表达式在 s 的右半平面没有零点，$g_2(s)$必须要顺时针绕单位圆 $-q+(q-r)=-r$ 圈。为了让稳定成为无条件，即对所有时间滞后都稳定，g_2 回路绝不能和单位圆相交。因此，一般的无条件稳定的准则是：首先，$g_2(s)$回路完全在单位圆以外；其次，当 s 沿着包围 s 的右半平面的常规回路，$g_2(s)$要逆时针绕单位圆 r 圈。这些是用了 Satche 图的稳定性准则。为了决定 r，必须利用式(37)中 $K(s)$的 Nyquist 图(图 8)。这样，一般情况的稳定性问题既要求用 Satche 图，也要求用 Nyquist 图。

七、结论

在本文的前面几节中，在理论上说明了，采用伺服控制能使任何数值的时间滞后的燃烧实现完全稳定的可能性。电子放大器的很大的适应性似乎表示，这种理论上的可能性总能实现。另一方面说明，没有伺服系统，无条件稳定一般是不可能的。所以，反馈伺服的概念果然是控制时间滞后系统工况的一个有力的工具。当然也意识到，所建议的方案只是许多方案中的一个。这里不想给出所有可能方案的全部处理。最好的方案一定要对工程问题的所有方面进行了周密考虑后才能决定，例如，这里就没有考虑高频声学振荡的可能性。这里的主要目的是对有关概念给出一般性的讨论，同时给出本文建议的利用 Satche 图分析稳定性的一般方法。

值得指出的是，利用伺服控制达到稳定只是反馈系统的一般概念的一个方面。反之，使系统失去稳定性也是重要的。例如，考虑所谓无阀门的脉冲喷气发动机的情况，发动机经常不可能以理想的脉冲方式工作。把连接燃烧室压力传感器的反馈伺服通过放大器控制燃料管线，就能使系统在理想的工作频率下失去稳定性，从而使发动机在那个脉冲的频率下工作。这类伺服-去稳的应用给无阀门的脉冲喷气发动机提供一个新的灵活性以及一个扩展的工作范围。所以，细心探讨反馈控制对具有时间滞后的系统的各种可能的应用，看来是有价值的。

附　录

参数 J 和 E 的计算

如果 L^* 和 c^* 是发动机的特征长度和特征速度，而 T_c 是燃烧室温度，R 是气体常数，那么通过时间 θ_g 是 $\theta_g = L^* c^* /(RT_c)$。

为了计算式(25)定义的 J 和 E，采用进给管线中推进剂的平均速度 v 更为方便，从而有 $\bar{m} = \rho A v$。

于是，根据式(25)有

$$J = \frac{1}{2}\rho v \frac{\left(\frac{l}{\theta_g}\right)}{\Delta \bar{p}}$$

在一致的单位系中，ρ 可用 slugs/ft^3，v 可用 ft/s，θ_g 可用 s，而 $\Delta \bar{p}$ 可用 pounds/ft^2。

如果 d 是进给管线的直径，h 是管壁的厚度，E' 是管材的杨氏模量，那么进给管线因升高单位压力而引起的体积变化

$$\chi = l\pi\left(\frac{d}{2}\right)^2 \frac{d}{E'h}$$

于是式(25)给出

$$E = \frac{2\Delta \bar{p}}{E'}\left(\frac{d}{h}\right)\frac{\frac{l}{\theta_g}}{v}$$

在一致的单位系中，$\Delta \bar{p}$ 可用 pounds/ft^2，E' 可用 pounds/ft^2，l 可用 ft，θ_g 可用 s，而 v 可用 ft/s。

（谈庆明 译，　赵士达 校）

参考文献

[1] Gunder D F, Friant D R. Stability of Flow in a Rocket Motor [J]. Journal of Applied Mechanics,

1950, 17: 327 - 333.

[2] Yachter M. Discussion of above paper [J]. Journal of Applied Mechanics, 1951, 18: 114 - 115.

[3] Summerfield M. A Theory of Unstable Combustion in Liquid Propellant Rocket Systems [J]. Journal of the American Rocket Society, 1951, 21: 108 - 114.

[4] Crocco L. Aspects of Combustion Stability in Liquid Propellant Rocket Motors, Parts I and II [J]. Journal of the American Rocket Society, 1951, 21: 163 - 178; 1952,22: 7 - 16.

[5] Satche M, Discussion on "Stability of Linear Oscillating Systems with Constant Time Lag (by Ansoff H. I.)" [J]. Journal of Applied Mechanics, 1949, 16: 419 - 420.

[6] Bollay W. Aerodynamic Stability and Automatic Control [J]. Journal of Aeronautical Sciences, 1951, 18: 569 - 623,605.

[7] Tsien H S. The Transfer Functions of Rocket Nozzles [J]. Journal of the American Rocket Society, 1952, 22: 139 - 143.

[8] Ansoff H I. Stability of Linear Oscillating Systems with Constant Time Lag [J]. Journal of Applied Mechanics, 1949, 16: 158 - 164.

物理力学，一个工程科学的新领域

钱学森①
（Daniel and Florence Guggenheim Jet Propulsion Center，California of Technology，Pasadena Calif.）

摘要 物理力学的目的是从原子与分子的微观结构出发来预测宏观物质在工程中的行为。本文讨论了这一新的工程科学的内涵和基本概念，它们对火箭和喷气推进具有特别重要的意义。

物理力学这一名称通常是指大学中高年级的经典力学的一门课[1]。这里我们用物理力学这个名字来界定一个工程科学的新领域，其目的是用组成物质的微观性质的知识去预测工程师们感兴趣的物质宏观性质。这一工程科学的新分支的提出是源自喷气推进、航空和原子能等尖端技术的需求，但它的影响将遍及所有的工程领域。本文将讨论物理力学的内涵和它的基本观点，目的是要吸引科学家和工程师关注这一新的且富有成果的领域的发展。

一、基本概念

物质是由原子和分子所组成的，原子是由其中心的原子核及其周围的电子所组成的。原子核包含有质子与中子。物理学家对物质的内在结构的探讨的驱动力是想通过基本结构的统一理论去解释自然界的各种现象。19 世纪物理科学的发展是通过两个研究方向的不断地相互作用来进行的。一个方向是通过分析手段来研究原子与分子的结构，例如用 X 射线分析，电子衍射以及原子和分子光谱等。另一个方向是通过原子和分子结构来解释物质的宏观性质，如热容量、流体的压强等。第二个研究方向的发展来自统计力学和动理论理论，在早期原子和分子结构还不能肯定和存在混乱的年代，它对物理学家和化学家来说有特别重要的意义。那时物理学家只能通过对宏观物质的“日常”经验验证他们的理论的正确性。

目前，我们所获得的分子和原子结构的知识是非常全面和完整的。对物理学家来说，从原子理论去理解物质的宏观行为只能是一种副业。物理学家们主要感兴趣的是更深的层次：原子核的结构和它们的基本粒子组成。工程上需要的则是对物理学和化学进行一种逆向的探寻。统计力学和动理论理论不再是从物质的宏观性质来验证原子理论的，而是要由已知的分子与原子的性质来预测宏观物质的行为。工程师们总是和宏观物质打交道，预测宏观物质的性质对他们是十分重要的，这也就注定使它能成为工程科学的一个分支了。

本文 1952 年 9 月 12 日收到。原载 ARS Journal，1953，Vol. 23，No. 1，pp. 14－17。

① Robert H. Goddard 喷气推进教授。作者感谢喷气推进中心助教授 S. S. Penner 博士在本文成文期间的有益讨论。

人们可以争辩说，工程师对物质的宏观性质感兴趣这样一个事实并不意味着需要物理力学。宏观性质可以直接测量，因此不需要物理力学的理论计算。到目前为止人们还是这样做的。当工程师需要水蒸气或者氨的热力学性质时，他就去测量；当需要水的黏性时也还是去测量。如果这样的测量很容易达到所要求的精度，那么人们就没有寻求新方法的动机；可是当进入火箭和喷气推进工程以及核工程时代，人们面对的是一些极端条件下的宏观性质问题。举例来说，工程计算中需要很高温度下的热力学性质，例如说 4 000 K。这样高的温度下进行热力学性质的直接测量，如不是不可能那也一定是非常困难的。但另一方面高温下气体的热力学性质可以用统计力学的方法简单地、准确地计算出来，只需要知道组成的气体分子和原子的性质。这一点是容易理解的。因为从普通工程意义上讲，这样的气体温度可能是太高了，可是从单个原子和分子的平均能量来看却是很普通的，是在物理学家和化学家的知识范围之内的。例如在温度为 T 时，分子或原子的平均动能或者表征动能是 $\frac{3}{2}kT$，k 是玻耳兹曼常数，其值为

$$k = 1.380 \times 10^{-16}\ \mathrm{erg/K} = 0.861 \times 10^{-4}\ \mathrm{eV/K}$$

即使是在难以想象的 10 000 K 下，原子的平均动能也只有 1.292 eV，在这个条件下原子的行为我们是精确了解的。

二、作为工程科学的物理力学

物理力学中的问题可以分为两类：一类是物质的热力学平衡性质，另一类是非平衡的输运性质。虽然统计力学方法既可以用在处于平衡的物质上，也可以用在处于非平衡的物质。但是只有对于平衡态的问题才易于得到肯定可用的结果，至于输运性质（例如黏性、热传导和扩散）需要用动理论才能给出定量的答案。

第一类问题包括气体、固体和液体的热力学函数，非理想气体以及高稠密度气体的状态方程，化学平衡常数，带电粒子气体或离子化气体的热力学性状等。这一领域中现有的研究和取得的结果已经有了总结归纳之作，例如 Sir R. Fowler[2] 和 Fowler 与 E. A. Guggenheim[3] 的两本有名的专著。

第二类问题除了我们在上面所举出的那些之外，还可以加上核反应器中的中子扩散和由裂变产生的快中子与反应器中的物质相互作用而慢化成热中子的问题。核工程中要处理许多基元核子过程的宏观效应，按理也属于物理力学的科学范畴。关于气体输运性质的理论有一本由 S. Chapman 和 T. G. Cowling 合作的名著[4]可供参阅。除了这些输运性质的问题之外，高温气体的辐射发射率与燃烧激发区域中的光谱也是一个属于第二类的重要问题。

很明显，在我们目前称之为物理力学的这一研究领域里不乏许多物理学家和化学家们的工作。物理化学家特别勤奋于进行非常繁复的计算工作[5]。这样，作为工程科学而建立一门物理力学的任务岂非只是将这些物理学家和化学家的工作向工程界进行传播了吗？不幸的是这样的任务并非如此简单，要把物理力学建成一门工程科学就必须像工程科学中其他分支（例如流体力学）的成长一样，树立起自己独特的具有指导意义的原则原理来，即所谓“angewandte Mechanik”的原则。这样的工程科学的原则是在本世纪初由哥廷根大学的“应用力学”学派首先将其理论化并且加以广泛应用的[6]。下面的几节我们将讨论施用于物理力学的这些原则。

三、采用近似模型

工程科学的一个原则是采用简化模型将复杂问题化简以求其近似解，而这样的模型必须能对实际问题做出圆满的表征。出于现实考察，简单模型不能具有真实系统的所有性质，而只能强调它在所考虑的特定物理条件下的最重要的特征。在不同的物理条件下真实系统会显示出不同的重要性质。这就需要采用不同的模型。因此，要成功地选择这些模型必须对它的物理环境有清楚的了解。物理力学工作者能够在两个层面上协助我们完成这困难任务。首先，他们经常研究针对实际现象的实验观测，因而对问题有深入的了解。其次，他们对建立模型的逻辑关系有较好的了解，对于同一个物理系统的不同的模型来说，这些模型在不同的情况下可能是不同的，而它们之间必定是相容的而不能是矛盾的。以下是对我们的论点的一个例证。

通过衍射实验和光谱学研究，可以用原子间距和键角确定分子的结构。这些数值再加上其中各原子的范德华半径的知识，就可以把分子模型化成为按球形原子融接成的结构。在通常的温度下，分子的转动是充分激发的。因此外形怪异的分子只要不是特别的长，在快速的转动下角度上的不对称就会被平均掉。因此，在考察分子之间的相互作用时，例如，在计算气体的第二维里系数和输运性质时，可以把分子看成是球形的，其直径 r^* 等于由分子质心到达分子模型的边界的两倍。这就是 S. D. Hamann[7] 和 Hamann 与 J. F. Pearse[8] 的做法，它适用于用 Lennard-Jones 势描写的非极性分子，其势的形式为

$$\varepsilon(r)=\varepsilon^*\left[\left(\frac{r^*}{r}\right)^{12}-2\left(\frac{r^*}{r}\right)^{6}\right] \tag{1}$$

式中：r 是分子质量中心间的距离；ε 是相互作用能；ε^* 是间距为平衡间距 r^* 时的相互作用能。这就是选择一个分子间相互作用模型可以完全适用于很宽的其他物理现象和物理概念的一个很好的例证。

对于具有固有偶极矩 μ 的极性分子，W. H. Stockmayer[9] 提出了一个介于 Lennard-Jones 势方程(1)和固有偶极矩相互作用势之间的一个混合势能

$$\varepsilon=\varepsilon^*\left[\left(\frac{r^*}{r}\right)^{12}-2\left(\frac{r^*}{r}\right)^{6}\right]-\frac{\mu^2}{r^3}[2\cos\theta_1\cos\theta_2-\sin\theta_1\sin\theta_2\cos\varphi] \tag{2}$$

式中：θ_1，θ_2 和 φ 是形容两个偶极矩相对取向的角度。按照 W. H. Keesom 使用的依于角度势能的第二维里系数的表示[10]，Stockmayer 进行了第二维里系数 $B(T)$ 的计算，有

$$B(T)=\frac{1}{4}N_A\int_0^\infty r^2\mathrm{d}r\int_0^\pi\sin\theta_1\,\mathrm{d}\theta_1\int_0^\pi\sin\theta_2\,\mathrm{d}\theta_2\int_0^{2\pi}[1-\mathrm{e}^{-\varepsilon/(kT)}]\mathrm{d}\varphi \tag{3}$$

式中：T 为温度；N_A 为阿伏加德罗常数；k 为玻耳兹曼常数；ε 为式(2)给出的相互作用势。式(3)的计算结果与第二维里系数的实验测定结果拟合可以用来推定具体的势参数。这一工作由 J. O. Hirschfelder, F. T. McClure 和 I. F. Weeks[11] 完成了，还有 Hamann 和 Pearse[8] 对一氯甲烷和一氟甲烷也做了这样的工作。其结果却是很反常的。例如，如此确定的水和氨的尺寸 r^* 各近似是孤立的氧原子和孤立的氮原子的范德华直径，好像分子中没有氢原子存在的空间。这似乎表示极性分子的 Stockmayer 模型还是有些问题的。

这一困难可以解释为由于分子的自由转动，分子之间的相对取向角总在快速而无规地变化，分子间的偶极相互作用的吸引和排斥被平均掉了。这导致在分子转动被充分激发时，分子的电偶极矩对相互作用势没有贡献。因此，在我们考虑它的第二维里系数和输运性质时，忽略掉极性分子与非极性分子的差别较为更合理些。这一假定极大地简化了极性气体输运性质的

计算。当用水和氨的第二维里系数的测量结果拟合于非极性气体的第二维里系数的计算公式时，这些分子得到了尺寸 r^* 的合理结果。当然，这一观点的正确性还需要由维里系数理论做判断性的研究来证实。

四、一个方法论的问题

最近几年，或许是因为有更多的数学家参与到应用力学的研究中，这一领域的论文在逻辑推理和数学表达的水平上有了很大的提高。这一现代潮流的出现，对精美表述问题有所贡献，并促进人们对研究工作的总体了解。但是比这样的致力更为重要的是要有清晰的思想和使用先进的数学工具。在许多工程科学中，问题是非常复杂的，这就要求有强有力的和高效的求解方法。许多的问题得不到解决就是因为没有这样强有力的和高效的方法。因此要作为一门工程科学来建立物理力学，在方法论上这一点是必须要强调的。

作为组织上缺少清晰性的一个例子，我们举出最近发表的一篇关于完全电离的氢的热力学性质的论文[12]。我们在此对其提出批评不是因为它的结果有什么错误，而是要指出，其同样的结果可以从更简单且逻辑上更为直接的途径得到。对于这个问题，首先我们要承认所有物质的热力学性质都已经包容在配分函数里，或者在其自由能表示式中了。因此从逻辑上首先要建立电离氢的自由能，包括组成它的荷正电的质子与数目和其相等的荷负电的电子。这一问题与电解质溶液的问题完全一样，只不过电解质溶液含有的是解离而成的正离子和负离子。对电解质溶液来说，有熟知的 Debye-Hückel 理论[3]。它所包含的近似与假设的正确性都是清楚的。使用 Debye-Hückel 理论来研究离子化氢的问题，我们可以立即弄清楚结果的适用能力及其局限性之所在。此外很省力也是一个优点。

用这一合理的方法确定完全离子化氢的热力学性质是很容易的。我们令 F 是系集的自由能，E 为内能，V 是体积，P 是压力及 T 为温度，则按照普通的热力学定律

$$P=-\frac{\partial F}{\partial V} \tag{4}$$

$$E=-T^2\frac{\partial\left(\frac{F}{T}\right)}{\partial T} \tag{5}$$

按 Debye-Hückel 理论①，当数目相等的每个荷正电和荷负电荷粒子的电量各为 $\pm ze$ 时，则库仑相互作用自由能 F^{el} 的一级近似为

$$F^{el}=-\frac{2}{3}\sqrt{\pi}NkT\left(\frac{N^{1/3}z^2e^2}{V^{1/3}kT}\right)^{3/2} \tag{6}$$

式中：N 为总的粒子数。结合式(4)和式(5)，与无库仑相互作用时相比，系集给出的附加的压力 ΔP 和内能 ΔE 分别为

$$\Delta P=-\frac{1}{3}\sqrt{\pi}\,\frac{NkT}{V}\left(\frac{N^{1/3}z^2e^2}{V^{1/3}kT}\right)^{3/2} \tag{7}$$

$$\Delta E=-\sqrt{\pi}NkT\left(\frac{N^{1/3}z^2e^2}{V^{1/3}kT}\right)^{3/2} \tag{8}$$

对于电离氢气来说，$z=1$，令 H 为氢的原子质量，ρ 为气体的密度，则

---

① 参阅文献[3]之第四章。

$$N/V = 2\rho/H \tag{9}$$

则对离子化氢气有

$$\Delta P = -\frac{\sqrt{\pi}}{3}\left(\frac{2\rho}{H}\right)^{3/2}\frac{e^3}{\sqrt{kT}} \tag{10}$$

及

$$\Delta E = -\sqrt{\pi}\left(\frac{2\rho}{H}\right)^{3/2}\frac{Ve^3}{\sqrt{kT}} \tag{11}$$

这些结果与文献[12]的结果完全相同,而这里我们只用了很少的计算。

我们将用 Lennard-Jones 势方程(1)第二维里系数 $B(T)$ 的计算来展示数学技巧是如何可以减少计算量的。令 N_A 为阿伏加德罗常数,以及

$$r_0 = 2^{-1/6}r^* \tag{12}$$

则第二维里系数的表示式为①

$$\frac{B(T)}{\frac{2\pi}{3}N_A r_0^3} = -\frac{1}{4}\left(\frac{4\varepsilon^*}{kT}\right)^{1/4}\sum_{n=0}^{\infty}\frac{\Gamma\left(\frac{n}{2}-\frac{1}{4}\right)}{n!}\left(\frac{4\varepsilon^*}{kT}\right)^{n/2} \tag{13}$$

这一级数对所有的温度 T 的值数是收敛的,但对于小的 T 值的计算则很不合适。作为例子,如在文献(5)中所述,当 $\frac{kT}{\varepsilon^*} = 0.3$ 时要达到 5 位数的精度则需要取到约 30 项。这一状况使我们想到使用 $B(T)$ 函数的渐近展开要比式(13)的泰勒展开更为合适。这一渐近展开级数为

$$\frac{B(T)}{\frac{2\pi}{3}N_A r_0^3} \sim -\sqrt{\frac{\pi kT}{2\varepsilon^*}}\mathrm{e}^{\varepsilon^*/(kT)}\cdot\sum_{n=0}^{\infty}\frac{\Gamma\left(n+\frac{3}{4}\right)\Gamma\left(n+\frac{5}{4}\right)}{\Gamma\left(\frac{3}{4}\right)\Gamma\left(\frac{5}{4}\right)n!}\left(\frac{kT}{\varepsilon^*}\right)^n \tag{14}$$

这一表达式不仅在 T 值小时易于使用,而且它清楚地展示了函数在低温下的指数行为。这样一种函数行为的明确标识非常有助于理解问题里不同因素间的相互作用。

五、结论

在以上的讨论中我们概要地描述了作为一门新的工程科学的物理力学,它的主旨和基本概念。它是一门工程科学,因为它的目的是帮助解决工程问题。也因为它是工程科学,所以物理力学应当是所有研究与发展部门工程师应当接受的训练项目,就如同流体力学和固体力学一样重要。因为它是与喷气推进和火箭技术的发展密切相关的,所以现在已成为加州理工学院中的 Daniel 和 Florence Guggenheim 喷气推进中心的一门研究生课,这门课程也向具有数学、物理和化学预备知识的其他工程领域的学生开放。

对于物理学家和物理化学家中的怀疑论者来说,这一讨论可能看来过分乐观甚至于是夸大。对此,作者可以指出的是,只要看到流体力学和固体力学在现代工程中所取得的无可非议的成功,就没有理由怀疑物理力学的未来与前途会有什么不同。

(崔季平 译, 林贞彬 校)

---

① 例如见文献[3]p. 280。

参考文献

[1] Lindsay R B. Physical Mechanics — An Intermediate Test for Students of the Physical Sciences[M]. D. Van Nostrand Co. , New York: 1950.

[2] Fowler R H. Statistical Mechanics[M]. Cambridge University Press, 1936.

[3] Fowler R H, Guggenheim E A. Statistical Thermodynamics[M]. Cambridge University Press, 1949.

[4] Chapman S, Cowling T G. The Mathematical Theory of Non-Uniform Gases [M]. Cambridge University Press, 1939.

[5] Hirschfelder J O, Curtiss C F, Bird R B, Spotz E L. Properties of Gases[R]. The manuscript of this book was issued by authors as reports of the Naval Research Laboratory, Department of Chemistry, University of Wisconsin.

[6] Millikan C B. For this interesting anecdote of the birth of modern engineering science. see the chapter on "Aeronautics" in "Physics in Industry"[M]. American Institute of Physics, 1937.

[7] Hamann S D. The Interpretation of Intermolecular Force Constants[J]. Journal of Chemical Physics, 1951, 19: 655.

[8] Hamann S D, Pearse J F. The Second Virial Coefficients of Some Organic Molecules[J]. Transactions of the Faraday Society, 1952, 48(2): 101 - 106.

[9] Stockmayer W H. Second Virial Coefficients of Polar Gases[J]. Journal of Chemical Physics, 1941, 9: 398 - 402.

[10] Keesom W H . On the Deduction from Boltzmann's Entropy Principle of the Second Virial Coefficient. Comm[R]. Phys. Lab. Leiden, Suppl. 24B, § 6, 1912.

[11] Hirschfelder J O, McClure F T, Weeks I F. Second Virial Coefficients and the Force between Complex Molecules[J]. Journal of Chemical Physics, 1942, 10: 201 - 211.

[12] Williamson R E. On the Equation of State of Ionized Hydrogen[J]. Astrophysics Journal. 1946, 103: 139.

纯液体的性质

钱学森①

(Daniel and Florence Guggenheim Jet Propulsion Center, California Institute of Technology, Pasadena Calif.)

摘要 通过一种半经验的理论研究,发现了一种可以用同一温度下气体的质量热容来计算液体质量定压热容的方法。同时发现了一种从已知常压下液体的密度、相对分子质量和正常沸点来精确计算液体的热膨胀系数、压缩系数和声速的方法。最后,提出了一个从已知的压缩系数和密度来计算液体(除液态金属外)的热导率的方法。对于正常液体来说,只要已知液体的正常沸点、密度和相对分子质量就可以计算热导率。

引 言

在火箭和喷气推进工程中,因为需要考虑种类宽泛的可能燃料和推进剂,常常会遇到我们所考虑的液体的物理性质,例如热容和热导率,从已有的手册中查不到的情形。自然就会使人想到这些物理性质是否可以从已知的简单的物理量如液体的沸点、相对分子质量和密度来估算。很清楚,液体性质之间的关联性来自液体理论。在这方面,物理学家和物理化学家做了许多工作。但是,从理论预测的数值结果与实验的比对看还很不令人满意。从工程需求的角度看,其可用的结果并不多。这一困难很明显是由于液态比气态和固态在结构上有更多的不确定性。对于气态来说,气体分子之间的相互作用几乎是可以忽略的,其物理状态的主要特征是分子的平动和分子的内部运动。固态则正好相反,其主要特征是分子和原子之间的相互作用。对于液态来说,分子间的相互作用和分子的运动同样重要。这一特点导致了这一状态的复杂性,使得任何一个必须在简化模型的基础上所构筑的液体理论是不完整的,且必依赖许多假设。理论预期与实验观测比对会有较大的分歧就不足为怪了。

在本篇论文中,我们试探使用一种新的研究途径来处理这一命题。我们的理论并不想直接从原子和分子的微观特征去预测液体的物理性质,而是把理论作为一种框架去拟合实验结果。换言之,我们的理论只需要认定有哪些参数应当进入所考虑的关系式中,而关系式的准确形式则需要用实验数据来确定。这一研究途径就是所谓的"量纲分析"方法,这是一种在工程科学的各个领域,例如流体力学和固体力学中使用得非常成功的方法[1]。在本项研究中获得了两个特别有用的结果:一个是计算液体质量热容的方法;另一个是计算液体的热导率的方法。这些方法一般说来是适用于正常液体的,但是对热导率给出的是一个更有广泛适用性的

本文 1952 年 10 月 14 日收到,原载 ARS Journal 1953, Vol. 23, No. 1, pp. 17 - 25。

① Robert H. Goddard 喷气推进教授。

形式,它可以用于正常液体,也可以用于非正常液体。

一、液体的 Lennard-Jones 和 Devonshire 理论

一个较为成功的正常液体的理论是由 Lennard-Jones 和 Devonshire 给出的[2]。它是"自由体积"理论类型的一种,它假定液体分子是在其相邻分子组成的笼子中运动。在这一理论中,笼子的构型是面心立方格子,其性质是通过格子上分子间两体相互作用的平滑处理而得到的,格子上分子间最近邻距离为 a。分子间两体相互作用势 ε 取自气体分子间相互作用理论:

$$\varepsilon(r)=\varepsilon_{\mathrm{m}}\left[\left(\frac{r^{*}}{r}\right)^{12}-2\left(\frac{r^{*}}{r}\right)^{6}\right] \tag{1}$$

式中:r 是分子间距离;r^{*} 为平衡距离;ε_{m} 是在 $r=r^{*}$ 时的势能值。

按这一理论,N 个分子组成之系集的自由能 F 可以表示为

$$\frac{F}{N}=-kT\ \ln\frac{(2\pi mkT)^{3/2}}{h^{3}}-kT\ \ln j(T)-kT-\Lambda^{*}\left[1.2\left(\frac{V^{*}}{V}\right)^{2}-0.5\left(\frac{V^{*}}{V}\right)^{4}\right]-kT\ \ln(2\pi\gamma gV) \tag{2}$$

式中:k 是玻耳兹曼常数;T 是热力学温度;$j(T)$是分子内部自由度的配分函数,此外

$$\Lambda^{*}=z\varepsilon_{\mathrm{m}} \tag{3}$$

式中:z 是近邻数,在面心立方结构中 $z=12$;V 是每分子的体积;V^{*} 是分子的特征体积,这两个量各与 a 和 r^{*} 有关,即

$$V=\frac{1}{\gamma}a^{3},\ V^{*}=\frac{1}{\gamma}r^{*3},\ \gamma=\frac{1}{\sqrt{2}} \tag{4}$$

g 是一个复杂的积分,

$$g=\int_{0}^{\frac{1}{4}}y^{\frac{1}{2}}\exp\left[-\frac{\Lambda^{*}}{kT}\left(\frac{V^{*}}{V}\right)^{4}l(y)+2\frac{\Lambda^{*}}{kT}\left(\frac{V^{*}}{V}\right)^{2}m(y)\right]\mathrm{d}y \tag{5}$$

式中:

$$l(y)=\frac{1+12y+25.2y^{2}+12y^{3}+y^{4}}{(1-y)^{10}}-1,\quad l(0)=0 \tag{6}$$

$$m(y)=\frac{1+y}{(1-y)^{4}}-1,\quad m(0)=0 \tag{7}$$

一旦自由能计算出来之后,液体的其余的热力学性质可以通过简单的微分得到。例如,每分子的内能

$$\frac{E}{N}=-T^{2}\frac{\partial}{\partial T}\left(\frac{F/N}{T}\right) \tag{8}$$

压力

$$P=-\frac{\partial}{\partial V}\left(\frac{F}{N}\right) \tag{9}$$

于是数学上最大的困难就是式(5)中积分 g 的计算。最近 R. H. Wentrof Jr. R. J. Buehler, J. O. Hirschfelder 和 C. F. Curtiss[3]对这一繁杂的积分进行了数值计算,对计算公式做了一些无关紧要的改进,以数值表格的形式给出了他们的计算结果。对于我们目前要寻找不同物理量间相互关系的解析式的目的来说,他们的结果很不适用。我们注意到,低压或常压液体的体积比 $\frac{V}{V^{*}}$ 很接近 1,而 $\frac{\Lambda^{*}}{kT}$ 的量级为 20,这正好适合于寻求大 $\frac{\Lambda^{*}}{kT}$ 时函数 g 的渐近

展开。其做法如下：

令

$$s=\frac{\Lambda^{*}}{kT}\left(\frac{V^{*}}{V}\right)^{4} \tag{10}$$

将 $l(y)$ 和 $m(y)$ 展成 y 的幂级数，我们有[①]

$$-\frac{\Lambda^{*}}{kT}\left(\frac{V^{*}}{V}\right)^{4}l(y)+2\frac{\Lambda^{*}}{kT}\left(\frac{V^{*}}{V}\right)^{2}m(y)=-s\cdot\eta$$

$$=-s\left\{\left[22-10\left(\frac{V}{V^{*}}\right)^{2}\right]y+\left[200.2-28\left(\frac{V}{V^{*}}\right)^{2}\right]y^{2}+\left[1\,144-60\left(\frac{V}{V^{*}}\right)^{2}\right]y^{3}+\cdots\right\} \tag{11}$$

新定义的 η 即是式(11)中大括号中的幂级数。反演这一幂级数，可以发现

$$y=a_{1}\eta+a_{2}\eta^{2}+a_{3}\eta^{3}+\cdots \tag{12}$$

式中：

$$a_{1}=\frac{1}{22-10\left(\frac{V}{V^{*}}\right)^{2}}$$

$$a_{2}=-\frac{200.2-28\left(\frac{V}{V^{*}}\right)^{2}}{\left[22-10\left(\frac{V}{V^{*}}\right)^{2}\right]^{3}}$$

以及

$$a_{3}=\frac{2\left[200.2-28\left(\frac{V}{V^{*}}\right)^{2}\right]^{2}-\left[1\,144-60\left(\frac{V}{V^{*}}\right)^{2}\right]\left[22-10\left(\frac{V}{V^{*}}\right)^{2}\right]}{\left[22-10\left(\frac{V}{V^{*}}\right)^{2}\right]^{5}} \tag{13}$$

在 g 的积分下限，$y=0$，所以 $\eta=0$，在积分上限，$y=1/4$，所以 $\eta=l(1/4)-2(V/V^{*})^{2}m(1/4)$。$l(1/4)$ 近似等于 90，$m(1/4)$ 等于 2.95，并且 s 是一个很大的数，因此可以近似地取 η 的积分上限为 ∞，于是

$$g\sim a_{1}^{\frac{3}{2}}\int_{0}^{\infty}e^{-s\cdot\eta}\left\{\eta^{\frac{1}{2}}+\frac{5}{2}\frac{a_{2}}{a_{1}}\eta^{\frac{3}{2}}+\frac{7}{2}\left[\frac{a_{3}}{a_{1}}+\frac{1}{4}\left(\frac{a_{2}}{a_{1}}\right)^{2}\right]\eta^{\frac{5}{2}}+\cdots\right\}d\eta$$

$$=\frac{\sqrt{\pi}}{2}\left\{\left(\frac{a_{1}}{s}\right)^{\frac{3}{2}}\times\left[1+\frac{3\times5}{2\times2}\frac{a_{2}}{a_{1}}\frac{1}{s}+\frac{3\times5\times7}{2\times2\times2}\left[\frac{a_{3}}{a_{1}}+\frac{1}{4}\left(\frac{a_{2}}{a_{1}}\right)^{2}\right]\frac{1}{s^{2}}+\cdots\right\} \tag{14}$$

将式(10)中的 s 和式(13)中的 a 代入上式，得到 $\ln g$ 的表达式：

$$\ln g\sim\ln\frac{\sqrt{\pi}}{2}+\frac{3}{2}\ln\frac{kT\left(\frac{V}{V^{*}}\right)^{4}}{\Lambda^{*}\left[22-10\left(\frac{V}{V^{*}}\right)^{2}\right]}-\frac{3\times5}{2\times2}\left(\frac{V}{V^{*}}\right)^{8}\cdot$$

$$\frac{kT}{\Lambda^{*}}\frac{200.2-28\left(\frac{V}{V^{*}}\right)^{2}}{\left[22-10\left(\frac{V}{V^{*}}\right)^{2}\right]}+\frac{3\times5\times7}{2\times2\times2}\left(\frac{V}{V^{*}}\right)^{8}\left(\frac{kT}{\Lambda^{*}}\right)^{2}\cdot$$

---

① 译者采用作者 1962 年作出的勘误。作者检查出此式右方展开式第一项中之常数误定为 24，应改为 22，并对以下之推导做了相应修正。此修正对本文之主要结论没有影响。

$$\frac{12\left[200.2-28\left(\frac{V}{V^*}\right)^2\right]^2-7\left[1\,144-60\left(\frac{V}{V^*}\right)^2\right]\left[22-10\left(\frac{V}{V^*}\right)^2\right]}{7\left[22-10\left(\frac{V}{V^*}\right)^2\right]^4} \tag{15}$$

很显然，展开式(15)在 $\Lambda^*/(kT)$ 大的情况下是适用的，将式(15)代入式(2)则可得液体的自由能。将式(8)和式(9)进行微商则可得其他的热力学函数。

二、定容比热容

令 E^{int}/N 是每分子内部自由度能量，即

$$\frac{E^{\text{int}}}{N}=kT^2\frac{\partial}{\partial T}[\ln j(T)] \tag{16}$$

则由式(8)给出

$$\frac{E}{N}=\frac{E^{\text{int}}}{N}+3kT-\Lambda^*\left[1.2\left(\frac{V^*}{V}\right)^2-0.5\left(\frac{V^*}{V}\right)^4\right]-\frac{3\times5}{2\times2}\frac{200.2-28\left(\frac{V}{V^*}\right)^2}{\left[22-10\left(\frac{V}{V^*}\right)^2\right]^2}\left(\frac{V}{V^*}\right)^4\frac{kT}{\Lambda^*}kT \tag{17}$$

这里，已经把 T 的 3 次幂和更多幂次的各项略去了。将式(17)再对温度 T 进行微分，就得到了定容比热容。令 C_V^{l} 为液体的定容克分子比热容，C^{int} 为分子内自由度的定容克分子比热容，

$$C^{\text{int}}=\frac{\partial}{\partial T}E^{\text{int}} \tag{18}$$

则有

$$C_V^{\text{l}}=C^{\text{int}}+3R-\frac{3\times5}{2\times2}\frac{200.2-28\left(\frac{V}{V^*}\right)^2}{\left[22-10\left(\frac{V}{V^*}\right)^2\right]^2}\left(\frac{V}{V^*}\right)^4\frac{kT}{\Lambda^*}R \tag{19}$$

式中：R 是普适气体常数，$R=Nk$；N 为阿伏加德罗常数。

从式(19)的结果可以看到液体的定容比热容除了第 3 项的小的修正之外，前两项所表征的与固态情况是一样的。这证实了我们关于液体的物理概念，即在低于临界温度和临界压力下液体与固体的相似处多于液体与气体的相似处。第 2 项的贡献为 $3R$，出现的是经典比热容值，而没有量子效应。这是当然的，详情可见本文附录之讨论。

气态的定压克分子比热容 C_p^{g} 可按下式计算：

$$C_p^{\text{g}}=C^{\text{int}}+\frac{5}{2}R \tag{20}$$

在液体状态下，分子的伸展程度还达不到可限制到分子自由转动时，液态分子的内自由度的能量和气态中没有不同之处，因此式(19)和式(20)中的 C^{int} 必然相同。于是式(19)可以写作

$$C_V^{\text{l}}=C_p^{\text{g}}+R\left\{0.5-\frac{15}{2\times2}\frac{200.2-28\left(\frac{V}{V^*}\right)^2}{\left[22-10\left(\frac{V}{V^*}\right)^2\right]^2}\left(\frac{V}{V^*}\right)^4\frac{kT}{\Lambda^*}\right\} \tag{21}$$

式(21)中的第 3 项是一个小的修正项，对于低压或者常压(即压力远低于临界压力)下的液体，进一步的简化是可以的。即

$$\left.\begin{aligned}&\frac{V}{V^*}\approx 1\\&\frac{kT_b}{\Lambda^*}\approx(16.5)^{-1}\end{aligned}\right\}\tag{22}$$

式中：T_b 是液体在常压下的正常沸点。于是式(21)变成

$$C_V^l=C_p^g+R\left[0.5-0.5\frac{T}{T_b}\right]\tag{23}$$

一种物质如果它的气态定压比热容和沸点已知，则它的液态定容比热容可以根据上式容易算出。

三、热膨胀系数和压缩系数

从式(9)立即可以得到液体的状态方程，如果方程(15)只保留 g 的展开式的前两项，我们有

$$P=\frac{\Lambda^*}{V}\left[2\left(\frac{V^*}{V}\right)^4-2.4\left(\frac{V^*}{V}\right)^2\right]+\frac{kT}{V}\frac{77-20\left(\frac{V}{V^*}\right)^2}{11-5\left(\frac{V}{V^*}\right)^2}\tag{24}$$

由热膨胀系数的定义

$$\alpha=\frac{1}{V}\left(\frac{\partial V}{\partial T}\right)_P\tag{25}$$

将式(24)在保持 P 为常数下对温度 T 进行微商，我们有

$$\alpha\left\{\frac{\Lambda^*}{V}\left[10\left(\frac{V^*}{V}\right)^4-7.2\left(\frac{V^*}{V}\right)^2\right]+\frac{kT}{V}\left\{\frac{77-20\left(\frac{V}{V^*}\right)^2}{11-5\left(\frac{V}{V^*}\right)^2}-\frac{330\left(\frac{V}{V^*}\right)^2}{\left[11-5\left(\frac{V}{V^*}\right)^2\right]^2}\right\}\right\}$$

$$=\frac{k}{V}\frac{77-20\left(\frac{V}{V^*}\right)^2}{11-5\left(\frac{V}{V^*}\right)^2}$$

考虑到式(24)中的压力值 P 比起方程右边两项中的每一项都小，我们有

$$\frac{\Lambda^*}{V}\left[2\left(\frac{V^*}{V}\right)^4-2.4\left(\frac{V^*}{V}\right)^2\right]+\frac{kT}{V}\frac{77-20\left(\frac{V}{V^*}\right)^2}{11-5\left(\frac{V}{V^*}\right)^2}\approx 0$$

于是关于热膨胀的方程可以简化为

$$\alpha\left\{\Lambda^*\left[8\left(\frac{V^*}{V}\right)^4-4.8\left(\frac{V^*}{V}\right)^2\right]-kT\frac{330\left(\frac{V}{V^*}\right)^2}{\left[11-5\left(\frac{V}{V^*}\right)^2\right]^2}\right\}=k\frac{77-20\left(\frac{V}{V^*}\right)^2}{11-5\left(\frac{V}{V^*}\right)^2}$$

对上式再使用式(22)之近似，最后得到

$$\alpha T_b=\frac{0.576}{3.2-0.556\frac{T}{T_b}}\tag{26}$$

液体的压缩系数 β 的定义是

$$\beta=-\frac{1}{V}\left(\frac{\partial V}{\partial P}\right)_T\tag{27}$$

与采用上面一段处理 α 的办法相似，得到

$$\beta \frac{RT_b}{V_l} = \frac{1}{52.8 - 9.17\left(\frac{T}{T_b}\right)} \tag{28}$$

式中：R 是普适气体常数；V_l 是液体的每克分子体积。

式(26)和(28)是由 Lennard-Jones 和 Devonshire 液体理论给出的热膨胀系数 α 和压缩系数 β 的表达式。用不同的液体理论给出的公式是不同的。例如 E. Eyring 和 J. O. Hirschfelder[4]用自由体积理论给出的公式

$$\alpha T_b = \frac{3}{9.4 - 4\left(\frac{T}{T_b}\right)} \tag{29}$$

和

$$\beta \frac{RT_b}{V_l} = \frac{1}{3.13\left(9.4\frac{T_b}{T} - 4\right)} \tag{30}$$

不同理论给出的结果不同可能表示：两种理论均不能用来足够精确地计算 α 和 β。但是两种理论给出的 αT_b 和 $\beta R T_b/V_l$ 都是作为温度比 T/T_b 的函数。正当的考虑应当是把这些函数作为理论上的未知，而转向由实验来确定它们。一旦这些函数被确定，它们就有普遍适用意义而应用于所有的正常液体。

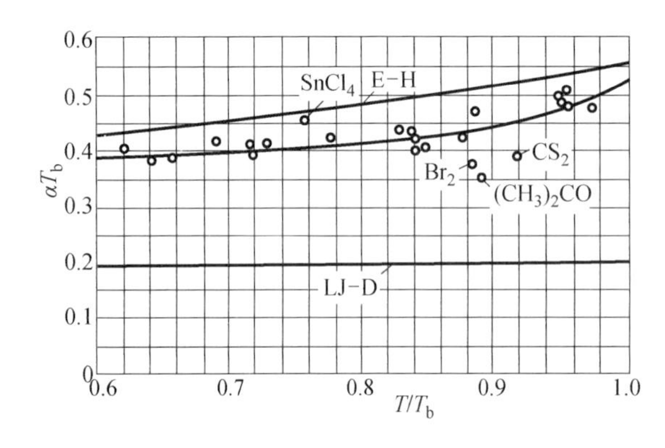

图 1 α，热膨胀系数；T，温度；T_b，正常沸点温度；E-H，Eyring 和 Hirschfelder 式(29)(文献[4])。LJ-D，自 Lennard-Jones 和 Devonshire 液体理论，式(26)

表 1 列出多种正常液体常压 20℃ 的热膨胀系数值，它们均采自 Landolt-Börnstein Tabellen。其无量纲量 αT_b 对 $\frac{T}{T_b}$ 的关系如图 1 所示，其中我们也将由式(26)和式(29)的 αT_b 对 $\frac{T}{T_b}$ 关系示在图上，图上显示了预测到热膨胀随温度而增加这一与气体状态相反的行为，但实验点集中在理论曲线中间的一条明确的曲线上。这一经验曲线用粗线标明。显示出我们对 αT_b 是 $\frac{T}{T_b}$ 的函数之推测是正确的。利用这一经验曲线，只要知道了正常液体的沸点 T_b，就可以计算出液体的热膨胀系数，其精度在 10% 以内。

表 1 液体的热膨胀系数

液体	分子式	T_b/K	T/K	$\alpha/\times 10^{-3}\,K^{-1}$	T/T_b	αT_b
丙酮	$(CH_3)_2CO$	329.7	293.2	1.071	0.890	0.353
苯胺	$C_6H_5NH_2$	457.6	293.2	0.855	0.641	0.391
三氯化砷	$AsCl_3$	403.4	293.2	1.029	0.728	0.415
苯	C_6H_6	353.2	293.2	1.237	0.830	0.437

（续表）

液体	分子式	T_b/K	T/K	$\alpha/\times10^{-3}K^{-1}$	T/T_b	αT_b
溴	Br_2	332.0	293.2	1.132	0.883	0.376
二硫化碳	CS_2	319.5	293.2	1.218	0.918	0.389
四氯化碳	CCl_4	350.0	293.2	1.236	0.838	0.433
氯仿	$CHCl_3$	334.5	293.2	1.273	0.877	0.426
乙醚	$(C_2H_5)_2O$	307.8	293.2	1.656	0.953	0.510
碘乙烷	C_2H_5I	345.4	293.2	1.179	0.848	0.407
三甲基代乙烷	C_5H_{12}	301.2	293.2	1.598	0.973	0.481
三溴化磷	PBr_3	446.1	293.2	0.868	0.657	0.387
三氯化磷	PCl_3	348.7	293.2	1.154	0.841	0.402
三氯化磷	PCl_3	348.7	293.2	1.211	0.841	0.422
三氯氧化磷	$POCl_3$	378.5	293.2	1.116	0.775	0.422
戊烷	C_5H_{12}	309.4	293.2	1.608	0.948	0.498
异氯代丙烷	C_3H_7Cl	308.6	293.2	1.591	0.950	0.491
异戊二烯	C_5H_8	307.2	293.2	1.567	0.955	0.481
四溴化硅	$SiBr_4$	426.2	293.2	0.983	0.688	0.419
四氯化硅	$SiCl_4$	330.8	293.2	1.430	0.886	0.473
四氯化锡	$SnCl_4$	387.3	293.2	1.178	0.757	0.456
四氯化钛	$TiCl_4$	409.6	293.2	0.998	0.715	0.409
邻甲苯胺	$C_7H_7NH_2$	473.0	293.2	0.847	0.620	0.401

表 2 列出了多种正常液体接近大气压下的压缩系数值，也都取自 Landolt-Börnstein Tabellen，无量纲量 $\beta\frac{RT_b}{V_l}$ 对 $\frac{T}{T_b}$ 的关系如图 2 所示，图中也列出了式(28)和式(30)表示的理论曲线。可以见到和热膨胀系数 α 的相似情况。事实上，经验曲线可以很好地由下式表征：

$$\beta\frac{RT_b}{V_l}=\frac{1}{101.6-82.4\dfrac{T}{T_b}} \tag{31}$$

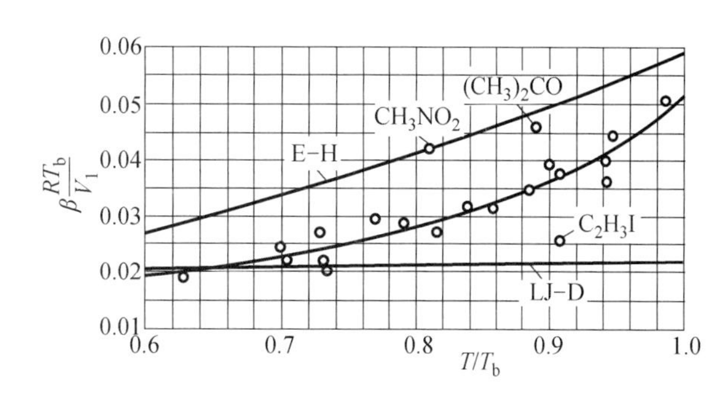

图 2　β，压缩系数；T，温度；T_b，正常沸点温度；V_l，液体摩尔体积；R，普适气体常数。E－H，Eyring 和 Hirschfelder 式(30)（文献[4]）。LJ－D，自 Lennard-Jones 和 Devonshire 液体理论，式(28)

因此，只要知道了正常液体的沸点 T_b，液体的密度和相对分子质量，则可以将压缩系数计算出来，其误差在 10%以内。

表 2　液体的压缩系数

液体	分子式	相对分子质量	T_b/K	T/K	ρ/(g/cm^3)	$\beta\times10^6$ (atm^{-1})	T/T_b	$\beta\left(\frac{RT_b}{V_l}\right)$
丙酮	$(CH_3)_2CO$	58.08	329.7	293.2	0.792	125.6	0.890	0.046 4
苯	C_6H_6	78.11	353.3	303.2	0.868	98.5	0.858	0.031 8
苯	C_6H_6	78.11	353.3	333.2	0.836	116.4	0.944	0.036 2
二硫化碳	CS_2	76.13	319.7	303.2	1.261	102.0	0.948	0.044 4
四氯化碳	CCl_4	153.84	350.0	293.2	1.595	105.8	0.838	0.031 6
氯苯	C_6H_5Cl	112.56	405.2	283.2	1.107	72	0.698	0.022 6
氯仿	$CHCl_3$	119.39	334.5	303.2	1.49	109.5	0.907	0.037 5
乙醚	$(C_2H_5)_2O$	74.12	307.8	303.2	0.713	210	0.986	0.051 0
溴乙烷	C_2H_5Br	108.98	311.2	293.2	1.430	120	0.942	0.040 2
碘乙烷	C_2H_5I	155.98	345.4	313.2	1.91	74	0.907	0.025 7
正庚烷	C_7H_{16}	100.20	371.7	303.2	0.684	134	0.815	0.027 4
正己烷	C_6H_{14}	86.17	342.2	303.2	0.66	159	0.885	0.034 3
硝基苯	$C_6H_5NO_2$	123.11	484.1	303.2	1.1987	49	0.627	0.019 0
硝基甲烷	CH_3NO_2	61.04	374.2	303.2	1.13	73.6	0.810	0.041 9
正辛烷	C_8H_{18}	114.23	399.0	293.2	0.704	101.6	0.735	0.020 5
三聚乙醛	$C_6H_{12}O_3$	132.16	397.6	291.2	0.994	88.2	0.733	0.021 6
四溴化硅	$SiBr_4$	347.72	426.2	298.2	2.814	86.6	0.700	0.024 5
四氯化硅	$SiCl_4$	169.89	330.8	298.22	1.483	165.2	0.902	0.039 1
四氯化钛	$TiCl_4$	189.73	409.6	298.2	1.726	89.8	0.728	0.027 5
四氯化锡	$SnCl_4$	260.53	387.3	298.2	2.232	108.9	0.770	0.029 6
甲苯	$C_6H_5CH_3$	92.13	384.0	303.2	0.862	96.5	0.790	0.028 5
邻二甲苯	$C_6H_4(CH_3)_2$	106.16	417.2	293.2	0.875	79.7	0.703	0.022 4

四、定压比热容

工程计算里更常用定压比热容 C_p^l 而不是定容比热容 C_V^l，按照热力学定律，C_p^l 和 C_V^l 的差由下式给出：

$$C_p^l - C_V^l = \frac{\alpha^2}{\beta} V_l T \tag{32}$$

式中：α 和 β 各是热膨胀系数和压缩系数。将式(23)和式(32)结合起来，可以得到液态定压比热容与气态定压比热容之间的如下关系：

$$C_p^l - C_p^g = R\left[0.5 - 0.5\frac{T}{T_b} + \frac{(\alpha T_b)^2}{\left(\beta\frac{RT_b}{V_l}\right)}\frac{T}{T_b}\right] \tag{33}$$

我们可以将式(33)与 S. W. Benson[5] 给出的公式作一对比。Benson 是将饱和液体和饱和蒸汽的定压克分子比热容之差表达为如下的关系：

$$C_p^l - C_p^g = n\Delta E_{vap}\alpha + R$$

式中：n 对大多数物质而言近似为 5/3；ΔE_{vap} 是克分子蒸发能；α 是由式(25)定义的热膨胀系数。这个计算公式要求知道 n 和 ΔE_{vap}，而式(33)只用到半经验的热膨胀系数 α 和压缩系数 β，因而此式的适用性要差些。

使用上面确定的热膨胀系数 α 和压缩系数 β 的经验公式，由右端表为温度 T/T_b 的函数的式(33)可以计算出 $C_p^l-C_p^g$，其结果见表 3，可以见到除了接近于沸点的情况外，液体与气体的定压克分子质量热容之差很接近于 $5R$，即

$$C_p^l - C_p^g = \frac{10\ \text{cal}}{\text{K}\cdot\text{mole}} \tag{34}$$

这的确是一个十分简单的结果。

表 3　液体与气体比热容之差*

T/T_b	αT_b	$\beta \frac{RT_b}{V_l}$	$\frac{(\alpha T_b)^2}{\left(\beta \frac{RT_b}{V_l}\right)} \frac{T}{T_b}$	$0.5-0.5\frac{T}{T_b}$	$\frac{C_p^l-C_p^g}{R}$
0.6	0.392	0.019 2	4.80	0.20	5.00
0.7	0.398	0.023 2	4.78	0.15	4.93
0.8	0.410	0.028 0	4.80	0.10	4.90
0.9	0.445	0.036 5	4.88	0.05	4.93
1.0	0.525	0.052 0	5.30	0	5.30

* 译者注：表 3 最后两列的数据经过译者的核算，对原文做出了修正。

由式(34)计算的液体比热容与实验值的比较表示在表 4 中，因为理论是对正常液体而言的，所以含有羟基或氨基的分子以及太长的分子要除外。这些实验数据也都取自 Landolt-Börnstein Tabellen。对双原子分子来说，气体的比定压热容并未计入分子振动能的贡献，取值 7 cal/K，对于普通的低温度，这样取是合适的。但对氯化银来说这一 C_p^g 值可能低了些。表中的前半部分液体的定压克分子比热容的计算值和实验值的对比非常的一致，其差别在实验误差范围之内。唯一的例外是二硫化碳。值得注意的是理论是在一个很宽的温度范围下，从对一氧化氮的 120 K 到对氯化银的 763 K，都是成功的。

表 4 的后半部分显示出计算出的比热容与实验值有明显的不一致，计算值差不多大了 4 cal/K，这样的情形也出现在 Trouton 比率上，即这些液体蒸发热与沸点 T_b 的比率存在有计算与实验不一致[6]。这一差别已经超出了实验误差的范围。而所关心的温度也没有低到会出现量子效应(见附录)。也没有可能认为这类分子与前一部分的分子在分子间的相互作用上有什么不同，这是因为它们的气态有相类似的输运性质。唯一可能的解释就是出现了缔合效应。例如液体状态的氧趋向于缔合成 O_4 分子。如果这样，列在表上的液体克分子比热容值就需要增大一倍，即 25 cal/K，在气相中这一虚拟分子 O_4 的 C_p^g 就应是 15 cal/K，这是一个合理的值。

表 4　液体的定压比热容

液　体	分子式	相对分子质量	T_b/K	T/K	$C_{p\,实验}^g$ /(cal/K)	$C_{p\,计算}^l$ /(cal/K)	$C_{p\,实验}^l$ /(cal/K)
氨	NH_3	17.032	239.8	213.2	8.0	18.0	17.9
氨	NH_3	17.032	239.8	273.2	8.7	18.7	18.7
丙酮	$(CH_3)_2CO$	58.08	329.7	313.2	20.1	30.1	30.8

（续表）

液　体	分子式	相对分子质量	T_b/K	T/K	$C_{p实验}^{g}$ /(cal/K)	$C_{p计算}^{l}$ /(cal/K)	$C_{p实验}^{l}$ /(cal/K)
苯	C_6H_6	78.11	353.3	293.2	21.8	31.8	32.5
苯	C_6H_6	78.11	353.3	323.2	23.3	33.3	34.3
溴	Br_2	159.83	332.0	270.0	7.0①	17.0	17.1
二硫化碳	CS_2	76.13	319.7	290.7	12.0	22.0	18.4
四氯化碳	CCl_4	153.84	350.0	273.2	21.5	31.5	30.9
四氯化碳	CCl_4	153.84	350.0	293.2	20.7	30.7	31.8
氯仿	$CHCl_3$	119.39	334.5	313.2	17.2	27.2	27.9
乙醚	$(C_2H_5)_2O$	74.12	307.8	303.2	31	41	40.5
一氧化氮	NO	30.01	121.4	120	7.0①	17	17.3
氯化银	AgCl	143.34	1 823	763	<7.0 >9.0	<17.0 >19.0	18.5
四氯化锡	$SnCl_4$	260.53	387.3	287～371	24.4	34.4	38.5
二氧化硫	SO_2	64.06	263.2	273.2	9.9	19.9	20.4
氩	A	39.944	87.4	85.0	5.0	15.0	10.5
一氧化碳	CO	28.01	81.1	69.4	7.0①	17.0	14.27
甲烷	CH_4	16.04	111.7	100	8.0	18.0	13.01
氮	N_2	28.016	77.3	64.7	7.0①	17.0	13.15
氮	N_2	28.016	77.3	72.8	7.0①	17.0	13.33
氧	O_2	32.00	90.1	73.2	7.0①	17.0	12.60

① 未计入振动能的双原子分子比热容的理论值。

由上述的讨论似乎证实式(34)对于常温或者更高的温度无缔合和离解的正常液体是完全适用的。对于正常液体来说，我们的方法远优于基于计及液体分子中每一个别原子的 R. R. Wenner[7] 的方法。当然有人会说，要想应用式(34)计算液体的比热容，却没有可利用的气态的比热容，因此式(34)无实用性。可幸运的是，人们可以做到气态的比热容并不需要直接的实验测量，C_p^g可以非常精确地从光谱学测得的基频精确地算出来。C_p^g还可以由每个化学键的平均频率来计算，对此 R. V. Meghreblian[8] 曾给出一个较全面的阐述。作为例子，我们来考虑一个在众所周知的 Handbook of Chemistry and Physics 上尚未列有的分子—溴二氯甲烷 $CHCl_2Br$，Meghreblin 计算出了它的气相克分子比热容，在 27℃时 C_p^g为 16.2 cal/K，于是我们按式(34)定出在这一温度下的 C_p^l 是 26.2 cal/K。因为这一化合物的相对分子质量是 163.85，这一液体的定压比热容是 0.159 8 cal/g · K，或者 0.159 8 Btu/lb · °F。

五、液态金属

纯粹的金属原子并不能结合成分子。因此，纯液态金属的比热容可以用每克原子量表征和关联。这样金属液体的定压比热容在 6.4 cal/K 到 8 cal/K 之间，作为一级近似有理由取

C_p^l 为

$$C_p^l = 7\ \text{cal/K} \tag{35}$$

它所对应的是每克原子量。因为定容比热容应当非常接近于 $3R$ 或者 6 cal/K，方程(35)所表示的金属液体的 C_p 与 C_V 之差只能有 1 cal/K。这与上一节中关于正常液体相应的值比较是太小了。J. F. Kincaicl 和 H. Eyring[9] 对于液态汞做过较为详细的探讨，他们指出，在这一问题上与正常液体的差别是因为构成它们的粒子之间的相互作用势不同。正常液体中的相互作用是分子间的相互作用，而液体金属中的相互作用是金属原子的相互作用。这个差别是我们想得到的。

六、声速

小扰动的传播速度称作声速 c，是流体力学中非常重要的量，它的计算公式是

$$c^2 = -\frac{v^2 \mathrm{d}P}{\mathrm{d}v} = -\frac{1}{\rho}\left(\frac{V\mathrm{d}P}{\mathrm{d}V}\right) \tag{36}$$

其中：v 是单位质量液体的体积；ρ 是密度或 $1/v$；微商是沿绝热过程线的。

假如声波的频率充分的低，或者小扰动的特征时间大于达到热力学平衡的弛豫时间，则容易表达成

$$c^2 = \frac{1}{\rho\beta}\frac{C_p^l}{C_V^l} \tag{37}$$

其中：β 是由式(27)定义的压缩系数。对于正常液体来说，β 由式(31)给出，同时注意到表 3 中 C_p 和 C_V 之差近似为 9.6 cal/K，令 M 为相对分子质量，则

$$c^2 = \frac{RT_b}{M}\left(101.6 - 82.4\frac{T}{T_b}\right)\frac{C_p^l}{C_p^l - 9.6} \tag{38}$$

声速的计算值和实验值的比对见表 5。由表可见，除了二硫化碳之外，由公式(38)得到的计算值和实验值的差别在 1%以内。获得这样好的计算精度的根本原因是由于式(38)中我们已经采用了 $C_p - C_V$ 及 β 的经验表示。这一令人满意的结果也显示我们理论的内在一致性上。关于 CS_2 的个例特别可以用它的 C_p 实验值反常的低来解释。由表 4 我们见到二硫化碳 C_p^l 的理论值比其实验值明显的高。采用这较高的 C_p^l 值，则 CS_2 的声速计算值可以降下来而与实验值更好地达到一致。总之，可以肯定式(38)是可以用作预测正常液体声速的公式。因为 C_p^l 随温度变化而增加，故由式(38)可见，声速将随温度上升而下降，正常液体的这一行为与气态行为相反，气态的声速是随温度变化而上升的。

表 5 声速

液体	分子式	相对分子质量	T_b/K	T/K	C_p^l/(cal/K)	$c_{计算}$/×10^5 (cm/s)	$c_{实验}$①/×10^5 (cm/s)
苯	C_6H_6	78.11	353.3	290.2	39.8	1.176	1.166
二硫化碳	CS_2	76.13	319.7	288.2	18.2	1.350	1.161
氯仿	$CHCl_3$	119.39	334.5	288.2	27.9	0.967	0.983
乙醚	$(C_2H_5)_2O$	74.12	307.8	288.2	39.8	1.022	1.032

① 取自 Smithsonian 表。

七、输运性质

前面各节讨论的都是液体的热力学平衡性质。输运性质是物质在非平衡条件下的性质，故输运性质的理论比平衡性质的理论复杂得多。液体输运性质理论的基本研究是由 J. G. Kirkwood 以及 M. Born 与 H. S. Green 做出的。但是他们的理论尚给不出有用的结果。现在我们要做的是用简单模型方法继之以经验数据来拟合这些理论关系，用这种方法研究液体输运性质的一个例子就是 Erying 的液体黏性的理论[10]。

按照 Eyring 的理论，在温度 T 下液体的黏性与液体单位克分子的蒸发能 ΔE_{vap} 有如下的关系：

$$\mu = \frac{hN}{V_1}\exp\left(\frac{\Delta E_{\mathrm{vap}}}{2.45RT}\right) \tag{39}$$

式中：h 是普朗克常数；N_{A} 是阿伏加德罗常数；V_1 是液体的克分子体积。正常液体的蒸发能与它的正常沸点 T_{b} 的关系由特罗顿定律给出，表达如下：

$$\Delta E_{\mathrm{vap}} \approx 9.4RT_{\mathrm{b}} \tag{40}$$

由式(39)和(40)，液体黏性以分泊为单位，其算式如下：

$$\mu \approx \frac{0.3990}{V_1}\exp(3.83\ T_{\mathrm{b}}/T) \tag{41}$$

式中：V_1 的单位是毫升每克分子。

八、热导率

气体导热的初等理论中[11]，热导率

$$\lambda = \frac{1}{3}clC_V \tag{42}$$

式中：c 为声速；C_V 为气体的单位体积定容比热容；l 是气体分子的平均自由程。l 也可以说成是分子保持其各自速度走过的平均距离。I. Estermann 和 J. E. Zimmerman[12] 注意到，如果把 l 考虑作固体中的格波遭遇一次散射前的传播距离，则 R. E. B. Makinson[13] 按晶格振动导致热传导之计算可以使用式(42)来进行。这一观察清楚地表达出了式(42)所具有的基本特征。这就是式(42)应当对所有三种物态都对，只不过对其中的各量要分别做出应有的鉴定。事实上 P. W. Bridgman[14] 早在 1931 年就建议过这样的一种关联。以下我们采用的理论在一些重要的细节上和 Bridgman 是不同的。

除了液体金属之外的液体的热传导是由分子在其所处的平均位置上的振动来实行的，就像固体中以“格波”来导热一样，如果用式(42)来计算热导率，c 就应该是液体的声速，这一点和 Bridgman 的建议完全一样。但是使用式(37)来计算 c 是不正确的，原因是一般说来格波的频率很高以致达不到式(37)所要求满足的热力学平衡的条件。因此，为了确定 c 就产生了几个问题，在没有更好的方法之前，我们暂时简单地按下式来计算：

$$c \approx 1/\sqrt{\rho\beta} \tag{43}$$

这就避免了式(37)中的比热比的不确定性。

液体中格波的自由路程 l 应当由液体的局部有序结构的尺寸来决定。该局部有序结构的尺寸应当是分子间距 a 的两三倍，按照下式：

$$l \approx V^{1/3} \tag{44}$$

式中：V 是液体中每个分子的体积，这样 l 大概是几个埃的量级。

Bridgman 建议 C_V 是包括分子内自由度的总的质量定容热容。但是 l 的量级是 10^{-7} cm，而 c 却大到 10^5 cm·s^{-1}，于是格波的特征时间量级为 10^{-12}s。它比分子内部运动的弛豫时间短很多。于是有理由假定分子的内自由度不参与传热。因此在计算液体的热导率时，只需考虑分子的外部运动自由度的比热容，即每克分子的比热容近似值为 $3R$，或者

$$C_V \approx \frac{3R}{V_1} \tag{45}$$

结合式(43)，(44)和(45)，液体的热导率可以写成

$$\lambda \approx \frac{1}{\sqrt{\rho\beta}} V^{\frac{1}{3}} \frac{3R}{V_1}$$

式中：比例因子仍然属于待定的。这需要用实验数据来确定，见表 6 和图 3，其中压缩系数的数据采自 Landolt-Börnstein Tabellen，热导率的数据采自 McAdam 的关于传热的一本书的附录[15]。这些数据也包括有“非正常”液体的，如水和乙醇。如果我们简单地采用

$$\lambda = \frac{1}{\sqrt{\rho\beta}} V^{\frac{1}{3}} \frac{3R}{V_1} = \frac{1}{\sqrt{\rho\beta}} \left(\frac{M}{N\rho}\right)^{1/3} \frac{3R\rho}{M} \tag{46}$$

表 6　热导率

液体	分子式	相对分子质量	温度/℃	密度/(g/cm)^3	$\beta\times10^{-5}$ atm^{-1}	$(\rho\beta)^{-\frac{1}{2}}\times 10^{-5}$/(cm/s)	$V^{\frac{1}{3}}\times 10^8$/cm	$\frac{V^{\frac{1}{3}}}{\sqrt{\rho\beta}}\frac{3R}{V_1}\times10^6$	$\lambda_{exp}\times10^6$ cal/(cm·K·s)	$\frac{\lambda_{exp}}{\frac{V^{1/3}}{\sqrt{\rho\beta}}\frac{3R}{V_1}}$
乙酸	CH_3COOH	60.05	20	1.049	90.6	1.033	4.56	491	409	0.833
丙酮	$(CH_3)_2CO$	58.08	20	0.792	125.6	1.010	4.96	407	430	1.056
烯丙酮	$C_2H_3CH_2OH$	58.08	20～30	0.855	75	1.257	4.83	533	430	0.807
戊醇	$C_5H_{11}OH$	88.15	17.7	0.814	90.5	1.172	5.65	365	392	1.075
苯胺	$C_6H_5NH_2$	93.12	20	1.022	36.1	1.657	5.32	577	413	0.715
苯	C_6H_6	78.11	30	0.868	98.5	1.089	5.30	382	380	0.995
			60	0.836	116.4	1.020	5.37	350	359	1.026
二氧化碳	CO_2	44.01	13.3①	0.960	624.4	0.412	4.23	246	245	0.995
二氧化硫	CS_2	76.13	30	1.261	102.0	0.888	4.64	407	384	0.945
四氯化碳	CCl_4	153.84	20	1.595	105.8	0.775	5.43	260	392	1.510
氯苯	C_6H_5Cl	112.56	10	1.107	72	1.128	5.53	336	343	1.020
氯仿	$CHCl_3$	119.39	30	1.49	109.5	0.788	5.11	299	330	1.104
乙醇	C_2H_5OH	46.07	20	0.789	112	1.071	4.59	502	434	0.865
溴乙烷	C_2H_5Br	108.98	20	1.430	120	0.769	5.01	301	289	0.962
乙醚	$(C_2H_5)_2O$	74.12	30	0.713	210	0.808	5.56	258	330	1.280
碘乙烷	C_2H_5I	155.98	40	1.91	74	0.847	5.15	318	264	0.830
亚乙基二醇	$(CH_2OH)_2$	62.07	0	1.12	34	1.63	4.51	790	632	0.800

① 在 87 atm 下。

（续表）

液体	分子式	相对分子质量	温度/℃	密度/$(g/cm)^3$	$\beta\times10^{-5}$ atm^{-1}	$(\rho\beta)^{-\frac{1}{2}}\times$ $10^{-5}/(cm/s)$	$V^{\frac{1}{3}}\times$ $10^8/cm$	$\frac{V^{\frac{1}{3}}}{\sqrt{\rho\beta}}\frac{3R}{V_1}$ $\times10^6$	$\lambda_{exp}\times10^6$ cal/(cm·K·s)	$\frac{\lambda_{exp}}{\frac{V^{1/3}}{\sqrt{\rho\beta}}\frac{3R}{V_l}}$
甘油	$(CH_2OH)_2$—CHOH	92.09	20	1.260	22	1.912	4.94	773	678	0.877
正庚烷	C_7H_{16}	100.20	30	0.684	134	1.051	6.25	268	334	1.246
正己烷	C_6H_{14}	86.17	30	0.66	159	0.983	6.01	270	330	1.220
正己醇	$C_6H_{12}OH$	102.17	30	0.818	60	1.437	5.91	405	384	0.948
甲醇	CH_3OH	32.04	20	0.792 8	123.5	1.016	4.07	609	512	0.841
硝基苯	$C_6H_5NO_2$	123.11	30	1.199	49	1.313	5.54	422	393	0.930
硝基甲烷	CH_3NO_2	61.04	30	1.13	73.6	1.104	4.47	544	517	0.950
正辛烷	C_8H_{18}	114.23	20	0.704	101.6	1.190	6.45	282	347	1.230
三聚乙醛	$C_6H_{12}O_3$	132.16	18	0.994	88.2	1.075	6.04	291	355	1.220
甲苯	$C_6H_5CH_3$	98.13	30	0.862	96.5	1.103	5.62	347	355	1.023
水	H_2O	18.02	30	0.996	47.9	1.457	3.104	1 490	1 470	0.987
邻二甲苯	$C_6H_4(CH_3)_2$	106.16	20	0.875	79.7	1.207	5.87	347	372	1.070

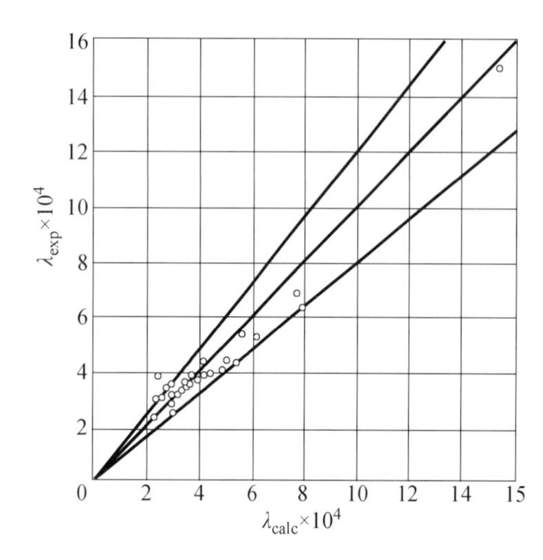

图 3　液体热导率的计算值 λ_{calc} 与实验值 λ_{exp} 的比较，单位 cal/s·K·cm

则绝大多数的热导率的数据落在上式计算值的附近，误差在 20%以内。这也就是说比例因子正好是 1，由比较式(42)和(43)可知，这相当于自由路程是分子间距的 3 倍，这一液体的局部结构相当于环绕中心分子有 12 个近邻的立方格子。这一推想是与公识的液态概念完全相合的。由式(46)，只要知道液体的分子量，密度和压缩系数，即可满意地算出所有液体的热导率，包括正常液体也包括非正常液体。

对式(46)的另外一个检验是考虑比对水的热传导率随温度变化关系的计算结果和实验结果。考虑到水的质量热容的比值非常接近 1，因此 $1/\sqrt{\rho\beta}$ 事实上就是水的声速。用下标 1 和 2 表示两个不同的温度状态下热导率的比值：

$$\frac{\lambda_2}{\lambda_1}=\frac{c_2}{c_1}\left(\frac{\rho_2}{\rho_1}\right)^{2/3}$$

这一关系和实验结果的比较列出在表 7 中，其中我们取其最低的温度 13℃为比对温度。两个较高温度 19℃和 31℃下的热导率与 13℃下热导率的比值的计算值与实测值很接近，证实式(46)给出的热导率依赖温度的关系是正确的。

对于正常液体来说，压缩系数 β 由式(31)给出，将其代入式(46)，则转化为

$$\lambda=\frac{3R}{N^{\frac{1}{3}}}\left[\frac{RT_{\mathrm{b}}}{M}\left(101.6-82.4\frac{T}{T_{\mathrm{b}}}\right)\right]^{1/2}\left(\frac{\rho}{M}\right)^{2/3} \tag{47}$$

至此,如果我们知道了液体的密度 ρ,沸点 T_b 和它的相对分子质量 M,正常液体的热导率就可以算出了。因为液体的密度是随温度增加而减小的,由式(47)可见正常液体的热导率也是随着温度而减小的。表 7 中显示水的热导率是随温度增加而增加的,这显示出水是一种非正常液体。

表 7　水的热导率

温度/℃	$c\times10^{-5}$ /(cm/s)①	密度 /(g/cm³)	λ_{exp} /(cal/s・K・cm)	$\left(\frac{\lambda_2}{\lambda_1}\right)_{calc}$	$\left(\frac{\lambda_2}{\lambda_1}\right)_{exp}$
13	1.441	0.999 4	0.001 410	1.000	1.000
19	1.461	0.998 4	0.001 431	1.012	1.015
31	1.505	0.995 4	0.001 475	1.040	1.046

① 取自 Smithsonian 表。(原文是 $c\times10^{-1}$/(cm/s),应是 $c\times10^{-5}$/(cm/s)——译者注)

结　论

以上我们对纯液体性质的研究是限定于低压力下的液体,具体说液体的压力要低于临界压力。因此压力并未作为一个参数出现在计算中。事实上对正常液体而言其最重要的参数就是液体的正常沸点。这一参数连同液体的密度和分子量共 3 个参数完全决定了液体的性质,包括热膨胀系数、压缩系数、比热容、声速、黏性和热导率。而计算这些性质所需要的信息可在普通的手册中查到。

从物理力学的观点,我们要从微观上分子的行为来预测宏观介质的性质,我们仍有另一部分的任务需要完成,即从分子结构的知识出发来预测正常沸点和液体密度。要确定这几个量都关系于分子间的相互作用的知识,这就提出了如何从分子的结构来确定它们之间的相互作用的问题。最著名的 F. London 和 W. Heitler 关于分子相互作用的理论以及其他人的理论,目前还没有达到可以实用的程度。这当然也是一个未来的研究领域。

附　录
低温下的量子效应

S. D. Hamann[16]研究了 Lennard-Jones 和 Devonshire 液体理论的量子修正问题,采用的是用立方笼子来代替球形笼子近似,以及方势阱近似,立方笼子的尺寸由 Lennard-Jones 和Devonshire势场为负的球形笼子的直径确定。取这一尺寸与分子间距 a 的比为 x。对应于低压下的液体,$V\approx V^*$,此时 $x\approx0.2$。Hamann 指出,液体出现显著量子效应的温度由下式决定

$$\frac{2\pi mkT}{h^2}\left(\frac{4\pi}{3}\sqrt{2}V\right)^{2/3}x^2\approx1$$

其中:m 是分子的质量;k 是玻耳兹曼常数;h 是普朗克常数;V 是每个液体分子的体积。对于 N_2 分子来说,如果液体的密度取为 0.8 g・cm^{-3},出现明显量子效应的温度是 5.5 K,因此表 5 中不会有因为量子效应而出现反常的情况。

(崔季平 译,　林贞彬 校)

参考文献

[1] Tsien H S. Physical Mechanics, a New Field in Engineering Science[J]. ARS Journal, 1953: 14 - 16.
[2] Lennard-Jones J E, Devonshire A F. Critical Phenomena in Gases[J]. Proc. Royal Soc. London (A), 1937, 163: 53 - 70; 1938 , 163: 1 - 11. //Fowler R H, Guggenheim E A. Statistical Mechanics [M]. Cambridge University Press, 1949, § 808: 336.
[3] Wentorf, Jr. R H, Buehler R J, Hirschfelder J O, Curtiss C F. Lennard-Jones and Devonshire Equation of State of Compressed Gases and Liquids[J]. Journal of Chemical Physics, 1950, 18: 1484 - 1500.
[4] Eyring H. Hirschfelder J O. The Theory of the Liquid State[J]. Journal of Physics Chemistry, 1937, 41: 249 - 257.
[5] Benson S W. Heat Capacities of Liquids and Vapors [J]. Journal of Chemical Physics, 1947, 15: 866 - 867.
[6] Barclay I M, Butler J. A. V. The entropy of Solution[J]. Transactions Faraday Society, 1938, 34(2): 1445 - 1454.
[7] Wenner R R. Thermochemical Calculations[M]. New York: McGraw-Hill Book Co. , Inc. , 1941: 16.
[8] Meghreblian R V. Approximate Calculations of Special Heats for Polyatomic Gases[J]. Journal of the American Rocket Spciety, 1951, 21: 127 - 131.
[9] Kincaid J F. Eyring H. A Partition Function for Liquid Mercury[J]. Journal of Chemical Physics, 1937, 5: 587 - 596.
[10] Hirschfelder J O, Curtiss C F, Bird R B, Spotz E L. The Transport Properties at High Densities, chapter in the book: The Properties of Gases[R]. issued as report of the Naval Research Laboratory, Department of Chemistry, University of Wisconsin, 1951.
[11] Loeb L. Kinetic Theory of Gases[M]. New York: McGraw-Hill Book Co. , Inc,. 1927, p. 240.
[12] Estermann I. Zimmerman J E. Heat Conduction in Alloys at Low Temperatures[J]. Journal of Applied Physics, 1952, 23: 578 - 588.
[13] Makinson R. E. B. The Thermal Conductivity of Metals [J]. Proceedings of the Cambridge Philosophical Society, 1938, 34: 474 - 477.
[14] Bridgman P W. Physics of High Pressures[M]. Bel G. and Sons. London 1931. //Lawson A W. On Heat Conductivity in Liquids[J]. Journal of Chemical Physics, 1950, 18: 1421.
[15] McAdams W H. Heat Transmission[M]. New York: McGraw-Hill Book Co. , Inc. , 2nd Ed. , 1942, 389.
[16] Hamann S D. A Quantum Correction to the Lennard-Jones and Devonshire Equation of States[J]. Transactions Faraday Society, 1952, 48(2): 303 - 307.

薄壁机翼受热载荷相似律

钱学森①
(California Institute Technology)

摘要 本文证明,用适当地修正等温板的厚度和载荷就能使有大温度梯度的受热板和等温度的相似板有相同的微分方程。这将使受热板中的应力可以用一系列关系式从未受热板中测量的应变来计算得到。这个事实称为"相似律"。详细讨论这个相似理论用于气动加热的实体机翼。但是,在未受热相似机翼上的载荷是复杂的,并包括反馈和"体力"载荷的新概念,受热箱形结构机翼的应力问题也能用同一个相似法来解,本文进行了简短的讨论。

引 言

飞机以超声速飞行引起的高滞止温度造成飞机表面严重的气动加热。例如,Kaye[1]在最近的论文中,计算了加速飞行时楔形实体机翼上的瞬态温度分布,发现它们随机翼上的空间点和时间迅速变化。当材料中有大的温度梯度时,由于材料的不均匀热膨胀,一般有大的热应力,因此,与严重的气动加热同时,存在确定机翼中的热应力问题。本文的目的是提出一个计算这种加热机翼应力的方法。

应力分析的出发点是机翼中的温度分布,因为与材料中的声传播速度相比,温度的变化率是小的,应力计算可考虑为准稳态问题。即机翼中每一时刻的应力可以从这一时刻的温度分布来计算,而不必考虑由变化的应力和热膨胀系数所要求的材料位移的时间变化的惯性效应。因为机翼是薄的,因此薄板弯曲的 Kirchhoff 假设成立,在一般的弹性理论中,这个问题将大为简化。事实上,不久以前,Nadai[2]已经处理了弹性薄板中的热应力问题。本研究在两个方面推广了这个理论:板的横截面上线性温度分布的 Nadai 假设不再必要了,现在温度分布是任意的;第二,材料的杨氏模量 E 可以作为温度的函数而变化,因此,在本理论中可以考虑杨氏模量随温度的升高而减小的效应。

但是,本文的主要目的并不是构造受热板的理论,主要目的是应用理论来将相似律公式化,由此,可以在不加热的室温情况下,用恰当的比例和恰当的加载机翼上进行一组试验来解热机翼的应力问题。作者[3]以前已探讨过薄壁圆柱的这个相似律概念,相信处理受热机翼应力问题的这个途径比纯分析解有很多实际的优点,本文对此进行讨论。

1952 年 6 月 10 日收到。原载 Journal of the Aeronautical Sciences, 1953, Vol. 20, pp. 1 - 10。

① Daniel 和 Florence Guggenheim 喷气推进中心,喷气推进 Robert H. Goddard 教授

一、受热板的基本方程

设板的平面为 $x-y$ 平面，它变化的厚度为 $b(x, y)$，z 轴为板的法线方向且方向向下。周围的温度由 $T(x, y; z)$ 指定，实际上，距离 z 是从“中间表面”计算，位置随即指定，因此，这里隐含了中面，虽然并不与 $x-y$ 平面严格重合，然而可充分合理地将它考虑为 $x-y$ 平面。设 u，v 和 w 分别为中面上的点 (x, y) 在 x，y 和 z 方向因弹性应变和热膨胀引起的位移，那么根据 Kirchhoff 的弯曲假设，板中点 $(x, y; z)$ 的总应变为

$$\left.\begin{aligned}\varepsilon_x &= (\partial u/\partial x) - z(\partial^2 w/\partial x^2)\\ \varepsilon_y &= (\partial u/\partial y) - z(\partial^2 w/\partial y^2)\\ \gamma_{xy} &= (\partial u/\partial y) + (\partial v/\partial x) - 2z(\partial^2 w/\partial x\partial y)\end{aligned}\right\} \tag{1}$$

式中：ε_x 是 x 方向的正应变；ε_y 是 y 方向的正应变；γ_{xy} 是 $x-y$ 平面内的切应变，对薄板而言，所有其他应变是小量而被忽略。

设 $E(T)=E(x, y; z)$ 为变化的杨氏模量，泊松比 ν 是常量，σ_x，σ_y，τ_{xy} 是有意义的应力分量，那么应变可以用下列各式从这些量来计算：

$$\left.\begin{aligned}\varepsilon_x &= [(\sigma_x - \nu\sigma_y)/E(x, y; z)] + aT(x, y; z)\\ \varepsilon_y &= [(\sigma_y - \nu\sigma_x)/E(x, y; z)] + aT(x, y; z)\\ \gamma_{xy} &= 2(1+\nu)\tau_{xy}/E(x, y; z)\end{aligned}\right\} \tag{2}$$

式中：a 为热膨胀系数，从式(2)解出应力

$$\left.\begin{aligned}\sigma_x &= \frac{E(x, y; z)}{1-\nu^2}[(\varepsilon_x + \nu\varepsilon_y) - (1+\nu)aT(x, y; z)]\\ \sigma_y &= \frac{E(x, y; z)}{1-\nu^2}[(\varepsilon_y + \nu\varepsilon_x) - (1+\nu)aT(x, y; z)]\\ \tau_{xy} &= [E(x, y; z)/2(1+\nu)]\gamma_{xy}\end{aligned}\right\} \tag{3}$$

在薄板理论中，重要的量不是应力，而是由应力引起的截面力和截面力矩，这些截面量定义为

$$N_x = \int \sigma_x \mathrm{d}z, \quad N_y = \int \sigma_y \mathrm{d}z, \quad N_{xy} = \int \tau_{xy} \mathrm{d}z \tag{4}$$

$$M_x = \int \sigma_x z \mathrm{d}z, \quad M_y = \int \sigma_y z \mathrm{d}z, \quad M_{xy} = -\int \tau_{xy} z \mathrm{d}z \tag{5}$$

这里：所有积分是在板的整个厚度上，N_x 和 N_y 是截面法向应力，N_{xy} 是截面切力，M_x 和 M_y 是截面弯矩，M_{xy} 是截面扭矩。把式(1)代入式(3)，然后再代入式(4)和式(5)，就得到

$$N_x = D_0\left(\frac{\partial u}{\partial x} + \nu\frac{\partial u}{\partial y}\right) - D_1\left(\frac{\partial^2 w}{\partial x^2} + \nu\frac{\partial^2 w}{\partial y^2}\right) - N_T$$

$$M_x = D_1\left(\frac{\partial u}{\partial x} + \nu\frac{\partial u}{\partial y}\right) - D_2\left(\frac{\partial^2 w}{\partial x^2} + \nu\frac{\partial^2 w}{\partial y^2}\right) - M_T$$

其中：

$$D_0(x, y) = \frac{1}{1-\nu^2}\int E(x, y; z)\mathrm{d}z \tag{6}$$

$$D_1(x, y) = \frac{1}{1-\nu^2}\int E(x, y; z)z\mathrm{d}z \tag{7}$$

$$D_2(x, y) = \frac{1}{1-\nu^2}\int E(x, y; z)z^2\mathrm{d}z \tag{8}$$

$$N_T = \frac{a}{1-\nu}\int E(x,\ y;\ z)T(x,\ y;\ z)\mathrm{d}z \tag{9}$$

$$M_T = \frac{a}{1-\nu}\int E(x,\ y;\ z)T(x,\ y;\ z)z\mathrm{d}z \tag{10}$$

由材料热膨胀所引起的 N_T 和 M_T 分别可以称为热截面法向力和热截面弯矩。从上面 N_x 和 M_x 的典型表达式可以看出，若用下式选择中间面则得到简化的结果

$$D_1 = 0 \tag{11}$$

实际上，这是确定中间面位置的条件。这样确定中间面后，截面各量可用下式计算：

$$\left.\begin{aligned} N_x &= D_0\left(\frac{\partial u}{\partial x} + \nu\frac{\partial v}{\partial y}\right) - N_T \\ N_y &= D_0\left(\frac{\partial v}{\partial y} + \nu\frac{\partial u}{\partial x}\right) - N_T \\ N_{xy} &= \frac{1-\nu}{2}D_0\left(\frac{\partial v}{\partial x} + \frac{\partial u}{\partial y}\right) \end{aligned}\right\} \tag{12}$$

$$\left.\begin{aligned} M_x &= -D_2\left(\frac{\partial^2 w}{\partial x^2} + \nu\frac{\partial^2 w}{\partial y^2}\right) - M_T \\ M_y &= -D_2\left(\frac{\partial^2 w}{\partial y^2} + \nu\frac{\partial^2 w}{\partial x^2}\right) - M_T \\ M_{xy} &= (1-\nu)D_2\frac{\partial^2 w}{\partial x\partial y} \end{aligned}\right\} \tag{13}$$

中间面上力的平衡要求：

$$\left.\begin{aligned} (\partial N_x/\partial x) + (\partial N_{xy}/\partial y) = 0 \\ (\partial N_{xy}/\partial x) + (\partial N_y/\partial y) = 0 \end{aligned}\right\} \tag{14}$$

把式(12)代入式(14)，就得到 u 和 v 的两个方程：

$$\left.\begin{aligned} \frac{\partial}{\partial x}\left[D_0\left(\frac{\partial u}{\partial x} + \nu\frac{\partial v}{\partial y}\right)\right] + \frac{1-\nu}{2}\frac{\partial}{\partial y}\left[D_0\left(\frac{\partial v}{\partial x} + \frac{\partial u}{\partial y}\right)\right] = \frac{\partial N_T}{\partial x} \\ \frac{1-\nu}{2}\frac{\partial}{\partial x}\left[D_0\left(\frac{\partial v}{\partial x} + \frac{\partial u}{\partial y}\right)\right] + \frac{\partial}{\partial y}\left[D_0\left(\frac{\partial v}{\partial y} + \nu\frac{\partial u}{\partial x}\right)\right] = \frac{\partial N_T}{\partial y} \end{aligned}\right\} \tag{15}$$

在指定温度分布后，这些方程的右边为已知，式(15)是 u 和 v 的联立偏微分方程组。若在边界上指定位移，那么式(15)是解的合适基础。

若问题的边界条件是指定力而不是位移，那么用应力函数 $\varphi(x,\ y)$ 求解更方便，$\varphi(x,\ y)$ 用下列关系式来定义，并同时满足式(14)：

$$N_x = \frac{\partial^2\varphi}{\partial y^2},\quad -N_{xy} = \frac{\partial^2\varphi}{\partial x\partial y},\quad N_y = \frac{\partial^2\varphi}{\partial x^2} \tag{16}$$

把这些关系式代入式(12)就得到

$$\left.\begin{aligned} \frac{\partial u}{\partial x} &= \frac{1}{(1-\nu^2)D_0}\left[\left(\frac{\partial^2\varphi}{\partial y^2} - \nu\frac{\partial^2\varphi}{\partial x^2}\right) + (1-\nu)N_T\right] \\ \frac{\partial v}{\partial y} &= \frac{1}{(1-\nu^2)D_0}\left[\left(\frac{\partial^2\varphi}{\partial x^2} - \nu\frac{\partial^2\varphi}{\partial y^2}\right) + (1-\nu)N_T\right] - \\ \left(\frac{\partial v}{\partial x} + \frac{\partial u}{\partial y}\right) &= \frac{2}{(1-\nu)D_0}\frac{\partial^2\varphi}{\partial x\partial y} \end{aligned}\right\} \tag{17}$$

把式(17)的第一式对 y 求导两次，第二式对 x 求导两次，第三式对 x 和 y 求导各一次，再把所得的 3 个结果相加，就得到一个 φ 的方程：

$$\frac{1}{1-\nu^2}\frac{\partial^2}{\partial x^2}\left[\frac{1}{D_0}\left(\frac{\partial^2\varphi}{\partial x^2}-\nu\frac{\partial^2\varphi}{\partial y^2}\right)\right]+\frac{2}{1-\nu}\frac{\partial^2}{\partial x\partial y}\left(\frac{1}{D_0}\frac{\partial^2\varphi}{\partial x\partial y}\right)+$$
$$\frac{1}{1-\nu^2}\frac{\partial^2}{\partial y^2}\left[\frac{1}{D_0}\left(\frac{\partial^2\varphi}{\partial y^2}-\nu\frac{\partial^2\varphi}{\partial x^2}\right)\right]+\frac{1}{1+\nu}\nabla^2\left(\frac{N_T}{D_0}\right)=0 \tag{18}$$

式中：∇^2是拉普拉斯算子。在板的边界上(图1a)，若l，m是边界方向s的“外”法线的方向余弦，那么边界的截面法向力N_n和沿边界的截面切向力N_s可用下式给出：

$$\begin{aligned}N_n&=\frac{N_x+N_y}{2}+\frac{N_x-N_y}{2}(l^2-m^2)+N_{xy}(2lm)\\&=\frac{1}{2}\nabla^2\varphi+\frac{1}{2}(l^2-m^2)\left(\frac{\partial^2\varphi}{\partial y^2}-\frac{\partial^2\varphi}{\partial x^2}\right)-2ml\frac{\partial^2\varphi}{\partial x\partial y}\end{aligned}\tag{19}$$

$$\begin{aligned}N_{ns}&=-(N_x-N_y)lm+(l^2-m^2)N_{xy}\\&=-lm\left(\frac{\partial^2\varphi}{\partial y^2}-\frac{\partial^2\varphi}{\partial x^2}\right)-(l^2-m^2)\frac{\partial^2\varphi}{\partial x\partial y}\end{aligned}\tag{20}$$

与指定的边界和指定的边界力一起，式(18)，(19)和(20)给出问题的完全表述。

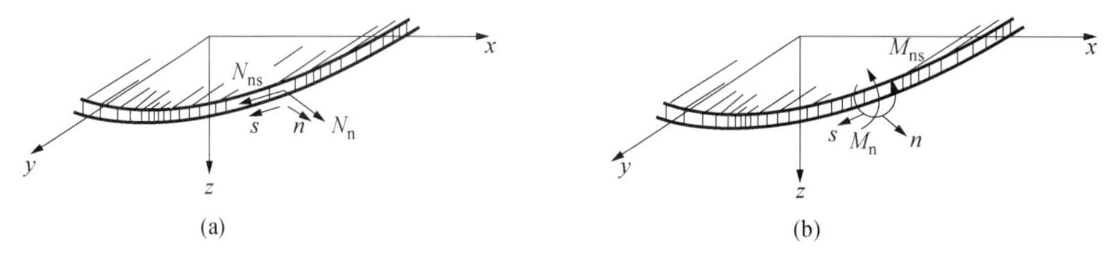

图1　边界力和力矩

若p是作用在板上的向下压力，那么垂直于板平面的力的平衡要求

$$\frac{\partial^2 M_x}{\partial x^2}-2\frac{\partial^2 M_{xy}}{\partial x\partial y}+\frac{\partial^2 M_y}{\partial y^2}=-p-N_x\frac{\partial^2 w}{\partial x^2}-2N_{xy}\frac{\partial^2 w}{\partial x\partial y}-N_y\frac{\partial^2 w}{\partial y^2}$$

把从式(13)得到的截面力矩代入上面的平衡方程，对横向挠度w的方程为

$$\frac{\partial^2}{\partial x^2}\left[D_2\left(\frac{\partial^2 w}{\partial x^2}+\nu\frac{\partial^2 w}{\partial y^2}\right)\right]+2(1-\nu)\frac{\partial^2}{\partial x\partial y}\left(D_2\frac{\partial^2 w}{\partial x\partial y}\right)+\frac{\partial^2}{\partial y^2}\left[D_2\left(\frac{\partial^2 w}{\partial y^2}+\nu\frac{\partial^2 w}{\partial x^2}\right)\right]$$
$$=-\nabla^2 M_T+p+N_x\frac{\partial^2 w}{\partial x^2}+2N_{xy}\frac{\partial^2 w}{\partial x\partial y}+N_y\frac{\partial^2 w}{\partial y^2}\tag{21}$$

部分边界条件可以直接用w表示，例如，若外法线n的边界s为“固定边界”，则在这个边界上有

$$w=0,\quad \partial w/\partial n=0\tag{22}$$

其他部分边界条件可以用截面力矩表示，若l，m是外法线的方向余弦，那么边界上的截面弯矩M_n，M_s和截面扭矩M_{ns}(图1b)是

$$\left.\begin{aligned}M_n&=\frac{M_x+M_y}{2}+\frac{M_x-M_y}{2}(l^2-m^2)-M_{xy}(2lm)\\&=-M_T-\frac{1+\nu}{2}D_2\nabla^2 w-\frac{1-\nu}{2}D_2(l^2-m^2)\left(\frac{\partial^2 w}{\partial x^2}-\frac{\partial^2 w}{\partial y^2}\right)-2(1-\nu)D_2 lm\frac{\partial^2 w}{\partial x\partial y}\\M_s&=\frac{M_x+M_y}{2}-\frac{M_x-M_y}{2}(l^2-m^2)+M_{xy}(2lm)\\&=-M_T-\frac{1+\nu}{2}D_2\nabla^2 w+\frac{1-\nu}{2}D_2(l^2-m^2)\left(\frac{\partial^2 w}{\partial x^2}-\frac{\partial^2 w}{\partial y^2}\right)+2(1-\nu)D_2 lm\frac{\partial^2 w}{\partial x\partial y}\end{aligned}\right\}\tag{23}$$

$$
\begin{aligned}
M_{ns} &= (M_x - M_y)lm + (l^2 - m^2)M_{xy} \\
&= -(1-\nu)D_2 lm\left(\frac{\partial^2 w}{\partial x^2} - \frac{\partial^2 w}{\partial y^2}\right) + (1-\nu)D_2(l^2 - m^2)\frac{\partial^2 w}{\partial x \partial y}
\end{aligned} \tag{24}
$$

对于"自由边界",Kirchhoff 边界条件是:

$$
M_n = 0, \quad \frac{\partial M_n}{\partial n} + \frac{M_n - M_s}{r} + \frac{\partial M_{ns}}{\partial s} = 0 \tag{25}
$$

式中:r 是边界 s 的曲率半径,或

$$
1/r = (1/m)(\mathrm{d}l/\mathrm{d}s) \tag{26}
$$

二、等温度的板

对于等参考室温的板,上一节中推导的方程中所有的温度项均消失,用上面带横线的量来表示与以前情况不同的量,那么应变为

$$
\left.
\begin{aligned}
\bar{\varepsilon}_x &= (\partial \bar{u}/\partial x) - \bar{z}(\partial^2 \bar{w}/\partial x^2) \\
\bar{\varepsilon}_y &= (\partial \bar{v}/\partial y) - \bar{z}(\partial^2 \bar{w}/\partial y^2) \\
\bar{\gamma}_{xy} &= (\partial \bar{v}/\partial x) + (\partial \bar{u}/\partial y) - 2\bar{z}(\partial^2 \bar{w}/\partial x \partial y)
\end{aligned}
\right\} \tag{27}
$$

设$\bar{E}$为杨氏模量,现在它是常量,则

$$
\left.
\begin{aligned}
\bar{\sigma}_x &= [\bar{E}/(1-\nu^2)](\bar{\varepsilon}_x + \nu\bar{\varepsilon}_y) \\
\bar{\sigma}_y &= [\bar{E}/(1-\nu^2)](\bar{\varepsilon}_y + \nu\bar{\varepsilon}_x) \\
\bar{\tau}_{xy} &= [\bar{E}/2(1+\nu)]\bar{\gamma}_{xy}
\end{aligned}
\right\} \tag{28}
$$

由式(4)和(5)定义的截面力和截面力矩是

$$
\left.
\begin{aligned}
\bar{N}_x &= \bar{D}_0\left(\frac{\partial \bar{u}}{\partial x} + \nu\frac{\partial \bar{v}}{\partial y}\right) \\
\bar{N}_y &= \bar{D}_0\left(\frac{\partial \bar{v}}{\partial y} + \nu\frac{\partial \bar{u}}{\partial x}\right) \\
\bar{N}_{xy} &= \frac{1-\nu}{2}\bar{D}_0\left(\frac{\partial \bar{v}}{\partial x} + \frac{\partial \bar{u}}{\partial y}\right)
\end{aligned}
\right\} \tag{29}
$$

$$
\left.
\begin{aligned}
\bar{M}_x &= -\bar{D}_2\left(\frac{\partial^2 \bar{w}}{\partial x^2} + \nu\frac{\partial^2 \bar{w}}{\partial y^2}\right) \\
\bar{M}_y &= -\bar{D}_2\left(\frac{\partial^2 \bar{w}}{\partial y^2} + \nu\frac{\partial^2 \bar{w}}{\partial x^2}\right) \\
\bar{M}_{xy} &= (1-\nu)\bar{D}_2\frac{\partial^2 \bar{w}}{\partial x \partial y}
\end{aligned}
\right\} \tag{30}
$$

其中:$\bar{b}(x, y)$为点(x, y)处的板厚

$$
\bar{D}_0(x, y) = \frac{\bar{E}}{1-\nu^2}\bar{b}(x, y), \quad \bar{D}_2(x, y) = \frac{\bar{E}}{1-\nu^2}\frac{\bar{b}^3}{12} \tag{31}
$$

中面处于板的上表面和下表面的中间。

现在引入体力 X 和 Y 的势 $F(x, y)$,它是在 x 和 y 方向上单位中面面积的力:

$$
X = -\partial F/\partial x, \quad Y = -\partial F/\partial y \tag{32}
$$

在中面上力的平衡方程为

$$\left.\begin{aligned}(\partial \overline{N}_x/\partial x)+(\partial \overline{N}_{xy}/\partial y)-(\partial F/\partial x)=0\\(\partial \overline{N}_{xy}/\partial x)+(\partial \overline{N}_y/\partial y)-(\partial F/\partial y)=0\end{aligned}\right\} \tag{33}$$

把式(29)代入上述方程就得到$\bar{u}$和$\bar{v}$的方程组：

$$\left.\begin{aligned}&\frac{\partial}{\partial x}\left[\overline{D}_0\left(\frac{\partial \bar{u}}{\partial x}+\nu\frac{\partial \bar{v}}{\partial y}\right)\right]+\frac{1-\nu}{2}\frac{\partial}{\partial y}\left[\overline{D}_0\left(\frac{\partial \bar{v}}{\partial x}+\frac{\partial \bar{u}}{\partial y}\right)\right]=\frac{\partial F}{\partial x}\\&\frac{1-\nu}{2}\frac{\partial}{\partial x}\left[\overline{D}_0\left(\frac{\partial \bar{v}}{\partial x}+\frac{\partial \bar{u}}{\partial y}\right)\right]+\frac{\partial}{\partial y}\left[\overline{D}_0\left(\frac{\partial \bar{v}}{\partial y}+\nu\frac{\partial \bar{u}}{\partial x}\right)\right]=\frac{\partial F}{\partial y}\end{aligned}\right\} \tag{34}$$

式(33)将自动满足，若按下式引入新的应力函数 $\bar{\varphi}(x, y)$：

$$\overline{N}_x=\frac{\partial^2\bar{\varphi}}{\partial y^2}+F,\quad -\overline{N}_{xy}=\frac{\partial^2\bar{\varphi}}{\partial x\partial y},\quad \overline{N}_y=\frac{\partial^2\bar{\varphi}}{\partial x^2}+F \tag{35}$$

则 $\bar{\varphi}$ 的方程是

$$\begin{aligned}&\frac{1}{1-\nu^2}\frac{\partial^2}{\partial x^2}\left[\frac{1}{\overline{D}_0}\left(\frac{\partial^2\bar{\varphi}}{\partial x^2}-\nu\frac{\partial^2\bar{\varphi}}{\partial y^2}\right)\right]+\frac{2}{1-\nu}\frac{\partial^2}{\partial x\partial y}\left(\frac{1}{\overline{D}_0}\frac{\partial^2\bar{\varphi}}{\partial x\partial y}\right)+\\&\frac{1}{1-\nu^2}\frac{\partial^2}{\partial y^2}\left[\frac{1}{\overline{D}_0}\left(\frac{\partial^2\bar{\varphi}}{\partial y^2}-\nu\frac{\partial^2\bar{\varphi}}{\partial x^2}\right)\right]+\frac{1}{1+\nu}\nabla^2\left(\frac{F}{\overline{D}_0}\right)=0\end{aligned} \tag{36}$$

在板的边界上

$$\begin{aligned}\overline{N}_{\mathrm{n}}&=\frac{\overline{N}_x+\overline{N}_y}{2}+\frac{\overline{N}_x-\overline{N}_y}{2}(l^2-m^2)+\overline{N}_{xy}2lm\\&=F+\frac{1}{2}\nabla^2\bar{\varphi}+\frac{1}{2}(l^2-m^2)\left(\frac{\partial^2\bar{\varphi}}{\partial y^2}-\frac{\partial^2\bar{\varphi}}{\partial x^2}\right)-2lm\frac{\partial^2\bar{\varphi}}{\partial x\partial y}\end{aligned} \tag{37}$$

$$\begin{aligned}\overline{N}_{\mathrm{ns}}&=-(\overline{N}_x-\overline{N}_y)lm+(l^2-m^2)\overline{N}_{xy}\\&=-lm\left(\frac{\partial^2\bar{\varphi}}{\partial y^2}-\frac{\partial^2\bar{\varphi}}{\partial x^2}\right)-(l^2-m^2)\frac{\partial^2\bar{\varphi}}{\partial x\partial y}\end{aligned} \tag{38}$$

若$\bar{p}(x, y)$为点(x, y)处板的向下压力载荷，则横向力的平衡给出下列$\bar{w}$的方程：

$$\begin{aligned}&\frac{\partial^2}{\partial x^2}\left[\overline{D}_2\left(\frac{\partial^2\bar{w}}{\partial x^2}+\nu\frac{\partial^2\bar{w}}{\partial y^2}\right)\right]+2(1-\nu)\frac{\partial^2}{\partial x\partial y}\left(\overline{D}_2\frac{\partial^2\bar{w}}{\partial x\partial y}\right)+\\&\frac{\partial^2}{\partial y^2}\left[\overline{D}_2\left(\frac{\partial^2\bar{w}}{\partial y^2}+\nu\frac{\partial^2\bar{w}}{\partial x^2}\right)\right]=\bar{p}+\overline{N}_x\frac{\partial^2\bar{w}}{\partial x^2}+2\overline{N}_{xy}\frac{\partial^2\bar{w}}{\partial x\partial y}+\overline{N}_y\frac{\partial^2\bar{w}}{\partial y^2}\end{aligned} \tag{39}$$

截面弯矩$\overline{M}_{\mathrm{n}}$，$\overline{M}_{\mathrm{s}}$ 和截面扭矩$\overline{M}_{\mathrm{ns}}$为

$$\left.\begin{aligned}\overline{M}_{\mathrm{n}}&=-\frac{1+\nu}{2}\overline{D}_2\nabla^2\bar{w}-\frac{1-\nu}{2}\overline{D}_2(l^2-m^2)\left(\frac{\partial^2\bar{w}}{\partial x^2}-\frac{\partial^2\bar{w}}{\partial y^2}\right)-2(1-\nu)\overline{D}_2lm\frac{\partial^2\bar{w}}{\partial x\partial y}\\\overline{M}_{\mathrm{s}}&=-\frac{1+\nu}{2}\overline{D}_2\nabla^2\bar{w}+\frac{1-\nu}{2}\overline{D}_2(l^2-m^2)\left(\frac{\partial^2\bar{w}}{\partial x^2}-\frac{\partial^2\bar{w}}{\partial y^2}\right)+2(1-\nu)\overline{D}_2lm\frac{\partial^2\bar{w}}{\partial x\partial y}\end{aligned}\right\} \tag{40}$$

$$\overline{M}_{\mathrm{ns}}=-(1-\nu)\overline{D}_2lm\left(\frac{\partial^2\bar{w}}{\partial x^2}-\frac{\partial^2\bar{w}}{\partial y^2}\right)+(1-\nu)\overline{D}_2(l^2-m^2)\frac{\partial^2\bar{w}}{\partial x\partial y} \tag{41}$$

三、实体薄机翼的相似律

比较受热板和室温板的相应方程，它们的相似性是明显的，现在的问题是有没有可能寻找具有恰当载荷的室温下的相应的板，而且这个板将给出与受热板相似的解。为了实现这个设想，设受热板和未受热板有相同的平面形状，受热板的温度分布如此指定：N_T 和 M_T 是坐标(x, y)的已知函数，受热板的一端固定，而其他边均为自由（图 2），受热板的横向压力载荷也

被指定。问题是寻找未受热板的厚度分布$\bar{b}(x, y)$和载荷,使$\bar{\varphi}(x, y)$和$\bar{w}(x, y)$与$\varphi(x, y)$和$w(x, y)$相同,除了一个比例因子以外。

设α和β是两个常数,若满足下列条件,则就很明显,$\varphi(x, y)$和$\bar{\varphi}(x, y)$的式(18)和(36)将完全相同:

$$\overline{D}_0 = \alpha D_0 \tag{42}$$

$$\bar{\varphi} = \beta\varphi \tag{43}$$

$$F = \beta N_T \tag{44}$$

由于式(16)和式(35),则有

$$\overline{N}_x = \beta(N_x + N_T), \quad \overline{N}_{xy} = \beta N_{xy},$$
$$\overline{N}_y = \beta(N_y + N_T) \tag{45}$$

现在,若λ和μ是两个附加的常数,且

$$\overline{D}_2 = \lambda D_2 \tag{46}$$

$$\bar{w} = \mu w \tag{47}$$

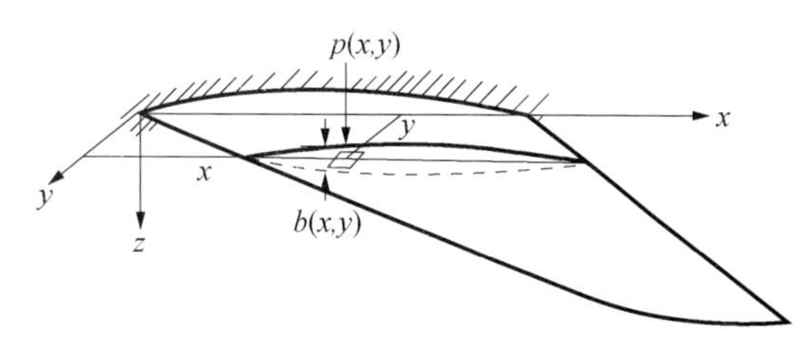

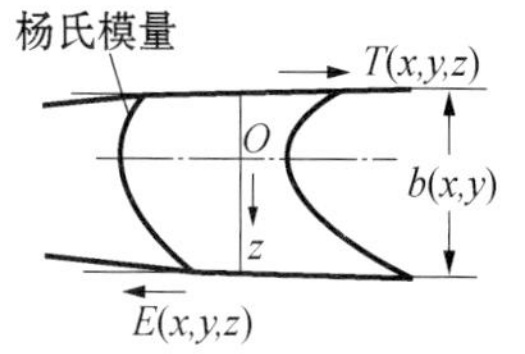

图 2 受热实体机翼的载荷和边界条件

则$\bar{w}$的式(39)可写为

$$\frac{\partial^2}{\partial x^2}\left[D_2\left(\frac{\partial^2 w}{\partial x^2} + \nu\frac{\partial^2 w}{\partial y^2}\right)\right] + 2(1-\nu)\frac{\partial^2}{\partial x\partial y}\left(D_2\frac{\partial^2 w}{\partial x\partial y}\right) + \frac{\partial^2}{\partial y^2}\left[D_2\left(\frac{\partial^2 w}{\partial y^2} + \nu\frac{\partial^2 w}{\partial x^2}\right)\right] =$$
$$\frac{1}{\lambda\mu}p + \frac{\beta}{\lambda\mu}N_T\,\nabla^2\bar{w} + \frac{\beta}{\lambda}\left(N_x\frac{\partial^2 w}{\partial x^2} + 2N_{xy}\frac{\partial^2 w}{\partial x\partial y} + N_y\frac{\partial^2 w}{\partial y^2}\right)$$

将此方程与式(21)比较即可看出,若下述两式成立,则w和$\bar{w}$满足相同的方程

$$\lambda = \beta \tag{48}$$

$$\bar{p} = -\beta N_T\,\nabla^2\,\bar{w} - \beta\mu\,\nabla^2 M_T + \beta\mu\,p \tag{49}$$

在受热板的边界上,力N_n和N_{ns}为零,比较式(19),(20)和(37),(38),并注意到式(43),(44)则有

$$\overline{N}_n = \beta N_T, \quad \overline{N}_{ns} = 0 \tag{50}$$

与此相似,比较式(23),(24)和(37),(38),并注意到式(46),(47),受热板的自由边的边界条件式(25)化为

$$\overline{M}_n = \beta\mu M_T, \quad \frac{\partial\overline{M}_n}{\partial n} + \frac{\overline{M}_n - \overline{M}_s}{r} + \frac{\partial\overline{M}_{ns}}{\partial s} = \beta\mu\frac{\partial\overline{M}_T}{\partial n} \tag{51}$$

固支边的边界条件式(22)给出

$$\bar{w} = 0, \quad \partial\bar{w}/\partial n = 0 \tag{52}$$

作为所发展的理论的第一个应用,考虑实体截面薄机翼的简单情况:目的是用在未加热的"相应的"或相似的机翼上所进行的实验来寻找受热机翼上的应力。第一步是理解式(42)和(46)的意义,事实上,这些方程确定未加热机翼的厚度$\bar{b}$,现在设g是比值$E/\overline{E}$,η是无量纲厚度,在上表面$\eta = -1$,在下表面$\eta = 1$。设η_0是中间面的η值,则

$$D_0(x, y) = \frac{\overline{E}b}{2(1-\nu^2)}\int_{-1}^{1}g(x, y; \eta)\mathrm{d}\eta$$

$$D_1(x, y) = \frac{\overline{E}b^2}{4(1-\nu^2)}\int_{-1}^{1}g(x, y; \eta)(\eta - \eta_0)\mathrm{d}\eta$$

$$D_2(x,\ y)=\frac{\overline{E}b^3}{8(1-\nu^2)}\int_{-1}^{1}g(x,\ y;\ \eta)(\eta-\eta_0)^2\mathrm{d}\eta$$

应用式(31)和上述关系式，式(11)，(42)和(46)可写为

$$\int_{-1}^{1}g(x,\ y;\ \eta)(\eta-\eta_0)\mathrm{d}\eta=0 \tag{53}$$

$$\frac{\alpha}{2}b(x,\ y)\int_{-1}^{1}g(x,\ y;\ \eta)\mathrm{d}\eta=\bar{b}(x,\ y) \tag{54}$$

$$\frac{\lambda}{8}b^3(x,\ y)\int_{-1}^{1}g(x,\ y;\ \eta)(\eta-\eta_0)^2\mathrm{d}\eta=\frac{1}{12}\bar{b}^3(x,\ y) \tag{55}$$

从这些方程中消去 b，$\bar{b}$和 η_0 即得到

$$\left(\frac{1}{12}\ \frac{\alpha^3}{\lambda}\right)\left(\int_{-1}^{1}g\mathrm{d}\eta\right)^4=\left(\int_{-1}^{1}g\eta^2\mathrm{d}\eta\right)\cdot\left(\int_{-1}^{1}g\mathrm{d}\eta\right)-\left(\int_{-1}^{1}g\eta\mathrm{d}\eta\right)^2 \tag{56}$$

式(56)表明受热板各点(x,y)的“杨氏模量分布”$g(\eta)$不是完全任意的，而是必须满足这个关系，使得在受热机翼和等温的模拟机翼间的相似是可能的。假若 g 是一个固定的函数，即板截面上的温度分布是相似的，或杨氏模量是常数，那么式(56)无疑是满足的①。对于任何给出的受热机翼问题，第一步是用式(56)计算机翼各点的 α^3/λ 或α^3/β值，假如这些值并没有很大的差别，那么可以应用计算的 α^3/β的平均值，这样相似过程就可能了，但是在任何情况下，α^3/β的值要由问题来确定，而不是应力分析者的自由选择。因此，若选择了 β，则 α 就固定。此外，根据式(48)。λ 是等于β，因此，4 个常数 α，β，λ，μ 中只有两个(β，μ)可以自由选择，在这以后，式(54)确定了未受热相似机翼的相当的厚度$\bar{b}(x,\ y)$。

有了已确定的相似机翼的几何以后，下一步是指定其上面的载荷，式(50)表明，未受热机翼在边界上必须受截面拉力 βN_T 的载荷，而没有截面剪切力，式(51)的第一个方程表明，在自由边，相似机翼有等于 $\beta\mu M_T$ 弯矩，μ 的数值是任意的，由实验人员处置，式(51)的第二个方程可看做单位边界长度上向上的支撑力$-\beta\mu(\partial M_T/\partial n)$，但是在边界上没有扭矩。式(52)表明，受热机翼的固定边相应于相似机翼的固定边。

在未受热机翼上，式(32)和(44)给定了体力

$$X=-\beta\frac{\partial N_T}{\partial x},\quad Y=-\beta\frac{\partial N_T}{\partial y} \tag{57}$$

这些是在 x 和 y 方向单位机翼表面面积上的力，也许是新的作用于结构试验的载荷。相似机翼上的横向压力载荷由式(49)指定。假使 $\Delta\bar{\varepsilon}_x$ 和 $\Delta\bar{\varepsilon}_y$ 表示在等热机翼的下表面和上表面上所测法向应变的 x 和 y 分量之差，即根据式(28)有

$$\left.\begin{aligned}\Delta\bar{\varepsilon}_x(x,y)&=\bar{\varepsilon}_x\left(x,\ y;\ -\frac{\bar{b}}{2}\right)-\bar{\varepsilon}_x\left(x,\ y;\ \frac{\bar{b}}{2}\right)=\bar{b}(x,\ y)\frac{\partial^2\bar{w}}{\partial x^2}\\\Delta\bar{\varepsilon}_y(x,\ y)&=\bar{\varepsilon}_y\left(x,\ y;\ -\frac{\bar{b}}{2}\right)-\bar{\varepsilon}_y\left(x,\ y;\ \frac{\bar{b}}{2}\right)=\bar{b}(x,\ y)\frac{\partial^2\bar{w}}{\partial y^2}\end{aligned}\right\} \tag{58}$$

则式(49)可写为

$$\bar{p}=(1-\beta N_T/\bar{b})(\Delta\bar{\varepsilon}_x+\Delta\bar{\varepsilon}_y)-\beta\mu\nabla^2M_T+\beta\mu p \tag{59}$$

无须说明，若有横向集中载荷，在试验机翼和原始机翼上的这种载荷比也是 $\beta\mu$。

式(59)的物理意义不同于式(57)是因为 N_T 是已知量，所以，在试验以前，体积力载荷是

① 从数学上讲，方程(56)是函数方程，它的解给出显式的 g 的所要求的特征，这个问题在附录中讨论。

完全指定的，而$\bar{p}$的第一项自己依赖于试验确定的$\Delta\bar{\varepsilon}_x$和$\Delta\bar{\varepsilon}_y$，因此，若载荷考虑为机翼的输入量，试验测量的应变作为输出量，那么式(57)表明，输出同样地部分确定输入。换句话说，在相似机翼的试验设置中有“反馈链”。

应用这样指定的未受热机翼上的载荷，以及式(43)和(47)给出的$\bar{\varphi}$和φ及$\bar{w}$和w的关系，就能从试验机翼测量的应变计算原始受热机翼上的应力，例如，从式(1)和(3)有

$$\sigma_x(x,\ y;\ z)=\frac{E(x,\ y;\ z)}{1-\nu^2}\left\{\left(\frac{\partial u}{\partial x}+\frac{\partial u}{\partial y}\right)-z\left(\frac{\partial^2 w}{\partial x^2}+\nu\frac{\partial^2 w}{\partial y^2}\right)-(1+\nu)aT(x,\ y;\ z)\right\}$$

应用式(17)，上述方程化为

$$\sigma_x(x,\ y;\ z)=\frac{E(x,\ y;\ z)}{1-\nu^2}\left\{\frac{N_T}{D_0}+\frac{1}{D_0}\frac{\partial^2\varphi}{\partial y^2}-z\left(\frac{\partial^2 w}{\partial x^2}+\nu\frac{\partial^2 w}{\partial y^2}\right)-(1+\nu)aT(x,\ y;\ z)\right\}$$

根据式(42)，(43)，(29)和(35)有

$$\frac{1}{D_0}\frac{\partial^2\varphi}{\partial y^2}=\frac{\alpha}{\beta}\frac{1}{\bar{D}_0}\frac{\partial^2\bar{\varphi}}{\partial y^2}=\frac{\alpha}{\beta}\frac{1}{\bar{D}_0}[\bar{N}_x-\beta N_T]=\frac{\alpha}{\beta}\left(\frac{\partial\bar{u}}{\partial x}+\nu\frac{\partial\bar{v}}{\partial y}\right)-\frac{N_T}{D_0}$$

但是

$$\frac{\partial\bar{u}}{\partial x}=\frac{1}{2}\left[\bar{\varepsilon}_x\left(x,\ y;\ -\frac{\bar{b}}{2}\right)+\bar{\varepsilon}_x\left(x,\ y;\ \frac{\bar{b}}{2}\right)\right]=\bar{\bar{\varepsilon}}_x(x,\ y)\tag{60}$$

$$\frac{\partial\bar{v}}{\partial y}=\frac{1}{2}\left[\bar{\varepsilon}_y\left(x,\ y;\ -\frac{\bar{b}}{2}\right)+\bar{\varepsilon}_y\left(x,\ y;\ \frac{\bar{b}}{2}\right)\right]=\bar{\bar{\varepsilon}}_y(x,\ y)\tag{61}$$

式中：$\bar{\bar{\varepsilon}}_x(x,\ y)$是相似机翼的点$(x,\ y)$处上表面和下表面$x$应变的平均；$\bar{\bar{\varepsilon}}_y(x,\ y)$是$y$应变的平均。上述表达式与式(58)一起给出

$$\sigma_x(x,\ y;\ z)=\frac{E(x,\ y;\ z)}{1-\nu^2}\left\{\frac{\alpha}{\beta}(\bar{\bar{\varepsilon}}_x+\nu\bar{\bar{\varepsilon}}_y)-\frac{z}{\mu\bar{b}}(\Delta\bar{\varepsilon}_x+\nu\Delta\bar{\varepsilon}_y)-(1+\nu)aT(x,\ y;\ z)\right\}\tag{62}$$

必须再一次指出，上述方程和下面的方程中的量z是与中间面的距离，若点在中面下，则为正。与式(62)相似，有

$$\sigma_y(x,\ y;\ z)=\frac{E(x,\ y;\ z)}{1-\nu^2}\left\{\frac{\alpha}{\beta}(\bar{\bar{\varepsilon}}_y+\nu\bar{\bar{\varepsilon}}_x)-\frac{z}{\mu\bar{b}}(\Delta\bar{\varepsilon}_y+\nu\Delta\bar{\varepsilon}_x)-(1+\nu)aT(x,\ y;\ z)\right\}\tag{63}$$

若切应变差$\Delta\bar{\gamma}_{xy}$和平均切应变$\bar{\bar{\gamma}}_{xy}$定义为

$$\Delta\bar{\gamma}_{xy}(x,\ y)=\bar{\gamma}_{xy}\left(x,\ y;\ -\frac{\bar{b}}{2}\right)-\bar{\gamma}_{xy}\left(x,\ y;\ \frac{\bar{b}}{2}\right)\tag{64}$$

$$\bar{\bar{\gamma}}_{xy}(x,\ y)=\frac{1}{2}\left[\bar{\gamma}_{xy}\left(x,\ y;\ -\frac{\bar{b}}{2}\right)+\bar{\gamma}_{xy}\left(x,\ y;\ \frac{\bar{b}}{2}\right)\right]\tag{65}$$

则原始受热机翼中切应变用下式计算：

$$\tau_{xy}(x,\ y;\ z)=\frac{E(x,\ y;\ z)}{2(1+\nu)}\left[\frac{\alpha}{\beta}\bar{\bar{\gamma}}_{xy}(x,\ y)-\frac{z}{\mu\bar{b}}\Delta\bar{\gamma}_{xy}(x,\ y)\right]\tag{66}$$

式(62)，(63)和(66)可用来从未受热机翼的试验结果计算受热机翼中的应力。这也表明小于1的常数(β/α)和μ具有优点，即与热机翼中的应变相比，未受热机翼中的应变被放大了。对热机翼中的指定载荷，在未受热机翼上的载荷被缩小了，相似机翼不会受过大的应变。图3汇集了未受热试验机翼的载荷，并附有指定原始受热机翼的量的关系式的方程编号。

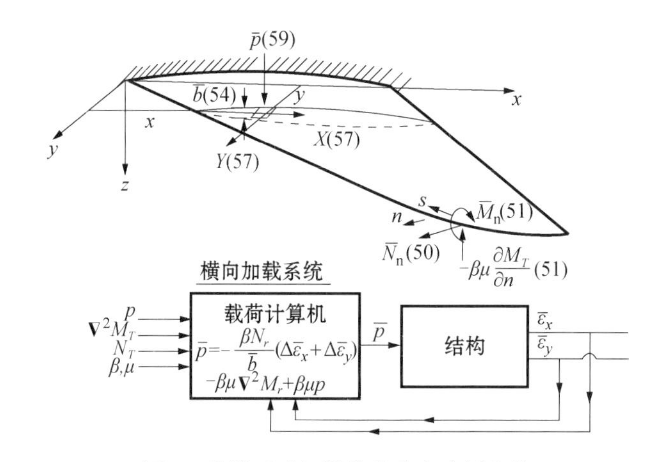

图 3　模拟试验机翼的载荷和边界条件

（括号中的数字对应于文中的方程号，由此可找到与原始热机翼的量相应的关系）

四、薄实体机翼的另一个试验过程

上一节建议用中面平面上和横向压力同时加载荷的等温机翼的模拟试验。这将使在机翼的自由边上有稍复杂的载荷系统，为了简化边界上的载荷系统，中面平面上的载荷和横向压力可以分开，即在相拟机翼上进行两个分开的试验，然后综合试验结果得到热机翼中的应力。

首先，为了确定截面力 N_x，N_y 和 N_{xy}，未受热机翼的尺寸要满足式(42)。然后用式(57)给定的体力加载，但不加横向载荷，在机翼的自由边上，按照式(50)加载。若确定了$\overline{N}_x$，$\overline{N}_y$ 和$\overline{N}_{xy}$，则可从式(45)计算截面力的大小。这些截面力也可从机翼上测量的应变来计算。虽然在理论上机翼没有弯曲，但由于实际机翼与理论中假设的理想机翼有差别，因此，出现弯曲，可以用上下表面的应变取平均的方法来消除这个假的弯曲效应。用上标 1 来标记由中面平面上这种载荷所产生的量，引入平均应变的下列标记：

$$\left.\begin{aligned}\bar{\bar{\varepsilon}}_x^{(1)}(x,\ y)&=\frac{1}{2}\left[\bar{\varepsilon}_x^{(1)}\left(x,\ y;\ -\frac{\bar{b}}{2}\right)+\bar{\varepsilon}_x^{(1)}\left(x,\ y;\ \frac{\bar{b}}{2}\right)\right]\\ \bar{\bar{\varepsilon}}_y^{(1)}(x,\ y)&=\frac{1}{2}\left[\bar{\varepsilon}_y^{(1)}\left(x,\ y;\ -\frac{\bar{b}}{2}\right)+\bar{\varepsilon}_y^{(1)}\left(x,\ y;\ \frac{\bar{b}}{2}\right)\right]\\ \bar{\bar{\gamma}}_{xy}^{(1)}(x,\ y)&=\frac{1}{2}\left[\bar{\gamma}_{xy}^{(1)}\left(x,\ y;\ -\frac{\bar{b}}{2}\right)+\bar{\gamma}_{xy}^{(1)}\left(x,\ y;\ \frac{\bar{b}}{2}\right)\right]\end{aligned}\right\}\tag{67}$$

然后可以计算得到如下的受热机翼的截面力 N_x，N_y 和 N_{xy}：

$$\left.\begin{aligned}N_x(x,\ y)&=\frac{\alpha}{\beta}D_0\left[\bar{\bar{\varepsilon}}_x^{(1)}+\nu\bar{\bar{\varepsilon}}_y^{(1)}\right]-N_T\\ N_y(x,\ y)&=\frac{\alpha}{\beta}D_0\left[\bar{\bar{\varepsilon}}_y^{(1)}+\nu\bar{\bar{\varepsilon}}_x^{(1)}\right]-N_T\\ N_{xy}(x,\ y)&=\frac{\alpha}{\beta}\ \frac{1-\nu}{2}D_0\bar{\bar{\gamma}}_{xy}^{(1)}\end{aligned}\right\}\tag{68}$$

在测量式(67)的平均应变时，要除去中面平面上的载荷，体积力和边界力。试验的第二步是对未受热机翼施加横向载荷，设式(46)和(47)已经满足，为了使$\bar{w}$和 w 满足同样的微分方程，必须按下式指定试验机翼上的横向载荷$\bar{p}$：

$$\bar{p}=-\lambda\mu\nabla^2 M_T+\lambda\mu p+\lambda\left[N_x\frac{\partial^2\bar{w}}{\partial x^2}-2N_{xy}\frac{\partial^2\bar{w}}{\partial x\partial y}-N_y\frac{\partial^2\bar{w}}{\partial y^2}\right]\tag{69}$$

在机翼的自由边上，有等于 $\lambda\mu M_T$ 的弯矩和单位边界长度上向上的支撑力 $-\lambda\mu(\partial M_T/\partial n)$。

用上标(2)来标记由弯曲所产生的量，则

$$\left.\begin{aligned}\Delta\bar{\varepsilon}_x^{(2)}(x,y)&=\bar{\varepsilon}_x^{(2)}\left(x,y;-\frac{\bar{b}}{2}\right)-\bar{\varepsilon}_x^{(2)}\left(x,y;\frac{\bar{b}}{2}\right)=\bar{b}(x,y)\frac{\partial^2\bar{w}}{\partial x^2}\\\Delta\bar{\varepsilon}_y^{(2)}(x,y)&=\bar{\varepsilon}_y^{(2)}\left(x,y;-\frac{\bar{b}}{2}\right)-\bar{\varepsilon}_y^{(2)}\left(x,y;\frac{\bar{b}}{2}\right)=\bar{b}(x,y)\frac{\partial^2\bar{w}}{\partial y^2}\\\Delta\bar{\gamma}_{xy}^{(2)}(x,y)&=\bar{\gamma}_{xy}^{(2)}\left(x,y;-\frac{\bar{b}}{2}\right)-\bar{\gamma}_{xy}^{(2)}\left(x,y;\frac{\bar{b}}{2}\right)=2\bar{b}(x,y)\frac{\partial^2\bar{w}}{\partial x\partial y}\end{aligned}\right\}\tag{70}$$

用这些上下表面的应变差，载荷式(69)可写为

$$\bar{p}(x,y)=-\lambda\mu\nabla^2 M_T+\lambda\mu p(x,y)+\lambda\left[N_x\frac{\Delta\bar{\varepsilon}_x^{(2)}}{\bar{b}}+N_{xy}\frac{\Delta\bar{\gamma}_{xy}^{(2)}}{\bar{b}}+N_y\frac{\Delta\bar{\varepsilon}_y^{(2)}}{\bar{b}}\right]\tag{71}$$

式中：截面力 N_x，N_y 和 N_{xy} 用式(68)和第一步试验时得到的应变数据来计算，这个方程再一次表明横向载荷的反馈特性，图 4 汇集了两个连续试验的载荷系统。

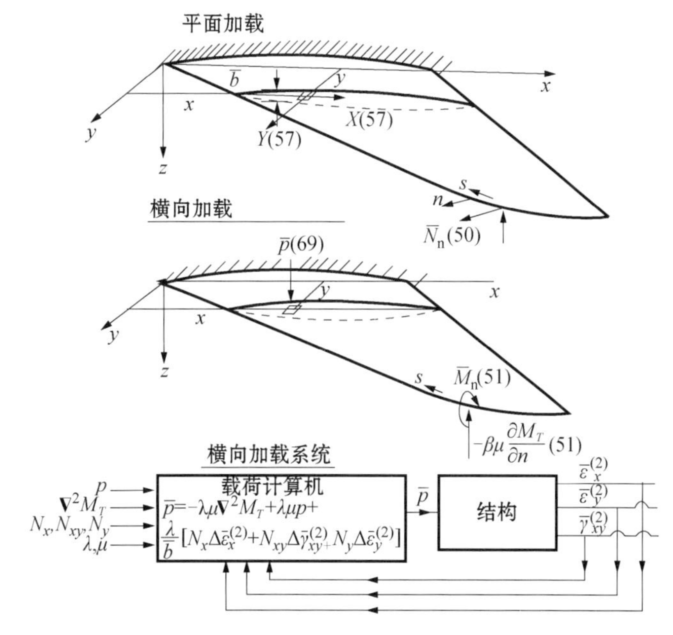

图 4　模拟试验机翼的载荷和边界条件，另一个程序

(括号中的数字对应文中的方程号，由此可找到与原始热机翼的量相应的关系式)

在用等温模拟机翼上两个连续的试验测量式(67)的应变平均和式(70)的应变差以后，将式(67)和(70)中的 $\bar{\bar{\varepsilon}}^{(1)}$，$\bar{\bar{\gamma}}^{(1)}$ 和 $\Delta\bar{\varepsilon}^{(2)}$，$\Delta\bar{\gamma}^{(2)}$ 分别用 $\bar{\bar{\varepsilon}}$，$\bar{\bar{r}}$ 和 $\Delta\bar{\varepsilon}$，$\Delta\bar{\gamma}$ 代替，就能用与式(62)，(63)和(65)相似的方程来计算初始热机翼中的应力。但是，在这一节与上一节的试验过程中有一个重要的差别：因为现在 β 不必等于 λ，所以 α 可选为与 β 无关，但是，由于式(56)的条件，α 和 λ 则是相关的，于是，4 个常数 α，β，λ 和 μ 中有 3 个可以任意选择。在实际应用时，这个较大的自由度和在每个试验阶段用比上一节的试验过程简单的载荷系统可能是有益的。

五、箱型机翼

在前几节中，为了用试验相似的未受热机翼来得到受热机翼中的应力，已经把薄实体机翼的相似律公式化了。但是，大部分实际机翼的结构要比实体机翼复杂得多。例如，机翼的主承载元件是带上下平板，肋条和连接上下平板的深梁组成的箱型结构。因为只有这种箱型机翼的上下平板经受气流，结构的气动加热限于这些板上。

为了分析这种箱型机翼，不同的结构元件可以分开，像上平板这样的单个部分可考虑为平板，然后把前面发展的理论用于每个单独的部分，对结构的每个部分的未受热相似板的厚度$\bar{b}$可用上述的方法来指定，仅有的限制是对于所有的结构元件，4个常数α, β, λ, ν必须是相同的，与不同结构元件相应的单个未受热板上的载荷由上述所给的方程来确定，在边界或不同未受热相似板的连接处有两种载荷类型，一个来自相似律，以前，这个载荷系统作为"自由边"的载荷系统；另一种载荷来自连接条件，这个条件要求结构的不同部分的变形必须结合在一起，假如各相似板放在一起，那么连接载荷将自动地由结构提供，因此，应用相似法的过程如下：

第一步用式(54)，(56)确定相似等热箱型机翼的厚度$\bar{b}$，在箱型结构中，由于弯曲挠度，对板中面上的截面力有较显著的影响，因此，不再适合将板平面中的"拉伸载荷"与弯曲分开，相似机翼的整个载荷系统必须同时作用，这就包括板面内的体力，横向压力$\bar{p}$和结构不同部分连接处的"自由边"载荷，然后，用带所测应变的式(12)，(63)，(65)来计算初始受热箱型机翼中的应力。

六、讨论

在前几节中已经证明：通过相似律，可以用相似的未受热机翼上的试验来解受热机翼的应力问题，假设机翼上的温度分布由气动加热数据和固体材料中的热传导理论的理论计算给出[1]，实际上，对相似机翼所要求的载荷系统是复杂的，此外，由式(59)或式(71)指定的横向载荷$\bar{p}$包含反馈的概念，即$\bar{p}$部分地取决于测量的应变，是不能预先确定的，也许这是结构试验中的新概念，对在结构试验中这个纠葛的可能正确理由是在结构试验室中模拟气动加热和在高温下测量应变是极为困难的。

相似律理论的基本概念可追溯到这样一个众所周知的事实：引入适当的虚拟三维体力和在物体上的表面力，则一般的三维热应力问题可以归结为等温材料问题，但是，"相似"的一般三维公式不能用于结构试验，因为没有可行的施加三维体力的方法。假使物体的一个维的尺寸是小的，就像薄板和薄壳那样，这时体力是二维的，那么相似等温结构的载荷是可以实现的，当然，正如以上所述，也是不容易的。由此就很清楚，热应力的本"相似律"无疑能推广到任何弹性薄壳，当然，相似试验的实际操作要比这里研究的平板情况要复杂得多。

为了避免试验热机翼的工作，建议室温的试验机翼作为相似模拟。在某种意义上讲，相似法的整个概念是相似-机器计算。但是，本方法与识别机器计算机相比，优点在于问题的物理部分，弹性板并没有用电子网络等近似系统代替，因此，未受热的相似机翼是最紧密地相似于气动受热机翼，是最精确的相似。这个精度和原始问题的精细复制的代价是所需的复杂的试验装置。但是，工程结构的试验工程师也许欢迎对他们的独创性和技能的这种挑战。

附 录
杨氏模量的位置分布

把 $f(\eta)$写为

$$f(\eta) = \sqrt{(1/12)(\alpha^3/\lambda)}g(\eta) \tag{72}$$

式(56)可写为

$$\left[\int_{-1}^{1} f(\eta)\mathrm{d}\eta\right]^4 = \left[\int_{-1}^{1} f(\eta)\eta^2\mathrm{d}\eta\right]\left[\int_{-1}^{1} f(\eta)\mathrm{d}\eta\right] - \left[\int_{-1}^{1} f(\eta)\eta\mathrm{d}\eta\right]^2 \tag{73}$$

现在任何连续函数 $f(\eta)$，$(-1\leqslant\eta\leqslant 1)$ 可以展开成 Legendre 多项式 $P_n(\eta)$的级数①，即

$$f(\eta) = \sum_{n=0}^{\infty}\alpha_n P_n(\eta) \tag{74}$$

式中：a_n 是常系数。于是[4]

$$\int_{-1}^{1} f(\eta)\mathrm{d}\eta = \int_{-1}^{1} f(\eta)P_0(\eta)\mathrm{d}\eta = 2a_0$$

$$\int_{-1}^{1} f(\eta)\eta\mathrm{d}\eta = \int_{-1}^{1} f(\eta)P_1(\eta)\mathrm{d}\eta = \frac{2}{3}a_1$$

$$\int_{-1}^{1} f(\eta)\eta^2\mathrm{d}\eta = \frac{2}{3}\int_{-1}^{1} f(\eta)\left[P_2(\eta)+\frac{1}{2}P_0(\eta)\right]\mathrm{d}\eta = \frac{2}{3}\left(\frac{2}{5}a_2+a_0\right)$$

因此，式(73)可写为

$$12a_0 = 1+\frac{2}{5}\left(\frac{a_2}{a_0}\right)-\frac{1}{3}\left(\frac{a_1}{a_0}\right)^2 \tag{75}$$

于是，式(73)的限制是简单的展开式(74)的前三个系数 a_0，a_1，a_2 之间的一个关系式，以后的系数 $a_n(n\geqslant 3)$ 是完全任意的。所以，虽然 $f(\eta)$不是完全任意的，但有很大的自由度。因此，杨氏模量的位置分布将遵循相似理论的式(56)条件直到高阶也是可能的。

（吴永礼 译， 柳春图 校）

参考文献

[1] Kaye J. The Transient Temperature Distribution in a Wing Plying at Supersonic Speeds[J]. Journal of the Aeronautical Sciences, 1950, 17, (12): 787 - 807,816.

[2] Nádai A. Elastische Platten[M]. Julius Springer, Berlin,1925:274.

[3] Tsien H S, Cheng C M. Similarity Law for Stressing Rapidly Heated Thin-Walled Cylinders[J]. Journal of the American Rocket Society, 1952, 22: 144.

[4] Whittaker E T, Watson G N. Modern Analysis[M]. Chapt. 15; Cambridge University Press, London, England, 1920.

① 作者深深地感谢加州理工学院的 A. Erdélyi 教授建议的解题方法。

从卫星轨道上起飞

钱学森①

(加州理工学院 Daniel and Florence Guggenheim 喷气推进中心,Pasadena,加利福尼亚州)

摘要 计算了从卫星轨道上起飞的宇宙飞船的质量比或特征速度,分为两种情况:径向推力和周向推力,周向推力比较有效是由于所要求的质量比远比周向推力所要求的低得多。但是,两种情况表明,所要求的质量比和特征速度的增加随加速度减小,用周向推力时,当加速度从(1/2)g 减小到(1/3 000)g 时,特征速度增加一倍。

一、引言

对于火箭从地球表面起飞而言,取垂直方向的初始轨道是有利的,然后推力应比火箭的初始重量大得多以克服重力,并给出适当的加速度。推进剂最小的耗量取决于空气动力的阻力和重量的相对大小,推力和重量的初始比应在 2 到 3 之间。对于从卫星轨道上起飞的宇宙飞船而言,情况就完全不同了:在卫星轨道上,重力引力完全被离心力来平衡。飞行器实际上处于失重状态。这个事实引起许多星际旅行的梦想,认为从卫星轨道上起飞只需要非常小的推力。例如,L. Spitzer[1] 提出了只用(1/3 000)g 加速度的宇宙飞船的核电源,另一个例子是广泛地讨论由 H. P. Thomas[2] 根据等同的小加速度假设基础上提出的轨道间运输技术,此外,W. von Braun[3] 则喜欢以非常大的近乎(1/2)g 的加速度从卫星轨道上起飞。

加速度的大小与要使用的最优类型的发动机有很大的关系:离子束火箭只对非常小加速度是合适的,而对中等的加速度则要求化学火箭。因此,加速度大小的问题对星际飞行是重要的问题,本文的目的是计算从卫星轨道开始从地球的引力场逃逸所要求的加速度和质量比之间的关系,希望本文的研究能对下一代的宇航工程师给出设计宇宙飞船的合理的基础。

二、基本方程

所考虑的问题是宇宙飞船在火箭推力和一个大质量物体,譬如说地球的重力引力作用下的运动,假如火箭的推力在轨道平面内,宇宙飞船也在一个平面内,设在任意时刻 t 的飞船位置由极坐标 r 和 θ 给定(r 是与引力中心的距离,θ 是角位置)。设单位火箭质量的火箭的推力

1952 年 11 月 19 日收到,原载 Journal of the American Rocket Society, 1953, Vol. 23, pp. 233 - 236。

① Robert H. Goddard 喷气推进教授。

分量在径向为 R，在周向为 Θ，若 g 是起始卫星轨道 $r = r_0$ 处的重力引力的大小(图 1)，则宇宙飞船的运动方程为

$$\frac{\mathrm{d}^2 r}{\mathrm{d}t^2} = R + r\left(\frac{\mathrm{d}\theta}{\mathrm{d}t}\right)^2 - g\left(\frac{r_0}{r}\right)^2 \tag{1}$$

和

$$\frac{\mathrm{d}}{\mathrm{d}t}\left(r^2\,\frac{\mathrm{d}\theta}{\mathrm{d}t}\right) = r\Theta \tag{2}$$

用下标 0 来表示在初始时刻 $t = 0$ 的量，卫星轨道的平衡条件由下式给出：

$$r_0\left(\frac{\mathrm{d}\theta}{\mathrm{d}t}\right)_0^2 = g \tag{3}$$

初始时刻径向速度为零，即

$$\left(\frac{\mathrm{d}r}{\mathrm{d}t}\right)_0 = 0 \tag{4}$$

这些是初始条件。

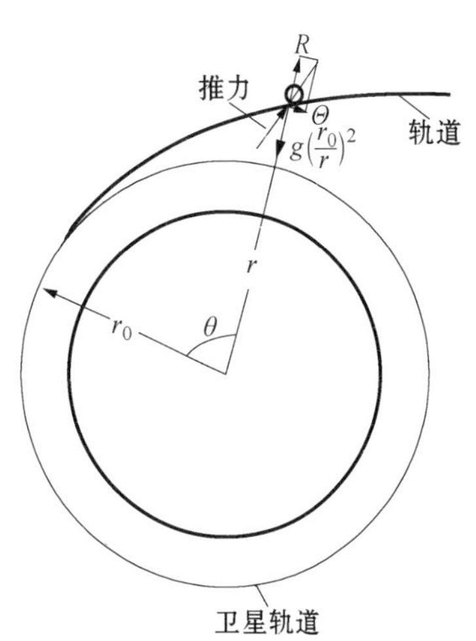

图 1　用卫星轨道平面内的推力从卫星轨道起飞

对于有足够的能量在动力飞行结束时脱离地球重力场的宇宙飞船来说，动能和势能之和在加速期结束时必须为零。用下标 1 来表示这个时刻，则在 $t = t_1$ 时

$$\frac{1}{2}\left[\left(\frac{\mathrm{d}r}{\mathrm{d}t}\right)_1^2 + \left(r\,\frac{\mathrm{d}\theta}{\mathrm{d}t}\right)_1^2\right] - g\,\frac{r_0^2}{r_1} = 0 \tag{5}$$

借助任何指定的推力 R 和 Θ 随时间变化的函数，上述方程组完全地确定了宇宙飞船的起飞轨道。在下面几节中将详细讨论两个有特别意义的特殊情况：纯径向推力的情况 $R = \mathrm{const.}$，$\Theta = 0$ 和纯周向推力 $R = 0$，$\Theta = \mathrm{const.}$ 的情况。

三、径向推力

假如推力总是径向的，并与飞船的瞬间质量成正比，那么就可以引入一个如下的无量纲推力因子 μ：

$$R = \mu g \tag{6}$$

此外，令

$$\rho = \frac{r}{r_0},\ \tau = \sqrt{\frac{g}{r_0}}\,t \tag{7}$$

式中：ρ 是无量纲径向距离，τ 是无量纲的时间。式(1)和(2)可写为如下的无量纲形式：

$$\frac{\mathrm{d}^2\rho}{\mathrm{d}\tau^2} = \mu + \rho\left(\frac{\mathrm{d}\theta}{\mathrm{d}\tau}\right)^2 - \frac{1}{\rho^2} \tag{8}$$

和

$$\frac{\mathrm{d}}{\mathrm{d}r}\left(\rho^2\,\frac{\mathrm{d}\theta}{\mathrm{d}\tau}\right) = 0 \tag{9}$$

式(9)可以直接积分，并应用式(3)的初始条件，积分的结果是

$$\frac{\mathrm{d}\theta}{\mathrm{d}\tau} = \frac{1}{\rho^2} \tag{10}$$

把这个方程代入式(8)，ρ 的最后方程是

$$\frac{d^2\rho}{d\tau^2}=\mu+\frac{1}{\rho^3}-\frac{1}{\rho^2} \tag{11}$$

无量纲径向速度是 $d\rho/d\tau$，它与物理径向速度 dr/dt 的关系如下：

$$\frac{dr}{dt}=\sqrt{gr_0}\frac{d\rho}{d\tau} \tag{12}$$

式(11)可改写为

$$\frac{1}{2}\frac{d}{d\rho}\left(\frac{d\rho}{d\tau}\right)^2=\mu+\frac{1}{\rho^3}-\frac{1}{\rho^2}$$

因为根据式(4)，在 $\tau=0$ 和 $\rho=1$ 时，$d\rho/d\tau=0$，积分上述方程的结果是

$$\left(\frac{d\rho}{d\tau}\right)^2=2\mu(\rho-1)+\left(1-\frac{1}{\rho^2}\right)-2\left(1-\frac{1}{\rho}\right) \tag{13}$$

因此，能够算得无量纲时间 τ 是以下的半径 ρ 的函数：

$$\tau=\int_1^{\rho}\frac{\rho d\rho}{\sqrt{(\rho-1)(2\mu\rho^2-\rho+1)}}。 \tag{14}$$

借助式(10)和(13)，式(5)的结束条件可写为

$$\frac{1}{2}\left\{\left[2\mu(\rho_1-1)+\left(1-\frac{1}{\rho_1^2}\right)-2\left(1-\frac{1}{\rho_1}\right)\right]+\frac{1}{\rho_1^2}\right\}-\frac{1}{\rho_1}=0$$

或简单地

$$\rho_1=1+\frac{1}{2\mu} \tag{15}$$

于是，在加速期结束时的速度是

$$\left.\begin{aligned}\left(\frac{dr}{dt}\right)_1&=\sqrt{gr_0}\frac{\sqrt{1+\frac{1}{\mu}}}{1+\frac{1}{2\mu}}\\ \left(r\frac{d\theta}{dt}\right)_1&=\sqrt{gr_0}\frac{1}{1+\frac{1}{2\mu}}\end{aligned}\right\} \tag{16}$$

则能从式(14)得到动力飞行的时间 τ_1，将积分上限设为 ρ_1，积分的结果是①

$$\tau_1=\sqrt{\frac{2}{\mu}}\left[\frac{\sqrt{2(\mu+1)}}{2\mu+1}+F\left(\frac{1}{\sqrt{8\mu}},\arccos\frac{2\mu-1}{2\mu+1}\right)+E\left(\frac{1}{\sqrt{8\mu}},\arccos\frac{2\mu-1}{2\mu+1}\right)\right] \tag{17}$$

式中：F 和 E 分别为第一类和第二类椭圆积分。

假如 $M(t)$ 是宇宙飞船的瞬时质量和 c 是火箭的有效排气速度，则

$$RM=\mu gM=-c\frac{dM}{dt}=-c\sqrt{\frac{g}{r_0}}\frac{dM}{d\tau}$$

因此，质量比 M_0/M_1 可按下式计算：

$$\ln(M_0/M_1)=\sqrt{\frac{gr_0}{c}}\mu\tau_1$$

应用式(17)的结果则有

---

① 作者感谢 Y. T. Wu 友好地提供式(17)表示的关系。

$$\frac{c}{\sqrt{gr_0}}\ln(M_0/M_1)=\frac{2\sqrt{\mu(\mu+1)}}{2\mu+1}+\sqrt{2\mu}\left\{F\left(\frac{1}{\sqrt{8\mu}},\ \arccos\frac{2\mu-1}{2\mu+1}\right)+E\left(\frac{1}{\sqrt{8\mu}},\ \arccos\frac{2\mu-1}{2\mu+1}\right)\right\}\tag{18}$$

当加速度非常大的时候，$\mu\gg 1$，式(14)中的被积函数可用这个参数展开，则质量比可用下式计算：

$$\frac{c}{\sqrt{gr_0}}\ln(M_0/M_1)=1+\frac{1}{24\mu^2}-\frac{1}{40\mu^3}+\cdots\tag{19}$$

式(18)和(19)的关系画于图2。当$\mu=1/8$时，质量比变为无限大，原因是在这个加速度值时，有一个径向位置，该处的推力是等于重力引力，而飞船的能量不能进一步增加，因此，若在动力飞行过程中，单位质量的径向推力保持常数，它将大于$(1/8)g$。随着推力增加，脱离地球重力场所要求的质量比也减小。质量比对加速度因子的这个极强的依赖性是与从卫星轨道起飞只要求很小推力的意见是相矛盾的，$\ln(M_0/M_1)$的渐近值是$\sqrt{gr_0}/c$。但是，在进入比 $1g$ 高的推力时没有显著的改进。

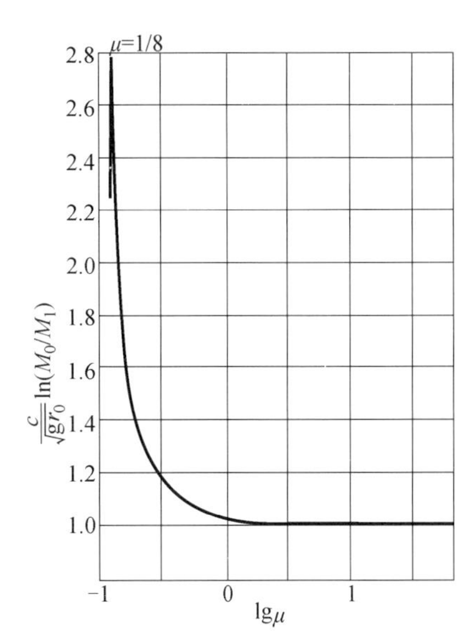

图 2　径向推力时的质量比因子$(c/\sqrt{gr_0})\ln(M_0/M_1)$与加速度因子$\mu$的关系，$c$是有效的排气速度，$g$是在半径为$r_0$的卫星轨道上的重力，$M_0$是初始质量，$M_1$是最终的质量，$\mu$是单位质量的瞬时推力与径向推力的$g$之比

式(16)表明：在加速度因子μ值非常大时，加速在如此短的时间内完成，以致在加速结束时，周向速度仍维持在$\sqrt{gr_0}$的初值。径向速度从初始时刻的零值增加到最终的$\sqrt{gr_0}$值。因此，在加速结束时，总动能是gr_0，因为在非常大的推力下，径向位置r实际上必须是它的初始值，所以总动能是等于这个时刻的势能的负值。火箭的功是用于产生径向速度$\sqrt{gr_0}$，因此，这就很明显了，$c\ln(M_0/M_1)$的值必须是计算所给出的$\sqrt{gr_0}$。

四、周向推力

假如推力总是周向的，且与飞船的质量成正比，则可以引入如下的新推力因子ν：

$$\Theta=\nu g\tag{20}$$

应用在式(6)中定义的相同的无量纲变量，运动方程为

$$\frac{\mathrm{d}^2\rho}{\mathrm{d}\tau^2}=\rho\left(\frac{\mathrm{d}\theta}{\mathrm{d}\tau}\right)^2-\frac{1}{\rho^2}\tag{21}$$

$$\frac{\mathrm{d}}{\mathrm{d}\tau}\left(\rho^2\frac{\mathrm{d}\theta}{\mathrm{d}\tau}\right)=\nu\rho\tag{22}$$

式(3)和(4)的初始条件是

$$\left(\frac{\mathrm{d}\theta}{\mathrm{d}\tau}\right)_0=1,\ \left(\frac{\mathrm{d}\rho}{\mathrm{d}\tau}\right)_0=0;当\ \rho=1,\ \tau=0\tag{23}$$

因此,式(21)给出另一个初始条件

$$\left(\frac{\mathrm{d}^2\rho}{\mathrm{d}\tau^2}\right)_0 = 0 \tag{24}$$

从式(21)和(22)消去 θ 得

$$\frac{\mathrm{d}}{\mathrm{d}\tau}\left(\rho^3 \frac{\mathrm{d}^2\rho}{\mathrm{d}\tau^2} + \rho\right)^{\frac{1}{2}} = \nu\rho \tag{25}$$

这是由式(23)~式(25)所指定的有三个初始条件的三阶微分方程,但是,不能得到简单的通解。下面将讨论近似解,它们对大的 ν 或小的 ν 值是有效的。

对于非常大的 ν 值,加速时间预期是短的,径向位置的变化是小的,因此,ρ 的值必定是非常接近 1 的初始值,取 ρ 等于 1,式(25)化为

$$\frac{\mathrm{d}}{\mathrm{d}\tau}\left(\frac{\mathrm{d}^2\rho}{\mathrm{d}\tau^2} + 1\right)^{\frac{1}{2}} = \nu$$

于是

$$\frac{\mathrm{d}^2\rho}{\mathrm{d}\tau^2} + 1 = C^2 + 2C\nu\tau + \nu^2\tau^2$$

式中:C 是积分常数,但是,因为式(24)的初始条件,C 必须是 1,因此,对非常大的 ν 时,ρ 的恰当的近似解是

$$\rho \approx 1 + \frac{1}{3}\nu\tau^3 + \frac{1}{12}\nu^2\tau^4 + \cdots \tag{26}$$

为了得到这个幂级数的高阶项,可以应用一般的级数置换法,计算比较长,这里就不重复了,结果是

$$\rho = 1 + \frac{1}{3}\nu\tau^3 + \frac{1}{12}\nu^2\tau^4 - \frac{\nu}{60}\tau^5 - \frac{23\nu^2}{360}\tau^6 + \cdots \tag{27}$$

应用式(27)的结果,用微分就得到径向速度。式(21)给出周向速度,用 $2r^2$ 乘以式(5)就能将此方程的结束条件改为下列较方便的形式:

$$0 = \left[\left(\rho\frac{\mathrm{d}\rho}{\mathrm{d}\tau}\right) + \left(\rho^2\frac{\mathrm{d}\theta}{\mathrm{d}\tau}\right)^2 - 2\rho\right]$$

把式(27)的解代入这个条件,就得到确定 τ_1 的方程

$$0 = -1 + 2\nu\tau_1 + \nu^2\tau_1^2 - \frac{2}{3}\nu\tau_1^3 + \nu^2\tau_1^4 + \frac{\nu}{30}(1 + 26\nu^2)\tau_1^5 - \frac{\nu^2}{90}(4 - 13\nu^2)\tau_1^6 + \cdots \tag{28}$$

可以用上一节相同的方法计算质量比 M_0/M_1,并可用如下定义的新参数 x 来确定它:

$$\frac{c}{\sqrt{gr_0}}\ln(M_0/M_1) = \nu\tau_1 = x \tag{29}$$

式(28)可写为

$$0 = -1 + 2x + x^2 - \frac{2}{3}\frac{x^3}{\nu^2} + \frac{x^4}{\nu^2} + \frac{x^5}{30\nu^4} + \frac{13}{15}\frac{x^5}{\nu^2} - \frac{2}{45}\frac{x^6}{\nu^4} + \frac{13}{90}\frac{x^6}{\nu^2} + \cdots \tag{30}$$

因为计算是对大的 ν 值设计的,x 的合适的展开应是 ν 的负幂指数的级数,式(30)明确地提示

$$x(\nu) = x^{(0)} + \frac{x^{(1)}}{\nu^2} + \frac{x^{(2)}}{\nu^4} + \cdots \tag{31}$$

式中:$x^{(0)}$,$x^{(1)}$ 和 $x^{(2)}$ 是与 ν 无关的常数。把式(31)代入式(30),并使 ν 相同幂指数的项相等,得到下列方程组:

$$x^{(0)^2}+2x^{(0)}-1=0 \tag{32}$$

$$x^{(1)}=\frac{1}{2(1+x^{(0)})}\left[\frac{2}{3}x^{(0)^3}-x^{(0)^4}-\frac{13}{15}x^{(0)^5}-\frac{13}{90}x^{(0)^6}\right] \tag{33}$$

$$x^{(2)}=\frac{1}{2(1+x^{(0)})}\Big[-x^{(1)^2}+2x^{(0)^2}x^{(1)}-4x^{(0)^3}x^{(1)}-\frac{1}{30}x^{(0)^6}-\frac{13}{3}x^{(0)^4}x^{(1)}+\frac{2}{45}x^{(0)^6}-\frac{13}{15}x^{(0)^5}x^{(1)}\Big] \tag{34}$$

显式的数值解是

$$\left.\begin{aligned} x^{(0)}&=\sqrt{2}-1=0.414\,21\\ x^{(1)}&=0.002\,349\\ x^{(2)}&=-0.000\,047\,91\end{aligned}\right\} \tag{35}$$

这样就完成了对大加速度因子ν的质量比的计算。

对于另一个非常小的ν值的极端情况，可以预期加速度是非常小的，式(25)中的项$\rho^3\mathrm{d}^2\rho/\mathrm{d}r^2$将比$\rho$小得多，因此，在小的$\nu$时式(25)的好的近似是

$$\frac{\mathrm{d}}{\mathrm{d}\tau}\rho^{\frac{1}{2}}=\nu\rho \quad 或 \quad \frac{1}{2}\frac{\mathrm{d}\rho}{\rho^{\frac{3}{2}}}=\nu\mathrm{d}\tau$$

在$\tau=0$时的初始条件为$\rho=1$的情况下，这个方程的解是

$$\rho=\frac{1}{(1-\nu\tau)^2} \tag{36}$$

因此

$$\frac{\mathrm{d}\rho}{\mathrm{d}\tau}=\frac{2\nu}{(1-\nu\tau)^2},\quad \frac{\mathrm{d}^2\rho}{\mathrm{d}\tau^2}=\frac{6\nu^2}{(1-\nu\tau)^4} \tag{37}$$

在$\tau=0$时，根据式(23)和(24)的初始条件的要求，径向速度和径向加速度不是零，但是，由于ν是非常小的，所以它们也是非常小的，式(36)的解是对精确解的很好的近似。

在相同近似程度的情况，式(20)变为

$$\rho\frac{\mathrm{d}\theta}{\mathrm{d}\tau}=\frac{1}{\rho^{1/2}}=1-\nu\tau \tag{38}$$

这就意味着，因为非常小的加速度，在每一个时刻，实际上单位质量离心力$r(\mathrm{d}\theta/\mathrm{d}t)^2$与重力引力平衡，式(5)的结束条件可写为

$$\frac{4\nu^2}{(1-x)^6}-(1-x)^2=0 \tag{39}$$

式中：x还是$\nu\tau_1$，x的适当解是

$$x=1-(2\nu)^{\frac{1}{4}} \tag{40}$$

因为质量比M_0/M_1通过式(29)与x相联系，式(40)实际上给出了以非常小的加速度脱离重力场的质量比。

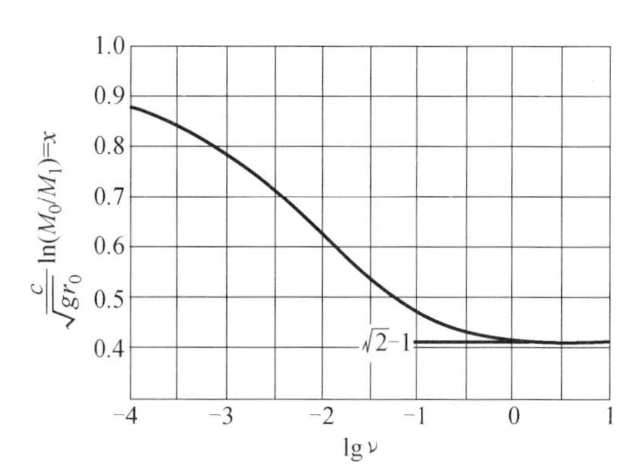

图3　周向推力时的质量比因子$(c/\sqrt{gr_0})\ln(M_0/M_1)$与加速度因子$\nu$的关系，$c$是有效的排气速度，$g$是在半径为$r_0$的卫星轨道上的重力，$M_0$是初始质量，$M_1$是最终的质量，$\nu$是单位质量的瞬时推力与周向推力的$g$之比

应用式(31)与式(35)和(40)，得到如图3所示的参数x与ν的关系曲线，当ν趋近于零时，x趋近于1；当ν非常大时，x趋近于

$\sqrt{2}-1$；当 ν 增加时，x 和质量比 M_0/M_1 单调减小。因此，与纯径向推力的结果一样，加速度的大小对所要求的质量比有强烈的影响，但是，就关注减小质量比而言，应用大于 1/2 的 ν 没有值得重视的优点。

在加速度因子 ν 非常大时，推力的作用象冲量。因为推力是在周向，火箭的作用只是在周向速度上产生增量，而径向位置实际上没有变化。初始周向速度是 $\sqrt{gr_0}$，脱离地球所要求的周向速度是 $\sqrt{2gr_0}$。因此，火箭作用产生的速度增量是 $(\sqrt{2}-1)\sqrt{gr_0}$。这就解释了在非常大 ν 时 x 的渐近值。

五、讨论

将图 2 和图 3 作比较，显然能看出：对于从卫星轨道上起飞，周向推力比径向推力有效得多。对于大的推力，径向推力的 $\ln(M_0/M_1)$ 值比周向推力的相应值大 2 倍以上。此外，在径向推力的情况下，若推力与瞬时质量之比保持为常值，则必须大于 $g/8$，而在周向推力情况下，则没有这样的限制，因此，周向推力明显地占优。

量 $c\ln(M_0/M_1)$ 是飞船的性能或能力的度量，它有速度的量纲，且确实是速度的增量，是飞船在无重力的空间中的能力。这个量通常被称为飞船的特征速度，用 V 来标记此量，则在周向推力的情况，式(29)给出

$$V = c\ln(M_0/M_1) = \sqrt{gr_0}\,x = \frac{S}{\sqrt{2\lambda}}x \tag{41}$$

式中：S 是从地球表面的“逃逸速度”；λ 是卫星轨道半径与地球半径之比。S 是11.2 km/s。图 3 表明，在加速度从(1/2)g 降低到(1/3 000)g 时，x 将增加到 2 倍，因此所要求的特征速度 V 也将增加到 2 倍，这对宇宙飞船的设计师是非常重要的一点。

（吴永礼 译， 谈庆明 校）

参考文献

[1] Spitzer L. Jr. Interplanetary Travel Between Satellite Orbits[J]. Journal of the American Rocket Society, March-April 1952, 22: 92 - 96.

[2] Preston-Thomas H. Interorbital Transport Techniques [J]. Journal of the British Interplanetary Society 1952, 11: 173 - 193.

[3] von Braun W. Man on the Moon, the Journey[J]. Collie's, 1952, 18: 52.

峰值保持最优控制分析

钱学森[①]　S. Serdengectl[②]
(Califonia Institute of Technology)

摘要　在一阶输入线性组和输出线性组的假设下分析了峰值保持最优控制。为了确定所要的随输入和输出线性组的特定时间常数而变的输入驱动速度和必然的振荡损失、振荡周期和输入驱动反转的临界显示差异,构建了设计图表。

一、序言

最优控制是由 C. S. Draper, Y. T. Li 和 H. Laning Jr.[1,2]等人提出来的。他们的基本思想可以概括如下:在几乎所有的工程系统中,在限定的运行中,对于效能来说存在一个系统的最优状态。例如,在内燃机中,在特定速度时产生的扭转荷载限制内,为了最少的燃料消耗,对于各色各样的压力和点火时间有一个最优的设置。另一个例子是一架巡航状态的飞机,限制巡航发动机的每分钟转数,指定高度,为了燃料最经济或每加仑燃料的最大英里数,存在一个配平设置和发动机节流阀的最优组合。比存在一个最佳运行状态更重要的是这样的事实,即由于工程系统环境的自然改变,最优运行状态不能事先正确预料:在内燃机的情况,这是空气的湿度和温度的改变;在飞机的情况,这是飞机的空气动力参数和发动机性能随飞机年龄不可避免的改变。因此,如果不管系统的"漂移",目标总是在最优状态附近运行,那么工程系统的控制装置必须这样设计:自动找出运行的最优状态并且把运行限制在接近于这个状态。这就是最优控制的基本思想。

Shull[3]已经讨论了把 Draper 的最优控制应用于通常的飞机巡航控制。Shull 强调尽可能消除广泛的确定新飞机性能的飞行试验,因为,每当飞机飞行时最优控制将自动测量性能。这本身将构成巨大的节省。况且,在临界环境中,譬如在冰点的大气中飞行,最优控制有能力求取根本改变了的系统(通过冰覆盖在飞机上)的最好性能,这是极其重要的。

在最优控制理论中有两个基本的问题:一是控制系统的动力学对控制性能的影响;二是噪声干扰的消除。两个问题又有关系,因为,如果允许与最优状态或最优运行点有大的偏离,因而允许有大的损失,那么,噪声干扰也不是苛刻的。最优控制基本的设计目标是损失最少或在尽可能接近于最优状态下运行而没有被噪声干扰把控制引入歧途的危险。最优控制最早的创

1954 年 4 月 30 日收到,原载 Journal of the Aeronautical Sciences,1955,No. 22,pp. 561 - 570。

① Robert H. Goddard 喷气推进教授,Daniel and Florence Guggenheim 喷气推进中心。

② Daniel and Florence Guggenheim 喷气推进会员。

始人考虑了所有这两个问题。噪声问题是一个更流行的研究课题，基本上是在强烈的随机干扰下发现正弦变量的问题。本文的目的是在控制系统的动力学性质可以近似为一阶线性系统的假设下，完全解决第一个有关动力学影响的问题。我们将从简要的评述一种最少受噪声影响的峰值保持型最优控制运行原理开始[1,2]。

二、运行原理

表征控制系统的最优运行条件的非线性分量是最优控制系统的核心。为了简化讨论，我们假定这个基本分量有单一的输入和单一的输出。动力学的影响将暂时被忽略，输出假定由输入的瞬时值决定。因为，存在一个最优值，所以输出作为输入的函数，在输入 x_0 处，输出 y_0 有一个最大值，如图 1 所示。把最优点的输出和输入作为参考点是方便的，物理输入记为 $x+x_0$，物理输出记为 y^*+y_0，于是最优点是 $x=y^*=0$ 点。最优控制的目的是找出这个最优点并且使系统保持在该点的近邻。在该点附近 x 和 y^* 的关系可以表示为

$$y^* = -kx^2 \tag{1}$$

其中：k 是控制系统的特征常数。

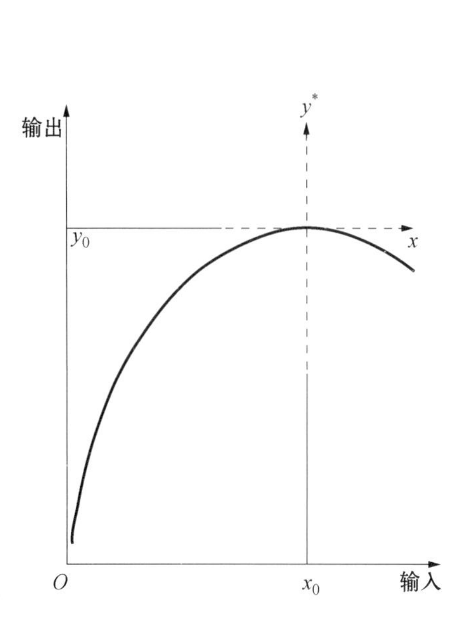

图 1　控制系统的输入-输出特征

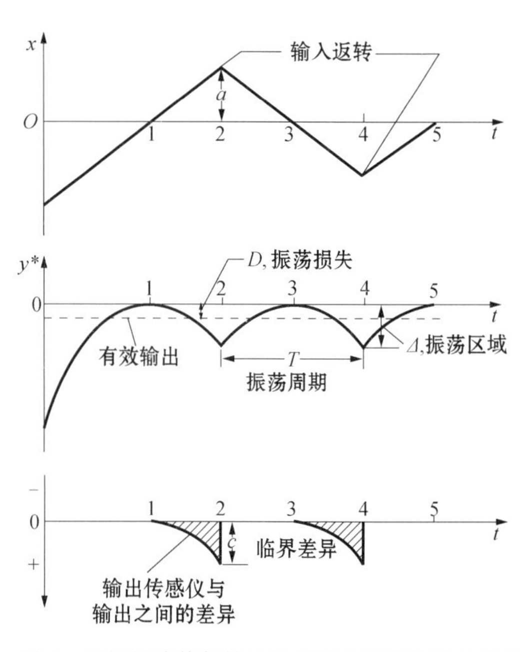

图 2　理想的峰值保持最优控制系统典型的性能图

于是，忽略动力学影响，峰值保持最优控制的运行过程如下：假定输入 x 低于最优值，所以是负值。因此，输入驱动设置为以常数速率增加输入。在时刻 1(图 2)输入，从负变为正并越过最优点。于是，输出 y^* 在时刻 1 最大，在时刻 1 之后减小。如果输出传感仪设计成这样：当输出增加时能精确地跟踪输出，但是输出经过最大值开始减小时保持最大值。因此，经过时刻 1 之后，输出传感仪的读数与输出本身之间有一个差异。这个差异表示在图 2 中间一个图中。当这个差异在时刻 2 形成一个临界值 c 时，输入驱动自动停止并且输入驱动的方向逆转，但仍然保持以前的同一个常数速率。于是，时刻 2 之后输入减少输出增加，直到输出在时刻 3 再次达到最大值。在时刻 3 输入自然经历由正到负，再次建立起输出传感仪与输出本身之间的显示差异。在时刻 4 这个差异再次达到临界值 c，输入驱动方向再次逆转。在时刻 5 输入 x

又变为零，输出达到了另一个最大值。因此输入变化周期是从时刻 1 到时刻 5 的时间间隔，当输入图示为时间的函数时，包含一系列的直线段形成锯齿形变化。输出变化周期是从时刻 1 到时刻 3 的时间间隔，当输出图示为时间的函数时包含一系列的抛物弧线。输入和输出的周期变化称为系统的振荡，输出变化的周期称为振荡周期 T。而输入变化的周期是 $2T$。

输出变化的极值 Δ（图 2）称为振荡区域。如果 a 是输入的锯齿形变化的振幅（图 2），于是由式（1）得到

$$\Delta = ka^2 \tag{2}$$

振荡系统的平均输出与最大输出之间的差异称为振荡损失 D（图 2）。因为输出是一系列的抛物弧线，所以

$$D = (1/3)\Delta = (1/3)ka^2 \tag{3}$$

对于理想的情况而言，输出传感仪与输出本身之间的临界显示差异 c 等于振荡区域 Δ。由这里的讨论可以清楚地看出：为了减少振荡损失得到系统较好的效率，必须设法减少振荡区域或输入变化的振幅。不幸的是，临界显示差异也随这种修正而减少，并且由于噪声对输入驱动正常的自动停止作业的干扰，建立了一个极限。

到目前为止，动力学影响是被忽略的。但是，在任何物理系统内，这是不可能的，因为惯性力和阻力始终存在。因此，式（1）给出的输出 y^* 不得不考虑为不真实的“可能输出”，而不是输出指示仪和传感仪测量的真实的输出。只有当振荡周期 T 变得极长时 y^* 才等于 y。y^* 与 y 的关系由动力学影响决定。对于通常的工程系统，该动力学影响由线性关系决定。例如，在内燃机的情况，可能的输出本质上是发动机内产生的经过修正的有效压力，而实际的输出是发动机的制动平均有效压力。这里的动力学影响主要是由于活塞，曲柄和其他的移动部件的惯性所引起的。对于发动机在运行条件方面的微小变化，这种动力学影响可以用常系数线性微分方程来表示。

因为，输入和输出的参考水准取为最优输入 x_0 和最优输出 y_0，所以物理可能的输出是 y^*+y_0，物理真实的输出是 $y+y_0$。于是，物理可能的输出和物理真实输出之间的关系可以写为一个算子方程

$$y + y_0 = F_0(\mathrm{d}/\mathrm{d}t)(y^* + y_0) \tag{4}$$

其中：F_0 一般是时间微分算子 $\mathrm{d}/\mathrm{d}t$ 的两个多项式的商。在 Laplace 变换语言中 $F_0(s)$是传递函数。令把可能输出变为真实输出的线性系统叫作输出线性组，则 $F_0(s)$特定是输出线性组的传递函数。然而，当忽略动力学影响或当 $s=0$ 时，隐喻可能输出等于真实输出。于是

$$F_0(0) = 1 \tag{5}$$

因为，最优输出只随控制系统的漂移而极缓慢变化，所以在许多振荡周期中的一个时间周期内，y_0 可以取作一个常数。因此，式（5）的条件把式（4）简化为

$$y = F_0(\mathrm{d}/\mathrm{d}t)y^* \tag{6}$$

类似地，令 x^* 为“可能输入”，即由最优控制系统产生的真实的驱动函数而不是真实的输入 x。正是 x^* 具有在图 2 中所示的锯齿形状而不是 x。x^* 与 x 之间的关系由输入驱动系统的惯性和动力学影响决定。该输入驱动系统可以称为最优控制的“输入线性组”。可能输入 x^* 和真实输入 x 之间的运算方程是

$$x = F_i(\mathrm{d}/\mathrm{d}t)x^* \tag{7}$$

因此，$F_i(s)$是输入线性组的传递函数。类似于式（5），可能和真实输入之间的平均值意味着

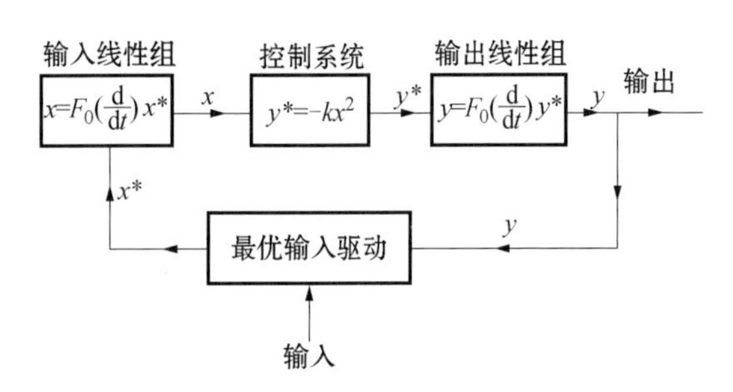

图3　完整的峰值保持最优控制系统方块图

$$F_i(0)=1 \tag{8}$$

于是，一个完全最优控制系统简单的示意方块图被画在图3中。因而系统的非线性分量是最优输入驱动和控制系统自身。

三、数学问题的表述

输入 x 和输出 y 之间的一般关系决定于式(1)，(6)和(7)以及周期为 $2T$，振幅为 a 的标示为锯齿形曲线的可能输出 x^*。令 ω_0 为振荡频率，定义为

$$\omega_0 = 2\pi/T \tag{9}$$

则 x^* 可以展开为 Fourier 级数

$$\begin{aligned} x^* &= \frac{8a}{\pi^2}\sum_{n=0}^{\infty}\frac{(-1)^n}{(2n+1)^2}\sin(2n+1)\frac{\omega_0 t}{2} \\ &= \frac{8a}{\pi^2}\sum_{n=0}^{\infty}\frac{(-1)^n}{(2n+1)^2}\frac{1}{2i}\{e^{[(2n+1)/2]i\omega_0 t}-e^{-[(2n+1)/2]i\omega_0 t}\} \end{aligned} \tag{10}$$

因此，利用式(7)，真实的输入 x 由下式决定：

$$\begin{aligned} x = &\frac{8a}{\pi^2}\sum_{n=0}^{\infty}\frac{(-1)^n}{(2n+1)^2(2i)}\cdot\left\{F_i\left(\frac{2n+1}{2}i\omega_0\right)e^{[(2n+1)/2]i\omega_0 t}-\right. \\ &\left. F_i\left(-\frac{2n+1}{2}i\omega_0\right)e^{-[(2n+1)/2]i\omega_0 t}\right\} \end{aligned} \tag{11}$$

利用式(11)和(16)，真实的输出

$$\begin{aligned} y = &\frac{16a^2k}{\pi^4}\sum_{n=0}^{\infty}\sum_{m=0}^{\infty}\frac{(-1)^{n+m}}{(2n+1)^2(2m+1)^2}\cdot\left\{F_0[(n+m+1)i\omega_0]F_i\left(\frac{2n+1}{2}i\omega_0\right)\cdot\right. \\ &F_i\left(\frac{2m+1}{2}i\omega_0\right)e^{(n+m+1)i\omega_0 t}-F_0[(n-m)i\omega_0]\cdot \\ &F_i\left(\frac{2n+1}{2}i\omega_0\right)F_i\left(-\frac{2m+1}{2}i\omega_0\right)e^{(n-m)i\omega_0 t}- \\ &F_0[-(n-m)i\omega_0]F_i\left(-\frac{2n+1}{2}i\omega_0\right)\cdot \\ &F_i\left(\frac{2m+1}{2}i\omega_0\right)e^{-(n-m)i\omega_0 t}+F_0[-(n+m+1)i\omega_0]\cdot \\ &\left.F_i\left(-\frac{2n+1}{2}i\omega_0\right)F_i\left(-\frac{2m+1}{2}i\omega_0\right)\cdot e^{-(n+m+1)i\omega_0 t}\right\} \end{aligned} \tag{12}$$

比较式(11)和(12)可以看出输入频率是输出频率的一半。当然，按照式(1)给定的输入和输出基本抛物线关系，这是预料之中的。

涉及最优输出 y_0，这里的真实输出 y 对于时间 t 的平均直接给出振荡损失 D。式(12)表明该平均值是式(12)的第二项和第三项当 $n=m$ 时的和。于是由式(5)可得

$$D = \frac{32a^2k}{\pi^4}\sum_{n=0}^{\infty}\frac{1}{(2n+1)^4}F_i\left(\frac{2n+1}{2}i\omega_0\right)\cdot F_i\left(-\frac{2n+1}{2}i\omega_0\right) \tag{13}$$

当没有动力学影响时，$F_i\equiv 1$，于是，该级数很容易求和，正如式(3)要求的那样，$D=(1/3)a^2k$。

通过观察上述结果很容易检验式(13)。该方程也表明：平均输出，因而震荡损失与输出线性组无关。这与人们的物理理解是统一的：只有输出的详细时间变化才能被输出线性组的动力学所修正。对于内燃机的情况。平均输出规定了发动机的功率。输出线性组的动力学由可移动部件的惯性决定。发动机的功率自然是与可移动部件的惯性无关。

式(11)～式(13)完全决定了最优控制系统的性能，一旦确定了 a，k 和 ω_0，输入线性组和输出线性组的传递函数 $F_i(s)$ 和 $F_o(s)$ 就被确定了。对于一阶输入和输出组的情况，下一节给出详细的计算和结果。

四、一阶输入和输出组

最优控制的频率 ω_0 通常是低的，而重要的动力学影响来自输入和输出线性组的惯性。于是这些线性组可以精密地用一阶系统来近似。换句话说它们的传递函数是

$$F_i(i\omega) = 1/(1 + i\omega\tau_i) \tag{14}$$

$$F_o(i\omega) = 1/(1 + i\omega\tau_o) \tag{15}$$

其中：τ_i 和 τ_o 分别是输入和输出线性组的特征时间常数。很显然这些传递函数满足式(5)和(8)的条件。把式(14)代入式(11)，真实的输入 x 由下式决定：

$$x = \frac{8a}{\pi^2}\sum_{n=0}^{\infty}\frac{(-1)^n}{2i(2n+1)^2}\left[\frac{e^{[(2n+1)/2]i\omega_0 t}}{1+(2n+1)i(\omega_0\tau_i/2)} - \frac{e^{-[(2n+1)/2]i\omega_0 t}}{1-(2n+1)i(\omega_0\tau_i/2)}\right] \tag{16}$$

计算出总和之后，式(16)给出下面的输入 x 的方程：

$$x = NT\left[\frac{t}{T} - \frac{\tau_i}{T} + \frac{\tau_i}{T}\,\frac{e^{-[(t/T)/(\tau_i/T)]}}{\cosh(T/2\tau_i)}\right] \quad 对于 \quad -\frac{1}{2} \leqslant \frac{t}{T} \leqslant \frac{1}{2} \tag{17a}$$

和

$$x = -NT\left[\frac{t}{T} - \left(1+\frac{\tau_i}{T}\right) + \frac{\tau_i}{T}\,\frac{e^{(1-t/T)/(\tau_i/T)}}{\cosh[T/(2\tau_i)]}\right] \quad 对于 \quad \frac{1}{2} \leqslant \frac{t}{T} \leqslant \frac{3}{2} \tag{17b}$$

其中：N 是输入驱动常数速度，即

$$N = 2a/T \tag{18}$$

对于任一特定的数据而言，利用这些方程可以计算真实输入 x 相对于时间的变化。对于 $\tau_i/T=0.1$ 和 $\tau_i/T=0.4$ 这种计算的例子分别表示在图4和图5。两个图都表明了所期望的锯齿形曲线的尖角被光滑化和时间延迟的影响。我们感兴趣地注意到：对于小的 τ_i/T，时延几乎等于 τ_i 本身，对于大的 τ_i/T，时延小于 τ_i。

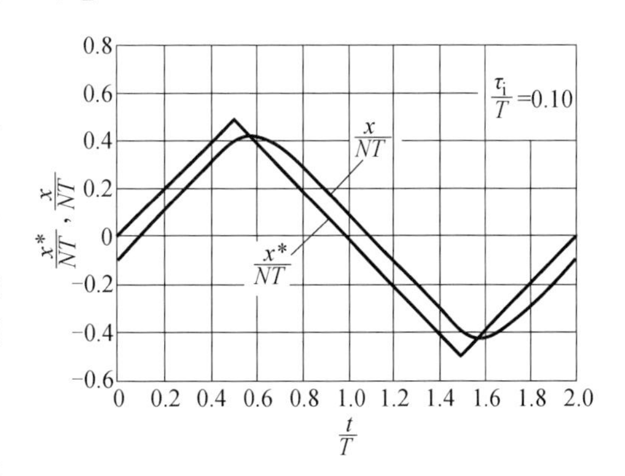

图4 可能输入和真实输入，$\tau_i/T=0.1$

利用式(14)的传递函数，式(13)给出的振荡损失变为

$$D = \frac{32a^2k}{\pi^4}\sum_{n=0}^{\infty}\frac{1}{(2n+1)^4\{1+[(2n+1)/2]^2\omega_0^2\tau_i^2\}} \tag{19}$$

计算出总和之后，式(19)给出的振荡损失

$$D = (N^2T^2k/12)\{1 - 12(\tau_i/T)^2 + 24(\tau_i/T)^3\tanh[T/(2\tau_i)]\} \tag{20}$$

图6表示了这个方程的无量纲曲线图。

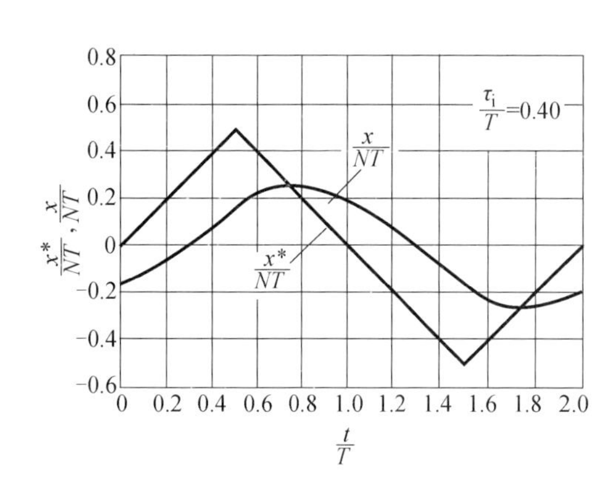

图 5　可能输入和真实输入，$\tau_i/T=0.4$

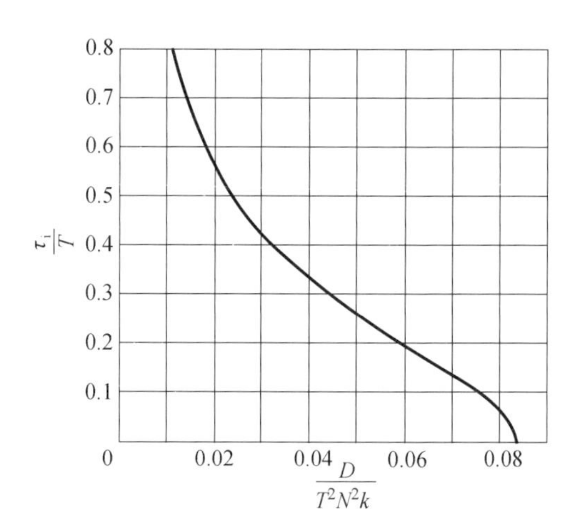

图 6　无量纲振荡损失 $D/(T^2N^2k)$ 随 τ_i/T 的变化

为了计算真实的输出 y，式(14)和(15)都必须代入到式(12)，即

$$
\begin{aligned}
y' = {} & \frac{4T^2N^2k}{\pi^4}\sum_{n=0}^{\infty}\sum_{m=0}^{\infty}\frac{(-1)^{n+m}}{(2n+1)^2(2m+1)^2}\cdot \\
& \left\{\frac{e^{i(n+m+1)\omega_0 t}}{[1+(n+m+1)i\omega_0\tau_o][1+(2n+1)i(\omega_0\tau_i/2)][1+(2m+1)i(\omega_0\tau_i/2)]}-\right. \\
& \frac{e^{i(n-m)\omega_0 t}}{[1+(n-m)i\omega_0\tau_o][1+(2n+1)i(\omega_0\tau_i/2)][1-(2m+1)i(\omega_0\tau_i/2)]}- \\
& \frac{e^{-i(n-m)\omega_0 t}}{[1-(n-m)i\omega_0\tau_o][1-(2n+1)i(\omega_0\tau_i/2)][1+(2m+1)i(\omega_0\tau_i/2)]}+ \\
& \left.\frac{e^{i-(n+m+1)\omega_0 t}}{[1-(n+m+1)i\omega_0\tau_o][1-(2n+1)i(\omega_0\tau_i/2)][1-(2m+1)i(\omega_0\tau_i/2)]}\right\}
\end{aligned}
\tag{21}
$$

改变求和指标，式(21)可以写为

$$
\begin{aligned}
y = {} & \frac{4T^2N^2k}{\pi^4}\left\{\sum_{s=-\infty}^{\infty}\frac{(-1)^{s-1}e^{is\omega_0 t}}{(1+is\omega_0\tau_o)}\cdot\right. \\
& \sum_{n=0}^{\infty}\frac{1}{(2n+1)^2[(2n+1)-2s]^2[1+(2n+1)i(\omega_0\tau_i/2)]\{1-[(2n+1)-2s]i(\omega_0\tau_i/2)\}}+ \\
& \sum_{s=-\infty}^{\infty}\frac{(-1)^{s-1}e^{-is\omega_0 t}}{(1-is\omega_0\tau_o)}\cdot \\
& \left.\sum_{n=0}^{\infty}\frac{1}{(2n+1)^2[(2n+1)-2s]^2[1-(2n+1)i(\omega_0\tau_i/2)]\{1+[(2n+1)-2s]i(\omega_0\tau_i/2)\}}\right\}
\end{aligned}
$$

或

$$
\begin{aligned}
y = {} & \frac{8T^2N^2k}{\pi^4}\left\{-\sum_{n=0}^{\infty}\frac{1}{(2n+1)^4[1+(2n+1)^2(\omega_0\tau_i/2)^2]}+\sum_{s=1}^{\infty}\frac{(-1)^{s-1}e^{is\omega_0 t}}{(1+is\omega_0\tau_o)}\cdot\right. \\
& \sum_{n=0}^{\infty}\frac{[(2n+1)^2+4s^2][(1+i\omega_0\tau_i s)+(\omega_0\tau_i/2)^2(2n+1)^2]+8(\omega_0\tau_i/2)^2s^2(2n+1)^2}{(2n+1)^2[(2n+1)^2-4s^2]^2[1+(\omega_0\tau_i/2)^2(2n+1)^2][(1+i\omega_0\tau_i s)^2+(\omega_0\tau_i/2)^2(2n+1)^2]}+
\end{aligned}
$$

$$\sum_{s=1}^{\infty}\frac{(-1)^{s-1}\mathrm{e}^{-\mathrm{i}s\omega_0 t}}{(1-\mathrm{i}s\omega_0\tau_0)}\cdot$$

$$\sum_{n=0}^{\infty}\frac{[(2n+1)^2+4s^2][(1-\mathrm{i}\omega_0\tau_\mathrm{i}s)+(\omega_0\tau_\mathrm{i}/2)^2(2n+1)^2]+8(\omega_0\tau_\mathrm{i}/2)^2s^2(2n+1)^2}{(2n+1)^2[(2n+1)^2-4s^2]^2[1+(\omega_0\tau_\mathrm{i}/2)^2(2n+1)^2][(1-\mathrm{i}\omega_0\tau_\mathrm{i}s)^2+(\omega_0\tau_\mathrm{i}/2)^2(2n+1)^2]}\Bigg\} \tag{22}$$

式(22)的最后两个求和是彼此共轭的,因此

$$y=\frac{8T^2N^2k}{\pi^4}\Bigg\{-\sum_{n=0}^{\infty}\frac{1}{(2n+1)^4[1+(2n+1)^2(\omega_0\tau_\mathrm{i}/2)^2]}+2\mathrm{Re}\sum_{s=1}^{\infty}\frac{(-1)^{s-1}\mathrm{e}^{\mathrm{i}s\omega_0 t}}{(1+\mathrm{i}s\omega_0\tau_\mathrm{o})}\cdot$$

$$\sum_{n=0}^{\infty}\frac{[(2n+1)^2+4s^2][(1+\mathrm{i}\omega_0\tau_\mathrm{i}s)+(\omega_0\tau_\mathrm{i}/2)^2(2n+1)^2]+8(\omega_0\tau_\mathrm{i}/2)^2s^2(2n+1)^2}{(2n+1)^2[(2n+1)^2-4s^2]^2[1+(\omega_0\tau_\mathrm{i}/2)^2(2n+1)^2][(1+\mathrm{i}\omega_0\tau_\mathrm{i}s)^2+(\omega_0\tau_\mathrm{i}/2)^2(2n+1)^2]} \tag{23}$$

式中:Re 表示其后复数的实数部分。为了算出对于指标 n 的和,式(23)被改写为下面的部分分式的形式:

$$y=\frac{8T^2N^2k}{\pi^4}\Bigg(-\sum_{n=0}^{\infty}\frac{1}{(2n+1)^4[1+(2n+1)^2(\omega_0\tau_\mathrm{i}/2)^2]}+2\mathrm{Re}\sum_{s=1}^{\infty}\frac{(-1)^{s-1}\mathrm{e}^{\mathrm{i}s\omega_0 t}}{(1+\mathrm{i}s\omega_0\tau_\mathrm{o})}\cdot$$

$$\Bigg\{\frac{1}{4s^2(1+\mathrm{i}s\omega_0\tau_\mathrm{i})}\sum_{n=0}^{\infty}\frac{1}{(2n+1)^2}+\frac{(\omega_0\tau_\mathrm{i}/2)^4}{2(1+\mathrm{i}s\omega_0\tau_\mathrm{i})^2[1+\mathrm{i}s(\omega_0\tau_\mathrm{i}/2)]}\cdot$$

$$\sum_{n=0}^{\infty}\frac{1}{[1+(\omega_0\tau_\mathrm{i}/2)^2(2n+1)^2]}+\frac{(\omega_0\tau_\mathrm{i}/2)^4}{2(1+\mathrm{i}s\omega_0\tau_\mathrm{i})[1+\mathrm{i}s(\omega_0\tau_\mathrm{i}/2)]}\cdot$$

$$\sum_{n=0}^{\infty}\frac{1}{[(1+\mathrm{i}\omega_0\tau_\mathrm{i}s)^2+(\omega_0\tau_\mathrm{i}/2)^2(2n+1)^2]}-\frac{[1+\mathrm{i}s\omega_0\tau_\mathrm{i}+4(\omega_0\tau_\mathrm{i}/2)^2s^2]}{4s^2(1+\mathrm{i}s\omega_0\tau_\mathrm{i})^2}\cdot$$

$$\sum_{n=0}^{\infty}\frac{1}{[(2n+1)^2+(\mathrm{i}2s)^2]}+\frac{2}{(1+\mathrm{i}s\omega_0\tau_\mathrm{i})}\sum_{n=0}^{\infty}\frac{1}{[(2n+1)^2+(\mathrm{i}2s)^2]^2}\Bigg\}\Bigg) \tag{24}$$

利用附录中的求和公式,注意到对于 s 的整数值 $\tan s\pi=0$,可以计算出对于 n 的和 ,其结果是

$$y=\frac{8T^2N^2k}{\pi^4}\Bigg(-\left[\frac{\pi^4}{96}-\frac{\pi^2}{8}\left(\frac{\omega_0\tau_\mathrm{i}}{2}\right)^2+\frac{\pi}{4}\left(\frac{\omega_0\tau_\mathrm{i}}{2}\right)^3\tanh\frac{\pi}{\omega_0\tau_\mathrm{i}}\right]+$$

$$2\mathrm{Re}\sum_{s=1}^{\infty}\frac{(-1)^{s-1}\mathrm{e}^{\mathrm{i}s\omega_0 t}}{(1+\mathrm{i}s\omega_0\tau_\mathrm{o})}\Bigg\{\frac{\pi^2}{4}\frac{1}{(4s^2)(1+\mathrm{i}s\omega_0\tau_\mathrm{i})}+$$

$$\frac{\pi}{4}\frac{(\omega_0\tau_\mathrm{i}/2)^3\tanh[\pi/(\omega_0\tau_\mathrm{i})]}{(1+\mathrm{i}s\omega_0\tau_\mathrm{i})^2[1+\mathrm{i}s(\omega_0\tau_\mathrm{i}/2)]}\Bigg\}\Bigg) \tag{25}$$

为了求出对于 s 的和,式(25)又被解为部分分式的形式,即

$$y=\frac{8T^2N^2k}{\pi^4}\Bigg(-\left[\frac{\pi^4}{96}-\frac{\pi^2}{8}\left(\frac{\omega_0\tau_\mathrm{i}}{2}\right)^2+\frac{\pi}{4}\left(\frac{\omega_0\tau_\mathrm{i}}{2}\right)^3\tanh\frac{\pi}{\omega_0\tau_\mathrm{i}}\right]+$$

$$\frac{\pi}{2}\Bigg\{\frac{(\omega_0\tau_\mathrm{o}/2)^3}{[(\omega_0\tau_\mathrm{o}/2)-(\omega_0\tau_\mathrm{i}/2)]}\Bigg\{\frac{2(\omega_0\tau_\mathrm{i}/2)^3\tanh[\pi/(\omega_0\tau_\mathrm{i})]}{[(\omega_0\tau_\mathrm{o}/2)-(\omega_0\tau_\mathrm{i}/2)][\omega_0\tau_\mathrm{o}-(\omega_0\tau_\mathrm{i}/2)]}-\pi\Bigg\}\cdot$$

$$\mathrm{Re}\sum_{s=1}^{\infty}\frac{(-1)^{s-1}\mathrm{e}^{\mathrm{i}s\omega_0 t}}{(1+\mathrm{i}s\omega_0\tau_\mathrm{o})}+\frac{(\omega_0\tau_\mathrm{i}/2)^3}{[(\omega_0\tau_\mathrm{o}/2)-(\omega_0\tau_\mathrm{i}/2)]}\Bigg\{\pi-\frac{2(\omega_0\tau_\mathrm{i}/2)^2\tanh[\pi/(\omega_0\tau_\mathrm{i})]}{[(\omega_0\tau_\mathrm{o}/2)-(\omega_0\tau_\mathrm{i}/2)]}\Bigg\}\cdot$$

$$\mathrm{Re}\sum_{s=1}^{\infty}\frac{(-1)^{s-1}\mathrm{e}^{\mathrm{i}s\omega_0 t}}{(1+\mathrm{i}s\omega_0\tau_\mathrm{i})}-\frac{\pi}{2}\left(\frac{\omega_0\tau_\mathrm{o}}{2}+\frac{\omega_0\tau_\mathrm{i}}{2}\right)\mathrm{Re}\sum_{s=1}^{\infty}\frac{(-1)^{s-1}\mathrm{i}\mathrm{e}^{\mathrm{i}s\omega_0 t}}{s}+\frac{\pi}{4}\mathrm{Re}\sum_{s=1}^{\infty}\frac{(-1)^{s-1}\mathrm{e}^{\mathrm{i}s\omega_0 t}}{s^2}-$$

$$\frac{(\omega_0\tau_i/2)^4\tanh[\pi/(\omega_0\tau_i)]}{[2(\omega_0\tau_o/2)-(\omega_0\tau_i/2)]}\mathrm{Re}\sum_{s=1}^{\infty}\frac{(-1)^{s-1}e^{is\omega_0 t}}{[1+is(\omega_0\tau_i/2)]}-$$

$$\frac{2(\omega_0\tau_i/2)^4\tanh[\pi/(\omega_0\tau_i)]}{[(\omega_0\tau_o/2)-(\omega_0\tau_i/2)]}\mathrm{Re}\sum_{s=1}^{\infty}\frac{(-1)^{s-1}e^{is\omega_0 t}}{(1+is\omega_0\tau_i)^2}\Big\}\Big) \tag{26}$$

计算出式(26)的总和并且简化表示式后,对于$-(1/2)\leqslant t/T\leqslant 1/2$,其结果是

$$y=2T^2N^2k\Big\{-\Big\{\frac{1}{2}\Big(\frac{t}{T}\Big)^2-\Big(\frac{\tau_i}{T}+\frac{\tau_o}{T}\Big)\Big(\frac{t}{T}\Big)+\Big[\frac{1}{2}\Big(\frac{\tau_i}{T}\Big)^2+\frac{\tau_i\tau_o}{T^2}+\Big(\frac{\tau_o}{T}\Big)^2\Big]\Big\}+$$

$$\frac{1}{2}\Big(-\frac{(\tau_o/T)^2}{(\tau_o/T-\tau_i/T)}\Big\{\frac{2(\tau_i/T)^3\tanh(T/2\tau_i)}{[(\tau_o/T)-(\tau_i/T)][2(\tau_o/T)-(\tau_i/T)]}-1\Big\}\frac{e^{-(t/T)/(\tau_o/T)}}{\sinh[T/(2\tau_o)]}+$$

$$\Big\{\frac{t}{T}+\frac{(\tau_i/T)^2}{[(\tau_o/T)-(\tau_i/T)]}\Big\}\frac{2(\tau_i/T)^2e^{-(t/T)/(\tau_i/T)}}{[(\tau_o/T)-(\tau_i/T)]\cosh[T/(2\tau_i)]}+$$

$$\frac{(\tau_i/T)^3}{[2(\tau_o/T)-(\tau_i/T)]}\frac{e^{-(2t/T)/(\tau_i/T)}}{\cosh^2[T/(2\tau_i)]}\Big)\Big\} \tag{27a}$$

对于$1/2\leqslant t/T\leqslant 3/2$,

$$y=2T^2N^2k\Big\{-\Big\{\frac{1}{2}\Big(\frac{t}{T}\Big)^2-\Big(\frac{\tau_o}{T}+\frac{\tau_i}{T}+1\Big)\Big(\frac{t}{T}\Big)+\Big[\frac{1}{2}\Big(\frac{\tau_i}{T}\Big)^2+\frac{\tau_i\tau_o}{T^2}+\Big(\frac{\tau_o}{T}\Big)^2+\frac{\tau_o}{T}+\frac{\tau_i}{T}+\frac{1}{2}\Big]\Big\}+$$

$$\frac{1}{2}\Big(-\frac{(\tau_o/T)^2}{[(\tau_o/T-\tau_i/T)]}\Big\{\frac{2(\tau_i/T)^3\tanh(T/2\tau_i)}{[(\tau_o/T)-(\tau_i/T)][2(\tau_o/T)-(\tau_i/T)]}-1\Big\}\frac{e^{(1-t/T)/(\tau_o/T)}}{\sinh[T/(2\tau_o)]}+$$

$$\Big[\frac{t}{T}+\frac{(\tau_i/T)^2}{(\tau_o/T)-(\tau_i/T)}-1\Big]\frac{2(\tau_i/T)^2e^{(1-t/T)/(\tau_i/T)}}{[(\tau_o/T)-(\tau_i/T)]\cosh[T/(2\tau_i)]}+$$

$$\frac{(\tau_i/T)^3e^{2(1-t/T)/(\tau_i/T)}}{[2(\tau_o/T)-(\tau_i/T)]\cosh^2[T/(2\tau_i)]}\Big)\Big\} \tag{27b}$$

在式(27a)和(27b)中,每当$\tau_o/T=\tau_i/T$和$2\tau_o/T=\tau_i/T$时,总有表面上的奇性。那就是对于这些时间常数的值,输出y的值似乎是不能决定。然而这是虚伪的。对于这两种情况利用简单的极限过程或直接计算式(25),可以看出,情况不是这样的。对于$-(1/2)\leqslant t/T\leqslant 1/2$的情况,当$\tau_i/T=\tau_o/T$时

$$y=2T^2N^2k\Big\{-\frac{1}{2}\Big(\frac{t}{T}\Big)^2+2\Big(\frac{\tau_i}{T}\Big)\Big(\frac{t}{T}\Big)-\frac{5}{2}\Big(\frac{\tau_i}{T}\Big)^2+\Big[-\Big(\frac{\tau_i}{T}\Big)^2-\frac{1}{2}\Big(\frac{t}{T}\Big)^2+\Big(\frac{\tau_i}{T}\Big)\Big(\frac{t}{T}\Big)+$$

$$\frac{1}{8}\Big]e^{-[(t/T)/(\tau_i/T)]}\operatorname{sech}\frac{T}{2\tau_i}+\frac{3}{2}\Big(\frac{\tau_i}{T}\Big)e^{-(t/T)/(\tau_i/T)}\operatorname{csch}\frac{T}{2\tau_i}+\frac{1}{2}\Big(\frac{\tau_i}{T}\Big)^2e^{-(2t/T)/(\tau_i/T)}\operatorname{sech}^2\frac{T}{2\tau_i}\Big\} \tag{28}$$

当$2\tau_o/T=\tau_i/T$时

$$y=-2T^2N^2k\Big\{\frac{1}{2}\Big(\frac{t}{T}\Big)^2-\frac{3}{2}\Big(\frac{\tau_i}{T}\Big)\Big(\frac{t}{T}\Big)+\frac{5}{4}\Big(\frac{\tau_i}{T}\Big)^2+$$

$$\Big[\Big(\frac{\tau_i}{T}\Big)\Big(\frac{t}{T}\Big)+2\Big(\frac{\tau_i}{T}\Big)^2+\frac{1}{2}\Big(\frac{\tau_i}{T}\Big)\coth\frac{T}{\tau_i}+$$

$$\frac{1}{8}\Big(\frac{\tau_i}{T}\Big)\coth\frac{T}{2\tau_i}\Big]\frac{e^{-[(2t/T)/(\tau_i/T)]}}{\cosh^2T/(2\tau_i)}+\Big(\frac{\tau_i}{T}\Big)\Big(2\frac{t}{T}-4\frac{\tau_i}{T}\Big)\frac{e^{-[(t/T)/(\tau_i/T)]}}{\cosh T/(2\tau_i)}\Big\} \tag{29}$$

式(27a)和(27b)在点$t/T=1/2$的连续性分析表明,在点$t/T=1/2$处,y和它对时间t的导数的值无论从式(27a)或(27b)去算,结果都是一样的。

现在,令式(27a)和(27b)中的$\tau_o/T=0$可以完成可能输出y^*的计算。因此,对于$-(1/2)\leqslant t/T\leqslant 1/2$,

$$y^{*}=2T^{2}N^{2}k\left\{-\frac{1}{2}\left(\frac{t}{T}\right)^{2}+\left(\frac{\tau_{i}}{T}\right)\left(\frac{t}{T}\right)-\frac{1}{2}\left(\frac{\tau_{i}}{T}\right)^{2}-\right.$$
$$\left.\left(\frac{t}{T}-\frac{\tau_{i}}{T}\right)\left(\frac{\tau_{i}}{T}\right)\frac{e^{-[(t/T)/(\tau_{i}/T)]}}{\cosh[T/(2\tau_{i})]}-\frac{1}{2}\left(\frac{\tau_{i}}{T}\right)^{2}\frac{e^{-[(2t/T)/(\tau_{i}/T)]}}{\cosh^{2}[T/(2\tau_{i})]}\right\}\tag{30a}$$

对于 $1/2\leqslant t/T\leqslant 3/2$，

$$y^{*}=2T^{2}N^{2}k\left\{-\frac{1}{2}\left(\frac{t}{T}\right)^{2}+\left(1+\frac{\tau_{i}}{T}\right)\left(\frac{t}{T}\right)-\frac{1}{2}\left(1+\frac{\tau_{i}}{T}\right)^{2}-\right.$$
$$\left.\left(\frac{\tau_{i}}{T}\right)\left[\frac{t}{T}-\left(\frac{\tau_{i}}{T}+1\right)\right]\frac{e^{(1-t/T)/(\tau_{i}/T)}}{\cosh[T/(2\tau_{i})]}-\frac{1}{2}\left(\frac{\tau_{i}}{T}\right)^{2}\frac{e^{[2(1-t/T)]/(\tau_{i}/T)}}{\cosh^{2}[T/(2\tau_{i})]}\right\}\tag{30b}$$

这些表示式与用式(1)和(17)直接计算 y^{*} 的结果一致。

对于 τ_{o}/T 和 τ_{i}/T 的一些特定的值，图 7 和图 8 表示了真实输出 y 和可能输出 y^{*} 的无量纲曲线。在这些曲线中可以清楚地看出，动力学影响不仅减少了系统的输出，而且引进了时间延迟和降低系统的最大输出。对于图 8 中 $\tau_{i}/T=0.4$，$\tau_{o}/T=0.6$ 的情况，几乎就在输入驱动即将反转的时刻 $t/T=n+(1/2)$，y 达到了最大值，这确实是一个极端情况。

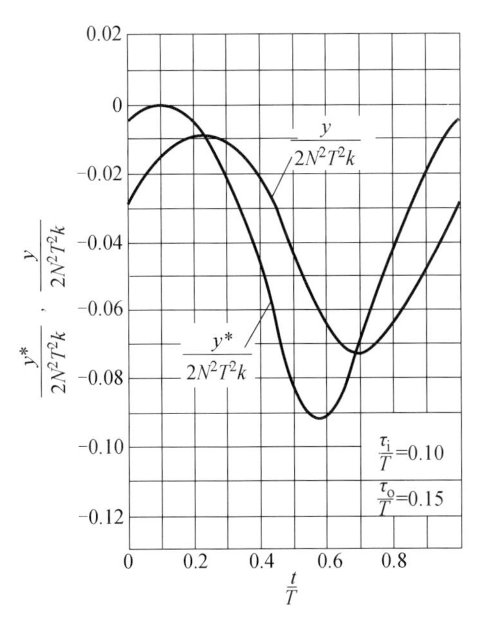

图 7 “可能”输出和显示输出，$\tau_{i}/T=0.1$，$\tau_{o}/T=0.15$

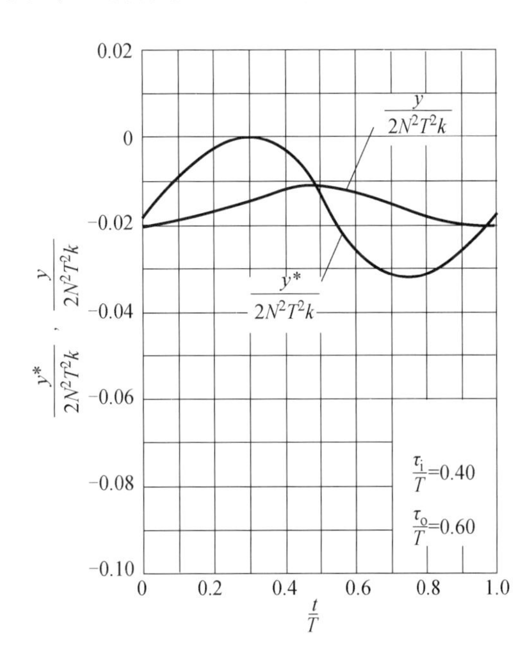

图 8 “可能”输出和显示输出，$\tau_{i}/T=0.4$，$\tau_{o}/T=0.6$

五、设计图表

从峰值保持最优控制运行原理可以看出，确定设计的最重要的量是特定的输出传感仪与输出本身之间的临界显示差异 c。按照定义，c 是真实输出 y 的最大值与自动停止输入驱动时刻 y 值的最大差值。反转时刻的输入驱动以 $t/T=1/2$ 为代表。如果对应于 y 最大的时刻是 t^{*}，利用式(27)，(28)或(29)中的任何一个，则临界显示差异 c 按下式计算：

$$c=y(t^{*}/T)-y(1/2)\tag{31}$$

因为输入驱动反转时刻必然在瞬时最大输出时刻之后，所以 $t^{*}/T<1/2$。

为了决定 t^*，我们可以用零斜率条件，即 $\mathrm{d}y/\mathrm{d}t=0$。于是式(27a)给出

$$-\left[\frac{t^*}{T}-\left(\frac{\tau_o}{T}+\frac{\tau_i}{T}\right)\right]+$$

$$\frac{(\tau_o/T)}{2[(\tau_o/T)-(\tau_i/T)]}\left\{\frac{2(\tau_i/T)^3\tanh[T/(2\tau_i)]}{[(\tau_o/T)-(\tau_i/T)][2(\tau_o/T)-(\tau_i/T)]}-1\right\}\frac{\mathrm{e}^{-[(t^*/T)/(\tau_o/T)]}}{\sinh[T/(2\tau_o)]}+$$

$$\left\{1-\left(\frac{t^*}{T}\right)\left(\frac{T}{\tau_i}\right)-\frac{(\tau_i/T)}{[(\tau_o/T)-(\tau_i/T)]}\right\}\frac{(\tau_i/T)^2\mathrm{e}^{-(t^*/T)/(\tau_i/T)}}{[(\tau_o/T)-(\tau_i/T)]\cosh[T/(2\tau_i)]}-$$

$$\frac{(\tau_i/T)^2\mathrm{e}^{-[(2t^*/T)/(\tau_i/T)]}}{[2(\tau_o/T)-(\tau_i/T)]\cosh^2[T/(2\tau_i)]}=0 \tag{32}$$

可以用迭代法解这个超越方程的 t^*/T。例如，对于小的 τ_o/T 或 τ_i/T，只有第一个括号内的项是重要的，于是 $t^*/T\approx(\tau_o+\tau_i)/T$。这已经被 Draper 和他的同事[1,2]所确认。全部计算结果表示在图 9 中，该图表明 t^*/T 几乎只是 $(\tau_o+\tau_i)/T$ 的函数，输出线性组与输入线性组的特征时间之比的参数 τ_o/τ_i 对 t^*/T 只做小的修正。t^*/T 的值超过 1/2 以后没有图示，因为很清楚，输出的最大值将出现在相应于输入驱动反转点之后，合适的控制运行如果不是不可能也将是很困难的。

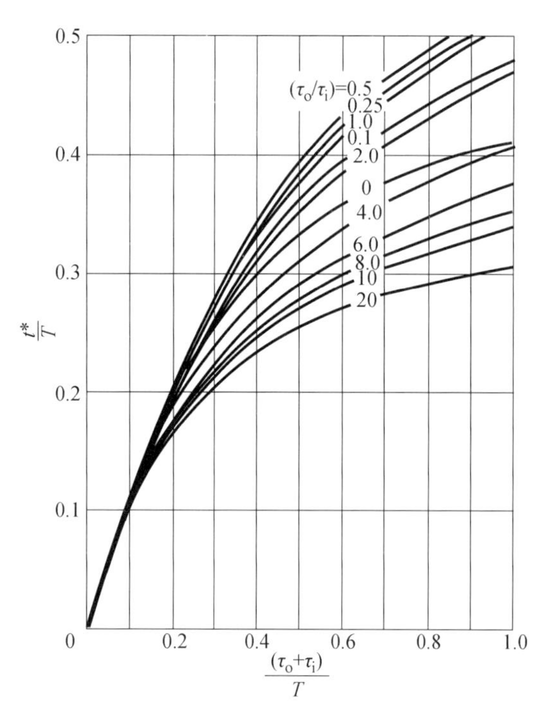

图 9　在区间($0\leqslant t/T\leqslant 1/2$)内，最大输出出现时刻 t^*/T与 $(\tau_o+\tau_i)/T$ 的关系曲线，τ_o/τ_i 为参数

随着 t^*/T 的确定，把它代入式(27a)，式(31)就给出 c。然而，最优控制的指定量是控制系统的特征量 k 和线性组的特征量 τ_i，τ_o。从噪声干扰方面考虑，对于输入驱动反转而言，设计者要适当的考虑周期 T 和临界显示差异 c。因此，设计者有了 k，τ_i，τ_o，T 和 c 之后，他想知道的量是输入驱动速度 N 和振荡损失 D。于是利用式(31)，可以写出如下的计算结果：

$$\frac{TN}{\sqrt{c/k}}=\left\{\left[\frac{1}{4}-\left(\frac{t^*}{T}\right)^2\right]+2\left(\frac{\tau_i}{T}\right)\left(\frac{\tau_o}{\tau_i}+1\right)\left(\frac{t^*}{T}-\frac{1}{2}\right)-\frac{(\tau_o/\tau_i)^2(\tau_i/T)}{[(\tau_o/\tau_i)-1]\sinh(\tau_i/\tau_o)(T/2\tau_i)}\cdot\right.$$

$$\left\{\frac{2(\tau_i/T)\tanh[T/(2\tau_i)]}{[(\tau_o/\tau_i)-1][2(\tau_o/\tau_i)-1]}-1\right\}\left(\mathrm{e}^{-[(t^*/T)/(\tau_o/\tau_i)(\tau_i/T)]}-\mathrm{e}^{-\{1/[2(\tau_o/\tau_i)(\tau_i/T)]\}}\right)+$$

$$\frac{2(\tau_i/T)}{[(\tau_o/\tau_i)-1]\cosh[T/(2\tau_i)]}\left\{\left[\frac{t^*}{T}+\frac{(\tau_i/T)}{(\tau_o/\tau_i)-1}\right]\mathrm{e}^{-[(t^*/T)/(\tau_i/T)]}-\right.$$

$$\left.\left.\left[\frac{1}{2}+\frac{(\tau_i/T)}{(\tau_o/\tau_i)-1}\right]\mathrm{e}^{-(T/2\tau_i)}\right\}+\frac{(\tau_i/T)^2\left(\mathrm{e}^{-[(2t^*/T)/(\tau_i/T)]}-\mathrm{e}^{-(T/\tau_i)}\right)}{[2(\tau_o/\tau_i)-1]\cosh^2[T/(2\tau_i)]}\right\}^{-(1/2)} \tag{33}$$

N 确定后，式(20)就给出了振荡损失 D。

图 10 和图 11 是从前面分析的方程计算的峰值保持最优控制设计曲线。图 10 给出了以 $(\tau_o+\tau_i)/T$ 为参数，以 τ_o/τ_i 为自变量的函数 $TN/(c/k)^{1/2}$，图 11 给出了相对的振荡损失

D/c，还是以 τ_o/τ_i 为变量，以 $(\tau_o+\tau_i)/T$ 为参数。曲线的峰值在 $\tau_o/\tau_i=1$ 附近，揭示了在输入线性组和输出线性组之间的一类共振的影响。对于固定的 $(\tau_o+\tau_i)/T$ 和 c，振荡损失比 τ_o/τ_i 远离 1 的情况要小。很清楚，对于固定的 τ_i，τ_o 和 c，减少振荡损失的方法是增加周期 T。

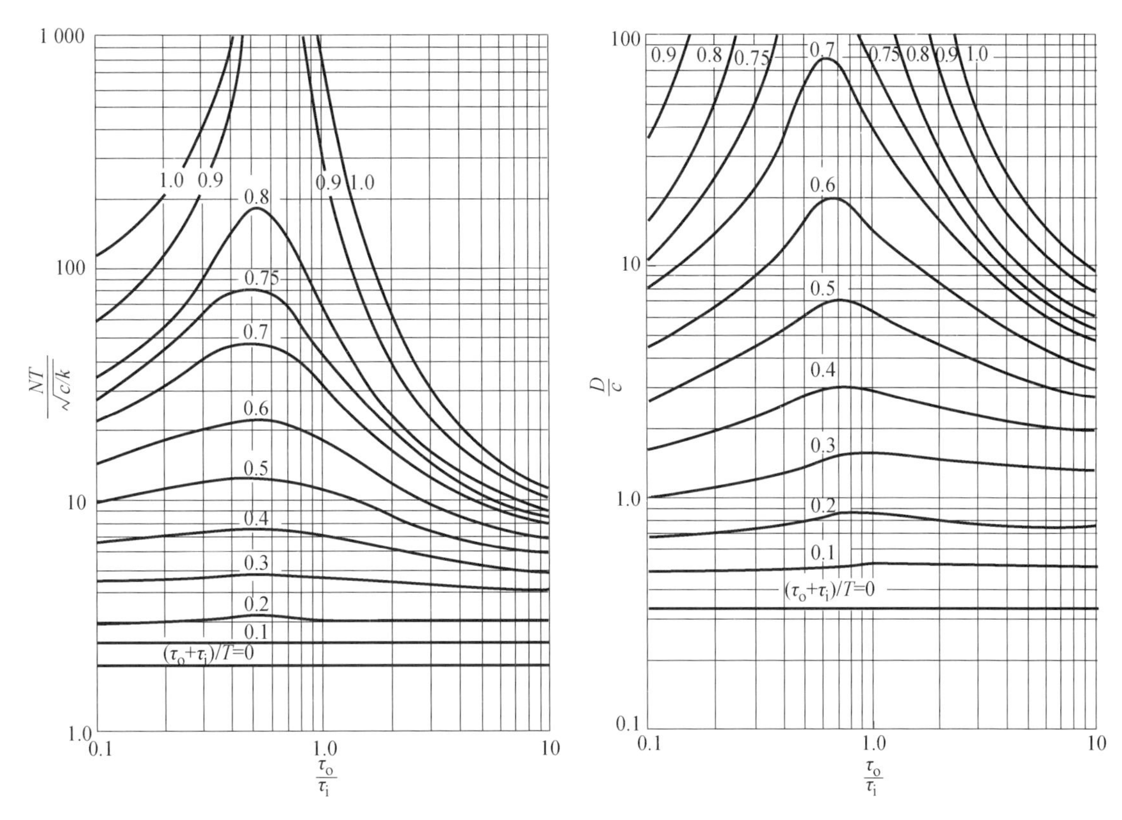

图 10　临界显示差异参数 $TN/(c/k)^{1/2}$ 与 τ_o/τ_i 的关系曲线，$(\tau_o+\tau_i)/T$ 为参数

图 11　相对振荡损失 D/c 与 τ_o/τ_i 的关系曲线，$(\tau_o+\tau_i)/T$ 为参数

六、结束语

对于任一确定的振荡周期 T，输入线性组和输出线性组的时间常数 τ_i 和 τ_o，和选定的临界显示差异 c，这里的分析给出了必需的输入驱动速度 N 和振荡损失 D。考虑到噪声干扰，T 和 c 是固定的。分析表明：每当振荡周期相对于时间常数 τ_i，τ_o 较短或者 $(\tau_o+\tau_i)/T$ 相对较大，振荡损失将是大的，尤其当 τ_i 和 τ_o 接近相等时。为了避免这种不利的情况，设计者要改进他的输入驱动系统以便减少常数 τ_i。然而，τ_o 是控制系统固有的特征常数，比如说，归因于系统移动部件的惯性。因而，τ_o 不归控制系统设计者处理。但是，假定在输出 y 与最优输入驱动单元之间有一个补偿回路（图 3），以致输出线性组的影响被完全补偿。那么，输入驱动反转的有效信号不是真实输出 y 而是可能输出 y^*。换句话说，τ_o 的值被有效地当作为零。即使没有达到完全补偿，τ_o 的有效值仍然能大大地减少。对于困难的情况，为了减少振荡损失一定要加入这种补偿单元。与令人满意的噪声过滤所需要的附加装备比较，这正好是不复杂的。

附 录

典型的求和公式

Re 和 Im 分别表示下面的实数部分和虚数部分。

(1) $\sum_{n=0}^{\infty}\frac{1}{(2n+1)^2}=\frac{\pi^2}{8}$

(2) $\sum_{n=0}^{\infty}\frac{1}{(2n+1)^4}=\frac{\pi^4}{96}$

(3) $\sum_{n=0}^{\infty}\frac{1}{[1+(2n+1)^2z^2]}=\frac{\pi}{4z}\tanh\frac{\pi^2}{2z}$

(4) $\mathrm{Re}\sum_{s=1}^{\infty}\frac{(-1)^{s-1}\mathrm{e}^{\mathrm{i}s\omega_0 t}}{1+\mathrm{i}2sb}=\frac{1}{2}-\frac{\pi}{4b}\frac{\mathrm{e}^{-[(\omega_0 t)/(2b)]}}{\sinh[\pi/(2b)]},\ -\pi<\omega_0 t<\pi$

$=\frac{1}{2}-\frac{\pi}{4b}\frac{\mathrm{e}^{\pi/b}}{\sinh[\pi/(2b)]}\cdot\mathrm{e}^{-[(\omega_0 t)/(2b)]},\ \pi<\omega_0 t<3\pi.$

(5) $\mathrm{Im}\sum_{s=1}^{\infty}\frac{(-1)^{s-1}\mathrm{e}^{\mathrm{i}s\omega_0 t}}{s}=\frac{\omega_0 t}{2},\ -\pi<\omega_0 t<\pi$

$=\frac{\omega_0 t}{2}-\pi,\ \pi<\omega_0 t<3\pi$

(6) $\mathrm{Re}\sum_{s=1}^{\infty}\frac{(-1)^{s-1}\mathrm{e}^{\mathrm{i}s\omega_0 t}}{s^2}=\frac{\pi^2}{12}-\left(\frac{\omega_0 t}{2}\right)^2,\ -\pi<\omega_0 t<\pi$

$=2\pi\left(\frac{\omega_0 t}{2}\right)-\left(\frac{\omega_0 t}{2}\right)^2-\frac{11}{12}\pi^2,\ \pi<\omega_0 t<3\pi$

(7) $\mathrm{Re}\sum_{s=1}^{\infty}\frac{(-1)^{s-1}\mathrm{e}^{\mathrm{i}s\omega_0 t}}{(1+\mathrm{i}2sa)^2}=\frac{1}{2}-\frac{\pi}{4a^2}\frac{\mathrm{e}^{-[(\omega_0 t)/(2a)]}}{\sinh^2[\pi/(2a)]}\cdot$

$\left(\frac{\omega_0 t}{2}\sinh\frac{\pi}{2a}+\frac{\pi}{2}\cosh\frac{\pi}{2a}\right),\ -\pi<\omega_0 t<\pi$

$=\frac{1}{2}-\frac{\pi}{4a^2}\frac{\mathrm{e}^{\pi/a}\mathrm{e}^{-[(\omega_0 t)/(2a)]}}{\sinh^2[\pi/(2b)]}\cdot$

$\left[\left(\frac{\omega_0 t}{2}-\pi\right)\sinh\frac{\pi}{2a}+\frac{\pi}{2}\cosh\frac{\pi}{2a}\right],\ \pi<\omega_0 t<3\pi$

(周显初 译， 谈庆明 校)

参考文献

[1] Draper C S., Li Y T, Principles of Optimalizing Control Systems and an Application to the Internal Combustion Engine [M]. American Society of Mechanical Engineers Publication, September, 1951.

[2] Li Y T. Optimalizing System for Process Control Instruments [J]. 1952, 25. 72 - 77 , 1952: 190 - 193, 228, 1952: 324 - 327, 350 - 352.

[3] Shull R, Jr. An Automatic Cruise Control Computer for Long Range Aircraft [J]. Trans. I. R. E., Professional Group on Electronic Computers, 1952:47 - 51.

Poincaré-Lighthill-Kuo 方法

钱学森
(Daniel and Guggenheim Jet Propulsion Center, California Institute of Technology, Pasadena, California)

目录

本文原载 Advances in Applied Mechanics, 1955, Vol. 4, Academic Press, pp. 281 - 349。

一、引言

1. 发展历史

Poincaré 在他的名著《天体力学的新方法》[1]中，设计了一种方法来寻求如下的一阶方程组的周期解：

$$\frac{\mathrm{d}x_i}{\mathrm{d}t} = X_i(x_1, x_2, \cdots, x_i, \cdots, x_n; \varepsilon) \qquad (i = 1, 2, \cdots, n) \tag{1.1}$$

式中：t 为时间变量；ε 为表示摄动影响的小参数。$\varepsilon = 0$ 时的方程组对应于未扰系统，它特别简单，可容易地求得周期为 $T^{(0)}$ 的周期解。Poincaré 方法的实质是求得关于参数 ε 展开的摄动解，不仅把变量展开：

$$x_i = x_i^{(0)} + \varepsilon x_i^{(1)} + \varepsilon^2 x_i^{(2)} + \cdots \tag{1.2a}$$

而且把周期 T 也展开：

$$T = T^{(0)} + \varepsilon T^{(1)} + \varepsilon^2 T^{(2)} + \cdots \tag{1.2b}$$

近年来，这一方法在非线性振动（非线性力学）理论中得到了广泛应用，该领域中经常出现式(1.1)那样的方程。然而，近 60 年来，人们没有对这一方法进行过实质性的推广，Poincaré 的创见的潜力并未得到充分发挥。

1949 年 5 月 19 日，Lighthill[2]在伦敦数学学会所作的讲演中，提出了一种求得物理问题一致有效近似解的技巧，介绍了对 Poincaré 方法的一种非常重要的推广。Lighthill 的目的在于改进寻求物理问题近似解的熟知的摄动法，摄动法的基本思路是：把精确解展开成小参数 ε 的幂级数，零阶解与 ε 无关，而一阶解正比于 ε，依此类推。这种方法原理简单、使用便捷、十分有效，对一大类问题产生了有用的结果。但是，时不时地遇到一些问题，它们的零阶解在感兴趣的区域里的一个点上或一条线上有某种奇性，在高阶解中，这种奇性不仅在同一位置仍然出现，而且随着阶数升高会变得越来越严重。在这种奇点附近，关于 ε 的幂级数展开式失效，经典的摄动法不能给出有用的解。

Lighthill 的方法旨在克服这种困难，提供在整个感兴趣的区域一致有效（或有一致的精度）的展开式。该方法的基本思路是：不仅把因变量 u 展开成 ε 的幂级数，而且把自变量（如 x, y）也展开成 ε 的幂级数，于是有

$$u = u^{(0)}(\xi, \eta) + \varepsilon u^{(1)}(\xi, \eta) + \varepsilon^2 u^{(2)}(\xi, \eta) + \cdots \tag{1.3}$$

$$\left.\begin{aligned} x &= \xi + \varepsilon x^{(1)}(\xi,\eta) + \varepsilon^2 x^{(2)}(\xi,\eta) + \cdots \\ y &= \eta + \varepsilon y^{(1)}(\xi,\eta) + \varepsilon^2 y^{(2)}(\xi,\eta) + \cdots \end{aligned}\right\} \tag{1.4}$$

这里：ξ,η 取代了原来的自变量 x,y。显然，$u^{(0)}(\xi,\eta)$ 就是经典的摄动法给出的零阶解，只不过用 ξ,η 取代了 x,y 而已。如果我们忽略式(1.3)中 u 的高阶项，则近似解就是在经变换式(1.4)伸缩或变形的坐标下的零阶摄动解。有些作者根据这一事实把 Lighthill 法称为坐标摄动法①。

Lighthill 把他的方法应用于含偏微分方程的问题，其中零阶解由与精确方程同阶的约化线性方程得到。然而，很快就发现 Lighthill 原先给出整个感兴趣区域一致有效解的目的并非总能达到。在许多问题中，只有利用"边界层"解，才可得到良好的零阶解。Kuo(郭永怀)[3]在寻求平板的不可压缩层流边界层的精致的解时，首先认知了这种必要性；此项工作以及他在超声速层流边界层方面的后续工作[4]，对 Lighthill 原先的思路做了进一步推广。

Poincaré，Lighthill 和 Kuo 的方法的基本原理无疑为许多应用数学工作者采用过，但相关概念的一般性也许从未充分地强调过。因此，倘若我们承认原创和大胆探索的重要性，就会赞赏上述三位为工程数学提供这一极其有效方法的功绩，并将此方法称为 PLK 方法。

2. 简单例子

为了阐释 PLK 方法的原理，我们来考虑如下的一阶常微分方程：

$$(x+\varepsilon u)\frac{\mathrm{d}u}{\mathrm{d}x} + u = 0 \tag{1.5}$$

将此方程除以 $\mathrm{d}u/\mathrm{d}x$，使因变量与自变量的角色彼此交换，就得到

$$u\frac{\mathrm{d}x}{\mathrm{d}u} + x = -\varepsilon u$$

或即

$$\frac{\mathrm{d}}{\mathrm{d}u}(xu) = -\varepsilon u \tag{1.6}$$

积分上式，得

$$xu = -\frac{\varepsilon}{2}u^2 + C_0$$

式中：C_0 为积分常数。如果我们施加边界条件

$$u(1) = 1 \tag{1.7}$$

则微分方程(1.5)的精确解为

$$u = -\frac{x}{\varepsilon} + \sqrt{\left(\frac{x}{\varepsilon}\right)^2 + \frac{2}{\varepsilon} + 1} \tag{1.8}$$

现在我们来试用经典的摄动法，亦即将 u 展开为 ε 的幂级数：

$$u = u^{(0)}(x) + \varepsilon u^{(1)}(x) + \varepsilon^2 u^{(2)}(x) + \cdots \tag{1.9}$$

将式(1.9)代入式(1.5)，然后令 ε 的同次幂相等，我们有

$$x\frac{\mathrm{d}u^{(0)}}{\mathrm{d}x} + u^{(0)} = 0 \tag{1.10}$$

$$x\frac{\mathrm{d}u^{(1)}}{\mathrm{d}x} + u^{(1)} = -u^{(0)}\frac{\mathrm{d}u^{(0)}}{\mathrm{d}x} \tag{1.11}$$

---

① 目前，经常称之为变形坐标法或伸缩坐标法。——译者注

$$x\frac{\mathrm{d}u^{(2)}}{\mathrm{d}x}+u^{(2)}=-u^{(0)}\frac{\mathrm{d}u^{(1)}}{\mathrm{d}x}-u^{(1)}\frac{\mathrm{d}u^{(0)}}{\mathrm{d}x} \tag{1.12}$$

……

若令 $u^{(0)}(x)$ 满足边界条件(1.7),则有

$$u^{(0)}(x)=\frac{1}{x} \tag{1.13}$$

利用所确定的 $u^{(0)}$,由式(1.11)得到

$$u^{(1)}(x)=-\frac{1}{2}\frac{1}{x^3}+\frac{C_1}{x}$$

但现在边界条件(1.7)要求

$$u^{(1)}(1)=0 \tag{1.14}$$

由此可确定积分常数 C_1,从而有

$$u^{(1)}(x)=\frac{1}{2x}\left(1-\frac{1}{x^2}\right) \tag{1.15}$$

类似地有

$$u^{(2)}(x)=\frac{1}{2x}\left(1-\frac{1}{x^2}\right)-\frac{1}{2x}\left(1-\frac{1}{x^4}\right) \tag{1.16}$$

函数 $u^{(0)}(x)$ 在 $x=0$ 处有奇性,而式(1.15)和(1.16)表明,当摄动解的阶数升高时,这种奇性变得更加糟糕,因此,这样得到的解在 $x=0$ 处毫无用处。事实上,在离开奇点 $x=0$ 处,通过分析所忽略的 ε 的高阶项的阶数,就可估计此解的相对误差。于是,倘若根据已进行的演绎,计算到 ε^2 项,则相对误差为 $O(\varepsilon^3)$,但在奇点附近,这一估计失效,相对误差远远高于 $O(\varepsilon^3)$,所得到的解在感兴趣的 $x=0$ 附近的区域没有一致的精度,亦即,解**不是一致有效的**。现在让我们另辟蹊径,根据 PLK 方法的要求,把 u 和 x 都展开成 ε 的幂级数:

$$\left.\begin{aligned}u&=u^{(0)}(\xi)+\varepsilon u^{(1)}(\xi)+\cdots\\x&=\xi+\varepsilon x^{(1)}(\xi)+\cdots\end{aligned}\right\} \tag{1.17}$$

现在,原来的微分方程(1.5)可写成

$$(x+\varepsilon u)\frac{\mathrm{d}u}{\mathrm{d}\xi}+u\frac{\mathrm{d}x}{\mathrm{d}\xi}=0 \tag{1.18}$$

将式(1.17)代入式(1.18),令 ε 的同次幂相等,则得到

$$\xi\frac{\mathrm{d}u^{(0)}}{\mathrm{d}\xi}+u^{(0)}=0 \tag{1.19}$$

$$\xi\frac{\mathrm{d}u^{(1)}}{\mathrm{d}\xi}+u^{(1)}=-(x^{(1)}+u^{(0)})\frac{\mathrm{d}u^{(0)}}{\mathrm{d}\xi}-u^{(0)}\frac{\mathrm{d}x^{(1)}}{\mathrm{d}\xi} \tag{1.20}$$

由式(1.19)即得

$$u^{(0)}(\xi)=\frac{k_0}{\xi}$$

如果加上条件

$$x^{(1)}(1)=0 \tag{1.21}$$

使得 $\xi=1$ 时 $x=1$,则由边界条件(1.7)对 $u^{(0)}$ 的要求,得到 $k_0=1$,于是有

$$u^{(0)}(\xi)=\frac{1}{\xi} \tag{1.22}$$

利用这个 $u^{(0)}$ 解，式(1.20) 变成

$$\frac{\mathrm{d}}{\mathrm{d}\xi}(\xi u^{(1)})=-\frac{1}{\xi}\frac{\mathrm{d}x^{(1)}}{\mathrm{d}\xi}+\frac{1}{\xi^2}x^{(1)}+\frac{1}{\xi^3}$$

为了使 $u^{(1)}$ 的奇性不强于 $u^{(0)}$，利用选择 $x^{(1)}$ 时拥有附加的自由度的优越性，令

$$\frac{1}{\xi}\frac{\mathrm{d}x^{(1)}}{\mathrm{d}\xi}-\frac{1}{\xi^2}x^{(1)}=\frac{1}{\xi^3} \tag{1.23}$$

因此这是 $x^{(1)}(\xi)$ 应满足的微分方程，在条件(1.21)下，其解为

$$x^{(1)}=\frac{\xi}{2}\left(1-\frac{1}{\xi^2}\right) \tag{1.24}$$

利用这样确定的 $x^{(1)}$，为了满足 u 的原来的边界条件，有 $u^{(1)}\equiv 0$。于是，取到此阶近似，得到

$$\left.\begin{aligned} u&=\frac{1}{\xi}\\ x&=\xi+\varepsilon\frac{\xi}{2}\left(1-\frac{1}{\xi^2}\right)\end{aligned}\right\} \tag{1.25}$$

令人惊奇的是：在式(1.25)中的两个方程中消去 ξ 后，我们恰好得到式(1.8)给出的解 u。所以，对这一情形，PLK 方法不仅消弭了 $x=0$ 处的奇性困难，而且产生了如此良好的解项，事实上，给出了精确解。

3. PLK 方法的基本特性

我们发现，在 x 的不同区域，式(1.5)的精确解关于 ε 的合适的展开式是各不相同的。展开式(1.9)仅适用于远离原点的 x，即 x 的值较大时；在原点附近，另一种完全不同的展开式才适用。解的特性的这种变化使得常规的摄动法几乎没有用处。事实上，把常规的摄动法应用于这类情形，需要有极为机敏的猜测。而另一方面，PLK 方法则是基于成规的一种简捷可靠的方法；问题中的错综复杂的关系会自动地、正确地呈现出来，无需研究者进行预测，在这方面，PLK 方法与 Laplace 变换方法并无二致，因此，对工程师来说，PLK 方法的这种特性特别重要。在讨论以下各章中例子时，我们可以更好地体会其重要性。

PLK 方法的另一个特性是它在实际应用中的很大的灵活性。尽管 Lighthill 原先强调了解的一致有效性，但正如下文中所述，这一要求并非总能达到。要点在于：通过引进“伸缩”坐标，我们在求解过程中赢得了附加的自由度，用以改进零阶解的准确度，原先在奇点或奇线附近零阶解极差。我们能成功到何种程度取决于问题本身。不幸的是，迄今为止，有关 PLK 方法的数学理论尚未得到充分研究，还不能从给定的微分方程和辅助条件预测此方法的成功率或失败率。但是，从目前已取得的效果来看，似乎可以肯定，PLK 方法将是工程分析中的一种有用工具，即使它产生的结果有时不如期望的那么好。

鉴于这些要点，我们对 PLK 方法的阐述将侧重于它的应用，而不是它的数学基础。实际上，此法的数学合理性的证实还只局限于几种情形。另外，这种数学分析需要把方法系统化、准则化，而如上所述，PLK 方法的特性就在于它的处理方法的灵活性。从应用的角度看来，通过实例讨论此方法，优于用一般理论加以阐释。这就是下面的阐述的精神所在。

作者愿借此机会感谢他在加州理工学院的同事们(特别是 A. Erdélyi 教授)，作者与他们进行过富有启发性的讨论，并得到了他们的批评性意见。作者对这个新的数学方法的兴趣首先源自康奈尔大学的郭永怀教授的富于想象力的工作；然而，麻省理工学院的林家翘教授曾就

该方法的局限性问题提醒过作者。作者谨向他们致以诚挚的谢意。

二、常微分方程

1. 一阶方程

首先，我们研究 PLK 方法在常微分方程问题中的应用。即使对这种相对简单的情形，解的收敛性的完整证明最近才由 Wasow[5] 给出，而且仅仅针对于一类很简单的一阶常微分方程，即

$$(x+\varepsilon u)\frac{\mathrm{d}u}{\mathrm{d}x}+q(x)u=r(x) \tag{2.1}$$

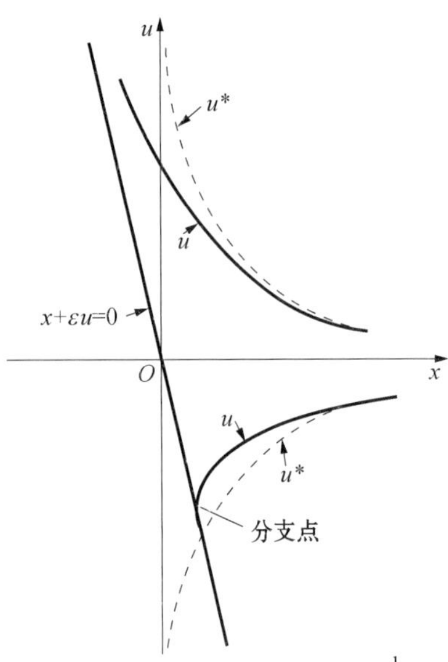

图 1　在(x,u)平面上 $(x+\varepsilon u)\dfrac{\mathrm{d}u}{\mathrm{d}x}+q(x)u=r(x)$ 的解的示意图

式中假定 $q(x)$ 和 $r(x)$ 在原点 $x=0$ 附近是正则的。我们通常对求得 $x\geqslant 0$ 处的解感兴趣。Lighthill 本人[2] 首先按这里复述的方式对这个方程进行了研究，下文就跟从 Lighthill，只进行启发式的论述，想了解数学证明的读者，可参阅 Wasow 的著述。

以方程(2.1)作为典型情形是因为经典的摄动法在 $x=0$ 附近不能给出有用的解，困难当然在于，在(x,u)平面上的直线 $x+\varepsilon u=0$ 上方程有奇性。我们假定 ε 是正的（若 ε 为负，则取 $-u$ 为因变量，可把方程化为含正 ε 的情形），于是，上述奇线如图 1 所示。在这条直线上，因为该项 $-q(x)u+r(x)$ 一般不为零，所以按照式(2.1)，$\mathrm{d}u/\mathrm{d}x$ 为无穷大。如果我们采用经典的摄动法，对零阶近似来说，去掉了 $\mathrm{d}u/\mathrm{d}x$ 的系数中的 εu 项，奇性就移至 u 轴上。用经典的摄动理论，在 u 轴上就给出 $u(x)$ 的无穷大的斜率。因此，若 u^* 为经典摄动理论的结果，则 u^* 在 $x=0$ 附近一定大大地有别于 u，如图 1 所示，而且这种偏差不可能由高阶摄动来纠正。

现在来看看用 PLK 方法能做些什么，令

$$\left.\begin{aligned}u&=u^{(0)}(\xi)+\varepsilon u^{(1)}(\xi)+\varepsilon^2u^{(2)}(\xi)+\cdots\\x&=\xi+\varepsilon x^{(1)}(\xi)+\varepsilon^2x^{(2)}(\xi)+\cdots\end{aligned}\right\} \tag{2.2}$$

把式(2.2)代入式(2.1)，把每一项都展开成 ε 的幂级数，则有

$$\begin{aligned}&(\xi+\varepsilon x^{(1)}+\varepsilon^2x^{(2)}+\cdots+\varepsilon u^{(0)}+\varepsilon^2u^{(1)}+\cdots)(u^{(0)\prime}+\varepsilon u^{(1)\prime}+\\&\varepsilon^2u^{(2)\prime}+\cdots)=(1+\varepsilon x^{(1)\prime}+\varepsilon^2x^{(2)\prime}+\cdots)\Big[r+\varepsilon x^{(1)}r'+\\&\varepsilon^2x^{(2)}r'+\frac{1}{2}\varepsilon^2x^{(1)2}r''+\cdots-(q+\varepsilon x^{(1)}q'+\varepsilon^2x^{(2)}q'+\\&\frac{1}{2}\varepsilon^2x^{(1)2}q''+\cdots)(u^{(0)}+\varepsilon u^{(1)}+\varepsilon^2u^{(2)}+\cdots)\Big]\end{aligned} \tag{2.3}$$

式中：撇号表示对 ξ 求导，所有变量均为 ξ 的函数[例如，$q=q(\xi)$]。令式(2.3)两端与 ε 无关的项相等，则得到零阶方程

$$\xi u^{(0)\prime}(\xi)+q(\xi)u^{(0)}(\xi)=r(\xi) \tag{2.4}$$

于是当 $\xi\to 0$ 时，$u^{(0)}$ 与 $u^{(0)\prime}$ 的系数之比为 $O(1/\xi)$，所以按照微分方程理论，$\xi=0$ 为该方程的一个正则奇点。式(2.4)的解为

$$u^{(0)}(\xi)=\exp\left\{-\int\frac{q\mathrm{d}\xi}{\xi}\right\}\left[\int\frac{r}{\xi}\left(\exp\int\frac{q\mathrm{d}\xi}{\xi}\right)\mathrm{d}\xi+C\right] \tag{2.5}$$

式中：C 为积分常数。现在，由于 $q(\xi)$ 在 $\xi=0$ 附近是正则的，故在 $\xi=0$ 处 q 的值是有限的，比方说，等于 q_0，于是有

$$\exp\int\frac{q\mathrm{d}\xi}{\xi}=\xi^{q_0}R(\xi) \tag{2.6}$$

式中：$R(\xi)$ 为在 $\xi=0$ 处正则的函数。但 $r(\xi)$ 也在 $\xi=0$ 附近正则，因此，式(2.5)右端方括号中的第一项为 $\xi^{q_0}R(\xi)$，于是，当 $\xi\to 0$ 时，则有

$$u^{(0)}(\xi)=R(\xi)+O(\xi^{-q_0}) \tag{2.7}$$

式中：右端第二项给出了解的奇性部分的量级。如果 q_0 为非正的整数，则上述结论要稍加修正，在这种情况下，式(2.5)右端方括号中的第一项含有一个 $\ln\xi$ 项，因此有

$$u^{(0)}(\xi)=R(\xi)+O(\xi^{-q_0}\ln\xi),\quad q_0=0,-1,-2,\cdots \tag{2.8}$$

由式(2.3)中 ε 的系数导得如下的一阶方程：

$$\frac{\mathrm{d}}{\mathrm{d}\xi}\left[u^{(1)}(\xi)\exp\int\frac{q\mathrm{d}\xi}{\xi}\right]=\frac{1}{\xi}[(r-qu^{(0)})x^{(1)\prime}+$$
$$(r'-q'u^{(0)}-u^{(0)\prime})x^{(1)}-u^{(0)}u^{(0)\prime}]\exp\int\frac{q\mathrm{d}\xi}{\xi} \tag{2.9}$$

如果接着用经典的摄动法，则有 $x^{(1)}\equiv 0$，而且，当 $\xi\to 0$ 时，利用式(2.7)，由式(2.9)可得

$$u^{(1)}(\xi)=O(\xi^{-q_0})+O(u^{(0)}u^{(0)\prime})=R(\xi)+O(\xi^{-q_0-1})+O(\xi^{-2q_0-1}). \tag{2.10}$$

当 q_0 为非正的整数时，此结论又要进行修正，利用式(2.8)得

$$u^{(1)}(\xi)=R(\xi)+O(\xi^{-q_0-1}\ln\xi),\ q_0=0,-1,-2,\cdots \tag{2.11}$$

我们将会看到，这种奇性的效应确实很坏。先考察正 q_0 的情况，这时，按式(2.10)，$u^{(1)}$ 最坏的奇性是 ξ^{-2q_0-1}；而在原点 $\xi=x=0$ 附近，二阶项 $\varepsilon u^{(1)}$ 与一阶项 $u^{(0)}$ 之比为 $\varepsilon\xi^{-2q_0-1}/\xi^{-q_0}=\varepsilon\xi^{-q_0-1}$。对小而有限的 ε，此比值当 $\xi\to 0$ 时趋于无穷大，对高阶摄动，这一态势继续保持，对给定的 ε，当 $x=\xi$ 足够小的时候，u 的级数将是发散的。对于非正的 q_0，式(2.10)中的 $O(\xi^{-q_0-1})$ 项比 $O(\xi^{-2q_0-1})$ 项坏，于是式(2.10)和(2.11)都表明，$\varepsilon u^{(1)}$ 与 $u^{(0)}$ 之比为 $\varepsilon\xi^{-1}$，高阶摄动也显示类似的性态，u 的摄动级数在原点附近也是发散的。

PLK 方法的要点当然是利用 $x^{(1)}$ 的附加的自由度来控制 $u^{(1)}$ 的奇性。我们看到，这仅仅需要使式(2.9)右端方括号等于 $R(\xi)+O(\xi^{-q_0+1})$，显然，可通过适当选取 $x^{(1)}$ 来实现。实际上，我们甚至可令右端方括号为零，在第一部分第 2 小节中确实已这样做了。然而，一般说来只要在 $x^{(1)}$ 的升幂型展开式中保留 ξ 的有限项就足矣。$q_0<0$ 与 $q_0>0$ 的情形有所不同，我们先来处理 q_0 为正的情形。

2. $q_0>0$ 的情形

图 1 中画的就是这种情形。如式(2.7)所示，$u^{(0)}(\xi)$ 的奇性项为 $A\xi^{-q_0}$，式中 A 是一个由解的边界条件确定的常数，所以式(2.9)右端方括号中为害最甚的项为

$$-q_0A\xi^{-q_0}x^{(1)\prime}+q_0A\xi^{-q_0-1}x^{(1)}+A^2q_0\xi^{-2q_0-1}$$

假如对小的 ξ，我们要求有

$$x^{(1)} \sim \frac{-A\xi^{-q_0}}{q_0+1} \tag{2.12}$$

那么上面这几个项就可消除。做到此点后，对小的 ξ，有 $u^{(1)}(\xi)=O(\xi^{-2q_0})$。高阶摄动分析[2]导得类似的结果，当 $\xi\to 0$ 时，我们有

$$\left.\begin{aligned} u &= A\xi^{-q_0}+\varepsilon O(\xi^{-2q_0})+\varepsilon^2 O(\xi^{-3q_0})+\varepsilon^3 O(\xi^{-4q_0})+\cdots \\ x &= \xi+\varepsilon\left(-\frac{A\xi^{-q_0}}{q_0+1}+\cdots\right)+\varepsilon^2 O(\xi^{-2q_0})+\varepsilon^3 O(\xi^{-3q_0})+\cdots \end{aligned}\right\} \tag{2.13}$$

我们暂时令 $A>0$，这类解如图 1 所示。此时，在经典摄动理论中出现麻烦的点 $x=0$ 对应于 $\xi\approx\varepsilon^{1/(q_9+1)}$，所以 u 和 x 的级数的相继的项在 $x=0$ 附近的比值为 $\varepsilon^{1/(q_9+1)}$，于是如果 ε 足够小，u 和 x 的级数是收敛的，经典摄动法的困难就此解决。通过控制 $u^{(j)}(\xi)$ 和 $x^{(j)}(\xi)$ 的奇性，使得对于每个 j 它们有类似的奇性，如式(2.13)所示，就这样，我们达到了上述目的。

当然，当 $A<0$ 时，也如图 1 所示，在 $x=0$ 之前，解有一个分支点，其位置可由 $x+\varepsilon u=0$ 来确定。于是，准确到一级近似，有

$$\xi-\varepsilon\frac{A\xi^{-q_0}}{q_0+1}+\varepsilon A\xi^{-q_0}\approx 0$$

所以，对有分支点的情形，有

$$\xi\approx\left(-\frac{\varepsilon A q_0}{q_0+1}\right)^{\frac{1}{q_0+1}},\quad x\approx\left(1+\frac{1}{q_0}\right)\left(-\frac{\varepsilon A q_0}{q_0+1}\right)^{\frac{1}{q_0+1}} \tag{2.14}$$

根据上一段中的论述，用 PLK 方法所得的解到分支点为止无疑很好。当 $A>0$ 时，不存在实数分支点。

为了了解方法的细节，考虑 Lighthill[2]研究过的如下方程：

$$(x+\varepsilon u)\frac{\mathrm{d}u}{\mathrm{d}x}+(2+x)u=0 \tag{2.15}$$

及边界条件

$$u(1)=\mathrm{e}^{-1} \tag{2.16}$$

令 ξ_1 为 ξ 在 $x=1$ 的值，则 ξ_1 由下式确定：

$$1=\xi_1+\varepsilon x^{(1)}(\xi_1)+\varepsilon^2 x^{(2)}(\xi_1)+\cdots$$

或

$$\xi_1=1-\varepsilon x^{(1)}(\xi_1)-\varepsilon^2 x^{(2)}(\xi_1)+\cdots$$

现在可把 ξ_1 的值代入上式中的 $x^{(1)}(\xi_1)$ 和 $x^{(2)}(\xi_1)$，然后把结果依 ε 的幂次展开，所以有

$$\begin{aligned}\xi_1 &= 1-\varepsilon[x^{(1)}(1)-\varepsilon x^{(1)}(1)x^{(1)\prime}(1)]-\varepsilon^2 x^{(2)}(1)+\cdots \\ &= 1-\varepsilon x^{(1)}(1)-\varepsilon^2[x^{(2)}(1)-x^{(1)}(1)x^{(1)\prime}(1)]+\cdots\end{aligned}$$

于是边界条件(2.10)可写成

$$\mathrm{e}^{-1}=u^{(0)}(1)-u^{(0)\prime}(1)\varepsilon x^{(1)}(1)+\varepsilon u^{(1)}(1)+\cdots$$

或

$$\left.\begin{aligned} &u^{(0)}(1)=\mathrm{e}^{-1} \\ &u^{(1)}(1)=u^{(0)\prime}(1)x^{(1)}(1) \\ &\cdots\cdots \end{aligned}\right\} \tag{2.17}$$

式(2.17)为转换成变量 ξ 时的边界条件。

现在，零阶方程为

$$\xi \frac{du^{(0)}}{d\xi} + (2+\xi)u^{(0)} = 0$$

利用边界条件(2.17),我们得到

$$u^{(0)}(\xi) = e^{-\xi}\xi^{-2} \tag{2.18}$$

根据式(2.9),一阶方程为

$$\begin{aligned}\frac{d}{d\xi}[u^{(1)}(\xi)e^{\xi}\xi^{2}] &= \frac{1}{\xi}\ [-(2+\xi)e^{-\xi}\xi^{-2}x^{(1)\prime} - \{e^{-\xi}\xi^{-2} - e^{-\xi}\xi^{-2} - 2e^{-\xi}\xi^{3}\}x^{(1)} - \\ &\quad e^{-\xi}\xi^{-2}\{-e^{-\xi}\xi^{-2} - 2e^{-\xi}\xi^{-3}\}]e^{\xi}\xi^{2} \\ &= \frac{1}{\xi}\left[-(2+\xi)x^{(1)\prime} + \frac{2}{\xi}x^{(1)} + e^{-\xi}\xi^{-2}\left(1+\frac{2}{\xi}\right)\right]\end{aligned}$$

可以看到,若令

$$x^{(1)\prime} - \frac{1}{\xi}x^{(1)} = \frac{1}{\xi^{3}}$$

或

$$x^{(1)}(\xi) = -\frac{1}{3\xi^{2}} \tag{2.19}$$

$u^{(1)}$ 的最坏的奇性就可以消除了。采用这个 $x^{(1)}$,$u^{(1)}$ 的方程化为

$$\begin{aligned}\frac{d}{d\xi}[u^{(1)}(\xi)e^{\xi}\xi^{2}] &= \frac{1}{\xi}\left[-\xi x^{(1)\prime} - \frac{2}{\xi^{3}} + e^{-\xi}\xi^{-2}\left(1+\frac{2}{\xi}\right)\right] \\ &= -\frac{2}{3}\frac{1}{\xi^{3}} - \frac{2}{\xi^{4}} + e^{-\xi}\left(\frac{1}{\xi^{3}} + \frac{2}{\xi^{4}}\right)\end{aligned}$$

在边界条件(2.17)下,我们就解得

$$u^{(1)}(\xi) = e^{-\xi}\xi^{-2}\left[\frac{2}{3}\frac{1}{\xi^{3}} + \frac{1}{3}\frac{1}{\xi^{2}} - \int_{\xi}^{1} e^{-\xi}\left(\frac{2}{\xi^{4}} + \frac{1}{\xi^{3}}\right)d\xi\right] \tag{2.20}$$

二阶方程为

$$\begin{aligned}\xi u^{(2)\prime} + (2+\xi)u^{(2)} &= -(x^{(1)} + u^{(0)})u^{(1)\prime} - (x^{(2)} + u^{(1)})u^{(0)\prime} - \\ &\quad x^{(2)}u^{(0)} - x^{(1)}u^{(1)} - x^{(1)\prime}\{(2+\xi)u^{(1)} + x^{(1)}u^{(0)}\} - x^{(2)\prime}(2+\xi)u^{(0)}\end{aligned}$$

为了消除 $u^{(2)}$ 的最坏的奇性,我们令

$$\xi\frac{d}{d\xi}\left(\frac{x^{(2)}}{\xi}\right) = \frac{3}{2}\frac{1}{\xi^{5}} \quad 或 \quad x^{(2)}(\xi) = -\frac{3}{10}\frac{1}{\xi^{4}} \tag{2.21}$$

合并到此所得的结果,我们有

$$\left.\begin{aligned}u &= e^{-\xi}\xi^{-2} + \varepsilon\left[e^{-\xi}\xi^{-2}\left\{\frac{2}{3\xi^{3}} + \frac{1}{3\xi^{2}} - \int_{\xi}^{1} e^{-\xi}\left(\frac{2}{\xi^{4}} + \frac{1}{\xi^{3}}\right)d\xi\right\}\right] + O\left(\frac{\varepsilon^{2}}{\xi^{6}}\right) \\ x &= \xi - \frac{\varepsilon}{3\xi^{2}} - \frac{3\varepsilon^{2}}{10\xi^{4}} + O\left(\frac{\varepsilon^{2}}{\xi^{6}}\right)\end{aligned}\right\} \tag{2.22}$$

现经简单的计算可知,在 $x=0$ 处有

$$\left.\begin{aligned}\xi &= \left(\frac{\varepsilon}{3}\right)^{\frac{1}{3}} + \frac{9}{10}\left(\frac{\varepsilon}{3}\right)^{\frac{2}{3}} + O(\varepsilon) \\ u &= \left(\frac{3}{\varepsilon}\right)^{\frac{2}{3}} - 27\left(\frac{3}{\varepsilon}\right)^{\frac{1}{3}} + O(1)\end{aligned}\right\} \tag{2.23}$$

对于当前这个方程,按照式(2.18),当 $\xi\to 0$ 时 $u^{(0)} \sim 1/\xi^{2}$,因此,A 是正数,不出现实数分支点。

有些情况下,可以令头几个 $x^{(j)}(\xi)$ 等于零而丝毫不影响解的有效性。例如,若 $A=\lim\limits_{\xi\to 0}\xi^{q_0}u^{(0)}(\xi)$ 恰好由于问题的边界条件而等于零,那么 $u^{(1)}$ 中最坏的奇性自动消失,也就不需要引入 $x^{(1)}$ 了。一般说来,如果 $j<i$ 时,$\lim\limits_{\xi\to 0}\xi^{q_0}u^{(j)}(\xi)=0$,那么第一个非零的 $x^{(j)}(\xi)$ 将是 $x^{(i)}(\xi)$。

3. $q_0=0$ 的情形

在这一情形,当 $\xi\to 0$ 时 $u^{(0)}(\xi)$ 有对数奇性:

$$u^{(0)}(\xi)=r_0\ln\xi+B+O(\xi\ln\xi) \tag{2.24}$$

令式(2.9)右端方括号中奇性最严重的项等于零,我们得到

$$x^{(1)\prime}-\frac{1}{\xi}x^{(1)}=\xi\frac{\mathrm{d}}{\mathrm{d}\xi}\left(\frac{x^{(1)}}{\xi}\right)=\frac{1}{\xi}[r_0\ln\xi+B]$$

于是有

$$x^{(1)}(\xi)=-r_0\ln\xi-(r_0+B) \tag{2.25}$$

一般地说,当 $\xi\to 0$ 时我们发现(参看文献[2])

$$u^{(j)}=O(\ln^{2j+1}\xi)\qquad x^{(j)}=O(\ln^{2j-1}\xi) \tag{2.26}$$

因此,u 和 x 的级数的相继项之比具有 $\varepsilon\ln^2\xi$ 的量级,而式(2.25)表明,到一级近似,

$$x\approx\xi-\varepsilon[r_0\ln\xi+r_0+B]$$

所以 $x=0$ 对应于 $\xi\approx\varepsilon\ln\varepsilon$,由此可见,PLK 方法给出的级数的收敛半径约为 $\varepsilon^{-1}\ln^{-2}\varepsilon$,对于小 ε 来说,这比 ε 大多了。在 $x+\varepsilon u=0$ 处解出现分支点,即出现在 $\xi=\varepsilon r_0+O(\varepsilon^2\ln^2\varepsilon)$ 时,或即

$$x=-\varepsilon r_0\ln(\varepsilon r_0)-\varepsilon B+O(\varepsilon^3\ln^3\varepsilon) \tag{2.27}$$

时,对于小 ε 来说,当 $r_0>0$ 时,它是正实数;当 $r_0<0$ 时,不出现实数分支点。

4. $q_0<0$ 的情形

当 q_0 为负值时,零阶解 $u^{(0)}$ 在 $\xi=0$ 处实际上是有限的,我们会由此认为情况不会像前两节所研究的 $q_0\geqslant 0$ 时那样糟糕。然而,事实证明,这种想法是靠不住的,而 PLK 方法不一定给出直到原点 $x=0$ 的收敛解。我们先来讨论较简单的 $q_0\leqslant -1$ 的情形。在第二部分第 1 节中我们已经证明,在经典的摄动理论中,$u^{(1)}$ 里带来麻烦的项是式(2.10)中的 $O(\xi^{-q_0-1})$,它是式(2.9)右端中括号里的 $u^{(0)}u^{(0)\prime}$ 产生的。要去掉此项,只需要取 $x^{(1)}$ 为一个非零的常数,其值由下式确定:

$$-x^{(1)}-u^{(0)}(0)=0 \tag{2.28}$$

事实上,所有后继的 $x^{(j)}$ 均可取为常数。因此 x 与 ξ 的差别在于一个依赖 ε 的常数。为了证明此点,方便的做法是从下列变换着手:

$$x=\xi+\alpha,\quad u=v+\beta \tag{2.29}$$

式中:α 和 β 为待定常数。v 和 ξ 满足的方程为

$$\{\xi+\varepsilon v+(\alpha+\varepsilon\beta)\}\frac{\mathrm{d}v}{\mathrm{d}\xi}=-q(\xi+\alpha)(v+\beta)+r(\xi+\alpha)$$

现在我们要求 $\xi=v=0$ 时除了方程右端等于零之外 $\mathrm{d}v/\mathrm{d}\xi$ 的系数也为零,通过这种方式来确定 α 和 β。于是点 $\xi=v=0$ 实际上为结点,所以有

$$\alpha+\varepsilon\beta=0,\qquad q(\alpha)\cdot\beta=r(\alpha) \tag{2.30}$$

从这组方程可确定 α 和 β 作为 ε 的函数。而且,因为假定 q 和 r 为正则函数,α 和 β 可展开成 ε 的幂级数。

现在,经变换的方程有如下形式:

$$(\xi+\varepsilon v)\frac{\mathrm{d}v}{\mathrm{d}\xi}+q(\xi)v=r(\xi), \quad r_0=r(0)=0 \tag{2.31}$$

令 $q_0=q(0)\leqslant -1$。方程(2.31)可用经典的摄动法求解，且有

$$v=v^{(0)}(\xi)+\varepsilon v^{(1)}(\xi)+\varepsilon^2 v^{(2)}(\xi)+\cdots \tag{2.32}$$

将 α 展开为 ε 的幂级数后可给出所有的 $x^{(j)}$。零阶解为

$$v^{(0)}(\xi)=\exp\left(-\int\frac{q}{\xi}\mathrm{d}\xi\right)\int\frac{r}{\xi}\exp\left(\int\frac{q}{\xi}\mathrm{d}\xi\right)\mathrm{d}\xi=\xi R(\xi)+O(\xi^{-q_0}\ln^{\mu}\xi) \tag{2.33}$$

式中：当 q_0 为负整数时 μ 为 1，否则为零。Lighthill[2] 经分析指出，高阶摄动由下式给出：

$$v^{(j)}(\xi)=\xi R(\xi)+O(\xi^{-q_0}\ln^{\nu j+\mu}\xi) \tag{2.34}$$

式中：当 $q_0=-1$ 时 $\nu=2$，否则 $\nu=1$。于是，当 $\xi\to 0$ 时 v 的级数(2.32)的相继项之比为 $O(\varepsilon\ln^{\nu}\xi)$，这似乎表明上述级数关于 ξ 的收敛半径为 $\exp(-\text{const.}/\varepsilon^{\frac{1}{\nu}})$，换句话说，我们的解有效的最小的 ξ 是 $O[\exp(-\text{const.}/\varepsilon^{\frac{1}{\nu}})]$。尽管它比 ε 的任何幂次都小，这仍然意味着点 $\xi=0$（即结点）不能达到。更糟糕的是，根据式(2.29)，x 比 ξ 值大 α，若 α 为正，则我们的解在 x 的从 $x=0$ 到稍大于 α 值的范围里失效。当然，如果事实表明物理问题所要求的解不包含上述招致麻烦的范围，那么 PLK 方法还是完全成功的。

$-1<q_0<0$ 兼有 $q_0\geqslant 0$ 情形和 $q_0\leqslant -1$ 情形的特性。对我们的分析来说，方便的做法是再次应用变换式(2.29)以及(2.30)。所以我们要考虑的方程具有式(2.1)的形式，且有 $r_0=0$ 和 $-1<q_0<0$，于是 $u=x=0$ 为结点，这里需要用完整的双重展开式(2.2)。Lighthill 证明了，当 $\xi\to 0$ 时有

$$x^{(j)}(\xi)=O(\xi^{-q_0}\ln^{j-1}\xi) \qquad u^{(j)}(\xi)=O(\xi^{-q_0}\ln^{j}\xi) \tag{2.35}$$

我们的方法的实质还是控制 $x^{(j)}(\xi)$ 和 $u^{(j)}(\xi)$ 的奇性，具体做法是：对于每一 j，让两个函数具有相类似的奇性。与 $q_0\leqslant -1$ 的情形一样，级数关于 ξ 的收敛半径仍为 $O[\exp(-\text{const.}/\varepsilon^{\frac{1}{\nu}})]$ 的量级，点 $\xi=0$ 必须排除在外。然而，解的分支点通常在达到 $\xi=0$ 之前就已出现；物理问题不要求招致麻烦的点附近的解，PLK 方法可给出令人满意的解。

作为这一情形的一个例子，我们来考虑 Lighthill[2] 研究过的方程

$$(y+\varepsilon w)\frac{\mathrm{d}w}{\mathrm{d}y}-\frac{1}{2}w=1+y^2 \tag{2.36}$$

边界条件为

$$w(1)=-1 \tag{2.37}$$

根据式(2.30)中的第一个方程，所需要的预备性变换式(2.29)可写成

$$y=x+\alpha, \quad w=u-\left(\frac{\alpha}{\varepsilon}\right) \tag{2.38}$$

于是由式(2.30)中的第二个方程得到

$$\alpha^2-\frac{1}{2\varepsilon}\alpha+1=0$$

或者，因为当 $\varepsilon\to 0$ 时 $\alpha\to 0$，故有

$$\alpha=\frac{1}{4\varepsilon}\left[1-\sqrt{1-16\varepsilon^2}\right]=2\varepsilon+8\varepsilon^3+\cdots \tag{2.39}$$

结果，方程变为

$$(x+\varepsilon u)\frac{\mathrm{d}u}{\mathrm{d}x}-\frac{1}{2}u=2\alpha x+x^2 \tag{2.40}$$

现在边界条件变成

$$u=\frac{\alpha}{\varepsilon}-1 \quad \text{在 } x=1-\alpha \text{ 处}$$

利用展开式(2.2),我们得到

$$\begin{aligned}1+8\varepsilon^2+\cdots=&u^{(0)}(1)+\varepsilon\{-u^{(0)\prime}(1)[2+x^{(1)}(1)]+u^{(1)}(1)\}+\\&\varepsilon^2\left\{u^{(0)\prime}(1)[2x^{(1)\prime}(1)-x^{(2)}(1)]+\frac{1}{2}u^{(0)\prime\prime}(1)[2+x^{(1)}(1)]^2-\right.\\&u^{(1)\prime}(1)[2+x^{(1)}(1)]+u^{(2)}(1)\}+\cdots\end{aligned}$$

于是,转换后的边界条件为

$$\left.\begin{aligned}&u^{(0)}(1)=1\\&u^{(1)}(1)=u^{(0)\prime}(1)[2+x^{(1)}(1)]\\&u^{(2)}(1)=u^{(1)\prime}(1)[2+x^{(1)}(1)]-\frac{1}{2}u^{(0)\prime\prime}(1)[2+x^{(1)}(1)]^2-\\&\qquad u^{(0)\prime}(1)[2x^{(1)\prime}(1)-x^{(2)}(1)]\\&\cdots\cdots\end{aligned}\right\}\tag{2.41}$$

零阶方程为

$$\xi\frac{\mathrm{d}u^{(0)}}{\mathrm{d}\xi}-\frac{1}{2}u^{(0)}=\xi^2\tag{2.42}$$

利用式(2.41)给出的边界条件的第一式,可得上述方程的解

$$u^{(0)}(\xi)=\frac{1}{3}\xi^{\frac{1}{2}}+\frac{2}{3}\xi^2\tag{2.43}$$

一阶方程为

$$\begin{aligned}\xi\frac{\mathrm{d}u^{(1)}}{\mathrm{d}\xi}-\frac{1}{2}u^{(1)}=&\left(\xi^2+\frac{1}{2}u^{(0)}\right)x^{(1)\prime}+(2\xi-u^{(0)\prime})x^{(1)}+\\&(4\xi-u^{(0)}u^{(0)\prime})\end{aligned}\tag{2.44}$$

为了去掉方程右端奇性最严重的项,我们令

$$\xi^{\frac{1}{2}}x^{(1)\prime}-\frac{1}{\xi^{\frac{1}{2}}}x^{(1)}=\frac{1}{3}$$

或

$$x^{(1)}=-\frac{2}{3}\xi^{\frac{1}{2}}\tag{2.45}$$

完整的解为

$$\begin{aligned}&u=\frac{1}{3}\xi^{\frac{1}{2}}+\frac{2}{3}\xi^2+\varepsilon\left(-\frac{21}{5}\xi^{\frac{1}{2}}+8\xi-\frac{13}{9}\xi^{\frac{3}{2}}-\frac{16}{45}\xi^3\right)+O(\varepsilon^2\xi^{\frac{1}{2}}\ln\xi)\\&x=\xi-\frac{2}{3}\varepsilon\xi^{\frac{1}{2}}+\frac{42}{5}\varepsilon^2\xi^{\frac{1}{2}}+O(\varepsilon^3\xi^{\frac{1}{2}}\ln\xi)\end{aligned}$$

我们可以利用式(2.38)和(2.39)给出用 w 和 y 表示的解:

$$\left.\begin{aligned}&w=-2+\frac{1}{3}\xi^{\frac{1}{2}}+\frac{2}{3}\xi^2+\varepsilon\left(-\frac{21}{5}\xi^{\frac{1}{2}}+8\xi-\frac{13}{9}\xi^{\frac{3}{2}}-\frac{16}{45}\xi^3\right)+O(\varepsilon^2)\\&y=\xi+\varepsilon\left(2-\frac{2}{3}\xi^{\frac{1}{2}}\right)+\frac{42}{5}\varepsilon^2\xi^{\frac{1}{2}}+O(\varepsilon^3)\end{aligned}\right\}\tag{2.46}$$

当然,事先不采用变换式(2.38)也可以得到这个解。直接把 w 和 y 的双重展开式代入方程,

也给出相同的解。但是,采用预备性变换经常更方便一些。

在 $\mathrm{d}u/\mathrm{d}\xi=0$ 的点,y 与 ξ 的关系开始折转,我们就有了解的分支点,利用这一条件,我们得知,在分支点上有

$$\left.\begin{aligned}\xi&=\frac{1}{9}\varepsilon^2-\frac{14}{5}\varepsilon^3+O(\varepsilon^4)\\ y&=2\varepsilon-\frac{1}{9}\varepsilon^2+\frac{14}{5}\varepsilon^3+O(\varepsilon^4)\end{aligned}\right\}\tag{2.47}$$

于是,分支点出现在解于 $\xi=0$ 处失效之前。

5. 要求采用边界层方法的方程

应该记得,在前面讨论微分方程(2.1)时我们附加了条件:$q(x)$和 $r(x)$在 $x=0$ 处是正则的,正因为 $q(x)$和 $r(x)$是正则的,当 x 按式(2.2)的第二式被取代为 ξ 时,我们可以把这两个函数展开成关于 ε 的一致有效幂级数。因为我们要求通过这种展开产生如式(2.3)所示的逐阶的方程,所以方程(2.1)中 $q(x)$和 $r(x)$的正则性对 PLK 方法的成功应用极其重要。如果 $q(x)$或 $r(x)$(甚或二者)在 $x=0$ 处不是正则的,那么,该方程就不能用 PLK 方法求解,而必须用某种不同的方法(如边界层方法)来处理。

这一见解得到了 Carrier[6,7]的研究结果的支持,例如,他发现如下的方程就不能用 PLK 方法求解:

$$(z^2+\varepsilon u)\frac{\mathrm{d}u}{\mathrm{d}z}+u=(2z^3+z^2)\tag{2.48}$$

倘若我们采用变换 $z^2=x$,就立即可见,这是我们的正则性条件的必然后果。作了变换后,式(2.48)变成

$$(x+\varepsilon u)\frac{\mathrm{d}u}{\mathrm{d}x}+\frac{1}{2\sqrt{x}}u=\left(x+\frac{1}{2}\sqrt{x}\right)\tag{2.49}$$

此方程现在有我们的标准形式,但 $q(x)$和 $r(x)$ 在 $x=0$ 处不是正则的了,PLK 方法在本例中一定失效。当然,有人会争辩说,我们可以对原方程(2.48)中的 z 展开,而不是对经变换的方程(2.49)中的 x 展开。但这只不过是一种错觉,因为关于 z 或关于 x 的幂级数展开实际上并无差别,若此方法对 x 形式失败了,对 z 形式也一定失败。

6. 二阶方程

高阶方程若有正则奇点,且像以上各节讨论过的那样,零阶解在临界点有代数奇性或对数奇性,则可用类似的方法来处理。方便的做法是:把这种高阶方程表示成一组联立的一阶方程组。例如,方程

$$\left(x+\varepsilon\frac{\mathrm{d}v}{\mathrm{d}x}+\varepsilon av\right)\frac{\mathrm{d}^2v}{\mathrm{d}x^2}+q(x)\frac{\mathrm{d}v}{\mathrm{d}x}+S(x)v=r(x)\tag{2.50}$$

可改写成

$$(x+\varepsilon u+\varepsilon av)\frac{\mathrm{d}u}{\mathrm{d}x}+q(x)u+S(x)v=r(x),\ \frac{\mathrm{d}v}{\mathrm{d}x}=u\tag{2.51}$$

现在,该方程的奇性出现在(x,u,v)空间中的平面 $x+\varepsilon u+\varepsilon av=0$ 上。为了用 PLK 方法处理此方程,我们把 x,u,v 代换成如下的展开式:

$$\left.\begin{aligned}x&=\xi+\varepsilon x^{(1)}(\xi)+\varepsilon^2x^{(2)}(\xi)+\cdots\\ u&=u^{(0)}(\xi)+\varepsilon u^{(1)}(\xi)+\varepsilon^2u^{(2)}(\xi)+\cdots\\ v&=v^{(0)}(\xi)+\varepsilon v^{(1)}(\xi)+\varepsilon^2v^{(2)}(\xi)+\cdots\end{aligned}\right\}\tag{2.52}$$

于是由式(2.51)的第二个方程得到

$$v^{(0)\prime}+\varepsilon v^{(1)\prime}+\varepsilon^2 v^{(2)\prime}+\cdots=[1+\varepsilon x^{(1)\prime}+\varepsilon^2 x^{(2)\prime}+\cdots]\cdot[u^{(0)}+\varepsilon u^{(1)}+\varepsilon^2 u^{(2)}+\cdots] \tag{2.53}$$

于是,零阶方程为

$$\xi\frac{\mathrm{d}u^{(0)}}{\mathrm{d}\xi}+q(\xi)u^{(0)}+S(\xi)v^{(0)}=r(\xi),\frac{\mathrm{d}v^{(0)}}{\mathrm{d}\xi}=u^{(0)} \tag{2.54}$$

对于 $q_0>0$ 的情形,当 ξ 很小时,与 $u^{(0)}$ 相比,$v^{(0)}$ 可以忽略,且当 $\xi\to 0$ 时 $u^{(0)}\sim A\xi^{-q_0}$。量 $v^{(0)}$ 由式(2.54)的第二个方程经由某种边界条件下的积分得到。当 $q_0\leqslant -1$ 时,如第二部分第4小节所述,$x^{(j)}$ 仍可取为常数。但现在用类似于式(2.30)的条件不能确定 $x^{(j)}$,因为对伴随 u,v,x 的三个偏移常数来说,只有两个条件,$x^{(j)}$ 必须由微分方程和边界条件确定。如下的普遍规则成立:在 $u^{(0)}(\xi)$, $u^{(1)}(\xi)$, …, $u^{(k-1)}(\xi)$; $v^{(0)}(\xi)$, $v^{(1)}(\xi)$, …, $v^{(k-1)}(\xi)$; $x^{(1)}(\xi)$, …, $x^{(k-1)}(\xi)$ 确定之后,通过要求 $x+\varepsilon u+\varepsilon av$ 中 ε^k 的系数为零,来确定 $x^{(k)}$。于是就防止了因子 ξ^{-1} 导致的 $u^{(k)}$ 和 $v^{(k)}$ 的奇性的逐阶增强。当 $-1<q_0<0$ 时,与第二部分第4小节讨论过的做法类似,有必要将常数偏移与自变量展开结合起来。

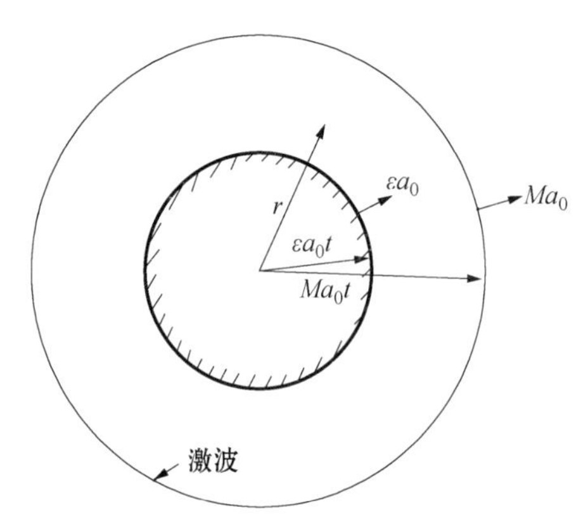

图2 膨胀圆柱产生的柱面激波

作为将PLK方法应用于二阶方程的例子,我们来解决由固体圆柱面从零半径开始在空气中均匀膨胀所产生的柱面激波问题;假定空气是无粘绝热完全气体。这个例子也由Lighthill[2]讨论过。我们用 r 表示离圆柱中心的距离;t 表示圆柱半径为零起算的时间(图2)。因为不存在基本的长度和时间,所以所有的速度和压力一定依赖参数 r/t。若 a_0 为静止空气中的声速,我们就可把速度势 φ 写成

$$\varphi={a_0}^2 t f(x) \tag{2.55}$$

式中:x 为无量纲的参数,

$$x=\frac{r}{a_0 t} \tag{2.56}$$

令膨胀柱面的速度为 εa_0,柱面由 $x=\varepsilon$ 确定,激波位于 $Ma_0 t$,于是流动区域为 $\varepsilon\leqslant x\leqslant M$。因为激波有均匀强度,所以激波后的流动是绝热的,Bernoulli方程成立,亦即,当地声速 a 由下式确定:

$$a^2={a_0}^2\left[1-(\gamma-1)\left(f-xf'+\frac{1}{2}f'^2\right)\right] \tag{2.57}$$

式中:撇号代表关于 x 求导;γ 为空气的比热比。

速度势 φ 满足的方程为

$$a^2\nabla^2\varphi=\frac{\partial^2\varphi}{\partial t^2}+2\frac{\partial\varphi}{\partial r}\frac{\partial^2\varphi}{\partial r\partial t}+\left(\frac{\partial\varphi}{\partial r}\right)^2\frac{\partial^2\varphi}{\partial r^2}$$

用式(2.55)中的 f 来表示,我们有

$$\left[1-(\gamma-1)\left(f-xf'+\frac{1}{2}f^2\right)\right]\left[f''+\frac{1}{x}f'\right]=(x-f')^2 f'' \tag{2.58}$$

边界条件由如下要求来确定:(i) 柱面上气体的速度等于柱面的运动速度;(ii) 激波面上 φ 是

连续的，而静止空气中 $\varphi=0$，因此激波上 $\varphi=0$；(iii) 激波速度与激波后的流体速度必须满足 Rankine-Hugoniot 关系。用 f 来表达，我们得到如下三个边界条件：

$$\left.\begin{aligned} &f'(\varepsilon)=\varepsilon \\ &f(M)=0 \\ &f'(M)=2\frac{\left(M-\frac{1}{M}\right)}{\gamma+1} \end{aligned}\right\} \tag{2.59}$$

因为对一个二阶方程有三个边界条件，我们应该找到一个 ε 与 M 的关系，或即柱面膨胀速度与激波速度之间的关系。

为了把问题以熟悉的形式来表述，我们令

$$f'=u,\quad f=v \tag{2.60}$$

于是式(2.58)变成

$$\left.\begin{aligned} &\left[1-x^2+(\gamma+1)xu-(\gamma-1)v-\frac{1}{2}(\gamma+1)u^2\right]\frac{\mathrm{d}u}{\mathrm{d}x}+ \\ &\quad\frac{u}{x}\left[1+(\gamma-1)\left(xu-v-\frac{1}{2}u^2\right)\right]=0 \\ &\frac{\mathrm{d}v}{\mathrm{d}x}=u \end{aligned}\right\} \tag{2.61}$$

于是，边界条件为

$$u(\varepsilon)=\varepsilon,\quad u(M)=\frac{2}{\gamma+1}\left(M-\frac{1}{M}\right),\quad v(M)=0 \tag{2.62}$$

当 ε 很小时，u 和 v 为小量，式(2.61)近似成

$$\left.\begin{aligned} &(1-x^2)\frac{\mathrm{d}u}{\mathrm{d}x}+\frac{u}{x}=0 \\ &\frac{\mathrm{d}v}{\mathrm{d}x}=u \end{aligned}\right\} \tag{2.63}$$

因此，边界条件(2.62)下的解为

$$\left.\begin{aligned} &u=\varepsilon^2\sqrt{\frac{1}{x^2}-1},\quad M=1 \\ &v=\int_1^x u\mathrm{d}x \end{aligned}\right\} \tag{2.64}$$

它在 $x=1$ 处有奇性，对应于 $q_0=-1/2$，所以问题属于 $-1<q_0<0$ 的情形。对 $x>1$，解(2.64)不存在，而对精确解来说，M(激波速度与声速之比)必须大于 1。于是，很明显，需要采用 PLK 方法。零级近似表明，我们应采用如下的展开式：

$$\left.\begin{aligned} &u=\varepsilon^2u^{(0)}(\xi)+\varepsilon^4u^{(1)}(\xi)+\cdots \\ &v=\varepsilon^2v^{(0)}(\xi)+\varepsilon^4v^{(1)}(\xi)+\cdots \\ &x=\xi+\varepsilon^2x^{(1)}(\xi)+\varepsilon^4x^{(2)}(\xi)+\cdots \\ &M=1+\varepsilon^2M^{(1)}+\varepsilon^4M^{(2)}+\cdots \end{aligned}\right\} \tag{2.65}$$

式中：$u^{(0)}(\xi)$ 和 $v^{(0)}(\xi)$ 当然由式(2.64)给出，或即

$$\left.\begin{aligned} &u^{(0)}(\xi)=\sqrt{\frac{1}{\xi^2}-1} \\ &v^{(0)}(\xi)=\int_1^{\xi}u^{(0)}(\xi)\mathrm{d}\xi \end{aligned}\right\} \tag{2.66}$$

现在因为奇性出现在 $\xi=1$ 处，$(1-\xi)$ 起了前几节中 ξ 的作用。按照 $-1<q_0<0$ 情形的一般理论，$x^{(1)}$，$x^{(2)}$，…的最重要的项为常数，尽管还要有 $(1-\xi)^{\frac{1}{2}}$ 乘以 $\log(1-\xi)$ 各次幂那样的项，如式(2.35)所示。式(2.61)中 du/dx 前的因子里 ε^2 的系数为

$$-2\xi x^{(1)}+(\gamma+1)\xi u^{(0)}-(\gamma-1)v^{(0)}$$

按照本节开首所述的一般规则，在奇点 $\xi=1$ 处上述和式应为零，但(2.66)表明，在 $\xi=1$ 处 $u^{(0)}$ 和 $v^{(0)}$ 为零，所以我们取

$$x^{(1)}=0 \tag{2.67}$$

$x^{(1)}$ 取此值后，$u^{(1)}$ 的方程成为

$$(1-\xi^2)u^{(1)\prime}+\frac{1}{\xi}u^{(1)}+[(\gamma+1)\xi u^{(0)}-(\gamma-1)v^{(0)}]u^{(0)\prime}+$$

$$\frac{1}{\xi}u^{(0)}[(\gamma-1)\xi u^{(0)}-(\gamma-1)v^{(0)}]=0 \tag{2.68}$$

若此方程中 $\xi\to 1$，则得到

$$u^{(1)}(1)=-(\gamma+1)\lim_{\xi\to 1}[u^{(0)}u^{(0)\prime}]=\gamma+1 \tag{2.69}$$

为了计算 $v^{(1)}(1)$，我们必须利用边界条件。令 ξ_1 为对应于激波的 ξ 值，则按照式(2.62)和(2.65)，考虑到式(2.67)，我们有

$$\left.\begin{aligned}&\xi_1+\varepsilon^4x^{(2)}(\xi_1)+\cdots=M\\&\varepsilon^2v^{(0)}(\xi_1)+\varepsilon^4v^{(1)}(\xi_1)+\cdots=0\\&\varepsilon^2u^{(0)}(\xi_1)+\varepsilon^4u^{(1)}(\xi_1)+\cdots=\frac{2}{(\gamma+1)}\left(M-\frac{1}{M}\right)\end{aligned}\right\} \tag{2.70}$$

但是，由(2.66)和(2.69)得知，当 $\xi\to 1$ 时，$u^{(0)}\approx\sqrt{2(1-\xi)}$，$u^{(1)}\approx\gamma+1$，于是式(2.70)的第一、三式变成

$$M=\xi_1+O(\varepsilon^4)$$

$$\frac{2}{\gamma+1}\,\frac{M+1}{M}(M-1)=\varepsilon^2\sqrt{2(1-\xi_1)}+\varepsilon^4(\gamma+1)$$

所以有

$$\xi_1=1-O(\varepsilon^4) \tag{2.71}$$

$$M-1=O(\varepsilon^4) \tag{2.72}$$

于是，根据式(2.66)给出的 $v^{(0)}$，有

$$v^{(0)}(\xi_1)=O(\varepsilon^6) \tag{2.73}$$

因此，边界条件的第二式给出

$$v^{(1)}(1)=-\lim_{\varepsilon\to 0}[\varepsilon^{-2}v^{(0)}(\xi_1)]=\lim_{\varepsilon\to 0}[\varepsilon^{-2}O(\varepsilon^6)]=0 \tag{2.74}$$

利用已经确定的值，在 $\xi=1$ 处，式(2.61)中 du/dx 的系数里 ε^4 的系数为

$$\lim_{\xi\to 1}\left[-2\xi x^{(2)}+(\gamma+1)\xi u^{(1)}-(\gamma-1)v^{(1)}-\frac{1}{2}(\gamma+1)(u^{(0)})^2\right]=-2x^{(2)}+(\gamma+1)^2$$

按照上述一般原理，这个和式必须为零，所以有

$$x^{(2)}=\frac{1}{2}(\gamma+1)^2+O(\sqrt{1-\xi}\ln(1-\xi)) \tag{2.75}$$

因此，合并边界条件(2.70)的第一、三式，我们得到

$$\varepsilon^2\sqrt{2(1-M)+\varepsilon^4(\gamma+1)^2}+\varepsilon^4(\gamma+1)+O(\varepsilon^6\ln\varepsilon)=\frac{4}{\gamma+1}(M-1)+O[(M-1)^2]$$

从中解出 $M-1$，我们最后得到

$$M=1+\frac{3}{8}(\gamma+1)^2\varepsilon^4+O(\varepsilon^6\ln\varepsilon) \tag{2.76}$$

式(2.76)给出了所要求的 M 与 ε 的关系式。应注意，这里仅用很少的实际计算步骤就得到了这一结果，而 Lighthill 本人曾用另一种方法得到了同样的结果[8]，但经过相当繁复的计算才成功。因此，新方法的威力得到了清晰的演示。

7. 非正则奇点

现在我们考虑微分方程

$$\frac{\mathrm{d}^2u}{\mathrm{d}x^2}+u=\varepsilon f\left(u,\frac{\mathrm{d}u}{\mathrm{d}x}\right) \tag{2.77}$$

如果我们把 x 认定为时间，此方程描述了带小非线性项的电学系统或机械系统，这种系统经常出现自激振动，其周期与 $\varepsilon=0$ 时的简谐振动周期 2π 大不相同。这种自激振动周期解称为系统的极限环，它实际上代表了 Poincaré 问题。如果我们采用经典的摄动法，将 u 替代为

$$u=u^{(0)}(x)+\varepsilon u^{(1)}(x)+\varepsilon^2u^{(2)}(x)+\cdots$$

零阶方程为

$$\frac{\mathrm{d}^2u^{(0)}}{\mathrm{d}x^2}+u^{(0)}=0$$

于是，$x=\infty$为这个微分方程的非正则奇点。我们可以取零阶解为

$$u^{(0)}=A\sin x$$

于是一阶方程为

$$u^{(1)''}+u^{(1)}=f(A\sin x,A\cos x)$$

对 $f(A\sin x,A\cos x)$ 作 Fourier 分析，我们有

$$f(A\sin x,A\cos x)=\frac{1}{2}a_0+\sum_1^{\infty}(a_n\cos nx+b_n\sin nx)$$

我们现在可以容易地确定 $u^{(1)}$ 为

$$u^{(1)}(x)=\frac{a_0}{2}+\frac{a_1}{2}x\sin x-\frac{b_1}{2}x\cos x+\sum_2^{\infty}\left(\frac{a_n}{1-n^2}\cos nx+\frac{b_n}{1-n^2}\sin nx\right)+B\sin x+C\cos x$$

当 $x\to\infty$ 时，$u^{(1)}$ 有如 $x\mathrm{e}^{\mathrm{i}x}$ 那样的性态，于是，点 $x=\infty$ 为摄动方程的奇点。高阶解具有同样的一般特性，摄动级数当 $x\to\infty$ 时发散。

为了用 PLK 方法处理这一问题，我们把式(2.2)代入式(2.77)，就有

$$\frac{u^{(0)''}+\varepsilon u^{(1)''}+\varepsilon^2u^{(2)''}+\cdots}{(1+\varepsilon x^{(1)'}+\varepsilon^2x^{(2)'}+\cdots)^2}-\frac{(u^{(0)'}+\varepsilon u^{(1)'}+\varepsilon^2u^{(2)'}+\cdots)(\varepsilon x^{(1)''}+\varepsilon^2x^{(2)''}+\cdots)}{(1+\varepsilon x^{(1)'}+\varepsilon^2x^{(2)'}+\cdots)^3}+u^{(0)}+\varepsilon u^{(1)}+\varepsilon^2u^{(2)}+\cdots=\varepsilon f\left(u^{(0)}+\varepsilon u^{(1)}+\cdots+\frac{u^{(0)'}+\varepsilon u^{(1)'}+\cdots}{1+\varepsilon x^{(1)'}+\cdots}\right) \tag{2.78}$$

除了用 ξ 取代了 x 以外，其零阶解的形式与经典的摄动法给出的相同。于是有

$$u^{(0)}(\xi) = A\sin\xi \tag{2.79}$$

但是,现在的一阶解为

$$u^{(1)''} + u^{(1)} = \frac{1}{2}a_0 + a_1\cos\xi + b_1\sin\xi - 2Ax^{(1)'}\sin\xi + Ax^{(1)''}\cos\xi + \sum_2^{\infty}(a_n\cos n\xi + b_n\sin n\xi) \tag{2.80}$$

式(2.80)右端导致麻烦的项与 $\sin\xi$ 和 $\cos\xi$ 相关,若令

$$x^{(1)} = \frac{b_1}{2A}\xi,\ x^{(1)''} = 0 \tag{2.81}$$

可以消除掉 $\sin\xi$ 项。因为从 $x^{(1)}$ 得不到任何帮助,我们令 $a_1 = 0$,以消除 $\cos\xi$ 项,换句话说,令

$$\int_0^{2\pi} f(A\sin\xi, A\cos\xi)\cos\xi\,\mathrm{d}\xi = 0 \tag{2.82}$$

此式实际上确定了振动的振幅 A。这一自激振动或极限环的周期是当 ξ 改变了 2π 时 x 的改变值,这是因为现在 $u^{(0)}(\xi)$ 和 $u^{(1)}(\xi)$ 的周期为 2π。于是,根据式(2.81),周期为

$$2\pi\left[1 + \frac{\varepsilon b_1}{2A} + O(\varepsilon^2)\right] = 2\pi + \frac{\varepsilon}{A}\int_0^{2\pi} f(A\sin\xi, A\cos\xi)\sin\xi\,\mathrm{d}\xi + O(\varepsilon^2) \tag{2.83}$$

Poincaré 已证明[1],这一过程可以拓展到高阶,其中每一 $x^{(j)}(\xi)$ 都正比于 ξ。于是,可以算出极限环的周期,表示为如式(1.2)所示的 ε 的幂级数。

8. 组合方法;黏性气体的汇流

在以上各节中,除了第二部分第 5 小节之外,我们已经指出,对于用传统的摄动法不能求解的问题,如何用 PLK 方法求得一致有效的解。然而,到此为止所讨论的微分方程的类型还是相当有限的。有些方程不存在第二部分第 5 小节那种限制,但用 PLK 仍给不出在整个感兴趣的区域内一致有效的解。在此法失效之处,我们必须求助于其他解法。人们经常发现,采用"边界层方法",在发生困难的区域引进形如 $\varepsilon^{\mu}u$ 和 $\varepsilon^{\nu}x$ 的新变量,可提供正确的解。而在发生困难的区域之外,PLK 方法仍然有效。因此对于这类问题,要给出完整的解,需要几种方法的组合。我们通过研究黏性导热气体的源汇流来演示这种技巧。我们的讨论沿袭 Wu(吴耀祖)的工作[9]。

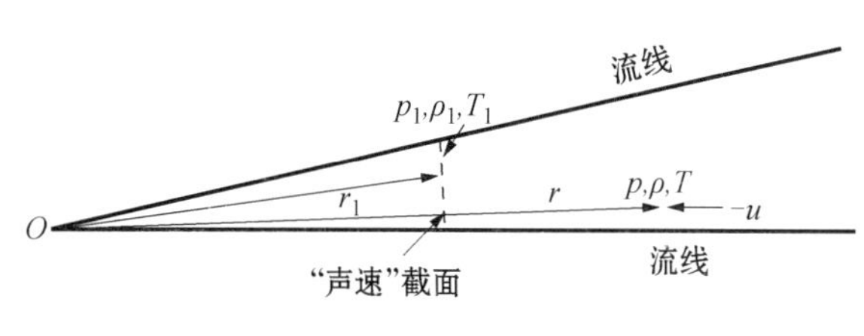

图 3　可压缩汇流

这里关注的是二维轴对称定常流动(图 3)。唯一的自变量是从原点起算的径向距离 r,而径向速度是唯一的速度分量 u,对于汇流来说,u 总是负的。令远离原点的速度是亚声速的,且在 $r\to\infty$ 时为零。我们对当地 Mach 数几乎为 1 的流动区域感兴趣,因为那里速度梯度很大,流体的黏性效应已不可忽略。

令 $p,\rho,T,\mu,\mu',\lambda,R,c_p,c_V$ 分别表示压力、密度、热力学温度、剪切黏性系数、体积黏性系数、热导率、气体常数、比定压热容和比定容热容。于是,动量方程为

$$\rho u\frac{\mathrm{d}u}{\mathrm{d}r} = -\frac{\mathrm{d}p}{\mathrm{d}r} + \frac{\mathrm{d}}{\mathrm{d}r}\left[2\mu\frac{\mathrm{d}u}{\mathrm{d}r} + \frac{2}{3}(\mu' - \mu)\frac{1}{r}\frac{\mathrm{d}}{\mathrm{d}r}(ru)\right] + 2\mu\frac{\mathrm{d}}{\mathrm{d}r}\left(\frac{u}{r}\right) \tag{2.84}$$

能量方程为

$$\rho u r \frac{\mathrm{d}}{\mathrm{d}r}\left(\frac{u^2}{2}+c_p T\right)=\frac{\mathrm{d}}{\mathrm{d}r}\left\{r\left[\lambda\frac{\mathrm{d}T}{\mathrm{d}r}+\mu\frac{\mathrm{d}u^2}{\mathrm{d}r}+\frac{2}{3}(\mu'-\mu)\left(\frac{1}{2}\frac{\mathrm{d}u^2}{\mathrm{d}r}+\frac{u^2}{r}\right)\right]\right\} \tag{2.85}$$

若 m 为汇的强度,则连续性方程很简单,就是

$$2\pi\rho u r=-m \tag{2.86}$$

假定气体是完全气体,其状态方程为

$$p=R\rho T \tag{2.87}$$

方便的做法是定义如下的无量纲变量:

$$\left.\begin{aligned}&\bar{r}=\frac{r}{r_1},\quad w=-\frac{u}{a_1},\quad \theta=\frac{T}{T_1}=\left(\frac{a}{a_1}\right)^2\\&\bar{p}=\frac{p}{p_1},\quad \bar{\rho}=\frac{\rho}{\rho_1},\quad \bar{\mu}=\frac{\mu}{\mu_1},\quad \bar{\mu}'=\frac{\mu'}{\mu_1{}'}\end{aligned}\right\} \tag{2.88}$$

式中:带下标 1 的量为设定的量,对应于无黏无热传导气体 Mach 数为 1 的状况;比热比 γ 始终假设为常数。在 $r=r_1$ 处的声速 a_1 由下式给定:

$$a_1{}^2=\frac{\gamma p_1{}^2}{\rho_1},\qquad 2\pi\rho_1 a_1 r_1=m \tag{2.89}$$

所以连续性方程就变成

$$\bar{\rho}\, w\bar{r}=1 \tag{2.90}$$

对汇流来说,w 为正。状态方程(2.87)成为

$$\bar{p}=\bar{\rho}\,\theta \tag{2.91}$$

我们通过以下两式引入参数 k:

$$\mu'-\mu=3k\mu \tag{2.92}$$

和 Reynolds 数

$$Re=\frac{m}{2\pi\mu_1} \tag{2.93}$$

动量方程(2.84)的无量纲形式成为

$$\frac{1}{\bar{r}}\frac{\mathrm{d}w}{\mathrm{d}\bar{r}}=-\frac{1}{\gamma}\frac{\mathrm{d}\bar{p}}{\mathrm{d}\bar{r}}-\frac{2}{Re}\left\{\frac{\mathrm{d}}{\mathrm{d}\bar{r}}\left[\bar{\mu}\frac{\mathrm{d}w}{\mathrm{d}\bar{r}}+k\bar{\mu}\frac{1}{\bar{r}}\frac{\mathrm{d}}{\mathrm{d}\bar{r}}(\bar{r}w)\right]+\bar{\mu}\frac{\mathrm{d}}{\mathrm{d}\bar{r}}\left(\frac{w}{\bar{r}}\right)\right\} \tag{2.94}$$

利用式(2.90),能量方程可以积分一次,积分常数这样选定:在 $\bar{r}=\infty$ 处,无黏无热传导的极限情形为等熵流动。于是有

$$\frac{w^2}{2}+\frac{\theta}{\gamma-1}+\frac{1}{Re}\bar{r}\,\bar{\mu}\left[\frac{1}{\sigma}\frac{\mathrm{d}}{\mathrm{d}\bar{r}}\left(\frac{\theta}{\gamma-1}\right)+(1+k)\frac{\mathrm{d}w^2}{\mathrm{d}\bar{r}}+2k\frac{w^2}{\bar{r}}\right]=\frac{\gamma+1}{2(\gamma-1)} \tag{2.95}$$

式中:σ 为 Prandtl 数,

$$\sigma=\frac{c_p\mu}{\lambda} \tag{2.96}$$

现在可利用式(2.90)和(2.91)消去压力 $\bar{p}$。采用新自变量 η,

$$\eta=\ln\bar{r} \tag{2.97}$$

可使结果的表述更加方便。于是最后得到两个未知量 w 和 θ 的方程:

$$\frac{\mathrm{d}w}{\mathrm{d}\eta}+\frac{1}{\gamma}\left[\frac{\mathrm{d}}{\mathrm{d}\eta}\left(\frac{\theta}{w}\right)-\frac{\theta}{w}\right]=-\frac{2}{Re}\left\{\bar{\mu}(1+k)\left(\frac{\mathrm{d}^2w}{\mathrm{d}\eta^2}-w\right)+\left[(1+k)\frac{\mathrm{d}w}{\mathrm{d}\eta}+kw\right]\frac{\mathrm{d}\bar{\mu}}{\mathrm{d}\eta}\right\} \tag{2.98}$$

$$\frac{w^2}{2}+\frac{\theta}{\gamma-1}+\frac{1}{Re}\bar{\mu}\left[\frac{\sigma^{-1}}{\gamma-1}\frac{\mathrm{d}\theta}{\mathrm{d}\eta}+(1+k)\frac{\mathrm{d}w^2}{\mathrm{d}\eta}+2kw^2\right]=\frac{\gamma+1}{2(\gamma-1)} \tag{2.99}$$

我们想求的解是：在小黏性(或即高 Reynolds 数)下，当径向距离很大时，趋于无黏亚声速解的解，于是当 $\eta\to\infty$ 时有：$w=0,\theta=(\gamma+1)/2$。方程的临界点在 $\eta=0$ 处，那里，无黏解的当地 Mach 数为 1。

为了避免不必要的复杂计算，我们假设黏性系数与温度无关，因此有

$$\bar{\mu}=1 \tag{2.100}$$

现在可引入我们的问题的小参数 ε：

$$\varepsilon=\frac{4\gamma}{\gamma+1}(1+k)\frac{1}{Re} \tag{2.101}$$

于是，基本方程组变成

$$w^2\frac{\mathrm{d}w}{\mathrm{d}\eta}+\frac{1}{\gamma}\left[w\frac{\mathrm{d}\theta}{\mathrm{d}\eta}-\theta\frac{\mathrm{d}w}{\mathrm{d}\eta}-\theta w\right]=-\frac{\gamma+1}{2\gamma}\varepsilon\left(\frac{\mathrm{d}^2w}{\mathrm{d}\eta^2}-w\right)w^2 \tag{2.102}$$

$$\theta+\frac{\gamma-1}{2}(1+b\varepsilon)w^2+\frac{\gamma+1}{4\gamma}\varepsilon\left[\frac{1}{\sigma(1+k)}\frac{\mathrm{d}\theta}{\mathrm{d}\eta}+(\gamma-1)\frac{\mathrm{d}w^2}{\mathrm{d}\eta}\right]=\frac{\gamma+1}{2} \tag{2.103}$$

式中：b 为常数，

$$b=\frac{\gamma+1}{\gamma}\frac{k}{1+k} \tag{2.104}$$

我们发现，用 w 做自变量很方便。于是根据 PLK 方法，取展开式

$$\left.\begin{aligned}w&=\xi+\varepsilon w^{(1)}(\xi)+\varepsilon^2w^{(2)}(\xi)+\cdots\\\eta&=\eta^{(0)}(\xi)+\varepsilon\eta^{(1)}(\xi)+\varepsilon^2\eta^{(2)}(\xi)+\cdots\\\theta&=\theta^{(0)}(\xi)+\varepsilon\theta^{(1)}(\xi)+\varepsilon^2\theta^{(2)}(\xi)+\cdots\end{aligned}\right\} \tag{2.105}$$

把式(2.105)代入式(2.102)和(2.103)，我们得到如下形式的零阶方程：

$$\left.\begin{aligned}&\left[\xi^2+\frac{\xi^2}{\gamma}\frac{\mathrm{d}}{\mathrm{d}\xi}\left(\frac{\theta^{(0)}}{\xi}\right)-\frac{1}{\gamma}\xi\theta^{(0)}\eta^{(0)\prime}\right](\eta^{(0)\prime})^2=0\\&\left[\theta^{(0)}-\left(\frac{\gamma+1}{2}-\frac{\gamma-1}{2}\xi^2\right)\right]\eta^{(0)\prime}=0\end{aligned}\right\} \tag{2.106}$$

其中：撇号仍表示关于 ξ 求导。量 $\eta^{(0)\prime}$ 一般不为零，于是由式(2.106)得到零阶解

$$\left.\begin{aligned}\theta^{(0)}&=\frac{\gamma+1}{2}-\frac{\gamma-1}{2}\xi^2\\\eta^{(0)}&=-\ln\xi-\frac{1}{\gamma-1}\ln\left|\frac{\gamma+1}{2}-\frac{\gamma-1}{2}\xi^2\right|\end{aligned}\right\} \tag{2.107}$$

这里，积分常数这样选择：当 $\xi=w$ 时，$\theta^{(0)}$ 和 $\eta^{(0)}$ 代表无黏解。

现在一阶方程为

$$\theta^{(1)}+(\gamma-1)\xi w^{(1)}=-\frac{\gamma-1}{2}b\xi^2+\frac{\gamma+1}{2}\alpha\frac{\xi^2(1-\beta\xi^2)}{1-\xi^2} \tag{2.108}$$

$$\begin{aligned}&(\eta^{(0)\prime})^2\left\{\left(2\xi+\frac{\theta^{(0)}}{\gamma}\right)w^{(1)}+\left(\xi^2-\frac{\theta^{(0)}}{\gamma}\right)w^{(1)\prime}+\frac{1}{\gamma}\xi^2\frac{\mathrm{d}}{\mathrm{d}\xi}\left(\frac{\theta^{(1)}}{\xi}\right)-\right.\\&\left.\frac{1}{\gamma}\left[\eta^{(0)\prime}(\xi\theta^{(1)}+w^{(1)}\theta^{(0)})+\xi\theta^{(0)}\eta^{(1)\prime}\right]\right\}\\&=\frac{\gamma+1}{2\gamma}\xi^2\left[\eta^{(0)\prime\prime}+\xi(\eta^{(0)\prime})^3\right]\end{aligned} \tag{2.109}$$

式中：α 和 β 为积分常数，由下式确定：

$$\alpha=\frac{\gamma-1}{\gamma}\left[1-\frac{1}{2\sigma(1+k)}\right],\quad \beta=\frac{\gamma-1}{\gamma+1} \tag{2.110}$$

式(2.108)和(2.109)为求解三个未知量 $\theta^{(1)}$，$w^{(1)}$ 和 $\eta^{(1)}$ 的两个方程，这一自由度可用来控制解的奇性。实际上，将零阶解(2.107)代入(2.109)，我们发现，后一方程化为

$$\begin{aligned}\frac{\mathrm{d}}{\mathrm{d}\xi}\left[\eta^{(0)\prime}w^{(1)}-\eta^{(1)}\right]=&(1-\alpha)\left[\frac{2\xi}{(1-\xi^2)^2}+\gamma\frac{\xi}{\xi^2-1}\right]+\\&\frac{(1-\beta b)(1-\beta)\xi}{\beta(\beta\xi^2-1)^2}+\left[\frac{1-\beta b}{\beta}-(\beta b-\alpha)-\frac{(1+\alpha)2\beta}{1-\beta}\right]\frac{\xi}{\beta\xi^2-1}\end{aligned} \tag{2.111}$$

PLK 方法的原理是选择 $w^{(1)}$，使得 $w^{(1)}$ 与 $\eta^{(1)}$ 有相同的奇性。这一要求将方程(2.111)恰当地分解为如下的两个方程：

$$\begin{aligned}\frac{\mathrm{d}}{\mathrm{d}\xi}\left[\eta^{(0)\prime}w^{(1)}\right]=&\frac{(1-\beta b)(1-\beta)}{\beta}\frac{\xi}{(\beta\xi^2-1)^2}+\\&\left[\frac{(1-\beta b)}{\beta}-(\beta b-\alpha)-\frac{(1+\alpha)2\beta}{1-\beta}\right]\frac{\xi}{\beta\xi^2-1}\end{aligned} \tag{2.112}$$

$$\frac{\mathrm{d}\eta^{(1)}}{\mathrm{d}\xi}=-(1-\alpha)\left[\frac{2\xi}{(1-\xi^2)^2}+\frac{\gamma\xi}{\xi^2-1}\right] \tag{2.113}$$

上述方程的解是

$$w^{(1)}(\xi)=-A\frac{\xi}{1-\xi^2}-B\frac{\xi(1-\beta\xi^2)}{1-\xi^2}\ln\left|\frac{\gamma+1}{2}-\frac{\gamma-1}{2}\xi^2\right| \tag{2.114}$$

$$\eta^{(1)}(\xi)=-(1-\alpha)\left[\frac{1}{1-\xi^2}+\frac{\gamma}{2}\ln|1-\xi^2|\right] \tag{2.115}$$

式中：

$$\left.\begin{aligned}A&=\frac{(1-\beta b)(1-\beta)}{2\beta^2}\\B&=\frac{1}{2\beta}\left[\frac{(1-\beta b)}{\beta}-(\beta b-\alpha)-\frac{(1+\alpha)2\beta}{1-\beta}\right]\end{aligned}\right\} \tag{2.116}$$

在式(2.114)和(2.115)给出的结果中已令积分常数为零。当然，我们可以保留这两个积分常数，把它们看做解的两个自由参数，由施加某些边界条件来确定。这里，当 $r\to\infty$ 时的自然边界条件都是满足的。然而，比如说，还存在"内"边界 $r=r_0$ 上压力、应力和热流率的条件。这些内边界条件就可用来确定这两个积分常数。令积分常数为零，就把解固定为许多可能的解中的一个特解。

Wu[9]经过进一步计算得到了如下终解：

$$\begin{aligned}w(\xi)=&\xi-\varepsilon\left[A\frac{\xi}{1-\xi^2}+B\frac{\xi(1-\beta\xi^2)}{1-\xi^2}\cdot\right.\\&\left.\ln\left|\frac{\gamma+1}{2}-\frac{\gamma-1}{2}\xi^2\right|\right]+O\left(\frac{\varepsilon^2}{1-\xi^2}\right)\end{aligned} \tag{2.117}$$

$$\begin{aligned}\eta(\xi)=&-\left[\ln\xi+\frac{1}{\gamma-1}\ln\left|\frac{\gamma+1}{2}-\frac{\gamma-1}{2}\xi^2\right|\right]-\\&\varepsilon(1-\alpha)\left[\frac{1}{1-\xi^2}+\frac{\gamma}{2}\ln|1-\xi^2|\right]+\\&\varepsilon^2\frac{2(1-\beta)(1-\alpha)}{(1-\xi^2)^4}+O\left(\frac{\varepsilon^2}{(1-\xi^2)^3},\frac{\varepsilon^3}{(1-\xi^2)^7}\right)\end{aligned} \tag{2.118}$$

$$\theta(\xi)=\left(\frac{\gamma+1}{2}-\frac{\gamma-1}{2}\xi^2\right)+\varepsilon(\gamma-1)\left[A\frac{\xi^2}{1-\xi^2}+B\frac{\xi^2(1-\beta\xi^2)}{1-\xi^2}\ln\left|\frac{\gamma+1}{2}-\frac{\gamma-1}{2}\xi^2\right|-\frac{b}{2}\xi^2+\frac{1}{2\beta^\alpha}\frac{\xi^2(1-\beta\xi^2)}{1-\xi^2}\right]+O\left(\frac{\varepsilon^2}{(1-\xi^2)^2}\right) \tag{2.119}$$

当 $\xi\to 0$ 时，我们有 $w=0,\eta\to\infty,\theta=(\gamma-1)/2$，因此，式(2.118)和(2.119)代表我们的亚声速汇流问题的正确的解。

式(2.118)表明：对于 $\xi=1-\kappa\varepsilon^{1/3}$（$\kappa$ 是量级为1的常数），相继的那组项的量级都是相同的，即为 $O(\varepsilon^{2/3})$。如果 ξ 继续趋近于1，高阶项变得比低阶项更加重要，η 的级数实际上是发散的，所以尽管用了PLK方法，超过了 $\xi=1-\kappa\varepsilon^{1/3}$，我们还是不能得到一致有效解。采用其他方法分解原方程(2.111)也不能改变 ξ 的允许值的这个自然的极限。事实上，我们可以放弃PLK方法，试用经典的摄动法，亦即，令

$$\left.\begin{aligned}\eta&=\eta^{(0)}(w)+\varepsilon\eta^{(1)}(w)+\varepsilon^2\eta^{(2)}(w)+\cdots\\ \theta&=\theta^{(0)}(w)+\varepsilon\theta^{(1)}(w)+\varepsilon^2\theta^{(2)}(w)+\cdots\end{aligned}\right\} \tag{2.120}$$

现在，解的受限范围仍出现在 η 的级数中，且实际上与前面的限制相同。反对采用展开式(2.120)的一个理由是：现在 $\eta^{(1)}(w)$ 在 $w=\beta^{-1/2}$（对应于亚声速流速）处有虚假的奇性。所以从解的普遍性角度看来，PLK方法确实更好一些。而且，如果求解推进到更高阶，使用可以一定程度控制奇性的方法，总是安全一些。

为了继续求得超过极限 $\xi=1-\kappa\varepsilon^{1/3}$ 的解，我们必须采用“边界层方法”。迄今所得的解给出了必要的连接条件。令 $\kappa=2/(\gamma+1)^{1/3}$，我们发现 η 的级数迅速地收敛，式(2.118)中以显式给出的项用于数值计算已足够了。事实上，对于 $k=-1/3$（对应于 $\mu'=0,\sigma=3/4$，且意味着 $\alpha=0$），我们有

$$\left.\begin{aligned}\eta&=1.766(\gamma+1)^{\frac{1}{3}}\varepsilon^{\frac{2}{3}}\\ \frac{\mathrm{d}w}{\mathrm{d}\eta}&=-0.478\frac{\varepsilon^{\frac{-1}{3}}}{(\gamma+1)^{\frac{2}{3}}}+0.17\\ \theta&=1+O(\varepsilon^{\frac{1}{3}})\end{aligned}\right\}\quad 当\quad w=1-2\left(\frac{\varepsilon}{\gamma+1}\right)^{\frac{1}{3}}+1.75(\gamma+1)^{\frac{1}{3}}\varepsilon^{\frac{2}{3}} \tag{2.121}$$

边界层方法要求对自变量进行修正，用于修正的因子依赖 ε，同时展开因变量。PLK方法的结果自然地表明，新自变量 ζ 应定义为

$$\eta=\varepsilon^{\frac{2}{3}}\zeta \tag{2.122}$$

因此，w 和 θ 展开成

$$\left.\begin{aligned}w&=1+\varepsilon^{\frac{1}{3}}\omega^{(1)}(\zeta)+\varepsilon^{\frac{2}{3}}\omega^{(2)}(\zeta)+\varepsilon\omega^{(3)}(\zeta)+\cdots\\ \theta&=1+\varepsilon^{\frac{1}{3}}\vartheta^{(1)}(\zeta)+\varepsilon^{\frac{2}{3}}\vartheta^{(2)}(\zeta)+\varepsilon\vartheta^{(3)}(\zeta)+\cdots\end{aligned}\right\} \tag{2.123}$$

令 $\alpha=0$，与式(2.121)相一致，将式(2.122)和(2.123)代入原方程组(2.102)和(2.103)，得到一阶方程

$$\frac{\mathrm{d}^2\omega^{(1)}}{\mathrm{d}\zeta^2}+2\omega^{(1)}\frac{\mathrm{d}\omega^{(1)}}{\mathrm{d}\zeta}=1-\beta \tag{2.124}$$

和

$$\vartheta^{(1)}(\zeta) = -(\gamma-1)\omega^{(1)}(\zeta)$$

二阶方程为

$$\left.\begin{aligned} &\frac{\mathrm{d}^2\omega^{(2)}}{\mathrm{d}\zeta^2} + 2\frac{\mathrm{d}}{\mathrm{d}\zeta}(\omega^{(1)}\omega^{(2)}) = \frac{\mathrm{d}}{\mathrm{d}\zeta}(\omega^{(1)})^3 - (1+\beta)\omega^{(1)} \\ &\vartheta^{(2)}(\zeta) = -(\gamma-1)\left[\omega^{(2)}(\zeta) + \frac{1}{2}\omega^{(1)2}(\zeta)\right] \end{aligned}\right\} \tag{2.125}$$

这些方程的边界条件可由连接条件(2.121)得到。于是,在 $\zeta-1.766(\gamma+1)^{1/3}$ 处有

$$\left.\begin{aligned} &\omega^{(1)} = \frac{-2}{(\gamma+1)^{\frac{1}{3}}}, \qquad \frac{\mathrm{d}\omega^{(1)}}{\mathrm{d}\zeta} = -\frac{0.478}{(\gamma+1)^{\frac{2}{3}}} \\ &\omega^{(2)} = 1.75(\gamma+1)^{\frac{1}{3}}, \frac{\mathrm{d}\omega^{(2)}}{\mathrm{d}\zeta} = 0.17 \end{aligned}\right\} \tag{2.126}$$

我们现在已经完成边界层问题的表述。Wu 对 $\omega^{(1)}$ 进行了数值计算,这里将不叙述相关细节,但本文已进行的讨论可用于显示:在处理物理问题时,若单用 PLK 方法不足以奏效,就要采用 PLK 方法与边界层方法相结合的途径。

三、双曲型偏微分方程

1. 推广到双曲型方程

在本节中我们会发现,第二部分第 1～4 节里对常微分方程提出的处理步骤可以很容易地推广到二元双曲型偏微分方程。此前,我们关心的是零阶方程的正则奇点($x=0$)附近的解,采用 PLK 方法的目的在于使得摄动解直到这一奇点还收敛。对于双曲型偏微分方程来说,奇点取代为整条线——奇性的特征线,在其附近经典的摄动法无法给出有用的解。奇线一定是特征线这一点可以这么来看:我们引进曲线坐标系(x,y),使得有奇性的线用 $x=0$ 来表示,在这条线上零阶解 $v^{(0)}$ 有代数奇性或对数奇性,与前面讨论过的十分相像,这种情况意味着,当 $x\to 0$ 时,零阶方程中 $\partial^2 v^{(0)}/\partial x^2$ 的系数趋于零,而其他二阶导数的系数保持为有限。换句话说,在 $x=0$ 附近,零阶微分方程有如下形式:

$$x\frac{\partial^2 v^{(0)}}{\partial x^2} + B\frac{\partial^2 v^{(0)}}{\partial x\partial y} + C\frac{\partial^2 v^{(0)}}{\partial y^2} = \text{含一阶导数的项} \tag{3.1}$$

式中: B 和 C 在 $x=0$ 处不为零。$\mathrm{d}x$ 和 $\mathrm{d}y$ 沿着特征线的变化由下式确定:

$$x(\mathrm{d}y)^2 - B(\mathrm{d}x)(\mathrm{d}y) + C(\mathrm{d}x)^2 = 0 \tag{3.2}$$

由式(3.2)可知,在 $x=0$ 处 $\mathrm{d}x=0$,因此特征线确实为直线 $x=0$。

我们现在还要指出,任何双曲型方程将给出形如式(3.1)的零阶方程,因此经典的摄动法将在对应于 $x=0$ 的特征线上遭遇困难。我们把零阶方程用特征坐标 μ 和 ν 写成正规形式,亦即,

$$\frac{\partial^2 v^{(0)}}{\partial\mu\partial\nu} = \text{与二阶导数无关的项} \tag{3.3}$$

倘若引进坐标变换

$$x = \mu\nu, y = y(\mu,\nu) \tag{3.4}$$

则有

$$\frac{\partial^2 v^{(0)}}{\partial\mu\partial\nu} = \frac{\partial}{\partial\mu}\left[\frac{\partial v^{(0)}}{\partial\nu}\right] = \frac{\partial}{\partial\mu}\left[\frac{\partial x}{\partial\nu}\frac{\partial v^{(0)}}{\partial x} + \frac{\partial y}{\partial\nu}\frac{\partial v^{(0)}}{\partial y}\right]$$

$$= \left(\frac{\partial x}{\partial \mu}\frac{\partial x}{\partial \nu}\right)\frac{\partial^2 v^{(0)}}{\partial x^2} + \left(\frac{\partial x}{\partial \nu}\frac{\partial y}{\partial \mu}\right)\frac{\partial^2 v^{(0)}}{\partial x \partial y} + \left(\frac{\partial y}{\partial \mu}\frac{\partial y}{\partial \nu}\right)\frac{\partial^2 v^{(0)}}{\partial y^2} + \frac{\partial^2 x}{\partial \mu \partial \nu}\frac{\partial v^{(0)}}{\partial x} + \frac{\partial^2 y}{\partial \mu \partial \nu}\frac{\partial v^{(0)}}{\partial y}$$

$$= x\frac{\partial^2 v^{(0)}}{\partial x^2} + \mu\frac{\partial y}{\partial \mu}\frac{\partial^2 v^{(0)}}{\partial x \partial y} + \left(\frac{\partial y}{\partial \mu}\frac{\partial y}{\partial \nu}\right)\frac{\partial^2 v^{(0)}}{\partial y^2} + \frac{\partial v^{(0)}}{\partial x} + \frac{\partial^2 y}{\partial \mu \partial \nu}\frac{\partial v^{(0)}}{\partial y}$$

因此，把式(3.3)用自变量 x 和 y 写出，我们就得到形如式(3.1)的方程。所以，(应用摄动法之前的)原来的准确的方程一定具有如下形式：

$$\left.\begin{aligned} &\frac{\partial v}{\partial x} = u \\ &\left[x + \varepsilon p_1\left(x, y, v, u, \frac{\partial v}{\partial y}, \frac{\partial u}{\partial y}, \frac{\partial^2 v}{\partial y^2}\right) + \cdots\right]\frac{\partial u}{\partial x} = \text{含 } \varepsilon, x, y, u, v, \frac{\partial v}{\partial y}, \frac{\partial u}{\partial y}, \frac{\partial^2 v}{\partial y^2} \text{ 的项} \end{aligned}\right\} \tag{3.5}$$

当 $\varepsilon=0$ 时，式(3.5)的第二个方程右端关于 x, y 及导数项是线性的，这一形式与第二部分第1小节中的基本方程(2.1)非常类似，于是促使我们采用相同的方法，为了处理式(3.5)，我们引进

$$\left.\begin{aligned} u &= u^{(0)}(\xi, \eta) + \varepsilon u^{(1)}(\xi, \eta) + \cdots \\ v &= v^{(0)}(\xi, \eta) + \varepsilon v^{(1)}(\xi, \eta) + \cdots \\ x &= \xi + \varepsilon x^{(1)}(\xi, \eta) + \varepsilon^2 x^{(2)}(\xi, \eta) + \cdots \\ y &= \eta \end{aligned}\right\} \tag{3.6}$$

这里没有把变量 y 展开，原因是摄动解遭遇困难与变量 x 有关而与 y 无关。我们通过分析一个例子来看看在这种情况下 PLK 方法如何发挥作用。

我们考虑如下方程：

$$\left.\begin{aligned} \frac{\partial u}{\partial y} &= \varepsilon\left(u + \frac{\partial v}{\partial y}\right)\frac{\partial u}{\partial x} \\ \frac{\partial v}{\partial x} &= u \end{aligned}\right\} \tag{3.7}$$

为了利用式(3.6)中的展开式，我们先得计算 $\partial/\partial x$ 和 $\partial/\partial y$：

$$\frac{\partial}{\partial x} = \frac{\partial \eta}{\partial x}\frac{\partial}{\partial \eta} + \frac{\partial \xi}{\partial x}\frac{\partial}{\partial \xi}, \quad \frac{\partial}{\partial y} = \frac{\partial \eta}{\partial y}\frac{\partial}{\partial \eta} + \frac{\partial \xi}{\partial y}\frac{\partial}{\partial \xi} \tag{3.8}$$

但是由式(3.6)的最后一式立即可得

$$\frac{\partial \eta}{\partial x} = 0, \quad \frac{\partial \eta}{\partial y} = 1 \tag{3.9}$$

将对 x 的展开式关于 y 和 x 求导，利用式(3.9)，就得到

$$\left.\begin{aligned} 0 &= \frac{\partial \xi}{\partial y}\left[1 + \varepsilon\frac{\partial x^{(1)}}{\partial \xi} + \varepsilon^2\frac{\partial x^{(2)}}{\partial \xi} + \cdots\right] + \left[\varepsilon\frac{\partial x^{(1)}}{\partial \eta} + \varepsilon^2\frac{\partial x^{(2)}}{\partial \eta} + \cdots\right] \\ 1 &= \frac{\partial \xi}{\partial x}\left[1 + \varepsilon\frac{\partial x^{(1)}}{\partial \xi} + \varepsilon^2\frac{\partial x^{(2)}}{\partial \xi} + \cdots\right] \end{aligned}\right\} \tag{3.10}$$

从式(3.10)解得 $\partial\xi/\partial x$ 和 $\partial\xi/\partial y$，将结果代入式(3.8)，我们有

$$\left.\begin{aligned} \frac{\partial}{\partial x} &= \frac{1}{1 + \varepsilon\frac{\partial x^{(1)}}{\partial \xi} + \varepsilon^2\frac{\partial x^{(2)}}{\partial \xi} + \cdots}\frac{\partial}{\partial \xi} \\ \frac{\partial}{\partial y} &= \frac{\partial}{\partial \eta} - \frac{\varepsilon\frac{\partial x^{(1)}}{\partial \eta} + \varepsilon^2\frac{\partial x^{(2)}}{\partial \eta} + \cdots}{1 + \varepsilon\frac{\partial x^{(1)}}{\partial \xi} + \varepsilon^2\frac{\partial x^{(2)}}{\partial \xi} + \cdots}\frac{\partial}{\partial \xi} \end{aligned}\right\} \tag{3.11}$$

于是原方程(3.7)就可写成

$$\left[1+\varepsilon\frac{\partial x^{(1)}}{\partial\xi}+\varepsilon^2\frac{\partial x^{(2)}}{\partial\xi}+\cdots\right]\left[\frac{\partial u^{(0)}}{\partial\eta}+\varepsilon\frac{\partial u^{(1)}}{\partial\eta}+\cdots\right]-\left[\varepsilon\frac{\partial x^{(1)}}{\partial\eta}+\varepsilon^2\frac{\partial x^{(0)}}{\partial\eta}+\cdots\right]\left[\frac{\partial u^{(0)}}{\partial\xi}+\varepsilon\frac{\partial u^{(1)}}{\partial\xi}+\cdots\right]$$
$$=\left[\varepsilon\frac{\partial u^{(0)}}{\partial\xi}+\varepsilon^2\frac{\partial u^{(1)}}{\partial\xi}+\cdots\right]\cdot\left[u^{(0)}+\varepsilon u^{(1)}+\cdots+\frac{\partial v^{(0)}}{\partial\eta}+\varepsilon\frac{\partial v^{(1)}}{\partial\eta}+\cdots-\frac{\left(\varepsilon\frac{\partial x^{(1)}}{\partial\eta}+\varepsilon^2\frac{\partial x^{(2)}}{\partial\eta}+\cdots\right)\left(\frac{\partial v^{(0)}}{\partial\xi}+\varepsilon\frac{\partial v^{(1)}}{\partial\xi}+\cdots\right)}{1+\varepsilon\frac{\partial x^{(1)}}{\partial\xi}+\varepsilon^2\frac{\partial x^{(2)}}{\partial\xi}+\cdots}\right] \tag{3.12}$$

和

$$\left[\frac{\partial v^{(0)}}{\partial\xi}+\varepsilon\frac{\partial v^{(1)}}{\partial\xi}+\cdots\right]=\left[1+\varepsilon\frac{\partial x^{(1)}}{\partial\xi}+\varepsilon^2\frac{\partial x^{(2)}}{\partial\xi}+\cdots\right]\left[u^{(0)}+\varepsilon u^{(1)}+\cdots\right] \tag{3.13}$$

于是,零阶方程为

$$\left.\begin{aligned}\frac{\partial u^{(0)}}{\partial\eta}&=0\\ \frac{\partial v^{(0)}}{\partial\xi}&=u^{(0)}\end{aligned}\right\} \tag{3.14}$$

其解为

$$u^{(0)}=u^{(0)}(\xi),\quad v^{(0)}=\int u^{(0)}(\xi)\,\mathrm{d}\xi+F(\eta) \tag{3.15}$$

利用式(3.14)导得一阶方程

$$\left.\begin{aligned}\frac{\partial u^{(1)}}{\partial\eta}&=\frac{\partial u^{(0)}}{\partial\xi}\left[\frac{\partial x^{(1)}}{\partial\eta}+u^{(0)}+\frac{\partial v^{(0)}}{\partial\eta}\right]\\ \frac{\partial v^{(1)}}{\partial\xi}&=\frac{\partial x^{(1)}}{\partial\xi}u^{(0)}+u^{(1)}\end{aligned}\right\} \tag{3.16}$$

如果初始条件要求

$$u^{(0)}\sim A\xi^{-q_0} \tag{3.17}$$

式中:$q_0>0$,那么式(3.16)右端方括号中最坏的项是 $u^{(0)}$。然而,我们可以这样来消除它:对于 $\xi\to0$,令

$$\frac{\partial x^{(1)}}{\partial\eta}=-A\xi^{-q_0}\quad 或\quad x^{(1)}=-A\eta\xi^{-q_0} \tag{3.18}$$

做到此点后,对于 $\xi\to0$,$u^{(1)}$ 的奇性不会比 $O(\xi^{-2q_0})$ 更坏,这时,式(3.16)的第二个方程表明,$v^{(1)}$ 的量级也是 $O(\xi^{-2q_0})$。所以,这里的展开式的性态与第二部分第 2 小节中讨论的常微分方程情形毫无二致。对于固定的 η,级数具有与式(2.13)相同的特性,于是跟常微分方程一样,PLK 方法足以求得直到 $x=0$ 处保持有效的摄动解。这时,$x=0$ 附近的一级近似解为

$$u=u^{(0)}(\xi),\quad x=\xi-\varepsilon A\eta\xi^{-q_0},\quad v=\int u^{(0)}(\xi)\mathrm{d}\xi+F(\eta) \tag{3.19}$$

因此,如果 $A\eta<0$,则在 $\partial x/\partial\xi=0$ 处,或在

$$\xi = (-\varepsilon A\eta q_0)^{\frac{1}{(1+q_0)}},\quad x = \left(1+\frac{1}{q_0}\right)(-\varepsilon A\eta q_0)^{\frac{1}{(1+q_0)}} \tag{3.20}$$

处存在一条实的分支线。

如果初始条件使得在 $\xi=0$ 处有

$$u^{(0)}(\xi) = u^{(0)}(0) + A\xi^{-q_0} \tag{3.21}$$

式中：$q_0 \leqslant -1$，那么 $\xi=0$ 附近的 $u^{(0)}$ 值可表为 $u^{(0)}(0)$，$v^{(0)}$ 值可表为 $v^{(0)}(0,\eta)$。为了使得 $u^{(1)}$ 的奇性与 $u^{(0)}$ 相同，我们必须令

$$x^{(1)} = -\eta u^{(0)}(0) - v^{(0)}(0,\eta) \tag{3.22}$$

但是，如果式(3.21)中的 q_0 满足 $-1 < q_0 < 0$，为了达到同样的目的，我们将要求

$$x^{(1)} = -\eta[u^{(0)}(0) + A\xi^{-q_0}] - v^{(0)}(0,\eta) \tag{3.23}$$

上面的例子表明，这里所用的技巧和所得的结果与第二部分第1小节中常微分方程情形下的技巧和结果十分相似。然而有一个本质的区别：常微分方程的奇点固定在 $x=0$ 点，q_0 的值由方程本身显式地给出，而我们的方程(3.7)给不出这种显式的信息。事实上，所谓奇性可出现在任意的 x 处，而 q_0 仅由初始条件确定，否则无从知晓。零阶解可能在 ξ 取不同的值的位置上具有上面讨论的任何一种性质。所以，通过集中于个别的点 ξ 的讨论，尽管有利于理解PLK方法可推广到双曲型方程这一点，但对全面描述解的性态并非有效。为了深入了解有关情况，我们首先应注意到：经典摄动级数的非一致有效性源于式(3.7)的第一个方程右端的项。事实上，从式(3.16)可见，最有害的项是 $\partial u/\partial x$ 或 $\partial^2 v/\partial x^2$，仅仅出现该项是因为方程(3.7)中的自变量 x，y 是零阶方程的特征变量，而不是准确的原方程的特征变量。如果 ξ,η 是准确方程的特征变量，则方程的标准形式为

$$\frac{\partial^2 v}{\partial\xi\partial\eta} = \text{与二阶导数无关的项} \tag{3.24}$$

于是经典的摄动法就管用了。所以，关键是用准确的特征线取代零阶方程的特征线。我们会看到，这正是现在的情况下采用PLK方法力图完成的事项。

方程组(3.7)可写成单个二阶方程的形式：

$$\frac{\partial^2 v}{\partial x\partial y} - \varepsilon\left(\frac{\partial v}{\partial x} + \frac{\partial v}{\partial y}\right)\frac{\partial^2 v}{\partial x^2} = 0 \tag{3.25}$$

所以，$\mathrm{d}x$ 和 $\mathrm{d}y$ 沿一条准确的特征线的变化满足如下关系：

$$-(\mathrm{d}x)(\mathrm{d}y) - \varepsilon\left(\frac{\partial v}{\partial x} + \frac{\partial v}{\partial y}\right)(\mathrm{d}y)^2 = 0$$

因此，若用 ξ 和 η 表示准确的特征变量，则有

$$\mathrm{d}\xi = \mathrm{d}x + \varepsilon\left(\frac{\partial v}{\partial x} + \frac{\partial v}{\partial y}\right)\mathrm{d}y$$

$$\mathrm{d}\eta = \mathrm{d}y$$

亦即

$$\left.\begin{aligned} \xi &= x + \varepsilon\int\left(\frac{\partial v}{\partial x} + \frac{\partial v}{\partial y}\right)\mathrm{d}y \\ \eta &= y \end{aligned}\right\} \tag{3.26}$$

式中：积分沿 ξ 为常数的线进行。式(3.26)可写成符合于式(3.6)的那种形式。例如，到一阶精度，我们有

$$x = \xi - \varepsilon\int\left(\frac{\partial v^{(0)}}{\partial\xi} + \frac{\partial v^{(0)}}{\partial\eta}\right)\mathrm{d}\eta, \quad y = \eta \tag{3.27}$$

这正是前面式(3.18)，(3.22)和(3.23)给出的结果。因此，对于本问题来说，用 PLK 方法引进的式(3.6)中的自变量 ξ 和 η 只不过是双曲型方程的准确的特征参数，这一事实的数学含义将在第三部分第 5 小节中讨论。

2. 远离点源处的行进波

本节讨论将经典的摄动法应用于双曲型偏微分方程遇到的另一种困难，其物理特性与上节所述的相当不同。所研究的问题源自行进波(有时称为简单波)的自然扩展——它行进了远大于其宽度的长距离后如何扩展。这种行进波可用双曲型方程来描述，方程近似地为线性的，但其准确形式是拟线性的，即二阶导数的系数是未知量的低阶导数的函数。所以，若(x, y)是线性化近似方程的特征坐标，其完整的方程可写成如下形式：

$$\frac{\partial^2 v}{\partial x\partial y} + F = A\frac{\partial^2 v}{\partial x^2} + B\frac{\partial^2 v}{\partial x\partial y} + C\frac{\partial^2 v}{\partial y^2} + D \tag{3.28}$$

式中：F 关于 v，$\partial v/\partial x$ 和 $\partial v/\partial y$ 是线性的，而 A，B，C 关于 v，$\partial v/\partial x$ 和 $\partial v/\partial y$ 至少是线性的，但可能是高阶的，D 至少是二阶的。当波动很弱时，方程(3.28)右端可以忽略，我们有近似方程

$$\frac{\partial^2 v}{\partial x\partial y} + F = 0 \tag{3.29}$$

这表明，x 和 y 确实是线性化方程的特征变量。对于在 r 方向以常速度 a_0 传播的波，x 和 y 分别为 $a_0 t - r$ 和 $a_0 t + r$。

现在，如果当 $x\to\infty$ 时 $F\to 0$，那么，乍一看来，人们会从式(3.29)得到结论：v 将沿着特征线 $y=\text{const.}$ 不变地传播。但这个结论实际上是错误的。因为沿着 $y=\text{const.}$，到目前为止忽略掉的式(3.28)右端的有些项可能有不变的符号，所以沿着 y 积分到很大的 x 的时候，可能产生累积效应，这种效应比所考虑的 F 的效应重要得多。因此，这些非线性项尽管当 x 很小时可以忽略，却在 x 很大时对物理现象的正确描述至关重要。Hayes[10]强调过远离波源处波传播的这种累积效应，并以此作为他提出的拟跨声速相似律的基础。

为了更细致地了解这一效应，我们假定：当 $x\to\infty$ 而 $y=O(1)$时所对应的行进波的 F 由下式给定：

$$F = \frac{\partial v}{\partial y}\left[\frac{n}{x} + O\left(\frac{1}{x^2}\right)\right] + \frac{\partial v}{\partial x}O\left(\frac{1}{x}\right) + vO\left(\frac{1}{x^2}\right) \tag{3.30}$$

式中：$n\geqslant 0$，对于平面波、柱面波和球面波这三种特殊情形，n 分别等于 0，1/2 和 1。D 的系数为$O(1/x)$，而 A，B，C 为$O(1)$，于是，线性化方程近似地为

$$0 = \frac{\partial^2 v}{\partial x\partial y} + \frac{n}{x}\frac{\partial v}{\partial y} = x^{-n}\frac{\partial^2}{\partial x\partial y}(x^n v)$$

或

$$v \sim \frac{v^{(0)}(y)}{x^n} \tag{3.31}$$

这是线性化方程的解的首项。于是 $x^n v^{(0)}(y)$ 将沿着特征线 $y=\text{const.}$ 不变地传播。为了改进这个解，我们作代换

$$v = \frac{v^{(0)}(y)}{x^n} + \frac{v^{(1)}(y)}{x^{n+1}} + \frac{v^{(2)}(y)}{x^{n+2}} + \cdots \tag{3.32}$$

把式(3.32)代入式(3.29)，式中的 F 由式(3.30)给定，我们可以确定 $v^{(1)}(y)$，$v^{(2)}(y)$ 等等。换言之，线性化方程会产生从 $v^{(0)}(y)/x^n$ 开始的以 x 降幂次项之和表示的解，但是，式(3.29)右端的非线性项将大大改变这一结论。问题最严重的项是 $C\partial^2 v/\partial y^2$，因为 C 中包含 v、$\partial v/\partial x$ 和 $\partial v/\partial y$，$C\partial^2 v/\partial y^2$ 项可能为 $O(1/x^{2n})$。因此很显然，在远距离处非线性项与线性项同等重要，而假如 $n<1$，级数解(3.32)是不合适的。从 x 很小到 x 很大时非线性项与线性项的相对重要性的这种变化使得经典的摄动解当 $x\to\infty$ 时失效，又需要应用 PLK 方法了。

3. 行进波解

为了便于进行讨论，我们把式(3.28)写成如下形式，其中最重要的导数为一阶导数：

$$\left.\begin{aligned}&\frac{\partial u}{\partial x}+F=A\frac{\partial^2 v}{\partial x^2}+B\frac{\partial u}{\partial x}+C\frac{\partial u}{\partial y}+D\\&\frac{\partial v}{\partial y}=u\end{aligned}\right\}\tag{3.33}$$

正如上一小节指出的，其线性化解为

$$u\sim v^{(0)\prime}(y)x^{-n}=u^{(0)}(y)x^{-n}\tag{3.34}$$

现在我们来确定这样的线，沿着此线量 $x^n u$ 保持不变地传播。在这种线上，

$$\mathrm{d}(x^n u)=0=\left(nx^{n-1}u+x^n\frac{\partial u}{\partial x}\right)\mathrm{d}x+x^n\frac{\partial u}{\partial y}\mathrm{d}y$$

所以，该线的斜率为

$$\frac{\mathrm{d}y}{\mathrm{d}x}=-\left(\frac{\partial u}{\partial x}+\frac{nu}{x}\right)\Big/\frac{\partial u}{\partial y}\tag{3.35}$$

根据线性化方程(3.29)和(3.30)，$\mathrm{d}y/\mathrm{d}x$ 为零。但是，实际上 $\mathrm{d}y/\mathrm{d}x$ 虽很小，但不为零。这意味着 $x^n u$ 沿着 $y=\text{const.}$ 的直线是变化着的，但沿着稍稍偏离于 $y=\text{const.}$ 的某条线保持不变。当 x 从很小的值变到很大的值时，也就是说，当波传播到远离源点处时，此线可能远远偏离于 $y=\text{const.}$ 的直线。然而，因为 $x^n u$ 的常值是被此线携带着的，因此，非线性项会大大改变解在 $x\to\infty$ 时的性态。

然而，$x^n u$ 为常值的线该是什么线？对于双曲型方程来说，这种线一定是特征线。事实上，从另一角度考虑也可发现此点。我们注意到，$x=\infty$ 处的麻烦是由式(3.28)中的 $C\partial^2 v/\partial y^2$ 项招致的。但就是式(3.28)中的该项的存在意味着所用的坐标系不是真正的特征坐标系，尽管 x，y 确实是线性化方程的特征坐标。如果我们采用真正的特征坐标，就不会有这种困难了。$\mathrm{d}x$ 和 $\mathrm{d}y$ 沿真实的特征线的变化由下式给定：

$$-(\mathrm{d}x)(\mathrm{d}y)=A(\mathrm{d}y)^2-B(\mathrm{d}x)(\mathrm{d}y)+C(\mathrm{d}x)^2\tag{3.36}$$

其中根据定义，A，B，C 都是小量。于是，两条特征线的斜率由

$$\frac{\mathrm{d}y}{\mathrm{d}x}=\frac{1}{2A}\left[-1+B-\sqrt{(1-B)^2-4AC}\right]\approx-\frac{1}{0}$$

和

$$\frac{\mathrm{d}y}{\mathrm{d}x}=\frac{1}{2A}\left[-1+B+\sqrt{(1-B)^2-4AC}\right]\approx-0$$

来确定。因此在一级近似下(请注意特征线的斜率 $\mathrm{d}y/\mathrm{d}x$ 很小)，我们可采用如下确定的特征坐标：

$$\xi=x,\quad \eta=y+\int C\mathrm{d}\xi\tag{3.37}$$

式中：积分是沿着 $\eta=$ const. 进行的。于是，应该采用的正确的自变量为上面定义的 ξ 和 η。事实上，求解的原则如下：如果在线性化问题中，u(它是 v 沿特征线法向的导数)可以展开成 x 的降幂的幂级数，其系数沿每条近似的特征线 $y=$const. 为常数，那么设法寻求类似的展开式，其系数沿每条准确的特征线 $\eta=$const. 为常数，再用关于 x 的第二个类似的展开式求出上述弯曲的特征线。我们发现，在现在的情形中，要修正的变量是 y，而不是第三部分第 1 小节中的 x。

于是，在一级近似下，由式(3.37)可得

$$x=\xi,\quad y=\eta-\int C\mathrm{d}\xi \tag{3.38}$$

因为一般来说，$C=O(\xi^{-n})$，这就意味着 $y=\eta+O(\xi^{1-n})$ 或 $\eta+O(\ln\xi)$ ($n=1$ 时)。当 $\xi\to\infty$ 时，差值 $y-\eta$ 是不确定的。对于平面波的情形，$n=0$，特征线是扇形扩展的直线族；对于柱面波的情形，$n=1/2$，特征线是抛物线族；对于球面波的情形，$n=1$，特征线以对数律扩展开来。值得注意的是，当 x 很大时，v 的性态大大地改变了。根据式(3.33)的第二个方程，有

$$\frac{\partial v}{\partial\eta}=u\frac{\partial y}{\partial\eta}\sim u^{(0)}(\eta)\xi^{-n}\Big(-\frac{\partial}{\partial\eta}\int C\mathrm{d}\xi\Big)=O(\xi^{1-2n}) \tag{3.39}$$

而 $u=O(\xi^{-n})$。之所以这样的原因在于，现在 η 为常数的各条曲线之间的距离是 $O(\xi^{1-n})$ 或 $O(\ln\xi)(n=1)$，因此，这就使得 v 在 $x\to\infty$ 时的值大为增加。

作为前面所讲述的方法的一个应用实例，我们来考虑 Whitham[11] 处理过的一个球面爆炸波的传播问题。因为该问题主要关注远离爆炸中心处的气体运动，那里运动很微弱，所以可假设为一种等熵流动并据此进行计算。描述球对称的等熵运动的方程为

$$a^2\nabla^2\phi=\frac{\partial^2\phi}{\partial t^2}+2\frac{\partial\phi}{\partial r}\frac{\partial^2\phi}{\partial r\partial t}+\Big(\frac{\partial\phi}{\partial r}\Big)^2\frac{\partial^2\phi}{\partial r^2} \tag{3.40}$$

式中：ϕ 为速度势；r 为径向距离；t 为时间；a 为当地声速，由 Bernoulli 方程给定，

$$a^2=a_0{}^2-(\gamma-1)\Big[\frac{\partial\phi}{\partial t}+\frac{1}{2}\Big(\frac{\partial\phi}{\partial r}\Big)^2\Big] \tag{3.41}$$

这里：a_0 为未扰空气中的声速。由 $u=\partial\phi/\partial t$，$v=\partial\phi/\partial r$，运动方程可写为

$$\left.\begin{aligned}&\frac{\partial v}{\partial t}-\frac{\partial u}{\partial r}=0\\&\frac{\partial v}{\partial r}\Big[a_0^2-(\gamma-1)u+\frac{1}{2}(\gamma+1)v^2\Big]-\frac{\partial u}{\partial t}-2v\frac{\partial v}{\partial t}+\\&\quad\frac{2v}{r}\Big[a_0^2-(\gamma-1)u-\frac{1}{2}(\gamma-1)v^2\Big]=0\end{aligned}\right\} \tag{3.42}$$

在线性化理论中，本问题的外行波解为 $\phi=f_0(a_0t-r)/r$；因此，u 和 v 具有如下形式：

$$\left.\begin{aligned}u&=\frac{f_1(a_0t-r)}{r}\\v&=-\frac{u}{a_0}+\frac{f_2(a_0t-r)}{r^2}\end{aligned}\right\} \tag{3.43}$$

也就是说，u 和 v 依 r 的负次幂展开，其系数沿每条近似特征线 $a_0t-r=$ const. 为常数。于是，我们来寻找类似形式的 u 和 v 的展开式，其系数沿每条**准确的**特征线 $\eta=$ const. 为常数，而 η 是 r 和 t 的函数，在求解过程中确定。由此，假设 u 和 v 具有如下形式：

$$\left.\begin{aligned} u &= a_0^2[f(\eta)r^{-1} + g(\eta)r^{-2} + \cdots] \\ v &= -\frac{u}{a_0} + a_0[b(\eta)r^{-2} + c(\eta)r^{-3} + \cdots] \end{aligned}\right\} \tag{3.44}$$

将它们代入标示 $\eta = \text{const.}$ 为特征线的条件中，得到如下展开式：

$$a_0 t = r - \eta \ln r - h(\eta) - m(\eta) r^{-1} \tag{3.45}$$

事实上，这个展开式的头两项正是我们的一般理论所预期的。然而，我们发现，对式(3.45)做出修正后，还要求对式(3.44)也进行相应的修正以使运动方程得以满足。这种修正包括式(3.44)中的 g, b, c, m 分别被 $g_1(\eta)\ln r + g_2(\eta)$，$b_1(\eta)\ln r + b_2(\eta)$，$c_1(\eta)\ln r + c_2(\eta)$，$m_1(\eta)\ln r + m_2(\eta)$ 所取代，这样一来，方程(3.42)就满足了。

唯一的附加条件是：$\eta = \text{const.}$ 为方程组(3.42)的特征线，亦即，$(\mathrm{d}t/\mathrm{d}r)$ 必须满足条件

$$\left(\frac{\mathrm{d}t}{\mathrm{d}r}\right)_\eta^2 \left[a_0^2 - (\gamma - 1)u - \frac{\gamma+1}{2}v^2\right] + 2v\left(\frac{\mathrm{d}t}{\mathrm{d}r}\right)_\eta - 1 = 0 \tag{3.46}$$

将经修正的 u, v, t 的级数代入上式，令 r 和 $\ln r$ 的同次幂相等，我们发现，$g_1(\eta)$ 恒为零，所有 η 的未知函数可用 $h(\eta)$ 和若干常数表示。所得的解为

$$u = a_0^2\left[-\frac{k\eta}{r} + \frac{\kappa_1\eta^2 + \frac{1}{2}B_1}{r^2} + \cdots\right] \tag{3.47}$$

$$v = -\frac{u}{a_0} - a_0\left[\frac{\left(\frac{1}{2}k\eta^2 + B_1\right)\ln r + \frac{1}{2}k\eta^2 + k\int_0^\eta \xi h'(\xi)\mathrm{d}\xi + B_2}{r^2}\right] + \cdots \tag{3.48}$$

$$\begin{aligned} a_0 t = {} & r - \eta\ln r - h(\eta) - \\ & \frac{\left(\frac{1}{2}k\eta^2 + B_1\right)\ln r + \kappa_2\eta^2 + \frac{1}{4}(\gamma+5)B_1 + \int_0^\eta \xi h'(\xi)\mathrm{d}\xi + B_2}{r} + \cdots \end{aligned} \tag{3.49}$$

式中：B_1, B_2 为至今尚未确定的任意常数，而

$$k = \frac{2}{\gamma+1}, \quad \kappa_1 = k^2 - \frac{k}{4}, \quad \kappa_2 = \frac{5}{4} + \frac{3}{2}k \tag{3.50}$$

为了确定 B_1, B_2，我们必须利用前激波 S 上的条件。还存在一个后激波 S_1。在(r,t)平面中，两个激波的位形如图 4 所示。由于与 S 和 S_1 之间区域内的小波的相互作用，在激波行进过程中，S 受到阻滞，S_1 得到加速；当 $r \to \infty$ 时，两激波的强度退化到零，最终以声速 a_0 传播。

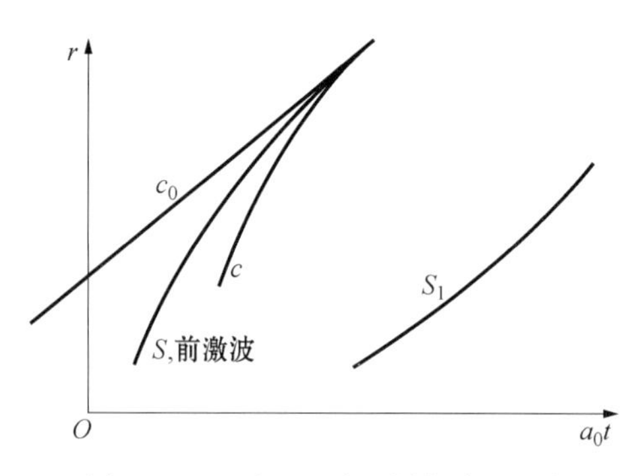

图 4　(t,r)平面上球面爆炸波的示意图

在激波上有两个边界条件要满足，它们的最便捷的形式是：(i)“角度性质”，它表明在激波强度的一级近似下，在 $(r, a_0 t)$ 平面上，激波与其两侧的特征线的夹角相等；(ii) 越过激波时 ϕ 是连续的，因此 $\partial\phi/\partial r + (\partial\phi/\partial t)/U = v + u/U$ 在激波两侧的值相同，这里 U 是激波速度。

令 C_0 为激波 S 之前的未扰区域内的一条特征线，C 为两激波之间区域内的一条特征线，因此 C 由式(3.49)给出：

$$\left.\begin{aligned} a_0 t &= r - \eta\ln r - h(\eta) + O(r^{-1}\ln r) \\ \eta &= \text{const.} \qquad \text{在 } C \text{ 上} \end{aligned}\right\} \tag{3.51}$$

因为特征线必须在两个激波 S 和 S_1 之间，对任意给定的 r 来说，t 的值是有界的，所以 η 和 $h(\eta)$ 在此区域内也是有界的。令 S 的方程为

$$a_0 t = r - f(r), \quad 在 S 上 \tag{3.52}$$

于是，根据角度性质(i)，而且已知 C_0 由下式确定：

$$a_0 t = r + \text{const}.$$

我们得到

$$f'(r) = \frac{1}{2}\eta r^{-1} + O(r^{-2}\ln r) \tag{3.53}$$

从式(3.51)和(3.52)中消去 $a_0 t - r$，我们得知，在激波上有

$$f(r) = \eta \ln r + h(\eta) + O(r^{-1}\ln r) \tag{3.54}$$

这样一来，我们就可以用 η 作为参数来描述激波，亦即，在激波上 r 和 t 都是 η 的函数，所以，对式(3.54)关于 η 求导，将式(3.53)给出的 $f'(r)$ 代入，就得到

$$[\eta r^{-1} + O(r^{-2}\ln r)]\frac{\mathrm{d}r}{\mathrm{d}\eta} + 2\ln r = -2h'(\eta)$$

亦即

$$\mathrm{d}[\eta^2 \ln r + O(\eta r^{-1}\ln r)] = -2\eta h'(\eta)\mathrm{d}\eta$$

求积分，得到

$$\eta^2 \ln r + O(\eta r^{-1}\ln r) = -2\int \eta h'(\eta)\mathrm{d}\eta = -2\eta h(\eta) + 2h_1(\eta) + b^2 \tag{3.55}$$

式中：

$$h_1(\eta) = \int_0^\eta h(\xi)\mathrm{d}\xi \tag{3.56}$$

b 是一个任意常数。可以求得式(3.55)的 $\ln r$ 形式的解：

$$\ln r = \frac{b^2}{\eta^2} - \frac{2h(\eta)}{\eta} + \frac{2h_1(\eta)}{\eta^2} + O(r^{-1}\ln^{\frac{3}{2}} r) \tag{3.57}$$

于是由式(3.54)得到

$$f = \frac{b^2}{\eta} - h(\eta) + \frac{2h_1(\eta)}{\eta} + O(r^{-1}\ln r) \tag{3.58}$$

对给定的 η，由式(3.57)给出 r，由式(3.58)给出 f，然后，由式(3.52)给出 $a_0 t$。所以，式(3.52)，(3.57) 和(3.58)构成的方程组是确定激波 S 的参数方程组。若 $h(\eta)$ 未知，因为它是有界的，可以展开成 $h(0) + \eta h'(0) + O(\eta^2)$，于是，我们可以用式(3.57)来确定 η 作为 $\ln r$ 的函数，而激波的方程式变为

$$a_0 t = r - b\ln^{1/2} r - h(0) - \frac{1}{2}bh'(0)\ln^{-1/2} r + O(\ln^{-1} r). \tag{3.59}$$

这里的误差是相当大的；如果我们已知 $h(\eta)$，肯定宁愿采用激波的参数表达式。在本问题的框架下常数 b 无法确定，因为除非给定了 r 和 t 很小时的波动的具体形式，否则激波位置无法完全确定。

激波速度 U 是激波曲线 S 在(r,t)平面上的斜率，因此有

$$\frac{1}{U} = \frac{\mathrm{d}t}{\mathrm{d}r} = \frac{1 - f'(r)}{a_0}$$

这样一来，把激波条件(ii)用于 S，由于 S 之前 ϕ 恒为零，就可得到在紧靠 S 之后，有

$$a_0 v + u - u f'(r) = 0$$

因此,由式(3.47),(3.48)和(3.53)得到

$$B_1 = 0, \quad B_2 = -\frac{1}{2} k b^2 \tag{3.60}$$

至此,我们求得了问题的解,由给定的数据可确定解的具体形式。我们的例子还表明,在实际计算中,并不真正需要用线性化方程的特征参数来作为自变量。对这个具体问题来说,用半径 r 作自变量更加方便,因此就用 r 来替代特征参数 $a_0 t + r$ 了。

4. 满足初始条件的一致有效解

在前面两小节讨论的问题中,尽管处理的是在离源点远处的小扰动,但如果 $n > 0$,在源点处仍可有大扰动,因为这时初始扰动在传播过程中将最终以 x^{-n} 的规律衰减。但是,正如第三部分第 3 小节中的球面爆炸波问题清楚地显示的那样,由于初始扰动没有清晰地给定,所得到的解还有一定程度的任意性。如果给定了初始条件,且初始扰动很弱,则利用已求得的结果可以得出构建一致有效解的统一方案。于是,u 和 v 一定为 ε 的量级,ε 是用来估计扰动大小的小参数。因此

$$\left.\begin{aligned} u &= \varepsilon u^{(0)}(\xi, \eta) + \varepsilon^2 u^{(1)}(\xi, \eta) + \cdots \\ v &= \varepsilon v^{(0)}(\xi, \eta) + \varepsilon^2 v^{(1)}(\xi, \eta) + \cdots \end{aligned}\right\} \tag{3.61}$$

坐标 ξ 和 η 是对线性化方程中的特征坐标 x 和 y 的修正。可是为了考虑精确的微分方程中的非线性项在大 x 处的反常效应,我们必须给出 η 与 y 的区别。事实上,按前面的讨论,ξ 和 η 跟 x 和 y 的关系由式(3.37)或式(3.38)给出。

为了构造一致有效的一阶近似解,我们选取线性化方程的一阶解 $u^{(0)}(x, y)$,用 ξ 和 η 取代 x 和 y,而 ξ 和 η 由下式给定:

$$x = \xi, \quad y = \eta - \varepsilon \int C^*(\xi, \eta) \mathrm{d}\xi + O(\varepsilon^2) \tag{3.62}$$

这里,C^* 是非线性方程(3.33)中的系数 C 在 $\xi \to \infty$ 时的渐近形式,亦即 u 替换成 $u^{(0)}(\xi, \eta)$ 时的形式。我们可以用 $u^{(0)}(\xi, \eta)$ 取代 C 中的 u,因为此处我们只对 y 的一阶修正感兴趣;我们可以用系数 C 的渐近形式,因为在 ξ 很小的时候 y 与 η 的区别根本不重要。在这种区别变得重要的地方,ξ 必须足够大,使得渐近形式是准确的。这一特殊步骤实际上是由 Whitham 与 Lighthill 合作提出的,Lighthill 后来将此步骤推广用于上节描述的理论中,Whitham 将此法应用于超声速弹体的绕流问题[12,13]以及恒星中球面弱激波的传播问题[14]。此处我们对这些有趣的实例不予讨论,尽管基本原理已在前几小节中勾画出来,但其细节描述仍十分冗长,在此难以细说。

作为替代,我们下面给出一个多少有点经过人为简化的方程的完整解,用来说明这个方法的技巧,该方程也由 Lighthill[2]研究过,其形式为

$$\left.\begin{aligned} &\frac{\partial u}{\partial x} + \frac{n}{x+y} u = u\left(\frac{\partial^2 v}{\partial x^2} + \frac{\partial u}{\partial y}\right) \\ &\frac{\partial v}{\partial y} = u \end{aligned}\right\} \tag{3.63}$$

定解条件为

$$u = v = 0, \quad 在\ y = 0\ 上 \tag{3.64}$$

和

$$u=\varepsilon U(y)y^{-n},\quad 在\quad x=0,U(0)=0 上 \tag{3.65}$$

式中：ε 是小参数，而 $0<n<1$。其线性化解为

$$u=\varepsilon U(y)(x+y)^{-n}$$

由此，按上述思路，一致有效一阶解为

$$u=\varepsilon U(\eta)(\xi+\eta)^{-n},\quad x=\xi,\quad y=\eta-\varepsilon\frac{U(\eta)\xi^{1-n}}{1-n} \tag{3.66}$$

为了构造准确到 ε^2 阶的一致有效解，我们首先做变换

$$x=\xi,\quad y=y(\xi,\eta) \tag{3.67}$$

于是式(3.63)变成

$$\left.\begin{aligned}&\frac{\partial u}{\partial\xi}-\frac{\dfrac{\partial y}{\partial\xi}}{\dfrac{\partial y}{\partial\eta}}\frac{\partial u}{\partial\eta}+\frac{nu}{\xi+y}=u\left[\left(\frac{\partial}{\partial\xi}-\frac{\dfrac{\partial y}{\partial\xi}}{\dfrac{\partial y}{\partial\eta}}\frac{\partial}{\partial\eta}\right)\left(\frac{\partial v}{\partial\xi}-\frac{\partial y}{\partial\xi}u\right)+\frac{\dfrac{\partial u}{\partial\eta}}{\dfrac{\partial y}{\partial\eta}}\right]\\&\frac{\partial v}{\partial\eta}=u\frac{\partial y}{\partial\eta}\end{aligned}\right\} \tag{3.68}$$

然而我们希望 η 成为准确的特征坐标，使得式(3.68)的第一式中 $\partial u/\partial\eta$ 的系数为零，于是，y 的方程就是

$$\frac{\partial y}{\partial\xi}=-u\left[\left(\frac{\partial y}{\partial\xi}\right)^2+1\right] \tag{3.69}$$

这时式(3.68)就简化为

$$\left.\begin{aligned}&\frac{\partial u}{\partial\xi}+\frac{nu}{\xi+y}=u\left(\frac{\partial^2 v}{\partial\xi^2}-\frac{\partial^2 y}{\partial\xi^2}u-2\frac{\partial y}{\partial\xi}\frac{\partial u}{\partial\xi}\right)\\&\frac{\partial v}{\partial\eta}=u\frac{\partial y}{\partial\eta}\end{aligned}\right\} \tag{3.70}$$

现在，将式(3.61)和

$$x=\xi,\quad y=\eta+\varepsilon y^{(1)}(\xi,\eta)+\varepsilon^2 y^{(2)}(\xi,\eta)+\cdots \tag{3.71}$$

代入式(3.69)和(3.70)，ε 阶解为

$$\left.\begin{aligned}&u^{(0)}(\xi,\eta)=\frac{U(\eta)}{(\xi+\eta)^n},\quad y^{(1)}(\xi,\eta)=-\frac{U(\eta)(\xi+\eta)^{1-n}}{1-n}\\&v^{(0)}(\xi,\eta)=\int_0^\eta\frac{U(t)}{(\xi+t)^n}\mathrm{d}t\end{aligned}\right\} \tag{3.72}$$

二阶方程为

$$\frac{\partial u^{(1)}}{\partial\xi}+\frac{nu^{(1)}}{\xi+\eta}=\frac{ny^{(1)}u^{(0)}}{(\xi+\eta)^2}+u^{(0)}\frac{\partial^2 v^{(0)}}{\partial\xi^2},\ \frac{\partial y^{(2)}}{\partial\xi}=-u^{(1)} \tag{3.73}$$

把一阶解式(3.72)代入式(3.73)，得到

$$\frac{\partial}{\partial\xi}\left[(\xi+\eta)^n u^{(1)}\right]=-\frac{nU^2(\eta)}{(1-n)(\xi+\eta)^{1+n}}+U(\eta)\int_0^\eta\frac{n(n+1)U(t)}{(\xi+t)^{n+2}}\mathrm{d}t$$

现在我们来改写初始条件式(3.65)，它可写成

$$u=\varepsilon U(y)y^{-n}=\varepsilon u^{(0)}(0,y),\qquad 当 x=0 时$$

或者，将上式中的变量 y 取代为 η，引用展开式(3.61)，上式又可写成

$$\varepsilon u^{(0)}(0,\eta+\varepsilon y^{(1)}+\cdots)+\varepsilon^2 u^{(1)}(0,\eta)+\cdots=\varepsilon u^{(0)}(0,\eta)+\cdots$$

所以，令上式中的 ε^2 的项相等，就得到 $u^{(1)}$ 的如下形式的初始条件：

$$u^{(1)}(0,\eta)=-\left[\frac{\mathrm{d}u^{(0)}(0,\eta)}{\mathrm{d}\eta}\right]y^{(1)}(0,\eta)=\left[\frac{\mathrm{d}}{\mathrm{d}\eta}(U(\eta)\eta^{-2})\right]\frac{U(\eta)\eta^{1-n}}{1-n}$$

利用这一条件，可以求解 $u^{(1)}$ 的微分方程，得到

$$\begin{aligned}u^{(1)}=&\frac{U^2(\eta)}{1-n}\left[\frac{1}{(\xi+\eta)^{2n}}-\frac{1}{\eta^n(\xi+\eta)^n}\right]+\\&\frac{U(\eta)\eta^{1-n}}{(1-n)(\xi+\eta)^n}\frac{\mathrm{d}}{\mathrm{d}\eta}(U(\eta)\eta^{-n})+\\&\frac{nU(\eta)}{(\xi+\eta)^n}\int_0^\eta\left\{\frac{1}{t^{n+1}}-\frac{1}{(\xi+t)^{n+1}}\right\}U(t)\mathrm{d}t\end{aligned}\tag{3.74}$$

当 x 或 ξ 很大时，由式(3.74)可得

$$u^{(1)}(\xi,\eta)\sim F(\eta)\xi^{-n}\tag{3.75}$$

其中：

$$F(\eta)=-\frac{U^2(\eta)}{(1-n)\eta^n}+\frac{U(\eta)\eta^{1-n}}{(1-n)}\frac{\mathrm{d}}{\mathrm{d}\eta}(U(\eta)\eta^{-2})+nU(\eta)\int_0^\eta\frac{U(t)\mathrm{d}t}{t^{n+1}}\tag{3.76}$$

当 x 或 ξ 很大时，还可得出 u 和 $y^{(2)}$：

$$u\approx\frac{\varepsilon U(\eta)+\varepsilon^2F(\eta)+\cdots}{x^n}\tag{3.77}$$

$$y^{(2)}\approx-\frac{F(\eta)\xi^{1-n}}{1-n}\tag{3.78}$$

为了使解到 ε^2 阶一致有效，只需计及由式(3.78)给出的 $y^{(2)}$ 的渐近形式。于是有

$$\left.\begin{aligned}&u=\varepsilon u^{(0)}(\xi,\eta)+\varepsilon^2u^{(1)}(\xi,\eta)+\cdots\\&x=\xi\\&y=\eta+\varepsilon y^{(1)}(\xi,\eta)-\frac{\varepsilon^2F(\eta)\xi^{1-n}}{1-n}\end{aligned}\right\}\tag{3.79}$$

式(3.77)清晰地表明，对任意的 ξ 和 η，关于 y 的级数是收敛的；式(3.79)的第三式也表明，虽然当 ξ 很大时，关于 y，$\varepsilon y^{(1)}$ 的初始修正可能相当大，但 y 的相继项的比值总是 ε 的量级，然而 y 中的 $\varepsilon^2y^{(2)}$ 对于得到准确到 ε^2 阶的解非常重要。为了明白此点，我们来计算此项导致的在固定的 x 和 y 下 η 的改变，它显然是

$$\frac{\varepsilon^2y^{(2)}}{\dfrac{\partial y}{\partial\eta}}=\frac{\varepsilon^2y^{(2)}}{1+O(\varepsilon\xi^{1-n})}$$

当 x 和 y 很大时，$y^{(2)}$ 为 $O(\xi^{1-n})$。因此，由 $\varepsilon^2y^{(2)}$ 引起的 η 的改变可能是 ε 的量级，而这一改变带来的对 u 的修正为 $O(\varepsilon^2)$。因此，当 x 很大时，在 y 中保留 $\varepsilon^2y^{(2)}$ 是很重要的。

5. 利用精确特征线的摄动法

正如前几小节所述，将 PLK 方法应用于双曲型偏微分方程时，对于克服经典的摄动法的困难十分有效，尽管如此，这种应用在数学上还不是很完善。问题在于：摄动级数真的收敛吗？还是它们只是看起来收敛？为了回答这个数学问题，我们必须重新审视这一方法，使之更加合乎规范，遵循数学规律。在第三部分第 1 小节中我们已经看到，此方法的关键步骤是把坐标变成准确的特征坐标；而在第三部分第 3，4 小节中，我们引进了一个准确的特征坐标 η，而保留 x 坐标不变，然而这是由于在行进波或简单波问题中，没有必要改变 x。为了使方法更规范化，以包含所有要处理的情形，我们需要利用两个准确的特征变量 ξ 和

η,接着,方法的要旨是首先把双曲型偏微分方程转换成以特征变量 ξ 和 η 表示的正规形式,然后将问题的解展开成 ε 的幂级数:

$$\left.\begin{aligned} u &= \varepsilon u^{(0)}(\xi,\eta)+\varepsilon^2 u^{(1)}(\xi,\eta)+\varepsilon^3 u^{(2)}(\xi,\eta)+\cdots \\ v &= \varepsilon v^{(0)}(\xi,\eta)+\varepsilon^2 v^{(1)}(\xi,\eta)+\varepsilon^3 v^{(2)}(\xi,\eta)+\cdots \\ x &= \xi+\varepsilon x^{(1)}(\xi,\eta)+\varepsilon^2 x^{(2)}(\xi,\eta)+\cdots \\ y &= \eta+\varepsilon y^{(1)}(\xi,\eta)+\varepsilon^2 y^{(2)}(\xi,\eta)+\cdots \end{aligned}\right\} \tag{3.80}$$

这里 x 和 y 是线性化方程的特征坐标;接下去就是以准确的特征变量 ξ 和 η 作为自变量的经典摄动过程。不少作者提出了这样的看法,并认为级数的收敛性似乎隐含在双曲型偏微分方程的一般理论中。但是,只有 Lin(林家翘)[15] 和 Fox[16] 对于简单的情形证明了展开式(3.80)关于 ξ 和 η 的所有值和充分小的 ε 的收敛性。Lin[15] 还利用上述过程研究了几个很有意义的平面超声速流动问题,我们这里不予详述,感兴趣的读者可以查阅原始论文。

Lin 和 Fox 的工作的重要性在于,通过演证本章前几小节所述的过程在数学上的完善性,对 PLK 方法提供了支持。对于解决工程问题来说,PLK 方法比基于准确的特征线的摄动法更招人喜欢。第一个理由是:PLK 方法具有手段的经济性这一优点。例如,在行进波问题中,只用一个特征变量 η,而 x 保持不变,因为这样做已经足矣。对于第三部分第 1 小节中的问题,招致麻烦的是 $\partial^2 v/\partial x^2$ 项,只需要用一个特征变量 ξ,而 y 可以保持不变。如果采用特征摄动法,x 和 y 都必须修正,计算工作量就要大得多了。当只需求得 ε 阶的最低阶解时,情况尤其如此,而在工程应用中通常就只需要最低阶的解。此外,PLK 方法具有更大的灵活性和普遍性,其原理可应用于多于两个自变量的和高于二阶的双曲型偏微分方程。我们要做的就是引进坐标的充分的变形,以克服利用线性化方程时出现的难点。

四、椭圆型偏微分方程

1. PLK 方法应用于薄翼问题时的失效

椭圆型偏微分方程的奇性与双曲型偏微分方程的奇性不同,它们有奇点。一个熟知的例子是:用一阶边界条件——经典薄翼理论寻求不可压缩理想流体绕薄翼流动的解时,在翼型的头部就有这类奇点。事实上,取 ε 为翼型的厚度-弦长比,如果我们把求解推进到 ε^3 阶,解在头部的奇性比一阶解和二阶解还要坏。尝试应用 PLK 方法来解决此问题看来很自然。Lighthill[17] 本人就研究过这一问题,对钝头翼型得到了很有用的解。

我们来考虑一个较为简单的问题——对称翼型无攻角绕流,远离翼型的流速无量纲化为 1。流函数 ψ 必须满足 Laplace 方程:

$$\frac{\partial^2\psi}{\partial x^2}+\frac{\partial^2\psi}{\partial y^2}=0 \tag{4.1}$$

边界条件可设为在翼型表面 $\psi=0$。设翼型的形状可表示为

$$y^* = \pm\varepsilon\sqrt{x}\,(F_0+F_1x+\cdots) \tag{4.2}$$

其中:F_0,F_1 为常数;y^* 为翼型表面的 y;后继的项使得翼型后缘 $x=c$ 出现尖点。现在我们按照 PLK 方法引进如下展开式:

$$\left.\begin{aligned} \psi &= \eta+\varepsilon\psi^{(1)}(\xi,\eta)+\varepsilon^2\psi^{(2)}(\xi,\eta)+\varepsilon^3 y^{(3)}(\xi,\eta)+\cdots \\ x &= \xi+\varepsilon x^{(1)}(\xi,\eta)+\varepsilon^2 x^{(2)}(\xi,\eta)+\varepsilon^3 x^{(3)}(\xi,\eta)+\cdots \\ y &= \eta \end{aligned}\right\} \tag{4.3}$$

Lighthill 发现，

$$x^{(1)} = 0 \tag{4.4}$$

而且，为了使得 $\psi^{(3)}$ 在头部 $x=0$ 的奇性不比 $\psi^{(1)}$ 和 $\psi^{(2)}$ 更坏，须令

$$x^{(2)} = \frac{1}{4}F_0{}^2 \tag{4.5}$$

这是一个常数。可以证明，$\varepsilon^2 x^{(2)}$ 项等于翼型头部曲率半径之半。因此，到 ε^2 项，用 PLK 方法得到的解等于对应的经典摄动解，其中 x 坐标向下游偏移了半个头部半径的距离。这样一来，摄动解头部奇性被"吸进"翼型，翼型界面外部实际上就没有奇性了。幸运的是，在这一简单情形下，我们还能找到精确解，而与精确解的比较表明这个摄动解是正确的。

然而，如果把求解过程推进到更高阶，困难就出现了。Fox[16] 指出：所有"更高阶"项在头部均为 $O(\varepsilon^2)$，因此，超过了二阶，就无法对解再做改进了，这一方面，此结果很像第二部分第 8 小节中讨论过的可压缩汇流，在那里我们也发现高阶解不能用来减小解的误差。所以，我们受到启发，猜测这里与汇流一样，翼型头部奇性只能用边界层解来处理，也就是说，我们不得不放弃求得适用于整个流场的单一的解，而是设法寻求适用于头部附近的局部性解。于是要求得完整的解，就得通过联合头部解与用经典的摄动法或 PLK 方法得到的解来实现。其实 van Dyke[18] 就已经发展了这种理论，尽管还没有在数学上完善地确立，但通过物理推理和与精确解的比较，此理论看来还是正确的。实际上，van Dyke 的研究工作更具一般性，涵盖了可压缩亚声速流动。

2. 出现困难的可能原因

PLK 方法应用于薄翼问题时可能失效，事先是否存在蛛丝马迹？似乎有这样的预警：当我们把展开式(4.3)代入翼型方程(4.2)时，在展开其他因式的同时，必须在 $x=0$ 附近把 $\sqrt{x}$ 按 ξ 和 $x^{(n)}(\xi,\eta)$ 展开，因为 $\sqrt{x}$ 在 $x=0$ 处不是正则的，显然，这种展开不可能是一致有效的。在第二部分第 5 小节中谈及常微分方程时我们谈到过同样的困难。倘若我们像 Fox 那样，进行形式展开，那么 PLK 方法就拒绝产生一致有效解。本文作者曾经尝试过先把式(4.2)取平方，以避免对式(4.2)中的 $\sqrt{x}$ 进行展开，但这时边界条件就要求将 $\psi^{(n)}$ 展开为对很小的 ξ 和 η 的幂级数，而 $\psi^{(n)}$ 在 $\xi=\eta=0$ 处是非正则的，因此这种做法也不可能导得一致有效展开式。所以，PLK 方法对这个问题失效是在预料之中的。

根据以上推理明显可知，即使对 y 引入另一个展开式：

$$\left.\begin{aligned} x &= \xi + \varepsilon x^{(1)}(\xi,\eta) + \varepsilon^2 x^{(2)}(\xi,\eta) + \cdots \\ y &= \eta + \varepsilon y^{(1)}(\xi,\eta) + \varepsilon^2 y^{(2)}(\xi,\eta) + \cdots \end{aligned}\right\} \tag{4.6}$$

PLK 方法用于翼型问题时仍然失效。Fox 的确尝试过这种探索，并发现这样做无济于事。因此，我们对困难根源的猜测得到了进一步的证实，我们甚至可以斗胆说一句：椭圆型偏微分方程的解若有与这里所述的同类奇性，用 PLK 方法不可能去除这种奇性，也就是说，求得对所有各阶均一致有效的解是不可能的。当然，就像薄翼理论中那样，求得 ε 的有限阶的一致有效的解还是有可能的，工程师也许满足于这种解，其中各阶解的误差保持大小有限且量级一致。

五、在流体边界层问题中的应用

1. 平板边界层

小黏性流体流动沿固体表面的边界层理论是由 Prandtl 创立的，这是应用力学和数学中

所有边界层问题的原型。Prandtl 的边界层理论实际上给出了很小黏性问题的一阶解。近年来,很多研究者都尝试改进原有理论以便求得高阶解。但困难在于 Prandtl 解在物体头部具有奇性,高阶摄动只是使得这种奇性变得更坏,实际上使整个物面所受的总剪切力变为无穷大,而非有限值,因此,这种解是完全不可接受的。

Kuo(郭永怀)[3]认识到,要求得令人满意的解,应在边界层理论的框架下引进坐标变形,也就是说,对物理坐标应做两次变换:首先,引进边界层变换,这也要求对自变量做出修正,然后再对边界层坐标进行变形。我们可以这么说:第二部分第 8 小节中讨论的组合方法是边界层方法“加上”坐标变形法(这里把原文的“坐标摄动法”译为“坐标变形法”——译者注),而 Kuo 提出的则是边界层方法“乘以”坐标变形法,这是他对 Poincaré 和 Lighthill 的想法的很有创意的拓广,确实对消除 Prandtl 理论的非一致有效性颇为有效。由于这一工作的重要性和所得结果的优美性,我们在下一小节中将十分详尽地描述一个特殊问题,也是 Kuo 研究过的一组问题中最为简单的一个:不可压缩流体的平板边界层。

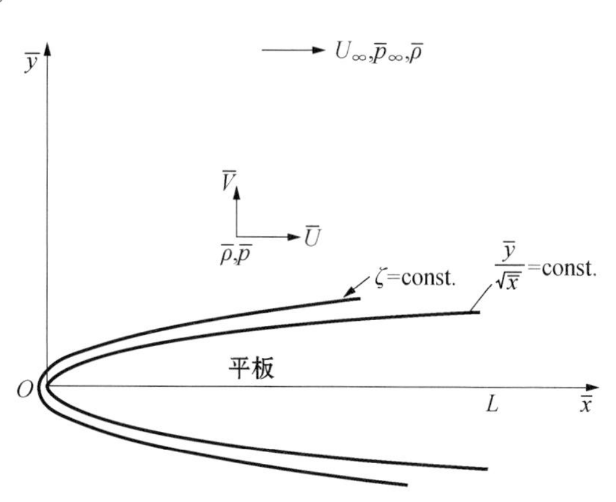

图 5　沿平板的不可压缩流体边界层

令 $\bar{x}, \bar{y}$ 为直角坐标,平板占据 $0 \leqslant \bar{x} \leqslant L, \bar{y}=0$ 这一条形区(见图 5),L 为平板的长度。在这一坐标系中,速度的 $\bar{x}, \bar{y}$ 分量分别为 $\bar{u}, \bar{v}$,压力为 $\bar{p}$,在本问题中密度 $\bar{\rho}$ 和运动黏性系数 $\bar{\nu}$ 均为常数。本问题的微分方程为 Navier-Stokes 方程和连续性方程,我们后面写出这些方程,用的是无量纲边界层变量,而非上面定义的物理变量。这些边界层变量借助 Reynolds 数

$$Re = \frac{U_\infty L}{\bar{\nu}} \tag{5.1}$$

来定义。上式中 U_∞ 为远离平板处的流体速度。对于黏性很小的流体,Re 很大,我们引进本问题的小参数 ε,由下式确定:

$$\varepsilon^2 = \frac{1}{Re} = \frac{\bar{\nu}}{U_\infty L} \tag{5.2}$$

于是,按 Prandtl 的做法,边界层变量为

$$\left.\begin{aligned} u &= \frac{\bar{u}}{U_\infty}, v = \frac{1}{\varepsilon}\left(\frac{\bar{v}}{U_\infty}\right) = \frac{1}{\varepsilon}V \\ x &= \frac{\bar{x}}{L}, y = \frac{1}{\varepsilon}\left(\frac{\bar{y}}{L}\right) = \frac{1}{\varepsilon}Y \end{aligned}\right\} \tag{5.3}$$

于是 v 和 y 被小参数 ε 修正了。我们还引进无量纲压力 p:

$$p = \frac{\bar{p} - \bar{p}_\infty}{\bar{\rho}\, U_\infty^2} \tag{5.4}$$

为了满足连续性方程,我们引进如下确定的流函数 ψ:

$$u = \psi_y,\ v = -\psi_x \tag{5.5}$$

这里及下文中,我们用下标表示偏导数。用上述变量表示的 Navier-Stokes 方程为

$$\left.\begin{aligned}\psi_y\psi_{xy}-\psi_x\psi_{yy}-\psi_{yyy}&=-p_x+\varepsilon^2\psi_{xxy}\\ p_y+\varepsilon^2(\psi_x\psi_{xy}-\psi_y\psi_{xx}+\psi_{xyy})&=-\varepsilon^4\psi_{xxx}\end{aligned}\right\}\tag{5.6}$$

这是关于两个未知量 ψ 和 p 的两个方程。

为了用“边界层方法”求解这一问题，令

$$\left.\begin{aligned}\psi(x,y)&=\psi^{(0)}(x,y)+\varepsilon\psi^{(1)}(x,y)+\varepsilon^2\psi^{(2)}(x,y)+\cdots\\ p(x,y)&=\qquad\qquad\quad\;\;\varepsilon p^{(1)}(x,y)+\varepsilon^2 p^{(2)}(x,y)+\cdots\end{aligned}\right\}\tag{5.7}$$

其中零阶压力为零，因为我们处理的是平板问题。自变量 x 和 y 是未经变形的边界层变量，我们发现，要确定 ε^2 项，坐标系 (x,y) 必须变形，但等到有必要的时候再来做这件事情。现在，把式(5.7)代入式(5.6)，令与 ε 无关的部分相等，就得到零阶流函数 $\psi^{(0)}$ 应满足的方程

$$\psi_y^{(0)}\psi_{xy}^{(0)}-\psi_x^{(0)}\psi_{yy}^{(0)}-\psi_{yyy}^{(0)}=0\tag{5.8}$$

一阶方程通过令与 ε 的系数相等得到：

$$\left.\begin{aligned}\psi_y^{(0)}\psi_{xy}^{(1)}+\psi_{xy}^{(0)}\psi_y^{(1)}-\psi_x^{(0)}\psi_{yy}^{(1)}-\psi_{yy}^{(0)}\psi_x^{(1)}&=-p_x^{(1)}+\psi_{yyy}^{(1)}\\ 0&=-p_y^{(1)}\end{aligned}\right\}\tag{5.9}$$

式(5.9)的第二个方程表明：在 Prandtl 边界层理论中熟知的结论——在边界层的任一截面上压力保持为常数仍然成立。事实上，如果我们限于求得准确到 ε 的解，那么用较简单的 Prandtl 的边界层方程，而不用完整的 Navier-Stokes 方程(5.6)，就可以恰当描述有关现象。

零阶方程(5.8)就是有名的 Blasius 方程，采用如下替换：

$$\psi^{(0)}=\sqrt{x}f_0(\zeta)\tag{5.10}$$

$$\zeta=\frac{y}{\sqrt{x}}\tag{5.11}$$

并用撇号表示关于 ζ 的导数，由式(5.8)得到

$$2f_0'''+f_0f_0''=0\tag{5.12}$$

于是可求得速度分量

$$u^{(0)}=\psi_y^{(0)}=f_0'(\zeta),\quad v^{(0)}=-\psi_x^{(0)}=\frac{1}{2\sqrt{x}}[\zeta f_0'(\zeta)-f_0(\zeta)]\tag{5.13}$$

因为边界条件为在 $y=0$ 处 $u=v=0$，在 $y=\infty$ 处 $u=1$，所以 f_0 的边界条件可用式(5.13)求得，它们是

$$\left.\begin{aligned}&f_0=f'_0=0\quad 当\ \zeta=0\ 时\\ &f'_0=1\qquad\quad 当\ \zeta=\infty\ 时\end{aligned}\right\}\tag{5.14}$$

在这些边界条件下，式(5.12)的解由下列幂级数和大 ζ 处的渐近级数给出：

$$\left.\begin{aligned}&f_0(\zeta)=\frac{\sigma}{2!}\zeta^2+\left(-\frac{1}{2}\right)\frac{\sigma^2}{5!}\zeta^5+\left(-\frac{1}{2}\right)^2\frac{11\sigma^3}{8!}\zeta^8+\left(-\frac{1}{2}\right)^3\frac{375\sigma^4}{11!}\zeta^{11}+\cdots\\ &\sigma\approx 0.332,\end{aligned}\right\}\tag{5.15}$$

$$f_0(\zeta)\approx\zeta-1.73+0.231\int_\infty^\zeta d\zeta'\int_\infty^{\zeta'}e^{-(1/4)(\zeta''-1.73)^2}d\zeta''\tag{5.16}$$

根据式(5.16)，并利用式(5.13)，我们可以计算在边界层外缘($\zeta\to\infty$)上的速度

$$V_e=v_0\varepsilon\frac{1}{\sqrt{x}}\tag{5.17}$$

式中：

$$v_0 \approx \frac{1.73}{2} = 0.865 \tag{5.18}$$

为了用式(5.9)确定一阶流函数 $\psi^{(1)}$，需要确定 $p^{(1)}$，为此，我们必须计算边界层外的、由边界层诱导的速度场 u 和 V，边界层的效应可近似地用式(5.17)给出的 V_e（$0 \leqslant x \leqslant 1$）来表示。当 $x < 0$ 时，V_e 为零；在尾流（$1 < x$）中，我们近似地取 $V_e = 0$。当然，在尾流的边界上 V_e 不可能真正为零，但这种差别也许并不重要。综上所述，我们有

$$V_e = \begin{cases} 0, & x < 0 \\ \varepsilon \dfrac{v_0}{\sqrt{x}}, & 0 \leqslant x \leqslant 1 \\ 0, & 1 < x \end{cases} \tag{5.19}$$

现在，把边界层外的势流场展开成 ε 的幂级数，亦即，

$$\left.\begin{aligned} u &= 1 + \varepsilon U^{(1)}\left(\frac{\bar{x}}{L}, \frac{\bar{y}}{L}\right) + \cdots \\ V &= \varepsilon V^{(1)}\left(\frac{\bar{x}}{L}, \frac{\bar{y}}{L}\right) + \cdots \end{aligned}\right\} \tag{5.20}$$

因为边界层的外缘很靠近平板，也就是说，边界层的厚度具有 ε 的数量级，可以采用与寻求薄翼理论的一阶解相同的方法来求得 $U^{(1)}$ 和 $V^{(1)}$，因此，我们有

$$U^{(1)} - \mathrm{i}V^{(1)} = \frac{v_0}{\pi}\int_0^1 \frac{\mathrm{d}w}{\sqrt{w}(z-w)} = -\frac{\mathrm{i}v_0}{\sqrt{z}} + \frac{v_0}{\pi\sqrt{z}}\ln\frac{1+\sqrt{z}}{1-\sqrt{z}} \tag{5.21}$$

式中：z 表示$(x+\mathrm{i}Y)$。在这一阶近似下，边界层外缘的诱导速度 $U_e^{(1)}$ 为 $U^{(1)}(x, 0)$，因此，

$$\begin{aligned} U_e^{(1)} = U^{(1)}(x,0) &= \frac{v_0}{\pi\sqrt{x}}\ln\frac{1+\sqrt{x}}{1-\sqrt{x}} \\ &= \frac{2v_0}{\pi}\left[1 + \frac{x}{3} + \frac{x^2}{5} + \cdots + \frac{x^n}{2n+1} + \cdots\right]. \end{aligned} \tag{5.22}$$

于是，采用 Bernoulli 方程，边界层外缘处的压力

$$p^{(1)}(x) = -U_e^{(1)}(x) \tag{5.23}$$

所以一阶方程(5.9)变成

$$\begin{aligned} \psi_y^{(0)}\psi_{xy}^{(1)} + \psi_{xy}^{(0)}\psi_y^{(1)} - \psi_x^{(0)}\psi_{yy}^{(1)} - \psi_{yy}^{(0)}\psi_x^{(1)} - \psi_{yyy}^{(1)} &= \frac{\mathrm{d}U_e^{(1)}}{\mathrm{d}x} \\ &= \frac{2v_0}{\pi}\left[\frac{1}{3} + \frac{2}{5}x + \cdots + \frac{n-1}{2n-1}x^{n-2} + \cdots\right] \end{aligned} \tag{5.24}$$

为了求解式(5.24)，我们把 $\psi^{(1)}$ 作如下展开：

$$\psi^{(1)} = \frac{2v_0}{\pi}\left[x^{\frac{1}{2}}f_1(\zeta) + \frac{1}{3}x^{\frac{3}{2}}f_2(\zeta) + \cdots + \frac{x^{n-\frac{1}{2}}}{2n-1}f_n(\zeta) + \cdots\right] \tag{5.25}$$

式中的各个 f 均仅为 ζ 的函数，而 ζ 由式(5.17)定义。将式(5.10)和(5.25)代入式(5.24)，令 x 的同次幂的系数为零，就得到 f_n 的方程

$$2f_n''' + f_0 f_n'' - 2(n-1)f_0' f_n' + 2(n-1)f_0'' f_n = -2(n-1),\ n = 1,2,3,\cdots \tag{5.26}$$

现在由 $\psi^{(1)}$ 得到诱导速度的 x 分量：

$$u^{(1)} = \psi_y^{(1)} = \frac{2v_0}{\pi}\left[f'_1 + \frac{x}{3}f'_2 + \cdots + \frac{x^n}{2n+1}f'_{n+1} + \cdots\right] \tag{5.27}$$

在边界层的外缘($\zeta \to \infty$)，$u^{(1)}$ 须与 $U_e^{(1)}$ 一致；在平板表面($\zeta=0$)上，$u^{(1)}=v^{(1)}=0$，因此，三阶方程式(5.26)的边界条件为

$$\left.\begin{aligned} f_n = f_n' = 0 \quad 当 \quad \zeta = 0 \\ f_n' = 1 \quad 当 \quad \zeta = \infty \end{aligned}\right\} \tag{5.28}$$

因为方程(5.26)的系数不能在 ζ 的整个区域内用简单的函数来解析地表示，一般来说，不可能求得对所有 n 和 ζ 都有效的解析解。总的来说，这是一个数值求解的问题。Kuo 把 Howarth 和 Tani 求得的小 n 情形的数值解与大 n 情形的渐近解结合起来，得到了关于表面摩擦系数 C_f（即平板一侧表面所受的总剪切力除以 $\bar{\rho} U_\infty^2 L/2$ ）的如下重要公式：

$$C_f = \frac{1.328}{\sqrt{Re}} + \frac{4.12}{Re} \tag{5.29}$$

这里 Re 是式(5.1)所定义的 Reynolds 数。这一公式与 Janour[19] 的实验数据进行过比较，发现 Re 低到 10 时，两者还很相符；Reynolds 数低于 10 时，用 Oseen 方法求解更为合适。

2. 二阶解

倘若我们遵循上述步骤，写出 $\psi^{(2)}$ 的微分方程，就会发现，与 $\psi^{(1)}$ 不同，$\psi^{(2)}$ 的前缘奇性比 $\psi^{(0)}$ 和 $\psi^{(1)}$ 的奇性更坏，而且由二阶解增加的剪切应力事实上是不可积函数。为了矫正这种状况，Kuo 把展开式(5.7)中的各种函数看成 ξ 和 η 的函数，对边界层变量做进一步变形。显然，这种变形只需要到 ε^2 阶，因为问题出在 $\psi^{(2)}$ 上。

$$x = \xi + \varepsilon^2 x^{(2)}(\xi,\eta) + \cdots, \quad y = \eta \tag{5.30}$$

这里的 y 保持不变，下面会看到这样做没问题。于是，关于 x 和 y 的偏导数变成

$$\left.\begin{aligned} \frac{\partial}{\partial x} \approx \frac{\partial}{\partial \xi} - \varepsilon^2 x_\xi^{(2)} \frac{\partial}{\partial \xi} \\ \frac{\partial}{\partial y} \approx \frac{\partial}{\partial \eta} - \varepsilon^2 x_\eta^{(2)} \frac{\partial}{\partial \xi} \end{aligned}\right\} \tag{5.31}$$

显然，新变量产生的效应是二阶的，零阶解和一阶解保持不变，只有 x, y 被 ξ, η 所取代了。$\psi^{(2)}$ 和 $p^{(2)}$ 的方程为

$$\begin{aligned} &\psi_\eta^{(0)}\psi_{\xi\eta}^{(2)} + \psi_{\xi\eta}^{(0)}\psi_\eta^{(2)} - \psi_\xi^{(0)}\psi_{\eta\eta}^{(2)} - \psi_{\eta\eta}^{(0)}\psi_\xi^{(2)} - \psi_{\eta\eta\eta}^{(2)} = [\psi_\xi^{(1)}\psi_{\eta\eta}^{(1)} - \psi_\eta^{(1)}\psi_{\xi\eta}^{(1)}] + \\ &\quad [-p_\xi^{(2)} + \psi_{\xi\xi\eta}^{(0)} + \psi_{\eta\eta\eta}^{(0)} x_\xi^{(2)} + (p_\eta^{(2)} - 2\psi_{\xi\eta\eta}^{(0)}) x_\eta^{(2)} + \psi_\eta^{(0)}\psi_\xi^{(0)} x_{\xi\eta}^{(2)} - \\ &\quad ({\psi_\xi^{(0)}}^2 + 3\psi_{\xi\eta}^{(0)}) x_{\eta\eta}^{(2)} - \psi_\xi^{(0)} x_{\eta\eta\eta}^{(2)}] \end{aligned} \tag{5.32}$$

和

$$p_\eta^{(2)} + \psi_\xi^{(0)}\psi_{\xi\eta}^{(0)} - \psi_\eta^{(0)}\psi_{\xi\xi}^{(0)} + \psi_{\eta\eta\eta}^{(0)} = 0 \tag{5.33}$$

与以前一样，我们引进相似变量 ζ

$$\zeta = \frac{\eta}{\sqrt{\xi}} \tag{5.34}$$

于是就可发现，式(5.32)右端的第一组各项当 $\xi \to 0$ 时的奇性为 $O(\xi^{-1})$，而第二组项中由于存在像 $\psi_{\xi\xi\eta}^{(0)}$ 这样的项，当 $\xi \to 0$ 时的奇性为 $O(\xi^{-2})$，第二组项是产生麻烦的项，因此，应该这样取 $x^{(2)}$，它能使式(5.32)右端第二个方括号里的项变得无害。为此，我们注意到，按照式(5.33)，有

$$p^{(2)} = p_2(\xi) + P^{(2)}(\xi,\eta) \tag{5.35}$$

其中：

$$P^{(2)}(\xi,\eta)=\int_0(\psi_\eta^{(0)}\psi_{\xi\xi}^{(0)}-\psi_\xi^{(0)}\psi_{\xi\eta}^{(0)}-\psi_{\xi\eta\eta}^{(0)})\mathrm{d}\eta \tag{5.36}$$

于是，$p^{(2)}(\xi)$ 应该像 $p^{(1)}(\xi)$ 一样，由二阶势流确定。但是，鉴于 $\psi^{(1)}$ 的特性，在边界层外缘 $V_e^{(2)}$ 与 $V_e^{(1)}$ 有同样的奇性。根据一阶理论的经验，我们知道，梯度 $\mathrm{d}p_2/\mathrm{d}\xi$ 无甚大碍，另一方面，$P_\xi^{(2)}$ 有强奇性，因此，$x^{(2)}$ 的正确选取必须顾及 $P_\xi^{(2)}$，不必去理睬 $\mathrm{d}p_2/\mathrm{d}\xi$。由此，确定 $x^{(2)}$ 的方程为

$$\begin{aligned}&\psi_{\eta\eta\eta}^{(0)}x_\xi^{(2)}+(P_\eta^{(2)}-2\psi_{\xi\eta\eta}^{(0)})x_\eta^{(2)}+\psi_\eta^{(0)}\psi_\xi^{(0)}x_{\xi\eta}^{(2)}-\\&({\psi_\xi^{(0)}}^2+3\psi_{\xi\eta}^{(0)})x_{\eta\eta}^{(2)}-\psi_\xi^{(0)}x_{\eta\eta\eta}^{(2)}=P_\xi^{(2)}-\psi_{\xi\xi\eta}^{(0)}\end{aligned} \tag{5.37}$$

这就是对于确定坐标变形最重要的方程，而且比前几章中提及的变形函数复杂得多了。

现在由方程式(5.10)和(5.11)已得到 $\psi^{(0)}=\sqrt{\xi}f_0(\zeta)$，通过研究方程(5.37)的结构发现，$x^{(2)}$ 仅为 ζ 的函数，亦即

$$x^{(2)}=g_2(\zeta) \tag{5.38}$$

现在，式(5.37)可写成

$$\begin{aligned}&2(f_0-\zeta f_0')g_2'''+(f_0^2-\zeta f_0f_0'-6\zeta f_0'')g_2''+\\&\left[2f_0'(f_0-\zeta f_0')-6(f_0''+\frac{1}{3}\zeta f_0''')\right]g_2'\\&=6\zeta f_0''+\zeta^2f_0'''+\frac{1}{2}\zeta f_0f_0'-f_0^2+\frac{1}{2}\zeta^2f_0'^2\end{aligned}$$

此方程有积分因子 $f_0(\zeta)$，两端乘以 $f_0(\zeta)$，积分之，得到

$$2f_0(f_0-\zeta f_0')g_2''-[2f_0'(f_0-\zeta f_0')+4\zeta f_0f_0''-f_0^3+\zeta f_0^2f_0']g_2'=G(\zeta)+\text{const.} \tag{5.39}$$

式中：

$$\begin{aligned}G(\zeta)&=\int_0^\zeta f_0\left[6\zeta f_0''+\zeta^2f_0'''+\frac{1}{2}\zeta f_0f_0'-f_0^2+\frac{1}{2}\zeta f_0'^2\right]\mathrm{d}\zeta\\&=\frac{3\sigma^2}{4}\zeta^4-\frac{3\sigma^3}{140}\zeta^7+\frac{999\sigma^4}{20\times(8!)}\zeta^{10}-\cdots\end{aligned} \tag{5.40}$$

$G(\zeta)$ 的这一级数形式是利用式(5.15)得到的。在 $\zeta=0$ 附近，式(5.39)有近似形式：

$$\frac{\mathrm{d}}{\mathrm{d}\zeta}(\zeta^2g_2')=-\frac{3}{2}\zeta^2+\frac{\text{const.}}{\zeta^2} \tag{5.41}$$

或即

$$g_2=-\frac{1}{4}\zeta^2+\frac{\text{const.}}{\zeta^2}+\frac{\text{const.}}{\zeta}+\text{const.} \tag{5.42}$$

因此，如果加上如下条件：

$$x^{(2)}=g_2=0\quad 当\quad \eta=\zeta=0\ 时 \tag{5.43}$$

使得平板不因坐标变形而“移动”，那么 $g_2(\zeta)$ 中的三个积分常数均应取为零。于是，仅仅由式(5.43)中的条件就完全确定了 $g_2(\zeta)$。更为完善的计算给出

$$g_2(\zeta)=-\left[\frac{1}{2\times2!}\zeta^2-\frac{\sigma}{14\times5!}\zeta^5+\frac{7\sigma^2}{30\times8!}\zeta^8-\cdots\right] \tag{5.44}$$

另一方面，当 ζ 很大时，根据式(5.16)，$f_0(\zeta)$ 可近似地取为 $\zeta-1.73$。于是式(5.39)化为

$$g_2'''+\frac{1}{2}(\zeta-1.73)g_2''+g_2'=-\frac{1}{2}\left(\frac{3}{2}\zeta-1.73\right) \tag{5.45}$$

通过做替换

$$g'_2 = -\frac{1}{2}\left(\zeta - \frac{1.73}{2}\right) + g'(t), \quad t = \frac{1}{\sqrt{2}}(\zeta - 1.73) \tag{5.46}$$

我们得到

$$g''' + tg'' + 2g' = 0$$

此方程可以积分两次,结果为

$$g' + tg = C_1 t + C_2 \tag{5.47}$$

这个方程也很容易积分,最后我们得到当 ζ 很大时 $g_2(\zeta)$ 的如下渐近公式:

$$\begin{aligned} g_2(\zeta) \sim & -\frac{1}{4}\left(\zeta - \frac{1.73}{2}\right)^2 + C_1 + C_2 e^{-(1/4)(\zeta-1.73)^2} + \\ & C_3 e^{-(1/4)(\zeta-1.73)^2} \int_{\zeta_1}^{(1/\sqrt{2})(\zeta-1.73)} e^{t^2/4} dt \end{aligned} \tag{5.48}$$

把式(5.44)和(5.48)给出的两种解在 $\zeta_1 = 3$ 处连接起来,确定 C_1,C_2,C_3 的值分别为 1.901,1.264,0.431。而且我们注意到

$$e^{-t^2} \int_{t_1}^{t} e^{t^2} dt$$

当 $\zeta \to \infty$ 时趋于零,所以,当 ζ 很大时,$g_2(\zeta)$ 以 $-(\zeta - 1.73/2)^2/4$ 的方式趋于负无穷大。详细计算表明,$g_2(\zeta)$ 是 ζ 的单调光滑函数,起步于抛物线 $-\zeta^2/4$,终止于抛物线 $-(\zeta - 1.73/2)^2/4$。

我们已经用 PLK 方法的原理完全确定了变形函数。然而,这里我们应该注意到:这里的零阶和一阶近似是边界层方程的解,边界层方程是抛物型偏微分方程;而变形函数和二阶近似是用 Navier-Stokes 方程计算出来的,Navier-Stokes 方程是椭圆型偏微分方程。因此,从低阶近似到高阶近似,方程类型改变了。于是,我们预期,用变形坐标求得的一致有效解会再现精确的 Navier-Stokes 方程的特性,尽管我们只用到了 $\psi^{(0)}$,我们在下一小节可以看到这一点。事实上,就工程应用而言,没有必要进一步计算 $\psi^{(2)}$ 本身。

3. 经坐标变形得到的零阶解的改进

我们记得,Blasius 解给出的流场局限于第一象限,平板位于正 ξ 轴,变量 ξ 和 η 都是正的。不进行坐标变形,Blasius 解在平板头部附近给出的流场非常不能令人满意。根据 ζ 的定义,式(5.34),若 $\xi \neq 0$,则 $\zeta = 0$ 对应于 $\eta = 0$,由此,当 $g_2(0) = 0$ 时 $x = \xi$,亦即,正 x 轴变换到正 ξ 轴;另一方面,若 $\xi = 0$,但 $\eta > 0$,则 $\zeta \to \infty$,$g_2 \to -\infty$,于是 $x \to -\infty$;但是,当 ξ 和 η 同时为零时,使得 ζ 是任意的,整个负 x 轴被方程 $x = \varepsilon^2 g_2(\zeta)$ 扫过,因此,ξ-η 平面的坐标原点映射到负 x 轴;对于非负的 ξ 值,容易证明,每条直线 ξ=const. 映射到 x-y 平面上的一条曲线,它从 x 轴上的一点出发,随着 η 无限增加,趋于负无穷大。因此,第一象限的 Blasius 域映射到整个上半 x-y 平面。

ζ 为常值的曲线令人感兴趣。在 ξ-η 平面上,这些曲线是以原点为顶点的抛物线,但由式(5.30),(5.34)和(5.38)可见,在 x-y 平面上,ζ=const. 的曲线族由下式确定:

$$y^2 = \zeta^2 [x - \varepsilon^2 g_2(\zeta)] \tag{5.49}$$

因此它们还是抛物线型,但现在顶点是分散的,位于 $x = \varepsilon^2 g_2(\zeta)$,随着 ζ 增大,它们沿负 x 轴移动到 $-\infty$,比方说,若取 $\zeta = 5.2$ 为黏性区域的边界曲线,我们就会发现,现在黏性效应扩散

到了平板前缘前方的量级为 ε^2 的距离处，或者说，物理距离为 $\bar{\nu}/U_\infty$ 量级的距离处。所以，仅用我们的坐标变形就已能提供比经典的 Blasius 解更合理得多的图像了。

利用式(3.11)，注意到 $x^{(1)}=0$，就得到速度分量

$$
\left.\begin{aligned}
u&=\frac{\bar{u}}{U}=\frac{\partial\psi^{(0)}}{\partial y}=\frac{\partial\psi^{(0)}}{\partial\eta}-\frac{\varepsilon^2\dfrac{\partial x^{(2)}}{\partial\eta}}{1+\varepsilon^2\dfrac{\partial x^{(2)}}{\partial\xi}}\frac{\partial\psi^{(0)}}{\partial\xi}=f_0'(\zeta)+\frac{\varepsilon^2 g_2'(\zeta)}{2\xi-\varepsilon^2\zeta g_2'(\zeta)}(\zeta f_0'-f_0)\\
V&=\frac{\bar{v}}{U}=-\varepsilon\frac{\partial\psi^{(0)}}{\partial x}=-\frac{\varepsilon}{1+\varepsilon^2\dfrac{\partial x^{(2)}}{\partial\xi}}\frac{\partial\psi^{(0)}}{\partial\xi}=\frac{\varepsilon\sqrt{\xi}}{2\xi-\varepsilon^2\zeta g_2'(\zeta)}(\zeta f_0'-f_0)
\end{aligned}\right\}\tag{5.50}
$$

因为这些表达式中分母 $2\xi-\varepsilon^2\zeta g'_2(\zeta)$ 仅在前缘处为零，解的唯一的奇性出现在前缘。现在 V 是处处有限的，且在负 x 轴上为零，因为那里 ξ 为零，而 $\zeta\neq 0$。对 u 的影响体现在额外的一项，它在边界层中实际上是二阶量。Blasius 解中 u 在负 x 轴上和 y 轴上为 1，与之相比，这里的解有实质性的改进：现在按照式(5.50)，在 $\xi=0$ 处 u 随 ζ 变化。

为了给出前缘处奇性的准确性质，对于小 ζ，可用首项显式地近似表示 g_2，即按式(5.44)，为 $-\zeta^2/4$，用这一形式的 g_2，由式(5.30)得

$$
x=\xi-\frac{\varepsilon^2}{4}\frac{y^2}{\xi}=\xi-\frac{1}{4\xi}Y^2
$$

因此有

$$
\left.\begin{aligned}
2\xi&=x+\sqrt{x^2+Y^2}\\
\frac{1}{2}\varepsilon^2\zeta^2&=\sqrt{x^2+Y^2}-x
\end{aligned}\right\}\tag{5.51}
$$

于是，如果用前缘项 $\sqrt{\xi}(\sigma\zeta^2/2)$ 来近似表示 $\psi^{(0)}$，则在前缘附近有

$$
\begin{aligned}
\psi^{(0)}&\approx\frac{\sigma}{\varepsilon^2}\frac{1}{\sqrt{2}}\{x+\sqrt{x^2+Y^2}\}^{\frac{1}{2}}\{\sqrt{x^2+Y^2}-x\}\\
&=\frac{\sigma}{\varepsilon^2}\frac{1}{\sqrt{2}}Y\{\sqrt{x^2+Y^2}-x\}^{\frac{1}{2}}
\end{aligned}\tag{5.52}
$$

若记 $x+\mathrm{i}Y=z$，$x-\mathrm{i}Y=\bar{z}$，则上式给出的 $\psi^{(0)}$ 正比于 $z^{\frac{3}{2}}-\bar{z}^{\frac{1}{2}}z$ 的实部，因此，经过坐标变形，在前缘附近 $\psi^{(0)}$ 是一个双调和函数，展示了 Stokes 近似的特性。还可以进一步注意到，速度分量 u 和 V 在边界层理论中有不同的数量级，现在却是同一量级的了。这是经改进的 Blasius 解的又一特征。

当 ζ 很大时，$g_2(\zeta)$ 也可以做近似，按式(5.48)取作 $-\zeta^2/2$，此时式(5.50)化为

$$
\left.\begin{aligned}
u&=1-\frac{\varepsilon v_0}{\sqrt{2}}\frac{\sqrt{r-x}}{r},\quad r^2=x^2+Y^2\\
v&=\frac{\varepsilon v_0}{\sqrt{2}}\frac{\sqrt{r+x}}{r}
\end{aligned}\right\}\quad\zeta\to\infty\tag{5.53}
$$

在边界层外缘，$Y=O(\varepsilon)$，因此可令 $Y=0$ 来得到边界层外缘处的速度分量，于是它们等于 1 和 $\varepsilon v_0/\sqrt{x}$，与 Blasius 解一致。但是式(5.53)中的扰动项实际上是 $-\mathrm{i}\varepsilon 2v_0 z^{-1/2}$ 的实部和虚部（这里 $z=x+\mathrm{i}Y$）。因此，扰动速度确实是势流的速度，在远离平板处为零，采用坐标变形后，经典边界层理论中的不现实的图案完全得到了矫正。

人们可以预期，由于进行了坐标变形，平板上的剪切应力会发生变化。然而，详细计算表明，在 $\zeta=0$ 处，所有的剪切应力的变化为零，因此，用边界层理论计算的摩阻力仍是正确的，前面的结果式(5.29)依然成立。对摩阻力计算的进一步改进只能来自对 $\psi^{(2)}$ 和 $x^{(3)}$ 的计算，但从前面已经得到的出色结果看来，此举几乎已无利可图了。

4. 超声速流中的边界层

Kuo 把边界层变换与坐标变形结合起来，成功地应用于不可压缩边界层的 Blasius 问题，这一成功指引他用同样的方法研究更为困难的超声速边界层流动。这里的复杂性主要来源于黏性边界层与恰在边界层外的头部激波所界定的无黏超声速流动的强烈相互作用。由于存在黏性力，边界层中的气体速度下降且受到加热，于是沿着平板，边界层"厚度"持续地增大，这又反过来影响外部流动，产生沿平板的压力梯度，超声速流与上节讨论的不可压缩流的主要区别在于：对于超声速流来说，这种"诱导"的压力梯度要比不可压缩流强得多。Mach 数很大时，情况尤其如此。事实上，Kuo 发现，边界层坐标的变形在关于 ε 的一阶近似中就已经必须引进了，亦即

$$x=\xi+\varepsilon x^{(1)}(\xi,\eta)+\varepsilon^{2}x^{(2)}(\xi,\eta)+\cdots,\quad y=\eta \tag{5.54}$$

与不可压缩流的对应问题[如(5.30)所示]相比，求解的困难在更早的阶段就出现了。

Kuo 研究了两个此类问题：一个是沿平板的超声速边界层[4]，另一个是平板与远处来流有一夹角的超声速边界层(超声速绕楔流动的边界层)。然而，这两个问题所涉及的计算量很大，复杂得在这里难以尽述，感兴趣的读者可参看 Kuo 的原著。我们希望，通过前几节详细讨论较为简单的不可压缩边界层问题，对于 PLK 方法的技巧及新近应用的威力已经作了充分的阐释。

六、结束语

在前面各节中，我们已作了略显冗长的阐述，描绘用 Poincaré、Lighthill 和 Kuo 所提出的方法来解决含小参数 ε 的物理问题的原理和技巧，我们采用了若干例子(有些还相当复杂)来阐释该方法，但没有给出它的一般的数学理论。我们别无他法，因为迄今没有一般理论可资利用。但我们希望，读完本文后，在判断 PLK 方法能否帮助自己得到适用于所面临的特定问题的解的时候不至于感到茫无头绪。在整个讨论中，我们也已指出对有些问题 PLK 方法无效；对这种例子，我们总是试图指出为什么此方法失效(参看第二部分第 5,8 小节和第四部分第 2 小节)。

我们给出的各种问题中 PLK 方法失效的理由不可避免地会是含糊的、启发式的。这是一个值得我们的数学界同事们关注的问题。能否说服他们来研究这个课题，告诉我们哪些问题用 PLK 方法是有效的，哪些问题则会失效？对 PLK 方法失效的问题，亦即，它不能给出到所有的阶都一致有效的解(或者有一致的任意精度的解)，但仍能给出到 ε 的有限阶一致有效的解，就像薄翼问题那样。能否一看问题的表述就知道此点了呢？

上面这些问题尚无答案之时，工程师大可不必沮丧，对他来说，评估所做的计算是否正确的最佳导引仍是他对物理问题的了解。如果数学解没有给出他预期的结果，他当然必须质疑数学解的有效性。所以，他没有完全"了解"PLK 方法不应妨碍他尝试用此法去解决自己的问题。他不妨记住 Heaviside 在他的运算微积法受质疑时说过的一段话："我难道要因为不完全了解消化过程而拒绝进餐吗？"

(戴世强 译， 陈允明 校)

参考文献

[1] Poincaré H. Les Méthodes Nouvelles de la Méchanique Céleste [M]. vol. 1, Chap. Ⅲ, Paris, 1892.

[2] Lighthill M J. A technique for rendering approximate solutions to physical problems uniformly valid [J]. Phil. Mag. 1949,40(7); 1179.

[3] Kuo Y H. On the flow of an incompressible viscous fluid past a flat plate at moderate Reynolds number [J]. J. Math. and Phys. 1953, 32; 83.

[4] Kuo Y H. Viscous flow along a flat plate moving at high supersonic speeds [J]. J. Aeron. Sci. (1956), 23: 125.

[5] Wasow W A. On the convergence of an approximation method of Lighthill [J]. Abstract No. 40, Bull. Am. Math. Soc. 1955,61: 48; J. Rational Mech. Anal. 1955, 4: 751.

[6] Carrier G F. Boundary layer problems in applied mechanics[J]. Advances in Appl. Mech. 1953, 3: 1.

[7] Carrier G F. Boundary layer problems in applied mechanics[J]. Comm. Pure and Appl. Math. 1954, 7: 11.

[8] Lighthill M J. The position of the shock-wave in certain aerodynamic problems [J]. Quart. J. Mech. and Appl. Math. 1948, 1: 309.

[9] Wu Y T. Two dimensional sink flow of a viscous, heat-conducting compressible fluid; cylindrical shock waves [J]. Quart. Appl. Math.

[10] Hayes W D. Pseudotransonic similitude and first-order wave structure [J]. J. Aeron. Sci. 1954, 21: 721.

[11] Whitham G B. The propagation of spherical blast [J]. Proc. Roy. Soc. 1950, A203: 571.

[12] Whitham G B. The behavior of supersonic past a body of revolution [J]. far from the axis, Proc. Roy. Soc. 1950, A201: 80.

[13] Whitham G B. The flow pattern of a supersonic projectile [J]. Comm. Pure and Appl. Math. 1952, 5: 301.

[14] Whitham G B. The propagation of weak spherical shocks in stars [J]. Comm. Pure and Appl. Math. 1953, 6: 397.

[15] Lin C C. On a perturbation theory based on the method of characteristics[J]. J. Math. and Phys. 1954, 33: 117.

[16] Fox P A. On the use of coordinate perturbation in the solution of physical problems [R]. Tech. Rept. No. 1, Project for Machine Method of Computation and Numerical Analysis, Mass. Inst. Technol., Cambridge, Mass., 1953.

[17] Lighthill M J. A new approach to thin airfoil theory [J]. Aeronaut. Quart, 1951, 3: 193.

[18] van Dyke M D. Subsonic edges in thin-wing and slender-body theory [R]. Natl. Advisory Comm. Aeronaut., Tech. Note No. 3343 (1954).

[19] Janour Z. Resistance of a plate in parallel flow at low Reynolds number [R]. Natl. Advisory Comm. Aeronaut., Tech. Mem. No. 1316 (1951).

高温高压气体的热力学性质

钱学森[1]
(Daniel and Florence Guggenheim Jet Propulsion Center, California Institute of Technology, Pasadena Calif.)

一、稠密气体的状态方程

当气体的密度增高时,众所周知完全气体的状态方程不再适用了。最粗略近似的稠密气体状态方程就是范德华状态方程。取 P 为压强,v 为每分子的体积,T 为温度,以及 k 为玻耳兹曼常数,则范德华状态方程可表为

$$\left(P+\frac{a}{v^2}\right)(v-b)=kT \tag{1}$$

式中:a 和 b 是两个常数,都是小量。一般简单认为 b 是分子体积的 4 倍。对于直径为 D 的球形分子

$$b=\frac{2\pi}{3}D^3 \tag{2}$$

在高温下,如气体的密度很高则气体的压强一定很大。当 a/v^2 比起 P 来很小而可略时,则式(1)可简化成所谓余容状态方程

$$P(v-b)=kT$$

或者写成下式

$$\frac{Pv}{kT}=1+\frac{1}{\dfrac{3}{2\pi}\dfrac{v}{v^*}-1} \tag{3}$$

式中:v^* 的定义为

$$v^*=D^3 \tag{4}$$

范德华方程是一种粗略近似,对高温高压的气体来说,无论是式(1)还是式(2)都达不到可以使用的精度。一个实例是凝聚炸药爆轰的气相产物,它的温度达数千 K,具有相当于固体的密度。一些更为详密的、考虑到更宽的温度和压力范围的状态方程都有类似的缺陷而不能使用。

对于凝聚炸药爆轰产物来说,一个更为精确的状态方程是 Halford-Kistiakowsky-Wilson 方程[1]

$$\frac{Pv}{kT}=1+KT^{-1/4}\exp\left(\frac{0.3K}{T^{1/4}}\right) \tag{5}$$

本文于 1954年 6 月 20 日收到,原载 Jet Propulsion, 1955, Vol. 25, pp. 471-473。

① Guggenheim 喷气推进中心主任。

式中：

$$K = \sum_i n_i K_i \tag{6}$$

n_i 是分子组元 i 的单位体积的摩尔数；K_i 是组元 i 的经验常数，对于水和氨来说，K_i 值各是 108 和 164 $cm^3 \cdot mole^{-1}$。K_i 为未知时，建议使用下式计算：

$$K_i = 5.5\left(\frac{2\pi}{3}\right) N D_i^{\ 3} \tag{7}$$

式中：N 是阿伏加德罗常数；D_i 是 i 组元的低能分子碰撞直径。这样 K_i 就等于直径为 D_i 的球形分子的摩尔体积的 22 倍。如果只有单种组元，则由式(6)和(7)给出

$$K = 5.5\,\frac{\left(\dfrac{2\pi}{3}\right)}{\left(\dfrac{v}{v^*}\right)} \tag{8}$$

式中：v^* 是由式(4)定义的体积。这样，对于单一气体来说，Halford-Kistiakowsky-Wilson 方程可写为

$$\frac{Pv}{kT} = 1 + \frac{11.51}{\left(\dfrac{v}{v^*}\right) T^{1/4}} \exp\left[\frac{3.453}{\dfrac{v}{v^*} T^{1/4}}\right] \tag{9}$$

从式(5)和(9)可以看出，这实际上是余容式(3)的一种改进；现在，当 $T \to \infty$ 时，尽管 v/v^* 保持有限，压缩因子 $Pv/(kT)$ 趋于 1。根本上讲这是因为分子并非永远是硬球而是可以挤缩的，在更高的动能下碰撞可使分子间距更近。在非常高的温度下，分子的动能很大使得分子碰撞的有效尺寸变得很小。气体的非理想性是正比于分子尺寸的。所以当 $T \to \infty$ 时，由于有效分子尺寸趋于零而气体行为就如完全气体一样，尽管此时体积比是有限的。这是一个合理的状态方程所必有的一种性质。这也是 Halford-Kistiakowsky-Wilson 方程所具有的性质。

虽然式(7)和(8)把常数 K 与分子低能碰撞直径建立了联系，但这种联系并未正当地计及分子相互作用的强度。如果我们用 Lennard-Jones 势 $\varepsilon(r)$ 来表征分子对的相互作用，

$$\varepsilon(r) = 4\varepsilon^* \left[\left(\frac{D}{r}\right)^{12} - \left(\frac{D}{r}\right)^6\right] \tag{10}$$

式中：r 为分子间距离，则除了碰撞直径 D 之外还存在一个参数即平衡势能 $-\varepsilon^*$，它是这对分子在它们相对距离为 $2^{\frac{1}{6}}D$ 时的势能。对应于 ε^* 的更为常用的参数是“相互作用的特征温度” Θ_1，定义为

$$\Theta_1 = \frac{\varepsilon^*}{k} \tag{11}$$

因此，我们所期望的状态方程应具有如下形式：

$$\frac{Pv}{kT} = 1 + f(T/\Theta_1,\ v/v^*) \tag{12}$$

这就是说，压缩因子应当是温度比 T/Θ_1 的函数，而不是像 Halford-Kistiakowsky-Wilson 方程那样直接是 T 的函数。此外，按照我们的论据，当 $T \to \infty$ 时气体应趋于理想气体性质，即

$$f\left(\infty,\ \frac{v}{v^*}\right) = 0 \tag{13}$$

式(12)和(13)设定了状态方程必须满足的条件。从这一普适的概念来判断，许多作者提

出的状态方程将由于这一条件不能满足而应当被排除在外。例如 Cottrell 和 Paterson 建议的方程[2]

$$\frac{Pv}{kT} = 3 + \frac{\text{const.}}{(T/\Theta_1)^{1/2}\left(\frac{v}{v^*}\right)} \tag{14}$$

因为它不满足条件式(13)，而在高温下不能用。同样，Zwansig 所建议的理论状态方程[3]也不能使用，因为他引用了一个难以成立的假定，即高温下分子间相互作用像刚性球一样。

二、Lennard-Jones 和 Devonshire 理论

如果有气体在高温高压下充足的实验数据，则我们就可以通过将无量纲状态式(12)与这些数据的拟合来确定函数 $f(T/\Theta_1, v/v^*)$。实际上这就是对应态原理的使用。很遗憾，除了早期 Bridgman[4] 对氢和氦所做的实验之外，没有温度足够高压力足够大的实验数据可以满足目前的需求。我们必须转问从理论上来确定一个恰当的状态方程。我们目前感兴趣的密度区域中，其无量纲体积 v/v^* 是接近 1 的，即密度相当于常压下液体的密度。Lennard-Jones 和 Devonshire 的液体和稠密气体的理论对于这样的实际物理状况正是一个非常好的近似。这一理论的缺陷是没有能够计入空格点的存在，但这并不太重要。更有利的是 Wentorf，Buhler，Hirschfelder 和 Curtiss[5] 已经对 Lennard-Jones 和 Devonshire 理论做了广泛而高精度的计算。我们可以直接使用他们所提供的表格。从实际的计算出发，更为合适的是将他们的结果归纳成为简单的解析形式，在数值计算时便于实施数值的内插和外插。这也就是本文所要做的。

从理论上将 Lennard-Jones 和 Devonshire 的理论进行约化，得到一些可用的解析结果，避免直接用数值表是我们所期望的。在目前我们感兴趣的 T/Θ_1 和 v/v^* 的参数范围内，我们还未能获得这样简单的解析结果。像我们处理液体的问题是十分不同的，在那里，我们利用 T/Θ_1 小的渐近近似成功地得到了解析结果[6]。

利用 Wentorf 等人给出的 $Pv/(kT)$ 的数值表，我们用图示方法给出了在 $Pv/(kT)$ 为常量下的 T/Θ_1 对 v/v^* 的关系。初步研究表明式(12)中出现的两个变量 T/Θ_1 和 v/v^* 可以用一个变量 η 来表示，即取

$$\eta = (T/\Theta_1)^{1/6}(v/v^*) \tag{15}$$

因此，按式(12)和(13)两式，我们有

$$\frac{Pv}{kT} = 1 + f(\eta), \quad f(\infty) = 0 \tag{16}$$

在图 1 中，我们用图表示 $1/f = [Pv/(kT) - 1]^{-1}$ 对 η 的关系。从图中我们可以看到，当 v/v^* 在 1 附近，而 $\frac{T}{\Theta_1} = 10, 20, 50, 100$ 和 400，所给出的点基本上落在一条直线近旁。基于这一事实，我们得到了一个近似的高温高压状态方程

$$\frac{Pv}{kT} = 1 + \frac{1}{0.278\eta - 0.177} \tag{17}$$

它同时也满足了式(13)所设定的条件。这一结果的精度在 10%以内。

尽管状态式(17)是针对高温稠密气体的，但有趣的是也可以考察一下它在较低密度下的行为有多好。对低密度气体来说，v/v^* 很大，η 值也必然很大，于是状态式(17)如要推展到高

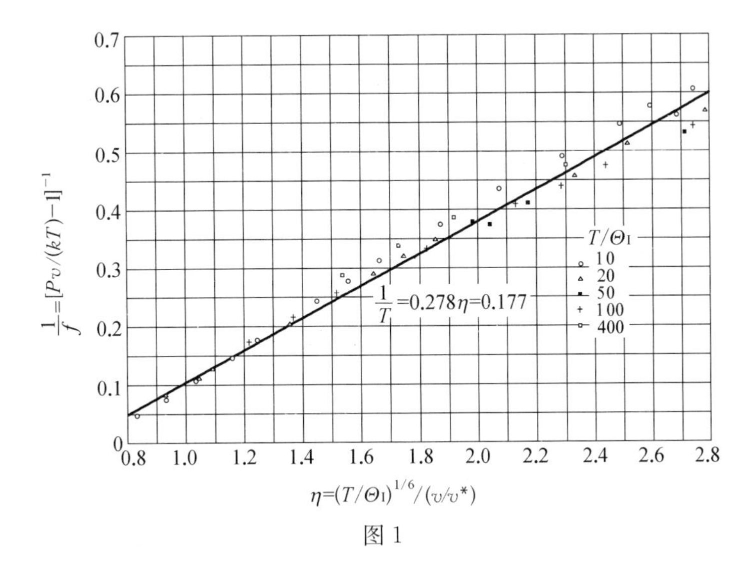

图 1

温低密度，则有

$$\frac{Pv}{kT}\approx 1+\frac{1}{0.278\eta}=1+3.594\left(\frac{T}{\Theta_1}\right)^{-1/6}\left(\frac{v}{v^*}\right)^{-1} \tag{18}$$

从另外的角度看，低密度气体在高温下的状态可以由维里状态方程表示，如只取第 2 维里系数[7]高温展开的首项，则有

$$\frac{Pv}{kT}\approx 1+\frac{2\sqrt{2}\pi}{3}\Gamma\left(\frac{3}{4}\right)\left(\frac{T}{\Theta_1}\right)^{-1/4}\left(\frac{v}{v^*}\right)^{-1}=1+3.630\left(\frac{T}{\Theta_1}\right)^{-1/4}\left(\frac{v}{v^*}\right)^{-1} \tag{19}$$

比较式(18)和(19)两式，可以见到，除了 T/Θ_1 的指数上有差异之外，我们的高温稠密气体的状态方程的这一近似，还较好地描述了低密度气体的某些特性。作为一个粗略近似，我们的状态式(17)可以推展用于全部的 v/v^* 范围。很显然，式(17)真正的实用范围是在高温下，即要求 $T/\Theta_1>10$。

三、其他的热力学函数

顾及我们所提出的状态方程在低密度下仍然不失为一个良好的近似，这一点可以考虑以 $v/v^*\to\infty$ 作为起点用积分的方法来计算其余的热力学函数。例如，如果分子的内能为 E，由普遍的热力关系出发，则

$$\left(\frac{\partial E}{\partial v}\right)_T=T\left(\frac{\partial P}{\partial T}\right)_v-P$$

将式(15)代入式(17)，并进行微商，得

$$\left(\frac{\partial E}{\partial v}\right)_T=-\frac{kT}{v}\frac{0.278\eta}{(0.278\eta-0.177)^2} \tag{20}$$

令 E_∞ 是 $v/v^*\to\infty$ 时的分子内能，即完全气体内能，则对应于气体非理想性所获得的那部分分子内能为

$$(E-E_\infty)_T=-\int_v^\infty\left(\frac{\partial E}{\partial v}\right)_T\mathrm{d}v \tag{21}$$

将式(20)代入式(21)，考虑到 $(E-E_\infty)/kT$ 只是 η 的函数，我们得到

$$(E-E_\infty)_T=\frac{kT}{6}\frac{1}{0.278\eta-0.177} \tag{22}$$

注意到我们的状态方程在大的 v/v^* 下是有一定近似性的，粗看起来这将引起较为严重的误差，但由于积分式(21)中 v/v^* 大的那部分对整个积分的贡献很小，所造成的误差很小。通过我们把式(22)计算的结果与 Wentorf 及其合作者们用数值计算所得到的结果加以比对，其差别小于 10%。因此我们可以宣称我们的状态方程从整体上有 10%以内的精度。

用类似的方法，我们还可以计算出分子的焓 H，分子的质量定压热容 c_p 和体积定容热容 c_V，以及分子的熵 s，所得到的公式如下：

$$(H-H_\infty)_T = 7(E-E_\infty)_T \tag{23}$$

$$(c_V - c_{V\infty})_T = \frac{k}{6}\,\frac{0.2314\eta - 0.177}{(0.278\eta - 0.177)^2} \tag{24}$$

$$(c_p - c_{p\infty})_T = 7(c_V - c_{V\infty})_T\left[1 - \frac{0.278\eta}{0.2314\eta - 0.177}\cdot\frac{(0.278\eta-0.177)^2+(0.2314\eta-0.177)}{(0.278\eta-0.177)^2+(0.556\eta-0.177)}\right] \tag{25}$$ [①]

$$(s-s_\infty)_T = \frac{k}{6}\,\frac{1}{0.278\eta-0.177} - \frac{k}{0.177}\ln\frac{0.278\eta}{0.278\eta-0.177} \tag{26}$$

以上关于比热容和熵的公式的精度不如关于内能和焓的公式，这是因为它们是通过微分而得到的。但这些公式彼此间存在着内在的一致性。

（崔季平 译， 林贞彬 校）

参考文献

[1] Hirschfelder J O, Curtiss C F, Bird R B. Molecular Theory of Gases and Liquids [M]. John Wiley, 1954: 263.

[2] Cottrell T L. Paterson S S. An Equation of State Applicable to Gases at Densities near That of the Solid and Temperatures far above the Critical [J]. Proc. Roy. Soc. (A) 1952, 213: 214.

[3] Zwansig R W. High-Temperatures Equation of State by a Perturbation Method. I. Nonpolar Gases [J]. J. Chem. Phys., 1954, 22; 1420.

[4] Bridgman P W., The Physics of High Pressures [M]. G. Bell and Sons; 1931: 108.

[5] Wentorf R H., Buhler R J., Hirschfelder J O, Curtiss C F. Lennard-Jones and Devonshire Equation of State of Compressed Gases and Liquids [J]. J. Chem. Phys., 1950, 18: 1484.

[6] Tsien H S. The Properties of Pure Liquids [J]. Journal of the American Rocket Society, January-February 1953.

[7] Ref. 1, p. 163.

① 式(25)采用了原作者 1962 年之勘误后的表述。——译者

热 核 电 站

钱学森[①]

摘要 本文讨论了热核电站某些独有特性和技术设计中的基本问题。基于Gamow和Teller发表的类似分析计算了氘聚变的热核反应速率。考虑了近壁面处的能量损失和反应淬熄，基本上确定了压力、温度和反应室的最小尺寸。本文的结果提供了氘聚变反应电站的输出功率和效率。在本文之后Greenstern的评论意见特别讨论了壁面处反应淬熄和能量损失速率的计算难题。(原文后未见刊载该评论意见——译注)

一、引　言

目前关于核能利用发电的大部分讨论和计划是与核裂变反应有关的。尽管核裂变电站比传统电站有许多明显的优点，但全球实际可供开采的铀和钍的储量非常有限，这使得核裂变电站的长期前景变得有点不明朗。另一方面，热核聚变反应，尤其是氘“燃烧”成氦的反应，所采用的燃料非常丰富。因此，如果核聚变反应可以在电站中用来发电，那么世界能源供应的前景将更加光明。

但是聚变反应能被用于地面电站中吗？这个问题已经由E. Sänger和他的同事研究过[1,2]。然而，对Sänger工作的批判性阅读表明，由于他没有足够深入地探究此问题，因而部分分析是不正确的。本文的目的就是要指出热核电站的某些独有特性和在热核电站技术设计中的基本问题。人们将会看到这样的工程项目规模巨大，对想象力是一个挑战。然而，热核电站的成功开发对人类福祉的回报是如此巨大，非常值得设立一个研究项目细致地分析该问题。

二、热核反应速率

热核反应是带电原子核之间的反应。由于原子核带有电荷，当然是正的，原子核互相接近时必须克服核间的库伦斥力。因此，只有原子核之间的相对动能足够高，原子核才能足够接近，反应才能发生。所需要的动能是如此之大，即使在高达10^8 K的温度下，也只有在麦克斯韦速度分布高能端的原子核可以反应。因此，只有非常少的一部分原子核能参与反应。换言之，反应速率十分小。注意这一点可使计算大大简化：核分布可以认为是准稳态的。也就是

1955.10.24收到，原载Jet Propulsion，1956，Vol. 26，No. 7. pp. 559－564。

① 作者时任Robert H. Goddard喷气推进教授(Robert H. Goddard Professor of Jet Propulsion)。

说，实际上可采用麦克斯韦分布，而不管反应中多少有一些偏离热力学平衡。Gamow 和 Teller[3]发展了这样一个热核反应理论。下面是该理论可以适合目前用途的修正形式。

将碰撞粒子考虑成刚性的球，众所周知[4]在单位时间单位体积内，碰撞动能在 ε 和 $\varepsilon+\mathrm{d}\varepsilon$ 之间的类型 1 和类型 2 的粒子间发生的碰撞次数

$$\mathrm{d}N=\frac{n_1 n_2}{s}\left(\frac{2\pi kT}{\mu}\right)^{1/2}\mathrm{e}^{-\varepsilon/(kT)}2D_{12}^2\frac{\varepsilon}{kT}\frac{\mathrm{d}\varepsilon}{kT} \tag{1}$$

式中：n_1 和 n_2 分别为类型 1 和类型 2 粒子的数密度；s 为对称数，如果类型 1 和类型 2 的粒子的数密度相同，则对称数为 2，否则为 1；μ 为类型 1 和类型 2 粒子的折算质量；D_{12} 为两种类型粒子的算术平均直径，即，如果 D_1 和 D_2 分别为类型 1 和类型 2 粒子的直径，则

$$D_{12}=\frac{1}{2}(D_1+D_2) \tag{2}$$

为将此通用式转化成适合目前计算的更实用的形式，引入摩尔分数 ν_1 和 ν_2，

$$\nu_1=\frac{n_1}{n},\quad \nu_2=\frac{n_2}{n},\quad n=\sum{}_{ni} \tag{3}$$

式中：n 是单位体积内粒子总数，除了原子核以外可能还包括电子。此外，如果 M_1 和 M_2 分别为类型 1 和类型 2 粒子的质量，A_1 和 A_2 是用相应的原子质量单位(原子核的“相对原子质量”)表达的量，M 是一个原子质量单位的质量，则

$$\mu=\frac{M_1M_2}{M_1+M_2}=\frac{A_1A_2}{A_1+A_2}M=AM \tag{4}$$

因此，A 是以原子质量单位计的折合质量。如果 V 是两个碰撞粒子的相对速度，那么 ε，即相对平动能，定义为

$$\varepsilon=\frac{1}{2}\mu V^2 \tag{5}$$

如果 P 是热力学压力，则

$$n=P/(kT) \tag{6}$$

式(6)只有在粒子集合是处于热力学平衡并且本质上没有粒子相互作用时是正确的，即，粒子集合是完全气体。在下面要考虑的极低气体密度下，式(6)在高阶精度上都是精确的。当然，如果全部粒子不是处于热力学平衡态，举例来说，聚变产物中子，由于它在所考虑的区域尺度内难以与其他粒子碰撞足够多的次数而具有麦克斯韦速度分布，因此在计算总粒子密度 n 时必须不考虑这些不处于热力学平衡态的粒子。由这些粒子产生对容器壁面的“压力”必须单独处理。另一方面，如果有任何几乎是处于热力学平衡态的质子(此处原文是光子，但从上、下文看是质子，疑是打印错误——译注)，也必须包含到粒子密度 n 中。

对方程(1)最重要的修正是：不能把核反应考虑成刚性球之间的碰撞，但是可以通过有效截面积 σ 来表达。刚性球碰撞的有效截面是半径为 D_{12} 的圆面(前处 D_{12} 为平均直径，此处为半径，且公式是半径公式——译注)，因此

$$D_{12}^2=\sigma/\pi \tag{7}$$

将式(3)，(4)，(6)和(7)代入式(1)中，次数 $\mathrm{d}N$ 为

$$\mathrm{d}N=\frac{4\nu_1\nu_2\sigma P^2}{s\sqrt{2\pi AM}}\frac{\mathrm{e}^{-\varepsilon/(kT)}}{(kT)^{7/2}}\varepsilon\mathrm{d}\varepsilon \tag{8}$$

值得一提的是有效截面积通常不是常数，而是能量 ε 的函数。特别地，根据核反应理论，

库伦势垒的量子贯穿度给出的有效截面积

$$\sigma = \frac{\Lambda^2}{4\pi}\frac{\Gamma AMR^2}{\hbar^2}\cdot\exp\left[-\frac{2\pi e^2 Z_1 Z_2\sqrt{AM}}{\hbar\sqrt{2\varepsilon}}+\frac{4e\sqrt{2AMZ_1Z_2R}}{\hbar}\right] \tag{9}$$

式中：Λ 是德布罗意波长，即

$$\Lambda = \frac{2\pi\hbar}{\sqrt{2AM\varepsilon}} \tag{10}$$

R 为反应中形成的复合核半径，可由下式估算：

$$R = [1.7 + 1.22(A_1 + A_2)^{1/3}]\times 10^{-13}(\text{cm}) \tag{11}$$

Γ 为核共振能级的半宽。Z_1 和 Z_2（原文为 Z，似漏下标——译注）为核电荷数。

将式(9)和(10)代入式(8)中，由此可以看出关于 $dN/d\varepsilon$ 随 ε 的变化在于指数因子

$$\exp\left\{-\left[\frac{\varepsilon}{kT}+\frac{2\pi e^2 Z_1 Z_2\sqrt{AM}}{\hbar\sqrt{2\varepsilon}}\right]\right\} \tag{12}$$

存在一个 ε 而使上式中方括号的数值为极小值，此时 $dN/d\varepsilon$ 为极大值。如果以 ε^* 表示这样的 ε，那么

$$\frac{1}{kT} = \frac{\pi e^2 Z_1 Z_2\sqrt{AM}}{\sqrt{2}\hbar\varepsilon^{*3/2}}$$

或者

$$\varepsilon^* = \left(\frac{\pi e^2 Z_1 Z_2\sqrt{AM}kT}{\sqrt{2}\hbar}\right)^{2/3} \tag{13}$$

在 ε^* 附近，方程(12)中方括号内的表达式可作如下近似：

$$\begin{aligned}\frac{\varepsilon}{kT}+\frac{2\pi e^2 Z_1 Z_2\sqrt{AM}}{\hbar\sqrt{2\varepsilon}} &\approx \frac{\varepsilon^*}{kT}+\frac{2\pi e^2 Z_1 Z_2\sqrt{AM}}{\sqrt{2}\hbar\sqrt{\varepsilon^*}}+\frac{1}{2}\times\frac{3}{2}\frac{\pi e^2 Z_1 Z_2\sqrt{AM}}{\sqrt{2}\hbar\varepsilon^{*5/2}}(\varepsilon-\varepsilon^*)^2\\ &= 3\frac{\varepsilon^*}{kT}+\frac{3}{4}\frac{1}{kT\varepsilon^*}(\varepsilon-\varepsilon^*)^2\end{aligned} \tag{14}$$

因此，在此近似下，可按下式计算 dN：

$$\begin{aligned} dN = &\frac{4\nu_1\nu_2\Gamma P^2}{s\sqrt{2\pi AM}(kT)^{7/2}}\frac{\pi R^2}{2}\exp\left[\frac{4e\sqrt{2AMZ_1Z_2R}}{\hbar}-\frac{3\varepsilon^*}{kT}\right]\cdot\\ &\exp\left[-\frac{3}{4}\frac{1}{kT\varepsilon^*}(\varepsilon-\varepsilon^*)^2\right]d\varepsilon\end{aligned} \tag{15}$$

将上式对所有的 ε 积分，得到单位体积单位时间内有效二元碰撞次数

$$N = \frac{4\pi\nu_1\nu_2 R^2}{s\sqrt{3}}\left(\frac{P}{kT}\right)^2\left(\frac{\Gamma}{kT}\right)\sqrt{\frac{kT}{2AM}}\sqrt{\frac{\varepsilon^*}{kT}}\cdot\exp\left(\frac{4e\sqrt{2AMZ_1Z_2R}}{\hbar}-3\frac{\varepsilon^*}{kT}\right) \tag{16}$$

由式(13)得到

$$\frac{\varepsilon^*}{kT} = \left(\frac{\pi^2 e^4 Z_1^2 Z_2^2 AM}{2\hbar^2 kT}\right)^{1/3} \tag{17}$$

式(16)和(17)共同确定了反应速率。式(16)与 Gamow 和 Teller[3] 的原始公式只有一个重要区别。Gamow 和 Teller 没有包括对称数 s，因此在某些情况下采用因子 2 可能是错误的。

如果令 x 表示 $(kT)^{1/3}$，那么方程(16)中随温度变化的部分可写为

$$x^8 \exp\left[-3\left(\frac{\pi^2 e^4 Z_1^2 Z_2^2}{2\hbar^2}\right)^{1/3} x\right] \tag{18}$$

这个量显然在某个 x 值处有一个极大值，称为 x_0。x_0 可由下式确定：

$$8-3\left(\frac{\pi^2 e^4 AMZ_1^2 Z_2^2}{2\hbar^2}\right)^{1/3} x_0 = 0 \tag{19}$$

式(19)给出了定压下最大反应速率对应的最佳反应温度

$$T_0 = \left(\frac{3}{8}\right)^3 \frac{\pi^2 e^4 AZ_1^2 Z_2^2}{2k\hbar^2} \tag{20}$$

代入物理常数的数值后求出

$$T_0 = 1.442 \times 10^8 AZ_1^2 Z_2^2 \quad \text{K} \tag{21}$$

式(20)和(21)表明最佳反应温度仅依赖折合质量和核电荷数，与反应的细节无关。对于质子-质子反应来说 T_0 是最小的，此时 $A=1/2$，$Z_1=Z_2=1$，$T_0=0.721\times 10^8$ K。

在反应速率的表达式中重要的参数是能级宽度 Γ。它必须由实验确定。然而，反应截面的实验值通常表示成

$$\sigma = \frac{B}{\varepsilon} e^{-C/\sqrt{\varepsilon}} \tag{22}$$

其中：对任一反应，B 和 C 是待定经验常数。与前面几节相同，联立式(8)和(22)可得

$$\frac{\varepsilon^*}{kT} = \left(\frac{C^2}{4kT}\right)^{1/3} \tag{23}$$

$$N = \frac{4\nu_1\nu_2}{s}\left(\frac{B}{kT}\right)\left(\frac{P}{kT}\right)^2 \sqrt{\frac{2kT}{3AM}} \sqrt{\frac{\varepsilon^*}{kT}} e^{-3[\varepsilon^*/(kT)]} \tag{24}$$

并有

$$T_0 = \left(\frac{3}{8}\right)^3 \frac{C^2}{4k} \tag{25}$$

如果以最佳温度 T_0 作为参考温度，则

$$\frac{\varepsilon^*}{kT} = \frac{8}{3}\left(\frac{T_0}{T}\right)^{1/3} \tag{26}$$

对于数值计算来说，P 通常给定为大气压强，因此

$$\frac{P}{kT} = 7.34 \times 10^{21} \frac{P}{T} \text{ cm}^{-3} \tag{27}$$

B 通常以 b · kV(靶恩 · 千伏)为单位给出，因此

$$\frac{B}{kT} = 1.160 \times 10^{-17} \frac{B}{T} \text{ cm}^2 \tag{28}$$

C 通常以 $\text{kV}^{1/2}$ 的单位给出，因此

$$T_0 = 1.528 \times 10^5 C^2 \text{ K} \tag{29}$$

如果 E 为某个两元素反应产生的能量，那么显然在单位时间单位体积内的能量产生速率

$$Q = EN \tag{30}$$

三、例子：氘反应

由于作为天然存在的氢的稳定同位素，氘的含量非常丰富，所以考虑氘的燃烧是有意义的，其精确的反应数据最近由 Arnold 等人[5]给出，即

$$\sigma = \frac{B'}{\varepsilon'} e^{-C'/\sqrt{\varepsilon'}} \tag{31}$$

式中：ε'是在普通实验室坐标系下的氘核能量，单位为 kV；$B'=288\ \text{b}\cdot\text{kV}$；$C'=45.7\ \text{kV}^{1/2}$。因为方程(22)中 ε 是由文献[5]定义的相对动能，氘-氘反应中氘的质量与折合质量之比为 2，则

$$\varepsilon' = 2\varepsilon \tag{32}$$

因此，通过采用 Arnold 的数据得到反应常数

$$B = B'/2 = 144\ \text{b}\cdot\text{kV} \tag{33}$$

$$C = C'/\sqrt{2} = 32.36\ \text{kV}^{1/2} \tag{34}$$

对于氘-氘反应，式(29)立刻可给出最佳温度

$$T_0 = 1.600 \times 10^8\ \text{K} \tag{35}$$

按照 Arnold 等人的结果，氘-氘反应以几乎相同的分支概率，分叉成两个反应

$$_1\text{H}^2 + {}_1\text{H}^2 \rightarrow {}_1\text{H}^3 + {}_1p^1 \tag{36}$$

$$_1\text{H}^2 + {}_1\text{H}^2 \rightarrow {}_2\text{He}^3 + {}_0n^1 \tag{37}$$

因为，各类原子的质量由下式给出：

$$\left.\begin{aligned} A({}_1\text{H}^2) &= 2.014\,735 \\ A({}_1\text{H}^3) &= 3.016\,997 \\ A({}_2\text{He}^3) &= 3.016\,977 \\ A({}_1p^1) &= 1.008\,142 \\ A({}_0n^1) &= 1.008\,982 \end{aligned}\right\} \tag{38}$$

所以，反应式(36)产生能量

$$\begin{aligned} 2\times 2.014\,735 - (3.016\,997 - 1.008\,142) &= 0.043\,31\ \text{amu} = 4.03\ \text{MeV} \\ &= 6.46 \times 10^{-6}\ \text{erg} \end{aligned} \tag{39}$$

反应式(37)产生能量

$$\begin{aligned} 2\times 2.014\,735 - (1.008\,982 + 3.016\,177) &= 0.003\,511\ \text{amu} = 3.27\ \text{MeV} \\ &= 5.24 \times 10^{-6}\ \text{erg} \end{aligned} \tag{40}$$

但是在热核反应室中，反应式(36)和(37)并不代表反应的结束。反应产物与其他粒子发生弹性碰撞，立刻被加热，然后可能发生下面的反应：

$$_2\text{He}^3 + {}_0n^1 \rightarrow {}_1\text{H}^3 + {}_1p^1 \tag{41}$$

$$_1\text{H}^3 + {}_1\text{H}^2 \rightarrow {}_2\text{He}^4 + {}_0n^1 \tag{42}$$

$$_2\text{He}^3 + {}_1\text{H}^2 \rightarrow {}_2\text{He}^4 + {}_1p^1 \tag{43}$$

初看起来，依赖两种低浓度反应产物组分的反应式(41)发生的频率比只依赖一种反应产物组分的反应式(42)和(43)低得多。然而，在对应于温度高达 10^8 K 量级的热能下，反应式(41)的有效截面积在 10(靶恩)的量级，而根据 Arnold[5] 的结果，式(42)和(43)的反应截面积要小得多。因此，式(41)实际上是唯一的重要反应，而式(42)和(43)可以忽略掉。因此，实际情况是，所有的氘-氘反应最终根据式(36)生成了氚。因此根据式(39)每个氘-氘反应产生的平均能量

$$E = 6.46 \times 10^{-6}\ \text{erg} \tag{44}$$

因此，燃烧单位质量的氘产生的能量为

$$\frac{6.46\times10^{-6}\times2.388\times10^{-8}\times0.605\times10^{24}}{4.029}\text{cal/gr}=2.31\times10^{10}\ \text{cal/gr} \tag{45}$$

现在假定 $T=T_0=1.6\times10^8$ K，$P=100$ atm。在此温度下供应的气体 D_2 完全被电离，反应混合物最初由同等数量的氘核和电子组成。因此，$\nu_1=\nu_2=1/2$，$s=2$。然后利用式(24)、(26)和(30)得到单位时间单位体积内的能量产量

$$\begin{aligned}Q&=6.46\times10^{-6}\times\frac{1}{2}\times\frac{1.160\times10^{-17}\times144}{1.600\times10^{8}}\times\\&\left(\frac{7.34\times10^{23}}{1.600\times10^{8}}\right)^2\sqrt{\frac{8}{3}\times\frac{2\times8.316\times10^7\times1.6\times10^8}{3\times1.007}}\times e^{-8}\ \text{erg/(cm}^3\cdot\text{s)}\\&=0.365\times10^8\,\text{erg/(cm}^3\cdot\text{s)}\\&=3.65\ \text{W/cm}^3=0.874\ \text{cal/(cm}^3\cdot\text{s)}\end{aligned} \tag{46}$$

令人感兴趣的是能量产生的体积速率仅为现代航空燃气轮机燃烧室中采用碳氢燃料时能量产生速率的1/10。因此，尽管温度极高但采用氘的热核反应却是相当慢的反应。这个反常现象的原因是热气体的极低密度：在单位体积内没有足够的氘核来达到高的反应速率。但是，正如Sänger[1]已指出的那样，其他的原子核给出的能量产量速率一般更低。

四、热核反应室

伴有极高气体温度的有限度的能量产生体积速率自然地要求人们注意由于过度冷却导致的所谓"火焰"的淬熄问题。这个问题实际上是热核反应室的中心问题。反应室肯定存在一个临界尺寸，称为临界直径，低于该直径反应不能维持。作为非常粗略的初步估计，可取化学燃烧作为模型，用平均自由程作为特征尺度。由于热核反应相当慢，所以化学模型应该是反应活性差的模型。这样，大气压下的淬熄直径可取为1 cm。可认为压力对淬熄的影响是雷诺数的影响。因此，在100 atm下淬熄直径为1/100 cm。将此值转换到热核反应室上，会发现如下事实：两种情况下的平均自由程之比约为10^6。因此，反应室临界直径 D_c 的粗略估计值为

$$D_c=\frac{1}{100}\times10^6\ \text{cm}=100\ \text{m} \tag{47}$$

如果长度是此临界直径的10倍，那么热核反应室是一个直径为100 m、长度为1 000 m的容器，并且要承受100个大气压的压力！

为了较详细地分析淬熄问题，首先，必须估算全部电离了的氘核与电子的混合物的平均自由程。如果 n 为粒子密度，σ_s 为粒子散射截面积，则平均自由程 l 的通用方程为

$$l=\frac{0.177}{n\sigma_s}=\frac{0.177kT}{P\sigma_s}=2.41\times10^{-23}\ \frac{T}{P\sigma_s} \tag{48}$$

对于全部电离了的粒子，可根据Lin、Resler和Kantrowitz[6]的方法近似计算截面积

$$\sigma_s=8.10\left(\frac{e^2}{3kT}\right)^2\ln\left(\frac{kT}{e\sqrt{4\pi P}}\Big/\frac{e^2}{3kT}\right) \tag{49}$$

取 $T=10^8$ K，由式(49)得到 σ_s 为 4.00×10^{-20} cm^2。然后式(48)给出平均自由程 $l=603$ cm。对于如此大的自由程，由碰撞引起的能量传递是极慢的，并且效率极低。为提高碰撞的机会，必须引入一些大尺寸的粒子，例如较重元素的原子。在通常的高温下，较重原子可让外层电子剥离(电离)，但是由于一些电子仍然附在原子核上，所以部分电离原子的尺寸仍可在Å的量级。因此，这样粒子的散射截面积在10^{-16} cm^2量级。即使混合物中这样的较重

元素只有1%,那么平均自由程将下降到几厘米,这实际上等于上一段尺寸估算中的平均自由程。不用说,引入较重原子必定不会明显地捕获中子以至于影响由生成反应(41)得到的非常重要的能量。

但是,即使存在严重部分电离的原子,对于由反应式(37)产生的高能中子来说,混合物实际上仍将是透明的。高能中子携带的能量不能通过碰撞而"滞留"在气体中,而是直接被反应室壁面吸收。这是直接的能量泄漏,并使淬熄问题变得更加困难得多。事实上,从式(37)反应来的能量,只有$_2He^3$ 的动能滞留在气体混合物中。这个能量仅为式(40)给出的总能量的1/4,即 1.31×10^{-6} erg。当然由反应式(36)产生的能量留在了气体混合物中,它等于由反应式(39)和(40)给出能量的差值,即 1.22×10^{-6} erg。因此,50%的氘-氘反应的有效的能量产生只有

$$(1.31+1.22)\times10^{-6}\text{erg}=2.53\times10^{-6}\text{ erg} \tag{50}$$

因此利用式(39)得到滞留在混合物中的平均反应能为

$$\frac{1}{2}[2.53+6.46]\times10^{-6}\text{erg}=4.50\times10^{-6}\text{erg} \tag{51}$$

与由式(44)给出的总能量产量相比,这仅占了69.6%;总能量中的30.4%直接传给了反应室的固体壁面。

对某个双元素反应,式(51)给出留在反应混合物中的能量,或者为

$$1.606\times10^{10}\text{ cal/gr} \tag{52}$$

在氘进入火焰中时,将会吸收很大一部分能量:用于氘气体加热、离解、最终电离,并达到全火焰温度,即 1.600×10^8 K。按照 Sänger[1] 的结果,将氘加热到此温度约吸收

$$10^9\text{ cal/gr}=0.1\times10^{10}\text{ cal/gr} \tag{53}$$

现在关键问题是为了让1 g氘完全燃烧必须要加热多少克的氘?换言之,反应室中火焰的燃烧效率有多高?通过对比式(52)与(53),可以看出如果使1 g的氘燃尽必须将16.06 g的氘加热到火焰温度,那么将没有剩余的热量通过气体混合物传导或辐射到壁面上。但是,因为壁面只能是固体材料,必须在某个温度下,例如2 000 K,它远低于火焰温度 1.600×10^8 K,因此,必定有能量通过热传导或辐射传到壁面上。这说明被加热与实际燃尽的质量之比必须小于16.06。

由于缺乏更精确的资料,所以认为火焰区的燃烧效率为1/6。也就是说,要使1 g氘完全燃烧必须加热6 g氘。因此,根据式(52)与(53)每燃烧1 g氘可用于热传导和辐射到壁面的能量为

$$(1.606-6\times0.1)\times10^{10}\text{ cal/gr}=1.006\times10^{10}\text{ cal/gr} \tag{54}$$

因此,通过与式(45)对比知道,只有不到一半的总能量产量用于"冷却"损失。实际上,根据式(46),单位时间单位体积的火焰产生的"冷却"损失能量

$$Q_c=\frac{1.006}{2.31}\times0.874\text{ cal/(cm}^3\cdot\text{s)}=0.382\text{ cal/(cm}^3\cdot\text{s)} \tag{55}$$

现在假定在直径为100 m的反应室中火焰是一个直径约为60 m、长为120 m的圆柱。因此,在这个120 m长的火焰中,穿过混合物通过热传导和辐射传递给壁面的热流密度

$$q_c=\frac{\frac{\pi}{4}\times6\,000^2\times0.382}{\pi\times10\,000}=343\text{ cal/(cm}^2\cdot\text{s)}=8.75\text{ Btu/(in}^2\cdot\text{s)} \tag{56}$$

这相当于 3 990 K 时的黑体辐射。

当然问题是热流 q_c 是否真的等于式(56)的数值。在反应室中的特定条件下，如果实际的 q_c 大于式(56)的数值，那么临界反应室直径必须大于假定的 100 m。如果小于，则临界直径会小些。因此，热核反应室设计的基础问题之一是计算透过变组分和变温度气体层的辐射热流或者 q_c。当然，这里技术复杂性在于，本情况中辐射平均自由程大于物理尺寸，因此天体物理学家为恒星内部性质计算而发展的简单方法是不适用的。另一方面，现在可以获得用于本计算的所有必需的基本资料。问题是如此复杂但不是难以克服的。但是，无论怎样，由于低密度和几乎完全电离，所以火焰几乎是透明的。实际上，在火焰内部，辐射几乎仅来自特别引入的重原子，但是重原子的密度非常非常低。因此，火焰尽管具有极高的温度，但却是相当弱的辐射体。因此比较低效的 3 990 K 黑体温度也并非完全不对。

五、热核电站

由快中子直接传递给壁面的那部分能量是式(45)与式(52)之差。于是，传给壁面的总能量流

$$q = \frac{\frac{\pi}{4} \times 6\,000^2 \times \left[0.382 + 0.874 \times \frac{2.31 - 1.606}{2.31}\right]}{\pi \times 10\,000} \tag{57}$$
$$= 582\ \mathrm{cal/(cm^2 \cdot s)} = 14.89\ \mathrm{Btu/(in^2 \cdot s)}$$

尽管将近一半的能量是通过慢化快中子实现的，且这些能量传到反应壁材料层内，而不仅仅是传到反应壁表面而已，不过巨大的热密度提出了冷却问题，但这不能通过传统的冷却方法解决。似乎仅有的可行方法是发汗冷却(transpiration cooling)。也就是说，反应壁由多孔介质(称为多孔碳或多孔石墨)构成，将冷的氘气用压力强迫其穿过反应壁进入反应室。冷却气将反应壁内热量带走，返回反应室。通过采用大量的冷却气将反应壁温度维持在预期的低温，譬如2 000 K。实际上，Kaeppeler[7]已经考虑过发汗冷却在核反应器中的应用了。然而他没有考虑重要的中子慢化的“空间加热”效应。

在反应室内的火焰区之外，中子带走的热流大大减少。因此，强迫流入反应室的冷却气体的作用仅是降低了火焰区排放的气体(废气)温度。在反应室的末端，在反应室截面上的温度应当相当均匀，达 1 000 K。这部分热气体的排放压力当然实质上是反应室压力，在上述讨论中定为 100 atm。可用高压热气通过燃气轮机发电。可能值得注意的是产物中含有微弱放射性的${}_1H^3$，因此应当不会对发电机组带来问题。从气轮机出来的尾气经热交换器冷却后进入废物分离系统脱除原子“灰烬”。当然，净化气主要含有 D_2，但也含有很低浓度的 H_2 和 T_2，两者由反应式(36)和(41)产生。这种气体与少量的补偿气 D_2 去补充已燃烧的氘，然后将之压缩到高压，进入多孔壁中返回反应室。这就完成了电站循环。图 1 表示了此系统的组件和流程的示意图。

当然，在通过反应室反复循环的气体混合物中，H_2 和 T_2 的浓度将变高，两者最终通过式(42)和其他反应参与重要的能量产生。上述反应实际上产生了“原子灰烬”${}_2He^4$。最后随着产生 H 和 T 的反应式(36)和(41)与消耗 H 和 T 的反应式(42)等相平衡，进入反应室的燃料组分 H_2、D_2 和 T_2 将稳定在一个固定比例。那么总的反应结果是供入 D_2，取出${}_2He^4$。因此根据方程

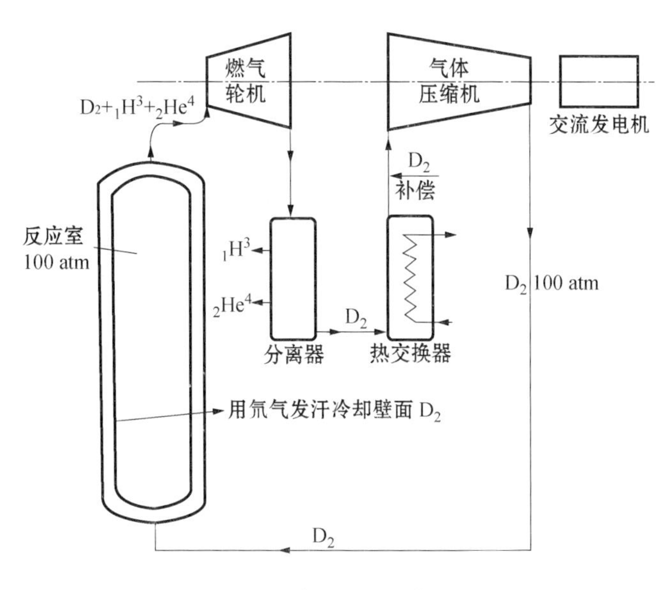

图 1　热核电站示意图

$$ {}_1H^2 + {}_1H^2 \rightarrow {}_2He^4 + 能量 \tag{58}$$

反应室高效地把氘核转化为氦,并且燃烧每克氘产生的能量要远大于式(45)给出的能量。此外,在最后阶段要说明的是,反应系统比第 3 节中讨论的复杂多了,能量产生体积速率和热流必定与前面计算的有些不同。然而,由于本研究的目的仅是给出此问题的概要,因此这里将不再讨论这些计算。

六、点火

根据 Sänger[1] 的研究结果,点火温度,即能量产生速率刚好与能量损失速率(主要通过热辐射)相平衡时的温度,在氘-氘反应中约为 10^7 K。很自然,问题是如何能通过将气体混合物加热到此极高温度而使热核反应点火。在核裂变和裂变原子弹出现之前,如此高的温度似乎是不可能达到的。但是,现在毫无疑问不是这样了。甚至不用裂变反应,热核反应也可能点火。但是目前仅仅能说热核反应确定是可以点火的,但却没有能提出详细方案来。

七、热核动力产业

根据式(46)在火焰区的能量产生速率 Q 是 0.003 65 kW/cm³。如果,正如先前假设的,火焰区是一个直径为 60 m 和长为 120 m 的圆柱,那么总能量产量为

$$0.00365 \times (\pi/4) \times 6000^2 \times 12000 = 1.238 \times 10^9 \text{ kW} \tag{59}$$

如果电站循环的热力学效率是 25%,电站功率为

$$0.25 \times 1.238 \times 10^9 = 0.309 \times 10^9 \text{ kW} \tag{60}$$

因此,这种连续运行的电站每年将产生总电能

$$0.309 \times 10^9 \times 24 \times 365 = 2.71 \times 10^{12} \text{ kW} \cdot \text{h} \tag{61}$$

在 1954 年,美国全年的电能产量约为 0.5×10^{12} kW·h。因此,一个热核电站,或许一个最小规模的热核电站,其容量超过了美国总有效容量的 5 倍! 这表明精确地确定热核反应室临界淬熄尺寸的极度重要性。前述各节中的推测是基于反应室直径为 100 m 的假设。更小尺寸和

更低火焰温度当然会缩小电站的规模。然而，对于氘-氘反应来说，点火温度粗略为 10^7 K。对于稳态燃烧，火焰温度不可能低于这个温度。

为了结束本讨论，将热核能与其他能源做了比较，根据式(45)，每磅氘的聚变能为

$$2.31 \times 10^{10} \times 1.8 \text{ Btu/lb} = 4.16 \times 10^{10} \text{ Btu/lb} \tag{62}$$

一磅 U-235 裂变产生 3.14×10^{10} Btu 的能量。因此聚变能几乎是裂变能的 4/3 倍。由于氢中天然同位素氘的浓度为 1∶7 000，按照天然氢来算，每磅氢的聚变能为

$$(4.16 \times 10^{10})/7\,000 = 5.94 \times 10^6 \text{ Btu/lb} \tag{63}$$

或者，用水来算，每磅水的聚变能为：

$$(5.94 \times 10)/9 = 6.60 \times 10^5 \text{ Btu/lb} \tag{64}$$

如果煤的平均化学能取为 11 000 Btu/lb，一磅水潜在地等价于 60 磅煤！但这还只是基于部分氘燃烧成氚和质子。如果完全燃烧成 $_2He^4$，氘的热核能量将更大。因此，如果热核电站真的能建造起来，那么聚变能将远超过其他地面能源，不管是化学能还是裂变能。

（李要建、盛宏至 译， 谈庆明 校）

参考文献

[1] Sänger E. Astrinautica Acta [J]. 1955, 1: 61-88.

[2] Kaeppeler H J. J. Astronautics [J]. 1955, 2: 50-56.

[3] Gamow G, Teller E. Physical Review [J]. 1938, 53: 608. // Gamow G, Critchfield C I. Theory of Atomic Nucleus and Nuclear Energy Sources [M]. Oxford, 1949, Chap. 10.

[4] Fowler R H. Guggenheim, E. A., Statistical Thermodynamics [M]. Cambridge, 1939: 493.

[5] Arnold W R, Philips J A, Sawyer G A, Stovall E J. Jr., Tuck JL. Physical Review[J]. 1954, 93: 483.

[6] Lin S-C, Resler E L, Kantrowitz A. Journal of Applied Physics[J]. 1955, 26: 95.

[7] Kaeppeler H J. Jet Propulsion[J]. 1954, 24: 316.

钱学森生平简介

钱学森1911年12月11日出生于上海，是独生子。父亲钱均夫（名家治，后以号行）是浙江杭州一没落丝商第二子，少小就学于当时维新的杭州求是书院，曾到日本学教育和地理、历史。母亲章兰娟是当时杭州富商的女儿。钱学森的外祖父欣赏钱均夫的才华，把自己的女儿许配给他。民国成立后，钱均夫就职北京当时的教育部，钱学森在3岁时随父到了北京，上过蒙养院（幼儿园）、女师大附小、师大附小和师大附中。

在北京师大附中时，对钱学森影响最深的几位老师是：林砺儒、王鹤清、董鲁安（于力），以及几何老师傅种孙、生物老师俞谟（俞君适）、博物老师李士博和美术老师高希舜（后来是著名国画大师）。林砺儒是校长（当时称主任），他制定了一套以启发学生智力为目标的教学方案。王鹤清是化学老师，他启发了钱学森对科学的兴趣，给他自由到化学实验室做实验的便利。董鲁安是国文老师，在课堂上常常用较长的时间讨论时事，表示厌恶北洋军阀政府，憧憬国民革命军北上（后来他去了解放区）。他的教学使钱学森产生对旧社会腐败的深切不满和对祖国前途、人民命运的无比关心。钱学森一次在图书馆借了一本讲相对论的小册子，书中第一句话提到20世纪有两位大师：一位是自然科学大师爱因斯坦，一位是社会科学大师列宁。钱学森当时对列宁这位大师还不甚了解。傅种孙那时已是师大数学讲师，在中学课堂上把道理讲得很透。钱学森后来认为，在初中三年级听傅老师的几何课，使他第一次得知什么是严谨的科学。钱学森对老师们的教诲感激不尽，他后来说："我若能为国家为人民做点事，皆与老师教育不可分！"

1929年中学毕业后，钱学森为复兴祖国，决心学工科，考入上海交通大学机械工程系。当时，交通大学专重考试分数，学期终了平均分数算到小数点以后两位，大家都为分数而奋斗。初入交大的钱学森，对这里求知空气不浓而不满，但也不甘落后，非考90分以上不可。在交大，钱学森非常感激两位倡导把严密的科学理论与工程实际结合起来的老师，一位是工程热力学教授陈石英，一位是电机工程教授钟兆琳。

1930年暑假后期，钱学森得了伤寒病，在杭州家里卧病一月余，后因体弱休学一年。在这一年里，他第一次接触到科学的社会主义。钱学森爱好美术，在书店买了一本讲艺术史的书，不曾想这本书是一位匈牙利社会科学家用唯物史观的论点写的。他从未想到对艺术可以进行科学分析，所以对这一理论发生了莫大的兴趣。接着他读了普列汉诺夫的艺术论，布哈林的唯物论等书，又看了一些西洋哲学史，也看了胡适的《中国哲学史大纲》（上册）。读了这么多书，他感到只有唯物史观和辩证唯物主义才是有道理的，唯心主义等没有道理；经济学也是马克思的有道理，而资产阶级经济学那一套理论不能自圆其说。休学期满回到学校，钱学森开始接触到共产党的外围组织，参加过多次小型讨论会，从那里他知道了红军和解放区的存在。小组的领导人乔魁贤，是当时交大数学系的学生，小组还有许邦和、袁轶群和褚应璜。后来，乔魁贤被学校开除；钱学森和小组的联系也逐渐中断，仍埋头读书，每学期平均分数都超过90分，因而得到免交学费的奖励。在交通大学，好友有林津、熊大纪、郑世芬、罗沛霖、茅于恭等。假期在杭州，因与学音乐的表弟李元庆思想相投而常交往，从他那里略闻左翼文艺运动的情况。

在1934年暑假，钱学森从交通大学机械工程系铁道机械工程专业毕业。尚未派定工作，就考取了清华大学公费留学，专业是飞机设计，两位导师一是王助，一是王士倬。王助是我国早年航空工程师，设计制造了中国第一代飞机，他教导钱学森重视工程技术实践和制造工艺问题。王士倬是清华教授。依照关于清华留美学生的规定，钱学森在1934～1935年到杭州笕桥飞机厂实习，又到南京、南昌国民党空军飞机修理厂见习，最后到北京参观清华并拜访导师王士倬，也见到王士倬当时的助教张捷迁。钱学森这次来京，看到北京在没落，颇有感触。

1935年8月，钱学森从上海坐美国邮船公司的船离国，同船的留美同学有徐芝纶、夏勤铎等。当时钱学森的心情是：中国混乱，豺狼当道，暂时到美国去学些技术，他日回来为国效劳。到了美国，入麻省理工学院航空系。成绩不但比美国学生好，而且比同班的其他外国人都好，这使他感到作为一个中国人而自豪。因为学工程一定要到工厂去，而当时美国航空工厂不欢迎中国人，所以一年后，他开始转向航空工程理论，即应用力学的学习。于是决定追随当时在加州理工学院的力学大师冯·卡门(Theodore von Kármán)教授。1936年10月钱学森转学到加州理工学院，开始了与冯·卡门教授先是师生后是亲密合作者的情谊。冯·卡门第一次见到钱学森时，看到的是一位个子不高、仪表严肃的年轻人；他异常准确地回答了教授的所有提问；他思维的敏捷和富于智慧，顿时给冯·卡门以深刻的印象。冯·卡门教授教给钱学森从工程实践提取理论研究对象的原则，也教给他如何把理论应用到工程实践中去。冯·卡门每周主持一次研究讨论会(research conference)和一次学术研讨会(seminar)，这些学术活动给钱学森提供了锻炼创造性思维的良好机会。

到加州理工学院的第二年，即1937年秋，钱学森认识了热心研究火箭技术的同学F·J·马林纳(Malina)，共同享有的火箭、音乐和政治兴趣，使两位青年结成良友。由马林纳介绍，钱学森参加了当时加州理工学院的马列主义学习小组，也得识该小组的书记、化学物理助理研究员S·威因鲍姆(Weinbaum)。小组曾念过英国J·S·L·斯崔奇(Strachey)著的一本书，后来也学习过恩格斯的《反杜林论》；每星期例会常讨论时事，主题是反法西斯和人民阵线；小组还参加过美共书记白劳德(Earl Browder)的几次讲演会。1939年，第二次世界大战爆发后，不少小组成员加入了美共，也有人参加了军事研究，这个小组就无形解散了。后来，马林纳在麦卡锡(Joseph R. McCarthy)主义反动浪潮席卷美国的初期，辞去了加州理工学院的喷气推进实验室主任职务，去巴黎为联合国教科文组织服务，并成为现代派画家，1981年11月9日在巴黎病逝。

钱学森在加州理工学院的博士论文工作是在1939年6月结束的，论文为“高速气动力学问题的研究”等四部分。取得航空和数学博士学位后，任加州理工学院航空系的助理研究员，一直到1944年。在这一段时间内，先从事薄壳体稳定性的研究，1940年完成，并在美航空学会年会上宣读，算是独立研究，出了师。此后钱学森成为冯·卡门的助手，帮助他指导研究生的论文。1940年由于王助的推荐，钱学森成为成都航空研究所的通讯研究员，写了一篇题为《高速气流突变之测定》的专论(该所报告第二号)。

在1941年，从加拿大来了几位庚子赔款的留学生：郭永怀、林家翘、傅承义，1942年又来了钱伟长。钱学森和他们相处得比较密切，一般是一起吃晚饭，并常常讨论各种问题。钱伟长多才多艺，傅承义专攻地球物理。钱学森和郭永怀最相知(后来在1957年初，有关方面询问谁是承担核武器爆炸力学工作最合适的人选时，钱学森毫不迟疑地推荐了郭永怀)。1943年秋冬，周培源先生也到加州理工学院来做研究工作，找冯·卡门教授讨论湍流统计理论等。这一群中国同学，还有张捷迁、毕德显，星期天总到周老师家去玩，高谈国事，也替师母王蒂澂烹制午、晚餐。

到1942年钱学森的研究工作已有了成绩，教了些学生；同时由于美国战时军事科学研究的需要，暂时放松了对外国人的限制，故钱学森得以参加机密性工作。大约在1939年，美国空军开始支持火箭研究。1942年美国军方委托加州理工学院举办喷气技术训练班，钱学森是教员之一，与陆海空三军技术人员有了接触。后来美军从事火箭导弹的军官中，有不少是当时的学生。1944年美国陆军得知德国研制V-2火箭的情报，遂委托冯·卡门教授领导，马林纳为副，大力研究远程火箭。美军原始型的“下士”式导弹就是他们那时开始设计的。钱学森负责理论组，把林家翘、钱伟长也请了来，进行弹道分析、燃烧室热传导、燃烧理论研究等工作。同时，钱学森还当了航空喷气公司(Aerojet Company)的技术顾问，加州理工学院提升钱学森为讲师。冯·卡门对钱学森是很欣赏的，所以，在1945年初他被空军聘为科学咨询团团长的时候，提名钱学森为团员。这个团为美国空军提供了一个远景发展意见，钱学森从中学到从大处和远处设想科技发展问题的方法。1945年5月，欧洲战争结束的前夕，钱学森随科学咨询团去欧洲，考察英、德、法等国的航空研究，特别是法西斯德国的火箭技术发展情况。这时，加州理工学院提升他为副教授。这一时期，他取得了在近代力学和喷气推进的科学研究方面的宝贵经验，成为当时有名望的优秀科学家。冯·卡门这样评价钱学森：“他在许多数学问题上和我一起工作。我发现他非常富有想象力，他具有天赋的数学才智，能成功地把它与准确洞察自然现象中物理图像的非凡能力结合在一起。作为一个青年学生，他帮我提炼了我自己的某些思想，使一些很艰深的命题变得豁然开朗。”

1946年暑期，冯·卡门教授因与加州理工学院当局有分歧而辞职，作为冯·卡门的学生，钱学森也离开加州理工学院，再到麻省理工学院任副教授，专教空气动力学专业的研究生。1947年初，36岁的钱学森进入了麻省理工学院年轻的正教授行列。同年夏季，钱学森向麻省理工学院当局请假回国探亲，9月中和蒋英结婚。蒋英是蒋百里、蒋左梅夫妇的第三女，生于1920年9月，是在维也纳和柏林受过良好的音乐教育的女高音声乐家。蒋百里是旧中国著名的军事理论家，蒋左梅是日裔友人。

1948年，祖国解放事业胜利在望，钱学森开始准备归国。为此，他要求退出美国空军科学咨询团，但直到1949年才得以实现。他兼任的美国海军炮火研究所顾问的职务，直到1949年秋，从麻省理工学院回到加州理工学院就任喷气技术教授职务时才辞去。

1949年5月20日，钱学森收到美国芝加哥大学金属研究所副教授研究员、留美中国科学工作者协会(简称留美科协)美中区负责人葛庭燧写来的信，同时转来曹日昌教授(中共党员，当时在香港大学任教)1949年5月14日写给钱学森的信，转达即将解放的祖国召唤他返国服务、领导新中国航空工业建设之切切深情。这时，钱学森还看到周培源给林家翘的信，得知北京西郊解放时的良好情况。也见到在加州理工学院当研究生的罗沛霖(曾经以非党技术人员身份在延安工作过)，他认为钱学森回国，为解放了的祖国服务的时候到了。钱学森遂加紧了回归祖国的准备，以便实现他多年的夙愿。

但这时正值麦卡锡主义横行，美国全国掀起一股要雇员们效忠政府的歇斯底里狂热。几乎每天都发生对大学和其他机构进行审查或威胁性审查的事件。加州理工学院也被涉及。因威因鲍姆下狱，怀疑落到钱学森身上。1950年7月，美国政府决定取消钱学森参加机密研究的资格，理由是他与威因鲍姆有朋友关系，并指控钱学森是美共党员，非法入境。钱学森这时立即决定以探亲为名回国，准备一去不返。但当他一家将要出发的时候，钱学森被拘留起来，两星期后，虽在几位美国同事好友的大力帮助下保释出来，但继续受到移民局根据麦卡锡法案进行的迫害，行动处处受到移民局的限制和联邦调查局特务的监视，被滞留5年之久。1955年6月的一天，钱学森夫妇摆脱特务监视，在一封写在一张小香烟纸上寄给在比利时亲戚的家书中，夹带了给陈叔通先生的信，请求祖国帮助他早日回国。陈叔通先生收到这封信的当天，就把它送到周恩来总理手里。1955年8月1日中美大使级会谈在日内瓦开始，王炳南大使按照周总理的授意，以钱学森这封信为依据，与美方进行交涉和斗争，迫使美国政府不得不允许钱学森离美回国。8月5日钱学森接到美国政府的通知，说他可以回国。但在乘坐美国邮船的归途中，他仍被当作犯人对待。

在1950到1955年这一段争取回国的时间里，钱学森因受到特务监视，感到很大压力，除了教书和做研究工作以外，学术活动和社会活动参加得很少，但仍未放弃学术研究。钱学森这个时期的主要开创性的研究成果是1954年在美国出版的《工程控制论》一书，和讲授力学工作介质物理性质的理论"物理力学"。当钱学森在回国前夕同蒋英带着幼儿钱永刚、幼女钱永真向他的老师告别时，冯·卡门充满感情地说："你现在学术上已经超过我！"

就在美国政府迫害钱学森的5年中，加州理工学院的许多美国朋友安慰他，千方百计地给他解决困难，表示了真诚的友情，如W·R·西尔斯(Sears)教授，F·马布尔(Marble)教授，M·米尔斯(Mills)，登肯·兰尼(Duncan Rannie)等。

钱学森后来回顾在美国的经历时说："我从1935年去美国，1955年回国，在美国待了20年。20年中，前三四年是学习，后十几年是工作，所有这一切都在做准备，为了回到祖国后能为人民做点事。我在美国那么长时间，从来没想过这一辈子要在那里待下去。我这么说是有根据的。因为在美国，一个人参加工作，总要把他的一部分收入存入保险公司，以备晚年退休之后用。在美国期间，有人好几次问我存了保险金没有，我说一块美元也不存，他们感到很奇怪。其实没什么奇怪的，因为我是中国人，根本不打算在美国住一辈子。"

钱学森一家1955年10月8日到达香港，同日过了国境，回到解放了的祖国。从香港上码头开始，通过中国旅行社的同志，感受到了祖国的温暖。进入国境，钱学森一家见到了科学院派来接他们的朱兆祥。党和政府对他们的照顾无微不至。钱学森受到广东省委书记陶铸的接见并在广州参观。经过上海、杭州，最后到了北京。不久，领导上安排钱学森到东北去参观，看了农村和工厂，特别是飞机厂等，饱览了祖国欣欣向荣的景象。

1955年11月，钱学森和钱伟长合作筹建中国科学院力学研究所。1956年1月5日力学所正式成立，钱学森任第一任所长，直至70年代后期。在钱学森倡议下，中国力学学会在1957年正式成立，钱学森被一致推举为第一任理事长。1958年任中国科学技术大学近代力学系主任，讲授星际航行概论和物理力学。

1956年春，钱学森应邀出席中国人民政治协商会议第二届全国委员会第二次全体会议，并在会上发言。2月1日晚，毛泽东主席设宴招待全体委员，并特别安排钱学森同自己坐在一起，进行了亲切的谈话。这是一个有意义的时刻，它表示钱学森从1955年10月8日回到祖国后，已全身心地投入了一项新的事业——中国共产党领导的现代化建设事业。1959年经杜润生、杨刚毅介绍，钱学森加入了中国共产党。

1957年，钱学森所著《工程控制论》获中国科学院自然科学奖一等奖，并被补选为中国科学院学部委员。这一年6月，中国自动化学会筹备委员会在北京成立，钱学森任主任委员。同年9月，国际自动控制联合会(IFAC)成立大会推举钱学森为第一届IFAC理事会常务理事。

1961年中国自动化学会成立大会，一致推举钱学森为首任理事长。

在40年代试验导弹的早期日子里，钱学森就意识到导弹日益增长着的重要性，需要一种他称之为喷气式武器部的新机构，用新的军事思想和方法专门进行研究。新中国国防建设的需要，为他实现这一预见提供了历史的机遇。在哈尔滨参观中国人民解放军军事工程学院时，院长陈赓大将专程从北京赶回哈尔滨接见钱学森，他问钱学森的第一句话是："中国人搞导弹行不行?"钱学森说："外国人能干的，中国人为什么不能干?"陈赓大将说："好！就要你这一句话。"这次谈话，决定了钱学森从事火箭、导弹和航天事业的生涯。1955年12月27日，万毅根据彭德怀元帅的指示，详细地听取了钱学森关于如何发展我国火箭导弹技术的意见。1956年2月17日，在周恩来总理的鼓励下，作为一个刚刚回归祖国不久的科学家，钱学森怀着对新中国国防事业强烈的责任感，给国务院写了关于《建立我国国防航空工业的意见书》(当时为保密起见，用"国防航空工业"这个词来代表火箭、导弹和后来所称的航空航天技术)。《意见书》指出："健全的航空工业，除了制造工厂之外，还应该有一个强大的为设计服务的研究及试验单位，应该有一个作长远及基本研究的单位。自然，这几个部门应该有一个统一领导的机构，作全面规划及安排的工作"。《意见书》提出了我国"国防航空工业"的组织草案、发展计划和具体步骤，并且开列了一张可以调来做高级技术工作的21人名单，包括任新民、罗沛霖、梁守槃、胡海昌、庄逢甘、罗时钧、林同骥等。《意见书》立即引起中央的重视，周恩来总理在1956年3月14日亲自主持中央军委会议研究，决定由周恩来总理、聂荣臻元帅和钱学森等筹备组建导弹航空科学研究的领导机构——航空工业委员会，委员会下设立：① 设计机构；② 科学机构；③ 生产机构。1956年4月13日，国务院成立了以聂荣臻元帅为主任的航空工业委员会(当时对外不公开)，钱学森被任命为委员。

1956年春，周恩来总理亲自领导数百名科学技术专家，制订新中国第一个远大的规划——《1956～1967年科学技术发展远景规划纲要》，确定了57项国家重要科学技术任务。钱学森主持，在王弼、沈元、任新民等的合作下完成了第37项(《喷气和火箭技术的建立》)的规划。钱学森等在这项重要科学技术任务的说明书中指出："喷气和火箭技术是现代国防事业的两个主要方面：一方面是喷气式的飞机，一方面是导弹。没有这两种技术，就没有现代的航空，就没有现代的国防。建立了喷气和导弹的技术，民用航空方面的科学技术问题也就不难解决"；"本任务的预期结果是建立并发展喷气和火箭技术，以便在12年内使我国喷气和火箭技术走上独立发展的道路并接近世界先进的科学技术水平以满足国防的需要"；解决本任务的途径："必须尽先建立包括研究、设计和试制的综合性的导弹研究机构，并逐步建立飞机方面的各个研究机构"；解决本任务的大体进度："1963～1967年在本国研究工作的指导下，独立进行设计和制造国防上需要的、达到当时先进性能指标的导弹"；组织措施是："在国防部的航空委员会下成立导弹研究院，该院自1956年起开始建设，1960年建成"。1956年5月10日，聂荣臻元帅提出《关于建立我国导弹研究工作的初步意见》，并且建议在航空工业委员会下设立导弹管理局，钱学森任总工程师；建议建立导弹研究院，钱学森任院长。钱学森很快受命负责组建我国第一个火箭、导弹研究院——国防部第五研究院。1956年10月8日，正好是钱学森回归祖国一周年的日子，聂荣臻元帅亲自主持五院成立仪式。这一天也是对新中国156名大学毕业生进行导弹专业教育训练班的开课纪念日。钱学森主讲《导弹概论》。在1942年加州理工学院喷气技术训练班授课14年之后，钱学森为能在自己的国家培养新中国第一批火箭、导弹技术人才授课，感到无比激动。这批受训的大学生，后来成为我国火箭、导弹与航天技术队伍的骨干。1957年2月18日，周恩来总理签署国务院命令，任命钱学森为国防部第五研究院第一任院长。从此，在周恩来总理、聂荣臻元帅直接领导下，钱学森开始了作为新中国火箭、导弹和航天事业技术领导人的长期经历。1957年11月16日周恩来总理任命钱学森兼任国防部第五研究院一分院院长。1958年5月29日，聂荣臻元帅同黄克诚、钱学森一起部署了我国第一枚近程导弹的制造工作。1960年11月5日，在聂荣臻元帅现场亲自指导下，以张爱萍将军为主任，孙继先、钱学森、王诤为副主任的试验委员会，在我国酒泉发射场成功地组织了我国制造的第一枚近程导弹的飞行试验。正如聂荣臻元帅在庆祝宴会的祝酒词中所说，在祖国的地平线上，飞起了我国自己制造的第一枚导弹，这是我国军事装备史上一个重要的转折点。1964年6月29日，我国第一个自行设计的中近程导弹进行飞行试验获得成功。1966年10月27日，遵照周恩来总理"严肃认真、周到细致、稳妥可靠、万无一失"的指示，钱学森协助聂荣臻元帅，在酒泉发射场直接领导了用中近程导弹运载原子弹的"两弹结合"飞行试验，导弹飞行正常，原子弹在预定的距离和高度实现核爆炸。这次史无前例的试验，标志着中国开始有了用于自卫的导弹核武器，也标志着《1956～1967年科学技术发展远景规划纲要》规定的"1963～1967年在本国研究工作的指导下，独立进行设计和制造国防上需要的、达到当时先进性能指标的导弹"这一任务的提前完成。第二天即1966年10月28日的《纽约时报》，用这样的文字报道了这一重大事件："一位15年中在美国接受教育、培养、鼓励并成为科学名流的人，负责了这项试验，这是对冷战历史的嘲弄。1950～1955年的5年中，美国政府成为这位科学家的迫害者，将他视为异己的共产党分子予以拘捕，并试图改变他的思想，违背他的意愿滞留他，最后才放逐他出境回到自己的祖国。"

早在1953年，钱学森就研究了星际航行理论的可行性。1958年，中国科学院成立以钱学森为组长、赵九章和卫一清为副组长的领导小组，负责筹建人造卫星、运载火箭以及卫星探测仪器和空间物理的设计、研究机构。1961年6月，在钱学森、赵九章等的倡导下，中国科学院开始举办了持续12次的星际航行座谈会，钱学森在第一次座谈会上发表了题为《今天苏联及美国星际航行火箭动力及其展望》的讲演。1963年，中国科学院成立了由竺可桢、裴丽生、钱学森、赵九章领导的星际航行委员会，负责组织制订星际航行发展规划，安排预先研究课题。1965年1月8日，钱学森正式向国家提出报告，建议早日制订我国人造卫星的研究计划并列入国家任务。钱学森指出："自从苏联在1957年10月4日发射第一颗人造地球卫星以来，中国科学院及原第五研究院对这项新技术就有些考虑，但未作为研制任务。现在看来，人造卫星有以下几种已经明确的用途：测地卫星，通信及广播卫星，预警卫星，气象卫星，导航卫星，侦察卫星。重量更大的载人卫星在国际上的应用，现在虽然还不十分明确，也得有所准备。现在我国弹道式导弹已有一定的基础，现有型号进一步发展，即能发射100公斤左右重量的仪器卫星。这些工作是复杂艰巨的，必须及早开展有关的研究、研制工作才能到时拿出东西。因此建议国家早日制订我国人造卫星的研究计划，列入国家任务，促进这项重大的国防科学技术的发展"。聂荣臻元帅很重视钱学森的建议，指出"只要力量上有可能，就要积极去搞"。1965年4月29日，国防科委向中央专门委员会报告了邀请张劲夫、钱学森、孙俊人及国家科委、国防工办专业局的负责同志和专家进行研究的结果，提出了在1970年或1971年发射我国重量为100公斤左右的第一颗人造地球卫星的设想。中央专门委员会于1965年5月4日、5日召开的第12次会议和8月9日、10日召开的第13次会议，原则批准了我国第一颗人造卫星的规划方案，以及争取在1970年左右发射我国第一颗人造卫星的设想。钱学森为人造卫星研制计划许多关键技术问题的解决贡献了智慧。譬如，第一颗人造卫星的运载火箭“长征一号”，在1966年6月下旬，为解决滑行段喷管控制问题而进行的滑行段晃动半实物仿真试验，出现了晃动幅值达几十米的异常现象。钱学森亲临现场，在讨论中认定：此现象在近于失重状态下产生，原晃动模型已不成立，此时流体已呈粉末状态，晃动力很小，不影响飞行。后来多次飞行试验证明，这个结论是正确的。在“文化大革命”动乱的日子里，钱学森协助周恩来总理，为领导人造卫星研制计划的正常进行，发挥了特殊的作用。譬如，由于动乱，“长征一号”试车无法进行。1969年7月17日、18日、19日和25日，周恩来总理连续4次召开会议，解决二级和三级地面试车问题，委派钱学森协同七机部军管会副主任杨国宇全权处理有关试车事宜，从而得以在8月22日取得试车成功。1970年在周恩来总理的直接关怀下，钱学森、李福泽、杨国宇、任新民、戚发韧等在酒泉卫星发射场组织实施了第一颗人造卫星的发射工作。1970年4月24日，重量为173公斤的我国第一颗人造卫星发射成功。钱学森和发射基地的领导人及试验队的代表，在现场发表了热情洋溢的讲话。“五一”节晚上，毛泽东主席、周恩来总理在天安门城楼上接见了钱学森、任新民等参加第一颗卫星工程研制的代表。这颗卫星向全世界播送的《东方红》乐曲，宣告了新中国迎来了航天时代的黎明。

周恩来总理和聂荣臻元帅是钱学森最怀念的新中国科技事业领导人。他说过：“按照我的体会，周总理、聂老总就是把他们过去在解放战争中，组织大规模作战的那套办法，有效地用到科技工作中来，把成千上万的科技大军组织起来了。”

钱学森1965年2月15日任第七机械工业部副部长，1968年兼任中国空间研究院第一任院长，1970年6月12日任国防科学技术委员会副主任，1982年任国防科学技术工业委员会科学技术委员会副主任(1987年7月任高级顾问)。钱学森是中国共产党第九、第十、第十一、第十二届全国代表大会代表和中央委员会候补委员。

1979年钱学森荣获加州理工学院“杰出校友奖”(The Distinguished Alumni Award)。

1985年，钱学森因对我国战略导弹技术的贡献，作为第一获奖人和屠守锷、姚桐斌、郝复俭、梁思礼、庄逢甘、李绪鄂等获全国科技进步特等奖。

1986年4月11日，中国人民政治协商会议六届四次全国委员会增选钱学森为副主席。两个月后，中国科协第三次全国代表大会在1986年6月27日一致选举钱学森为中国科协主席。

1989年6月29日，在美国纽约召开的1989年国际技术与技术交流大会授予钱学森“威拉德W·F·小罗克韦尔(Rockwell, Jr.)奖章”和“世界级科学与工程名人”、“国际理工研究所名誉成员”的称号，表彰他对火箭导弹技术、航天技术和系统工程理论作出的重大开拓性贡献，称他“作为加州理工学院学生时，冯·卡门教授就因他在喷气推进和超声速飞机设计方面的才智而对他特别宠爱。在有关火箭设计的研究工作中，为发展喷气推进，他引入了钱学森公式。钱学森长期担任中国先驱的火箭和航天计划的技术领导人。他对航天技术、系统科学和系统工程做出了巨大的和开拓性的贡献。”

钱学森共发表专著7部、论文300余篇。

钱学森于2009年10月31日在北京逝世，享年98岁。

钱学森是一位杰出的科学家、思想家。他把科学理论和火热的改造客观世界的革命精神结合起来了。一方面是精深的理论，一方面是火样的斗争，是“冷”与“热”的结合，是理论与实践的结合。这里没有胆小鬼藏身处，也没有私心重的活动地；这里需要的是真才实学和献身精神。由于钱学森对科学事业的重大贡献，人民感谢他，并给予了他应有的崇高荣誉。

后记

1990年春，为了在科学出版社组织出版的《科学家传记大词典》中撰写“钱学森”条目，我对钱学森同志各个时期的科学论著重新进行了整理和学习。钱学森同志早年对应用力学、喷气推进、工程控制论和物理力学的杰出贡献，是在这些学科发展的关键时期，把科学理论与火热的改造客观世界的革命精神结合起来的产物。正如钱学森同志所说，“一方面是精深的理论，一方面是火样的斗争，是冷与热的结合，是理论与实践的结合。这里没有胆小鬼的藏身处，也没有私心重的活动地；这里需要的是真才实学和献身精神”（引自钱学森的“写在《郭永怀文集》的后面”一文，见1982年版《郭永怀文集》第332页，科学出版社）。今天，我们已经远离了钱学森同志早年从事科学工作的那个时代，但钱学森同志在推动这些学科发展时所表现的勇往直前的精神，应当为一代一代的后来人所继承和发扬。

钱学森同志曾经说过：“我1935年去美国，1955年回国，在美国呆了20年。20年中，前三四年是学习，后十几年是工作，所有这一切都是在做准备，为了回到祖国后能为人民做点事。”钱学森同志的所有这些准备，都已伴随他后来为新中国科学技术事业的杰出服务奉献于人民，奉献于民族。因此，如同钱学森同志后来的科学成就一样，他早年的科学成就也属于中国人民，属于中华民族。

编入本文集的51篇论著，都是钱学森同志在美国从事科学研究工作期间用英文完成的。需要说明的是：① 钱学森所著 Engineering Cybernetics 一书，于1954年由 McGraw-Hill Book Company 出版；该书由何善堉、戴汝为译成中文，书名为《工程控制论》，1958年由科学出版社出版，未编入本文集。②1958年 Princeton University Press 出版的，由 H. W. Emmons 编著的 Fundamentals of Gas Dynamics，Volume Ⅲ：High Speed Aerodynamics and Jet Propulsion 一书，其中 The Equations of Gas Dynamics 一章，为钱学森同志在美国所写；该章后由徐华舫教授译为中文，书名为《气体动力学诸方程》，由科学出版社1966年出版，亦未列入本文集。③ 钱学森为美国加州理工学院1943～1944，1944～1945两个学年的喷气推进教程主编的 Jet Propulsion——A Reference Text 一书，其中几章为钱学森所写，也未列入本文集。

《钱学森文集（1938～1956）》的编辑出版，得到了国防科工委科学技术委员会的关怀和科学出版社的热情支持。国防科工委涂元季同志，中国国防科技信息中心陈宝庭、罗光夏同志为本文集的编辑出版做了大量工作，谨向他们表示衷心感谢。

王寿云

1991年2月6日

译 后 记

科学大师钱学森离开我们已经两年了，人们在深切怀念这位人民的科学家，这本《钱学森文集》（中文版）是对他的最好的纪念。

钱学森先生给我们留下了宝贵的精神财富，他是20世纪航空航天事业的开拓者之一，在空气动力学、火箭动力学和其他科学领域作出了杰出贡献，一生著述颇丰。1991年，科学出版社出版了《钱学森文集(1938～1956)》（王寿云主编），汇集了钱先生在1938年到1956年间发表的51篇科学论文（英文版）。为了使大家更好地学习钱先生的著述，我们产生了将这本文集翻译成中文的想法。于是，《钱学森文集》（中文版）应运而生。

编译这本文集的发起人和组织者是我们敬爱的李佩先生。早在三年前，在策划出版《钱学森文集》之际，她接受了钱学森之子钱永刚先生的委托，着手进行实际工作。李先生动员了过去在钱学森领导下工作、学习过的科研人员迅速地汇集座谈，细致入微地研究了文集的编辑思路、译校原则和具体分工，依托她担任顾问的中国科学院力学研究所科技翻译工作者协会，相关工作有条不紊地开展了起来。

正当文集编译工作在紧锣密鼓地进行之时，传来了钱学森先生辞世的消息，大家万分悲恸，决心加倍努力，将所承担的工作尽善尽美地做好。

文集的译稿完成之后，决定将此文集交由钱先生的大学母校来出版。上海交通大学出版社将出版这一文集的工作作为重点工程，不惜工本，投入人力物力，决心推出以与大师著述相称的精品。

按照李佩先生的要求，在2010年9月20～26日，在前面五审五校的基础上，组织召集了由中科院力学所译协和出版社的精兵强将参加的审订会，对文稿进行了精心的逐字逐句的六审六校，尽力把《文集》的质量达到最高的水平。审订会后的大半年里，文稿又经多次修改完善，力求精益求精。

几十位参编人员的共同体会是：编译《文集》的过程也是一个很好的学习过程，大家不仅借此机会研读了钱学森先生的许多开创性的工作，而且领略了大师的智慧和精神，对钱先生所倡导的技术科学的思想有了更为深刻的了解。同时，大家还发现，钱学森先生的文字表达能力极强，对于空气动力学、火箭动力学、物理力学等方面的叙述，深入浅出，鲜明生动，物理概念极其清晰，数学的运用更为娴熟、独特，不少原创性论文可以用作极好的入门教材。

诚如郑哲敏院士在《文集》的序言中所说，“不仅力学工作者可以从阅读《文集》中得益，其他领域的科学家、相关领域的工程师、教育家、科学史和工程技术史专家、科学和技术管理专家等也都可以从中得到有益的知识。”

本《文集》的出版，得到了国防科工委、中国科学院力学研究所、中国科学院院士工作局和上海交通大学领导的全力支持，谨致深切的谢意！

尽管我们尽了最大的努力，《文集》中仍有失当之处，敬请读者指正。

《钱学森文集》编译委员会

2011年9月

出版说明

本文集的内容是20世纪90年代王寿云先生(时任钱学森的学术秘书)收录的钱学森先生发表于1938～1958年的论文，在编辑该书时采用了以下原则：

1. 尊重原著。

2. 文中有明显错误的地方作了更正，并加译者注。

3. 对文中明显的印刷错误直接予以更正。

4. 在物理量和单位方面尽量按现行国标，有些无一一对应关系的或较难处理的就按照原文。

5. 科学技术名词术语的定名基本上以全国科技名词委发布的名词术语为准。

6. 在体例方面原则上每篇统一。

本文集所用单位与 SI 单位制换算关系表

单位符号	单位名称	物理量名称	换算关系
in	英寸(吋)	长　度	1 in=0.025 4 m(米)
ft	英尺(呎)	长　度	1 ft=0.304 8 m(米)
lb	磅	质　量	1 lb=0.453 592 kg(千克)
mile	英里(哩)	长　度	1 mile=1.609 km
in^2	吋^2	面　积	1 in^2=6.45 cm^2
ft^2	呎^2	面　积	1 ft^2=0.093 m^2
lbf	磅　力	力	1 lbf=4.45 N
psi	磅力每平方英寸	压　强	1 psi=6.89 kPa
K	开尔文	温　度	
°F	华氏度	温　度	$t_F(°F)=\frac{9}{5}t(℃)+32=\frac{9}{5}T(K)-459.67$
°R	兰氏度	温　度	$t_R(°R)=\frac{5}{9}T(K)$
fps	ft/s(英尺每秒)	速　度	ft/s=0.304 8 m/s
lb/ft^3	磅每立方英尺	密　度	1 lb/ft^3=16.018 46 kg/m^3
slug	斯勒格	质　量	slug=1.459 4×10^4 g
$slug/ft^3$	斯勒格每立方英尺	密　度	ρ=$slug/ft^3$=0.515 38 g/cm^3
Btu	英热单位	能、热、功	1 Btu=1.06 kJ=1 055.06 J
Btu/h	英热单位每小时	功　率	1 Btu/h=0.293 071 W
Btu/ft^3	英热单位每立方英尺	体积热容	1 Btu/ft^3=3.725 89×10^4 J/m^3
gr	格　令	质　量	1 gr=0.064 799 g
erg	尔　格	能、热、功	1 erg=10^{-7} J